国家出版基金项目
NATIONAL PUBLICATION FOUNDATION

国家重大出版工程项目
“十二五”国家重点图书

中国药用植物志

主　编　艾铁民

副主编　张树仁　杨秀伟　杜力军　严铸云

《中国药用植物志》编委会

国家出版基金项目
NATIONAL PUBLICATION FOUNDATION

国家重大出版工程项目
“十二五”国家重点图书

中国药用植物志

第四卷

被子植物门

双子叶植物纲

罂粟科 山柑科 十字花科 悬铃木科 金缕梅科
景天科 虎耳草科 海桐花科 蔷薇科 牛栓藤科

本 卷 主 编 陆玲娣

本卷副主编 陈道峰 杨秀伟 齐 云 张 浩

本卷审定人 艾铁民 普建新 赵良辅 冯学锋 张 继

北京大学医学出版社

ZHONGGUO YAOYONG ZHIWUZHI (DISIJUAN)

图书在版编目（CIP）数据

中国药用植物志. 第4卷 / 艾铁民主编；陆玲娣分卷主编.
—北京：北京大学医学出版社, 2015.8
国家重大出版工程项目　“十二五”国家重点图书
ISBN 978-7-5659-1102-6

Ⅰ. ①中… Ⅱ. ①艾…②陆… Ⅲ. ①药用植物－植物志－中国
Ⅳ. ①Q949.95

中国版本图书馆CIP数据核字（2015）第071509号

中国药用植物志（第四卷）

主　　编：艾铁民
副 主 编：张树仁　杨秀伟　杜力军　严铸云
本卷主编：陆玲娣
本卷副主编：陈道峰　杨秀伟　齐　云　张　浩
出版发行：北京大学医学出版社
地　　址：（100191）北京市海淀区学院路 38 号　北京大学医学部院内
电　　话：发行部 010-82802230；图书邮购 010-82802495
网　　址：http://www.pumpress.com.cn
E － mail：booksale@bjmu.edu.cn
印　　刷：北京圣彩虹制版印刷技术有限公司
经　　销：新华书店
策划编辑：暴海燕　安　林
责任编辑：罗德刚　王　楠　　**责任校对**：金彤文　　**责任印制**：李　啸
开　　本：889 mm ×1194 mm　1/16　**印张**：74　**字数**：2292 千字
版　　次：2015 年 8 月第 1 版　　2015 年 8 月第 1 次印刷
书　　号：ISBN 978-7-5659-1102-6
定　　价：650.00 元

MEDICINAL FLORA OF CHINA

Editor-in-Chief

Ai Tiemin

Deputy Editors-in-Chief

Zhang Shuren **Yang Xiuwei**

Du Lijun **Yan Zhuyun**

MEDICINAL FLORA OF CHINA

Volume 4

ANGIOSPERMAE

MONOCOTYLEDONEAE

Papaveraceae　Capparaceae　Brassicaceae

Platanaceae　Hamamelidaceae　Crassulaceae

Saxifragaceae　Pittosporaceae　Rosaceae　Connaraceae

Volume Editor

Lu Lingdi

Volume Deputy Editors

Chen Daofeng　Yang Xiuwei　Qi Yun　Zhang Hao

Volume Reviewers

Ai Tiemin　Pu Jianxin　Zhao Liangfu

Feng Xuefeng　Zhang Ji

Peking University Medical Press

《中国药用植物志》第四卷编写人员

罂粟科	分类：王英伟（中国科学院植物研究所） 化学：陈道峰 程志红 姜韵（复旦大学药学院） 杨秀伟 赵爱红 张英涛（北京大学药学院） 杨鑫宝（北京中医药大学） 药理：王晓英 杨志宏 齐云（中国医学科学院药用植物研究所） 注评：张浩 薛丹 顾恒 赵璨（四川大学华西药学院）
山柑科	分类：刘德旺（内蒙古医科大学药学院） 化学：陈道峰 程志红 俞培忠（复旦大学药学院） 杨秀伟 赵爱红（北京大学药学院） 杨鑫宝（北京中医药大学） 药理：曹丽 齐云（中国医学科学院药用植物研究所） 注评：李涛 赵璨 汪瑶（四川大学华西药学院）
十字花科	分类：刘启新（江苏省中国科学院植物研究所） 化学：陈道峰 程志红（复旦大学药学院） 杨秀伟 赵爱红 张英涛（北京大学药学院） 杨鑫宝（北京中医药大学） 药理：曹丽 齐云（中国医学科学院药用植物研究所） 注评：张浩 李亚真 安静 汪瑶（四川大学华西药学院）
悬铃木科 金缕梅科 景天科	分类：萨仁（中国科学院植物研究所） 化学：陈道峰 程志红 姜韵 俞培忠（复旦大学药学院） 杨秀伟 赵爱红 张英涛（北京大学药学院） 杨鑫宝（北京中医药大学） 药理：毕明刚 曹丽 齐云（中国医学科学院药用植物研究所） 注评：李涛 安静 李青 任鹏志（四川大学华西药学院）
虎耳草科	分类：陆玲娣 谷粹芝（中国科学院植物研究所） 化学：陈道峰 程志红 姜韵 狄宏晔（复旦大学药学院） 杨秀伟 张英涛（北京大学药学院） 杨鑫宝（北京中医药大学） 药理：金文 孙虹 齐云（中国医学科学院药用植物研究所） 注评：张浩 李涛 李蓉 黄秦（四川大学华西药学院）
海桐花科	分类：张树仁（中国科学院植物研究所） 化学：陈道峰 程志红 俞培忠（复旦大学药学院） 杨秀伟（北京大学药学院） 杨鑫宝（北京中医药大学） 药理：毕明刚 齐云（中国医学科学院药用植物研究所） 注评：张浩 李涛 顾恒（四川大学华西药学院）

蔷薇科	**分类：**陆玲娣 谷粹芝（中国科学院植物研究所） **化学：**陈道峰 程志红 狄宏晔 姜韵 俞培忠（复旦大学药学院） 杨秀伟 张英涛（北京大学药学院） 杨鑫宝（北京中医药大学） **药理：**杨志宏 陈曦 孙桂波 金文 齐云（中国医学科学院药用植物研究所） **注评：**张浩 黄秦 李青 李蓉 李亚真（四川大学华西药学院）
牛栓藤科	**分类：**陆玲娣（中国科学院植物研究所） **化学：**陈道峰 程志红 俞培忠（复旦大学药学院） 杨秀伟 赵爱红（北京大学药学院） **药理：**曹丽 齐云（中国医学科学院药用植物研究所） **注评：**薛丹 王珏 任鹏志（四川大学华西药学院）

凡　例

一、《中国药用植物志》编写的定位是介绍中国药用植物资源和准确鉴定药用植物的种类（亚种、变种和变型）的工具书，同时反映各种药用植物的现代化学、药理和药材等方面的研究成果和资料，因此编写项目的设定和要求、给出的图像和图版、引证的文献均符合上述目的。

二、全书收载有文献记载的中国药用植物约 12 000 余种（包括种下分类群），分 13 卷出版，其中前 12 卷为正篇，每卷收载 1000 种左右，每卷后附有该卷收录的药用植物中文名与拉丁名索引；第 13 卷附篇名为《中国药用植物志词汇》，汇编了本志收录的药用植物相关学科的专业词汇，兼作综合索引，内容包括全书收载的药用植物中文名称索引、拉丁名称索引、英文名称索引、中拉英名称互译、化学成分的中英文名称互译及其原植物来源等，使其既可作为阅读药用植物的科技文献工具书使用，又可方便查到正篇中词汇的出处。

三、收载的种类主要为高等植物，亦收集了重要的药用藻类、真菌与地衣。高等植物科的顺序排列：苔藓类采用陈邦杰（1972）的顺序；蕨类植物采用秦仁昌分类系统（1978）；裸子植物采用郑万钧分类系统（1978）；被子植物采用恩格勒分类系统（1964）（个别科有调整）。低等植物中药用种类较少，依照《中国中药资源志要》（1994）顺序排列，科特征和属、种检索表从略。

四、高等植物每个科下为总论，主要包括三部分内容。第一部分介绍科的简要特征，其中还包括本科植物世界分布的属和种的数目、在我国分布的属和种的数目以及在国内分布的药用属和种的数目；第二部分概括性叙述该科特征性化学成分和主要活性成分及其作用；第三部分为国内本科具有药用种类的属的分属检索表。

五、对每个属，简要记述属的形态特征，综述属的特征性化学成分和活性成分（或部位），重要的结构类型给出化学结构式，同时扼要地介绍本属植物相同或近似的药理作用。属的记述后给出该属药用植物分种检索表。

六、药用植物种的记述分重点记述、一般记述两种形式，常用的药用植物作重点记述。

七、每种药用植物的记载内容包括：中文名（除正名外还应包括别名、地方习用名或民族药名）、拉丁学名（除正名外还应引证基名和药学文献中常用的异名。正名后引用以该学名发表的原始文献，写法参照《中国植物志》，异名的原文献略去）、英文名、习性形态、分布与生境、药用部位、功效应用、化学成分、药理作用、毒性及不良反应、注评和参考文献等项，或其中几项。为了方便鉴定，给出该植物墨线图，并在能收集到的情况下给出原植物和原药材的照片。

八、中文正名一般采用《中国植物志》或《中华人民共和国药典》（2010 年版）的所载名为正名，用黑体字排印。别名用白体字排印，一般不超过 5 个，个别使用地区广泛的药用植物，别名有可能超过 5 个。

九、按照国际植物命名法规，选用合法的拉丁学名作为原植物的正名（用黑体字），异名用斜体字排印。异名注意选用基名和在药学文献中常见的名称，如大花红景天 **Rhodiola crenulata** (Hook. f. et Thomson) H. Ohba in J. Jap. Bot. 51:386.1976. ——*Sedum crenulatam* Hook. f. et Thomson, *Rhondiola* *euryphylla* (Frod.) S.H. Fu.。

十、植物形态：依据药用植物重要性，对药用植物的形态特征分别作重点描述或一般描述，突出其药用部分的特征，记载了花期、果期，并给出该植物的分布与生境。

十一、药用部位：指该植物供药用的部分。主要的药用部位在前，其余按根、茎、叶、花、果实、种子的顺序排列，其他相关项目（如化学成分、药理作用）的记述也遵照此原则编写。

十二、功效应用项下一般分为两部分，前一部分依据传统医学文献记载，如平肝阳、利小便、消浮肿、吞酸嘈杂、痞闷胀痛；后一部分采用现代医学临床应用，如对高血压、肾炎、胃溃疡的治疗，使两两对照，目的为中西医应用和研究药用植物（药材）起到一些桥梁和借鉴作用。资料不完备的可阙如某一部分。

十三、化学成分：按药用部位分别给出目前已知的化学成分类型及主要化学成分的中英文名称，尽可能全面地体现药用植物的化学组成。对于每一个化学成分均给出常用的英文名及恰当的中文译名，英文名的选择以俗名为主，尽可能避免采用系统名；中文译名的选择除按传统及重要工具书收载的名称外，还对现有的不恰当译名进行了调整，同时对部分成分按其英文名新拟了中文译名，并在该成分名称核心词根的右上角以“▲”角标的形式进行标注。上述中文译名的调整与拟定均遵从了以下主要原则：①尽量准确反映该成分被首次发现的原植物及其结构类型。②尽量采用词根直译，少用音译，避免一名多用。

十四、药理作用、毒性：扼要介绍相关的离体、细胞及动物药理学研究获得的主要结果及结论，并以动宾形式进行标题式概括，如抗炎作用、抗菌作用、抗病毒作用等；有相关毒理学研究的记述于毒性及不良反应项下。

十五、注评：主要论述与该种药用植物直接关联的药材品种问题，包括国家药典的收载情况和正品、代用品、地区习惯用药、伪品、误用品等问题，还包括国家保护种类的等级、新资源、新分布以及民族用药等必要说明的内容。

十六、植物分类学和注评的主要参考文献简列如下：《中国植物志》（第1–80卷，1959—2004）；《中国高等植物图鉴》（第1–5册，补编1–2册，1972—1983）；《中国种子植物科属词典》（1982）；《Flora of China》（1994—2013）；《A Dictionary of the Flowering Plants & Ferns》（1973）；《中国珍稀濒危保护植物》（1989）；《中华人民共和国药典》（1963，1977，1985，1990，1995，2000，2005，2010）；《中国中药资源志要》（1994）；《新华本草纲要》（第1–3册，1988—1990）；《全国中草药汇编》（上、下册，1976，1978）；《中药大辞典》（上、下册，1977）；《中华本草》（1994）；《药用植物辞典》（2005）；《台湾药用植物志》（第1–3卷，1978）；《中国民族药志要》（2005）。

十七、化学成分与药理作用及毒性的参考文献列于每种的后面，为节省篇幅略去了期刊文献的标题以及第一作者以后的作者名称，同时对英文期刊采用了标准缩写（斜体字部分）。

十八、编写分工：每卷前按分工列出所有参与本卷编写的人员并附作者单位，既表示作者对编写部分的负责，也便于读者与作者的交流。

目　录

罂粟科 PAPAVERACEAE

1. 蓟罂粟属 **Argemone** L.

1. 蓟罂粟 **Argemone mexicana** L.······2

2. 绿绒蒿属 **Meconopsis** Vig.

1. 白花绿绒蒿 **Meconopsis argemonantha** Prain······6
2. 久治绿绒蒿 **Meconopsis barbiseta** C. Y. Wu et H. Chuang ex L. H. Zhou······7
3. 椭果绿绒蒿 **Meconopsis chelidoniifolia** Bureau et Franch······7
4. 黄花绿绒蒿 **Meconopsis georgei** G. Taylor······8
5. 川西绿绒蒿 **Meconopsis henrici** Bureau et Franch······8
6. 多刺绿绒蒿 **Meconopsis horridula** Hook. f. et Thomson······9
7. 滇西绿绒蒿 **Meconopsis impedita** Prain······10
8. 全缘叶绿绒蒿 **Meconopsis integrifolia** (Maxim.) Franch······11
9. 长叶绿绒蒿 **Meconopsis lancifolia** (Franch.) Franch. ex Prain······13
10. 尼泊尔绿绒蒿 **Meconopsis napaulensis** DC.······14
11. 柱果绿绒蒿 **Meconopsis oliveriana** Franch. et Prain ex Prain······15
12. 锥花绿绒蒿 **Meconopsis paniculata** (D. Don) Prain······15
13. 拟多刺绿绒蒿 **Meconopsis pseudohorridula** C. Y. Wu et H. Chuang······16
14. 拟秀丽绿绒蒿 **Meconopsis pseudovenusta** G. Taylor······17
15. 红花绿绒蒿 **Meconopsis punicea** Maxim.······17
16. 五脉绿绒蒿 **Meconopsis quintuplinervia** Regel······18
17. 总状绿绒蒿 **Meconopsis racemosa** Maxim.······20
18. 单叶绿绒蒿 **Meconopsis simplicifolia** (D. Don) Walp.······22
19. 美丽绿绒蒿 **Meconopsis speciosa** Prain······23
20. 高茎绿绒蒿 **Meconopsis superba** King ex Prain······24
21. 毛瓣绿绒蒿 **Meconopsis torquata** Prain······24
22. 藏南绿绒蒿 **Meconopsis zangnanensis** L. H. Zhou······24

3. 罂粟属 **Papaver** L.

1. 灰毛罂粟 **Papaver canescens** Tolm.······26
2. 野罂粟 **Papaver nudicaule** L.······27
3. 黑环罂粟 **Papaver pavoninum** C. A. Mey.······30
4. 长白山罂粟 **Papaver radicatum** Rottb. var. **pseudoradicatum** Kitag.······31
5. 虞美人 **Papaver rhoeas** L.······32

33. 条裂黄堇 **Corydalis linarioides** Maxim. ……108
34. 苍山黄堇 **Corydalis delavayi** Franch. ……109
35. 远志黄堇 **Corydalis polygalina** Hook. f. et Thomson ……109
36. 杂多紫堇 **Corydalis zadoiensis** L. H. Zhou ……110
37. 暗绿紫堇 **Corydalis melanochlora** Maxim. ……111
38. 美丽紫堇 **Corydalis adrienii** Prain ……112
39. 无冠紫堇 **Corydalis ecristata** (Prain) D. G. Long ……113
40. 克什米尔紫堇 **Corydalis cashmeriana** Royle ……113
41. 多叶紫堇 **Corydalis polyphylla** Hand.-Mazz. ……113
42. 稀花黄堇 **Corydalis dubia** Prain ……114
43. 细叶黄堇 **Corydalis meifolia** Wall. ……115
44. 草黄堇 **Corydalis straminea** Maxim. ex Hemsl. ……116
45. 毛被黄堇 **Corydalis hebephylla** C. Y. Wu et Z. Y. Su ……117
46. 红花紫堇 **Corydalis livida** Maxim. ……118
47. 粗梗黄堇 **Corydalis pachypoda** (Franch.) Hand.-Mazz. ……119
48. 迭裂黄堇 **Corydalis dasyptera** Maxim. ……120
49. 革吉黄堇 **Corydalis moorcroftiana** Wall. ex Hook. f. et Thomson ……121
50. 拟锥花黄堇 **Corydalis hookeri** Prain ……122
51. 西藏高山紫堇 **Corydalis tibetoalpina** C. Y. Wu et Z. Y. Su ……123
52. 松潘黄堇 **Corydalis laucheana** Fedde ……124
53. 小黄紫堇 **Corydalis raddeana** Regel ……125
54. 黄紫堇 **Corydalis ochotensis** Turcz. ……125
55. 皱波黄堇 **Corydalis crispa** Prain ……127
56. 赛北紫堇 **Corydalis impatiens** (Pall.) Fisch. ex DC. ……128
57. 全冠黄堇 **Corydalis tongolensis** Franch. ……129
58. 北紫堇 **Corydalis sibirica** (L. f.) Pers. ……129
59. 纤细黄堇 **Corydalis gracillima** C. Y. Wu ……130
60. 流苏瓣缘黄堇 **Corydalis fimbripetala** Ludlow et Stearn ……132
61. 匙苞黄堇 **Corydalis spathulata** Prain ex Craib ……132
62. 尖突黄堇 **Corydalis mucronifera** Maxim. ……133
63. 金球黄堇 **Corydalis boweri** Hemsl. ……133
64. 尼泊尔黄堇 **Corydalis hendersonii** Hemsl. ……134
65. 裂冠紫堇 **Corydalis flaccida** Hook. f. et Thomson ……135
66. 帕里紫堇 **Corydalis kingii** Prain ……136
67. 变根紫堇 **Corydalis linstowiana** Fedde ……136
68. 半荷包紫堇 **Corydalis hemidicentra** Hand.-Mazz. ……137
69. 囊距紫堇 **Corydalis benecincta** W. W. Sm. ……138
70. 刻叶紫堇 **Corydalis incisa** (Thunb.) Pers. ……139
71. 紫堇 **Corydalis edulis** Maxim. ……140
72. 地丁草 **Corydalis bungeana** Turcz. ……142
73. 直茎黄堇 **Corydalis stricta** Stephan ex Fisch. ……144
74. 灰绿黄堇 **Corydalis adunca** Maxim. ……145
75. 石生黄堇 **Corydalis saxicola** Bunting ……146

76. 川鄂黄堇 **Corydalis wilsonii** N. E. Br. ······148
77. 宽裂黄堇 **Corydalis latiloba** (Franch.) Hand.-Mazz. ······149
78. 毛黄堇 **Corydalis tomentella** Franch. ······149
79. 房山紫堇 **Corydalis fangshanensis** W. T. Wang ex S. Y. He ······150
80. 地柏枝 **Corydalis cheilanthifolia** Hemsl. ······151
81. 尿罐草 **Corydalis moupinensis** Franch. ······152
82. 蛇果黄堇 **Corydalis ophiocarpa** Hook. f. et Thomson ······153
83. 小花黄堇 **Corydalis racemosa** (Thunb.) Pers. ······154
84. 黄堇 **Corydalis pallida** (Thunb.) Pers. ······156
85. 珠果黄堇 **Corydalis speciosa** Maxim. ······157
86. 阜平黄堇 **Corydalis chanetii** H. Lév. ······158
87. 北越紫堇 **Corydalis balansae** Prain ······158
88. 异果黄堇 **Corydalis heterocarpa** Siebold et Zucc. ······159
89. 少花延胡索 **Corydalis pauciflora** (Stephan ex Willd.) Pers. ······160
90. 唐古特延胡索 **Corydalis tangutica** Peshkova ······161
91. 夏天无 **Corydalis decumbens** (Thunb.) Pers. ······161
92. 东紫堇 **Corydalis buschii** Nakai ······165
93. 堇叶延胡索 **Corydalis fumariifolia** Maxim. ······166
94. 山延胡索 **Corydalis solida** (L.) Clairv. ······168
95. 全叶延胡索 **Corydalis repens** Mandl et Muehld. ······169
96. 胶州延胡索 **Corydalis kiautschouensis** Poelln. ······171
97. 新疆元胡 **Corydalis glaucescens** Regel ······172
98. 长距元胡 **Corydalis schanginii** (Pall.) B. Fedtsch. ······173
99. 土元胡 **Corydalis humosa** Migo ······173
100. 延胡索 **Corydalis yanhusuo** W. T. Wang ex Z. Y. Su et C. Y. Wu ······174
101. 齿瓣延胡索 **Corydalis turtschaninovii** Besser ······179
102. 北京延胡索 **Corydalis gamosepala** Maxim. ······180
103. 薯根延胡索 **Corydalis ledebouriana** Kar. et Kir. ······181

山柑科（白花菜科）CAPPARACEAE

1. 鱼木属 Crateva L.

1. 树头菜 **Crateva unilocularis** Buch.-Ham. ······184
2. 鱼木 **Crateva formosensis** (Jacobs) B. S. Sun ······185

2. 山柑属 Capparis L.

1. 山柑 **Capparis spinosa** L. ······187
2. 牛眼睛 **Capparis zeylanica** L. ······192
3. 小刺山柑 **Capparis micracantha** DC. ······193
4. 野香橼花 **Capparis bodinieri** H. Lév. ······194
5. 独行千里 **Capparis acutifolia** Sweet ······195
6. 无柄山柑 **Capparis subsessilis** B. S. Sun ······196

7. 小绿刺 **Capparis urophylla** F. Chun ······ 196
8. 马槟榔 **Capparis masaikai** H. Lév. ······ 197
9. 青皮刺 **Capparis sepiaria** L. ······ 199
10. 毛蕊山柑 **Capparis pubiflora** DC. ······ 200
11. 广州山柑 **Capparis cantoniensis** Lour. ······ 200
12. 野槟榔 **Capparis chingiana** B. S. Sun ······ 201
13. 屈头鸡 **Capparis versicolor** Griff. ······ 202

3. 斑果藤属 **Stixis** Lour.

1. 斑果藤 **Stixis suaveolens** (Roxb.) Pierre ······ 203

4. 白花菜属 **Cleome** L.

1. 白花菜 **Cleome gynandra** L. ······ 205
2. 醉蝶花 **Cleome hassleriana** Chodat ······ 207
3. 黄花草 **Cleome viscosa** L. ······ 208

十字花科 BRASSICACEAE (CRUCIFERAE)

1. 拟南芥属 **Arabidopsis** (DC.) Heynh.

1. 拟南芥 **Arabidopsis thaliana** (L.) Heynh. ······ 213

2. 南芥属 **Arabis** L.

1. 匍匐南芥 **Arabis flagellosa** Miq. ······ 216
2. 贺兰山南芥 **Arabis alaschanica** Maxim. ······ 216
3. 垂果南芥 **Arabis pendula** L. ······ 217
4. 圆锥南芥 **Arabis paniculata** Franch. ······ 218

3. 辣根属 **Armoracia** P. Gaertn., B. Mey. et Scherb.

1. 辣根 **Armoracia rusticana** G. Gaertn., B. Mey. et Scherb. ······ 220

4. 芸苔属 **Brassica** L.

1. 野甘蓝 **Brassica oleracea** L. ······ 222
2. 芜菁 **Brassica rapa** L. ······ 224
3. 芜菁甘蓝 **Brassica napus** L. var. **napobrassica** (L.) Rchb. ······ 230
4. 芥菜 **Brassica juncea** (L.) Czern. ······ 230

5. 荠属 **Capsella** Medic.

1. 荠菜 **Capsella bursa-pastoris** (L.) Medik. ······ 234

6. 碎米荠属 **Cardamine** L.

1. 裸茎碎米荠 **Cardamine scaposa** Franch. ······ 236
2. 光头山碎米荠 **Cardamine engleriana** O. E. Schulz ······ 237

3. 三小叶碎米荠 **Cardamine trifoliolata** Hook. f. et Thomson ······238
4. 水田碎米荠 **Cardamine lyrata** Bunge ······239
5. 山芥碎米荠 **Cardamine griffithii** Hook. f. et Thomson ······240
6. 弹裂碎米荠 **Cardamine impatiens** L. ······240
7. 草甸碎米荠 **Cardamine pratensis** L. ······241
8. 唐古碎米荠 **Cardamine tangutorum** O. E. Schulz ······242
9. 大叶碎米荠 **Cardamine macrophylla** Willd. ······243
10. 华中碎米荠 **Cardamine urbaniana** O. E. Schulz ······244
11. 白花碎米荠 **Cardamine leucantha** (Tausch) O. E. Schulz ······245
12. 弯曲碎米荠 **Cardamine flexuosa** With. ······246
13. 圆齿碎米荠 **Cardamine scutata** Thunb. ······247
14. 碎米荠 **Cardamine hirsuta** L. ······248

7. 臭荠属 Coronopus Zinn

1. 臭荠 **Coronopus didymus** (L.) Sm. ······249

8. 播娘蒿属 Descurainia Webb et Berthel.

1. 播娘蒿 **Descurainia sophia** (L.) Webb ex Prantl ······251

9. 花旗杆属 Dontostemon Andrz. ex Ledeb.

1. 花旗杆 **Dontostemon dentatus** (Bunge) Ledeb. ······254
2. 腺花旗杆 **Dontostemon glandulosus** (Kar. et Kir.) O. E. Schulz ······255

10. 葶苈属 Draba L.

1. 葶苈 **Draba nemorosa** L. ······256
2. 毛葶苈 **Draba eriopoda** Turcz. ······258
3. 苞序葶苈 **Draba ladyginii** Pohle ······258
4. 喜山葶苈 **Draba oreades** Schrenk ex Fisch. et C. A. Mey. ······259

11. 芝麻菜属 Eruca Mill.

1. 芝麻菜 **Eruca vesicaria** (L.) Cav. ······261

12. 糖芥属 Erysimum L.

1. 红紫糖芥 **Erysimum roseum** (Maxim.) Polatschek ······264
2. 匍匐糖芥 **Erysimum forrestii** (W. W. Sm.) Polatschek ······265
3. 桂竹香 **Erysimum × cheiri** (L.) Crantz ······266
4. 山柳菊叶糖芥 **Erysimum hieraciifolium** L. ······267
5. 糖芥 **Erysimum amurense** Kitag. ······267
6. 小花糖芥 **Erysimum cheiranthoides** L. ······268
7. 蒙古糖芥 **Erysimum flavum** (Georgi) Bobrov ······270
8. 灰毛糖芥 **Erysimum canescens** Roth ······271

13. 山萮菜属 **Eutrema** R. Br.

1. 块茎山萮菜 **Eutrema wasabi** (Siebold) Maxim.······272

14. 薄果荠属 **Hornungia** Reich.

1. 薄果荠 **Hornungia procumbens** (L.) Hayek······274

15. 菘蓝属 **Isatis** L.

1. 三肋菘蓝 **Isatis costata** C. A. Mey. ······275
2. 菘蓝 **Isatis tinctoria** L.······275
3. 小果菘蓝 **Isatis minima** Bunge ······280

16. 独行菜属 **Lepidium** L.

1. 抱茎独行菜 **Lepidium perfoliatum** L.······282
2. 头花独行菜 **Lepidium capitatum** Hook. f. et Thomson······283
3. 楔叶独行菜 **Lepidium cuneiforme** C. Y. Wu······284
4. 家独行菜 **Lepidium sativum** L. ······285
5. 北美独行菜 **Lepidium virginicum** L. ······286
6. 独行菜 **Lepidium apetalum** Willd. ······288
7. 密花独行菜 **Lepidium densiflorum** Schrad.······289
8. 柱毛独行菜 **Lepidium ruderale** L. ······290
9. 宽叶独行菜 **Lepidium latifolium** L. ······291

17. 涩芥属 **Malcolmia** R. Br.

1. 涩芥 **Malcolmia africana** (L.) W. T. Aiton ······292

18. 紫罗兰属 **Matthiola** R. Br.

1. 紫罗兰 **Matthiola incana** (L.) W. T. Aiton ······293

19. 高河菜属 **Megacarpaea** DC.

1. 高河菜 **Megacarpaea delavayi** Franch.······294

20. 豆瓣菜属 **Nasturtium** R. Br.

1. 豆瓣菜 **Nasturtium officinale** R. Br. ······296

21. 堇叶芥属 **Neomartinella** Pilg.

1. 堇叶芥 **Neomartinella violifolia** (H. Lév.) Pilg.······298

22. 念珠芥属 **Neotorularia** Hedge et J. Léonard

1. 蚓果芥 **Neotorularia humilis** (C. A. Mey.) Hedge et J. Léonard······299

23. 单花荠属 **Pegaeophyton** Hayek et Hand.-Mazz

1. 单花荠 **Pegaeophyton scapiflorum** (Hook. f. et Thomson) C. Marquand et Airy Shaw······300

24. 沙芥属 **Pugionium** Gaertn.

1. 沙芥 **Pugionium cornutum** (L.) Gaertn. ······302
2. 斧翅沙芥 **Pugionium dolabratum** Maxim.······303

25. 萝卜属 **Raphanus** L.

1. 萝卜 **Raphanus sativus** L. ······305

26. 蔊菜属 **Rorippa** Scop.

1. 蔊菜 **Rorippa indica** (L.) Hiern ······309
2. 无瓣蔊菜 **Rorippa dubia** (Pers.) H. Hara······310
3. 广州蔊菜 **Rorippa cantoniensis** (Lour.) Ohwi······311
4. 高蔊菜 **Rorippa elata** (Hook. f. et Thomson) Hand.-Mazz.······312
5. 沼生蔊菜 **Rorippa palustris** (L.) Besser ······313
6. 风花菜 **Rorippa globosa** (Turcz. ex Fisch. et C. A. Mey.) Hayek······314

27. 白芥属 **Sinapis** L.

1. 白芥 **Sinapis alba** L.······316

28. 大蒜芥属 **Sisymbrium** L.

1. 垂果大蒜芥 **Sisymbrium heteromallum** C. A. Mey.······317

29. 丛菔属 **Solms-laubachia** Muschl. ex Diels

1. 绵毛丛菔 **Solms-laubachia lanata** Botsch. ······319
2. 宽果丛菔 **Solms-laubachia eurycarpa** (Maxim.) Botsch. ······319
3. 丛菔 **Solms-laubachia pulcherrima** Muschl. ex Diels ······320
4. 线叶丛菔 **Solms-laubachia linearifolia** (W. W. Sm.) O. E. Schulz ······321
5. 总状丛菔 **Solms-laubachia platycarpa** (Hook. f. et Thomson) Botsch. ······322

30. 沟子荠属 **Taphrospermum** C. A. Mey.

1. 泉沟子荠 **Taphrospermum fontanum** (Maxim.) Al-Shehbaz et G. Yang······323

31. 菥蓂属 **Thlaspi** L.

1. 菥蓂 **Thlaspi arvense** L.······324

32. 楔果荠属（新拟）**Noccaea** Moench

1. 中亚楔果荠 **Noccaea ferganensis** (N. Busch) Czerep.······326

悬铃木科 PLATANACEAE

1. 悬铃木属 **Platanus** L.

1. 悬铃木 **Platanus acerifolia** (Aiton) Willd. ······328
2. 一球悬铃木 **Platanus occidentalis** L.······329

3. 三球悬铃木 **Platanus orientalis** L.……330

金缕梅科 HAMAMELIDACEAE

1. 蕈树属 Altingia Noronha

1. 云南蕈树 **Altingia yunnanensis** Rehder et E. H. Wilson……334
2. 蕈树 **Altingia chinensis** (Champ. ex Benth.) Oliv. ex Hance……335
3. 细青皮 **Altingia excelsa** Noronha……336
4. 细柄蕈树 **Altingia gracilipes** Hemsl.……336

2. 蜡瓣花属 Corylopsis Siebold et Zucc.

1. 鄂西蜡瓣花 **Corylopsis henryi** Hemsl.……337
2. 峨眉蜡瓣花 **Corylopsis multiflora** Hance……338
3. 蜡瓣花 **Corylopsis sinensis** Hemsl.……338
4. 四川蜡瓣花 **Corylopsis willmottiae** Rehder et E. H. Wilson……340
5. 桤叶蜡瓣花 **Corylopsis alnifolia** (H. Lév.) C. K. Schneid.……340

3. 蚊母树属 Distylium Siebold et Zucc.

1. 蚊母树 **Distylium racemosum** Siebold et Zucc.……341
2. 杨梅叶蚊母树 **Distylium myricoides** Hemsl.……342
3. 窄叶蚊母树 **Distylium dunnianum** H. Lév.……343
4. 小叶蚊母树 **Distylium buxifolium** (Hance) Merr.……343

4. 马蹄荷属 Exbucklandia R. W. Br.

1. 马蹄荷 **Exbucklandia populnea** (R. Br. ex Griff.) R. W. Br.……345
2. 大果马蹄荷 **Exbucklandia tonkinensis** (Lecomte) Hung T. Chang……346

5. 牛鼻栓属 Fortunearia Rehder et E. H. Wilson

1. 牛鼻栓 **Fortunearia sinensis** Rehder et E. H. Wilson……346

6. 金缕梅属 Hamamelis L.

1. 金缕梅 **Hamamelis mollis** Oliv.……347

7. 枫香树属 Liquidambar L.

1. 枫香树 **Liquidambar formosana** Hance……349
2. 苏合香 **Liquidambar orientalis** Mill.……351
3. 胶皮枫香树 **Liquidambar styraciflua** L.……352

8. 檵木属 Loropetalum R. Br.

1. 檵木 **Loropetalum chinense** (R. Br.) Oliv.……354

9. 红花荷属 Rhodoleia Champ. ex Hook.

1. 红花荷 **Rhodoleia championii** Hook. f.……356

2. 小花红花荷 **Rhodoleia parvipetala** Tong······357

10. 半枫荷属 **Semiliquidambar** Hung T. Chang

1. 半枫荷 **Semiliquidambar cathayensis** Hung T. Chang······358
2. 细柄半枫荷 **Semiliquidambar chingii** (F. P. Metcalf) Hung T. Chang······359

11. 水丝梨属 **Sycopsis** Oliv.

1. 水丝梨 **Sycopsis sinensis** Oliv.······359

景天科 CRASSULACEAE

1. 落地生根属 **Bryophyllum** Salisb.

1. 落地生根 **Bryophyllum pinnatum** (Lam.) Oken······362

2. 伽蓝菜属 **Kalanchoe** Adans.

1. 伽蓝菜 **Kalanchoe laciniata** (L.) DC.······364
2. 匙叶伽蓝菜 **Kalanchoe spathulata** DC.······365
3. 洋吊钟 **Kalanchoe verticillata** Scott-Elliot······366

3. 瓦松属 **Orostachys** Fisch.

1. 钝叶瓦松 **Orostachys malacophylla** (Pall.) Fisch.······368
2. 日本瓦松 **Orostachys japonica** (Maxim.) A. Berger······368
3. 瓦松 **Orostachys fimbriata** (Turcz.) A. Berger······370
4. 塔花瓦松 **Orostachys chanetii** (H. Lév.) A. Berger······372
5. 黄花瓦松 **Orostachys spinosa** (L.) Sweet······372
6. 小苞瓦松 **Orostachys thyrsiflora** Fisch.······373
7. 狼爪瓦松 **Orostachys cartilaginea** V. N. Boriss.······373

4. 八宝属 **Hylotelephium** H. Ohba

1. 狭穗景天 **Hylotelephium angustum** (Maxim.) H. Ohba······375
2. 轮叶八宝 **Hylotelephium verticillatum** (L.) H. Ohba······375
3. 八宝 **Hylotelephium erythrostictum** (Miq.) H. Ohba······376
4. 长药八宝 **Hylotelephium spectabile** (Boreau) H. Ohba······377
5. 华北八宝 **Hylotelephium tatarinowii** (Maxim.) H. Ohba······378
6. 紫花八宝 **Hylotelephium mingjinianum** (S. H. Fu) H. Ohba······379
7. 白八宝 **Hylotelephium pallescens** (Freyn) H. Ohba······379
8. 紫八宝 **Hylotelephium purpureum** (L.) S. H. Fu······380

5. 合景天属 **Pseudosedum** (Boiss.) A. Berger

1. 白花合景天 **Pseudosedum affine** (Schrenk ex Fisch. et C. A. Mey.) A. Berger······381

6. 红景天属 **Rhodiola L.**

1. 小丛红景天 **Rhodiola dumulosa** (Franch.) S. H. Fu······383

2. 长鳞红景天 **Rhodiola gelida** Schrenk ex Fisch. et C. A. Mey. ······384
3. 四裂红景天 **Rhodiola quadrifida** (Pall.) Schrenk ······385
4. 狭叶红景天 **Rhodiola kirilowii** (Regel) Maxim. ······385
5. 长鞭红景天 **Rhodiola fastigiata** (Hook. f. et Thomson) S. H. Fu ······387
6. 西川红景天 **Rhodiola alsia** (Fröd.) S. H. Fu ······388
7. 库页红景天 **Rhodiola sachalinensis** Boriss. ······389
8. 异齿红景天 **Rhodiola heterodonta** (Hook. f. et Thomson) Boriss. ······391
9. 粗茎红景天 **Rhodiola wallichiana** (Hook.) S. H. Fu ······392
10. 云南红景天 **Rhodiola yunnanensis** (Franch.) S. H. Fu ······393
11. 圣地红景天 **Rhodiola sacra** (Prain ex Raym.-Hamet) S. H. Fu ······394
12. 唐古红景天 **Rhodiola algida** Fisch. et C. A. Mey. var. **tangutica** (Maxim.) S. H. Fu ······395
13. 大花红景天 **Rhodiola crenulata** (Hook. f. et Thomson) H. Ohba ······396
14. 糙红景天 **Rhodiola scabrida** (Franch.) S. H. Fu ······397
15. 准噶尔红景天 **Rhodiola junggarica** Chang Y. Yang et N. R. Cui ······398
16. 红景天 **Rhodiola rosea** L. ······398

7. 石莲属 **Sinocrassula** A. Berger

1. 云南石莲 **Sinocrassula yunnanensis** (Franch.) A. Berger ······402
2. 石莲 **Sinocrassula indica** (Decne.) A. Berger ······402

8. 景天属 Sedum L.

1. 南川景天 **Sedum rosthornianum** Diels ······406
2. 细叶景天 **Sedum elatinoides** Franch. ······407
3. 小山飘风 **Sedum filipes** Hemsl. ······407
4. 山飘风 **Sedum majus** (Hemsl.) Migo ······408
5. 大叶火焰草 **Sedum drymarioides** Hance ······409
6. 火焰草 **Sedum stellariifolium** Franch. ······409
7. 阔叶景天 **Sedum roborowskii** Maxim. ······410
8. 隐匿景天 **Sedum celatum** Fröd. ······411
9. 高原山景天 **Sedum przewalskii** Maxim. ······411
10. 苞叶景天 **Sedum oligospermum** Maire ······411
11. 四芒苞景天 **Sedum tetractinum** Fröd. ······412
12. 白果佛甲草 **Sedum leucocarpum** Franch. ······412
13. 汶川景天 **Sedum wenchuanense** S. H. Fu ······413
14. 多茎景天 **Sedum multicaule** Wall. ex Lindl. ······413
15. 藓状景天 **Sedum polytrichoides** Hemsl. ······414
16. 珠芽景天 **Sedum bulbiferum** Makino ······415
17. 日本景天 **Sedum japonicum** Siebold ex Miq. ······415
18. 玉山佛甲草 **Sedum morrisonense** Hayata ······416
19. 东南景天 **Sedum alfredii** Hance ······417
20. 凹叶佛甲草 **Sedum emarginatum** Migo ······417
21. 垂盆草 **Sedum sarmentosum** Bunge ······418
22. 佛甲草 **Sedum lineare** Thunb. ······421

23. 圆叶景天 **Sedum makinoi** Maxim.······422

9. 费菜属 **Phedimus** Raf.

1. 费菜 **Phedimus aizoon** (L.) 't Hart······423
2. 吉林费菜 **Phedimus middendorffianus** (Maxim.) 't Hart······425
3. 堪察加景天 **Phedimus kamtschaticus** (Fisch.) 't Hart······425
4. 齿叶费菜 **Phedimus odontophyllus** (Fröd.) 't Hart······426
5. 杂交景天 **Phedimus hybridus** (L.) 't Hart······427

虎耳草科 SAXIFRAGACEAE

1. 扯根菜属 **Penthorum** L.

1. 扯根菜 **Penthorum chinense** Pursh······432

2. 大叶子属 **Astilboides** (Hemsl.) Engl.

1. 大叶子 **Astilboides tabularis** (Hemsl.) Engl.······434

3. 鬼灯檠属 **Rodgersia** A. Gray

1. 鬼灯檠 **Rodgersia podophylla** A. Gray······436
2. 七叶鬼灯檠 **Rodgersia aesculifolia** Batalin······437
3. 西南鬼灯檠 **Rodgersia sambucifolia** Hemsl.······438
4. 羽叶鬼灯檠 **Rodgersia pinnata** Franch.······440

4. 落新妇属 **Astilbe** Buch.-Ham. ex D. Don

1. 落新妇 **Astilbe chinensis** (Maxim.) Franch. et Sav.······442
2. 大落新妇 **Astilbe grandis** Stapf ex E. H. Wilson······444
3. 腺萼落新妇 **Astilbe rubra** Hook. f. et Thomson······445
4. 溪畔落新妇 **Astilbe rivularis** Buch.-Ham. ex D. Don······446

5. 独根草属 **Oresitrophe** Bunge

1. 独根草 **Oresitrophe rupifraga** Bunge······448

6. 槭叶草属 **Mukdenia** Koidz.

1. 槭叶草 **Mukdenia rossii** (Oliv.) Koidz.······449

7. 岩白菜属 **Bergenia** Moench

1. 秦岭岩白菜 **Bergenia scopulosa** T. P. Wang······451
2. 厚叶岩白菜 **Bergenia crassifolia** (L.) Fritsch······452
3. 岩白菜 **Bergenia purpurascens** (Hook. f. et Thomson) Engl.······453

8. 虎耳草属 **Saxifraga** L.

1. 虎耳草 **Saxifraga stolonifera** Curtis······458
2. 红毛虎耳草 **Saxifraga rufescens** Balf. f.······460

8. 大花溲疏 **Deutzia grandiflora** Bunge……529
9. 四川溲疏 **Deutzia setchuenensis** Franch.……530

15. 山梅花属 **Philadelphus** L.

1. 太平花 **Philadelphus pekinensis** Rupr.……531
2. 短序山梅花 **Philadelphus brachybotrys** (Koehne) Koehne……532
3. 薄叶山梅花 **Philadelphus tenuifolius** Rupr. ex Maxim.……533
4. 山梅花 **Philadelphus incanus** Koehne……534
5. 云南山梅花 **Philadelphus delavayi** L. Henry……535
6. 滇南山梅花 **Philadelphus henryi** Koehne……536
7. 绢毛山梅花 **Philadelphus sericanthus** Koehne……536

16. 赤壁木属 **Decumaria** L.

1. 赤壁木 **Decumaria sinensis** Oliv.……537

17. 冠盖藤属 **Pileostegia** Hook. f. et Thomson

1. 冠盖藤 **Pileostegia viburnoides** Hook. f. et Thomson……538
2. 星毛冠盖藤 **Pileostegia tomentella** Hand.-Mazz.……539

18. 常山属 **Dichroa** Lour.

1. 常山 **Dichroa febrifuga** Lour.……541
2. 大明常山 **Dichroa daimingshanensis** Y. C. Wu……543
3. 罗蒙常山 **Dichroa yaoshanensis** Y. C. Wu……543

19. 草绣球属 **Cardiandra** Siebold et Zucc.

1. 草绣球 **Cardiandra moellendorffii** (Hance) Migo……544

20. 钻地风属 **Schizophragma** Siebold et Zucc.

1. 钻地风 **Schizophragma integrifolium** Oliv.……546
2. 白背钻地风 **Schizophragma hypoglaucum** Rehder……547

21. 叉叶蓝属 **Deinanthe** Maxim.

1. 叉叶蓝 **Deinanthe caerulea** Stapf……548

22. 绣球属 **Hydrangea** L.

1. 倒卵绣球 **Hydrangea obovatifolia** Hayata……551
2. 中国绣球 **Hydrangea chinensis** Maxim.……551
3. 大瓣绣球 **Hydrangea macrosepala** Hayata……553
4. 西南绣球 **Hydrangea davidii** Franch.……553
5. 临桂绣球 **Hydrangea linkweiensis** Chun……554
6. 柳叶绣球 **Hydrangea stenophylla** Merr. et Chun……554
7. 绣球 **Hydrangea macrophylla** (Thunb.) Ser.……555
8. 圆锥绣球 **Hydrangea paniculata** Siebold……557

9. 白背绣球 **Hydrangea hypoglauca** Rehder……559
10. 挂苦绣球 **Hydrangea xanthoneura** Diels……559
11. 马桑绣球 **Hydrangea aspera** D. Don……560
12. 蜡莲绣球 **Hydrangea strigosa** Rehder……561
13. 柔毛绣球 **Hydrangea villosa** Rehder……563
14. 莼兰绣球 **Hydrangea longipes** Franch.……563
15. 粗枝绣球 **Hydrangea robusta** Hook. f. et Thomson……564
16. 冠盖绣球 **Hydrangea anomala** D. Don……565

23. 鼠刺属 **Itea** L.

1. 滇鼠刺 **Itea yunnanensis** Franch.……567
2. 冬青叶鼠刺 **Itea ilicifolia** Oliv.……568
3. 秀丽鼠刺 **Itea amoena** Chun……569
4. 大叶鼠刺 **Itea macrophylla** Wall.……569
5. 腺鼠刺 **Itea glutinosa** Hand.-Mazz.……570
6. 厚叶鼠刺 **Itea coriacea** Y. C. Wu……571
7. 鼠刺 **Itea chinensis** Hook. et Arn.……571
8. 毛鼠刺 **Itea indochinensis** Merr.……572

24. 茶藨子属 **Ribes** L.

1. 长刺茶藨子 **Ribes alpestre** Wall. ex Decne.……576
2. 刺果茶藨子 **Ribes burejense** F. Schmidt……577
3. 长果茶藨子 **Ribes stenocarpum** Maxim.……578
4. 宝兴茶藨子 **Ribes moupinense** Franch.……579
5. 糖茶藨子 **Ribes himalense** Royle ex Decne.……579
6. 天山茶藨子 **Ribes meyeri** Maxim.……580
7. 高茶藨子 **Ribes altissimum** Turcz. ex Pojark.……581
8. 东北茶藨子 **Ribes mandshuricum** (Maxim.) Kom.……582
9. 黑茶藨子 **Ribes nigrum** L.……583
10. 四川蔓茶藨子 **Ribes ambiguum** Maxim.……586
11. 革叶茶藨子 **Ribes davidii** Franch.……587
12. 华中茶藨子 **Ribes henryi** Franch.……587
13. 圆叶茶藨子 **Ribes heterotrichum** C. A. Mey.……588
14. 矮醋栗 **Ribes humile** Jancz.……588
15. 细枝茶藨子 **Ribes tenue** Jancz.……589
16. 绿花茶藨子 **Ribes viridiflorum** (Cheng) L. T. Lu et G. Yao……590
17. 冰川茶藨子 **Ribes glaciale** Wall.……590
18. 华西茶藨子 **Ribes maximowiczii** Batalin……591
19. 渐尖茶藨子 **Ribes takare** D. Don……592
20. 双刺茶藨子 **Ribes diacanthum** Pall.……593
21. 石生茶藨子 **Ribes saxatile** Pall.……594
22. 美丽茶藨子 **Ribes pulchellum** Turcz.……594

23. 华蔓茶藨子 **Ribes fasciculatum** Siebold et Zucc. var. **chinense** Maxim. ……595

海桐花科 PITTOSPORACEAE

1. 海桐花属 Pittosporum Banks ex Gaertn.

1. 皱叶海桐 **Pittosporum crispulum** Gagnep. ……600
2. 厚圆果海桐 **Pittosporum rehderianum** Gowda ……601
3. 海桐 **Pittosporum tobira** (Thunb.) W. T. Aiton ……601
4. 少花海桐 **Pittosporum pauciflorum** Hook. et Arn. ……603
5. 缝线海桐 **Pittosporum perryanum** Gowda ……604
6. 峨眉海桐 **Pittosporum omeiense** H. T. Chang et S. Z. Yan ……605
7. 光叶海桐 **Pittosporum glabratum** Lindl. ……605
8. 柄果海桐 **Pittosporum podocarpum** Gagnep. ……608
9. 棱果海桐 **Pittosporum trigonocarpum** H. Lév. ……609
10. 贵州海桐 **Pittosporum kweichowense** Gowda ……610
11. 小果海桐 **Pittosporum parvicapsulare** Hung T. Chang et S. Z. Yan ……610
12. 海金子 **Pittosporum illicioides** Makino ……610
13. 突肋海桐 **Pittosporum elevaticostatum** Hung T. Chang et S. Z. Yan ……612
14. 全秃海桐 **Pittosporum perglabratum** Hung T. Chang et S. Z. Yan ……613
15. 卵果海桐 **Pittosporum lenticellatum** Chun ex H. Peng et Y. F. Deng ……613
16. 聚花海桐 **Pittosporum balansae** Aug. DC. ……614
17. 四子海桐 **Pittosporum tonkinense** Gagnep. ……615
18. 崖花子 **Pittosporum truncatum** E. Pritz. ……615
19. 秀丽海桐 **Pittosporum pulchrum** Gagnep. ……616
20. 异叶海桐 **Pittosporum heterophyllum** Franch. ……616
21. 薄萼海桐 **Pittosporum leptosepalum** Gowda ……617
22. 牛耳枫叶海桐 **Pittosporum daphniphylloides** Hayata ……617
23. 广西海桐 **Pittosporum kwangsiense** Hung T. Chang et S. Z. Yan ……618
24. 短萼海桐 **Pittosporum brevicalyx** (Oliv.) Gagnep. ……619
25. 羊脆木 **Pittosporum kerrii** Craib ……620
26. 滇藏海桐 **Pittosporum napaulense** (DC.) Rehder et E. H. Wilson ……620
27. 台琼海桐 **Pittosporum pentandrum** (Blanco) Merr. var. **formosanum** (Hayata) Zhi Y. Zhang et Turland ……620

蔷薇科 ROSACEAE

1. 绣线菊属 Spiraea L.

1. 柳叶绣线菊 **Spiraea salicifolia** L. ……627
2. 绣线菊 **Spiraea japonica** L. f. ……629
3. 华北绣线菊 **Spiraea fritschiana** C. K. Schneid. ……633
4. 长蕊绣线菊 **Spiraea miyabei** Koidz. ……634

5. 川滇绣线菊 **Spiraea schneideriana** Rehder ···634
6. 翠蓝绣线菊 **Spiraea henryi** Hemsl. ···635
7. 麻叶绣线菊 **Spiraea cantoniensis** Lour. ···636
8. 三裂绣线菊 **Spiraea trilobata** L. ···637
9. 绣球绣线菊 **Spiraea blumei** G. Don ···638
10. 土庄绣线菊 **Spiraea pubescens** Turcz. ···639
11. 疏毛绣线菊 **Spiraea hirsuta** (Hemsl.) C. K. Schneid. ···639
12. 中华绣线菊 **Spiraea chinensis** Maxim. ···640
13. 高山绣线菊 **Spiraea alpina** Pall. ···641
14. 细枝绣线菊 **Spiraea myrtilloides** Rehder ···642
15. 欧亚绣线菊 **Spiraea media** Schmidt ···643
16. 绢毛绣线菊 **Spiraea sericea** Turcz. ···643
17. 曲萼绣线菊 **Spiraea flexuosa** Fisch. ex Cambess. ···644
18. 石蚕叶绣线菊 **Spiraea chamaedryfolia** L. ···645
19. 蒙古绣线菊 **Spiraea mongolica** Maxim. ···645
20. 李叶绣线菊 **Spiraea prunifolia** Siebold et Zucc. ···646
21. 珍珠绣线菊 **Spiraea thunbergii** Siebold ex Blume ···648
22. 毛枝绣线菊 **Spiraea martini** H. Lév. ···649
23. 金丝桃叶绣线菊 **Spiraea hypericifolia** L. ···650

2. 鲜卑花属 Sibiraea Maxim.

1. 鲜卑花 **Sibiraea laevigata** (L.) Maxim. ···652
2. 窄叶鲜卑花 **Sibiraea angustata** (Rehder) Hand.-Mazz. ···653

3. 假升麻属 Aruncus L.

1. 假升麻 **Aruncus sylvester** Kostel. ex Maxim. ···655

4. 珍珠梅属 Sorbaria (Ser.) A. Braun

1. 珍珠梅 **Sorbaria sorbifolia** (L.) A. Braun ···657
2. 华北珍珠梅 **Sorbaria kirilowii** (Regel) Maxim. ···659
3. 高丛珍珠梅 **Sorbaria arborea** C. K. Schneid. ···660

5. 绣线梅属 Neillia D. Don

1. 绣线梅 **Neillia thyrsiflora** D. Don ···662
2. 中华绣线梅 **Neillia sinensis** Oliv. ···662
3. 毛叶绣线梅 **Neillia ribesioides** Rehder ···663

6. 小米空木属 Stephanandra Siebold et Zucc.

1. 华空木 **Stephanandra chinensis** Hance ···664
2. 小米空木 **Stephanandra incisa** (Thunb.) Zabel ···665

7. 白鹃梅属 Exochorda Lindl.

1. 白鹃梅 **Exochorda racemosa** (Lindl.) Rehder ···666

8. 牛筋条属 **Dichotomanthes** Kurz

1. 牛筋条 **Dichotomanthes tristaniicarpa** Kurz……667

9. 栒子属 **Cotoneaster** Medik.

1. 粉叶栒子 **Cotoneaster glaucophyllus** Franch.……670
2. 水栒子 **Cotoneaster multiflorus** Bunge……671
3. 灰栒子 **Cotoneaster acutifolius** Turcz.……672
4. 川康栒子 **Cotoneaster ambiguus** Rehder et E. H. Wilson……673
5. 泡叶栒子 **Cotoneaster bullatus** Bois……673
6. 宝兴栒子 **Cotoneaster moupinensis** Franch.……674
7. 厚叶栒子 **Cotoneaster coriaceus** Franch.……675
8. 蒙自栒子 **Cotoneaster harrovianus** E. H. Wilson……676
9. 柳叶栒子 **Cotoneaster salicifolius** Franch.……676
10. 西南栒子 **Cotoneaster franchetii** Bois……677
11. 西北栒子 **Cotoneaster zabelii** C. K. Schneid.……678
12. 全缘栒子 **Cotoneaster integerrimus** Medik.……679
13. 黑果栒子 **Cotoneaster melanocarpus** (Ledeb.) Lodd., G. Lodd. et W. Lodd. ex M. Roem.……679
14. 细弱栒子 **Cotoneaster gracilis** Rehder et E. H. Wilson……680
15. 平枝栒子 **Cotoneaster horizontalis** Decne.……681
16. 小叶栒子 **Cotoneaster microphyllus** Wall. ex Lindl.……682

10. 火棘属 **Pyracantha** M. Roem.

1. 火棘 **Pyracantha fortuneana** (Maxim.) H. L. Li……684
2. 全缘火棘 **Pyracantha atalantioides** (Hance) Stapf……686

11. 山楂属 **Crataegus** L.

1. 云南山楂 **Crataegus scabrifolia** (Franch.) Rehder……688
2. 野山楂 **Crataegus cuneata** Siebold et Zucc.……690
3. 华中山楂 **Crataegus wilsonii** Sarg.……691
4. 滇西山楂 **Crataegus oresbia** W. W. Sm.……692
5. 毛叶山楂 **Crataegus maximowiczii** C. K. Schneid.……692
6. 桔红山楂 **Crataegus aurantia** Pojark.……693
7. 辽宁山楂 **Crataegus sanguinea** Pall.……694
8. 光叶山楂 **Crataegus dahurica** Koehne ex C. K. Schneid.……695
9. 湖北山楂 **Crataegus hupehensis** Sarg.……695
10. 甘肃山楂 **Crataegus kansuensis** E. H. Wilson……696
11. 阿尔泰山楂 **Crataegus altaica** (Loudon) Lange……697
12. 准噶尔山楂 **Crataegus songarica** K. Koch……698
13. 山楂 **Crataegus pinnatifida** Bunge……699

12. 小石积属 **Osteomeles** Lindl.

1. 华西小石积 **Osteomeles schwerinae** C. K. Schneid.……705

13. 石楠属 **Photinia** Lindl.

1. 石楠 **Photinia serratifolia** (Desf.) Kalkman······707
2. 光叶石楠 **Photinia glabra** (Thunb.) Franch. et Sav.······709
3. 椤木石楠 **Photinia davidsoniae** Rehder et E. H. Wilson······710
4. 桃叶石楠 **Photinia prunifolia** (Hook. et Arn.) Lindl.······710
5. 厚叶石楠 **Photinia crassifolia** H. Lév.······711
6. 中华石楠 **Photinia beauverdiana** C. K. Schneid.······712
7. 绒毛石楠 **Photinia schneideriana** Rehder et E. H. Wilson······713
8. 毛叶石楠 **Photinia villosa** (Thunb.) DC.······713
9. 小叶石楠 **Photinia parvifolia** (E. Pritz.) C. K. Schneid.······715

14. 枇杷属 **Eriobotrya** Lindl.

1. 枇杷 **Eriobotrya japonica** (Thunb.) Lindl.······717
2. 怒江枇杷 **Eriobotrya salwinensis** Hand.-Mazz.······720
3. 大花枇杷 **Eriobotrya cavaleriei** (H. Lév.) Rehder······721
4. 台湾枇杷 **Eriobotrya deflexa** (Hemsl.) Nakai······722

15. 石斑木属 **Rhaphiolepis** Lindl.

1. 石斑木 **Rhaphiolepis indica** (L.) Lindl. ex Ker······723
2. 细叶石斑木 **Rhaphiolepis lanceolata** Hu······724

16. 花楸属 **Sorbus** L.

1. 天山花楸 **Sorbus tianschanica** Rupr.······726
2. 太白花楸 **Sorbus tapashana** C. K. Schneid.······726
3. 湖北花楸 **Sorbus hupehensis** C. K. Schneid.······727
4. 黄山花楸 **Sorbus amabilis** Cheng ex T. T. Yü et K. C. Kuan······728
5. 北京花楸 **Sorbus discolor** (Maxim.) Maxim.······728
6. 花楸树 **Sorbus pohuashanensis** (Hance) Hedl.······729
7. 球穗花楸 **Sorbus glomerulata** Koehne······730
8. 陕甘花楸 **Sorbus koehneana** C. K. Schneid.······731
9. 西康花楸 **Sorbus prattii** Koehne······731
10. 红毛花楸 **Sorbus rufopilosa** C. K. Schneid.······732
11. 大果花楸 **Sorbus megalocarpa** Rehder······733
12. 水榆花楸 **Sorbus alnifolia** (Siebold et Zucc.) C. Koch······734
13. 美脉花楸 **Sorbus caloneura** (Stapf) Rehder······735
14. 圆果花楸 **Sorbus globosa** T. T. Yü et H. T. Tsai······735
15. 毛序花楸 **Sorbus keissleri** (C. K. Schneid.) Rehder······736
16. 石灰花楸 **Sorbus folgneri** (C. K. Schneid.) Rehder······737
17. 江南花楸 **Sorbus hemsleyi** (C. K. Schneid.) Rehder······738

17. 榅桲属 **Cydonia** Mill.

1. 榅桲 **Cydonia oblonga** Mill.······739

18. 移𣏌属 **Docynia** Decne.

1. 移𣏌 **Docynia indica** (Wall.) Decne. ······743
2. 云南移𣏌 **Docynia delavayi** (Franch.) C. K. Schneid. ······744

19. 木瓜属 **Chaenomeles** Lindl.

1. 木瓜 **Chaenomeles sinensis** (Thouin) Koehne ······746
2. 皱皮木瓜 **Chaenomeles speciosa** (Sweet) Nakai ······749
3. 毛叶木瓜 **Chaenomeles cathayensis** (Hemsl.) C. K. Schneid. ······752
4. 日本木瓜 **Chaenomeles japonica** (Thunb.) Lindl. ex Spach ······753
5. 西藏木瓜 **Chaenomeles thibetica** T. T. Yü ······754

20. 梨属 **Pyrus** L.

1. 秋子梨 **Pyrus ussuriensis** Maxim. ······756
2. 河北梨 **Pyrus hopeiensis** T. T. Yü ······757
3. 新疆梨 **Pyrus sinkiangensis** T. T. Yü ······758
4. 麻梨 **Pyrus serrulata** Rehder ······759
5. 西洋梨 **Pyrus communis** L. var. **sativa** (DC.) DC. ······760
6. 白梨 **Pyrus bretschneideri** Rehder ······761
7. 沙梨 **Pyrus pyrifolia** (Burm. f.) Nakai ······762
8. 杜梨 **Pyrus betulifolia** Bunge ······763
9. 褐梨 **Pyrus phaeocarpa** Rehder ······764
10. 豆梨 **Pyrus calleryana** Decne. ······765
11. 川梨 **Pyrus pashia** Buch.-Ham. ex D. Don ······767

21. 苹果属 **Malus** Mill.

1. 山荆子 **Malus baccata** (L.) Borkh. ······770
2. 丽江山荆子 **Malus rockii** Rehder ······771
3. 毛山荆子 **Malus mandshurica** (Maxim.) Kom. ex Juz. ······772
4. 湖北海棠 **Malus hupehensis** (Pamp.) Rehder ······773
5. 垂丝海棠 **Malus halliana** Koehne ······774
6. 苹果 **Malus pumila** Mill. ······775
7. 花红 **Malus asiatica** Nakai ······777
8. 楸子 **Malus prunifolia** (Willd.) Borkh. ······778
9. 海棠花 **Malus spectabilis** (Aiton) Borkh. ······779
10. 西府海棠 **Malus micromalus** Makino ······780
11. 三叶海棠 **Malus sieboldii** (Regel) Rehder ······781
12. 陇东海棠 **Malus kansuensis** (Batalin) C. K. Schneid. ······782
13. 花叶海棠 **Malus transitoria** (Batalin) C. K. Schneid. ······783
14. 滇池海棠 **Malus yunnanensis** (Franch.) C. K. Schneid. ······784
15. 台湾林檎 **Malus doumeri** (Bois) A. Chev. ······784
16. 光萼林檎 **Malus leiocalyca** S. Z. Huang ······785

22. 唐棣属 **Amelanchier** Medik.

1. 唐棣 **Amelanchier sinica** (C. K. Schneid.) Chun……786
2. 东亚唐棣 **Amelanchier asiatica** (Siebold et Zucc.) Endl. ex Walp.……787

23. 棣棠花属 **Kerria** DC.

1. 棣棠花 **Kerria japonica** (L.) DC.……789

24. 鸡麻属 **Rhodotypos** Siebold et Zucc.

1. 鸡麻 **Rhodotypos scandens** (Thunb.) Makino……791

25. 蚊子草属 **Filipendula** Mill.

1. 蚊子草 **Filipendula palmata** (Pall.) Maxim.……793
2. 槭叶蚊子草 **Filipendula purpurea** Maxim.……795
3. 翻白蚊子草 **Filipendula intermedia** (Glehn) Juz.……796
4. 细叶蚊子草 **Filipendula angustiloba** (Turcz.) Maxim.……796
5. 旋果蚊子草 **Filipendula ulmaria** (L.) Maxim.……797

26. 悬钩子属 **Rubus** L.

1. 蛇泡筋 **Rubus cochinchinensis** Tratt.……806
2. 三叶悬钩子 **Rubus delavayi** Franch.……807
3. 白花悬钩子 **Rubus leucanthus** Hance……807
4. 蓬蘽 **Rubus hirsutus** Thunb.……808
5. 刺莓 **Rubus taiwanianus** Matsum.……809
6. 插田泡 **Rubus coreanus** Miq.……810
7. 柱序悬钩子 **Rubus subcoreanus** T. T. Yü et L. T. Lu……812
8. 黄果悬钩子 **Rubus xanthocarpus** Bureau et Franch.……812
9. 腺毛莓 **Rubus adenophorus** Rolfe……814
10. 红毛悬钩子 **Rubus wallichianus** Wight et Arn.……814
11. 桉叶悬钩子 **Rubus eucalyptus** Focke……815
12. 复盆子 **Rubus idaeus** L.……816
13. 喜阴悬钩子 **Rubus mesogaeus** Focke……818
14. 粉枝莓 **Rubus biflorus** Buch.-Ham. ex Sm.……819
15. 刺萼悬钩子 **Rubus alexeterius** Focke……821
16. 茅莓 **Rubus parvifolius** L.……821
17. 白叶莓 **Rubus innominatus** S. Moore……824
18. 椭圆悬钩子 **Rubus ellipticus** Sm.……825
19. 库页悬钩子 **Rubus sachalinensis** H. Lév.……827
20. 多腺悬钩子 **Rubus phoenicolasius** Maxim.……828
21. 空心泡 **Rubus rosifolius** Sm.……829
22. 大红泡 **Rubus eustephanos** Focke……830
23. 秀丽莓 **Rubus amabilis** Focke……831
24. 红腺悬钩子 **Rubus sumatranus** Miq.……832
25. 薄瓣悬钩子 **Rubus piptopetalus** Hayata ex Koidz.……833

26. 针刺悬钩子 **Rubus pungens** Cambess. ……833
27. 拟复盆子 **Rubus idaeopsis** Focke……835
28. 弓茎悬钩子 **Rubus flosculosus** Focke……836
29. 华中悬钩子 **Rubus cockburnianus** Hemsl. ……836
30. 红泡刺藤 **Rubus niveus** Thunb. ……837
31. 绵果悬钩子 **Rubus lasiostylus** Focke……838
32. 北悬钩子 **Rubus arcticus** L. ……839
33. 石生悬钩子 **Rubus saxatilis** L. ……840
34. 凉山悬钩子 **Rubus fockeanus** Kurz……841
35. 周毛悬钩子 **Rubus amphidasys** Focke……842
36. 梨叶悬钩子 **Rubus pirifolius** Sm. ……843
37. 宜昌悬钩子 **Rubus ichangensis** Hemsl. et Kuntze ……844
38. 高粱泡 **Rubus lambertianus** Ser. ……845
39. 木莓 **Rubus swinhoei** Hance……847
40. 棠叶悬钩子 **Rubus malifolius** Focke ……848
41. 白薷 **Rubus doyonensis** Hand.-Mazz. ……848
42. 鸡爪茶 **Rubus henryi** Hemsl. et Kuntze……849
43. 乌泡子 **Rubus parkeri** Hance……850
44. 毛萼莓 **Rubus chroosepalus** Focke……851
45. 黄脉莓 **Rubus xanthoneurus** Focke……852
46. 黔桂悬钩子 **Rubus feddei** H. Lév. et Vaniot ……852
47. 灰白毛莓 **Rubus tephrodes** Hance……853
48. 粗叶悬钩子 **Rubus alceifolius** Poir. ……854
49. 羽萼悬钩子 **Rubus pinnatisepalus** Hemsl. ……856
50. 寒莓 **Rubus buergeri** Miq. ……856
51. 川莓 **Rubus setchuenensis** Bureau et Franch. ……858
52. 大乌泡 **Rubus pluribracteatus** L. T. Lu et Boufford……858
53. 台湾悬钩子 **Rubus formosensis** Kuntze……859
54. 戟叶悬钩子 **Rubus hastifolius** H. Lév. et Vaniot ……859
55. 锈毛莓 **Rubus reflexus** Ker Gawl. ……860
56. 太平莓 **Rubus pacificus** Hance……862
57. 灰毛泡 **Rubus irenaeus** Focke……863
58. 盾叶莓 **Rubus peltatus** Maxim. ……864
59. 三花悬钩子 **Rubus trianthus** Focke ……865
60. 山莓 **Rubus corchorifolius** L. f. ……866
61. 牛叠肚 **Rubus crataegifolius** Bunge ……867
62. 掌叶复盆子 **Rubus chingii** Hu ……868
63. 黄泡 **Rubus pectinellus** Maxim. ……871

27. 路边青属 Geum L.

1. 路边青 **Geum aleppicum** Jacq. ……873
2. 柔毛路边青 **Geum japonicum** Thunb. var. **chinense** F. Bolle……874

3. 紫萼路边青 **Geum rivale** L. ······875

28. 羽叶花属 **Acomastylis** Greene

1. 羽叶花 **Acomastylis elata** (Wall. ex G. Don) F. Bolle······877
2. 大萼羽叶花 **Acomastylis macrosepala** (Ludlow) T. T. Yü et C. L. Li ······878

29. 太行花属 **Taihangia** T. T. Yü et C. L. Li

1. 太行花 **Taihangia rupestris** T. T. Yü et C. L. Li ······879

30. 无尾果属 **Coluria** R. Br.

1. 无尾果 **Coluria longifolia** Maxim. ······879

31. 委陵菜属 **Potentilla** L.

1. 金露梅 **Potentilla fruticosa** L. ······884
2. 银露梅 **Potentilla glabra** Lodd. ······887
3. 小叶金露梅 **Potentilla parvifolia** Fisch. ex Lehm. ······889
4. 二裂委陵菜 **Potentilla bifurca** L. ······890
5. 朝天委陵菜 **Potentilla supina** L. ······892
6. 翻白草 **Potentilla discolor** Bunge······892
7. 长柔毛委陵菜 **Potentilla griffithii** Hook. f. var. **velutina** Cardot ······894
8. 莓叶委陵菜 **Potentilla fragarioides** L. ······895
9. 皱叶委陵菜 **Potentilla ancistrifolia** Bunge······896
10. 菊叶委陵菜 **Potentilla tanacetifolia** Willd. ex D. F. K. Schltdl. ······898
11. 腺毛委陵菜 **Potentilla longifolia** Willd. ex D. F. K. Schltdl. ······898
12. 蕨麻 **Potentilla anserina** L. ······899
13. 簇生委陵菜 **Potentilla turfosa** Hand.-Mazz. ······901
14. 银叶委陵菜 **Potentilla leuconota** D. Don ······902
15. 总梗委陵菜 **Potentilla peduncularis** D. Don······903
16. 西南委陵菜 **Potentilla lineata** Trevir. ······904
17. 腺粒委陵菜 **Potentilla granulosa** T. T. Yü et C. L. Li ······905
18. 绢毛委陵菜 **Potentilla sericea** L. ······906
19. 多裂委陵菜 **Potentilla multifida** L. ······906
20. 大萼委陵菜 **Potentilla conferta** Bunge······907
21. 多茎委陵菜 **Potentilla multicaulis** Bunge ······908
22. 委陵菜 **Potentilla chinensis** Ser. ······910
23. 下江委陵菜 **Potentilla limprichtii** J. Krause ······912
24. 轮叶委陵菜 **Potentilla verticillaris** Stephan ex Willd. ······912
25. 星毛委陵菜 **Potentilla acaulis** L. ······913
26. 蛇莓委陵菜 **Potentilla centigrana** Maxim. ······914
27. 狼牙委陵菜 **Potentilla cryptotaeniae** Maxim. ······915
28. 三叶委陵菜 **Potentilla freyniana** Bornm. ······916
29. 曲枝委陵菜 **Potentilla yokusaiana** Makino······918
30. 白萼委陵菜 **Potentilla betonicifolia** Poir. ······919

31. 雪白委陵菜 **Potentilla nivea** L.······919
32. 显脉委陵菜 **Potentilla nervosa** Juz.······920
33. 钉柱委陵菜 **Potentilla saundersiana** Royle······920
34. 匍匐委陵菜 **Potentilla reptans** L.······921
35. 匍枝委陵菜 **Potentilla flagellaris** Willd. ex D. F. K. Schltdl.······923
36. 蛇含委陵菜 **Potentilla kleiniana** Wight et Arn.······923
37. 黄花委陵菜 **Potentilla chrysantha** Trevir.······925

32. 沼委陵菜属 Comarum L.

1. 沼委陵菜 **Comarum palustre** L.······926

33. 山莓草属 Sibbaldia L.

1. 隐瓣山莓草 **Sibbaldia procumbens** L. var. **aphanopetala** (Hand.-Mazz.) T. T. Yü et C. L. Li······927
2. 伏毛山莓草 **Sibbaldia adpressa** Bunge······928

34. 地蔷薇属 Chamaerhodos Bunge

1. 地蔷薇 **Chamaerhodos erecta** (L.) Bunge······929

35. 草莓属 Fragaria L.

1. 野草莓 **Fragaria vesca** L.······931
2. 东方草莓 **Fragaria orientalis** Losinsk.······932
3. 黄毛草莓 **Fragaria nilgerrensis** Schltdl. ex J. Gay······933
4. 草莓 **Fragaria × ananassa** (Weston) Duchesne······934
5. 西南草莓 **Fragaria moupinensis** (Franch.) Cardot······936

36. 蛇莓属 Duchesnea J. E. Sm.

1. 蛇莓 **Duchesnea indica** (Andrews) Teschem.······937
2. 皱果蛇莓 **Duchesnea chrysantha** (Zoll. et Moritzi) Miq.······940

37. 蔷薇属 Rosa L.

1. 密刺蔷薇 **Rosa spinosissima** L.······944
2. 长白蔷薇 **Rosa koreana** Kom.······945
3. 腺叶蔷薇 **Rosa kokanica** (Regel) Regel ex Juz.······946
4. 宽刺蔷薇 **Rosa platyacantha** Schrenk······946
5. 黄蔷薇 **Rosa hugonis** Hemsl.······947
6. 黄刺玫 **Rosa xanthina** Lindl.······948
7. 细梗蔷薇 **Rosa graciliflora** Rehder et E. H. Wilson······950
8. 峨眉蔷薇 **Rosa omeiensis** Rolfe······950
9. 绢毛蔷薇 **Rosa sericea** Lindl.······952
10. 毛叶蔷薇 **Rosa mairei** H. Lév.······954
11. 法国蔷薇 **Rosa gallica** L.······955
12. 百叶蔷薇 **Rosa centifolia** L.······956
13. 弯刺蔷薇 **Rosa beggeriana** Schrenk······956

14. 腺齿蔷薇 **Rosa albertii** Regel……957
15. 刺梗蔷薇 **Rosa setipoda** Hemsl. et E. H. Wilson……958
16. 玫瑰 **Rosa rugosa** Thunb.……958
17. 山刺玫 **Rosa davurica** Pall.……961
18. 刺蔷薇 **Rosa acicularis** Lindl.……962
19. 疏花蔷薇 **Rosa laxa** Retz.……963
20. 大红蔷薇 **Rosa saturata** Baker……964
21. 美蔷薇 **Rosa bella** Rehder et E. H. Wilson……964
22. 钝叶蔷薇 **Rosa sertata** Rolfe……966
23. 扁刺蔷薇 **Rosa sweginzowii** Koehne……967
24. 大叶蔷薇 **Rosa macrophylla** Lindl.……968
25. 腺果蔷薇 **Rosa fedtschenkoana** Regel……969
26. 月季 **Rosa chinensis** Jacq.……969
27. 香水月季 **Rosa odorata** (Andrews) Sweet……971
28. 野蔷薇 **Rosa multiflora** Thunb.……974
29. 小金樱 **Rosa taiwanensis** Nakai……977
30. 光叶蔷薇 **Rosa wichuraiana** Crép.……977
31. 长尖叶蔷薇 **Rosa longicuspis** Bertol.……978
32. 卵果蔷薇 **Rosa helenae** Rehder et E. H. Wilson……979
33. 川滇蔷薇 **Rosa soulieana** Crép.……980
34. 软条七蔷薇 **Rosa henryi** Boulenger……981
35. 木香花 **Rosa banksiae** W. T. Aiton……982
36. 小果蔷薇 **Rosa cymosa** Tratt.……984
37. 金樱子 **Rosa laevigata** Michx.……985
38. 硕苞蔷薇 **Rosa bracteata** J. C. Wendl.……988
39. 缫丝花 **Rosa roxburghii** Tratt.……990

38. 龙芽草属 Agrimonia L.

1. 龙芽草 **Agrimonia pilosa** Ledeb.……993
2. 小花龙芽草 **Agrimonia nipponica** Koidz. var. **occidentalis** Skalický ex J. E. Vidal……997
3. 托叶龙芽草 **Agrimonia coreana** Nakai……998
4. 大花龙芽草 **Agrimonia eupatoria** L. subsp. **asiatica** (Juz.) Skalický……999

39. 马蹄黄属 Spenceria Trimen

1. 马蹄黄 **Spenceria ramalana** Trimen……1000

40. 地榆属 Sanguisorba L.

1. 地榆 **Sanguisorba officinalis** L.……1003
2. 细叶地榆 **Sanguisorba tenuifolia** Fisch. ex Link……1009
3. 宽蕊地榆 **Sanguisorba applanata** T. T. Yü et C. L. Li……1010
4. 矮地榆 **Sanguisorba filiformis** (Hook. f.) Hand.-Mazz.……1011
5. 高山地榆 **Sanguisorba alpina** Bunge……1011
6. 大白花地榆 **Sanguisorba stipulata** Raf.……1013

41. 羽衣草属 **Alchemilla** L.

1. 羽衣草 **Alchemilla japonica** Nakai et H. Hara······1014

42. 扁核木属 **Prinsepia** Royle

1. 扁核木 **Prinsepia utilis** Royle······1016
2. 东北扁核木 **Prinsepia sinensis** (Oliv.) Oliv. ex Bean······1017
3. 蕤核 **Prinsepia uniflora** Batalin······1018

43. 桃属 **Amygdalus** L.

1. 扁桃 **Amygdalus communis** L.······1021
2. 榆叶梅 **Amygdalus triloba** (Lindl.) Ricker······1022
3. 长梗扁桃 **Amygdalus pedunculata** Pall.······1023
4. 蒙古扁桃 **Amygdalus mongolica** (Maxim.) Ricker······1024
5. 桃 **Amygdalus persica** L.······1025
6. 新疆桃 **Amygdalus ferganensis** (Kostina et Rjabov) T. T. Yü et L. T. Lu······1029
7. 山桃 **Amygdalus davidiana** (Carrière) de Vos ex Henry······1030
8. 甘肃桃 **Amygdalus kansuensis** (Rehder) Skeels······1031
9. 光核桃 **Amygdalus mira** (Koehne) Ricker······1032

44. 杏属 **Armeniaca** Mill.

1. 杏 **Armeniaca vulgaris** Lam.······1034
2. 山杏 **Armeniaca sibirica** (L.) Lam.······1037
3. 藏杏 **Armeniaca holosericea** (Batalin) Kostina······1039
4. 东北杏 **Armeniaca mandshurica** (Maxim.) Skvortsov······1040
5. 梅 **Armeniaca mume** Siebold······1041

45. 李属 **Prunus** L.

1. 杏李 **Prunus simonii** Carrière······1045
2. 黑刺李 **Prunus spinosa** L.······1046
3. 欧洲李 **Prunus domestica** L.······1047
4. 樱桃李 **Prunus cerasifera** Ehrh.······1049
5. 李 **Prunus salicina** Lindl.······1050

46. 樱属 **Cerasus** Mill.

1. 四川樱桃 **Cerasus szechuanica** (Batalin) T. T. Yü et C. L. Li······1053
2. 黑樱桃 **Cerasus maximowiczii** (Rupr.) Kom.······1054
3. 康定樱桃 **Cerasus tatsienensis** (Batalin) T. T. Yü et C. L. Li······1055
4. 微毛樱桃 **Cerasus clarofolia** (C. K. Schneid.) T. T. Yü et C. L. Li······1056
5. 欧洲甜樱桃 **Cerasus avium** (L.) Moench······1056
6. 樱桃 **Cerasus pseudocerasus** (Lindl.) Loudon······1058
7. 崖樱桃 **Cerasus scopulorum** (Koehne) T. T. Yü et C. L. Li······1059
8. 刺毛樱桃 **Cerasus setulosa** (Batalin) T. T. Yü et C. L. Li······1060
9. 东京樱桃 **Cerasus yedoensis** (Matsum.) A. N. Vassiljeva······1060

10. 山樱花 **Cerasus serrulata** (Lindl.) Loudon……1062
11. 华中樱桃 **Cerasus conradinae** (Koehne) T. T. Yü et C. L. Li……1063
12. 高盆樱桃 **Cerasus cerasoides** (Buch.-Ham. ex D. Don) S. Y. Sokolov……1064
13. 毛叶欧李 **Cerasus dictyoneura** (Diels) Holub……1065
14. 欧李 **Cerasus humilis** (Bunge) Sokoloff……1066
15. 麦李 **Cerasus glandulosa** (Thunb.) Sokoloff……1068
16. 郁李 **Cerasus japonica** (Thunb.) Loisel.……1068
17. 毛樱桃 **Cerasus tomentosa** (Thunb.) Wall.……1070
18. 天山樱桃 **Cerasus tianshanica** Pojarkov……1071

47. 稠李属 Padus Mill.

1. 稠李 **Padus avium** Mill.……1072
2. 短梗稠李 **Padus brachypoda** (Batalin) C. K. Schneid.……1074

48. 桂樱属 Laurocerasus Tourn. ex Duhamel

1. 腺叶桂樱 **Laurocerasus phaeosticta** (Hance) C. K. Schneid.……1075
2. 刺叶桂樱 **Laurocerasus spinulosa** (Siebold et Zucc.) C. K. Schneid.……1076

牛栓藤科 CONNARACEAE

1. 红叶藤属 Rourea Aubl.

1. 红叶藤 **Rourea minor** (Gaertn.) Alston……1079
2. 小叶红叶藤 **Rourea microphylla** (Hook. et Arn.) Planch.……1080

2. 牛栓藤属 Connarus L.

1. 牛栓藤 **Connarus paniculatus** Roxb.……1081

3. 栗豆藤属 Agelaea Soland. ex Planch.

1. 栗豆藤 **Agelaea trinervis** (Llanos) Merr.……1082

药用植物中文名索引……1084
药用植物拉丁名索引……1107
《中国药用植物志》科名分卷索引……1131

罂粟科 PAPAVERACEAE

草本或稀为亚灌木、小灌木或灌木，极稀乔木状，常有乳汁或有色液汁。主根明显，稀纤维状或形成块根，稀有块茎。基生叶通常莲座状，茎生叶互生，稀上部对生或近轮生状，全缘或分裂，有时具卷须，无托叶。花单生或排列成总状花序、聚伞花序或圆锥花序。花两性，辐射对称、双面对称或两侧对称；萼片 2，早脱；花瓣通常 4–8 枚，或更多，排列成 2 轮，有时花瓣外面的 2 或 1 枚呈囊状或成距；雄蕊多数，分离，排列成数轮，或 4 枚分离，或 6 枚合成 2 束；子房上位，2 至多数合生心皮组成，标准的为 1 室，侧膜胎座，心皮于果时分离，或因产生假隔膜形成 2 至数室，胚珠多数，稀少数或 1；花柱单生，柱头通常与胎座同数，柱头合生时，则贴生于花柱上面或子房先端成具辐射状裂片的盘。果为蒴果，瓣裂或顶孔开裂，稀横裂为单种子的小节，稀有蓇葖果或坚果。种子细小，种脊有时具鸡冠状种阜。

约 38 属 700 多种，主产于北温带。我国有 18 属 360 余种，南北均产，药用 17 属 154 种 2 亚种 10 变种 2 变型。

化学成分主要为生物碱类，部分属尚含少量黄酮类和挥发油等。

分属检索表

1. 植株具浆汁；花冠辐射对称，花瓣同形，无距；雄蕊多数，分离；雌蕊多心皮至 2 心皮；蒴果瓣裂或稀顶孔开裂。
 2. 花被 3 基数；雌蕊 3 至多心皮；蒴果 4–6 瓣自先端微裂，疏生硬刺；茎和叶裂片先端具刺；花单个顶生 ········ 1. **蓟罂粟属 Argemone**
 2. 花被 2 基数或无花瓣；雌蕊 2 心皮，稀较多。
  3. 花瓣无；花小而且极多，排列成大型圆锥花序；亚灌木，茎中空 ········ 12. **博落回属 Macleaya**
  3. 花瓣 4，稀较多。
   4. 花单生或组成总状花序；种子无鸡冠状种阜。
    5. 雌蕊 3 至多心皮；花单生或组成总状花序，稀圆锥状花序；蒴果 3–12 瓣裂或顶孔开裂。
     6. 花柱通常明显，柱头棒状或头状，分离或连合，呈辐射状下延；蒴果 3–12 瓣自先端开裂；植株具黄色液汁 ········ 2. **绿绒蒿属 Meconopsis**
     6. 花柱无，柱头辐射状连合成平扁或尖塔形的盘状体；蒴果顶孔开裂；植株具白色液汁 ········ 3. **罂粟属 Papaver**
    5. 雌蕊 2 心皮（稀 4）；花单个顶生；蒴果 2–4 瓣裂。
     7. 花瓣紫色或红色；蒴果 4 (2–3) 瓣裂 ········ 7. **疆罂粟属 Roemeria**
     7. 花瓣黄色、橙色，稀红色；蒴果 2 瓣裂。
      8. 花药线形，比花丝长；茎生叶和基生叶同形；蒴果自基部向先端开裂 ········ 4. **花菱草属 Eschscholzia**
      8. 花药不为线形，比花丝短；基生叶多，茎生叶少，明显小于基生叶。
       9. 子房 1 室；植株常具黄色液汁 ········ 5. **秃疮花属 Dicranostigma**
       9. 子房由于有海绵状细胞组成的隔膜而成假 2 室；植株具红色液汁 ········ 6. **海罂粟属 Glaucium**
   4. 花通常排列成伞房花序或圆锥花序；种子具鸡冠状种阜。
    10. 茎花葶状；叶全部基生，叶片心形，边缘浅波状 ········ 11. **血水草属 Eomecon**

10. 茎不为花葶状；叶茎生和基生，叶片不为心形，边缘具齿至羽状分裂。
11. 叶互生于茎上下部；茎聚伞状分枝；果近念珠状……………………………10. **白屈菜属 Chelidonium**
11. 叶近对生于茎先端；茎不分枝；果不为念珠状。
12. 花具苞片，数朵排成伞房花序；子房被短柔毛；蒴果自先端向基部 2–4 瓣裂……………………………………………………………………………8. **金罂粟属 Stylophorum**
12. 花无苞片，1–3 花排列成伞房花序；子房无毛，蒴果自基部向先端 2 瓣裂……………………………………………………………………………9. **荷青花属 Hylomecon**
1. 植株无浆汁；花冠双面对称或两侧对称，花瓣不同形；雄蕊 4 枚分离或 6 枚合成 2 束；雌蕊 2 心皮；蒴果。
13. 雄蕊 4 枚，分离，与花瓣对生；花瓣 4 枚，2 轮排列，外轮和内轮异形，无距；蒴果长角状，节间分离或开裂为 2 果瓣……………………………………………………………………………13. **角茴香属 Hypecoum**
13. 雄蕊 6 枚，合成 2 束；花瓣 4 枚，2 轮排列，外花瓣中的 1 或 2 枚基部呈囊状或距；蒴果 2 瓣裂。
14. 花两侧对称……………………………………………………………………………17. **紫堇属 Corydalis**
14. 花双面对称。
15. 直立草本，无卷须……………………………………………………………14. **荷包牡丹属 Dicentra**
15. 攀援草本，具卷须。
16. 顶生小叶卷须状；总状花序对叶生；花黄色……………………15. **紫金龙属 Dactylicapnos**
16. 顶生小叶柄卷须状；圆锥花序腋生；花淡紫红色……………………………16. **荷包藤属 Adlumia**

1. 蓟罂粟属 Argemone L.

一年生、二年生或稀多年生有刺草本，具黄色浆汁。茎常直立。叶羽状分裂，裂片具波状齿，齿端具刺。花单个顶生或成聚伞状排列，3 基数。萼片 (2–) 3，先端有角状附属物，早落；花瓣 (4–) 6，2 轮排列，橙黄色、黄色、黄白色或白色，稀紫红色；雄蕊多数，分离；子房卵形、圆锥状卵形或近椭圆形，心皮 (3–) 4–6，连合，胚珠多数，花柱极短或无。蒴果被刺，极稀无刺，3–6 瓣裂。种子多数，种阜极小或无。

29 种，主产于美洲。我国引种栽培 1 种，在台湾、福建、广东沿海和云南逸为野生，可入药。

本属药用植物蓟罂粟主要含生物碱、黄酮、酚酸、脂肪酸和甾体等类化学成分，其中原阿片碱、别隐品碱、小檗碱等异喹啉类生物碱类成分可减轻吗啡戒断反应，并具有抗心律不齐、舒张支气管平滑肌、抗菌等药理活性。

1. 蓟罂粟（海南植物志） 刺罂粟（中国种子植物科属辞典）

Argemone mexicana L., Sp. Pl. 1: 508-509. 1753.（英 **Mexican Pricklepoppy**）

一年生草本，通常粗壮，高 30–100 cm。茎具分枝和多短枝，疏被黄褐色平展的刺。基生叶密聚，叶片宽倒披针形、倒卵形或椭圆形，先端急尖，基部楔形，边缘羽状深裂，裂片具波状齿，齿端具尖刺，沿脉散生尖刺；叶柄长 0.5–1 cm；茎生叶互生，与基生叶同形，但上部叶较小，无柄，常半抱茎。花单生于短枝顶，有时似少花的聚伞花序；花梗极短。萼片 2，外面无毛或散生刺，花开时即脱落；花瓣 6，宽倒卵形，长 1.7–3 cm，先端圆，黄色或橙黄色；子房椭圆形或长圆形，被黄褐色伸展的刺，花柱极短，柱头 4–6 裂，深红色。蒴果长圆形或宽椭圆形，疏被黄褐色的刺，4–6 瓣自顶端开裂至全长的 1/4–1/3。种子球形，具明显的网纹。花期 3–5 月，果期 4–10 月。

分布与生境 原产于中美洲和热带亚洲。福建、台湾、广东、云南很多地区有栽培。

药用部位 全草、根、种子。

功效应用 根及全草：发汗利水，消肿利胆。用于黄疸，水肿，止痛止痒，感冒无汗，淋病，眼睑裂伤，疝痛，疥癞，梅毒。种子：催吐，祛痰，消炎，止痛。

化学成分 根含生物碱类：降血根碱(norsanguinarine)，小檗碱(berberine)，原阿片碱(protopine)[1]；甾体类：β-谷甾醇[1]。

花含黄酮类：3-甲氧基槲皮素(3-methoxyquercetin)[2]；芳香类：香荚兰酸(vanillic acid)[2]。

种子含生物碱类：血根碱(sanguinarine)，苄非他明-*N*-脱甲基酶(benzphetamine *N*-demethylase)[3]；脂肪酸类：亚油酸(linoleic acid)，油酸(oleic acid)，棕榈酸[4]，*sn*-甘油-1-二十碳-9,12-二烯酸酯-2-棕榈油酸酯-3-亚油酸酯(*sn*-glycerol-1-eicosa-9,12-dienoate-2-palmitoleate-3-1inoleate)[5]；黄酮类：5,7,2',6'-四羟基黄酮(5,7,2',6'-tetrahydroxy-flavone)[6-7]，5,7-二羟基色酮-7-新橙皮糖苷(5,7-dihydroxychromone-7-neohesperidoside)[7]。

地上部分含生物碱类：原阿片碱，别隐品碱(allocryptopine)，小檗碱[8]，α-别隐品碱(α-allocryptopine)，黄连碱(coptisine)，白屈菜红碱(chelerythrine)，血根碱，原阿片碱，小檗碱[9]。

全草含生物碱类：原阿片碱，小檗碱，黄连碱，血根碱，别隐品碱，白屈菜红碱，降血根碱，降白屈菜红碱(norchelerythrine)，隐品碱(cryptopine)，(-)-碎叶紫堇碱[(-)-cheilanthifoline]，(-)-β-斯氏紫堇碱甲羟化物[(-)-β-scoulerine methohydroxide]，(-)-α-金罂粟碱甲羟化物[(-)-α-stylopine methohydroxide]，(-)-β-金罂粟碱甲羟化物[(-)-β-stylopine methohydroxide][10]。

药理作用 减轻戒断反应：蓟罂粟所含异喹啉生物碱能减轻豚鼠离体回肠戒断吗啡后所产生的反应，所含原阿片碱和别隐品碱能抑制电刺激引起离体豚鼠回肠收缩[1]，均能降低因电击及乙酰胆碱诱发的豚鼠离体回肠收缩，具有抗胆碱作用。而实验发现原阿片碱及别隐品碱的降低戒断吗啡后反应的效能与其抗胆碱活性有关[2]。

抗心律不齐作用：蓟罂粟所含活性成分α-别隐品碱能防止乌头碱引起的大鼠心律失常，作用远胜于奎尼丁。α或β-别隐品碱实验性心律不齐的大鼠静脉注射 10 mg/kg，具有明显的抗心律不齐作用。α的作用较β为强。且可防止动物心肌中 K^+ 的流失。白屈菜红碱对心脏也有抑制作用[3]。

舒张支气管平滑肌作用：所含活性成分小檗碱能浓度相关地松弛卡巴胆碱诱导的气管收缩，还能

蓟罂粟 **Argemone mexicana** L.
引自《中国高等植物图鉴》

蓟罂粟 **Argemone mexicana** L.
摄影：徐克学

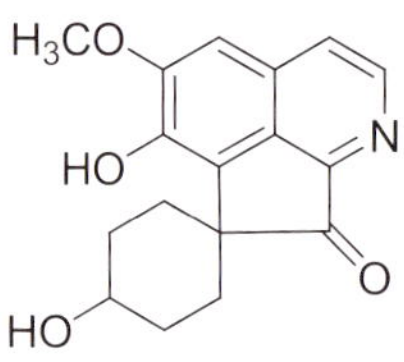

1

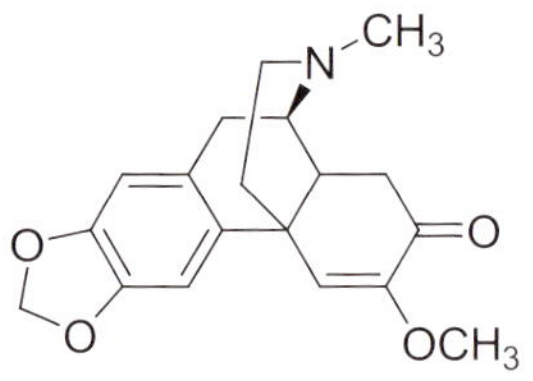

2

本属药用植物含有多种挥发性成分，主要有酯、烷烃、酮、烯烃、醛、醇等类型。从多刺绿绒蒿 (M. horridula)、全缘叶绿绒蒿 (绿绒蒿)(M. integrifolia) 和五脉绿绒蒿 (M. quintuplinervia) 中均鉴定了多种挥发性成分，其中大部分为酯类化合物。

此外，还从本属药用植物中分离得到了黄酮、三萜、甾等类型化合物。从五脉绿绒蒿中得到了多种黄酮类化合物，主要为槲皮素 (quercetin)、山柰酚 (kaempferol) 及其苷类化合物。

1. 白花绿绒蒿（中国植物学杂志）

Meconopsis argemonantha Prain in Bull. Misc. Inform. Kew. 1915: 161. 1915.（英 **Whiteflower Meconopsis**）

根不详。叶片狭长圆形至狭椭圆状长圆形，长约 6.2 cm，宽约 1.3 cm，近基部羽状圆裂，裂片近急尖至圆形，近顶部呈波状，两面疏被刚毛，背面具白粉；叶柄长约 2.5 cm。花梗长约 8.7 cm，疏被刚毛。花瓣 6–8，倒卵形，长约 2.5 cm，宽约 1.3 cm，先端圆，白色；花丝丝状，花药黄色；子房椭圆形，密被紧贴的皮刺，花柱分离，长约 1 cm，柱头头状。

分布与生境　产于西藏，海拔 4140 m。

药用部位　花。

功效应用　清热。用于肝热病、肺热病。

白花绿绒蒿 Meconopsis argemonantha Prain
摄影：陈又生

2. 久治绿绒蒿（植物分类学报）

Meconopsis barbiseta C. Y. Wu et H. Chuang ex L. H. Zhou in Acta Phytotax. Sin. 17(4): 113. 1979.（英 **Bristle Meconopsis**）

一年生草本。主根萝卜状。叶全部基生，叶片倒披针形，两面被黄褐色刚毛；叶柄宽条形，长 2–3 cm，近基部扩大。花葶被黄褐色、常反曲的刚毛，花下毛较密。花单生于基生花葶上；花瓣 6，蓝紫色，基部紫黑色；子房卵形，长约 1 cm，密被锈色刚毛，花柱圆柱状，柱头 4–6 裂，裂片下延。花期 7–9 月。

分布与生境　产于青海。生于海拔 4400 m 附近的高山草甸。

药用部位　全草或花。

功效应用　清热疏肝。用于肝炎，肺炎，肺结核，胆囊炎，胃溃疡。

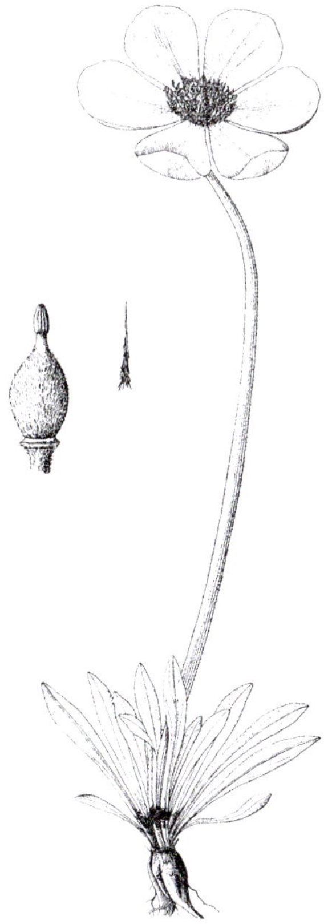

久治绿绒蒿 **Meconopsis barbiseta** C. Y. Wu et H. Chuang ex L. H. Zhou
宁汝莲　绘

3. 椭果绿绒蒿（云南植物研究）　黄花绿绒蒿（中国高等植物图鉴），断肠草、拟千金子、裂叶蒿、都辣（四川）

Meconopsis chelidoniifolia Bureau et Franch. in J. Bot. (Morot) 5(2): 19. 1891.（英 **Celandineleaf Meconopsis**）

多年生草本，高 50–150 cm。根细长，组成庞大的纤维根系；根状茎被宿存的叶基和多短分枝的刚毛。茎直立，近基部被黄棕色具多短分枝的刚毛。基生叶和下部茎生叶卵状长圆形或宽卵形，长 7–8 cm，宽 6.5–7 cm，近基部羽状全裂，顶部羽状浅裂，裂片 3–5，两面疏被长硬毛，背面具白粉，有密被黄棕色长硬毛的叶柄；上部茎生叶较小，叶片宽卵形，羽状 3 全裂或 3 深裂。花 1 或 2 朵生于茎和分枝最上部的叶腋内，组成聚伞状圆锥花序；花梗细长，无毛。花芽球形；萼片 2；花瓣 4，倒卵形至近圆形，直径 1.5–2.3 cm，黄色；雄蕊多数；子房椭圆形，花柱短，柱头头状。蒴果椭圆形，无毛，4–5 (–6) 瓣自顶端向下微裂。种子镰状长圆形，长不足 1 mm，种皮具由浅凹痕形成的纵条纹。花果期 5–8 月。

分布与生境　产于四川和云南。生于海拔 1400–2700 m 的林下阴处或溪边路旁。

药用部位　根、全草。

功效应用　根：补气行气，活血止血。用于各种出血症。全草：清热解毒，除湿止痛，镇咳，通淋。用于风热湿热疼痛，肺热咳嗽，肝炎，肺炎，湿热水肿，淋浊。

椭果绿绒蒿 **Meconopsis chelidoniifolia** Bureau et Franch.
引自《中国高等植物图鉴》

椭果绿绒蒿 **Meconopsis chelidoniifolia** Bureau et Franch.
摄影：李策宏

4. 黄花绿绒蒿（云南植物志）

Meconopsis georgei G. Taylor, Gen. Meconopsis 87, pl. 22. 1934.（英 **Yellowflower Meconopsis**）

一年生草本。叶聚生于茎下部，叶片倒披针形，边缘全缘或微波状，两面无毛或疏被硬毛，背面具白粉；叶柄长约 5 cm。花茎直立，高达 33 cm；花 10 朵以上。花瓣 5–8，倒卵形，黄色；花药橘黄色至黑色；子房椭圆形至长椭圆形，通常密被浅黄色、伸展的硬毛，花柱长约 7 mm，柱头头状。蒴果长椭圆形，被伸展的硬毛。

分布与生境　特产于云南。海拔 3600–4300 m。

药用部位　花。

功效应用　清肺凉肝。治肝热病，肺热病。

5. 川西绿绒蒿（云南植物研究）

Meconopsis henrici Bureau et Franch. in J. Bot. (Morot) 5(2): 19-20. 1891.（英 **Henric Meconopsis**）

一年生草本。主根短而肥厚，圆锥形。叶全部基生，叶片倒披针形或长圆状倒披针形，先端钝或圆，基部渐狭而入叶柄，边缘全缘或波状，稀具疏锯齿，两面被黄褐色、卷曲的硬毛；叶柄线形，长 2–6 cm。花葶高 15–20 cm，被黄褐色平展、反曲或卷曲的硬毛。花 1 (–11) 朵，单生于基生花葶上；萼片外面被黄褐色、卷曲的硬毛；花瓣 5–9，卵形或倒卵形，深蓝紫色或紫色；花丝与花瓣同色，花药橘红色或浅黄色；子房卵珠形或近球形，长约 5 mm，密被黄褐色紧贴的硬毛，柱头长约 5 mm，裂片分离或连合成棒状。蒴果椭圆状长圆形或狭倒卵珠形，长约 2 cm，疏被硬毛，4–6 瓣自顶端微裂。种子镰状长圆形，种皮具纵条纹或浅凹痕。花果期 6–9 月。

分布与生境　产于甘肃、四川。生于海拔 3200–4500 m 的高山草地。

药用部位　全草。

功效应用　活血散瘀，调经，镇痛。用于月经不调，痛经，胃痛，淤血作痛，跌打损伤。

川西绿绒蒿 **Meconopsis henrici** Bureau et Franch.
引自《中国高等植物图鉴》

川西绿绒蒿 **Meconopsis henrici** Bureau et Franch.
摄影：张英涛

6. 多刺绿绒蒿（中国植物学杂志） 毛瓣草（四川），乌巴拉色尔布（藏语），刺尔思（藏药标准）

Meconopsis horridula Hook. f. et Thomson, Fl. Ind. 1: 252. 1855.（英 **Spiny Meconopsis**）

一年生草本，全体被黄褐色或淡黄色、坚硬而平展的刺，刺长 0.5–1 cm。主根肥厚而延长。叶全部基生，叶片披针形，长 5–12 cm，宽约 1 cm，先端钝或急尖，基部渐狭而入叶柄，两面被黄褐色或淡黄色平展的刺；叶柄长 0.5–3 cm。花葶 5–12 或更多，长 10–20 cm，坚硬，密被黄褐色平展的刺，有时花葶基部合生。花单生于花葶上，半下垂，直径 2.5–4 cm；萼片外面被刺；花瓣 5–8，有时 4，宽倒卵形，蓝紫色；花丝丝状，色比花瓣深；子房圆锥状，被刺，花柱长 6–7 mm，柱头圆锥状。蒴果倒卵形或椭圆状长圆形，稀宽卵形，长 1.2–2.5 cm，被刺，通常 3–5 瓣自顶端开裂至全长的 1/4–1/3。种子肾形，种皮具窗格状网纹。花果期 6–9 月。

分布与生境 产于甘肃、青海、四川、西藏。生于海拔 3600–5100 m 的草坡。尼泊尔、印度（锡金）、不丹有分布。

药用部位 全草。

功效应用 活血化瘀，解热镇痛，燥湿，利咽，接骨。用于跌打损伤，骨折，淤肿疼痛，风热头痛，湿热关节疼痛。

化学成分 全草含生物碱类：原阿片碱(protopine)[1]，(-)-黑水罂粟西宁▲[(-)-amurensinine][2]，(-)-红花疆罂粟莫灵▲[(-)-reframoline][3]，8,9-二氢原厚壳桂螺酮碱▲(8,9-dihydroprooxocryptochine)[4]；黄酮类：山柰酚-3-龙胆二糖苷(kaempferol-3-gentiobioside)，山柰酚-3-木糖龙胆二糖苷(kaempferol-3-xylosylgentiobioside)，花青素苷(anthocyanin)[5]；挥发油：以棕榈酸乙酯(ethyl palmitate)，(9*E*,12*E*)-十八碳-9,12-二烯酸乙酯[(9*E*,12*E*)-ethyl octadeca-9,12-dienoate]，(9*E*,12*E*,15*E*)-十八碳-9,12,15-三烯酸乙酯[(9*E*,12*E*,15*E*)-ethyl octadeca-9,12,15-trienoate]，(10*E*,13*E*)-十八碳-10,13-二烯酸甲酯[(10*E*,13*E*)-methyl octadeca-10,13-dienoate]，棕榈酸(palmitic acid)的含量较高[6]。

多刺绿绒蒿 **Meconopsis horridula** Hook. f. et Thomson
吴锡麟 绘

多刺绿绒蒿 **Meconopsis horridula** Hook. f. et Thomson
摄影：徐克学

注评 本种为部颁药品标准·藏药（1995 年版）收载“多刺绿绒蒿”的基源植物，药用其干燥花或全草。藏族用于跌打损伤，头骨受伤，胸背痛；纳西族用全草治气虚下陷，浮肿，脱肛，久痢，哮喘，肺炎，传染性肝炎。

化学成分参考文献

[1] Johns SR, et al. *Aust J Chem*, 1969, 22: 2233.

[2] Šantavý F, et al. *Collect Czech Chem Commun*, 1966, 36: 4286.

[3] Gözler B, et al. *J Nat Prod*, 1988, 51: 760.

[4] Wu HF, et al. *Fitoterapia*, 2009, 80(4): 252-254.

[5] Takeda K, et al. *Phytochemistry*, 1996, 42(3): 863-865.

[6] 吴海峰，等 . 中国药学杂志，2006, 41(17): 1298-1300.

7. 滇西绿绒蒿（中国植物学杂志）

Meconopsis impedita Prain in Bull. Misc. Inform. Kew 1915: 162. 1915.（英 **West Yunnan Meconopsis**）

一年生草本。主根肥厚。叶全部基生，叶片狭椭圆形至倒披针形，基部渐狭并下延成翅，两面被刺毛；叶柄长 3–7 cm。花葶多数，果时延长，被刺毛。花单生，下垂；萼片外面被硬毛；花瓣 4–10，倒卵形或近圆形，深紫色或蓝紫色；花丝与花瓣同色或较深；子房被硬毛，花柱棒状。蒴果灰褐色，狭倒卵形至狭长圆状椭圆形，3 瓣裂至全长的 1/4–1/3。种子镰状椭圆形。花果期 5–11 月。

分布与生境 产于四川、云南和西藏。生于海拔 3400–4500 m 的草坡或岩石坡。缅甸东北部有分布。

药用部位 全草。

功效应用 清热除湿，利肺止痛。用于肺热肺炎，肝炎，高血压，头痛，血分病，湿热水肿。

注评 本种藏族药用，用其全株或花治肝肺热病、高血压头痛、血分病。

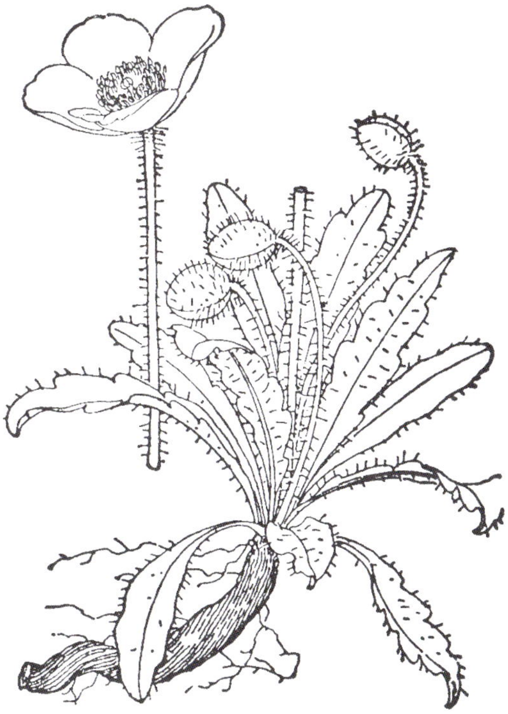

滇西绿绒蒿 **Meconopsis impedita** Prain
引自《中国高等植物图鉴》

滇西绿绒蒿 **Meconopsis impedita** Prain
摄影：毛岭峰

8. 全缘叶绿绒蒿（中国植物学杂志） 绿绒蒿（中国中药资源志要），鹿耳菜（四川），埃贝赛保（青藏藏语），黄牡丹（青海），慕琼单圆（西藏），黄芙蓉、鸦片花（云南）

Meconopsis integrifolia (Maxim.) Franch. in Bull. Soc. Bot. France. 33: 389. 1886.——*Cathcartia integrifolia* Maxim.（英 **Entire Meconopsis**）

8a. 全缘叶绿绒蒿（模式变种）

Meconopsis integrifolia (Maxim.) Franch. var. **integrifolia**

一年生至多年生草本，全株被长柔毛。茎粗壮，高达 150 cm，老时近无毛。基生叶莲座状，叶片倒披针形、倒卵形或近匙形，连叶柄长 8–32 cm，宽 1–5 cm，先端圆或锐尖，基部渐狭并下延成翅，近基部又逐渐扩大，两面被毛；茎生叶下部者同基生叶，上部者渐小，近无柄，最上部茎生叶常成假轮生状。花通常 4–5 朵，稀达 18 朵；花梗果时延长。萼片舟状，具数十条明显的纵脉；花瓣 6–8，近圆形至倒卵形，黄色或稀白色；花丝线形，金黄色或成熟时为褐色，花药卵形至长圆形，橘红色，后为黄色至黑色；子房宽椭圆状长圆形、卵形或椭圆形，密被紧贴、通常具多短分枝的长硬毛，花柱常极短，柱头头状。蒴果宽椭圆状长圆形至椭圆形，被长硬毛，4–9 瓣裂至全长 1/3。种子近肾形，种皮具明显的纵条纹及蜂窝状孔穴。花果期 5–11 月。

分布与生境　产于甘肃、青海、四川、云南、西藏。生于海拔 2700–5100 m 的草坡或林下。缅甸东北部有分布。

药用部位　全草、果实，花。

功效应用　全草、果实：清热解毒，利湿利尿，镇咳平喘，涩肠止泻，镇静止痛。用于湿热黄疸，肝炎胆绞痛，胃肠炎，痢疾，久泻，肺热咳嗽，肺炎哮喘，头痛，皮肤痛，吐泻，湿热水肿，痛经，带下病，伤口久不愈合。花：退热，催吐。

化学成分　花含挥发油：蚕醛(bombykal)，2-十七酮(2-heptadecanone)，亚油酸甲酯(methyl linoleate)，

10. 尼泊尔绿绒蒿（中国植物学杂志） 山莴笋（云南），埃贝赛保（青海藏语）

Meconopsis napaulensis DC., Prodr. 1: 121. 1824.（英 **Nepal Meconopsis**）

一年生草本，全株被黄褐色、具多短分枝的长柔毛。茎圆柱形，粗壮，基部盖以宿存的叶基。基生叶密集丛生，长达 30 cm，宽达 17 cm，形态多变，通常基部羽状全裂，先端羽状半裂，两面被毛，边缘具较密的长柔毛，叶柄长达 22 cm；下部茎生叶与基生叶同形，但具短柄，上部茎生叶渐小。花茎具分枝，多花，成总状圆锥花序；花梗长 3–10 cm。花下垂；萼片卵圆形；花瓣 4，卵形至近圆形，长 3–4.3 cm，宽 2–3.7 cm，蓝色，稀红色、紫色或白色；雄蕊多数，花丝丝状，与花瓣同色或较深色，花药橘黄色；子房近球形或卵形、椭圆形，长约 1 cm，宽 0.7–1 cm，密被长柔毛及微柔毛，花柱棒状，柱头头状。蒴果长圆形或椭圆状长圆形，长 1.5–2.5 cm，粗 0.7–1.5 cm，5–8 瓣自顶端微裂。种子卵形至宽椭圆形，表面密具乳突。花果期 6–9 月。

分布与生境 产于四川、云南以及西藏。生于海拔 2700–4000 m 的草坡。尼泊尔、印度（锡金）也有分布。

药用部位 全草、花。

功效应用 全草：清热解毒，止咳，止渴，利湿。用于肝炎，湿热黄疸，胃肠炎，水肿，肺炎，肺热咳嗽，头痛，痛经，白带，皮肤痛，伤口久不愈合。花：清血热。用于血热病，鼻出血。

化学成分 全草含生物碱类：原阿片碱(protopine)，荷花玉兰碱(magnoflorine)，隐品碱(cryptopine)，黄连碱(coptisine)，别隐品碱(allocryptopine)，丽春花定碱(rhoeadine)，罂粟红碱(papaverrubine) D、E，刻叶紫堇明碱(corysamine)，2-甲基-6-甲氧基-1,2,3,4-四氢-β-咔啉(2-methyl-6-methoxy-1,2,3,4-tetrahydro-β-carboline)[1]。

注评 本种藏族、傈僳族药用，主要用全草治咳嗽、肺炎、肝炎、湿热水肿、骨折、跌打损伤、头痛、白带、痛经、肠胃炎、伤口久不愈等。

尼泊尔绿绒蒿 **Meconopsis napaulensis** DC.
引自《中国高等植物图鉴》

尼泊尔绿绒蒿 **Meconopsis napaulensis** DC.
摄影：陈又生

化学成分参考文献

[1] Slavik J, et al. *Collect Czech Chem Commun*, 1976, 41(11): 3343-3346.

11. 柱果绿绒蒿（秦岭植物志） 黄鸦片草（湖北）

Meconopsis oliveriana Franch. et Prain ex Prain in J. Asiat. Soc. Bengal, Pt. 2, Nat. Hist. 64: 312. 1896.（英 **Oliver Meconopsis**）

多年生草本，具无色液汁。根细而多；根状茎被以宿存的叶基。茎直立，分枝。基生叶卵形或长卵形，近基部羽状全裂，近顶部羽状浅裂，表面深绿色，背面具白粉，两面疏被黄棕色长硬毛；茎生叶与基生叶同形，上部者较小，略抱茎。花组成聚伞状圆锥花序。萼片 2；花瓣 4，宽卵形至圆形，黄色。蒴果狭长圆形或近圆柱形，无毛，4–5 瓣自顶端向下微裂。种子多数。花果期 5–9 月。

分布与生境 产于陕西、河南、四川、湖北。生于海拔 1500–2400 m 的山坡林下或灌丛中。

药用部位 全草。

功效应用 清热解毒，镇静，定喘。

柱果绿绒蒿 **Meconopsis oliveriana** Franch. et Prain ex Prain
引自《中国高等植物图鉴》

柱果绿绒蒿 **Meconopsis oliveriana** Franch. et Prain ex Prain
摄影：赖阳均

12. 锥花绿绒蒿（云南植物研究）

Meconopsis paniculata (D. Don) Prain in J. Asiat. Soc. Bengal, Pt. 2, Nat. Hist. 64: 316. 1896.——*Papaver paniculatum* D. Don（英 **Panicle Meconopsis**）

一年生草本，高达 2 m。主根萝卜状或狭长，长达 18 cm。茎被黄色、具多短分枝的柔毛及星状绒毛。基生叶密聚，叶片形态多变，披针形、长圆形、长圆状椭圆形至倒披针形，长达 49 cm，宽达 20 cm，通常近基部羽状全裂，近顶部羽状浅裂，叶柄长达 28 cm；下部茎生叶与基生叶同形，上部茎生叶披针形，先端钝或圆，基部抱茎或耳状。花多数，下垂，排列成总状圆锥花序；花梗果时达

锥花绿绒蒿 **Meconopsis paniculata** (D. Don) Prain
引自《中国高等植物图鉴》

锥花绿绒蒿 **Meconopsis paniculata** (D. Don) Prain
摄影：陈又生

20 cm，被黄色、具多短分枝的柔毛及星状绒毛。花瓣 4，稀 5，倒卵形至近圆形，直径达 5 cm，黄色；子房球形或近球形，花柱明显，长约 1 cm，果时达 1.3 cm，近基部明显增粗。蒴果长椭圆形，密被金黄色、具多短分枝的柔毛及星状毛，后来柔毛逐渐断落，(4–) 6–12 瓣自顶端微裂。种子肾形。花果期 6–8 月。

分布与生境 产于西藏。生于海拔 3000–4350 m 的林下草地或水沟边、路旁。尼泊尔东部到印度阿萨姆东北部有分布。

药用部位 全草、花。

功效应用 全草：清热解毒，除湿利水，清血热。用于肝炎，肺热咳嗽，头痛，皮肤病。花：清血热。用于血热病，鼻出血。

注评 本种藏族药用，用花或全草治肝肺热症、喉热闭、咳嗽、骨折、跌打损伤、皮肤病、头痛等。

13. 拟多刺绿绒蒿（西藏植物志）

Meconopsis pseudohorridula C. Y. Wu et H. Chuang, Fl. Tibet. 2: 234. 1985.（英 **Falsebeautiful Meconopsis**）

一年生草本，全株被刺。主根长。叶全部基生，叶片卵形或狭卵形，边缘羽状圆裂，两面被黄褐色坚硬的刺；叶柄有翅，基部扩大。花葶数枚，被黄褐色坚硬而平展的刺。花单生于花葶上；萼片外面被刺；花瓣宽倒卵形，淡青紫色；花丝与花瓣同色；子房卵形，被黄褐色坚硬而平展的刺，花柱长 2–3 mm，柱头头状。花果期 7–8 月。

分布与生境 产于西藏。生于海拔 4700 m 的山地。

药用部位 全草。

功效应用 解热，止痛，接骨，除湿。用于风热头痛，湿热关节肿痛，跌打损伤，骨折。

14. 拟秀丽绿绒蒿（中国植物学杂志）

Meconopsis pseudovenusta G. Taylor, Gen. Meconopsis 85, pl. 21. 1934.（英 **Falsebeautiful Meconopsis**）

一年生草本。主根肥厚而延长。叶全部基生或稀生于花茎下部，通常羽状深裂或二回羽状深裂，稀全缘或波状，两面无毛或中脉散生刚毛。花葶 4–15，果时延长。花生于基生花葶上。花瓣 4–10，深紫色；花丝与花瓣同色。蒴果狭倒卵形至狭椭圆形，疏被锈色、平展或反曲的刚毛，花柱延长达 6 mm。种子镰状椭圆形。花果期 6–10 月。

分布与生境 产于云南、四川和西藏。生于海拔 3400–4200 m 的高山草甸、岩坡或高山流石滩。

药用部位 全草、花。

功效应用 清热，止痛，除湿，利肺。用于肝肺热症，热性病，肝炎，肺炎，血热水肿。

拟秀丽绿绒蒿 **Meconopsis pseudovenusta** G. Taylor
引自《中国高等植物图鉴》

15. 红花绿绒蒿（中国植物学杂志） 阿拍儿麻鲁（藏语）

Meconopsis punicea Maxim., Fl. Tangut. 1: 34. 1889.（英 **Redflower Meconopsis**）

多年生草本，高 30–75 cm，基部盖以宿存的叶基，其上密被刚毛。须根纤维状。叶全部基生，莲座状，叶片倒披针形或狭倒卵形，长 3–18 cm，宽 1–4 cm，边缘全缘，两面密被淡黄色或棕褐色刚毛；叶柄长，基部略扩大成鞘。花葶 1–6，从莲座叶丛中生出，被刚毛。花单生于基生花葶上，下垂；萼片卵形，外面密被刚毛；花瓣 4，有时 6，椭圆形，长 3–10 cm，宽 1.5–5 cm，先端急尖或圆，深红色；花丝条形，扁平，粉红色，花药长圆形，黄色；子房宽长圆形或卵形，长 1–3 cm，密被淡黄色、具分枝的刚毛，花柱极短，柱头 4–6 圆裂。蒴果椭圆状长圆形，长 1.8–2.5 cm，粗 1–1.3 cm，无毛或密被淡黄色、具分枝的刚毛，4–6 瓣自顶端微裂。种子密具乳突。花果期 6–9 月。

分布与生境 产于青海、甘肃、四川、西藏。生于海拔 2800–4300 m 的山坡草地。

药用部位 全草。

功效应用 清热凉血，调经活血，利咽镇咳，固涩止泻，止痛降压。用于外感发热、头痛、目赤、衄血，血热病，肺热病，高血压及其引起的头痛，肝炎，肝硬化，月经不调，白带过多，妇女痛经，遗精滑泄，五更泻。

化学成分 全草含挥发油：主要以不饱和十八烯酸酯类为主，其中亚油酸乙酯(ethyl linoleate)，十六酸甲酯(Methyl hexadecanoate)，(*Z*)-9-油酸甲酯[(*Z*)-9-methyl oleate]，亚麻酸甲酯(methyl linolenate)，油酸乙酯(ethyl oleate)，硬脂酸甲酯(methyl stearate)，8-醛基辛酸甲酯[1]，2,3-二羟基丙基肉豆蔻酸酯(2,3-

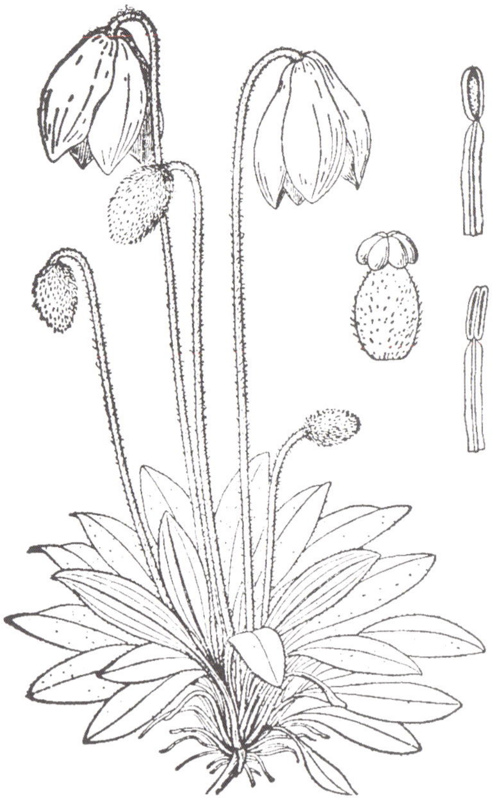

红花绿绒蒿 **Meconopsis punicea** Maxim.
引自《中国高等植物图鉴》

红花绿绒蒿 **Meconopsis punicea** Maxim.
摄影：张英涛

dihydroxypropyl myristate)[2]的含量较高；三萜类：21α-羟基熊果酸(21α-hydroxy ursolic acid)，熊果酸(ursolic acid)，β-香树脂醇(β-amyrin)[2]；甾体类：豆甾醇，胡萝卜苷[2]。

注评 本种藏族药用，用全草治肝热、肺热、高血压头痛、血分病，用花治发热、高血压引起的头痛、肝肺热病等。本种为国家二级重点保护野生植物。

化学成分参考文献

[1] 潘宣．中国药学杂志，1998, 33(4): 208-210.

[2] 张国林，等．天然产物研究与开发，1997, 9(2): 4-6.

16. 五脉绿绒蒿（中国植物学杂志） 吾白恩布（藏语），毛叶兔耳风、毛果七（陕西），野毛金莲（青海）

Meconopsis quintuplinervia Regel, Gartenflora 25: 291, f. 800, b, c, d. 1876.（英 **Fivevein Meconopsis**）

多年生草本，高 30–50 cm，基部盖以宿存的叶基，其上密被硬毛。须根纤维状，细长。叶全部基生，莲座状，叶片倒卵形至披针形，长 2–9 cm，宽 1–3 cm，边缘全缘，两面密被硬毛；叶柄长 3–6 cm。花葶 1–3，被棕黄色、具分枝且反折的硬毛，上部毛较密。花单生于基生花葶上，下垂。萼片外面密被硬毛；花瓣 4–6，倒卵形或近圆形，长 3–4 cm，宽 2.5–3.7 cm，淡蓝色或紫色；花丝丝状与花瓣同色或白色；子房近球形、卵珠形或长圆形，长 5–8 mm，密被棕黄色、具分枝的刚毛，花柱短，柱头头状。蒴果椭圆形或长圆状椭圆形，长 1.5–2.5 cm，密被紧贴的刚毛。种子狭卵形，长约 3 mm，黑褐色，种皮具网纹和皱褶。花果期 6–9 月。

分布与生境 产于甘肃、陕西、青海、湖北、四川、西藏。生于海拔 2300–4600 m 的阴坡灌木丛中或高山草地。

五脉绿绒蒿 **Meconopsis quintuplinervia** Regel
引自《中国高等植物图鉴》

五脉绿绒蒿 **Meconopsis quintuplinervia** Regel
摄影：何海

药用部位 全草、花。

功效应用 全草：清热解毒，镇痉息风，镇痛消炎，平喘，利尿。用于肺热咳喘，肺炎，肺结核，胆囊炎，小儿惊风，胃痛。花：清热，舒肝。用于肝热病，肝炎，肺热病，肺炎，肺结核，胆囊炎，胃溃疡。

化学成分 全草含黄酮类：槲皮素(quercetin)，二氢槲皮素(dihydroquercetin)，木犀草素(luteolin)，金圣草酚(chrysoeriol)，芹菜苷元(apigenin)，华中冬青酮(huazhongilexone)，大风子素(hydnocarpin)[1]，槲皮素-3-*O*-[2'''-*O*-乙酰基-*β*-D-吡喃葡萄糖基-(1→6)-*β*-D-吡喃葡萄糖苷]{quercetin-3-*O*-[2'''-*O*-acetyl-*β*-D-glucopyranosyl-(1→6)-*β*-D-glucopyranoside]}，槲皮素-3-*O*-[2''',6'''-*O*-二乙酰基-*β*-D-吡喃葡萄糖基-(1→6)-*β*-D-吡喃葡萄糖苷]{quercetin-3-*O*-[2''',6'''-*O*-diacetyl-*β*-D-glucopyranosyl-(1→6)-*β*-D-glucopyranoside]}，异鼠李素-3-*O*-[2'''-*O*-乙酰基-*β*-D-吡喃葡萄糖基-(1→6)-*β*-D-吡喃葡萄糖苷]{isorhamnetin-3-*O*-[2'''-*O*-acetyl-*β*-D-glucopyranosyl-(1→6)-*β*-D-glucopyranoside]}，槲皮素-3-*O*-[2'''-*O*-乙酰基-*α*-L-吡喃阿拉伯糖基-(1→6)-*β*-D-吡喃葡萄糖苷]{quercetin-3-*O*-[2'''-*O*-acetyl-*α*-L-arabinopyranosyl-(1→6)-*β*-D-glucopyranoside]}，槲皮素-3-*O*-*β*-D-吡喃葡萄糖苷(quercetin-3-*O*-*β*-D-glucopyranoside)，山柰酚-3-*O*-*β*-D-吡喃葡萄糖苷(kaempferol-3-*O*-*β*-D-glucopyranoside)，槲皮素-3-*O*-*β*-D-吡喃半乳糖基-(1→6)-吡喃葡萄糖苷[quercetin-3-*O*-*β*-D-galactopyranosyl-(1→6)-glucopyranoside]，异鼠李素-3-*O*-[*β*-D-吡喃半乳糖基-(1→6)]-*β*-D-吡喃葡萄糖苷{isorhamnetin-3-*O*-[*β*-D-galactopyranosyl-(1→6)]-*β*-D-glucopyranoside}，山柰酚-3-*O*-[*β*-D-吡喃葡萄糖基-(1→2)]-*β*-D-吡喃葡萄糖苷{kaempferol-3-*O*-[*β*-D-glucopyranosyl-(1→2)]-*β*-D-glucopyranoside}[2]，槲皮素-3-*O*-*β*-D-吡喃半乳糖基(1→6)-吡喃葡萄糖苷{quercetin-3-*O*-[*β*-D-galactopyranosyl-(1→6)]-glucopyranoside}，山柰酚-3-*O*-[*β*-D-吡喃葡萄糖基-(1→2)]-*β*-D-吡喃葡萄糖苷{kaempferol-3-*O*-[*β*-D-glucopyranosyl-(1→2)]-*β*-D-glucopyranoside}，异鼠李素-3-*O*-[*β*-D-吡喃半乳糖基-(1→6)]-*β*-D-吡喃葡萄糖苷{isorhamnetin-3-*O*-[*β*-D-galactopyranosyl-(1→6)]-*β*-D-glucopyranoside}[3]，小麦黄素(tricin)[4]；生物碱类：五脉绿绒蒿宁▲(mequinine)[5]，五脉绿绒蒿碱(meconoquintupline)[6]，降血根碱(norsanguinarine)[7]，

O-甲基黄巴豆亭(*O*-methylflavinantine)，黑水罂粟碱(amurine)，9-二羟基-1,5,6,10b-四氢-2*H*-吡咯[2,1-*α*]异喹啉-3-酮(9-dihydroxy-1,5,6,10b-tetrahydro-2*H*-pyrrolo[2,1-*α*]isoquinolin-3-one)[4]，威尔士绿绒蒿定碱(mecambridine)[8]；挥发油：(9*E*,12*E*)-十八碳-9,12-二烯酸乙酯[(9*E*,12*E*)-ethyloctadeca-9,12-dienoate]，棕榈酸甲酯(methylpalmitate)，(*E*)-3,7,11,15-四甲基-十六-2-烯-1-醇[(*E*)-3,7,11,15-tetramethylhexadec-2-en-1-ol]，(*E*)-十六碳-9-烯酸甲酯[(*E*)-methyl hexadec-9-enoate][9]；酚类：咖啡酸(caffeic acid)，原儿茶酸(protocatechuic acid)，对羟基桂皮酸(*p*-hydroxycinnamic acid)，2-(3,4-二羟苯基)-乙基-*O*-*β*-D-吡喃葡萄糖苷[2-(3,4-dihydroxyphenyl)-ethyl-*O*-*β*-D-glucopyranoside]，对羟基苯甲酰基-*β*-D-吡喃葡萄糖苷(*p*-hydroxybenzoyl-*β*-D-glucopyranoside)，4-*O*-*β*-D-吡喃葡萄糖基-(Z)-对香豆酸[4-*O*-*β*-D-glucopyranosyl-(*Z*)-*p*-coumaric acid]，5,7-二羟基-4*H*-4-色酮(5,7-dihydroxy-4*H*-4-chromenone)[3]；其他类：胡萝卜苷[3]，*β*-谷甾醇[4]，蓟醛▲(cirsiumaldehyde)，2-羟乙酰呋喃(2-hydroxyacetyl-furan)[8]。

药理作用 镇痛作用：五脉绿绒蒿总生物碱与总黄酮在小鼠醋酸扭体实验中均表现出镇痛作用，但总生物碱的镇痛作用明显优于总黄酮[1-2]。五脉绿绒蒿的有机溶剂提取物均能减少醋酸所致的小鼠扭体次数，其乙醇提取物和石油醚提取物的镇痛作用强度大于水提取物和氯仿提取物[3]。

抗炎作用：五脉绿绒蒿总生物碱与总黄酮在小鼠耳郭肿胀实验、腹腔毛细血管通透性实验中均表现出抗炎作用，两者的抗炎作用强度无明显差异[1]。

保肝作用：五脉绿绒蒿乙醇提取物能降低实验性肝损伤（四氯化碳、对乙酰氨基酚）模型小鼠的丙氨酸转氨酶（ALT）、天冬氨酸转氨酶（AST）活性，并能提高对乙酰氨基酚中毒小鼠的生存率，具有一定的肝保护作用[4]。

注评 本种为部颁药品标准·藏药（1995年版）和青海中药材标准（1986）收载“绿绒蒿”的基源植物，药用其干燥全草。藏族用于肺炎，肝炎，肝与肺热症，水肿。

化学成分参考文献

[1] 尚小雅，等．中药材，2002, 25(4): 250-252.

[2] Shang XY, et al. *Phytochemistry*, 2006, 67(5): 511-515.

[3] 尚小雅，等．中国中药杂志，2006, 31(6): 468-471.

[4] 吴海峰，等．天然产物研究与开发，2007, 19: 811-813.

[5] 王明安．天然产物研究与开发，1995, 7(1): 32-34.

[6] Shang XY, et al. *Chin Chem Lett*, 2003, 14(6): 597-598.

[7] 尚小雅，等．药学学报，2003, 38(4): 276-278.

[8] 王明安，等．兰州大学学报（自然科学版），1991, 27(4): 80-82.

[9] 吴海峰，等．中国药学杂志，2006, 41(17): 1298-1300.

药理作用及毒性参考文献

[1] 王志旺，等．中国中医药信息杂志，2010, 17(1): 21-22.

[2] 郭玫，等．甘肃中医学院学报，2010, 27(2): 31-32.

[3] 郭玫，等．甘肃中医学院学报，2008, 25(5): 8-10.

[4] 丁莉，等．青海畜牧兽医杂志，2007, 37(4): 7-8.

17. 总状绿绒蒿（云南植物志） 刺参、条参、鸡脚参、红毛洋参、雪参（云南），才完（藏语）

Meconopsis racemosa Maxim. in Mélanges Biol. Bull. Phys.-Math. Acad. Imp. Sci. Saint-Pétersbourg 9: 713. 1876.——*M. horridula* Hook. f. et Thomson var. *racemosa* (Maxim.) Prain（英 **Racemose Meconopsis**）

17a. 总状绿绒蒿（模式变种）

Meconopsis racemosa Maxim. var. **racemosa**

一年生草本，高20–50 cm，全株被黄褐色或淡黄色坚硬而平展的硬刺。主根圆柱形，长达20 cm。茎圆柱形，不分枝，有时混生基生花葶。基生叶长圆状披针形、倒披针形或稀狭卵形、条形，长5–20 cm，宽0.7–4.2 cm，先端急尖或钝，基部狭楔形，边缘全缘或波状，被刺毛；下部茎生叶同基生叶，上部茎生叶长圆状披针形，全缘，两面被刺毛，具短柄、近无柄至最上部者无柄。花生于上部（约1/3）茎生叶腋内；花梗长2–5 cm；萼片长圆状卵形，外面被刺毛；花瓣5–8，倒卵状长圆形，天蓝色或蓝紫色，有时红色，无毛；花丝紫色，花药黄色；子房卵形，密被刺毛，花柱圆锥形，具棱，无毛。蒴果卵形或长卵形，密被刺毛，4–6 瓣自顶端开裂至全长的 1/3；宿存花柱长 0.7–1 cm，粗达 2 mm。种子长圆形，长 1–2 mm，种皮具窗格状网纹。花果期 5–11 月。

分布与生境 产于甘肃、青海、四川、云南、西藏。海拔 3000–4600 (–4900) m 的草坡、石坡有广泛分布，有时生于林下。

药用部位 全草、根、花。

功效应用 全草：活血，解热，止痛，接骨。用于外伤痛，骨折，跌打损伤，风热头痛，湿热关节痛，各种烈性疼痛。根：补中益气，止喘平喘，止痢。用于气虚下陷，浮肿，脱肛，久痢，哮喘。花：清热解毒。用于肺热咳嗽，肝炎，骨折。

化学成分 全草含生物碱类：黑水罂粟西宁▲-*N*-氧化物(amurensinine *N*-oxide) A、B[1]。

药理作用 镇痛作用：高浓度的 95% 乙醇提取物有明显的抗扭体作用，75% 浓度的乙醇提取物亦有一定镇痛作用，50% 浓度的醇提取物与水提取物均无抗醋酸致扭体作用，表明总状绿绒蒿的镇痛活性成分为醇溶性成分[1]。

止泻作用：总状绿绒蒿乙醇提取物具有非常显著的止泻作用，明显减少湿粪次数，而总状绿绒蒿水提取物对小鼠腹泻无显著影响[1]。

抗疲劳作用：总状绿绒蒿 95% 乙醇提取物在 16 g、32 g 生药 /kg 剂量灌胃给药，对气虚小鼠红细胞及血红蛋白均无影响，但能提高小鼠的抗疲劳能力，延长爬杆时间[1]。

毒性及不良反应 总状绿绒蒿根水提取物毒性相对较弱，而 95% 醇提取物对小鼠有镇静作用。最大给药量达 64 g 生药 /kg 时，一周内无动物死亡[1]。

总状绿绒蒿 **Meconopsis racemosa** Maxim. var. **racemosa**
引自《中国高等植物图鉴》

总状绿绒蒿 **Meconopsis racemosa** Maxim. var. **racemosa**
摄影：张英涛

化学成分参考文献

[1] Xie H, et al. *Fitoterapia*, 2001, 72(2): 120-123.

药理作用及毒性参考文献

[1] 郭世民，等. 云南中医中药杂志，2003, 24(1): 25-27.

17b. 刺瓣绿绒蒿（变种）

Meconopsis racemosa Maxim. var. **spinulifera** (L. H. Zhou) C. Y. Wu et H. Chuang in Acta Bot. Yannan. 2(4): 375. 1980.——*M. horridula* Hook. f. et Thomson var. *spinulifera* L. H. Zhou

与模式变种的区别在于花瓣两面中下部疏生细刺；花柱具 4 棱，棱呈膜质翅状，宽约 1.5 mm，花丝窄线形。

分布与生境　产于青海。海拔 4000 m 附近。

药用部位　全草。

功效应用　解热镇痛，接骨除湿。用于风热头痛，湿热关节肿痛，跌打损伤，骨折。

18. 单叶绿绒蒿（中国植物学杂志）

Meconopsis simplicifolia (D. Don) Walp., Repert. Bot. Syst. 1: 110. 1842.——*Papaver simplicifolium* D. Don, *Meconopsis nyingchiensis* L. H. Zhou（英 **Simpleleaf Meconopsis**）

一年生或多年生草本，基部覆盖叶基。纤维根细。叶全部基生，莲座状，叶片倒披针形、披针形至卵状披针形，边缘全缘或具不规则的锯齿或圆齿，两面被长柔毛。花下垂，单生于基生花葶上。萼片外面密被刚毛；花瓣 5–8，倒卵形，紫色至天蓝色；花丝与花瓣同色。蒴果狭长圆形至长圆状圆形，被反折的刚毛，4–9 瓣自顶端开裂至全长的 1/3。种子椭圆形或肾形。花果期 6–9 月。

单叶绿绒蒿 **Meconopsis simplicifolia** (D. Don) Walp.
引自《中国高等植物图鉴》

单叶绿绒蒿 **Meconopsis simplicifolia** (D. Don) Walp.
摄影：陈又生

分布与生境 产于西藏。生于海拔 3300–4500 m 的山坡灌丛草地或石缝中。尼泊尔中部、印度（锡金）、不丹有分布。

药用部位 全草。

功效应用 清热，止痛，通淋，除湿。用于肺热咳嗽，肝炎，肺炎，淋浊，风热湿热疼痛。

注评 本种藏族药用，全草治肺炎、肝炎、胆囊炎、肝肺热症、骨折骨伤等。

19. 美丽绿绒蒿（中国植物学杂志）

Meconopsis speciosa Prain in Trans. & Proc. Bot. Soc. Edinburgh 23: 257, pl. 2. 1907.

（英 **Showy Meconopsis**）

一年生草本，全株被刺毛。主根粗而长。茎圆柱形，不分枝。基生叶披针形或狭卵形；茎生叶同基生叶，但较小。花多数，极香，生于上部茎生叶腋内。花萼外面被刺毛；花瓣 4–8，倒卵形至近圆形，先端圆，蓝色至鲜紫红色；花丝与花瓣同色但较深；子房近球形至卵形，密被锈色刺毛。蒴果椭圆形，密被锈色而基部紫色或者黄褐色刺毛，花柱粗壮，延长达 1 cm，顶端开裂至全长的 1/3。种子肾形。花果期 7–10 月。

分布与生境 产于四川、云南和西藏。生于海拔 3700–4400 m 的高山灌丛草地、岩坡、岩壁和高山流石滩。

药用部位 全草。

功效应用 用于肝热，肺热，咽喉热闭。

化学成分 全草含生物碱类：黑水罂粟碱(amurine)，红花疆罂粟莫灵▲(reframoline)[1]；甾体类：β-谷甾醇[1]。

注评 本种藏族药用，用花治肝肺热症、咽喉热闭，淋病。

美丽绿绒蒿 **Meconopsis speciosa** Prain
引自《中国高等植物图鉴》

美丽绿绒蒿 **Meconopsis speciosa** Prain
摄影：张英涛

化学成分参考文献

[1] 王恒山，等．中草药，1996, 27(8): 459-460.

20. 高茎绿绒蒿（中国植物学杂志）

Meconopsis superba King ex Prain in J. Asiat. Soc. Bengal, Pt. 2, Nat. Hist. 64(2): 317. 1896.（英 **Tallstem Meconopsis**）

一年生草本，全株被柔毛。主根萝卜状。基生叶莲座状，叶片倒披针形、倒披针状长圆形、椭圆形或卵状长圆形；下部茎生叶同基生叶，但叶柄较短，上部茎生叶无柄，基部耳形。花单生于最上部茎生叶腋内；花梗粗壮。花瓣 4，顶生花通常 6，倒卵形至近圆形，白色；花丝白色，花药深黄色；子房近球形至长椭圆形，被紧贴绒毛，花柱明显，深紫色。蒴果长椭圆形，7–11 瓣自先端开裂。种子肾形。

分布与生境　产于西藏。海拔约 4000 m。不丹西部有分布。

药用部位　花。

功效应用　清热。用于肺热病，肝热病。

注评　本种藏族药用，用花治肝肺热病。

21. 毛瓣绿绒蒿（中国植物学杂志）

Meconopsis torquata Prain in Ann. Bot. (Oxford) 20: 355, pl. 24, f. 11. 1906.（英 **Hairypetal Meconopsis**）

一年生草本。茎直立，基部盖以宿存的叶基，叶基上密被锈色、具多短分枝的刚毛。基生叶多数，莲座状，叶片倒披针形，连叶柄长约 13 cm，宽约 2.5 cm，边缘全缘或不规则的波状，两面被刚毛，叶柄基部具鞘，密被刚毛；下部茎生叶同基生叶，上部茎生叶较小。花茎高约 40 cm，粗壮，密被刚毛。花约 25 朵，紧密排列于茎先端；花梗长约 6 mm，密被刚毛；花瓣 4 或更多，倒卵形，长约 3.7 cm，宽约 1.8 cm，淡红色；子房倒卵形或椭圆状长圆形，长约 1 cm，密被斜展、具多短分枝的刚毛，花柱极短，基部扩大成紫红色、无毛、突出于子房之外的盘，柱头近头状。蒴果倒卵形或椭圆状长圆形，明显具肋，自花柱盘下部 8 瓣微裂。种子卵圆形，种皮具网纹。花果期 6–9 月。

分布与生境　产于西藏。生于海拔 3400–3800 m 的山坡上。

药用部位　全草。

功效应用　清热利肺，除湿利水。用于肺热咳喘，肺炎，湿热水肿，肝炎。

注评　本种藏族药用，用全草治肺炎、肝炎、胆囊炎、肝肺热症、骨折骨伤。

22. 藏南绿绒蒿（植物分类学报）

Meconopsis zangnanensis L. H. Zhou in Acta Phytotax. Sin. 17(4): 112. 1979.（英 **Small-leaf Meconopsis**）

多年生丛生草本，基部盖以纤维状叶基。主根圆柱形。叶全部基生，叶片披针形或狭菱形，先端圆，边缘全缘，两面无毛或稀背面散生刚毛。花葶 1–5，长 8–15 cm，被刚毛。花单生于花葶上，常下垂；萼片外面被毛，边缘膜质；花瓣 4，宽倒卵形，边缘具缺刻，天蓝色；子房椭圆形，被斜展的刚毛，花柱长 1.5–2 mm，柱头 4 裂，裂片下延。蒴果椭圆形。花果期 7–8 月。

分布与生境　产于西藏。生于海拔 4300–4600 m 的高山草甸。

药用部位　全草。

功效应用　清热，止痛，通淋，除湿。用于肺热咳嗽，肺炎，湿热水肿，淋浊，风热湿热疼痛。

藏南绿绒蒿 **Meconopsis zangnanensis** L. H. Zhou
宁汝莲　绘

3. 罂粟属 Papaver L.

一年生、二年生或多年生草本，稀亚灌木。根纺锤形或渐狭。茎圆柱形，通常被刚毛，稀无毛，具乳白色、恶臭的液汁。基生叶形状多样，羽状浅裂、深裂、全裂或二回羽状分裂，有时为各种缺刻、锯齿或圆齿，极稀全缘，表面通常具白粉，两面被刚毛，具叶柄；茎生叶若有，则与基生叶同形，但无柄，有时抱茎。花单生，稀为聚伞状总状花序。花蕾下垂，卵形或球形；萼片 2，极稀 3，早落；花瓣 4，极稀 5 或 6，二轮排列，多为红色，稀白色、黄色或淡紫色；雄蕊多数，花丝多为丝状；子房 1 室，上位，心皮 4–8，连合，胚珠多数，花柱无，柱头 4–18，辐射状，连合成盘状体盖于子房之上；盘状体边缘圆齿状或分裂。蒴果狭圆柱形、倒卵形或球形，被刚毛或无毛，稀具刺，常具肋，于盘状柱头下孔裂。种子多数。

约 100 种，多分布于中欧、南欧至亚洲温带，少数种产于美洲、大洋洲和非洲南部。我国有 5 种 3 变种 2 变型，均可入药。

分种检索表

1. 多年生草本；茎极缩短；叶全部基生；花单生于花葶上。
  2. 植株较高大；花葶粗壮……………………………………2. 野罂粟 **P. nudicaule**
  2. 植株矮小，高 5–15 cm；花葶纤细。
    3. 花瓣黄色或橙黄色，直径 3–5 cm……………………………1. 灰毛罂粟 **P. canescens**
    3. 花瓣淡黄绿色，直径 2–3 cm………………4. 长白山罂粟 **P. radicatum** var. **pseudoradicatum**
1. 一年生草本；茎延长；叶基生和茎生，花单生于茎和分枝先端或腋生。

罂粟 **Papaver somniferum** L.
杨建昆 绘

罂粟 **Papaver somniferum** L.
摄影：于俊林

化学成分 种子含挥发油：以2-环戊烯-1-乙基-十一酸酯(2-cyclopentene-1-ethyl undecanoate)，已醛(hexanal)，2-戊基呋喃(2-pentylfuran)，*α*-异亚丙基-2-呋喃乙醛(*α*-isopropylidene-2-furyl propenal)的含量较高[1]。

全草含生物碱类：罂粟壳碱(narcotoline)[2]，那碎酮(narceinone)，那碎因(narceine)[3]，5'-*O*-去甲那可汀(5'-*O*-demethylnarcotine)[4]，双吗啡▲(bismorphine) A、B[5]。

果壳含生物碱类：东方罂粟碱(oripavine)[6-7]，吗啡(morphine)，可待因(codeine)，蒂巴因(thebaine)，罂粟碱(papaverine)，那可汀(noscapine)[7]。

药理作用 镇痛作用：小鼠单次灌胃罂粟壳水煎液、盐酸吗啡片及皮下注射盐酸吗啡注射液30 min、60 min、90 min后小鼠的痛阈均显著提高，3组间无显著性差异。罂粟壳水煎液可以提高小鼠对高温的痛阈值，与盐酸吗啡片组、盐酸吗啡注射液组无显著性差异[1]。东方罂粟碱6.5 mg/kg、8.7 mg/kg和13 mg/kg（腹腔注射）具有明显的镇痛作用，可提高热板试验中小鼠的痛阈值，给药后30 min达峰值，并持续到90 min。其作用与吗啡相当，强于蒂巴因，但因有严重的毒副作用而影响了其在临床上的推广应用（小鼠出现阵挛—强直性惊厥、肌强直导致死亡；东方罂粟碱的LD_{50}为26.1 mg/kg，吗啡的LD_{50}为500 mg/kg）[2]。

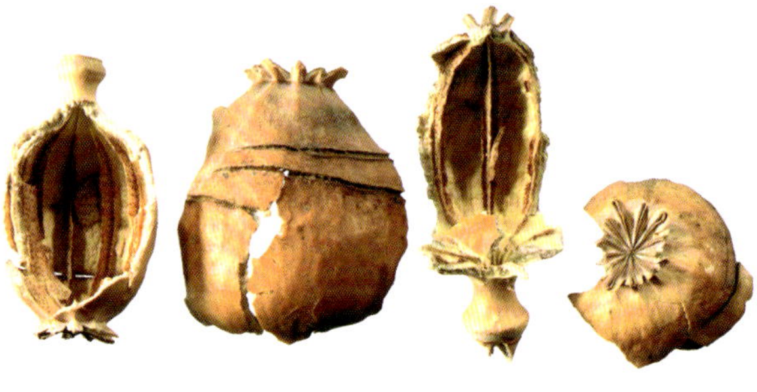

罂粟壳 **Papaveris Pericarpium**
摄影：张继

扩张血管作用：罂粟碱霜剂外用，能够透过皮肤并发挥扩张血管作用，增加扩张皮肤的血流量，增加扩张皮瓣的成活长度，对于扩大组织扩张术的应用范围、减少并发症、提高手术效果有重要意义[3]。罂粟碱对冠状动脉旁路移植术大隐静脉血管桥具有良好的舒张功能，但罂粟碱损伤血管内皮[4]。

抗血管痉挛作用：罂粟碱对2次经枕骨大孔注入新鲜自体动脉血致蛛网膜下腔出血后迟发性脑血管痉挛（CVS犬）非痉挛与痉挛动脉都具有扩张作用，但其扩张血管作用的时效较短[5]。罂粟碱通过兔椎动脉内灌注、动脉持续灌注、鞘内注射方式给药，均可以治疗兔迟发性脑血管痉挛[6-8]。罂粟碱对蛛网膜下腔出血后CVS疗效确切，能显著扩张血管，减轻缺血性脑水肿及病理变化，蛛网膜下腔出血后早期治疗的效果更为明显，血清中IL-6水平与CVS程度呈正相关，免疫炎症反应与CVS的发生可能存在一定联系。早期联合应用免疫抑制剂，有望进一步提高罂粟碱治疗CVS的疗效[9]。

改善微循环作用：罂粟碱能改善大鼠肝热缺血再灌注期的微循环障碍，减轻肝组织再灌注损伤；活体再灌注期经门静脉途径给药对改善肝微循环效果确切[10]。

体内过程 采用人源结肠腺癌细胞Caco-2模型研究罂粟生物碱类中罂粟碱、*N*-甲基四氢罂粟碱和头花千金藤碱在人体小肠上的吸收情况，实验结果显示这3种成分可以通过小肠上皮细胞的被动转运进入体内，表观渗透系数与吸收良好的阳性对照药普萘洛尔基本一致，属于吸收良好的化合物[11]。大鼠口服给予罂粟碱，在粪便中可以检测到原型药物及8种代谢产物；罂粟碱在体外肝微粒体、肠道菌作用下，可以检测到原药的脱甲基及羟基化代谢物[12]。

注评 本种为中国药典（1963年版）收载"阿片"、中国药典（1953年版）收载"阿片粉"和中国药典（2010年版）收载"罂粟壳"的基源植物，"阿片"或"阿片粉"为其未成熟蒴果的乳状液的干燥物；药用"罂粟壳"为其干燥成熟果壳。彝族、基诺族也药用，彝族用其果实的乳汁主治目痛、胃痛、疮肿疼痛、腹泻等症；基诺族用果壳治疟疾、高热、痢疾。罂粟在唐朝时期已传入中国，四川在当时已种植罂粟，称"阿芙蓉"。本种为重要医药原料，也是主要毒品来源。

化学成分参考文献

[1] 李兆琳，等. 兰州大学学报（自然科学版），1990, 26(3): 145-146.

[2] Wrede F, et al. *Arch f Exp Path u Pharm*, 1937, 184: 331-335.

[3] Chaudhuri PK, et al. *Phytochemistry*, 1989, 28(7): 2002-2003.

[4] Repasi J, et al. *Planta Med*, 1993, 59(5): 477-478.

[5] Morimoto S, et al. *J Nat Prod*, 2003, 66: 987-989.

[6] Nielsen B, et al. *Planta Med*, 1983, 48(8): 205-206.

[7] Acevska J, et al. *Journal of AOAC International*, 2012, 95(2): 399-405.

药理作用及毒性参考文献

[1] 王华伟，等. 辽宁中医药杂志，2008, 35(6): 941-942.

[2] Gomez-Serranillos MP, et al. *Phytother Res*, 1998, 12(5): 346-349.

[3] 栾杰，等. 实用美容整形外科杂志，2002, 13(4): 209-212.

[4] 李景文，等. 中国体外循环杂志，2005, 3(3): 164-166.

[5] 刘芳龄，等. 中华医学杂志，1996, 76(2): 132-134.

[6] 张跃伟，等. 临床放射学杂志，2004, 20(7): 536-538.

[7] 芦奕，等. 江苏医药杂志，2004, 30(5): 334-337.

[8] 李俊，等. 中华实验外科杂志，2005, 22(12): 1528-1529.

[9] 蒋栋毅，等. 苏州医学院学报，2001, 21(6): 621-624.

[10] 吕振海，等. 中国微循环，2002, 6(5): 271-275.

[11] 马莲，等. 药学学报，2008, 43(2): 202-207.

[12] Peng ZH, et al. *Acta Pharmaceut Sin*, 2009, 44(1): 95-100.

5. 秃疮花属 Dicranostigma Hook. f. et Thomson

草本，蓝灰色，被短柔毛或无毛，常具黄色液汁。根木质，狭纺锤形。茎圆柱形，具多数分枝。基生叶多数，羽状浅裂或深裂或二回羽状分裂，裂片疏离，边缘波状或具齿，具叶柄；茎生叶互生，羽状分裂或为不规则的大型粗齿，无叶柄。花单生或几朵于茎或分枝先端排成聚伞花序；具花梗，通常无毛；无苞片。萼片 2；花瓣 4，倒卵形或近圆形，黄色或橙黄色；雄蕊多数，花丝丝状，花药长圆形，2 室，纵裂，基着；子房 1 室，2 心皮，圆柱形或狭圆柱形，疏被短柔毛或具瘤状突起，花柱极短，柱头头状。蒴果圆柱形或线形，被短柔毛或无毛，2 瓣自顶端开裂至近基部。种子小，多数，通常卵珠形，具网纹，无种阜。

3 种，我国均产，2 种分布于我国西南部至热带以外的喜马拉雅地区，1 种分布到我国黄土高原。

本属药用植物秃疮花能舒张平滑肌、镇痛镇静，秃疮花生物碱对大肠埃希菌、金黄色葡萄球菌、枯草杆菌和粪肠球菌有显著的抑制作用。秃疮花还具有保肝和调节免疫作用。

1. 秃疮花（渭河流域之杂草） 秃子花、勒马回（甘肃、陕西），负儿草（四川）

Dicranostigma leptopodum (Maxim.) Fedde, Bot. Jahrb. Syst. 36 (Heft 5, Beibl. 82): 45. 1905.——*Glaucium leptopodum* Maxim.（英 **Slenderstalk Dicranostigma**）

通常为多年生草本，高 25–80 cm，全株含淡黄色液汁，被短柔毛，稀无毛。主根圆柱形。茎多，绿色，具粉，上部具多数等高的分枝。基生叶丛生，叶片狭倒披针形，长 10–15 cm，宽 2–4 cm，羽状深裂，裂片 4–6 对，再次羽状深裂或浅裂，小裂片先端渐尖，疏被白色短柔毛；叶柄条形，长 2–5 cm，疏被白色短柔毛；茎生叶少数，似基生叶，无柄。花 1–5 朵于茎和分枝先端排列成聚伞花序；花梗无毛；具苞片。萼片卵形，长 0.6–1 cm；花瓣倒卵形至回形，长 1–1.6 cm，宽 1–1.3 cm，黄色；雄蕊多数；子房狭圆柱形，长约 6 mm，密被疣状短毛。蒴果线形，无毛，2 瓣自顶端开裂至近基部。种子卵珠形。花期 3–5 月，果期 6–7 月。

分布与生境 产于河北、山西、陕西、甘肃、青海、河南、四川、云南、西藏。生于海拔 400–2900 (–3700) m 的草坡或路旁，田埂、墙头、屋顶也常见。

药用部位 全草。

功效应用 清热解毒，消肿止痛，杀虫。用于牙痛，乳蛾，咽喉痛，扁桃体炎，牙痛，淋巴结结核，瘰疬；外用于秃疮，疥癣，痈疖疮毒，睾丸癣，妇女阴户肿，老鼠疮。有毒。

化学成分 全草含生物碱类：秃疮花碱▲(dicranostigmine)，紫堇定(corydine)，异可利定(isocorydine)，原阿片碱(protopine)，华防己碱(sinoacutine)[2]；三萜类：秃疮花酮▲(dicranostigmone)，古柯二醇-3-*O*-棕榈酸酯(erythrodiol-3-*O*-palmitate)[1]。

药理作用 镇痛、镇静作用：从秃疮花中分离出的活性较强的生物碱异可利定对小白鼠具有较好的镇痛及镇静作用[1]。.

调节免疫作用：秃疮花提取物可诱发 PM Φ 产生强烈的呼吸爆发作用，并能提高其吞噬功能和溶菌酶水平，具有剂量效应关系，诱导 PM Φ 活化并提高其免疫功能[2]。

舒张平滑肌作用：秃疮花可使豚鼠回肠、子宫、支气管及离体心脏冠状动脉血管平滑肌松弛，同时可使家兔头颈部血流量增加并有轻微短暂的降压作用。

保肝作用：静脉注射卡介苗 (BCG) 和脂多糖 (LPS) 诱导小鼠免疫性肝损伤，秃疮花提取物可使血清丙氨酸转氨酶 (ALT)、天冬氨酸转氨酶 (AST)、乳酸脱氢酶 (LDH) 的活性及肝组织匀浆中丙二醛 (MDA) 含量均降低，肝损伤不同程度地减轻。秃疮花提取物对 BCG 和 LPS 诱导的小鼠免疫性肝损伤具有一定的保护作用[3]。对由 CCl_4 引起的小鼠急性化学性肝损伤有保护作用，其作用机制可能与其抗自由基有关[4-6]。

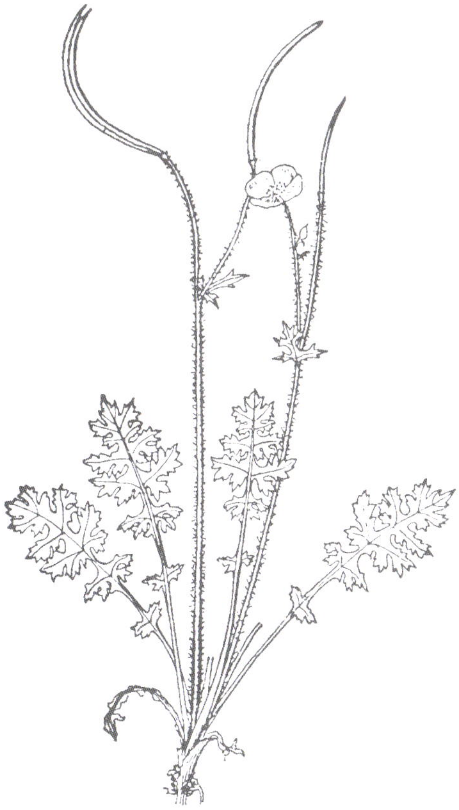

秃疮花 **Dicranostigma leptopodum** (Maxim.) Fedde
引自《中国高等植物图鉴》

秃疮花 **Dicranostigma leptopodum** (Maxim.) Fedde
摄影：刘冰（自然标本馆）

抑菌作用：秃疮花中提取得到的生物碱对大肠埃杆菌、金黄色葡萄球菌、枯草杆菌和粪肠球菌有显著的抑制作用，但对奇异变形杆菌的抑制作用不显著[7]。

其他作用：秃疮花提取物在体内、外可分别抑制由 H_2O_2 和乙酰苯肼引发的鼠红细胞氧化性溶血，效果明显。小鼠腹腔注射秃疮花提取物后，红细胞内抗氧化酶活性普遍提高，提示秃疮花通过增强红细胞的自由基清除能力而使细胞膜免受氧化性损伤，其中葡萄糖 -6- 磷酸脱氢酶活性的上升尤为显著，据此推测秃疮花提取物可能通过抑制乙酰苯肼对葡萄糖 -6- 磷酸脱氢酶的干扰而缓解鼠红细胞的氧化性溶血[8]。秃疮花可抑制细胞的分裂和繁殖，对细胞具有毒性作用，对羊传染性脓疱病毒有较强的抑制和灭活作用，对传染性脓疱有很好的治疗作用[9]。CPD_{HCE} 疫苗和秃疮花制剂对接触传染性脓疱皮炎 (CPD) 能起到良好的防治作用[10]。

化学成分参考文献

[1] Wang F, et al. *J Asian Nat Prod Res*, 1984, 20(1): 74-76.
[2] Israilov IA, et al. *Chin Chem Lett*, 1984, 20(1): 74-76.

药理作用及毒性参考文献

[1] 赵强，等 . 陇东学院学报，2010, 21(2): 53-57.
[2] 陈正山，等 . 上海免疫学杂志，2001, 21(4): 216-218.
[3] 毛爱红，等 . 中国药理学通报，2004, 20(8): 940-943.
[4] 张昱，等 . 青海医学院学报，2004, 25(1): 7-11.
[5] 毛爱红，等 . 中药药理与临床，2011, 27(1).
[6] 毛爱红，等 . 兰州大学学报，2008, 34(2): 17-20.
[7] 董晓宁，等 . 中国兽医学杂志，2010, (2): 6-11.
[8] 赵祁，等 . 兰州大学学报，2006, 32(2): 40-45.
[9] 王廷璞，等 . 中兽医医药杂志，1998, 1: 9-10.
[10] 党岩，等 . 当代畜牧，2008, (10): 17-18.

6. 海罂粟属 Glaucium Mill.

一年生或多年生草本，稀一年生，蓝灰色，具红色的酸液汁。主根细长。茎直立或上升，圆柱形，无毛或被长柔毛。基生叶多数，通常羽状分裂，裂片具锯齿或圆齿；具叶柄，且基部扩大成鞘；茎生叶互生，心形抱茎，边缘具齿缺或浅波状，无柄。花大而美丽，黄色、黄褐色、深黄色或红色，单个顶生或腋生，通常具长的花梗。萼片 2，早落，无毛或被长柔毛；花瓣 4，芽时席卷；雄蕊多数；子房圆柱形或线形，2 心皮，由于细胞形成的海绵质隔膜把胎座连接而成假 2 室，柱头 2 裂，近无柄。蒴果细长，圆柱形，成熟时自顶端向基部或稀自基部向顶端开裂成 2 狭长的果瓣。种子多数，卵状肾形，种皮蜂窝状，无种阜。

21–25 种，主产于欧洲温带和地中海地区，亚洲西南部至中部也有。我国有 3 种，产于新疆。

分种检索表

1. 一年生草本；茎二歧状分枝；基生叶倒卵状长圆形，羽状浅裂；果较短；花瓣橙黄色，基部带红色…………………………………………………………………………………………………… 1. **天山海罂粟 G. elegans**

1. 一年生至多年生草本；茎不分枝；基生叶狭倒披针形，大头羽状深裂；果梗极长；花瓣基部不带红色。
   2. 萼片外面光滑；花瓣具斑点；蒴果自先端向基部开裂 ……………………………………2. **海罂粟 G. fimbrilligerum**
   2. 萼片外被鳞片状皮刺；花瓣无斑点；蒴果自基部向先端开裂 ………………… 3. **新疆海罂粟 G. squamigerum**

1. 天山海罂粟（中国高等植物图鉴） 野罂粟（新疆）

Glaucium elegans Fisch. et C. A. Mey. in Index Sem. (St. Petersburg) 1: 29. 1835.（英 **Tianshan mountain Hornpoppy**）

一年生草本。主根圆柱状。茎直立，二歧状分枝，具白粉。基生叶多数，叶片轮廓倒卵状长圆形，羽状浅裂，裂片先端具刚毛状短尖头，两面具白粉；叶柄扁平，长 1.5–2.5 cm；茎生叶轮廓卵状近圆形，基部心形，抱茎，边缘具浅波状齿。花单生于茎和分枝先端；花萼具皮刺；花瓣宽倒卵形，长约 2 cm，橙黄色，基部带红色；子房圆柱形，近无毛。蒴果线状圆柱形，成熟时自基部向先端开裂，具多数种子。种子肾状长圆形。花果期 5–7 月。

天山海罂粟 **Glaucium elegans** Fisch. et C. A. Mey.
引自《中国高等植物图鉴》

分布与生境　产于新疆。生于海拔 750 m 附近的荒漠、低山石坡或河滩。中亚地区和伊朗有分布。

药用部位　果实。

功效应用　镇痛，止咳。

化学成分　根含生物碱类：白屈菜宾(chelirubine)，血根碱(sanguinarine)，白屈菜红碱(chelerythrine)[1]。

地上部分含生物碱类：(+)-紫堇定[(+)-corydine]，原阿片碱(protopine)[1]，海罂粟碱(glaucine)，(±)-白屈菜碱[(±)-chelidonine]，别隐品碱(allocryptopine)，黄连碱(coptisine)[2]。

化学成分参考文献

[1] Slavik J, et al. *Collect Czech Chem Commun*, 1960, 25: 1698-1699.

[2] Slavikova L, et al. *Collect Czech Chem Commun*, 1968, 33(2): 635-637.

2. 海罂粟（新疆植物检索表） 野罂粟（新疆）

Glaucium fimbrilligerum Boiss., Fl. Orient. 1: 120. 1867.（英 **Hornpoppy**）

一年生草本，高约 30 cm 或更高。茎直立。基生叶轮廓狭倒披针形，大头羽状深裂；茎生叶宽长圆形，羽状分裂。花单个顶生，具长而粗壮的花梗。花萼外面光滑；花瓣长约 2 cm，橙黄色，具斑点。蒴果线状圆柱形，长 12–18 cm，疏被紧贴、乳突状皮刺，成熟时自先端向基部开裂；果梗极长。花果期 6–10 月。

分布与生境　产于新疆。生于荒漠或干旱山坡。中亚、伊朗、阿富汗等地有分布。

药用部位　果实。

功效应用　镇痛，止咳。

化学成分　根含生物碱类：黄连碱(coptisine)，小檗碱(berberine)，白屈菜宾(chelirubine)[1]，白屈菜红碱(chelerythrine)[1-2]，白屈菜碱(chelidonine)，原阿片碱(protopine)，血根碱(sanguinarine)，紫堇定(corydine)，异可利定(isocorydine)，别隐品碱(allocryptopine)，*N*-甲基衡州乌药碱(*N*-methylcoclaurine)，异波尔定碱(isoboldine)[2]。

地上部分和根含生物碱类：(-)-异紫堇杷明碱[(-)-isocorypalmine][3]，原阿片碱[3-5]，(+)-紫堇定[(+)-corydine]，别隐品碱，(+)-异可利定[(+)-isocorydine][3,5]，山延胡索宁碱▲(bulbocapnine)，多花罂粟碱(salutaridine)，唐松草朴啡碱(thaliporphine)[4]，*N*-甲基钓樟卡品(*N*-methyllindcarpine)[4-5]，异波尔定碱，血根碱，白屈菜红碱，(+)-白屈菜碱[(+)-chelidonine]，二氢血根碱(dihydrosanguinarine)，去氢紫堇定(dehydrocorydine)，(+)-降异紫堇定[(+)-norisocorydine]，(+)-*N*-羟基紫堇定[(+)-*N*-hydroxycorydine]，(+)-降紫堇定[(+)-norcorydine]，(-)-斯氏紫堇碱[(-)-scoulerine]，(+)-异紫堇块茎碱[(+)-isocorytuberine]，(+)-网状番荔枝碱[(+)-reticuline]，(-)-*N*-甲基衡州乌药碱[(-)-*N*-methylcoclaurine]，海罂粟宁碱(glaunine)，海罂粟尼定碱(glaunidine)，(+)-海罂粟菲定碱[(+)-glaufidine][5]，表海罂粟菲定碱(epiglaufidine)，非洲防己碱(columbamine)，金罂粟碱α-羟甲基化物(stylopine α-hydroxymethylate)，荷花玉兰碱(magnoflorine)[6]，(+)-山延胡索宁碱▲-β-*N*-氧化物[(+)-bulbocapnine-β-*N*-oxide][7]。

药理作用　海罂粟提取物具有镇咳、延长咳嗽潜伏期的作用，其作用效果与药物浓度相关，亦具有平喘作用，平喘效果随海罂粟浓度升高而增强，但祛痰作用不明显[1]。

化学成分参考文献

[1] Slavik J, et al. *Collect Czech Chem Commun*, 1984, 49(5): 1318-1324.

[2] Yunusov AK, et al. *Khim Prir Soedin*, 1974, (4): 538.

[3] Slavikova L, et al. *Collect Czech Chem Commun*, 1971, 36(8): 2385-2389.

[4] Shafiee A, et al. *J Sci, Islamic Republic of Iran*, 1997, 8(1): 42-44.

[5] Karimova SU, et al. *Khim Prir Soedin*, 1980, (2): 224-228.

[6] Karimova SU, et al. *Khim Prir Soedin*, 1983, (4): 493-496.

[7] Shafiee A, et al. *J Nat Prod*, 1998, 61(12): 1564-1565.

药理作用及毒性参考文献

[1] 张荣，等 . 新疆医科大学学报，2010, 33(9): 1041-1043.

3. 新疆海罂粟（新疆植物检索表）

Glaucium squamigerum Kar. et Kir. in Bull. Soc. Imp. Naturalistes Moscou. 15: 141. 1842.（英 **Xinjiang Hornpoppy**）

二年生或多年生草本。主根圆柱状。茎直立，不分枝，疏生白色皮刺。基生叶多数，叶片轮廓狭倒披针形，大头羽状深裂，边缘锯齿状，齿端具软骨质的短尖头；叶柄基部鞘状；茎生叶 1–3，无或具短柄，叶片羽状分裂或二回羽状 3 裂。花单个顶生；花瓣近圆形或宽卵形，金黄色。蒴果线状圆柱形，具稀疏的刺状鳞片，成熟时自基部向先端开裂，具多数种子。种子肾形，黑褐色。花果期 5–10 月。

新疆海罂粟 **Glaucium squamigerum** Kar. et Kir.
吴锡麟　绘

新疆海罂粟 **Glaucium squamigerum** Kar. et Kir.
摄影：张英涛

分布与生境　产于新疆。生于海拔 860–2600 m 的山坡砾石缝、路边碎石堆、荒漠或河滩。中亚地区广泛分布。

药用部位　果壳。

功效应用　镇痛，止咳，止泻。用于神经性头痛，偏头痛，痛经，白带，遗精，久咳，喘息，慢性胃炎，胃溃疡，胃痛，泻痢，便血，脱肛。

化学成分　全草含生物碱类：别隐品碱(allocryptopine)，(-)-*β*-*N*-甲基异紫堇帕明氢氧化物[(-)-*β*-*N*-methyliso corypalminium hydroxide]，原阿片碱(protopine)，白屈菜红碱(chelerythrine)，血根碱(sanguinarine)，(-)-白屈菜碱[(-)-chelidonine]，紫堇定(corydine)，(+)-白屈菜碱[(+)-chelidonine; diphylline]，黄连碱(coptisine)，小檗碱(berberine)，白屈菜宾(chelirubine)，(-)-*β*-*N*-甲基-白毛茛定▲碘化物[(-)-*β*-*N*-methylcanadinium iodide]，(-)-*α*-*N*-甲基-白毛茛定▲碘化物[(-)-*α*-*N*-methylcanadinium iodide]，(-)-*β*-*N*-甲基金罂粟碱碘化物[(-)-*β*-*N*-methylstylopinium iodide][1]。

药理作用　镇痛、抗炎作用：新疆海罂粟粗提物能降低冰醋酸所致的小鼠扭体次数，提高小鼠热板法的痛阈水平，能显著降低甲醛所致小鼠的第Ⅰ时相及第Ⅱ时相疼痛反应评分，其镇痛作用显著[1]。新疆海罂粟提取物能明显抑制二甲苯所致的小鼠耳郭肿胀，抑制鸡蛋清所致的小鼠足跖肿胀和角叉菜胶所致的大鼠足跖肿胀，即对急性炎症有一定的抑制作用，同时又能抑制大鼠棉球肉芽肿的形成，即对慢性炎症也有一定的抑制作用，其抗炎作用显著，高剂量的海罂粟提取物还可使小鼠的血小板增多[2]。

化学成分参考文献

[1] Slavik J, et al. *Collect Czech Chem Commun*, 1984, 49(5): 1318-1324.

药理作用及毒性参考文献

[1] 龙梅，等 . 新疆中医药，2011, 29(2): 5-6.
[2] 王雪飞，等 . 新疆医科大学学报，2010, 33(7): 768-770.

7. 疆罂粟属 **Roemeria** Medik.

一年生草本，柔弱。根垂直，通常不分枝。叶片二回羽状深裂，裂片狭，再次浅裂，小裂片线形，无毛或被柔毛，有时小裂片卵状长圆形；具叶柄。花单个顶生、腋生或对叶生，具花梗。萼片 2，被柔毛，早落；花瓣 4，紫色、紫红色或红色，芽时褶叠；雄蕊多数；子房圆柱形，2–4 枚心皮，1 室，花柱短，柱头头状，2–4 裂。蒴果狭圆柱形，长角果状，4 瓣，稀 2 或 3 瓣自顶端向基部开裂。种子多数，肾形，无种阜，种皮蜂窝状。

约 7 种，分布于地中海区至中亚和阿富汗。我国新疆产 2 种，均可入药。

分种检索表

1. 花瓣整个紫色；蒴果先端疏生刚毛，柱头无附属物……………………………………………… 1. **紫花疆罂粟 R. hybrida**
1. 花瓣鲜红色，基部呈暗紫色；蒴果通常无毛，柱头每 2 个裂瓣间具 1 个刚毛状附属物……………………………………………………………………………………………… 2. **红花疆罂粟 R. refracta**

从疆罂粟属药用植物中主要分得生物碱类化合物，主要为原阿朴啡型(proaporphine)、帕文型/异帕文型(pavine/isopavine)、苄基四氢异喹啉型(benzyltetrahydroisoquinoline)、吗啡烷二烯酮型(morphinandienone)、*β*-咔啉型(*β*-carboline)等。原阿朴啡型如(-)-紫花疆罂粟定▲[(-)-roehybridine，**1**]、(-)-降紫花疆罂粟定▲[(-)-norroehybridine，**2**]、(-)-*O*-甲基紫花疆罂粟定▲[(-)-*O*-methylroehybridine，**3**]、(-)-紫花疆罂粟胺▲[(-)-roehybramine，**4**]、(-)-紫花疆罂粟定▲-*β*-*N*-氧化物[(-)-roehybridine-*β*-*N*-oxide，**5**]、(+)-紫花疆罂粟亥明▲[(+)-roehymine，**6**]、(+)-紫花疆罂拉明▲[(+)-roebramine，**7**]、(-)-疆罂粟定▲[(-)-roemeridine，**8**]、(-)-*O*-甲基疆罂粟定▲[(-)-*O*-methylroemeridine，**9**]、(-)-紫花疆罂粟定▲-*α*-*N*-氧化物[(-)-roehybridine-*α*-*N*-oxide，**10**]、(-)-紫花疆罂粟胺▲-*β*-*N*-氧化物[(-)-roehybramine-*β*-*N*-oxide，**11**]；帕文型/异帕文型如(-)-红花疆罂粟定▲[(-)-reframidine，**12**]、(-)-降红花疆罂粟定▲[(-)-norreframidine，**13**]、(-)-红花疆罂粟明▲[(-)-refractamine，**14**]、(-)-红花疆罂粟莫灵▲[(-)-reframoline，**15**]、(-)-花菱草酮[(-)-eschscholtzinone，**16**]、(-)-花菱草醇[(-)-eschscholtzinol，**17**]；苄基四氢异喹啉型如(+)-*N*-三甲基-乌药碱[(+)-roefractine，**18**]、(+)-伪劳丹碱[(+)-pseudolaudanine，**19**]、(+)-疆罂粟卡任[(+)-roemecarine，**20**]；吗啡烷二烯酮型如(-)-降黑水罂粟碱[(-)-noramurine，**21**]、(-)-黑水罂粟碱[(-)-amurine，**22**]、(+)-黄巴豆亭[(+)-flavinantine，**23**]；*β*-咔啉型如(-)-疆罂粟咔啉▲[(-)-roecarboline，**24**]、(+)-降疆罂粟咔啉▲[(+)-norroecarboline，**25**]、疆罂粟哈尔明▲(roeharmine，**26**)、(-)-1,2,3,4-四氢疆罂粟哈尔明▲[(-)-1,2,3,4-tetrahydroroeharmine，**27**]。

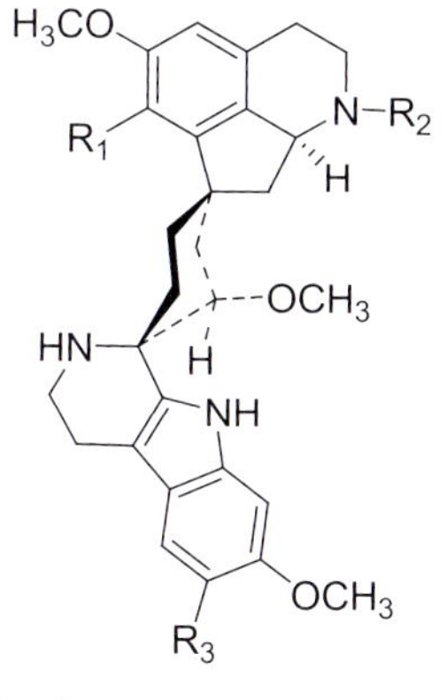

1: R_1=OH　R_2=CH_3　R_3=OCH_3
2: R_1=OH　R_2=H　R_3=OCH_3
3: R_1=OCH_3　R_2=CH_3　R_3=OCH_3
4: R_1=OH　R_2=CH_3　R_3=H

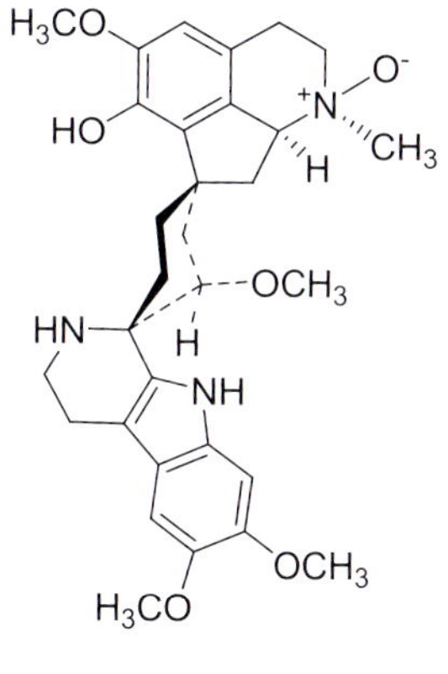

5

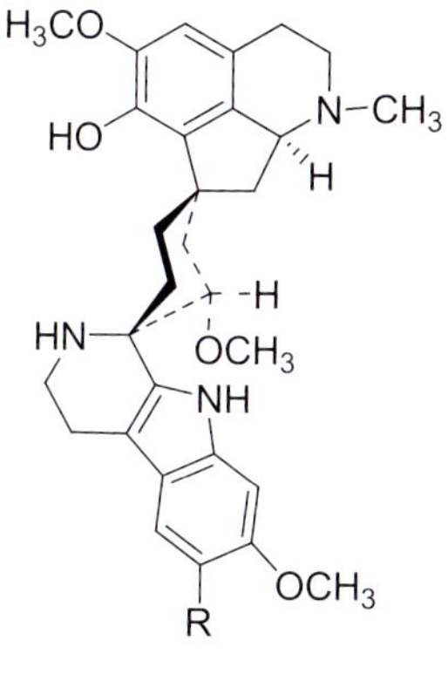

6: R=OCH_3
7: R=H

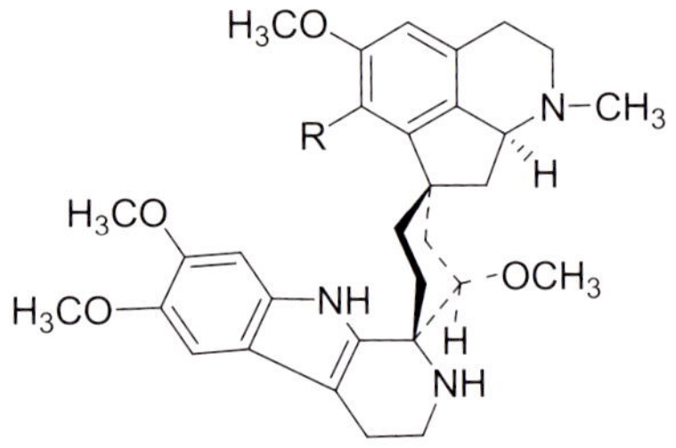

8：R=OH
9：R=OCH_3

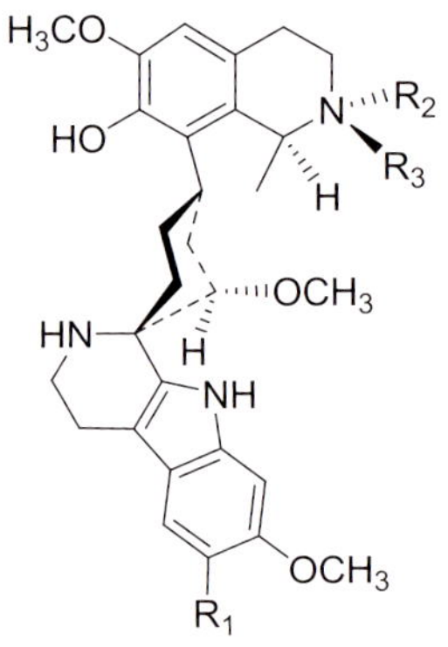

10：R_1=OCH_3　R_2=O　R_3=CH_3
11：R_1=H　R_2=CH_3　R_3=O

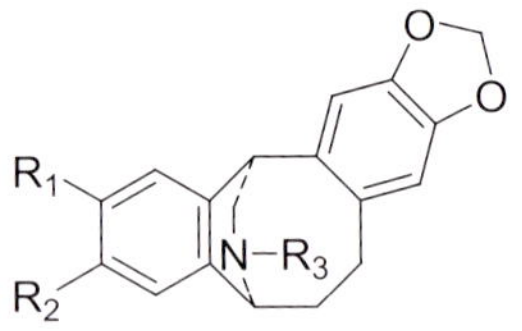

12：R_1-R_2=-O-CH_2-O-　R_3=CH_3
13：R_1-R_2=-O-CH_2-O-　R_3=H
14：R_1=OCH_3　R_2=OH　R_3=CH_3
15：R_1=OH　R_2=OCH_3　R_3=CH_3

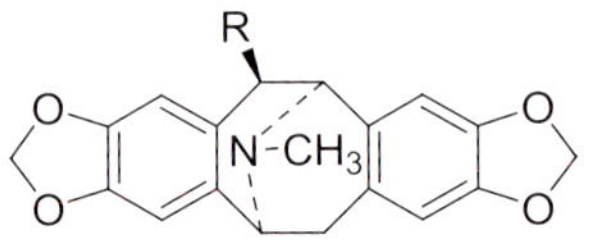

16：R=O
17：R=OH

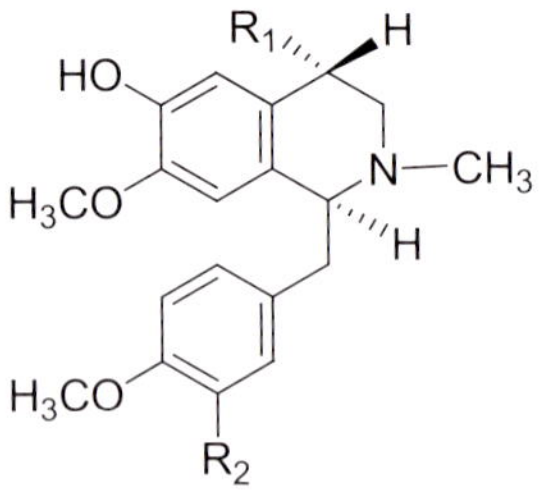

18：R_1=H　R_2=H
19：R_1=H　R_2=OCH_3
20：R_1=OH　R_2=OCH_3

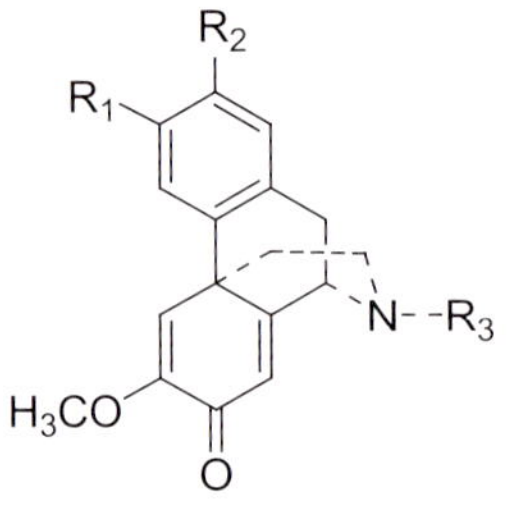

21：R_1-R_2=-O-CH_2-O-　R_3=H
22：R_1-R_2=-O-CH_2-O-　R_3=CH_3
23：R_1=OH　R_2=OCH_3　R_3=CH_3

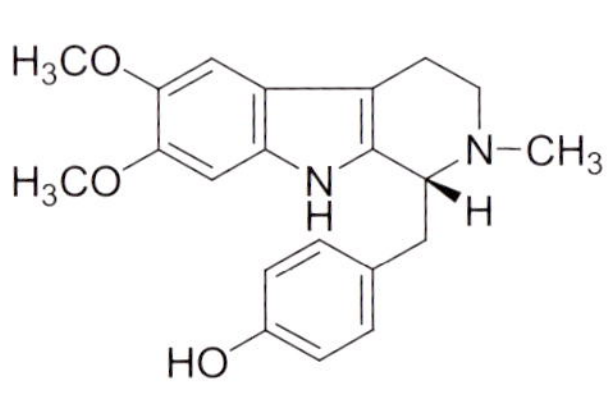

24

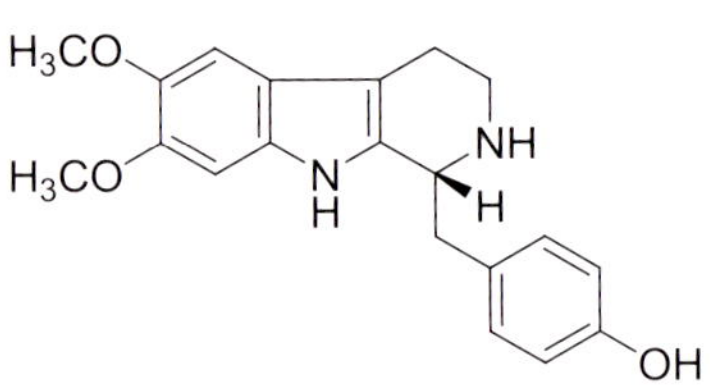

25

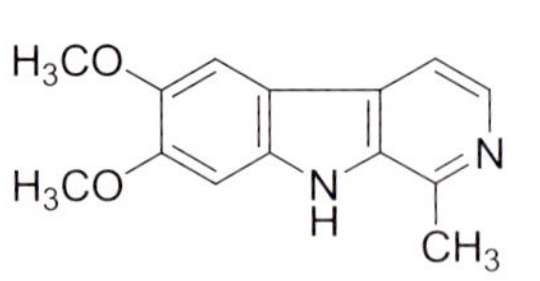

26

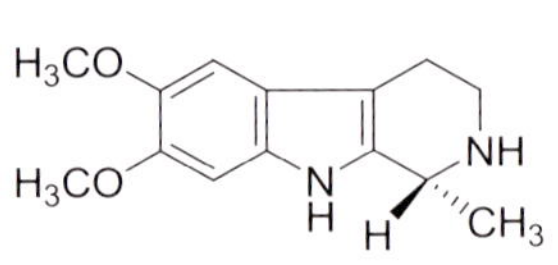

27

1. 紫花疆罂粟（中国植物志） 紫勒米花（新疆植物检索表）

Roemeria hybrida (L.) DC., Syst. Nat. 2: 92. 1821.——*Chelidonium hybridum* L.（英 **Purple Xinjiang Opium**）

一年生草本，高 20–50 cm。主根圆柱形。茎直立，近无毛。基生叶数枚，叶片轮廓卵形，二至三回羽状细裂，两面无毛；叶柄基部扩大成鞘；茎生叶同基生叶，但较小和具短柄至近无柄。花单生，顶生或腋生；萼片卵形；花瓣宽卵形至近圆形，整个呈紫色；雄蕊花丝深紫色，花药黄色。蒴果狭圆柱形，仅先端疏生刚毛，成熟时通常 4 瓣自顶端向基部开裂。种子多数。

分布与生境 产于新疆。生于干旱山坡、沙地和草原。伊朗、中亚、小亚细亚、巴尔干、地中海、高加索及西欧均有分布。

药用部位 全草。

功效应用 止咳，平喘。

化学成分 全草含生物碱类：(-)-疆罂粟酮▲[(-)-roemerialinone]，(-)-异疆罂粟酮▲[(-)-isoroemerialinone]，(-)-11,12-二氢东方罂粟酮▲[(-)-11,12-dihydroorientalinone]，(+)-8,9-二氢异疆罂粟酮▲[(+)-8,9-dihydroisoroemerialinone]，(-)-*α*-紫花疆罂粟任▲[(-)-*α*-roemehybrine]，(-)-异东方罂粟酮[(-)-isoorientalinone]，(+)-8,9-二氢异东方罂粟酮▲[(+)-8,9-dihydroisoorientalinone]，(-)-紫花疆罂粟灵▲[(-)-roehybrine]，(-)-威尔士绿绒蒿碱▲[(-)-mecambrine]，(-)-东方罂粟酮▲[(-)-orientalinone][1]，紫花疆罂粟亭▲(misrametine)，(-)-紫花疆罂粟碱▲[(-)-misramine][2]，(-)-疆罂粟咔啉▲[(-)-roecarboline]，(+)-降疆罂粟咔啉▲[(+)-norroecarboline]，疆罂粟哈尔明▲(roeharmine)，(-)-1,2,3,4-四氢疆罂粟哈尔明▲[(-)-1,2,3,4-tetrahydroroeharmine][3]，(-)-紫花疆罂粟定▲[(-)-roehybridine]，(-)-降紫花疆罂粟定▲[(-)-norroehybridine]，(-)-*O*-甲基紫花疆罂粟定▲[(-)-*O*-methylroehybridine]，(-)-*β*-*N*-*O*-紫花疆罂粟定▲[(-)-roehybridine-*β*-*N*-oxide]，(-)-紫花疆罂粟胺▲[(-)-roehybramine]，(+)-紫花疆罂粟亥明▲[(+)-roehymine; (+)-misrhybridine]，(+)-紫花疆罂拉明▲[(+)-roebramine]，(-)-疆罂粟定▲[(-)-roemeridine]，(-)-*O*-甲基疆罂粟定▲[(-)-*O*-methylroemeridine]，(-)-紫花疆罂粟明▲[(-)-roemebramine][4]，(-)-紫花疆罂粟定▲-*α*-*N*-氧化物[(-)-roehybridine-*α*-*N*-oxide]，(-)-紫花疆罂粟胺▲-*β*-*N*-氧化物[(-)-roehybramine-*β*-*N*-oxide][5]；黄酮类：草棉素(herbacetin)，棉皮素-3-葡萄糖苷酸-8-葡萄糖苷(gossypetin-3-glucuronide-8-glucoside)[6]。

化学成分参考文献

[1] Gozler B, et al. *Tetrahedron*, 1987, 43(8): 1765-1770.

[2] Gozler B, et al. *Heterocycles*, 1990, 31(1): 149-152.

[3] Gozler B, et al. *J Nat Prod*, 1990, 53(3): 740-743.

[4] Gozler B, et al. *J Nat Prod*, 1990, 53(3): 675-685.

[5] Gunes HS, et al. *Fitoterapia*, 2001, 72(8): 875-886.

[6] Saleh NAM, et al. *Phytochemistry*, 1988, 27(1): 309-310.

2. 红花疆罂粟（中国植物志） 红勒米花（新疆用译名），裂叶罂粟（中国高等植物图鉴补编）

Roemeria refracta DC., Syst. Nat. 2: 93. 1821.——*Glaucium refractum* Nábelek（英 **Xinjiang Opium**）

一年生草本，高 20–40 cm。茎直立，具分枝，疏被刚毛。基生叶多数，叶片轮廓卵形，长 3–8 cm，二回羽状深裂；叶柄长 3–8 cm，基部扩大成鞘；茎生叶同基生叶，但较小和具短柄至近无柄。花单个顶生和腋生，花梗长达 14 cm，被刚毛；花瓣卵形至近圆形，鲜红色，基部暗紫色。蒴果狭圆柱形，无毛，柱头每 2 个裂片间具 1 个刚毛状附属物，成熟时 4 瓣自顶端向基部开裂。种子多数。花果期 4–6 月。

分布与生境 产于新疆。生于海拔 860–1100 m 的山坡荒漠草原草地，或为绿洲地带的杂草。中亚和伊朗有分布。为一开花时红成一片的短命植物。

药用部位 全草。

功效应用 止咳，平喘。

化学成分 全草含生物碱类：红花疆罂粟芬碱▲(remrefine)[1]，(-)-红花疆罂粟定▲[(-)-reframidine]，(-)-降红花疆罂粟定▲[(-)-norreframidine]，(-)-红花疆罂粟明▲[(-)-refractamine]，(-)-红花疆罂粟莫灵▲[(-)-reframoline]，(-)-花菱草酮▲[(-)-eschscholtzinone]，(-)-花菱草醇▲[(-)-eschscholtzinol][2]，(-)-降黑水

罂粟碱[(-)-noramurine]，(-)-黑水罂粟碱[(-)-amurine]，(+)-黄巴豆亭[(+)-flavinantine][3]，(+)-*N*-三甲基-乌药碱▲[(+)-roefractine]，(+)-伪劳丹碱[(+)-pseudolaudanine]，(+)-疆罂粟卡任▲[(+)-roemecarine]，(-)-杏黄罂粟碱[(-)-armepavine][4]，(±)-衡州乌药碱[(±)-coclaurine]，(±)-*N*-甲基衡州乌药碱[(±)-*N*-methylcoclaurine]，(-)-疆罂粟定▲[(-)-roemeridine]，*N*-阿魏酰酪胺(*N*-feruloyltyramine)[5]，红花疆罂粟碱▲(reframine)，红花疆罂粟胺▲(roemeramine)，红花疆罂粟宁▲(roemeronine)，疆罂粟碱(roemerine)，原阿片碱(protopine)，(-)-威尔士绿绒蒿碱▲[(-)-mecambrine]，(-)-威尔士绿绒蒿咔啉▲[(-)-mecambroline]，红花疆罂粟洛灵▲(reomeroline)，黄连碱(coptisine)[6]。

红花疆罂粟 **Roemeria refracta** DC.
引自《中国高等植物图鉴》

化学成分参考文献

[1] Yunusov MS, et al. *Khim Prirod Soed*, 1968, 4(4): 225-227.

[2] Gozler B, et al. *J Nat Prod*, 1988, 51(4): 760-764.

[3] Gozler B, et al. *J Nat Prod*, 1990, 53(4): 986-988.

[4] Gozler B, et al. *J Nat Prod*, 1990, 53(3): 666-668.

[5] Gozler B, et al. *Helv Chim Acta*, 1992, 75(1): 260-268.

[6] Slavik J, et al. *Collect Czech Chem Commun*, 1968, 33(12): 4066-4082.

8. 金罂粟属 Stylophorum Nutt.

多年生草本，具黄色或血红色液汁。茎 1 (–3)，直立，圆柱形，具条纹，被柔毛或无毛。基生叶少数，具长柄，叶片羽状深裂或全裂，裂片深波状或为不规则的锯齿；茎生叶 2–3 或 4–7 枚，具短柄，顶端 2 叶（稀 3 叶）近对生，或于总花梗下生出而近于顶生，具短柄或无柄，叶片同基生叶。花排列成伞房状花序或伞形花序，具花序梗和苞片。萼片 2，宽卵形，被长柔毛，早落；花瓣 4，黄色，近圆形，覆瓦状排列；雄蕊多数（20 或更多），花丝丝状，花药长圆形或线状长圆形，2 室，纵裂；子房卵球形或圆柱形，被短柔毛，1 室，2–4 心皮，花柱圆柱形，柱头头状，2–4 浅裂，裂片与胎座互生，胚珠多数。蒴果狭卵形或狭长圆形，被短柔毛，2–4 瓣自先端向基部开裂，具多数种子。种子小，具网纹和鸡冠状种阜。

3 种，1 种产于北美大西洋沿岸，我国产 2 种。药用 1 种。

1. 金罂粟（中国植物志） 人血草、豆叶七（湖北），人血七、大金盘、大人血七（陕西）

Stylophorum lasiocarpum (Oliv.) Fedde in Engl., Pflanzenr. 40: 209, fig. 25: n-o. 1909.——*Chelidonium lasiocarpum* Oliv.（英 **Woolyfruit Stylophorum**）

草本，高 30–50 (–100) cm，具血红色液汁。茎直立，通常不分枝，无毛。基生叶数枚，叶片轮廓倒长卵形，大头羽状深裂，长 13–25 cm，裂片 4–7 对，疏离，表面绿色，背面具白粉；叶柄长

7–10 cm，无毛；茎生叶 2–3 枚，生于茎上部，近对生或近轮生，叶片同基生叶，叶柄较短。花 4–7 朵，于茎先端排列成伞形花序；花梗长 5–15 cm；萼片卵形，长约 1 cm，急尖，外面被短柔毛；花瓣黄色，倒卵状圆形，长约 2 cm；雄蕊长约 1.2 cm；子房圆柱形，长约 1.2 cm，被短毛，花柱长约 3 mm，柱头 2 裂，裂片大，近平展。蒴果狭圆柱形，长 5–8 cm，粗约 5 mm，被短柔毛。种子多数，卵圆形，具网纹，有鸡冠状的种阜。花期 4–8 月，果期 6–9 月。

分布与生境　产于陕西、湖北和四川。生于海拔 600–1800 m 的林下或沟边。

药用部位　带根的草或根。

功效应用　活血调经，行气散瘀，止血，止痛。用于跌打损伤，月经不调，劳伤，外伤出血，疮疖。

化学成分　地下部分含生物碱类：(-)-金罂粟碱[(-)-stylopine]，黄连碱(coptisine)，血根碱(sanguinarine)，小果博落回碱▲(macarpine)，白屈菜红碱(chelerythrine)，白屈菜宾(chelirubine)，白屈菜黄碱(chelilutine)，原阿片碱(protopine)，刻叶紫堇明碱(corysamine)，小檗碱(berberine)，(-)-反式-*N*-甲基金罂粟碱氢氧化物[(-)-*trans*-*N*-methylstylopinium hydroxide]，白屈菜碱(chelidonine)，别隐品碱(allocryptopine)，隐品碱(cryptopine)，斯氏紫堇碱(scoulerine)，异波尔定碱(isoboldine)，荷花玉兰碱(magnoflorine)[1]。

地上部分含生物碱类：(-)-金罂粟碱[(-)-stylopine]，黄连碱(coptisine)，(+)-白屈菜碱[(+)-chelidonine]，原阿片碱(protopine)，(-)-顺式-*N*-甲基金罂粟碱氢氧化物[(-)-*cis*-*N*-methylstylopinium hydroxide]，血根碱(sanguinarine)，白屈菜宾(chelirubine)，隐品碱(cryptopine)，斯氏紫堇碱(scoulerine)，异波尔定碱(isoboldine)，紫堇块茎碱(corytuberine)，刻叶紫堇明碱(corysamine)，小檗碱(berberine)，荷花玉兰碱(magnoflorine)，8-甲氧基二氢小果博落回碱▲(8-methoxydihydromacarpine)，反式-*N*-甲基金罂粟碱碘化物(*trans*-*N*-methyl-stylopinium iodide)[1]。

注评　本种土家族药用，全草治月经不调、血崩、跌打损伤、产后腹痛。本种为我国特有的植物，资源稀少。

化学成分参考文献

[1] Slavik J, et al. *Collect Czech Chem Commun*, 1991, 56(5): 1116-1122.

金罂粟 **Stylophorum lasiocarpum** (Oliv.) Fedde
引自《中国高等植物图鉴》

金罂粟 **Stylophorum lasiocarpum** (Oliv.) Fedde
摄影：王庆

锐裂荷青花 **Hylomecon japonica** (Thunb.) Prantl et Kündig var. **subincisa** Fedde
摄影：张军

10. 白屈菜属 Chelidonium L.

多年生直立草本，具黄色液汁，蓝灰色。根状茎褐色。茎直立，圆柱形，聚伞状分枝。基生叶羽状全裂，裂片倒卵状长圆形、宽倒卵形或披针形，边缘圆齿状或齿状浅裂或近羽状全裂；具长柄；茎生叶互生，叶片同基生叶，具短柄。花芽卵球形；花多数，排列成腋生的伞形花序，具苞片；萼片 2，黄绿色；花瓣 4，黄色，2 轮；雄蕊多数；子房圆柱形，1 室，2 心皮，无毛，花柱明显，柱头 2 裂。蒴果狭圆柱形，近念珠状，无毛，成熟时自基部向先端开裂成 2 果瓣，柱头宿存。种子多数，小，具光泽，表面具网纹，有鸡冠状种阜。

1 种，分布于旧大陆温带，从欧洲到日本均有，我国广泛分布，可药用。

本属植物白屈菜具有镇静、镇痛、解痉、祛痰平喘、止咳、抗菌抗炎、抗肿瘤、保肝、调节免疫、抗辐射等作用。其主要成分为生物碱类，其中的原阿片碱具有吗啡样类似活性，使用时值得注意。尽管实验动物未表现出明显的毒性，但临床所报道的肝毒性仍需引起注意。

1. 白屈菜（救荒本草） 土黄连（东北、华北），水黄连、水黄草（河南），断肠草（辽宁、甘肃）

Chelidonium majus L., Sp. Pl. 1: 505-506. 1753.（英 **Greater Celandine**）

高 30–60 (–100) cm。主根粗壮。茎聚伞状多分枝，分枝常被短柔毛。基生叶少，早凋落，叶片倒卵状长圆形或宽倒卵形，长 8–20 cm，羽状全裂，全裂片 2–4 对，倒卵状长圆形，具不规则的深裂或浅裂，背面具白粉，疏被短柔毛；叶柄长 2–5 cm，基部扩大成鞘；茎生叶叶片长 2–8 cm，宽 1–5 cm；叶柄长 0.5–1.5 cm，其他同基生叶。花芽卵圆形，直径 5–8 mm；伞形花序多花；花梗纤细，长 2–8 cm，幼时被长柔毛，后变无毛；苞片小，卵形，长 1–2 mm；萼片无毛或疏生柔毛，早落；花瓣倒卵形，长约 1 cm，全缘，黄色；子房线形，长约 8 mm，绿色，无毛，花柱长约 1 mm，柱头 2 裂。蒴果狭圆柱形，长 2–5 cm，粗 2–3 mm，具通常比果短的柄。种子卵形，暗褐色。花果期 4–9 月。

分布与生境 我国大部分省区均有分布。生于海拔 500–2200 m 的山坡、山谷林缘草地或路旁、石缝。朝鲜、日本、俄罗斯及欧洲也有分布。

药用部位 全草、根。

功效应用 全草：清热解毒，止咳平喘，镇痛。用于咳喘痰嗽，顿咳，泻痢，脘腹痛。外用于毒蛇咬伤，疥癣，稻田皮炎。根：破瘀消肿，止血，止痛。有抗癌作用，可治疗直肠癌。有小毒。

白屈菜 **Chelidonium majus** L.
引自《中国高等植物图鉴》

白屈菜 **Chelidonium majus** L.
摄影：张英涛

化学成分 根和根状茎含生物碱类：白屈菜碱(chelidonine)[1-2]，血根碱(sanguinarine)，白屈菜红碱(chelerythrine)[3]，荷花玉兰碱(magnoflorine)，氧化血根碱(oxysanguinarine)，二氢血根碱(dihydrosanguinarine)，二氢白屈菜红碱(dihydrochelerythrine)，二氢白屈菜黄碱(dihydrochelilutine)，二氢白屈菜宾(dihydrochelirubine)，*N*-去甲基-9,10-二氢氧化血根碱(*N*-demethyl-9,10-dihydrooxysanguinarine)[4]，白屈菜默碱(chelidimerine)[5]；甾体类：*α*-菠菜甾醇(*α*-spinasterol)，麦角甾醇(ergosterol)[6]。

花含类胡萝卜素类：叶黄素(lutein)，玉米黄素(zeaxanthin)，10'-阿朴-*β*-胡萝卜素-10'-醛(10'-apo-*β*-caroten-10'-al)，毛茛黄质(flavoxanthin)，*β*-胡萝卜素(*β*-carotene)，表黄体黄质(epiluteoxanthin)，表新有色质▲(epineochrome)，(9*Z*)-堇黄质[(9*Z*)-violaxanthin]，菊黄质(chrysanthemaxanthin)，叶黄素-5,6-环氧化物(lutein-5,6-epoxide)，(9Z)-叶黄素[(9Z)-lutein]，全反式-新黄质[(all-*E*)-neoxanthin]，(13*Z*)-叶黄素[(13*Z*)-lutein]，(13*Z*)-玉米黄素[(13*Z*)-zeaxanthin]，花药黄素(antheraxanthin)，(13'Z)-叶黄素[(13'Z)-lutein]，(9'Z)-叶黄素[(9'Z)-lutein]，(9'Z)-叶黄素环氧化物[(9'Z)-lutein epoxide]，(13*Z*)-叶黄素-5,6-环氧化物[(13*Z*)-lutein-5,6-epoxide]，(13'Z)-叶黄素-5,6-环氧化物[(13'Z)-lutein-5,6-epoxide]，(9'Z)-毛茛黄质[(9'Z)-flavoxanthin][7]。

地上部分含生物碱类：胆碱(choline)，甲胺(methylamine)，组胺(histamine)，酪胺(tyramine)，白屈菜宾(chelirubine)，思巴丁(sparteine)，羟基血根碱(hydroxysanguinarine)，羟基白屈菜碱(hydroxychelidonine)，白屈菜碱，血根碱，黄连碱(coptisine)，原阿片碱(protopine)，小檗碱(berberine)，(-)-金罂粟碱-*α*-甲羟化物[(-)-stylopine-*α*-methohydroxide]，别隐品碱(allocryptopine)，(-)-金罂粟碱-*β*-甲羟化物[(-)-stylopine *β*-methohydroxide]，刻叶紫堇明碱(corysamine)[4]，金罂粟碱(stylopine)，高白屈菜碱(homochelidonine)，6-乙氧基二氢血根碱(6-ethoxydihydrosanguinarine)，6-乙氧基二氢白屈菜红碱(6-ethoxydihydrochelerythrine)[8]，8-羟基二氢血根碱(8-hydroxydihydrosanguinarine)，8-羟基二氢白屈菜

红碱(8-hydroxydihydrochelerythrine)[9-10]。

全草含生物碱类：(+)-降白屈菜碱[(+)-norchelidonine][11]，异白屈菜碱(isochelidonine)[12]，(+)-白屈菜碱[(+)-chelidonine]，(-)-金罂粟碱[(-)-stylopine]，原阿片碱，(±)-8-甲氧基二氢血根碱[(±)-8-methoxydihydrosanguinarine]，白屈菜默碱，(+)-高白屈菜碱[(+)-homochelidonine]，二氢血根碱，氧化血根碱，丙酮基二氢血根碱(acetonyldihydrosanguinarine)，(±)-8-丙酮基二氢白屈菜红碱[(±)-8-acetonyldihydrochelerythrine]，二氢白屈菜红碱(dihydrochelerythrine)，降血根碱(norsanguinarine)，安哥拉花椒灵碱▲(angoline)，(-)-土耳其耶宁▲[(-)-turkiyenine][13]，8-羟基二氢血根碱，8-羟基二氢白屈菜红碱，血根碱，白屈菜红碱[14]，6-甲氧基二氢白屈菜红碱(6-methoxydihydrochelerythrine)，6-甲氧基二氢血根碱(6-methoxydihydrosaquinarine)，8-氧代黄连碱(8-oxocoptisine)，白毛茛定▲(canadine)，别隐品碱，(±)-四氢黄连碱[(±)-tetrahydrocoptisine][15]；酚酸类：咖啡酸(caffeic acid)，对香豆酸(*p*-coumaric acid)，新绿原酸(neochlorogenic acid)；黄酮类：槲皮素(quercetin)，山柰酚(kaempferol)，芹菜苷元(apigenin)[16]。

药理作用 解痉作用：白屈菜碱对平滑肌有松弛作用，具有明显的缓解平滑肌痉挛作用，对抗原、组胺、拟胆碱药所引起的平滑肌痉挛都有明显的对抗作用[1-3]。

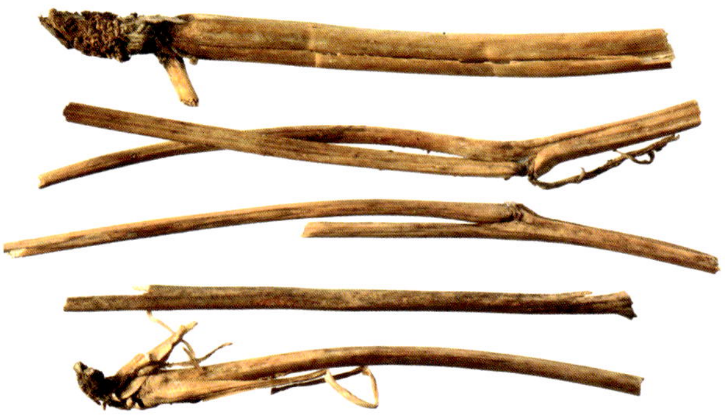

白屈菜 Chelidonii Herba
摄影：张继

镇静、镇痛作用：白屈菜碱的作用类似吗啡，具有明显的镇痛作用，能明显提高痛阈，但无麻醉或催眠作用。可明显减少酒石酸锑钾引起小鼠扭体反应次数，提高热板法致小鼠疼痛反应的阈值，具有良好剂量依赖关系。临床用于胃痛、胃肠绞痛、胃及十二指肠溃疡、肾绞痛、痛经及胆道蛔虫症疼痛[4-5]。

祛痰、止咳、平喘作用：白屈菜总生物碱增加小鼠气管段酚红排泌量，可明显地延长小鼠和豚鼠引咳潜伏期、减少咳嗽次数、明显提高猫致咳阈电压，并持续 3 h 以上，延长豚鼠的引喘潜伏期、减少抽搐跌倒的动物数，具有明显的祛痰、止咳平喘作用[6-7]。临床用于治疗支气管炎，百日咳。

抑菌、抗炎作用：白屈菜提取物在体内可抑制甲型链球菌、卡他球菌、肺炎双球菌、流感嗜血杆菌和其他革兰阳性菌，结核分枝杆菌，并有抗真菌作用。低浓度的白屈菜红碱和血根碱能抑制噬菌体和大肠埃希菌。白屈菜碱和白屈菜红碱可抑制变形链球菌，对其生长、黏附、产酸能力具有较强的抑制作用；可用于治疗银屑病和头皮屑，龋病防治[8-14]。白屈菜水浸液对金黄色葡萄球菌和大肠埃希菌有明显的抑杀作用，但对金黄色葡萄球菌的抑杀作用比对大肠埃希菌的更强[15]。白屈菜 8- 羟基化苯并 [c] 啡啶碱类生物碱对耐甲氧西林金黄色葡萄球菌 (MRSA) 菌株具有较强活性[16]。白屈菜粗提物在体内、外具有抗病毒作用[17]。白屈菜甲醇提取物能抑制小鼠关节炎及淋巴结肿大等，白屈菜生物碱能有效抑制炎症介质，具有显著的抗炎和调节免疫作用[18-20]。

抗肿瘤作用：白屈菜提取物具有较强的抗氧化性，并具有潜在的诱导细胞凋亡的细胞毒作用[21-28]。白屈菜红碱作用 48 h 后对细胞具有明显的杀伤效应，抑制人 SMMC-7721 肝癌细胞增殖。白屈菜红碱对人胃癌 BGC823 细胞的增殖抑制和凋亡有诱导作用，可以逆转人乳腺癌细胞的多药耐药性，对于蛋白激酶 C (PKC) α、β 亚型具有选择性抑制作用，可诱导细胞凋亡，对多种肿瘤细胞表现细胞毒性[29-43]。白屈菜红碱诱导肿瘤细胞凋亡的机制可能包括抑制 Bcl-XL（Bcl-2 家族的抗凋亡成员）的抗凋亡作用、抑制 PKC、引起线粒体细胞色素 C (Cytc) 的释放、促进活性氧 (ROS) 的产生以及抑制微管蛋白的聚合等[41-43]。

保肝及调节免疫作用：白屈菜水煎剂有增强小鼠白细胞吞噬功能的作用，具有调节免疫作用[41]，白屈菜碱可增加尿的排泄。白屈菜提取物能减轻肝损伤动物模型的肝纤维化和脂肪化，对实验性肝损伤有改善作用。白屈菜红碱能降低四氯化碳 (CCl_4) 诱导的肝纤维化大鼠模型肝组织 TGF-β1 和 α-SMA，降低血清透明质酸的含量，具有抗化学性大鼠肝纤维化作用[44-49]。白屈菜碱和白屈菜红碱能抑制丙氨酸和天冬氨酸酶，减少还原型谷胱甘肽的生物作用，而且血根碱在豚鼠体内能抑制 Na^+/K^+ ATP 酶、抑制真性和假性胆碱酯酶的活性[50-53]。

抗辐射作用：白屈菜提取物对辐射暴露鼠具有保护作用，且能保护体外人类成纤维细胞所受电离辐射的影响[54-55]。白屈菜提取物干预 γ- 氨基丁酸 (GABA) 受体的作用[56]。

毒性及不良反应 白屈菜水煎剂腹腔注射，小鼠 LD_{50} 为 9.5 g 生药 /kg。原阿片碱盐酸盐小鼠静脉注射 LD_{50} 为 35.9 mg/kg。血根碱小鼠静脉注射 LD_{50} 为 19.4 mg/kg。白屈菜总生物碱对小鼠最小致死量 640–800 mg/kg，LD_{50} 为 1222.55 mg/kg。对大鼠一般状况、脏器组织观察及血液生理、血生化指标检测，白屈菜生物碱对大鼠亚急性毒性实验 (30 d) 未见有明显的毒性[57-61]。对离体人类黏膜成纤维细胞，在 24 h 内，白屈菜红碱浓度低于 392 μg/ml 对于细胞无明显毒性[61]。但尚有关于服用白屈菜后出现肝损伤的临床个案报道[62-64]，以及出现溶血性贫血的报道[65]。

注评 本种为中国药典（1977、2010 年版）、甘肃（1992）、山东（2002）、北京（1998）、山西（1987）等中药材标准收载“白屈菜”的基源植物，药用其干燥全草。朝鲜族、蒙古族和鄂温克族也药用，朝鲜族用其全草治疗胃溃疡、十二指肠溃疡、慢性胃炎所引起的胃痛、腹水、稻田皮炎；蒙古族用其根及全草治疗疮疡、瘟疫、泻痢、腹痛、血热性高热、阵发性刺痛、慢性气管炎、百日咳、急慢性胃炎、胃溃疡、肝腹水，外用治疥癣、疖肿、虫咬、皮炎；鄂温克族用其地上部分治食管炎、胃炎。

化学成分参考文献

[1] Frencel I. *Dissertationes Pharmaceuticae*, 1959, 11: 17-22.

[2] Nikolic M, et al. *Arhiv za Farmaciju*, 1993, 43(5-6): 217-223.

[3] Golkiewicz W, et al. *Journal of Planar Chromatography--Modern TLC*, 2001, 14(2): 95-99.

[4] Slavik J, et al. *Collection of Czechoslovak Chemical Communications*, 1977, 42(9): 2686-2693.

[5] Tin-Wa M, et al. *Lloydia*, 1972, 35(1): 87-89.

[6] Domagalina E, et al. *Chemia Analityczna* (Warsaw, Poland), 1967, 12(2): 261-265.

[7] Horvath G, et al. *Chromatographia*, 2010, 71(Suppl.): S103-S108.

[8] Cahlikova L, et al. *Nat Prod Commun*, 2010, 5(11): 1751-1754.

[9] Zuo GY. et al. *Journal of Pharmacy & Pharmaceutical Sciences*, 2008, 11(4): 90-94.

[10] Cho KM, et al. *Biol Pharm Bull*, 2006, 29(11): 2317-2320.

[11] Kadan G, et al. *Planta Med*, 1992, 58(5): 477.

[12] De Rosa S, et al. *Phytochemistry*, 1992, 31(3) : 1085-1086.

[13] Kadan G, et al. *J Nat Prod*, 1990, 53(2): 531-532.

[14] Meng FY, et al. *J Ethnopharmacol*, 2009, 125(3): 494-496.

[15] 周金云，等 . 中草药，1989, 20(4): 146-148.

[16] Wojdyło A, et al. *Food Chem*, 2007, 105: 940-949.

药理作用及毒性参考文献

[1] 刘翠哲，等 . 中国医院药学杂志，2006, 26(1): 27-29.

[2] Hiller KO, et al. *Planta Med*, 1998, 64(8): 758-760.

[3] Boeqqe SC, et al. *Planta Med*, 1996, 62(2): 173-174.

[4] 何志敏，等 . 中草药，2003, 34(9): 837-838.

[5] Kleinrok Z, et al. *Pol J Phamacol Pharm*, 1992, 44(3): 227-239.

[6] 佟继铭，等 . 承德医学院学报，2003, 20(4): 285-287.

[7] 佟继铭，等 . 承德医学院学报，2001, 18(4): 277-279.

[8] 宋丽明 . 国外医药 · 植物药分册，2002, 17(6): 272-272.

[9] Kokoska L, et al. *J Ethnopharmacol*, 2002, 82(1): 51-53.

[10] 程睿波，等 . 上海口腔医学，2006, 15(3): 318-320.

[11] 陈旭，等 . 口腔医学研究，2007, 23(6): 715.

[12] 程睿波，等 . 上海口腔医学，2007, 16(1): 68-72.

[13] Meng F, et al. *J Ethnopharmacol*, 2009, 125(3): 494-496.

[14] Zuo GY, et al. *J Pharm Pharm Sci*, 2008, 11(4): 90-94.

[15] 宋瑞佳，等 . 安徽农业科学，2010, 38(9): 4941-4942.

[16] 黄金竹 . 国外医药 · 抗生素分册，2009, 30(3): 143.

[17] Gerencer M, et al. *Antiviral Res*, 2006, 72(2): 153-156.

[18] Lee YC, et al. *J Ethnopharmacol*, 2007, 112(1): 40-8.

[19] Jang SI, et al. *Arch Pharm Res*, 200427(9): 923-929.

[20] Song JY, et al. *Arch Pharm Res*, 2002, 25(2): 158-164.

[21] Nasova, et al. *Neuro Endocrinol Lett*, 2008, 29(5): 649-652.

[22] Nawrot R, et al. *Folia Histochem Cytobiol*, 2008, 79-83.
[23] Philchenkov A, et al. *Toxicol In Vitro*, 2008, 22(2): 287-295.
[24] Fil'chenkov OO, et al. *Ukr Biokhim Zh*, 2006, 78(5): 81-7.
[25] Chung HS, et al. *J Pharm Pharmacol*, 2004, 56(1): 129-134.
[26] Fik E, et al. *Folia Histochem Cytobiol*, 2001, 39(2): 215-216.
[27] Panzer A, et al. *Cancer Lett*, 2000, 150(1): 85-92.
[28] Panzer A, et al. *Cancer Lett*, 2000, 160(2): 149-157.
[29] 宗永立，等 . 中草药，2006, 37(7): 1054-1056.
[30] 乔俏，等 . 中华放射医学与防护杂志，2005, 25(5): 435-436.
[31] 黄馨慧，等 . 西北药学杂志，2004, 19(4): 166-168.
[32] 曹喆，等 . 中国医学科学院学报，2011, 33(1): 45-50.
[33] 宗永立，等 . 时珍国医国药，2006, 17(10): 2068-2071.
[34] 牛长群，等 . 中国药学杂志，1994, 29(3): 138-140.
[35] 韦祖巧，等 . 中草药，2009, 40: 38-40.
[36] Biswas SJ, et al. *Food Chem Toxicol*, 2008, 46(5): 1474-1487.
[37] Biswas SJ, et al. *Indian J Exp Biol*, 2004, 42(7): 698-714.
[38] Saqlam H, et al. *Fitoterapia*, 2003, 74(1-2): 127-129.
[39] Gawlik I, et al. *Planta Med*, 1996, 62(6): 491-494.
[40] Shi GZ, *Chin J Cancer Res*, 1994, 6(2): 26-130.
[41] Lohninqer A, et al. *Drugs Exp Clin Res*, 1992, 18: 73-77.
[42] Staniszewski A, et al. *Drugs Exp Clin Res*, 1992, 18: 63-67.
[43] Slesak B, et al. *Drugs Exp Clin Res*, 1992, 18: 17-21.
[44] Nowicky JW, et al. *Drugs Exp Clin Res*, 1996, 22(3-5): 195-200.
[45] 刘国生 . 国外医学 · 中医药分册，1997, 19(6): 36.
[46] 李映菊，等 . 世界华人消化杂志，2009, 17(18): 1821-1826.
[47] 汪煜华，等 . 南华大学学报 (医学版)，2010, 38(3): 325-327.
[48] Baneriee A, et al. *Homeopathy*, 2010, 99(3): 167-176.
[49] Barreto MC, et al. *Toxicol Lett*, 2003, 146(1): 37-47.
[50] Vahlensieck U, et al. *Planta Med*, 1995, 61(3): 267-271.
[51] Opletal L, et al. *Nat Prod Commun*, 2010, 5(11): 1751-1754.
[52] Glazev AA, et al. *Biomed Khim*, 2009, 55(1): 114-120.
[53] Cho KM, et al. *Biol Pharm Bull*, 2006, 29(11): 2317-2320.
[54] Song JY, et al. *Int J Hematol*, 2003, 78(3): 226-232.
[55] Cordes N, et al. *Int J Radiat Biol*, 2002, 78(1): 17-27.
[56] Tschiersch KP, et al. *Planta Med*, 1996, 62(3): 227-231.
[57] 曲桂娟，等 . 中国兽药杂志，2010, 44(9): 17-18.
[58] 曲桂娟，等 . 中国畜牧兽医，2010, 37(11): 222-223.
[59] 刘燕 . 现代药物与临床，2010, 25(3): 238.
[60] Mazanti G, et al. *J Ethnopharmacol*, 2009, 126(3): 518-524.
[61] 杨鑫，等 . 重庆医学，2009, 38(23): 2924-2925.
[62] Moro PA, et al. *J Ethnopharmacol*, 2009, 124(2): 328-332.
[63] Stickel F, et al. *Scand J Gastroenterol*, 2003, 38(5): 565-568.
[64] Benninger J, et al. *Gastroenterology*, 1999, 117(5): 1234-1237.
[65] Vicente PR, et al. *Sanqre(Barc)*, 1990, 35(5): 401-403.

11. 血水草属 **Eomecon** Hance

多年生草本，具红黄色液汁。根状茎匍匐，多分枝。叶数枚，全部基生，叶片心形，质薄，具掌状脉，叶柄长。花葶直立，花于花葶先端排列成聚伞状伞房花序。萼片 2，舟状，膜质，合生成一佛焰苞状，先端渐尖，早落；花瓣 4 枚，白色，倒卵形，芽时二列覆瓦状排列；雄蕊多数，约 70 枚以上，花丝丝状，花药长圆形，2 室，纵裂，药隔宽；子房 2 心皮，1 室，具多数胚珠，花柱明显，柱头 2 裂，与胎座互生。蒴果狭椭圆形。种子具种阜。

1 种，特产于我国长江以南各省区和西南山区。1 种药用。

迄今已从本属药用植物的地上部分分得多种生物碱类化合物，如苯并菲啶型生物碱类的白屈菜红碱 (chelerythrine，**1**) 和伪白屈菜红碱 (pseudochelerythrine，**2**) 及原阿片碱 (protopine) 等。白屈菜红碱 (chelerythrine) 和伪白屈菜红碱 (pseudochelerythrine) 在血水草 (E. chionantha) 中含量较高，均具有抑制人白细胞及抗炎等药理活性。原阿片碱类的生物碱原阿片碱和 α- 别隐品碱 (α-allocryptopine) 均具有抗各种实验性心律失常、抗菌和促进大鼠脑中的神经递质 γ- 氨基丁酸与其受体结合等作用。

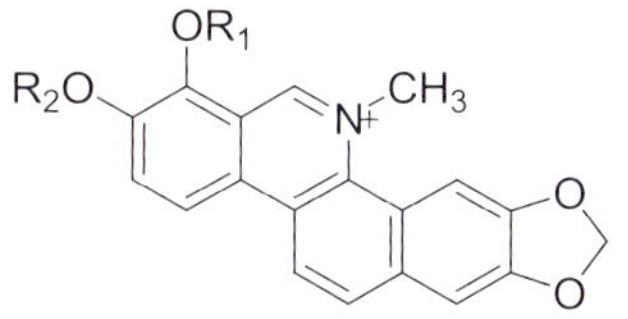

1： $R_1=R_2=CH_3$
2： R_1-R_2=-CH_2-

本属药用植物血水草对革兰阳性和革兰阴性菌都有不同程度的抑制作用，抗菌谱较为广泛，抗菌能力也较强。血水草还具有显著的抗肿瘤和诱导凋亡活性的作用。

1. 血水草（中国种子植物科属辞典）水黄连（江西），黄水草（湖北），马蹄草（广西植物志），金手圈（浙江）

Eomecon chionantha Hance in J. Bot. 22(11): 346. 1884.（英 **Snowpoppy**）

多年生无毛草本，具红黄色液汁。根橙黄色，根状茎匍匐。叶全部基生，叶片心形或心状肾形，稀心状箭形，长 5–26 cm，宽 5–20 cm，先端渐尖或急尖，基部耳垂，边缘呈波状，表面绿色，背面灰绿色，掌状脉 5–7 条，网脉细，明显；叶柄条形或狭条形，长 10–30 cm，带蓝灰色，基部略扩大成狭鞘。花葶灰绿色略带紫红色，高 20–40 cm，有 3–5 花，排列成聚伞状伞房花序；苞片和小苞片卵状披针形，长 2–10 mm，先端渐尖，边缘薄膜质；花梗直立，长 0.5–5 cm。花芽卵珠形，长约 1 cm，先端渐尖；萼片长 0.5–1 cm，无毛；花瓣倒卵形，长 1–2.5 cm，宽 0.7–1.8 cm，白色；花丝长 5–7 mm，花药黄色，长约 3 mm；子房卵形或狭卵形，长 0.5–1 cm，无毛，花柱长 3–5 mm，柱头 2 裂，下延于花柱上。蒴果狭椭圆形。花期 3–6 月，果期 6–10 月。

分布与生境　产于安徽、湖北、浙江、江西、湖南、云南、福建、广东、广西、贵州、四川。生于海拔 1400–1800 m 的林下、灌丛下或溪边、路旁。

药用部位　全草。

功效应用　行气，活血，清热解毒。用于眼结膜炎；外用于劳伤，跌打损伤，治痨伤咳嗽、跌打损伤及腰痛，疔疮痈肿、疹癣、湿疹，毒蛇咬伤。有小毒。

化学成分　地上部分含生物碱类：白屈菜红碱(chelerythrine)，白屈菜红默碱(chelerythridimerine)，别隐品碱(allocryptopine)，原阿片碱(protopine)，伪白屈菜红碱(pseudochelerythrine)，氧化血根碱(oxysanguinarine)[1]；其他类：三十三醇(tritriacontanol)，3*α*,22*α*-二羟基齐敦果-12-烯-29-酸(3*α*,22*α*-dihydroxy-olean-12-en-29-oic acid)，胡萝卜苷[2]。

药理作用　抗细菌作用：血水草对革兰阳性和革兰阴性菌都有不同程度的抑制作用。抗菌谱较为广泛，抗菌能力也较强。血水草能增加白细胞和网状内皮系统的吞噬能力。从血水草根及根状茎中提取的析出物浓度在与四环素、氯霉素对实验菌种具有同等甚至较强的抑菌能力[1]。血水草中分离得到白屈菜红碱 (CHE) 对金黄色葡萄球菌、乙型链球菌、肺炎双球菌、痢疾杆菌等有较强的抑制作用。CHE 对某些细菌、真菌和病毒有抑制作用，抑制变形链球菌的葡萄糖糖基转移酶活性与细胞外非水溶性葡聚糖的合成[2]。对变形链球菌细胞表面的疏水性和黏附力都有不同程度的抑制，有防龋齿的潜力。血水草生物碱及其血根碱对大肠埃希菌、金黄色葡萄球菌和白假丝酵母菌具有较强的抑菌效果，对铜绿假单胞菌没有明显的抑制作用[3]。血根碱 (SA) 具有较好的抗细菌、抗真菌、抗炎、抗氧化作用。在细胞内结合微管，阻断微管装配，抑制细胞增殖，抑制脂氧合酶、胆碱酯酶、Na^+/ K^+-ATP 酶、琥珀酸脱氢酶、NADH 脱氢酶、某些蛋白激酶和磷酸酶的活性，抑制 NF-*κ*B 激活，抑制 I*κ*B 磷酸化及降解，改变线粒体呼吸作用，降低 ATP 生成，干扰细胞代谢和信号转导，影响 DNA 合成和基因表达，阻断细胞周期[4]。

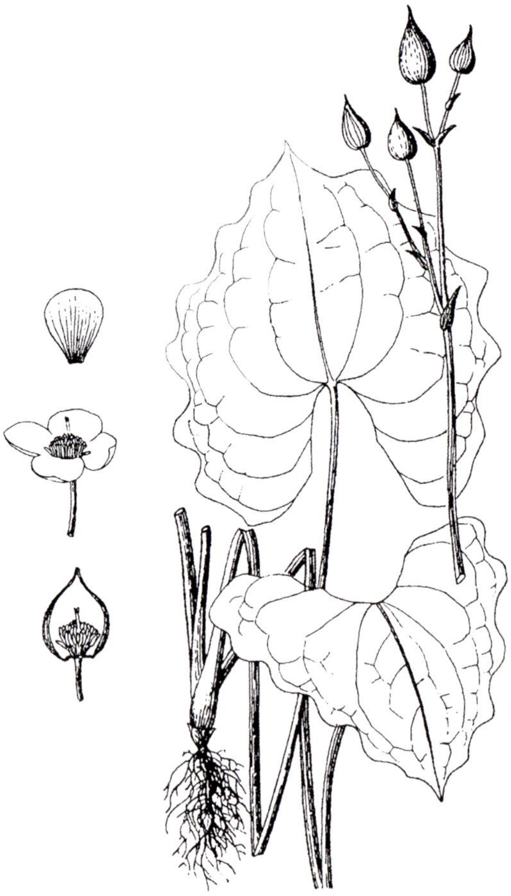

血水草 **Eomecon chionantha** Hance
张宝福　绘

血水草 **Eomecon chionantha** Hance
摄影：孙庆文

抗寄生虫作用：血水草有杀灭钉螺、螺卵及日本血吸虫尾蚴的作用[5-8]。血水草总生物碱溶液有明显的灭螺作用，浸泡钉螺 72 h，死亡率达 100%，同时抑制钉螺上爬作用明显，能杀灭螺卵，是一种具有研究价值且无污染的植物杀螺剂[9-10]。用鲢鱼、鲤鱼、鱼苗进行常规鱼类急性毒性实验，表明血水草生物碱在有效杀螺浓度下对鱼毒性低，是一种生态安全而有效的植物杀螺剂[11]。血水草生物碱溶液浸泡后，对钉螺肝丙氨酸转氨酶 (ALT)、天冬氨酸转氨酶 (AST) 活性影响明显[9]，雌螺卵细胞明显萎缩，雄螺精原细胞固缩[12-13]。血水草生物碱对钉螺的神经系统能够造成严重损伤，进而导致其死亡[14]。血水草生物碱抑制钉螺肝碱性磷酸酶 (AKP)、ALT、AST、乳酸脱氢酶 (LDH) 的活性，影响钉螺肝糖及蛋白质代谢，破坏代谢平衡，导致肝功能紊乱，造成严重的肝损伤，从而引起钉螺死亡[15-17]。血水草生物碱可引起钉螺肝蛋白质表达发生改变[18]。血水草总生物碱可增加足趾平滑肌张力、减小收缩幅度、加快收缩频率，影响其收缩活动，此作用可能与其促外 Ca^{2+} 内流及促内 Ca^{2+} 释放作用有关。这可能是投药后钉螺不能附壁上爬，增强灭螺效果的原因之一[19-20]。血根碱是血水草杀螺的有效化学成分，可引起钉螺肝糖原含量及一些重要酶活性的改变而导致钉螺肝功能损伤，低质量浓度的血根碱对钉螺具有明显的杀灭效果，对钉螺头足部 MDA 的活性也有显著影响[21-24]。血水草生物碱与氯硝柳胺混合后对钉螺有较强的联合杀螺效果，对氯硝柳胺杀螺有增效作用[25]。血水草生物碱对小鼠日本血吸虫病有一定的防治作用，对成虫的杀灭效果好于童虫[26]。

抗肿瘤作用：血水草具有显著的抗肿瘤和诱导细胞凋亡作用，将白屈菜红碱盐酸盐 (chelerythrine chloride) 选择性地与一系列单个碱基构成的 DNA 发夹结构膨胀部结合，白屈菜红碱只专一地与 DNA 发夹结构膨胀部的 C-（胞嘧啶）和 T-（胸腺嘧啶）结合。白屈菜红碱剂量依赖和选择性升高鼠脾细胞和白血病细胞的 DNA 损伤和细胞毒性[27]。

注评 本种苗族、侗族和壮族药用，苗族用全草治疗咽喉肿痛、内伤出血、皮肤瘙痒、湿疹、跌打、疮疖、无名肿毒、流行性结膜炎、小儿癣疥、咽喉肿痛、毒蛇咬伤、内伤出血，用根治咽喉肿痛、下肢静脉炎所致溃疡；侗族用全草主治口腔溃疡；壮族用其根治咽喉肿痛、腹痛、腹泻、出血。

化学成分参考文献

[1] 杜方麓，等．中药材，2000, 23(4): 189-190.

[2] 郑国栋，等．中药材，2007, 30(12): 1530-1532.

药理作用及毒性参考文献

[1] 刘铭，等．生态学报，2009, 29(3): 1525-1534.

[2] Schmellerm T, et al. *Phytochemistry*, 1997, 44(2): 257-266.

[3] 孙文霞，等．实用预防医学，2010, 17(9): 1864-1866.

[4] Lopus M, et al. *FEBS J*, 2006, 273(10): 2139-2150.

[5] 黄琼瑶，等．热带病与寄生虫学，2003, 1(4): 216-219.

[6] 黄琼瑶，等．实用预防医学，2003, 10(3): 289-291.

[7] 黄琼瑶，等．中国血吸虫病防治杂志，2002, 14(6): 457-458.

[8] 彭飞，等．中国热带医学，2003, 3(6): 734-735.

[9] 刘年猛，等．中国血吸虫病防治杂志，2001, 13(5): 303-304.

[10] 黄琼瑶，等．中国血吸虫病防治杂志，2004, 16(1): 55-57.

[11] 杨华中，等．中国血吸虫病防治杂志，2003, 15(4): 276-278.

[12] 刘年猛，等．中药材，2005, 28(1): 42-44.

[13] 孙慧，等．中国血吸虫病防治杂志，2005, 17(5): 377-378.

[14] 孙慧，等．中国血吸虫病防治杂志，2009, 21(1): 50-51.

[15] 彭玲，等．中草药，2011, 42(1): 127-129.

[16] 刘铭，等．中国血吸虫病防治杂志，2009, 21(2): 115-118.

[17] 彭飞，等．实用预防医学，2007, 14(6): 1675-1677.

[18] 彭玲，等．中草药，2010, 41(3): 431-435.

[19] 杨华中，等．中国血吸虫病防治杂志，2005, 17(6): 427-429.

[20] 廖鑫鑫，等．湖南师范大学学报，2010, 3(1): 11-13, 21.

[21] 刘铭，等．实用预防医学，2009, 16(3): 658-660.

[22] 刘铭，等．中南林业科技大学学报，2009, 29(5): 142-145.

[23] 孙文霞，等．中国血吸虫病防治杂志，2011, 23(1): 82-84.

[24] Peng F, et al. *Southeast Asian J Trop Med Public Health*, 2011, 42(2): 289-296.

[25] 刘年猛，等．中国血吸虫病防治杂志，2006, 18(2): 143-145.

[26] 姜玲，等．湖南中医杂志，2010, 26(1): 90-92.

[27] Kaminskyy V, et al. *Cell Biol Int*, 2008, 32(2): 271-277.

12. 博落回属 Macleaya R. Br.

多年生直立草本，基部木质化，高 0.8–4 m，具黄色乳状浆汁，有剧毒。根匍匐。茎圆柱形，中空，草质，光滑，具白粉。叶互生，叶片宽卵形或近圆形，先端急尖、钝、渐尖或圆形，基部心形，通常 7 或 9 裂，裂片波状至具细齿，表面绿色，无毛，背面多白粉，具绒毛或无毛，基出脉通常 5，侧脉 1–3 对，细脉网状；具叶柄。花多数，于茎和分枝先端排列成大型圆锥花序；花梗细长。花芽棍棒状或圆柱形；萼片 2，乳白色；花瓣无；雄蕊 8–12 或 24–30，花丝丝状，等长于或短于花药，花药条形；子房 1 室，2 心皮，胚珠 1 或 4–6 枚，基着或生于缝线两侧，花柱极短，柱头 2 裂。蒴果狭倒卵形、倒披针形或近圆形，具短柄，2 瓣裂。种子 1 枚基着或 4–6 枚着生于缝线两侧，卵珠形。

2 种，分布于我国及日本，均可药用。

分种检索表

1. 花芽棒状；雄蕊 24–30，花丝与花药近等长；蒴果狭倒卵形或倒披针形；种子 4–6 枚。生于缝线两侧……………………………………………………………………………………………… 1. 博落回 **M. cordata**

1. 花芽圆柱形；雄蕊 8–12，花丝远短于花药；蒴果近圆形；种子 1 枚，基着………………………………

2. 小果博落回 M. microcarpa

本属药用植物的化学成分研究较少，目前主要分得生物碱类化合物，有血根碱 (sanguinarine)、白屈菜红碱 (chelerythrine) 和原阿片碱 (protopine) 等。博落回 (M. cordata) 提取物所含的血根碱和白屈菜红碱在体外能抑制革兰阳性菌，对肺炎双球菌、金黄色葡萄球菌、枯草杆菌比较敏感，其抑菌作用较小檗碱强；小果博落回 (M. microcarpa) 具有清热解毒、杀虫止痒等功效，其所含的生物碱对老鼠皮肤癌具有一定的抑制作用。

1. 博落回（植物名实图考长编） 号筒树、菠萝筒（安徽、江西、福建），喇叭筒（浙江），三钱三（广西），黄薄荷（贵州）

Macleaya cordata (Willd.) R. Br., Narr. Travels Africa. 218. 1826.——*Bocconia cordata* Willd.
（英 **Pink plumepoppy**）

直立草本，基部木质化，具乳黄色浆汁。茎高 1–4 m，绿色，光滑，多白粉，中空，上部多分枝。叶片宽卵形或近圆形，长 5–27 cm，宽 5–25 cm，先端急尖、渐尖、钝或圆形，通常 7 或 9 深裂或浅裂，裂片半圆形、方形或其他，边缘波状、缺刻状、粗齿或多细齿，表面绿色，无毛，背面多白粉，被易脱落的细绒毛；叶柄长 1–12 cm，上面具浅沟槽。大型圆锥花序多花，长 15–40 cm，顶生和腋生；花梗长 2–7 mm；苞片狭披针形；萼片倒卵状长圆形，长约 1 cm，舟状，黄白色；花瓣无；雄蕊 24–30，花丝丝状；子房倒卵形至狭倒卵形，长 2–4 mm，先端圆，基部渐狭，花柱长约 1 mm，柱头 2 裂，下延于花柱上。蒴果狭倒卵形或倒披针形，长 1.3–3 cm，无毛。种子 4–6 (–8) 枚，卵珠形，长 1.5–2 mm。生于缝线两侧，有狭的种阜。花果期 6–11 月。

分布与生境 我国长江以南、南岭以北的大部分省区均有分布，南至广东，西至贵州，西北达甘肃南部。生于海拔 150–830 m 的丘陵或低山林中、灌丛中或草丛间。日本也产。

药用部位 全株。

功效应用 散瘀消肿，祛风镇痛，解毒杀虫。外用于风湿关节痛，痈疖疔毒脓肿，跌打损伤，急性扁桃体炎，中耳炎，滴虫阴道炎，下肢溃疡，烧烫伤，湿疹，顽癣，杀蛆虫。

化学成分 根含生物碱类：血根碱(sanguinarine)，白屈菜红碱(chelerythrine)[1]，原阿片碱-*N*-氧化物(protopine-*N*-oxide)[2]，8-*O*-去甲白屈菜红碱(8-*O*-demethylchelerythrine)[3]，原阿片碱(protopine)，α-别隐品碱(α-allocryptopine)，β-别隐品碱(β-allocryptopine)[4]，去氢碎叶紫堇碱(dehydrocheilanthifoline)[5]，博落回碱(bocconine)即为白屈菜宾(chelirubine)[6]，白屈菜黄碱(chelilutine)，小果博落回碱▲(macarpine)，黄连碱(coptisine)，小檗碱(berberine)，刻叶紫堇明碱(corysamine)[7]，博落回醇碱(bocconoline)[8]。

地上部分含生物碱类：血根碱，白屈菜红碱，黄连碱，小檗碱，刻叶紫堇明碱，原阿片碱，α-别隐品碱[7]。

药理作用 保肝作用：博落回对四氯化碳、半乳糖胺所致急性肝损伤模型，均有显著改善肝功能作用；对四氯化碳所致慢性肝损伤大鼠模型，博落回可显著降低血清 LDH 水平，降低动物死亡率，提高血清 A/G 比值，有效保护肝细胞膜，抑制肝纤维化；博落回还可显著增强 T 和 B 淋巴细胞功能[1]。

抗细菌作用：博落回中生物碱是抗细菌作用的有效成分。博落回总生物碱及其各单体成分具有明显的抗菌活性。博落回水煎剂对多种革兰阳性菌、革兰阴性菌及钩端螺旋体有较强的抑制作用。白屈菜红碱、血根碱及博落回碱对金黄色葡萄球菌、枯草杆菌、大肠埃希菌、变形杆菌、铜绿假单胞菌、蜡样芽孢杆菌和枯草芽孢杆菌等具有抑制作用[2-3]。乙氧基血根碱与乙氧基白屈菜红碱在体外能抑制革兰阳性菌生长，对肺炎双球菌、金黄色葡萄球菌等具有抑制作用。乙氧基血根碱在体外对钩端螺旋体也有很强的杀灭作用[4]。白屈菜红碱和血根碱是主要的抗菌活性成分。

抗真菌作用：博落回生物碱对黄曲霉、黑曲霉、木霉、青霉、根霉、米曲霉、毛霉和酵母 8 种真菌具有抑制作用，其中盐酸血根碱的抗菌效力较强，抗菌谱广[5]。博落回有抑制皮癣真菌的活性，研

博落回 **Macleaya cordata** (Willd.) R. Br.
引自《中国高等植物图鉴》

博落回 **Macleaya cordata** (Willd.) R. Br.
摄影：孙庆文

究表明博落回提取物对红色毛癣菌、许兰黄癣菌以及絮状表皮癣菌的最低抑菌浓度均为 1.6 mg/ml，对玫瑰色癣菌、须癣毛癣菌的最低抑菌浓度为 0.8 mg/ml，抑制作用随提取物浓度的增大明显增强 [6]。

杀虫杀蛆作用：博落回具有杀阴道滴虫作用。血根碱、白屈菜红碱及博落回碱具有杀线虫和防植物真菌作用，对植物蚜虫也有杀灭作用 [7]。博落回总生物碱在低浓度下即可杀灭钉螺、螺卵、日本血吸虫尾蚴等 [8]。博落回中生物碱可使蝇蛆先兴奋后麻痹死亡，并能抑制蝇卵孵化，用酸性乙醇提取法制得的博落回总生物碱对绒蝇 3 龄蛆的 LC_{50} 为 148.75 g/L，95% 的可信区间为 [122.19 g/L，180.94 g/L]（以生药计）[9]。

抗肿瘤作用：博落回总生物碱对 KB、P388、W256、S180 等动物移植性肿瘤具有抑制作用 [10-11]，博落回总生物碱体外对人肝癌 Hep3B 细胞、小鼠 H22 肝细胞有抑制作用，体内抑制小鼠 H22 肝癌皮下移植瘤的生长和延长 S180 腹水瘤小鼠存活时间 [12]。博落回中的一些单体生物碱如血根碱、白屈菜红碱、乙酰氧基白屈菜红碱等均表现出抗肿瘤活性 [13]。博落回的主要成分白屈菜红碱是一种选择性蛋白激酶 C (PKC) 抑制剂，参与调节与细胞增殖和再生有关的细胞信号转导系统可能是其抗肿瘤作用的机制之一。血根碱主要干扰 DNA 双螺旋结构，有阻止癌细胞扩散和促进癌细胞凋亡的作用，但对正常细胞与肿瘤细胞的选择性较白屈菜红碱差 [4,14-15]。血根碱和白屈菜红碱均具有诱导人体端粒 DNA 形成 G- 四链体结构的能力，从而抑制端粒酶活性，抑制肿瘤细胞增殖，这可能是博落回抗肿瘤的分子机制之一 [16]。

其他作用：博落回所含白屈菜红碱有止咳、平喘、镇痛作用，血根碱能抑制胆碱酯酶活性，还能加强心脏活动、刺激唾液分泌，并具有利尿、外周抗肾上腺素解交感作用。而原阿片碱、别隐品碱对豚鼠离体心脏表现为抑制作用。原阿片碱有收缩子宫作用 [17]。博落回对痔疮、脓性指头炎、疔痈、手足癣、酒渣鼻、银屑病、头皮湿疹等具有治疗作用 [18-20]，对蝮蛇咬伤也有治疗作用 [21]。

毒性及不良反应 博落回所含生物碱具有一定的毒性。博落回所含生物碱有局部麻醉作用，口服或大剂量外用均能引起严重心律失常至心源性脑缺血综合征 [22-23]。博落回对大鼠的 LD_{50} 为 19.5 g/kg，染

化学成分参考文献

[1] Grabarczyk H, et al. *Annales Pharmaceutici* (Poznan), 1969, 7: 105-110.

[2] Slavik J, et al. *Chemicke Listy pro Vedu a Prumysl*, 1955, 49: 106-110.

[3] 冯岗，等．西北植物学报，2008, 28 (1): 179-182.

[4] Grabarczyk H, et al. *Annales Pharmaceutici* (Poznan), 1970, 8: 75-81.

[5] Chelombit'ko VA, et al. *Khimiko-Farmatsevticheskii Zhurnal*, 1968, 2(2): 49-52.

药理作用及毒性参考文献

[1] 胡海军，等．西北农林科技大学学报，2009, 37(4): 208-212.

[2] 冯岗，等．浙江大学学报，2008, 32(2): 187-192.

13. 角茴香属 Hypecoum L.

一年生草本，矮小，常呈灰绿色，具微透明的液汁。茎直立，具分枝，分枝直立至平卧。基生叶近莲座状，二回羽状分裂，具叶柄。花小，直径 0.5–2 cm，稀较大，排列成二歧式聚伞花序；花双面对称；花萼小，萼片 2，披针形或卵形，先端通常具细牙齿，早落；花瓣 4，大多黄色，2 轮排列，外面 2 枚 3 浅裂或全缘，基部楔形，里面 2 枚 3 深裂，极稀近全缘，侧裂片狭窄，中裂片匙形，常具柄，边缘被短缘毛；雄蕊 4，花丝大多具翅，有时基部呈披针形，花药往往由于药隔延伸而至少具 2 短尖；子房 1 室，2 心皮。蒴果长圆柱形，大多具节，节内有横隔膜，成熟时在节间分离，或者不具节而裂为 2 果瓣。种子多数，卵形。

约 15 种，分布于地中海区至中亚及我国。我国有 3 种，主产于北部、西北部至西南部，均可药用。

分种检索表

1. 蒴果 2 瓣裂；种子近四棱形，具十字形突起；花淡黄色，内花瓣的侧裂片具微缺刻……1. **角茴香 H. erectum**

1. 蒴果节裂；种子卵形，具小疣状突起；花黄色或淡紫色，内花瓣的侧裂片全缘。

　2. 花瓣淡紫色；蒴果直立……………………………………2. **细果角茴香 H. leptocarpum**

　2. 花瓣黄色；蒴果下垂……………………………………3. **小花角茴香 H. parviflorum**

本属药用植物化学成分的研究主要集中在生物碱类化合物。其中，直立角茴香碱 (hyperectine，**1**) 和异直立角茴香碱 (isohyperectine，**2**) 是同时存在于角茴香 (直立角茴香)(H. erectum) 和细果角茴香 (节裂角茴香 H. leptocarpum) 中的一对同分异构体，且目前只在这两种植物中发现；从细果角茴香中还分得 5 个异喹啉类生物碱，分别为细果角茴香宁碱 (leptocarpinine，**3**)、细果品碱 (leptopine，**4**)、细果宁碱 (leptopinine，**5**)、细果定碱 (leptopidine，**6**)、细果品定宁碱 (leptopidinine，**7**)。此外，从小花角茴香 (H. parviflorum) 中分得一生物碱化合物小花角茴香碱 (peshawarine，**8**)。

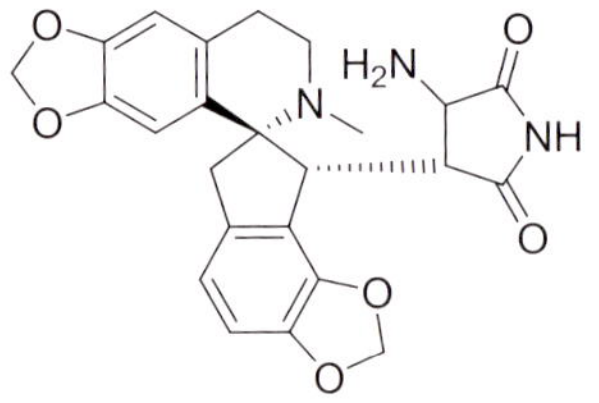

1

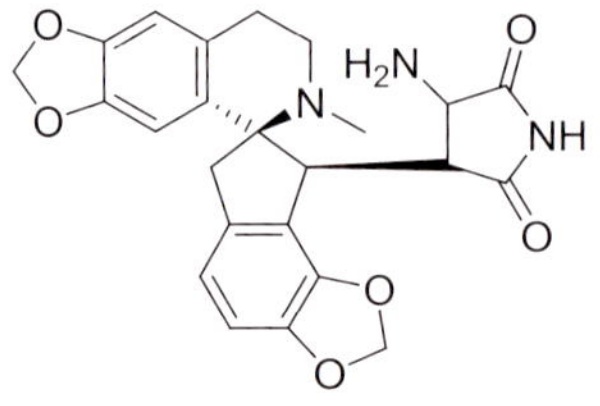

2

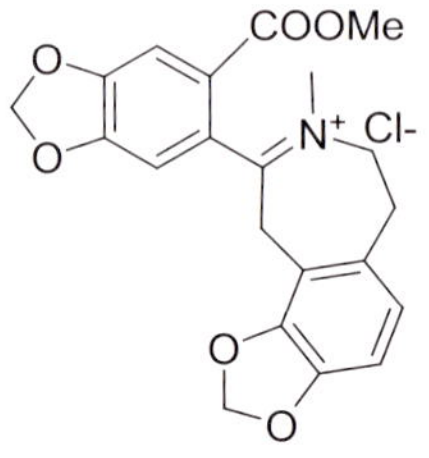

3

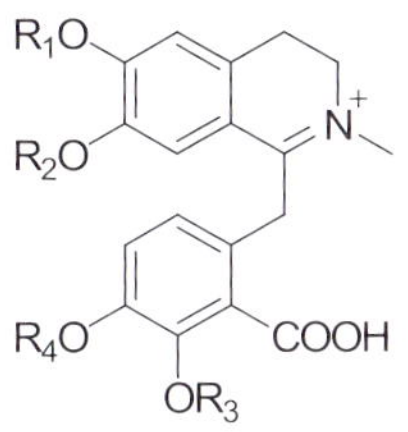

4：R_1-R_2=R_3-R_4=-CH_2-
5：R_1=R_2=H　R_3=R_4=CH_3
6：R_1-R_2=-CH_2-　R_3=H　R_4=CH_3

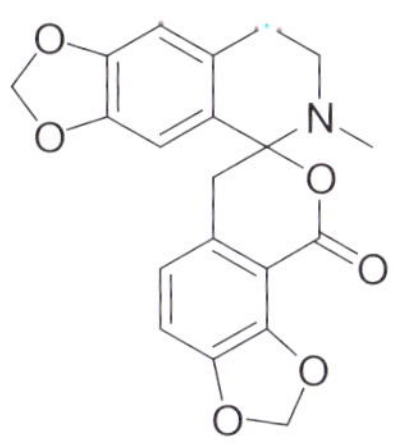

7

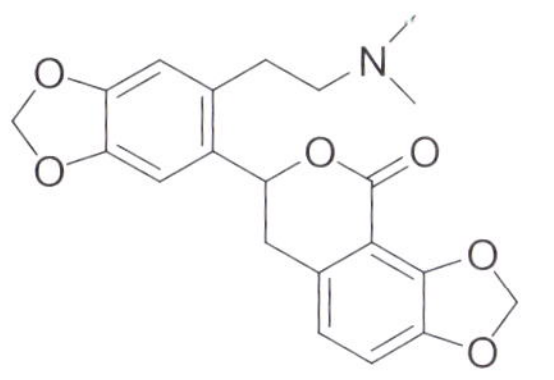

8

1. 角茴香（中国种子植物科属辞典）咽喉草、雪里青（河南），直立角茴香（西藏植物志），细叶茴香（中药大辞典）

Hypecoum erectum L., Sp. Pl. 1: 124. 1753.——*Chiazospermum erectum* (L.) Bernh.（英 **Erect Hypecoum**）

一年生草本，高 15–30 cm。根圆柱形。花茎多，圆柱形，二歧状分枝。基生叶多数，叶片轮廓倒披针形，长 3–8 cm，多回羽状细裂，裂片线形，先端尖；叶柄细，基部扩大成鞘；茎生叶同基生叶，但较小。二歧聚伞花序多花；苞片钻形，长 2–5 mm；萼片卵形；花瓣淡黄色，长 1–1.2 cm，无毛，外面 2 枚倒卵形或近楔形，先端宽，3 浅裂，中裂片三角形，长约 2 mm，里面 2 枚倒三角形，长约 1 cm，3 裂至中部以上；雄蕊 4，长约 8 mm，花丝宽线形，长约 5 mm，扁平，下半部加宽，花药狭长圆形，长约 3 mm；子房狭圆柱形，长约 1 cm。蒴果长圆柱形，长 4–6 cm，直立，成熟时分裂成 2 果瓣。种子多数，近四棱形。花果期 5–8 月。

分布与生境　产于东北、华北和西北等地。生于海拔 400–1200 (–4500) m 的山坡草地或河边砂地。蒙古和俄罗斯（西伯利亚）有分布。

药用部位　全草。

角茴香 **Hypecoum erectum** L.
引自《中国高等植物图鉴》

角茴香 **Hypecoum erectum** L.
摄影：林秦文

功效应用 泻火，清热解毒，镇咳。用于目赤，咽喉痛，伤风感冒。角茴香近年来在临床上常用于治疗乙肝，有退黄、增进食欲功效，民间还用来治急性咽喉炎，目赤肿痛等症。

化学成分 全草含生物碱类：原阿片碱(protopine)[1]，角茴香碱(hypecorine)，角茴香酮碱(hypecorinine)[2]，直立角茴香碱(hyperectine)[3]，异直立角茴香碱(isohyperectine)[4]。

药理作用 角茴香正丁醇提取物可使硫代乙酰胺致肝损伤模型小鼠血清 ALT 和 AST 显著降低，同时病理检查发现，角茴香正丁醇提取物对肝细胞水肿变性、胞浆疏松及坏死均有明显的保护作用，角茴香正丁醇提取部位为其发挥保肝作用的物质基础。角茴香氯仿提取物对二甲苯致鼠耳肿胀有明显的抑制作用，提示其抗炎活性部位在氯仿提取部分[1-3]。角茴香醇提物能明显抑制大鼠棉球肉芽肿形成，对角叉菜胶致大鼠的足跖肿胀具有显著的抑制作用，具有显著的抗炎作用[4]。

注评 本种为部颁药品标准·藏药（1995 年版）和内蒙古中药材标准（1988）收载“角茴香”，河南中药材标准（1991）收载“咽喉草”的基源植物，药用其干燥全草。藏族用全草治感冒发热，肺炎，咳嗽，肝炎，胆囊炎，关节疼痛，咽喉肿痛，目赤，热性传染病之高热，解食物中毒。

化学成分参考文献

[1] Komarova MN, et al. *Tr Len Khim Farm In-ta*, 1968, 26: 163.
[2] Yakhontova LD, et al. *Khim Prir Soedin*, 1972, 5: 624-628.
[3] Perel'son ME, et al. *Khim Prir Soedin*, 1984, 5: 628-635.
[4] Yakhontova LD, et al. *Khim Prir Soedin*, 1993, 6: 835-839.

药理作用及毒性参考文献

[1] 李隆云，等 . 中国中药杂志，2001, 26(12): 808-810.
[2] 吴洪福，等 . 中药材，2002, 25(1): 65-66.
[3] 郭洁，等 . 陕西中医学院学报，2006, 29(2): 58-60.
[4] 李普衍，等 . 青海医学院学报，2006, 27(3): 192-194.

2. 细果角茴香（中国高等植物图鉴） 节裂角茴香（内蒙古），山黄连（西南），哇日哇达、巴尔巴大（藏语），角茴香（中国中药资源志要）

Hypecoum leptocarpum Hook. f. et Thomson, Fl. Ind. 1: 276. 1855.——*H. chinense* Franch.（英 **Thinfruit Hypecoum**）

一年生草本，略被白粉，高 4–60 cm。茎丛生，多分枝。基生叶多数，蓝绿色，叶柄长 1.5–10 cm，叶片狭倒披针形，长 5–20 cm，二回羽状全裂，裂片 4–9 对，宽卵形或卵形，疏离，近无柄，羽状深裂；茎生叶同基生叶，但较小，具短柄或近无柄。花茎多数，高 5–40 cm，通常二歧状分枝；苞叶轮生，卵形或倒卵形，至最上部者为线形。花小，排列成二歧聚伞花序，花直径 5–8 mm，花梗细长；萼片卵形或卵状披针形，边缘膜质；花瓣淡紫色，外面 2 枚宽倒卵形，长 0.5–1 cm，宽 4–7 mm，里面 2 枚较小，3 裂几达基部；雄蕊 4，与花瓣对生，花丝扁平，基部扩大；子房圆柱形，无毛，柱头 2 裂，裂片外弯。蒴果直立，圆柱形，长 3–4 cm，两侧压扁，成熟时在关节处分离成数小节，每节具 1 种子。种子扁平，宽倒卵形。花果期 6–9 月。

分布与生境 产于华北、西北、西南。生于海拔 (1700–) 2700–5000 m 的山坡、草地、山谷、河滩、砾石坡、砂质地。蒙古和印度（锡金）有分布。

药用部位 全草。

功效应用 清热解毒，止痛，凉血，清肝明目退翳。用于咽喉痛，目赤目翳，伤风感冒，头痛，关节痛，胆囊炎，食物中毒。

化学成分 全草含生物碱类：二氢血根碱(dihydrosanguinarine)，8-丙酮基二氢血根碱(8-acetonyl dihydrosanguinarine)，别隐品碱(allocryptopine)，8-甲氧基二氢血根碱(8-methoxydihydrosanguinarine)，直立角茴香碱(hyperectine)，刻叶紫堇胺(corydamine)[1]，异直立角茴香碱(isohyperectine)，细果角茴香

细果角茴香 **Hypecoum leptocarpum** Hook. f. et Thomson
张宝福　绘

细果角茴香 **Hypecoum leptocarpum** Hook. f. et Thomson
摄影：张英涛

碱▲(leptocarpine[2]，原阿片碱(protopine)，隐品碱(cryptopine)，氧代白毛茛分碱(oxohydrastinine)，细果角茴香碱(hypecoumine)[3]，细果角茴香宁碱▲(leptocarpinine)，细果品碱▲(leptopine)，细果宁碱▲(leptopinine)，细果定碱▲(leptopidine)，细果品定宁碱▲(leptopidinine)[4]。

注评　本种为部颁药品标准·藏药（1995 年版）收载“角茴香”，青海中药材标准（1976、1986）收载“节裂角茴香”的基源植物，药用其干燥全草。

化学成分参考文献

[1] Slavik J, et al. *Collect Czech Chem Commun*, 1961, 26: 1472.

[2] Zhang GL, et al. *Phytochemistry*, 1995, 40(6): 1813-1816.

[3] 陈碧珠，等．药学学报，1985, 20(9): 658-661.

[4] Zhou Y, et al. *Phytochemistry*, 1999, 50(2): 339-343.

3. 小花角茴香（新疆植物检索表）　角茴香（新疆）

Hypecoum parviflorum Kar. et Kir. in Bjull. Moskovsk. Obač. Isp. Prir. Otd. Biol. 15: 141. 1824.——*H. pendulum* L.（英 **Samllflower Hornfennel**）

一年生草本，高 15–25 cm。花茎多数，圆柱形，粗 1–1.5 mm，二歧状分枝。基生叶多数，叶片轮廓狭倒卵形，长 5–7 cm，二回羽状细裂，小裂片线形；叶柄扁平，基部具鞘。花小，排列成二歧聚伞花序；花瓣黄色，外面 2 枚宽椭圆形，里面 2 枚 3 裂，中裂片具金黄色流苏状缘毛。蒴果下垂，圆柱形，长 4–5 cm，成熟时分离成数小节，每节具 1 种子。种子卵形。花果期 5–8 月。

分布与生境　产于新疆。生于平原荒漠或石坡。印度、伊朗、中亚和俄罗斯西伯利亚有分布。

药用部位 全草。

功效应用 泻火，清热，镇咳。

化学成分 全草含生物碱类：小花角茴香碱▲(peshawarine)[1]，阿魏酰酪胺(feruloyltyramine)[2]。

小花角茴香 **Hypecoum parviflorum** Kar. et Kir.
摄影：刘翔

化学成分参考文献

[1] Shamma M, et al. *Heterocycles*, 1976, 5(1): 41-45.

[2] Hussain SF, et al. *Phytochemistry*, 1982, 21(12): 2979-2980.

14. 荷包牡丹属 **Dicentra** Bernh.

多年生直立草本，无毛，具根状茎。茎直立或近无茎，单轴或合轴。叶多回羽状分裂或为三出复叶。总状花序，有时呈聚伞状，稀单花，基生、顶生或腋生；具草质苞片。花双面对称，直立或下垂；萼片 2，鳞片状，早落；花瓣 4，白色、黄色、粉红色或紫红色，外面 2 瓣先端向外反曲，基部囊状或距状，里面 2 瓣较小，花瓣片提琴形或倒卵状圆形，先端黏合，背部具鸡冠状突起，基部具爪；雄蕊 6 枚，合成 2 束，与外面的花瓣对生；子房 1 室，线形或长圆状椭圆形，胚珠多数，生于 2 个侧膜胎座上，花柱线形，柱头四方形或长方形，具 4 个乳突。蒴果线形至椭圆形，2 瓣裂。种子多数，具鸡冠状种阜。

约 12 种，3 种分布自西喜马拉雅至朝鲜、日本、俄罗斯，9 种分布于北美。我国产 2 种，均可药用。

分种检索表

1. 叶的小裂片具 4–8 粗齿；花组成聚伞状总状花序；花长 4–5 cm，长为宽的 4–5 倍，外花瓣淡黄绿色或绿白色 ………………………………………………………………………… 1. **大花荷包牡丹 D. macrantha**
1. 叶的小裂片通常全缘；花组成总状花序，于花轴一侧下垂；花长 2.5–3 cm，长为宽的 1–1.5 倍，外花瓣紫红色至粉红色 ………………………………………………………………………… 2. **荷包牡丹 D. spectabilis**

本属药用植物的化学成分主要为异喹啉类生物碱，按化学结构又可分为苯菲里啶 (benzo[C] phenantridine)、原小檗碱 (protoberberine)、原阿片碱 (protopine) 等类型，代表性化合物如原阿片碱 (protopine，**1**)，隐品碱 (cryptopine，**2**)，别隐品碱 (allocryptopine，**3**)、血根碱 (sanguinarine)。

原阿片碱、隐品碱和别隐品碱等生物碱主要具有心血管方面的活性，是有效的冠状动脉血管舒张药。药理学研究表明，对豚鼠和兔静脉注射该类化合物可轻度升高血压，大剂量则降压，并能引起心律不齐，对肾上腺素引起的心律不齐有增效作用。隐品碱可在离体豚鼠心耳标本上延长不应期，这与别隐品碱相似，而与小檗碱不同，有轻度的镇咳作用（电刺激猫喉神经法）；对兔有缩瞳作用，能降低眼压。隐品碱急性毒性较小，对小鼠腹腔注射的 LD_{50} 为 0.2 mg/kg，中毒时可使动物运动失调、不安、抽搐、流涎、姿势及循环障碍等，故可能与吗啡相似，作用于锥体外系及中脑部位。

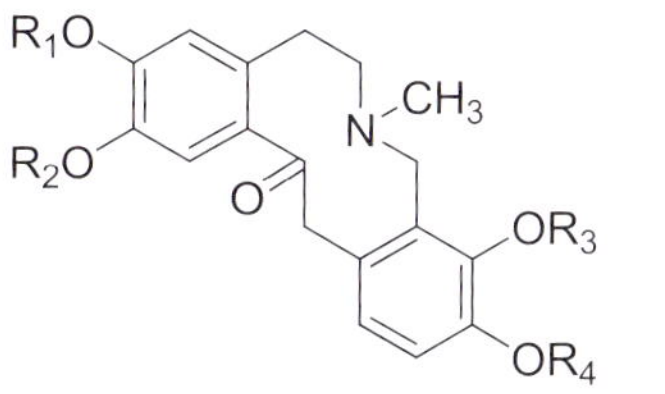

1: R_1-R_2=-CH_2- R_3-R_4=-CH_2-
2: R_1=R_2=CH_3 R_3-R_4=-CH_2-
3: R_1-R_2=-CH_2- R_3=R_4=CH_3

1. 大花荷包牡丹（中国种子植物科属辞典） 黄药、滥肠草、大牡丹（四川），黄三七（云南），丁三七（昭通）

Dicentra macrantha Oliv., Icon. Pl. 20: pl. 1937. 1890.（英 **Largeflower Bleedingheart**）

直立草本，高 60–90 cm，有时达 1.5 m。根状茎横走，具多数有分枝的侧根，色黄，味苦。茎圆柱形，黄绿色。叶 2–4，互生于茎上部，叶片轮廓卵形，长 10–20 cm，三回三出分裂，第一回裂片具长柄，第二回裂片具短柄，第三回裂片具极短柄或无柄，小裂片卵形或菱状卵形或披针形，表面绿色，背面具白粉；叶柄长 5–9 cm。总状花序聚伞状，腋生或有时腋外生，3–14 花，下垂；花梗长 1–1.5 cm；苞片钻形。花美丽，长 4–5 cm，为宽的 4–5 倍，基部近平截；萼片狭长圆状披针形；外花瓣舟状，淡黄绿色或绿白色，中部缢缩，上部长圆形，内花瓣长 3.5–4.5 cm，爪线形至条形；花丝线状披针形；子房狭椭圆形，胚珠多数。蒴果狭椭圆形，具宿存花柱。种子近圆形，直径 1–1.5 mm，黑色，具光泽。花果期 4–7 月。

分布与生境 产于湖北、四川、贵州、云南。生于海拔 1500–2700 m 的湿润林下。缅甸北部有分布。

药用部位 全草。

功效应用 镇痛，活血行气。用于头痛，腹痛。

注评 本种彝族药用，主要用根及根状茎治疗支气管炎，肺气肿。

大花荷包牡丹 **Dicentra macrantha** Oliv.
引自《中国高等植物图鉴》

大花荷包牡丹 **Dicentra macrantha** Oliv.
摄影：陈彬

1. 荷包藤　藤荷包牡丹（中国高等植物图鉴），合瓣花（东北植物检索表）

Adlumia asiatica Ohwi in Bot. Mag. (Tokyo) 45: 387. 1931.（英 **Asian Mountainfringe**）

多年生草质藤本，全体无毛。茎细，长达 3 m，具分枝。基生叶多数，具长 6–9 cm 的柄，花期枯死；茎生叶多，轮廓卵形或三角形，二至三回近羽状全裂，第一回裂片具柄，第二回裂片具短柄，顶端小叶柄常呈卷须状，小裂片狭卵形、椭圆形或近菱形，边缘全缘或 2–3 浅裂。圆锥花序腋生，总花梗长 1–15 cm，有 5–11 (–20) 花；花两侧对称，下垂，长 1.5–1.7 cm；萼片卵形，早落；花瓣 4，外面 2 枚先端分离部分披针形，长约 5 mm，淡紫红色，里面 2 枚分离部分圆匙形，花瓣片近圆形，爪近条形；雄蕊束，先端分离，花药椭圆形；子房线状椭圆形，柱头 2 裂，裂片倒三角形。蒴果线状椭圆形，长 1.5–2 cm，扁平，成熟时 2 瓣裂。种子多数，肾形，长约 1.5 mm。花果期 7–9 月。

分布与生境　产于黑龙江和吉林。生于针叶林下或林缘。日本、朝鲜和俄罗斯远东地区有分布。

药用部位　全草。

功效应用　镇痛。用于各种疼痛，如牙痛，外伤疼痛，腹痛，痛经，头痛等。

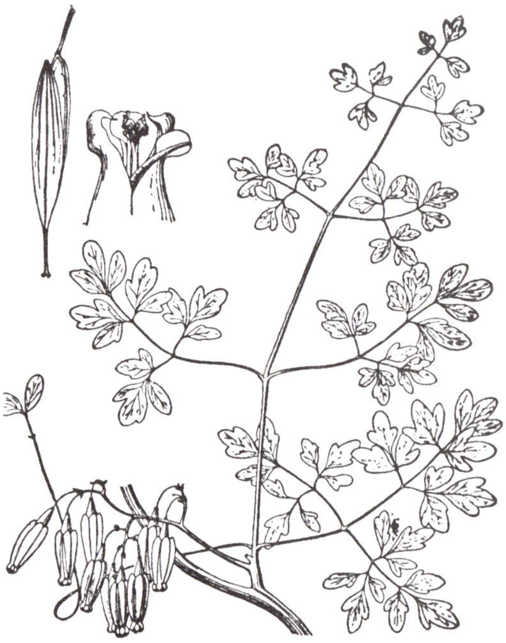

荷包藤 **Adlumia asiatica** Ohwi
引自《中国高等植物图鉴》

荷包藤 **Adlumia asiatica** Ohwi
摄影：周繇

17. 紫堇属 Corydalis DC.

草本或草本状半灌木，无乳汁。主根圆柱状或增粗，如为簇生须根，则各式增粗。根状茎缩短或横走，有时呈块茎状。基生叶少数或多数（稀 1 枚），茎生叶 1 至多数，稀无，互生，稀对生，叶片一至多回羽状分裂或掌状分裂或三出。花排列成顶生、腋生或对叶生的总状花序，稀为伞房状或穗状至圆锥状，极稀形似单花腋生；苞片分裂或全缘，无小苞片；花梗纤细；萼片 2 枚，通常早落；花冠两侧对称，花瓣 4，上花瓣后部成距，极稀无距，两侧内花瓣同形，先端黏合，明显具爪，有时具囊，极稀成距状；雄蕊 6，合生成 2 束，中间花药 2 室，两侧花药 1 室，花丝基部延伸成蜜腺体伸入距内，极稀蜜腺退化至无；子房 1 室，2 心皮，胚珠少数至多数，排成 1 列或 2 列，花柱伸长，柱头各式，上端常具数目不等的乳突，乳突有时并生或具柄。果多蒴果，形状多样。种子肾形或近圆形，黑色或棕褐色；种阜各式，通常紧贴种子。

约 428 种，除北极地区外，广布于北温带地区，南至北非—印度沙漠区的边缘，个别种分布到东非的草原地区。我国有 300 余种，南北各地均有分布，但以西南部最集中，其中约 120 余种可入药。

分组检索表

1. 不具块茎。具主根、根状茎、须根或肉质膨大的贮藏须根。少数类群尚伴生有匍匐茎。茎下部无鳞片状低出叶。子叶通常 2 枚。
  2. 不具主根。
    3. 具或长或短、通常横走而单轴生长的根状茎。常为林下高草本。
      4. 根状茎短，无冬芽，具多数纤维状须根而无叶鞘或叶柄残基覆盖。花较小，黄色；距常为圆筒形；柱头 2 裂，扁长方形至双卵形，具 2–10 乳突。苞片常较小，花序基部以上的通常全缘。蒴果线形至倒卵形……………………………………………………组 5. **南黄堇组 Sect. Davidianae**
      4. 根状茎粗长，常具顶生冬芽。花常较大，紫色（极少为黄色）；距细长，多数长于瓣片，圆锥形或圆筒形。茎生叶不对生。
        5. 根状茎多少横走，常为宿存的叶柄残基或叶鞘覆盖；须根多数（有时多少肉质增粗）。冬芽 较大。
          6. 茎生叶常具腋生珠芽。下花瓣不具囊；柱头圆形或近四方形，常不分裂，具 (8–) 10–12 乳突。蒴果圆柱形……………………………………………组 1. **大叶紫堇组 Sect. Asterostigmata**
          6. 茎生叶腋无珠芽。下花瓣常具囊；柱头双卵形或四方形，2 裂，乳突通常少于前组。蒴果多样……………………………………………………………组 2. **高紫堇组 Sect. Elatae**
        5. 根状茎不横走，具鳞片而不具叶柄或叶鞘残基；须根细长，散生，通常无冬芽。
          7. 花枝顶生或腋生。叶裂片全缘。外花瓣不具短尖；柱头三角状长圆形，向上渐狭，具 4 个不等大的乳突，基部稍下延，每侧具 2 并生的乳突。蒴果倒卵形……………………………………………………………………………组 3. **古紫堇组 Sect. Archaeocapnos**
          7. 花枝通常对叶生。叶裂片常具齿。外花瓣具短尖突；柱头三角形，具 9–12 乳突。蒴果长圆状椭圆形………………………………………………组 4. **突尖紫堇组 Sect. Mucronatae**
    3. 根状茎极短则为单轴生长，若细长则为合轴生长，均无冬芽，但有时顶部具膜质鳞片。常为多年生中等或小草本，多生于亚高山或高山地带，常见于流石滩。
      8. 根状茎细长，常多少横走，具叶柄残基和鳞片，须根不肉质增粗……………………………………………………………………………组 12. **宽花紫堇组 Sect. Latiflorae**
      8. 根状茎极短，基部具程度不等的肉质增粗的须根。茎发自鳞片或基生叶腋，下半部通常裸露（无叶），近基部渐狭成丝状。
        9. 根状茎或长或短，具匍匐茎和棒状肉质须根。叶三回羽状全裂，末回裂片线形或狭披针形。上花瓣的距短于瓣片；柱头宽短，两侧下延，具 6 乳突…………组 11. **多叶紫堇组 Sect. Polyphyllae**
        9. 无匍匐茎。须根通常肉质增粗。
          10. 须根多数，簇生。花淡黄绿色，常具棕色斑点，有时变污紫色；距钩状弯曲，明显短于上花瓣片；柱头具 8 乳突。蒴果披针形至倒卵形………………………组 6. **钩距黄堇组 Sect. Hamatae**
          10. 须根通常少数，簇生，常增粗成贮藏根。花常为紫色、蓝紫色或鲜黄色，极少黄白色；距极稀呈钩状弯曲，伸展而较长，少数末端多少下弯；柱头具 8–6 (–2) 乳突。蒴果线形或圆柱形，若为披针形或倒卵形，则常具 6 条由多数小瘤排列成的纵棱。
            11. 茎具淡白色绒毛，全部具叶，且近基部不变狭。基生叶早枯，仅存纤维状残基。花蓝紫色；柱头具 6 乳突。蒴果成熟时常扭曲………………………组 7. **毛茎紫堇组 Sect. Pubicaules**
            11. 茎无毛，极少具乳突状毛，下半部裸露，近基部渐狭成丝状。常具基生叶。花色各样。柱头具 6–8 乳突，少数仅具 2 乳突。

12. 根状茎顶端具多少肉质覆瓦状排列的鳞片；须根肉质增粗或否，稀呈纺锤状。花通常蓝色，少数，组成伞房状或总状花序；柱头扁四方形，具 8–6（稀 2）乳突…………………………………………………………………………………组 10. **鳞茎紫堇组 Sect. Oreocapnos**

12. 根状茎顶部无肉质鳞片。花色多样，常多花密集，稀少花稀疏。

13. 须根多棒状肉质增粗，稀不增粗。茎上部通常分枝。叶常为三回（稀二回）羽状全裂。茎生叶 2–4 枚。总状花序多花密集。柱头顶端常具 2 乳突，两侧通常下延，各具 2–3 乳突但无基生乳突。蒴果常具 6 条由多数小瘤排列成的纵棱…………………………………………………………………………………组 8. **糙果紫堇组 Sect. Fasciculatae**

13. 须根纺锤状肉质增粗，无柄或具柄。茎通常仅 1，不分枝。叶掌状或羽状全裂（通常为二回羽状全裂），稀三出。茎生叶通常 1 枚。总状花序常少花而疏离，有时甚至呈伞状。柱头具 4–2 乳突。蒴果无毛…………………………组 9. **曲花紫堇组 Sect. Rapiferae**

2. 具主根。

14. 距圆筒形，约与瓣片等长或稍长，少数稍短于瓣片。

15. 主根粗大，老时多少变空或扭曲。叶 1 至多回羽状全裂。花较大，常 2 cm 以上。林下或高山流石滩的多年生高大草本。

16. 茎单轴分枝，发自鳞片或基生叶腋。柱头双卵形至扁四方形，具 6–8 (–10) 乳突。蒴果有时念珠状。花相对较大…………………………………………………组 13. **空根紫堇组 Sect. Capnogorium**

16. 茎合轴分枝，发自根状茎顶端。柱头扁四方形，顶端 2 裂，通常具 2–4 乳突。花相对较小……………………………………………………………………………………组 14. **须弥黄堇组 Sect. Chrysocapnos**

15. 主根老时不变空或扭曲。花较小，通常为小花至中等大小的花。

17. 花黄色或污黄色，小。主根粗。茎发自根状茎顶端。

18. 直立或匍匐草本，绝不形成丛生或垫状体态。花序总状，常多花。

19. 花相对较大，长常在 13 mm 以上；距明显长于瓣片；柱头四方形，顶端具 4–2 乳突，侧面具或不具 1 对乳突，基部下延，每侧具或不具 1 枚无柄乳突……………………………………………………………………………………组 15. **鞘黄堇组 Sect. Ramoso-sibiricae**

19. 花较小，长 8–12 mm；距约与瓣片等长或稍长；柱头顶端具 6–4 个具柄乳突，有时侧面具 1 对无柄乳突。常为具细长主根的一年或二年生草本……………………………………………………………………………………组 16. **小黄堇组 Sect. Fumarioides**

18. 丛生或垫状矮小草本。叶具扁平的鞘状叶柄。花少数，常组成伞房状或头状总状花序。花梗和花距通常为叶状、多裂的苞片所覆盖。柱头偏斜，具 4–8 乳突。蒴果披针形或卵圆形，成熟时自果梗顶端下弯，多少为苞片所覆盖…………………组 17. **尖突黄堇组 Sect. Mucroniferae**

17. 花粉红色、紫色或紫蓝色。

20. 根状茎短，顶端具少数叶残基。叶三至四回羽状全裂。

21. 根状茎合轴生长。茎多分枝和具叶。柱头扁三角形，具 8 个乳突。蒴果线形，多少呈念珠状……………………………………………………………………组 18. **裂冠紫堇组 Sect. Flaccidae**

21. 根状茎单轴生长。茎不分枝或少分枝，通常仅具 2–3 叶。柱头顶端具 4 乳突。蒴果线状长圆形，不呈念珠状…………………………………………………组 19. **帕里紫堇组 Sect. Kingiae**

20. 无明显的根状茎。叶一至二回三出，少数仅为二回羽状全裂或单生。

22. 主根肉质增粗，或在个体发育的某一段会局部的肉质增粗。多年生草本。

23. 叶二回三出。主根老时中部或上部增粗，多少类块茎状，其下的主根呈鼠尾状存留。花序总状；柱头近双卵形或四方形，具 8 乳突。蒴果狭披针形……………………………………………………………………………………组 20. **变根紫堇组 Sect. Linstowianae**

23. 叶三出或单生。主根整体肉质增粗，老时多少分枝。花序伞房状；柱头扁四方形，具 6–4 乳突。蒴果狭卵圆形……………………………………组 21. **伞花紫堇组 Sect. Benecinctae**

22. 主根在个体发育过程中无形态上的变化或肉质增粗。多为二年生或一年生草本。

24. 蒴果卵圆形；花较小，长 1–1.2 cm；苞片叶状，致使总状花序好像由腋生单花所组成；柱头双卵形，乳突不明显；叶二回羽状全裂；一年生小草本………………………………………………………………组 24. **地丁草组 Sect. Chinenses**

24. 蒴果线形；花较大，长约 2 cm；叶二回三出。

25. 主根通常较短，簇生或散生纤维状须根。花枝常腋生。苞片分裂或具缺刻。外花瓣顶端不下凹；距约与瓣片等长或稍长；柱头四方形，顶端具 4 乳突………………………………………………………………组 22. **刻叶紫堇组 Sect. Incisae**

25. 主根细长。花枝对叶生。苞片全缘。外花瓣顶端微凹；距短于瓣片；柱头横向纺锤形，上缘具槽，两端各具 1 乳突……………………………组 23. **紫堇组 Sect. Aulacostigma**

14. 距短囊状，占上花瓣全长的 1/5 至 1/3。

26. 蒴果常呈念珠状。苞片较大，下部的常呈叶状。花较长，长约 2 cm；柱头 2 深裂，各枝具 3–4 枚单生乳突……………………………………………………组 28. **黄堇组 Sect. Sophorcapnos**

26. 蒴果通常线形。苞片小，全缘，通常为钻形，少数例外。花小，长 0.9–1.5 cm。

27. 主根粗大，常具多头的根状茎。花枝常腋生。多年生草本或亚灌木状………………………………………………………………组 25. **直茎黄堇组 Sect. Strictae**

27. 主根细长，常具单头根状茎。花枝常对叶生或近花葶状。

28. 花较大，长 2 cm 以上，伸展；柱头二叉状分裂，各枝顶端具 2–3 并生乳突。叶常为一回羽状全裂，末回裂片较大。喜石灰岩生植物…………………组 26. **石生黄堇组 Sect. Thalictrifoliae**

28. 花较小，长 1–1.5 cm，多少呈 S 形；柱头短柱状 4 裂，外侧两枝多少下延后再弧形上弯。叶二回羽状全裂，末回裂片较小。林缘喜阴多年生至一年生草本………………………………………………………………组 27. **小花黄堇组 Sect. Racemosae**

1. 具块茎（多数种类逐年更新）。茎下部具或不具鳞片状低出叶。子叶 1 枚。

29. 茎下部无鳞片状低出叶。块茎单轴生长，老时多少变空。苞片全缘。茎生叶 2 枚，对生。柱头圆形，具 8–4 乳突……………………………………………………组 32. **薯根延胡索组 Sect. Leonticoides**

29. 茎具鳞片状低出叶。块茎坚实，合轴生长，终不变空。苞片分裂或全缘。

30. 茎下部具 1 枚大而反折的鳞片状低出叶。块茎球形，每年更新一次。柱头圆形，通常具 8 乳突。少数具 4 乳突…………………………………………组 31. **实心延胡索组 Sect. Pes-gallinaceus**

30. 茎下部具 2 枚以上的鳞片状低出叶。块茎不呈圆球形，无年度更新现象。柱头不呈圆形，具 4 或 6 乳突。

31. 块茎圆柱形或圆锥形，较大，下部常 2–5 裂，无匍匐根状茎。低出叶 3–4 枚，贴茎而不反折。柱头近四方形，具 4–6 乳突。蒴果反折……………………组 29. **指裂延胡索组 Sect. Dactylotuber**

31. 块茎小，常具角状突起，当年生的叠生于上年生的老块茎上，在其横走的匍匐根状茎上散生有类似的块茎并可形成新植株。低出叶常 2 枚或无，不贴茎也不反折。柱头浅而横展，具 4 短柱状乳突。蒴果不反折……………………………………组 30. **叠生延胡索组 Sect. Duplotuber**

本属植物药用历史悠久，中医多用于清热解毒、祛湿止痛；治疗感冒发热、疮疡痈肿、溃烂等症；藏医用于治疗感冒发热、肝炎、水肿、胃炎、胆囊炎、高血压等多种疾病。本属药用植物的提取物具有抗心律失常、抗菌、保肝等药理活性。随着研究的不断深入，在国外也越来越广泛地应用于医疗和保健。本属多种植物具有抑制胆碱酯酶活性，可以改善记忆，在丹麦等国家常用来治疗老年痴呆症。抗菌活性强的血根碱 (sanguinarine) 已被开发成牙膏、口腔清洗剂等保健产品。本属药用植物主要含异喹啉类生物碱，并分得苯酞、原小檗碱、原阿片碱、苯菲啶、苄基异喹啉、阿朴菲、枯拉灵、螺苄异喹啉以及其他类型共 9 种结构类型的生物碱。

原阿片碱类生物碱在本属植物中数量不多，但分布广泛。原阿片碱 (protopine，**1**) 20 mg/kg 和 40 mg/kg 腹腔注射能明显增加小鼠心肌营养性血流量；0.5 mg/kg、1 mg/kg 及 2 mg/kg 静脉注射的降压作用呈剂量依赖性、起效快、维持时间随剂量增大而延长；40 mg/kg 腹腔注射能延长小鼠生存时间，并轻度降低耗氧量。

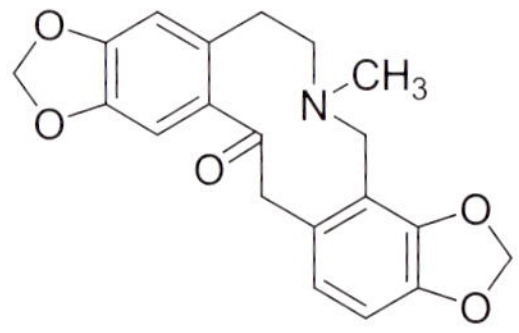

1

原小檗碱类生物碱是本属植物中数量最多的一类，其分布仅次于原阿片碱类。常见的有四氢掌叶防己碱 (tetrahydropalmatine，**2**)、金罂粟碱 (stylopine，**3**)、紫堇碱 (corydaline，**4**)、卡文定碱 (cavidine，**5**)、黄连碱 (coptisine) 等。紫堇碱能扩张血管和消除血管收缩性反射，对胃泌素、乙酰胆碱有对抗作用；能抑制离体小肠的运动，兴奋豚鼠及兔子宫，对血凝无影响。临床可用于治疗震颤性麻痹、脑部疾患、内耳眩晕症、前庭性眼球震颤等。

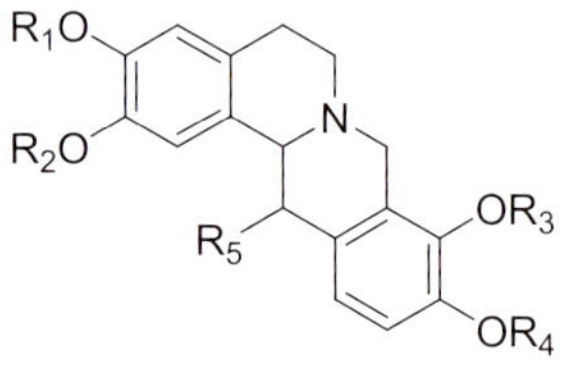

2：$R_1=R_2=R_3=R_4=CH_3$　$R_5=H$
3：R_1-R_2=R_3-R_4=$-CH_2-$　$R_5=H$
4：$R_1=R_2=R_3=R_4=R_5=CH_3$
5：$R_1=R_2=R_5=CH_3$　R_3-R_4=$-CH_2-$

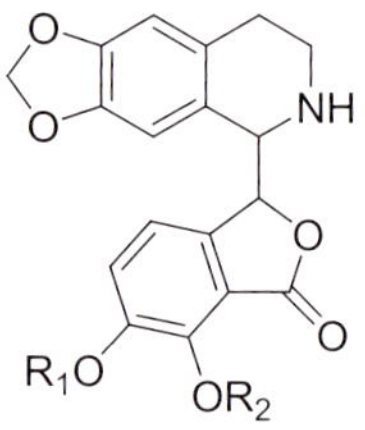

6：$R_1=R_2=CH_3$
7：R_1-R_2=$-CH_2-$

苯酞异喹啉类生物碱在本属植物中的分布也较为广泛。白毛茛碱 (hydrastine，**6**) 是一种有毒生物碱，用于治疗黏膜炎；山缘草定碱 (adlumidine，**7**) 具有兴奋子宫的作用。

苯菲啶类生物碱在多种紫堇属植物中均有分布，如山紫堇 (C. capnoides) 中的紫堇灵 (corynoline，**8**)、乙酰紫堇灵 (acetylcorynoline，**9**)、表紫堇灵 (epicorynoline)；刻叶紫堇 (C. incisa) 中的紫堇洛星碱 (corynoloxine)、卢归因碱▲ (luguine)、6- 氧代紫堇灵 (6-oxocorynoline)、12- 羟基紫堇洛星碱 (12-hydroxycorynoloxine)、6- 丙酮基 -5,6- 二氢血根碱 (6-acetonyl-5,6-dihydrosanguinarine) 等。紫堇灵、乙酰紫堇灵有抗真菌活性，且对 CCl_4、硫代乙酰胺、对乙酰氨基酚造成的小鼠肝损伤均有肝保护作用，能降低升高的谷胱甘肽 -*S*- 转移酶 (SGTP) 水平及减轻肝病理损害，在体外能抑制 CCl_4 引起的肝微粒体脂质过氧化及 CCl_4 转化为 CO。

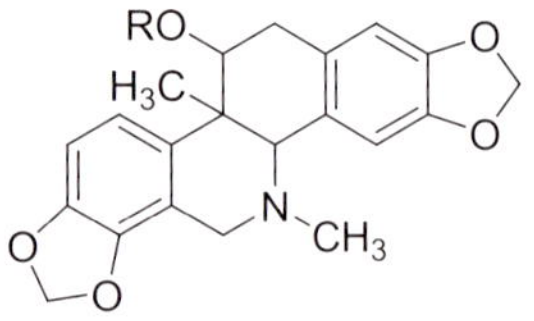

8：R=H
9：$R=COCH_3$

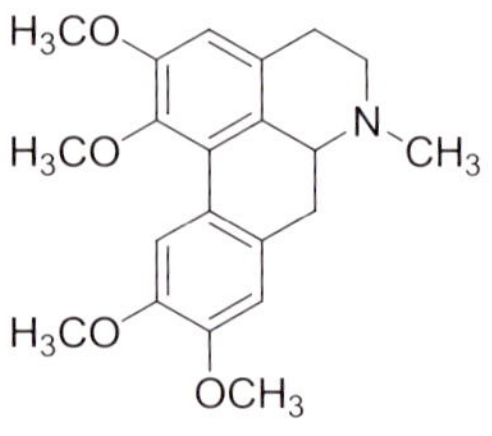

10

阿朴啡类生物碱如海罂粟碱 (glaucine，**10**) 具有广泛的生物活性，主要包括肾上腺素受体作用、离子通道作用、抗血清素、细胞毒、抗氧化、抗血小板聚集、神经系统活性、免疫调节、抗病毒等。

枯拉灵类生物碱仅在本属少数植物中发现，但被认为是紫堇属植物的特征性成分，包括枯拉灵碱 (cularine，**11**)、尼泊尔黄堇碱▲ (henderine，**12**)、枯拉辛碱 (cularicine)、(±)- 多被银莲花碱▲ [(±)-raddeanine]、氧代枯拉灵碱 (oxocularine) 等。其中，枯拉灵碱具有抗抑郁作用，且对小鼠多巴胺重吸收无抑制作用。

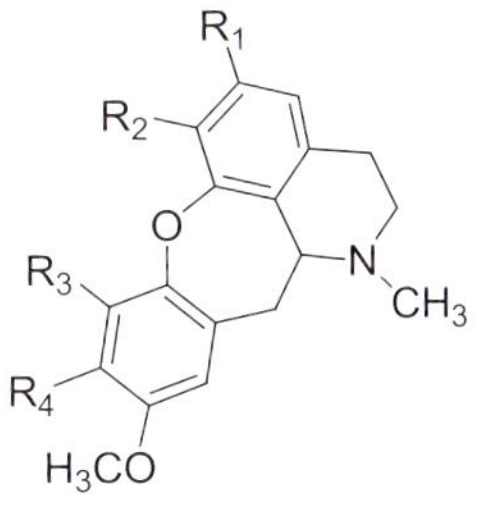

11: R_1=H　R_2=R_3=R_4=OCH_3
12: R_1-R_2=-R_3-R_4=-OCH_2O-

本属植物多数具有抗炎止痛的作用，其中研究最多的是夏天无和延胡索，其主要活性部位为生物碱类。药理活性集中体现在中枢神经系统方面，主要表现为镇静、镇痛、促智等，此外还有一定的心脑血管活性和调节免疫等方面的作用。近年来研究所发现的抑制肿瘤细胞作用为全面认识该属植物提供了有价值的线索，同时其所具有的中枢神经作用为戒毒提供了有意义的研究方向。本属植物灰绿黄堇具有抗炎镇痛和降血压的作用；东北延胡索具有镇痛抗溃疡作用；地丁草具有保肝作用；夏天无具有解痉、镇痛、抗炎、抗脑缺血及缺氧、降血压、抗心律失常、抗凝血、保肝、促智等作用；石生黄堇具有镇痛、抑制中枢神经系统、调节免疫、抗菌抗病毒、抗肿瘤等作用；延胡索具有镇静、镇痛、调节心血管、调节内分泌、抗肿瘤、抗溃疡、抗氧化、抗衰老、调节免疫、促智等多种作用。

组1. 大叶紫堇组 Sect. Asterostigmata Fedde ex C. Y. Wu et H. Chuang

直立或上升的相当大的草本，大多林生，具一个多少横走的单轴的根状茎，在其先端有少数基生叶及 1 或数茎，并为枯萎、硬化、宿存的叶柄残基所覆盖。越冬芽常大。茎常分枝，并在茎生叶腋中常发育有芽体。基生叶具长柄，基部常膨大，叶片多分裂，裂片或小叶片均具齿；茎生叶似基生叶，但具短柄。总状花序顶生，稀侧生（对叶生）；苞片草质，常小，花梗细且直。花大，通常红色、紫色或蓝色，有 1 明显、华丽而细长的距，长度常超过花冠的一半以上；柱头近圆形至双卵形，有 (6–) 8–10 (–12) 个乳突。蒴果圆柱形。

共 22 种 9 亚种 2 变种 2 变型，其中药用 5 种 1 变型。

分种检索表

1. 距圆锥形，末端渐尖；花大，长 2–3 cm。
　2. 距短于花瓣片或与之近等长；花梗长于苞片或与之近等长；蜜腺体贯穿距的 1/4–1/3；叶末回侧生裂片基部两侧不对称 ······ 1. **大叶紫堇 *C. temulifolia***
　2. 距长于花瓣片，占上花瓣长的 3/5；花梗短于苞片；蜜腺体较长；叶末回侧生裂片基部不偏斜；蒴果具 2 列种子 ······ 2. **地锦苗 *C. sheareri***
1. 距圆筒形，末端圆；花通常较小；茎通常较多。
　3. 苞片至少下部者具柄，柄具耳状鞘；花序具 8–10 花 ······ 5. **籽纹紫堇 *C. esquirolii***
　3. 苞片无柄；距与花瓣近等长。

化学成分参考文献
[1] 周继铭，等. 中草药，1981, 12(3): 3-4, 11.

2b. 珠芽地锦苗（变型） 一串金丹（浙江）

Corydalis sheareri S. Moore f. **bulbillifera** Hand.-Mazz., Symb. Sin. 7(2): 345. 1931.（英 **Bulbiliferous Corydalis**）

与模式变型的区别在于茎上部叶腋具易脱落的珠芽。

分布与生境　产于浙江、江西、湖南、广东、广西。生于海拔 1600 m 以下的林下、草丛、沟边、路旁。

药用部位　块根。

功效应用　具有镇痛作用。

化学成分　全草含生物碱类：原阿片碱(protopine)，紫堇灵(corynoline)，异紫堇灵(isocorynoline)，乙酰紫堇灵(acetylcorynoline)，乙酰异紫堇灵(acetylisocorynoline)[1]。

珠芽地锦苗 **Corydalis sheareri** S. Moore f. **bulbillifera** Hand.-Mazz.
摄影：徐克学

化学成分参考文献
[1] 冯俭，等. 华西药学杂志，1998, 13(1): 17-18.

3. 金钩如意草（滇南本草） 五味草、水黄连（滇南本草），如意草、断肠草（云南），大理紫堇（中国高等植物图鉴）

Corydalis taliensis Franch., Pl. Delavay. 48. 1889.（英 **Tali Corydalis**）

无毛草本，高 (10–) 30–60 (–90) cm。主根增粗，长达 30 cm，粗达 1 cm；根状茎匍匐，覆盖残枯的叶基。茎 1 至数条，直立，柔弱。基生叶数枚，叶柄长 3–29 cm，叶片轮廓近圆形或楔状菱形，二至三回三出全裂；茎生叶数枚，疏离，与基生叶同形。总状花序生于茎和分枝顶端，长 2–10 (–18) cm，多花；苞片下部者 5–3 浅裂，中部者倒卵形，3 浅裂或全缘，上部者倒卵状匙形，全缘。花瓣紫色、蓝紫色、红色或粉红色，上花瓣长 2–2.5 cm，花瓣片舟状卵形，先端具尖头，具高 1–1.5 mm 的鸡冠状突起，距圆筒形，末端圆，略下弯，与花瓣片近等长，下花瓣匙形；贯穿距的 2/5；子房线形，柱头双卵形，具 8 个乳突。蒴果狭圆柱形，长 2–2.5 cm。种子肾形至近圆形。花果期 3–11 月。

分布与生境　产于云南。生于海拔 1500–1800 m 的林下、灌丛下或草丛中，房前屋后、田间地头也常见。

药用部位　全草。

功效应用　祛风除湿，清热，消炎，活血散瘀，消肿，止痛，消肝明目。用于风湿胃痛，瘫痪，肺热咳嗽，肝炎，泻泄，肠炎，痢疾，牙痛，急性结膜炎，目生云翳，刀伤，枪伤。

化学成分　全草含生物碱类：乙酰紫堇灵(acetylcorynoline)，刻叶紫堇胺盐酸盐(corydamine

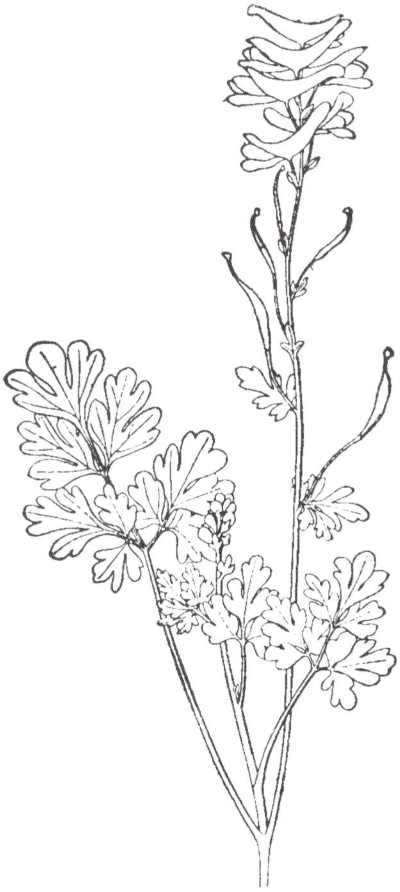

金钩如意草 **Corydalis taliensis** Franch.
引自《中国高等植物图鉴》

金钩如意草 **Corydalis taliensis** Franch.
摄影：张伟

hydrochoride)，紫堇灵(corynoline)，比枯枯灵碱(bicuculline)，(-)-紫堇灵[(-)-corynoline]，紫堇文碱(corycavine)，原阿片碱(protopine)[1]。

注评　本种傈僳族、彝族和藏族药用，傈僳族用全草治风湿痛、经络痛、筋骨痛、肺结核咳嗽、发热；彝族用根、全草治咽喉痛、催乳；藏族用全草治血热、温病时疫、肝炎、感冒、胃痛、瘫痪、跌打损伤、痈疖肿毒、食物中毒。

化学成分参考文献

[1] 罗士德，等．药学学报，1982, 17(9): 699-701.

4. 师宗紫堇（中国高等植物图鉴补编）金钩如意草、水金钩如意草、水黄连（滇南本草），如意草、断肠草（云南）

Corydalis duclouxii H. Lév. et Vaniot in Bull. Acad. Int. Geogr. Bot. 11: 174. 1902.（英 **Shizong Corydalis**）

多年生草本。须根多数；根状茎被残枯的叶基。茎柔弱。基生叶少数，叶柄细长，叶片轮廓三角形，二回羽状全裂；茎生叶疏离互生。总状花序生于茎和分枝顶端，少花；花瓣紫色，平伸，距圆筒形，与花瓣片近等长；蜜腺体棒状，贯穿距的 1/5；子房线状长圆形，柱头双卵形，上端具 10 个乳突。蒴果圆柱形，常念珠状扭曲。种子小，近圆形。花果期 3–8 月。

分布与生境　产于云南、四川、贵州。生于海拔 1500–2300 m 的林下、灌丛中、山谷、箐沟、路边、岩石下。

药用部位 全草。

功效应用 消散风热，祛风通络。用于肺结核咳嗽发热，筋骨痛，痰火。

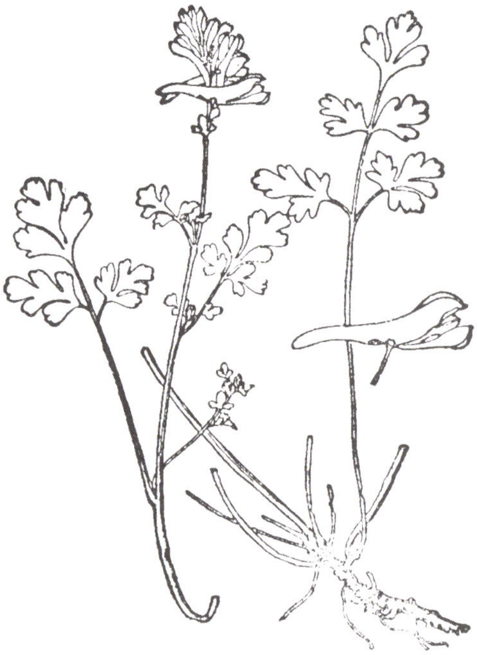

师宗紫堇 **Corydalis duclouxii** H. Lév. et Vaniot
引自《中国高等植物图鉴》

5. 籽纹紫堇（中国高等植物图鉴补编）

Corydalis esquirolii H. Lév. in Repert. Spec. Nov. Regni Veg. 10(254-256): 349. 1912.（英 **Esquirol Corydalis**）

无毛草本，高 20–40 cm。须根纤维状。茎 2–5。基生叶数枚，叶柄长 6–15 cm，叶片轮廓三角形，二回羽状分裂，末回裂片边缘常疏齿状浅裂，顶端圆钝；茎生叶与基生叶相同，向上渐小和裂片渐减。总状花序顶生，花密集。花瓣紫色或白色先端紫色，距圆筒形，与花瓣片近等长；蜜腺体贯穿距的 1/3–2/5；子房线形，柱头双卵形，具 10 个乳突。蒴果狭圆柱形，近念珠状。种子长圆形，表面密具乳突和不规则的条纹。花果期 3–4 月。

籽纹紫堇 **Corydalis esquirolii** H. Lév.
引自《中国高等植物图鉴》

分布与生境 产于广西和贵州。生于海拔 650–900 m 的常绿林内沟边或山坡草地。

药用部位 全草、根和根状茎。

功效应用 清热，止痛，祛风湿，健胃。用于心胃气痛，胆经热病，目黄，身黄，溲黄，胸胁胀满，食欲缺乏，风湿痹痛，肢节疼痛，跌打损伤。

化学成分 根状茎含生物碱类：原阿片碱(protopine)，隐品碱(cryptopine)，黑水罂粟胺▲(muramine)，L-四氢黄连碱(L-tetrahydrocoptisine)，L-异紫堇杷明碱(L-isocorypalmine)，L-四氢刻叶紫堇明碱(L-tetrahydrocorysamine)，L-卡文定碱(L-cavidine)，比枯枯灵碱(bicuculline)，D-紫堇明碱(D-corlumine)[1]。

化学成分参考文献

[1] 李亚伟，等. 中草药，1991, 22(11): 486-488.

组2. 高紫堇组 Sect. Elatae Fedde

多年生草本，直立，细高，具一单轴、多少横走的根状茎，并为枯萎、硬化而宿存的叶残基所覆盖；须根多数。茎直立，细瘦，具叶，叶腋内无珠芽发育。基生叶少数，叶柄残存，叶鞘常膨大。总状花序多花，顶生和侧生。花红色、紫色或稀蓝色、白色，下花瓣下部通常呈囊状，距多细长，并有长的蜜腺体；柱头 2 裂，双卵形、长方形至近圆形，具 6–10 个乳突。蒴果椭圆形。

共 19 种 1 亚种和 4 变种，1 种药用。

6. 川东紫堇（中国高等植物图鉴补编） 地丁、苦地丁（湖北），老鼠花（丰都），堇花还阳（石柱），牛角花（南川），尖瓣紫堇（秦岭植物志）

Corydalis acuminata Franch. in J. Bot. (Morot) 8(16): 285-286. 1894.（英 **Acuminate Corydalis**）

多年生草本，高 20–50 cm。须根多数，粗线形；根状茎短，盖以残枯的叶柄基。茎直立。基生叶数枚，叶片轮廓宽卵形，三回羽状分裂，末回裂片披针形或倒披针形，背面具白粉；茎生叶 2–3 枚。总状花序顶生和侧生，有 8–12 花。花瓣紫色，上花瓣长 2–2.3 cm，距圆筒形，末端稍下弯；子房狭椭圆形，柱头双卵形，具 8 个乳突。蒴果狭椭圆形，成熟时自果梗先端反折。花果期 4–8 月。

分布与生境　产于四川。生于海拔 1600–2100 m 原常绿、落叶阔叶混交林破坏后的草地或荒地。

药用部位　全草。

功效应用　清热解毒，活血消肿。

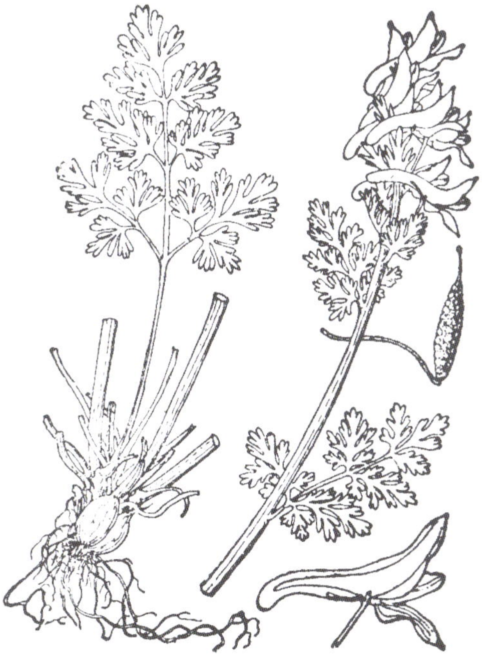

川东紫堇 **Corydalis acuminata** Franch.
引自《中国高等植物图鉴》

川东紫堇 **Corydalis acuminata** Franch.
摄影：易思荣

组3. 古紫堇组 Sect. Archaeocapnos Popov ex Michajlova

多年生高大草本。根状茎倒卵形，上部常增粗，具多数鳞片和不定根。基生叶仅 1 枚，具大而宽展的叶裂片。茎生叶常生于茎中部以上，基部常具干膜质假托叶。花红色或紫红色。柱头三角状长圆形，上部较狭，两侧各具 1 乳突，中央具 1 枚单生或 2 裂较大的乳突，基部较宽，稍下延，每侧具 1 枚并生乳突。蒴果倒卵圆形或长圆形，自果梗顶端俯垂。

约 7 种，间断分布于东亚和北美西部。俄罗斯约有 5 种；北美有 2 种；我国有 2 种，1 种药用。

7. 巨紫堇（东北植物检索表）

Corydalis gigantea Trautv. et C. A. Mey., Reise Sibir. 1(3): 13. 1856.（英 **Giant Corydalis**）

多年生草本，高 80–120 cm。根状茎粗短，近直角状弯曲，具皮层状褐色鳞片和纤维状须根。茎黄褐色，平滑，中空，下部裸露，中部以上具叶和分枝，生叶部位实心。茎生叶具柄至无柄，叶片近三角形，质薄，上面暗绿色，下面灰白色，二回羽状全裂，末回羽片 2–3 深裂，裂片椭圆形至长圆形，长 5–10 cm，宽 2 cm。总状花序多数，组成复总状圆锥花序，宽 15–70 cm，多花（约 100 朵或更多）。花淡紫红色至淡蓝色，俯垂至近平展，芽期花距上弯，花开时变直。上花瓣长 1.2–2.5 cm；距圆锥形至圆筒形，约长于瓣片 2 倍；蜜腺体约占距长的 2/3。柱头三角状长圆形，顶端具 3 乳突，中央的较大，基部稍下延，具 2 枚并生乳突。蒴果小，近长圆形或狭卵圆形，长 8–10 mm，宽约 3 mm。

巨紫堇 **Corydalis gigantea** Trautv. et C. A. Mey.
摄影：于俊林

分布与生境 产于黑龙江、吉林等地。生于红松林下或溪边。俄罗斯远东地区和朝鲜有分布。

药用部位 全草。

功效应用 清热解毒，镇痛镇静，用于各种疼痛，胃痛，胸痛，腹痛，风湿痹痛等。

化学成分 地上部分含生物碱类：L-斯氏紫堇碱(L-scoulerine)，L-碎叶紫堇碱(L-cheilanthifoline)，L-山缘草定碱(L-adlumidine)[1]。

化学成分参考文献

[1] Margvelashvili NN, et al. *Chem Nat Compd*, 1976, 12(6): 754.

组4. 突尖紫堇组 Sect. **Mucronatae** Fedde ex C. Y. Wu et Z. Y. Su

多年生林下草本。根状茎或长或短，具纤维状须根。茎侧生，发自基生叶或鳞片腋内。萼片通常较大。花蓝色或紫红色；外花瓣无鸡冠状突起；距漏斗状或近钻形，长于瓣片；蜜腺体长；柱头三角形或长圆状三角形，具 7–12 乳突。蒴果披针形，长圆形至倒卵形。

本组全部国产，6 种 2 变种，1 种药用。

8. 长距紫堇（云南植物研究） 断肠草、高山羊不吃（峨眉山）

Corydalis longicalcarata H. Chuang et Z. Y. Su in Acta Bot. Yunnan. 15(4): 356. 1993.

多年生灰绿色草本，高 40–80 cm。根状茎多少平展，长 5–9 cm，粗 1–1.2 cm，具少数纤维状须根，顶端具棕色鳞片，断面硫黄色，味苦。茎 1 或数条，侧生，发自基生叶或鳞片腋内，上部分枝，具叶。基生叶少数，稍短于茎，具长柄；叶柄基部鞘状宽展；叶片二回羽状全裂，轮廓三角形，一回羽片具短柄，二回羽片近无柄，卵圆形或近圆形，全缘，长 1–1.5 cm，宽 5–10 mm；茎生叶与基生叶同形。总状花序少花；苞片狭披针形或钻形，最下部的有时叶状。花梗纤细，长 1–1.2 cm。萼片卵圆形，全缘，约长 5 mm，宽 3 mm。花紫红色，平展，长 2.5–3 cm。上花瓣渐尖，无鸡冠状突起；距漏斗状，占花瓣全长的 2/3 或 3/4；蜜腺体纤细，近伸达距的末端。下花瓣长约 1 cm，基部具宽大的囊；囊宽 4–5 mm，宽于瓣片；内花瓣长约 9 mm，瓣片近长圆形，稍具鸡冠，约与纤细的爪等长。雄蕊束

长距紫堇 **Corydalis longicalcarata** H. Chuang et Z. Y. Su
吴锡麟　绘

长距紫堇 **Corydalis longicalcarata** H. Chuang et Z. Y. Su
摄影：李策宏

卵状披针形，具中肋；柱头三角形，具7乳突。蒴果长圆形或线形，约长1.2 cm，宽2–3 mm；种子5–7枚，直径约1.5 cm。

分布与生境　产于四川。生于海拔1800–2800 m的灌丛、针阔叶混文林或箭竹冷杉混交林缘。

药用部位　根、根状茎。

功效应用　清利湿热，止痛。用于心胃气痛，胆经热病。

组5. 南黄堇组 Sect. Davidianae C. Y. Wu et H. Chuang

林生多年生的高大直立草本。主根退化，须根发达。茎生叶多数，叶片二至三回三出分裂或羽状分裂，裂片通常全缘。苞片常很小，全缘，稀最下部者3裂或具缺刻。花冠中等大，长(1.2–)1.5–2.5 cm；花瓣黄色，距大多长于花瓣片，通常具长的蜜腺体；柱头双卵形或扁长方形，2浅裂，具2–10个乳突。蒴果线形至倒卵形。

共10种2变种，我国均产，主要分布于四川、云南及西藏；4种至缅甸北部，3种到不丹，1种达印度（锡金），1种达印度北部。4种可药用。

分种检索表

1. 叶片三回三出全裂，末回全裂片卵形至近圆形，全缘，质地较厚，均具小叶柄……………9. **南黄堇 C. davidii**
1. 叶片三出分裂或羽状分裂，末回深裂片较狭，无小叶柄或顶生者具柄；苞片披针形。
   2. 总状花序；上花瓣具高约1.5 mm的鸡冠状突起，距与瓣片近等长……………………10. **滇黄堇 C. yunnanensis**
   2. 圆锥花序；上花瓣鸡冠状突起矮或无；距长于瓣片。
      3. 圆锥花序较少分枝；上花瓣长1.8–2 cm，距占上花瓣长的3/5–2/3；蒴果狭圆柱形；叶末回顶生裂片具柄口……………………………………………………………………11. **翅瓣黄堇 C. pterygopetala**
      3. 圆锥花序多分枝；上花瓣长1.2–1.5 cm，距稍长于瓣片；蒴果长圆状梨形；叶末回裂片均无柄…………

9. 南黄堇（云南植物研究） 黄断肠草、土黄芩、老龙草（四川），南黄紫堇（中国高等植物图鉴）

Corydalis davidii Franch. in Nouv. Arch. Mus. Hist. Nat. ser. 2. 8: 198. 1886.（英 **David Corydalis**）

多年生草本，高 20–60 (–100) cm。须根数条，粗线形；根状茎短，被残枯的基生叶鞘。茎 1–4，直立，脆嫩，易折断。基生叶少数，叶柄长 9–22 cm，叶片轮廓宽三角形，三回三出全裂，第一回全裂片具长柄，第二回全裂片具短柄，小裂片倒卵形、卵形、近圆形或宽椭圆形，长 1–2 cm，宽 0.7–1.2 cm，先端圆或钝，具短尖，全缘，背面具白粉，均有小叶柄，稀无柄；茎生叶数枚同基生叶，渐小和具较短柄。总状花序顶生，长 3–12 cm，有 8–20 花；苞片全缘；花梗纤细，稍长于苞片。花瓣黄色，上花瓣长 1.8–2.5 cm，平伸，距圆筒形，纤细，占上花瓣长的 2/3，下花瓣基部有时具小浅囊；蜜腺体贯穿距的 3/4–4/5；子房狭圆柱形，柱头近扁长方形，具 8 个乳突。蒴果圆柱形，长 0.8–1.5 cm。种子近肾形。花果期 4–10 月。

分布与生境 产于四川、贵州、云南。生于海拔 (1280–) 1700–3000 (–3500) m 的林下、林缘、灌丛下、草坡或路边。

药用部位 全草。

功效应用 祛瘀消肿，清热解毒，止痛。用于热性传染病，胃炎，流行性感冒发热，骨折，跌打损伤，无名肿毒，痈肿疮疖。

注评 本种药用有“断肠草”“黄断肠草”等名，民间称“断肠草”的药物多为罂粟科紫堇属植物。此外毛茛科乌头属、马钱科钩吻属、瑞香科狼毒属等类群中多种植物也称为“断肠草”，该类植物多数有大毒，应慎重区别与使用。傈僳族用根状茎治疗骨折、跌打损伤；藏族用全草治一切热性病、胃炎、胃溃疡、感冒发热、伤寒，外敷治疮疖肿痛。

南黄堇 **Corydalis davidii** Franch.
引自《中国高等植物图鉴》

南黄堇 **Corydalis davidii** Franch.
摄影：徐克学

10. 滇黄堇（云南种子植物名录） 黄水金钩如意（中国中药资源志要）

Corydalis yunnanensis Franch. in Bull. Soc. Bot. France. 33: 394-395. 1886.（英 **Yunnan Corydalis**）

多年生草本，高 0.6–1.5 m，有时达 2 m 或更高。须根多数，粗线形，长达 20 cm。茎粗壮，具分枝。基生叶少数，叶柄长 10–20 (–31) cm，叶片轮廓三角形或宽卵形，长 7–10 (–18) cm，三回三出分裂，第一回全裂片具较长的柄，轮廓卵形，第二回全裂片具较短柄，不规则的 2–7 深裂，小裂片狭倒卵形、倒披针形或椭圆形，背面具白粉；茎生叶 3–5 枚，疏离互生，下部叶具长柄，最上部叶近无柄，其他同基生叶。总状花序少数，顶生和侧生，长 4–12 cm，多花，排列稀疏。花瓣黄色，上花瓣长 1.2–1.5 cm，距圆筒形，与瓣片近等长；蜜腺体贯穿距的 4/5；子房线形，花柱比子房短，柱头双卵形。蒴果圆柱形，长 0.7–1.3 cm，成熟时在果梗基部反折。种子近圆形。花果期 6–9 月。

滇黄堇 **Corydalis yunnanensis** Franch.
吴锡麟　绘

分布与生境　产于四川、云南。生于海拔 2100–3400 m 的林下、山坡灌丛中、草坡或山脚荒地。缅甸东北部有分布。

药用部位　全草。

功效应用　祛风湿，止痛，明目退翳。用于风湿痛，目翳。

滇黄堇 **Corydalis yunnanensis** Franch.
摄影：陈彬

11. 翅瓣黄堇（西藏植物志） 断肠草（中国中药资源志要）

Corydalis pterygopetala Hand.-Mazz. in Anz. Akad. Wiss. Wien, Math.-Naturwiss. Kl. 62: 222. 1925.（英 **Winged Petal Corydalis**）

直立草本。须根多数。茎粗壮，上部具分枝。基生叶少数，叶柄长 20–27 (–36) cm，叶片轮廓宽卵形，二回三出全裂；茎生叶 3–5 枚。圆锥花序顶生和侧生；苞片全缘；花梗纤细；萼片早落；花瓣

翅瓣黄堇 **Corydalis pterygopetala** Hand.-Mazz.
吴锡麟　绘

翅瓣黄堇 **Corydalis pterygopetala** Hand.-Mazz.
摄影：张伟

黄色，上花瓣长 1.8–2 cm，距圆筒形，占上花瓣长的 3/5–2/3；蜜腺体贯穿距的 9/10；子房狭椭圆形，柱头双卵形，具 4 乳突。蒴果狭圆柱形，成熟时在果梗基部反折。种子黑色。花果期 5–9 月。

分布与生境　产于云南和西藏。生于海拔 1900–4150 m 的林下、灌丛下、草坡或沟边路旁。缅甸北部有分布。

药用部位　全草。

功效应用　用于疔疮。

12. 飞燕黄堇（云南植物研究）假飞燕草（横断山区维管植物）

Corydalis delphinioides Fedde in Repert. Spec. Nov. Regni Veg. 23(12-17): 181-182, 1926.

（英 **Larkspurlike Corydalis**）

多年生草本。须根多数。茎直立，下部近裸露。基生叶少数，叶柄长 10–25 cm 或更长，叶片轮廓近三角形，三回羽状分裂；茎生叶数枚，似基生叶。多数总状花序组成圆锥花序，长达 15 cm；花瓣黄色，上花瓣长 1.2–1.5 cm，距圆筒形，与花瓣片近等长或较长，向上弯曲；蜜腺体很长，几达距末；子房长圆形，柱头扁长方形，上端具 4 乳突。蒴果长圆状梨形，先端平截。种子近球形；种阜小。花果期 5–9 月。

分布与生境　产于四川和云南。生于海拔 3000–4000 m 的林下、林缘、灌丛或草地。

药用部位　全草、地上部分。

功效应用　清热解毒，活血散瘀，消肿止痛。用于肝热，胆热，血热引起的疼痛，全身疼痛，高血压，肝炎，胆囊炎，瘫痪，外敷治跌打损伤，疮疖痈肿。

注评　本种藏族药用，全草治肝胆、血分实热、血热引起的疼痛、高血压、跌打瘀痛，用根治偏瘫。

组6. 钩距黄堇组 Sect. Hamatae C. Y. Wu et Z. Y. Su

多年生丛生草本。根状茎短，具多数棒状肉质须根。基生叶通常多数，具鞘状宽展的叶基，通常倾斜上升。花黄色至黄绿色，稀带紫色，常俯垂、密集而互相叠压成穗状花序状；距钩状弯曲；柱头近扁四方形；顶端 2 浅裂，两侧基部下延，具 8 乳突。蒴果披针形，长圆形或倒卵形。

本组国产 4 种，集中分布于青藏高原及其外围的横断山脉地区。3 种可药用。

分种检索表

1. 苞片宽度通常大于长度，边缘带紫色；花污黄至淡黄色，带棕色斑点；叶裂片较密集，常彼此叠压；较小 ………………………………………… 13. **斑花黄堇 C. conspersa**
1. 苞片长度明显大于宽度，边缘不带紫色；花黄揭色或污黄色，不带斑点；叶裂片较舒展，不叠压；较大草本。
   2. 叶裂片、苞片、萼片和花通常均较小；外花瓣边缘不具齿，鸡冠状突起不伸出顶端；种子具小突起；植株常较小 ………………………………………… 14. **钩距黄堇 C. hamata**
   2. 叶裂片、苞片、萼片和花通常较小；外花瓣边缘具齿，鸡冠状突起伸出顶端；种子较平滑；植株较粗大 ………………………………………… 15. **川北钩距黄堇 C. pseudohamata**

13. 斑花黄堇（西藏植物志） 密花黄堇（中国高等植物图鉴补编），广布黄堇（中草药），寸冬欧需（藏语）

Corydalis conspersa Maxim., Fl. Tangut. 42. t. 25, f. 1-6. 1889.（英 **Denseflower Corydalis**）

丛生草本，高 5–30 cm。根状茎短，簇生棒状肉质须根。基生叶多数，约长达花序基部；叶柄约与叶片等长，基部鞘状宽展；叶片长圆形，二回羽状全裂；一回羽片 2–8 对，对生或近对生；二回羽片常仅 3 枚，三深裂，裂片椭圆形或卵圆形。茎生叶多数，与基生叶同形，较小。总状花序头状，长 2–4 cm，多花、密集。苞片菱形或匙形，边缘紫色，全缘或顶端具啮蚀状齿；花梗粗短，长约 5 mm；萼片菱形，棕褐色，具流苏状齿。花淡黄色或黄色，具棕色斑点。上花瓣长 1.5–2 cm，具浅鸡冠状突起；距圆筒形，钩状弯曲；蜜腺体约贯穿距长的 1/2；下花瓣爪较长；柱头近扁四方形，顶端 2 浅裂，具 8 乳突。蒴果长圆形至倒卵圆形，约长 1 cm，宽 4 mm。

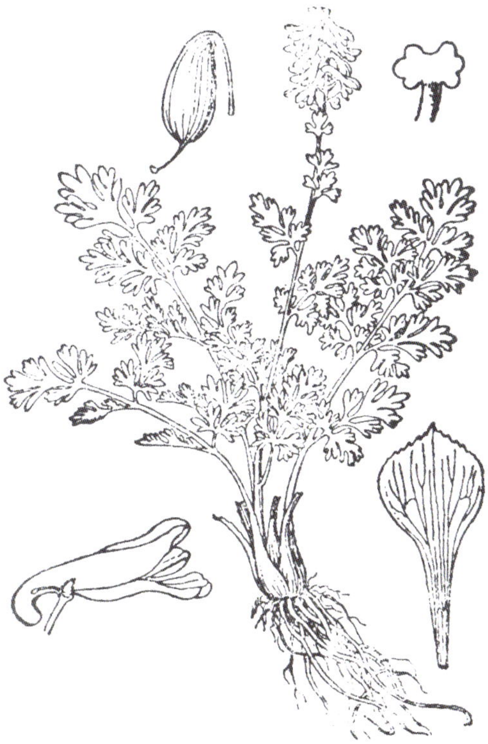

斑花黄堇 Corydalis conspersa Maxim.
引自《中国高等植物图鉴》

分布与生境 产于甘肃、青海、四川和西藏。生于海拔 (3800–) 4200–5000 (–5700) m 的多石河岸和高山砾石地。

药用部位 带根全草。

功效应用 清热解毒，利水止痛，杀虫。用于热性病，水肿，伤寒，感冒发热；外用于银屑病，顽癣，疮疖痈肿，毒蛇咬伤。有毒。

化学成分 全草含生物碱类：紫堇灵(corynoline)，乙酰紫堇灵(acetylcorynoline)，紫堇洛星碱(corynoloxine)，斑花黄堇碱▲(consperine)[1]。

注评 本种藏族药用，用其全草治热性传染病、胃炎、胃溃疡、感冒发热，外治疮疡。

化学成分参考文献

[1] Fang Q, et al. *Planta Med*, 1984, 50(1):25-27.

14. 钩距黄堇（西藏植物志） 都拉色布、都力色布（西藏芒康藏语）

Corydalis hamata Franch. in J. Bot. (Morot) 8(17): 292-293. 1894.（英 **Streamside Corydalis**）

从生草本，高 10–30 cm。根状茎粗短，具长条形肉质须根。茎发自基生叶腋，上部具叶。基生叶多数，长达茎的中部以上，具长柄；叶柄约与叶片等长，基部鞘状宽展，具膜质边缘；叶片长圆形，二回羽状全裂，一回羽片 9–11 枚，近无柄，二回羽状通常三枚，三深裂，裂片线形或长圆形，长 3–6 mm，宽 2–3 mm。茎生叶与基生叶同形，具短柄至无柄。总状花序不分枝或少分枝，多花、密集；花常俯垂；苞片倒卵形或披针形，全缘，下部的有时分裂；萼片宽卵形，长约 3 mm，具不规则锐齿或缺刻；花黄褐色或污黄色。上花瓣长 (1.5–) 2–2.2 cm，顶端近圆钝；距圆筒形，约与瓣片等长，自中部钩状弯曲，末端稍增粗；蜜腺越贯穿距长的 1/2。柱头扁四方形，常具 8 乳突，有时仅见顶生的 4 乳。蒴果披针形，约长 1.5 cm，具 2 列种子；种子具小突起。

分布与生境 产于四川、云南和西藏。生于海拔 3400–3800 (–4200) m 的多石路边或溪水中。

药用部位 全草。

功效应用 清热凉血，消炎，止血，止痛。用于高热，胃痛，胃炎，胃溃疡，咯血，衄血，崩漏，尿血。

药理作用 钩距黄堇总生物碱有广泛的抗菌谱，有镇痛、抗炎、增强免疫等作用。小鼠灌胃 LD_{50} 为 800 mg/kg[1]。

注评 本种藏族药用，全草治胆热、火烧伤、温病、时疫、胃炎、胃溃疡。

钩距黄堇 **Corydalis hamata** Franch.
肖溶 绘

钩距黄堇 **Corydalis hamata** Franch.
摄影：陈又生

1/3 ……………………………………………………………………… 20. 洛隆紫堇 **C. lhorongensis**

4. 花瓣黄白色。

6. 棒状根无柄；花梗长于苞片；距稍短于瓣片，内花瓣先端紫黑色；蒴果圆柱 ……………………………………………………………………… 21. 黑顶黄堇 **C. nigroapiculata**

6. 棒状根具长柄；花梗等长于苞片；距长为瓣片的 2 倍，内花瓣无深色先端；蒴果椭圆形 ……………………………………………………………………… 22. 密穗黄堇 **C. densispica**

3. 叶片背面密具乳突，或者叶片背面或苞片具软骨质糙毛。

7. 叶背密具乳突；花淡蓝色，距占上花瓣长的 3/5 或 2/3 ……………… 23. 察隅紫堇 **C. tsayulensis**

7. 叶背沿脉或苞片边缘具软骨质糙毛；距短于或等长于花瓣片。

8. 花较大，紫色，上花瓣长 2–2.5 cm，距与花瓣片近等长，并自中部向下直角弯曲 ……………………………………………………………………… 24. 甘草叶紫堇 **C. glycyphyllos**

8. 花较小，淡黄带紫或红色，上花瓣长 1.5–2 cm，距短于花瓣片，稍下弯 ……………………………………………………………………… 25. 粗糙黄堇 **C. scaberula**

17. 糙果紫堇（中国高等植物图鉴） 省格色巴（西藏类乌齐藏语）

Corydalis trachycarpa Maxim. in Bull. Acad. Imp. Sci. Saint-Pétersbourg 24: 27. 1878.

（英 **Roughfruit Corydalis**）

17a. 糙果紫堇（模式变种）

Corydalis trachycarpa Maxim. var. **trachycarpa**

粗壮直立草本，高 (15–) 25–35 (–50) cm。须根棒状增粗。茎具少数分枝，基部变线形。基生叶少数，叶柄长达 10 cm，叶片轮廓宽卵形，长 2.5–3 (–6) cm，宽 2–2.5 (–4) cm，二至三回羽状分裂，小

糙果紫堇 **Corydalis trachycarpa** Maxim. var. **trachycarpa**
引自《中国高等植物图鉴》

糙果紫堇 **Corydalis trachycarpa** Maxim. var. **trachycarpa**
摄影：潘建斌

裂片狭倒卵形至狭倒披针形或狭椭圆形，背面具白粉；茎生叶疏与基生叶同形，但较小。总状花序生于茎和分枝顶端，长 3–10 cm，多花密集；苞片分裂；花梗明显短于苞片。萼片鳞片状；花瓣紫色、蓝紫色或紫红色，上花瓣长 2.5–3.2 cm，距圆锥形，长为花瓣片的 2 倍或更多，平伸或弯曲，下花瓣下部稍呈囊状；内花瓣先端不呈紫黑色；蜜腺体贯穿距的 2/5；子房绿色，椭圆形，具肋，肋上有密集排列的小瘤，柱头双卵形，上端具 2 乳突。蒴果狭倒卵形，粗约 3 mm，具多数淡黄色的小瘤密集排列成 6 条纵棱。种子少数，近圆形。花果期 4–9 月。

分布与生境 产于甘肃、青海、四川和西藏。生于海拔 (2400) 3600–4800 (–5200) m 的高山草甸、灌丛、流石滩或山坡石缝中。

药用部位 全草。

功效应用 清热解毒，止痛，用于发热，流行性感冒，各种炎症，传染病，伤寒，胃痛，胃炎，胃溃疡；外用于疮疖肿毒。

化学成分 全草含生物碱类：8-氧代紫堇灵(8-oxocorynoline)，乙酰紫堇灵(acetylcorynoline)，紫堇灵(corynoline)[1]。

注评 本种藏族药用，全草治胆热、火烧伤、温病时疫、陈旧热症、热性传染病、流行性感冒发热、胃炎、胃溃疡、伤寒，外敷治痈疖肿毒、烧伤、烫伤，用块茎治流行性感冒发热、伤寒病、各种炎症。

化学成分参考文献

[1] 张国林，等. 天然产物研究与开发，1989, 1(2): 1-5.

17b. 白穗紫堇（变种） 甲多网巴（四川藏语）

Corydalis trachycarpa Maxim. var. **leucostachya** (C. Y. Wu et H. Chuang) C. Y. Wu, Fl. Reipubl. Popularis Sin. 32: 197. 1999.——*C. leucostachya* C. Y. Wu et H. Chuang

与模式变种的区别在于花白色或淡黄色，内花瓣先端紫黑色；蒴果的瘤棱明显；柱头具 2 乳突。

分布与生境 产于青海和四川。生于海拔 3900–4500 m 的高山草甸。

药用部位 全草。

功效应用 清热解毒。用于瘟病时疫，水火烫伤，赤巴病之热症。

白穗紫堇 **Corydalis trachycarpa** Maxim. var. **leucostachya** (C. Y. Wu et H. Chuang) C. Y. Wu
李锡畴　绘

17c. 淡花黄堇（变种） 省格巴格（藏语）

Corydalis trachycarpa Maxim. var. **octocornuta** (C. Y. Wu) C. Y. Wu, Fl. Reipubl. Popularis Sin. 32: 197. 1999.

与模式变种的区别在于花白色或淡黄色，内花瓣先端紫黑色；蒴果的瘤棱不显；柱头具 8 个乳突。

分布与生境 产于西藏。生于海拔 3500–4800 m 的高山砾石灌丛草甸近水处。

药用部位 全草。

功效应用 解热止痛，活血散瘀，利气止痛，祛风，明目退翳。用于胃病，肠炎，溃疡，痢疾，肺结核咳喘，伤寒，跌打损伤，筋骨痛，流行性感冒，坐骨神经痛，烧伤及传染病热症。

18. 灰岩紫堇（云南植物研究） 丽江马尾黄连（云南）

Corydalis calcicola W. W. Sm. in Notes Roy. Bot. Gard. Edinburgh. 8(38): 184. 1914.（英 **Calcicolous Corydalis**）

无毛草本，高 7–20 cm。须根多数，棒状增粗。茎数条，下部裸露，基部变线形。基生叶柄长达 10 cm，叶片轮廓卵形，三回羽状全裂，末回裂片披针形，锐尖；茎生叶似基生叶。总状花序顶生，密集多花；花瓣紫色，上花瓣长 1.6–1.8 cm，距圆锥状近圆筒形，钝，长 1–1.2 cm；蜜腺体贯穿距的 1/3；子房椭圆形，具多数纵棱，柱头近肾形，上端具 2 乳突。蒴果狭椭圆形，具纵棱。花果期 5–10 月。

分布与生境 产于四川和云南。生于海拔 2900–4800 m 的灌丛、高山草甸或石灰岩流石滩的石缝中。

药用部位 根。

功效应用 消炎，解毒。用于痢疾。

灰岩紫堇 Corydalis calcicola W. W. Sm.
摄影：易思荣

19. 狭距紫堇（中国高等植物图鉴补编）

Corydalis kokiana Hand.-Mazz. in Kaiserl. Akad. Wiss. Wien, Math.-Naturwiss. Kl., Denkschr. 57: 52. 1920.（英 **Narrowspur Corydalis**）

无毛草本，高 8–30 (–40) cm。须根棒状增粗。茎细弱，基部线形。基生叶少数，叶片轮廓卵形或近三角形，三回三出全裂至浅裂，末回裂片倒卵形至倒披针形；茎生叶 1–3 枚，与基生叶相同。总状花序有 12–30 花；苞片 3–7 深裂至全缘。花瓣蓝色，上花瓣长 1.5–1.8 cm，距圆筒形，与花瓣片近等长，下花瓣基部具小突起；蜜腺体贯穿距的 1/2；子房圆柱形，柱头双卵形。蒴果圆柱形，成熟时自果梗顶端俯垂。种子黑色。花果期 5–9 月。

分布与生境 产于四川和云南。生于海拔 3100–4200 (–4700) m 的林下、流石滩灌丛和草甸。

药用部位 全草。

功效应用 解暑退热，止血。用于传染病，感冒发热，疮疖，外伤。

狭距紫堇 **Corydalis kokiana** Hand.-Mazz.
引自《中国高等植物图鉴》

狭距紫堇 **Corydalis kokiana** Hand.-Mazz.
摄影：陈又生

20. 洛隆紫堇（云南植物研究） 拉萨黄堇（中国植物志）

Corydalis lhorongensis C. Y. Wu et H. Chuang in Acta Bot. Yunnan. 5(3): 245-246, pl. 2, f. 3-8. 1983.（英 **Lhorong Corydalis**）

灰绿色丛生草本，高 20–30 cm，具主根。茎下半部裸露。基生叶，具长柄，二回或近三回羽状全裂，末回裂片披针形。茎生叶与基生叶同形。花序总状或近伞房状，多花，较密集；苞片叶状，渐小；花污黄色，上花瓣长约 1 cm；距圆筒形，长 3–4 mm，蜜腺体约贯穿距长的 1/2；柱头扁四方形，浅而宽展，顶端 2 乳突，侧面具 2 枚不显的乳突。

分布与生境　产于西藏。生于海拔 4800 m 左右的高山草地。

药用部位　全草。

功效应用　清热。用于瘟病时疫，烧伤，热症。

21. 黑顶黄堇（云南植物研究） 省格色巴（青海藏语）

Corydalis nigroapiculata C. Y. Wu in Acta Bot. Yannan. 5(3): 246-247, pl. 3, f. 1-2. 1983.——*C. variicolor* C. Y. Wu（英 **Blacktop Corydalis**）

无毛草本，高 15–30 cm。须根多数，棒状增粗。茎 3–8，下部裸露，近基部线形。基生叶数枚，具长柄，叶片轮廓宽卵形，长 2–7 cm，三回羽状分裂；茎生叶与基生叶同形。总状花序生于茎和分枝顶端；苞片茎羽状分裂至披针形全缘。花瓣淡黄色，上花瓣长 1.7–2 cm，距圆筒形，长 0.6–0.8 cm；蜜腺体贯穿距的 2/5；子房狭椭圆形，柱头双卵形，具 8 个乳突。蒴果成熟时自果梗先端反折。种子近圆形。花果期 7–9 月。

分布与生境　产于青海、四川和西藏。生于海拔 3600–4200 m 的山坡林下、高山草甸或高山沼泽地。

药用部位　全草。

功效应用　祛风，解热止痛，利气止痛，活血散瘀，明目退翳。用于胃病，肠炎，溃疡，痢疾，肺结核咳喘，伤寒，跌打损伤，筋骨痛，流行性感冒，坐骨神经痛，烧伤及传染病热症。

注评 本种藏族药用，全草治瘟病时疫、火烧伤、热性病、黄疸性肝炎、肉食中毒、感冒发热、疮疖痈肿，根用于治跌打损伤、胸闷胀痛。

黑顶黄堇 **Corydalis nigroapiculata** C. Y. Wu
李锡畴　绘

22. 密穗黄堇（西藏植物名录）

Corydalis densispica C. Y. Wu in Acta Bot. Yannan. 5(3): 247-248, pl. 3, f. 5-6. 1983.（英 **Spicate Corydalis**）

无毛草本，高 20–40 cm。须根棒状增粗或纺锤状增粗，具长柄。茎 1–4 条，上部具叶，基部线形。基生叶 1–5 枚，叶柄细弱，长 6–8 (–20) cm，叶片轮廓宽卵形至近圆形，二至三回羽状分裂，末回裂片狭椭圆形至狭披针形，长 1–1.5 cm，先端钝，表面绿色，背面具白粉；茎生叶 1–5 枚，叶片轮廓宽卵形或三角形，其他同基生叶，但下向上渐小。总状花序 1–5。生于茎及分枝顶端，长 3–8 cm，有 15–50 花，排列密集；苞片下部者同上部茎生叶，至最上部者狭披针形，全缘或缺刻；花梗与苞片近等长；萼片小，边缘流苏状；花瓣黄色，上花瓣长 1.8–2 cm，花瓣片卵形，距圆筒形，长 1.2–1.3 cm，约占上花瓣长的 2/3，末端略下弯；蜜腺体贯穿距的 2/5；子房椭圆形，胚珠排成 2 列，柱头双卵形，上部具 2 乳突。蒴果椭圆形，成熟时自果梗基部反折。种子近圆形。花果期 6–8 月。

分布与生境　产于四川、云南和西藏。生于海拔 3200–4200 (–4600) m 的灌丛草甸或林下。

药用部位　全草。

功效应用　清热解毒，杀虫。用于高热，感冒发热，传染性热病；外用于顽癣，银屑病，疮毒，毒蛇咬伤。

注评　本种藏族药用，全草治血毒症、流行性感冒、发热、头痛、心热、肝热、传染性热病。

密穗黄堇 **Corydalis densispica** C. Y. Wu
李锡畴　绘

23. 察隅紫堇（西藏植物名录） 叭吓呷（察隅），抓桑（江达）

Corydalis tsayulensis C. Y. Wu et H. Chuang in Acta Bot. Yannan. 5(3): 253-254, pl. 1-6. 1983.（英 **Tsayu Corydalis**）

直立草本，高 40–50 cm。根未见。茎粗壮，下部裸露，基部渐狭。基生叶具柄，柄长约 20 cm，叶片轮廓卵形，长约 8 cm，三回羽状全裂，第一回裂片 3 对，对生，具柄，第二回裂片 2 对，近对生，具短柄，第三回裂片近无柄，不规则的深裂或浅裂，末回裂片狭椭圆形或狭倒卵形，背面密被乳突；茎生叶 3–4 枚，具短柄或近无柄，其他与基生叶相同，但较小。总状花序生于茎和分枝顶端，长约 8 cm，有约 20 花；侧生花序较少花，先密后疏；花淡蓝色，上花瓣长 1.8–2.2 cm，距圆筒形，长为花瓣片的 2 倍，略渐狭，末端圆，下花瓣中部稍缢缩，基部略呈囊状；蜜腺体贯穿距的 2/5；子房狭椭圆形，柱头双卵形。蒴果倒卵状长圆形，长约 1 cm，粗 3–4 mm，具 6–8 枚种子，排成 2 列。种子近圆形，黑色，具光泽。花果期 6–8 月。

分布与生境 产于西藏。生于海拔 3700–4100 m 的草丛中或林缘。

药用部位 全草。

功效应用 清热解毒，消炎止血。

察隅紫堇 **Corydalis tsayulensis** C. Y. Wu et H. Chuang
肖溶 绘

24. 甘草叶紫堇（云南植物研究） 甜叶紫堇（中国高等植物图鉴补编）

Corydalis glycyphyllos Fedde in Repert. Spec. Nov. Regni Veg. 20(577-580): 354-355, pl. 8A. 1924.（英 **Sweatleaf Corydalis**）

多年生草本，高 10–20 cm。须根多数成簇，棒状增粗。茎单 1，下部裸露变细。茎生叶 2 枚，叶片厚，轮廓长圆形，二回羽状分裂。总状花序顶生，密集多花。花瓣紫色（稀白色），上花瓣长 2–2.5 cm，距圆筒形，与花瓣片近等长，下花瓣舟状长圆形，下部呈囊状；蜜腺体贯穿距的 1/2；子房灰绿色，狭椭圆形，柱头绿色，双卵形，具 8 个乳突。花果期 6–9 月。

分布与生境 产于四川。生于海拔 4400–5100 m 的高山草甸或流石滩。

药用部位 全草。

功效应用 用于流行性感冒发热，头痛。

甘草叶紫堇 **Corydalis glycyphyllos** Fedde
引自《中国高等植物图鉴》

25. 粗糙黄堇（中国高等植物图鉴补编） 多勒什、勒巴（川西藏语），粗毛黄堇（西藏植物名录）

Corydalis scaberula Maxim., Fl. Tangut. 1: 40, t. 24: 1-11. 1889.（英 **Scabrate Corydalis**）

多年生草本，高 8–15 cm。须根成簇，棒状增粗。茎 1–4 条，上部具叶，下部裸露，基部线形。基生叶少数，叶柄长 5–11 cm，叶片轮廓卵形，长 2–6 cm，宽 1.5–4 cm，三回羽状分裂，第一回裂片 4 对，下部者具柄，上部者具短柄或近无柄，第二回羽状深裂至浅裂，第三回裂片下部者 2–3 浅裂，上部者全缘；茎生叶通常 2 枚，近对生于茎的上部，具短柄，叶片轮廓长圆形，长 3–8 cm，宽 1–2 cm，其他与基生叶相同。总状花序长 2.5–5 cm，密集多花；苞片菱形，下半部楔形全缘，上半部扇状条裂，边缘具软骨质的糙毛；花梗细，短于苞片；花瓣淡黄带紫色，开放后橙黄色，上花瓣长 1.5–2 cm，距圆筒形，略短于瓣片；子房椭圆形，具 2 列胚珠，柱头近肾形。蒴果长圆形，长约 0.8 cm，种子排成 2 列。种子圆形，直径约 1.5 mm。花果期 6–9 月。

分布与生境 产于青海、四川和西藏。生于海拔 (3500–) 4000–5600 m 的高山草甸或流石滩。

药用部位 全草。

功效应用 清热解毒。用于流行性感冒，发热，头晕，头痛，咳嗽，咽喉肿痛。

化学成分 全草含黄酮类：槲皮素(quercetin)，芦丁(rutin)，槲皮素-3-*O*-*β*-D-葡萄糖苷(quercetin-3-*O*-*β*-D-glucoside)，山柰酚-3-*O*-*β*-D-葡萄糖苷(kaempferol-3-*O*-*β*-D-glucoside)，异鼠李素-3-*O*-*β*-D-吡喃葡萄糖苷(isorhamnetin-3-*O*-*β*-D-glucopyranoside)[1]；甾体类：*β*-谷甾醇，胡萝卜苷[1]。

注评 本种为部颁药品标准·藏药（1995 年版）收载“黄堇”的基源植物，药用其干燥全草。藏族用全草治热性病、肝病、脉病、血热、高血压、流行性感冒、头痛、发热、瘫痪、跌打损伤等症，用块根治发热、流行性感冒。

粗糙黄堇 **Corydalis scaberula** Maxim.
引自《中国高等植物图鉴》

粗糙黄堇 **Corydalis scaberula** Maxim.
摄影：陈又生

化学成分参考文献

[1] 吕芳，等．中草药，2007, 35(7): 990-991.

组9. 曲花紫堇组 Sect. Rapiferae C. Y. Wu et H. Chuang

须根多数成簇，中部或末端纺锤状肉质增粗。茎常不分枝，下部无叶，基部渐狭成丝状。基生叶少数，具长柄，叶片常凋存，掌状或羽状分裂，一回至多回，稀三出；茎生叶少数。生于茎上部，具短柄或无柄，叶片与基生叶相似，稀全缘。总状花序顶生，倾向少花，有时伞房状；苞片羽状分裂至全缘。花多为黄色，较少蓝色或紫色；柱头 2 裂，裂片卵形，通常上下各具 1 乳突或仅上端有 1 乳突，稀 6–8 乳突。

本组有 42 种 5 亚种和 3 变种，集中分布于横断山区高山带，其中 10 种 2 变种可药用。

分种检索表

1. 茎生叶掌状分裂或稀三回羽状分裂，绝不一回奇数羽状分裂。
  2. 茎生叶一回掌状分裂；花多为蓝色，下花瓣常具爪，稀呈浅囊状。
    3. 根狭纺锤状圆柱形，无柄；苞片最下部者 3–5 全裂，其余不分裂；花黄色……………………………26. **金雀花黄堇 C. cytisiflora**
    3. 根纺锤状或狭纺锤状，具柄。
      4. 根呈极狭的纺锤状；茎生叶 1–4 枚，无柄或近无柄，叶片不反折，裂片线形至披针形；花序较长，不呈伞房状……………………………27. **曲花紫堇 C. curviflora**
      4. 根肉质增粗，纺锤状；茎生叶 1 枚，有长 0.5–2 cm 的柄，叶片反折，3 全裂，裂片倒卵形、卵形至狭卵形，全缘，稀中裂片 2–3 浅裂；花序长 1.5–2 cm，仅 2–6 花，呈伞房状；苞片明显长于花梗……………………………28. **三裂紫堇 C. trifoliata**
  2. 茎生叶二至三回三出分裂或稀三回羽状分裂；花瓣蓝色。
    5. 下花瓣基部具 1 小距；苞片长于花梗……………………………29. **小距紫堇 C. appendiculata**
    5. 下花瓣基部无小距；苞片与花梗近等长……………………………30. **直梗紫堇 C. balfouriana**
1. 茎生叶一回奇数羽状分裂，稀最下部裂片再次分裂。
  6. 花较大，上花瓣长 2–2.5 cm，鸡冠状突起高 2.5–3 cm……………………………31. **扇苞黄堇 C. rheinbabeniana**
  6. 花较小，上花瓣长不逾 1.9 cm，鸡冠状突起矮；下部苞片分裂；纺锤根具柄。
    7. 总状花序顶生和腋生；茎生叶裂片 4–6 对；柱头 8 乳突……………………………35. **远志黄堇 C. polygalina**
    7. 总状花序顶生；茎生叶裂片 2–3 对；柱头 2 乳突。
      8. 下部苞片掌状 3–5 裂；上花瓣长 1–1.5 cm，鸡冠状突起高 1–1.5 mm……………32. **粗距紫堇 C. eugeniae**
      8. 下部苞片羽状分裂；上花瓣长 1.6–1.9 cm，鸡冠状突起高约 2 mm。
        9. 距比瓣片长；蒴果长圆形，长约 1.2 cm，粗约 2 mm；叶裂片线形……33. **条裂黄堇 C. linarioides**
        9. 距与瓣片近等长；蒴果狭倒卵形，长约 1 cm，粗 3–4 mm；叶裂片线状披针形……………………………34. **苍山黄堇 C. delavayi**

26. 金雀花黄堇（中国植物志）

Corydalis cytisiflora (Fedde) Lidén, Fl. Reipubl. Popularis Sin. 32: 219. 1999.——*C. curviflora* Maxim. var. *cytisiflora* Fedde

直立草本，高 15–40 (–60) cm。须根狭纺锤状。茎基部变细。基生叶 2–8 枚，具长柄，叶片轮廓近圆形或肾形，3 全裂，小裂片倒卵状长圆形或倒卵形；茎生叶掌状 5–9 全裂。总状花序顶生，有 10–20 花或更多，排列密集；花瓣黄色，上花瓣长 1.7–2 cm，距圆筒形，粗壮；蜜腺体贯穿距的 3/5；子房线形，柱头双卵形，具 6 个乳突。蒴果线形，成熟时自果梗先端反折。种子近圆形。花果期 5–7 月。

分布与生境　产于甘肃和四川。生于海拔 2600–4000 (–4500) m 的山坡林下、灌丛下或草丛中。

药用部位 全草。

功效应用 活血散瘀，清热解毒，利胆，止血，止痛。用于淤血作痛，月经过多，血滞痛经，衄血，湿热黄疸，热病。

金雀花黄堇 **Corydalis cytisiflora** (Fedde) Lidén
摄影：陈又生

27. 曲花紫堇（中国高等植物图鉴） 洛阳花（四川）

Corydalis curviflora Maxim. in J. Linn. Soc., Bot. 23. 37. 1886.（英 **Curvedflower Corydalis**）

27a. 曲花紫堇（模式亚种）

Corydalis curviflora Maxim. subsp. **curviflora**

无毛草本，高 7–25 (–50) cm。须根多数，肉质增粗，有时粗线形，具细长柄。茎不分枝，下部裸露，基部丝状。基生叶少数，具长柄，叶片轮廓圆形或肾形，3 全裂，全裂片 2–3 深裂，有时指状全裂，裂片线状长圆形至倒卵形；茎生叶 1–4 枚，疏离，互生，掌状全裂，裂片宽线形或狭倒披针形。总状花序顶生或稀腋生，长 2.5–12 cm；苞片狭卵形，全缘，稀最下部者 3–5 深裂；萼片小，常早落；花瓣淡蓝色、淡紫色或紫红色，上花瓣长 1.2–1.4 cm，背部鸡冠状突起高 0.5–1.5 mm，距圆筒形，粗壮，长 5–6 mm，末端略渐狭并向上弯曲，下花瓣背部鸡冠状突起较矮；蜜腺体贯穿距的 1/2；子房线状长圆形，具 2 列胚珠，柱头 2 裂，具 6 个乳突。蒴果线状长圆形，绿色转褐红色，成熟时自果梗先端反折。种子近圆形，黑色，具光泽。花果期 5–8 月。

分布与生境 产于宁夏、甘肃和青海。生于海拔 2400–3900 (–4600) m 的山坡云杉林下、灌丛下或草丛中。

药用部位 全草。

功效应用 活血散瘀，清热解毒，利胆，止血，止痛。用于淤血作痛，高热，湿热黄疸，衄血，月经过多，血滞痛经。

注评 本种藏族用全草治血滞痛经。

曲花紫堇 **Corydalis curviflora** Maxim. subsp. **curviflora**
引自《中国高等植物图鉴》

曲花紫堇 **Corydalis curviflora** Maxim. subsp. **curviflora**
摄影：陈又生

27b. 具爪曲花紫堇（亚种） 弯花紫堇（中国中药资源志要）

Corydalis curviflora Maxim. subsp. **rosthornii** (Fedde) C. Y. Wu, Fl. Reipubl. Popularis Sin. 32:221. 1999.——*C. curviflora* Maxim. var. *rosthornii* Fedde（英 **Rosthorn Curvedflower Corydalis**）

与模式亚种的区别在于植株较粗壮，花序密集多花，上花瓣长约 1 cm，距与花瓣片近等长，外花瓣鸡冠高约 2 mm，超出花瓣片先端并延长至距末，瓣片边缘具锯齿，下花瓣明显具爪。

分布与生境 产于四川，海拔 3000–4000 m。

药用部位 全草。

功效应用 清热解毒，活血散瘀，凉血止血，止痛。用于淤血作痛，血滞痛经，月经不调，衄血。

注评 本种藏族用全草治血滞经痛。

具爪曲花紫堇 **Corydalis curviflora** Maxim. subsp. **rosthornii** (Fedde) C. Y. Wu
摄影：高贤明

28. 三裂紫堇（中国高等植物图鉴）

Corydalis trifoliata Franch. in Bull. Soc. Bot. France. 33: 392. 1886.（英 **Trifoliolate Corydalis**）

无毛草本，高 15–32 cm。须根多数，纺锤状。茎纤细，大部裸露，基部变细。基生叶 1–2 枚，叶柄纤细，叶片轮廓三角形，长 0.5–2.5 cm，3 全裂，全裂片倒卵状楔形；茎生叶 1 枚。总状花序顶生，近伞房状；花瓣蓝色，上花瓣长 1.2–2 cm，距圆筒形，长 0.7–1 cm；柱头双卵形，具 8 个小乳突。蒴果狭长圆形，长 1–1.2 cm。种子小。花果期 7–9 月。

分布与生境 产于云南和西藏。生于海拔 3000–4300 m 的杜鹃灌丛、高山草甸或山坡砾石缝中。缅甸北部、不丹、印度（锡金）和尼泊尔有分布。

药用部位 全草。

功效应用 清热解毒。用于感冒发热，伤寒，心热，肝热，传染性热病。

化学成分 块茎含生物碱类：紫堇碱(corydaline)，木瓣树宁▲(xylopinine)，金罂粟碱(stylopine)，原阿片碱(protopine)，氧化伪掌叶防己碱(oxypseudopalmatine)，四氢掌叶防己碱(tetrahydropalmatine)，表小檗碱(epiberberine)，掌叶防己碱(palmatine)，氧代海罂粟碱(oxoglaucine)，海罂粟碱(glaucine)，小檗碱(berberine)，伪去氢紫堇碱(pseudodehydrocorydaline)，伪黄连碱(pseudocoptisine)，氧代海罂粟达林碱(oxoglaucidaline)，伪小檗碱(pseudoberberine)，黄紫堇钦碱(corytenchine)[1]，去氢紫堇碱(dehydrocorydaline)，黄连碱(copstisine)[2]，*l*-四氢非洲防己碱(*l*-tetrahydrocolumbamine)[3]，齿瓣延胡索碱(corymotine)[4]；倍半萜类：去氢木香内酯(dehydrocostus lactone)，广木香内酯(costunolide)[2]。

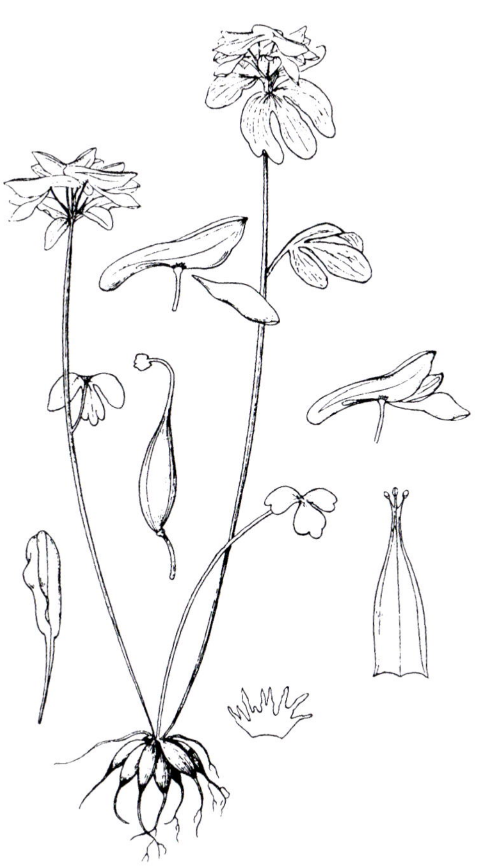

三裂紫堇 **Corydalis trifoliata** Franch.
李锡畴 绘

注评 本种白族、藏族药用，白族用根、全草治中暑头痛、腹痛、尿痛、肺结核咯血、化脓性中耳炎、脱肛、疮疡肿毒、蛇咬伤；藏族也药用，全草治心热、肝热、传染性热病、感冒发热。

化学成分参考文献

[1] Hung TM, et al. *J Ethnopharmacol*, 2008, 119(1): 74-80.
[2] Wu TS, et al. *J Chin Chem Soc*, 1997, 44(3): 357-359.
[3] 朱大元，等 . 化学学报，1981, 39(3): 280-283.
[4] Fu XY, et al. *J Nat Prod*, 1988, 51(2): 262-264.

29. 小距紫堇（中国高等植物图鉴补编）

Corydalis appendiculata Hand.-Mazz., Symb. Sin. 7(2): 349-350. 1931.（英 **Appendiculate Corydalis**）

无毛草本，常多数丛生，高 15–30 cm。须根多数成簇，纺锤形至长圆状肉质增粗，粗 3–5 mm，具长短不等的柄。茎 1–7 条，上部具叶，下部裸露，基部变细。基生叶 2–5 枚，叶柄纤细，长 4–11 cm，叶片轮廓圆形，二回三出羽状分裂，小裂片倒卵形，长 5–10 mm；茎生叶 1–3 枚，小裂片披针形至线形，其他同基生叶。总状花序顶生，长 4–10 cm，多花，排列疏松；苞片下部者与茎生叶同形，向上裂片渐减，至最上部者披针形具齿；花瓣天蓝色，上花瓣长 1.5–2 cm，花瓣片卵形，背部具鸡冠状突起，距圆筒形，与花瓣片近等长或稍较长，下花瓣基部具 1 下垂小距；子房长圆形，花柱细，柱头双卵形，上端具 4 乳突，基部两侧各具 1 乳突。蒴果线状长圆形，长 7–10 mm，果梗自基部下弯。种子数枚，近圆形。花果期 6–9 月。

分布与生境 产于四川和云南。生于海拔 2700–4100 m 的林下、灌丛下、草坡或有时流石滩。

药用部位 根，全草。

功效应用 根：凉血止血，散瘀，麻醉。用于月经不调，行经腹痛，经闭，崩漏带下，外伤出血，淤血疼痛。全草：止血。

小距紫堇 **Corydalis appendiculata** Hand.-Mazz.
引自《中国高等植物图鉴》

小距紫堇 **Corydalis appendiculata** Hand.-Mazz.
摄影：朱大海

注评　本种藏族药用，用全草治各种出血症。本品曾误用“雪山一枝蒿”“小草乌”之名，应注意与毛茛科乌头属多种有毒植物的块根相区别。

30. 直梗紫堇（中国植物志）　苍山紫堇（云南）

Corydalis balfouriana Diels in Notes Roy. Bot. Gard. Edinburgh. 5(25): 254-255. 1912.（英 **Balfour Corydalis**）

直立草本。须根多数成簇，纺锤状肉质增粗。茎下部裸露，基部变线形。基生叶 1–2 枚，叶柄长 4–8 cm，叶片轮廓近圆形或肾形，3 全裂，全裂片先端 5–7 浅裂，被雪茄状毛；茎生叶无柄或具短柄，3 全裂，似基生叶。总状花序顶生，长 4–8 cm，有 9–20 花；花瓣蓝色，上花瓣长 1.1–1.3 cm，距圆筒形，粗壮，比花瓣片短或近等长；子房长圆状线形，柱头双卵形，上端具 2 乳突。花期 5–8 月。

分布与生境　产于云南。生于海拔 2000–3700 m 的山顶疏林下或灌丛草坡。

药用部位　全草。

功效应用　清热。用于感冒，传染病，热病，潜伏热症，宿热。

注评　本种藏族药用，用其全草治热病、败血症、流行性感冒、伤寒、创伤感染。

31. 扇苞黄堇（中国高等植物图鉴补编）　甲打色尔娃、甲打白歪（藏语）

Corydalis rheinbabeniana Fedde in Repert. Spec. Nov. Regni Veg. 20(6-21): 294-295. 1924.
（英 **Fanshaped-bract Corydalis**）

无毛草本，高 20–40 cm。须根多数成簇，纺锤状肉质增粗，长 1–1.5 cm。茎 1–3 条，下部裸露，基部丝状。基生叶不详。茎生叶 2–5 枚，互生于茎上部，具极短柄或近无柄，叶片轮廓宽卵形至近圆形，长 2–8 cm，一回奇数羽状全裂，全裂片 2–4 对，狭披针形。总状花序顶生，长达 10 cm，密集多花；苞片扇形，下部者二回羽状深裂，向上渐小，至最上部者披针形具缺刻，边缘及沿背脉被小刺毛。萼片鳞片状，白色；花瓣黄色，上花瓣呈“S”形，长 2–2.3 cm，花瓣片卵形，背部鸡冠状突起高 2.5–3 mm，距圆筒形，约占上花瓣长的 3/5，末端下弯；蜜腺体贯穿距的 2/3；子房椭圆形，柱头

4裂，上端具4乳突，两侧各具1乳突，基部两侧圆锥状下延。蒴果狭倒卵形，长0.8–1 cm，成熟时自果梗基部反折，排列于果轴一侧。种子肾状圆形。花果期6–9月。

分布与生境 产于甘肃和四川。生于海拔3500–4100 m的灌丛下或草坡。

药用部位 根状茎。

功效应用 活血镇痛，行气消肿，散瘀，凉血解毒。用于各种疼痛。

注评 本种藏族药用，全草治心热、肝热、传染性热病、感冒发热。

扇苞黄堇 **Corydalis rheinbabeniana** Fedde
引自《中国高等植物图鉴》

32. 粗距紫堇（云南植物研究） 康定紫堇（云南植物研究）

Corydalis eugeniae Fedde in Repert. Spec. Nov. Regni Veg. 12(336-340): 501. 1913.

32a. 粗距紫堇（模式亚种）

Corydalis eugeniae Fedde subsp. **eugeniae**

直立草本，高15–35 cm。须根狭纺锤状增粗。茎单1，基部丝状。基生叶1枚，叶柄长8–12 cm，叶片三回三出分裂，小裂片线状披针形；茎生叶一回奇数羽状全裂。总状花序多花；花瓣黄色，上花瓣长1.2–1.5 cm，距圆筒形；蜜腺体贯穿距的2/3；子房线形，柱头2浅裂。花期6–7月。

分布与生境 产于四川。生于海拔3400–4500 m的高山灌丛或草坡。

药用部位 根。

功效应用 用于治疗流行性感冒，传染病发热。

粗距紫堇 **Corydalis eugeniae** Fedde subsp. **eugeniae**
肖溶 绘

32b. 裂苞粗距紫堇（亚种）

Corydalis eugeniae Fedde subsp. **fissibracteata** (Fedde) Lidén ex C. Y. Wu, H. Chuang et Z. Y. Su in Fl. Reip. Pl. Sin. 32: 251. 1999.——*C. linarioides* Maxim. var. *fissibracteata* Fedde

与原亚种的区别是茎生叶裂片较多；苞片全部分裂，至最上部者羽状浅裂或 3 浅裂；外花瓣先端渐尖；距较长，有时下弯。

分布与生境 产于四川。生于海拔 3400–4500 米的灌丛下。

药用部位 全草。

功效应用 活血散瘀，祛风除湿，消肿止痛，用于风湿疼痛，跌打损伤，劳伤扭伤，皮肤瘙痒。

33. 条裂黄堇（中国高等植物图鉴） 铁棒锤（陕西），铜锤紫堇（秦岭植物志），甲打色尔娃（青海藏药名），铜棒锤（新华本草纲要）

Corydalis linarioides Maxim. in Mélanges Biol. Bull. Phys.-Math. Acad. Imp. Sci. Saint-Pétersbourg 10: 45. 1887.（英 **Linearsegmented Corydalis**）

直立草本，高 25–50 cm。须根多数成簇，纺锤状肉质增粗，长达 6 cm。茎通常不分枝，下部裸露，基部变线形。基生叶少数，叶柄长达 14 cm，基部变线形，叶片轮廓近圆形，长约 4 cm，二回羽状分裂，小裂片线形，背面具白粉，有时与茎生叶同形；茎生叶通常 2–3 枚，互生于茎上部，无柄，叶片一回奇数羽状全裂，全裂片 3 对，线形，长 3–6 cm，全缘。总状花序顶生，多花，花时密集，果时稀疏；苞片羽状分裂至线形；花瓣黄色，上花瓣长 1.6–1.9 cm，花瓣片舟状卵形，背部鸡冠状突起高约 2 mm，距圆筒形，长 0.9–1.1 cm；蜜腺体贯穿距的 1/2；子房狭椭圆状线形，柱头双卵形，上端具 2 乳突。蒴果长圆形，长约 1.2 cm 成熟时自果梗基部反折。种子径约 1.5 mm，黑色。花果期 6–9 月。

分布与生境 产于陕西、宁夏、甘肃、青海、四川、西藏。生于海拔 2100–4000 (–4700) m 的林下、林缘、灌丛下、草坡或石缝中。

条裂黄堇 **Corydalis linarioides** Maxim.
吴锡麟　绘

条裂黄堇 **Corydalis linarioides** Maxim.
摄影：叶喜阳

药用部位　全草、块根。

功效应用　消肿止痛，祛风除湿，活血散瘀，止痒。用于风湿痛，关节痛，屈伸不利，拘挛肢麻，劳伤，跌打损伤，皮肤瘙痒，湿疹。

化学成分　全草含生物碱类：紫堇灵(corynoline)，*d*-山缘草碱(*d*-adlumine)，原阿片碱(protopine)，紫堇米定碱(corlumidine)[1]。

注评　本种藏族药用，全草治瘟病时疫、火烧伤、跌打损伤、风湿疼痛、劳伤扭伤、皮肤风痒。

化学成分参考文献

[1] 方起程, 等. 药学学报, 1981, 16(10): 798-800.

34. 苍山黄堇（中国高等植物图鉴） 丽江紫堇（中国高等植物图鉴补编），马尾黄连（云南）

Corydalis delavayi Franch. in Nouv. Arch. Mus. Hist. Nat., sér. 2, 8: 198 1886.（英 **Delavay Corydalis**）

无毛草本，高 20–38 cm。须根多数，纺锤状，具细柄。茎 1–10 条，上部具叶，基部变线形。基生叶少数，叶柄长 5–15 cm，叶片轮廓圆形或宽卵形，长 2–5 cm，3 全裂，全裂片具柄，再次 3 深裂，深裂片 2 或 3 浅裂，小裂片狭倒卵形或条状披针形，先端具尖头，表面绿色，背面具白粉；茎生叶 2–4 枚，叶片轮廓宽卵形，一回奇数羽状分裂，其他同基生叶。总状花序顶生，长 4–13 cm，有 10–20 花，稀疏；苞片同上部茎生叶至披针形全缘。萼片小；花瓣黄色，上花瓣长 1.6–1.8 cm，距圆筒形，与花瓣片近等长，平伸，末端略下弯；子房狭卵形，柱头双卵形，上端具 2 乳突。蒴果狭倒卵形，成熟时自果梗基部反折。种子肾状圆形。花果期 6–9 月。

苍山黄堇 **Corydalis delavayi** Franch.
引自《中国高等植物图鉴》

分布与生境　产于四川和云南。生于海拔 3000–4600 m 的石灰岩高山灌丛、草甸或流石滩。

药用部位　全草，根状茎。

功效应用　清热解毒，镇静镇痛。用于肝炎，热性传染病，坏血病；外用于跌打损伤，骨折，疮痈，疖肿，毒蛇咬伤。

化学成分　全草含生物碱类：原阿片碱(protopine)，紫堇文碱(corycavine)，紫堇灵(corynoline)，(+)-乙酰紫堇灵[(+)-acetylcorynoline][1]，6-丙酮基-紫堇灵(6-acetonyl-corynoline)[2]。

注评　本种藏族药用，全草治各种出血。

化学成分参考文献

[1] 罗士德，等. 云南植物研究，1981, 3(2): 185-188.
[2] 罗士德，等. 云南植物研究，1982, 4(1): 69-70.

35. 远志黄堇（西藏植物名录） 介巴铜达（西藏）

Corydalis polygalina Hook. f. et Thomson, Fl. Ind. 1: 263. 1855.（英 **Milkwort Corydalis**）

无毛草本，高 10–40 cm。根长，渐狭，明显具柄。茎通常分枝或不分枝，上部具叶，下部裸露，基部变细。基生叶羽状分裂，裂片 2–3 对，下部裂片 3 深裂；茎生叶 2–4 枚，互生于茎上部，近无柄，叶片轮廓宽卵形，长 3–6 cm，一回奇数羽状全裂，全裂片疏离，线形。总状花序顶生和腋生，长

3–4 cm，果时延长，有 8–15 花；苞片最下部者羽状 3–5 裂，向上裂片渐减，最上部者披针形全缘；花梗通常比苞片长；花瓣黄色，具暗紫色的斑点或紫色，上花瓣长 1.4–1.6 cm，背部具淡绿色的矮鸡冠状突起，距圆筒形，与花瓣片近等长或略长，下花瓣鸡冠同上瓣；蜜腺体贯穿距的 1/2；子房狭椭圆形，柱头双卵形，上端具 2 乳突，两侧各具 3 乳突。蒴果长圆形或狭倒卵形，长 5–10 mm，成熟时自果梗基部反折，排列于果轴一侧。花果期 6–8 月。

分布与生境　产于西藏。生于海拔 4400–4900 m 的山坡、山顶灌丛或石缝中。不丹、印度（锡金）和尼泊尔东部有分布。

药用部位　全草。

功效应用　清热解毒，止血，收敛。用于刀、枪伤，疮疖，咯血，吐血，衄血，其他内外出血。

注评　本种藏族药用，全草治各种外伤出血。

组10. 鳞茎紫堇组 Sect. **Oreocapnos** M. Popov ex C. Y. Wu et H. Chuang

纤细小草本，无毛。须根多数簇生，纺锤状或棒状肉质增粗，或为不增粗的纤维状；根状茎缩短，具鳞茎；鳞片数枚，覆瓦状排列，外部鳞片膜质，内部鳞片肉质。茎发自鳞片腋内，不分枝，裸露，基部渐狭成丝状。基生叶少数，具长柄，叶片通常三出分裂；茎生叶无或极少。花蓝色，通常 2–8 (–15) 朵组成顶生的短伞房花序或总状花序；苞片全缘或稀分裂。蒴果线形至卵形，成熟时常自果梗先端反折。柱头多为双卵形或扁长方形，2 裂，每裂片通常有 3–4 个乳突，稀仅上方 1 乳突。

共 16 种 1 亚种。尼泊尔有 2 种，印度西北部和克什米尔各 1 种，不丹、印度（锡金）各产 3 种；我国产 10 种 1 亚种，5 种可药用。

分种检索表

1. 须根棒状增粗。
  2. 苞片明显短于花梗，指状全裂，裂片近线形……………………38. **美丽紫堇 C. adrienii**
  2. 苞片明显长过花梗。
    3. 鳞茎较小，鳞片长 5–7 mm；苞片全缘或上端浅圆裂；蜜腺体贯穿距的 3/5……36. **杂多紫堇 C. zadoiensis**
    3. 鳞茎较大，鳞片长约 15 mm；苞片指状全裂，裂片多数……………37. **暗绿紫堇 C. melanochlora**
1. 须根纺锤状增粗。
  4. 茎生叶仅 1 枚，叶末回裂片较窄，0.5–1 mm 宽；蜜腺体贯穿距的 2/3……………39. **无冠紫堇 C. ecristata**
  4. 茎生叶仅 1 枚，叶末回裂片较宽，1–3 mm 宽；蜜腺体贯穿距的 1/2–2/3……………………………………40. **克什米尔紫堇 C. cashmeriana**

36. 杂多紫堇（植物分类学报）

Corydalis zadoiensis L. H. Zhou in Acta Phytotax. Sin. 20(1): 111. 1982.（英 **Zadoi Corydalis**）

无毛草本，高 7–12 cm。须根棒状肉质增粗。根状茎短，具小鳞茎。茎近基部线形，不分枝。基生叶 5–7 枚，叶片轮廓近圆形，具长柄，直径 1.5–2.5 cm，二回三出全裂。总状花序生于茎顶端，有 8–12 花，排列密集；花瓣紫红色或蓝色，上花瓣长 1.5–1.8 cm，距圆筒形，与花瓣片近等长或较短，下花瓣，下部呈囊状；蜜腺体贯穿距的 3/5；柱头双卵形，先端具 2 乳突。花期 7 月前后。

分布与生境　产于青海。生于海拔 4200–5000 m 的高山流石滩。

药用部位　全草。

功效应用　清热。用于瘟病时疫，火烧伤，热症。

杂多紫堇 **Corydalis zadoiensis** L. H. Zhou
吴锡麟 绘

37. 暗绿紫堇（中国高等植物图鉴） 麦强日（热）尔瓦、银周色尔瓦（青海藏语）

Corydalis melanochlora Maxim. in Mélanges Biol. Bull. Phys.-Math. Acad. Imp. Sci. Saint-Pétersbourg 10: 43. 1877.（英 **Darkgreen Corydalis**）

无毛草本，高 5–18 cm。须根多数成簇，棒状肉质增粗，长达 6 cm。根状茎短，具鳞茎；鳞片数枚，肉质。茎不分枝，下部裸露，基部线形。基生叶 2–4 枚，叶柄长达 10 cm，叶片轮廓卵形或狭卵形，长 2–3.5 cm，三回羽状全裂，小裂片不等的 2–3 浅裂，披针形或宽线形；茎生叶 2 枚。生于茎上部，通常近对生，具短柄或无柄，其他与基生叶相同。总状花序顶生，有 4–8 花，密集近于伞形；苞片指状全裂，裂片狭倒披针形。花瓣天蓝色，上花瓣长 2–2.5 cm，花瓣片舟状卵形，背部具鸡冠状突起，距圆筒形，长 1.3–1.5 cm，末端钝，略下弯；子房线形，花柱细，柱头近肾形，先端具 6 乳突。蒴果椭圆形，具 5–6 枚种子，成熟时自果梗先端反折。花果期 6–9 月。

分布与生境 产于甘肃、青海、四川。生于海拔 (2850–) 3900–4500 (–5500) m 的高山草甸或流石滩。

药用部位 全草。

功效应用 清热解毒，抗菌，镇静，利胆。用于流行性感冒发热，口干苦，两肋不舒，心烦，胃病，肠炎，溃疡，痢疾，肺结核咳嗽，伤寒，跌打损伤，筋骨痛，坐骨神经痛，烧伤。

化学成分 全草含生物碱类：乙酰紫堇灵(acetylcorynoline)，紫堇灵(corynoline)[1]。

注评 本种藏族药用，为藏药“当日丝哇”之一种，全草治热病、败血症、流行性感冒、伤寒、创伤感染、瘟病时疫、火烧伤，外敷治疮疖肿痛。《晶珠本草》称：本品花蓝紫色或蓝色带有斑点，生长于雪线以上者称“嘎吾丝浓”，列为上品。

药用部位　全草、根。

功效应用　清热解毒，消炎。用于痈疖疮肿，毒蛇咬伤，血热病，脉热病，热性病，热性传染病，坏血病。

注评　本种藏族药用，全草治高山多血症、热性腹症、热性腹泻、脉管炎、大小肠热病、血病。

多叶紫堇 **Corydalis polyphylla** Hand.-Mazz.
引自《中国高等植物图鉴》

组12. 宽花紫堇组 Sect. Latiflorae C. Y. Wu et Z. Y. Su

高山草本。茎下半部裸露。叶柄通常扁化。总状花序伞形或伞房状；苞片扇形至楔形分裂；花宽展，通常初期近于直立，后渐斜至平展；外花瓣常具高而延伸至距中部或末端的鸡冠状突起；下花瓣瓣片近爪常下弯。蒴果椭圆形，卵圆形或倒卵形，常自顶端钩状下弯的果梗俯垂或随弯曲的果梗下弯。

约 8 种，集中分布于喜马拉雅高海拔地区。我国产 5 种，1 亚种，1 变种，集中分布于西藏南部和中部，2 种可药用。

分种检索表

1. 外花瓣无鸡冠状突起……………………………………………42. **稀花黄堇 C. dubia**
1. 外花瓣具宽而全缘的鸡冠状突起，距粗短……………………43. **细叶黄堇 C. meifolia**

42. 稀花黄堇（西藏植物志）

Corydalis dubia Prain in J. Asiat. Soc. Bengal 65(2): 36. 1896.（英 **Laxity-hair Corydalis**）

多年生草本，高 10–15 cm。根圆柱形或纺锤形；根状茎散生鳞片。茎生叶二枚以上，最下的一对对生，叶片卵圆形，长 6–7 cm，3–4 回羽状全裂，末回羽片三深裂，裂片线形。总状花序伞房状，具 5–10 花；花黄白色至污黄色，直立，距常埋藏于苞片中；萼片扇形；上花瓣长 2–2.5 cm；距稍长至长于瓣片的一倍，末端稍下弯；蜜腺体约占距长的 2/3；柱头近四方形，2 叉状分裂，具 8 乳突。蒴果倒卵形，成熟时自果梗顶端多少下弯。

分布与生境　产于西藏。生于海拔 4800–5000 m 的高山多石地。

药用部位　全草。

功效应用　清热解毒。用于血热，肝炎，神经性发热，子宫出血，月经不调，疝痛，关节炎。

化学成分　全草含生物碱类：稀花紫堇碱▲(dubiamine)，原阿片碱(protopine)，斯氏紫堇碱(scoulerine)，碎叶紫堇碱(cheilanthifoline)，比枯枯灵碱(bicuculline)，咖诺定(capnoidine)，夏天无宾碱▲(corydecumbine)，白毛茛碱(hydrastine)[1]。

化学成分参考文献

[1] Wangchuk P, et al. *J Ethnopharmacol*, 2012, 143(1): 310-313.

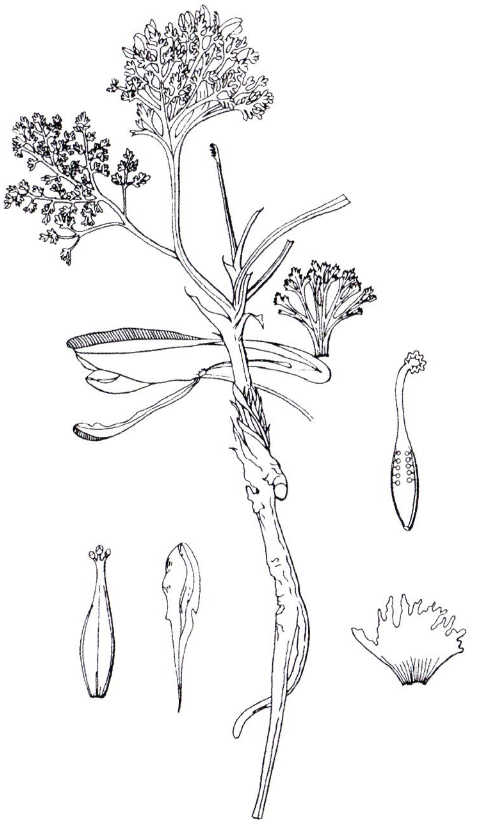

稀花黄堇 **Corydalis dubia** Prain
李锡畴　绘

43. 细叶黄堇（西藏植物志） 寸冬欧需（藏语）

Corydalis meifolia Wall., Tent. Fl. Napal. 52, t. 41. 1824.（英 **Narrow-leaf Corydalis**）

多年生灰绿色草本，多少具白粉，高 15–30 (–45) cm。根粗长，常扭曲。茎下部裸露，中部以上具叶。基生叶稍短于茎，具长柄；叶柄多少扁平，基部鞘状宽展；叶片卵圆形或披针形，三回羽状全裂；末回羽片线形，宽 1 mm。茎生叶与基生叶同形，向上渐具短柄。总状花序具 15–20 (–35) 花，伞房状，长 3–5 cm；苞片扇形，羽状深裂至栉齿状分裂，约与花梗等长或稍短；花梗果期钩状下弯；花黄色或橘黄色，顶端带紫色，宽展；上花瓣长 1.2–1.8 cm，渐尖，鸡冠状突起半圆形；距粗短，约占花瓣全长的 1/3，宽 2.5–3 mm；下花瓣具半圆形鸡冠状突起，基部多少呈囊状；柱头近扁四方形，顶端下凹，具 2–4 乳突。蒴果长圆状椭圆形，长 7–10 mm，自钩状下弯的果梗顶端俯垂，具 4–6 种子。种子黑亮，直径 1.2–2 mm，平滑。

分布与生境　产于西藏。生于海拔 4600–5000 m 的砾石堆或流石滩。印度北部、尼泊尔、印度（锡金）、不丹、巴基斯坦有分布。

药用部位　全草。

功效应用　清热解毒，利水消肿。用于热性病，湿热水肿，疮疖肿毒。

化学成分　茎、叶含生物碱类：(+)-风龙碱▲[(+)-sinactine; (+)-tetrahydroepiberberine]，原卡文定碱(apocavidine)，金罂粟碱(stylopine)，(+)-卡文定碱[(+)-cavidine]，原阿片碱(protopine)，碎叶紫堇碱(cheilanthifoline)，去氢卡文定碱(dehydrocavidine)，紫堇明碱(corlumine)，延胡索米定碱(yenhusomidine)，延胡索明碱(yenhusomine)，苯菲啶(benzophenanthridine)，二氢血根碱(dihydrosanguinarine)[1]。

细叶黄堇 **Corydalis meifolia** Wall.
杨建昆　绘

化学成分参考文献

[1] Bhakuni DS, et al. *J Nat Prod*, 1983, 46(3): 320-324.

组13. 空根紫堇组 Sect. Capnogorium (Bernh.) Endl.

主根粗大，老时多少变空或扭曲。茎单轴生长，发自鳞片或基生叶腋。叶羽状全裂。花通常较大，柱头圆形或卵圆形，具 8–10 乳突。林下或高山石隙多年生草本。

10 种，3 变种，我国均产，其中 3 种 1 变种可药用。

分种检索表

1. 花紫红色或紫色；苞片短于花梗 ······ 46. **红花紫堇 C. livida**
1. 花黄色；蒴果线形。
  2. 叶二回羽状全裂 ······ 44. **草黄堇 C. straminea**
  2. 叶一回羽状全裂 ······ 45. **毛被黄堇 C. hebephylla**

44. 草黄堇（中国高等植物图鉴） 草黄花紫堇（中草药）

Corydalis straminea Maxim. ex Hemsl. in J. Linn. Soc., Bot. 23: 38. 1886.（英 **Strawcoloured Corydalis**）

多年生丛生草本，高 30–60 cm。主根粗大，顶部具紫褐色鳞片和叶柄残基。茎发自鳞片或基生叶腋，具棱，中空，下部裸露。基生叶具长柄，叶片卵圆形或卵状长圆形，上面绿色，下面苍白色，二回羽状全裂；一回羽片约 4 对，具短柄；二回羽片约 3 枚，无柄，三深裂，有时裂片再 2–3 裂，末回裂片披针形，长 1–2 cm。茎生叶与基生叶同形，具短柄至无柄。总状花序多花、密集，长 3–10 cm；

草黄堇 **Corydalis straminea** Maxim. ex Hemsl.
曾孝濂 绘

草黄堇 **Corydalis straminea** Maxim. ex Hemsl.
摄影：陈又生

萼片宽卵形，具尾状短尖；花草黄色，平展；上花瓣长 1.8–2.5 cm，无鸡冠状突起；距圆筒形，长于瓣片，末端圆钝，稍下弯；蜜腺体约贯穿距长的 1/2；下花瓣舟状，后部近具囊，基部缢缩；柱头扁圆形，具 8 乳突。蒴果线形，具 1 列种子。种子圆形，黑亮；种阜扁平。

分布与生境 产于青海、甘肃、四川。生于海拔 2600–2700 (–3800) m 的针叶林下或林缘。

药用部位 全草。

功效应用 清热解毒，消肿止痛，利水敛疮。用于感冒发热，流行性感冒，伤寒，水肿；外用于痈肿疮毒。

化学成分 全草含挥发油：主要为长链烷烃类，其中二十烷(eicosane)，十八烷(octadecane)，十七烷(heptadecane)，2,15-十六二酮(2,15-hexadecanedione)的含量较高[1]。

注评 本种藏族药用，全草治流行性感冒、伤寒、传染性热病，外敷治疮疡、肿瘤，块茎治流行性感冒、伤寒、传染性热病。

化学成分参考文献

[1] 白贞芳，等 . 西北植物学报，2004, 24(5): 907-910.

45. 毛被黄堇（云南植物研究） 山仙（松潘）

Corydalis hebephylla C. Y. Wu et Z. Y. Su in Acta Botanica Yunnanica 11(3): 312, f. 2. 1989.

45a. 毛被黄堇（模式变种）

Corydalis hebephylla C. Y. Wu et Z. Y. Su var. **hebephylla**

多年生丛生草本，高 40–50 cm。茎下部裸露。茎生叶具短柄至无柄，叶片长圆形或宽卵圆形，具秕糠状鳞片，一回羽状全裂；羽片 3–7 枚，全部三深裂，裂片具不等大的粗锯齿。总状花序多花，密集；苞片叶状。花黄色，顶端带紫色，平展；距圆筒形，约与瓣片等长；蜜腺近达距末端；柱头近圆形，具 8 乳突。蒴果长圆形，具 1 列种子。

分布与生境　产于四川。生于海拔 4100–4400 m 的林下或草坡。

药用部位　全草。

功效应用　清热解毒，愈疮续脉。用于瘟疫病，腑热病，创伤。

毛被黄堇 **Corydalis hebephylla** C. Y. Wu et Z. Y. Su var. **hebephylla**
吴锡麟　绘

45b. 假毛被黄堇（变种）

Corydalis hebephylla C. Y. Wu et Z. Y. Su var. **glabrescens** C. Y. Wu et Z. Y. Su in Acta Bot. Yannan. 11(3): 313, pl. 2, f. 1-6. 1989.

与模式变种的区别是叶光滑，背面无鳞片。蒴果线形，种子间多少缢缩。

分布与生境　产于四川。生于海拔 2800–4300 m 的林缘或草坡。

药用部位　全草。

功效应用　清热解毒，愈疮续脉。用于瘟疫病，腑热病，创伤，

注评　本种藏族药用，全草治瘟疫、腑热病、创伤。

46. 红花紫堇（中国高等植物图鉴补编）结巴铜达（藏名）

Corydalis livida Maxim., Fl. Tangut. 1: 49. 1889.——*Corydalis punicea* C. Y. Wu ex Govaerts（英 **Redflower Corydalis**）

多年生丛生草本，高 19–30 (–60) cm。主根多少扭曲。茎上部具分枝。基生叶少数，叶片 1–2 回羽状全裂，末回羽片具短柄至无柄，楔状卵圆形，三深裂。茎生叶似基生叶。总状花序疏具 10–15 花；下部苞片叶状；花冠紫红色或淡紫色，平展；上花瓣长 1.8–2.5 cm，距约与瓣片等长，圆筒形，稍下弯；蜜腺体约贯穿距长的 2/3；下花瓣后部多少囊状；柱头扁圆形，具 8 乳突。蒴果线形，常自弯曲的果梗上俯垂或反折。种子扁圆形，直径约 3 mm。

分布与生境　产于甘肃、青海。生于海拔 2400–4000 m 的针叶林下或林缘石缝中。

药用部位　全草。

功效应用　清热解毒，愈疮续脉，舒筋活络。用于治疗瘟疫病，腑热病，筋脉肿痛，全身发热，创伤。

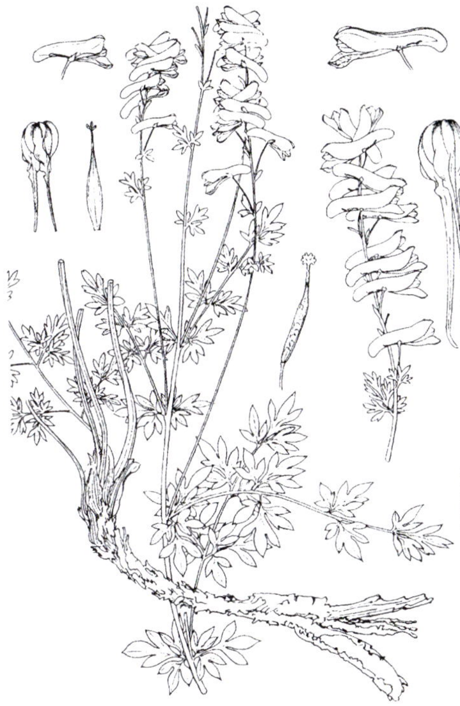

红花紫堇 **Corydalis livida** Maxim.
李锡畴　绘

红花紫堇 **Corydalis livida** Maxim.
摄影：林秦文

组14. 须弥黄堇组 Sect. Chrysocapnos Wendelbo

多年生草本。主根常粗大，老时纵裂或扭曲。茎常发自主根顶端，合轴分枝，少数单轴分枝，发自基生叶腋。花黄色，距约与瓣片等长；柱头扁四方形，顶端 2 裂，常具 2–4 乳突。蒴果倒卵圆形至卵圆形，少数呈腊肠状。

约 34 种，主要分布于喜马拉雅山区。我国有 18 种，5 种可药用。

分种检索表

1. 叶一回羽状全裂。
  2. 花序伞房状；花梗粗长，长 2–4 cm；主根老时常呈马尾状分裂；蒴果具少数种子……………………………………………………………………………………………… 47. **粗梗黄堇 C. pachypoda**
  2. 花序总状；花梗较细短，长约 1 cm；主根老时通常扭曲；蒴果长圆形，具较多种子……………………………………………………………………………………………… 48. **迭裂黄堇 C. dasyptera**
1. 叶二回羽状全裂。
  3. 花序伞房状；花淡黄色，外花瓣无鸡冠状突起……………………………………51. **西藏高山紫堇 C. tibetoalpina**
  3. 花序总状；外花瓣常具鸡冠状突起。
    4. 植株较小；基生叶少数，明显短于茎；花较小，长不足 2 cm……………………50. **拟锥花黄堇 C. hookeri**
    4. 植株较高大；花较大，长 2 cm 以上……………………………………………… 49. **革吉黄堇 C. moorcroftiana**

47. 粗梗黄堇（中国高等植物图鉴补编） 马尾黄连、土黄连（云南）

Corydalis pachypoda (Franch.) Hand.-Mazz., Symb. Sin. 7(2): 347. 1931.——*C. tibetica* Hook. f. et Thomson var. *pachypoda* Franch.（英 **Thickpedicelled Corydalis**）

多年生草本，多少具白粉，高 5–15 cm。主根粗大，常呈马尾状分裂，顶生多头根状茎。根状茎长 5–15 cm，具黄褐色鳞片和叶柄残基。茎 1 至多条，花葶状。基生叶多数，略短于花葶；叶柄约与

粗梗黄堇 **Corydalis pachypoda** (Franch.) Hand.-Mazz.
引自《中国高等植物图鉴》

粗梗黄堇 **Corydalis pachypoda** (Franch.) Hand.-Mazz.
摄影：易思荣

叶片等长，基部鞘状宽展；叶片长圆形，宽约 1.5 cm，一回羽状全裂，羽片 3–5 对，无柄，互生至近对生，1–2 回三深裂或近掌状深裂，裂片倒卵形，约长 5 mm，宽 2–3 mm。总状花序具 5–10 花，较疏离，多少呈伞房状；苞片楔形羽状分裂，三裂至披针形全缘，下部的较大；花冠橙黄色或污黄色，平展；外花瓣宽展，渐尖，具鸡冠状突起；上花瓣长 1.8–2.2 cm；距圆筒形，约占花瓣全长的 2/3；蜜腺体贯穿距长的 1/2 以上；下花瓣基部下延成囊状；柱头近扁四方形，顶端 2 裂，各具 2 短柱状乳突。蒴果倒卵形，种子 2 列；种子黑亮。

分布与生境　产于四川、云南、西藏。生于海拔 (2300–) 3000–4600 (–4700) m 的石缝或沙石地。尼泊尔可能有分布。

药用部位　全草、根。

功效应用　清热解毒。用于血热病，脉热病，热性病，热性传染病，坏血病；外用于疮痈肿疖，毒蛇咬伤。有毒。

48. 迭裂黄堇（中国高等植物图鉴） 黄连、鸡爪黄连（青海），日东色尔瓦、塞尔歪（四川若尔盖）

Corydalis dasyptera Maxim. in Bull. Acad. Imp. Sci. Saint-Pétersbourg 24: 28. 1877.（英 **Thickwing Corydalis**）

多年生草本，高 10–30 cm。主根粗大，粗 1 cm，顶端常具多头的根状茎。根状茎上部具鳞片和叶柄残基。茎 1 至多条，发自基生叶腋，花葶状，无叶或具 1–3 枚退化的苞片状叶。基生叶多数，长 10–15 cm；叶片长圆形，一回羽状全裂，羽片 5–7 对，无柄，三深裂，裂片卵圆形或倒卵形，顶端圆钝。总状花序多花密集；苞片羽状深裂至上部的全缘，长于花梗；花梗果期下弯；花污黄色，直立或斜伸；上花瓣长约 2 cm，距约与瓣片等长，圆筒形，末端稍下弯；蜜腺体约长达距的 1/2；子房长圆形，柱头扁四方形，顶端 2 裂，具 2 短柱状突起，两侧基部下延。蒴果下垂，长圆形。种子少数，1 列，近圆形，直径约 2.5 mm，种阜小，宽卵形，紧贴种子。

分布与生境　产于甘肃、青海、四川和西藏。生于海拔 2700–4200 (–4800) m 的高山草地，流石滩或疏林下。

迭裂黄堇 **Corydalis dasyptera** Maxim.
引自《中国高等植物图鉴》

迭裂黄堇 **Corydalis dasyptera** Maxim.
摄影：易思荣

药用部位 带根全草。

功效应用 清热解毒，止血，敛疮，消肿，舒肝利胆。用于热病高热，感冒，肠胃病，黄疸型肝炎，黄疸，外伤出血，疮疡痈疽，疮疡溃后久不收口，肉食中毒。有毒。

化学成分 根含生物碱类：四氢刻叶紫堇明碱(tetrahydrocorysamine)，四氢掌叶防己碱(tetrahydropalmatine)，紫堇块茎碱(corytuberine)，刻叶紫堇明碱(corysamine)，黄连碱(coptisine)[1]。

注评 本种藏族药用，全草治胃肠炎、胃痛、感冒、黄疸型肝炎、肉食中毒，外用治疮疡久溃不愈。

化学成分参考文献

[1] 王恒山，等. 天然产物研究与开发，1997, 49(1): 37-39.

49. 革吉黄堇（西藏植物志） 西藏黄堇（中国高等植物图鉴补编）

Corydalis moorcroftiana Wall. ex Hook. f. et Thomson, Fl. Ind. 1: 266. 1855.（英 **West Tibet Corydalis**）

多年生丛生草本，高 20–40 cm，常被小瘤状突起。主根粗大。茎具棱，疏具叶。基生叶具长柄，叶片长圆形，二回羽状全裂。花序总状，花密集；苞片渐变；花亮黄色；上花瓣长 2–2.2 cm，距圆筒形，约与瓣片等长，蜜腺体约贯穿距长的 1/2；下花瓣基部多少呈浅囊状；子房卵圆形，柱头扁四方形，前端微凹，具 2 短柱状突起。蒴果下垂，具 2 列种子。种子肾形，黑亮。

分布与生境 产于西藏。生于海拔 4000–5400 m 的流石滩或河滩砾石地。克什米尔、巴基斯坦、阿富汗至中亚各国均有分布。

药用部位 全草。

功效应用 活血散瘀，利气止痛，解热。用于胃溃疡，胃炎，肠炎，痢疾，伤寒，肺结核，咳嗽，坐骨神经痛，跌打损伤，筋骨痛，流行性感冒，烧伤及各种传染病引起的热症。

注评 本种藏族药用，全草治传染病、感冒发热、疮疖痈肿、胃溃疡、胃炎、跌打损伤、坐骨神经痛，用根治跌打损伤、胸闷胀痛。

革吉黄堇 **Corydalis moorcroftiana** Wall. ex Hook. f. et Thomson
引自《中国高等植物图鉴》

50. 拟锥花黄堇（西藏植物志）

Corydalis hookeri Prain in J. Asiat. Soc. Bengal, Pt. 2, Nat. Hist. 65(2): 34-35. 1896.——*C. thyrsiflora* auct. non Prain（英 **Hooker Corydalis**）

多年生丛生草本，高 8–50 cm。主根圆柱形，约长 5 cm。根状茎较细，长 1–3 cm，散生褐色披针形鳞片。茎具叶，分枝。基生叶多数，长 8–10 cm；叶柄约与叶片等长，基部鞘状宽展；叶片二回羽状全裂，一回羽片 5–7 枚，具短柄，二回羽片约 3 枚，顶生的较大，3 裂，侧生的较小，2–3 裂，裂片倒卵形，长 3–4 mm，宽 2–3 mm，近具短尖；茎生叶 3–5 枚，叶片与基生叶同形。总状花序生枝顶端，常组成复总状圆锥花序；萼片卵圆形或近三角形，具齿；花污黄色，斜伸或平展；上花瓣长 1.5–1.8 (–2) cm，距圆筒形，约与瓣片等长，蜜腺体约贯穿距长的 1/2；柱头扁四方形，前端具 4 短柱状突起，两侧基部稍下延。蒴果卵圆形或长圆形，长 6–8 mm。种子近肾形，黑亮，直径约 2 mm，种阜小。

拟锥花黄堇 **Corydalis hookeri** Prain
吴锡麟　绘

分布与生境　产于西藏。生于海拔 (3700–) 4500–5000 m 的高山草原或流石滩。尼泊尔有分布。

药用部位　全草。

功效应用　清热解毒，镇痛，消肿，凉血，止血。用于肺炎，四肢疼痛，水肿，烦躁，神昏，发斑，疮疡肿毒，内痈。

注评　本种藏族药用，全草治血热病、肝胆实热、血热引起的头痛、高血压、偏瘫、跌打瘀痛。

拟锥花黄堇 **Corydalis hookeri** Prain
摄影：陈又生

51. 西藏高山紫堇（西藏植物志）

Corydalis tibetoalpina C. Y. Wu et Z. Y. Su, Fl. Xizang. 2: 294, f. 99: 8-14. 1985.——*C. tibetica* Hook. f. et Thomson（英 **Tibet Corydalis**）

丛生草本，高 7–10 cm。根状茎纤细，被鳞片。茎花葶状，不分枝，无叶或上部具 1 小叶。基生叶多数，叶柄稍长于叶片，基部抱茎；叶片披针形，二回羽状全裂。总状花序近伞房状，具 5–6 花；花淡黄色，外花瓣顶端带紫红色；上花瓣长约 1.6 cm，距圆筒形，约与瓣片等长，蜜腺体约贯穿距长的 2/3；下花瓣基部具疣状突起；柱头扁四方形，顶端具 2 短柱状突起，两侧基部下延。

分布与生境　产于西藏。生于 4140–5400 m 的高山坡地。

药用部位　全草。

功效应用　清热解毒，祛风明目，退翳。用于肺结核，咳喘，发热，筋骨痛，血热病，热性传染病，坏血病，外敷用于疮疖痈肿，毒蛇咬伤。

注评　本种藏族药用，全草治肺结核咳嗽、发热、筋骨痛。

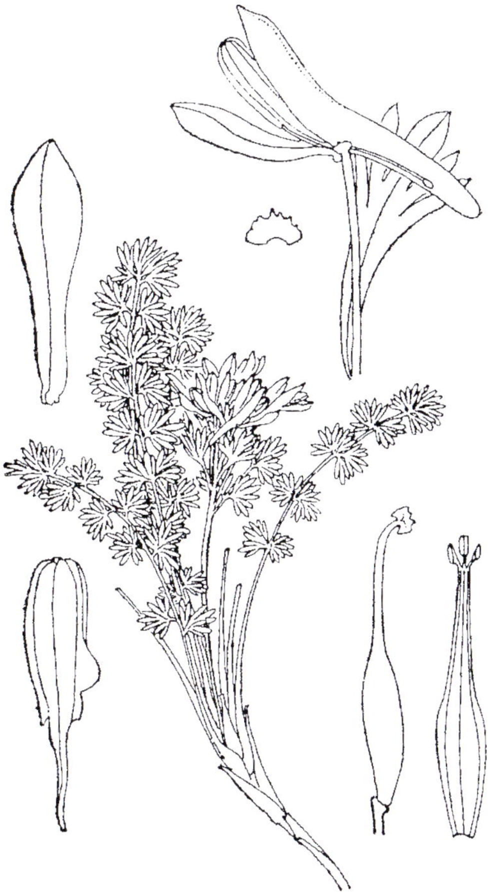

西藏高山紫堇 **Corydalis tibetoalpina** C. Y. Wu et Z. Y. Su
曾孝濂　绘

组15. 鞘黄堇组 Sect. Ramoso-sibiricae Fedde ex Wendelbo

高大多年生至一年生草本。主根明显。茎粗壮，自基部多分枝和多叶，常具棱。基生叶具长柄，叶柄基部有时具鞘，叶片二回至三回三出全裂或三回羽状分裂；茎生叶多，于整个茎上疏离互生。总状花序生于茎和分枝先端，多或少花；苞片通常小，大多全缘；花冠黄色，中等大小，上花瓣平伸或距末端下弯，距与花瓣片近等长或较长，下花瓣中部缢缩，下部呈囊状或稀具短爪；柱头双卵形或扁长方形至近四方形，上端具4–2乳突，有时两侧基部下延，各具1–2乳突。

共12–13种，主要分布于东亚，其中我国有10种，3种可药用。

分种检索表

1. 苞片全部分裂或稀最上部者全缘；下花瓣上部反折；距长于瓣片；蒴果具6–8枚种子……………………………………………………………………………………………52. **松潘黄堇 C. laucheana**

1. 苞片全部全缘，极稀最下部1枚3裂；下花瓣下倾，下部呈囊状；距与瓣片近等长。
    2. 总状花序长5–9 cm，有13–20花；苞片狭卵形至披针形；蒴果圆柱形，长1.5–2 cm，粗约2 mm，有1列种子…………………………………………………………53. **小黄紫堇 C. raddeana**
    2. 总状花序长3–5 cm，有4–6花；苞片宽卵形至卵形；蒴果狭倒披针形，长1–1.4 cm，粗约3 mm，有2列种子…………………………………………………………54. **黄紫堇 C. ochotensis**

52. 松潘黄堇（横断山维管植物）

Corydalis laucheana Fedde in Repert. Spec. Nov. Regni Veg. 20(577-580): 356-357, t. 6B. 1924.

（英 **Songpan Corydalis**）

无毛草本，高50–70 cm。具主根。茎上部分枝，基部盖以残枯的叶基。基生叶数枚，具长柄；茎生叶数枚，叶柄向上渐短，叶片轮廓卵形，三回三出或稀三回五数分裂。总状花序顶生和侧生；苞片渐变；花瓣黄色，上花瓣长1.3–1.5 cm，距圆筒形，占上花瓣长的3/5；蜜腺体贯穿距的一半多。蒴果圆柱形，长1.5–1.7 cm，有6–8枚种子。种子近圆形，直径1–1.5 mm。花果期6–9月。

分布与生境　产于宁夏、青海、四川。生于海拔(1600–)2700–3800 m的山坡、山谷、灌丛或田边。

药用部位　全草。

功效应用　清热。用于热性诸症。

松潘黄堇 **Corydalis laucheana** Fedde
张宝福　绘

53. 小黄紫堇（东北植物检索表） 黄花地丁（黑龙江），希日 - 萨巴乐干纳（蒙古语）

Corydalis raddeana Regel in Bull. Soc. Nat. Mosc. 34. 2. 143. 1861.——*Corydalis ochotensis* Turcz. var. *raddeana* (Regel) Nakai（英 **Radde Corydalis**）

无毛草本，高 60–90 cm。主根粗壮。茎直立，常自下部分枝。基生叶少数，具长柄，叶片轮廓三角形或宽卵形，二至三回羽状分裂；茎生叶多数，与基生叶相似。总状花序顶生和腋生，长 5–9 cm；花瓣黄色，上花瓣长 1.8–2 cm，距圆筒形，末端略下弯，下花瓣下部呈浅囊状；蜜腺体贯穿距的 2/5–1/2；柱头扁长方形，上端具 4 乳突。蒴果圆柱形。种子近圆形。花果期 6–10 月。

分布与生境 产于东北、华北、陕西、甘肃、河南、山东、浙江、台湾等地。生于海拔 (200–) 850–1400 (–2500) m 的杂木林下或水沟边。俄罗斯、朝鲜、日本有分布。

药用部位 全草。

功效应用 清热解毒，利尿，止痢。用于疮毒，肿痛，痢疾，肺结核咯血。

化学成分 全草含生物碱类：小檗碱(berberine)，*N*-反式-阿魏酰酪胺(*N-trans*-feruloyltyramine)，*N*-反式-阿魏酰甲氧基酪胺(*N-trans*-feruloylmethoxytyramine)[1]。

小黄紫堇 **Corydalis raddeana** Regel
引自《中国高等植物图鉴》

小黄紫堇 **Corydalis raddeana** Regel
摄影：徐克学

化学成分参考文献

[1] Kim HR, et al. *Arch Pharm Res*, 2005, 28(11): 1224-1227.

54. 黄紫堇（东北植物检索表） 黄龙脱壳、气草（东北）

Corydalis ochotensis Turcz. in Bull. Soc. Imp. Naturalistes Moscou. 13: 62. 1840.（英 **Ochotsk Corydalis**）

无毛草本，高 50–90 cm。主根长达 13 cm。茎柔弱，通常多曲折。基生叶少数，具长柄，叶片轮廓宽卵形或三角形，三回三出分裂，第一回全裂片具较长的柄，第二回具较短柄，羽状深裂或浅裂，小裂片倒卵形、菱状倒卵形或卵形，先端圆或钝，具短尖，背面具白粉；茎生叶多数，下部者具长柄，上部者具短柄，其他与基生叶相同。总状花序生于茎和分枝先端，长 3–5 cm；苞片宽卵形至卵形，全缘；花瓣黄色，上花瓣长 1.8–2 cm，花瓣片舟状卵形，先端渐尖，背部鸡冠状突起高 1–1.5 mm，距圆筒形，与花瓣片近等长或稍长，末端略下弯，下花瓣下部呈浅囊状；蜜腺体贯穿距的 2/5–1/2；子房狭

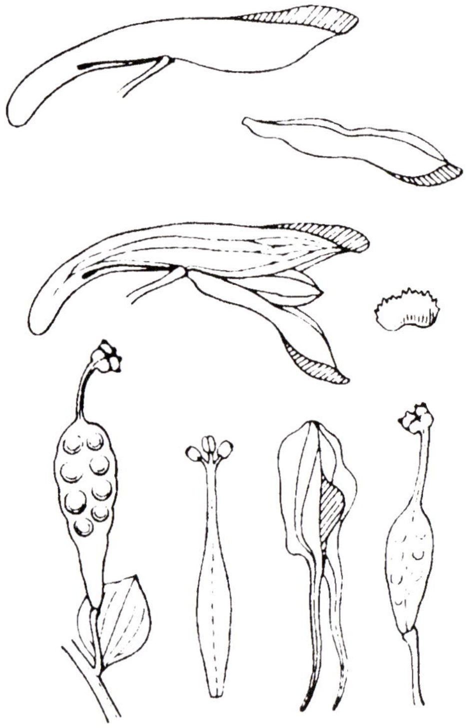

黄紫堇 Corydalis ochotensis Turcz.
肖溶　绘

黄紫堇 Corydalis ochotensis Turcz.
摄影：周繇

倒卵形，柱头扁长方形，上端具 4 乳突。蒴果狭倒卵形，长 1–1.4 cm，排成 2 列。种子近圆形，直径约 1.5 mm。花果期 6–9 月。

分布与生境　产于黑龙江、吉林东部、辽宁、河北东北部。生于杂木林下或水沟边。东西伯利亚至鄂霍次克、朝鲜北部、日本有分布。

药用部位　全草。

功效应用　清热解毒，利尿，止痢，止血。用于痈肿疮毒，痢疾腹泻，小便不利，肺结核咯血。

化学成分　茎含生物碱类：原阿片碱(protopine)，黄紫堇明碱(ochotensimine)，山缘草定碱(adlumidine)，二去氢碎叶紫堇碱(didehydrocheilanthifoline)，延胡索明碱(yenhusomine)[1]，延胡索米定碱(yenhusomidine)，黄紫堇钦碱(corytenchine)，甲基黄紫堇钦碱(corytenchirine)，莲可宁碱(lienkonine)，黄紫堇碱(ochotensine)，碎叶紫堇碱(cheilanthifoline)，黄紫堇星碱(corytensine)[2]。

化学成分参考文献

[1] Iwasa K, et al. *Arch Pharm Res*, 2000, 23(5): 459-460.

[2] Wu TS, et al. *J Chin Chem Soc*, 1987, 34(2): 157-160.

组16. 小黄堇组 Sect. Fumarioides Lidén

多年生至一年生草本，直立或铺散；主根明显；无匍匐的根状茎。茎常自基部多分枝，纤细或粗壮，多叶。基生叶少，具长柄，叶片二回三出或羽状分裂；茎生叶多，于整个茎上疏离互生，具柄，叶柄基部常有鞘，叶片与基生叶相同。总状花序生于茎和分枝先端，多或少花。花冠黄色，很小，长 6–13 (–16) mm；柱头多扁长方形，上端 2 裂，具 4–6 个具柄乳突，侧面无乳突或具 1 对无柄乳突。

约有 23 种 3 变种，我国产 14 种 1 变种，其中 5 种可药用。

分种检索表

1. 内花瓣先端紫黑色，距长于或等长于花瓣片；花梗远长于苞片；茎多柔弱纤细；叶柄通常不具鞘；下花瓣下部不呈囊状 ……………………………………………………………… 59. **纤细黄堇 C. gracillima**
1. 内花瓣无紫黑色先端；距短于或等长于花瓣片；茎多直立粗壮；叶柄基部常具鞘。
  2. 下花瓣下部呈囊状；距比瓣片短；苞片全部全缘，长于花梗；蒴果倒卵形至狭倒卵形，具 2 列种子 ……………………………………………………………… 58. **北紫堇 C. sibirica**
  2. 下花瓣下部不呈囊状；苞片下部者同上部茎生叶，向上裂片渐减，至最上部者全缘；蒴果大多圆柱形，通常具 1 列种子。
    3. 叶片背面粗糙不平滑，常具乳突或沿脉具小刺毛；茎生叶无鞘；苞片中部以上者全缘；蒴果具 1–3 枚种子 ……………………………………………………………… 55. **皱波黄堇 C. crispa**
    3. 叶片背面平滑；茎生叶常具鞘；苞片较多分裂；蒴果具较多种子。
      4. 种子表面无小瘤状突起；上花瓣鸡冠状突起较短或无；花梗短于或稍长于苞片 ……………………………………………………………… 56. **赛北紫堇 C. impatiens**
      4. 种子表面密具小瘤；上花瓣鸡冠自瓣片先端延伸至距末；花梗与苞片近等长 ……………………………………………………………… 57. **全冠黄堇 C. tongolensis**

55. 皱波黄堇（西藏植物志） 抓桑、隆恩、隆结路恩（藏语）

Corydalis crispa Prain in J. Asiat. Soc. Bengal 65: 30. 1896.（英 **Crisped Corydalis**）

多年生草本，高 20–50 cm。主根长，具少数纤维状分枝。茎直立，自基部分枝。基生叶数枚，通常早枯，具长柄，叶片轮廓卵形，三回三出分裂，小裂片背面通常不平滑或沿背脉被小刺毛；茎生叶多数，叶柄向上渐短，小裂片卵形至披针形，其他同基生叶。总状花序生于茎和分枝顶端，长 4–6 cm，多花密集；花梗纤细，比苞片长。萼片鳞片状；花瓣黄色，上花瓣长 1–1.3 cm，背部鸡冠状突起高 1–1.5 mm，距圆筒形，向上弧曲，与花瓣片近等长；蜜腺体贯穿距的 3/4；子房狭椭圆形，花柱纤细，

皱波黄堇 **Corydalis crispa** Prain
肖溶　绘

皱波黄堇 **Corydalis crispa** Prain
摄影：徐永福

叶黄绿色，基生叶长 4–7 cm，具长柄；叶片二回三出，约长 1.3 cm，宽 1 cm，末回裂片长圆形，长 1–3 mm，顶端具长芒状尖突。总状花序生茎、枝顶端、少花，密集，伞房状；苞片楔形，条裂达中部，裂片顶端具芒状尖突；花梗短于苞片；花亮黄色，顶端暗紫色；外花瓣具鸡冠状突起，上花瓣长约 1.5 cm；距圆筒形，稍长于瓣片，末端稍下弯；柱头 2 裂，两侧不对称，顶端具 6 乳突。蒴果卵圆形，约长 4 mm，宽 2.5 mm，成熟时自顶端弯曲的果梗上俯垂。种子扁圆形，种阜脐状。

分布与生境 产于西藏。生于海拔 (3000–) 3800–5500 m 的河滩地。

药用部位 带根全草。

功效应用 解热，止痛，行气开胃，补劳止汗，利水消肿。用于食呆气滞，胃炎，溃疡病，痢疾，腰腿痛，坐骨神经痛，虚劳，盗汗，热病，传染病，流行性感冒，发热，伤寒，疮痈肿毒。

金球黄堇 **Corydalis boweri** Hemsl.
肖溶 绘

64. 尼泊尔黄堇（云南植物研究） 日棍（藏语）

Corydalis hendersonii Hemsl. in J. Linn. Soc., Bot. 30: 108, 134. 1894.（英 **Henderson Corydalis**）

丛生小草本，高 5–8 cm，肉质而易脆裂。主根直生。茎不分枝或少分枝。叶肉质，苍白色，长 4–8 cm；叶柄约与叶片等长；叶片卵圆形至三角形，三回三出全裂，末回裂片线状长圆形，长 2–3 mm，宽 1 mm。总状花序具 3–6 花，伞房状；苞片扇形，多裂，边缘具缘毛；果期花梗于顶端钩状弯曲；花黄色，直立，仅顶端伸出叶和苞片之外；上花瓣长 1.8–2.2 cm；距圆筒形，约与瓣片等长；蜜腺体约贯穿距长的 1/3；下花瓣长约 1 cm，具 3 条明显的纵脉；子房卵圆形，长约 2 mm，花柱长

尼泊尔黄堇 **Corydalis hendersonii** Hemsl.
引自《中国高等植物图鉴》

尼泊尔黄堇 **Corydalis hendersonii** Hemsl.
摄影：陈又生

约 4.5 mm，柱头扁四方形，前端 2 裂，具 2 短柱状乳突。蒴果长圆形，长 5–11 mm，宽约 3 mm，具 1–9 种子和细长弯曲的花柱，成熟时俯垂，藏于苞片中。种子黄褐色，近圆形，直径 1.5–2 mm，种阜小。

分布与生境 产于新疆西部、青海、西藏。生于海拔 4200–5200 m 的河滩地或流石滩。克什米尔和尼泊尔有分布。

药用部位 全草、根。

功效应用 清热解毒，凉血，降压。用于湿热泄泻，肠炎，高血压，头痛，溃疡病，脉管炎；外用于疮疖痈肿，毒蛇咬伤。

化学成分 全草含生物碱类：L-斯氏紫堇碱(L-scoulerine)，原阿片碱(protopine)，β-别隐品碱(β-allocryptopine)，金罂粟碱(stylopine)，碎叶紫堇碱(cheilanthifoline)[1]。

注评 本种为部颁药品标准·藏药（1995 年版）收载“矮紫堇”的基源植物，药用其干燥全草。维吾尔族也药用，其根、种子治外伤、腹泻、头痛、中耳炎、眼疾。

化学成分参考文献

[1] 林茂，等．植物学报，1986, 28(1): 91-93.

组18. 裂冠紫堇组 Sect. Flaccidae C. Y. Wu

灰绿色多年生高大灌木状草本，具粗壮主根。主根合轴分枝，自顶端生茎。叶三回羽状全裂。苞片具柄。花淡紫色，粉红色至白色，外花瓣顶端微凹；距约与瓣片等长；柱头四方形，具 8 乳突。蒴果线形，多少呈念珠状，具 1 列种子。

1 种，产于我国及印度（锡金）、尼泊尔和不丹，可药用。

65. 裂冠紫堇（西藏植物志） 裂冠黄堇（横断山区维管植物）

Corydalis flaccida Hook. f. et Thomson, Fl. Ind. 1: 260. 1855.（英 **Flaccid Corydalis**）

灰绿色多年生高大半灌木状草本，高 60–90 cm。主根粗大。茎具棱。基生叶少数；叶片卵圆形至三角形，约长 20 cm，宽 14 cm，三回羽状全裂，末回羽片近无柄。总状花序生茎和枝顶端；花紫红色、蓝紫色、粉红色至白色，近平展；上花瓣长约 2 cm；距长约 1 cm，稍下弯；蜜腺体长约 7 mm；下花瓣基部多少具小疣状突起；柱头近圆形，具 8 乳突。蒴果线形，长 2–3.7 cm，多少呈念珠状。种子具小的种阜。

分布与生境 产于四川、云南、西藏。生于海拔 3000–4000 m 的亚高山针叶林林下或空旷草地。印度（锡金）、不丹、尼泊尔有分布。

药用部位 全草。

功效应用 外用治跌打损伤，疮疡肿痛。有毒。

裂冠紫堇 **Corydalis flaccida** Hook. f. et Thomson
李锡畴 绘

组19. 帕里紫堇组 Sect. Kingiae C. Y. Wu et Z. Y. Su

高海拔高原草本。主根肉质。茎不分枝，疏具1–3叶。基生叶具长柄，茎生叶具短柄至近无柄。总状花序少花，花蓝色至紫色，距常粗大，稍长于瓣片；柱头四方形，较浅，顶端具4乳突。蒴果线状长圆形，下弯。

2种，1变种，均为西藏特有种。1种可药用。

66. 帕里紫堇（西藏植物志）

Corydalis kingii Prain in J. Asiat. Soc. Bengal 65(2): 30. 1896.（英 **King Corydalis**）

多年生灰绿色草本，高15–30 cm。主根肉质，长4–6 cm。茎1至多条，发自基生叶腋。基生叶少数，长7–9 cm，叶柄约与叶片等长；叶片上面绿色，下面灰绿色，二回羽状全裂，一回羽片5–7枚，对生，具短柄，二回羽片3–5枚，近无柄，二回三深裂，末回裂片倒卵状披针形。总状花序密具多花，果期渐疏离；苞片披针形，全缘；花紫红色至粉红色，外花瓣渐尖，背部具全缘的鸡冠状突起，瓣片侧面多少弧形下凹，下半部具耳状突起；上花瓣长约2 cm；距圆筒形，稍长于瓣片，宽约3 mm；蜜腺体约贯穿距长的3/5；下花瓣基部具小瘤状突起；柱头扁四方形，基部不下延，顶端具4短柱状乳突。蒴果线形，长约2 cm，具1列种子。种子近圆形，直径约1 mm。

分布与生境　产于西藏。生于海拔3300–4800 m左右的山坡、草甸或石隙中。

药用部位　全草。

功效应用　凉血，止血收敛。用于刀伤，枪伤出血及各种出血症。

注评　本种藏族药用，全草主治热性诸症。

帕里紫堇 Corydalis kingii Prain
吴锡麟　绘

组20. 变根紫堇组 Sect. Linstowianae C. Y. Wu et Z. Y. Su

多年生草本；主根直生，老时中部或上部呈块茎状膨大，下部呈尾状存留。叶二回三出。花淡紫色至粉红色；距约与瓣片等长；蜜腺体极短，约占距长的1/5；柱头四方形，具8乳突。蒴果披针形，具2列种子。

仅1种，分布于四川，可药用。

67. 变根紫堇　断肠草（泸定），康定紫堇（横断山区维管植物）

Corydalis linstowiana Fedde in Repert. Spec. Nov. Regni Veg. 21(581-587): 50, t. 13. 1925.（英 **Linstow Corydalis**）

直立或上升灰绿色草本，高10–30 cm。当年生主根圆柱形，老时常部分增粗。茎常近基部多分枝，具叶。基生叶具长柄，二回三出，茎生叶与基生叶同形。总状花序生茎和枝的顶端，密集多花；

花淡紫色至粉红色，近平展；上花瓣长 1.5–1.7 cm；距圆筒形，约占花瓣全长的 1/2；蜜腺体短，棒状，约贯穿距长的 1/5。蒴果披针形，约长 1 cm。种子近圆形，直径约 1 mm。

分布与生境　产于四川。生于海拔 1350–3400 m 的林缘沟边。

药用部位　全草、根。

功效应用　全草：用于杀虫，治疮毒。根：外用拔疮毒，止痛。

变根紫堇 **Corydalis linstowiana** Fedde
肖溶　绘

组21. 伞花紫堇组 Sect. Benecinctae Fedde

灰绿色多年生草本，具粗大的肉质根或小块茎。茎的下部渐狭，常潜生地下，具 2–4 鳞片。叶通常具三小叶，少数为单叶或一回羽状复叶，小叶通常不分裂。总状花序伞房状，少花；苞片全缘，常聚生成总苞状；花梗或花序轴果期通常弯曲，花梗通常较长，少数花梗直立的，则较短；花淡紫色或紫红色；柱头近四方形，前端广角状分裂，具 4 乳突，基部稍下延，常具 1 对并生乳突。蒴果卵状椭圆形，不爆裂。

8 种，特产于中国西南部。2 种可药用。

分种检索表

1. 花序轴不弯曲，花梗直立，较短；叶具 3 小叶，小叶圆形至椭圆形；上花瓣弧形上弯……………………………………………………………………………………………… 68. **半荷包紫堇 C. hemidicentra**

1. 花序轴或花梗弯曲，较长；叶具 3 小叶，小叶卵圆形至倒卵圆形；距弧形下弯……………………………………………………………………………………………… 69. **囊距紫堇 C. benecincta**

68. 半荷包紫堇（云南种子植物名录）　三叶紫堇（云南植物研究）

Corydalis hemidicentra Hand.-Mazz. in Akad. Wiss. Wien, Math.-Naturwiss. Kl., Anz. 57: 86. 1922.
（英 **Three-leaf Corydalis**）

块茎长 3–5 cm，圆柱形；茎地下部分具 2–3 鳞片。叶三出，具长柄；小叶圆形至椭圆形，无柄或近无柄。苞片倒卵圆形，小而钝；花蓝白色、蓝色至蓝紫色。上花瓣多少弧形上弯，长 (1.6–) 1.8–2.3 cm；距长 1.2–1.5 cm，近直或上弯；蜜腺体约占距长的 2/3，末端钝；柱头扁四方形，前端具 4 短柱状乳突。蒴果倒卵圆形，俯垂于直立的花梗上。

分布与生境　产于云南。生于海拔 3500–5300 m 的高山流石滩。

半荷包紫堇 **Corydalis hemidicentra** Hand.-Mazz.
引自《中国高等植物图鉴》

半荷包紫堇 **Corydalis hemidicentra** Hand.-Mazz.
摄影：陈又生

药用部位 全草。

功效应用 清疫热。用于瘟疫发热，流行性感冒。

注评 本种藏族药用，全草治瘟疫、发热、流行性感冒、头痛、肝胆病、流行性感冒。

69. 囊距紫堇（云南植物研究） 美国紫堇（云南种子植物名录）

Corydalis benecincta W. W. Sm. in Notes Roy. Bot. Gard. Edinburgh. 9(42): 98-99. 1916.（英 **Succatespur Corydalis**）

主根肉质，常分枝。茎基部具 2–4 鳞片。叶三出，具长柄，基部具鞘，小裂片卵圆形至倒卵圆形，肉质。总状花序伞房状，具 5–15 花；花梗较粗，果期弧形下弯；花粉红色至淡紫红色，上花瓣多少弧形下弯，长 1.8–2.5 cm；距粗大，囊状，长于瓣片；蜜腺体短；下花瓣基部具小瘤状突起；柱头扁四方形，顶端具 4 短柱状乳突。蒴果椭圆形。

分布与生境 产于云南和四川。生于海拔 4000–6000 (–6400) m 的高山流石滩的页岩和石灰岩基质上。

药用部位 全草。

功效应用 活血散瘀，止痛，温疫热。用于淤血作痛，血滞经痛，月经不调，衄血，瘟疫，发热，流行性感冒。

注评 本种藏族药用，全草治瘟疫发热、流行性感冒。

囊距紫堇 **Corydalis benecincta** W. W. Sm.
引自《中国高等植物图鉴》

组22. 刻叶紫堇组 Sect. Incisae Fedde

根状茎短，长约 1 cm，基部具簇生须根，上部具 1 合轴分枝的茎。叶二回三出，少数为三出或二回羽状全裂；叶柄基部常具耳状叶鞘；叶片具缺刻状齿至圆齿。苞片叶状至楔形，具缺刻状齿至分裂。花紫色，紫红色至蓝色，距约与瓣片等长，常具短蜜腺体；外花瓣具或不具鸡冠状突起；鸡冠状突起常三角形，自瓣片顶端稍后陡峭地升起。蒴果线形，长圆形至卵圆形。柱头扁四方形，前缘具 2–6 乳突，侧面常具并生的双生乳突。

10 种，我国均有分布，其中 1 种分布到了日本和朝鲜。1 种可药用。

70. 刻叶紫堇（中国高等植物图鉴） 地锦苗（救荒本草），断肠草（本草便方），羊不吃（四川），烫伤草（浙江）

Corydalis incisa (Thunb.) Pers., Syn. Pl. 2: 269. 1807.——*Fumaria incisa* Thunb.（英 **Incised Corydalis**）

灰绿色直立草本，高 15–60 cm。根状茎短而肥厚；茎不分枝或少分枝。叶具长柄，基部具鞘，叶片二回三出，一回羽片具短柄，二回羽片近无柄，菱形或宽楔形，约长 2 cm，宽 1 cm，三深裂，裂片具缺刻状齿。总状花序长 3–12 cm，多花，先密集，后疏离；苞片菱形或楔形，具缺刻状齿；花梗长约 1 cm；花紫红色至紫色，稀淡蓝色至苍白色，平展，大小的变异幅度较大；外花瓣顶端具鸡冠状突起，上花瓣长 (1.6–) 2–2.5 cm；距圆筒形，近直，约与瓣片等长或稍短；蜜腺体短，占距长的 1/4–1/3，末端稍圆钝；下花瓣基部常具小距或浅囊，内花瓣顶端深紫色；柱头近扁四方形，顶端具 4 短柱状乳突，侧面具 2 对无柄的双生乳突。蒴果线形至长圆形，长 1.5–2 cm，具 1 列种子。

分布与生境 产于河北、山西、河南、陕西、甘肃、安徽、江苏、浙江、福建、台湾、湖北、湖南、广西、四川。生于近海平面至 1800 m 的林缘、路边或疏林下。日本和朝鲜有分布。

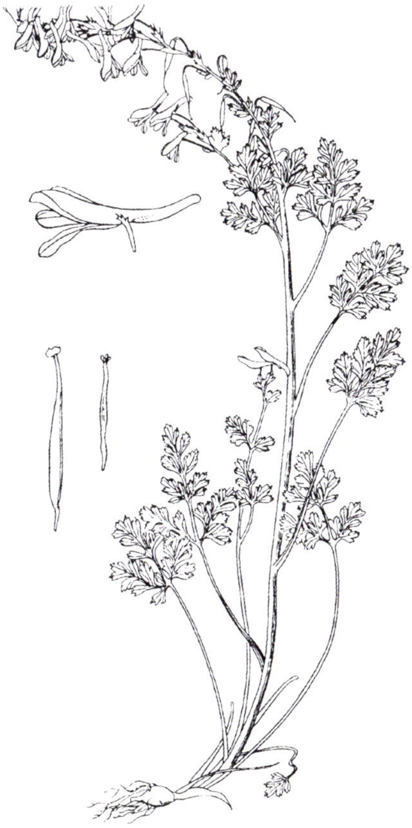

刻叶紫堇 Corydalis incisa (Thunb.) Pers.
曾孝濂　绘

刻叶紫堇 Corydalis incisa (Thunb.) Pers.
摄影：徐克学

药用部位 根及全草。

功效应用 解毒杀虫。用于脚膝痹痛，头痛，发痧，腹痛，小便刺痛，疮毒，疥癣，顽癣，癞痢头，脱肛，刀伤，毒蛇咬伤。有毒。

化学成分 全草含生物碱类：比枯枯灵碱(bicuculline)，白毛茛分碱(hydrastinine)[1]，紫堇灵(corynoline)，紫堇洛星碱(corynoloxine)，6-氧代紫堇灵(6-oxocorynoline)，乙酰紫堇灵(acetylcorynoline)，卢归因碱▲(luguine)，12-羟基紫堇洛星碱(12-hydroxycorynoloxine)[2]，刻叶紫堇碱▲(coryincine)，紫堇碱(corydaline)，紫堇洛星碱(corynoloxine)，紫堇块茎碱(corytuberine)，山延胡索胺▲(yuanamide)，金紫堇碱▲(capaurine)，黄堇胺▲(spallidamine)，山延胡索宁碱▲(bulbocapnine)，橙色罂粟碱▲(oreophiline)，唐松草卡文碱(thalictricavine)，白毛茛定▲(canadine)[3]，(+)-14-表紫堇灵[(+)-14-epicorynoline]，*N*-反式-阿魏酰酪胺(*N-trans*-feruloyltyramine)，原阿片碱(protopine)，紫堇文碱(corycavine)，(+)-紫堇块茎碱[(+)-corytuberine]，刻叶紫堇胺(corydamine)，刻叶紫堇明碱(corysamine)，黄连碱(coptisine)，去氢碎叶紫堇碱(dehydrocheilanthifoline)[4]。

药理作用 刻叶紫堇生物碱有抗真菌活性，主要活性成分为紫堇灵(corynoline)和乙酰紫堇灵(acetylcorynoline)[1]，其对 CCl_4、硫代乙酰胺、对乙酰氨基酚造成的小鼠肝损伤均有肝保护作用，能降低血清丙氨酸转氨酶水平及减轻肝病理损害；在体外能抑制 CCl_4 引起的肝微粒体脂质过氧化及 CCl_4 转化为 CO，乙酰紫堇灵作用最强[2]。刻叶紫堇生物碱具有细胞毒性，能抑制人类 A549, SK-OV-3, SK-MEL-2 和 HCT15 肿瘤细胞[3]。刻叶紫堇提取物能够可逆地、非竞争性地抑制乙酰胆碱转移酶[4]。

化学成分参考文献

[1] Richard H, et al. *J Am Chem Soc*, 1950, 72: 3207-3208.

[2] Sang UC, et al. *Arch Pharm Res*, 2007, 30(2): 151-154.

[3] Ma WG, et al. *Fitoterapia*, 1999, 70: 258-265.

[4] 张颖，等. 植物资源与环境学报，2008, 17(4): 67-69.

药理作用及毒性参考文献

[1] MaW G, et al. *Fitoterapia*, 1999, 70(3): 258-265.

[2] 魏怀玲，等. 药学学报，1997, 32(5): 331-336.

[3] Choi SU, et al. *Arch Pharm Res*, 2007, 30(2): 151-154.

[4] Kim DK, et al. *Arch Pharm Res*, 2002, 25(6): 817-819.

组23. 紫堇组 Sect. Aulacostigma Lidén

一年生草本，具主根。茎分枝，具叶；花枝花葶状，常对叶生。叶 1–2 回羽状全裂。苞片小，狭卵圆形至披针形，全缘，少数的下部具疏齿。萼片小，具齿。花粉红色至紫红色；外花瓣宽展，顶端微凹；距约占花瓣全长的 1/3 至稍短于瓣片；蜜腺体细长，仅稍短于距，大部分与距合生，末端不渐尖。柱头横向纺锤形，两端各具 1 乳突，上面具沟槽，槽上具极小的乳突。蒴果线形，下垂。种子密生环状小凹点；种阜小，紧贴种子。

仅 1 种，产于我国，可药用。

71. 紫堇（图经本草） 断肠草（陕西、四川、贵州），蝎子花、麦黄草、闷头花（四川、陕西）

Corydalis edulis Maxim. in Bull. Acad. Imp. Sci. Saint-Pétersbourg 24: 30. 1878.（英 **Common Corydalis**）

一年生灰绿色草本，高 20–50 cm，具主根。茎分枝，具叶。基生叶具长柄，叶片近三角形，长 5–9 cm，1–2 回羽状全裂，一回羽片 2–3 对，具短柄，二回羽片近无柄，倒卵圆形，羽状分裂，裂片狭卵圆形，顶端钝，近具短尖。总状花序疏具 3–10 花，花枝花葶状，常与叶对生；苞片全缘，有时疏具齿；萼片小，近圆形，直径约 1.5 mm，具齿；花粉红色至紫红色，平展；外花瓣较宽展，顶端微凹，无鸡冠状突起，上花瓣长 1.5–2 cm；距圆筒形，基部稍下弯，约占花瓣全长的 1/3；蜜腺体长，近伸达距末端，大部分与距贴生；柱头横向纺锤形，两端各具 1 乳突，上面具沟槽。蒴果线形，下垂，长 3–3.5 cm，具 1 列种子。种子直径约 1.5 mm；种阜小。

紫堇 **Corydalis edulis** Maxim.
引自《中国高等植物图鉴》

紫堇 **Corydalis edulis** Maxim.
摄影：徐克学

分布与生境 产于辽宁、北京、河北、山西、河南、陕西、甘肃、四川、云南、贵州、湖北、江西、安徽、江苏、浙江、福建、生于海拔 400–1200 m 的丘陵、沟边或多石地。日本有分布。

药用部位 根或全草。

功效应用 清热解毒，消炎，解暑，镇静、止血。可治腹痛，尿痛，中毒头痛，肺结核咯血，遗精，脱肛；外用于疮疡肿毒，秃疮，带状疱疹，顽癣，毒蛇咬伤，化脓性中耳炎，刀伤。

药理作用 降血压作用：紫堇总生物碱可对动脉血压产生影响，显著降低动脉血压和抑制去甲肾上腺素引起的血管收缩效应[1]。

抗氧化作用：紫堇总生物碱对超氧阴离子具有清除作用，对卵磷脂脂质过氧化损伤有显著抑制作用，其清除活性氧自由基及抗氧作用与茶多酚作用类似[2]。

注评 本种为中国药典（1977 年版）、部颁药品标准·藏药（1995 年版）、部颁药品标准·蒙药（1998 年版）、内蒙古（1988）、山西（1987）等中药材标准收载“苦地丁”的基源植物，药用其干燥全草。“地丁”类药材的基源植物非常复杂，商品情况参见地丁草 Corydalis bungeana Turcz.。彝族也药用，用根治产后缺乳、咽喉炎、中暑、腹痛、肺结核咯血、脱肛、疮疡肿毒、化脓性中耳炎、蛇咬伤。

药理作用及毒性参考文献

[1] 侯天德，等. 西北师范大学学报 (自然科学版), 2004, 40(4): 71-73.
[2] 贝玉祥，等. 食品科技，2008, 3(9): 189-191.

组24. 地丁草组 Sect. Chinenses (Gorovoy et Basargin) C. Y. Wu et Z. Y. Su

二年生铺散草本，具主根。叶灰绿色，二至三回羽状全裂。苞片叶状，花似单生叶腋。花小，淡紫色至粉红色；距稍短于瓣片，末端稍囊状膨大；外花瓣具浅圆齿，顶端多少微凹，具鸡冠状突起；柱头小，圆肾形，顶端多少下凹。蒴果椭圆形。种子边缘具 4–5 列小凹点；种阜鳞片状，远离。

1 种，主要分布于我国，可药用。蒙古、朝鲜和俄罗斯有分布或逸生。

72. 地丁草（东北植物检索表） 苦地丁（通称），苦丁、小鸡菜（山东），彭氏紫堇（北京植物志），布氏地丁（东北药用植物图志），紫花地丁（辽宁、河北、山东）

Corydalis bungeana Turcz. in Bull. Soc. Imp. Naturalistes Moscou. 19: 62. 1846.（英 **Bunge Corydalis**）

二年生灰绿色草本，高 10–50 cm，具主根。茎自基部铺散分枝。基生叶多数，长 4–8 cm，叶柄约与叶片等长，基部多少具鞘，边缘膜质；叶片上面绿色，下面苍白色，二至三回羽状全裂，一回羽片 3–5 对，具短柄，二回羽片 2–3 对，顶端分裂成披针形短小的裂片。总状花序长 1–6 cm，多花；苞片叶状，具柄至近无柄，明显长于长梗；花粉红色至淡紫色，平展，较小；上花瓣长 1.1–1.4 cm；距长 4–5 mm，粗约 2 mm；蜜腺体约占距长的 2/3；内花瓣顶端深紫色；柱头小，圆肾形，两侧基部稍下延。蒴果椭圆形，下垂，长 1.5–2 cm，具 2 列种子。种子直径 2–2.5 mm；种阜鳞片状。

分布与生境 产于吉林、辽宁、河北、山东、河南、山西、陕西、甘肃、宁夏、内蒙古、湖南、江苏。生于近海平面至 1500 m 的多石坡地或河水泛滥地段。蒙古、朝鲜和俄罗斯也有分布或逸生。

药用部位 全草。

功效应用 清热解毒，活血消肿。用于疔疮痈疽，化脓性炎症，瘰疬，感冒，流行性感冒，腮腺炎，咳嗽，目赤，肝炎，肾炎，水肿，肠痈泄泻，眼结膜炎，角膜溃疡。

化学成分 全草含生物碱类：紫堇灵(corynoline)，刻叶紫堇碱▲(coryincine)，二氢血根碱(dihydrosanguinarine)，(+)-13-表紫堇灵[(+)-13-epicorynoline]，四氢刻叶紫堇明碱(tetrahydrocorysamine)，原阿片碱(protopine)，黄连碱(coptisine)，四氢黄连碱(tetrahydrocoptisine)，去氢碎叶紫堇碱(dehydrocheilanthifoline)，氧化血根碱(oxysanguinarine)，刻叶紫堇明碱(corysamine)，降血根碱(norsanguinarine)，6,7-亚甲二氧基-2-(6-乙酰基-2,3-亚甲基二氧苄基)-1(2*H*)-异喹啉酮[6,7-methylenedioxy-2-(6-acetyl-2,3-methylenedioxybenzyl)-1-(2*H*)-isoquinolinone]，*N*-反式-阿魏酰酪胺(*N-trans*-feruloyltyramine)，6-丙酮基二氢血根碱(6-acetonyl dihydrosanguinarine)，黄堇胺▲(spallidamine)[1]，乙酰紫堇灵(acetylcorynoline)，二氢血根碱(dihydrosanguinarine)，乙酰异紫堇灵(acetylisocorynoline)，11-表紫堇灵(11-epicorynoline)，紫堇文碱(corycavine)，比枯枯灵碱(bicuculline)，12-羟基紫堇灵(12-

地丁草 **Corydalis bungeana** Turcz.
肖溶 绘

地丁草 **Corydalis bungeana** Turcz.
摄影：徐克学

hydroxycorynoline)，斯氏紫堇碱(scoulerine)，碎叶紫堇碱(cheilanthifoline)，大枣碱(yuziphine)，异波尔定碱(isoboldine)，降大枣碱(noryuziphine)，(+)-地丁紫堇碱[(+)-bungeanine][2]，6,7-亚甲二氧基-1(2*H*)-异喹啉酮[6,7-methylenedioxy-1(2*H*)-isoquinolinone][3]；黄酮类：山柰酚-3,7-二-*O*,*O*-葡萄糖苷(kaempferol-3,7-di-*O*,*O*-glucoside)，槲皮素-3-*O*-葡萄糖苷(quercetin-3-*O*-glucoside)，槲皮素-7-*O*-葡萄糖苷(quercetin-7-*O*-glucoside)，槲皮素-3,7-二-*O*,*O*-葡萄糖苷(quercetin-3,7-di-*O*,*O*-glucoside)，槲皮素-3-*O*-芸香糖苷(quercetin-3-*O*-rutinoside)，槲皮素-3-*O*-芸香糖基-7-*O*-葡萄糖苷(quercetin-3-*O*-rutinosyl-7-*O*-glucoside)，山柰酚-3-*O*-*α*-吡喃阿拉伯糖基-(1'''→6'')-*β*-吡喃葡萄糖苷[kaempferol-3-*O*-*α*-arabinopyranosyl-(1'''→6'')-*β*-glucopyranoside]，槲皮素-3-*O*-*α*-吡喃阿拉伯糖基-(1'''→6'')-*β*-吡喃葡萄糖苷[quercetin-3-*O*-*α*-arabinopyranosyl-(1'''→6'')-*β*-glucopyranoside]，山柰酚-3-*O*-*α*-吡喃阿拉伯糖基-(1'''→6'')-*β*-吡喃葡萄糖基-7-*O*-*β*-吡喃葡萄糖苷[kaempferol-3-*O*-*α*-arabinopyranosyl-(1'''→6'')-*β*-glucopyranosyl-7-*O*-*β*-glucopyranoside]，槲皮素-3-*O*-*α*-吡喃阿拉伯糖基-(1'''→6'')-*β*-吡喃葡萄糖基-7-*O*-*β*-吡喃葡萄糖苷[quercetin-3-*O*-*α*-arabinopyranosyl-(1'''→6'')-*β*-glucopyranosyl-7-*O*-*β*-glucopyranoside][3]。

药理作用　保肝作用：地丁草水提取物物能显著降低 CCl_4 所致小鼠血清丙氨酸转氨酶和天冬氨酸转氨酶活性，升高肝组织超氧化物歧化酶活性，降低肝组织丙二醛的含量，对 CCl_4 所致小鼠急性肝损伤具有保护作用[1]。

苦地丁 Corydalis bungeanae Herba
摄影：王海

注评　本品为中国药典（1977、2010 年版）、部颁药品标准·藏药（1995 年版）、部颁药品标准·蒙药（1998 年版）、内蒙古（1988）、山西（1987）等中药材标准收载“苦地丁”的基源植物，药用其干燥全草。“地丁”类药材的基源植物非常复杂，主要有“紫花地丁”“甜地丁”和“苦地丁”三类；“紫花地丁”为堇菜科植物紫花地丁 Viola philippica Cav. 或东北堇菜 Viola mandshurica W. Becker 及其同属多种植物的带根全草，“甜地丁”为豆科植物米口袋 Gueldenstaedtia verna (Georgi) Boriss. subsp. multiflora (Bunge) H. B. Cui 及其同属近缘种的全草，“苦地丁”为本种及同属多种植物的全草。此外，远志科植物瓜子金 Polygala japonica Houtt.、狭叶香港远志 Polygala hongkongensis Hemsl. var. stenophylla Migo、小花远志 P. arvensis Willd. 和苦远志 P. sibirica L. var. megalopha Franch. 等的全草也称“地丁草”；以及唇形科植物直萼黄芩 Scutellaria orthocalyx Hand.-Mazz.，菊科植物刺苞斑鸠菊 Vernonia squarrosa (D. Don) Less. 的全草均也称“紫花地丁”。应注意上述各种之间的区别。

化学成分参考文献

[1] 郑建芳，等 . 中国药科大学学报，2007, 38(2): 112-114.

[2] Zeng, W, et al. *Planta Med*, 1987, 53(5): 418-420.

[3] Xie C, et al. *Phytochemistry*, 2004, 65(22): 3041-3047.

药理作用及毒性参考文献

[1] 韩在刚，等 . 时珍国医国药，2009, 20(8): 2054-2055.

组25. 直茎黄堇组 Sect. Strictae (Fedde) Wendelbo

多年生丛生草本，多少具白粉，具主根和粗大的多少木质化的根状茎，常具密集的叶柄残基。叶 1–2 回羽状全裂，多数肉质增厚。花黄色，较狭；外花瓣顶端盔状或钩状，具短尖；距圆钝，占花瓣全长的 1/4–1/3；柱头近圆形或四方形，具 6–10 短柱状乳突。蒴果线形至长圆形，具 1 列种子；种子平滑或具小点，种阜部位常突起；种阜小，贴生或远离。

约 25 种，我国有 9 种 1 变种。2 种可药用。

分种检索表

1. 茎挺直，粗壮，常不分枝，稀具少数腋生小枝；蒴果下垂，宽 3–4 mm；柱头具 10 乳突……………………………… 73. **直茎黄堇 C. stricta**
1. 茎不分枝至多分枝，较细瘦；蒴果直立或斜伸；柱头具 6 乳突……………………………… 74. **灰绿黄堇 C. adunca**

73. 直茎黄堇（中国高等植物图鉴） 玉门透骨草、劲直黄堇（中国沙漠植物志），直立紫堇（新疆植物检索表）

Corydalis stricta Stephan ex Fisch. in DC., Syst. Nat. 2: 123. 1821.（英 **Erect Corydalis**）

多年生灰绿色丛生草本，高 30–60 cm，具主根和多头根状茎。根状茎具鳞片和多数叶柄残基；茎具棱，劲直，多少具白粉，疏具叶。基生叶长 10–15 cm，具长柄，叶片二回羽状全裂，一回羽片约 4 对，具短柄，二回羽片约 3 枚，宽卵圆形，约长 1.2 cm，三深裂，裂片卵圆形，近具短尖。总状花序密具多花，长 3–7 cm。苞片狭披针形；花梗长 4–5 mm，下弯；花黄色，背部带浅棕色；萼片卵圆形，长 2–4 mm，有时基部具流苏状齿；外花瓣不宽展，具短尖，无鸡冠状突起，上花瓣长 1.6–1.8 cm；距短囊状，约占花瓣全长的 1/5；蜜腺体粗短，长约 1 mm。柱头小，近圆形，具 10 乳突。蒴果长圆形，长 1.5–2 cm。

直茎黄堇 **Corydalis stricta** Stephan ex Fisch.
吴锡麟　绘

分布与生境　产于甘肃、青海、新疆、四川、西藏。生于海拔 (2300–) 3450–4400 m 的高山多石地。蒙古、巴基斯坦、中亚各国和尼泊尔有分布。

药用部位　全草。

功效应用　清热解毒，活血散瘀，除湿止痛。用于高血压，肝炎，胆囊炎，全身疼痛，瘫痪，时行感冒，跌打损伤，痈肿疮毒。

化学成分　根和地上部分含生物碱类：*N*-甲基黄堇碱(*N*-methylcorypalline)，碎叶紫堇碱(cheilanthifoline)，异紫堇杷明碱(isocorypalwine)，斯氏紫堇碱(scoulerine)，异波尔定碱(isoboldine)，网状番荔枝碱(reticuline)，金罂粟碱羟甲基化物(stylopine hydroxymethylate)，*N*-甲基衡州乌药碱(*N*-methylcoclaurine)，縫毛荷包牡丹碱▲(coreximine)，威氏巴豆任▲(wilsonirine)，金罂粟碱(stylopine)，山缘草碱(adlumine)，黄堇碱(corypalline)，山缘草定碱(adlumidine)，二氢血根碱(dihydrosanguinarine)，比枯枯灵碱(bicuculline)，密花藤碱(pycnarrhine)，枣碱(juziphine; yuziphine)，帕米尔黄堇定碱▲(pancoridine)[1]，白毛茛碱(hydrastine)[2]。

注评　本种藏族药用，地上部分治头痛、发热、背痛、肝病、胆病、腹泻、瘫痪、高血压，外敷疮疖肿毒、跌打损伤。

化学成分参考文献

[1] Irgashev T, et al. *Chem Nat Compd*, 1983, 19(4): 461-463.
[2] 方起程，等 . 药学学报，1981, 16(10): 798-800.

74. 灰绿黄堇（中国高等植物图鉴） 黄花草（甘肃、青海），旱生紫堇（秦岭植物志），师子色巴（云南德钦藏语），柴布日 - 萨巴乐干纳（内蒙古蒙语）

Corydalis adunca Maxim. in Bull. Acad. Imp. Sci. Saint-Petersbourg 24: 29. 1879.（英 **Greyish Corydalis**）

多年生灰绿色丛生草本，高 20–60 cm，多少具白粉。主根具多头根状茎，向上发出多茎。茎不分枝至少分枝，具叶。基生叶具长柄，叶片狭卵圆形，二回羽状全裂，一回羽片 4–5 对，二回羽片 1–2 对，近无柄，长 5–8 mm，宽 5–6 mm，三深裂，有时裂片 2–3 浅裂。总状花序长 3–15 cm，多花，常较密集；花黄色，外花瓣顶端浅褐色；外花瓣顶端兜状，无鸡冠状突起；上花瓣长约 1.5 cm；距占花瓣全长的 1/4–1/3，末端圆钝；蜜腺体约占距长的 1/2；柱头小，近圆形，具 6 短柱状突起。蒴果长圆形，约长 1.8 cm。种子黑亮，具小凹点，种阜大。

灰绿黄堇 **Corydalis adunca** Maxim.
引自《中国高等植物图鉴》

分布与生境 产于内蒙古、宁夏、甘肃、陕西、青海、四川、西藏。生于海拔 1000–4200 m 的干旱山地、河滩地或石缝中。

药用部位 全草。

功效应用 清热解毒，活血消肿，止血，退热。用于咽喉肿痛，牙龈红肿，牙龈出血，口舌生疮。肺热，胃炎，鼻疖，鼻出血。

化学成分 根含生物碱类：紫堇碱(corydaline)，去氢紫堇碱(dehydrocorydaline)，二氢血根碱(dihydrosanguinarine)[1]。

全草含生物碱类：四氢掌叶防己碱(tetrahydropalmatine)，黄连碱(coptisine)，掌叶防己碱(palmatine)，1,2,3,4-四氢-6-甲氧基-1-[4'-羟基苯基]-甲基-7-异喹啉醇[1,2,3,4-tetrahydro-6-methoxy-1-(4'-hydroxyphenyl)-methyl-7-isoquinolinol][2]，二氢血根碱(dihydrosanguinarine)，四氢非洲防己碱(tetrahydrocolumbamine)，1,2,3,4-四氢-7-甲氧基-1-[4-甲氧基苯基]-甲基-8-异喹啉醇(1,2,3,4-tetrahydro-7-methoxy-1-(4-methoxybenzyl)-8-quinolinol)，原阿片碱(protopine)，6-丙酮基-5,6-二氢血根碱(6-acetonyl-5,6-dihydrosanguinarine)[3]；挥发油：3,7-二甲基-1,6-辛二烯-3-醇(3,7-dimethyl-1,6-octadien-3-ol)，2-氨基苯甲酸-3,7-二甲基-1,6-辛二烯-3-酯(3,7-dimethyl-1,6-octadien-3-ol-2-aminobenzoate)，4-甲基-1-(1-甲基乙基)-3-环己烯-1-醇[4-methyl-1-(1-methylethyl)-3-cyclohexen-1-ol]，(+)-α-松油醇[(+)-α-terpineol]等[4]。

药理作用 抗炎、镇痛作用：灰绿黄堇的水提物具有明显的镇痛、抗炎作用[1-2]，经过药理筛选，发现灰黄绿堇总生物碱是灰绿黄堇镇痛、抗炎的有效部位。灰黄绿堇总生物碱能抑制二甲苯所致小鼠耳肿胀、琼脂所致小鼠足肿胀，并能抑制大鼠海绵所致肉芽肿；同时具有镇痛作用，能减少冰醋酸所致小鼠扭体反应的次数和增加痛阈值[3]。灰黄绿堇总生物碱可能通过抗氧自由基作用，抑制炎性细胞活化、迁移及 NF-κB 激活，缓解小鼠结肠炎性反应，对实验性溃疡性结肠炎有很好疗效[4]。

降血压作用：灰绿黄堇总生物碱经耳脉静脉注射家兔，可引起动脉血压降低，单独加入紫堇总生物碱未观察到离体血管紧张性的改变，但在去甲肾上腺素作用的基础上加入紫堇总生物碱后，引起离体血管收缩效应减弱。紫堇总生物碱具有降低血压和抑制去甲肾上腺素引起的血管收缩等效应[5]。

毒性及不良反应 灰黄绿堇总生物碱具有一定的毒性，小鼠口服半数致死量 (LD_{50}) 为 1.87 g/kg[3]。

注评 本种藏族药用，其全草用于治头痛、发热、背痛、肝病、胆病、腹泻、四肢红肿，可活血散瘀，止痛；《四部医典蓝琉璃》载：本品有开白花、红花、黄花三种，茎有节，茎的疗效最好，生长在西藏的开蓝色花，较其他三种疗效稍差。本种也曾被误作药材“天葵子”使用。

化学成分参考文献

[1] 梁俊玉，等 . 中药材，2007, 30(11): 1386-1387.

[2] 赵东保，等 . 中国中药杂志，2005, 30(22): 1756-1757.

[3] 唐艳丽，等 . 中国中药杂志，2005, 30(3): 195-197.

[4] 张继，等 . 兰州大学学报，2003, 39(6): 67-69.

药理作用及毒性参考文献

[1] 王继生，等 . 中药药理与临床，2005, 21(5): 33.

[2] 龙晓燕 . 时珍国医国药，2007, 18(3): 599-600.

[3] 张莉，等 . 中国药房，2007, 18(12): 888-889.

[4] 马国中 . 中国实用医药，2008, 3(29): 8-10.

[5] 侯天德，等 . 西北师范大学学报 (自然科学版), 2004, 40(4): 71-73.

组26. 石生黄堇组 Sect. Thalictrifoliae Fedde ex Lidén

多年生丛生石隙草本，具主根。茎多少易脆断和肉质，花葶状或具花葶状花枝。叶 1–2 回羽状全裂。苞片椭圆形，披针形至线形。花黄色，稀淡紫红色至白色，具短而钝的距；柱头 2 叉状分裂，各枝顶端具 2–3 并生的乳突。果梗常弯曲。

7 种，2 变种，均产于我国，其中 5 种可药用。

分种检索表

1. 花淡紫红色至近白色，长约 2 cm，具浅鸡冠状突起……………………79. **房山紫堇 C. fangshanensis**

1. 花黄色或金黄色。

  2. 花较大，长 2–2.5 cm；果实线形，较狭长；叶的末回羽片较大而质薄。

    3. 外花瓣具高而仅限于龙骨突起之上的鸡冠状突起，不伸达顶端；苞片较大，明显长于花梗；果实无明显的棱……………………75. **石生黄堇 C. saxicola**

    3. 外花瓣无或仅具浅而伸达顶端的鸡冠状突起；苞片约与花梗等长或稍短；果实具 4 棱……………………76. **川鄂黄堇 C. wilsonii**

  2. 花较小，长 2 cm 以下；叶的末回羽片较小而厚。

    4. 植株无毛；花长约 1.5 cm；果实长圆形，较短；茎不分枝或少分枝……………………77. **宽裂黄堇 C. latiloba**

    4. 植株具白色短绒毛；花长约 1.7 cm，果实线形，明显较长……………………78. **毛黄堇 C. tomentella**

75. 石生黄堇（中国高等植物图鉴补编） 岩黄连（湖北、四川、贵州、广西），岩连（四川金阳），黄连（湖北、云南）

Corydalis saxicola Bunting in Baileya 13: 172. 1956.（英 **Rockliving Corydalis**）

多年生草本，高 30–40 cm，具粗大主根和单头至多头的根状茎。茎分枝或不分枝；枝条与叶对生，花葶状。基生叶长 10–15 cm，具长柄，叶片约与叶柄等长，二回至一回羽状全裂，末回羽片楔形至倒卵形，长 2–4 cm，宽 2–3 cm，不等大 2–3 裂或边缘具粗圆齿。总状花序长 7–15 cm，多花，先密集，后疏离；苞片椭圆形至披针形，全缘；花金黄色，平展；上花瓣长 2.5 cm；距约占花瓣全长的 1/4，稍下弯，末端囊状；蜜腺体短，约贯穿距长的 1/2；下花瓣长约 1.8 cm，基部近具小瘤状突起；柱头 2 叉状分裂，各枝顶端具 2 裂的乳突。蒴果线形，下弯，长约 2.5 cm，具 1 列种子。

分布与生境 产于浙江、湖北、陕西、四川、云南、贵州、广西，散生于海拔 600–1690 m 的石灰岩缝隙中，在四川西南部海拔可升至 2800–3900 m。

药用部位 根及全草。

功效应用 清热解毒，镇痛，利湿，止血。用于口舌糜烂，目赤目翳，腮腺炎，牙痛，急性腹痛，急性黄疸型肝炎，肝区疼痛，痢疾，痔疮出血，晚期癌症痛。

化学成分 全草含生物碱类：1-硝基原卡文定碱(1-nitro-apocavidine)[1]，原卡文定碱(apocavidine)，碎叶紫堇碱(cheilanthifoline)，2,9,10-三羟基-3-甲氧基四氢原小檗碱(2,9,10-trihydroxy-3-

石生黄堇 **Corydalis saxicola** Bunting
李锡畴　绘

石生黄堇 **Corydalis saxicola** Bunting
摄影：余丽莹

methoxytetrahydroprotoberberine)，内消旋-四氢刻叶紫堇明碱(*meso*-tetrahydrocorysamine)，石生黄堇林碱▲(thalictrifoline)，13*β*-羟基金罂粟碱(13*β*-hydroxystylopine)，金罂粟碱(stylopine)，风龙碱▲(sinactine; tetrahydroepiberberine)，四氢掌叶防己碱(tetrahydropalmatine)，四氢巴马亭红碱(tetrahydropalmatrubine)，异紫堇杷明碱(isocorypalmine)，斯氏紫堇碱(scoulerine)[2]，欧洲小檗碱▲(oxyacanthine)[3]，二氢血根碱(dihydrosanguinarine)，紫堇碱(corydaline)，卡文定碱(cavidine)，二氢白屈菜红碱(dihydrochelerythrine)，原阿片碱(protopine)，山缘草定碱(adlumidine)，(-)-多花罂粟碱[(-)-salutaridine]，台湾唐松草碱▲(thalifaurine)，6-丙酮基-5,6-二氢血根碱(6-acetonyl-5,6-dihydrosanguinarine)，石生黄堇碱▲A (saxicolaline A)，去氢原卡文定碱(dehydroapocavidine)，(+)-荷花玉兰碱[(+)-magnoflorine]，*N*-甲基那碎米辛(*N*-methylnarceimicine)[4]，去氢卡文定碱(dehydrocavidine)，去氢异原卡文定碱(dehydroisoapocavidine)，小檗碱(berberine)，黄连碱(coptisine)，去氢异紫堇杷明碱(dehydroisocorypalmine)，四氢斯氏紫堇碱▲(tetradehydroscoulerine)，7,8,13,13a-四去氢-2-羟基-3-假氧基-9,10-(亚甲二氧基)-小檗因[7,8,13,13a-tetradehydro-2-hydroxy-3-methoxy-9,10-(methylenedioxy)-berbinium]，1-甲酰基-5-甲氧基-6-甲基-二氢吲哚(1-formyl-5-methoxy-6-methyl-indoline)，1-甲酰基-2-羟基-5-甲氧基-6-甲基二氢吲哚(1-formyl-2-hydroxy-5-methoxy-6-methylindoline)[5]，掌叶防己碱(palmatine)，去氢稀疏木瓣树胺▲(dehydrodiscretamine)，去氢碎叶紫堇碱(dehydrocheilanthifoline)，黄堇碱(corypalline)，阿魏酰鲱精胺(feruloylagmatine)，(-)-深山黄堇碱[(-)-pallidine]，(+)-异可利定[(+)-isocorydine]，白屈菜红碱(chelerythrine)，(-)-斯氏紫堇碱▲[(-)-scoulerine]，(+)-碎叶紫堇碱[(+)-cheilanthifoline]，(-)-卡文定碱[(-)-cavidine]，(-)-四氢掌叶防己碱[(-)-tetrahydropalmatine][6]，岩黄连灵碱(cavidilinine)，别隐品碱(allocryptopine)，小檗红碱(berberrubine)[7]，白毛茛定▲(canadine)[8]；三萜类：*β*-香树脂醇乙酸酯(*β*-amyrin acetate)[3]，*β*-香树脂醇(*β*-amyrin)，白桦脂醇(betulin)，白桦脂酸(betulinic acid)，齐墩果酸(oleanolic acid)[7]；黄酮类：槲皮素-3-*O*-*β*-D-半乳糖苷(quercetin-3-O-*β*-D-galactoside)，5-羟基-3',4',6,7-四甲氧基黄酮醇(5-hydroxy-3',4',6,7-tetramethoxyflavonol)[7]；甾体类：*β*-谷甾醇，胡萝卜苷，环桉烯醇(cycloeucalenol)[3]；碱基类：尿嘧啶(uracil)[7]。

药理作用　镇痛和抑制中枢神经作用：石生黄堇（又称岩黄连）总生物碱皮下注射具有抑制小鼠扭体反应的倾向；在大鼠甩尾法试验中，能提高大鼠对热刺激的痛阈，其镇痛作用大致与安替比林相当，但远弱于哌替啶[1]。岩黄连总碱能明显抑制咖啡因诱发小鼠的兴奋活动，使猴和猫驯服，并使部分猴和猫产生“僵住症”，明显抑制由电刺激引起的小鼠“激怒”反应，阻断大鼠的条件反射，而对非条件反射几乎没有影响。岩黄连总碱对纹状体 5- 羟色胺 (5-HT) 和 5- 羟吲哚乙酸水平都有降低作用。而对边缘系统 5-HT 有升高作用。岩黄连总碱多由异喹啉类生物碱组成，对大鼠中枢单胺类神经递质有排空作用，使纹状体边缘系统多巴胺水平下降，二羟苯乙酸、高香荚兰酸及 5- 羟吲哚乙酸水平升高，其中四氢掌叶防己碱作用最强[2]。

调节免疫作用：岩黄连总生物碱在体内增加小鼠的溶血空斑值，增强小鼠的迟发型超敏反应，在体外增强同种异型小鼠脾细胞的混合培养反应和增强有丝分裂原刺激脾细胞的增殖反应。可促进 T 细胞产生 IL-2 和 IFN-γ[3]。

抗菌抗病毒作用：岩黄连对甲、乙、丙肝炎病毒均有不同程度的抑制和杀灭作用，并能较快产生抗体，且岩黄连能有效稳定肝细胞膜、线粒体膜，起保肝护肝作用[4-6]。其活性成分去氢卡文定碱、卡文定碱等对金黄色葡萄球菌，乙型溶血性链球菌、白喉杆菌有明显的抑制作用。体外抗菌试验证明去氢卡文定碱对革兰阳性菌株有一定的抑制作用，而对革兰阴性菌无抑制作用[7]。

抗肿瘤作用：腹腔注射岩黄连总碱，对移植性动物肿瘤有一定的抑制作用[4]。岩黄连对小鼠艾氏腹水癌、小鼠肉瘤 180 (S180) 和小鼠肝癌腹水 (HAC) 的细胞代谢有明显抑制作用，且抑制癌细胞耗氧方面比 5- 氟尿嘧啶作用强，其中 S180 对岩黄连的作用最为敏感，而 HAC 稍差。

其他作用：石生黄堇生物碱能抑制 DNA 拓扑异构酶活性[8]。

注评　本种为广西中药材标准（1990）收载“岩黄连”的基源植物，又称“土黄连”，药用其干燥全草。本种彝族药用，全草治火眼、翳膜、痔疮出血、红痢、腹痛、腮腺炎、喉炎、牙痛、胆囊炎、肝炎、跌打损伤、外伤出血等。

化学成分参考文献

[1] Li HL, et al. *Chin Chem Lett*, 2005, 16(3): 367-368.
[2] Li HL, et al. *Chem Nat Compd*, 2007, 43(2): 173-175.
[3] 王奇志，等 . 中国天然药物，2007, 5(1): 31-34.
[4] Wu YR, et al. *Planta Med*, 2007, 73(8): 787-791.
[5] Li HL, et al. *Chem Biodivers*, 2008, 5(5): 777-783.
[6] Cheng XX, et al. *Chem Biodivers*, 2008, 5(7): 1335-1344.
[7] 王奇志，等 . 中国天然药物，2009, 7(6): 414-416.
[8] 刘朝亮，等 . 时珍国医国药 , 2010, 21(11): 3027-3028.

药理作用及毒性参考文献

[1] 黄燮南，等 . 遵义医学院学报，1981, 4(2): 228.
[2] 吴春福，等 . 沈阳药学院学报，1994, 11(2): 101-103.
[3] 童鲲 . 免疫学杂志，1995, 11(4): 238.
[4] 谢沛珊，等 . 时珍国医国药，1996, 7(1): 19-20.
[5] 尹华，等 . 实用医学杂志，2001, 17(8): 782-783.
[6] 任仲轩 . 临床荟萃，2003, 18(2): 94-95.
[7] Li HL, et al. *Chem Biodivers*, 2008, 5(5): 777-783.
[8] 叶琦莉，等 . 广西中医药，1984, 7(3): 48-49.
[9] Cheng X, et al. *Chem Biodivers*, 2008, 5(7): 1335-1344.

76. 川鄂黄堇（中国高等植物图鉴）　岩黄连、土黄连（神农架），金花草（四川）

Corydalis wilsonii N. E. Br. in Gard. Chron. 2: 123. 1903.（英 **Wilson Corydalis**）

灰绿色多年生草本，具主根，高 15–30 cm。初生茎花葶状。基生叶莲座状丛生，叶长 7.5–10 cm，具长柄，叶片二回羽状全裂。总状花序密具多花，花金黄色，外花瓣顶端带绿色，上花瓣长约 2 cm；距圆钝，约占花瓣全长的 1/3，多少弧形下弯；蜜腺体短，约占距长的 1/2；子房线形，柱头 2 叉状分裂，各枝顶端具 2 乳突。蒴果线形，多少弧形弯曲。种子小，光亮。

分布与生境　产于湖北。生于海拔 3000 m 左右的岩石缝隙。

药用部位　全草。

功效应用　清热解毒，祛风，利湿，行气止痛，活血祛瘀，止血，杀虫。用于风湿症，跌打损伤。

川鄂黄堇 **Corydalis wilsonii** N. E. Br.
引自《中国高等植物图鉴》

川鄂黄堇 **Corydalis wilsonii** N. E. Br.
摄影：南程慧

77. 宽裂黄堇（云南种子植物名录） 岩黄连（四川金阳），岩莲（云南禄劝）

Corydalis latiloba (Franch.) Hand.-Mazz., Symb. Sin. 7(2): 342. 1931.（英 **Broadlobe Corydalis**）

灰绿色丛生草本，高 10–30 cm。茎花葶状。基生叶具长柄，叶片长圆形至卵圆形，二回羽状全裂。总状花序长 5–10 cm，多花密集；花黄色，平展；上花瓣长约 1.5 cm；距圆钝，稍下弯，约占花瓣全长的 1/4；蜜腺体约占距长的 1/2；柱头横向伸出 2 臂，各枝顶端具 2 靠近的乳突。蒴长圆形，斜伸或弧形下弯。种子直径约 1.5 mm。

分布与生境　产于云南、四川。生于海拔 1350–2400 m 的石灰岩石缝中。

药用部位　全草。

功效应用　清热解毒。用于胃溃疡，胃炎，跌打坐骨神经痛。

78. 毛黄堇（中药大辞典） 土黄芩、岩黄连（湖北巴东，陕西镇坪），三尖刀（四川），毛黄堇（中药大辞典）

Corydalis tomentella Franch. in J. Bot. (Morot) 8(17): 292. 1894.（英 **Hair Corydalis**）

丛生草本，高 20–25 cm，具白色而卷曲的短绒毛。主根顶端常具少数叶残基。茎花葶状，约与叶等长，无叶或下部具少数叶。基生叶具长柄，基部具鞘，叶片披针形，二回羽状全裂；一回羽片 5–6 对，疏离，具短柄；二回羽片近无柄，卵圆形至近圆形，顶生的较大，约长 1 cm，宽 1.2 cm，三深裂，侧生的长 5–6 mm，宽 5 mm，全缘至 2–3 裂。总状花序约具 10 花，先密集，后疏离；苞片披针形，长约 9 mm，具短绒毛；花梗长 5–10 mm，花黄色，近平展；萼片卵圆形，长约 1.5 mm，全缘或下部多少具齿；上花瓣长 1.5–1.7 cm；距圆钝，约占花瓣全长的 1/4；蜜腺体约贯穿距长的 1/2，末端近渐尖；子房线形，具细长的花柱，柱头 2 叉状分裂，各枝顶端具 2–3 并生乳突。蒴果线形，长 3–4 cm，被毛。种子黑亮，平滑。

分布与生境　产于湖北、四川、重庆、陕西。生于海拔 700–950 m 的岩石缝隙。

药用部位　全草。

功效应用　清热解毒，祛痰止痛，凉血活血，止血止泻。用于流行性感冒，发热，跌打损伤，关节痛，咽喉肿痛，牙龈肿痛，腹痛，腹泻，咯血，劳伤吐血，火眼，疮毒痈肿。

化学成分 全草含生物碱类：尼泊尔黄堇碱▲(henderine)，紫堇灵(corynoline)，原阿片碱(protopine)，β-别隐品碱(β-allocryptopine)；脂肪烃类：二十九烷-5,10-二醇(nonacosan-5,10-diol)，二十九烷-10-醇(nonacosan-10-ol)[1]。

注评 本种藏族药用，全草治流行性感冒、发热。

毛黄堇 **Corydalis tomentella** Franch.
摄影：林茂祥

化学成分参考文献

[1] 樊竹婷，等. 西藏科技，2002, 8: 63-64.

79. 房山紫堇（北京植物志） 石黄连、土黄连（河北）

Corydalis fangshanensis W. T. Wang ex S. Y. He, Fl. Beijing, rev. ed. 1: 282, 670, f. 356. 1984.

（英 **Fangshan Corydalis**）

灰绿色丛生草本，高 20–30 cm，具主根。根状茎多头，向上发出多茎。茎不分枝，花葶状，无叶或有时基部具 1–2 叶。基生叶多数，约与花葶等长；叶柄稍长于叶片；叶片披针形，二回羽状全裂，

房山紫堇 **Corydalis fangshanensis** W. T. Wang ex S. Y. He
吴锡麟 绘

房山紫堇 **Corydalis fangshanensis** W. T. Wang ex S. Y. He
摄影：汪远

一回羽片 5–7 对，具短柄，末回羽片倒卵形，基部楔形，长 1.5–2 cm，宽 1.3–2 cm，三深裂，裂片常 2–3 浅裂。总状花序长 5–8 cm，疏具多花；苞片披针形，约与花梗等长；花淡红紫色至近白色，平展；萼片卵圆形，全缘，长约 2 mm；外花瓣宽展，渐尖，具浅鸡冠状突起；上花瓣长约 2 cm；距囊状，约占花瓣全长的 1/4；蜜腺体约贯穿距长的 1/2；雄蕊束披针形；子房线形，约长于花柱 2 倍，柱头横向伸出 2 臂，各枝顶端具 2 裂的乳突。蒴果线形，下垂，长约 2 cm，具 1 列种子。种子肾形，直径约 1.5 mm，种阜柄状，紧贴。

分布与生境 产于北京、河北、山西、河南等地。生于海拔 500–1600 m 的石灰岩多石山坡。

药用部位 根。

功效应用 清热解毒。用于疮疥，发热。

注评 本种为北京市二级保护野生植物。

组27. 小花黄堇组 Sect. Racemosae Fedde

二年生或多年生草本，具细瘦主根。茎或花枝花葶状。叶二回羽状全裂。苞片小，全缘。花黄色至苍白色，通常具短距；柱头宽浅，具 4 短柱状乳突，顶生 2 枚叉分，侧生 2 枚呈 2 臂状伸出，先下延后弧形上弯。蒴果线形，略具肿节。

5 种，产于中国和日本。3 种可药用。

分种检索表

1. 基生叶少或早枯；茎发自根的顶端，分枝，具叶，枝条类花葶状；花小，距短而平展或上升不明显。
    2. 果实蛇形弯曲，花较大，长 9–12 mm，距约占花瓣全长的 1/3……………………82. **蛇果黄堇 C. ophiocarpa**
    2. 果实线形，不蛇形弯曲，花较小，长 6–7 mm，距约占花瓣全长的 1/5，外花瓣较狭……………………83. **小花黄堇 C. racemosa**
1. 基生叶多数，约与茎等长；茎花葶状，发自基生叶腋；总状花序常伴生有无距的败育花；花较大，长 1.2 cm 以上，距较长，上弯。
    3. 绿色草本；叶的一回羽片约 10 对，末回裂片较狭；花较小，长 1.2–1.6 cm，距约占花瓣全长的 1/3……………………80. **地柏枝 C. cheilanthifolia**
    3. 灰绿色草本；叶的一回羽片约 5 对，末回裂片较宽展；花较大，长约 2 cm，距约占花瓣全长的 1/2……………………81. **尿罐草 C. moupinensis**

80. 地柏枝（四川巫溪） 碎米蕨叶黄堇（中国高等植物图鉴补编），石菜子（四川南江），雀雀菜（四川南川），地黄连（湖北巴东）

Corydalis cheilanthifolia Hemsl. in J. Linn. Soc., Bot. 29(202): 302. 1892.（英 **Chinese Corydalis**）

丛生草本，高 10–25 (–45) cm，具主根。茎花葶状，约与叶等长或稍长，分枝或不分枝，无叶，侧枝基部具苞片。基生叶具长柄，叶片披针形，宽约 5 cm，二回羽状全裂，一回羽片约 10 对，近无柄，二回羽片 5–7 对，无柄，卵圆形至披针形，下部的 3–5 裂，上部的全缘。总状花序疏具多花，苞片狭披针形，约与花梗等长或稍长；花黄色，长 1.2–1.6 cm，近 U 字形，有时伴生有较小的败育的无距花；外花瓣渐尖，无鸡冠状突起；距向上斜伸，约占花瓣全长的 1/3；蜜腺体占距长的 1/2 以上；内花瓣具浅鸡冠状突起，爪短于瓣片；雄蕊束披针形；子房线形，约与花柱等长；柱头宽浅，具 4 乳突，顶生 2 枚广角状叉分，侧生 2 枚二臂状伸向两侧，先下延，后弧形上弯。蒴果线形，伸展或弧形下弯，具 1 列种子。

分布与生境 产于湖北、贵州、四川和重庆、甘肃。生于海拔 850–1700 m 的阴湿山坡或石隙。

药用部位 全草。

功效应用 清热利湿，止血。用于急性黄疸型肝炎，全身浮肿，肺结核咯血，吐血，痔疮出血；外用

地柏枝 **Corydalis cheilanthifolia** Hemsl.
引自《中国高等植物图鉴》

地柏枝 **Corydalis cheilanthifolia** Hemsl.
摄影：叶喜阳

于外伤出血，烧烫伤。

化学成分 地上部分含生物碱类：小檗碱(berberine)，黄连碱(coptisine)，原阿片碱(protopine)，蛇果紫堇碱(ophiocarpine)，白毛茛定▲(canadine)，α-别隐品碱(α-allocryptopine)，(-)-13β-羟基金罂粟碱[(-)-13β-hydroxystylopine]，(-)-β-白毛茛定▲甲羟化物[(-)-β-canadine methohydroxide]，金罂粟碱(stylopine)，血根碱(sanguinarine)[1]；苯丙素类：反式-阿魏酸(*trans*-ferulic acid)[1]。

化学成分参考文献

[1] Oroszlan P, et al. *Planta Med*, 1985, (3):286.

81. 尿罐草（四川天全） 断肠草（四川越西）

Corydalis moupinensis Franch. in Nouv. Arch. Mus. Hist. Nat. ser. 2, 8: 198. 1886.（英 **Muping Corydalis**）

灰绿色丛生草本，高 20–30 cm，具主根。茎花葶状。基生叶多数，具长柄，叶片披针形，长 10–15 cm，二回羽状全裂。总状花序疏具多花，有时伴生有败育的无距花；花黄色，长 1.8–2 cm，多少呈 U 字形弯曲；距上弯，约与瓣片等长；蜜腺体约占距长的 3/4；柱头浅而宽展，具 4 乳突。蒴果线形，斜升，不下弯，长 3–4 cm，具 1 列种子。

分布与生境 产于四川西部、云南西北部。生于海拔 1000–2500 m 的杂木林下或石隙。

药用部位 全草。

功效应用 杀虫、解毒。外用治疗疥疮，皮肤瘙痒，毒蛇咬伤。有毒。

尿罐草 **Corydalis moupinensis** Franch.
吴锡麟 绘

82. 蛇果黄堇（中国高等植物图鉴） 弯果黄堇（台湾植物志）断肠草（四川、云南），小前胡（湖北），帕夏嘎（西藏亚东藏语）

Corydalis ophiocarpa Hook. f. et Thomson, Fl. Ind. 1: 259. 1855.——*C. japonica* Makino（英 **Snakefruit Corydalis**）

丛生灰绿色草本，高 30–120 cm，具主根。茎常多条，枝条花葶状。基生叶多数，长 10–50 cm；叶柄约与叶片等长；叶片长圆形，二回至一回羽状全裂，一回羽片 4–5 对，具短柄，二回羽片 2–3 对，无柄，倒卵圆形至长圆形，3–5 裂，裂片长 3–10 mm，宽 1–5 mm，具短尖。总状花序长 10–30 cm，多花，具短花序轴；苞片线状披针形；花淡黄色至苍白色，平展；上花瓣长 9–12 mm；距短囊状，占花瓣全长的 1/4–1/3，多少上升；蜜腺体约贯穿距长的 1/2；子房线形；柱头宽浅，具 4 乳突，侧生 2 枚呈两臂状伸出。蒴果线形，蛇形弯曲，具 1 列种子。种子小，黑亮。

分布与生境 产于河北、山西、河南、陕西、甘肃、青海、宁夏、安徽、湖北、湖南、江西、四川、贵州、云南、西藏、台湾。生于海拔 (200–) 1100–2700 (–4000) m 的沟谷林缘。印度（锡金）、不丹、日本有分布。

药用部位 全草。

功效应用 清热解毒，祛风除湿，镇痛，活血散瘀。用于肺结核咳嗽，流行性感冒发热，胆囊炎，肝炎，瘫痪，痢疾；外用于疮疖痈肿，皮肤瘙痒，跌打损伤，风痒症。

化学成分 全草含生物碱类：小檗碱(berberine)，黄连碱(coptisine)，(-)-蛇果紫堇碱[(-)-ophiocarpine]，原阿片碱(protopine)，白毛茛定▲(canadine)，(-)-金罂粟碱[(-)-stylopine]，血根碱(sanguinarine)，白屈菜红碱(chelerythrine)，刻叶紫堇明碱(corysamine)，*α*-别隐品碱(*α*-allocryptopine)，(-)-紫堇杷明碱[(-)-corypalmine]，(-)-蛇果紫堇碱-*N*-氧化物[(-)-ophiocarpine-*N*-oxide][1]，降氧化白毛茛分碱(noroxyhydrastinine)，*l*-异紫堇杷明碱(*l*-isocorypalmine)，*l*-碎叶紫堇碱(*l*-cheilanthifoline)，黄堇碱(corypalline)，去氢碎叶紫堇碱盐酸盐(dehydrocheilanthifoline chloride)，去氢黄堇碱盐酸盐

蛇果黄堇 **Corydalis ophiocarpa** Hook. f. et Thomson
李锡畴　绘

蛇果黄堇 **Corydalis ophiocarpa** Hook. f. et Thomson
摄影：徐克学

(dehydrocorypalline chloride)，氯化胆碱(choline chloride)[2]，蛇果黄堇定(carpoxidine)，13β-羟基金罂粟碱(13β-hydroxystylopine)[3]。

注评　本种傈僳族药用，全草治跌打损伤、气血不调、坐板疮、风痒症；藏族也药用，全草治肝胆实热血分热症、血热引起的头痛、高血压、跌打瘀痛，用根治偏瘫，外敷治疮疖肿毒。

化学成分参考文献

[1] Preininger V, et al. *Planta Med*, 1979, 36(3): 213-218.

[2] Tani C, et al. *Yakugaku Zasshi*, 1978, 98(12) : 1658-1662.

[3] Tani C, et al. *Yakugaku Zasshi*, 1978, 98(9): 1243-1251.

83. 小花黄堇（中国高等植物图鉴） 黄花地锦苗（植物名实图考、江西、湖南），断肠草、白断肠草（四川），黄堇（江西）

Corydalis racemosa (Thunb.) Pers., Syn. Pl. 2: 270.. 1807.——*Fumaria racemosa* Thunb.（英 **Racemose Corydalis**）

灰绿色丛生草本，高 30–50 cm，具主根。茎具棱，分枝，具叶，枝条花葶状，对叶生。基生叶具长柄，常早枯萎。茎生叶具短柄，叶片三角形，二回羽状全裂，一回羽片 3–4 对，具短柄，二回羽片 1–2 对，卵圆形至宽卵圆形，约长 2 cm，宽 1.5 cm，通常二回三深裂，末回裂片圆钝，近具短尖。总状花序长 3–10 cm，密具多花，后渐疏离；苞片披针形至钻形；花梗长 3–5 mm；花黄色至淡黄色；上花瓣长 6–7 mm；距短囊状，占花瓣全长的 1/6–1/5；蜜腺体约占距长的 1/2。子房线形，近扭曲，约与花柱等长；柱头宽浅，具 4 乳突，顶生 2 枚呈广角状叉分，侧生的先下弯再弧形上升。蒴果线形，具 1 列种子。种子黑亮，近肾形，具短刺状突起，种阜三角形。

分布与生境　产于陕西、甘肃、河南、湖北、湖南、江西、安徽、江苏、浙江、福建、台湾、广东、广西、四川、贵州。生于海拔 400–1600 (–2070) m 的林缘阴湿地或多石溪边。日本有分布。

小花黄堇 **Corydalis racemosa** (Thunb.) Pers.
引自《中国高等植物图鉴》

小花黄堇 **Corydalis racemosa** (Thunb.) Pers.
摄影：徐克学

药用部位 全草。

功效应用 清热解毒，利尿，杀虫，止痢，止血。用于暑热泻痢，痢疾便血，湿热黄疸，肺结核咯血，小儿惊风，目赤，疮毒痈肿，流水疥癣，蛇虫咬伤，顽癣，银屑病。

化学成分 含生物碱类：原阿片碱(protopine)，*dl*-四氢黄连碱(*dl*-tetrahydrocoptisine)[1]。

全草含生物碱类：四氢掌叶防己碱(tetrahydropalmatine)[1]；

化学成分参考文献

[1] Lin CN, et al. *Huaxue*, 1971, (1): 22-23.

[2] 蒋遐芝，等. 北京中医药大学学报，2010, 33(10): 673-675.

组28. 黄堇组 Sect. Sophorcapnos (Turcz.) M. Popov

一年生、二年生或多年生草本，通常具主根；苞片披针形，全缘；花黄色，距较短，末端囊状；果实线形或长圆形，常呈念珠状；柱头深裂，呈二臂状叉分，各枝顶端具 3–4 乳突；种子具圆锥状突起或凹点状印痕。

约 10 种，间断分布于东亚和北美。我国有 8 种 1 变种，其中 5 种可药用。

分种检索表

1. 果实长圆形，具 2 列种子或具二型果实 ………………………… 88. **异果黄堇 C. heterocarpa**
1. 蒴果线形，具 1 列种子。
  2. 蒴果平滑；花枝花葶状；地上茎合轴生长 ………………………… 87. **北越紫堇 C. balansae**
  2. 蒴果念珠状或有时部分呈念珠状；花枝常腋生；地上茎单轴生长。
    3. 蒴果种子间缢缩，仅有时有的部位呈不规则念珠状，成熟时不脱落，果瓣自下而上开裂，胎座框宿存；种子表面仅具糙点；叶近于一回羽状全裂 ………………………… 86. **阜平黄堇 C. chanetii**

3. 蒴果呈规则念珠状，成熟时自果梗顶端脱落；种子具圆锥状（或刺状）突起；叶二回羽状分裂。
 4. 叶的末回裂片较宽展；花序疏具多花；花黄色或淡黄色……………………………………84. **黄堇 C. pallida**
 4. 叶的末回裂片较狭；花序密具多花；花金黄色………………………………………………85. **珠果黄堇 C. speciosa**

84. 黄堇（北京植物志） 深山黄堇（全国中草药汇编），山黄堇（北京植物志），珠果黄堇（东北植物检索表），黄花地丁（北方）

Corydalis pallida (Thunb.) Pers., Syn. Pl. 2: 270. 1807.——*Fumaria pallida* Thunb.（英 **Yellowflower Corydalis**）

灰绿色丛生草本，高 20–60 cm，具主根。茎常上部分枝。基生叶多数，莲座状，花期枯萎；茎生叶稍密集，下部的具柄，上部的近无柄，上面绿色，下面苍白色，二回羽状全裂，一回羽片 4–6 对，具短柄至无柄，二回羽片无柄，顶生的较大，三深裂，裂片边缘具圆齿状裂片。总状花顶生和腋生；花梗长 4–7 mm；花黄色至淡黄色，平展；外花瓣顶端勺状，具短尖，无鸡冠状突起；上花瓣长 1.7–2.3 cm；距约占花瓣全长的 1/3，背部平直，腹部下垂，稍下弯；蜜腺体约占距长的 2/3，末端钩状弯曲；子房线形，柱头具横向伸出的 2 臂，各枝顶端具 3 乳突。蒴果线形，念珠状，长 2–4 cm，宽约 2 mm，斜伸至下垂，具 1 列种子。种子黑亮，直径约 2 mm，表面密具圆锥状突起。

分布与生境 产于东北、华北、山东、河南、陕西、江苏、安徽、湖北、浙江、江西、福建、台湾。生林间空地、火烧迹地、林缘、河岸或多石坡地。朝鲜北部、日本及俄罗斯有分布。

药用部位 全草，根。

功效应用 清热解毒，消炎，消肿，杀虫。用于热毒痈肿，无名肿毒，化脓性中耳炎，顽癣，白斑，目赤，眼痛，腹痛，痢疾，痔疮。有毒。

化学成分 全草含生物碱类：小檗碱(berberine)，*N*-反式-阿魏酰酪胺(*N*-*trans*-feruloyltyramine)，*N*-反式-阿魏酰甲氧基酪胺(*N*-*trans*-feruloylmethoxytyramine)[1]，原阿片碱(protopine)，黄堇碱(corypalline)，金紫堇碱▲(capaurine)，金紫堇定▲(capauridine)，(-)-四氢掌叶防己碱[(-)-tetrahydropalmatine]，金紫堇碱甲醚▲(capaurine methyl ether)，金紫堇明碱▲(capaurimine)[2]，山延胡索宁碱▲(bulbocapnine)[3]，深山黄堇碱(pallidine)，紫堇达明碱(corydalmine; kikemanine)[4]；挥发油：2-(1-甲基乙氧基)-乙醇，3-甲基-6-(1-

黄堇 **Corydalis pallida** (Thunb.) Pers.
吴锡麟 绘

黄堇 **Corydalis pallida** (Thunb.) Pers.
摄影：周繇

甲基乙基)-环己烯，3-己烯-1-醇等[5]。

药理作用 黄堇提取物中的生物碱具有细胞毒作用，对人类纤维肉瘤 HT-1080 和人胃腺癌 SUN-638 具有抑制作用[1]。

化学成分参考文献

[1] Kim HR, et al. *Arch Pharm Res*, 2005, 16(3): 367-368.

[2] Manske RHF. *Canadian Journal of Research, Section B: Chemical Sciences*, 1940, 18B: 80-83.

[3] Polyakova AF, et al. *Tr Alma-At Med Inst*, 1970, 26: 458-460.

[4] Kametani T, et al. *J Chem Soc, Chem Commun*, 1969, 22: 1301.

[5] 徐攀，等 . 中草药，2009, 40(增刊): 108-109.

药理作用及毒性参考文献

[1] Kim HR, et al. *Arch Pharm Res*, 2005, 28(11): 1224-1227.

85. 珠果黄堇（中国高等植物图鉴补编） 狭裂珠果黄堇（东北植物检索表），胡黄堇（吉林）

Corydalis speciosa Maxim., Gartenflora 250, t. 343. 1858.——*Corydalis pallida* (Thunb.) Pers. var. *speciosa* (Maxim.) Kom.（英 **Beautiful Corydalis**）

珠果黄堇 **Corydalis speciosa** Maxim.
摄影：徐克学

多年生灰绿色草本，高 40–60 cm，具主根。下部茎生叶具柄，上部的近无柄，叶片长约 15 cm，狭长圆形，二回羽状全裂，一回羽片 5–7 对，下部的较疏离，上部的较密集，二回羽片 2–4 对，卵状椭圆形，上面绿色，下面苍白色，长 1–1.5 cm，羽状深裂，裂片线形至披针形，具短尖。总状花序生茎和腋生枝的顶端，密具多花，长 5–10 cm，果期延长；苞片披针形至菱状披针形；花梗长约 7 mm，果期下弯；花金黄色，近平展；上花瓣长 2–2.2 cm，距约占花瓣全长的 1/3，背部平直，末端囊状；蜜腺体约占距长的 1/2，末端钩状弯曲；下花瓣基部多少具小瘤状突起；柱头呈二臂状横向伸出，各枝顶端具 3 乳突。蒴果线形，长约 3 cm，念珠状，具 1 列种子。种子黑亮，边缘具密集的小点状印痕。

分布与生境 产于东北、河北、山东、河南、江苏、浙江、江西、湖南。生于林缘、路边或水边多石地。俄罗斯远东地区、朝鲜、日本有分布。

药用部位 全草。

功效应用 清热解毒，行气止痛，活血散瘀，消肿。用于痈疮热疖，无名肿毒，角膜充血。

化学成分 地上部分含生物碱类：小檗碱(berberine)，掌叶防己碱(palmatine)，紫堇西定碱(corynoxidine)[1]，原阿片碱(protopine)[1-2]，黄堇碱(corypalline)，α-别隐品碱(α-allocryptopine)，金紫堇碱▲(capaurine)，金紫堇明碱▲(capaurimine)，四氢掌叶防己碱(tetrahydropalmatine)[2]，反式-3-亚乙基-2-吡咯酮(*trans*-3-ethylidene-2-pyrrolidone)，二氢血根碱(dihydrosanguinarine)，*dl*-四氢黄连碱(*dl*-tetrahydrocoptisine)[3]；脂肪醇类：二十九碳醇[3]。

化学成分参考文献

[1] Kim DK, et al. *Arch Pharm Res*, 2004, 27(11): 1127-1131.

[2] Tani C, et al. *Yakugaku Zasshi*, 1975, 95(7): 838-842.

[3] 罗士德，等 . 云南植物研究 , 1983, 5(3): 315-316.

86. 阜平黄堇（中国植物志） 河北黄堇（河北植物志）

Corydalis chanetii H. Lév. in Repert. Spec. Nov. Regni Veg. 10: 348. 1912.——*C. pallida* (Thunb.) Pers. var. *chanetii* (H. Lév.) Govaerts（英 **Chanet Corydalis**）

从生草本，高 (20–) 30–40 cm，具主根。茎生叶长约 10 cm，羽状全裂，全部羽片卵圆形，具缺刻状圆齿。总状花序顶生，苞片披针形；花淡黄色，平展；外花瓣渐尖，无鸡冠状突起；上花瓣长 1.5–1.75 cm，近直；距约占花瓣全长的 1/2 或稍短；蜜腺体占距长的 1/2 以上，膝曲；柱头横向 2 叉分，具 2 臂状分枝，各枝顶端具 3 乳突。蒴果线形，近直或镰形弯曲，种子间多少缢缩，老时果瓣从下部向上部卷裂，仅存扭曲的胎座框。

分布与生境 产于河北、北京、山东、安徽、江西、广东。生于海拔 500–900 m 的山坡。

药用部位 全草。

功效应用 消炎，清热解毒。

阜平黄堇 **Corydalis chanetii** H. Lév.
摄影：张英涛

87. 北越紫堇（云南种子植物名录） 台湾黄堇（台湾），黄连（山东），鸡屎草、臭草（浙江）

Corydalis balansae Prain in J. Asiat. Soc. Bengal 65: 25. 1879.（英 **Taiwan Corydalis**）

灰绿色丛生草本，高 30–50 cm，具主根。茎具棱，枝条花葶状，常对叶生。基生叶早枯，下部茎生叶长 15–30 cm，具长柄，叶片上面绿色，下面苍白色，二回羽状全裂，一回羽片 3–5 对，具短柄，二回羽片常 1–2 对，近无柄，长 2–2.5 cm，宽 1.2–2 cm，卵圆形，基部楔形至平截，约二回三裂至具 3–5 圆齿状裂片，裂片顶端圆钝，多少具短尖。总状花序多花而疏离，苞片披针形至长圆状披针形；花黄色至黄白色，近平展；萼片卵圆形，边缘具小齿；外花瓣勺状，鸡冠状突起仅限于龙骨状突起之上，不伸达顶端；上花瓣长 1.5–2 cm；距短囊状，约占花瓣全长的 1/4；蜜腺体短，约占距长的 1/3；柱头横向伸出 2 臂，各枝顶端具 3 乳突。蒴果线状长圆形，约长 3 cm，具 1 列种子。种子黑亮，扁圆形。

分布与生境 产于山东、江苏、安徽、浙江、江西、福建、台湾、湖北、湖南、广东、香港、广西、贵州、云南。生于海拔 200–700 m 的山谷或沟边湿地。日本、越南、老挝有分布。

药用部位 全草。

功效应用 清热解毒，消肿拔毒。用于跌打损伤，痈疮肿毒，顽癣，外用止痛。

注评 本种藏族药用，用其叶及全草治流行性感冒、热症。

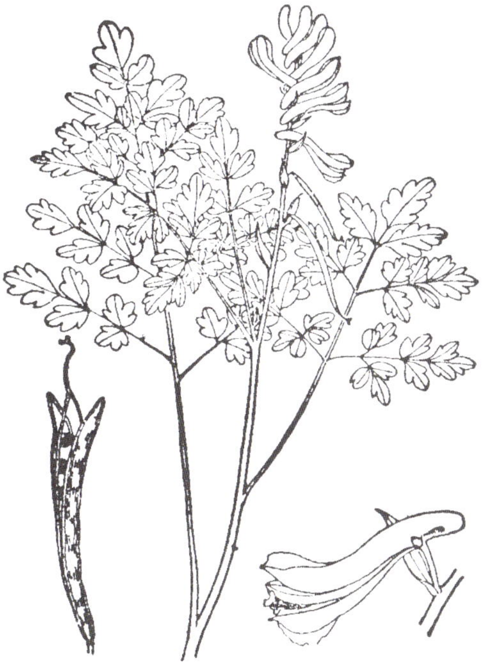

北越紫堇 **Corydalis balansae** Prain
引自《中国高等植物图鉴》

北越紫堇 **Corydalis balansae** Prain
摄影：李泽贤

88. 异果黄堇

Corydalis heterocarpa Siebold et Zucc. in Abh. Math.-Phys. Cl. Königl. Bayer. Akad. Wiss. 4: 173. 1845.
（英 **Differfruit Corydalis**）

多年生草本，高 40–60 cm，具主根。茎粗壮。茎生叶具长柄，叶片卵圆状三角形，长 10–20 cm，宽 7–8 cm，二回羽状全裂，一回羽片约 5 对，具短柄，二回羽片 3–5 枚，近无柄，长 1.5–2 cm，宽 1–1.5 cm，三深裂至羽状分裂。总状花序生茎和枝顶端，长 5–10 cm，疏具多花；苞片披针形，长约 7 mm；花梗在果期下弯；花黄色，背部带淡棕色；上花瓣长约 2 cm，距约占花瓣全长的 1/3，末端圆钝，稍下弯；蜜腺体约占距长的 2/3，末端钩状弯曲；柱头 2 叉状分裂，各枝顶端具 3 乳突。蒴果长圆形，长 2–2.5 cm，宽约 4 mm，多少不规则弯曲，果瓣较厚，具 2 列种子，有时 1 列，种子间的果瓣常呈不规则蜂腰状变细。种子小，表面具刺状突起。

分布与生境　产于浙江，喜生于海岸附近沙石地。日本有分布。

药用部位　全草。

功效应用　消肿，收敛，止痒。用于疮毒，缠腰，火丹，顽癣。

化学成分　全草含香豆素类：(2'*S*,7'*S*)-*O*-2-甲基丁酰氧基二氢欧山芹素[(2'*S*,7'*S*)-*O*-2-methylbutanoylcolumbianetin]，(2'*S*)-二氢欧山芹素-3'-硫酸酯[(2'*S*)-columbianetin-3'-sulfate]，(20*S*)-二氢欧山芹素[(20*S*)-columbianetin][1]，(20*S*)-二氢欧山芹素-*O*-*β*-D-吡喃葡萄糖苷[(20*S*)-columbianetin-

异果黄堇 **Corydalis heterocarpa** Siebold et Zucc.
吴锡麟　绘

朗、阿富汗南部和巴基斯坦有分布。

药用部位 块茎。

功效应用 活血散瘀，行气镇痛。用于胃痛，神经痛，腰痛，双肋痛，疝痛，痛经，经血过多，血块，外伤红肿，疼痛。

化学成分 块茎含生物碱类：山延胡索宁碱▲(bulbocapnine)，异可利定(isocorydine)，原阿片碱(protopine)，别隐品碱(allocryptopine)，隐品碱(cryptopine)，紫堇碱(corydaline)，四氢掌叶防己碱(tetrahydropalmatine)，二氢白屈菜红碱(dihydrochelerythrine)，二氢血根碱(dihydrosanguinarine)，氧化血根碱(oxysanguinarine)，血根碱(sanguinarine)，白屈菜红碱(chelerythrine)，小檗碱(berberine)，掌叶防己碱(palmatine)[1]。

地上部分含生物碱类：对叶延胡索碱(corledine)，*O*-甲基对叶延胡索碱(*O*-methylcorledine)[2]，*d*-卡文定碱(*d*-cavidine)，*d*-四氢刻叶紫堇明碱(*d*-tetrahydrocorysamine)[3]，(±)-多被银莲花碱▲[(±)-raddeanine]，(±)-多被银莲花酮▲[(±)-raddeanone][4]，对叶元胡考林碱(ledecorine)，对叶元胡任碱(lederine)，*N*-甲基对叶元胡任碱(*N*-methyllederine)，*O*-脱乙酰基-*N*-甲基对叶元胡任碱(*O*-deacetyl-*N*-methyllederine)[5]，对叶元胡碱(ledeborine)，对叶元胡定碱(ledeboridine)[6]。

注评 本种为“西延胡索”的基源植物之一，药用其干燥块茎。

薯根延胡索 **Corydalis ledebouriana** Kar. et Kir.
吴锡麟 绘

化学成分参考文献

[1] Khusainova KS, et al. *Doklady Akademii Nauk Tadzhikskoi SSR*, 1981, 24(8): 489-493.

[2] Israilov IA, et al. *Chem Nat Compd*, 1975, 11(4): 536-537.

[3] Israilov IA, et al. *Chem Nat Compd*, 1979, 15(3): 418.

[4] Israilov IA, et al. *Chem Nat Compd*, 1977, 13(3): 366-367.

[5] Israilov IA, et al. *Chem Nat Compd*, 1978, 14(4): 465-466.

[6] Israilov IA, et al. Tezisy Dokl-Sov-Indiiskii Simp Khim Prir Soedin, 5th, 1978：33.

山柑科（白花菜科）CAPPARACEAE

草本、灌木或乔木，常为木质藤本，如为草本常具特殊气味。叶互生，稀对生，单叶或掌状复叶。花序为总状、伞房状或圆锥花序，稀单花腋生；花两性，有时杂性或单性，辐射对称或两侧对称；萼片 4 (–8)，排成 2 轮或 1 轮，相等或不相等，少有外轮或全部萼片连生成帽状；花瓣 4 (–8)，稀缺，与萼片互生，分离；花托扁平或锥形，或常延伸为雌雄蕊柄，常有各式花盘或腺体；雄蕊 4 至多数，花丝分离，花药 2 室，内向，纵裂；雌蕊具 2 (–8) 心皮，常有雌蕊柄，子房卵球形或圆柱形，1 室有 2 至数个侧膜胎座，少有 3–6 室而具中轴胎座；胚珠常多数，弯生。果为有坚韧外果皮的浆果或瓣裂蒴果，球形或伸长，有时近念珠状。种子 1 至多数，肾形至多角形。

约 40 余属，700–900 种，主产于热带与亚热带，少数至温带。我国有 5 属，约 40 余种，主产于西南部至台湾，药用 4 属 19 种。

在 Flora of China 中，广义的 Capparaceae 分为山柑科 Capparaceae 与白花菜科 Cleomaceae。本志采用广义 Capparaceae 的概念，包括白花菜科 Cleomaceae，中文科名以山柑科为宜。

化学成分结构类型多样，主要有黄酮、生物碱、三萜、倍半萜、甾体、硫苷和多烯醇等类型化合物。

分属检索表

1. 草本；果为蒴果，瓣裂，有胎座框或有宿存中轴 ……………………………… 4. **白花菜属 Cleome**
1. 木本；果为浆果，常不开裂，既无胎座框，亦无宿存中轴。
    2. 无花瓣；子房具中轴胎座；果为核果状，有种子 1 粒，少有 2 粒 ……………… 3. **斑果藤属 Stixis**
    2. 有花瓣；子房具侧膜胎座；果为浆果状，有 2 至多数种子。
        3. 掌状复叶具 3 小叶，无刺又无毛；花瓣在芽中排列为开放式，有爪 ……………… 1. **鱼木属 Crateva**
        3. 单叶，常有托叶刺与被毛；花瓣在芽中排列为闭合式，通常无爪 ……………… 2. **山柑属 Capparis**

1. 鱼木属 Crateva L.

乔木或灌木，常绿或落叶。小枝有髓或中空，有皮孔。掌状复叶互生，有 3 小叶，侧生小叶基部不对称；叶柄长，顶端常有腺体。总状或伞房状花序顶生；花大，白色，有长花梗，两性或因一性不育而成单性；苞片早落；花托内凹，盘状，有蜜腺；萼片 4，近相等，远比花瓣短小；花瓣 4，有爪，近相等；雄蕊 (8–) 12–50；子房 1 室，侧膜胎座 2，胚珠多数；柱头明显，花柱短或无花柱。果为浆果，球形或椭圆形，果皮革质，坚硬，干后灰色或红紫褐色。种子多数。

约 20 种，产于全球热带与亚热带，但澳大利亚和新喀里多尼亚不产。我国产 5 种，多见于华南、西南和台湾，其中 2 种可药用。

分种检索表

1. 果实灰色或灰褐色，表面粗糙；先叶后花；花干后略白色或粉色 ……………… 1. **树头菜 C. unilocularis**
1. 果实红色、紫色或褐色，表面光滑；先花后叶或花和叶同时出现；花干后呈橘褐色（特别是花的基部）…… ……………………………………………………………… 2. **鱼木 C. formosensis**

1. 树头菜（植物名实图考）

Crateva unilocularis Buch.-Ham. in Tnans. Linn. Soc. London 15: 121. 1827.（英 **Uniloculate Crateva**）

乔木，高 5–15 m 或更高。小枝灰褐色，常中空，有散生灰色皮孔。小叶薄革质，干后褐绿色，表面略有光泽，椭圆形，长 (6.5–) 8–10 cm，宽 3–5 cm，顶端渐尖或急尖，中脉带红色；叶柄长 (3) 5.5–9 cm，近轴面顶端有腺体，小叶柄长 (2.5) 4–7 mm。总状或伞房状花序下部有数枚叶，花序轴长 3–7 cm，有花 13–35 朵，常有花梗脱落后留下的疤痕；花梗长 2–4 cm；萼片条形至狭披针形，长 2–7 mm，宽 2–3 mm；花瓣白色或淡黄色，爪长 3–7 mm，瓣片长 14–24 mm；雄蕊 16–20，花丝长 2–4.5 cm；雌蕊柄长 4–6 cm；子房长 3–4 mm，直径 1–2 mm。果球形，干后灰色至灰褐色，直径 3–4 cm，果皮厚 2–3 mm，表面粗糙，有近圆形灰黄色小斑点；果时花梗、花托与雌蕊柄均木质化增粗，直径 3–7 mm。种子多数，暗褐色，长 8–12 mm，宽 4–10 mm，种皮平滑。花期 3–7 月，果期 7–8 月。

树头菜 **Crateva unilocularis** Buch.-Ham.
张瀚文　绘

树头菜 **Crateva unilocularis** Buch.-Ham.
摄影：徐克学

分布与生境　产于福建、广东、广西及云南等省区。常生于平地或 1500 m 以下的湿润地区，村边道旁常有栽培。也分布于尼泊尔、印度、孟加拉国、缅甸、老挝、越南、柬埔寨。

药用部位　根、叶。

功效应用　清热解毒，舒筋活络，健胃止泻。用于肝炎，痢疾，泄泻，风湿关节痛，痄腮，胃痛，咳痰，烂疮，斑痧热症，毒蛇咬伤。

注评　本种为“树头菜”的基源植物，药用其干燥茎、叶；其根也药用，称“树头菜根”。佤族、傣族、基诺族药用其根或茎皮，用于治痢疾、腹泻、肝炎、疟疾、蛇咬伤等；彝族用其嫩枝治疗皮疹不透，根或茎皮治急慢性肝炎；拉祜族用其根治妇女难产，叶治神经性头痛；哈尼族药用其干燥根治疗尿路感染、尿路结石、水肿。

2. 鱼木（台湾植物志） 台湾鱼木

Crateva formosensis (Jacobs) B. S. Sun in Fl. Reipubl. Popularis Sin. 32: 489. 1999.——*C. adansonii* DC. subsp. *formosensis* Jacobs（英 **Taiwan Crateva**）

灌木或乔木，高 2–21 m，小枝与节间长度平均数均较其他种为大，有纵皱肋纹，有少数皮孔。小叶干后淡灰绿色至淡褐绿色，质地薄而坚实，不易破碎，两面稍异色，侧生小叶基部两侧很不对称，小叶长 7–11.5 cm，宽 2.5–4 cm，顶端渐尖至长渐尖，有急尖的尖头，侧脉纤细，4–6 (–7) 对，干后淡红色；叶柄长 5–11 cm，干后褐色至浅黑色，腺体明显；小叶柄长 4–5 mm；营养枝上的小叶略大。花序顶生，花枝长 10–15 cm，花序长约 3 cm，有花 9–12 朵；花梗长 1.5–2.8 cm；花萼干时暗褐色，长 3–4 mm；花瓣黄色，干后淡褐色，爪长约 4 mm，瓣片椭圆形，长 1.5–1.7 cm；雄蕊 10–15，花丝长 2.5–3 cm，花药长约 3 mm；雌蕊柄长 2.5–3.2 cm。果椭圆形，长约 3–4.5 cm，红色。种子小，暗红褐色。花期 6–7 月，果期 8 月至翌年 1 月。

鱼木 **Crateva formosensis** (Jacobs) B. S. Sun
引自《中国高等植物图鉴》

鱼木 **Crateva formosensis** (Jacobs) B. S. Sun
摄影：王祝年

分布与生境 产于台湾、广东北部、广西东北部，重庆附近有栽培。生于海拔 400 m 以下的沟谷、溪边、平地、低山水旁或密林中。也分布于日本南部。

药用部位 根、茎及叶。

功效应用 叶：用于肠炎，痢疾，感冒。根及茎：用于痢疾，胃病，风湿，月内风。

2. 山柑属 Capparis L.

常绿灌木或小乔木，直立或攀援，有时匍匐地面。新枝常被毛，后变无毛或有时宿存；小枝基部有时具钻形小鳞片。单叶互生，螺旋状排列，有时假 2 列；叶片全缘，草质至革质；托叶刺直或弯曲，有时无。总状、伞房状、伞形或圆锥花序，少有单花腋生；花梗常扭转；萼片 4，2 轮，外轮常较厚，包着其他花部，有时基部萼片成囊状；花瓣 4，覆瓦状排列，常成形状稍不相同的 2 对，上面 1 对的相邻内侧中部以下常紧贴，基部不对称，边缘向外面反折，下面 1 对分离，有时 4 个花瓣近相等，分离；雄蕊 7–120；雌蕊柄与花丝近等长，果时直径常增粗；子房 1 室，胎座 2–6 (–8)，胚珠少数至多数。浆果球形或椭球形，成熟时或干后常具有特殊颜色，通常不开裂。种子 1 至多数。

共 200–400 种，主产于热带与亚热带，少数至温带。我国有 37 种，主要分布于台湾至西南，其中 13 种药用。

分种检索表

1. 花 (1–) 2–10 朵排成一短纵列，腋上生；稀单花腋生。
  2. 单花腋生；上面 1 对花瓣内侧边缘自基部至近中部向内折叠，下面 1 对花瓣有爪；果实成熟后裂开……………………………………………………………………………… 1. **山柑 C. spinosa**
  2. 花 (1–) 2–10 朵排成一短纵列，腋上生；上面 1 对花瓣内侧边缘在近基部向外面反折，下面 1 对花瓣无爪，或者 4 个花瓣近相等，分离，无爪；果实成熟后不裂开。
    3. 果大型，直径常为 3–6 cm；花梗与雌蕊柄果时均木质化增粗，直径 3–6 mm 或更粗。
      4. 小枝基部无钻形苞片状小鳞片；花期时雌蕊柄基部有白色绒毛；叶顶端有革质短尖头；小枝刺强壮，尖利而外弯，长达 5 mm……………………………… 2. **牛眼睛 C. zeylanica**
      4. 小枝基部有钻形苞片状小鳞片；花期时雌蕊柄无毛；叶无革质短尖头；小枝常无刺，如有刺，长约 1 mm ……………………………………………… 3. **小刺山柑 C. micracantha**
    3. 果小型，直径不超过 2 cm；花梗与雌蕊柄果时均不木质化增粗，直径约 1.5 mm 或更细。
      5. 叶基部心形，无叶柄或近无柄 ……………………………… 6. **无柄山柑 C. subsessilis**
      5. 叶基部不为心形；叶柄长 3 mm 以上。
        6. 萼片长 5 mm 或更短；雄蕊 18 (–21) 或更少；雌蕊柄长 1–2 cm……………… 7. **小绿刺 C. urophylla**
        6. 萼片长 (5–) 6–8 (–9) mm；雄蕊 (18–) 20–35；雌蕊柄长 2–3 cm。
          7. 新生枝被短绒毛，后变无毛；叶片长为宽的 2–2.5 倍，侧脉 5–8 (–10) 对；小枝有刺，刺常外弯……………………………………………… 4. **野香橼花 C. bodinieri**
          7. 新生枝常无毛；叶片长为宽的 2.5–4.5 (–9) 倍，干后黄绿色，侧脉 7–10 对 ……………………………………………… 5. **独行千里 C. acutifolia**
1. 花排成伞房状、亚伞形或总状花序，常再组成圆锥花序。
  8. 小枝及花序基部均有钻形苞片状小鳞片；花期子房及雌蕊柄被毛；花 1 至数朵成腋生短总状花序，有时数花簇生于叶腋 ……………………………………… 10. **毛蕊山柑 C. pubiflora**
  8. 小枝及花序基部均无钻形苞片状小鳞片。
    9. 花序不具总花梗，单一，顶生或在花枝上部有单花腋生与数花在枝顶集生 ………9. **青皮刺 C. sepiaria**
    9. 花序有总花梗，腋生及常在枝端再组成圆锥花序。
      10. 花大型，萼片长 (8–) 10–18 (–21) mm；外轮萼片革质或木质；雄蕊 (45–) 50–120……………………………………………… 8. **马槟榔 C. masaikai**
      10. 花中等或小型，萼片长 2–10 mm；外轮萼片草质或薄革质；雄蕊 50 或更少，少有雄蕊多至 70。
        11 萼片长 2–5 (–6) mm；雌蕊柄长 4–12 mm，果时不木质化增粗，直径约 1 mm；果较小，直径小于 2 (–2.5) cm ……………………………………… 11. **广州山柑 C. cantoniensis**
        11. 萼片长 6–10 mm；雌蕊柄长 2–5 cm，果时直径在 2 mm 以上；果较大，直径常为 3–5 cm。
          12. 花序至少在近基部有数花梗基部有 1 对黄色小刺；花枝上刺强壮，长达 5 mm，外弯成钩状 ……………………………………………… 12. **野槟榔 C. chingiana**
          12. 花序中无刺；花枝无刺或有短而直的刺……………………… 13. **屈头鸡 C. versicolor**

山柑属植物普遍含有三萜类和甾体类化合物，该属植物种子的挥发油中还含有含硫化合物。山柑 (C. spinosa) 是该属植物中研究最多的植物，主要含有黄酮、生物碱、三萜、倍半萜、甾体、硫苷、多烯醇等类型化学成分，并具有多种生物学活性。

山柑水溶性生物碱部位能影响 $HepG_2$ 细胞周期，影响细胞的代谢和功能，导致细胞凋亡，进而达到抑制 $HepG_2$ 细胞增殖的作用；多烯醇类成分山柑异戊烯醇▲ (cappaprenol) 12、13、14 对角叉菜胶诱导的大鼠足跖肿胀具有很好的抑制作用。山柑中普遍存在的硫苷类成分如白花菜苷 (glucocapparin,

1)、葡萄糖芸苔素 (glucobrassicin，**2**)、新葡萄糖芸苔素 (neoglucobrassicin，**3**) 和 4- 甲氧基葡萄糖芸苔素 (4-methoxyglucobrassicin，**4**) 多具有抑菌、抗癌等活性，并能抑制某些细胞色素 P450 同工酶的活性：如 **2** 能影响细胞色素 P_{450} 1A1 的转录，并对乳腺癌和卵巢癌具有抑制作用；**1** 具有抗炎活性，能改善大鼠佐剂性关节炎症状，使关节肿胀程度和关节炎炎性指数显著下降；**3** 具有非常强的抗氧化活性。

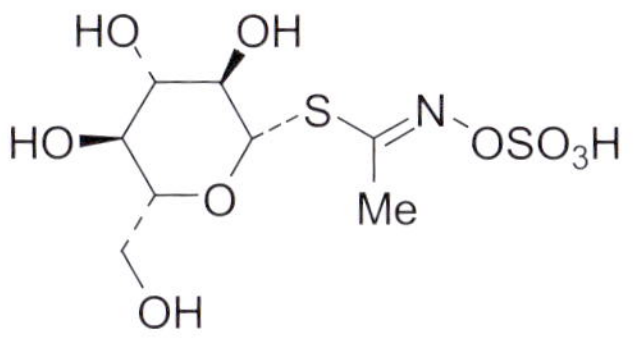

1

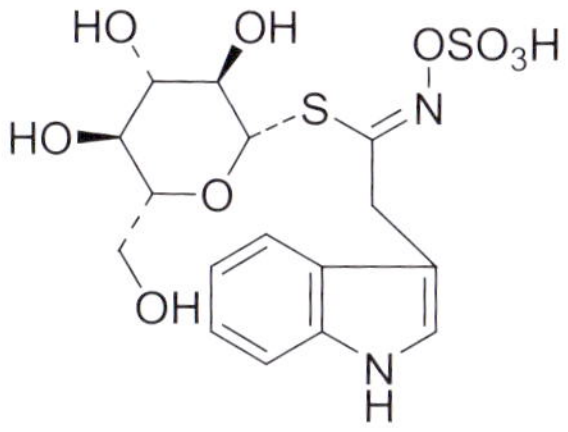

2

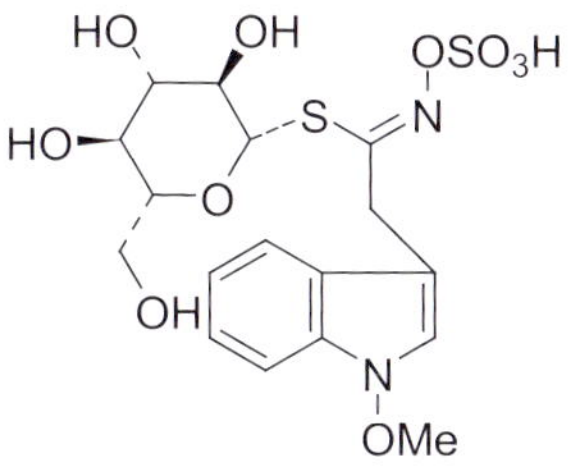

3

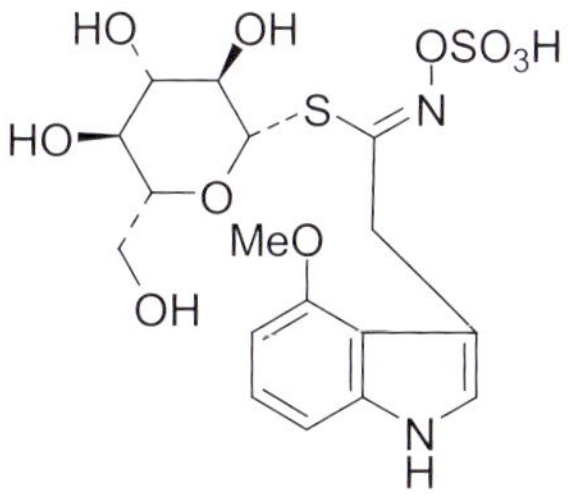

4

该属植物还含一些亚精胺生物碱，如老鼠瓜新 (capparidisine，**5**)、刺山柑碱 (capparispine，**6**)、刺山柑碱 -26-*O*-*β*-D- 葡萄糖苷 (capparispine-26-*O*-*β*-D-glucoside，**7**) 和盐酸无叶木碱▲ -26-*O*-*β*-D- 葡萄糖苷 (cadabicine-26-*O*-*β*-D-glucoside hydrochloride，**8**)，其中 **5** 具有剂量依赖性抑制心率和冠状动脉血流的作用。

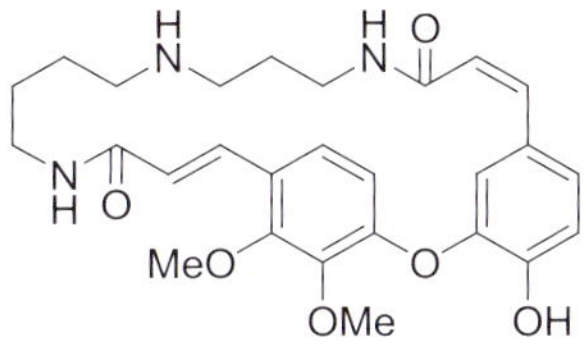

5

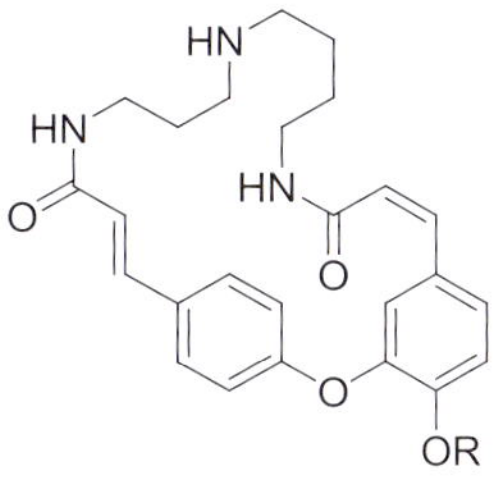

6：R=H

7：R=Glc

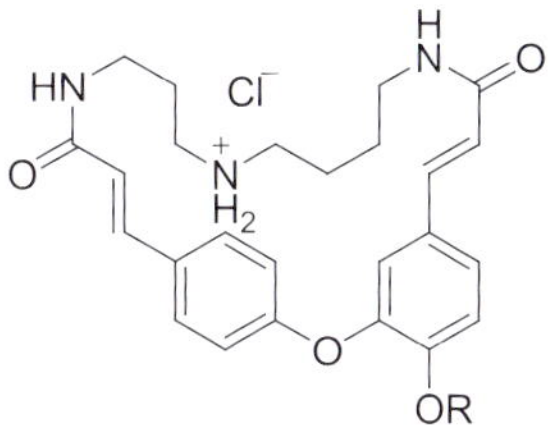

8：R=Glc

本属植物独行千里具有抗溃疡、解痉等作用。山柑具有改改善学习记忆、抗炎镇痛、调节免疫、抗过敏、降血脂、降血糖、抗肿瘤、保肝、抗菌、抗病毒等作用。

1. 山柑（Flora of China） 刺山柑，槌果藤（新疆中草药手册）

Capparis spinosa L., Sp. Pl. 1: 503. 1753.（英 **Caper Bush**）

平卧灌木，长 50–100 cm。新生枝密被白色柔毛，易变无毛；刺尖利，尖端外弯，长 4–5 mm。叶卵形、椭圆形或近圆形，长 1.3–3 cm，宽 1.2–2 cm，鲜时肉质，干后革质，顶端有小尖头；叶柄长 4–5 mm。花单生叶腋；花梗长 2–6 (–9) cm；花萼两侧对称，萼片长 15–20 mm，宽 6–11 mm，背面多少被毛，外轮舟状披针形，背部有数个腺窝，内轮长圆形；花瓣异形，上面 2 个黄绿色至绿色，增厚，边缘紧接，由基部至近中部向内折叠，背部密被绒毛，包于萼片内，下面 2 个白色，分离，有爪，爪长 4–7 mm，瓣片长圆状倒卵形，背面被毛；雄蕊约 80，花丝 2–4 cm，不等长，花药 2–3 cm；子房椭圆形，长 3–4 mm，无毛，花柱与柱头不分明，呈小丘状；胎座 6–8，胚珠多数。果椭圆形，长 1.5–4 cm，直径 0.8–1.8 cm，干后暗绿色，表面有 6–8 条暗红色纵细棱；花梗与雌蕊柄果时长 3–7 cm，直径 1.5–2 mm，相互成直角。种子 40–60，肾形，红褐色。花期 6–7 月，果期 8–9 月。

分布与生境 产于新疆、西藏。生于海拔 1100 m 以下的平原、空旷田野、山坡阳处。也分布于亚洲西南、欧洲南部、非洲北部以及澳大利亚。

药用部位 根皮、叶、果实。

功效应用 利尿，通便，祛风止痛，除湿散寒。用于风湿痹痛，牙痛，泄泻，痢疾。近年来发现刺山柑对进行性系统性硬化症有较好的疗效。有小毒。

化学成分 根含生物碱类：水苏碱(stachydrin)[1]，刺山柑碱(capparispine)，刺山柑碱-26-*O*-*β*-D-葡萄糖苷(capparispine-26-*O*-*β*-D-glucoside)，盐酸无叶木碱▲-26-*O*-*β*-D-葡萄糖苷(cadabicine-26-*O*-*β*-D-glucoside hydrochloride)[2]；硫苷类：白花菜苷(glucocapparin)[3]，葡萄糖芸苔素(glucobrassicin)，新葡萄糖芸苔素(neoglucobrassicin)，4-甲氧基葡萄糖芸苔素(4-methoxyglucobrassicin)[4]；黄酮类：槲皮素-3-*O*-*β*-D-葡萄糖苷(quercetin-3-*O*-*β*-D-glucoside)[5]；甾体类：*β*-谷甾醇，豆甾醇[5]。

叶含黄酮类：芦丁(rutin)[6]；生物碱类：水苏碱(stachydrine)[7]；多烯醇类：山柑异戊烯醇▲(cappaprenol)12、13、14[8]；硫苷类：白花菜苷(glucocapparin)[3]；脂肪酸类：亚油酸甲酯(methyl linoleate)[9]。

花和花蕾含黄酮类：芦丁(rutin)[6]，山柰酚-3-芸香糖苷(kaempferol-3-rutinoside)，槲皮素-3-芸香糖苷(quercetin-3-rutinoside)[10]，山柰酚-3-*O*-鼠李糖芸香糖苷(kaempferol-3-*O*-rhamnorutinoside)[11]，山柰酚-3-葡萄糖苷(kaempferol-3-glucoside)[12]；硫苷类：白花菜苷(glucocapparin)[3]；脂肪酸类：亚油酸甲酯

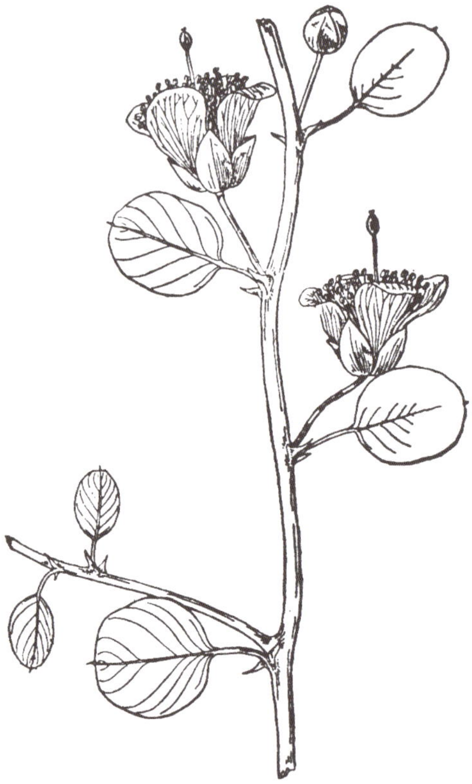

山柑 **Capparis spinosa** L.
引自《中国高等植物图鉴》

山柑 **Capparis spinosa** L.
摄影：陈又生

(methyl linoleate)[9]；挥发油：以含硫化合物为主，此外尚含酮类，醛类，萜类等，其中主要以丙基硫氰酸酯(propyl thiocyanate)，5-甲基-1,2,4-三氮杂茂-3-硫醇(5-methyl-1,2,4-triazole-3-thiol)，异丁基硫氰酸酯(isobutyl thiocyanate)，丁基硫氰酸酯(butyl thiocyanate)，甲基硫氰酸酯(methyl thiocyanate)[13]的含量较高。

果含生物碱类：老鼠瓜苷(cappariloside) A、B[14]，水苏碱(stachydrine)[15]；倍半萜类：刺山柑苷▲(spinoside) A、B，黄麻诺苷C (corchoionoside C)[16]；黄酮类：芦丁(rutin)[17]，山柰酚(kaempferol)，异鼠李素(isorhamnetin)[18]；甾体类：*β*-谷甾醇，胡萝卜苷[19]，*α*-菠菜甾醇-3-*O*-*β*-D-吡喃葡萄糖苷(*α*-spinasterol-3-*O*-*β*-D-glucopyranoside)[20]；酚酸类：苯甲酸-4-L-鼠李糖苷(benzoic acid-4-L-rhamnoside)[19]，没食子酸(gallic acid)，水杨酸(salicylic acid)[18]，2,4-二羟基苯甲酸(2,4-dihydroxy benzoic acid)，双(2-乙基己基)邻苯二甲酸酯[bis(2-ethylhexyl) phthalate][20]，对甲氧基苯甲酸(*p*-methoxy benzoic acid)[21]，香荚兰酸(vanillic acid)，对羟基苯甲酸(*p*-hydroxybenzoic acid)，原儿茶酸(protocatechuic acid)[22]；核苷、碱基及其衍生物：次黄嘌呤(hypoxanthine)[15]，肌苷(inosine)，腺苷(adenosine)[19]，尿嘧啶(pyrimidine)，尿苷(uridine)[22]；挥发油：以脂肪酸为主，其中以(*Z*,*Z*)-9,12-十八碳二烯酸[(*Z*,*Z*)-9,12-octadecadienoic acid]，棕榈酸(palmitic acid)，十八碳-9-烯酸(9-octadecenoic acid)，邻苯二甲酸二异丁酯(diisobutyl phthalate)，邻苯二甲酸二(2-乙基己基)酯[23]的含量较高；其他类：6-羟基-12-羧基布卢竹柏醇▲A-*β*-D-吡喃葡萄糖苷(6-hydroxy-12-carboxy-blumenol A-*β*-D-glucopyranoside)，1*H*-吲哚-3-醛(1*H*-indole-3-carbaldehyde)[19]，琥珀酸(succinic acid)[22]。

种子含脂肪酸类：油酸(oleic acid)，亚油酸(linoleic acid)[24]。

地上部分含黄酮类：槲皮素-7-*O*-*β*-D-吡喃葡萄糖基-*β*-L-吡喃鼠李糖苷(quercetin-7-*O*-*β*-D-glucopyranosyl-*β*-L-rhamnopyranoside)[25]，槲皮素-3-*O*-*β*-D-葡萄糖苷(quercetin-3-*O*-*β*-D-glucoside)，槲皮素-3-*O*-*β*-新橙皮糖苷(quercetin-3-*O*-*β*-neohesperidoside)，山柰酚-3-*O*-*β*-新橙皮糖苷(kaempferol-3-*O*-*β*-neohesperidoside)[26]；槲皮素-3-*O*-*β*-D-葡萄糖苷(quercetin-3-*O*-*β*-D-glucoside)，山柰酚-3-芸香糖苷(kaempferol-3-rutinoside)，槲皮素-3-芸香糖苷(quercetin-3-rutinoside)[27]，槲皮素-3-*O*-(6'''-*α*-L-鼠李糖基-6''-*β*-D-葡萄糖基)-*β*-D-葡萄糖苷[quercetin-3-*O*-(6'''-*α*-L-rhamnosyl-6''-*β*-D-glucosyl)-*β*-D-glucoside][28]。

全草含黄酮类：山柰酚(kaempferol)，槲皮素(quercetin)[29]，汉黄芩素(wogonin)，千层纸素A (oroxylin A)，芹菜苷元(apigenin)[30]；生物碱类：无叶木碱▲(cadabicine)[31]；多烯醇类：山柑异戊烯醇▲(cappaprenol) 12、13、14[32]；硫苷类：白花菜苷(glucocapparin)[33]；挥发油：以醛类和酯类为主，此外尚含含硫化合物和萜类[34]；其他类：苯甲酸(benzoic acid)，对羟基苯甲醛(*p*-hydroxylbenzaldehyde)[30]。

药理作用 改善学习记忆作用：山柑果乙醇提取物可改善东莨菪碱所致小鼠记忆获得障碍，亚硝酸钠所致记忆巩固障碍及 40% 乙醇所致记忆再现障碍 [1]。

抗炎镇痛作用：山柑花蕾的甲醇提取物对体外人软骨细胞具有保护效应，该提取物能降低 IL-1*β*，刺激人软骨细胞引起的炎症反应，拮抗 IL-1*β* 对软骨细胞的损伤 [2]。山柑果醇提物及其乙酸乙酯、石油醚、正丁醇萃取部位均具有抗炎和镇痛作用。山柑果醇提物能够抑制二甲苯致小鼠耳郭肿胀及皮肤毛细血管通透性增高，减轻角叉菜胶致小鼠足跖肿胀，使其局部炎症组织前列腺素 E_2 (PGE_2) 含量降低，减少醋酸致小鼠扭体次数，延长热板痛反应时间 [3-6]。山柑果中分离的双黄酮化合物具有核因子 NF-*κ*B 的抑制作用 [7]。

调节免疫及自身免疫病的治疗作用：山柑醇提取物具有一定的抑制免疫系统功能的作用，对小鼠网状内皮系统的吞噬功能抑制作用较强 [8]。山柑醇提物能够抑制弗氏完全佐剂引起的大鼠原发性足跖肿胀和继发性足跖肿胀，降低局部炎症组织炎症介质组胺 (histamine, HA)、5- 羟色胺 (5-hydroxytryptamine, 5-HT) 含量以及下调血清炎性细胞因子 IL-1*β*、肿瘤坏死因子 -*α*(tumor necrosis factor-*α*, TNF-*α*)[9]。从山柑种子中分离的白花菜苷 (glucocapparin) 对弗氏完全佐剂引起的大鼠关节炎具有治疗作用 [10]。通过外用山柑乙酸乙酯提取物、乙醇提取物 2、4、6 周后，使硬皮病模型小鼠真皮厚度明显减少，Ⅰ型胶原及转化生长因子 (TGF)-β_1 表达降低 [11]。山柑乙醇提取物抑制多发性硬化症成

675-679.
[14] Trombetta D, et al. *Phytotherapy Res*, 2005, 19(1): 29-33.
[15] Eddouks M, et al. *J Ethnopharmacol*, 2005, 98(3): 345-350.
[16] Gadgoli C, et al. *J Ethnopharmacol*, 1999, 66(2): 187-192.
[17] Eddouks M, et al. *J Ethnopharmacol*, 2004, 94(1): 143-148.
[18] Matsuyama K, et al. *J Nat Med (Tokyo)*, 2009, 63(4): 468-472.
[19] 朱晓薇，等 . 食品科技，2011, 36(1): 154-157.
[20] 王亚男，等 . 新疆中医药，2008, 26(4): 49-51.
[21] Mahasneh AM. *Phytother Res*, 2002, 16(8): 751-753.
[22] Boga C, et al. *Nat Prod Res*. 2011, 25(4): 417-421.
[23] Ali-Shtayeh MS, et al. *Mycoses*, 1999, 42(11/12): 665-672.
[24] Darwish RM, et al. *BMC Complement Altern Med*, 2010, 28(10): 9-13.
[25] Arena A, et al. *Phytother Res*, 2008, 22(3): 313–317.
[26] Lam SK, et al. *Phytomedicine*, 2009, 16(5): 444-450.
[27] Abdel-Sattar E, et al. *Phytother Res*, 2010, 24(9): 1322-1328.
[28] 于蕾，等 . 天津中医药，2008, 25(6): 509-511.
[29] 崔荣田，等 . 哈尔滨商业大学学报（自然科学版），2008, 24(6): 652-656.
[30] 庞琳琳，等 . 哈尔滨商业大学学报（自然科学版），2009, 25(4): 392-394.
[31] 于蕾，等 . 中草药，2009, 40(2): 255-258.
[32] 杨海帆，等 . 哈尔滨商业大学学报（自然科学版），2009, 25(3): 264-267.
[33] 季宇彬，等 . 中国天然药物，2008, 6(6): 474-478.
[34] 王崴，等 . 哈尔滨商业大学学报（自然科学版），2008, 24(4): 396-399.
[35] 于蕾，等 . 中国药学杂志，2010, 45(23): 1827-1831.
[36] Germano MP, et al. *J Agric Food Chem*, 2002, 50(5): 1168-1171.
[37] Yang T, et al. *Pharm Biol*, 2010, 48(5): 589-594.
[38] 阿布拉海提 · 阿布都拉，等 . 新疆中医药，2005, 23(5): 53-55.

2. 牛眼睛（海南） 槌果藤（植物分类学报），刺蝴蝶木（台湾药用植物志）

Capparis zeylanica L., Sp. Pl. ed. 2, 1: 720. 1762.——*C. horrida* L. f.（英 **Indian Caper**）

攀援或蔓性灌木，高 2–5 m。新枝密被星状绒毛，后变无毛；刺强壮、外弯，长 1–5 mm。叶椭圆状披针形或倒卵状披针形，有时卵形、线形或戟形，亚革质，长 3–8 (–13) cm，宽 1.5–4 (–7.5) cm，基部楔形或圆形，稀近心形，顶端常有 2–3 mm 革质外弯的尖头；叶柄长 5–12 (–20) mm。花 (1–) 2–3 (–4) 朵排成一短纵列，腋上生，常在叶前开放形成多花而美丽的花枝；花梗稍粗壮，长 5–18 mm；萼片略不相等，长 8–11 mm，宽 6–8 mm，背面多少被红褐色绒毛，外轮内凹，近圆形，其中 1 个稍大，内轮椭圆形；花瓣白色，长圆形，长 9–15 mm，宽 5–7 mm，上面 1 对基部中央有淡红色斑点；雄蕊 30–45，花丝长 3.3–4 cm，花药长 1.2–1.5 mm；雌蕊柄基部被灰色绒毛，长 3–4.5 cm，直径 3–6 mm；子房椭圆形，长 1.5–2 mm，胎座 4，胚珠多数。果球形或椭圆形，直径 2.5–4 cm，红色或紫红色，果柄直径达 3–5 mm。种子 10–20，长 5–8 mm，宽 4–6 mm，红褐色。花期 2–4 月，果期 7 月以后。

牛眼睛 **Capparis zeylanica** L.
摄影：林广旋

分布与生境 产于台湾、广东（雷州半岛）、广西（合浦）、海南。生于海拔 700 m 以下的林缘、灌丛、石灰岩山坡或稀树草原。也分布于尼泊尔经印度至印度尼西亚及菲律宾。

药用部位 根、叶。

功效应用 清热，活血散瘀，解疼止痛。

化学成分 根含炔类：*E*-十八碳-7-烯-5-炔酸(*E*-octadec-7-en-5-ynoic acid)[1]。

叶含β-胡萝卜素(β-carotene)，Na[2]。

果实含脂肪酸类：蓖麻酸(ricinoleic acid)，锦葵酸(malvalic acid)，苹婆酸(sterculic acid)，月桂酸(lauric acid)，肉豆蔻酸(myristic acid)，棕榈酸(palmitic acid)，硬脂酸(stearic acid)，油酸(oleic acid)，亚油酸(linoleic acid)[3]。

化学成分参考文献

[1] Haque M, et al. *Agric Biol J North America*, 2011, 2(4): 708-712.

[2] Laddha KS, et al. *Indian Drugs*, 1985, 22(9): 499.

[3] Daulatabad CMJD, et al. *Industrial & Engineering Chemistry Research*, 1991, 30(12): 2596-2598.

3. 小刺山柑（云南植物志） 牛眼睛（海南）

Capparis micracantha DC., Prodr. 1: 247. 1872.——*C. liangii* Merr. et Chun（英 **Caper Thorn**）

灌木或小乔木，有时攀援。小枝近圆柱形，基部有钻形小鳞片，无刺或有小刺。叶椭圆形或长圆状披针形，长 (10–) 15–20 (–30) cm，宽 (4–) 6–10 cm，干后常呈黄绿色，两面无毛，有光泽，顶端钝圆，有时急尖或短渐尖，稀微缺，基部楔形或钝圆，有时微心形；叶柄长 1–2.2 cm。花中等大小，2–7 朵排成一短纵列，腋上生，花梗长 6–20 mm，与叶柄之间有 1–4 束钻形小刺；萼片卵形至长圆形，近相等，长 6–10 mm，宽 3–4 mm；花瓣白色，长圆形或倒披针形，长 10–20 mm，宽 3–7 mm；雄蕊 20–40；雌蕊柄长 2–3.5 cm，果时增粗，直径达 4–6 mm；子房卵球形，长约 3 mm，直径约 2 mm。果球形至椭圆形，表面有 4 条纵沟槽，长 3–7 cm，直径 3–4 cm，黄褐色。种子长 6–8 mm，宽 4–5 mm，暗红色。花期 3–5 月，果期 7–8 月。

分布与生境 产于广东西南、广西（合浦）、海南、云南南部。生于海拔 (400–) 1200 –2000 m 的森林或灌丛中。也分布于印度、缅甸、泰国、老挝、越南、柬埔寨、马来西亚、印度尼西亚及菲律宾。

小刺山柑 **Capparis micracantha** DC.
引自《云南植物志》

小刺山柑 **Capparis micracantha** DC.
摄影：王祝年

药用部位 根。

功效应用 用作解热药和抗炎药。煎剂外用治疗新生儿黄疸。

4. 野香橼花（植物名实图考） 小毛毛花（植物名实图考），猫胡子花（云南中草药选）

Capparis bodinieri H. Lév. in Repert. Spec. Nov. Regni Veg. 9: 450. 1911.（英 **Bodinier Caper**）

灌木或小乔木，高 (1.2) 5–8 m，胸径 5–20 (–30) cm。新生枝密被星状毛，后变无毛，但叶腋处可见残存毛；刺长达 5 mm，外弯。叶卵形至披针形，幼时膜质被毛，长成后革质无毛，长 4–13 (–18) cm，宽 2–4.5 (–6.5) cm，基部圆形或楔形，不下延，顶端渐尖或急尖；叶柄长 5–7 mm。花 (1–) 2–6 (–7) 朵排成一列，腋上生；花梗 10–12 mm，被毛与枝相同；萼片 4，长 5–7 mm，内轮萼片舟形，向内凹入成浅囊状，囊底花后期呈鲜红色，萼片里面被绒毛；花瓣白色，长 10–11 mm，被绒毛，上面 2 个狭倒卵形，相邻一侧中部以下彼此贴合，基部向外反折，包着花盘，下面 2 个稍狭长，分离；雄蕊 (18–) 20–37，花丝长 2–2.5 cm，花药长 1–1.7 mm；雌蕊柄长 2–2.9 cm；子房卵球形，长约 1.5 mm。果球形，黑色，直径 12–14 mm。种子 1 至数个，直径 5–6 mm。花期 3–4 月，果期 8–10 月。

野香橼花 Capparis bodinieri H. Lév.
引自《云南植物志》

分布与生境 产于四川西南部（会理）、贵州东部、广西、云南。生于海拔 700–2300 m 的灌丛，次生于森林、石灰岩地区。也分布于不丹、印度东北部、缅甸北部。

药用部位 全株、根、根皮、叶、花、种子。

功效应用 全株：舒筋活络，清热解毒，收敛止血。用于风湿痛，跌打损伤，乳蛾，牙痛，出血。根：用于慢性肝炎。叶、花：用于毒蛇咬伤。种子：用于咽喉痛，胃脘痛。根皮：清热解毒。用于扁桃体炎，牙痛，疮痈，痔疮。

化学成分 皮和毛含青刺果油(prinsepia utilis oil)[1]。

注评 本种傣族、傈僳族药用，其根皮主要治疗扁桃腺炎、牙痛、痈疮等，傈僳族还用其全株治风湿痛、跌打损伤。本种有“青刺尖”的别名，蔷薇科植物扁核木 *Prinsepia utilis* Royle 亦称“青刺尖”，二者是不同的药材，应注意区别使用。

野香橼花 Capparis bodinieri H. Lév.
摄影：徐晔春

化学成分参考文献

[1] 王洪飞，等．发明专利申请，2008, CN 101199461 A 20080618.

5. 独行千里　石钻子（江西），锐叶山柑（台湾植物志），尖叶槌果藤（广州植物志），单兵救主、黑皮蛇、黑钩榕（广东）

Capparis acutifolia Sweet, Hort. Brit. (ed. 2) 585. 1830.（英 **Acuteleaf Caper**）

藤本或灌木，长 1–10 m，无毛，或小枝、叶柄及花梗有时被污黄色短绒毛，后变无毛。小枝干后浅黄绿色，无刺，或有时刺长达 3 mm，直或上举。叶硬草质或亚革质，干后淡黄绿色，长圆状披针形或卵状披针形，长 4–15 (–19.5) mm，宽 (0.8–) 1–4 (–6.3) cm；叶柄长 5–7 mm。花 2–4 朵排成一短纵列，腋上生，稀单花腋生；花梗长 5–20 mm；萼片长 5–7 mm，宽 3–4 mm，内面有绒毛；花瓣白色，倒卵形，长约 1 cm，宽 3–5 mm，无毛或略被绒毛；雄蕊 (19–) 20–30 花丝长 2–2.7 cm，花药长 1–1.5 mm；子房卵形或长卵形，无毛，胎座 2；花梗与雌蕊柄果时均不显著增粗。果红色，近球形，长 (0.8–) 1.6–1.9 cm，顶端有 1–2 mm 的短喙，表面有细小疣状突起。种子 1 至数粒，黑褐色。花期 4–5 月，果期全年都有记载。

独行千里 Capparis acutifolia Sweet
引自《中国高等植物图鉴》

分布与生境　产于浙江、江西、福建、台湾、湖南、广东等省。生于海拔 300–1100 m 的山坡路旁、石山上、灌丛或林中。也分布于不丹、印度、泰国、越南。

药用部位　根、叶。

功效应用　破血散瘀，消肿止痛，舒筋活络，消炎解毒。用于风湿，关节痛，筋骨不舒，咽喉肿痛，腹痛，闭经，牙痛，疮疖肿毒，毒蛇咬伤。外用根或叶治疮疖肿毒，跌打损伤。近年来发现独行千里在治疗溃疡病疼痛和胃肠痉挛性痛有效。有小毒。

化学成分　根含酚类：丁香酸(syringic acid)[1]；甾体类：β-谷甾醇[1]。

药理作用　抗溃疡作用：独行千里中所含的 β- 谷甾醇是抗溃疡的主要成分 [1]。其机制可能是通过对乙酰胆碱 (ACh) 或高钾 (K^+) 去极化后钙离子 (Ca^{2+}) 所诱发的离体豚鼠结肠带收缩有抑制作用。独行千里水煎剂具有非竞争拮抗 $CaCl_2$ 作用 [2]。

解痉作用：独行千里水煎剂有明显抑制豚鼠回肠自发收缩作用，也能拮抗 ACh，氯化钡 ($BaCl_2$) 及组胺兴奋肠道平滑肌的作用。在整体实验中，独行千里水煎剂能抑制小鼠小肠推进性活动。独行千里煎剂的平滑肌松弛作用可能与提高细胞内 cAMP 水平和拮抗 Ca^{2+} 有关 [3]。

注评　本种的根瑶族药用，治疗小儿感冒发热。

化学成分参考文献

[1] 陈熔梁，等．广东药学院学报，1990, (1): 12-13.

药理作用及毒性参考文献

[1] 陈熔，等．广州医药学院学报，1990, 6 (1):12-13.
[2] 苏柄珠，等．广州药学院学报，1991, 7 (2):12-14.
[3] 伍爱婵，等．广州药学院学报，1992, 8(1):4-7.

独行千里 **Capparis acutifolia** Sweet
摄影：杨成梓

6. 无柄山柑（植物分类学报）

Capparis subsessilis B. S. Sun in Acta Phytotax. Sin. 9(2): 110. 1964.（英 **Sessile Caper**）

灌木，高 3 m。小枝圆形，纤细，干后淡绿色，无刺或有细小的小刺。叶无柄或近无柄，椭圆形，纸质，长 9–12.5 cm，宽 3.5–5 cm，鲜时表面深绿色，背面浅绿色，干后草黄色，两面无毛，中脉、侧脉及网状脉在表面均明显下凹，顶端渐尖至长渐尖，尖头最长达 1.8 cm，常有中脉延伸的小凸尖，基部心形。1 或 2 花成一排腋上生，花未见。花梗果时长 2–3 cm；雌蕊柄果时长 2.5–3.8 cm，纤细，无毛。果单生，腋生，青绿色，近球形，略偏斜，直径 8–9 mm，干后表面有细粒状小疣点，果皮干后坚硬。种子 1–2 粒，肾形，直径 6–7 mm，淡红色。花期不详，果期 8–10 月。

分布与生境　产于广西西南部（百色、龙州）。海拔 500–1000 m 的山谷林中，较少见。也分布于越南北部。

药用部位　叶。

功效应用　解毒消肿。用于毒蛇咬伤。

注评　本品为我国濒危物种。

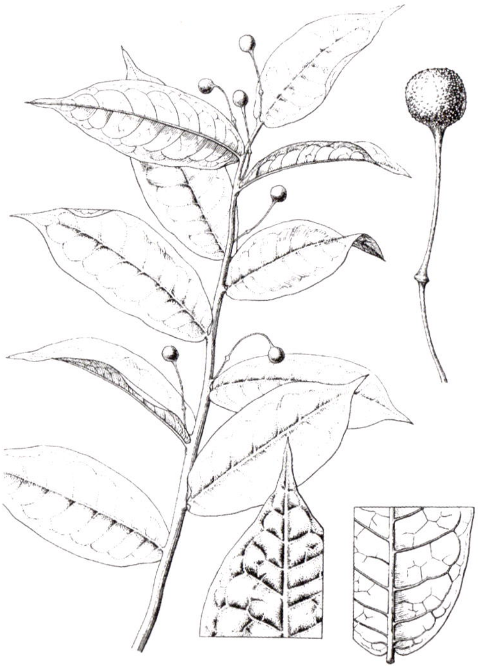

无柄山柑 **Capparis subsessilis** B. S. Sun
张瀚文　绘

7. 小绿刺（云南植物志）　尾叶槌果藤（广东），尾叶山柑（广西）

Capparis urophylla F. Chun in J. Arnold Arbor. 29: 419. 1948.（英 **Urophyllous Caper**）

小乔木或灌木，高 1.3–2.5 (–7) m。小枝纤细，干后绿色或黄绿色，有纵行细条纹，无刺或有长约 1 mm 的小刺；茎上刺粗壮，长达 5 mm。叶卵形或椭圆形，长 3–7 cm，基部圆形至楔形，顶端渐狭成长尾，尾长 (1–) 1.5–2.5 cm；叶柄纤细，长 3–5 mm。单花腋生或 2–3 朵排成一短纵列腋上生；花梗长 6–12 (–15) mm；萼片长 3–5 mm，宽 2–3 mm，边缘及内面有绒毛，外轮卵形，近轴萼片基部浅囊状，

小绿刺 **Capparis urophylla** F. Chun
张瀚文　绘

小绿刺 **Capparis urophylla** F. Chun
摄影：黄健

内轮椭圆形；花瓣白色，内面有绒毛，长 6–7 mm，宽 3–4 mm，上面 1 对卵形，相邻一侧中部以下彼此贴合，基部向外反折，下面 1 对椭圆形，分离；雄蕊 12–20；雌蕊柄长 1.4–2.5 mm，丝状；子房长约 1 mm，1 室，胎座 2。果球形，直径 6–10 mm，橘红色。种子 1–2 粒。花期 3–6 月，果期 8–12 月。

分布与生境　产于湖南、广西、云南。生于山坡道旁、河旁或溪边、山谷疏林或石灰岩灌丛，海拔 300–1900 m。也分布于老挝北部。

药用部位　叶。

功效应用　解毒消肿。用于痈肿疮毒，丹毒，无名中毒，蛇虫咬伤，外伤外用。

8. 马槟榔（植物名实图考长编）　水槟榔（中国高等植物图鉴），紫槟榔、太极子（云南）

Capparis masaikai H. Lév., Fl. Kouy-Tchéou 59. 1914-1915.（英 **Masaikai Caper**）

灌木或攀援植物，高达 7.5 m。新生枝略扁平，带红色，密被锈色短绒毛，有纵棱槽；刺粗壮，长达 5 mm，基部膨大，尖利，外弯。叶片椭圆形，长 7–20 cm，宽 3.5–9 cm，近革质，干后常呈暗红褐色，背面密被脱落较迟的锈色短绒毛，顶端圆钝，有时急尖或渐尖，基部圆形或宽楔形；叶柄长 12–21 mm，直径约 2 mm。亚伞形花序有花 3–8 朵，总花梗长 1–5 cm，腋生或在枝端组成 10–20 cm 长的圆锥花序；花中等大小，白色或粉红色；萼片长 8–12 mm，宽 5–8 mm，外面密被锈色短绒毛，外轮内凹成半球形；花瓣长 12–15 mm，两面均被绒毛，上面 2 个较宽，长圆状倒卵形，下面 2 个较狭；雄蕊 45–50；雌蕊柄 2–3 cm，无毛；子房卵球形，长 2–3 mm，直径 1–1.5 mm，胎座 (3–) 4。果球形，长 4–6 cm，直径 4–5 cm，紫红褐色，表面有 4–8 条鸡冠状高 3–6 mm 的纵棱，顶端有长喙；花梗及雌蕊柄果时增粗，全长 4.5–7 cm，直径 3–5 mm。种子长约 1.8 cm，宽约 1.5 cm，紫红褐色。花期 5–6 月，果期 11–12 月。

分布与生境　产于广东、广西、贵州南部、云南东南部。生于海拔 1600 m 以下的沟谷、山坡密林中、

10. 植株无毛或具单毛；花瓣黄色。
11. 花瓣黄色；果实线状圆柱形、椭圆形，或个别种成球形，喙不明显……26. 蔊菜属 **Rorippa**
11. 花瓣黄色，后变白色具紫色纹；果实长圆形，喙凸出而扁平………………11. 芝麻菜属 **Eruca**
4. 短角果。
12. 果瓣明显扁压，扁平，表面光滑。
13. 果实顶端 2 深裂，裂瓣歪倒心形，扁平……………………………………………19. 高河菜属 **Megacarpaea**
13. 果实顶端全缘或微裂。
14. 果实倒三角形或倒心状三角形，顶端微平，不成翅状…………………………………5. 荠属 **Capsella**
14. 果实卵形或椭圆形，顶端圆顿或微缺，且呈翅状……………………………16. 独行菜属 **Lepidium**
12. 果瓣不压扁或稍压扁，表面有明显的纹饰或突起。
15. 果瓣呈肾形或半圆形，每果瓣具网状点及瘤状体……………………………………7. 臭荠属 **Coronopus**
15. 果瓣呈横卵形，侧扁，每果瓣有 1 直立长翅或钝翅及几个小尖刺……………24. 沙芥属 **Pugionium**
3. 叶片全缘或有锯齿。
16. 长角果。
17. 植株光滑或偶有单毛。
18. 茎短缩或茎上无叶；花常单生，花葶状，少成总状花序。
19. 植株直立；无宿存叶柄……………………………………………………………21. 堇叶芥属 **Neomartinella**
19. 植株直立或垫状；有宿存叶柄及枯萎残叶………………………………………29. 丛菔属 **Solms-laubachia**
18. 茎不短缩，茎上有叶片；花常排列成总状花序。
20. 有茎生叶
21. 具根状茎；基生叶的叶柄圆柱状；花白色………………………………………13. 山萮菜属 **Eutrema**
21. 无根状茎；基生叶的叶柄宽扁；花黄色…………………………………………………4. 芸苔属 **Brassica**
20. 无茎生叶（仅裸茎碎米荠）……………………………………………………………6. 碎米荠属 **Cardamine**
17. 植株有单毛及分叉毛或星状毛。
22. 植株有腺毛。
23. 每 2 个长雄蕊合生，内萼片基部稍成囊状………………………………………9. 花旗杆属 **Dontostemon**
23. 长雄蕊不合生，内萼片基部成囊状…………………………………………………18. 紫罗兰属 **Matthiola**
22. 植株无腺毛。
24. 果实弯曲或扭曲，常呈念珠状……………………………………………………22. 念珠芥属 **Neotorularia**
24. 果实不弯曲或扭曲，不呈念珠状。
25. 花瓣黄色、橘黄色，稀白色、粉红色或红紫色…………………………………12. 糖芥属 **Erysimum**
25. 花瓣白色、粉红色或紫色。
26. 茎生叶无柄或有柄；角果圆筒状；种子无翅，子叶背倚胚根 …… 1. 拟南芥属 **Arabidopsis**
26. 茎生叶无柄，半抱茎或抱茎；角果稍压扁；种子多有翅，子叶缘倚胚根………………………………………………………………………………………………2. 南芥属 **Arabis**
16. 短角果。
27. 果实不裂。
28. 基生叶羽状分裂，茎上部叶舌状，全缘；子房 2 室；果实有 2 直立长翅或钝翅，还有几个尖刺……………………………………………………………………………24. 沙芥属 **Pugionium**
28. 基生叶单叶，全缘或有锯齿；子房 1 室；果实长圆形，扁平，有狭翅。
29. 茎伸长；总状花序圆锥状…………………………………………………………………15. 菘蓝属 **Isatis**
29. 茎短缩；花葶具单花……………………………………………………………23. 单花荠属 **Pegaeophyton**
27. 果实开裂。

30. 果瓣边缘无翅。
31. 果实倒三角形或倒心状三角形……5. 荠属 **Capsella**
31. 果实卵形、近球形、倒心形、椭圆形或披针形。
32. 植株有单毛及分叉毛或星状毛……10. 葶苈属 **Draba**
32. 植株无毛或稀有柔毛。
33. 株高达 90 cm；基生叶大；根粗长圆柱形……3. 辣根属 **Armoracia**
33. 株高 10 cm 以下；基生叶小；根不增粗。
34. 果椭圆形，有隔膜，果瓣无附属物……14. 薄果荠属 **Hornungia**
34. 果到心形，无隔膜，果瓣有不整齐小刺或小瘤……30. 沟子荠属 **Taphrospermum**
30. 果瓣边缘有翅。
35. 茎生叶常不抱茎；花瓣小，有时比萼片短，少数退化或不存在……16. 独行菜属 **Lepidium**
35. 茎生叶抱茎；花瓣全发育，比萼片长，长大于宽。
36. 果实长圆形或倒卵形，全部或上部有翅，花柱退化或无……31. 菥蓂属 **Thlaspi**
36. 果实倒心形至倒三角形，顶部有翅或无翅，花柱明显……32. 楔果荠属 **Noccaea**

1. 拟南芥属 Arabidopsis (DC.) Heynh.

一年生至多年生草本。全株无毛或有单毛和分枝毛。茎单一或数株丛生。基生叶有柄，茎生叶无柄或抱茎；叶片全缘、有锯齿或羽状分裂。萼片长圆形，斜向上展开；花瓣匙形，白色、淡紫色或淡黄色；雄蕊 6 枚，近 4 强，花丝基部的侧蜜腺环形或半环形，少为半球形，中蜜腺为瘤状，少为两个突起，常与侧蜜腺汇合；花柱短粗，柱头扁头状，稀近 2 裂。长角果近圆筒状，开裂；果瓣有 1 中脉，侧脉网状；每室有种子 1–2 行。种子卵状，近光滑，棕色，遇水有胶粘物质；子叶宽长圆形，背倚胚根。

约 9 种，分布于亚洲东部和北部、欧洲与北美洲。我国有 3 种，其中 1 种可药用。

从本属药用植物中已分得类胡萝卜素和黄酮类（花青素类）化合物。类胡萝卜素成分广泛存在于本属植物的叶中，如虾青素 (astaxanthin)、叶绿素 b (chlorophyll b)、反式 -β- 胡萝卜素 (*trans*-β-carotene)、9- 顺式 -β- 胡萝卜素 (9-*cis*-β-carotene)、反式 - 新黄质 (*trans*-neoxanthin) 等。

黄酮类化合物主要是以花青素苷的形式存在于本属植物的叶中。此外，本属药用植物中还含有一种天然的植物毒素类化合物，如脱水中美菊素 C (dehydrozaluzanin C)，这种毒素能加快植物细胞膜的渗透性。

1. 拟南芥（秦岭植物志） 鼠耳芥（中国高等植物图鉴），拟南芥菜（江苏南部种子植物手册）

Arabidopsis thaliana (L.) Heynh. in Holl et Heynhold, Fl. Sachsen 1: 538. 1842.——*Arabis thaliana* L.（英 **Common Mouseear Cress**）

一年生细弱小草本。株高 10–35 cm。茎单一或中上部有分枝，下部有时带淡紫色，具单毛，上部绿色，近无毛。基生叶莲座状，叶片倒卵形或匙形，长 1–5 cm，宽 3–15 mm，顶端钝圆或略急尖，基部渐窄成柄，边缘有少数不明显的齿，两面均有 2–3 叉毛；茎生叶无柄，叶片常为披针形或条形，全缘，长 5–15 (–40) mm，宽 1–2 (–10) mm。总状花序顶生，果时长达 20 cm；萼片长圆卵形，长约 2 mm，外轮的基部成囊状，无毛或有少数单毛；花瓣白色，长圆条形，长 3–4 mm，先端钝圆，基部线形。果长 10–15 mm，宽近 1 mm；果瓣多为橘黄色或淡紫色，两端圆钝，网状侧脉稀疏；果梗伸展；每室有种子 1 行。种子小、卵形、红褐色。花期 3–4 月，果期 4–6 月。

分布与生境　产于华南以及福建、台湾以外的全国大部分地区。生于山坡、平地、路边等干燥土壤中。主要分布于欧洲，北非、北美洲以及亚洲的东北亚和中亚地区也有分布。

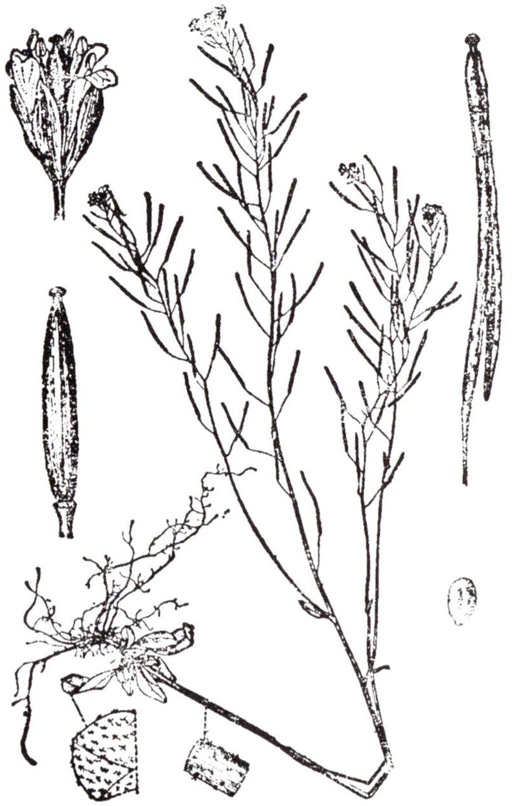

拟南芥 **Arabidopsis thaliana** (L.) Heynh.
引自《中国高等植物图鉴》

拟南芥 **Arabidopsis thaliana** (L.) Heynh.
摄影：刘冰

药用部位 种子。

功效应用 清热化痰，润肺止咳。

化学成分 叶含类胡萝卜素类：虾青素(astaxanthin)，叶绿素b (chlorophyll b)，反式-*β*-胡萝卜素(*trans*-*β*-carotene)，9-顺式-*β*-胡萝卜素(9-*cis*-*β*-carotene)，反式-新黄质(*trans*-neoxanthin)，反式-堇黄质(*trans*-violaxanthin)，顺式-新黄质(*cis*-neoxanthin)，反式-花药黄素(*trans*-antheraxanthin)[1]；黄酮类：矢车菊素-3-*O*-[2-*O*-(2-*O*-芥子酰木糖基)-6-*O*-对香豆酰葡萄糖基]-5-*O*-葡萄糖苷{cyanidin-3-*O*-[2-*O*-(2-*O*-sinapoylxylosyl-6-*O*-*p*-coumaroyl)glucosyl]-5-*O*-glucoside}，矢车菊素-3-*O*-[2-*O*-(2-*O*-芥子酰木糖基)-6-*O*-对香豆酰葡萄糖基]-5-*O*-(6-*O*-丙二酰葡萄糖苷){cyanidin-3-*O*-[2-*O*-(2-*O*-sinapoylxylosyl)-6-*O*-*p*-coumaroylglucosyl]-5-*O*-(6-*O*-malonylglucoside)}，矢车菊素-3-*O*-[2-*O*-(2-*O*-芥子酰木糖基)-6-*O*-(4-*O*-葡萄糖基对香豆酰)葡萄糖基]-5-*O*-葡萄糖苷{cyanidin-3-*O*-[2-*O*-(2-*O*-sinapoylxylosyl)-6-*O*-(4-*O*-glucosyl-*p*-coumaroyl)glucosyl]-5-*O*-glucoside}，矢车菊素-3-*O*-[2-*O*-木糖基-6-*O*-对香豆酰基)葡萄糖基]-5-*O*-(6-*O*-丙二酰葡萄糖苷){cyanidin-3-*O*-[2-*O*-xylosyl-6-*O*-(*p*-coumaroyl)glucosyl]-5-*O*-(6-*O*-malonylglucoside)}，矢车菊素-3-*O*-[2-*O*-(2-*O*-芥子酰木糖基)-6-*O*-(4-*O*-葡萄糖基对香豆酰基)葡萄糖基]-5-*O*-(6-*O*-丙二酰葡萄糖苷){cyanidin-3-*O*-[2-*O*-(2-*O*-sinapoylxylosyl)-6-*O*-(4-*O*-glucosyl-*p*-coumaroyl)glucosyl]-5-*O*-(6-*O*-malonylglucoside)}，矢车菊素-3-*O*-[2-*O*-木糖基-6-*O*-(4-*O*-葡萄糖基对香豆酰基)葡萄糖基]-5-*O*-(6-*O*-丙二酰葡萄糖苷){cyanidin-3-*O*-[2-*O*-xylosyl-6-*O*-(4-*O*-glucosyl-*p*-coumaroyl)glucosyl]-5-*O*-(6-*O*-malonylglucoside)}[2]。

种子含黄酮类：槲皮素-3-*O*-*α*-吡喃鼠李糖苷(quercetin-3-*O*-*α*-rhamnopyranoside)，山柰酚-3-*O*-*α*-吡喃鼠李糖苷(kaempferol-3-*O* -*α*-rhamnopyranoside)，槲皮素-3-*O*-*β*-吡喃葡萄糖基-7-*O*-*α*-吡喃鼠李糖苷(quercetin-3-*O*-*β*-glucopyranosyl-7-*O*-*α*-rhamnopyranoside)，山柰酚-3-*O*-*β*-吡喃葡萄糖基-7-*O*-*α*-吡喃

鼠李糖苷(kaempferol-3-*O*-*β*-glucopyranosyl-7-*O*-*α*-rhamnopyranoside)，槲皮素-3,7-二-*O*-*α*-吡喃鼠李糖苷(quercetin-3,7-di-*O*-*α*-rhamnopyranoside)，山柰酚-3,7-二-*O*-*α*-吡喃鼠李糖苷(kaempferol-3,7-di-*O*-*α*-rhamnopyranoside)，山柰酚-3-*O*-*β*-吡喃葡萄糖苷(kaempferol-3-*O*-*β*-glucopyranoside)，山柰酚-3-*O*-*α*-吡喃鼠李糖基-7-*O*-*β*-吡喃葡萄糖苷(kaempferol-3-*O*-*α*-rhamnopyranosyl-7-*O*-*β*-glucopyranoside)，山柰酚-3-*O*-*β*-[*α*-吡喃鼠李糖基-(1→2)-吡喃葡萄糖基]-7-*O*-*α*-吡喃鼠李糖苷[kaempferol-3-*O*-*β*-(*α*-rhamnopyranosyl-(1→2)-glucopyranosyl)-7-*O*-*α*-rhamnopyranoside][3]。

全草含氧化脂类：鼠耳芥苷▲(arabidopside) A、B[4]，鞘脂(spingolipid)[5]；植物生长激素类：*N*-(6-羟基吲哚-3-基乙酰)-苯氨基丙酸(*N*-(6-hydroxyindol-3-ylacetyl)-phenylalanine)，*N*-(6-羟基吲哚-3-基乙酰)-缬氨酸(*N*-(6-hydroxyindol-3-ylacetyl)-valine)，1-*O*-(2-氧代吲哚-3-基乙酰基)-*β*-D-吡喃葡萄糖苷(1-*O*-(2-oxoindol-3-ylacetyl)-*β*-D-glucopyranoside)[6]；其他类：脱水中美菊素C (dehydrozaluzanin C)[7]。

化学成分参考文献

[1] Taylor KL, et al. *J Chromatogr A*, 2006, 1121: 83-91.

[2] Marczak L, et al. *Rapid Commun Mass Spectrom*, 2008, 22: 3949-3956.

[3] Kerhoas L, et al. *J Agric Food Chem*, 2006, 54: 6603-6612.

[4] Hisamatsu Y, et al. *Tetrahedron Lett*, 2003, 44: 5553-5556.

[5] Jonathan E, et al *Rapid Commun Mass Spectrom*, 2007, 21: 1304-1314.

[6] Kai K, et al. *Phytochemistry*, 2007, 68: 1651-1663.

[7] Galindo JCG, et al. *Phytochemistry*, 1999, 52: 805-813.

2. 南芥属 Arabis L.

一年生至多年生草本，少数半灌木状。全株有单毛、2–3 叉毛、星状毛或分枝毛。茎单生或顶部分枝。基生叶丛生呈莲座状，叶片多为长椭圆形，有时大头羽裂，全缘或有齿；茎生叶无柄，叶片基部楔形，有时具叶耳，抱茎或不抱茎。总状花序顶生；萼片外展，内轮 2 片基部略呈囊状；花瓣白色或紫色，倒卵形或楔形，具爪；花柱短，柱头扁头状或浅 2 裂。长角果线形，扁平，直立或下垂；果瓣有明显的中脉和侧脉；每室有种子 1 行。种子圆形或椭圆形，有翅或无翅；子叶缘倚胚根。

约 70 余种，主要分布于北温带的亚洲及欧洲，北美洲极少。我国有 14 种，分布于东北、西北、华北及西南地区，其中 4 种 1 变种可药用。

分种检索表

1. 有营养茎和繁殖茎之分，前者长而匍匐，后者短而直立；茎上部叶有时簇生 ········· 1. **匍匐南芥 A. flagellosa**

1. 无营养茎和繁殖茎之分，茎直立，无匍匐茎；茎上部叶不簇生。

  2. 根颈具宿存的叶柄；莲座状基生叶密集；花序自基部抽出，花葶状，具 4–8 花 ········· 2. **贺兰山南芥 A. alaschanica**

  2. 根颈无宿存的叶柄；莲座状基生叶疏松；花序生于伸长的茎顶部，非花葶状，具多花。

    3. 萼片具星状毛及单毛；角果长达 10 cm，明显下垂 ········· 3. **垂果南芥 A. pendula**

    3. 萼片无星状毛；角果长 5–6 cm，不下垂 ········· 4. **圆锥南芥 A. paniculata**

1. 匍匐南芥（浙江植物志） 髫草（植物学大辞典）

Arabis flagellosa Miq. in Ann. Mus. Bot. Lugduno-Batavum. 2: 72. 1865.（英 **Creeping Rockcress**）

多年生草本，株高 10–35 cm，有时近无毛。营养茎常向外倾斜，有匍匐茎；繁殖茎较短，直立。基生叶簇生，叶片匙形至倒披针形，长 2–5 cm，宽 1.5–3 cm，顶端钝圆，边缘具疏齿，基部下延成翅状的狭叶柄；茎生叶有时在顶端 3–6 片簇生，叶片似基生叶，但呈倒卵形或长圆形，长 1–3 cm。萼片长椭圆形，长约 5 mm，上部边缘白色；花瓣匙形，长 8–9 mm，宽 3–4 mm。果线形，长 2–4 cm，宽约 1.5 mm；果瓣扁平或种子间缢缩，中脉明显；果梗斜升，长约 1.2 cm；每室有种子 1 行。种子长圆形，长约 1.5 mm，无翅，具明显凹点。花期 3–4 月，果期 4–5 月。

分布与生境 产于浙江北部、江苏南部、安徽南部、江西北部。生于山脚、林缘、路边、林下沟边、阴湿山谷石缝中。日本有分布。

药用部位 全草。

功效应用 清热解毒。用于热病发热，咽喉肿痛，痈肿疮毒等症。

匍匐南芥 **Arabis flagellosa** Miq.
史渭清　绘

匍匐南芥 **Arabis flagellosa** Miq.
摄影：黄健

2. 贺兰山南芥（内蒙古植物志） 阿拉善南芥（内蒙古植物志）

Arabis alaschanica Maxim. in Bull. Acad. Imp. Sci. St. -Petersb. 26(3): 421. 1880.——*A. holanschanica* Y. C. Lan et T. Y. Cheo（英 **Alashan Rockcress**）

多年生草本，株高 8–20 cm。茎基部分枝，直立或倾斜，具宿存的叶柄。基生叶密集呈莲座状；叶片倒披针形至倒卵形，长 1.5–4 cm，宽 5–10 mm，顶端锐尖，全缘或上部具疏齿，边缘疏被睫毛；叶柄具窄翅，宿存。花序自基部抽出，有花 4–8 朵，排列疏松；萼片长椭圆形，长 2–4 mm；花瓣白色或淡紫色，倒卵形，长约 10 mm，基部具短爪；柱头头状。果窄条形，斜向伸展，长 2–5 cm，宿存花柱长约 2 mm；果瓣扁平，有时稍弯曲；果梗长 2–10 mm。种子长圆形，长约 2 mm，宽约 1 mm，棕褐色，具窄翅。花期 5–6 月，果期 6–8 月。

分布与生境 产于内蒙古、陕西、宁夏、甘肃、青海和四川。生于海拔 2300–4200 m 的山坡石灰岩上、林缘和溪边。

药用部位 全草。

功效应用 解热解毒、退热。用于食物中毒、发热。

贺兰山南芥 **Arabis alaschanica** Maxim.
马平 绘

贺兰山南芥 **Arabis alaschanica** Maxim.
摄影：朱仁斌

3. 垂果南芥（东北植物检索表） 扁担蒿、唐芥（四川），野白菜（内蒙古），大蒜芥（新疆）

Arabis pendula L., Sp. P1. 665. 1753.——*A. pendula* L. var. *hebecarpa* Y. Z. Lan et T. Y. Cheo
（英 **Pendentfruit Rockcress**）

3a. 垂果南芥（模式变种）

Arabis pendula L. var. **pendula**

二年生草本，植株高 30–150 cm；被硬单毛、杂有 2–3 叉毛。茎直立，上部有分枝。基生叶和茎下部叶花期枯萎；茎中部叶长椭圆形至倒卵形，长 3–10 cm，宽 1.5–3 cm，顶端渐尖，边缘有浅锯齿，基部渐狭而成叶柄；茎上部的叶狭长椭圆形至披针形，基部呈心形或箭形，抱茎。总状花序顶生或腋生；萼片狭椭圆形，长 2–3 mm，背面被毛；花瓣白色，少有粉红色，长圆状到披针形，长 3.5–4.5 mm。果线形，长 4–10 cm，宽 1–2 mm，弧曲，下垂；每室有种子 1 行。种子椭圆形，褐色，长 1.5–2 mm，压扁，边缘有环状的翅。花期 6–9 月，果期 7–10 月。

分布与生境 产于东北、华北、西北和西南地区。生于海拔 1500–4000 m 的山坡、路旁、林边、草丛、草原、高山灌丛下和荒漠地区。欧洲、亚洲北部和东部也有分布。

药用部位 果实（扁担蒿），种子。

功效应用 果实：清热解毒、消肿。用于疮痈肿毒、阴道炎、阴道滴虫。种子：退热。

注评 本种藏族和蒙古族药用，其地上部分和种子藏族用于坚固软骨；蒙古族用其种子治疮痈肿痛。

3b. 粉绿垂果南芥（变种）（中国植物志）

Arabis pendula L. var. **hypoglauca** Franch., P1. David. 1: 33. 1883.（英 **Green Pendentfruit Rockcress**）

本变种与模式变种的区别在于茎生叶上面暗绿色，疏被 3 叉毛，下面粉绿色，密被 3 叉毛、星状毛及混生单毛。果长条形，长 5–9 cm，宽约 2 mm，扁平，略下垂；每室有种子 2 行。种子近椭圆形，长约 1.2 mm，棕色，表面具细网状纹。

垂果南芥 **Arabis pendula** L. var. **pendula**
引自《中国高等植物图鉴》

垂果南芥 **Arabis pendula** L. var. **pendula**
摄影：周繇

分布与生境 产于内蒙古、甘肃、陕西。生于山地林缘、灌丛下、沟谷、河边。

药用部位 果实。

功效应用 清热解毒、消肿。用于疮痈肿毒、阴道炎、阴道滴虫。

4. 圆锥南芥（中国高等植物图鉴）

Arabis paniculata Franch., Pl. Délavy. 57. 1889.——*A. chanetii* H. Lév., *A. alpina* L., *A. alpina* L. var. *rubrocalyx* Franch., *A. alpina* L. var. *parviflora* Franch.（英 **Paniculate Rockcress**）

二年生草本。植株高 20–70 cm；被 2–3 叉毛及星状毛。茎直立，自中部以上分枝。基生叶簇生，叶片倒披针形、长椭圆形或披针形，长 2–8 cm，顶端渐尖，边缘具疏锯齿，基部下延成有翅的叶柄；茎生叶多数，叶片长椭圆形至披针形，长 1.5–5 cm，宽 1–2 cm，基部呈心形或肾形，半抱茎或抱茎。总状花序顶生或腋生，呈圆锥状；萼片长卵形至近披针形，长 2–3.5 mm，近无毛；花瓣白色，长匙形，长 4–6 mm。果线形，长 3–5 cm，宽约 1 mm，排列疏松，斜向外展；果瓣中脉明显。种子椭圆形或不规则，长约 1.2 mm，黄褐色，具狭翅，表面密具小颗粒而呈条纹状。花期 4–6 月，果期 6–8 月。

分布与生境 产于陕西、甘肃、四川、贵州、云南和西藏。生于海拔 1500–3400 m 的山坡林下、荒地、路边、草丛。

药用部位 种子。

功效应用 清热解毒、退热。用于发热。

圆锥南芥 **Arabis paniculata** Franch.
引自《中国高等植物图鉴》

圆锥南芥 **Arabis paniculata** Franch.
摄影：朱仁斌

3. 辣根属 **Armoracia** P. Gaertn., B. Mey. et Scherb.

多年生草本。全株光滑无毛。根肉质肥大。茎直立，上部分枝。基生叶莲座状，茎生叶互生；叶片大，长圆形至长圆状披针形或条形，全缘或具圆齿或羽状浅裂。总状花序排成伞房状圆锥花序，果期伸长；花多数；萼片直立，卵形或长圆形，基部不为囊状；花瓣白色，长于萼片，有短爪；雄蕊 6，短雄蕊基部有 1 蜜腺，呈半环状，有中蜜腺。短角果，卵形、近球形至椭圆形；果瓣膨胀，中脉不显，宿存花柱短，柱头头状或浅 2 裂；每室有种子 2 行。种子小，近圆形，表面有细点；子叶缘倚胚根。

约 3 种，分布于中欧和南欧以及俄罗斯。我国引种栽培 1 种。

本属药用植物主要含挥发油，主要包括异硫氰酸丙烯酯 (allyl isothiocyanate)、4- 戊烯基异硫氰酸酯 (4-pentenylisothiocyanate)、3- 丁烯基异硫氰酸酯 (3-butenylisothiocyanate)、苯基异硫氰酸酯 (phenylisothiocyanate)、苄基异硫氰酸酯 (benzylisothiocyanate) 等。我国产辣根 (A. rusticana) 挥发油成分与英国、匈牙利、日本等国产辣根的成分差异较大，其中 3- 丁烯基异硫氰酸酯 (3-butenylisothiocyanate)、苯基异硫氰酸酯 (phenylisothiocyanate) 和苄基异硫氰酸酯 (benzylisothiocyanate) 为我国产辣根的特有成分。

本属植物辣根具有杀虫、抗肿瘤活性。

瘤、抗突变和抗氧化等作用。白菜具有促进益生菌生长的作用。

1. 野甘蓝（中国植物志）

Brassica oleracea L., Sp. Pl. 2: 667. 1753.（英 **Wild Cabbage**）

本种的模式变种仅产于欧洲西部。我国有 7 个（栽培）变种，其中 3 个变种药用。

1a. 白花甘蓝（变种）（Flora of China） 芥蓝（岭南杂记）

Brassica oleracea L. var. **albiflora** Kuntze, Revis. Gen. Pl. 1:19. 1891.——*B. alboglabra* L. H. Bailey（英 **Whiteflower Cabbage**）

一年生或二年生草本。植株高 0.3–1 m；无毛，具粉霜。茎基部增粗，圆柱形。基生叶和下部茎生叶少，叶片绿色，卵形，长达 10 cm，边缘有微小不整齐裂齿，叶柄长 3–7 cm；茎生叶卵形或长圆形，长 6–9 cm，边缘波状或有不整齐尖锐齿，基部耳状，沿叶柄下延；茎上部叶长圆形，长 8–15 cm，顶端圆钝，不裂，边缘有粗齿，不下延或有显著叶柄。萼片披针形，长 4–5 mm，边缘透明；花瓣白色或淡黄色，长圆形，长 2–2.5 cm，有显著脉纹，顶端全缘或微凹，基部成窄爪。果线形，长 3–9 cm，喙长 5–10 mm。种子凸球形，直径约 2 mm，红棕色，有微小窝点。花期 3–4 月，果期 5–6 月。2n=18。

分布与生境 福建、广东、广西、云南常见栽培。原产地不详，我国南方栽培悠久。

药用部位 根、茎、叶、种子。

功效应用 根：解毒、清咽、平喘。用于咽喉痛、气喘、风热感冒。茎、叶：散积化痰。叶、种子：消食积、解面毒。嫩茎叶：宣肺豁痰、温中利气。用于痰饮内盛、咳嗽痰滞、胸膈满闷。

化学成分 种子含多肽类[1]；脂肪酸类：α-亚麻酸(α-linolenic acid)，亚油酸(linolic acid)，11-花生烯酸(11-eicosanoic acid)，油酸(oleic acid)，棕榈酸，硬脂酸等[2]。

化学成分参考文献

[1] Lin P, et al. *Peptides*, 2008, 29: 1664-1671.

[2] 刘拉平，等 . 中国粮油学报，2006, 21(6): 177-179.

白花甘蓝 **Brassica oleracea** L. var. **albiflora** Kuntze
引自《福建植物志》

白花甘蓝 **Brassica oleracea** L. var. **albiflora** Kuntze
摄影：徐晔春

1b. 甘蓝（变种）（本草拾遗） 卷心菜（种子植物名称补编），包菜（江苏），洋白菜（中国蔬菜栽培学），圆白菜（内蒙古），莲花白（陕西、四川、云南）

Brassica oleracea L. var. **capitata** L., Sp. Pl. 2: 667. 1753.——*B. capitata* (L.) H. Lév.（英 **Capitate Cabbage**）

与白花甘蓝的区别：一年生的茎短粗，圆锥状。基生叶多数，层层包裹成致密的球状体，圆球形或扁球形，少为近圆锥状，直径 10–30 cm 或更大，叶片质厚，长圆状倒卵形至圆形，长和宽达 30 cm，顶端圆形，基部骤窄成极短有宽翅的叶柄，边缘有波状不显明锯齿，淡绿色或内部乳白色。种子球形，棕色。

分布与生境　各地栽培。

药用部位　叶。

功效应用　益肾，壮骨，益肾补髓，利五脏，止痛。用于溃疡病痛，促进伤口愈合。

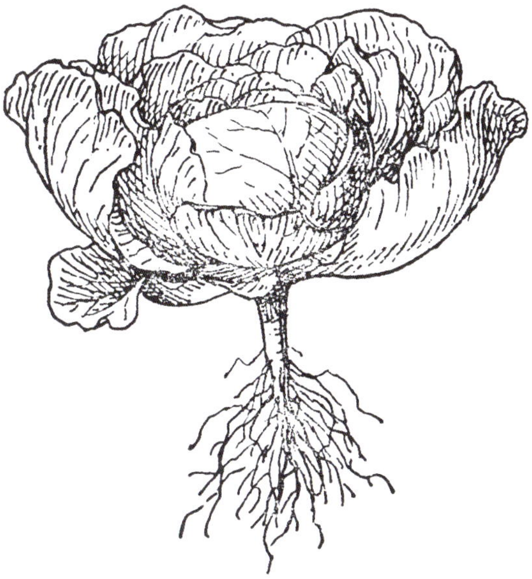

甘蓝 **Brassica oleracea** L. var. **capitata** L.
引自《中国高等植物图鉴》

甘蓝 **Brassica oleracea** L. var. **capitata** L.
摄影：陈彬

1c. 擘蓝（变种）（农政全书） 球茎甘蓝（中国植物图鉴），芥兰头（广州），玉头（内蒙古），苤蓝（滇南本草）

Brassica oleracea L. var. **gongylodes** L., Sp. Pl. 2:667. 1753.——*B. caulorapa* (DC.) Pasq., *B. oleracea* L. var. *caulorapa* DC.（英 **Kohlrabi**）

与白花甘蓝的区别：一年生茎强烈缩短，肉质化，在离地面 2–4 cm 处膨大成 1 个实心的长圆球体或扁球体，绿色，其上生叶。叶片略厚，宽卵形至长圆形，长 13.5–20 cm，在基部两侧或仅在一侧有 1 裂片，边缘有不规则裂齿；叶柄长 5–20 cm，常有少数小裂片。种子有棱角。

分布与生境　全国大多数省区均有栽培。

药用部位　球茎、叶、种子。

功效应用　球茎、叶：利水消肿，解毒。用于热毒风肿，脾虚火盛，淋浊，便血。叶，种子：用于食积，恶疮，十二指肠溃疡。

擘蓝 **Brassica oleracea** L. var. **gongylodes** L.
引自《江苏植物志》

擘蓝 **Brassica oleracea** L. var. **gongylodes** L.
摄影：杨成梓

2. 芜菁（名医别录） 葑（诗经），蔓青（唐本草），变萝卜（北京），圆根（云南、西藏）

Brassica rapa L., Sp. P1. 2: 666-667. 1753.（英 **Turnip**）

2a. 芜菁（模式变种）

Brassica rapa L. var. **rapa**——*B. campestris* L. var. *rapa* (L.) Hartm.

二年生草本。植株高达 100 cm。块根肉质，球形、扁圆形或长圆形，下部多须根，外皮白色、黄色或红色，无辣味。茎直立，上部有分枝，下部稍有毛。基生叶长 10–40 cm，叶片大头羽裂，顶裂片及顶部侧裂片很大，边缘波状或浅裂，其他的裂片越下越小，下部有时呈全裂，叶两面有少数散生刺

芜菁 **Brassica rapa** L. var. **rapa**
引自《中国高等植物图鉴》

芜菁 **Brassica rapa** L. var. **rapa**
摄影：李建民

毛，叶柄粗，长 10–16 cm；茎中、上部叶长圆披针形，无毛，基部宽心形，半抱茎。萼片长圆形，长 4–6 mm；花瓣鲜黄色，长 4–8 mm，倒披针形，有短爪。果线形，长 3.5–8 cm，果瓣具 1 显明中脉，喙长 1–2 cm。种子球形，直径约 1.8 mm，浅黄棕色，近种脐处黑色，有细网状穴。花期 3–4 月，果期 5–6 月。2n=20。

分布与生境 各地有栽培。

药用部位 块根和叶（芜菁），花（芜菁花），种子（芜菁子）。

功效应用 块根、叶：利五脏、益气、消食、止咳。用于心腹冷痛、热毒肿痛、乳痈、食积不化、消渴、黄疸。花、种子：明目、清热利湿、利尿。用于青盲、目暗、黄疸、痢疾、小便淋痛、头痛。

化学成分 叶含黄酮类：山柰酚(kaempferol)，异鼠李素(isorhamnetin)，槲皮素(quercetin)，山柰酚-3-槐糖基-7-葡萄糖苷(kaempferol-3-sophorosyl-7-glucoside)，山柰酚-3-葡萄糖苷(kaempferol-3-glucoside)，异鼠李素-3-*O*-*β*-D-吡喃葡萄糖苷(isorhamnetin-3-*O*-*β*-D-glucopyranoside)，异鼠李素-3,7-二葡萄糖苷(isorhamnetin-3,7-diglucoside)，槲皮素-3,7-二葡萄糖苷(quercetin-3,7-diglucoside)，槲皮素-3-槐糖苷(quercetin-3-sophoroside)，山柰酚-3-槐糖苷(kaempferol-3-sophoroside)，山柰酚-3,7-二葡萄糖苷(kaempferol-3,7-diglucoside)，槲皮素-3-槐糖基-7-葡萄糖苷(quercetin-3-sophorosyl-7-glucoside)[1]。

药理作用 抗肿瘤作用：芜菁块根汁液可诱导肝癌细胞 SMMC-7721 的凋亡，而对正常肝细胞 L-02 影响很小[1]。

抗氧化作用：芜菁汁对 ^{60}Co-γ 射线、环磷酰胺所造成小鼠氧化应激损伤具有保护作用[2-3]。芜菁嫩叶富含多酚和维生素 C 等抗氧化物质，具有抗氧化活性[4]。

注评 本种为部颁药品标准·维吾尔药（1998 年版）收载“芜菁子”的基源植物，药用其干燥成熟种子。藏族也药用，又称“圆根”，用其块根治虚弱、中毒，种子治疗食物中毒；普米族用块根行气、解毒、消食、解暑。

化学成分参考文献

[1] Rochfort SJ, et al. *J Agric Food Chem*, 2006, 54: 4855-4860.

药理作用及毒性参考文献

[1] 钱晓薇 . 营养学报，2003, 25(2): 222-224.

[2] 钱晓薇，等 . 江西科学，2003, 21(1): 18-20.

[3] 钱晓薇 . 细胞生物学杂志，2001, 23(2): 114-119.

[4] Martínez-Sánchez A, et al. *J Agric Food Chem*, 2008, 56(7):2330-2340.

2b. 青菜（变种）（通称） 小白菜（通称），小油菜（经济植物手册），小青菜（江苏）

Brassica rapa L. var. **chinensis** (L.) Kitam., Mem. Coll. Sci. Kyoto Imp. Univ., ser. B, Biol. 19: 79. 1950.——*B. chinensis* L., *B. campestris* L. var. *chinensis* (L.) T. Itô, *B. napus* L. var. *chinensis* (L.) O. E. Schulz, *B. oleracea* L. var. *chinensis* (L.) Prain（英 **Pakchoi**）

与模式变种区别：一年生或偶二年生草本。根常成粗圆柱状块根，顶端常有短根颈，不肉质化。基生叶多，达 20 以上，强烈莲座化；叶片倒卵形或宽倒卵形，长 20–30 cm，深绿色，表面平而有光泽，基部渐狭，边缘全缘或有不显明圆齿或波状，中脉白色，宽达 1.5 cm，有多条明显平行脉；叶柄长 3–6 cm，扁而厚，宽 2–4 cm，向边渐薄，基部肉质，微膨大。种子紫褐色，有蜂窝纹。

分布与生境 全国各省有栽培，尤以长江流域为广。原产于亚洲，世界各地有栽培。

药用部位 叶（菘菜），种子（菘菜子，青菜子）。

功效应用 叶、种子：清热除烦，消食祛痰，解酒。用于肺热咳嗽，小便淋痛。种子：消痰积，清肺热。

注评 本种佤族、傣族和白族药用，佤族用其种子治痰喘、酒醉不醒；傣族用种子治全身疼痛；白族用其幼株治肺热咳嗽、便秘、丹毒、漆疮。此外，具有“青菜”之名的有唇形科植物鸡脚参

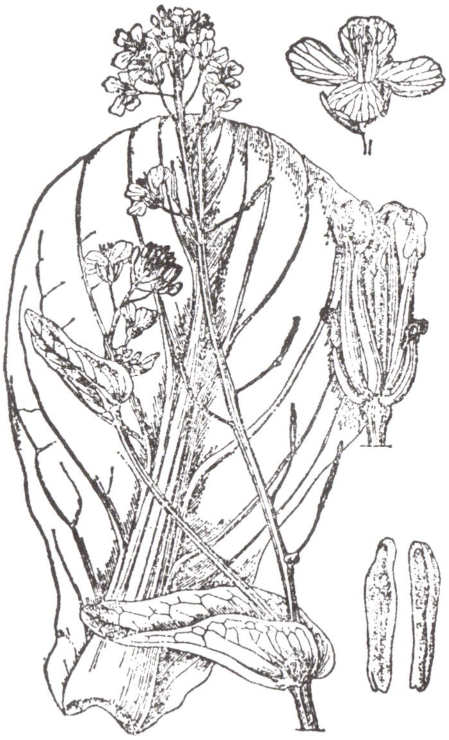

青菜 **Brassica rapa** L. var. **chinensis** (L.) Kitam.
引自《中国高等植物图鉴》

青菜 **Brassica rapa** L. var. **chinensis** (L.) Kitam.
摄影：徐克学

Orthosiphon wulfenioides (Diels) Hand.-Mazz. 的根称“山青菜”，用于消化不良、食积、蛔虫病、风湿痛、虚弱头晕、虚汗、咳嗽；唇形科植物血盆草 Salvia cavaleriei H. Lév. var. simplicifolia E. Peter 的全草称“红青菜”，主治吐血、血崩、衄血、刀伤出血、血痢、产后寒等症，叶外敷疮毒；苦苣苔科植物浙皖粗筒苣苔 Briggsia chienii Chun 和牛耳朵 Chirita eburnea Hance 的全草称“岩青菜”，用于清肺止咳；这些品种和本种功效应用不同，不能混用。

2c. 塌棵菜（变种）（江苏南部种子植物手册） 瓢儿菜、塌古菜、乌塌菜（江苏）

Brassica rapa L. var. **narinosa** (L. H. Bailey) Kitam., Mem. Coll. Sci. Kyoto Imp. Univ., Ser. B, Biol. 19(3): 80. 1950.——*B. narinosa* L. H. Bailey, *B. chinensis* L. var. *rosularis* Tsen et S. H. Lee, *B. rapa* L. subsp. *narinosa* (L. H. Bailey) Hanelt（英 **Broadbeaked Mustard**）

本变种与青菜相近，区别于基生叶莲座状，叶片稍小，墨绿色，显著皱缩；叶柄白色，宽 1–2 cm，稍有边缘，有时具小裂片。

分布与生境 华东地区有栽培，南京、上海一带最多。原产于我国。

药用部位 茎叶。

功效应用 滑肠，疏肝，利五脏。

塌棵菜 **Brassica rapa** L. var. **narinosa** (L. H. Bailey) Kitam.
引自《中国高等植物图鉴》

2d. 白菜（变种）（本草纲目） 菘（南方草木状），大白菜（北京），黄芽白（食物考），绍菜（广州）

Brassica rapa L. var. **glabra** Regel, Gartenflora 9: 9. 1860.——*Sinapis pekinensis* Lour., *Brassica pekinensis* (Lour.) Rupr., *B. campestris* L. var. *pekinensis* (Lour.) Viehoever, *B. petsai* (Lour.) L. H. Bailey
（英 **Chinese Cabbage**）

本变种与模式变种的区别：基生叶多数，20 以上，强烈莲座化；叶片大形，倒卵状长圆形至宽倒卵形，长 30–60 cm，顶端圆钝，皱缩，边缘波状，有时具不显明牙齿，中脉白色，很宽，有多数粗壮侧脉，叶柄短，白色，扁平，长 5–9 cm，宽 4–8 cm，两侧边缘有具缺刻的下延叶片；茎上部叶近有柄或抱茎，有粉霜。

分布与生境 各地广泛栽培。原产于我国华北。

药用部位 叶（黄芽白菜）。

功效应用 消食下气、利肠胃、利尿。用于食积、淋证、养胃、利小便。外用于痄腮、漆毒。

化学成分 地上部分含类胡萝卜素类：β-胡萝卜素(β-carotene)，玉米黄素(zeaxanthin)，叶黄素(lutein)，黄体黄质(luteoxanthin)，堇黄质(violaxanthin)，新黄质(neoxanthin)，新黄质a (neoxanthin a)[1]；激素类：植保素(phytoalexin)[2]。

药理作用 抗真菌作用：白菜叶中分离的由 154 个氨基酸组成的蛋白 C-FKBP 和一种胞溶质蛋白具有抗真菌活性[1-2]。

促进益生菌生长作用：白菜叶汁具有促进双歧杆菌生长活性[3]。

注评 本种傣族药用，其叶用于舒筋活络、利小便。

白菜 **Brassica rapa** L. var. **glabra** Regel
引自《黑龙江植物志》

白菜 **Brassica rapa** L. var. **glabra** Regel
摄影：陈彬

化学成分参考文献

[1] Wills RBH, et al. *Food Chem*, 1996, 56(4): 451-455.

[2] Monde K, et al. *J Am Chem Soc*, 1994, 116: 6650-6657.

药理作用及毒性参考文献

[1] Park SC, et al. *J Agric Food Chem*, 2007, 55(13): 5277-5281.

[2] Lee JR, et al. *Biochem Biophys Res Commun*, 2007, 353(3): 672-678.

[3] Suido H, et al. *Biocontrol Sci*, 2008, 13(2): 41-48.

2e. 芸苔（变种）（名医别录） 油菜（通称），菜苔（中国高等植物图鉴）

Brassica rapa L. var. **oleifera** DC., Syst. Nat. 2: 591. 1821.——*B. campestris* L., *B. campestris* L. var. *oleifera* DC.（英 **Bird Rape**）

本变种与模式变种的区别：主根圆柱形，不肉质化。茎粗壮，直立，分枝或不分枝，无毛或近无毛，稍带粉霜。基生叶少，不呈莲座状或近莲座状；叶片波状，大头羽裂，顶裂片圆形或卵形，边缘有不整齐弯缺牙齿，侧裂片向下渐小，1 至数对，卵形，或羽状深裂；叶柄宽，长 2–6 cm，基部抱茎。

分布与生境 全国各省有栽培，主要产于江苏、安徽、浙江、江西、湖北、湖南、四川、甘肃。

药用部位 种子（芸苔子，油菜籽），茎叶（芸苔）。

功效应用 种子：行血散瘀、消肿散结。用于丹毒、产后淤血腹痛、恶露不净、痢疾、便秘、疮肿。茎叶：散血消肿。用于劳伤出血、痈肿疮毒、乳痈。产后血滞腹痛、血痢、痔漏。

化学成分 茎含酚酸类：芥子醇苹果酸酯(sinapoylmalate)[1]。

叶含黄酮类：山柰酚-3-*O*-羟基阿魏酰二葡萄糖基-7-*O*-葡萄糖苷(kaempferol-3-*O*-hydroxyferuloyldiglucosyl-7-*O*-glucoside)，山柰酚-3-*O*-二葡萄糖基-7-*O*-葡萄糖苷(kaempferol-

芸苔 **Brassica rapa** L. var. **oleifera** DC.
引自《中国高等植物图鉴》

芸苔 **Brassica rapa** L. var. **oleifera** DC.
摄影：张英涛

3-*O*-diglucosyl-7-*O*-glucoside)，山柰酚-3-*O*-咖啡酰二葡萄糖基-7-*O*-葡萄糖苷(kaempferol-3-*O*-caffeoyldiglucosyl-7-*O*-glucoside)，山柰酚-3-*O*-芥子酰二葡萄糖基-7-*O*-葡萄糖苷(kaempferol-3-*O*-sinapoyldiglucosyl-7-*O*-glucoside)，山柰酚-3-*O*-葡萄糖基-7-*O*-葡萄糖苷(kaempferol-3-*O*-glucosyl-7-*O*-glucoside)，山柰酚-3-*O*-香豆酰二葡萄糖基-7-*O*-葡萄糖苷(kaempferol-3-*O*-coumaroyldiglucosyl-7-*O*-glucoside)[1]，异鼠李素-3,7-二-*O*-葡萄糖苷(isorhamnetin-3,7-di-*O*-glucoside)[1-2]，异鼠李素-3-*O*-β-D-吡喃葡萄糖苷(isorhamnetin-3-*O*-β-D-glucopyranoside)[2]；酚类：芥子酸(sinapic acid)，芥子醇苹果酸酯(sinapoylmalate)，单咖啡酰奎宁酸(monocaffeoyl quinic acid)，香豆酰奎宁酸(coumaroylquinic acid)，咖啡酰苹果酸酯(caffeoyl malate)，羟基阿魏酰苹果酸酯(hydroxyferuloyl malate)，阿魏酰苹果酸酯(feruloyl malate)[1]，香荚兰酸(vanillic acid)，对羟基苯甲醛(*p*-hydroxybenzaldehyde)，香荚兰素(vanillin)，对香豆酸(*p*-coumaric acid)，反式-阿魏酸(*trans*-ferulic acid)，顺式-阿魏酸(*cis*-ferulic acid)[3]。

药理作用 保肝作用：芸苔叶中的异鼠李素-3-*O*-β-D-吡喃葡萄糖苷具有保护小鼠四氯化碳肝损伤作用，可有效降低血液中 ALT 和 AST 的含量，而异鼠李素-3,7-二-*O*-葡萄糖苷不具有此作用[1]。

抗真菌、抗病毒、抗肿瘤作用：从芸苔种子分离到一个具有热稳定性的分子量为 9.4 kD 的蛋白 campesin，具有抑制尖刀廉孢菌、落花生褐斑病菌、肝癌和乳腺癌细胞及 HIV-1 病毒活性[2-3]。从芸苔花粉中分离的系列脂肪酸衍生物具有芳香化酶抑制活性[4]。

抗蚊虫作用：芸苔挥发油具有抑制尖音库蚊的作用[5]。

抗氧化、抗突变作用：小鼠口服芸苔叶提取物，可对由 γ 射线、环磷酰胺、乌拉坦所致 DNA 损伤具有保护作用，此保护作用与降低脂质过氧化物、增强 GSH 酶活性相关[6]。

注评 本种为部颁药品标准·中药材（1995 年版）和新疆（1980）、内蒙古（1986）、山西（1987）、贵州（1988）、江苏（1989）中药材标准收载"芸苔子"的基源植物，药用其干燥成熟种子；甘肃中药材标准（1992）收载的"油菜蜂花粉"为本种的花粉团。白族也药用，用其嫩茎叶治劳伤吐血、血痢、丹毒、热毒疮、乳痈等，其种子治血瘀腹痛、肿痛、痔漏。

化学成分参考文献

[1] Harbaum B, et al. *J Agric Food Chem*, 2007, 55: 8251-8260.

[2] Igarashi K, et al. *Biosci Biotechnol Biochem*, 2008, 72(3): 856-860.

[3] Harbaum B, et al. *Food Chem*, 2008, 110: 838-846.

药理作用及毒性参考文献

[1] Igarashi K, et al. *Biosci Biotechnol Biochem*, 2008, 72(3): 856-860.

[2] Lin P, et al. *J Biosci Bioeng*, 2009, 108(3): 259-265.

[3] Lin P, et al. *Peptides*, 2007, 28(8): 1514-1519.

[4] Yang NY, et al. *J Asian Nat Prod Res*, 2009, 11(2): 132-137.

[5] Khater HF, et al. *Rev Inst Med Trop Sao Paulo*, 2008, 50(2): 107-112.

[6] Tiku AB, et al. *Environ Mol Mutagen*, 2008, 49(5): 335-342.

3. 芜菁甘蓝（经济植物手册） 布留克（东北），洋大头菜、大头菜（江苏）

Brassica napus L. var. **napobrassica** (L.) Rchb. in Moss., Handb. Gewachsk. (ed. 2), 3: 1220. 1833.——*B. oleracea* L. var. *napobrassica* L., *B. napobrassica* (L.) Mill.（英 **Rutabaga**）

二年生草本。块根卵球形或纺锤形，肥厚，芜菁状，无辣味，一半在地上，为青紫色，具紫色长根颈，上有叶或叶痕，一半在地下，两侧各有 1 条纵沟，从此生出多数侧根。基生叶的叶片顶裂片长达 25 cm，顶端急尖，边缘有不整齐锯齿或波状浅裂，侧裂片 2–4 对，越向下越小；叶柄长 1.5–2.5 cm。萼片线形，长 4–5 mm。果长 3–3.5 cm，喙长 3–5 mm；果梗长 0.6–1 cm。种子卵形，黑棕色。

分布与生境 东北以及内蒙古、江苏、浙江、广东、贵州、四川等地栽培。

药用部位 种子（芜菁甘蓝子）。

功效应用 泻湿热，消食下气，止咳，止渴。用于热毒肿痛，肝虚目暗，乳痈，便秘，黄疸，小儿头疮，骨疽不愈。

4. 芥菜（通称） 芥（名医别录），黄芥（中药志）

Brassica juncea (L.) Czern., Consp. Pl. Charc. 8. 1859.——*Sinapis juncea* L.（英 **India Mustard**）

本种是中国著名的特产蔬菜，主要有芥子菜、叶用芥菜、茎用芥菜、苔用芥菜、芽用芥菜和根用芥菜 6 个类型。在《中国植物志》中根据基生叶的叶片变异，将叶用芥菜处理成数个种下单位，如皱叶芥 var. *crispifolia* L. H. Bailey、大叶芥 var. *foliosa* L. H. Bailey、油芥菜 var. *gracilis* Tsen et S. H. Lee、雪里蕻 var. *multiceps* Tsen et S. H. Lee、多裂叶芥 var. *multisecta* L. H. Bailey，这些变种相对于本种内的大头菜 var. *megarrhiza* Tsen et Lee（根膨大成肉质块根），榨菜 var. *tumida* Tsen et S. H. Lee（下部叶的叶柄及茎膨大成肉质拳状）而言，与模式变种的差异较小，所以《Flora of China》将其并入模式变种中有一定道理。但是在我国上述变异类群已长期习惯区别使用，从实用出发，对于其中有药用的变异类群，这里仍按变种描述。

4a. 芥菜（模式变种）

Brassica juncea (L.) Czern. var. **juncea**——*B. cernua* (Thunb.) F. B. Forbes et Hemsl., *B. juncea* (L.) Czern. var. *longipes* Tsen et S. H. Lee（英 **India Mustard**）

一年生草本。植株高 30–150 cm；常无毛，有时幼茎及叶具刺毛，带粉霜，有辣味。主根细长，圆柱状，少粗达 1.5 cm。茎直立，上部有分枝。基生叶宽卵形至倒卵状披针形，长 10–30 cm，大头羽裂或不分裂，基部楔形，裂片 2–3 对，边缘有缺刻或牙齿，叶柄长 3–9 cm，其上具小裂片；茎下部叶较小，边缘有时具圆钝锯齿；茎上部叶窄披针形，长 2.5–5 cm，边缘具不明显疏齿或全缘。萼片淡黄色，长圆形，长 4–5 mm；花瓣黄色，倒卵形，长 8–10 mm，爪长 4–5 mm。果线形，长 3–5.5 cm，宽

芥菜 **Brassica juncea** (L.) Czern. var. **juncea**
引自《中国高等植物图鉴》

芥菜 **Brassica juncea** (L.) Czern. var. **juncea**
摄影：张英涛

2–3.5 mm；果瓣具 1 突出中脉，喙长 6–12 mm；果梗长 5–15 mm。种子球形，直径 1–1.5 mm，褐色或灰色，少数为暗红棕色，表面具网纹。花期 3–5 月，果期 5–6 月。2n=36。

分布与生境 全国各地均有栽培，有时逸生于田野、空旷地、路边。

药用部位 种子（黄芥子），嫩茎叶。

功效应用 种子：利气化痰，温中散寒，通络止痛，消肿解毒。用于寒痰喘咳，胸胁胀痛，痰滞经络，关节麻木，疼痛，痰湿流注，阴疽肿毒。嫩茎叶：宣肺豁痰，温中利气。用于寒饮内盛，咳嗽痰滞，胸膈满闷。

化学成分 叶含酚类：芥子酸(sinapic acid)[1]；黄酮类：山柰酚-3-*O*-羟基阿魏酰二葡萄糖基-7-*O*-葡萄糖苷 (kaempferol-3-*O*-hydroxyferuloyldiglucosyl-7-*O*-glucoside)[1]；蛋白类：BjNPR1[2]。

药理作用 降血糖作用：芥菜具有降血糖活性[1]。

抑制核因子 NF-κB 转位作用：芥菜中分离的蛋白 BjNPR1 与 IkB 结构和序列相似，可与 NF-κB 结合抑制其核转位，下调 NF-κB 调控基因 iNOS、环氧合酶 -2 (COX-2)、c-Myc 和 cyclin D1 的表达，抑制 U373 细胞增殖，并可降低 pERK、pJNK 及 PKCalpha 的表达而增加 Caspase-3 和 Caspase-8 活性[2]。

芥子 **Sinapis Semen**
摄影：张继

注评 本种为中华中药典范（1985 年版）收载“挥发芥子油”的基源植物，药用其干燥成熟种子中所得的一种挥发油；中国药典（2010 年版）收载“芥子”的基源植物之一，药用其干燥成熟种子，药材

5. 荠属 Capsella Medic.

一年生或二年生草本。全株无毛、具单毛或分叉毛。茎直立，单一或从基部分枝。基生叶莲座状，叶片披针形，大头羽裂、缺刻至全缘，有叶柄；茎生叶互生，无柄，叶片边缘具弯缺牙齿至全缘，基部耳状，抱茎。总状花序伞房状，果期延长；萼片近直立，长圆形；花瓣白色或带粉红色，匙形；花丝基部蜜腺成对，半月形；子房 2 室，花柱极短。短角果，倒三角形或倒心状三角形，两侧压扁，扁平，无翅，无毛，熟时开裂；果瓣近顶端最宽，具网状脉，隔膜窄椭圆形，膜质；每室有种子 6–12 个。种子椭圆形，棕色；子叶背倚胚根。

1 种，主产于欧洲、地中海地区、亚洲西部，广布于世界；我国也产，可药用。

荠属药用植物含黄酮类成分和挥发油。挥发性化合物主要为 (Z)-3- 已烯 -1- 醇 [(Z)-3-hexen-1-ol]、(Z)- 3- 已烯 -1- 醇乙酸酯 [(Z)-3-hexen-1-ol acetate]、二甲基三硫醚 (dimethyl trisulfide)、1- 已醇 (1-hexanol)、十五烷 (pentadecane)、异丙醇 (isopropyl alcohol)、3- 甲基庚醇乙酸酯 (3-methylheptyl acetate)、二甲砜 (dimethyl sulfone)、4,4- 二甲基己醛 (4,4-dimethyl-hexanal) 等。

本属植物荠菜具有抗菌、抗炎等作用。

1. 荠菜（通称） 荠（诗经、名医别录），护生草（本草纲目），地米菜（贵州）

Capsella bursa-pastoris (L.) Medik., Pfl.-Gatt. 85. 1792.——*Thlaspi bursa-pastoris* L., *Capsella bursa* Raf.（英 **Shepherd's Purse**）

植株高 (7–) 10–40 cm，纤细。基生叶丛生，呈莲座状，光照强的环境下平铺地面；叶片大头羽状分裂，长可达 12 cm，宽可达 2.5 cm，顶裂片卵形至长圆形，长 5–30 mm，宽 2–20 mm，侧裂片 3–8 对，长圆形至卵形，长 5–15 mm，顶端渐尖，浅裂、或有不规则粗锯齿或近全缘；茎生叶窄披针形或披针形，基部箭形，抱茎，边缘有缺刻或锯齿。总状花序顶生及腋生，果期延长达 20 cm；萼片长 1.5–2 mm；花瓣长 2–3 mm，有短爪。短角果长 5–8 mm，宽 4–7 mm。花期 3–5 月，果期 4–6 月。花后果实渐次成熟，秋季也有开花结果的。

荠菜 **Capsella bursa-pastoris** (L.) Medik.
引自《中国高等植物图鉴》

荠菜 **Capsella bursa-pastoris** (L.) Medik.
摄影：于俊林

分布与生境 产于全国各地。生于山坡、田边及路旁，现有栽培。广布于全世界温带地区。

药用部位 全草（荠菜），种子（荠菜子）。

功效应用 全草：凉血止血，清热利尿，明目，降压，解毒。用于痢疾，高血压症，乳糜尿，水肿及各种出血，肾结石，淋病，目赤肿痛。种子：用于目痛青盲，翳障。

化学成分 根含多肽类：荠菜多肽(shepherin) Ⅰ、Ⅱ[1]。

地上部分含黄酮类[2]；挥发油：(Z)-3-已烯-1-醇[(Z)-3-hexen-1-ol]，(Z)-3-已烯-1-醇-乙酸酯[(Z)-3-hexen-1-ol-acetate]，二甲基三硫醚(dimethyl trisulfide)等[3]。

全草含多肽类；芹菜素(apigenin)，木犀草素-7-*O*-*β*-D-吡喃葡萄糖苷(luteolin-7-*O*-*β*-D-glucopyranoside)，芹菜素-7-*O*-*β*-D-吡喃葡萄糖苷(apigenin-7-*O*-*β*-D-glucopyranoside)[4]；酚、酚酸类：香荚兰酸(vanillic acid)，对羟基苯甲酸(*p*-hydroxybenzoic acid)，苯甲酸(benzoic acid)[4]；核苷、碱基类：腺苷(adenosine)，尿苷(uridine)，鸟嘌呤(guanine)，腺嘌呤(adenine)[4]。

药理作用 抗炎作用：荠菜水煎剂能减轻二甲苯所致小鼠耳肿胀、冰醋酸所致小鼠腹腔毛细血管通透性增加，角叉菜胶、酵母多糖 A 所致大鼠足跖肿胀，但对制霉菌素所致的炎症模型无明显作用[1]。

抗细菌作用：从荠菜中分离出两个分别由 28 和 38 个氨基酸组成的多肽：荠菜多肽Ⅰ和Ⅱ，具有抗革兰阴性菌和真菌活性[2]。

注评 本种为部颁药品标准·藏药（1995 年版），四川（1979）、江苏（1989）中药材标准收载“荠菜”的基源植物，药用其干燥全草。彝族、白族、布朗族、傈僳族、哈尼族、朝鲜族、畲族、藏族、侗族、苗族、蒙古族、土家族、壮族也药用，全草主要用于治肺热咳嗽、痢疾、消化不良等。

化学成分参考文献

[1] Park CJ, et al. *Plant Mol Biol*, 2000, 44(2): 187-197.

[2] 刘火安，等. 时珍国医国药，2006, 17(7): 1161-1162.

[3] 郭华，等. 食品科学，2008, 29(1): 254-256.

[4] 王青虎，等. 天然产物研究与开发，2014, 26(1): 50-52.

药理作用及毒性参考文献

[1] 岳兴如，等. 时珍国医国药，2007, 18(4): 871-872.

[2] Park CJ, et al. *Plant Mol Biol*, 2000, 44(2): 187-197.

6. 碎米荠属 Cardamine L.

一年生至多年生草本。植株有单毛或无毛。地下根状茎不明显，密被须根，或根状茎显著，直生或匍匐延伸，有时有鳞片或小球状块茎，有或无匍匐茎。单叶、羽状分裂，或为羽状复叶。总状花序先为伞房状，果时伸长；萼片直立或稍开展，长圆形或卵形，边缘膜质，内轮萼片的基部多呈囊状；花瓣白色、淡紫红色或紫色，倒卵形，顶端圆形或深裂，有时具爪；雄蕊侧蜜腺环状或半环状，有时成二鳞片状，中蜜腺单一，乳突状或鳞片状。长角果，线形，扁平；果瓣无脉或有 1 不明显的脉，成熟时向上开裂或卷裂；每室有种子多数，排成 1 行。种子长圆形或近圆形，扁平；子叶常缘倚胚根。

约有 200 种，全球广布，主产于温带。我国约有 48 种，分布于南北各地，其中 14 种 1 变种可药用。

分种检索表

1. 仅有基生叶，叶全为单叶，叶片圆形或肾状圆形；茎单一，不分枝；花少于 10 朵……………………………………………………………………………1. **裸茎碎米荠 C. scaposa**

1. 基生叶和茎生叶均有，叶为三小叶或羽状复叶，叶片非圆形或肾状圆形；茎常分枝；花多于 10 朵。

 2. 叶为三小叶。

  3. 有匍匐茎；基生叶和匍匐茎上的叶为单叶；茎生叶的 3 小叶无柄，顶生小叶片边缘具波状圆齿………

……………………………………………………………………………………2. **光头山碎米荠 C. engleriana**

3. 无匍匐茎；基生叶常为 3 小叶；茎生叶的 3 小叶有短柄，顶生小叶片边缘微波状 3 钝裂…………………………………………………………………………………………3. **三小叶碎米荠 C. trifoliolata**

2. 叶为羽状复叶。

4. 茎生叶无柄，最基部 1 对小叶常呈耳状抱茎。

5. 茎生叶多为 5–7 对小叶；花瓣白色……………………………………4. **水田碎米荠 C. lyrata**

5. 茎生叶多为 2–4 对小叶；花瓣紫色……………………………………5. **山芥碎米荠 C. griffithii**

4. 茎生叶有柄，最基部 1 对小叶不呈耳状抱茎。

6. 叶柄基部稍扩大抱茎，两侧有 1 对具缘毛的线形裂片状托叶；果瓣成熟时自下而上弹卷开裂…………………………………………………………………………………6. **弹裂碎米荠 C. impatiens**

6. 叶柄基部不扩大抱茎，两侧无裂片状托叶；果瓣成熟时不自下而上弹卷开裂。

7. 花瓣紫色。

8. 根状茎短，块状，具多须根……………………………………7. **草甸碎米荠 C. pratensis**

8. 根状茎匍匐延长，不呈块状。

9. 株高不足 50 cm；根状茎有鳞片；顶生小叶长 5 cm 以下…………8. **唐古碎米荠 C. tangutorum**

9. 株高 50 cm 以上；根状茎无鳞片；顶生小叶长 5 cm 以上。

10. 根状茎细长，匍匐延伸；小叶片基部楔形，不下延，缘齿整齐…………………………………………………………………………………9. **大叶碎米荠 C. macrophylla**

10. 根状茎粗壮，略呈块茎状匍匐；小叶片基部多少下延，呈翅状，缘齿不整齐…………………………………………………………………………………10. **华中碎米荠 C. urbaniana**

7. 花瓣白色。

11. 株高 30–70 cm；羽状复叶大，顶生小叶长 4–10 cm…………………11. **白花碎米荠 C. leucantha**

11. 株高 35 cm 以下；羽状复叶小，顶生小叶长 1.5 cm 以下。

12. 果序轴均明显曲折；长角果与果序轴近平行…………………12. **弯曲碎米荠 C. flexuosa**

12. 果序轴几不曲折；长角果与果序轴不平行。

13. 基生叶多而簇生；茎生叶的上、下小叶相似，小叶柄显著………13. **圆齿碎米荠 C. scutata**

13. 基生叶少而不簇生；茎生叶的上、下小叶不同形，小叶柄有或无…14. **碎米荠 C. hirsuta**

从本属药用植物中已分得甘油酯类和吲哚类化合物。甘油酯类化合物，如赤式 -13,14- 二羟基二十二酸酯 (*erythro*-13,14-dihydroxydocosanoate)、赤式 -15,16- 二羟基二十四酸酯 (*erythro*-15,16-dihydroxytetraeosanoate)、13(14)- 羟基乙酰氧基二十二酸甲酯 [methyl 13(14)-hydroxyacetoxydocosanoate]、油酸甲酯 (methyl oleate)、碎米荠羟基三甘油酯 (cardamine hydroxy triglycerides)、甘油二硬酯酸酯 (distearin) 和单硬脂酸甘油酯 (monostearin)。吲哚类化合物，如吲哚 -3- 原醇 (indole-3-carbinol)、吲哚 -3- 乙腈 (indole-3-acetonitrile) 等。

此外，在富硒地区生长的碎米荠属植物富含硒多糖，该类化合物具有硒和多糖的双重生理功能。

1. 裸茎碎米荠（秦岭植物志） 落叶梅（陕西）

Cardamine scaposa Franch., P1. David. 1: 33. 1884.——*C. denudata* O. E. Schulz（英 **Nakedstem Bittercress**）

多年生草本。株高 6–15 cm；全体无毛。根状茎短，匍匐茎长，其上有淡黄白色瘤状小突起和枯萎的叶柄残基；茎直立，不分枝，基部略倾卧。基生叶为单叶，叶片近于圆形或肾状圆形，长 6–25 mm，边缘波状，叶柄波状弯曲，长 1.5–12 cm；茎生叶无。总状花序顶生，有 3–8 花；萼片卵圆形或椭圆形，长 3–4 mm，边缘膜质，白色透明；花瓣白色，倒卵形，长 7–12 mm，基部渐狭呈短爪。果扁平，长 3–6 cm，宽约 2 mm，光滑无毛。种子长圆形，长 2–3 mm，淡褐色。花期 5–6 月，果期 7 月。

裸茎碎米荠 **Cardamine scaposa** Franch.
史渭清　绘

裸茎碎米荠 **Cardamine scaposa** Franch.
摄影：朱仁斌

分布与生境　产于河北、山西、陕西。生于山坡灌丛中及林下潮湿处。
药用部位　全草（落叶梅）。
功效应用　清热解毒。用于肿毒，疔疮等。

2. 光头山碎米荠（秦岭植物志）

Cardamine engleriana O. E. Schulz in Bot. Jahrb. Syst. 32(2-3): 407-408. 1903.——*C. griffithii* Hook. f. et Thomson var. *grandifolia* T. Y. Cheo et R. C. Fang（英 **Guangtoushan Bittercress**）

多年生草本。植株高 10–25 cm。有 1 至数条线形根状匍匐茎；茎通常单一，有时自根状茎处丛生，下部有柔毛，上部无毛。基生叶和匍匐茎上的叶为单叶，叶片肾形，长 6–12 mm，边缘波状，叶柄长 1–2 mm；茎生叶无柄，3 小叶，顶生小叶肾形、心形或卵形，长 1–5 cm，宽 1–3.5 cm，顶端钝圆，基部心形或阔楔形，常下延，边缘有 3–7 个波状圆齿，顶端有小尖头，侧生小叶小，略呈菱状卵形，有时肾形，边缘具波状钝齿。萼片卵形，长约 2.5 mm；花瓣白色，倒卵状楔形，长约 7 mm。果长 15–20 mm，宽约 1 mm。种子长圆形，稍扁平，长 1.5–2.5 mm，黄褐色，顶端有窄翅。花期 4–6 月，果期 6–7 月。
分布与生境　产于安徽、湖北、湖南、陕西、甘肃、四川。生于海拔 800–2900 m 的山坡林下阴湿处或山谷沟边、路旁潮湿地方。
药用部位　全草。
功效应用　止咳平喘，利水。

光头山碎米荠 **Cardamine engleriana** O. E. Schulz
史渭清　绘

光头山碎米荠 **Cardamine engleriana** O. E. Schulz
摄影：柳永红

3. 三小叶碎米荠（中国植物志）

Cardamine trifoliolata Hook. f. et Thomson in J. Proc. Linn. Soc., Bot. 5: 145. 1861. —*C. flexuosoides* W. T. Wang, *C. flexuosoides* W. T. Wang var. *glabricaulis* W. T. Wang, nom. illeg., *Loxostemon smithii* O. E. Schulz var. *wenchuanensis* Y. C. Lan et T. Y. Cheo（英 **Trifoliolate Bittercress**）

多年生草本。植株高 10–20 cm；被单毛。根状茎短；茎直立或斜升，常不分枝。叶少；茎下部叶为 3 小叶，长 4–4.5 cm，顶生小叶宽卵形，长约 1 cm，宽约 1.3 cm，边缘上端呈微波状 3 钝裂，裂片顶端有小尖头，基部浅心形或近截形，侧生小叶近卵形，长、宽各约 5 mm；中部叶有 2 对小叶，顶生小叶倒卵形，上端 3 齿裂，侧生小叶向下渐变小；上部叶单一或 3 小叶，线形，顶端渐尖，全缘或具 1 齿。总状花序顶生，花少，疏生；萼片长卵形，长约 2.5 mm，边缘白色膜质；花瓣白色、粉红色或紫色，倒卵形，长约 5 mm。果线形，果瓣平。花果期 5–6 月。

分布与生境　产于湖北、湖南、四川、云南、西藏。生于海拔 2000 m 以上山坡林下、山沟、水边草地。印度（锡金）、不丹有分布。

药用部位　全草。

功效应用　用于风湿痛。

三小叶碎米荠 **Cardamine trifoliolata** Hook. f. et Thomson
史渭清　绘

4. 水田碎米荠（中国药用植物志） 小水田荠（江苏植物名录、植物学大辞典），水田荠（中国高等植物图鉴）

Cardamine lyrata Bunge, Enum. Pl. China Bor. 5. 1833.（英 **Lyrate Bittercress**）

多年生草本。植株高 30–70 cm；无毛。根状茎较短，丛生多数须根。茎直立，有棱角，不分枝，近基部生有细长柔软的匍匐茎；匍匐茎下部的叶为 3–5 小叶，顶叶最大，上部的叶为单叶，心形或圆肾形，长 1–3 cm，边缘具波状圆齿或近于全缘，有叶柄；茎生叶无柄，大头羽状复叶，小叶 4–7 对，顶生小叶特大，似匍匐茎的，侧生小叶向下渐小，基部楔形而无柄或有极短的柄，最下的 1 对小叶向下弯曲成耳状，抱茎。总状花序顶生；萼片长卵形，长约 4.5 mm；花瓣白色，倒卵形，长约 8 mm。果线形，长 2–3 cm；果瓣扁平。种子椭圆形，长约 1.5 mm，褐色，边缘有显著的膜质宽翅。花期 4–6 月，果期 5–7 月。

分布与生境 产于东北、华东、华中以及河北、贵州、四川等省区。生于海拔 1000 m 以下的水田边、湿地及溪边。朝鲜、日本以及俄罗斯西伯利亚东部和南部也有分布。

药用部位 全草。

功效应用 清热解毒，凉血，调经，明目去翳。用于肾炎水肿，痢疾，吐血，崩漏，月经不调，目赤，云翳。

注评 本种苗族药用，其全草用于治痢疾、吐血、翳症。

水田碎米荠 **Cardamine lyrata** Bunge
引自《中国高等植物图鉴》

水田碎米荠 **Cardamine lyrata** Bunge
摄影：陈彬

草甸碎米荠 Cardamine pratensis L.
陈荣道　绘

草甸碎米荠 Cardamine pratensis L.
摄影：何海

功效应用　清热解毒，强心利尿。用于坏血病，心脏病，胃病，眼病。

8. 唐古碎米荠（Flora of China）紫花碎米荠（中国高等植物图鉴），石荠菜（四川）

Cardamine tangutorum O. E. Schulz in Engl., Bot. Jahrb. Syst. 32(2-3): 360-361. 1903.（英 **Tanggu Bittercress**）

多年生草本。植株高 15–35 cm。根状茎细长呈匍匐鞭状，有鳞片；无匍匐茎。茎单一，不分枝，基部倾斜，具沟棱，上部有少数柔毛。基生叶有长叶柄，小叶 3–5 对，顶生和侧生小叶相似，长椭圆形，长 1.5–4 cm，顶端短尖，边缘具钝齿，基部呈楔形或阔楔形，无小叶柄，有少数短毛；茎生叶通常只有 3 枚，与基生叶相似，但较狭小。萼片长圆形，长 5–7 mm，边缘白色膜质，外面带紫红色；花瓣紫红色或淡紫色，倒卵状楔形，长 8–15 mm，顶端截形。果线形，扁平，长 3–3.5 cm，基部具长约 1 mm 的子房柄。种子长椭圆，长 2.5–3 mm，褐色。花期 5–7 月，果期 6–8 月。

分布与生境　产于河北、山西、陕西、甘肃、青海、四川、云南及西藏东部。生于海拔 2100–4400 m 的山沟草地及林下阴湿处。

药用部位　全草（石芥菜）、花。

功效应用　全草：清热利湿，解毒，平肝，利尿。用于黄水疮，外伤出血。花：用于筋骨痛。

注评　本种傈僳族、藏族药用，傈僳族用全草治黄水疮、外伤止血，花用于筋骨疼痛；藏族用全草或花治筋痛、消化不良、腹泻。

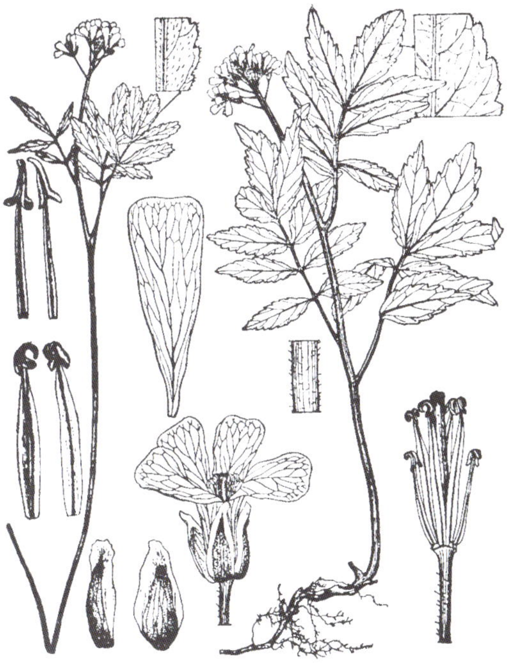

唐古碎米荠 **Cardamine tangutorum** O. E. Schulz
引自《中国高等植物图鉴》

唐古碎米荠 **Cardamine tangutorum** O. E. Schulz
摄影：刘冰

9. 大叶碎米荠（东北植物检索表） 石格菜、普贤菜（四川）

Cardamine macrophylla Willd., Sp. Pl. 3(1): 484-485. 1800.（英 **Largeleaf Bittercress**）

9a. 大叶碎米荠（模式变种）

Cardamine macrophylla Willd. var. **macrophylla**

多年生草本。植株高 30–100 cm。根状茎匍匐延伸，粗 2–10 mm。茎较粗壮，直立，有时基部倾卧或上部分枝，有沟棱。茎生叶通常 4–5 枚，有叶柄，长 3–5 cm，小叶 4–5 对，顶生和侧生小叶相似，小叶椭圆形或卵状披针形，长 4–9 cm，顶端钝或短渐尖，边缘有整齐的锯齿，顶生小叶基部楔形，无小叶柄，最下部的 1 对小叶有时有极短的柄。外轮萼片淡红色，长椭圆形，长 5–6 mm，内轮萼片基部囊状；花瓣淡紫色或紫红色，少有白色，倒卵形，长 9–14 mm，顶端圆或微凹，向基部渐狭成爪。果扁平，长 3–4.5 cm；果瓣平坦无毛，有时带紫色。种子椭圆形，长约 3 mm，褐色。花期 5–6 月，果期 7–8 月。

分布与生境 产于华北、西南、西北等省区。生于海拔 1500–4000 m 的山坡灌木林下、沟边、高山草坡水湿处。俄罗斯远东地区以及日本、印度也有分布。

药用部位 全草。

功效应用 健脾补气、消肿利尿、止痛。用于虚劳内伤、头晕乏力、崩漏、带下病、胃痛、败血症。

化学成分 全草含脂肪、粗蛋白及可溶性糖；至少含 19 种常见氨基酸，其中以谷氨酸和谷氨酰胺总含量最高，其次为丙氨酸、天冬氨酸和天冬酰胺、精氨酸、亮氨酸、缬氨酸、脯氨酸；含有人体 7 种必需氨基酸；常量元素有K、Ca、Mg、Na，矿物质元素有Fe、Mn、Zn、Cu；挥发性成分含量较高的有六氢合金欢丙酮、苯酚、植醇、β-香堇酮、榄香烯和香芹酚[1]。

化学成分参考文献

[1] 郜瑞. 大叶碎米荠和百里香的化学成分及活性研究 [学位论文]. 西安：陕西师范大学，2009.

大叶碎米荠 **Cardamine macrophylla** Willd. var. **macrophylla**
史渭清　绘

大叶碎米荠 **Cardamine macrophylla** Willd. var. **macrophylla**
摄影：张英涛

9b. 多叶碎米荠（变种）（中国植物志）

Cardamine macrophylla Willd. var. **polyphylla** (D. Don) T. Y. Cheo et R. C. Fang in Bull. Bot. Lab. N.-E. Forest. Inst., Harbin 6: 19. 1980.——*C. polyphylla* D. Don（英 **Multileaf Bittercress**）

本变种与模式变种的区别在于茎上着生的羽状复叶有 8 枚以上，小叶多为 4–6 对，长圆形或卵状披针形，顶端渐尖或尾状渐尖，边缘有不整齐的锯齿。

分布与生境　产于陕西、甘肃、四川、云南等省。分布于印度、喜马拉雅山西北部。

药用部位　全草。

功效应用　健脾补气，利水退肿，止痛。用于虚劳内伤，头晕，体倦乏力，崩漏，白带，小便不利，败血症。

10. 华中碎米荠（中国植物志）半边菜（湖北），普贤菜（四川）

Cardamine urbaniana O. E. Schulz in Engl., Bot. Jahrb. Syst. 32(2-3): 396-397. 1903.（英 **Central China Bittercress**）

多年生草本。植株高 30–70 cm。根状茎粗壮，常匍匐，密生须根。茎较粗壮，直立，不分枝，有沟棱，下部无毛，上部疏生柔毛。茎生叶通常 4–5 枚，有叶柄，长 1.5–6.5 cm，小叶 4–5 对，顶生和侧生小叶均为卵状披针形或披针形，长 5–10 cm，顶端渐尖或长渐尖，边缘有锯齿，顶生小叶基部楔形，无小叶柄，侧生小叶基部两边不等，或多少向下延伸成翅，干后呈暗绿色，有柔毛或无。外轮萼片淡红色，长椭圆形，长 5–6 mm，内轮萼片基部囊状；花瓣淡紫色、紫红色，少有白色，长椭圆状卵形，长 9–14 mm。果条形，扁平，长 3–4.5 cm；果瓣扁平，无毛，有时带紫色。种子椭圆形，长约 3 mm，褐色。花期 4–8 月，果期 5–9 月。

分布与生境　产于陕西、甘肃、浙江、江西、安徽、湖北、湖南、四川等地。生于山坡林下、山谷阴湿地。

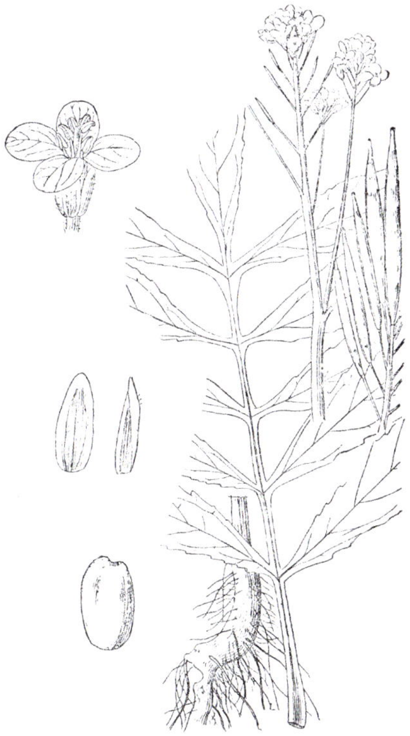

华中碎米荠 **Cardamine urbaniana** O. E. Schulz
史渭清　绘

华中碎米荠 **Cardamine urbaniana** O. E. Schulz
摄影：王庆

药用部位　根状茎（半边菜），全草。

功效应用　根状茎、全草：止咳化痰，活血消肿，止泻。用于咳嗽痰喘，顿咳，小儿泄泻，跌打损伤，小儿腹泻。全草：用于崩漏，带下病。

化学成分　在富硒地区生长的地上部分富含硒多糖[1]。

化学成分参考文献

[1] 石宝霞，等. 食品科学，2007, 28(6): 298-302.

11. 白花碎米荠（东北植物检索表） 山芥菜（东北植物检索表），白花石芥菜（中国高等植物图鉴），菜子七（湖北）

Cardamine leucantha (Tausch) O. E. Schulz in Engl., Bot. Jahrb. Syst. 32(2-3): 403-405. 1903.——*Dentaria leucantha* Tausch, *Cardamine leucantha* (Tausch) O. E. Schulz var. *crenata* D. C. Zhang（英 **White Bittercress**）

多年生草本。植株高 30–75 cm；被柔毛。根状茎短，匍匐，其上有多数具不定根的粗线状匍匐茎。茎单一，折曲，常不分枝，毛密。基生叶和茎下部叶有长叶柄，羽状复叶，小叶 2–3 对，顶生小叶长卵状披针形，长 4–10 cm，宽 1–3 cm，顶端渐尖，边缘有不整齐的钝齿或锯齿，基部楔形，侧生小叶与顶生的相似，但较小，有或无小叶柄；茎上部叶有 1–2 对阔披针形的小叶；叶片干后膜质。总状花序顶生，分枝或不分枝；花瓣白色，长圆状楔形，长 5–8 mm。果线形，长 1–2.5 cm，宽 1–1.5 mm；果梗直立开展。种子长圆形，长约 2 mm，栗褐色，边缘具窄翅或无。花期 4–7 月，果期 6–8 月。

分布与生境　产于东北、华北、华东以及陕西、宁夏、甘肃和四川等省区。生于海拔 2000 m 以下的山坡杂木林下及山谷沟边阴湿处、路边。日本、朝鲜、蒙古、俄罗斯西伯利亚南部至东部有分布。

药用部位　根状茎。

功效应用　清热解毒，解痉，化痰止咳，活血止痛。用于百日咳，咳嗽痰喘，顿咳，慢性支气管炎，

白花碎米荠 **Cardamine leucantha** (Tausch) O. E. Schulz
引自《中国高等植物图鉴》

白花碎米荠 **Cardamine leucantha** (Tausch) O. E. Schulz
摄影：于俊林

月经不调，跌打损伤等。

化学成分 全草含黄酮类：山柰酚-3-*O*-*β*-D-半乳糖基-7-*O*-*α*-L-鼠李糖苷(kaempferol-3-*O*-*β*-D-galactosyl-7-*O*-*α*-L-rhamnoside)，山柰酚-3-*O*-*β*-D-半乳糖基-7-*O*-*β*-D-吡喃葡萄糖基-(1→3)-*O*-*α*-L-鼠李糖苷[kaempferol-3-*O*-*β*-D-galactosyl-7-*O*-*β*-D-glucopyranosyl-(1→3)-*O*-*α*-L-rhamnoside]，山柰酚-3-*O*-*β*-D-吡喃葡萄糖基-(1→6)-*O*-*β*-D-半乳糖基-7-*O*-*α*-L-鼠李糖苷[kaempferol-3-*O*-*β*-D-glucopyranosyl-(1→6)-*O*-*β*-D-galactosyl-7-*O*-*α*-L-rhamnoside]，山柰酚-3-*O*-*β*-D-吡喃葡萄糖基-(1→6)-*O*-*β*-D-半乳糖基-7-*O*-*β*-D-吡喃葡萄糖基-(1→3)-*O*-*α*-L-鼠李糖苷[kaempferol-3-*O*-*β*-D-glucopyranosyl-(1→6)-*O*-*β*-D-galactosyl-7-*O*-*β*-D-glucopyranosyl-(1→3)-*O*-*α*-L-rhamnoside]，山柰酚-3-*O*-*α*-L-鼠李糖基-7-*O*-*α*-L-鼠李糖苷(kaempferol-3-*O*-*α*-L-rhamnosyl-7-*O*-*α*-L-rhamnoside)[1]；香豆素类：七叶树苷(esculin)[1]；生物碱类：6-羟基吲哚-3-羧酸-6-*O*-*β*-D-吡喃葡萄糖苷(6-hydroxyindole-3-carboxylic acid-6-*O*-*β*-D-glucopyranoside)[1]。

注评 本种畲族药用，其根用于百日咳、跌打损伤；朝鲜族也药用，其根状茎用于小儿百日咳。

化学成分参考文献

[1] 杨帆 . 白花碎米荠正丁醇萃取部分化学成分研究 [D]. 天津 : 天津大学，2010.

12. 弯曲碎米荠（江苏南部种子植物手册） 野荠菜（浙江），萝目草（福建），小叶地豇豆（云南）

Cardamine flexuosa With. in Arr. Brit. Pl. (ed. 3), 3: 578-579. 1796.——*C. debilis* D. Don, *C. flexuosa* With. var. *debilis* (O. E. Schulz) T. Y. Cheo et R. C. Fang, *C. hirsuta* L. subsp. *flexuosa* (With.) F. B. Forbes et Hemsl., *C. sylvatica* Link（英 **Flexulse Bittercress**）

一年生或二年生草本。植株高达 30 cm。茎自基部多分枝，斜升呈铺散状，疏生柔毛。羽状复叶，无毛；基生叶有叶柄，小叶 3–7 对，顶生小叶卵形、倒卵形或长圆形，长与宽各为 2–5 mm，顶端 3 齿裂，基部宽楔形，侧生小叶卵形，较顶生的小；茎生叶有小叶 3–5 对，小叶多为长卵形或线形，1–3 裂或全缘。花瓣白色，倒卵状楔形，长约 3.5 mm。果序轴或多或少呈左右弯曲；果线形，与果序

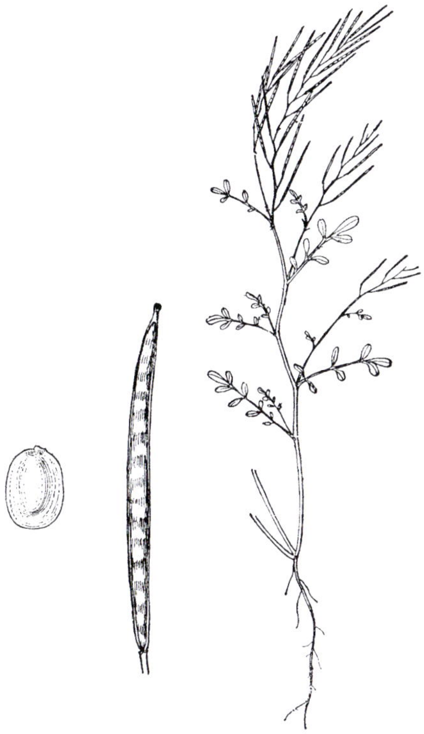

弯曲碎米荠 **Cardamine flexuosa** With.
史渭清　绘

弯曲碎米荠 **Cardamine flexuosa** With.
摄影：南程慧

轴近平行，扁平，长 1–2.5 cm，宽约 1 mm；果瓣无脉。种子长圆形，长约 1 mm，黄绿色，顶端有极窄的翅。花期 3–5 月，果期 4–6 月。

分布与生境　产于全国各地。生于 3500 m 以下的荒地、山野、田边、路旁及草地。中国的周边国家（俄罗斯和蒙古除外）、欧洲、澳洲、美洲有分布。

药用部位　全草（白带草）。

功效应用　清热利湿，养心安神，收敛，止带，解毒。用于痢疾，淋证，小便涩痛，风湿性心脏病，膀胱炎，心悸，失眠，带下病。外用于疔疮。

注评　本种为上海中药材标准（1994）收载“碎米荠”的基源植物，药用其干燥全草。傈僳族药用，全草用于痢疾、肠炎、腹胀、白带、乳糜尿、各种出血症、疔疮等。

13. 圆齿碎米荠（东北植物检索表）

Cardamine scutata Thunb. in Trans. Linn. Soc. London 2: 339. 1794.——*C. regeliana* Miq.（英 **Scutate-dentate Bittercress**）

一年生或二年生草本。植株高 15–30 cm；具短而密的纤维状根。茎单一，直立或稍曲折，分枝，表面有沟棱，具疏柔毛或无毛。叶为羽状复叶，有叶柄，成铺散状簇生基部，小叶 3–4 对，顶生小叶肾圆形，长 16–13 mm，边缘有不等的波状圆齿，侧生小叶与顶生小叶同形，但较小；茎生叶较小，有 1–3 对小叶；小叶两面疏生柔毛及少数缘毛，有时无毛。外轮萼片长圆形，内轮萼片卵形，基部带囊状，长 1.5–1.8 mm；花瓣白色，倒卵状楔形，长 3.5–4 mm。果线形，扁平，长 17–20 mm，宽约 1 mm。种子细小，椭圆形，长约 1 mm，淡褐色。花期 4–5 月，果期 9–11 月。

分布与生境　产于安徽、江苏、浙江、台湾、广东、贵州等省。生于山坡、山沟、路旁湿地。日本、朝鲜、俄罗斯也有分布。

药用部位　种子。

功效应用　利尿。

圆齿碎米荠 **Cardamine scutata** Thunb.
摄影：陈彬

14. 碎米荠（野菜谱） 白带草（江苏），雀儿菜（湖南）

Cardamine hirsuta L., Sp. P1. 2: 655. 1753.——*C. hirsuta* L. var. *formosana* Hayata（英 **Pennsylvania Bittercress**）

一年生草本。植株高 15–35 cm；无毛或疏生柔毛。茎直立或斜升，分枝或不分枝，下部有时呈淡紫色，毛较密。叶为羽状复叶，基生叶有柄，小叶 2–5 对，顶生小叶卵圆形，长 4–14 mm，有 3–5 圆齿，侧生小叶较小，歪斜，基部楔形；茎生小叶 2–4 对，顶生小叶菱状长卵形，顶端 3 齿裂，侧生小叶狭倒卵形至线形，表面和边缘都有疏柔毛。萼片绿色或淡紫色，长椭圆形，长约 2 mm，外面有疏毛；花瓣白色，倒卵形，长约 3 mm；雄蕊 4 (6)。果线形，长达 3 cm，宽约 1 mm；果瓣无脉；每室有种子 1 行。种子椭圆形，褐色，顶端有的具明显的翅。花期 2–4 月，果期 3–5 月。2n = 16。

分布与生境 产于全国各地。生于山坡、路旁、荒地。广布于温带地区。

药用部位 全草（白带草）。

功效应用 清热解毒，祛风除湿，利尿。用于痢疾，泄泻，腹胀，外伤出血，乳糜尿，妇女赤白带下。

注评 本种藏族药用，全草用于治各种热病、风湿病。

碎米荠 **Cardamine hirsuta** L.
引自《中国高等植物图鉴》

碎米荠 **Cardamine hirsuta** L.
摄影：张英涛

7. 臭荠属 Coronopus Zinn

一年生、二年生或多年生草本。茎平卧或上升，多分枝，有单毛或分叉毛。叶片羽状分裂，裂片细。总状花序短，顶生和腋生；花小；萼片等大，卵形或椭圆形，开展；花瓣白色，倒卵形、倒披针状线性或钻状，有时缺少，雄蕊 6、4 或 2，基部有腺体；子房每室仅 1 胚珠，花柱极短。短角果近小球形而扁，顶端下凹，或肾形、心形或倒心形，不开裂；果瓣有皱缩状或疣状网纹；每室只有种子 1 粒。种子长圆形、肾形、卵球形或圆球形；子叶背倚胚根。

约 10 种，分布于欧洲、亚洲及南美洲。我国有 2 种，其中 1 种可药用。

1. 臭荠（广州植物志）

Coronopus didymus (L.) Sm., Fl. Brit. 2: 691. 1800.——*Lepidium didymum* L., *Senebiera didyma* (L.) Pers.（英 **Wart cress**）

一年生或二年生草本。全草有腥臭味。主茎短而不明显，通常铺地，多分枝，有柔毛。叶片为 1–2 回羽状分裂，裂片 3–5 对，线形而尖，长 5–8 mm，无毛。总状花序多腋生，长可达 4 cm；花小；萼片具白色膜质边缘；花瓣长圆形，白色，有时无；雄蕊 2。果肾形，宽约 2 mm，顶端下凹，成熟时沿中央分离而不开裂，内有 1 个种子；果瓣半球形，表面有粗糙的皱纹。种子细小，卵形，长约 1 mm，红棕色。花期 3–4 月，果期 4–5 月。

分布与生境　产于华东以及湖北、广东、四川和云南等省。生于路旁或荒地的杂草。欧洲、亚洲和北美也有分布。

药用部位　全草。

功效应用　清热，明目，利尿。

化学成分　全草含硫苷类：旱金莲苷(glucotropaeolin)，葡萄糖庭荠素(glucoalyssin)，葡萄糖欧洲油菜素▲(glucobrassicanapin)，4-苯丁基芥子油苷(4-phenylbutylglucosinolate)[1]；黄酮类：金圣草酚(chrysoeriol)，金圣草酚-(6''-*O*-乙酰基)-4'-*β*-D-葡萄糖苷[chrysoeriol-(6''-*O*-acetyl)-4'-*β*-D-glucoside][2]，槲皮素(quercetin)，山柰酚(kaempferol)，异鼠李素(isorhamnetin)，鼠李素(rhamnetin)，仙人掌苷(cacticin; isorhamnetin-

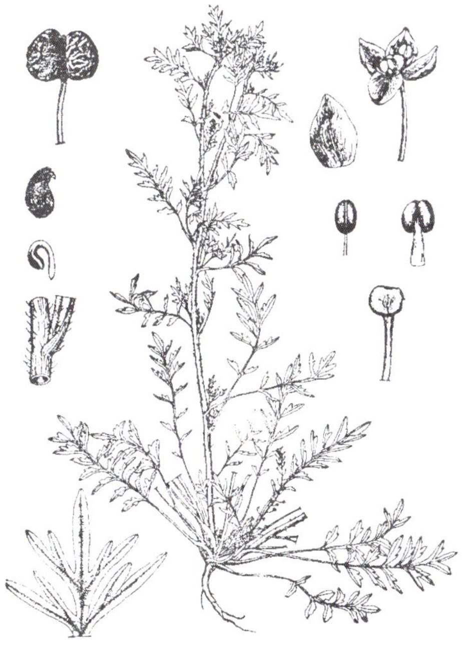

臭荠 **Coronopus didymus** (L.) Sm.
引自《中国高等植物图鉴》

臭荠 **Coronopus didymus** (L.) Sm.
摄影：陈世品

3-*O*-galactoside)，菜蓟苷▲(cinaroside; luteolin-7-*O*-glucoside)，大波斯菊苷(cosmosiin; apigenin-7-*O*-glucoside)[3]；三萜类：齐墩果酸(oleanolic acid)[3]；甾体类：β-谷甾醇[2]，豆甾醇(stigmasterol)，菜油甾醇(campesterol)[3]。

种子含挥发油：苯乙腈(benzyl nitrile)，十四烷(tetradecane)，十五烷(pentadecane)，十六烷(hexadecane)，十七烷(heptadecane)等[4]。

药理作用 解热抗炎作用：口服臭芥水提物可减轻因酵母所致的大鼠肛温升高[1]，对角叉菜胶所致的大鼠足肿胀也有明显的抑制作用[2]。口服含水乙醇提取臭芥叶提取物，可抑制多种致炎剂所致的胸膜炎白细胞游走，减轻髓过氧化物酶(MPO)与腺苷脱氨酶(ADA)活化，降低NO的水平，并减轻足肿胀程度[3]。

抗变态反应作用：连续7-14天给予正常或绵羊血清致敏大鼠灌胃臭芥水提物，末次给药后取未致敏大鼠腹腔肥大细胞或致敏大鼠肠系膜行肥大细胞脱颗粒试验，结果显示臭芥水提物可明显抑制48/80复合物攻击腹腔肥大细胞或绵羊血清攻击致敏大鼠肠系膜肥大细胞脱颗粒，显示其抗过敏作用[1]。

降血糖作用：对正常及链尿佐菌素所致糖尿病小鼠口服给予臭芥水提物，分别于给药后2 h、4 h、6 h、10 h采血测定血糖。结果显示，臭芥水提物对正常或糖尿病小鼠，从2-10 h均呈现剂量依赖性降低血糖作用[1]。

保肝作用：臭芥水提物可减轻CCl_4所致大鼠肝功能损伤。可降低血浆AST、ALT水平，提高肝总蛋白及GSH，减轻脂质过氧化水平[1]。

抗氧化作用：臭芥水提物及不同极性部位体外均能够清除DPPH、ABTS自由基、NO、羟自由基、超氧化物，提高总抗氧化力，减轻氧化损伤。并发现以极性最小的部位（25%MeOH–$CHCl_3$洗脱部分）作用最强[1,4]。以该部位腹腔给药，可明显缓解辐照动物氧化应激状态，包括提高内源性抗氧化酶活力，减少脂质过氧化水平[5]。成分分析显示，臭芥中的金圣草酚与金圣草酚-(6"-*O*-乙酰基)-4'-β-D-葡萄糖苷具有较好的抗氧化与清除自由基作用，且糖苷在清除DPPH及抑制黄嘌呤氧化酶方面优于其苷元[6]。

促进伤口愈合作用：臭芥水提物与醇提物内服均表现出促进伤口愈合的作用[2]。

化学成分参考文献

[1] Hafez SS, et al. *Mansoura Journal of Pharmaceutical Sciences*, 2004, 20(1): 92-103.

[2] Prabhakar KR, et al. *Pharm Biol* (Lisse, Netherlands), 2002, 40(7): 490-493.

[3] Fusco MR, et al. *Acta Farm Bonaer*, 2000, 19(4): 273-276.

[4] Haque I. *J Chem Soc Pakistan*, 1989, 11(1): 80-81.

药理作用及毒性参考文献

[1] Mantena S, et al. *Biol Pharm Bull*, 2005, 28(3): 468-472.

[2] Prabhakar k, et al. *Pharmaceutical Biology*, 2002, 40(7): 490-493.

[3] Busnardo T, et al. *J Ethnopharmacol*, 2010, 128(2): 519-525.

[4] Prabhakar K, et al. *Phytomedicine*, 2006, 13(8): 591-595.

[5] Prabhakar K, et al. *Int J Radiat Biol*, 2006, 82(8): 525-536.

[6] Mishra B, et al. *Bioorg Med Chem*, 2003, 11(13): 2677-2685.

8. 播娘蒿属 Descurainia Webb et Berthel.

一年生或二年生草本。全株被分枝毛或单毛，有时混有腺毛或无毛。茎有分枝。叶片2–3回羽状全裂，裂片窄线形或长圆形；基生叶花期枯萎；茎下部叶有柄，上部叶近无柄。总状花序果期伸长，花小而多，无苞片；萼片近直立，早落；花瓣黄色或黄绿色，匙形；雄蕊6枚，侧蜜腺环状或半环状，中蜜腺“山”字型，二者连接成封闭的环；花柱短，柱头呈扁压头状。长角果，长圆筒状；果瓣有1–3脉；每室有种子1–2行。种子细小，长圆形或椭圆形，遇水有胶黏物质；子叶背倚胚根。

40 多种，主产于美洲，少数产于亚洲、欧洲和南非洲。我国有 1 种，可药用。

本属药用植物的种子含硫苷、黄酮、酚酸等类型化学成分，全草一般含挥发油。

硫苷类成分为本属药用植物的特征性成分，如播娘蒿苷 (descurainoside，**1**)、苄基硫苷 (benzylthioglycoside)(**2**)、3- 丁烯基硫苷 (3-butenvlthioglycoside)、3- 甲硫丙基硫苷 (3-methylsulfinylpropylthioglycoside)、5- 氧代辛基硫苷 (5-oxooctanylthioglycoside)、3- 羟基 -5-(甲基亚硫酰基)- 戊基硫苷 [3-hydroxyl-5-(methylsulfinyl)-pentylthioglycoside]、3- 羟基 -5-(甲基磺酰基)- 戊基硫苷 [3-hydroxyl-5-(methylsulfonyl)-pentylthioglycoside] 等，其中 **2** 具有抗癌活性。

从本属药用植物中分得多种黄酮及其苷类化合物，苷元多为山柰酚 (kaempferol)、槲皮素 (quercetin)、异鼠李素 (isorhamnetin)，成苷位置多为 C-3 位或 C-7 位，或者 C-3，C-7 位同时成苷。

酚酸类化合物也是本属药用植物的一类主要化学成分，多为芥子酸 (sinapic acid) 及其衍生物，如：芥子酸乙酯 (sinapic acid ethyl ester)、4- 甲氧基芥子酸 (3,4,5-trimethoxylcinnamic acid) 等。

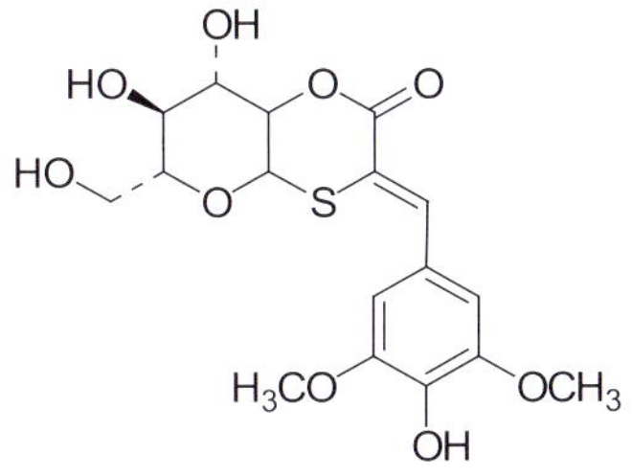

1

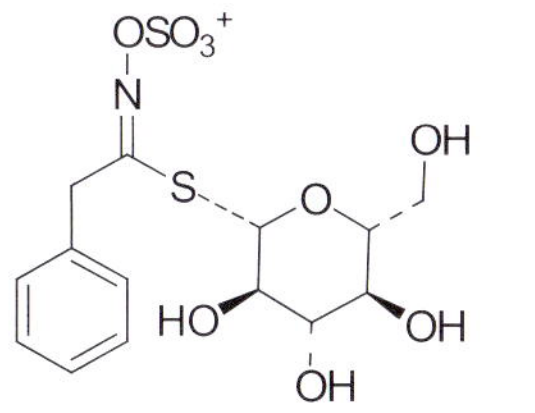

2

本属植物播娘蒿具有抑制心肌肥大、促进心室重构、降血脂、镇咳祛痰、抗肿瘤、抗抑郁、利尿等作用。

1. 播娘蒿（救荒本草） 麦里蒿（山东），眉毛蒿（江苏），格扯（藏语）

Descurainia sophia (L.) Webb ex Prantl in Engl. et Prantl, Nat. Pflanzenfam. 3(2[4]):192. 1891.——*Sisymbrium sophia* L.（英 **Flixweed**）

一年生草本。植株高 30–70 cm；有叉状分枝毛。茎直立，上部多分枝，带灰白色。叶片 3 回羽状全裂，裂片纤细，条形或长圆形，长 3–5 (–10) mm，两面密生灰白色卷曲柔毛或几无毛；茎下部叶有柄，上部叶无柄。总状花序顶生，伞房状，果期伸长；萼片线形，长约 2 mm，上部开展，早落；花瓣黄色，匙形，短于或等长于萼片。果线形，长 2–3 cm，宽约 1 mm，黄绿色，无毛；果柄细，长 1–2 cm。种子多数，细小，椭圆形或长圆形，长约 1 mm，暗褐色，有细网纹。花期 4–5 月，果期 6–7 月。

分布与生境 产于华南以外的全国各地。生于路旁、农田、山坡。亚洲、欧洲、非洲及北美洲均有分布。

药用部位 种子（葶苈子）、全草、果实、地上部分。

功效应用 种子：泻肺平喘，行水消肿，逐痰止咳。用于痰涎壅肺，喘咳痰多，胸胁胀满，胸腹水肿，小便淋痛，肺源性心脏病水肿。全草：收敛。用作创伤药。果实：用作通便药。地上部分：用于炭疽病。有毒。

化学成分 种子含硫苷类：播娘蒿苷(descurainoside)[1]，3-丁烯基硫苷(3-butenylthioglycoside)，3-甲硫丙基硫苷(3-methylthiopropylthioglycoside)，苄基硫苷(benzylthioglycoside)，5-氧代辛基硫苷(5-oxooctylthioglycoside)，3-羟基-5-(甲基亚硫酰基)戊基硫苷[3-hydroxyl-5-(methylsulfinyl)pentylthioglycoside]，3-羟基-5-(甲基磺酰基)戊基硫苷[3-hydroxyl-5-(methylsulfonyl)pentylthioglycoside][2]；生物碱类：芥子碱硫酸氢盐(sinapine bisulfate)[3]；黄酮类：山柰酚(kaempferol)，槲皮素-7-*O*-*β*-D-吡喃葡萄糖基-(1→6)-*β*-D-吡喃葡萄糖苷[quercetin-7-*O*-*β*-D-glucopyranosyl-(1→6)-*β*-D-glucopyranoside][3]，槲皮素(quercetin)[3-4]，槲皮素-3-*O*-*α*-L-吡喃鼠李糖基-(1→2)-*α*-L-吡喃阿拉伯糖苷[quercetin-3-*O*-*α*-L-

播娘蒿 **Descurainia sophia** (L.) Webb ex Prantl
引自《中国高等植物图鉴》

播娘蒿 **Descurainia sophia** (L.) Webb ex Prantl
摄影：徐克学

rhamnopyranosyl-(1→2)-*α*-L-arabinopyranoside]，异槲皮苷(isoquercitrin)，异鼠李素(isorhamnetin)，葶苈苷▲(drabanemoroside)，异鼠李素-3-*O*-*β*-D-吡喃葡萄糖苷(isorhamnetin-3-*O*-*β*-D-glucopyranoside)[4]，槲皮素-3-*O*-*β*-D-吡喃葡萄糖基-7-*O*-*β*-龙胆二糖苷(quercetin-3-*O*-*β*-D-glucopyranosyl-7-*O*-gentiobioside)，山柰酚-7-*O*-龙胆二糖苷(kaempferol-7-*O*-gentiobioside)，山柰酚-3-*O*-*β*-D-吡喃葡萄糖基-7-*O*-龙胆二糖苷(kaempferol-3-*O*-*β*-D-glucopyranosyl-7-*O*-gentiobioside)，异鼠李素-7-*O*-龙胆二糖苷(isorhamnetin-7-*O*-gentiobioside)，异鼠李素-3-*O*-*β*-D-吡喃葡萄糖基-7-*O*-龙胆二糖苷(isorhamnetin-3-*O*-*β*-D-glucopyranosyl-7-*O*-gentiobioside)，槲皮素-7-*O*-龙胆二糖苷(quercetin-7-*O*-gentiobioside)，槲皮素-3,7-二-*O*-*β*-D-吡喃葡萄糖苷(quercetin-3,7-di-*O*-*β*-D-glucopyranoside)，山柰酚-3,7-二-*O*-*β*-D-吡喃葡萄糖苷(kaempferol-3,7-di-*O*-*β*-D-glucopyranoside)，异鼠李素-3,7-二-*O*-*β*-D-吡喃葡萄糖苷(isorhamnetin-3,7-di-*O*-*β*-D-glucopyranoside)，山柰酚-3-*O*-*β*-D-吡喃葡萄糖基-7-*O*-*β*-D-(2-反式-芥子酰基-*β*-D-吡喃葡萄糖基-(1→6)-吡喃葡萄糖苷[kaempferol-3-*O*-*β*-D-glucopyranosyl-7-*O*-(2-*O*-*trans*-sinnapoyl)-*β*-D-glucopyranosyl-(1→6)-*β*-D-glucopyranoside][5]，槲皮素-7-*O*-*β*-D-吡喃葡萄糖基-(1→6)-*β*-D-吡喃葡萄糖苷[quercetin-7-*O*-*β*-D-glucopyranosyl-(1→6)-*β*-D-glucopyranoside][6]；木脂素类：丁香树脂酚(syringaresinol)[4]；苯丙素类：反式-芥子酸(*trans*-sinapic acid)[1,4]，三甲氧基桂皮酸(trimethoxycinnamic acid)，1,2-二芥子酰葡萄糖(1,2-disinapoylglucose)，1,2-二芥子酰龙胆二糖(1,2-disinapoylgentiobiose)，1,3-二芥子酰葡萄糖(1,3-disinapoylglucose)[4]，芥子酸乙酯(sinapic acid ethyl ester)[5]；甾体类：*β*-谷甾醇[3]，胡萝卜苷[3-4]，黄白糖芥苷(helveticoside)[4,7]，毒毛旋花子苷元(strophanthidin)，卫矛单糖苷(evomonoside)，卫矛二糖苷(evobioside)，糖芥苷(erysimoside)[7]；挥发油：以不饱和脂肪酸、不饱和脂肪酸酯、饱和脂肪酸酯为主，其中9,12,15-十八碳三烯酸-2,3-二羟基丙酯(9,12,15-calendic acid-2,3-dihydroxypropyl ester)，(9*Z*,12*Z*,15*Z*)-十八碳三烯酸乙酯[(9*Z*,12*Z*,15*Z*)-calendic acid ethyl ester]，(9*Z*,12*Z*)-十八碳二烯酸[(9*Z*,12*Z*)-octadecadienoic acid]，11-二十烯酸甲酯(11-eicosenoic acid methyl ester)，*γ*-谷甾醇(*γ*-sitosterol)，9,12-十八碳二烯酸乙酯(9,12-octadecadienoic acid ethyl ester)，十六酸乙酯(hexadecanoic acid ethyl ester)，芥子酸乙酯(ethyl erucate)，1,2-二棕榈酸甘油酯(1,2-dihexadecanoic acid glyceryl ester)

的含量较高[8]；其他类：4-羟基-3,5-二甲氧基苯甲醛(4-hydroxy-3,5-dimethoxybenzaldehyde)[3]，4-戊烯酰胺(4-pentenamide)，5-羟甲基-2-糠醛(5-hydroxymethyl-2-furaldehyde)[9]。

全草含挥发油：以萜烯、酮、酯、烷烃类为主，其中大根香叶烯(germacrene)，异丁香烯(isocaryophyl1ene)，β-葎草烯(β-humulene)，δ-薄荷烯(δ-menthene)，4-蒈烯(4-carene)，β-法尼烯(β-famesene)，δ-杜松醇(δ-cadinol)的含量较高[10]。

药理作用 抗抑郁作用：通过小鼠悬尾实验，播娘蒿种子油对小鼠强迫悬尾造成的抑郁症状有一定的效果。在小鼠强迫游泳实验中，播娘蒿种子油连续灌胃 15 d 能明显缩短游泳不动时间。能够增强 5-HTP 诱导的甩头行为，对利舍平造成的小鼠眼睑下垂及体温下降也有一定的拮抗作用。表明播娘蒿种子油中所含的抗抑郁成分对中枢 α- 肾上腺素或 5- 羟色胺系统有增强作用 [1]。

葶苈子 Descurainiae Semen
摄影：张继

增强学习记忆作用：播娘蒿种子油可减少小鼠跳台和避暗错误次数，并能增加小鼠脑组织乙酰胆碱含量和胆碱乙酰转移酶活性，同时降低脑组织乙酰胆碱酯酶活性，有助于小鼠空间学习记忆能力的改善 [2]。

调节心血管作用：播娘蒿种子水提液可抑制异丙肾上腺素诱发小鼠左心室重构和肥厚，降低心脏指数和血清 cAMP 水平及心肌血管紧张素 Ⅱ (Ang Ⅱ) 的量；抑制 L- 甲状腺素钠诱发大鼠实验性心肌肥厚、心室重构模型的心脏指数及 Ang Ⅱ、血浆中醛固酮 (ALD)、心肌羟脯氨酸 (Hyp) 的量。播娘蒿种子水提液可降低压力负荷大鼠的血压及其心肌细胞的肥大，减小左心室心肌细胞的横断面面积，降低间质和血管周围胶原沉积，改善心室重构大鼠心肌结构。播娘蒿种子水提液可能通过抑制心肌醛固酮合成相关基因 CYP11B1、CYP11B2 mRNA 表达水平，降低转化生长因子 β_1 的合成，抑制交感神经系统活性，减少神经内分泌因子 Ang Ⅱ，内皮素 (endothelin, ET-1)，ALD 生成而抑制心肌肥大、心室重构 [3-5]。

调血脂作用：播娘蒿种子含有脂肪酸、挥发油和谷甾醇等物质。不饱和脂肪酸可促进胆固醇向胆汁酸转化，抑制胆汁酸的肠肝循环，改变体内胆固醇的分布，减少血管壁中胆固醇的含量；挥发油所含的二烯丙基二硫化物也有调血脂作用；植物甾醇也具有显著的降低血脂作用 [6]。

镇咳祛痰作用：不同剂量播娘蒿种子生品、炒品、炒老品均有显著的镇咳、祛痰作用，相同剂量生品、炒品的效果要优于炒老品，而生、炒品之间无显著性差异，芥子苷为其止咳有效成分 [7]。

抗肿瘤作用：通过 MTT 比色法测定播娘蒿种子的乙醇、石油醚、正丁醇提取物和挥发油对 NCI-H460、SF-268 和 SGC-7901 等 3 种肿瘤细胞具有不同程度的抑瘤活性 [8]。

利尿作用：不同剂量播娘蒿种子生品、炒品均有显著利尿作用，而炒老品无利尿作用，同一炮制品的利尿作用随剂量增大而增强 [7]。

毒性及不良反应 小剂量播娘蒿种子生品短时间内对小鼠体重增加有一定抑制作用，大剂量则可使其活动明显减少；相同剂量炒品、炒老品对小鼠活动、体重增加无显著影响 [7]。

注评 本种为中国药典（1977、1985、1990、1995、2000、2005、2010 年版）、部颁药品标准 · 维吾尔药（1998 年版）收载“葶苈子”的基源植物之一，药用其干燥成熟种子。藏族、蒙古族也药用，藏族用其地上部分治炭疽，种子镇痛；蒙古族用其种子治胆热、肺热、血热、水肿、胸满喘咳、胸胁胀痛等。

化学成分参考文献

[1] Sun K, et al. *J Asian Nat Prod Res*, 2005, 7: 853-856.
[2] 陈健美，等 . 西北植物学报，2006, 26(6): 1231-1235.
[3] 孙凯，等 . 沈阳药科大学学报，2003, 20: 419-421.
[4] Lee YJ, et al. *Arch Pharm Res*, 2013, 36(5): 536-541.
[5] 王爱芹，等 . 药学学报，2004, 39(1): 46-51.
[6] 孙凯，等 . 中国药物化学杂志，2003, 13: 233, 248.
[7] 陈毓群，等 . 药学学报，1981, 16(1): 62-64.
[8] 钱利武，等 . 植物资源与环境学报，2006, 15(1): 76-77.
[9] 孙凯，等 . 沈阳药科大学学报，2005, 22: 181-182.
[10] 王新芳，等 . 山东中医杂志，2005, 24: 112-114.

药理作用及毒性参考文献

[1] 陶恒晟，等 . 四川大学学报，2008, 45(1): 185-188.
[2] 雷立等，安徽医药，2011, 15(1): 16-18.
[3] 郭娟，等 . 中药材，2007, 30(8): 963-967.
[4] 郭娟，等 . 中药学杂志，2008, 33(3): 284-287.
[5] 郭娟，等 . 中草药，2007, 38(10): 1519-1523.
[6] 刘忠良，等 . 药学实践杂志，2000, 18(1): 15-17.
[7] 马梅芳，等 . 中华中医药学刊，2008, 26(8): 1825-1827.
[8] 钱利武 . 南葶苈子抗肿瘤活性及 HMGR 基因初步研究 [学位论文]. 合肥：安徽师范大学生命科学学院，2006.

9. 花旗杆属 **Dontostemon** Andrz. ex Ledeb.

一年生、二年生或多年生草本。植株具单毛、腺毛或分枝毛。茎直立或上升，单一或分枝。单叶，具柄，叶片全缘、具齿或羽裂。总状花序顶生或侧生；萼片直立；花瓣淡紫色、紫色或白色，顶部钝圆或微凹，基部具爪；雄蕊 6，长雄蕊花丝成对联合至长度的 3/4，或全联合，或侧面具齿，侧蜜腺 4，半圆形或塔形。长角果，圆柱形至长线形；果瓣中脉明显，常见边脉；每室有种子 1 行。种子褐色而小，卵形或长椭圆形，具膜质边缘或无边缘；子叶背倚、缘倚或缘倚胚根。

11 种，主产于亚洲。我国均产，分布于华南以外的全国各地，其中 2 种可药用。

分种检索表

1. 营养体有柔毛；花瓣淡紫色；果实无毛 ………………………………………… 1. **花旗杆 D. dentatus**
1. 营养体有腺毛；花瓣白色；果实有腺毛 ………………………………………… 2. **腺花旗杆 D. glandulosus**

1. 花旗杆（植物学大辞典） 齿叶花旗杆（东北植物检索表），苦葶苈、米蒿（山东）

Dontostemon dentatus (Bunge) Ledeb., Fl. Ross. 1: 175. 1842.——*Andreoskia dentata* Bunge, *Dontostemon dentatus* (Bunge) Ledeb. var. *glandulosus* Maxim. ex Franch. et Sav.（英 **Dentate Dontostemon**）

一年生草本。植株高 15–50 cm；散生柔毛。茎单一或中部以上分枝，基部常带紫色。叶片披针形至线状披针形，长 2–6 cm，宽 3–10 mm，边缘有疏齿，两面稍具毛。总状花序顶生，结果时长 10–20 cm；萼片椭圆形，长 5 mm，边缘白色膜质，背面稍被毛；花瓣淡紫色，倒卵形，长 6–10 mm，顶端钝或平截，下部渐狭成爪。果线形，光滑无毛，长 4–6 cm，宽约 1 mm；果瓣稍凸起，有不很明显的 3 脉。种子棕色，长椭圆形，长 1–1.5 mm，边缘具膜质翅；子叶缘倚胚根。花期 5–7 月，果期 7–8 月。

分布与生境 产于东北、华北以及新疆、山东、河南、安徽、江苏、云南等省。生于海拔 200–1900 m 的石砾质山坡、沙地、林边及路旁。朝鲜、日本、俄罗斯也有分布。

药用部位 全草、种子。

功效应用 利尿。用于小便不畅。

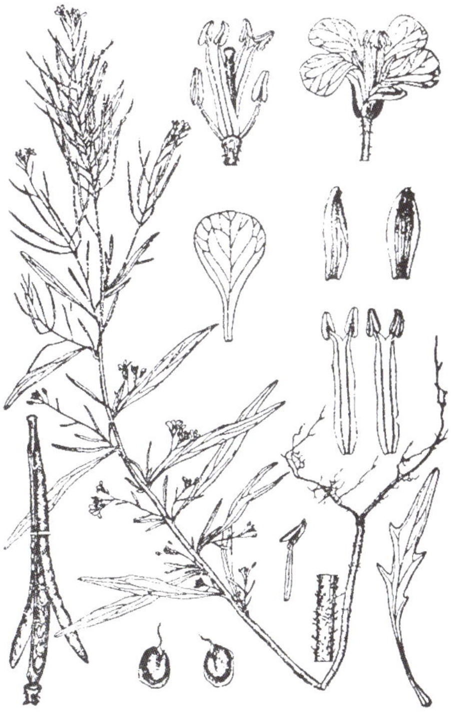

花旗杆 **Dontostemon dentatus** (Bunge) Ledeb.
引自《中国高等植物图鉴》

花旗杆 **Dontostemon dentatus** (Bunge) Ledeb.
摄影：周繇

2. 腺花旗杆（东北草本植物志） 腺毛念珠芥（青藏高原药物图鉴）

Dontostemon glandulosus (Kar. et Kir.) O. E. Schulz, Notizbl. Bot. Gart. Berlin-Dahlem. 10(96): 554-555. 1929.——*Arabis glandulosa* Kar. et Kir., *Dimorphostemon glandulosus* (Kar. et Kir.) Golubk., *Torularia glandulosa* (Kar. et Kir.) Vassilcz.（英 **Glandular Dontostemon**）

一年生或二年生草本。植株高 5–20 cm；被腺毛。茎直立或上升，单一或基部以上分枝。叶有柄，被单毛或腺毛；叶片披针形，长 5–25 mm，宽 3–10 mm，边缘有疏齿或羽状分裂。萼片长圆形，长 1–2 mm，散生单毛或腺毛；花瓣白色，匙形，长 2–4 mm，爪长 1.5 mm；雄蕊分离，花丝细。果线形，长 1–3 cm，宽约 1 mm；果瓣具腺毛，具明显的中脉和缘脉。种子棕色，卵形或长圆形，长 1–1.5 mm；子叶缘倚或背倚胚根。花期 5–7 月，果期 7–8 月。

分布与生境 产于东北、西北和西南地区。生于山坡路旁、林边草地及荒地。

药用部位 全草。

功效应用 利尿。用于小便不畅。

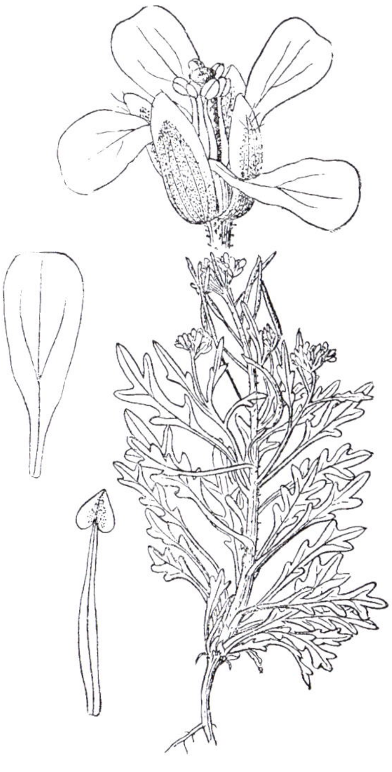

腺花旗杆 **Dontostemon glandulosus** (Kar. et Kir.) O. E. Schulz
史渭清 绘

10. 葶苈属 Draba L.

一年生、二年生或多年生小草本。植株丛生；通常有毛。叶为单叶；基生叶莲座状，有柄或无柄；茎生叶稀少，很少无叶，叶片全缘或有牙齿，通常无柄。总状花序无或有苞片；花小；萼片内轮的较外轮的宽，长圆形或椭圆形，基部不呈或稍呈囊状，边缘白色，透明；花瓣白色或黄色，少为紫色，倒卵楔形，顶端常微凹，基部多为短爪；短雄蕊基部常有侧蜜腺 1 对；花柱圆锥形或丝状，有的近于不发育，有的伸长，柱头头状或呈浅 2 裂。果实为短角果，卵形、长圆形、披针形或条形；熟时开裂，隔膜宽而半透明；果瓣扁平或微凸；每室有种子 2 行。种子卵形或椭圆形；子叶缘倚胚根。

约 350 种，主要分布在北半球北部高山地区。我国约有 54 种，主要分布在我国西南、西北高山地区，其中 4 种可药用。

分种检索表

1. 一年生草本。
  2. 茎上部和果梗无毛或少毛；果实长圆形或长椭圆形 ························ 1. **葶苈 D. nemorosa**
  2. 茎至果梗均密被毛；果实卵形或长圆形 ························ 2. **毛葶苈 D. eriopoda**
1. 多年生草本。
  3. 花瓣白色；总状花序下部数花具有叶状苞片；果实条形 ························ 3. **苞序葶苈 D. ladyginii**
  3. 花瓣黄色；总状花序下部数花不具叶状苞片；果实卵形 ························ 4. **喜山葶苈 D. oreades**

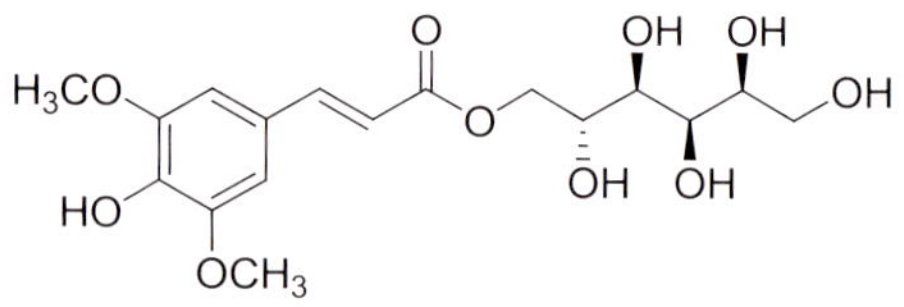

1

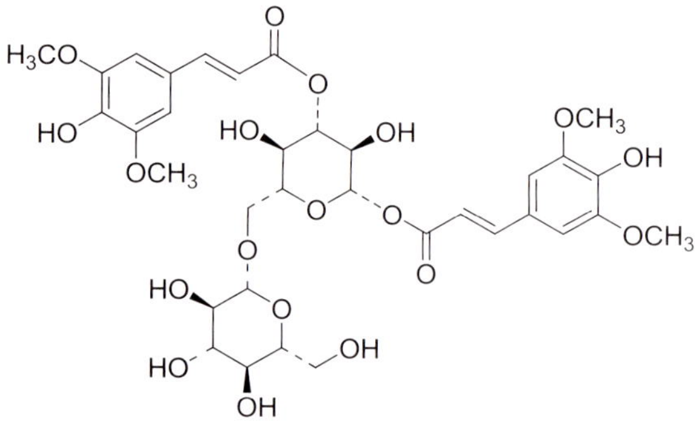

2

本属药用植物化学成分研究较少，目前主要发现其含酚酸及其苷类化合物。

酚酸类化合物如：芥子酸 (sinapic acid)、芥子碱碘化物 (sinapine iodide)；酚苷类化合物如：1-*O*-芥子酰山梨醇 (1-*O*-sinapoyl-glucitol，**1**)、1,3- 二芥子酰龙胆二糖 (1,3-disinapoylgentiobiose，**2**)、*β*-D-松三糖 -*α*-D-(6-*O*- 芥子酰基)- 吡喃葡萄糖苷 [*β*-D-fructofuranosyl-*α*-D-(6-*O*-sinapoyl)-glucopyranoside]、1,2- 二芥子酰基 -*β*-D- 吡喃葡萄糖苷 (1,2-disinapoyl-*β*-D-glucopyranoside)、1,2- 二芥子酰龙胆二糖 (1,2-disinapoylgentiobiose)，1,2,2'- 三芥子酰龙胆二糖 (1,2,2'-trisinapoylgentiobiose) 等，以上化合物均具有清除 DPPH 自由基的作用。

1. 葶苈（神农本草经） 宽叶葶苈、光果葶苈（中国植物志）

Draba nemorosa L., Sp. P1. 2: 643. 1753.——*D. nemorosa* L. var. *latifolia* M. Bieb. ex Kuntze, *Draba nemorosa* L. var. *leiocarpa* Lindblom（英 **Woolly Whitlowgrass**）

一年生草本。植株高 5–45 cm；密生单毛、叉状毛和星状毛。茎直立至上升，单一或分枝，疏生叶或无叶，下部毛密，上部毛稀至无毛。基生叶莲座状，叶片长倒卵形，顶端稍钝，边缘有疏细齿或近于全缘；茎生叶长卵形或卵形，顶端尖，基部楔形或渐圆，边缘有细齿，无柄。总状花序花多，密集成伞

葶苈 Draba nemorosa L.
引自《中国高等植物图鉴》

葶苈 Draba nemorosa L.
摄影：周繇

房状，果期显著伸长；萼片椭圆形，背面略有毛；花瓣黄色，后期成白色，倒楔形，长约 2 mm，顶端凹；花药短心形。果长圆形或长椭圆形，长 4–10 mm，被短单毛；果梗与果序轴几成近直角开展。种子卵形，红褐色，长 5–7 mm。花期 3–4 月上旬，果期 5–6 月。

分布与生境 产于东北、华北、西北、西南以及江苏、浙江和河南。生于山坡草地、田边路旁、河谷湿地。分布于欧洲、亚洲和北美洲。

药用部位 全草、种子。

功效应用 全草：消积，解肉食中毒。种子：祛痰平喘，清热，利尿。用于治水肿，咳逆，喘鸣，肋膜炎。

化学成分 种子含黄酮类：异鼠李素(isorhamnetin)，槲皮素(quercetin)，槲皮素-3-*O*-β-D-吡喃葡萄糖苷(quercetin-3-*O*-β-D-glucopyranoside)，异鼠李素-3-*O*-β-D-吡喃葡萄糖苷(isorhamnetin-3-*O*-β-D-glucopyranoside)，葶苈苷▲(drabanemoroside)[1]；强心苷类：黄麻苷A (corchoroside A)，黄白糖芥苷(helveticoside)，糖芥苷(erysimoside)，纤维二糖基洋地黄甲苷(cellobiosyldigigulomethyloside)[1]；酚类：芥子碱碘化物(sinapine iodide)[2]，1-*O*-芥子酰葡萄糖醇(1-*O*-sinapoylglucitol)，1,3-二芥子酰龙胆二糖(1,3-disinapoylgentiobiose)，芥子酸(sinapic acid)，β-D-呋喃果糖基-α-D-(6-*O*-芥子酰基)-吡喃葡萄糖苷[β-D-fructofuranosyl-α-D-(6-osinapoyl)-glucopyranoside]，1,2-二芥子酰基-β-D-吡喃葡萄糖苷(1,2-disinapoyl-β-D-glucopyranoside)，1,2-二芥子酰龙胆二糖(1,2-disinapoylgentiobiose)，1,2,2'-三芥子酰龙胆二糖(1,2,2'-trisinapoylgentiobiose)[3]。

注评 本种又名“苦葶苈”，易与药材“葶苈子”相混淆。药材“葶苈子”为十字花科植物独行菜 Lepidium apetalum Willd. 或播娘蒿 Descurainia sophia (L.) Webb ex Prantl 的种子；前者习称“北葶苈子”，后者习称“南葶苈子”；属不同的药材，应注意区别。藏族和朝鲜族也药用，藏族用全草治消化不良、食物中毒；朝鲜族用全草治胃病、痔疮、子宫出血。

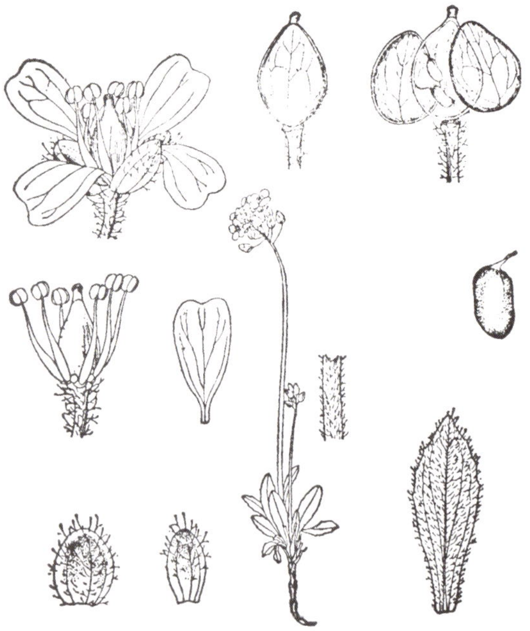

喜山葶苈 **Draba oreades** Schrenk ex Fisch. et C. A. Mey.
引自《中国高等植物图鉴》

喜山葶苈 **Draba oreades** Schrenk ex Fisch. et C. A. Mey.
摄影：叶喜阳

11. 芝麻菜属 **Eruca** Mill.

一年生或多年生草本。植株具硬单毛或无毛。茎直立或上升状，具叶或无叶。基生叶呈或不呈莲座状，叶片大头羽状浅裂，少 2 回羽裂或具齿；茎生叶有柄或无柄，全缘、具齿或大头羽裂。总状花序果期延长；花大；萼片长圆形，稍直立，内轮基部稍成囊状；花瓣黄色，有棕色或紫色纹，短倒卵形或倒披针形，有长爪；外轮雄蕊比内轮的短；侧蜜腺凹陷，棱柱状，中蜜腺半球形或近长圆形。长角果，长圆形或近椭圆形，呈四棱，顶端具扁平喙；果瓣有 1 脉；每室有种子近 2 行。种子球形或卵形；子叶对折。

1 种，分布于欧洲、亚洲和非洲西北部。我国也有分布，可药用。

本属药用植物主要含硫代葡萄糖苷类、黄酮类和挥发油。对药用植物芝麻菜 (E. vesicaria) 的研究较为深入，该植物的不同部位含有不同的化学成分，如种子、幼苗、嫩叶、叶、带未熟果的叶、花、根等各部分的化学成分皆有报道。各部位的主要成分均以硫代葡萄糖苷类、黄酮类和挥发油为主。其中种子含硫代葡萄糖苷和黄酮苷。多数硫代葡萄糖苷具有相同的骨架，仅侧链取代基不同，如萝卜硫苷 (glucoraphanin，**1**)、芝麻菜苷 (glucoerucin，**2**)、4- 甲氧基葡萄糖芸苔素

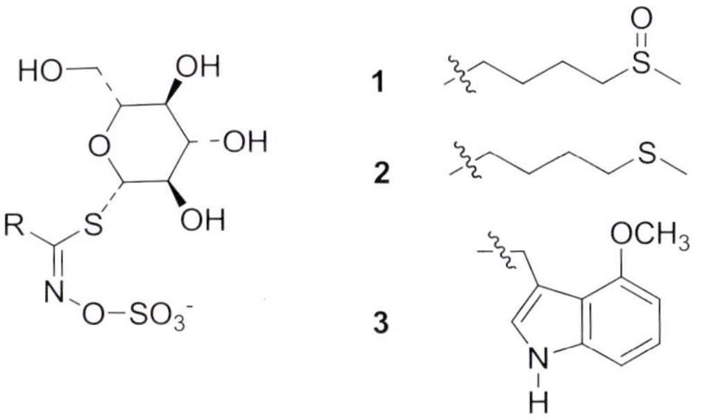

(4-methoxyglucobrassicin，**3**) 等。

本属药用植物中，黄酮类化合物在除根以外的其他部位中均有一定的分布，结构上主要是以山柰酚 (kaempferol)、槲皮素 (quercetin) 和异鼠李素 (isorhamnetin) 为苷元的黄酮苷，有单糖苷、二糖苷及三糖苷。

此外，本属药用植物含丰富的挥发油，尤其是叶和花。挥发油组成上包括：含硫 / 氮化合物、脂肪酸及其酯、脂肪醇、酚类及羰基化合物等。

本属植物芝麻菜具有抗炎、抗溃疡、抗虫、抗氧化、降血糖等作用。

1. 芝麻菜（植物名实图考） 香油罐（黑龙江），臭菜（辽宁），臭芥（内蒙古），芸芥（西北）

Eruca vesicaria (L.) Cav., Descr. Pl. 426 1802.——*Brassica vesicaria* L., *B. eruca* L., *Eruca sativa* Mill., *E. vesicaria* (L.) Cav. subsp. *sativa* (Mill.) Thell.（英 **Roquette**, **Rocketsalad**）

一年生草本。植株高 20–80 cm；无毛或具硬毛。茎直立，上部常分枝。基生叶不呈莲座状，叶片长 4–10 cm，大头羽状分裂，顶裂片近圆形或宽卵形，有细齿或全缘，侧裂片长圆形，叶柄长 2–4 cm；上部叶无柄，具 1–3 对裂片或不裂。花直径 1–1.5 cm；萼片常棕紫色，长 7–10 mm，外面无毛或有毛；花瓣黄色，后变白色，有紫纹，长 1.5–2 cm。果长圆形，长 1.5–3.5 cm；果瓣有 1 隆起中脉，扁平，顶端喙长箭头形，扁平，有 5 纵脉。种子近球形或卵形，棕色，直径 1.5–2 mm。花期 5–6 月，果期 7–8 月。

分布与生境 产于东北、华北、西北以及江苏、广东、四川，野生或栽培。生于海拔 3500 m 以下的荒地、田野、路边、山坡。欧洲北部、亚洲西部及北部、非洲西北部均有分布。

药用部位 种子。

功效应用 破坚利水，降气利肺，定喘化咳。用于喘急咳逆、陈旧性咳嗽、肺痈、痰饮、水肿。

化学成分 叶含挥发油：以醇类、腈类、异硫氰酸酯类、直链烷烃类为主，其中芝麻菜素(erucin)，5-甲硫基戊腈(5-methylthiopentanenitrile)，2-戊腈(2-pentanonitrile)的含量较高[1]；其新鲜叶中以异硫氰酸酯类、丁烷、己烷、辛烷及壬烷的衍生物为主，其中芝麻菜素，顺式-3-己烯-1-醇(*cis*-3-hexen-1-ol)，顺式-3-己烯基丁酸酯(*cis*-3-hexenyl butanoate)，5-甲硫戊基异硫氰酸酯(5-methylthiopentyl isothiocyanate)，顺式-2-甲基丁酸 3-己烯酯(*cis*-3-hexenyl 2-methylbutanoate)，5-甲硫基戊腈(5-methylthiopentanenitrile)，4-戊烯基异硫氰酸酯(4-pentenyl isothiocyanate)的含量较高[2]；硫代葡萄糖苷类：萝卜硫苷(glucoraphanin)，原告伊春(progoitrin)，芥子苷(sinigrin)，4-羟基葡萄糖芸苔素(4-hydroxyglucobrassicin)，5-羟基葡萄糖芸苔素(5-hydroxy glucobrassicin)，芝麻菜苷(glucoerucin)，4-甲氧基葡萄糖芸苔素(4-methoxyglucobrassicin)，甲基戊基芥子油苷(methylpentyl glucosinolate)，正己基芥子油苷(*n*-hexyl glucosinolate)，4-巯丁基芥子油苷 (4-mercaptobutyl glucosinolate)，葡萄糖庭荠素(glucoalyssin)，葡萄糖菜苔素▲(gluconapoleiferin)，葡萄糖甘蓝型油菜素▲(gluconapin)，葡萄糖欧洲油菜素▲(glucobrassicanapin)，葡萄糖芸苔素(glucobrassicin)，水田芥苷(gluconasturtiin)，新葡萄糖芸

芝麻菜 **Eruca vesicaria** (L.) Cav.
引自《中国高等植物图鉴》

芝麻菜 **Eruca vesicaria** (L.) Cav.
摄影：朱仁斌

苔素(neoglucobrassicin)，葡萄糖糖芥素(glucoerysolin)[3]，4-甲氧基-3-吲哚甲基芥子油苷(4-methoxy-3-indolylmethyl glucosinolate)[4]；黄酮类：以槲皮素(quercetin)，山柰酚(kaempferol)和异鼠李素(isorhamnetin)为苷元的单糖、双糖和三糖苷[4]。

带未熟果的叶含挥发油：以含硫类、含氮类、脂肪酸类为主，其中5-甲硫基戊腈(5-methylthiopentanenitrile)，芝麻菜素，2-苯乙醛(2-phenylacetaldehyde)，十四酸(tetradecanoic acid)，十六酸(hexadecanoic acid)，二十三烷(tricosane)，(*E*)-3-己烯-1-醇[(*E*)-3-hexen-1-ol]，植醇(phytol)，(*E*)-2-己烯醛[(*E*)-2-hexenal][5]，双(4-异硫氰酰基丁基)二硫苷[bis(4-isothiocyanatobutyl)disulfide]的含量较高[6]。

花含硫代葡萄糖苷类：芝麻菜苷(glucoerucin)，4-巯丁基芥子油苷(4-mercaptobutyl glucosinolate)，萝卜硫苷(glucoraphanin)[4]；挥发油：四氢噻吩(tetrahydrothiophene)，4-甲基戊基异硫氰酸酯(4-methylpentyl isothiocyanate)，二十一烷(heneicosane)，二十三烷(tricosane)，十五酸(pentadecanoic acid)，十六酸(hexadecanoic acid)，(*Z*,*Z*)-9,12-十八碳二烯酸[(*Z*,*Z*)-9,12-octadecadienoic acid]，芝麻菜素(erucin)[5]，癸酸(decanoic acid)，十一酸(undecanoic acid)，十二酸(dodecanoic acid)，亚麻酸甲酯(methyl linolenate)，(*Z*)-3-己烯-1-醇[(*Z*)-3-hexen-1-ol]，乙酸(acetic acid)，2-甲基丁酸(2-methylbutanoic acid)，庚酸(heptanoic acid)，十四酸(tetradecanoic acid)[7]；黄酮类：以槲皮素(quercetin)、山柰酚(kaempferol)和异鼠李素(isorhamnetin)为苷元的单糖、双糖和三糖苷[4]。

种子含硫代葡萄糖苷类：4-甲氧基葡萄糖芸苔素(4-methoxyglucobrassicin)，原告伊春(progoitrin)，芥子苷(sinigrin)，4-羟基葡萄糖芸苔素(4-hydroxyglucobrassicin)，5-羟基葡萄糖芸苔素(5-hydroxyglucobrassicin)，甲基戊基芥子油苷(methylpentyl glucosinolate)，正己基芥子油苷(*n*-hexyl glucosinolate)[3]，芝麻菜苷(glucoerucin)，萝卜硫苷(glucoraphanin)[3-4]；黄酮类：以槲皮素(quercetin)、山柰酚(kaempferol)和异鼠李素(isorhamnetin)为苷元的单糖、双糖和三糖苷[4]。

全草含脱硫-芥子油苷类(desulfo-glucosinolates; DS-GSLs)：脱硫-萝卜硫苷(DS-glucoraphanin)，脱硫-4-(β-D-吡喃葡萄糖基二硫醚)丁基芥子油苷[DS-4-(β-D-glucopyranosyldisulfanyl)butyl glucosinolate]，脱硫-芝麻菜苷(DS-glucoerucin)，脱硫-葡萄糖芸苔素(DS-glucobrassicin)，脱硫-二聚 4-巯丁基芥子油苷(DS-dimeric 4-mercaptobutyl glucosinolate)，脱硫-4-甲氧基葡萄糖芸苔素(DS-4-methoxyglucobrassicin)等[8]。

药理作用 抗炎作用：芝麻菜种子中分离的异硫氰酸酯类化合物芝麻菜素可抑制活化的皮肤角质形成细胞的生长，使活化的人单核细胞型淋巴瘤 (THP-1) 单核细胞停滞在 G_2 期，并下调前炎症因子、肿瘤坏死因子 (TNF-α)、白细胞介素 (IL)-12/23、p40 以及细胞内黏附分子 1 的表达，对皮肤炎症具有治疗作用[1]。

抗溃疡作用：芝麻菜醇提物对化学刺激（乙醇、强碱、吲哚美辛）和低温应激导致的胃溃疡具有保护作用，芝麻菜醇提物可降低基础胃酸分泌，提高胃液和非蛋白巯基水平，降低 MDA 水平[2]。

降血糖作用：芝麻菜种子油连续给予四氧嘧啶糖尿病模型大鼠 2 周，可降低血糖和 MDA 水平，改善脂紊乱，提高肝 GSH 水平，其作用与抗氧化活性相关[3]。

抗蚊虫作用：芝麻菜挥发油可对尖音库蚊幼虫、蛹及成虫均有影响，减少其蛹化率[4]。

抗氧化作用：芝麻菜新鲜植物富含多酚，具有抗氧化活性[5]。芝麻菜乙醇提取物通过抗氧化作用拮抗四氯化碳导致的大鼠肝损伤[6]，其种子乙醇提取物通过抗氧化作用对氯化汞导致的肾损伤具有保护作用。芝麻菜种子中含有的芝麻菜苷及黄酮类成分是其抗氧化活性物质[7]。

抗突变作用：芝麻菜对苯并芘 (benzopyrene) 造成的遗传毒性具有拮抗作用[8]。

注评 本种为四川中药材标准（1979）收载“金堂葶苈”的基源植物，药用其干燥成熟种子。

化学成分参考文献

[1] Miyazawa M, et al. *Flavour Fragr J*, 2002, 17: 187-190.
[2] Jirovetz L, et al. *J Agric Food Chem*, 2002, 50: 4643-4646.
[3] Cataldi TRI, et al. *Rapid Commun Mass Spectrom*, 2007, 21: 2374-2388.
[4] Bennett RN, et al. *J Agric Food Chem*, 2006, 54: 4005-4015.
[5] Blaževic I, et al. *Flavour Fragr J*, 2008, 23: 278-285.
[6] Cerny MS, et al. *J Agric Food Chem*, 1996, 44: 3835-3839.
[7] Mastelic J, et al. *Talanta*, 2008, 76: 885-891.
[8] Kim SJ, et al. *Soil Science and Plant Nutrition* (Carlton, Australia), 2006, 52(3): 394-400.

药理作用及毒性参考文献

[1] Yehuda H, et al. *Biofactors*, 2009, 35(3): 295-305.
[2] Alqasoumi S, et al. *World J Gastroenterol*, 2009, 15(16): 1958-1965.
[3] El-Missiry MA, et al. *Ann Nutr Metab*, 2000, 44(3): 97-100.
[4] Khater HF, et al. *Rev Inst Med Trop Sao Paulo*, 2008, 50(2): 107-112.
[5] Heimler D, et al. *J Agric Food Chem*, 2007, 55(5): 1724-1729.
[6] Alqasoumi S. *Am J Chin Med*, 2010, 38(1): 75-88.
[7] Sarwar Alam M, et al. *Food Chem Toxicol*, 2007, 45(6): 910-920.
[8] Lamy E, et al. *Food Chem Toxicol*, 2008, 46(7): 2415-2421.

12. 糖芥属 Erysimum L.

一年生至多年生草本，有时呈灌木状。植株常有 2–4 (5) 分叉毛。茎多从基部分枝，有时稍呈 4 棱状。单叶；叶片条形至长椭圆形，全缘、有波状齿或至羽状浅裂，有柄至无柄。总状花序初呈伞房状，果期伸长；萼片直立，内轮基部稍成囊状；花瓣黄色或橘黄色，少数白色或紫色，长为萼片的 2 倍，具长爪；雄蕊 6；侧蜜腺环状或半环状，中蜜腺短，常 2–3 裂，不与侧蜜腺连结；柱头头状，稍 2 裂。长角果，线形，稍 4 棱或圆筒状，有柔毛；果瓣中脉显明；隔膜膜质，常坚硬；果梗短粗；每室有种子 1 行。种子长圆形，常有棱角；子叶背倚胚根。

约 150 种，产于北温带，主要分布于欧洲及亚洲。我国有 17 种，其中 8 种可药用。

分种检索表

1. 花瓣粉红色或红紫色 ························ 1. **红紫糖芥 E. roseum**
1. 花瓣黄色或橘黄色。
  2. 茎近匍匐，高达 20 cm ························ 2. **匍匐糖芥 E. forrestii**
  2. 茎直立或上升，高达 50–90 cm。
    3. 植株被贴生长柔毛；茎下部木质化；果实顶端喙 2 裂极开展 ························ 3. **桂竹香 E. × cheiri**
    3. 植株被贴生 2–4 叉毛；茎下部不木质化；果实顶端喙不 2 裂极开展。
      4. 总状花序的下部花有线状苞片。
        5. 植株具 3–4 叉毛；花瓣鲜黄色；种子褐色 ························ 4. **山柳菊叶糖芥 E. hieraciifolium**
        5. 植株具 2 叉毛；花瓣橘黄色；种子深红褐色 ························ 5. **糖芥 E. amurense**
      4. 总状花序的花无苞片。
        6. 一年生；叶片具疏齿；萼片长 2–4 mm；果实长 2–4 cm，果瓣中脉不明显 ························ 6. **小花糖芥 E. cheiranthoides**
        6. 二至多年生；叶片全缘；萼片长 5–10 mm；果实长 4–8 cm，果瓣中脉明显。
          7. 茎生叶线状长圆形或宽线形，宽 1–2 mm ························ 7. **蒙古糖芥 E. flavum**
          7. 茎生叶长圆形至线状倒披针形，宽 3–8 mm ························ 8. **灰毛糖芥 E. canescens**

本属药用植物化学成分研究较少，目前主要分得强心苷类化合物，如灰毛糖芥苷 (canescein, **1**)、脱葡萄糖桂竹香毒苷 (desglucocheirotoxin)、灰毛糖芥苷▲ (erydiffuside)、芥子酰糖芥苷 (sinapoylerysimoside)、糖芥苷 (erysimoside) 等。

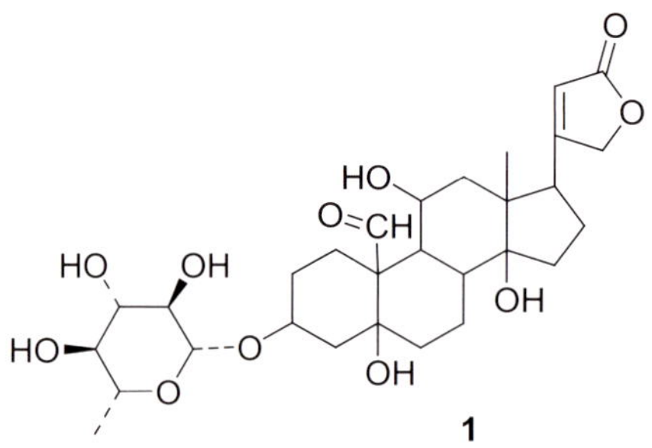

1

本属植物小花糖芥具有抗心律失常、强心、利尿及抗肿瘤作用。

1. 红紫糖芥（Flora of China） 红紫桂竹香（中国高等植物图鉴）

Erysimum roseum (Maxim.) Polatschek, Phyton (Horn). 34: 201. 1994.——*Cheiranthus roseus* Maxim.（英 **Reddish Wallflower**）

多年生草本。植株高 10–25 cm；有 2 叉毛。茎直立，短缩，不分枝，基部具宿存叶柄。叶片长圆状倒卵形至倒披针形，长 2–7 cm，宽 3–5 mm，顶端急尖，基部渐狭，全缘或具疏细齿，叶柄长 1–4 cm；茎上部叶无柄。萼片直立，长圆形或卵状长圆形，长 6–8 mm，侧对萼片具囊；花瓣粉红色或红紫色，倒披针形，长 1.5–2 cm，有深紫色脉纹，具长爪。果线形，长 2–4 cm，有 4 棱，稍弯曲，柱头头状，2 裂；果梗增粗，长 4–5 mm。种子卵形，长 1.5–2 mm，褐色。花期 6–7 月，果期 7–8 月。

分布与生境 产于甘肃、青海、四川西北部、云南西北部、西藏东北部。生于海拔 3200–4500 m 的高山石堆、高山草甸。

药用部位 全草。

红紫糖芥 **Erysimum roseum** (Maxim.) Polatschek
引自《中国高等植物图鉴》

功效应用　清热解毒，利湿通淋。用于外感热证，咽喉肿痛，口舌生疮，湿热淋证。
注评　本种藏族药用，其全草治胃痛、扁桃体炎、白喉、炭疽等。

2. 匍匐糖芥（Flora of China）匍匐桂竹香（中国植物志）

Erysimum forrestii (W. W. Sm.) Polatschek, Phyton (Horn). 34: 200. 1994.——*Parrya forrestii* W. W. Sm., *Cheiranthus forrestii* (W. W. Sm.) Hand.-Mazz.（英 **Forrest Wsllflower, Forrest Sugarmustard**）

多年生草本。株高 10–20 cm；全体有白色贴生毛。根状茎纺锤形，长达 8 cm。茎 1 至数个，近匍匐，基部残存枯萎的叶鞘，上部不分枝。基生叶莲座状，叶片卵形、长圆形、匙形或倒披针形，长 1–6 cm，宽 5–15 mm，顶端圆形，常有突尖，基部渐狭，楔形，边缘具粗牙齿或有小齿；叶柄长 2–5 cm。总状花序具多数花，果期伸长；苞片与叶相似，具短柄；花直径 8–10 mm，花梗粗，叉开；萼片长圆形，长 7–8 mm，早落；花瓣黄色，匙形，长 1.5–2 cm，爪长约 8 mm。果线形，长 4–8 cm，扁平，无龙骨；果瓣具 1 脉；花柱长约 1 mm。种子长圆形，长 3–4 mm，黑紫色。花果期 5–10 月。

分布与生境　产于云南（丽江）。生于海拔 3500–4500 m 的高山草地、山坡、砾石。

药用部位　种子。

功效应用　解毒，止咳。

匍匐糖芥 **Erysimum forrestii** (W. W. Sm.) Polatschek
王金凤　绘

3. 桂竹香（种子植物名称）

Erysimum × cheiri (L.) Crantz, Cl. Crucif. Emend. 116 1769.——*Cheiranthus cheiri* L.（英 **Common Wallflower**）

多年生草本。株高 20–60 cm。茎直立或上升，具棱角，下部木质化，上部分枝，全体有贴生长柔毛。基生叶莲座状，倒披针形、披针形至线形，长 1.5–7 cm，宽 5–15 mm，顶端急尖，基部渐狭，全缘或稍具小齿，叶柄长 7–10 mm；茎生叶较小，近无柄，披针形。总状花序果期伸长；花直径 2–2.5 cm，芳香；花梗长 4–7 mm；萼片长圆形，长 6–11 mm；花瓣橘黄色或黄褐色，倒卵形，长约 1.5 cm，有长爪。果线形，长 4–8 cm，宽 3–5 mm，具扁 4 棱，直立，劲直或微弯；果瓣中肋明显；花柱长 1–1.5 mm，柱头 2 裂极开展；果梗长 1–1.5 cm，上升。种子近 2 行，卵形，长 2–2.5 mm，浅棕色，顶端有翅。花期 4–5 月，果期 5–6 月。

分布与生境　我国各地有栽培。原产于欧洲南部。

药用部位　花、根。

功效应用　泻下，通经，利尿，止痛。用于便秘，肾虚，月经不调，小便不利，黄疸，心脏病，麻痹。

化学成分　花含黄酮类：矢车菊素-3-*O*-[2-*O*-β-D-吡喃木糖基-6-*O*-(反式对香豆酰基-β-D-吡喃葡萄糖苷)]-5-*O*-β-D-吡喃葡萄糖苷{cyanidin-3-*O*-[2-*O*-β-D-xylopyranosyl-6-*O*-(*trans*-*p*-coumaroyl)-β-D-glucopyranoside]-5-*O*-β-D-glucopyranoside}，矢车菊素-3-*O*-[2-*O*-β-D-吡喃木糖基-6-*O*-(顺式对香豆酰基-β-D-吡喃葡萄糖苷)]-5-*O*-β-D-吡喃葡萄糖苷{cyanidin-3-*O*-[2-*O*-β-D-xylopyranosyl-6-*O*-(*cis*-*p*-coumaroyl)-β-D-glucopyranoside]-5-*O*-β-D-glucopyranoside}[1]。

化学成分参考文献

[1] Tatsuzawa F, et al. *Phytochemistry*, 2006, 67: 1287-1295.

桂竹香 **Erysimum × cheiri** (L.) Crantz
王金凤　绘

桂竹香 **Erysimum × cheiri** (L.) Crantz
摄影：朱仁斌

4. 山柳菊叶糖芥（中国植物志）

Erysimum hieraciifolium L., Cent. Pl. I. 18-19. 1755.（英 **Hawkweedleaf Sugarmustard**）

二年生草本。植株高 30–80 cm；具 3–4 叉毛。茎直立，上部常分枝。基生叶莲座状，有叶柄，叶形变化大，长圆形至线状倒披针形，长 4–6 cm，宽 1–3 mm，顶端急尖，有小尖头，基部渐狭，边缘具波状疏齿或近全缘；茎生叶似基生叶，叶片较短，近无柄。总状花序果期极延长，下部花有线状苞片；萼片长圆形，长 4–6 mm；花瓣黄色，宽倒卵形，长 1–2 cm，顶端圆顿，爪长。果线状圆柱形，长 4–6 cm，稍具 4 棱；果直立，具毛。种子长圆形，长 1–1.5 mm，褐色。花期 6–7 月，果期 7–8 月。

分布与生境　产于新疆、西藏。生于海拔 2500–3500 m 的高山草地。欧洲、亚洲温带有分布。

药用部位　种子。

功效应用　清血热，镇咳，强心，解肉毒。用于治疗虚劳发热，骚热病，肺结核咳嗽，久病心力不足，血病，肉毒症。

化学成分　种子含强心苷类：黄白糖芥苷(helveticoside)，糖芥苷(erysimoside)，糖芥黄麻苷▲(erycorchoside)[1]。

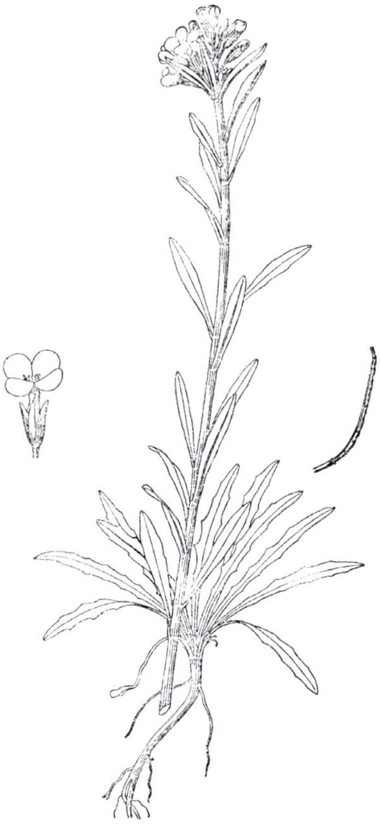

山柳菊叶糖芥 **Erysimum hieraciifolium** L.
王金凤　绘

山柳菊叶糖芥 **Erysimum hieraciifolium** L.
摄影：朱鑫鑫

化学成分参考文献

[1] Kowalewski Z. *Helv Chim Acta*, 1960, 43: 1314-1321.

5. 糖芥（东北植物检索表）

Erysimum amurense Kitag. in Bot. Mag. (Tokyo). 51(604): 155. 1937.——*E. bungei* (Kitag.) Kitag., *E. amurense* Kitag. subsp. *bungei* Kitag., *E. aurantiacum* (Bunge) Maxim.（英 **Orange Sugarmustard**）

二年生或多年生草本。植株高 30–80 cm；密生伏贴 2 叉毛。茎直立，常不分枝，具棱角。叶片狭线性至线状披针形，基生叶长 5–15 cm，宽 5–20 mm，顶端急尖，基部渐狭，全缘，叶柄长 1–3 cm；

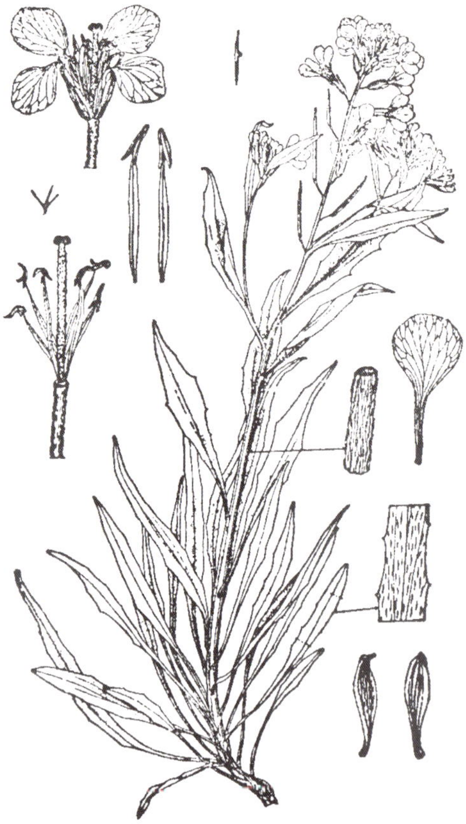

糖芥 **Erysimum amurense** Kitag.
引自《中国高等植物图鉴》

糖芥 **Erysimum amurense** Kitag.
摄影：张英涛

上部叶有短柄或无柄，基部近抱茎，边缘有波状齿或近全缘。萼片长圆形，长 5–8 mm，密生 2 叉毛；花瓣橘黄色，倒披针形，长 10–15 mm，顶端圆形，基部具长爪。果线形，长 4–8 cm，宽约 1 mm，稍呈四棱形，顶端有短喙；果瓣有凸起的中肋。种子深红褐色，长圆形，侧扁，长 2–3 mm。花期 4–7 月，果期 7–9 月。

分布与生境　产于东北以及河北、陕西、山西、江苏。生于山坡、山谷、路边、田边荒地。朝鲜、俄罗斯也有分布。

药用部位　全草和种子。

功效应用　全草：健脾和胃，强心利尿，消积。用于心悸，水肿，消化不良。种子：清热镇咳，强心。

6. 小花糖芥（北京植物志）　桂竹糖芥（东北植物检索表），打水水花（内蒙古），苦葶苈（山东）

Erysimum cheiranthoides L., Sp. Pl. 2: 661. 1753.（英 **Wormseed Sugarmustard**）

一年生草本。植株高 15–50 cm；具 2–4 (5) 叉毛。茎直立，常上部有分枝，具棱角。基生叶莲座状，果期枯萎；茎生叶有短柄或无柄，叶片披针形或线状披针形，长 (1–) 2–6 cm，宽 5–10 mm，顶端急尖，基部下延呈楔形，边缘具波状疏齿或近全缘。总状花序顶生，果期延长；萼片长圆形或线形，长 2–3 mm，外面有 3 叉毛；花瓣浅黄色，狭匙形，长 4–5 mm。果线形，长 2–4 cm，宽约 1 mm，稍具 4 棱；果瓣中脉不明显。种子长圆形，长约 1 mm，淡褐色。花期 5–8 月，果期 7–9 月。

分布与生境　产于东北以及内蒙古和新疆。生于海拔 500–2000 m 的湿地、干河床。欧洲、非洲、北美以及蒙古、朝鲜、日本均有分布。

药用部位　全草和种子。

功效应用　全草、种子：强心利尿。用于心力衰竭。全草：强心利尿，健脾和胃，消食。用于心悸，

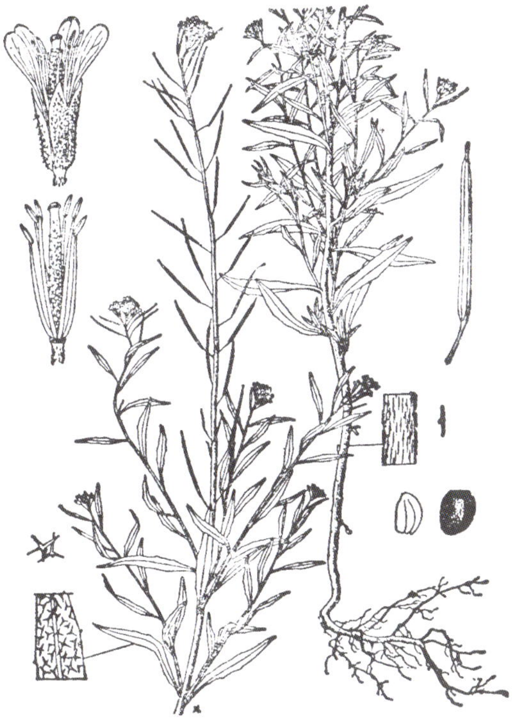
小花糖芥 **Erysimum cheiranthoides** L.
引自《中国高等植物图鉴》

小花糖芥 **Erysimum cheiranthoides** L.
摄影：童毅华

水肿，消化不良。

化学成分 种子含强心苷类：小花糖芥苷▲(cheiranthoside) Ⅰ、Ⅱ、Ⅲ(erysimin G)[1]、Ⅳ、Ⅴ[2]、Ⅵ、Ⅶ[3]、Ⅷ、Ⅸ、Ⅹ[4]、Ⅺ[5-6]，长蒴黄麻苷(olitoriside)，糖芥苷(erysimoside)[1]，葡萄糖糖芥苷(glucoerysimoside)[3]，毒毛旋花子苷元(strophanthidin)，黄麻苷A (corchoroside A)，去葡萄糖基糖芥心苷(deglucoerycordin)，黄白糖芥苷醇(helveticosol)，糖芥苷醇(erysimosol)，洋地黄毒苷元葡萄糖岩藻糖苷(glucodigifucoside)，桂竹香糖芥草苷(erychroside)，糖芥心苷(erycordin)，桂竹糖芥苷(erythriside)，小花糖芥醇▲(erychrosol)[7]，黄白糖芥苷(helveticoside; erysimin; erysimotoxin)[8]，糖芥黄麻苷▲(erycorchoside)[9]；黄酮类：烟花苷(nicotiflorin)，芦丁(rutin)，番石榴苷(guaijaverin)，落羽杉苷(distichin)，槲皮素(quercetin)[10]。

药理作用 抗心律失常作用：小花糖芥黄酮总苷能纠正阿霉素引起的快速心律失常，纠正维拉帕米引起的缓慢心律失常[1]。桂竹糖芥强心苷G (erysimin G) 为小花糖芥种子中提取的一种强心苷，其对氯化钙-乙酰胆碱混合液诱发小鼠房颤有效，对乌头碱所致心律失常有一定拮抗作用[2]。

强心作用：小花糖芥总苷能明显抑制大鼠心肌 Na^+/K^+-ATP 酶活力，且呈量效关系，其强心机制与毛花苷C类强心苷相同[3]。在猫和豚鼠戊巴比妥钠心力衰竭模型上比较小花糖芥强心苷G和毒毛花苷的强心作用和安全范围，结果显示小花糖芥强心苷G强心的安全范围大于毒毛花苷[4]。

促血管平滑肌增殖作用：小花糖芥强心苷类成分对血管平滑肌细胞具有微弱的增殖作用[5]。

抗肿瘤作用：小花糖芥强心苷类成分对接种 S_{180} 和肝癌 HAc 瘤的小鼠有抑瘤作用，能延长肝腹水小鼠的生存时间，可增强荷瘤小鼠腹腔巨噬细胞的吞噬功能及 SOD 活性[6]。

利尿作用：桂竹糖芥强心苷G有明显的利尿作用，其机制可能与抑制大鼠肾髓袢升支粗段 70-Ps 钾通道的活性有关[7]。

化学成分参考文献

[1] Lei ZH, et al. *Phytochemistry*, 1996, 41(4): 1187-1189.
[2] Lei ZH, et al. *Phytochemistry*, 1998, 49(6): 1801-1803.
[3] Lei Z, et al. *Chem Pharm Bull*, 2000, 48(2): 290-292.
[4] Lei Z, et al. *Chem Pharm Bull*, 2002, 50(6): 861-862.
[5] Lei ZH, et al. Abstract Paper of 119th Annual Meeting of the Pharmaceutical Society of Japan. 1999: 157 Tokushima.
[6] Zhernoklev KV, et al. *Khim Prir Soedin*, 1994, (4): 569-570.
[7] Makarevich IF, et al. *Khim Prir Soedin*, 1965, (5): 363-364.
[8] Makarevich IF, et al. *Doklady Akademii Nauk SSSR*, 1961, 136: 617-620.
[9] Kowalewski Z. *Helv Chim Acta*, 1960, 43: 1314-1321.
[10] Ma YL, et al. *Studies in Plant Science*, 1999, 6(Advances in Plant Glycosides, Chemistry and Biology), 302-304.

药理作用及毒性参考文献

[1] 张晓丹，等 . 中草药，2004, 35(11): 1272-1274.
[2] 张晓丹，等 . 黑龙江商学院学报 (自然科学版)，2000, 16(1): 1-3.
[3] 季宇彬，等 . 黑龙江商学院学报 (自然科学版)，1998, 14(2): 1-4.
[4] 张晓丹，等 . 中草药，1999, 30(11): 843-845.
[5] 李孟全，等 . 中国天然药物，2007, 5(5): 370-373.
[6] 周敏，等 . 中医药学报，2004, 32(2): 59-60.
[7] 单宏丽，等 . 中国药理学报，2001, 22(5): 411-414.

7. 蒙古糖芥（东北植物检索表） 阿尔泰糖芥（内蒙古植物志），宽线叶蒙古糖芥（中国中药资源志要）

Erysimum flavum (Georgi) Bobrov in Bot. Mater. Gerb. Bot. Inst. Komarova Akad. Nauk S.S.S.R. 20: 15. 1960.——*Hesperis flava* Georgi, *Erysimum altaicum* C. A. Mey. var. *shinganicum* Y. L. Chang, *E. flavum* (Georgi) Bobrov var. *shinganicum* (Y. L. Chang) K. C. Kuan（英 **Mongol Sugarmustard**）

多年生草本。全株高 15–50 cm；密生伏贴 2 叉丁字毛。茎单一或数个，直立。基生叶莲座状，有叶柄，叶片狭线形、宽线形到线状倒披针形，长 3–5 cm，宽 1–2 mm，顶端急尖，基部渐狭，全缘；

蒙古糖芥 **Erysimum flavum** (Georgi) Bobrov.
冯晋庸　绘

蒙古糖芥 **Erysimum flavum** (Georgi) Bobrov.
摄影：王聚乐

茎生叶线形至丝状，叶片较短，无柄。总状花序果期极延长；萼片狭披针形，长 5–10 mm，边缘白色膜质，侧对基部具囊；花瓣黄色，宽倒卵形，长 1–2 cm，爪明显。果线状长圆形，长 4–6 cm，宽 1.5–2.5 mm，稍 4 棱或侧扁；果瓣中脉明显，具毛。种子长圆形，长 1.5–2 mm，褐色。花期 5–6 月，果期 7–8 月。

分布与生境　产于黑龙江、内蒙古。生于山坡、林间空地、干草甸。蒙古和俄罗斯（西伯利亚）有分布。

药用部位　全草。

功效应用　用于心脏病。

8. 灰毛糖芥（新疆植物检索表）

Erysimum canescens Roth, Catal. Bot. 1: 76. 1797.——*E. diffusum* Ehrh.（英 **Diffuse Sugarmustard**）

二年生或多年生草本。植株高 30–90 cm；具伏贴 2–3 叉毛。茎直立，单一或基部分枝。基生叶莲座状，叶柄长 1–6 cm，叶片长圆形至线状倒披针形，长 2–6 cm，宽 3–8 mm，顶端急尖，基部渐狭，全缘；茎生叶似基生叶，叶片全缘，无柄。总状花序伞房状，果期延长，无苞片；萼片线状长圆形，长 6–8 mm；花瓣黄色，匙形，长 1–1.5 cm，顶端圆顿，爪长，与萼片近等长。果线形，长 5–8 cm，直立或微弯，具明显 4 棱，具毛。种子长圆形，长 1–1.5 mm，褐色。花期 6–7 月，果期 7–9 月。

分布与生境　产于新疆。生于海拔 500–3500 m 的山坡。中亚以及俄罗斯、蒙古也有分布。

药用部位　全草，种子。

功效应用　清热，镇咳，强心，解肉食中毒。用于治疗虚劳发热，肺结核咳嗽，久病心力不足。

化学成分　种子含强心苷类：脱葡萄糖桂竹香毒苷(desglucocheirotoxin)，灰毛糖芥苷(canescein)，灰毛糖芥苷▲(erydiffuside)[1]，芥子酰糖芥苷(sinapoylerysimoside)[2]，糖芥苷(erysimoside)[3]，黄白糖芥苷(helveticoside)，糖芥黄麻苷▲(erycorchoside)[4]；其他类：磷脂复合物(phospholipid complex)[5]，β-谷甾醇[6]。

化学成分参考文献

[1] Navruzova AM, et al. *Chem Nat Compd*, 1967, 3(3): 143-146.

[2] Navruzova AM, et al. *Chem Nat Compd*, 1973, 9(6): 718-722.

[3] Turakhodzhaev MT, et al. *Chem Nat Compd*, 1975, 11(1): 21-23.

[4] Kowalewski Z. *Helv Chim Acta*, 1960, 43: 1314-1321.

[5] Tadzhibaev YA, et al. *Chem Nat Compd*, 1977, 13(5): 517-520.

[6] Umarova RU, et al. *Chem Nat Compd*, 1977, 13(6): 692-693.

13. 山萮菜属 Eutrema R. Br.

多年生草本。植株无毛或有单毛。具有根状茎。单叶；叶片卵形或心形，不裂；基生叶具鞘状叶柄，茎生叶无或有柄。总状花序无或有苞片；萼片直立，边缘膜质，外轮宽长圆形或卵形，内轮宽卵形；花瓣白色，少数玫瑰红色，倒卵形，具短爪；雄蕊花丝基部变宽；侧蜜腺半环状，向内开口，中蜜腺近圆锥形，二者汇合；花柱短，柱头稍 2 裂。长角果，线形、披针形、棒状或圆筒状，开裂；果瓣有脊状中脉，两侧可见网状脉。种子椭圆形；子叶背倚或缘倚胚根。

9 种，主要分布于亚洲东部和中部以及喜马拉雅山脉。我国有 7 种，分布于西北和西南地区，其中 1 种可药用。

1. 块茎山萮菜（Flora of China） 山萮菜（救荒本草），山葵（台湾常用药用植物图鉴）

Eutrema wasabi (Siebold) Maxim. in Bull. Acad. Imp. Sci. St.-Péters., sér. 3. 17: 283. 1873.——*Wasabia japonica* (Miq.) Matsum., *W. wasabi* (Siebold) Makino, *Cochlearia wasabi* Siebold, *Eutrema japonicum* (Miq.) Koidz.（英 **Wasabi**）

多年生草本。植株高 20–60 cm；无毛或上部有单毛。具有较粗的根状茎，径达 3 cm。茎单一，直立或外倾。基生叶莲座状，叶片肾形或心形，长 5–15 cm，基部心形，边缘具齿至近全缘，叶面网脉下陷，叶柄长 10–20 cm，基部膨大；茎生叶宽卵形至卵状心形，长 2–5 cm，叶柄 1–3 cm。花序无苞片或偶有下部 1–3 叶状苞片；萼片卵圆形，长 1.5–2 mm，早落；花瓣白色，长圆状匙形，3–5 mm。总状果序呈松散的圆锥状；果线形，长 0.8–1.5 cm；果瓣中脉明显，两侧可见网状脉；果梗细弱，向下反折。种子长圆形，长 2–3 mm，褐色。花期 3–5 月，果期 5–6 月。

分布与生境 产于台湾。栽培或野生于海拔 2500 m 以下的山区溪水湿地。日本也有分布。

药用部位 根状茎（山葵根）。

功效应用 防腐杀菌，促进食欲，兴奋刺激。外用于神经痛，男性性功能不足，阳痿。

化学成分 根及根状茎含异硫氰酸酯类：异硫氰酸丙烯酯(allyl isothiocyanate)，硫氰酸酯(thiocyanate)，香花芥素▲(hesperin; 6-methylsulfinylhexyl isothiocyanate)，6-甲硫己基异硫氰酸酯(6-methylthiohexyl isothiocyanate)[1]，3-丁烯基异硫氰酸酯(3-butenyl isothiocyanate)，异硫氰酸仲丁酯(sec-butyl isothiocyanate)，4-戊烯基异硫氰酸酯(4-pentenyl isothiocyanate)，5-己烯基异硫氰酸酯(5-hexenyl isothiocyanate)，6-甲磺酰己基异硫氰酸酯(6-methylsulfonylhexyl isothiocyanate)[2]，脱硫芥子苷(desulfosinigrin)[3]；其他类：α-生育酚(α-tocopherol)，泛醌-10(ubiquinone-10)，1,2-二棕榈酰氧-3-β-半乳糖基甘油(1,2-dipalmitoyl-3-beta-galactosylglycerol)[4]。

叶含异硫氰酸酯类：6-甲硫己基异硫氰酸酯(6-methylthiohexyl isothiocyanate)，香花芥素▲(hesperin; 6-methylsulfinylhexyl isothiocyanate)，5-甲硫戊基异硫氰酸酯(5-methylthiopentyl isothiocyanate)，7-甲硫庚腈(7-methylthioheptanenitrile)[5]；苯丙素类：反式-对羟基桂皮酸(trans-p-hydroxycinnamic acid)，反式-阿魏酸(*trans*-ferulic acid)，反式-芥子酸(*trans*-sinapic acid)，3,4-二甲氧基-反式-桂皮酸(3,4-dimethoxy-*trans*-cinnamic acid)，反式-阿魏酸甲酯(*trans*-ferulic acid methyl ester)，反式-芥子酸甲酯(*trans*-sinapic acid methyl ester)，3,4-二羟基-5-甲氧基-反式-桂皮酸(3,4-dihydroy-5-methoxy-*trans*-cinnamic acid)，3,4-二羟基-5-甲氧基-反式-桂皮酸甲酯(3,4-dihydroy-5-methoxy-*trans*-cinnamic acid methyl ester)，1-(3'',4''-二羟基-5''-甲氧基)-*O*-反式-桂皮酰基-2'-*O*-反式-芥子酰龙胆二糖[1-(3'',4''-dihydroxy-5''-methoxy)-*O*-*trans*-cinnamoyl-2'-*O*-*trans*-sinapoyl gentiobiose]，1,2'-二-*O*-反式-芥子酰龙胆二糖(1,2'-di-*O*-*trans*-sinapoyl gentiobiose)，1-*O*-反式-阿魏酰基-2'-*O*-反式-芥子酰龙胆二糖(1-*O*-*trans*-feruloyl-2'-*O*-*trans*-sinapoyl gentiobiose)，1-*O*-反式-咖啡酰基-2'-*O*-反式-芥子酰龙胆二糖[1-*O*-*trans*-caffeoyl-2'-*O*-*trans*-sinapoyl gentiobiose]，1,2'-二-(3'',4''-二羟基-5''-甲氧基)-*O*-反式-桂皮酰龙胆二糖[1,2'-di-(3'',4''-dihydroxy-5''-methoxy)-*O*-*trans*-cinnamoyl gentiobiose]，1-(3'',4''-二羟基-5''-甲氧基)-*O*-反式-桂皮酰基-2'-*O*-反式-阿魏酰龙胆二糖[1-(3'',4''-dihydroxy-5''-methoxy)-*O*-*trans*-cinnamoyl-2'-*O*-*trans*-feruloyl gentibiose]，1-(3'',4''-二羟基-5''-甲氧基)-*O*-反式-桂皮酰龙胆二糖[1-(3'',4''-dihydroxy-5''-methoxy)-*O*-*trans*-cinnamoyl gentiobiose][6]；黄酮类：异牡荆素(isovitexin)，异肥皂草苷(isosaponarin)，芹菜苷元(apigenin)，木犀草素(luteolin)，异荭草素(isoorientin)，7-*O*-反式-芥子酰异牡荆素(7-*O*-*trans*-sinapoylisovitexin)，7-*O*-反式-芥子酰异牡荆素-4'-*O*-β-D-吡喃葡萄糖苷(7-*O*-*trans*-sinapoylisovitexin-4'-*O*-β-D-glucopyranoside)，7-*O*-反式-芥子酰异牡荆素-4'-*O*-(6-*O*-反式-芥子酰基-β-D-吡喃葡萄糖苷[7-*O*-*trans*-sinapoylisovitexin-4'-*O*-(6-*O*-*trans*-sinapoyl-β-D-glucopyranoside)]，6''-*O*-(2-*O*-反式-芥子酰基-β-D-吡喃葡萄糖基)-7-*O*-反式-芥子酰异牡荆素[6''-*O*-(2-*O*-*trans*-sinapoyl-β-D-glucopyranosyl)-7-*O*-*trans*-sinapoylisovitexin]，6''-*O*-(2-*O*-反式-芥子酰基-β-D-吡喃葡萄糖基)-7-*O*-反式-芥子酰异牡荆素-4'-*O*-β-D-吡喃葡萄糖苷[6''-*O*-(2-*O*-*trans*-sinapoyl-β-D-glucopyranosyl)-7-*O*-*trans*-sinapoylisovitexin-4'-*O*-β-D-glucopyranoside][7]；激素类：1-甲氧基吲哚-3-羧酸

甲酯(methyl 1-methoxyindole-3-carboxylate)[5]，山萮菜植保素▲(wasalexin) A、B[8]。

药理作用 抗炎作用：块茎山萮菜叶水提物可通过抑制 iNOS 转录与表达减少脂多糖 (LPS) 活化的 RAW264.7 巨噬细胞的 NO 分泌 [1]，其作用与块茎山萮菜富含的异硫氰酸酯类成分相关，尤其是其中的香花芥素 (hesperin)，是主要的抗炎活性物质 [2]。香花芥素在小鼠 RAW264 巨噬细胞模型中能够显著抑制 LPS 与 IFN 诱导的 COX-2 生成 [3]，并通过抑制 Jak2 介导的 JNK 信号通路显著抑制 LPS 诱导的 iNOS 表达 [4]。

降血脂作用：块茎山萮菜根与叶水提物连续给药 3 周可降低饲高脂饲料所致高胆固醇血症，提高高密度脂蛋白胆固醇，同时还可降低肝脏组织中升高的黄嘌呤氧化酶活性 [1]。

抗细菌作用：块茎山萮菜挥发油对大肠埃希菌、鼠伤寒沙门菌、铜绿假单胞菌等有明显的抗菌活性 [5-6]，其所含异硫氰酸丙烯酯是其杀菌的主要成分 [7-9]，对幽门螺杆菌及食物传播病菌如副溶血性弧菌、金黄色葡萄球菌、蜡状芽孢杆菌及变异链球菌等，块茎山萮菜根、茎、叶提取物体外均呈现出较好的抗细菌作用，但以叶的作用尤为突出 [10]。进一步研究显示，叶的甲醇提取物口服给予感染幽门螺杆菌的蒙古沙鼠，可明显改善模型动物的胃黏膜损伤及其 DNA 的氧化损伤 [11]。

抗肿瘤作用：块茎山萮菜所含香花芥素在体外对多种人癌细胞系生长表现出显著抑制活性及细胞毒作用其中抑制最显著的是乳腺癌细胞与黑色素瘤细胞系 [12]；香花芥素也能够显著诱导人单核白血病 U937 细胞与胃癌 MKN45 细胞的凋亡 [13]；此外，块茎山萮菜中的 6- 甲硫己基异硫氰酸酯能够显著抑制亚硝胺 4-(甲基亚硝胺)-1-(3- 吡啶)-1- 丁酮 [4-(methylnitrosamino)-1-(3-pyridyl)-1-butanone,NNK] 诱导的小鼠肺癌 [14]。

抗氧化作用：块茎山萮菜叶水提物体外呈现出较强的清除 DPPH 及 NO 自由基作用 [1]，而源于甲醇提取物中的多种苯丙素糖苷成分具有清除超氧阴离子作用 [15]。

化学成分参考文献

[1] Hashimoto T, et al. *Drug Plants* IV, 2010: 65-84.

[2] Yamada-Kato T, et al. *J Nutr Sci Vitaminol* (Tokyo), 2012, 58(4): 303-307.

[3] Weil MJ, et al. *Nutr Cancer*, 2004, 48(2): 207-213.

[4] Weil MJ, et al. *J Agric Food Chem*, 2005, 53(5): 1440-1444.

[5] Pedras MSC, et al. *Phytochemistry*, 1998, 49(7): 1959-1965.

[6] Hosoya T, et al. *Phytochemistry*, 2008, 69(3): 827-832.

[7] Hosoya T, et al. *Tetrahedron*, 2005, 61(29): 7037-7044.

[8] Pedras MSC, et al. *Bioorg Med Chem Lett*. 1999, 9(20): 3015-3020.

药理作用及毒性参考文献

[1] Lee Y, et al. *Evid Based Complement Alternat Med*, 2010, 7(4): 459-464.

[2] Uto T, et al. *Adv Pharmacol Sci*, 2012, 2012: 614046.

[3] Uto T, et al. *Oncol Rep*, 2007, 17(1): 233-238.

[4] Uto T, et al. *Biochem Pharmacol*, 2005, 70(8): 1211-1221.

[5] Nishida M. *Yakugaku Zasshi*, 1958, 78: 435-443.

[6] Inoue S, et al. *J Antibact Antifung Agents*, 1983, 11: 609-615.

[7] Forter M. *Food Res*, 1940, 5: 147-152.

[8] Isshiki, et al. *Biotech Biochem*, 1992, 56: 1476-1477.

[9] Hasegawa, et al. *Int J Food Microbiol*, 1999, 49: 27-34.

[10] Shin IS, et al. *Int J Food Microbiol*, 2004, 94(3): 255-261.

[11] Sekiguchi H, et al. *Biosci Biotechnol Biochem*, 2010, 74(6): 1194-1199.

[12] Nomura T, et al. *Cancer Detect Prev*, 2005, 29(2): 155-160.

[13] Watanabe M, *Phytochemistry*. 2003, 62(5): 733-739.

[14] Yano T, et al. *Cancer Lett*, 2000, 155(2): 115-120.

[15] Hosoya T, et al. *Phytochemistry*. 2008, 69(3): 827-832.

14. 薄果荠属 Hornungia Reich.

一年生小草本。茎外倾，少直立；无毛，少疏生 2 叉毛。单叶，远离；叶片匙形、椭圆形或倒披针形，羽状半裂至全缘，常无毛，具短柄或无柄。花极小，在总状花序上疏生；萼片微小，近伸展，长圆形，具白色边缘，基部不成囊状；花瓣白色，倒卵形，下部楔形，与萼片近等长；侧蜜腺成对，极微小，点状，无中蜜腺；柱头短，头状。短角果，椭圆形，压扁，开裂；果瓣中脉显明；隔膜窄椭圆形，膜质；果梗细弱。种子数个，微小，浅棕色；子叶背倚胚根。

约 4 种，分布于欧洲、北非、地中海地区、中亚、北美、大洋洲及智利。我国有 1 种，可药用。

1. 薄果荠（中国植物志） 心草（新疆）

Hornungia procumbens (L.) Hayek in Repert. Spec. Nov. Regni Veg. Beih. 30: 480. 1925.——*Lepidium procumbens* L., *Hymenolobus procumbens* (L.) Nutt. ex Torr. et A. Gray（英 **Decumbens Hymenolobus**）

一年生草本。茎高 2–10 cm，丝状，斜倚或直立，不分枝或有分枝。基生叶略成莲座状，叶片长圆状椭圆形，长 1–8 mm，羽状半裂至全缘，顶端圆形，基部楔形，无毛或疏生柔毛，叶柄长 1–7 mm；茎生叶较小，无柄。总状花序具疏花，果期伸长；萼片长约 1 mm；花瓣白色，与萼片等长。果椭圆形，长 2–3 mm，顶端圆形或微凹缺，无毛；果梗细，伸展，长 3–5 mm。种子椭圆形，长约 0.5 mm，浅棕色。花果期 4–5 月。

分布与生境　产于新疆。生于低海拔荒漠。欧洲、亚洲、北美、大洋洲均有分布。

药用部位　全草。

功效应用　用于肝炎，胸痹，高血压症，神经性头痛。

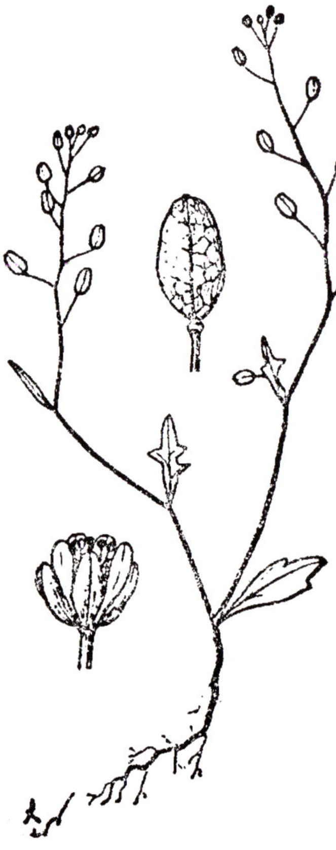

薄果荠 **Hornungia procumbens** (L.) Hayek
张春芳　绘

15. 菘蓝属 Isatis L.

一年生至多年生草本。植株无毛或具单毛。茎常多分枝。基生叶有柄；茎生叶无柄，叶片基部箭形或耳形，抱茎或半抱茎，全缘。总状花序呈圆锥状，果期延长；萼片近直立，基部不呈囊状；花瓣黄色、白色或紫白色，长圆状倒卵形或倒披针形；侧蜜腺几呈环状，中蜜腺窄，连接侧蜜腺；子房 1 室，具 1–2 垂生胚珠，柱头几无柄，近 2 裂。短角果，长圆形、长圆状楔形或近圆形，压扁，不开裂，至少在上部有翅，顶端平截或尖凹，无毛或有毛；果瓣中脉显明。种子常 1 个，长圆形；子叶背倚胚根。

约 30 种，分布于中欧、地中海地区、西亚及中亚。我国有 4 种，大部分地区有栽培，其中 3 种可药用。

分种检索表

1. 果实中部以上有翅，中部收缩，常内弯；花瓣长 1–2 mm ··· 3. **小果菘蓝 I. minima**
1. 果实周边有翅，中部微收缩或平；花瓣长 2–4 mm。
   2. 果实中部最宽，有 1 条显著隆起中脉，2 条侧脉；种子黑棕色 ································ 1. **三肋菘蓝 I. costata**
   2. 果实中上部最宽，只有 1 条中脉；种子淡褐色 ··2. **菘蓝 I. tinctoria**

本属植物菘蓝具有抗病毒、抗菌、抗炎、抗内毒素、抗肿瘤、抗突变、抗血小板聚集及增强免疫等作用。欧洲菘蓝具有抗炎镇痛、抗过敏和抗真菌等作用。

1. 三肋菘蓝（中国植物志） 长圆果菘蓝（南京中山植物园研究论文集）

Isatis costata C. A. Mey. in Ledeb., Fl. Altaic. 3: 204. 1831.（英 **Threevein Woad**）

二年生草本。植株高 30–70 cm；无毛或近无毛。茎直立，上部分枝。基生叶莲座状；茎下部叶倒卵状长圆形或倒披针形，长 5–9 cm，宽 1–3 cm，顶端圆形，基部渐狭，全缘，叶柄长 1–5 cm；茎中上部叶披针形，无柄，叶片长 2–8 cm，顶端急尖，基部箭形，抱茎，全缘。萼片长圆形，长约 1 mm；花瓣黄色，长圆形，长 2–3 mm。果长圆形或椭圆形，长 10–15 mm，无毛或有微柔毛，四周有翅，顶端圆顿，两端渐窄，中部较宽，中肋显著隆起，2 侧脉不显著，有纵条纹；果梗细，顶端增粗，长 5–7 mm，果下垂。种子长椭圆形，长 2–3 mm，黑棕色。花果期 6–7 月。

分布与生境 产于辽宁、内蒙古、甘肃、新疆。生于山坡草地。俄罗斯的西伯利亚、蒙古也有分布。

药用部位 根、叶（矩叶大青）。

功效应用 清热解毒，消炎。用于伤寒，口疮，乳蛾，衄血，痢疾。

三肋菘蓝 **Isatis costata** C. A. Mey.
史渭清 绘

2. 菘蓝（唐本草） 欧洲菘蓝（中国植物志），蓝靛（通称），大靛（江苏），菘青（药学通报）

Isatis tinctoria L., Sp. P1. 2: 670. 1753.——*I. indigotica* Fortune, *I. oblongata* DC. var. *yezoensis* (Ohwi) Y. L. Chang, *I. tinctoria* L. var. *indigotica* (Fortune) T. Y. Cheo et K. C. Kuan（英 **Dyers Woad**）

二年生草本。植株高 30–120 cm；光滑无毛，或被白色柔毛（尤以幼苗为多），稍带白粉霜。茎直立，上部多分枝，下部带紫红色。基生叶莲座状，叶片灰绿色，背面带紫红色，长椭圆形至长圆状倒披针形，长 6–11 cm，顶端钝圆，边缘全缘或有浅齿，具柄；茎生叶长 6–13 cm，全缘或有不明显锯齿，基部耳状多变化，锐尖或钝，半抱茎。萼片近长圆形，长 1.5–2.5 mm；花瓣黄色，宽倒披针形，长 3–4 mm，顶端平截，基部具爪。果长圆状倒披针形、倒卵形至倒宽楔形，无毛或有微柔毛，顶端近尖、圆或近凹，长 1–2 (–2.5) cm，基部楔形，边缘有翅，具明显的中肋；果梗细长。种子长圆形，

菘蓝 **Isatis tinctoria** L.
引自《中国高等植物图鉴》

菘蓝 **Isatis tinctoria** L.
摄影：陈又生

长 3–4 mm，淡褐色。花期 4–5 月，果期 5–6 月。

分布与生境　我国华北、西北、华中等地广泛栽培。原产于欧洲或我国。

药用部位　叶（大青叶），根（板蓝根）。

功效应用　根：清热解毒，凉血利咽。用于瘟疫时毒，发热咽痛，温毒发斑，大头瘟疫，烂喉丹痧，丹毒，痄腮，痈肿。叶：清热解毒，凉血消斑。用于温病高热，神昏，发斑发疹，痄腮，喉痹，丹毒，痈肿。叶、茎叶经加工制得的干燥物（青黛）：清热解毒，凉血消斑，泻火定惊。用于温毒发斑，血热吐衄，胸痛咯血，口疮，痄腮，喉痹，小儿惊痫。

化学成分　根含神经酰胺类：1-*O*-β-D-吡喃葡萄糖基-(2*S*,3*R*)-*N*-(2'-羟基十六酰基)-十八碳-4*E*,8*E*-神经鞘氨醇[1-*O*-β-D-glucopyranosyl-(2*S*,3*R*)-*N*-(2'-hydroxy-hexadecanoyl)-octadeca-4*E*,8*E*-sphingenine]，(2*S*,3*S*,4*R*)-*N*-(2'-羟基二十四酰基)-十八碳-神经鞘氨醇[(2*S*,3*S*,4*R*)-*N*-(2'-hydroxytetracosanoyl)-octadecasphingenine]，1-*O*-β-D-吡喃葡萄糖基-(2*S*,3*R*)-*N*-(2'-羟基二十六酰基)十八神经鞘氨醇[1-*O*-β-D-glucopyranosyl-(2*S*,3*R*)-*N*-(2'-hydroxyhexacosanoyl)-octadecasphingenine][1]，1-*O*-β-D-吡喃葡萄糖基-(2*S*,3*R*)-*N*-(2'-羟基二十五酰基)-十八碳-11*E*-神经鞘氨醇[1-*O*-β-D-glucopyranosyl-(2*S*,3*R*)-*N*-(2'-hydroxypentacosanoyl)-octadeca-11*E*-sphingenine]，1-*O*-β-D-吡喃葡萄糖基-(2*S*,3*R*)-*N*-(2'-羟基二十五酰基)-十八碳-11*E*-神经鞘氨醇[1-*O*-β-D-glucopyranosyl-(2*S*,3*R*)-*N*-(2'-hydroxyhexacosanoyl)-octadeca-11*E*-sphingenine][2]，(2*S*,3*R*)-3-羟甲基-*N*-(2'-羟基二十九酰基)-十三碳-9*E*-神经鞘氨醇[(2*S*,3*R*)-3-hydroxymethyl-*N*-(2'-hydroxynonacosanoyl)-trideca-9*E*-sphingenine]，1-*O*-β-D-吡喃葡萄糖基-(2*S*,3*R*)-3-羟甲基-*N*-(2'-羟基二十九酰基)-十三碳-9*E*-神经鞘氨醇[1-*O*-β-D-glucopyranosyl-(2*S*,3*R*)-3-hydroxymethyl-*N*-(2'-hydroxy nonacosanoyl)-trideca-9*E*-sphingenine][3]；生物碱类：3-甲酰吲哚(3-formylindole)，去氧鸭嘴花酮碱(deoxyvasicinone)，表告伊春(epigoitrin)[4]，1-甲氧基-3-吲哚乙腈(1-methoxy-3-indoleacetonitrile)，吲哚-3-乙酸(indole-3-acetic acid)，靛玉红(indirubin)，吲哚-3-甲醛(indole-3-aldehyde)，1-甲氧基-吲哚-3-甲醛(1-methoxy-indole-3-carboxaldehyde)[5]，青黛酮(qingdainone)[6]，2,4(1*H*,3*H*)喹唑啉二酮[2,4(1*H*,3*H*)-

quinazolinedione][7]，3-(2'-羟苯基)-4(3*H*)-喹唑啉酮[3-(2'-hydroxyphenyl)-4(3*H*)-quinazolinone][8]，(*E*)-二甲氧羟苄吲哚酮[(*E*)-3-(3',5'-dimethoxy-4'-hydroxybenzylidene)-2-indolinone][9]，(*E*)-2-[(3'-吲哚)氰亚甲基]-3-吲哚酮{(*E*)-2-[(3'-indole)cyanomethylene]-3-indolinone}[10]，色胺酮(tryptanthrin)，2,5-二羟吲哚(2,5-dihydroxyindole)，2,3-二氢-4-羟基-2-氧代-吲哚-3-乙腈(2,3-dihydro-4-hydroxy-2-oxoindole-3-acetonitrile)，吲哚-3-乙腈-6-*O*-*β*-D-吡喃葡萄糖苷(indole-3-acetonitrile-6-*O*-*β*-D-glucopyranoside)[11]，依靛蓝双酮(isaindigotidione)，依靛蓝酮(isaindigotone)[12]，靛玉红(indirubin)[5,13]，靛蓝(indigotin)，喜果苷(vincoside-lactam)[13]；蒽醌类：大黄素(emodin)[13]；木脂素类：落叶松脂醇(lariciresinol)，(+)-异落叶松脂醇[(+)-isolariciresinol]，落叶松脂醇-9-*O*-*β*-D-吡喃葡萄糖苷[lariciresinol-9-*O*-*β*-D-glucopyranoside]，落叶松脂醇-4'-*O*-*β*-D-吡喃葡萄糖苷(lariciresinol-4'-*O*-*β*-D-glucopyranoside)[4]，表松脂酚(epipinoresinol)，落叶松脂醇-4-*O*-*β*-D-吡喃葡萄糖苷(lariciresinol-4-*O*-*β*-D-glucopyranoside)[5]，直铁线莲宁B (clemastanin B)[14]，2-(4-羟基-3-甲氧基-苯基)-4-[(4-羟基-3-甲氧基-苯基)-甲基]-3-羟甲基-四氢呋喃{2-(4-hydroxy-3-methoxy-phenyl)-4-[(4-hydroxy-3-methoxy-phenyl)-methyl]-3-hydroxymethyl-tetrahydrofuran}[15]；黄酮类：新橙皮苷(neohesperidin)，异甘草苷元(isoliquiritigenin)，甘草苷元(liquiritigenin)[16]，半齿泽兰素(eupatorin)，甜橙素(sinensetin)[17]；香豆素类：板蓝根异香豆素A (indigotiisocoumarin A)[18]；苯丙素类：丁香苷(syringin)，4-(1,2,3-三羟基丙基)-2,6-二甲氧基苯基-1-*O*-*β*-D-吡喃葡萄糖苷[4-(1,2,3-trihydroxypropyl)-2,6-dimethoxyphenyl-1-*O*-*β*-D-glucopyranoside][19]；三萜类：奎诺酸-3*β*-*O*-*β*-D-吡喃葡萄糖基-(28→1)-*β*-D-吡喃葡萄糖酯苷[quinovic acid-3*β*-*O*-*β*-D-glucopyranosyl-(28→1)-*β*-D-glucopyranosyl ester]，奎诺酸-3*β*-*O*-*β*-D-吡喃葡萄糖苷(quinovic acid-3*β*-*O*-*β*-D-glucopyranoside)[13]；甾体类：(24*R*)-乙基-3*β*,5*α*,6*β*-三羟基胆甾烷[(24R)-ethyl-3*β*,5*α*,6*β*-trihydroxycholestane]，3*β*,6*α*-二羟基豆甾烷(3*β*,6*α*-dihydroxy stigmasterane)[5]，胡萝卜苷[13]，*β*-谷甾醇月桂酸酯(*β*-sitosteryl laurate)，豆甾醇，*β*-谷甾醇[20]，胆甾醇(cholesterol)[21]；有机酸酯类：十七酸，棕榈酸[20]，棕榈酸-*α*,*α*'-双甘油酯(plamitic acid-*α*,*α*'-dipropyl ester)，棕榈酸-*α*-甘油酯(plamitic acid-*α*-propyl ester)[6]，棕榈酸甲酯[13]，水杨酸(salicylic acid)，苯甲酸(benzoic acid)[22]，琥珀酸[23]；挥发油：3-丁烯基异硫氰酸酯(3-butenyl isothiocyanate)，9-十六烯酸，4-甲基戊基异硫氰酸酯(4-methylpentyl isothiocyanate)等[24]；其他类：远志醇(polygalitol)[13]，*β*-正丁基-D-吡喃塔格糖苷(*β*-*n*-butyl-D-tagatopyranoside)[22]，甲酸铵(ammonium formate)[16]，5-羟甲基-2-糠醛(5-hydroxymethyl-2-furaldehyde)，5-羟甲基糠酸(5-hydroxymethylfuroic acid)，正丁基-*β*-D-吡喃果糖苷(*n*-butyl-*β*-D-fructopyronoside)，蔗糖[25]，2-羟基-3-丁烯基硫氰酸酯(2-hydroxy-3-butenylthiocyanate)[26]，腺苷(adenosine)[4]，对羟基苯甲醛(*p*-hydroxybenzaldehyde)[21]，香荚兰素(vanillin)，甘露醇(mannitol)[23]。

叶含黄酮类：异荭草素-3''-*O*-吡喃葡萄糖苷(isoorientin-3''-*O*-glucopyranoside)，异牡荆素-6''-*O*-吡喃葡萄糖苷(isovitexin-6''-*O*-glucopyranoside)，异荭草素(isoorientin)，肥皂草苷(saponarin)[27]，异金雀花素(isoscoparin)，异金雀花素-3''-*O*-吡喃葡萄糖苷(isoscoparin-3''-*O*-glucopyranoside)，异牡荆素(isovitexin)，异牡荆素-3''-*O*-吡喃葡萄糖苷(isovitexin-3''-*O*-glucopyranoside)[28]，6-*C*-*β*-D-葡萄糖基香叶木素(6-*C*-*β*-D-glucopyranosyldiosmetin)[29]；生物碱类：靛玉红(indirubin)，靛蓝(indigotin)，青黛酮(qingdainone)，去氧鸭嘴花酮碱(deoxyvasicinone)[27]，10*H*-吲哚并[3,2-b]喹啉(10*H*-indolo[3,2-b]quinoline)，4(3*H*)-喹唑啉酮[4(3*H*)-quinazolinone]，(*E*)-3-(4'-羟基-3',5'-二甲氧基苯亚甲基)-吲哚酮[(*E*)-3-(4'-hydroxy-3',5'-dimethoxybenzylidene)-2-indolinone][29]，靛红辛素▲A (isatisine A)，9*α*,13*α*-二羟基异丙亚基靛红辛素▲A (9*α*,13*α*-dihydroxylisopropylidenylisatisine A)[30]，烟酸(nicotinic acid)，5-羟基-2-吲哚酮(5-hydroxy-2-indolinone)[31]；木脂素类：(-)-落叶松脂醇[(-)-lariciresinol]，(+)-异落叶松脂醇[(+)-isolariciresinol][29]；单萜类：黑麦草内酯(loliolide)[27]；有机酸类：苯甲酸，丁香酸(syringic acid)，琥珀酸，水杨酸[31]；其他类：焦脱镁叶绿酸a乙酯(ethyl pyrophaeophorbide a)，焦脱镁叶绿酸a甲酯(methyl pyrophaeophorbide a)[27]。

药理作用 抗炎作用：板蓝根 70% 乙醇提取液对二甲苯致小鼠耳肿胀、角叉菜胶致大鼠足跖肿、大鼠棉球肉芽组织增生及醋酸致小鼠毛细血管通透性均有抑制作用[1]；大青叶制剂样品及总有机酸提取物对二甲苯致小鼠耳郭肿胀均具有抑制作用，能显著减少小鼠腹腔伊文思蓝渗出量，明显降低干酵

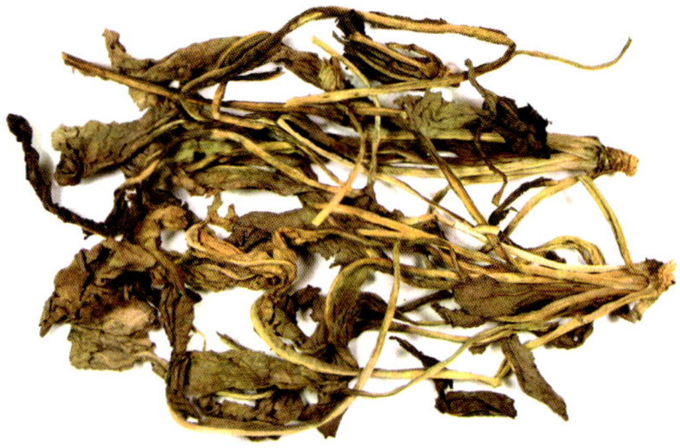

大青叶 Isatidis Folium
摄影：钟国跃

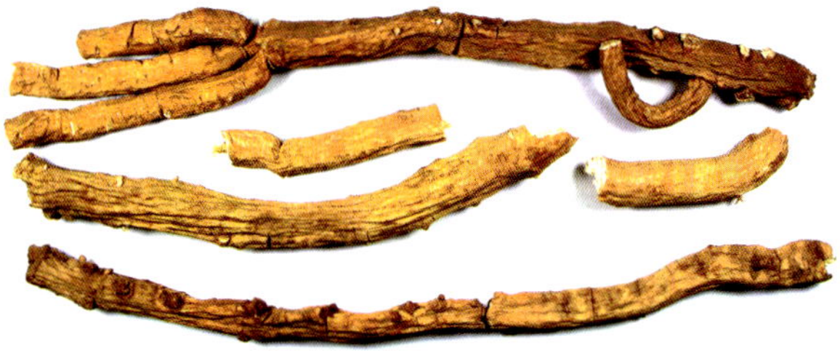

板蓝根 Isatidis Radix
摄影：钟国跃

母引起的大鼠体温升高[2]。菘蓝叶二氯甲烷提取物可抑制角叉菜胶引起的小鼠足肿胀、十四烷酰佛波(醇)醋酸酯导致的耳肿胀、大鼠佐剂型关节炎以及小鼠醋酸扭体反应，也可抑制二硝基氟苯诱导的迟发过敏反应[3]。菘蓝可减轻大鼠铜绿假单胞菌导致的慢性肺部感染的炎症反应[4]。菘蓝叶提取物以及从菘蓝中分离的生物碱具有抑制 5- 脂氧合酶 (5-LOX) 的活性[5-6]。菘蓝中分离的色胺酮具有 COX-2 和 5-LOX 双重抑制活性，并抑制前列腺素和白三烯的产生[7-9]。

抗过敏作用：菘蓝提取物可通过抑制 Th2 型细胞因子包括 IL-4，IL-5 以及调节活化正常 T 细胞表达和趋化因子 (RANTES) 而抑制气道过敏性炎症和气道高反应性 (airway hyperresponsiveness, AHR)[10]。从菘蓝中分离的生物碱反式 - 二甲氧羟苄吲哚酮具有抑制 compound 48/80 诱导的肥大细胞脱颗粒作用，其可能在颗粒胞外分泌环节起作用[11]。

增强免疫作用：大青叶水煎剂对刀豆蛋白 A (ConA)、细菌脂多糖 (LPS) 刺激的小鼠脾淋巴细胞增殖反应具有上调作用，并促进小鼠腹腔巨噬细胞的吞噬功能[12]。板蓝根多糖 (HP) 对非特异性免疫、体液免疫及细胞免疫均起一定促进作用，可明显增强正常小鼠和免疫抑制小鼠对二硝基氯苯的迟发型过敏反应，诱导体内淋巴细胞转化和增强脾细胞中的自然杀伤细胞活性，对 ConA 诱导的小鼠体外脾淋巴细胞转化无明显影响，主要通过体内免疫系统起作用[13]。板蓝根凝集素可与细胞表面糖蛋白结合，促进小鼠胸腺的发育和胸腺细胞的增殖，间接地维持胸腺微环境，促进 T 淋巴细胞、胸腺上皮细胞分泌胸腺素和细胞因子，提高机体的免疫力[14]。板蓝根多糖可抑制 LPS 刺激引起的 NF-κB 与 DNA 结合性的升高[15]。

抑制血小板聚集作用：板蓝根对二磷酸腺苷诱导的家兔血小板聚集有显著抑制作用，有效成分为尿苷、次黄嘌呤、尿嘧啶、水杨酸等[16]。

抗细菌作用：大青叶具有广谱抗细菌作用，对革兰阳性球菌和革兰阴性杆菌都有抑制作用[17]，在体外对金黄色葡萄球菌、白色葡萄球菌、甲型链球菌、乙型链球菌均有明显抑菌作用，尤其对金黄色葡萄球菌抑菌效果更明显[18]。板蓝根中所含的色氨酮对羊毛状小孢子菌、断发癣菌、石膏样小孢子菌、紫色癣菌、石膏样癣菌、红色癣菌、紫状表皮癣菌等 7 种皮肤病真菌有较强的抑菌作用[19]；板蓝根水浸液对金黄色葡萄球菌、表皮葡萄球菌、枯草杆菌、八联球菌、大肠埃希菌、伤寒杆菌、甲型链球菌、肺炎双球菌、流感杆菌、脑膜炎双球菌均有抑制作用[20]。

抗内毒素作用：大青叶氯仿提取物具有抗大肠埃希菌 $O_{111}B_4$ 内毒素作用[21]，其提取物能够显著抑制内毒素对家兔发热模型的致热性，降低放线菌素 D 敏化小鼠内毒素致死攻击的死亡率，大青叶的抗内毒素活性强度与之所含的有机酸类、氨基酸类等化学成分密切相关[22]。板蓝根亦具有抗大肠埃希菌内毒素的作用，其抗内毒素活性物质为有机酸类[23]，板蓝根提取物对于内毒素诱生炎性介质 (TNF-α, IL-6) 有抑制作用[24-25]。从板蓝根中分离出 31 个化合物，其中 3- 羟苯基喹唑酮、4(3*H*)- 喹唑酮、丁香酸、邻氨基苯甲酸、水杨酸、苯甲酸具有体外抗内毒素活性，邻氨基苯甲酸不仅可直接破坏内毒素分子结构，降低内毒素所致兔热，减少内毒素致小鼠死亡率，而且可抑制脂多糖致小鼠血清中肿瘤坏死因子 (TNF-α) 和一氧化氮 (NO) 的过度释放，丁香酸有体内抗内毒素作用。其中，水杨酸可显著抑制 LPS 诱导 HL-60 细胞释放 IL-8[26-27]。

抗病毒作用：大青叶对甲型流感病毒、单纯疱疹病毒、柯萨奇病毒、巨细胞病毒、乙型脑炎病毒、腮腺炎病毒等有抑制感染并有抑制增殖作用[28-31]。板蓝根对肝炎病毒、甲型肺炎病毒、甲型流感病毒、乙型流感病毒、腮腺炎病毒、乙型脑炎病毒、肾病出血热病毒、单纯疱疹病毒 2 型、人巨细胞病毒、柯萨奇病毒 3 和烟草花叶病毒均有抑制作用[28]。

抗虫作用：菘蓝中分离的色胺酮、3- 乙腈基吲哚和对香豆酸甲酯具有抑制白蚁、天牛活性[32]。

抗肿瘤作用：板蓝根叶氯仿提取物体内外均抑制肝癌细胞生长，可通过活化 p53 和 Bax、抑制 Bcl-2 表达而诱导肿瘤细胞凋亡[33]。色胺酮可抑制肝癌 BEL-7420 细胞及卵巢癌 A2780 细胞的增殖，并具有诱导分化、降低端粒酶活性的表达、逆转肿瘤细胞向正常细胞转化的能力[34]。板蓝根高级不饱和脂肪酸有体外抗人肝癌 BEL-7420 细胞活性，并且还发现其可抑制 S180 肉瘤的生长，延长 H22 腹水肝癌小鼠的生命[35]。

抗突变作用：菘蓝叶氯仿提取物本身对生殖细胞无毒性，而对环磷酰胺 (CP) 引起的精细胞微核损伤、胚胎发育障碍有一定的保护性作用。菘蓝叶氯仿提取物可降低 CP 导致的精细胞微核发生率和精子畸形率，可增加胎鼠的活胎率，降低吸收胎率及胎鼠畸形率，并可明显增加胎鼠身长、尾长和体重[36-37]。

注评 本种为中国药典（1977、1985、1990、1995、2000、2005、2010 年版）、部颁药品标准·维吾尔药（1998 年版）收载“板蓝根”，中国药典（1977、1985、1990、1995、2000、2005、2010 年版）、部颁药品标准·维吾尔药（1998 年版）和内蒙古（1988）中药材标准收载“大青叶”，历版中国药典、中华中药典范（1985 年版）和部颁药品标准·维吾尔药（1998 年版）收载“青黛”的基源植物；其干燥根为“板蓝根”，商品习称“北板南根”；干燥叶为“大青叶”，干燥叶或茎叶经加工制得的干燥粉末或团块为“青黛”。此外，爵床科植物板蓝 Strobilanthes cusia (Nees) Kuntze 的根也是“板蓝根”的来源，商品习称“南板蓝”；其带有小枝的叶，在全国部分地区作“大青叶”使用，又称“靛青叶”“大蓝”；茎叶也是加工“青黛”的原料。马鞭草科植物大青 Clerodendrum cyrtophyllum Turcz. 的叶入药，称“大青叶”“山靛青”，是历史上大青叶的主流品种；蓼科植物蓼蓝 Polygonum tinctorium Aiton 的叶入药，称“蓼大青叶”；夹竹桃科植物蓝树 Wrightia laevis Hook. f. 的叶入药，也称“大青叶”；后两种也可作含蓝靛染料。目前“板蓝根”“大青叶”和“青黛”和主流品种来源于十字花科植物菘蓝，为栽培品。纳西族、蒙古族也药用，纳西族用本种的叶治流行性感冒、腮腺炎、肝炎、肺炎、丹毒、痈疽肿毒等，根用于流行性感冒、流行性脑脊髓膜炎、流行性乙型脑炎、肺炎、热毒发斑、火眼、疮疹；蒙古族用根治温病发斑、风热感冒、咽喉肿烂、流行性乙型脑炎、肝炎、腮腺炎等。

化学成分参考文献

[1] Sun DD, et al. *Chem Nat Compd*, 2010, 46(2): 180-183.

[2] Sun DD, et al. *Science in China*, *Series B: Chemistry*, 2009, 52(5): 621-625.

[3] Li X, et al. *Fitoterapia*, 2007, 78(7-8): 490-495.

[4] 左丽，等 . 中国中药杂志，2007, 32(8): 688-691.

[5] 薛多清，等 . 中草药，2006, 37(9): 1304-1309.

[6] 鹏颖，等 . 中国药物化学杂志，2005, 15(6): 371-372.

[7] 徐丽华，等 . 中国天然药物，2005, 3(6): 359-360.

[8] 刘云海，等 . 中草药，2002, 33(2): 97-99.

[9] 刘云海，等 . 中草药，2001, 32(12): 1057-1060.

[10] Chen WS, et al. *Chin Chem Lett*, 2010, 12(6): 501-502.

[11] 李彬，等 . 药学学报，2000, 35(7): 508-510.

[12] Wu X, et al. *Tetrahedron*, 1997, 53(39): 13323-13328.

[13] 林子君，等 . 现代药物与临床，2013, 26(5): 381-383.

[14] 张永文，等 . 中国中药杂志，2005, 30(5): 395-397.

[15] 李彬，等 . 药学学报，2003, 38(6): 430-432.

[16] 何轶，等 . 中草药，2003, 34(9): 777-778.

[17] 柏健，等 . 中国中药杂志，2007, 32(3): 271-272.

[18] 王福男，等 . 沈阳药科大学学报，2005, 22(3): 187-188, 212.

[19] 李彬，等 . 中草药，2005, 36(3): 326-328.

[20] 孙东东，等 . 华西药学杂志，2007, 22(5): 487-488.
[21] 孙东东，等 . 中国药房，2007, 18(30): 2325-2326.
[22] 方建国，等 . 中草药，2004, 35(8): 845-846.
[23] 孙东东，等 . 中国药房，2007, 18(3): 172-173.
[24] 徐红颖，等 . 天然产物研究与开发，2008, 20(2): 292-294.
[25] 刘海利，等 . 沈阳药科大学学报，2002, 19(2): 93-95,100.
[26] Huang QS, et al. *Planta Med*, 1981, 42(3): 308-310.
[27] 邓湘昱，等 . 沈阳药科大学学报，2009, 26(4): 274-278.
[28] 高桂花，等 . 沈阳药科大学学报，2007, 24(12): 748-750.
[29] 柳继锋，等 . 中国药学杂志，2006, 31(23): 1961-1965.
[30] Liu JF, et al. *Org Lett*, 2007, 9(21): 4127-4129.
[31] 李微，等 . 沈阳药科大学学报，2005, 22(1): 15-16, 44.

药理作用及毒性参考文献

[1] 卫琮玲，等 . 开封医专学报，2000, 19(4): 53-54.
[2] 吴启南，等 . 南京中医药大学学报，2008, 24(3): 187-189.
[3] Recio MC, et al. *Planta Med*, 2006, 72(6): 539-546.
[4] Song Z, et al. *APMIS*, 1996, 104(5): 350-354.
[5] Oberthür C, et al. *Fitoterapia*, 2005, 76(3/4): 324-332.
[6] Ahmad I, et al. *J Enzyme Inhib Med Chem*, 2008, 23(3): 313-316.
[7] Danz H, et al. *Planta Med*, 2002, 68(10): 875-880.
[8] Danz H. *Planta Med*, 2001, 67(5): 411-416.
[9] Danz H, et al. *Planta Med*, 2002, 68(2): 152-157.
[10] Brattström A, *Phytomedicine*. 2010, 17(8-9): 551-556.
[11] Kiefer S, et al. *Eur J Pharm Sci*, 2010, 40(2): 143-147.
[12] 张淑杰，等 . 中国公共卫生，2003, 19(9): 1091.
[13] 许益民，等 . 中西医结合杂志，1991, 11(6): 357-359.
[14] 胡兴昌，等 . 解剖学杂志，2000, 23(6): 559-561.
[15] 吴慧平，等 . 药物生物技术，2001, 8(5): 276-278.
[16] 刘云海，等 . 中草药，2003, 22(3): 25-27.
[17] 郑剑玲，等 . 中国微生态学杂志，2003, 15(1): 18-19.
[18] 张连同，等 . 时珍国医国药，2002, 13(5): 283-284.
[19] 彭少平，等 . 中国野生植物资源，2005, 24(5): 4-6.
[20] 黄文玉，等 . 山东中医杂志，1991, 10(3): 40-42.
[21] 刘云海，等 . 中药材，1994, 17(6): 36-38.
[22] 方建国，等 . 中草药，2004, 35(1): 60-62.
[23] 刘云海，等 . 中南药学，2004, 2(4): 195-198.
[24] 刘云海，等 . 中国医院药学杂志，2001, 21(6): 326-328.
[25] 刘云海，等 . 中国药科大学学报，2001, 32(2): 149-151.
[26] 刘云海，等 . 中南药学，2003, 1(5): 302-305.
[27] Jian GF, et al. *Acta Pharmac Sini*, 2005, 26(5): 593-597.
[28] 刘盛，等 . 第二军医大学学报，2000, 21(3): 204-207.
[29] 方建国，等 . 中国中药杂志，2005, 30(17): 1343-1346.
[30] 李小青，等 . 中国当代儿科杂志，2003, 5(5): 439-442.
[31] Mak NK, et al. *Biochem phamacol*, 2004, 67(1): 167-174.
[32] Seifert K, et al. *Z Naturforsch C*, 1994, 49(1/2): 44-48.
[33] Chung YC, et al. *Integr Cancer Ther*. 2011, 10(2): 201-214.
[34] 梁永红，等 . 中草药，2000, 31(7): 531-533.
[35] 侯华新，等 . 中药新药与临床药理，2002, 13(3): 156-158.
[36] 王莉，等 . 癌变 · 畸变 · 突变，2002, 14(4): 238-240.
[37] 汪涛，等 . 天津中医学院学报，2002, 21(1): 30-32.

3. 小果菘蓝（中国植物志）

Isatis minima Bunge, Delect. Seminum Hort. Bot. Dorpat. 1843: 7. 1843.（英 **Smallfruit Woad**）

一年生草本。株高达 50 cm。茎直立，从基部分枝，无毛。基生叶长圆形或匙形，顶端圆形，基部渐狭，边缘具齿或近全缘；茎生叶无柄，叶片线状披针形或长圆形，长 1.5–4 cm，宽 1–10 mm，基部耳状，抱茎，全缘，顶端尖，两面无毛或疏生毛。总状花序具少数疏生花；萼片长圆形，长约 1 mm，疏生糙毛；花瓣黄色，长圆状卵形，长 1.5–2 mm。短角果倒披针形或匙形，长 8–13 mm，宽 1–2 mm，顶端截形微凹，有扁平翅，中部和基部渐窄，无翅，顶部微凹，有翅，翅宽 3–5 mm，无毛或有卷曲状柔毛；果梗长 4–6 mm，顶端粗，向下渐细，有白色细柔毛。种子长圆形，长约 3 mm，淡褐色。花果期 5–6 月。

分布与生境 产于新疆。生于海拔 300–700 m 的沙丘底部、草原、路边。中亚地区有分布。

药用部位 叶、茎。

功效应用 清热解毒，凉血消斑。用于温邪入营，高热神昏，发斑发疹，热痢，痄腮，喉痹，烂喉丹痧，大头瘟疫，丹毒，痈肿。叶、茎经加工制得的干燥物：清热解毒，凉血，定惊。用于温毒发斑，血热，吐衄，胸痛咯血，口疮，痄腮，喉痹，小儿惊痫。

小果菘蓝 **Isatis minima** Bunge
史渭清　绘

16. 独行菜属 Lepidium L.

一年生至多年生草本，或半灌木。植株常具单毛或腺毛。茎单一或多数，分枝。单叶，叶片钻形至宽椭圆形，全缘或具锯齿至羽状深裂，稀复叶；有叶柄，或无柄而叶片基部呈深心形抱茎。总状花序顶生及腋生；花小；萼片长圆形或线状披针形，基部不成囊状；花瓣白色，少数带粉红色或微黄色，线形至匙形，短于萼片，有时退化或不存；雄蕊 6，常退化成 2 或 4，花丝基部具微小蜜腺；子房常有 2 胚珠。短角果，卵形、倒卵形、圆形或椭圆形，顶端有时微缺，扁平，开裂，有窄隔膜；果瓣有龙骨状突起，或上部稍有翅。种子卵形或椭圆形；子叶常背倚胚根。

约 150 种，世界广布。我国约有 15 种，分布于各地，其中 9 种可药用。

分种检索表

1. 一年生或二年生草本；株高多为 10–40 cm。
　2. 中部以上茎生叶卵形或近圆形，全缘，基部深心形抱茎；花黄色 ················ 1. **抱茎独行菜 L. perfoliatum**
　2. 中部以上茎生叶长圆形至线形，基部不呈深心形抱茎；花白色。
　　3. 总状花序果期紧密呈近头状，不延长或延长至 3 cm ······································ 2. **头花独行菜 L. capitatum**
　　3. 总状花序果期不呈近头状，延长 5–8 cm。
　　　4. 茎生叶楔形或匙形 ·· 3. **楔叶独行菜 L. cuneiforme**
　　　4. 茎生叶倒披针形、线形或长圆形。
　　　　5. 有正常花瓣，等于或长于萼片。
　　　　　6. 茎生叶线形，羽状多裂；果实中部以上边缘至顶端有宽翅 ······················ 4 **家独行菜 L. sativum**
　　　　　6. 茎生叶倒披针形或线形，边缘有尖锯齿或全缘；果实上部狭翅 ·····5. **北美独行菜 L. virginicum**
　　　　5. 无花瓣，或有短于萼片的退化花瓣。
　　　　　7. 萼片外有柔毛；植株有头状腺毛，毛成棒状；角果顶端有明显狭翅 ·······6. **独行菜 L. apetalum**

7. 萼片外无毛；植株柱状腺毛；角果顶端狭翅不明显。

8. 茎下部叶 1 回羽状浅裂或具牙齿；果实倒心形或倒卵形…………7. **密花独行菜 L. densiflorum**

8. 茎下部叶 2 回羽状浅裂；果实倒宽卵形或长圆形…………8. **柱毛独行菜 L. ruderale**

1. 多年生草本；株高达 120 cm…………9. **宽叶独行菜 L. latifolium**

本属药用植物化学成分研究较少，主要集中在独行菜 (L. apetalum) 和家独行菜 (L. sativum)，其提取物能有效抑制紫外线对皮肤的损伤，其主要成分为异硫氰酸酯 (isothiocyanate) 类化合物。

本属植物独行菜具有强心、利尿、抗高血压、抗血小板聚集和前列腺增生作用。家独行菜具有镇痛、降血压、降血糖、抗溃疡调节胃肠平滑肌、利尿、抗突变、抗真菌和促进骨折愈合等作用。北美独行菜具有抗阿米巴原虫作用。

1. 抱茎独行菜（种子植物名称补编） 穿叶独行菜（东北植物检索表）

Lepidium perfoliatum L., Sp. Pl. 2: 643. 1753.（英 **Clasping Pepperweed**）

一年生或二年生草本。植株高 10–40 cm；无毛或下部散生柔毛。茎单一，近直立，上部分枝。基生叶和下部叶具 1–2 cm 的叶柄，叶片 2–3 回羽状半裂，长 3–8 cm，裂片线形或狭长圆形，有柔毛；茎上部叶无柄，叶片宽卵形或近圆形，长 1–3 cm，顶部急尖，基部深心形，抱茎，全缘，无毛。萼片宽椭圆形，黄绿色，长约 1 mm；花瓣浅黄色，窄匙形，比萼片稍长；雄蕊 6。果近菱状圆形或近圆形，长 3–4.5 mm，顶部有狭翅，稍凹入，缺口深达 0.3 mm。种子深棕色，卵形，长 1.5–2 mm，周围有窄翅，湿后成黏膜。花期 3–6 月，果期 5–7 月。

分布与生境　产于辽宁、山西、甘肃、新疆、江苏。生于海拔 1000 m 以下的荒地、干燥沙滩。欧洲、非洲北部、亚洲西部、中部和北部均有分布，引种到世界各地。

药用部位　全草。

功效应用　用于利尿，抗坏血病。

化学成分　全草含黄酮类：槲皮素-3-β-D-葡萄糖苷 (quercetin-3-β-D-glucoside)，槲皮素-7-L-鼠李糖苷 (quercetin-7-L-rhamnoside)[1]，独行菜苷▲(lepidoside)[2]。

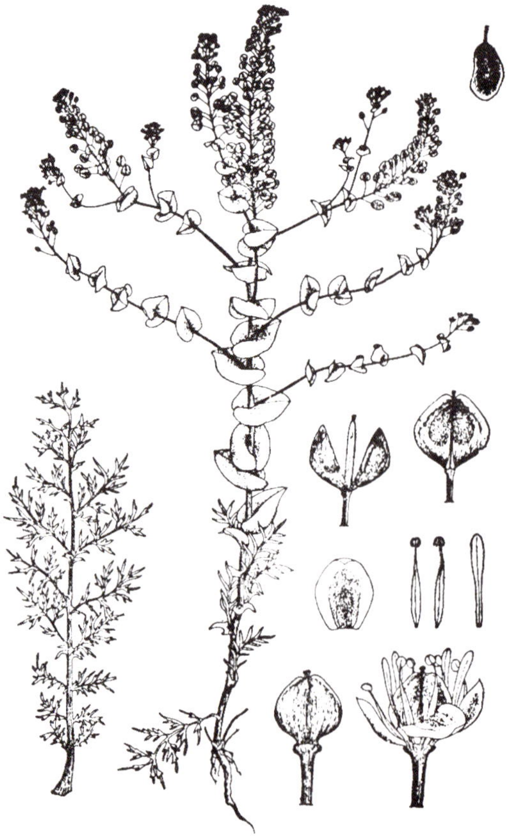

抱茎独行菜 **Lepidium perfoliatum** L.
引自《中国高等植物图鉴》

化学成分参考文献

[1] Fursa NS, et al. *Farmatsevtichnii Zhurnal*, 1970, 25(4): 83-84.

[2] Fursa NS, et al. *Khim Prir Soedin*, 1970, 6(1): 127.

抱茎独行菜 **Lepidium perfoliatum** L.
摄影：莫训强

2. 头花独行菜（中国植物志）

Lepidium capitatum Hook. f. et Thomson in J. Proc. Linn. Soc., Bot. 5:175. 1861.（英 **Capitate Peppergrass**）

一年生或二年生草本。植株高 10–30 cm。茎平卧，或稀近直立，多分枝，密被头状或棍状乳头毛。基生叶和下部茎生叶具叶柄，长 0.5–4 cm，叶片长圆形或披针形，长 2–5 cm，常无毛，羽状半裂，基部渐狭，裂片长圆形，长 3–5 mm，边缘羽裂或锯齿至全缘；茎上部叶与之相似，但无柄，叶片仅有锯齿。总状花序腋生，花紧密排列呈近头状，果期不延长或延长至 3 cm；萼片长卵形，长约 1 mm；花瓣白色，狭匙形，顶端凹缺，与萼片近等长；雄蕊 4。果宽卵形，长 2–3 mm，上部渐收，有短翅，顶端微缺，缺口深达 0.3 mm。种子椭圆形，长约 1 mm，棕色。花果期 4–8 月。

头花独行菜 **Lepidium capitatum**
Hook. f. et Thomson
王金凤　绘

分布与生境　产于甘肃、青海、新疆、四川、云南和西藏。生于海拔 2500–5000 m 的山坡、草原、荒地。喜马拉雅地区有分布。

药用部位　全草、根、幼苗。

功效应用　用于治疗淤血，骨痹症，类风湿关节炎及其引起的水肿，高血压。

药理作用　抗生育作用口服给予 250 mg/kg 头花独行菜乙醇提取物，对配对后雌性大鼠怀孕率可减少 77%。该提取物己烷可溶性部分作用更为明显，125 mg/kg 及 250 mg/kg 抗孕率分别可达 50% 和 100%，但对仓鼠，即使每日剂量到达 500 mg/kg 仍无明显抗孕作用，显示其有一定的种属特异性。进一步研究显示，己烷可溶性部分无抗雌激素作用而具有促动情作用，在 1/40 抗孕的有效量下连续给药 3 天可见到子宫增重 [1]。头花独行菜乙醇丙酮提取物有较好的抗着床活性 [2]。

药理作用及毒性参考文献

[1] Singh M, et al. *Planta Med*, 1984, 50(2): 154-157.

[2] Prakash A, et al. *Acta Eur Fertil*, 1985, 16(6): 441-448.

头花独行菜 **Lepidium capitatum** Hook. f. et Thomson
摄影：林秦文

3. 楔叶独行菜（中国高等植物图鉴）

Lepidium cuneiforme C. Y. Wu in Iconogr. Cormophytorum Sinicorum 2: 36, f. 1802. 1972.
（英 **Cuneatelear Peppergrass**）

二年生草本。植株高 20–40 cm；具棍状至近头状乳头毛。茎直立，单一或分枝。基生叶和下部茎生叶具短柄，长 0.5–1 cm，叶片匙形或倒披针形，长 2–5 cm，顶端微钝，基部渐狭，边缘羽裂或不规则锯齿；茎上部叶与之相似，但叶片仅有锯齿，近无柄。总状花序果期延长；萼片长圆形，长约 1 mm；花

楔叶独行菜 **Lepidium cuneiforme** C. Y. Wu
引自《中国高等植物图鉴》

楔叶独行菜 **Lepidium cuneiforme** C. Y. Wu
摄影：朱鑫鑫

瓣白色，倒卵形或近长圆形，与萼片近等长，爪明显；雄蕊 4。果宽卵形或近圆形，长 2–3 mm，顶端全缘或微缺，顶缺 0.5–1 mm，上部有狭翅。种子椭圆形，长约 1 mm，棕色。花果期 3–8 月。

分布与生境　产于陕西、甘肃、青海、江西、贵州、四川和云南。生于海拔 500–2700 m 的山坡、路边、河边。

药用部位　种子。

功效应用　泻肺平喘，行水消肿。

4. 家独行菜（东北植物检索表，中国药用植物志）　家葶苈（中华本草）

Lepidium sativum L., Sp. Pl. 2: 644. 1753.（英 **Garden Cress**）

一年生草本。植株高 20–60 cm，常具蓝灰色粉霜；散生波状柔毛。茎直立，单一或分枝。基生叶和下部茎生叶具柄 1–4 cm，叶片形状多变，1–2 回羽状全裂或浅裂，末回裂片卵形或长圆形，边缘有锯齿；上部茎生叶 1–4 羽状多裂，线形，顶端急尖；顶部叶线形，全缘，近无柄。总状花序果期伸长；萼片长圆形，长 1–1.5 mm，背部有短柔毛；花瓣白色或蔷薇色，长圆状匙形，长 2–3 mm；雄蕊 6。果长圆状卵形或椭圆形，长 5–6 mm，中上部以上边缘至顶端有宽翅，顶端微缺，顶缺 0.2–0.5 mm。种子红棕色，卵形，长约 2.5 mm，近光滑。花期 6–7 月，果期 8–9 月。

分布与生境　产于东北、山东、新疆、西藏。栽培或逸为野生。欧洲、非洲北部及亚洲西部、中部和北部有分布，引种至美洲。

药用部位　全草，种子。

功效应用　全草：利尿抑菌。用于抗坏血病，疟疾。种子：用于咳嗽，气管炎，泄泻，疥癣。

化学成分　种子含硫苷类：2-苯乙基芥子油苷(2-phenethylglucosinolate)，旱金莲苷(glucotropaeolin)[1]；生物碱类：独行菜碱(lepidine) A、B、C、D、E、F，半独行菜苷(semi lepidinoside) A、B[2]；黄酮类：紫云英苷(astragalin)，山柰酚(kaempferol)，槲皮素-3-*O*-*β*-D-吡喃葡萄糖基-(1→2)-*β*-D-吡喃葡萄糖基-7-*O*-*β*-D-吡喃葡萄糖苷[quercetin-3-*O*-*β*-D-glucopyranosyl-(1→2)-*β*-D-glucopyranosyl-7-*O*-*β*-D-glucopyranoside]，山柰酚-3-*O*-芸香糖基-7-*O*-芸香糖苷(kaempferol-3-*O*-rutinosyl-7-*O*-rhamnoside)[3]；脂肪酸类：油酸(oleic acid)，亚油酸(linoleic acid)，二十烯酸(eicosanoic acid)，棕榈酸，芥酸(erucic acid)，硬脂酸[4]，亚麻酸(linolenic acid)[5]；其他类：谷氨酸(glutamic acid)，必需氨基酸[5]。

地上部分含甾体类：豆甾-5-烯-3,26-二醇-26-苯甲酸酯(stigmast-5-en-3,26-diol-26-benzoate)[6]。

全草含硫苷类：2-苯乙基芥子油苷(2-phenethylglucosinolate)，甲基芥子油苷(methylglucosinolate)，丁基芥子油苷(butylglucosinolate)，旱金莲苷(glucotropaeolin)[1]；黄酮类：槲皮素(quercetin)，槲皮素-7-*O*-葡萄糖苷(quercetin-7-*O*-glucoside)，异鼠李素-3-*O*-鼠李糖苷(isorhamnetin-3-*O*-rhamnoside)，3'-甲氧基木犀草素-7-*O*-葡萄糖苷(3'-methoxyluteolin-7-*O*-glucoside)，异鼠李素-3-*O*-*β*-D-吡喃葡萄糖苷(isorhamnetin-3-*O*-*β*-D-glucopyranoside)[7]；萜类：独行菜二倍半萜醇▲(lepidiumsesterterpenol)，独行菜类萜▲(lepidiumterpenoid)，独行菜萜烯酯▲(lepidiumterpenyl ester)[8]，*β*-香树脂醇(*β*-amyrin)[7]；酚酸类：阿魏酸(ferulic acid)[7]；甾体类：*β*-谷甾醇[7]。

药理作用　镇痛作用：家独行菜子水浸液有显著提高小鼠热痛阈值的作用，能延缓热痛反应的时间，在一定剂量下与非

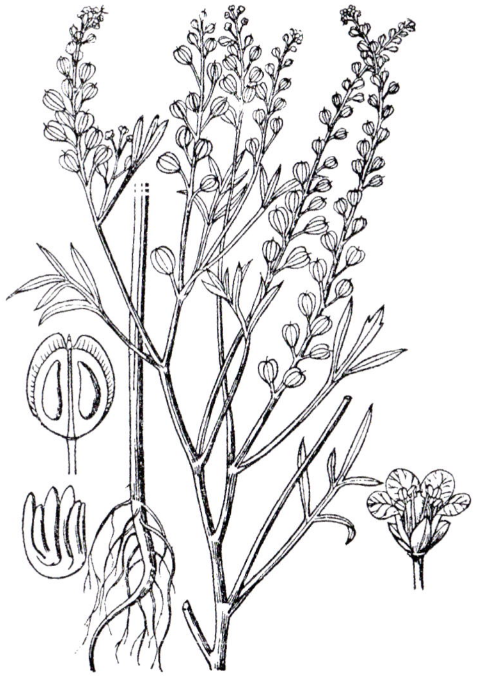

家独行菜 **Lepidium sativum** L.
路桂兰　绘

甾体类解热镇痛药阿司匹林具有相似的镇痛效果[1]。

降血压作用：家独行菜水提取物连续 3 周口服具有降低正常大鼠和自发性高血压大鼠血压的作用[2]。

降血糖作用：家独行菜子水提取物可降低正常大鼠和糖尿病大鼠血糖水平，但不影响胰岛素分泌[3]，其机制可能是降低尿 TGF-β_1、抑制肾葡萄糖再吸收而降低血糖[4]。

抗溃疡调节小肠平滑肌作用：家独行菜子水浸液具有降低小鼠胃溃疡指数、减少溃疡出血点的作用，家独行菜子水浸液中的水溶性成分能够缓解因胃黏膜保护因子与损伤因子失衡而导致的胃黏膜损伤，很可能是家独行菜子外层分泌的黏液质起到了保护胃黏膜、抑制胃酸分泌及修复溃疡面的作用。家独行菜子水浸液可降低小肠蠕动幅度，具有解除平滑肌痉挛的功效[1]。家独行菜子水—甲醇提取物具有促进小鼠肠道动力和通便作用[5]。

抗真菌作用：家独行菜子提取物可抑制青贮玉米中的曲霉、黄曲霉、赭曲霉生长[6]。

抗突变作用：家独行菜可拮抗 2- 氨基 -3- 甲基咪喹啉 {2-amino-3-methyl-imidazo [4,5-f] quinoline} 和苯并芘 (benzopyrene) 导致的 DNA 损伤[7-8]。

利尿作用：家独行菜水提取物连续 3 周口服对正常大鼠和自发性高血压大鼠具有利尿作用，可促进钠、钾、氯的排泄，增加正常大鼠肾小球滤过率，但不改变自发性高血压大鼠的肾小球滤过率[2]。

促进骨折愈合作用：家独行菜子对新西兰大白兔腿骨骨折具有促进愈合作用[9]。

毒性及不良反应 家独行菜种子在饲料中以 10%(w/w) 的量连续 6 周喂养大鼠可出现毒性反应，当达到 50% (w/w) 则具有致死性毒性，并引起肝、肠及肾毒性，器官损害伴贫血及白细胞减少、血 AST 、ALT 活性以及总蛋白、胆固醇、尿素等指标异常[10]。

注评 本种维吾尔族药用，其种子用于气虚水肿、气管炎、消化不良。

化学成分参考文献

[1] Fialova S, et al. *Bulletin of the National Research Centre* (Egypt), 2007, 32(5): 459-472.
[2] Maier UH, et al. *Phytochemistry*, 1998, 49(6): 1791-1795.
[3] Abd ES, et al. *Bulletin of the Faculty of Pharmacy* (Cairo University), 2006, 44(1): 121-126.
[4] Diwakar BT, et al. *J Am Oil Chem Soc*, 2010, 87(5): 539-548.
[5] Gokavi SS, et al. *Plant Foods for Human Nutrition* (Dordrecht, Netherlands), 2004, 59(3): 105-111.
[6] Saba, et al. *Phytochemistry* , 1999, 50(8): 1375-1377.
[7] Radwan HM, et al. *Bulletin of the National Research Centre* (Egypt), 2006, 31(5): 369-384.
[8] Pande SD, et al. *Pharmazie*, 1999, 54(11): 851-853.

药理作用及毒性参考文献

[1] 周旋，等 . 华西药学杂志，2008, 23(5): 567-569.
[2] Maghrani M, et al. *J Ethnopharmacol*, 2005, 100(1/2): 193-197.
[3] Eddouks M, et al. *J Ethnopharmacol*, 2005, 97(2): 391-395.
[4] Eddouks M, et al. *Phytother Res*, 2008, 22(1): 1-5.
[5] Najeeb-Ur-Rehman, et al. *J Ethnopharmacol*, 2011, 134(3): 878-883.
[6] Tayel AA, et al. *J Sci Food Agric*, 2011, 91(12): 2160-2165.
[7] Kassie F, et al. *Chem Biol Interact*, 2003, 142(3): 285-296.
[8] Kassie F, et al. *Carcinogenesis*, 2002, 23(7): 1155-1161.
[9] Juma AH. *MedGenMed*, 2007, 9(2): 23-24.
[10] Adam SE. *Am J Chin Med*, 1999, 27(3/4): 397-405.

5. 北美独行菜（江苏南部种子植物手册） 琴叶葶苈（中华本草），独行菜（救荒本草），辣菜（山东）

Lepidium virginicum L., Sp. P1. 2: 645. 1753.（英 **Peppergrass, Virginia Pepperweed**）

一年生或二年生草本。植株高 20–50 cm；有弯曲柔毛或柱状腺毛。茎单一，直立，上部分枝。基生叶具柄 1–3.5 cm，倒卵形或倒披针形，长 2–10 cm，羽状分裂或大头羽裂，裂片大小不等，长圆形，边缘有锯齿或牙齿；茎生叶有短柄，叶片倒披针形或线形，长 1–6 cm，顶端急尖，基部渐狭，边缘有尖锯齿或全缘。萼片椭圆形，长约 1 mm，外部疏被柔毛；花瓣白色，匙形，与萼片近等长；雄蕊 2。

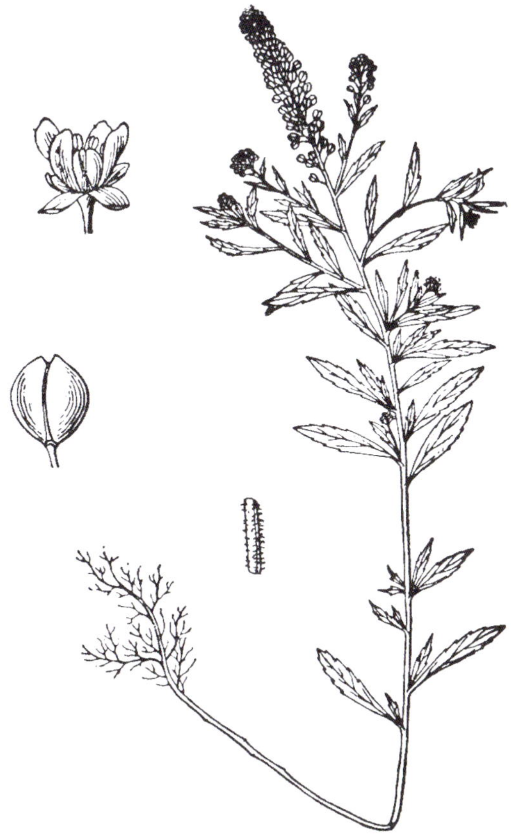

北美独行菜 **Lepidium virginicum** L.
引自《中国高等植物图鉴》

北美独行菜 **Lepidium virginicum** L.
摄影：徐克学

果近圆形，长 2–3 mm，上部有窄翅，顶端微缺，缺口深达 0.5 mm。种子红棕色，卵状长圆形，长约 1.5 mm，边缘有窄翅。花期 4–6 月，果期 5–9 月。

分布与生境 产于华东、华中以及广东、广西、四川、贵州和云南。生于海拔 1000 m 以下的田边、路边或荒地，为田间杂草。原产于美洲，日本、俄罗斯、印度、巴基斯坦也有分布。

药用部位 全草，种子。

功效应用 全草：驱虫消积。用于小儿虫积腹胀。北美洲用全草作抗坏血病药。种子：下气行水，止咳，平喘，退热，利尿消肿。用于水肿，痰喘，咳嗽，胸胁胀痛，肺源性心脏病，尿少，小便淋痛，水肿，疟疾。

化学成分 根含硫苷类：旱金莲苷(glucotropaeolin)[1]。

药理作用 抗虫作用：北美独行菜提取物具有抗阿米巴原虫作用，进一步分离发现其活性成分为旱金莲苷 (glucotropaeolin)[1]。

注评 本种的种子部分产地也作“葶苈子”药用；全草可作饲料。

化学成分参考文献

[1] Calzada F, et al. *Phytother Res*, 2003, 17(6): 618-619.

药理作用及毒性参考文献

[1] Calzada F, et al. *Phytother Res*, 2003, 17(6): 618-619.

6. 独行菜（北京植物志） 腺独行菜（东北植物检索表），腺茎独行菜（秦岭植物志），葶苈（中华本草）

Lepidium apetalum Willd., Sp. Pl. 3(1): 439. 1800.（英 **Pepperweed, Peppergrass**）

一年生或二年生草本。植株高 5–30 cm。茎直立，多分枝，无毛或具微小头状毛。基生叶窄匙形，1 回羽状浅裂或深裂，长 3–5 cm，宽 1–1.5 cm，叶柄长 1–2 cm；茎上部叶线形，有疏齿或全缘。总状花序在果期可延长至 5 cm；萼片卵形，长约 0.8 mm，外面有柔毛，早落；花瓣不存或退化成丝状，比萼片短；雄蕊 2 或 4。果近圆形或宽椭圆形，长 2–3 mm，上部有短翅，隔膜宽不到 1 mm，顶端微缺，缺深 0.1–0.3 mm；果梗弧形。种子椭圆形，长约 1 mm，平滑，棕红色。花果期 5–7 月。

分布与生境 产于东北、华北、西北、西南以及江苏、浙江和安徽。生于海拔 2000 m 以下的山坡、山沟、路旁及村庄附近。俄罗斯欧洲部分、亚洲东部及中部、喜马拉雅地区均有分布。

药用部位 种子（葶苈子），地上部分。

功效应用 种子：清热止血，泻肺平喘，行水消肿。用于痰涎壅肺，喘咳痰多，胸胁胀满，不得平卧，胸腹水肿，小便淋沥，肺源性心脏病水肿。种子的 70% 乙醇提取物中有强心成分。地上部分：水煎液浓缩物制成干糖浆，用于肠炎，腹泻及细菌性痢疾。

化学成分 种子含异硫氰酸酯(isothiocyanate)类化合物[1]；黄酮类：槲皮素-3-*O*-*β*-D-[2-*O*-(6-*O*-*E*-芥子酰基)-*β*-D-吡喃葡萄糖基]-吡喃葡萄糖苷{quercetin-3-*O*-*β*-D-[2-*O*-(6-*O*-*E*-sinapoyl)-*β*-D-glucopymosyl]-*β*-D-glucopyranoside}，异鼠李素-3-*O*-*β*-D-[2-*O*-(6-*O*-*E*-芥子酰基)-*β*-D-吡喃葡萄糖基]-*β*-D-吡喃葡萄糖苷{isorhamnetin-3-*O*-*β*-D-[2-*O*-(6-*O*-*E*-sinapoyl)-*β*-D-glucopymosyl]-*β*-D-glucopyranoside}，槲皮素-7-*O*-*β*-D-吡喃葡萄糖苷(quercetin-7-*O*-*β*-D-glucopyranoside)，槲皮素-3-*O*-*β*-D-吡喃葡萄糖苷(quercetin-3-*O*-*β*-D-glucopyranoside)，异鼠李素-3-*O*-*β*-D-吡喃葡萄糖苷(isorhamnetin-3-*O*-*β*-D-glucopyranoside)，异鼠李素-7-*O*-*β*-D-吡喃葡萄糖苷(isorhamnetin-7-*O*-*β*-D-glucopyranoside)，山柰酚-7-*O*-*β*-D-吡喃葡萄糖苷(kaempferol-7-*O*-*β*-D-glucopyranoside)，槲皮素(quercetin)[2]；挥发油：苯乙腈，5-甲硫甲基戊腈，二苄基二硫醚等[3]；脂肪油类：油酸甲酯，棕榈酸甲酯，11-二十烯酸甲酯等[3]；甾体类：卫矛单糖苷(evomonoside)[4]，*β*-谷甾醇，胡萝卜苷[2]；糖类：蔗糖[2]。

全草含三萜类：委陵菜酸(tormentic acid)[5]；甾体类：胡萝卜苷，*β*-谷甾醇[5]；核苷类：尿苷

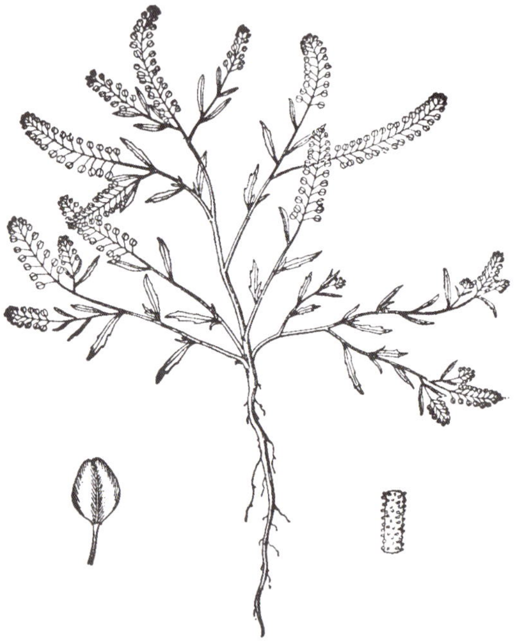

独行菜 **Lepidium apetalum** Willd.
引自《中国高等植物图鉴》

独行菜 **Lepidium apetalum** Willd.
摄影：于俊林

(uridine)，胸苷(thymidine)[5]；酰胺类：橙黄胡椒酰胺乙酸酯(aurantiamide acetate)[5]；其他类：5-羟甲基-2-糠醛(5-hydroxymethyl-2-furaldehyde)，甘油(glycerol)[5]。

葶苈子 Lepidii Semen
摄影：钟国跃

药理作用 强心作用：独行菜种子水提物具有显著强心和增加冠状动脉流量的作用且不增加心肌耗氧[1]。从独行菜种子乙醇粗提物中分别得到氯仿提取物和正丁醇提取物，其中氯仿提取物可明显改善麻醉兔心脏的射血功能，增加心输出量。正丁醇提取物对麻醉兔仅具有加快呼吸的作用[2]。

抗血小板聚集作用：独行菜种子黄酮可抑制由血小板激活因子 (PAF) 诱导的家兔中性粒细胞 (PMN) 和血小板 (WRP) 聚集及黏附作用[3]。

抑制皮肤色素沉积作用：独行菜种子 70% 乙醇提取物可抑制紫外线照射引起的豚鼠皮肤色素沉着，体外可抑制人黑色素瘤细胞 HM3KO 的黑色素生成。其活性是通过增加角质细胞 IL-6 的产生而降低转录因子 MITF 的表达，MITF 对酪氨酸激酶基因的表达以及黑色素细胞的分化具有重要作用[4]。

细胞毒作用：独行菜含有强心苷类的卫矛单糖苷 (evomonoside)，具有细胞毒性[5]。

注评 本种为历版中国药典和中华中药典范（1985 年版）、内蒙古中药材标准（1988）、部颁药品标准·维吾尔药（1998 年版）收载“葶苈子”的基源植物，药用其干燥成熟种子；商品药材习称“北葶苈子”；中华中药典范还收载同属近缘植物的种子等同药用。藏族、蒙古族、朝鲜族、维吾尔族也药用，主要用全草治高血压、风湿、水肿、结膜炎、乳糜尿、胆热、肺热、血热、肉毒、胸满喘咳、胸胁胀痛、肺源性心脏病等。

化学成分参考文献

[1] Martin MFC, et al. *Anal Chim Acta*, 2004, 516: 155-163.
[2] 余东辉，等. 中草药，2009, 40(增刊): 98-100.
[3] 赵海誉，等. 中草药，2005, 36(6): 827-828.
[4] Hyun JW, et al. *Planta Med*, 1995, 61(3): 294-295.
[5] 赵海誉，等. 中草药，2010, 41(1): 14-17.

药理作用及毒性参考文献

[1] 吴晓玲，等. 中药材，1998, 21(5): 243-245.
[2] 张明升，等. 中草药，1998, 29(增刊): 99-101.
[3] 吴伟，等. 中草药，2006, 37(10): 1539-1541.
[4] Choi H, et al. *Pigment Cell Res*, 2005, 18(6): 439-446.
[5] Hyun JW, et al. *Planta Med*, 1995, 61(3): 294-295.

7. 密花独行菜（东北草本植物志）

Lepidium densiflorum Schrad., Index Sem. Hort. (Göttingen). 4. 1832.（英 **Denseflower Peppergrass**）

一年生或二年生草本。植株高 20–40 cm；疏生柱状短柔毛。茎单一，直立，上部分枝。基生叶莲座状，叶柄长 0.5–1.5 cm，叶片倒披针形，少为长圆形，长 2–5 cm，顶端急尖，基部渐狭，边缘具不规则缺刻状尖锯齿；茎上部叶线性，边缘疏生锯齿或近全缘，近无柄；所有叶上面无毛。总状花序有多花，密集，果期延长；萼片长圆形，长 0.5–0.8 mm；花瓣无或少呈丝状，远短于萼片；雄蕊 2。果倒卵形至倒卵状近圆形，长 2–3 mm，上部有狭翅，宽约 0.5 mm，顶端圆顿，微缺，缺深 0.2–0.5 mm。种子卵圆形，长约 1 mm，棕色。花期 5–6 月，果期 6–7 月。

分布与生境 产于东北以及河北、山东。生于海滨、沙地、农田及路边。原产于北美，引种于东亚及世界各地。

药用部位 种子。

功效应用 利尿，平喘。用于咳嗽，水肿。

密花独行菜 **Lepidium densiflorum** Schrad.
引自《黑龙江植物志》

密花独行菜 **Lepidium densiflorum** Schrad.
摄影：刘冰

8. 柱毛独行菜（新疆植物检索表） 柱腺独行菜（东北植物检索表），鸡积菜（江苏植物名录）

Lepidium ruderale L., Sp. Pl. 2: 645. 1753.（英 **Wasteplace Peppergrass**）

一年生或二年生草本。植株高 10–35 cm；有臭味，具有圆柱状乳头毛。茎多单一，直立或外倾，多分枝。基生叶柄长 1–2 cm，叶片 2–3 回羽状分裂，长 3–5 cm，裂片长圆形，宽约 1 mm，全缘或偶有齿，边缘有柱状毛；茎生叶无柄，叶片线形，长 1–2 cm，边缘有少数锯齿或全缘。萼片长圆形，长 5–9 mm，被毛；无花瓣；雄蕊 2。果宽椭圆形，长 2–2.5 mm，无毛，顶端有不明显翅，微缺，缺深达 0.2 mm。种子褐色，长圆形或卵形长圆形，长约 1.5 mm，表面有细乳头突起，无边。花果期 5–7 月。

分布与生境 产于新疆。生于沙地或草地。欧洲、亚洲西部、中部和北部均有分布，引种到北美。

药用部位 种子。

功效应用 止咳平喘，行气利水，消肿。

化学成分 全草含黄酮类：肥皂草素(saponaretin)[1]。

柱毛独行菜 **Lepidium ruderale** L.
王金凤 绘

化学成分参考文献

[1] KurKin VA, et al. *Khim Prir Soedin*, 1981, (5): 661-662.

9. 宽叶独行菜（中国高等植物图鉴） 宽叶葶苈（中华本草），大辣根、止痢草、羊辣辣（西北）

Lepidium latifolium L., Sp. Pl. 2: 644. 1753.——*L. affine* Ledeb., *L. latifolium* L. subsp. *affine* (Ledeb.) Kitag., *L. latifolium* L. var. *affine* (Ledeb.) C. A. Mey.（英 **Broadleaf Peppergrass**）

多年生草本。植株高 30–120 cm；无毛或疏生单毛。茎直立，上部多分枝，基部稍木质化。基生叶及茎下部叶革质，叶柄长 1–3 cm，叶片长圆状披针形或椭圆状卵形，长 3–10 cm，宽 1.5–5 cm，顶端急尖或圆钝，基部楔形，全缘或有牙齿；茎上部叶与下部叶相似，但长 2–5 cm，无柄。总状花序圆锥状；萼片脱落，长圆形或近圆形，长约 1 mm，顶端圆形；花瓣白色，倒卵形，长约 2 mm，顶端圆形；雄蕊 6。果卵状椭圆形或近圆形，长 1.5–3 mm，顶端全缘，无翅，有柔毛或无毛，花柱极短。种子宽椭圆形，长约 1 mm，浅棕色。花期 5–9 月，果期 6–10 月。

分布与生境 产于东北、华北、西北以及四川和西藏。生于山坡、路边、村旁及盐化草甸。欧洲南部、非洲北部、亚洲西部、中部和北部均有分布。

药用部位 全草（辣芥）。

功效应用 清热解毒，燥湿。用于赤白痢疾，泄泻，肠炎，腹痛肠鸣，里急后重，肛门灼热，小便短赤，苔腻微黄。

化学成分 地上部分含黄酮类：山柰酚-3-β-D-吡喃葡萄糖基-6-β-L-吡喃鼠李糖苷(kaempferol-3-β-D-glucofuranosyl-6-β-L-rhamnopyranoside)，芦丁(rutin)[1]；烷烃类：正二十七烷，正二十九烷，正二十五烷，正二十八烷，2-甲基二十六烷(2-methylhexacosane)，2-甲基二十八烷(2-methyloctacosane)等[2]。

全草含挥发油：异硫氰酸丙烯酯(allyl isothiocyanate)，1-氰基-2,3-表硫化丙烷(1-cyano-2,3-epithiopropane)等[3]。

药理作用 利尿作用：宽叶独行菜水提取物给大鼠口服具有利尿作用[1]。

抗前列腺增生作用：宽叶独行菜连续口服 6 个月，可降低模型大鼠前列腺的增生[2]。

宽叶独行菜 **Lepidium latifolium** L.
引自《中国高等植物图鉴》

宽叶独行菜 **Lepidium latifolium** L.
摄影：徐克学

化学成分参考文献

[1] Fursa NS, et al. *Rastitel'nye Resursy*, 1970, 6(4): 567-571.

[2] 于瑞涛，等. 分析试验室，2010, 29(增刊): 398-400.

[3] Afsharypuor S, et al. *J Essent Oil Res*, 2006, 18(1): 106-107.

药理作用及毒性参考文献

[1] Navarro E, et al. *J Ethnopharmacol*, 1994, 41(1/2): 65-69.

[2] Martínez Caballero S, et al. *Fitoterapia*, 2004, 75(2): 187-191.

17. 涩芥属 Malcolmia R. Br.

一年生、二年生或多年生草本。植株有单毛、叉毛或星状毛混生。茎直立或开展。单叶；基生叶非莲座状，叶片倒披针形或椭圆形，羽状深裂至近全缘；茎生叶有或无柄，全缘或具齿。总状花序常疏松，常无苞片；萼片卵形或狭长圆形，内轮基部有时呈囊状；花瓣白色、粉红色至紫色，倒卵形至倒披针形，长于萼片，具爪；雄蕊 6，全部离生或内轮成对合生；侧蜜腺成对，锥状，无中蜜腺；近无花柱。长角果，近圆筒伏，具 4 棱，不易开裂；果瓣稍坚硬，有单毛或分叉毛至无毛，中脉显明。种子每室 1–2 行；长圆形；子叶背倚胚根。

约 35 种，主产于亚洲及地中海区域。我国有 4 种，主要分布于华北、西北、华东，其中 1 种可药用。

1. 涩芥（中国植物志） 马康草（种子植物词典），离蕊芥（中国高等植物图鉴），大麦荠菜（江苏）

Malcolmia africana (L.) W. T. Aiton, Hort. Kew (ed. 2). 4:121. 1812.——*Hesperis africana* L.

（英 **Africa Malcolmia**）

一年生草本。植株高 10–30 cm；密生单毛或叉状硬毛。茎直立或近直立，多分枝，有棱角。叶长圆形或倒披针形，长 1.5–8 cm，顶端急尖，基部楔形，边缘有波状齿或全缘；叶柄长 5–20 mm 或近无柄。总状花序小花排列疏松，果期长达 20 cm；萼片长圆形，长 4–5 mm；花瓣紫色或粉红色，狭倒

涩芥 **Malcolmia africana** (L.) W. T. Aiton
引自《中国高等植物图鉴》

涩芥 **Malcolmia africana** (L.) W. T. Aiton
摄影：刘冰

披针形，长 8–10 mm。果直线形，长 3.5–7 cm，近 4 棱；果瓣有毛至完全无毛；柱头圆锥状；果梗加粗，长 1–2 mm。种子长圆形，浅棕色，长约 1 mm。花期 4–8 月，果期 5–10 月。

分布与生境 产于西北以及河北、山西、河南、安徽、江苏、四川和西藏。生于路边、荒地、沙地或田间。欧洲、非洲北部、亚洲中部、北部和西部有分布。

药用部位 种子（紫花芥子）。

功效应用 祛痰定喘，泻肺行水。用于咳逆痰多，脾虚肿满，胸腹积水，胸胁胀满，肺痈。

注评 本种藏族药用，其全草用于治肉食中毒，消化不良症。

18. 紫罗兰属 Matthiola R. Br.

一年生或多年生草本。植株密被灰白色具柄的分叉毛或星状毛，有时混生腺毛。叶片全缘、具齿或羽状分裂；有叶柄。花序果期延长；萼片长圆形或线形，内轮基部呈囊状；花瓣多种颜色，长于萼片，开展，具长爪；雄蕊 6；通常无花柱，柱头显著 2 裂，裂片开展或两侧增厚而下延，在背面通常有 1 膨胀处或角状突出物。长角果，狭条形而扁或为圆筒形，隔膜厚，膜壁网状；果瓣有明显中脉。种子每室 1 行；长圆形至圆形，扁平，具有薄膜质的翅或无翅；子叶缘倚胚根。

约 50 种，分布于欧洲、亚洲和非洲东部和北部。我国有 2 种，其中 1 种为栽培植物，可药用。

本属药用植物的化学成分研究较少，仅知紫罗兰 (M. incana) 的种子含脂肪油，其主要成分为 (*n*-3) 亚麻酸 (linolenic acid)。

本属植物紫罗兰具有降血脂作用。

1. 紫罗兰（经济植物手册） 草桂花

Matthiola incana (L.) W. T. Aiton, Hort. Kew. (ed. 2). 4: 119-121. 1812.——*Cheiranthus incanus* L.
（英 **Common Stock**）

紫罗兰 **Matthiola incana** (L.) W. T. Aiton
引自《中国高等植物图鉴》

紫罗兰 **Matthiola incana** (L.) W. T. Aiton
摄影：陈世品

tetradecanoyl phorbol-13-acetate；TPA) 诱导的乳腺癌细胞基质金属蛋白酶 9 具有抑制作用，因此可对癌细胞侵袭具有潜在的抑制作用[7]。

抗氧化作用：豆瓣菜叶水和乙醇提取物体内外均显示抗氧化活性[8-9]。

抗变态反应作用：从豆瓣菜分离得到抑制 RBL-2H3 细胞释放组胺的活性成分，其中 10 个黄酮类成分及 3 个大柱香波龙烷类成分有抑制 RBL-2H3 细胞释放组胺的活性，其 IC_{50} 为 40-195 μmol/L[10]。

注评 本种傈僳族药用，用其全草治气管炎、肺热燥咳、泌尿系统炎症、疔毒痈肿、皮肤瘙痒等。此外，景天科植物垂盆草 Sedum sarmentosum Bunge 也称"豆瓣子菜"；胡椒科植物豆瓣绿 Peperomia tetraphylla Hook. et Arn. 也称"豆瓣菜"或"豆瓣如意"；千屈菜科植物圆叶节节菜 Rotala rotundifolia (Buch.-Ham. ex Roxb.) Koehne 也称"豆瓣菜"或"水豆瓣"；这些品种与本种的名称易混淆，应注意区别。

化学成分参考文献

[1] Afsharypuor S, et al. *J Essent Oil Res*, 2008, 20(6): 517-518.

[2] Martinez-Sanchez A, et al. *J Agric Food Chem*, 2008, 56: 2330-2340.

[3] Goda Y, et al. *Biol Pharm Bull*, 1999, 22(12): 1319-1326.

药理作用及毒性参考文献

[1] Yazdanparast R, et al. *Chem Biol Interact*, 2008, 172(3): 176-184.

[2] Bahramikia S, et al. *J Ethnopharmacol*, 2008, 115(1): 116-121.

[3] Moriyama H, et al. *Nat Med*, 2003, 57(4): 133-138.

[4] 诸平，等 . 南阳师范学院学报，2005, 4(6): 57-61.

[5] 无锡杰西医药科技有限公司 . 异硫氰酸酯类化合物在前列腺疾病及皮肤癌中的应用：中国，200610126892. 5.

[6] Neo JC, et al. *Proteomics*, 2005, 5(4): 1075-1082.

[7] Rose P, et al. *Toxicol Appl Pharmacol*, 2005, 209(2): 105-113.

[8] Ozen T, et al. *Acta Pol Pharm*, 2009, 66(2): 187-193.

[9] Martínez-Sánchez A, et al. *J Agric Food Chem*, 2008, 56(7): 2330-2340.

[10] Goda Y, et al. *Biol Pharm Bull*, 1999, 22(12): 1319-1326.

21. 堇叶芥属 Neomartinella Pilg.

一年生或多年生小草本。全株无毛。根状茎短，主根粗壮。无茎。叶全部基生，有长柄；单叶，叶片心形至肾形，掌状脉，边缘具圆齿，顶端微凹，有凸尖。总状花序疏松，果期延长；萼片伸展，卵形或长圆形，有宽边；花瓣伸展，白色，倒心形，顶端深凹，向基部渐尖，无爪；雄蕊 6，近等长，长雄蕊花丝基部呈翅状；侧生蜜腺半环状，中央蜜腺近似圆形突起。长角果，线形或长圆形；果瓣略膨大，具细中脉及不显著侧脉。种子每室 1 行；卵形至圆形，稍压扁，无边缘，有细网纹；子叶缘倚胚根。

有 3 种。我国特有属，其中 1 种可药用。

1. 堇叶芥（中国种子植物种属辞典） 马庭（湖北植物志）

Neomartinella violifolia (H. Lév.) Pilg. in Engl. et Prantl, Nat. Pflanzenfam., Nachtr. 3:134. 1908.——*Martinella violifolia* H. Lév.（英 **Violetcress**）

一年生矮小草本。植株高 5–15 cm，花葶状。主根细长。叶全部基生，莲座状；单叶；叶片心形至肾形，长 1.5–4 cm，叶脉掌状，顶端微凹，边缘具波状圆齿，每 1 齿缺处均具短尖头，叶柄长 3–10 cm。总状花序数个，花排列疏松；萼片卵形，长 1.5–2 mm；花白色，倒卵形至长圆形，长约 5 mm，顶端深凹；花柱短，柱头头状。果长圆状线形至长圆形，弯弓状，微压扁；果瓣宽，具中脉；果梗细长，长 1.5–2 cm，直立向上。种子近圆形，微扁，长 0.5–0.9 mm。花期 2–4 月，果期 3–5 月。

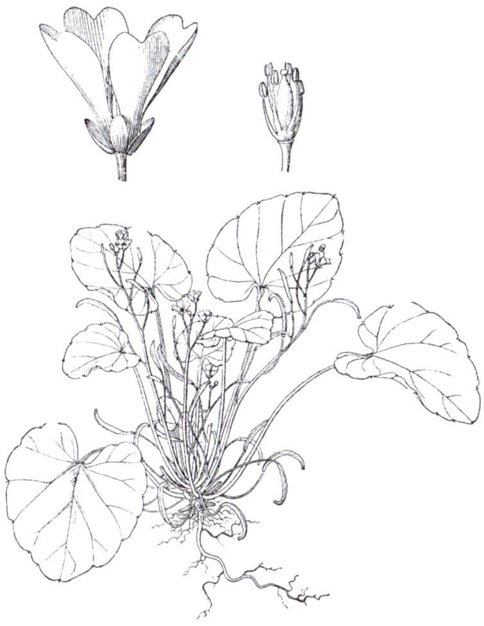

堇叶芥 **Neomartinella violifolia** (H. Lév.) Pilg.
引自《中国植物志》

堇叶芥 **Neomartinella violifolia** (H. Lév.) Pilg.
摄影：徐永福

分布与生境 产于湖北、湖南、贵州、四川和云南。生于海拔 800–1600 m 的石缝上。
药用部位 全草。
功效应用 清热解毒。用于痈疮肿毒。

22. 念珠芥属 **Neotorularia** Hedge et J. Léonard

一年生至多年生草本。具分枝毛或单毛。茎直立或平卧，单一或基部分枝。单叶；叶片长圆形，全缘、具齿或羽裂。总状花序有花数朵；萼片卵形或长圆形，近直立或展开，无毛或有毛；花瓣白色或粉红色，倒卵形、匙形或倒披针形；雄蕊 6；侧蜜腺半球形或半卵形，位于短雄蕊两侧，不汇合，中蜜腺无。长角果，线形或线状长圆形，圆柱状或四棱状，在种子间缢缩成念珠状，直或略弯曲，或扭曲如“之”字状；果瓣中脉清楚；每室有 1 行种子。种子长圆形或卵形；子叶背倚或斜背倚胚根。

约 14 种，主要分布于欧洲、北非以及亚洲的中亚和西南亚。我国有 6 种，分布于西北与西南地区，其中 1 种可药用。

1. 蚓果芥（中国高等植物图鉴）

Neotorularia humilis (C. A. Mey.) Hedge et J. Léonard in Bull. Jard. Bot. Nat. Belg. 56:394. 1986.——*Sisymbrium humile* C. A. Mey., *Torularia humilis* (C. A. Mey.) O. E. Schulz, *T. humilis* (C. A. Mey.) O. E. Schulz f. *grandiflora* O. E. Schulz, *T. humilis* (C. A. Mey.) O. E. Schulz f. *hygrophila* (E. Fourn.) O. E. Schulz（英 **Earthwormfruit Beadcress**）

多年生草本。植株高 5–20 cm；被 2–3 叉毛，毛的分枝弯曲。茎自基部分枝，直立或斜升。基生叶窄卵形，早枯；下部茎生叶变化较大，叶片宽匙形至窄长卵形，长 1–3 cm，顶端钝圆，基部渐窄成短柄，全缘，或具 2–3 对钝齿；中、上部叶狭长圆形至条形或线形，全缘或有疏齿；最上部数叶常成苞片状。总状花序呈紧密伞房状，果期伸长；萼片长圆形，长 1.5–2.5 mm，内轮的偶在基部略呈囊状，均有膜质边缘；花瓣白色，倒卵形或宽楔形，长 2–3.5 mm，顶端近截形或微缺，基部成爪。果线状圆柱形，长 1–2 cm，略呈念珠状，两端渐细，直或弯曲，或呈“之”字形弯曲；果瓣被 2 叉毛。种子橘红色，长圆形，长约 1 mm。花期 4–6 月，果期 6–8 月。

分布与生境　产于西北、华北以及西藏。生于海拔 1000–4200 m 的林下、河滩、草地。中亚、俄罗斯西伯利亚、朝鲜、蒙古和北美洲均有分布。

药用部位　全草。

功效应用　消食，解肉食中毒。用于消化不良，食物中毒。

注评　本种藏族药用，藏名“切乌拉普”“席擦拉普”“席乌拉普”，主要用其全草治疗食物中毒、消化不良。各藏区使用品种不一，西藏习用十字花科植物涩芥 Malcolmia africana (L.) W. T. Aiton、喜山葶苈 Draba oreades Schrenk ex Fisch. et C. A. Mey.、高茎葶苈 Draba elata Hook. f. et Thomson；云南德钦、四川巴塘习用喜山葶苈；青海习用喜山葶苈、葶苈 Draba nemorosa L.、腺花旗杆 Dontostemon glandulosus (Kar. et Kir.) O. E. Schulz；云南迪庆藏族误用石竹科植物滇藏无心菜 Arenaria napuligera Franch.、桔梗科植物黄钟花 Cyananthus flavus C. Marquand、丽江蓝钟花 Cyananthus lichiangensis W. W. Sm. 作本种药用。

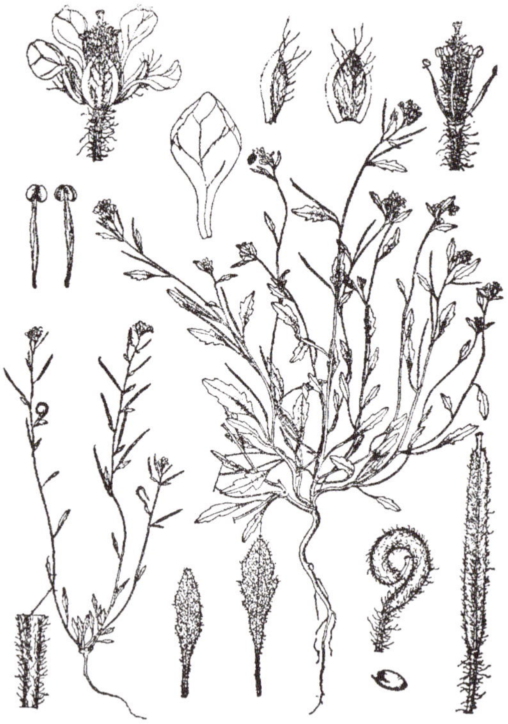

蚓果芥 **Neotorularia humilis** (C. A. Mey.) Hedge et J. Léonard
引自《中国高等植物图鉴》

23. 单花荠属 **Pegaeophyton** Hayek et Hand.-Mazz

多年生草本。植株无毛或有单毛。根圆柱状，粗；根颈单一或分枝。单叶；基生叶多数，莲座状；叶片线状披针形或长匙形，全缘或具疏齿；茎生叶无。花大，单生，多数，花梗宽线形；萼片宽椭圆形，无毛或具白色扁刺毛；花瓣多种颜色，长于萼片，宽倒卵形或近圆形，顶端全缘或微凹，基部常无爪；雄蕊 6；侧蜜腺半环形，向内开口，中蜜腺与侧蜜腺相连。短角果，长圆形、卵形或圆形，扁压，肉质，1 室，不开裂，边缘具狭翅，花柱短粗。种子 2 行；长圆形、卵形或近圆形；子叶缘倚胚根。

约 6 种，分布于喜马拉雅地区。我国有 4 种，其中 1 种可药用。

本属药用植物主要含黄酮类化合物，如芹菜苷元 (apigenin)、小麦黄素 (tricin)、木犀草素 (luteolin)、小麦黄素 -7-*O*-*β*-D- 吡喃葡萄糖苷 (tricin-7-*O*-*β*-D-glucopyranoside)、山柰酚 -3-*O*-*β*-D- 吡喃葡萄糖苷 (kaempferol-3-*O*-*β*-D-glucopyranoside) 等。

1. 单花荠（中国药用植物志） 无茎芥（中国种子植物科属词典），高山无茎芥（甘肃中草药）

Pegaeophyton scapiflorum (Hook. f. et Thomson) C. Marquand et Airy Shaw in J. Linn. Soc., Bot. 48(321): 229. 1929.——*Cochlearia scapiflora* Hook. f. et Thomson（英 **Monoflorcress**）

多年生草本。植株高 (3–) 5–15 cm；光滑无毛。根粗壮，表皮多皱缩。茎短缩。叶多数，莲座状；叶片卵形至长匙形或线状披针形，长 2–10 cm，顶端圆顿或急尖，基部楔形，边缘全缘或具稀疏浅齿；叶柄扁平，与叶片近等长，在基部扩大呈鞘状。花大，单生，花梗扁平，长 2–10 cm；萼片长卵形，长 3–5 mm，具白色膜质边缘；花瓣白色至淡蓝色，宽倒卵形或匙形，长 5–10 mm，顶端全缘或微凹，基部稍具爪。果宽卵形，扁平，肉质，具狭翅状边缘。种子褐色，宽卵形而扁，长 1.5–3 mm。花期 5–8 月，果期 6–9 月。

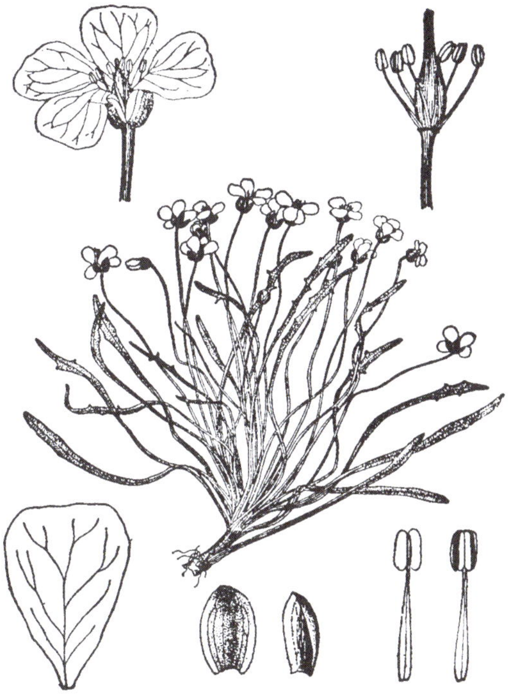

单花荠 **Pegaeophyton scapiflorum**
(Hook. f. et Thomson) C. Marquand et Airy Shaw
引自《中国高等植物图鉴》

单花荠 **Pegaeophyton scapiflorum**
(Hook. f. et Thomson) C. Marquand et Airy Shaw
摄影：张英涛

分布与生境 产于甘肃、青海、新疆、四川、云南、西藏。生于海拔 3500–5400 m 的山坡潮湿地、高山草地、林内水沟边及流水滩。喜马拉雅地区也有分布。

药用部位 根和根状茎。

功效应用 消热解毒，清肺止咳，止血，消肿。用于温热病发热，肺热咳嗽，咯血，四肢水肿，创伤出血。

化学成分 全草含黄酮类：芹菜苷元(apigenin)，小麦黄素(tricin)，木犀草素(luteolin)，小麦黄素-7-*O*-*β*-D-吡喃葡萄糖苷(tricin-7-*O*-*β*-D-glucopyranoside)，山柰酚-3-*O*-*β*-D-吡喃葡萄糖苷(kaempferol-3-*O*-*β*-D-glucopyranoside)[1]。

注评 本种为中国药典（2010 年版）收载“高山辣根菜”的基源植物，药用干燥根及根状茎。本种藏族药用，其根或全草治疗肺病咯血、发热、伤口出血，根也用于清肺热、退热、止血、续筋骨。

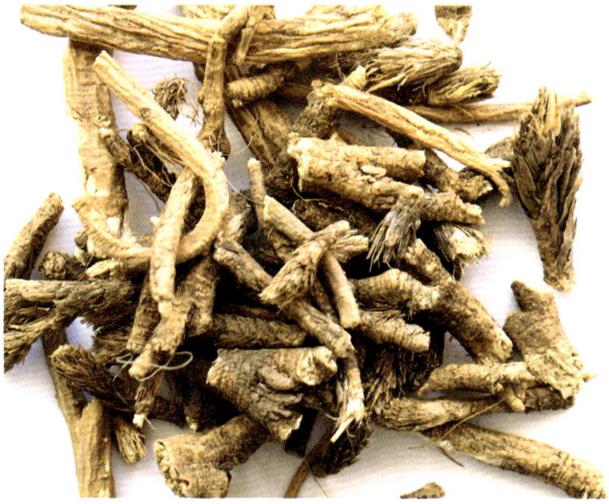

高山辣根菜 **Pegaeophyti Radix et Rhizoma**
摄影：张继

化学成分参考文献

[1] Li ZY, et al. *Chem Nat Compd*, 2006, 42: 732-733.

24. 沙芥属 Pugionium Gaertn.

一年生草本。全株无毛。茎直立，上部多分枝，缠结。基生叶不呈莲座状，具柄；叶片肉质，1–3回羽状分裂；茎下部叶羽状分裂，开花前枯萎；上部叶线形，全缘。总状花序伞房状，果期延长；萼片狭长圆形，膜质，稍合生，内轮基部成囊状；花瓣白色或粉红色，线形或线状披针形，爪与萼片近等长；雄蕊6，2个合生达顶端；侧蜜腺环状，中蜜腺无；子房2室，每室有1胚珠，果期1室及其中1胚珠败育，无花柱，柱头具长乳头状突起。短角果，长圆形或卵形，压扁，横向连接，不开裂，有显明网脉，每侧有1个翅状附属物；每果瓣有2个向下生长的刺及几个短的侧生刺。种子1个，水平生长，大，卵形，压扁；子叶背倚胚根。

3种，分布于中国、蒙古及邻近的俄罗斯。我国有2种，均可药用。

分种检索表

1. 下部叶羽状分裂；花瓣黄色；果实两侧翅近等大，顶端长锥形……………………………………… 1. 沙芥 **P. cornutum**
1. 下部叶2回羽状分裂；花瓣粉红色；果实两侧翅不等大，顶端有不整齐圆齿或尖齿……… 2. 斧翅沙芥 **P. dolabratum**

本属药用植物主要含甾体类化合物，如豆甾-5-烯-3β,7β-二醇 (stigmast-5-en-3β,7β-diol)、豆甾-5-烯-3β,7α-二醇 (stigmast-5-en-3β,7α-diol)、24-亚甲基花粉甾醇 (24-methylenepollinastanol)。

1. 沙芥（种子植物名称） 沙萝卜、沙白菜（内蒙古中草药），沙芥菜、山萝卜（沙漠地区药用植物）

Pugionium cornutum (L.) Gaertn., Fruct. Sem. Pl. 2: 291. pl. 142. 1791.——*Bunias cornuta* L.
（英 **Cornuted Sandcress**）

植株高50–100 cm。根肉质，粗1–2 cm。下部叶有柄，长2–6 cm，叶片羽状分裂，长10–20 cm，宽

沙芥 **Pugionium cornutum** (L.) Gaertn.
引自《中国高等植物图鉴》

沙芥 **Pugionium cornutum** (L.) Gaertn.
摄影：徐晔春

3–4.5 cm，裂片 4–6 对，顶裂片常长圆形，长 1–5 cm，全缘或有 1–2 齿，或 3 裂，侧裂片长圆形，基部稍抱茎，边缘有 2–3 齿；茎上部叶倒披针形或线形，长 3–5 cm，全缘。萼片长 5–7 mm，内轮的囊 0.5–0.8 mm；花瓣黄色，线状披针形，长约 1.5 cm，顶端细尖。果革质，横卵形或长圆形，长约 1.5 cm，侧扁，两侧各有 1 披针状长锥形翅，长 2–5 cm，上举成钝角，具突起网纹，有 4 个或更多角状刺。花期 6–8 月，果期 7–9 月。

分布与生境 产于内蒙古、陕西、宁夏。生于沙漠地带沙丘上。

药用部位 全草、根。

功效应用 行气，止痛，消食，解毒。用于消化不良，胸胁胀满，胃肠胀气，气管炎，食物中毒。。

化学成分 地上部分含甾体类：豆甾-5-烯-3β,7β-二醇(stigmast-5-en-3β,7β-diol)，豆甾-5-烯-3β,7α-二醇(stigmast-5-en-3β,7α-diol)，24-亚甲基花粉甾醇(24-methylenepollinastanol)，β-谷甾醇，胡萝卜苷[1]；其他类：羽扇豆醇(lupeol)，甘油-α-亚油酸酯(glycerin-α-monolinolate)，亚油酸(linoleic acid)，对羟基苯甲酸(*p*-hydroxybenzoic acid)，吲哚-3-甲醛(indole-3-aldehyde)，二十八醇[1]。

注评 本种为部颁药品标准·蒙药（1998 年版）和内蒙古中药材标准（1988）收载“沙芥”的基源植物之一，药用其干燥根。蒙古族用其根治头痛，关节痛，上吐下泻，胃脘胀痛，心烦意乱，视力不清，食肉中毒。

化学成分参考文献

[1] 梅双喜，等 . 中国药学杂志，1999, 34(6): 366-367.

2. 斧翅沙芥（内蒙古植物志） 距果沙芥（中国植物志），宽翅沙芥（内蒙古植物志）

Pugionium dolabratum Maxim. in Bull. Acad. Imp. Sci. Saint-Petersbourg 26(4):426-427. 1880.——*P. calcaratum* Kom., *P. dolabratum* Maxim. var. *platypterum* H. L. Yang（英 **Axe shaped Sandcress**）

植株高 60–100 cm。茎直立，多数缠结成球形。茎下部叶 2 回羽状全裂至深裂，长 7–15 (25) cm，裂片线形或线状披针形，长达 5 cm，顶端急尖；茎中上部叶与下部叶相似，但 1 回羽状全裂，裂片边缘稍内卷，全缘，无叶柄。萼片长圆形或倒披针形，长 5–8 mm，内轮的囊 0.5–1.2 mm；花瓣粉红色，线形或线状披针形，长 1–2 mm，上部内弯。果近扁椭圆形，0.6–1.2 cm，含翅长达 5 cm，两侧翅大小不等，卵形或长圆形，长 1–2 cm，顶端有不整齐圆齿或尖齿，两面有齿状突起，并有数个长短不等的刺。种子长圆形，长 5–8 mm。花果期 6–8 月。

分布与生境 产于内蒙古、陕西、宁夏、甘肃。生于荒漠或半荒漠沙地。蒙古也有分布。

药用部位 全草、根。

功效应用 解毒，清肺止咳，发汗解表，行气止痛，健胃消食，解食毒。用于胃肠胀气，消化不良，胸腹胀满痛，食物中毒，风寒感冒，咳嗽。

注评 本种为部颁药品标准·蒙药（1998 年版）和内蒙古中药材标准（1988）收载“沙芥”的基源植物之一，药用其干燥根。

斧翅沙芥 **Pugionium dolabratum** Maxim.
冯晋庸 绘

25. 萝卜属 Raphanus L.

一年生或二年生草本。植株粗糙或被糙硬毛，少无毛。有时具肉质根。茎直立或斜升，有分枝。叶大头羽裂，具齿。总状花序伞房状，果期延长，无苞片；花大；萼片长圆形，内轮基部稍成囊状；花瓣白色、粉红色或紫色，倒卵形，常有紫色脉纹，爪与萼片近等长；雄蕊 6；2 个侧蜜腺菱形，2 个中蜜腺近球形。长角果，圆筒形，呈节状，下节极短，无种子，上节伸长，在种子间处稍缢缩，顶端成 1 细喙，成熟时裂成含 1 种子的节，或裂成几个不开裂的部分。种子 1 行，球形或卵形，有细网纹；子叶对折。

3 种，分布于地中海地区。我国有 2 种，其中 1 种 2 变种可药用。

本属药用植物主要含酚酸、黄酮和硫代葡萄糖苷等类化合物。酚酸及苷类化合物是本属药用植物数量最多的一类化合物，如芥子酸甲酯 (methyl sinapate)、1,2- 二芥子酰基 -*β*-D- 吡喃葡萄糖苷 (1,2-disinapoyl-*β*-D-glucopyranoside)、*β*-D-(3,4- 二芥子酰基)- 呋喃果糖基 -*R*-D-(6- 芥子酰基)- 吡喃葡萄糖苷 [*β*-D-(3,4-dipinapoyl)-frucofuranosyl-*R*-D-(6-sinapoyl)-glucopyranoside]、1- 阿魏酰基 -*β*-D- 吡喃葡萄糖苷 (1-feruloyl-*β*-D-glucopyranoside)、1- 芥子酰基 -*β*-D- 吡喃葡萄糖苷 (1-sinapoyl-*β*-D-glucopyranoside)、*β*-D-(3- 芥子酰基)- 呋喃果糖基 -*α*-D-(6- 芥子酰基)- 吡喃葡萄糖苷 [*β*-D-(3-sinapoyl)-frucofuranosyl-*α*-D-(6-sinapoyl)-glucopyranoside]；以上化合物均具有抗氧化活性，尤其是以芥子酸形成的酯类化合物活性较好，且含量较高。该属药用植物萝卜 (*R. sativus*) 的甲醇提取物具有强抗氧化活性。

本属药用植物含有的黄酮类化合物主要有山柰酚 -3,7-*O*-*α*-L- 二吡喃鼠李糖苷 (kaempferol-3,7-*O*-*α*-L-dirhamnopyranoside)、山柰酚 -3-*O*-*α*-L- 吡喃鼠李糖基 -(1→4)-*β*-D- 吡喃葡萄糖苷 [kaempferol-3-*O*-*α*-L-rhamnopyranosyl-(1→4)-*β*-D-glucopyranoside] 等。

此外，还从本属药用植物中分得 3 个硫代葡萄糖苷类化合物，如 4*E*-5-{6-*O*-[2*E*-3-(4- 羟基 -3- 甲氧基苯基)- 丙 -2- 烯酰基]-*β*- 吡喃葡萄糖基硫 }- 戊 -4- 烯腈 {4*E*-5-[6-*O*-(2*E*-3-(4-hydroxy-3-methoxyphenyl)-prop-2-enoyl)-*β*-glucopyranosylsulfanyl]-pent-4-enenitrile，**1**}、4*E*-5-{6-*O*-[2*E*-3-(4- 羟基 -3,5- 二甲氧基苯基)- 丙 -2- 烯酰基]-*β*- 吡喃葡萄糖基硫 }- 戊 -4- 烯腈 {4*E*-5-[(6-*O*-(2*E*-3-(4-hydroxy-3,5-dimethoxyphenyl)-prop-2-enoyl)-*β*-glucopyranosylsulfanyl]-pent-4-enenitrile，**2**}、4*Z*-5-{6-*O*-[2*E*-3-(4- 羟基 -3,5- 二甲氧基苯基)- 丙 -2- 烯酰基]-*β*- 吡喃葡萄糖基硫 }- 戊 -4- 烯腈 {4*Z*-5-[6-*O*-(2*E*-3-(4-hydroxy-3,5-dimethoxyphenyl)-prop-2-enoyl)-*β*-glucopyranosylsulfanyl]-pent-4-enenitrile，**3**}。

本属植物萝卜具有抗菌、抗肿瘤、利胆、降压、降血糖、降血脂等作用。

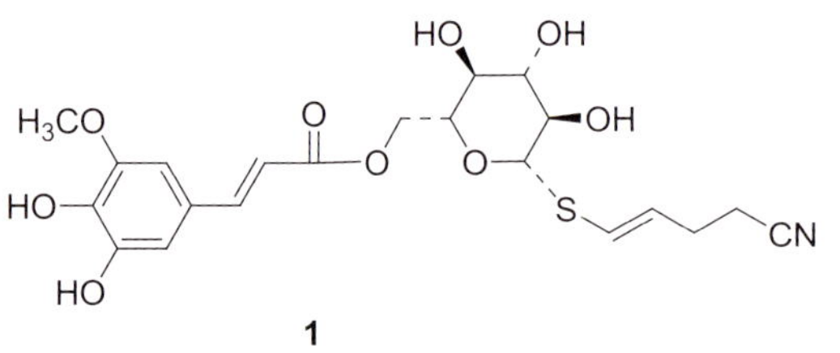

1

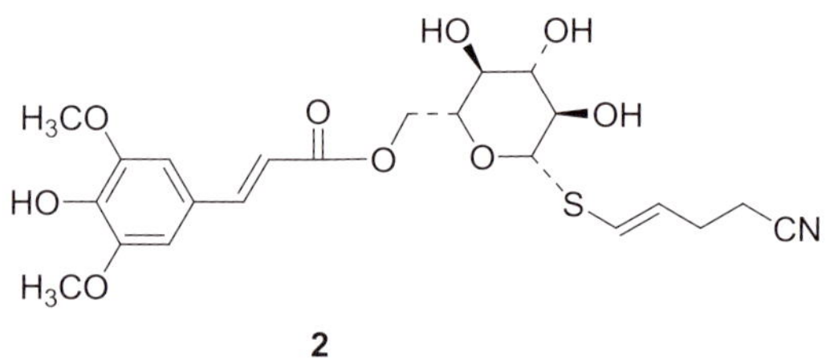

2

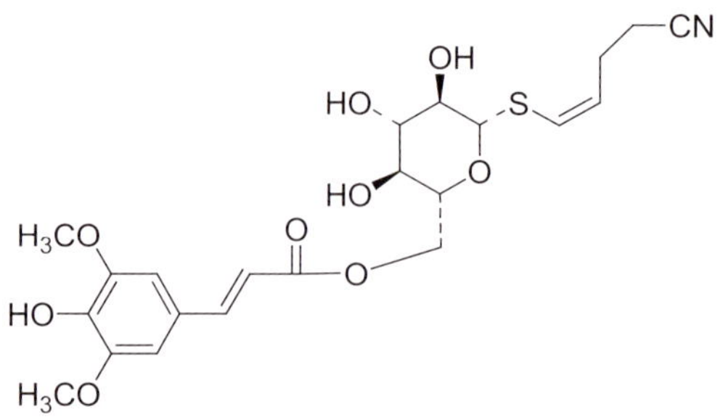

3

1. 萝卜（通称） 莱菔（唐本草）

Raphanus sativus L., Sp. P1. 2: 669. 1753.（英 **Garden Radish, Radish**）

1a. 萝卜（模式变种）

Raphanus sativus L. var. **sativus**

一年生或二年生草本。植株高 20–120 cm；无毛或有硬糙毛。肉质直根，长圆形、球形或圆锥形，外皮绿色、白色或红色。茎有分枝，无毛，稍具粉霜。基生叶和下部茎生叶长圆形，大头羽状半裂，长 8–40 cm，顶裂片卵形，侧裂片 4–6 对，有钝齿，疏生粗毛；上部叶长圆形，有锯齿或近全缘。花直径 1.5–2 cm；萼片长圆形，长 5–7 mm；花瓣白色或粉红色，倒卵形，长 1–1.5 cm，具紫纹，下部有长爪。果圆柱形，长 3–6 cm，在相当种子间处缢缩，并形成海绵质横隔，顶端喙长 1–1.5 cm。种子卵形，微扁，长约 3 mm，红棕色，有细网纹。花期 4–5 月，果期 5–6 月。

分布与生境 全国各地普遍栽培。世界广泛栽培。

药用部位 种子（莱菔子），叶（莱菔叶），鲜根（莱菔）。

功效应用 种子：消食除胀，降气化痰。用于饮食停滞，脘腹胀痛，大便秘结，积滞泻痢，痰壅喘咳。叶：消食，理气，化痰。根：消食积，利尿消肿。用于胃脘疼痛。

化学成分 根含酚酸类：甲基芥子酯(methyl sinapate)，1,2-二芥子酰基-β-D-吡喃葡萄糖苷(1,2-disinapoyl-β-D-glucopyranoside)，β-D-(3,4-二芥子酰基)-呋喃果糖基-*R*-D-(6-芥子酰基)-吡喃葡萄糖苷[β-D-(3,4-dipinapoyl)-frucofuranosyl-*R*-D-(6-sinapoyl)-glucopyranoside]，1-阿魏酸基-β-D-吡喃葡萄糖苷(1-feruloyl-β-D-glucopyranoside)，1-芥子酰基-β-D-吡喃葡萄糖苷(1-sinapoyl-β-D-glucopyranoside)，β-D-(3-芥子酰基)-呋喃果糖基-α-D-(6-芥子酰基)-吡喃葡萄糖苷[β-D-(3-sinapoyl)-frucofuranosyl-α-D-(6-sinapoyl)-glucopyranoside][1]；黄酮类：山柰酚-3,7-*O*-α-L-二吡喃鼠李糖苷(kaempferol-3,7-*O*-α-L-dirhamnopyranoside)，山柰酚-3-*O*-α-L-吡喃鼠李糖基-(1→4)-β-D-吡喃葡萄糖苷[kaempferol-3-*O*-α-

萝卜 **Raphanus sativus** L. var. **sativus**
引自《中国高等植物图鉴》

萝卜 **Raphanus sativus** L. var. **sativus**
摄影：徐克学

L-rhamnopyranosyl-(1→4)-β-D-glucopyranoside][1]；其他类：亚麻酸甲酯(methyl linolenate)，亚麻酸(linolenic acid)，植醇(phytol)，1-*O*-(6,9,12,15-十八四烯酰)-3-*O*-β-D-吡喃半乳糖基甘油[1-*O*-(6,9,12,15-octadecateraenoyl)-3-*O*-β-D-galactopyranosyl glycerol][1]。

叶含硫代葡萄糖苷类：去氢芝麻菜苷(glucodehydroerucin)，萝卜苷(glucoraphenin)，萝卜硫苷(glucoraphanin)[2]。

种子含酚类：(*E*)-芥子酸甲酯[(*E*)-sinapic acid methyl ester]，(*E*)-阿魏酸乙酯[(*E*)-ferulic acid ethyl ester][3]；硫代葡萄糖苷类：4*E*-5-{6-*O*-[2*E*-3-(4-羟基-3-甲氧基苯基)-丙-2-烯酰基]-β-吡喃葡萄糖基硫}-戊-4-烯腈{4*E*-5-[6-*O*-(2*E*-3-(4-hydroxy-3-methoxyphenyl)-prop-2-enoyl)-β-glucopyranosylsulfanyl]-pent-4-enenitrile}、4*E*-5-{6-*O*-[2*E*-3-(4-羟基-3,5-二甲氧基苯基)-丙-2-烯酰基]-β-吡喃葡萄糖基硫}-戊-4-烯腈{4*E*-5-[(6-*O*-(2*E*-3-(4-hydroxy-3,5-dimethoxyphenyl)-prop-2-enoyl)-β-glucopyranosylsulfanyl]-pent-4-enenitrile}、4*Z*-5-{6-*O*-[2*E*-3-(4-羟基-3,5-二甲氧基苯基)-丙-2-烯酰基]-β-吡喃葡萄糖基硫}-戊-4-烯腈{4*Z*-5-[6-*O*-(2*E*-3-(4-hydroxy-3,5-dimethoxyphenyl)-prop-2-enoyl)-β-glucopyranosylsulfanyl]-pent-4-enenitrile}[3]。萝卜子素(sulphoraphene)[4]。

萝卜油含4-甲巯基-3-丁烯基异硫氰酸酯(4-methylthio-3-butenyl isothiocyanate)和芝麻菜素(erucin)[5]。

药理作用 降血压作用：萝卜种子提取物具有降低大鼠血压作用，其作用与M受体活化相关[1]。萝卜粗提物及异硫氰酸酯类成分对血管平滑肌细胞具有抑制作用，其抑制活性主要是诱导细胞凋亡，阻滞细胞于G_1期[2]。

降血糖、降血脂作用：萝卜提取物可降低糖尿病大鼠血糖、糖化白蛋白及果糖胺水平，但不影响胰岛素分泌，可降低正常大鼠和糖尿病大鼠的血脂水平[3-4]。

利胆及促进胃肠动力作用：萝卜嫩芽提取物连续4 d用于大鼠可促进胆汁分泌[5]。白萝卜提取物对动物胃肠动力具促进作用，可提高小鼠胃排空率和促进小肠的推进作用，提高家兔离体回肠平滑肌的张力和收缩频率[6]。

抗细菌作用：萝卜种子中分离到多种抗真菌蛋白，被称作植物防御素，真菌细胞膜mannosyldiinositolphosphorylceramide和glucosylceramides为其结合位点[7]。其抗菌机制包括改变细胞膜通透性，诱导真菌细胞ROS产生，诱导凋亡，改变细胞周期以及活化caspase家族蛋白，通常阳离子可拮抗此作用[8-13]。萝卜根、茎、叶的丙酮和己烷提取物均显示对枯草芽孢杆菌、粪肠球菌、表皮葡萄球菌、产气肠杆菌、阴沟肠杆菌、大肠埃希菌、金黄色葡萄球菌、沙门菌的抑制作用，其中根的丙酮提取部分活性最强。异硫氰酸丙烯酯、苯基芥子油、异硫氰酸苄酯、苯乙基异硫氰酸盐等异硫氰酸酯类化合物可能是其活性成分[14]。

杀虫作用：萝卜可减少丝光绿蝇蛹化率和成虫率[15]。

抗肿瘤作用：萝卜中的4-甲基巯基-3-丁烯基异硫氰酸酯(MTBITC)对3种人肠癌细胞LoVo、HCT-116和HT-29具有增殖抑制活性，MTBITC可诱导细胞凋亡，增加Bax而下调Bcl-2蛋白的表达，并诱导caspase-9和PARP-1的活化[16]；一种萝卜变种——日本萝卜中分离的芥子油含MTBITC 95.6%，4-甲基巯基丁基异硫氰酸酯4.4%，可抑制H-ras转染的大鼠成纤维细胞3Y1的增殖，并阻滞细胞在G_2/M期[17]。

莱菔子 Raphani Semen
摄影：钟国跃

抗氧化作用：萝卜嫩芽甲醇提取物具有抗氧化活性，其抗氧化活性物质可能为芥子酸酯和黄酮类[18]。从萝卜嫩芽中分离的MTBITC被证实具有抗氧化作用[15]。萝卜根甲醇提取物体内外均显示了对脂质过氧化物的抑制作用[19]。萝卜根甲醇提取物可保护由对乙酰氨基酚引起的大鼠肝损伤，抗氧化是其保肝作用的主要机制[20-21]。

抗突变作用：给小鼠萝卜水提物可拮抗玉米赤霉

烯酮导致的氧化应激损伤以及遗传毒性、免疫毒性和生殖毒性，MTBITC 是其活性物质之一[22-27]。MTBITC 尚具有抗 UV 射线的诱变作用[28]。从种子中分离的另一种异硫氰酸酯类成分萝卜子素 (sulphoraphene)，具有拮抗食物中杂环胺类遗传毒性作用[29]。

注评 本种为中国药典（1977、1985、1990、1995、2000、2005、2010 年版）收载的“莱菔子”的基源植物，药用其干燥成熟种子；其干燥老根为江苏中药材标准（1989）收载的“地骷髅”和四川中药材标准（1987、2010）收载的“莱菔头”；其基生叶为江苏中药材标准（1989）收载的“莱菔叶”。彝族、水族、傣族、佤族、怒族、德昂族、藏族、蒙古族、土家族也药用，主要用其种子治疗食积痞满、湿热头痛、胸腹胀满、消化不良、眼疾、小便不利等。

化学成分参考文献

[1] Takaya Y, et al. *J Agric Food Chem*, 2003, 51(27): 8061-8066.

[2] Griffiths DW, et al. *Phytochemistry*, 2001, 57: 693-700.

[3] Duan LX, et al. *Helv Chim Acta*, 2006, 89: 2953-2957.

[4] Shishu, et al. *Planta Med*, 2003, 69(2): 184-186.

[5] Yamasaki M, et al. *Biosci Biotechnol Biochem*, 2009, 73(10): 2217-2221.

药理作用及毒性参考文献

[1] Ghayur MN, et al. *Fundam Clin Pharmacol*, 2006, 20(1): 57-63.

[2] Suh SJ, et al. *Int Immunopharmacol*, 2006, 6(5): 854-861.

[3] Taniguchi H, et al. *J Nutr Sci Vitaminol (Tokyo)*, 2007, 53(3): 261-266.

[4] Taniguchi H, et al. *Phytother Res*, 2006, 20(4): 274-278.

[5] Barillari J, et al. *J Agric Food Chem*, 2006, 54(26): 9773-9778.

[6] 张旭，等 . 河南大学学报（医学版），2011, 30(1): 37-38.

[7] Thevissen K, et al. *Peptides*, 2003, 24(11): 1705-1712.

[8] Lobo DS, et al. *Biochemistry*, 2007, 46(4): 987-996.

[9] Aerts AM, et al. *J Mol Microbiol Biotechnol*, 2007, 13(4): 243-247.

[10] Aerts AM, et al. *FEBS Lett*, 2009, 583(15): 2513-2516.

[11] Thevissen K, et al. *Appl Environ Microbiol*, 1999, 65(12): 5451-5458.

[12] Terras FR, et al. *Plant Physiol*, 1992, 100(2): 1055-1058.

[13] Terras FR, et al. *J Biol Chem*, 1992, 267(22): 15301-15309.

[14] Beevi SS, et al. *Foodborne Pathog Dis*, 2009, 6(1): 129-136.

[15] Khater HF, et al. *Int J Dermatol*, 2009, 48(5): 492-497.

[16] Papi A, et al. *J Agric Food Chem*, 2008, 56(3): 875-883.

[17] Yamasaki M, et al. *Biosci Biotechnol Biochem*, 2009, 73(10): 2217-2221.

[18] Takaya Y, et al. *J Agric Food Chem*, 2003, 51(27): 8061-8066.

[19] Chaturvedi P, et al. *Evid Based Complement Alternat Med*, 2008, 5(1): 55-59.

[20] Chaturvedi P, et al. *Br J Biomed Sci*, 2007, 64(3): 105-108.

[21] Chaturvedi P, et al. *Int J Vitam Nutr Res*, 2007, 77(1): 41-45.

[22] Ben Salah-Abbès J, et al. *Toxicon*, 2009, 53(5): 525-533.

[23] Ben Salah-Abbès J, et al. *Mutat Res*, 2009, 677(1/2): 59-65.

[24] Ben Salah-Abbès J, et al. *J Pharm Pharmacol*, 2008, 60(6): 761-770.

[25] Ben Salah-Abbès J, et al. *J Appl Toxicol*, 2008, 28(1): 6-14.

[26] Ben Salah-Abbès J, et al. *J Pharm Pharmacol*, 2009, 61(11): 1545-1554.

[27] Ben Salah-Abbès J, et al. *Immunopharmacol Immunotoxicol*, 2010, 32(3): 514-522.

[28] Nakamura Y, et al. *J Agric Food Chem*, 2001, 49(12): 5755-5760.

[29] Shishu, et al. *Planta Med*, 2003, 69(2): 184-186.

1b. 长羽裂萝卜（变种）（海南植物志） 中国萝卜

Raphanus sativus L. var. **longipinnatus** L. H. Bailey in Gentes Herb. 1(1): 25. 1922.（英 **Longipinnate Radish**）

本变种与模式变种的区别：二年生粗壮草本。根长大而坚实。基生叶长而窄，长 30–60 cm，有裂片 8–12 对，无毛或有硬毛。

分布与生境 我国各地栽培。原产于亚洲温带地区。

长羽裂萝卜 **Raphanus sativus** L. var. **longipinnatus** L. H. Bailey
摄影：张英涛 李泽贤

药用部位 种子、叶、根。

功效应用 种子：消食除胀，降气化痰。用于饮食停滞，脘腹胀痛，大便秘结，积滞泻痢，痰壅喘咳。叶：消食，理气，化痰。根：消食积，利尿消肿。用于胃脘疼痛。

1c. **蓝花子**（变种）（中国植物志） 滨莱菔（台湾植物志），茹菜、冬子菜（广西、四川、云南）

Raphanus sativus L. var. **raphanistroides** (Makino) Makino in J. Jap. Bot. 1(5):114. 1917.（英 **Reddish Radish**）

本变种与模式变种的区别：根非肉质，不增粗。茎高 30–50 cm，有分枝。花瓣淡红紫色，倒卵形，长约 2 cm。长角果长 1–2 cm，直立，稍革质；果梗斜上。

分布与生境 产于浙江、台湾、广西、四川、云南，野生或栽培。朝鲜、日本也有分布。

药用部位 种子（蓝花子）。

功效应用 宽中下气，消食，解毒。

26. 蔊菜属 Rorippa Scop.

一年生至多年生草本。植株常湿生或水生；无毛或具单毛。茎直立或呈斜卧，多数有分枝。叶片全缘、浅裂或大头羽状分裂。总状花序顶生，果期延长，有时每花生于叶状苞片腋部；萼片长圆形或宽披针形，开展；花瓣黄色，或有时缺，倒卵形至倒披针形，基部较狭，有时具爪，短于萼片；雄蕊 6 或较少。多数为长角果，呈细圆柱形，少为短角果，呈椭圆形或球形；果瓣凸出，无脉或仅基部具明显的中脉，有时成 4 瓣裂；柱头全缘或 2 裂。种子细小，多数，每室 1 行或 2 行；长圆形，具网纹、突起、皱褶或凹穴；子叶缘倚胚根。

约 75 种，广布于北半球温暖地区。我国有 9 种，南北均产，其中 6 种可药用。

分种检索表

1. 果实线形或细圆柱形。
   2. 有花瓣 ······ 1. **蔊菜 R. indica**
   2. 无花瓣 ······ 2. **无瓣蔊菜 R. dubia**
1. 果实球形、长圆形或短圆柱形。
   3. 花序顶生，花具叶状苞片 ······ 3. **广州蔊菜 R. cantoniensis**

3. 花序顶生和腋生，花无苞片。
  4. 果实短圆柱形或长圆形。
    5. 果实长圆形，长 1–2 cm，比果梗长 ……………………………………………………4. **高蔊菜 R. elata**
    5. 果实短圆柱形，长 3–8 mm，比果梗短 ………………………………………………5. **沼生蔊菜 R. palustris**
  4. 果实球形或近球形 ……………………………………………………………………………6. **风花菜 R. globosa**

本属药用植物全草含酚酸、黄酮及异硫氰酸等类型化合物。黄酮类化合物多为槲皮素、山柰酚和以其为苷元的苷类，如：槲皮素 -7-*O*- 鼠李糖苷 (quercetin-7-*O*-rhamnoside)、山柰酚 -3-*O*- 阿拉伯糖苷 (kaempferol-3-*O*-arabinoside)、山柰酚 -3-*O*- 葡萄糖苷 (kaempferol-3-*O*-glucoside)、山柰酚 -7-*O*-*β*-D- 吡喃葡萄糖苷 (kaempferol-7-*O*-*β*-D-glucopyranoside)、山柰酚 -7-*O*-*α*-L- 吡喃鼠李糖苷 (kaempferol-7-*O*-*α*-L-rhamnopyranoside)、山柰酚 -3-*O*- 葡萄糖基 -7-*O*- 鼠李糖苷 (kaempferol-3-*O*-glucosyl-7-*O*-rhamnoside)、蔊菜苷▲ (roripanoside) 等。酚酸类化合物主要为苯甲酸 (benzoic acid)、没食子酸 (gallic acid) 等。此外，还从本属药用植物分得异硫氰酸酯类化合物，如硬毛南芥素▲ (hirsutin)、南芥素▲ (arabin)、亚麻荠素▲ (camelinin) 以及 3 个 *ω*- 甲基磺酰烷基异硫氰酸酯 (*ω*-methylsulfonylalkyl isothiocyanates) 类化合物 (*n* = 8, 9, 10)(**1-3**)。

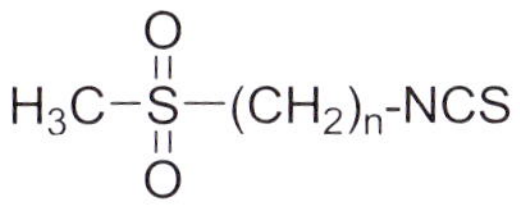

n=8, 9, 10

1-3

本属植物蔊菜具有抑菌活性。

1. 蔊菜（本草纲目） 印度蔊菜（江苏南部种子植物手册），江剪刀草（上海、江苏），香荠菜（江苏），水辣辣（甘肃）

Rorippa indica (L.) Hiern in Cat. Afr. Pl. 1(1): 26. 1896.——*Sisymbrium indicum* L.（英 **India Yellowcress**）

一年生或二年生草本。植株高 20–40 cm，无毛或偶具疏毛。茎单一，多分枝。基生叶花期枯萎；茎下部叶具柄或无柄，叶形多变化，通常大头羽状分裂至不裂，倒卵形至披针形，长 4–10 cm，顶端裂片大，卵状披针形，边缘具不整齐牙齿，侧裂片 1–3 对；茎上部叶片宽披针形或匙形，边缘具疏齿。总状花序顶生或侧生；萼片卵状长圆形，长 3–4 mm；花瓣黄色，匙形，基部渐狭成短爪，与萼片近等长。长角果，线状圆柱形，长 1–2 cm，宽 1–1.5 mm，直立或稍内弯，成熟时果瓣隆起。种子每室 2 行，多数，细小，卵圆形而扁，褐色，具细网纹。花期 4–6 月，果期 6–8 月。

分布与生境 产于辽宁、河北、陕西、甘肃、青海以及华东、华中、华南、西南地区。生于路旁、田边、园圃、河边、屋边墙脚及山坡路旁等较潮湿处。美洲、亚洲南部和东南部以及日本、朝鲜等也有分布。

药用部位 全草，花。

功效应用 清热解毒，祛痰止咳，消炎止痛，解表散寒，通经活血，利湿退黄，祛寒健胃。用于感冒发热，麻疹透发不畅，急、慢性气管炎，咳嗽痰多，气喘，咽喉痛，牙痛，麻疹透发不畅，风湿关节痛，闭经，淋证，跌打损伤，湿热黄疸，水肿，小便不利，外治痈肿，烫火伤，毒蛇咬伤。

化学成分 全草含黄酮类：槲皮素-7-*O*-鼠李糖苷(quercetin-7-*O*-rhamnoside)，山柰酚(kaempferol)，山柰酚-3-*O*-阿拉伯糖苷(kaempferol-3-*O*-arabinoside)，山柰酚-3-*O*-葡萄糖苷(kaempferol-3-*O*-glucoside)，山柰酚-7-*O*-*β*-D-吡喃葡萄糖苷(kaempferol-7-*O*-*β*-D-glucopyranoside)，山柰酚-7-*O*-*α*-L-吡喃鼠李糖苷(kaempferol-7-*O*-*α*-L-rhamnopyranoside)，山柰酚-3-*O*-葡萄糖基-7-*O*-鼠李糖苷(kaempferol-3-*O*-glucosyl-7-*O*-rhamnoside)，蔊菜苷▲(roripanoside)[1]；芳香类：苯甲酸(benzoic acid)，阿魏酸(ferulic acid)，香荚兰

蔊菜 **Rorippa indica** (L.) Hiern
引自《中国高等植物图鉴》

蔊菜 **Rorippa indica** (L.) Hiern
摄影：张英涛

酸(vanillic acid)，没食子酸(gallic acid)[1]；其他类：胡萝卜苷，1-*O*-芥子酰基-β-D-葡萄糖(1-*O*-sinapoyl-β-D-glucose)[1]。

根分泌物含异硫氰酸类：硬毛南芥素▲(hirsutin)，南芥素▲(arabin)，亚麻荠素▲(camelinin)，8-甲磺酰辛基异硫氰酸酯(8-methylsulfonyloctyl isothiocyanate)，9-甲磺酰辛基异硫氰酸酯(9-methylsulfonylnocnyl isothiocyanate)，10-甲磺酰癸基异硫氰酸酯(10-methylsulfonyldecyl isothiocyanate)[2]。

药理作用 抑菌作用：蔊菜提取物具有一定的抑菌作用，对金黄色葡萄球菌和铜绿假单胞菌呈现出杀菌作用，而对大肠埃希菌主要为抑菌作用[1]。

注评 本种为中国药典（1977 年版）和上海中药材标准（1994）收载“蔊菜”的基源植物，药用其干燥全草。据《上海常用中草药》记载，本种不能和黄荆叶同用，否则引起肢体麻木。畲族、藏族也药用，畲族用全草治疗麻疹、感冒；藏族用其地上部分治炭疽，外治脂肪瘤。

化学成分参考文献

[1] Lin YL, et al. *J Chin Chem Soc*, 1995, 42: 973-976.

[2] Yamane A, et al. *J Chem Ecol*, 1992, 18(11): 1941-1954.

药理作用及毒性参考文献

[1] 谌立巍，等. 内蒙古中医药，2008, 10(19): 31-32.

2. 无瓣蔊菜（中草药通讯） 蔊菜（江苏南部种子植物手册），野油菜（中国高等植物图鉴）

Rorippa dubia (Pers.) H. Hara in J. Jap. Bot. 30(7): 196. 1955.——*Sisymbrium dubium* Pers., *Rorippa montana* (Wall. ex Hook. f. et Thomson) Small（英 **Petalless Yellowcress**）

一年生草本。植株高 10–30 cm，柔弱；光滑无毛。茎直立或呈铺散状分枝。基生叶与茎下部叶柄长达 4 cm，叶片倒卵形或倒卵状披针形，长 3–10 cm，多数呈大头羽状分裂，顶裂片大，边缘具不规

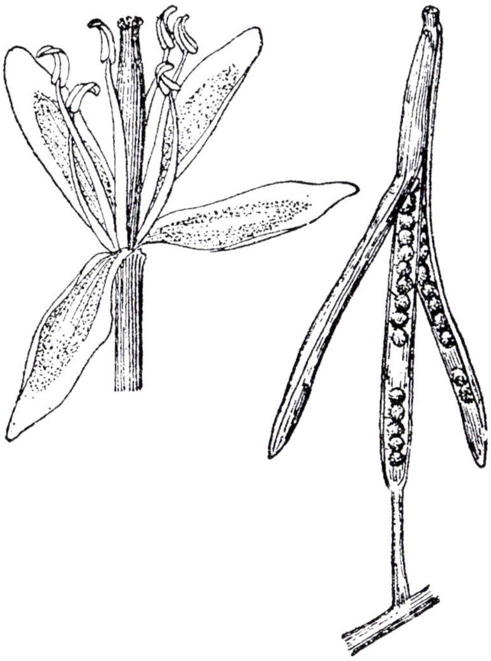

无瓣蔊菜 **Rorippa dubia** (Pers.) H. Hara
陈荣道　绘

无瓣蔊菜 **Rorippa dubia** (Pers.) H. Hara
摄影：刘冰

则锯齿，下部具 1–2 对小裂片；茎上部叶卵状披针形或长圆形，边缘波状齿，具短柄或无柄。总状花序顶生或侧生；萼片披针形至线形，长约 3 mm，边缘膜质；无花瓣（偶有不完全花瓣）；雄蕊 6。长角果，线形，长 2–4 cm，宽约 1 mm，细而直。种子细小而多，每室 1 行；种子褐色，近卵形，一端尖而微凹，表面具细网纹。花期 4–6 月，果期 6–8 月。

分布与生境　产于辽宁、陕西、甘肃以及华东、华中、华南、西南地区。生于山坡、山谷、路旁、荒地、河边湿地、园圃、田野潮湿处。美洲、亚洲南部和东南部以及日本、菲律宾、均有分布。

药用部位　全草，花。

功效应用　清热解毒，止咳化痰，平喘，利尿，活血通络，散瘀消肿。用于慢性气管炎，咽喉痛，感冒发热，咳嗽，经闭，风湿关节痛，小便不利，痈疮肿毒，干血痨，麻疹不透，跌打损伤。

化学成分　全草含生物碱类：蔊菜砜▲(rorifone)，蔊菜酰胺(rorifamide)[1]。

注评　本种傈僳族、傣族和基诺族药用，傈僳族用全草治小儿消化不良、肾炎、子宫内膜炎、肝炎、肺炎、肺脓肿、关节疼痛及痈疖肿毒，种子治疗类风湿关节炎、胃疼痛；傣族用全草治肝炎、感冒发热、结膜炎、泌尿系感染、痔疮、筋骨疼痛、水肿、身痒；基诺族用全草治癫痫、疮痈、黄疸型肝炎。

化学成分参考文献

[1] 上海药物研究所 . 中国科学 , 1973, 16(4): 506-511.

3. 广州蔊菜（秦岭植物志）　微子蔊菜（广州植物志），细子蔊菜（江苏南部种子植物手册），包蔊菜（东北植物检索表）

Rorippa cantoniensis (Lour.) Ohwi in Acta Phytotax. Geobot. 6(1): 55. 1937.——*Ricotia cantoniensis* Lour.（英 **Guangzhou Yellowcress**）

一年生或二年生草本。植株高 10–30 cm；无毛。茎直立或呈铺散状，多分枝。基生叶具柄，莲座状，叶片大头羽状深裂或浅裂，长 5–10 cm，裂片边缘具 2–3 缺刻状齿，顶端裂片较大；茎生叶向上渐缩小，且无柄，基部呈短耳状，抱茎，叶片倒卵状长圆形或匙形，边缘不规则齿裂。总状花序顶

广州蔊菜 **Rorippa cantoniensis** (Lour.) Ohwi
引自《中国高等植物图鉴》

广州蔊菜 **Rorippa cantoniensis** (Lour.) Ohwi
摄影：李泽贤

生；花近无柄，腋生于叶状苞片；萼片倒宽披针形，长 1.5–2 mm；花瓣淡黄色，倒卵形或狭匙形，长 2–3 mm，稍长于萼片；雄蕊 6，近等长。短角果，短圆柱形或长圆形，长 5–8 mm。种子细小而多，红褐色，扁卵形，表面具网纹，一端凹缺。花期 3–4 月，果期 4–6 月（有时秋季也可开花结果）。

分布与生境　产于华东、华中以及辽宁、河北、陕西、广东、广西、四川、云南。生于田边、路旁、山沟、河边、潮湿地。朝鲜、日本、俄罗斯、越南也有分布。

药用部位　全草。

功效应用　清热解毒，镇咳。

4. 高蔊菜（拉汉种子植物名称补编）

Rorippa elata (Hook. f. et Thomson) Hand.-Mazz., Symb. Sin. 7(2): 357-358. 1931.——*Barbarea elata* Hook. f. et Thomson（英 **Tall Yellowcress**）

一年生或二年生草本。植株高 30–90 cm；无毛或有单毛。茎直立，下部单一，上部分枝。基生叶与茎下部叶有叶柄，叶片长 3–10 cm，大头羽状分裂，有时深波状或不裂，边缘具圆齿，侧裂片 1–5，长 2–3 cm，向下渐小，基部扩大成耳状，抱茎；茎上部无柄，叶片具浅齿或浅裂。总状花序果期延长达 20–40 cm；萼片宽椭圆形，长 2–3 mm，有疏毛；花瓣黄色，倒卵形，长 3–4 mm；果长圆状线形，长 1–2 cm；果瓣中脉明显凸起。种子排成 2 行；褐色或黄褐色，卵形，微压扁，长 1–1.5 mm，具圆状突起。花期 5–8 月，果期 6–10 月。

分布与生境　产于陕西、青海、四川、云南和西藏。生于海拔 2300–4500 m 的山坡、草地、林缘、溪边、路边。不丹、印度（锡金）也有分布。

药用部位　种子。

功效应用　解烦热，解毒。用于肉毒症，食物中毒，骚热病，血病，肺病。

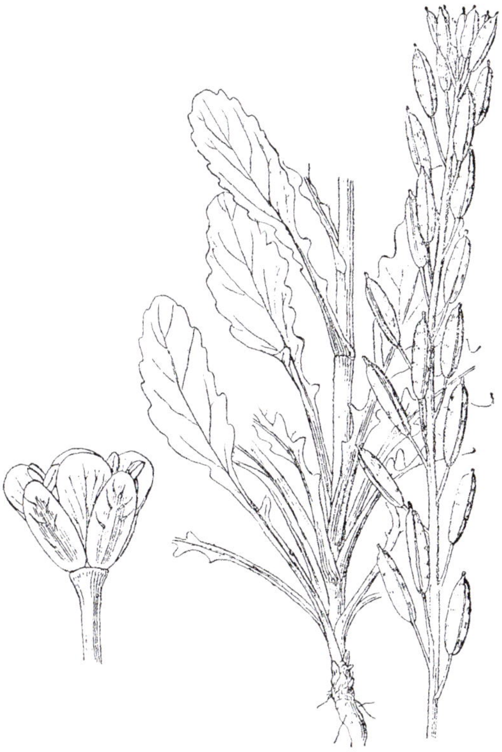

高蔊菜 **Rorippa elata** (Hook. f. et Thomson) Hand.-Mazz.
史渭清　绘

高蔊菜 **Rorippa elata** (Hook. f. et Thomson) Hand.-Mazz.
摄影：高贤明

5. 沼生蔊菜（江苏野生植物志） 风花菜（中国植物学大辞典）

Rorippa palustris (L.) Besser, Enum. Pl. 27. 1821.——*Sisymbrium amphibium* L. var. *palustre* L., *S. palustre* (L.) Leyss.（英 **Bog Marshcress**）

一年生或二年生草本。植株高 20–100 cm；光滑无毛或稀有单毛。茎直立，单一或上部分枝，下部常带紫色，具棱。基生叶多数，具柄，早枯萎；茎下部叶片长圆形至狭长圆形，长 5–10 cm，羽状深裂或大头羽裂，裂片 3–7 对，边缘不规则浅裂或呈深波状，顶端裂片大，基部耳状抱茎；茎生叶向上渐小。总状花序顶生或腋生，果期伸长；萼片长椭圆形，长 1–2 mm；花瓣黄色或淡黄色，长倒卵形至楔形，等于或稍短于萼片。果椭圆形或近圆柱形，长 3–8 mm；果瓣肿胀，无中脉。种子每室 2 行；褐色，细小，近卵形而扁，表面具细网纹。花期 4–7 月，果期 6–8 月。

本种在我国曾被错误鉴定为 *Rorippa islandica* (Oeder ex Murray) Borbás，后者仅分布于欧洲与俄罗斯西部。

分布与生境　产于东北、华北、西北、华中、西南以及山东、安徽、江苏、江西、台湾、广西。生于潮湿环境或近水处、溪岸、路旁、田边、山坡草地及草场。北半球温暖地区皆有分布。

药用部位　全草（水前草）。

功效应用　清热解毒，宣肺止咳，利尿通淋，活血通经。用于咽喉痛，风热感冒，肝炎，黄疸，水肿，腹水，肺热咳喘，肺炎，结膜炎，小便淋痛，淋证，尿道感染，膀胱结石，关节痛，痘疹，小儿惊风，痈肿，烧烫伤。

化学成分　叶含硫代葡萄糖苷类：葡萄糖芸苔素(glucobrassicin)，表葡萄糖山芥素▲(epiglucobarbarin; glucosibarin)，葡萄糖硬毛南芥素▲(glucohirsutin)，葡萄糖南芥素▲(glucoarabin)[1]。

注评　本种朝鲜族药用，其全草用于坏血病、肺结核。

沼生蔊菜 **Rorippa palustris** (L.) Besser
史渭清　绘

沼生蔊菜 **Rorippa palustris** (L.) Besser
摄影：张英涛

化学成分参考文献

[1] Griffiths DW, et al. *Phytochemistry*, 2001, 57: 693-700.

6. 风花菜（救荒本草） 球果蔊菜（江苏南部种子植物手册），圆果蔊菜（广州植物志），银条菜（植物名实图考）

Rorippa globosa (Turcz. ex Fisch. et C. A. Mey.) Hayek in Beih. Bot. Centralbl. 27(1): 195. 1911.——*Nasturtium globosum* Turcz. ex Fisch. et C. A. Mey.（英 **Globate Yellowcress**）

一年生或二年生草本。植株高 30–90 cm，粗壮；被白色硬毛或近无毛。茎直立，下部单一，近木质化，被白色长毛，上部分枝。茎下部叶具柄，上部叶无柄；叶片长圆形至倒卵状披针形，长 5–15 cm，基部渐狭，下延成短耳状而半抱茎，边缘具不整齐粗齿；上部叶不裂，具锯齿、牙齿或细锯齿。总状花序多数，排成圆锥状，果期伸长；萼片长卵形，长约 1.5 mm，边缘膜质；花瓣黄色，小，长 0.7–1.2 mm，倒卵形，与萼片等长或稍短。果近球形，径约 2 mm；果瓣隆起，平滑无毛，有不明显网纹，顶端具宿存短花柱。种子多数；深红褐色，极细小，扁卵形。花期 4–6 月，果期 6–9 月。

分布与生境　产于东北、华北、华东、华中、西南以及广东、广西。生于河边、湿地、草地、路旁、沟边。日本、朝鲜、蒙古、俄罗斯和越南也有分布。

药用部位　全草、叶。

功效应用　清热利尿，解毒，消肿。用于黄疸，水肿，淋病，咽痛，痈肿，烫火伤。

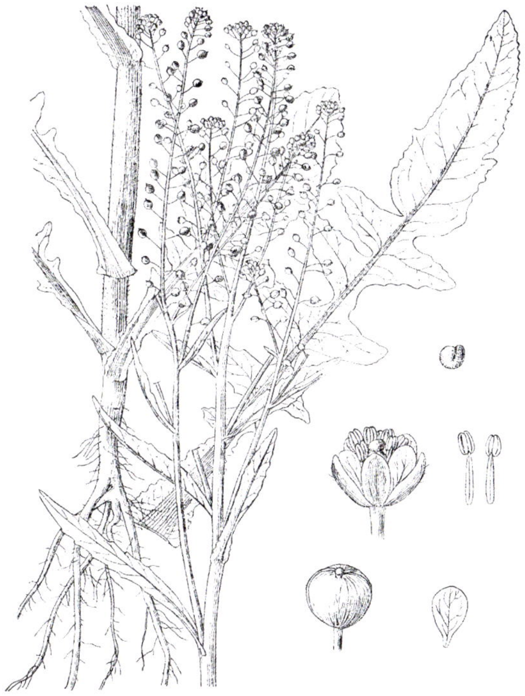

风花菜 **Rorippa globosa** (Turcz. ex Fisch. et C. A. Mey.) Hayek
史渭清　绘

风花菜 **Rorippa globosa** (Turcz. ex Fisch. et C. A. Mey.) Hayek
摄影：徐克学

27. 白芥属 Sinapis L.

一年生草本。植株无毛或具单毛。茎直立或斜倚，上部常分枝。基生叶有柄，不莲座，叶片大头羽状半裂或深裂；茎生叶与基生叶相似，下部叶有短柄，上部叶近无柄或无柄。总状花序，花呈伞房状，果期延长，无苞片或下部花有苞片。萼片黄绿色，长圆形，基部不成囊状；花瓣黄色，倒卵形，爪与萼片近等长；雄蕊 6；侧蜜腺棱柱状，常 2 裂，中蜜腺卵圆形；柱头近 2 裂。长角果，短，近圆柱形或线形，具长喙；果瓣有 3–7 平行脉；隔膜近膜质，有厚壁。种子 1 行；球形，偶稍压扁；表面棕色，有网纹；子叶对折。

7 种，主产于地中海地区。我国有 2 种，其中 1 种可药用。

本属药用植物主要含硫苷类化合物，如异硫氰酸丙烯酯 (allyl isothiocyanate，**1**)、苯乙基异硫氰酸酯 (phenethyl isothiocyanate，**2**)、白芥子苷 (sinalbin，**3**) 等，其中 **1** 和 **2** 具有杀螨活性。

白芥 (S. alba) 的种子不仅具有泻下作用，而且具有抗肿瘤活性；且其抗肿瘤活性与其所含的硫苷类化合物 (glucosinolate) 相关。

本属植物白芥具有抗炎镇痛、止咳平喘、抗氧化抗辐射损伤、抗菌等作用。

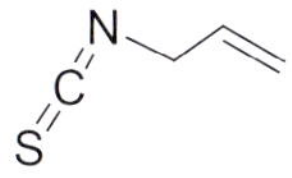

1

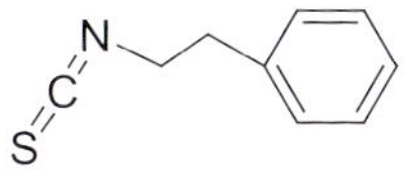

2

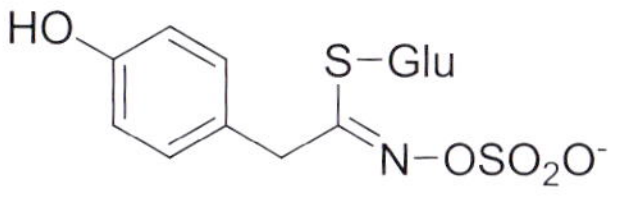

3

1. 白芥（开宝本草） 欧白芥（中国中药资源志要），白辣菜子（安徽），辣菜子（中药志），蜀芥（本草纲目）

Sinapis alba L., Sp. Pl. 2: 668. 1753.——*Brassica alba* (L.) Rabenh.（英 **White Mustard**）

植株高 25–100 cm；具倒毛，少无毛。茎直立，上部分枝。下部叶具柄，叶片长圆形或披针形，长 5–15 cm，大头羽裂，有 2–3 对裂片，顶裂片宽卵形，长 3.5–6 cm，常 3 裂，侧裂片长 1.5–2 cm，二者顶端皆圆钝或急尖，边缘有不规则粗锯齿；上部叶卵形或长圆卵形，边缘有缺刻状裂齿。总状花序果期长达 30 cm；萼片长圆形，长 4–5 mm，具白色膜质边缘；花瓣淡黄色，倒卵形，长 8–10 mm。长角果，近圆柱形，长 2–4 cm，宽 3–4 mm，具糙硬毛；果瓣有 3–7 平行脉；喙长 6–15 mm，稍扁压，向顶端渐细，常弯曲；每室有种子 1–4 个。种子球形，直径 2–3 mm，灰色、黄棕色或红褐色，有细窝穴。花果期 5–9 月。

分布与生境 西北以及辽宁、山东、安徽、四川等地有栽培。原产于欧洲。

药用部位 种子（白芥子），嫩茎叶（白芥）。

功效应用 种子：温肺豁痰，利气散结，通络止痛。用于寒痰喘咳，脘腹冷痛，胸胁胀痛，痰滞经络，关节麻木疼痛，痰湿流注，阴疽肿毒。嫩茎叶：温中散寒。用于咳嗽气急，胃腹冷痛。

化学成分 种子含硫苷类：异硫氰酸丙烯酯(allyl isothiocyanate)，苯乙基异硫氰酸酯(phenethyl isothiocyanate)[1]、白芥子苷(sinalbin; glucosinalbin)[2]。

药理作用 抗炎镇痛作用：白芥子醇提物对醋酸诱发的小鼠腹腔毛细血管通透性增加有抑制作用，并且能对抗二甲苯引起的小鼠耳郭肿胀，对炎症早期的水肿和渗出具有抑制作用。白芥子醇提物不仅能降低化学物质引起的疼痛，而且对热损伤造成的疼痛也有较强的对抗作用[1]。

止咳祛痰平喘作用：大剂量的白芥子水提物具有祛痰作用，小剂量的炒白芥子醇提取物具有镇咳作用，小剂量的炒白芥子石油醚提取物具有平喘作用。白芥子镇咳平喘的有效成分集中于脂溶性成分

白芥 **Sinapis alba** L.
冯晋庸　绘

白芥 **Sinapis alba** L.
摄影：林茂祥

中，其祛痰的成分则集中在其水溶性成分中[2]。

抗雄激素作用：白芥子提取物对丙酸睾酮所诱发的小鼠前列腺增生有显著的抑制作用，并能明显降低其前列腺、包皮腺的湿重，显著抑制小鼠血清酸性磷酸酶活力，具有抗雄激素样活性[3]。其所含白芥子苷(sinalbin)和β-谷甾醇均可降低由丙酸睾酮所诱发的去势小鼠前列腺增生和血清酸性磷酸酶活力，白芥子苷降低大鼠肉芽肿，而β-谷甾醇可降低组胺诱发的毛细血管通透性增加，说明白芥子抑制前列腺增生的活性物质可能是白芥子苷和β-谷甾醇[4]。

芥子 Sinapis Semen
摄影：张继

抗细菌作用：白芥子含有的芳香异硫氰酸酯类物质具有抑制细菌的作用[5]。

抗氧化及抗辐射作用：芥子碱能有效清除活性氧自由基[6]，并且具有辐射保护作用，其机制为芥子碱能够修复由辐射引起的致死突变[7]。

注评　本种为中国药典（1977、1985、1990、1995、2000、2005 年版）和中华中药典范（1985 年版）、内蒙古中药材标准（1988）、部颁药品标准·维吾尔药（1998 年版）收载“白芥子”的基源植物，中国药典（2010 年版）收载“芥子”的基源植物之一，药用其干燥成熟种子。藏族、德昂族和景颇族也药用，藏族用其种子治肾寒、阳痿、黄水病、尿多、便溏、消化不良；德昂族、景颇族用种子治支气管哮喘、扭伤、挫伤。

化学成分参考文献

[1] Jeong-hyeon L, et al. *J Agric Food Chem*, 2008, 56: 9962-9966.

[2] Vladimir B, et al. *J Agric Food Chem*, 2005, 53: 8650-8654.

药理作用及毒性参考文献

[1] 李小莉，等．现代中药研究与实验，2007, 21(6): 28-29.

[2] 张学梅，等．中草药，2003, 34(7): 635-637.

[3] 吴国欣，等．中国中药杂志，2002, 27(10): 766-768.

[4] 吴国欣，等．中国中药杂志，2005, 28(7): 643-646.

[5] Kim MG, et al. *J Food Sci*, 2009, 74(8): 467-471.

[6] 李卫业，等．植物生理学报，1997, 23(4): 319-323.

[7] 李群，等．实验生物学报，1993, 26(3): 269-274.

28. 大蒜芥属 Sisymbrium L.

一年生至多年生草本。植株无毛或有单毛。茎直立，偶斜倚，常上部分枝。单叶；叶片为大头羽状裂或不裂。总状花序果期延长；萼片卵形或长圆形，有时内轮基部呈囊状；花瓣黄色、白色或玫瑰红色，长圆状倒卵形，具爪；雄蕊 6，花丝基部宽；侧蜜腺环状，中蜜腺柱状，二者汇合成环状；柱头钝，不裂或 2 裂。长角果，线形，圆筒状或略压扁，开裂；果瓣具 3 脉，中脉明显；隔膜透明，膜质；每室有种子 1 行，多数。种子长圆形或短椭圆形，无翅状附属物；子叶背倚胚根。

约 40 种，分布于欧洲、亚洲和非洲北部。我国有 10 种，主产于西北和西南地区，其中 1 种可药用。

1. 垂果大蒜芥（中国药用植物志、中国高等植物图鉴）　弯果蒜芥（东北植物检索表），垂果蒜芥（中草药通讯）

Sisymbrium heteromallum C. A. Mey. in Ledeb., Fl. Altaic. 3: 132-133. 1831.（英 **Droopingfruit Garliccress**）

一年生草本。植株高 30–90 cm。茎直立，上部分枝，下部具疏毛。基生叶和下部叶柄长 2–3 cm，

垂果大蒜芥 **Sisymbrium heteromallum** C. A. Mey.
引自《中国高等植物图鉴》

垂果大蒜芥 **Sisymbrium heteromallum** C. A. Mey.
摄影：张英涛

叶片宽倒披针形，长 5–15 cm，大头羽状深裂或全裂，顶端裂片长圆状三角形，全缘或具齿，基部连生侧裂片，侧裂片 2–6 对，长三角状或卵圆状披针形；上部的叶无柄，叶片羽状浅裂，裂片披针形。总状花序密集成伞房状，果期伸长；萼片淡黄色，长圆形，长 2–3 mm；花瓣黄色，长圆形，长 3–4 mm，顶端钝圆，具爪。果线形，长 4–8 cm，宽约 1 mm，常下垂；果瓣略隆起。种子长圆形，长约 1 mm，黄棕色。花期 5–8 月，果期 6–9 月。

分布与生境 产于华北、西北、西南以及吉林和江苏。生于石坡、路边、林缘、草地、河边。蒙古、俄罗斯西伯利亚、印度北部、巴基斯坦、哈萨克斯坦均有分布。

药用部位 种子、全草。

功效应用 种子：清热解毒，镇咳化痰，强心。用于虚劳咳嗽，顿咳，久病心力不足，肉食中毒。全草：用于瘰疬，肉瘤。

注评 本种藏族药用，其地上部分用于炭疽，外用治脂肪瘤；种子用于肉毒症、热病、血病、肺病。

29. 丛菔属 **Solms-laubachia** Muschl. ex Diels

多年生草本。植株直立或呈垫状。根粗壮；根颈具残留的叶柄，革质或草质。茎无或少有。叶多呈莲座状丛生，具叶柄；叶片狭长椭圆形、倒卵形、圆形或匙形，全缘，两面均被毛或近无毛。花葶 2 至多条，自茎顶部抽出，各具花 1 朵，稀为总状花序；萼片长圆形，背面被柔毛，宿存；花瓣颜色多种，近圆形、匙形或倒披针形，基部具爪；雄蕊 6，花丝基部呈翅状；只有 2 个侧蜜腺。长角果，线形、卵形或披针形；果瓣扁平，纸质，具网脉；种子每室 1–2 行。种子近圆形，表面具附属物或平滑；子叶缘倚胚根。

9 种，分布于中国、不丹和印度（锡金）。我国均产，其中 5 种可药用。

分种检索表

1. 花单生；花葶自茎顶端抽出。
    2. 叶片密被灰白色绵毛；种子密被乳头状突起 ……………………………… 1. **绵毛丛菔 S. lanata**
    2. 叶片被有绿白色柔毛或近无毛；种子无乳头状突起。
        3. 叶片长椭圆形或倒卵形，宽约 16 mm ……………………………… 2. **宽果丛菔 S. eurycarpa**
        3. 叶片狭长椭圆形、披针形、条形或线性，宽不足 8 mm。
            4. 叶片下面及边缘被短毛或近无毛 ……………………………… 3. **丛菔 S. pulcherrima**
            4. 叶片两面被长柔毛；长角果密被长柔毛 ……………………………… 4. **线叶丛菔 S. linearifolia**
1. 花排成总状花序；花序有 1–3 叶 ……………………………… 5. **总状丛菔 S. platycarpa**

1. 绵毛丛菔（植物分类学报）

Solms-laubachia lanata Botsch. in Bot. Mater. Gerb. Bot. Inst. Komarova Acad. Nauk SSSR. 17: 170. 1955.（英 **Woolly Shrubcress**）

植株高 2–8 cm；密被直立白色绵毛。根粗壮，直径 5–10 mm。茎无分枝，或顶部具 1–2 颈状分枝，被有草质的宿存叶柄。叶多数，密集丛生；叶片倒卵形或倒披针形，长 2–4 cm，顶端急尖或圆顿，基部楔形；叶柄长约 1.5 cm。花单生，花葶自茎端抽出；花瓣紫红色（根据文献）。果卵状披针形，长约 2.5 cm，宽 8 mm；果瓣中脉不明显，顶端宿存花柱，极短，柱头 2 裂；果梗长约 2.5 cm；果表面密被绵毛；每室约有 8 粒种子，排成 2 行。种子椭圆形，长 2–3 mm，淡黄色，具乳头状突起。果期 7–9 月。

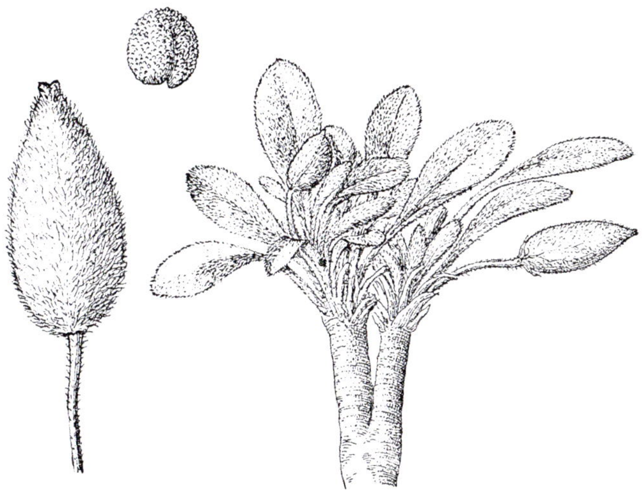

绵毛丛菔 **Solms-laubachia lanata** Botsch.
史渭清　绘

分布与生境　产于西藏。生于海拔 4000–5000 m 的山坡草地。

药用部位　全草、根。

功效应用　退热，滋补，愈创。用于肺病咯血，外用治刀伤。

2. 宽果丛菔（植物分类学报）　梭罗加博（藏语）

Solms-laubachia eurycarpa (Maxim.) Botsch. in Bot. Mater. Gerb. Bot. Inst. Komarova Acad. Nauk SSSR. 17: 169. 1955.——*Parrya eurycarpa* Maxim., *Solms-laubachia dolichocarpa* Y. C. Lan et T. Y. Cheo, *Solms-laubachia eurycarpa* (Maxim.) Botsch. var. *brevistipes* Y. C. Lan et T. Y. Cheo, *S. eurycarpa* (Maxim.) Botsch. var. *lasiophylla* R. F. Huang, *S. latifolia* (O. E. Schulz) Y. C. Lan et T. Y. Cheo（英 **Broadfruit Shrubcress**）

植株高 3–10 cm。根粗壮，直径约 15 mm，外面灰白色。茎多分枝，根颈状，密被近革质的宿存叶柄。叶多数，密集丛生；叶片椭圆形至倒披针形，长 2.5–5 cm，顶端急尖，基部楔形，侧脉显著，仅边缘具短柔毛；叶柄紫色，长 3–6 cm。花单生，花葶自茎端抽出；萼片长椭圆形，长约 4 mm，背面被长毛；花瓣倒卵形，长约 8 mm，边缘被短柔毛。长角果镰状长椭圆形，长 5–8 cm，宽 5–12 mm；果瓣中脉明显，侧脉不明显，顶端宿存花柱，柱头 2 裂，基部宿存萼片和花瓣；果梗长约 5 cm。种子每室 2 行，5–8 粒；种子近圆形，直径 3–4 mm，淡褐色。果期 7–9 月。

分布与生境　产于甘肃、四川、青海、西藏。生于海拔 4000–4900 m 的高山悬崖、岩石坡、陡坡、石砾地。

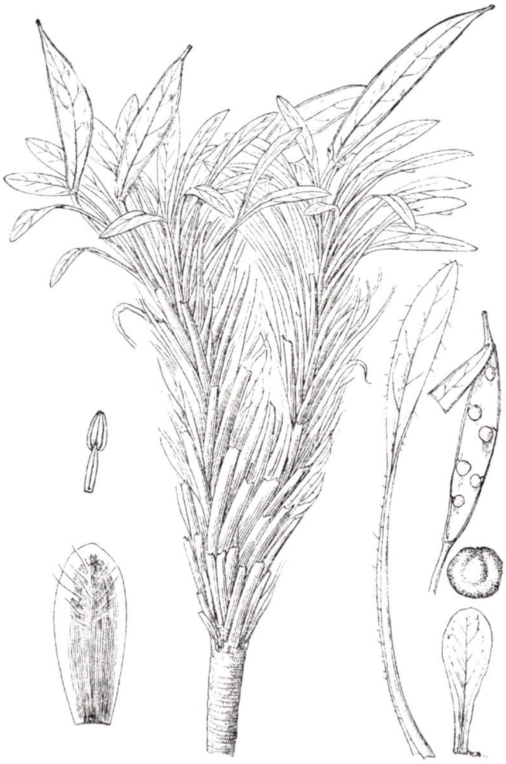

宽果丛菔 **Solms-laubachia eurycarpa** (Maxim.) Botsch.
史渭清　绘

宽果丛菔 **Solms-laubachia eurycarpa** (Maxim.) Botsch.
摄影：陈又生

药用部位　全草、根。

功效应用　清热退烧，清肺止咳。用于肺热咳嗽，咳吐黄痰。

注评　本种为部颁药品标准·藏药（1995 年版）收载“丛菔”的基源植物，藏族药用其干燥根或全草治肺炎，上胸部发热。

3. 丛菔（中国高等植物图鉴）　索鲁卡鲁（藏语）

Solms-laubachia pulcherrima Muschl. ex Diels in Notes Roy. Bot. Gard. Edinburgh 5(25): 206. 1912.——*Parrya ciliaris* Bureau et Franch., *Solms-laubachia ciliaris* (Bureau et Franch.) Botsch., *S. minor* Hand.-Mazz.（英 **Beautiful Shrubcress**）

植株高 3–10 cm；无毛或有柔毛。根粗壮，直径 8–15 mm；根颈密被宿存的叶柄，灰白色。叶多数，丛生；叶柄长 0.7–2 cm，基部扩大呈翅状，宽达 1 cm；叶片狭长椭圆形，长 2–3.5 cm，宽 3–6 mm，顶端急尖或圆顿，基部楔形，下面及边缘被短柔毛。花单生于根颈顶部，多数；萼片长圆状披针形，长约 8 mm，背面被短柔毛；花瓣粉红色或浅绿蓝色，倒卵形，长 18–20 mm，顶端钝圆或微凹，芳香。长角果镰状披针形，长 3–5 cm；果梗长 1.5–2 cm；每室有种子 2 行，5–8 粒。种子宽卵形，长约 3 mm，具网纹。花期 5–7 月，果期 6–8 月。

分布与生境　产于四川、云南和西藏。生于海拔 3000–5000 m 的草坡、岩屑堆、石灰岩的石缝中。

药用部位　全草。

功效应用　清热解毒，发散风热，清肝明目。用于肺热咳嗽，感冒发热，咽喉疼痛，乳蛾疮，肝火耳鸣，头晕目眩，目赤流泪。

注评　本种藏族药用，用其根及根状茎治肺炎、咳嗽、痰中带血。

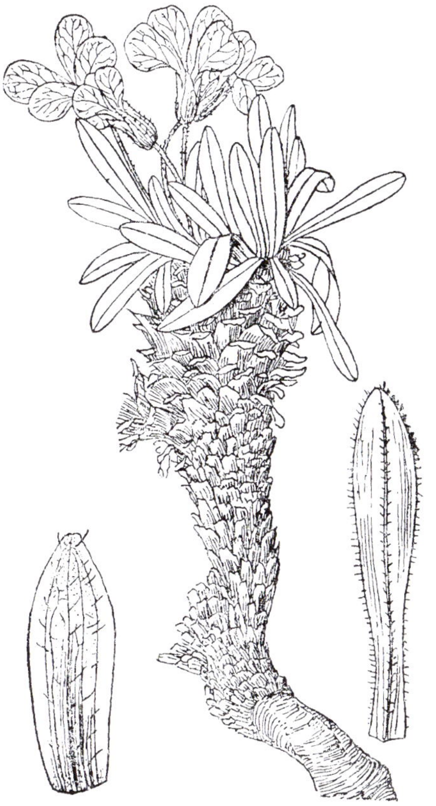

丛菔 **Solms-laubachia pulcherrima** Muschl. ex Diels
史渭清 绘

丛菔 **Solms-laubachia pulcherrima** Muschl. ex Diels
摄影：潘建斌

4. 线叶丛菔（植物分类学报） 鸡掌七（云南）

Solms-laubachia linearifolia (W. W. Sm.) O. E. Schulz in Notizbl. Bot. Gard. Berlin-Dahlem. 9(87): 477. 1926.——*Parrya linearifolia* W. W. Sm.（英 **Linearleaf Shrubcress**）

植株高 3–10 cm；密被长柔毛及直毛。根粗壮，直径 2–4 mm；根颈密被草质的宿存叶柄及叶痕。叶少数；叶柄长约 2.5 cm；叶片狭长椭圆形或线状披针形，长 1.5–4.5 cm，宽 2–4 mm，顶端急尖或钝圆，基部渐狭。花单生于茎顶端；萼片长椭圆形，长 7–10 mm，背面被长柔毛；花瓣粉红色、紫红色或绿蓝色，倒卵形，长 2 cm，爪长约 1 cm；柱头 2 浅裂。长角果长椭圆形或长卵形，长 4–6 cm，密被长柔毛；果瓣具中脉；基部宿存萼片；每室有种子 1 行，5–6 粒。种子宽卵形，长 3–5 mm，褐色，有细网纹。花期 5–6 月，果期 7–9 月。

分布与生境 产于四川、云南和西藏。生于海拔 3500–4500 m 的石质山坡、沙质山坡、石灰岩缝中、岩屑堆。

药用部位 全草、根。

功效应用 祛风止咳，止血消炎，续筋接骨，益气补血。用于肺炎，咳嗽，感冒，外伤出血，外伤和老年性骨折，病后体虚，血虚。

注评 本种藏族药用，用其根状茎治肺炎、咳嗽、痰中带血。

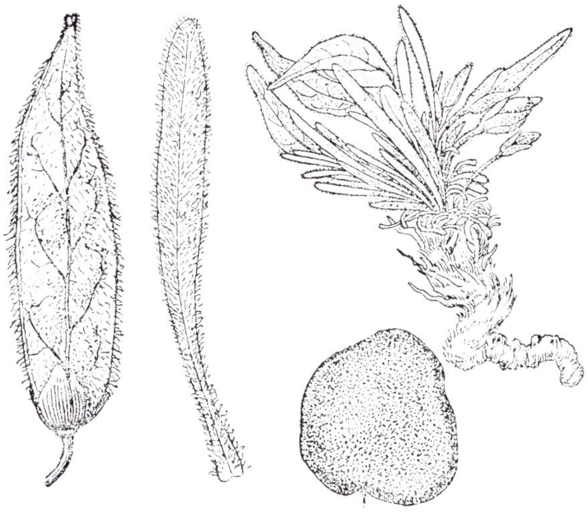

线叶丛菔 **Solms-laubachia linearifolia** (W. W. Sm.) O. E. Schulz
陈荣道 绘

31. 菥蓂属 Thlaspi L.

一年生至多年生草本。植株碾碎后常有恶臭，无毛或少数有短柔毛。茎直立或近直立。基生叶莲座状，叶片倒卵形或长圆形，有短叶柄；茎生叶无柄，叶片多为卵形或披针形，基部心形，抱茎，两下侧端耳状或箭头状，边缘全缘或有锯齿。总状花序伞房状，果期延长；萼片直立，卵形或椭圆形，常有宽膜质边缘；花瓣白色，少粉红色或带黄色，长圆状倒卵形，长为萼片的2倍，下部渐狭；侧蜜腺成对，半月形，无中蜜腺。短角果，长圆形、倒卵状长圆形或近圆形，压扁，无毛，微有翅或有宽翅，顶端常稍凹缺，少数全缘，开裂；花柱退化或无；隔膜窄椭圆形，膜质，无脉。种子卵圆形，有粗纹理；子叶缘倚胚根。

约75种，多产于北温带欧洲及亚洲，少数亦产于北美和南美。我国有6种，其中1种可药用。

本属药用植物化学成分研究较少，目前仅从本属植物菥蓂 (T. arvense) 中分得黄酮类化合物，如木犀草素 (luteolin)、芹菜苷元 (apigenin) 等。此外，菥蓂种子中含丰富的挥发油。

本属植物菥蓂具有抗抑郁作用。

1. 菥蓂（神农本草经） 遏蓝菜（救荒本草），洋辣罐（辽宁），犁头菜（陕西），臭虫草（江苏）

Thlaspi arvense L., Sp. P1. 2: 646. 1753.（英 **Boor's Mustard, Dish Mustard, Field Pennycress, Wild Cress**）

一年生草本。植株高15–60 cm；光滑无毛。茎直立，或上部分枝。基生叶和茎下部叶倒卵状长圆形或长圆形，长1–5 cm，顶端圆钝或急尖，基部抱茎，两侧箭形，边缘具疏齿或全缘；上部叶无柄。总状花序顶生；萼片直立，长圆形，长约2 mm，顶端圆钝；花瓣白色，匙形，长3–4 mm，顶端圆钝或微凹。果倒卵形或近圆形，长1–2 cm，宽1–18 cm，扁平，顶端凹入，边缘有宽约3 mm的翅；每室有种子2–8个。种子倒卵形，长约1.5 mm，稍扁平，黑褐色，有同心环状条纹。花期3–6月，果期6–10月。

菥蓂 **Thlaspi arvense** L.
引自《中国高等植物图鉴》

菥蓂 **Thlaspi arvense** L.
摄影：周繇

分布与生境 产于全国各地（广东、海南和台湾除外）。生于平地路旁、荒地、沟边或村落附近。亚洲、欧洲、非洲北部有分布，引种到澳洲和美洲。

药用部位 地上部分。

功效应用 清肝明目，和中利湿，解毒消肿。用于目赤肿痛，脘腹胀痛，胁痛，肠痈，水肿，带下，疮疖痈肿。

化学成分 叶含黄酮类：木犀草素(luteolin)，芹菜苷元(apigenin)[1]。

种子含挥发油：以异硫氰酸丙烯酯(allyl isothiocyanate)，4-异硫氰酸基-1-丁烯(4-isothiocyanato-1-butene)，3-丁烯腈(3-butenenitrile)，亚油酸(linoleic acid)的含量较高[2]。

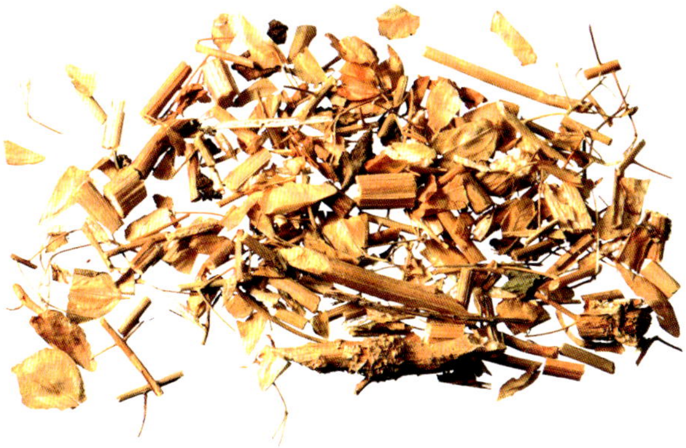

菥蓂 Thlaspi Herba
摄影：张继

药理作用 抗抑郁作用：菥蓂子水提醇沉提取物对小鼠自发活动无明显影响，但能明显减少小鼠悬尾和强迫游泳的不动时间，具有良好的抗抑郁作用。能拮抗利血平引发的体温下降和眼睑下垂，增强5-HTP诱导的小鼠甩头，而不能抑制高剂量阿扑吗啡引起的体温下降，并且对育亨宾的毒性没有增强作用。表明其抗抑郁机制可能与5-HTP递质系统有关[1]。

注评 本种为中国药典（1977、2010年版）、上海（1994）、河南（1991）等中药材标准收载“菥蓂”的基源植物，药用其干燥地上部分；其种子为部颁药品标准·藏药（1995年版）收载的“菥蓂子”。本种的干燥带果全草又称“苏败酱”，在黑龙江、江苏、上海、安徽、浙江、湖北、江西、湖南、贵州、福建、广东等地作“败酱草”使用；败酱科植物攀倒甑 Patrinia villosa (Thunb.) Juss. 和败酱 Patrinia scabiosifolia Link 是“败酱草”主流品种；二者不同，应注意区别使用。傈僳族、白族、朝鲜族和蒙古族也药用，主要用全草治小儿消化不良、肾炎、子宫内膜炎、肝炎、肺脓肿、关节疼痛、痈疖肿毒，种子治目赤红肿、类风湿关节炎、胃腹疼痛、肝炎。

化学成分参考文献

[1] Onyilagha J, et al. *Biochem Syst Ecol*, 2003, 31: 1309-1322.

[2] 涂杰，等. 化学研究与应用，2006,18(11): 1340-1341.

药理作用及毒性参考文献

[1] 刘高阳. 菥蓂子抗抑郁的物质基础与作用机理研究 [学位论文]. 成都：四川大学生命科学学院，2007.

32. 楔果荠属（新拟）Noccaea Moench

二年生或多年生草本。全株光滑。茎单生或数个基生，直立或外倾，无分枝或疏分枝，常具白粉。基生叶莲座状，有柄，叶片全缘或具细牙齿；茎生叶基部耳状或近抱茎，全缘或齿状。总状花序花期伞房状，果期明显延长；萼片直立，长圆形或卵形；花瓣白色、粉红色或紫色，长于萼片，匙形至倒卵形、倒披针形、长圆形、或很少为宽线性，先端钝或圆形，下部爪状；侧蜜腺成对。短角果，倒心形、倒卵形、倒三角形或长圆形，顶部有翅或无；果瓣有明显或不明显的脉，中肋粗；隔膜完整；花柱明显。种子卵形或椭圆形，种皮微网状到近光滑；子叶缘倚胚根。

约80种，主要分布于欧洲、亚洲、非洲北部和北美洲。我国约有3种，其中1种可药用。

1. 中亚楔果荠（新拟） 新疆菥蓂（中国植物志）

Noccaea ferganensis (N. Busch) Czerep., Sosud. Rast. SSSR 140. 1981.——*Thlaspi ferganense* N. Busch（英 **Fergan Nocca's Pennycress** 新拟）

二年生草本。高 40–50 cm；无毛。茎数条，直立，无分枝。基生叶莲座状，叶片宽卵形，长 1–2 cm，宽 6–10 mm，顶端圆形，基部渐狭，全缘，叶柄长约 1 cm；茎生叶无柄，叶片宽卵形，大于基生叶，基部稍深心形，抱茎，全缘或有数个不明显的浅锯齿。花序花期伞房状，果期明显延长成总状，长 10–15 cm；花直径约 2 mm，花柄长 3–5 mm；萼片卵形，长 1.5–2.5 mm；花瓣白色，倒卵形，长 3–4 mm。果倒披针状楔形或倒长三角形，长 8–12 mm，宽 3–5 mm，光滑，顶端凹缺，边缘有狭翅，中脉明显，宿存花柱长约 1 mm；果梗较粗，长 5–7 mm，呈水平展开。种子长圆形，长约 1 mm，黄棕色，有乳头状突起。花期 5–6 月，果期 6–7 月。

中亚楔果荠 **Noccaea ferganensis** (N. Busch) Czerep.
张荣生 绘

分布与生境 产于新疆（布尔津、塔城、伊宁）。生于 1000 m 以下的山坡林缘、灌丛。中亚有分布。

药用部位 种子。

功效应用 利肝，明目，健胃止血。

悬铃木科 PLATANACEAE

落叶乔木，枝叶被树枝状及星状绒毛。树皮苍白色，薄片状剥落，表面平滑。侧芽卵圆形，先端稍尖，有单独一块鳞片包着，包藏于膨大叶柄的基部，无顶芽。叶互生，大型单叶；叶柄长；具掌状脉，掌状分裂，偶有羽状脉而全缘，边缘有裂片状粗齿；托叶明显，基部鞘状，早落。花单性，雌雄花序同形，生于不同的花枝上，雄花头状花序无苞片，雌花头状花序有苞片；萼片 3–8，三角形，被短柔毛；花瓣与萼片同数，倒披针形；雄花有雄蕊 3–8 个，花丝短，药隔顶端增大成圆盾状鳞片；雌花有 3–8 个离生心皮，子房长卵形，1 室，有 1–2 个垂生胚珠，花柱伸长，突出头状花序外，柱头位于里面。果为聚合果，由多数狭长倒锥形的小坚果组成，基部围以长毛，每个坚果有种子 1 个。种子线形，胚乳薄。

悬铃木科仅含 1 属约 11 种，分布于北美、东南欧、西亚及越南北部。我国南北各地栽培有 3 种，均可药用。

化学成分类型主要为黄酮类化合物。

1. 悬铃木属 Platanus L.

形态特征同科的特征。

分种检索表

1. 果枝有球状果序 3 个以上；叶深裂，掌状脉 5 条或 3 条，从基部发出……………… 3. **三球悬铃木 P. orientalis**

1. 果枝有球状果序 1–2，稀 3 个；叶深裂或浅裂，具离基掌状脉 3 条，稀 5 条。

  2. 托叶长 1–1.5 cm，叶 5–7 掌状深裂；果序常为 2……………………………………… 1. **悬铃木 P. acerifolia**

  2. 托叶长 2–3 cm，叶通常 3 浅裂；果序常单生，稀 2 个 ……………………………2. **一球悬铃木 P. occidentalis**

本属药用植物主要含黄酮类成分，另外还含有少量鞣质、三萜、苯丙素以及甾体等类型化学成分。目前从本属药用植物中已分离得到约 40 多个黄酮类化合物，其中多数黄酮含 *O*- 异戊烯基或 *C*- 异戊烯基取代。但各个种或药用部位之间黄酮类化学成分差异较大，其中银锻苷 (tiliroside，**1**) 是该属中最普遍存在的化学成分。

本属药用植物的幼芽和叶中含有丰富的黄酮类成分，具有明显的抗氧化活性；**1** 和悬铃木苷 (platanoside，**2**) 对人肿瘤细胞具有细胞毒作用；悬铃木亭 (platanetin，**3**) 等黄酮类成分具有线粒体内膜 NADH 去氢酶抑制作用和氧化磷酸化解偶联作用。

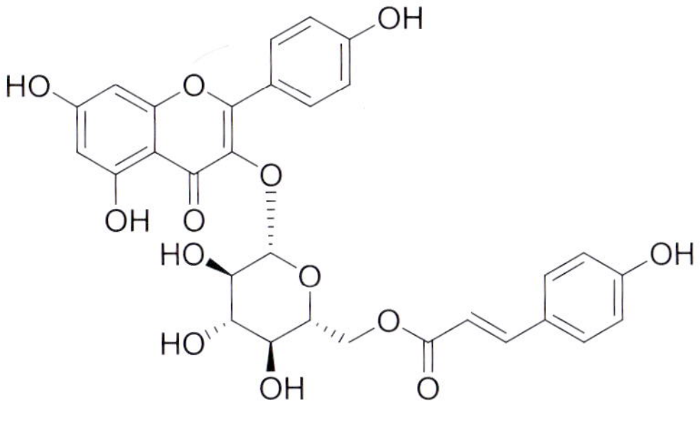

1

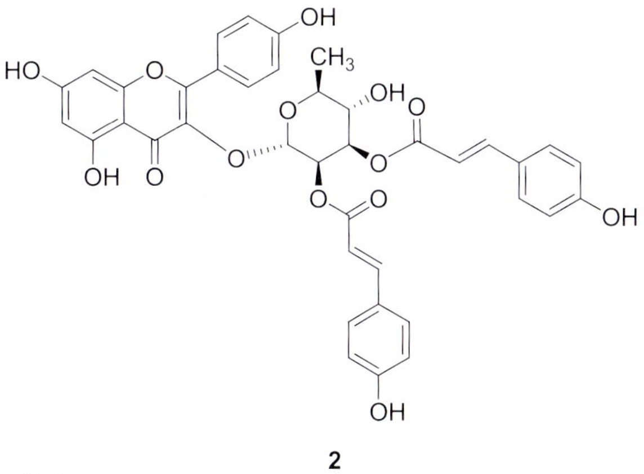

2

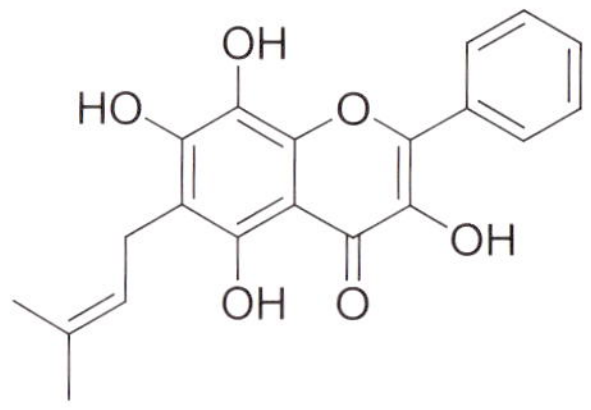

3

本属药用植物树皮中含有大量的白桦脂酸及其衍生物等三萜类化合物，能选择性地抑制肿瘤细胞的生长，并具有抗 HIV 活性。

本属植物三球悬铃木具有抗菌、抗肿瘤作用。

1. 悬铃木　二球悬铃木、法国梧桐（江苏、安徽）

Platanus acerifolia (Aiton) Willd., Sp. Pl. 1: 474. 1797.——*P. orientalis* L. var. *acerifolia* Aiton（英 **London Planetree**）

落叶大乔木，高达 30 m。树皮光滑，大片块状脱落。叶宽卵形，长 10–24 cm，宽 12–25 cm，两面嫩时被灰黄色毛，下面被毛更厚而密，以后变秃净；基部截形或微心形，上部掌状 5 裂，有时 7 裂或 3 裂；托叶长 1–1.5 cm；掌状脉 3 条，常离基部数毫米。花通常 4 数；雄花萼片卵形，被毛；花瓣矩圆形，长为萼片的 2 倍。果序常为 2 个，稀 1 或 3 个，常下垂。坚果之间无突出的绒毛，或有极短的毛。种子多数，褐色，有光泽。花期 3–5 月，果期 6–10 月。

分布与生境　我国东北、华中及华南有引种。

药用部位　全株、叶、果实。

功效应用　全株、果：祛风除湿，活血散瘀，解表发汗，止血。用于血小板减少性紫癜，出血。叶：滋补退热，发汗。

悬铃木 **Platanus acerifolia** (Aiton) Willd.
引自《中国高等植物图鉴》

悬铃木 **Platanus acerifolia** (Aiton) Willd.
摄影：张英涛

化学成分 叶、花含黄酮类：银锻苷(tiliroside)[1]。

幼芽含黄酮类：悬铃木亭(platanetin)[2]，7-*O*-异戊烯基瑞士五针松素▲(7-*O*-prenylpinocembrin)，8-*C*-甲基-7-*O*-异戊烯基瑞士五针松素▲(8-*C*-methyl-7-*O*-prenylpinocembrin)，6-*C*-异戊烯基-8-*C*-甲基瑞士五针松素▲(6-*C*-prenyl-8-*C*-methylpinocembrin)[3]，悬铃木二酮▲(grenoblone)[4]，4-羟基悬铃木二酮▲(4-hydroxygrenoblone)[5]，顺式/反式-3-对香豆酰山柰酚(*cis*/*trans*-3-*p*-coumaroylkaempferol)[6]，8-甲氧基-5,7-二羟基黄酮醇(8-methoxy-5,7-dihydroxyflavonol)，悬铃木宁▲(platanin)，异悬铃木宁▲(isoplatanin)[7]，3-羟基汉黄芩素(3-hydroxywogonin)[8]，4,5,7-三羟基-2,2,6-三甲基-8-(3-苯基-1-氧代丙基)-3,4-二氢苯并吡喃[4,5,7-trihydroxy-2,2,6-trimethyl-8-(3-phenyl-1-oxo-propyl)-3,4-dihydrobenzopyran]，3,5,7-三羟基-2,2,6-三甲基-8-(3-苯基-1-氧代丙基)-3,4-二氢苯并吡喃[3,5,7-trihydroxy-2,2,6-trimethyl-8-(3-phenyl-1-oxo-propyl)-3,4-dihydrobenzopyran][9]，8-甲氧基-6-碳-甲基-5,7-二羟基黄酮醇(8-methoxy-6-*C*-methyl-5,7-dihydroxyflavonol)，8-*C*-(1,1-二甲基-2-丙烯基)-5,7-二羟基黄酮醇[8-*C*-(1,1-dimethyl-2-propen-1-yl)-5,7-dihydroxyflavonol]，8-*C*-(1,1-二甲基-2-丙烯基)-4'-甲氧基-5,7-二羟基黄酮醇[8-*C*-(1,1-dimethyl-2-propen-1-yl)-4'-methoxy-5,7-dihydroxyflavonol][10]，山柰酚-3-鼠李糖苷(kaempferol-3-rhamnoside)，山柰酚-7-*O*-α-L-吡喃鼠李糖苷(kaempferol-7-*O*-α-L-rhamnopyranoside)，山柰酚-3-葡萄糖苷(kaempferol-3-glucoside)，悬铃木苷(platanoside)[11]，6-羟基高良姜素(6-hydroxygalangin)，6-*C*-(1,1-二甲基-1-丙烯基)-山柰酚[6-*C*-(1,1-dimethyl-1-propen-3-yl)-kaempferol]，8-*C*-(1,1-二甲基-2-丙烯基)山柰酚[8-*C*-(1,1-dimethyl-2-propen-1-yl)-kaempferol]，3'-*C*-(1,1-二甲基-1-丙烯基)-山柰酚[3'-*C*-(1,1-dimethyl-1-propen-3-yl)-kaempferol][12]，6*E*-山柰酚-3-(2-对香豆酰基-α-L-吡喃鼠李糖苷[6*E*-kaempferol-3-(2-*p*-coumaroyl-α-L-rhamnopyranoside)]，*Z*-山柰酚-3-(2-对香豆酰基)-α-L-吡喃鼠李糖苷[*Z*-kaempferol 3-(2-*p*-coumaroyl)-α-L-rhamnopyranoside][13]。

皮含三萜类：白桦脂酸 3-乙酸酯(betulinic acid 3-*O*-acetate)[14]，白桦脂酸(betulinic acid)[15]；其他类：儿茶素(catechin)，β-谷甾醇[14]。

注评 本种为“法桐子”的基源植物，药用其干燥成熟果；树皮、叶也药用。我国引种的本种和三球悬铃木 Platanus orientalis L. 与一球悬铃木 P. occidentalis L. 等 3 种悬铃木属植物均俗称“法国梧桐”。虽有梧桐之名，但与梧桐科植物梧桐 Firmiana simplex (L.) W. Wight 没有亲缘关系，也不能与梧桐的种子“梧桐子”混用。

化学成分参考文献

[1] Tissut M. *Sci Naturelles*, 1969, 269(5): 642-645.

[2] Egger K, et al. *Z Pflanzenphysiol*, 1972, 68(1): 92-95.

[3] Kaouadji M, et al. *J Nat Prod*, 1986, 49(1): 153-155.

[4] Kaouadji M, et al. *J Nat Prod*, 1986, 49(3): 500-503.

[5] Kaouadji M, et al. *J Nat Prod*, 1986, 49(3): 508-510.

[6] Kaouadji M, et al. *Bull Liaison-Groupe Polyphenols*, 1986, 13: 586-589.

[7] Kaouadji M, et al. *J Nat Prod*, 1988, 51(2): 353-356.

[8] Creuzet S, et al. *Phytochemistry*, 1988, 27(10): 3093-3099.

[9] Kaouadji M, et al. *Phytochemistry*, 1989, 28(11): 3191-3192.

[10] Kaouadji M, et al. *Phytochemistry*, 1990, 29(4): 1348-1350.

[11] Kaouadji M, et al. *Phytochemistry*, 1990, 29(7): 2295-2297.

[12] Kaouadji M, et al. *Phytochemistry*, 1992, 31(6): 2131-2134.

[13] Kaouadji M, et al. *J Nat Prod*, 1993, 56(9): 1618-1621.

[14] 王静蓉，等 . 植物资源与环境，1998, 7(2): 59-60.

[15] Bruckner G. *J Chem Soc*, 1948: 948-951.

2. 一球悬铃木 美国梧桐（中国树木分类学）

Platanus occidentalis L., Sp. Pl. 1: 417. 1753.（英 **American Planetree**）

落叶大乔木，高 40 余米。树皮有浅沟，呈小块状剥落；嫩枝有黄褐色绒毛被。叶大、阔卵形，通常 3 浅裂，稀为 5 浅裂，宽 10–22 cm，长比宽略小；基部截形，宽心形，或稍呈楔形；上下两面初时被灰黄色绒毛，不久脱落，上面秃净，下面仅在脉上有毛；掌状脉 3 条，离基约 1 cm；托叶长 2–3 cm。花

一球悬铃木 Platanus occidentalis L.
引自《山东植物志》

一球悬铃木 Platanus occidentalis L.
摄影：张英涛

通常 4–6 数，单性，聚成圆球形头状花序。雄花的萼片及花瓣均短小，花丝极短，花药伸长，药隔盾状。雌花基部有长绒毛；萼片短小；花瓣比萼片长 4–5 倍；心皮 4–6 个，花柱伸长，比花瓣为长。头状果序圆球形，单生或稀为 2 个，宿存花柱极短；小坚果先端钝，基部的绒毛长为坚果之半，不突出头状果序外。花期 3–5 月，果期 6–10 月。

分布与生境 原产于北美洲，现广泛被引种在我国北部及中部。

药用部位 叶、果实、茎皮。

功效应用 叶：滋补，退热，发汗。果实：解表发汗，止血。用于血小板减少性紫癜，出血。茎皮：抗坏血病。

化学成分 叶含黄酮类：银椴苷(tiliroside)，芦丁(rutin)[1]。

花含黄酮类：紫云英苷(astragalin)，金丝桃苷(hyperin; hyperoside)[1]。

果含黄酮类：银椴苷(tiliroside)，紫云英苷(astragalin)[1]。

皮含三萜类：白桦脂酸(betulinic acid)，悬铃木酸▲(platanic acid)[2]；甾体类：β-谷甾醇[3]。

化学成分参考文献

[1] Stambouli A, et al. *Ann Pharm Fr*, 1961, 19: 732-739.

[2] Yagishita K, et al. *Nippon Nogeikagaku Kaishi*, 1955, 29: 964-967.

[3] Thomas AF, et al. *Chem Ind (London)*, 1961: 1794-1795.

3. 三球悬铃木　祛汗树（陕西）

Platanus orientalis L., Sp. Pl. 1: 417. 1753.（英 **Oriental Planetree**）

落叶大乔木，高达 30 米。树皮薄片状脱落，有细小皮孔。叶大，轮廓阔卵形，长 8–16 cm，宽 9–18 cm，基部浅三角状心形，或近于平截，上部掌状 5–7 裂，稀为 3 裂，中央裂片深裂过半，两侧裂片稍短，边缘有少数裂片状粗齿；上下两面初时被灰黄色毛被，以后脱落，仅在背脉上有毛，掌状脉 5 条或 3 条，从基部发出。花 4 数；雄球状花序无柄，基部有长绒毛，萼片短小，雄蕊远比花瓣为长，花丝极短，花药伸长；雌球状花序常有柄，萼片被毛，花瓣倒披针形，心皮 4 个，花柱伸长，先端卷曲。果枝长 10–15 cm，有圆球形头状果序 3–5 个，稀为 2 个；小坚果之间有黄色绒毛，突出头状果序外。花期 3–5 月，果期 6–10 月。

分布与生境 原产于欧洲东南部及亚洲西部，我国有栽培。

药用部位 茎皮、叶、果实、芽。

功效应用 茎皮、叶：滋补，退热，发汗，止泻，抗菌，防腐。用于腹泻，痢疾，疝气，齿痛，眼炎，烧烫伤，肾结石。果实：解表，发汗，止血。用于血小板减少性紫癜，出血。芽：用于泌尿系统感染。

三球悬铃木 **Platanus orientalis** L.
引自《山东植物志》

化学成分 叶含黄酮类：山柰酚(kaempferol)，槲皮素(quercetin)，缅茄苷▲(afzelin)，芦丁(rutin)，金丝桃苷(hyperin; hyperoside)，槲皮苷(quercitrin)，烟花苷(nicotiflorin)，银椴苷(tiliroside)，悬铃木苷(platanoside)[1]，山柰酚-3-*O*-(2‴-*E*-对香豆酰鼠李糖基)(1‴→6")-[*β*-D-吡喃葡萄糖基-(1⁗→2")-*β*-D-吡喃葡萄糖基-7-*O*-*α*-L-吡喃鼠李糖苷{kaempferol 3-*O*-(2‴-*p*-*E*-coumaroylrhamnosyl)(1‴→6")-[*β*-D-glucopyranosyl-(1⁗→2")-*β*-D-glucopyranosyl]-7-*O*-*α*-L-rhamnopyranoside}，槲皮素-3-*O*-(2‴-*E*-对香豆酰鼠李糖基)(1‴→6")-[*β*-D-吡喃葡萄糖基-(1⁗→2")-*β*-D-吡喃葡萄糖基-7-*O*-*α*-L-吡喃鼠李糖苷{quercetin 3-*O*-(2‴-*p*-*E*-coumaroylrhamnosyl)(1‴→6")-[*β*-D-glucopyranosyl-(1⁗→2")-*β*-D-glucopyranosyl]-7-*O*-*α*-L-rhamnopyranoside}[2]；苯丙素类：隐绿原酸(cryptochlorogenic acid)，对香豆酸(*p*-coumaric acid)[1]。

果含黄酮类：黄檗素▲(amurensin)[3]；其他类：*β*-谷甾醇硬脂酸酯(*β*-sitosterol stearate)，正三十一烷(*n*-hentriacontane)，16-三十一酮(16-hentriacontanone)，正三十一醇(*n*-hentriacontanol)，12-二十三醇(12-tricosanol)，蜡醇硬脂酸酯(ceryl stearate)[3]。

皮含黄酮类：(+)-儿茶素[(+)-catechin]，(-)-表儿茶素[(-)-epicatechin]，(+)-表没食子儿茶素[(+)-epigallocatechin]，(-)-表儿茶素没食子酸酯[(-)-epicatechin gallate]，(+)-儿茶素没食子酸酯[(+)-catechin gallate][4]，(+)-没食子儿茶素[(+)-gallocatechin]，(-)-表没食子儿茶素[(-)-epigallocatechin]，山柰酚(kaempferol)，槲皮素(quercetin)，缅茄苷▲(afzelin)，异槲皮苷(isoquercitrin)，紫云英苷-6"-*O*-没食子酸酯(astragalin-6"-*O*-gallate)，异槲皮苷-6"-没食子酸酯(isoquercitrin-6"-*O*-gallate)[5]；鞣质类：(-)-表儿茶素-(4-*β*-8)-表没食子儿茶素没食子酸酯[(-)-epicatechin-(4-*β*-8)-epigallocatechin gallate]，(-)-表儿茶素-(4-*β*-8)-表没食子儿茶素[(-)-epicatechin-(4-*β*-8)-(-)-epicatechin][4]，原矢车菊素(proanthocyanidin) Pl-1、Pl-7[6]；苯乙醇类：酪醇(tyrosol)[5]。

幼芽含黄酮类：山柰酚-3-*O*-*α*-L-(2"-*E*-对香豆酰基)-吡喃鼠李糖苷[kaempferol-3-*O*-*α*-L-(2"-*E*-*p*-coumaroyl)-rhamnopyranoside]，山柰酚-3-*O*-*β*-D-(6"-*E*-对香豆酰基)-吡喃葡萄糖苷[kaempferol-3-*O*-*β*-D-(6"-*E*-*p*-coumaroyl)-glucopyranoside]，山柰酚-3-*O*-*α*-L-(2",3"-二-*E*-对香豆酰基)-吡喃鼠李糖苷[kaempferol-3-*O*-*α*-L-(2",3"-di-*E*-*p*-coumaroyl)-rhamnopyranoside]；苯丙素类：咖啡酸(caffeic acid)[7]。

药理作用 抗细菌作用：从三球悬铃木的落叶中分离得到一种暗棕色色素，具有抑制金黄色葡萄球菌和巨大芽孢杆菌的作用[1]。

抗肿瘤作用：从三球悬铃木中分离的黄酮类化合物悬铃木苷 (platanoside)、银椴苷 (tiliroside) 等对多种肿瘤细胞具有抑制作用[2-3]。

毒性及不良反应：三球悬铃木花粉可引起过敏反应[4]。

化学成分参考文献

[1] El-Alfy TS, et al. *Nat Prod Commun*, 2008, 3(2): 199-203.

[2] El-Alfy TS, et al. *Nat Prod Commun*, 2008, 3(11): 1899-

1902.
[3] Dhar DN, et al. *Planta Med*, 1976, 29(1): 91-93.
[4] Nishanbaev SZ, et al. *Chem Nat Compd*, 2004, 40(1): 93.
[5] 司传领，等. 林产化学与工业，2008, 28(4): 31-33.
[6] Nishanbaev SZ, et al. *Chem Nat Compd*, 2005, 41(4): 404-409.
[7] Mitrokotsa D, et al. *Planta Med*, 1993, 59(6): 517-520.

药理作用及毒性参考文献

[1] 刘学群，等. 武汉大学学报 (自然科学版)，1996, 42(6): 769-773.
[2] Mitrocotsa D, et al. *Anticancer Res*, 1999, 19(3A): 2085-2088.
[3] Dimas K, et al. *Pharmacol Res*, 2000, 41(183): 83-86.
[4] Varela S, et al. *J Allergy Clin Immun*, 1997, 100(6): 748-754.

金缕梅科 HAMAMELIDACEAE

常绿或落叶乔木或灌木。叶互生，稀对生，全缘、有锯齿或掌状分裂；托叶线形，或苞片状，早落，稀无托叶。花序为头状花序、穗状花序或总状花序；花两性或单性，雌雄同株，有时杂性；花被放射对称，或缺花瓣，稀无花被；萼筒与子房分离或多少合生，萼片 4–5 裂，镊合状或覆瓦状排列；花瓣与萼裂片同数，线形、匙形或鳞片状；雄蕊 4–5 数或更多，或不定数，花药通常 2 室，直裂或瓣裂，药隔突出；退化雄蕊存在或缺；子房半下位或下位，亦有为上位，2 室，上半部分离；花柱 2，有时伸长，柱头尖细或扩大；胚珠多数。蒴果常室间及室背裂成 4 片，外果皮木质或革质，内果皮角质或骨质。种子多数，常为多角形，边缘无翅或有窄翅。

金缕梅科含 27 属约 170 种，分布于亚洲、北美及中美、非洲南部及大洋洲。我国分布有 17 属 70 余种，主要见于南部地区，药用 11 属 26 种 2 变种。

化学成分类型多样，主要有黄酮、鞣质、三萜、甾体等类型化合物。

分属检索表

1. 胚珠及种子多个。
  2. 花常为两性，偶为杂性，常有花瓣，或为缺花瓣的单性花；叶具掌状脉，或具羽状脉。
    3. 叶具掌状脉，托叶大 ………… 4. 马蹄荷属 **Exbucklandia**
    3. 叶具羽状脉，无托叶 ………… 9. 红花荷属 **Rhodoleia**
  2. 花单性，无花瓣；叶通常具羽状脉，或有离基三出脉。
    4. 叶不分裂，具羽状脉，无离基三出脉 ………… 1. 蕈树属 **Altingia**
    4. 叶常掌状分裂，具掌状脉，或至少具离基三出脉。
      5. 叶掌状 3–5 裂；果序为圆球形 ………… 7. 枫香树属 **Liquidambar**
      5. 叶异形，掌状 3 裂或单侧裂，或不分裂但有离基三出脉；果序半球形 ………… 10. 半枫荷属 **Semiliquidambar**
1. 胚珠及种子 1 个。
  6. 花无花瓣。
    7. 萼筒极短，花后脱落，蒴果无宿存萼筒包着 ………… 3. 蚊母树属 **Distylium**
    7. 萼筒较大，壶形，包住蒴果 ………… 11. 水丝梨属 **Sycopsis**
  6. 花有花瓣。
    8. 花瓣线形；退化雄蕊常呈鳞片状；花序头状或短穗状。
      9. 花药有 2 个花粉囊，单瓣裂开；叶有明显锯齿，第一对侧脉常有第二次分支侧脉 ………… 6. 金缕梅属 **Hamamelis**
      9. 花药有 4 个花粉囊，2 瓣裂开；叶全缘，第一对侧脉无第二次分支侧脉 ………… 8. 檵木属 **Loropetalum**
    8. 花瓣非线形；退化雄蕊有或无；花序总状。
      10. 花瓣匙形或倒卵形；有退化雄蕊 ………… 2. 蜡瓣花属 **Corylopsis**
      10. 花瓣退化为针状；无退化雄蕊 ………… 5. 牛鼻栓属 **Fortunearia**

化学成分参考文献

[1] 彭华贵，等 . 天然产物研究与开发，2007, 19: 678-682.

3. 细青皮

Altingia excelsa Noronha in Verh. Batav. Genootsch. Kunsten 5. art. 2: 9. 1790.（英 **Rasamala Altingia**）

常绿乔木，高 20 m。叶薄，干后近于膜质，卵形或长卵形，长 8–14 cm，宽 4–6.5 cm，先端渐尖或尾状渐尖，基部圆形或近于微心形，边缘有钝锯齿；托叶线形，长 2–6 mm，早落；叶柄长 2–4 cm，略有柔毛。雄花头状花序常多个再排成总状花序，雄蕊多数，花丝极短，花药比花丝略长。雌花头状花序生于当年枝顶的叶腋内，通常单生，有花 14–22 朵，萼筒完全与子房合生，藏在花序轴内，无萼齿。头状果序近圆球形，宽 1.5–2 cm；蒴果完全藏于果序轴内，无萼齿，不具宿存花柱；种子多数，褐色。花期 3–5 月，果期 6–8 月。

细青皮 **Altingia excelsa** Noronha
摄影：张金龙

分布与生境　产于云南的东南及西南部，西藏东南部的墨脱。不丹、印度、缅甸、马来西亚和印度尼西亚也有分布。生于海拔约 1000 m 的林中。

药用部位　根。

功效应用　祛风除湿，舒筋活络。

化学成分　叶含挥发油：以α-蒎烯(α-pinene)，β-蒎烯(β-pinene)，α-水芹烯(α-phellandrene)，柠檬烯(limonene)，β-水芹烯(β-phellandrene)的含量较高[1]。

化学成分参考文献

[1] Kanjilal PB, et al. *Flavour Fragr J*, 2003, 18(5): 449-450.

4. 细柄蕈树

Altingia gracilipes Hemsl. in Hook. Ic. Pl. 9: t. 2837. 1907.

常绿乔木，高约 20 m。叶革质，卵状披针形，长 4–7 cm，宽 1.5–2.5 cm，先端尾状渐尖，基部钝或窄圆形，全缘；叶柄长 2–3 cm，纤细，无毛。雄花头状花序圆球形，常多个排成圆锥花序，生枝顶叶腋内；苞片 4–5 片，卵状披针形，膜质；雄蕊多数，近无柄，花药倒卵圆形，红色。雌花头状花序生于当年枝的叶腋里，单生或数个排成总状式，有花 5–6 朵；萼齿鳞片状，子房完全藏在花序轴内，花柱先端向外弯曲。头状果序倒圆锥形，有蒴果 5–6 个；蒴果不具宿存花柱。种子多数，细小，多角形，褐色。花期 4–6 月，果期 7–9 月。

细柄蕈树 **Altingia gracilipes** Hemsl.
摄影：徐克学

分布与生境　分布于浙江南部、福建及广东。

生于低海拔常绿林。

药用部位 树脂。

功效应用 芳香开窍，止痛。用于中风痰厥、猝然昏倒的寒闭证；胸腹冷痛满闷之证。

注评 本种为江西省珍稀保护植物。

2. 蜡瓣花属 Corylopsis Siebold et Zucc.

花两性，总状花序下垂，总苞状鳞片卵形；苞片及小苞片卵形至长圆形；萼齿 5，卵状三角形；花瓣 5，匙形或倒卵形，黄色；雄蕊 5 个，与退化雄蕊 5 个互生；子房 2 室，每室 1 个胚珠，垂生。蒴果木质，卵圆形；种子长圆形，种皮骨质，胚乳肉质，胚直立。

约 29 种，我国产 20 种、6 变种，其中 5 种 1 变种可药用，主要分布于长江流域及南部各省。此外，日本 5 种、朝鲜 1 种、印度 3 种。

分种检索表

1. 嫩枝无毛。
  2. 叶先端圆形，有 1 小尖头……5. 桤叶蜡瓣花 **C. alnifolia**
  2. 叶先端急尖。
    3. 托叶绿色；子房与萼筒分离……1. 鄂西蜡瓣花 **C. henryi**
    3. 托叶紫色；子房与萼筒合生……4. 四川蜡瓣花 **C. willmottiae**
1. 嫩枝被毛。
  4. 嫩枝被绒毛；退化雄蕊不分裂……2. 峨眉蜡瓣花 **C. multiflora**
  4. 嫩枝被柔毛；退化雄蕊 2 裂。
    5. 叶倒卵形，下面有灰褐色星状柔毛……3a. 蜡瓣花 **C. sinensis**
    5. 叶阔卵形或矩圆状倒卵形，下面带灰色，无毛……3b. 秃蜡瓣花 **C. sinensis** var. **calvescens**

1. 鄂西蜡瓣花　小扇木（湖北）

Corylopsis henryi Hemsl. in Hooker's Icon. Pl. 29: t. 2819. 1906.（英 **Henry Winterhazel**）

落叶灌木。嫩枝光滑无毛。叶倒卵圆形，长 6–8 cm，宽 4–6 cm，先端短急尖，基部心形，不等侧，托叶绿色。总状花序长 3–4.5 cm；总苞状鳞片 4–5 片，卵形；萼筒无毛，萼齿卵形；花瓣窄匙形，黄色；退化雄蕊 2 裂，先端尖，比萼齿短；子房与萼筒分离。蒴果卵圆形，长 6–7 mm。种子长 5 mm，黑色，种脐白色，种皮骨质，有光泽。花期 4–6 月，果期 7–9 月。

分布与生境 产于湖北、四川。生于海拔约 1000 m 的林中。

药用部位 根皮、果实。

功效应用 用于月经不调，内伤出血。

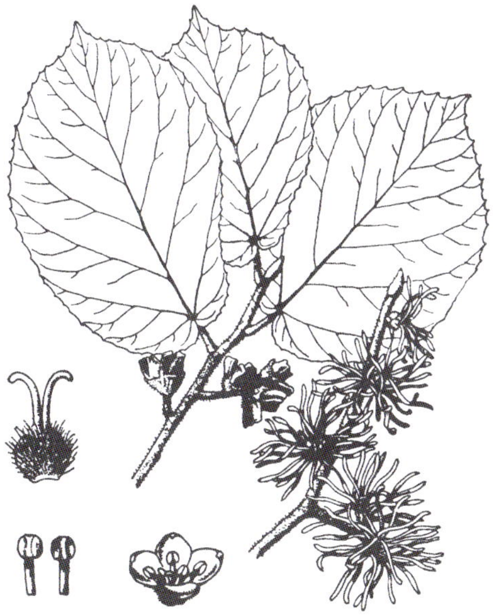

鄂西蜡瓣花 **Corylopsis henryi** Hemsl.
引自《中国高等植物图鉴》

2. 峨眉蜡瓣花　朴扇木（湖北），大果蜡瓣花（海南植物志）

Corylopsis multiflora Hance in Ann. Sci. Nat., Bot., sér. 4. 15: 224. 1861.——*C. wilsonii* Hemsl.（英 **Manyflower Winterhazel**）

落叶或半常绿灌木，有时为小乔木。嫩枝有绒毛，老枝光滑。叶薄革质，倒卵形，倒卵状椭圆形或卵圆形，长 7–15 cm，宽 4–8 cm，先端尖锐或渐尖，基部心形，近等侧。总状花序 2–4 cm；总苞状鳞片卵形；萼筒无毛，萼齿卵形；花瓣倒披针形；雄蕊突出花冠外；退化雄蕊不分裂，先端截形，约与萼齿等长。蒴果硬木质，果皮厚，长 1–1.2 cm，宽 8–14 mm。种子黑色，长达 1 cm。花期 4–6 月，果期 6–9 月。

分布与生境　产于贵州、湖北、湖南、广东、广西、福建、台湾、云南等省区。生于海拔 1000–1500 m 的山坡、林中或路边。

药用部位　根皮，叶。

功效应用　用于恶性发热，呕逆，恶心呕吐，心悸不安，烦乱昏迷，白喉，内伤出血。

峨眉蜡瓣花 **Corylopsis multiflora** Hance
引自《中国高等植物图鉴》

峨眉蜡瓣花 **Corylopsis multiflora** Hance
摄影：徐晔春

3. 蜡瓣花　连核梅、连合子（浙江），华蜡瓣花（中国高等植物图鉴）

Corylopsis sinensis Hemsl. in Gard. Chron., ser. 3. 39: 18. 1906.——*C. sinensis* Hemsl. var. *parvifolia* Hung T. Chang, *C. spicata* Hemsl.（英 **Chinese Winterhazel**）

3a. 蜡瓣花（模式变种）

Corylopsis sinensis Hemsl. var. **sinensis**

落叶灌木。嫩枝有柔毛，老枝光滑，有皮孔。叶薄革质，倒卵圆形或倒卵形，长 5–9 cm，宽 3–6 cm，先端急短尖或略钝，基部不等侧心形，上面光滑无毛或仅在中肋有毛，下面有灰褐色星状柔毛，边缘有锯齿，齿尖刺毛状；叶柄长约 1 cm，被星毛；托叶狭长圆形，略被毛。总状花序 3–4 cm，花序梗被毛，花序轴被长绒毛；总苞状鳞片卵圆形，外被柔毛，内有长丝毛；苞片卵形，外面被毛；小苞片长圆形；萼筒有星状绒毛，萼齿卵形，先端略钝，无毛；花瓣匙形；雄蕊比花瓣略短，长

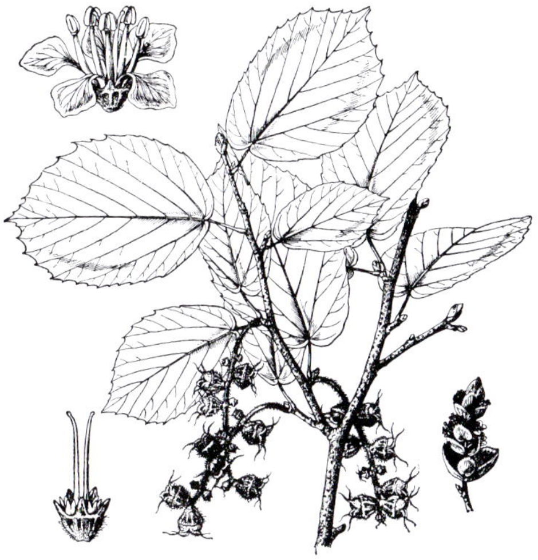

蜡瓣花 **Corylopsis sinensis** Hemsl. var. **sinensis**
冯钟元　绘

蜡瓣花 **Corylopsis sinensis** Hemsl. var. **sinensis**
摄影：徐克学

4–5 mm；退化雄蕊 2 裂，先端尖，与萼齿等长或略超出；子房有星毛，花柱长 6–7 mm，基部有毛。果序长 4–6 cm。蒴果近圆球形，长 7–9 mm，有褐色柔毛。种子黑色。花期 5–7 月，果期 7–9 月。

分布与生境　产于湖北、湖南、贵州、安徽、浙江、江西、广东、广西、福建等省区。常见于山地灌丛中。生于海拔 1000–1500 m 的山地或林中。

药用部位　根皮、叶。

功效应用　清热镇静，止呕吐。用于恶寒发热，呕逆，心悸，烦乱昏迷。

化学成分　叶含黄酮类：山柰酚-3-*O*-鼠李糖苷(kaempferol-3-*O*-rhamnoside)，槲皮素-3-*O*-鼠李糖苷(quercetin-3-*O*-rhamnoside)，槲皮素-3-*O*-葡萄糖苷(quercetin-3-*O*-glucoside)，杨梅素-3-*O*-鼠李糖苷(myricetin-3-*O*-rhamnoside)，杨梅素-3-*O*-葡萄糖苷(myricetin-3-*O*-glucoside)，槲皮素-3-*O*-芸香糖苷(quercetin-3-*O*-rutinoside)[1]。

花含黄酮类：槲皮素-3-*O*-鼠李糖苷，槲皮素-3-*O*-葡萄糖苷，杨梅素-3-*O*-鼠李糖苷，β-杨梅素-3-*O*-葡萄糖苷，山柰酚-3-*O*-鼠李糖苷，查耳酮柚皮苷元-2'-*O*-葡萄糖苷(chalcononaringenin-2'-*O*-glucoside)[2]。

化学成分参考文献

[1] Iwashina T, et al. *Biochem Syst Ecol*, 2012, 44: 361-363.

[2] Iwashina T, et al. *J Jap Soc Horticul Sci*, 2009, 78(4): 485-490.

3b. 秃蜡瓣花（变种）

Corylopsis sinensis Hemsl. var. **calvescens** Rehder et E. H. Wilson in Sarg. Pl. Wils. 1: 424. 1913.

嫩枝及芽体无毛。叶阔卵形或矩圆状倒卵形，先端尖或渐尖，基部不等侧心形，或近于平截，下面带灰色，秃净无毛，或仅在叶背上有毛，边缘有刺状齿突。总状花序长 3–4 cm，花序柄及花序轴均有绒毛，总苞状鳞片有毛，萼筒及子房有毛，萼齿无毛。蒴果有星毛。花期 4–7 月，果期 7–9 月。

分布与生境　产于湖南、贵州、四川、江西、广东、广西等省区。生于海拔 1000–1500 m 的山地。

药用部位　根皮、叶。

功效应用　宁心健胃，清热祛风。用于恶心呕吐，心悸不安。

4. 四川蜡瓣花

Corylopsis willmottiae Rehder et E. H. Wilson in Sarg., Pl. Wilson. 1: 425. 1913.（英 **Willmott Winterhazel**）

落叶灌木或小乔木，高约 5 m。嫩枝无毛，纤细，老枝有白色细小皮孔。叶倒卵形或广倒卵形，长 4–9 cm，宽 2–6 cm，先端急短尖，基部不等侧微心形或圆形；托叶紫色。总状花序生于具有 1–3 片叶子的新枝上，有花 12–20 朵；花瓣广倒卵形，有短柄；退化雄蕊 2 裂，先端尖。蒴果长 7–8 mm，宿存花柱斜出稍平展，或稍向下弯曲，萼筒包着蒴果过半。种子长约 4 mm，黑色，有光泽。花期 3–6 月，果期 6–8 月。

分布与生境　产于四川西部及西南部。生于海拔约 1200 m 的林中。

药用部位　果皮、根。

功效应用　根：清热，除烦，止呕。果皮：止血。

化学成分　全草含香豆素类：岩白菜素(bergenin)，11-*O*-(3'-*O*-甲基没食子酰基)-岩白菜素[11-*O*-(3'-*O*-methylgalloyl)-bergenin]，11-*O*-没食子酰岩白菜素(11-*O*-galloylbergenin)，11-*O*-丁香基岩白菜素(11-*O*-syringylbergenin)，4-*O*-没食子酰岩白菜素(4-*O*-galloylbergenin)，4,11-二-*O*-没食子酰岩白菜素(4,11-di-*O*-galloylbergenin)[1]。

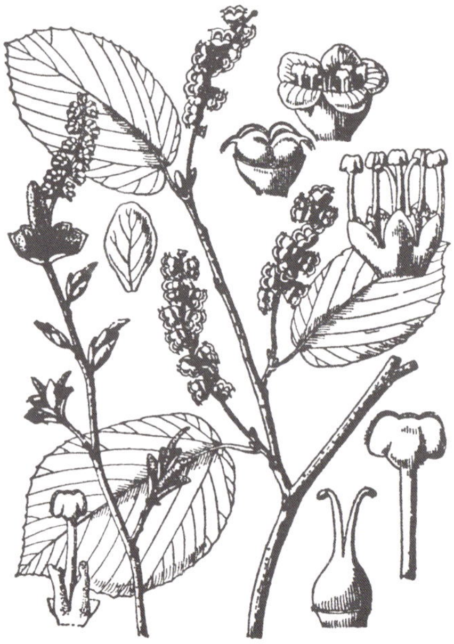

四川蜡瓣花 **Corylopsis willmottiae** Rehder et E. H. Wilson
引自《中国高等植物图鉴》

四川蜡瓣花 **Corylopsis willmottiae** Rehder et E. H. Wilson
摄影：朱大海

化学成分参考文献

[1] Li CS, et al. *Chem Nat Compd*, 2011, 47(2): 194-196.

5. 桤叶蜡瓣花

Corylopsis alnifolia (H. Lév.) C. K. Schneid. in Fedde, Rep. Sp. Nov. 12: 379. 1913.
（英 **Alder-leaved Winterhazel**）

灌木，高达 2 m。嫩枝无毛，暗灰色，老枝有皮孔。叶薄革质，倒卵状圆形或近于圆形，长 3.5–5.5 cm，宽 3–5 cm；先端圆形，有 1 小尖头，基部心形，不等侧；上面无毛，下面秃净，仅在脉上有毛；托叶矩圆状卵形，长 5–7 mm，外面无毛。总状花序长 3–4 cm；花序轴长 2–2.5 cm，秃净无毛，总苞状鳞片及苞片早落，有花 12 朵；萼筒无毛；萼齿与萼筒等长，无毛；退化雄蕊较萼齿短，先端钝或微凹入；子房无毛；蒴果卵圆形，无毛。花期 5–7 月，果期 7–9 月。

分布与生境 产于贵州。生于海拔 1000–1200 m 的林中或路边。

药用部位 根皮，叶。

功效应用 宁心健胃，清热祛风。用于恶心呕吐，心悸不安。

3. 蚊母树属 **Distylium** Siebold et Zucc.

花单性或杂性，雄花常与两性花同株，排成腋生穗状花序；苞片及小苞片披针形，早落；萼筒极短，花后脱落，萼齿 2–6 个，稀缺，大小不等；无花瓣；雄蕊 4–8 个；雄花不具退化雌蕊，或具相当发达的子房；雌花及两性花的子房上位，2 室，每室 1 个胚珠。蒴果木质，卵圆形，无宿存萼筒包着。种子 1 个，长卵形，种皮角质。

约 18 种，我国产 12 种、3 变种，其中 4 种可药用。此外，日本 2 种、马来西亚及印度各 1 种，南美洲 3 种。

分种检索表

1. 顶芽、嫩枝及叶下面有鳞垢或鳞毛。
  2. 叶椭圆形或倒卵状椭圆形，边缘无齿 ······ 1. **蚊母树 D. racemosum**
  2. 叶长圆形或倒披针形，边缘有小齿 ······ 2. **杨梅叶蚊母树 D. myricoides**
1. 顶芽及嫩枝有星状绒毛、柔毛或无毛。
  3. 叶狭长披针形，长 6–10 cm；叶柄长 5–8 mm ······ 3. **窄叶蚊母树 D. dunnianum**
  3. 叶倒披针形或长圆状披针形，长 3–5 cm；叶柄长不及 1 mm ······ 4. **小叶蚊母树 D. buxifolium**

1. 蚊母树

Distylium racemosum Siebold et Zucc., Fl. Jap. 1: 178. 1835.（英 **Racemose Distylium**）

常绿灌木或乔木。嫩枝有鳞垢，老枝光滑。叶革质，椭圆形或倒卵状椭圆形，长 3–7 cm，宽 1.5–3.5 cm，先端钝或略尖，基部宽楔形，边缘无锯齿。总状花序长约 2 cm，总苞 2–3 片，有鳞垢；若花雌雄同在一个花序上，则雌花位于花序的顶端；萼筒短，萼齿大小不相等，有鳞垢；雄蕊 5–6 个；子房被星状绒毛。蒴果卵圆形，上半部 2 片裂开，每片 2 浅裂，不具宿存萼筒。种子卵圆形，深褐色，有光泽，种脐白色。花期 4–6 月，果期 6–8 月。

分布与生境 产于浙江、广东、福建、台湾等省区。朝鲜、日本也有分布。生于海拔 1000–1300 m。

药用部位 根、树皮。

功效应用 活血祛瘀。用于抗肿瘤。

化学成分 心材含黄酮类：3,3',4',5,7-五羟基黄酮(3,3',4',5,7-pentahydroxyflavone)，槲皮素(quercetin)[1]。

枝含二苯并呋喃类：3-羟基-6-甲氧基-2,9-二甲基二苯并呋喃-7-*O*-*β*-D-吡喃葡萄糖苷(3-hydroxy-6-methoxy-2,9-dimethyl-dibenzofuran-7-*O*-*β*-D-glucopyranoside)，2-羟基-1,6,7-三甲氧基-9-甲基-二苯并呋喃(2-hydroxy-1,6,7-trimethoxy-9-methyl-dibenzofuran)[2]；倍半萜类：脱落酸(abscisic acid)[2]；苯乙醇苷类：6''-*O*-没食子酰红景天苷(6''-*O*-galloylsalidroside)[2]。

全草含二苯并呋喃类：2,7-二羟基-1,6-二甲氧基-9-甲基二苯并呋喃(2,7-dihydroxy -1,6-dimethoxy-9-methyldibenzofuran)，3,7-二羟基-6-甲氧基-2,7-二甲基二苯并呋喃(3,7-dihydroxy-6-methoxy-2,7-dimethyldibenzofuran)[3]。

蚊母树 **Distylium racemosum** Siebold et Zucc.
引自《中国高等植物图鉴》

蚊母树 **Distylium racemosum** Siebold et Zucc.
摄影：张英涛

化学成分参考文献

[1] Kondo T, et al. *J Fac Agric Kyushu Univ*, 1951, 10: 101-117.

[2] Ko RK, et al. *Bull Korea Chem Soc*, 2009, 30(6): 1376-1378.

[3] Kim JM, et al. *Bull Korea Chem Soc*, 2009, 30(1): 261-263.

2. 杨梅叶蚊母树

Distylium myricoides Hemsl., Hooker's Icon. Pl. 29: t. 2835. 1907.——*D. myricoides* Hemsl. var. *nitidum* Hung T. Chang（英 **Myrica-like Distylium**）

常绿灌木或小乔木。嫩枝有鳞垢，老枝无毛，有皮孔，干后灰褐色。芽无鳞状苞片，外有鳞垢。叶革质，长圆形或倒披针形，长 5–11 cm，宽 2–4 cm，先端锐尖，基部楔形，上面绿色，干后暗灰无光泽，下面光滑无毛；侧脉约 6 对，干后在上面下陷，在下面略突起，边缘上半部有数个小齿突；叶柄长 5–8 mm，有鳞垢；托叶早落。总状花序腋生，雄花与两性花在同一个花序上，两性花位于花序

杨梅叶蚊母树 **Distylium myricoides** Hemsl.
引自《中国高等植物图鉴》

杨梅叶蚊母树 **Distylium myricoides** Hemsl.
摄影：陈彬

顶端，花序轴有鳞垢；苞片披针形，萼筒极短，萼齿3–5个，披针形，长约3 mm，有鳞垢；雄蕊3–8个，花药红色；子房上位，被星状毛；雄花的萼筒很短，雄蕊长短不一，无退化子房。蒴果卵圆形，长1–1.2 cm，有黄褐色星毛，先端尖，裂为4片，基部无宿存萼筒。种子长6–7 mm，褐色，有光泽。花期4–6月，果期6–8月。

分布与生境 产于湖南、四川、贵州、安徽、浙江、江西、广东、广西、福建等省区。生于海拔500–800 m的山地林中。

药用部位 根。

功效应用 通络，消肿。用于跌打损伤，风湿骨节疼痛，手足水肿。

化学成分 根含酚类：4-羟基-2-甲氧基苯酚-1-*O*-*β*-D-(6'-*O*-没食子酰基)吡喃葡萄糖苷[4-hydroxy-2-methoxyphenol-1-*O*-*β*-D-(6'-*O*-galloyl)-glucopyranoside]，4-羟基-3-甲氧基苯酚-1-*O*-*β*-D-(6'-*O*-没食子酰基)-吡喃葡萄糖苷[4-hydroxy-3-methoxyphenol-1-*O*-*β*-D-(6'-*O*-galloyl)-glucopyranoside]，3,4,5-三甲氧基苯酚-1-*O*-*β*-D-(6'-*O*-没食子酰基)-吡喃葡萄糖苷[3,4,5-trimethoxyphenol-1-*O*-*β*-D-(6'-*O*-galloyl)-glucopyranoside]，1,2,3,4,6-五-*O*-没食子酰基-*β*-D-吡喃葡萄糖苷(1,2,3,4,6-penta-*O*-galloyl-*β*-D-glucopyranoside)，没食子酸甲酯(methyl gallate)，没食子酸乙酯(ethyl gallate)，3,4-二羟基苯甲酸(3,4-dihydroxybenzoic acid)，没食子酸(gallic acid)[1]。

注评 本种瑶族药用，用其根研粉吹入喉内治白喉。

化学成分参考文献

[1] 蔡报彬，等. 中国中药杂志，2009, 34(18): 2331-2333.

3. 窄叶蚊母树 大叶浆木（广西）

Distylium dunnianum H. Lév. in Repert. Spec. Nov. Regni Veg. 11: 67. 1912.——*D. lanceolatum* Chun ex W. C. Cheng, *Myrica rapaneoidea* H. Lév., *M. seguinii* H. Lév.（英 **Dunn Distylium**）

常绿灌木或小乔木，高2–6 m。嫩枝略有棱，被褐色星状柔毛，老枝圆筒形，光滑无毛。叶革质，狭长披针形，长6–10 cm，宽1.2–2.2 cm，先端锐尖，基部圆形或广楔形，上面绿色，无毛，下面光滑，或在脉腋间有簇生丛毛，边缘无锯齿；叶柄长5–8 mm，有星状绒毛。果序总状，腋生。蒴果卵圆形，长约1 cm，有褐色绒毛，先端尖，宿存花柱极短，干后裂开为4片。种子长卵形，长4–5 mm，发亮。果期8月。

窄叶蚊母树 Distylium dunnianum H. Lev.
摄影：孙庆文

分布与生境 产于贵州、广西。生于海拔1200–1400 m的林中或山坡。

药用部位 全草、根。

功效应用 清热，止血。用于各种热症，各种出血，刀伤出血。

4. 小叶蚊母树 石头棵子（贵州）

Distylium buxifolium (Hance) Merr. in Sunyatsenia. 3: 251. 1937.——*Myrsine buxifolia* Hance（英 **Boxleaf Distylium**）

常绿灌木，高1–2 m。嫩枝光滑或略有柔毛，老枝无毛，有皮孔。叶薄革质，倒披针形或长圆状倒披针形，长3–5 cm，宽1–1.5 cm，先端锐尖，基部狭窄下延，叶柄长不及1 mm。雌花或两性花的

小叶蚊母树 **Distylium buxifolium** (Hance) Merr.
引自《中国高等植物图鉴》

小叶蚊母树 **Distylium buxifolium** (Hance) Merr.
摄影：徐克学

穗状花序腋生，长 1–3 cm；苞片线状披针形；萼筒极短，萼齿披针形，长 2 mm；子房被星毛。蒴果卵圆形，长 7–8 mm，被褐色星状柔毛，先端尖锐，宿存花柱长 1–2 mm。种子褐色，长 4–5 mm，有光泽。花期 4–5 月，果期 6–8 月。

分布与生境 产于湖北、湖南、四川、广东、广西、福建等省区。生于海拔 1000–1200 m 的山溪旁或河边。

药用部位 果实。

功效应用 用于症瘕痞块。

4. 马蹄荷属 Exbucklandia R. W. Br.

叶具掌状脉，托叶大。头状花序通常腋生，具花 7–16 朵。花两性或杂性同株；萼筒与子房合生，萼齿不明显；花瓣线形，白色，2–5 片，先端 2 裂或无花瓣；雄蕊 10–14 个；子房半下位，藏于肉质头状花序内，2 室，上半部分离，胚珠每室 6–8 个。头状果序有蒴果 7–16 个，仅基部藏于花序轴内。种子具翅，胚乳薄，肉质。

约 4 种，我国产 3 种，分布于华南及西南各省及其南部的邻近地区，其中 2 种可药用。另有 1 种分布于马来西亚及印度尼西亚。

分种检索表

1. 叶基部心形；蒴果表面平滑 ························ 1. **马蹄荷 E. populnea**
1. 叶基阔楔形；蒴果表面常有瘤状突起 ························ 2. **大果马蹄荷 E. tonkinensis**

本属药用植物化学成分研究较少，目前仅从马蹄荷 (E. populnea) 中分得黄酮、甾体及酚酸等类化合物。其中，从本属药用植物中分得的白藜芦醇 (resveratrol) 具有抗癌及抑制血小板凝聚等生理活性；圣草酚 (eriodictyol) 具有抗增殖、断裂 DNA 及血管舒张等作用，表明马蹄荷在抗肿瘤等方面有潜在的应用价值；此外，马蹄荷中芒花苷 (miscanthoside) 的含量较高，可以作为芒花苷的原料来源。

1. 马蹄荷　马蹄樟、马蹄木（广西），合掌木、巴巴叶（云南）

Exbucklandia populnea (R. Br. ex Griff.) R. W. Br. in J. Wash. Acad. Sci. 36: 348. 1946.——*Bucklandia populnea* R. Br. ex Griff.（英 **Common Exbucklandia**）

乔木，高 20 m。小枝被短柔毛，节膨大。叶革质，阔卵圆形，全缘，嫩叶有掌状三浅裂，长 10–17 cm，宽 9–13 cm，先端尖锐，基部心形，稀为短的阔楔形，上面深绿色，有光泽，下面无毛；掌状脉 5–7 条，在上面明显，下面突起；叶柄长 3–6 cm，圆筒形，无毛；托叶椭圆形或倒卵形，有明显的脉纹。头状花序单生或数枝排成总状花序，有花 8–12 朵，花序柄长 1–2 cm，被柔毛；花两性或单性；萼齿不明显，常为鳞片状；花瓣长 2–3 mm，或缺；雄蕊长约 5 mm，花丝纤细；子房半下位，被黄褐色柔毛。头状果序圆球状，直径约 2 cm，有蒴果 8–12 个。蒴果椭圆形，长 7–9 mm，宽 5–6 mm，上半部 2 瓣裂开，果皮表面平滑，不具小瘤状突起。种子具狭翅。花期 5–7 月，果期 8–10 月。

分布与生境　产于贵州、广西、云南、西藏等省区。缅甸、泰国、印度也有分布。生于海拔约 1200 m 的山坡林中。

药用部位　茎、根。

功效应用　根：清热解毒消肿。主治疮疡肿毒。茎：祛风活络，止痛，腰腿疼。主治类风湿关节炎，坐骨神经痛。

化学成分　茎皮含黄酮类：樱桃苷(prunin)，芒花苷(miscanthoside)，圣草酚(eriodictyol)[1]；酚类：白藜芦醇(resveratrol)[1]；甾体类：β-谷甾醇，胡萝卜苷[1]。

注评　本种傈僳族药用，用其茎治类风湿关节炎、坐骨神经痛。

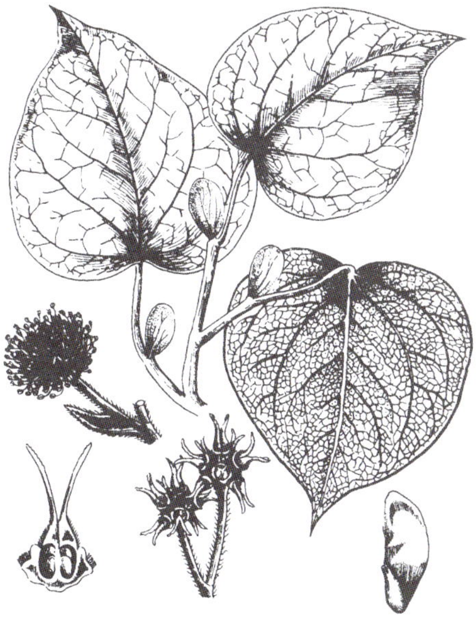

马蹄荷 **Exbucklandia populnea** (R. Br. ex Griff.) R. W. Br.
引自《中国高等植物图鉴》

马蹄荷 **Exbucklandia populnea** (R. Br. ex Griff.) R. W. Br.
摄影：易思荣

化学成分参考文献

[1] 张成刚，等. 天然产物研究与开发，2003, 15(4): 308-309.

2. 大果马蹄荷

Exbucklandia tonkinensis (Lecomte) Hung T. Chang in Acta Sci. Nat. Univ. Sunyatseni 1959(2): 3. 1959.——*Bucklandia tonkinensis* Lecomte（英 **Bigfruit Exbucklandia**）

常绿乔木，高达 30 m。嫩枝有褐色柔毛，老枝变秃净，节膨大。叶革质，阔卵形，长 8–13 cm，宽 5–9 cm，先端渐尖，基部阔楔形，全缘或幼叶为掌状 3 浅裂，上面深绿色发亮，下面无毛，常有细小瘤状突起，掌状脉 3–5 条，在上面很显著，在下面隆起；叶柄长 3–5 cm；托叶狭矩圆形，稍弯曲，被柔毛，早落。头状花序单生，或数个排成总状花序，有花 7–9 朵，花序柄长 1–1.5 cm，被褐色绒毛。花两性，稀单性，萼齿鳞片状；无花瓣；雄蕊约 13 个；子房有黄褐色柔毛，花柱长 4–5 mm。头状果序宽 3–4 cm，有蒴果 7–9 个；蒴果卵圆形，表面有小瘤状突起；种子 6 个，下部 2 个有翅。花期 5–7 月，果期 8–9 月。

大果马蹄荷 **Exbucklandia tonkinensis** (Lecomte) Hung T. Chang
摄影：徐克学

分布与生境 产于福建、广东、广西、海南、云南、湖南、江西等省区。老挝、越南也有分布。生于海拔 800–1500 m 的常绿林山坡或山谷中。

药用部位 根、树皮。

功效应用 祛风湿，活血舒筋，止痛。主治偏瘫。

注评 本种瑶族药用，其树皮、根用于治偏瘫。

5. 牛鼻栓属 **Fortunearia** Rehder et E. H. Wilson

花单性或杂性，排成总状花序。两性花的总状花序顶生；苞片及小苞片细小，早落；萼筒倒锥形，萼齿 5 裂，脱落；花瓣 5 个，退化成针状；雄蕊 5 个；子房半下位，2 室，每室胚珠 1 个。雄花呈葇荑花序，无总苞，有退化子房。蒴果木质，内果皮角质，与外果皮常分离。种子长卵形，种皮角质，胚乳薄，胚直立。

我国特有属，仅 1 种，分布于中部各省，可药用。

1. 牛鼻栓　木里仙、连合子（浙江）

Fortunearia sinensis Rehder et E. H. Wilson, Pl. Wilson. 1: 427. 1813.（英 **Chinese Fortunearia**）

落叶灌木或小乔木，高可达 5 m。嫩枝有灰褐色柔毛，老枝光滑无毛，有稀疏皮孔。芽体细小，无鳞状苞片，被星毛。叶膜质，倒卵形或倒卵状椭圆形，长 7–16 cm，宽 4–10 cm，先端锐尖，基部圆形或钝，稍偏斜，上面深绿色，除中肋外光滑无毛，下面浅绿色，脉上有长毛；侧脉 6–10 对，边缘有锯齿，齿尖稍向下弯；叶柄长 4–10 mm，有毛；托叶早落。两性花的总状花序长 4–8 cm，花序柄及花序轴均被绒毛；苞片及小苞片披针形，被星毛；萼筒长约 1 mm，无毛；萼齿卵形，长约 1.5 mm，先端有毛；花瓣狭披针形，较萼齿为短；雄蕊近无柄，花药卵形，长约 1 mm；子房略有毛，花柱长约 1.5 mm，反卷；花梗长 1–2 mm，被星毛。蒴果卵圆形，长约 1.5 cm，外面被毛，有白色皮孔，沿室间 2 片裂开，每片 2 浅裂，果瓣先端尖，果梗长 5–10 mm。种子卵圆形，褐色，有光泽，种脐马鞍形，稍带白色。花期 3–4 月，果期 5–6 月。

分布与生境 产于陕西、河南、湖北、四川、江西、安徽、浙江、江苏等省区。生于海拔 800–1000 m

牛鼻栓 **Fortunearia sinensis** Rehder et E. H. Wilson
引自《中国高等植物图鉴》

牛鼻栓 **Fortunearia sinensis** Rehder et E. H. Wilson
摄影：徐克学

的林中。

药用部位　根、枝叶、果实。

功效应用　根、枝叶：益气，止血，生肌。用于气虚劳伤乏力，创伤出血。果实：益气血。

化学成分　叶含苷类：牛鼻栓苷(fortunearoside)[1]。

化学成分参考文献

[1] Plouvier V, et al. *Compt Rend*, 1951, 261(7(Groupe 13)): 1757-1760.

6. 金缕梅属 Hamamelis L.

花两性，聚成头状或短穗状花序。萼筒与子房多少合生，萼齿4片，卵形；花瓣线形，4片，黄色或淡红色；雄蕊4个；退化雄蕊4个，鳞片状，与雄蕊互生；子房近于上位或半下位，2室，每室胚珠1个。蒴果木质，卵圆形，内果皮骨质，与木质外果皮常分离。种子长椭圆形，种皮角质，胚乳肉质。

约6种，我国2种，其中1种可药用，北美及日本各2种。

1. 金缕梅

Hamamelis mollis Oliv. in Hooker's Icon. Pl. 18: t. 1742. 1888.——*H. mollis* Oliv. var. *oblongifolia* M. B. Deng et K. Yao（英 **Chinese Witchhazel**）

落叶小乔木。嫩枝初时有星状柔毛，后渐变光滑。无皮孔。芽体裸露，细小，被绒毛。叶薄革质，倒卵形，长4–6.5 cm，宽2–4.5 cm，先端钝，基部圆形、截形或微心形，两侧对称，上面绿色，除中脉及侧脉稍被星状毛外，其余光滑无毛，下面浅褐色，被星状柔毛；侧脉4–5对，在上面稍下陷，下面突起，边缘在靠近先端处有数个波状浅齿，下半部全缘；叶柄长5–7 mm，被星状毛；托叶早落。头状花序生于当年生枝的叶腋，具花4–5朵；花无梗，萼筒浅杯状，长约1 mm，外侧被灰褐色星状

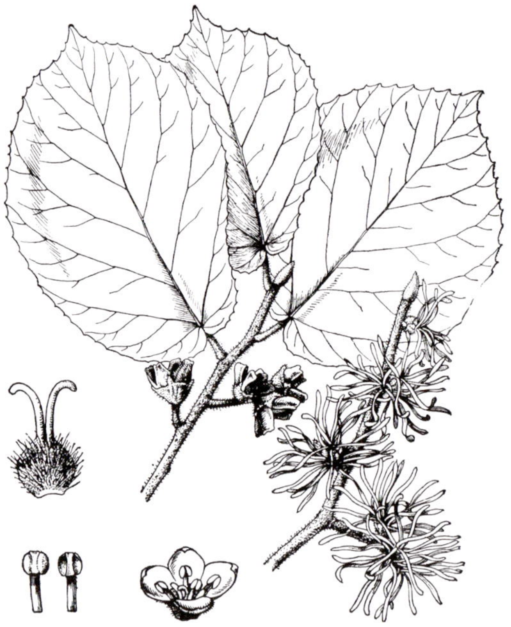

金缕梅 **Hamamelis mollis** Oliv.
冯钟元　绘

金缕梅 **Hamamelis mollis** Oliv.
摄影：徐克学 梁同军

毛，萼齿卵圆形，长 3 mm，先端圆形；子房近上位，基部与萼筒合生；花柱长 2 mm，先端尖，花后稍伸长。蒴果近圆形，长 8–9 mm，先端有短的宿存花柱，干后 2 片裂，每片 2 浅裂。种子纺锤形，两端尖，褐色，种脐浅黄色。花期 4–5 月，果期 6–8 月。

分布与生境　产于江苏、江西省。生于海拔 300–800 m 的林中或灌丛中。

药用部位　根。

功效应用　补中益气。主治脾胃虚弱，劳伤乏力，面部苍黄，纳少便溏，热毒疮疡。

7. 枫香树属 Liquidambar L.

叶掌状 3–5 裂。花单性，雌雄同株，无花瓣。雄花多数，排成头状或穗状花序，再排成总状花序；每一雄花头状花序有苞片 4 个，无萼片及花瓣，雄蕊多而密集。雌花多数，聚集在圆球形头状花序上，有苞片 1 个；萼筒与子房合生；退化雄蕊有或无；子房半下位，2 室，胚珠多数。果序为圆球形。蒴果木质。种子多数，有狭翅，种皮坚硬，胚乳薄。

约 5 种，我国有 4 种（2 种为栽培种）1 变种，其中 3 种可药用。

分种检索表

1. 大灌木或小乔木……………………………………………… 2. **苏合香 L. orientalis**
1. 大乔木。
   2. 叶掌状 3 裂；枝无木栓质棱……………………………… 1. **枫香树 L. formosana**
   2. 叶掌状 5 或 7 裂；枝具木栓质棱……………………… 3. **胶皮枫香树 L. styraciflua**

对本属药用植物果实和树脂的化学成分研究较多。其中，果实主要含三萜类化合物，树脂主要含单萜及倍半萜类化合物。本属药用植物具有较好的生物活性，如枫香树 (L. formosana) 的果实具有保肝、抑制关节炎肿胀、消炎等作用，且在临床有多种用途；由苏合香 (L. orientalis) 和冰片组成的苏冰滴丸具有显著的抗心肌缺血的作用。

三萜类化合物广泛存在于本属植物的果实中，主要为齐墩果烷型、熊果烷型及羽扇豆烷型。多种三萜化合物具有较好的生物活性，如从枫香树果实中分得的三萜类化合物路路通内酯 (liquidambaric lactone，**1**)；从胶皮枫香树 (L. styraciflua) 果实中分得的 6β,30- 二羟基 -3- 氧代羽扇豆 -20(29)- 烯 -28- 酸 [6β,30-dihydroxy-3-oxolup-20(29)-en-28-oic acid，**2**] 及其同系物对淋巴细胞性白血病 P388 细胞株和人类肺癌 A549 细胞株增殖具有细胞毒作用；25- 乙酰氧基 -3α- 羟基齐墩果 -12- 烯 -28- 酸 (25-acetoxy-3α-hydroxyolean-12-en-28-oic acid，**3**) 和 3β,25- 环氧 -3α- 羟基羽扇豆 -20(29)- 烯 -28- 酸 [3β,25-epoxy-3α-hydroxylup-20(29)-en-28-oic acid，**4**] 对鼠表皮致癌作用有抑制作用。

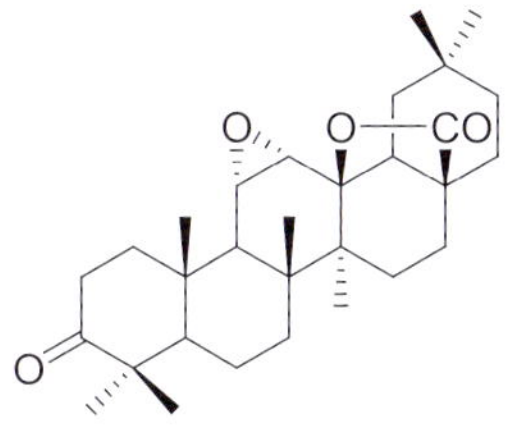

1

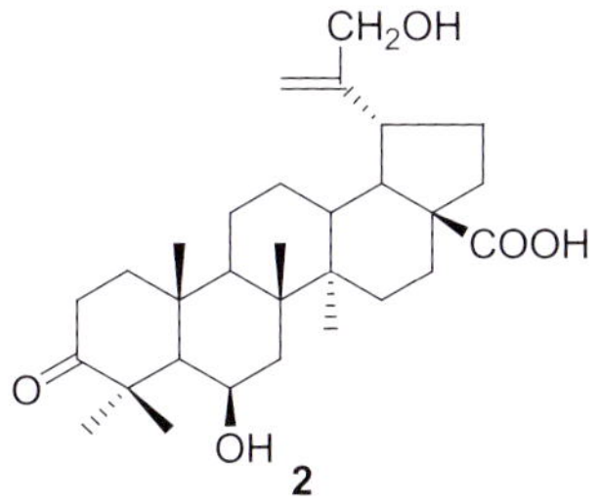

2

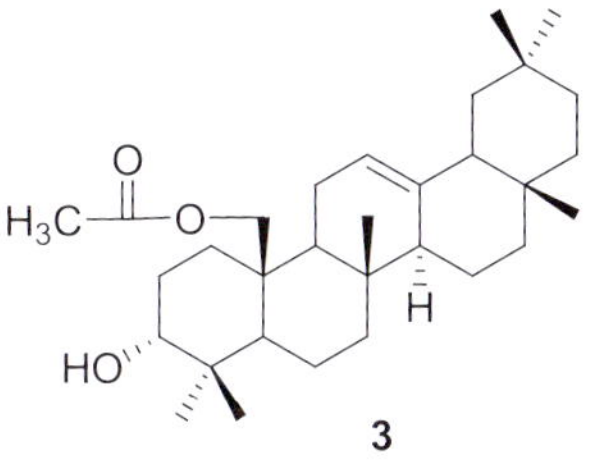

3

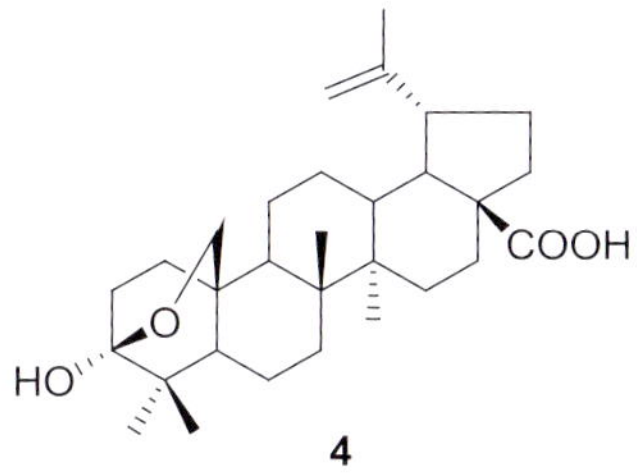

4

萜类化合物普遍存在于本属药用植物树脂中，主要为单萜、倍半萜、三萜化合物。单萜及倍半萜类主要有蒎烯 (pinene)、丁香烯 (caryophyllene)、萜品烯 (terpincol) 等类型；三萜类化合物主要为齐墩果烷型。

1. 枫香树　枫树（通称），九空子、六六通（江苏）

Liquidambar formosana Hance in Ann. Sci. Nat., Bot., sér. 5. 5: 215. 1886.——*L. acerifolia* Maxim.（英 **Beautiful Sweetgum**）

落叶乔木，高达 30 m。树皮灰褐色，方块状剥落。小枝干后灰色，被柔毛，略有皮孔。芽体卵形，长约 1 cm，略被微毛，鳞状苞片敷有树脂。叶薄革质，阔卵形，掌状 3 裂，中央裂片较大，先端尾状渐尖，两侧裂片平展，基部心形，上面绿色，干后灰绿色，无光泽，下面被短柔毛或无毛，仅在脉腋间有毛；掌状脉 3–5 条，两面均显著，边缘有锯齿，齿尖有腺状突；叶柄可长达 11 cm，常被短柔毛；托叶线形，游离，或略与叶柄合生，红褐色，被毛，早落。雄性短穗状花序常多个排成总状，雄蕊多数，花丝不等长，花药比花丝略短。雌性穗状花序具花 24–43 朵，花序柄长 3–6 cm；萼齿 4–7 个；子房下半部藏在头状花序轴内，上半部游离，被柔毛，花柱先端常卷曲。头状果序圆球形，木质，直径 3–4 cm；蒴果下半部藏于花序轴内，有宿存花序及针刺状萼齿。种子多数，褐色，多角形或有狭翅。花期 3–6 月，果期 7–9 月。

分布与生境　产于安徽、福建、广东、贵州、海南、湖北、江苏、江西、四川、台湾、浙江。朝鲜、老挝、越南也有分布。生于海拔 500–800 m 的村落附近及低山林中。

枫香树 **Liquidambar formosana** Hance
引自《中国高等植物图鉴》

枫香树 **Liquidambar formosana** Hance
摄影：王祝年 徐克学

药用部位 果序（路路通）、树脂（树香脂、白云香）、根。

功效应用 果序：祛风活络，利水通经。用于关节痹痛，麻木拘挛，闭经，乳少，水肿胀满。树脂：活血止痛，凉血解毒，生肌。用于跌打损伤，痈疽肿痛，吐血，衄血，外伤出血。根：用于痈疽，疔疮，风湿关节痛。

化学成分 叶含三萜类：α-香树脂醇(α-amyrin)，齐墩果酮酸(oleanonic acid)[1]；其他类：β-谷甾醇[1]，枫香鞣质(liquidambin)[2]。

果实含三萜类：路路通内酯(liquidambaric lactone)[3]，$2\alpha,3\beta$-二羟基-23-降齐墩果-4(24),12(13)-二烯-28-酸[$2\alpha,3\beta$-dihydroxy-23-norolean-24(24),12(13)-dien-28-oic acid]，$2\alpha,3\beta$,23-三羟基齐墩果-12(13)-烯-28-酸[$2\alpha,3\beta$,23-trihydroxyolean-12(13)-en-28-oic acid][4]，6β-羟基羽扇豆-20(29)-烯-3-酮-28-酸[6β-hydroxylup-20(29)-en-3-one-28-oic acid]，羽扇豆-20(29)-烯-3-酮-28-酸[lup-20(29)-en-3-one-28-oic acid]，熊果-12(13)-烯-3-酮-28-酸[urs-12(13)-en-3 on-28-oic acid]，3β-羟基-12(13)-烯-28-齐墩果酸[3β-hydroxy-olean-12(13)-en-28-oic acid][5]，3-氧代-12α-羟基齐墩果-28,13β-内酯(3-oxo-12α-hydroxyoleanan-28,13β-olide)，3α-乙酰氧基-25-羟基齐墩果-12-烯-28-酸(3α-acetoxyl-25-hydroxyolean-12-en-28-oic acid)，齐墩果酸(oleanolic acid)，熊果酸(ursolic acid)[6]，3-氧代-12α-羟基齐墩果-28,13β-内酯(3-oxo-12α-hydroxyoleanan-28,13β-olide)，3α-乙酰氧基-25-羟基齐墩果-12-烯-28-酸(3α-acetoxyl-25-hydroxyolean-12-en-28-oic acid)，桦木酮酸(betulonic acid)[7]；其他类：β-谷甾醇，胡萝卜苷，正二十九烷，正三十酸，没食子酸(gallic acid)[6]，异玫瑰鞣质B (isorugosin B)[8]，1-甲氧基-9-石竹醇(1-methoxy-9-caryolanol)，桉烷-4(14)-烯-1,6-二醇[eudesm-4(14)-ene-1,6-diol][9]。

树皮含环烯醚萜类：水晶兰苷(monotropein)，水晶兰苷甲酯(monotropein methyl ester)，6α-羟基京尼平苷(6α-hydroxylgeniposide)，6β-羟基京尼平苷(6β-hydroxyl-geniposide)[10]。

树脂含挥发油：以α-蒎烯(α-pinene)，β-蒎烯(β-pinene)，β-丁香烯(β-caryophyllene)，樟烯(camphene)，异松油烯(terpinolene)[11]，龙脑-反式-桂皮酸酯(bornyl-*trans*-cinnamate)[12]的含量较高；三萜类：28-羟基-β-香树脂酮(28-hydroxy-β-amyrone)，齐墩果酮酸(oleanonic acid)，羽扇豆酸-3-酮(lupeol acid-3-one)[11]，枫香醛▲(liquidambronal)，枫香酮醛▲(ambronal)[12]。

药理作用 调节免疫作用：核因子活化T细胞胞浆蛋白 (NFAT) 过度激活可引起免疫病理反应，如自身免疫、排斥反应和炎症。从枫香树果实的甲醇提取物中分离得到4个齐墩果烷型三萜类化合物，它

路路通 Liquidambaris Fructus
摄影：钟国跃

枫香脂 Liquidambaris Resina
摄影：张继

们对 NFAT 有强抑制活性[1]。

注评 本种为中国药典（1977、1985、1990、1995、2000、2005、2010 年版）、部颁药品标准·维吾尔药（1998 年版）收载“枫香脂”和“路路通”的基源植物，其干燥树脂为“枫香脂”，干燥成熟果序为“路路通”；其树脂内蒙古中药材标准（1988）以“白云香”之名收载；“枫香脂”又称“白胶香”“枫脂”“白胶”“芸香”“胶香”“伯依嘎尔”（蒙药名）等，“路路通”又称“枫实”“枫香果”“九孔子”。本种的树皮、树叶也供药用，分别称为“枫香树皮”“枫香树叶”。主要功效为祛风除湿，行气止痛，解毒止血。

化学成分参考文献

[1] 蔡亚玲，等. 中药材，2005, 28(4): 294-295.

[2] Okuda T, et al. *Phytochemistry*, 1987, 26(7): 2053-2055.

[3] 孙玉茹，等. 药学学报，1996, 31(6): 437-440.

[4] 赖作企，等. 中山大学学报（自然科学版），1996, 35(4): 64-69.

[5] 赖作企，等. 中山大学学报（自然科学版），1996, 35(2): 40-44.

[6] 李春，等. 药学学报，2002, 37(4): 263-266.

[7] Li C, et al. *J Chin Pharm Sci*, 2002, 11(2): 1-4.

[8] Hatano T, et al. *Heterocycles*, 1988, 27(9): 2081-2085.

[9] Nakajima S, et al. *Pestic Sci*, 1999, 55: 205-206.

[10] 姜志宏，等. 中草药，1995, 26(8): 443-444.

[11] 刘虹，等. 林产化学与工业，1995, 15(3): 61-66.

[12] 刘驰，等. 有机化学，1991, 11: 508-510.

药理作用及毒性参考文献

[1] Dat N. T., et al. *Biol Pharm Bull*, 2004, 27(3): 426-428.

2. 苏合香

Liquidambar orientalis Mill., Gard. Dict., ed. 8. n. 2. 1768.（英 **Turkish Sweetgum**）

落叶大灌木或小乔木，高 10–15 m。老枝具有木栓质的树皮和褐色皮孔。叶片掌状 5 深裂，稀 3 或 7 裂，裂片卵形或长卵形，光滑，有橙色或红色斑点，长达 10 cm，宽达 5 cm，先端急尖，基部心形，边缘有锯齿；叶柄长；托叶小，早落。花芳香，单性，黄绿色，雌雄同株；雄花的花序呈总状排列；雄花无花被，有苞片，雄蕊多数，花药长圆形，花丝短；雌花的花序单生，花被细小，心皮多数，基部愈合，子房半下位，胚珠多数，花柱弯曲。聚合果球状，直径约 2.5 cm，由多数小蒴果组成，成熟时顶端开裂，有宿存刺状花柱。种子 1 粒或 2 粒，狭长圆形，扁平，顶端有翅。花期 5 月，果期 10–11 月。

1. 檵木（中国高等植物图鉴） 白清明花（福建），满山白（湖北），土墙花（湖南）

Loropetalum chinense (R. Br.) Oliv. in Trans. Linn. Soc. London, Bot. 23: 459. 1862. ——*Hamamelis chinensis* R. Br.（英 **Chinese Loropetalum**）

1a. 檵木（模式变种）

Loropetalum chinense (R. Br.) Oliv. var. **chinense**

灌木，有时为小乔木，多分枝。小枝被星毛。叶革质，卵形，长 2–5 cm，宽 1.5–2.5 cm，先端尖锐，基部钝，不等侧，上面略有粗毛或光滑，干后暗绿色，无光泽，下面被星毛，侧脉约 5 对，在上面均明显，下面突起，全缘；叶柄长 2–5 mm，被星毛；托叶膜质，三角状披针形，早落。花 3–8 朵簇生，具短梗，白色，比新叶先开放，或同时开放；花序柄长约 1 cm，被毛；苞片线形，长约 3 mm；萼筒杯状，被星毛，萼齿卵形，长约 2 mm，花后脱落；花瓣 4 片，带状，长 1–2 cm，先端圆或钝；雄蕊 4 个，花丝极短，药隔突出成角状；退化雄蕊 4 个，鳞片状，与雄蕊互生；子房完全下位，被星毛，花柱极短；胚珠 1 个，垂生于心皮内上角。蒴果卵圆形，先端圆，被褐色星状绒毛；萼筒长为蒴果的 2/3。种子卵圆形，黑色，发亮。花期 3–4 月，果期 5–7 月。

分布与生境 产于安徽、福建、广东、广西、贵州、湖南、湖北、江苏、江西、四川、云南、浙江省。日本、印度也有分布。生于海拔 1000–1200 m 的向阳山坡、林下或灌丛中。

药用部位 花、叶、根。

功效应用 花：清热止咳，收敛止血。用于肺热咳嗽，咯血，鼻出血，便血，痢疾，泄泻，崩漏，遗精。叶：收敛止血，清热解毒。用于创伤出血，烧烫伤，扭伤，吐血，泄泻。根：用于咯血，跌打损伤，吐血，经闭腹痛，泄泻，关节酸痛。

化学成分 叶含鞣质类：平卧稻花素B (prostratin B)[1]，檵木素(loropetalin) A、B、C[2]、D[4]，山茶鞣质B (camelliin B)，玫瑰鞣质(rugosin) D、E、G[2]，八没食子酰葡萄糖(octagalloylglucose)，六没食子酰葡

檵木 **Loropetalum chinense** (R. Br.) Oliv. var. **chinense**
引自《中国高等植物图鉴》

檵木 **Loropetalum chinense** (R. Br.) Oliv. var. **chinense**
摄影：孙庆文

萄糖(hexagalloylglucose)，七没食子酰葡萄糖(heptagalloylglucose)[3]；黄酮类：木犀草素(luteolin)[3]，紫云英苷-2''-*O*-没食子酸酯(astragalin-2''-*O*-gallate)，紫云英苷-6''-*O*-没食子酸酯(astragalin-6''-*O*-gallate)[3-4]。

花含挥发油：1-乙氧基丁烷(1-ethoxybutane)，醋酐(anhydride acetic acid)，己醛(hexanal)，2-乙氧基戊烷(2-ethoxypentane)，壬醛(nonanal)，顺式-2,3-二甲基环氧乙烷(*cis*-2,3-dimethyloxirane)，1-甲基乙基乙酸酯(1-methylethyl acetic acid ester)，十四烷(tetradecane)，十五烷(pentadecane)，6,10,14-三甲基十五酮(6,10,14-trimethylpentadecanone)，1-十六醇(1-hexadecanol)，14-甲基十五酸(14-methylpentadecanoic acid)，十六酸(hexadecanoic acid)，二十烷(eicosane)，二十一烷(heneicosane)，二十二烷(docosane)，二十七烷(heptacosane)，二十九烷(nonacosane)[5]。

药理作用　抑菌作用：檵木叶 60% 乙醇提取物在体外对金黄色葡萄球菌、大肠埃希菌、痢疾杆菌有抑菌效果[1]。

注评　本种为中国药典（1977 年版）和上海中药材标准（1994）收载“继木叶”的基源植物，药用其干燥叶。水族、畲族、苗族、侗族、土家族也药用，其叶主要用于止血、痔疮、痢疾、腹泻等。

化学成分参考文献

[1] Yoshida T, et al. *Chem Pharm Bull*, 1990, 38(12): 3296-3302.

[2] Yoshida T, et al. *Phytochemistry*, 1993, 32(5): 1287-1292.

[3] 刘延泽，等. 天然产物研究与开发，1997, 9(3): 12-18.

[4] Liu YZ, et al. *Phytochemistry*, 1997, 46(2): 389-391.

[5] 杨鑫宝，等. 中国现代中药, 2010, 12(1): 25-26.

药理作用及毒性参考文献

[1] 卢成英，等. 食品科学，2005, 26(7): 40-42.

1b. 红花檵木

Loropetalum chinense (R. Br.) Oliv. var. **rubrum** Yieh in China: Bull. Hort. Special Issue 1942(2): 33. 1942.（英 **Red-flowered Chinese Loropetalum**）

叶与原种相同。花瓣紫红色或红色，长约 2 cm。

分布与生境　产于广西、湖南。

药用部位　花、叶、根。

功效应用　同檵木。

药理作用　抑菌作用：红花檵木花 70% 乙醇浸提物在体外对金黄色葡萄球菌、枯草芽孢杆菌及一种未知革兰阳性细菌有抑菌效果，对大肠埃希菌无抑菌效果[1]。红花檵木叶 60% 乙醇提取物在体外对金黄色葡萄球菌的最小抑菌浓度为 12.5 mg/ml，对痢疾杆菌为 50 mg/ml，大肠埃希菌为 25 mg/ml[2]。红花檵木花红色素提取液及各级提取物对金黄色葡萄球菌、大肠埃希菌、痢疾杆菌有抑菌效果[3]。

红花檵木 **Loropetalum chinense** (R. Br.) Oliv. var. **rubrum** Yieh
摄影：李泽贤

药理作用及毒性参考文献

[1] 刘如龙，等. 安徽农业科学，2008, 36(20): 8647-8648.

[2] 钟以举，等. 食品科学，2007, 28(10): 225-228.

[3] 卢成英，等. 食品科学，2005, 26(10): 107-110.

9. 红花荷属 Rhodoleia Champ. ex Hook.

叶具羽状脉，无托叶。花序头状，腋生，具花 5–8 朵，总苞片卵圆形而覆瓦状排列。花两性；萼筒极短，位于子房基部，萼齿不明显；花瓣 2–5 片，不整齐，常着生于头状花序的外侧；雄蕊 4–10 个，与花瓣近等长或稍短；子房半下位，2 室或为不完全 2 室，每室具胚珠 12–18 个，二列着生于中轴胎座。蒴果果皮较薄。种子扁平。

约 9 种，我国南部约 6 种，其中 2 种可药用；有 2 种同时见于中南半岛；其他 3 种分布于马来西亚及苏门答腊。

分种检索表

1. 叶卵形；有鳞状小苞片数个 …… 1. 红花荷 **R. championii**
1. 叶长圆形；无鳞片状小苞片 …… 2. 小花红花荷 **R. parvipetala**

1. 红花荷

Rhodoleia championii Hook. f. in Bot. Mag. 76: t. 4509. 1850.——*R. latiovatifolia* G. A. Fu（英 **Champion Rhodoleia**）

常绿乔木，高可达 12 m。嫩枝颇粗壮，无毛，干后皱缩，暗褐色。叶厚革质，卵形，长 7–13 cm，宽 4.5–6.5 cm，先端钝或略尖，基部宽楔形，三出脉，上面深绿色，有光泽，下面灰白色，无毛，干后有多数瘤状突起；侧脉 7–9 对，在两面均明显，网脉不明显；叶柄长 3–5.5 cm。头状花序长 3–4 cm，稍弯垂，有鳞状小苞片 5–6 片，总苞片卵圆形，大小不等，最上部的较大，被褐色短柔毛；萼筒短，先端平截；花瓣匙形，长 2.5–3.5 cm，宽 6–8 mm，红色；雄蕊与花瓣等长，花丝无毛；子房无毛，花柱略短于雄蕊。头状果序宽 2.5–3.5 cm，有蒴果 5 个；蒴果卵圆形，长约 1.2 cm，无宿存花柱，果皮薄，木质，干后上半部 4 片裂开。种子扁平，黄褐色。花期 2–4 月，果期 5–8 月。

分布与生境　产于广东、贵州、海南等省。生于海拔约 1000 m 的林中。

药用部位　叶。

功效应用　活血止血，用于刀伤出血，外伤出血。

注评　本品为香港保护植物。

红花荷 **Rhodoleia championii** Hook. f.
冯钟元　绘

红花荷 **Rhodoleia championii** Hook. f.
摄影：刘军

2. 小花红花荷　小花红苞木（中国高等植物图鉴）

Rhodoleia parvipetala Tong in Bull. Dept. Biol. Sun Yatsen Univ. 2: 35. 1930.（英 **littleflower Rhodoleia**）

常绿乔木，高达 20 m。小枝干后黑褐色，无毛。叶革质，长圆形，长 5–10 cm，宽 2–4 cm，先端尖锐，基部楔形，三出脉不很强烈。头状花序长 2–2.5 cm，无鳞状小苞片，总苞片 5–7 片，卵圆形，大小不等，外面被暗褐色短柔毛；萼筒极短，先端平截；花瓣匙形；雄蕊 6–8 个，约与花瓣等长；子房无毛，基部围以短萼筒。头状果序有蒴果 5 个；蒴果卵圆形，果皮薄，木质，先端裂成 4 片。种子多数，扁平。花期 3–4 月，果期 4–9 月。

分布与生境　产于贵州、广西、云南等省区。越南也有分布。生于海拔约 1000 m 的山坡林中。

药用部位　叶。

功效应用　止血。用于刀伤出血。

小花红花荷 **Rhodoleia parvipetala** Tong
引自《中国高等植物图鉴》

10. 半枫荷属 Semiliquidambar Hung T. Chang

叶异形，掌状 3 裂或单侧裂，或不分裂，具离基三出脉。花单性，雌雄同株，聚成头状花序或短穗状花序。雄性短穗状花序常多个排成总状，生于枝顶，每个花序有苞片 3–4 片；花萼与花瓣均缺；雄蕊多数。雌性头状花序单生于枝顶叶腋，有苞片 2–3；雌花多数，萼筒与子房合生，萼齿短小，宿存，有时缺；无花瓣；无退化雄蕊；子房半下位，2 室，胚珠多数。果序为半球形。蒴果多数，木质。种子多数，有棱。

约 3 种 3 变种，分布于我国东南及华南，其中 2 种可药用。

分种检索表

1. 叶厚革质，叶柄粗大；果序上的萼齿长 2–5 mm ········ 1. **半枫荷 S. cathayensis**
1. 叶薄革质，叶柄纤细；果序上的萼齿长小于 2 mm ········ 2. **细柄半枫荷 S. chingii**

本属药用植物的化学成分研究较少，主要对半枫荷 (S. cathayensis) 进行了研究，其化学成分主要为三萜类、鞣质类及甾体类化合物。三萜类化合物主要为齐墩果烷型；鞣质类化合物为鞣酸 (tannic acid) 形成的醚或者其苷。药理研究表明半枫荷的乙醇提取物对由蛋清所致的大鼠足跖肿胀具有明显的抑制效果，能对抗炎症早期的渗出和水肿，并且有轻度的镇痛作用。临床上主要用于治疗类风湿关节炎、跌打损伤、产后风瘫等症。

1. 半枫荷

Semiliquidambar cathayensis Hung T. Chang in Acta Sci. Nat. Univ. Sunyatseni. 1962(1): 37. 1962.——*S. cathayensis* Hung T. Chang var. *fukienensis* Hung T. Chang, *S. cathayensis* Hung T. Chang var. *parvifolia* (Chun) Hung T. Chang, *S. coriacea* Hung T. Chang（英 **Chinese Semiliquidambar**）

常绿乔木，高达 17 m。树皮灰色，稍粗糙。芽长卵形，略被短柔毛。当年枝干后暗褐色，无毛；老枝灰色，有皮孔。叶簇生于枝顶，革质，异形，不分裂的叶片卵状椭圆形，长 8–13 cm，宽 3.5–6 cm，先端渐尖，尾部长 1–1.5 cm，基部宽楔形或近圆形，稍不等侧，上面深绿色，有光泽，下面浅绿色，无毛；或为掌状深裂，中央裂片长 3–5 cm，两侧裂片卵状三角形，长 2–2.5 cm，斜向上，有时为单侧叉状分裂，边缘有腺锯齿，掌状脉 3 条，两侧的较纤细，中央的主脉还有侧脉 4–5 对；叶柄长 3–4 cm，较粗壮，上部有槽，无毛。雄花的短穗状花序常数个排成总状，长约 6 cm，花被全缺，雄蕊多数，花丝极短，花药先端凹入；雌花的头状花序单生，萼齿针形，长 2–5 mm。有短柔毛，花柱先端卷曲，有柔毛。头状果序直径 2.5 cm，有蒴果 22–28，宿存萼齿比花柱短。花期 3–6 月，果期 7–9 月。

分布与生境　产于贵州、江西、广东、广西等省区。生于海拔约 1000 m 的林中。

药用部位　根、叶。

功效应用　根：祛风止痛，除湿，通络。用于风湿痹痛，脚气，腰腿痛，偏头痛，半身不遂，跌打损伤。叶：止血。用于外伤出血。

化学成分　根含三萜类：齐墩果酸(oleanolic acid)，3-羰基齐墩果酸(3-carbonyl oleanolic acid)，2α,3β-二羟基齐墩果酸(2α,3β-dihydroxyloleanolic acid)，2α,3β,23-三羟基齐墩果酸(2α,3β,23-trihydroxyloleanolic acid)[1]；鞣质类：鞣酸-3,3',4-三甲醚(tannic acid-3,3',4-trimethyl ether)，鞣酸-3,3'-二甲醚(tannic acid-3,3'-dimethyl ether)，鞣酸-3,3'-二甲醚-4-*O*-β-D-木糖苷(tannic acid-3,3'-dimethyl ether-4-*O*-β-D-xyloside)[1]；其他类：β-谷甾醇，硬脂酸[1]。

注评　本种侗族、瑶族、壮族、苗族药用，用其叶、树皮治风湿骨痛，树皮治腹痛、腹泻、半身瘫痪、

半枫荷 **Semiliquidambar cathayensis** Hung T. Chang
冯钟元　绘

半枫荷 **Semiliquidambar cathayensis** Hung T. Chang
摄影：徐克学

小儿麻痹后遗症，用其全株治风湿麻痹、偏头痛。我国特有稀有种，为国家二级保护植物。

化学成分参考文献

[1] 周光雄，等 . 中草药，2002, 33(7): 589-591.

2. 细柄半枫荷

Semiliquidambar chingii (F. P. Metcalf) Hung T. Chang in Acta Sci. Nat. Univ. Sunyatseni. 1962(1): 37. 1962.——*Altingia chingii* F. P. Metcalf（英 **Ching Semiliquidambar**）

常绿乔木，高可达 5 m，嫩枝有柔毛，干后黑褐色，老枝秃净，有皮孔。叶簇生于枝顶，薄革质，多型性，叉状 3 裂叶片阔卵形，长 7–10 cm，宽 5–8 cm，中央裂片卵形，长 4–5 cm，两侧裂片较短，长 1.5–2 cn；叉状单裂片不对称；不分裂的叶片椭圆形至矩圆形，长 6.5–10 cm，宽 3.5–5 cm；先端尖锐，基部楔形；掌状三出脉在叉状叶很强直，由基部发出，在不分裂叶片上的三出脉较纤弱，离基 3–4 mm；边缘有具腺锯齿；叶柄纤细，长 2–4.5 cm；托叶线形，早落。头状果序近圆球形，有多数蒴果，果序柄长 3–5 cm，较纤细。宿存萼齿长小于 2 mm；宿存花柱长 4–6 mm，先端弯曲。花期 3–6 月，果期 7–9 月。

分布与生境　产于贵州、江西、广东、贵州等省区。生于海拔约 1000 m 的林中。

药用部位　根，枝，叶。

功效应用　祛风除湿，舒筋活血。主治类风湿关节炎，腰肌劳损，慢性腰腿痛，半身不遂，跌打损伤，扭挫伤；外用治刀伤出血。

注评　本种苗族、瑶族药用，主要用其根治风湿痹痛、腰肌劳损、手足酸麻无力、跌打损伤。

11. 水丝梨属 Sycopsis Oliv.

花杂性，通常雄花和两性花同株，排成穗状或总状花序，有时雄花排成短穗状或假头状花序；总苞片 3–4。两性花或雌花的萼筒壶形，萼齿细小，1–5 个；花瓣缺；雄蕊 4–10 个；子房上位，与萼筒分离，2 室，每室有一个垂生胚珠。雄花的萼筒极短，萼齿不规则；无花瓣；雄蕊 7–11 个；退化子房存在或缺。蒴果木质，有绒毛，宿存萼筒比蒴果短；种子长卵形，胚乳厚，胚直立。

约 9 种，我国有 7 种，分布于我国华南及西南各省，其中 1 种可药用。另外，菲律宾及马来西亚有 1 种，印度 1 种。

1. 水丝梨

Sycopsis sinensis Oliv. in Hooker's Icon. Pl. 20: t. 1931. 1890.——*S. formosana* (Kaneh.) Kaneh. et Hatus., *S. sinensis* Oliv. var. *integrifolia* Diels（英 **Chinese Fighazel**）

常绿乔木，高达 14 m。嫩枝被鳞垢；老枝暗褐色，光滑无毛。叶革质，长卵形或披针形，长 5–12 cm，宽 2.5–4 cm，先端渐尖，基部楔形或钝。雄花穗状花序密集，近头状，有花 8–10 朵，苞片红褐色，卵圆形；雌花或两性花 6–14 朵排成短穗状花序。蒴果长 8–10 mm，有长丝毛，宿存萼筒长约 4 mm，被鳞垢，不规则裂开，宿存花柱短，长 1–2 mm。种子褐色。花期 4–6 月，果期 7–9 月。

分布与生境　产于陕西、湖北、湖南、四川、贵州、江西、安徽、江苏、浙江、广东、广西、福建、台湾、云南等省区。生于海拔 1300–1600 m 的山地灌丛及林中。

药用部位　树脂。

功效应用　祛风通窍。

或中部以下，2 轮，花丝与花冠管同长；鳞片半圆形、正方形或线形，全缘或有微缺；心皮常有较长的花柱。

约 20 种，分布于非洲马达加斯加，有 1 种广布于全球热带，我国有 1 种，可药用。

本属药用植物主要含黄酮类和甾体类化学成分。黄酮类成分主要是木犀草素 (luteolin)、表没食子儿茶素 -3-*O*- 丁香酸酯 (epigallocatechin-3-*O*-syringate，**1**)，其中 **1** 在自然界中较少见。总黄酮具有明显的镇痛作用，能够显著抑制小鼠扭体反应。

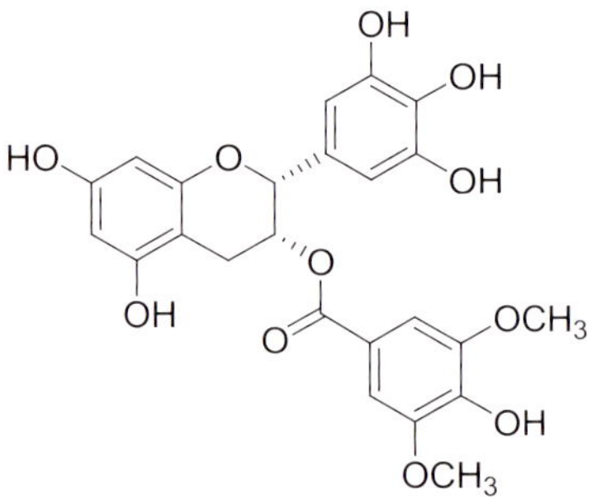

1

从本属药用植物中还发现甾体类化合物，如从落地生根植株中分得的落地生根素 B (bryophyllin B，**2**)、落地生根素 A (bryophyllin A; bryotoxin C，**3**)、布沙迪苷元 -3- 乙酸酯 (bersaldegenin-3-acetate，**4**)，它们是落地生根的特征性成分，且在体外实验中 **2**、**3**、**4** 均可抑制 KB、A-549、HCT-8、P-388 及 L-1210 肿瘤细胞增殖。

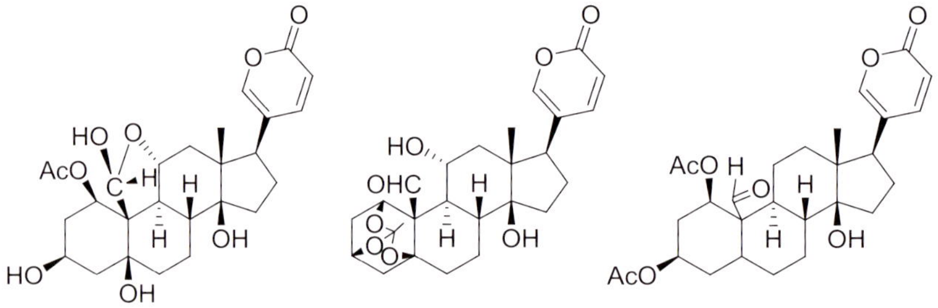

2 **3** **4**

1. 落地生根　枪刀叶（福建），打不死、叶生根（广东），火炼丹、接骨草（云南）

Bryophyllum pinnatum (Lam.) Oken, Allg. Naturgesch. 3(3): 1966. 1841.——*Kalanchoe pinnata* (Lam.) Pers., *Crassula pinnata* L. f., *B. calycinum* Salisb.（英 **Air plant**）

多年生草本，高 40–150 cm。茎有分枝。羽状复叶，长 10–30 cm，小叶长圆形至椭圆形，长 6–8 cm，宽 3–5 cm，先端钝，边缘有圆齿，圆齿底部容易生芽，芽长大后落地即成一新植物。圆锥花序顶生；花下垂，花萼圆柱形；花冠高脚碟形，基部稍膨大，向上成管状，裂片 4，卵状披针形，淡红色或紫红色；雄蕊 8，着生花冠基部，花丝长；鳞片近长方形；心皮 4。蓇葖包在花萼及花冠内。花期 1–3 月。

分布与生境　广西、广东、福建、台湾、云南等省区有栽培。原产于非洲。

药用部位　全草（落地生根）。

功效应用　消肿解毒，活血止痛，拔毒生肌。用于胃痛，关节痛，咽喉肿痛，痈疮肿毒，乳痈，丹毒，痄腮，外伤出血，跌打损伤，骨折，烧烫伤，中耳炎等症。

化学成分　叶含黄酮类：槲皮苷(quercitrin)，槲皮素-3-*O*-*β*-D-木糖基-(1→4)-*α*-L-鼠李糖苷(quercetin-3-*O*-*β*-D-xylosyl-(1→4)-*α*-L-rhamnoside)[1]，槲皮素-3-鼠李糖苷(quercetin-3-rhamnoside)[2]，槲皮

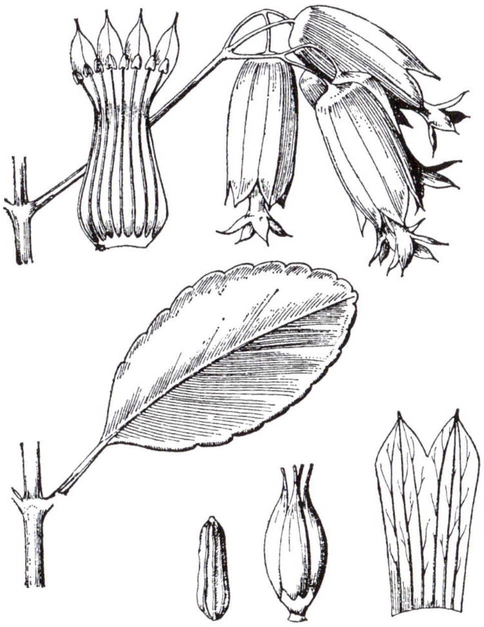

落地生根 **Bryophyllum pinnatum** (Lam.) Oken
引自《中国植物志》

落地生根 **Bryophyllum pinnatum** (Lam.) Oken
摄影：徐克学 王祝年

素-3-α-L-鼠李糖基-β-D-木糖苷(quercetin-3-α-L-rhamnosyl-β-D-xyloside)[3]；三萜类：18α-齐墩果烷(18α-oleanane)，落地生根醇(bryophynol)，落地生根酮(bryophyllone)，α-香树脂醇(α-amyrin)，β-香树脂醇(β-amyrin)，α-香树脂醇乙酸酯(α-amyrin acetate)，β-香树脂醇乙酸酯(β-amyrin acetate)，Ψ-蒲公英萜醇▲(Ψ-taraxasterol)[4]；菲类：癸烯基菲(decenylphenanthrene)，十一碳烯基菲(undecenylphenanthrene)[4]；烯酮类：落地生根烯酮(bryophyllenone)[4]；甾体类：落地生根甾醇(bryophyllol)，24-乙基-25-羟基胆甾醇(24-ethyl-25-hydroxycholesterol)[4]，落地生根素A (bryophyllin A; bryotoxin C)[5]；维生素类：抗坏血酸(ascorbic acid)，核黄素(riboflavin)，硫胺(thiamine)，烟酸(niacin)[6]；寡糖类：阿拉伯半乳聚糖(arabinogalactan)[7]；氨基酸类：谷氨酸(glutamic acid)，蛋氨酸(methionine)，酪氨酸(tyrosine)，苯丙氨酸(phenylalanine)[8]。

地上部分含黄酮类：木犀草素(luteolin)，表没食子儿茶素-3-*O*-丁香酸酯(epigallocatechin-3-*O*-syringate)，黄烷-3-醇(flavan-3-ol)[9]；酚酸类：没食子酸(gallic acid)[9]。

全草含甾体类：落地生根素(bryophyllin) A[10]、B[11]、C[12]，布沙迪苷元-3-乙酸酯(bersaldegenin-3-acetate)[10]。

药理作用 抗炎、镇痛作用：落地生根叶提取物对热板实验和醋酸扭体实验小鼠具有镇痛作用。通过大鼠足跖水肿法证实落地生根叶提取物具有抗炎作用[1]。

注评 本种佤族、傣族、傈僳族、景颇族、德昂族、白族、崩龙族、壮族和基诺族药用，其全株、叶、根等主要用于治腮腺炎、乳腺炎、痈肿疮疖、烧伤、烫伤、腹泻、痢疾等。

化学成分参考文献

[1] 苗抗立，等. 中草药，1997, 28(3): 140-141.

[2] 黄彬，等. 海南医药，2000, 11(4): 53-54.

[3] 曹宏，等. 中药材，2005, 28(11): 988-990.

[4] Siddiqui S, et al. *Phytochemistry*, 1989, 28(9): 2433-2438.

[5] 严秀珍，等. 复旦学报(医学版)，1992, 19 (3): 206-208.

[6] Okwu D, et al. *Afr J Biotechnol*, 2006, 5(4): 357-361.

[7] Kumar A, et al. *Ori J Chem*, 2010, 26(2): 671-672.

[8] Onwuliri VA, et al. *Med Sci Res*, 2010, 26(2): 671-672.

[9] Ogungbamila F, et al. *Nat Prod Lett*, 2009, 10: 201-203.

[10] Yamaqishi T, et al. *Chem Pharm Bull*, 1988, 36(4): 1615-1617.

[11] Yamagishi T, et al. *J Nat Prod*, 1989, 52(5): 1071-1079.

匙叶伽蓝菜 **Kalanchoe spathulata** DC.
摄影：徐克学

3. 洋吊钟　肉吊钟、落地生根（广东）

Kalanchoe verticillata Scott-Elliot in J. Linn. Soc., Bot. 29(197): 14. 1891.（英 **Verticillate Kalanchoe**）

洋吊钟 **Kalanchoe verticillata** Scott-Elliot
摄影：李建民

多年生肉质直立草本，植株可高达 15–30 cm。全株光滑无毛。叶轮生，圆柱状棒形，具有紫褐色斑点，顶端有小齿尖。顶生聚伞圆锥花序，下垂；花多数，密集，花冠赤橙色或深红色。花期 12 月至翌年 5 月。

分布与生境　原产于非洲马达加斯加。广东广州、佛山、肇庆庭院有栽培。

药用部位　茎叶、全草。

功效应用　茎叶：清热解毒。用于烧烫伤，外伤出血，疮疖肿痛。全草：清热凉血。

化学成分　叶含有机酸类：丙二酸(malonic acid)，氟乙酸(fluoroacetic acid)，*O*-亚碘酰苯甲酸(*O*-iodosobenzoic acid)，碘乙酸(iodoacetic acid)，对氯汞苯甲酸(*p*-chloromeruribenzoic acid)[1]；核苷酸类：2'-腺苷单磷酸酯(2'-adenosine monophosphate)，3'-腺苷单磷酸酯(3'-adenosine monophosphate)[1]；其他类：氢醌(hydroquinone)，3-乙酰吡啶(3-acetylpyridine)，碘乙酰胺(iodoacetamide)，乙醛(acetaldehyde)，*N*-乙基马来酰亚胺(*N*-ethyl maleimide)[1]。

化学成分参考文献

[1] Kinraide T, et al. *Plant Physiol*, 1975, 56: 830-835.

3. 瓦松属 **Orostachys** Fisch.

多花密集成聚伞圆锥花序或聚伞花序伞房状，呈狭金字塔形至圆柱形；花为 5 基数；萼片基部合生，常较花瓣为短；花瓣黄色、绿色、白色、浅红色或红色，基部合生，披针形，直立；雄蕊 1 轮或 2 轮，若为 1 轮则与花瓣互生，若为 2 轮则外轮对瓣；鳞片小，长圆形，先端截形；子房上位，心皮有柄，基部渐狭。蓇葖分离，先端有喙。种子多数。

约 13 种，分布于中国、朝鲜、蒙古、日本至苏联。我国产 10 种，其中 7 种可药用。

分种检索表

1. 全部叶不具尖头，叶椭圆形或卵形至长圆形，钝头或短渐尖；苞片宽，卵形……………………………………………………………………1. **钝叶瓦松 O. malacophylla**
1. 茎生叶具尖头；莲座叶先端有软骨质的、白色的附属物而有尖头，少有叶先端刺尖不为软骨质的；苞片长圆形至线形。
    2. 莲座叶先端有刺尖但不为软骨质的……………………………………2. **日本瓦松 O. japonica**
    2. 莲座叶先端有软骨质的刺尖，或有时还有半月形的附属物。
        3. 莲座叶先端软骨质的附属物中央有刺尖外，两侧有流苏状齿或两侧各有 1–2 齿；花红色。
            4. 莲座叶软骨质附属物有流苏状齿；植株圆柱形至狭金字塔形……………3. **瓦松 O. fimbriata**
            4. 莲座叶先端有刺尖，两侧各有 1–2 齿；植株狭金字塔形……………4. **塔花瓦松 O. chanetii**
        3. 莲座叶先端软骨质的附属物全缘或有时稍呈波状；花绿、黄、白、浅红色，或在花瓣先端带红色。
            5. 花黄绿色，单生于极短的花梗上或无梗，花序花紧密，雄蕊有黄色花药……5. **黄花瓦松 O. spinosa**
            5. 花白色或绿白色、浅红色或先端带红色，有显著的花梗，稀几无梗，花药暗色。
                6. 花白色或浅红色，雄蕊等长于花冠或超出花冠之上，花的苞片较花短，卵状长圆形……………………………………………………6. **小苞瓦松 O. thyrsiflora**
                6. 花白色，雄蕊较花冠短，花苞叶与花冠同长或超出，线状披针形至线形……………………………………………………7. **狼爪瓦松 O. cartilaginea**

迄今已从本属药用植物中分得黄酮、有机酸和三萜等类型化合物。黄酮类化合物是最主要的一类成分，含量较高，具有抗炎、抗肿瘤、抗氧化等药理活性。日本瓦松 (O. japonica) 所特有的黄酮成分棉花素糖苷类化合物如棉皮素 -8-*O*-α-D- 吡喃来苏糖苷 (gossypetin-8-*O*-α-D-lyxopyranoside，**1**)，具有抗菌活性，对肺炎双球菌、甲型链球菌、卡他球菌、金黄色葡萄球菌及白色葡萄球菌生长均有一定的抑制作用。其他黄酮类化合物，如表儿茶素没食子酸类、槲皮素吡喃葡萄糖苷类、山柰酚及山柰酚糖苷类化合物具有抑制钙蛋白酶的活性。

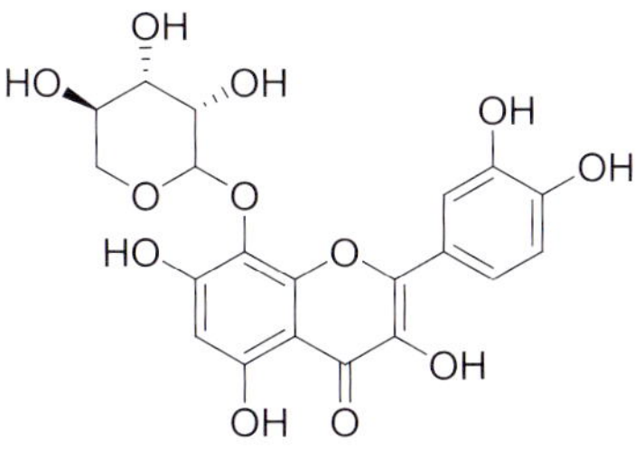

1

日本瓦松的甲醇、正己烷、二氯甲烷和乙酸乙酯提取物等都表现出一定的抗补体活性。其中，正己烷和二氯甲烷提取物的活性最强。分离得到的甾体类化合物具有一定的抗补体活性，其中 β- 谷甾醇 -3-*O*-β-D- 吡喃葡萄糖苷 -6'-*O*- 棕榈酸酯 (β-sitosteryl-3-*O*-β-D-glucopyranosyl-6'-*O*-palmitate) 对补体经典途径的抑制作用最强。

三萜类成分是瓦松属植物的特征性成分，主要有无羁萜 (friedelin)、欧洲桤木醇▲ (glutinol)、无羁萜醇 (friedelinol)、欧洲桤木酮▲ (glutinone) 等。其中，无羁萜具有抗炎作用。

1. 钝叶瓦松　矛回日 - 斯琴 - 额布斯（蒙语）

Orostachys malacophylla (Pall.) Fisch. in Mém. Soc. Imp. Naturalistes Moscou. 2: 274. 1809.——*Cotyledon malacophylla* Pall., *Sedum malacophyllum* (Pall.) Steud.（英 **Obtuseleaf Orostachys**）

第一年植株有莲座丛；莲座叶先端不具刺，先端钝或短渐尖，长圆状披针形、倒卵形、长椭圆形至椭圆形，全缘。第三年从莲座丛中抽出花茎。茎生叶互生，较莲座叶为大。花序紧密，总状，有时穗状；苞片卵形；萼片 5，长圆形；花瓣 5，白色或带绿色，长圆形至卵状长圆形；鳞片 5，线状长方形。种子卵状长圆形，有纵条纹。花期 7 月，果期 8–9 月。

分布与生境　产于黑龙江、吉林、辽宁、河北、内蒙古等省区。生于海拔 1200–1800 m 的岩石缝中。俄罗斯、蒙古、日本、朝鲜也有分布。

药用部位　全草。

功效应用　止血，通经，止痢，敛疮。

注评　本种在部分省区也做“瓦松”使用。

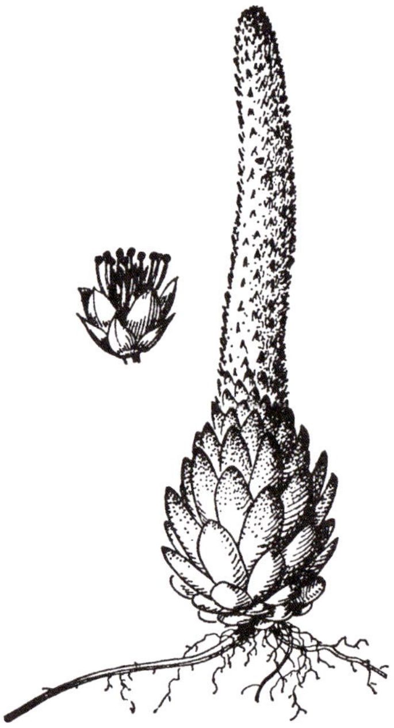

钝叶瓦松 **Orostachys malacophylla** (Pall.) Fisch.
引自《中国高等植物图鉴》

钝叶瓦松 **Orostachys malacophylla** (Pall.) Fisch.
摄影：周繇

2. 日本瓦松

Orostachys japonica (Maxim.) A. Berger in Engl. et Prantl, Nat. Pflanzenfam., ed. 2. 18a: 464. 1930.（英 **Rock pine**）

莲座叶狭匙形，先端有尖头，无软骨质的附属物。茎生叶线形或线状披针形，长 2–6 cm，宽 3–7 mm，先端渐尖，无软骨质的刺。总状花序紧密多花；萼片卵形，先端钝；花瓣白色，披针形；

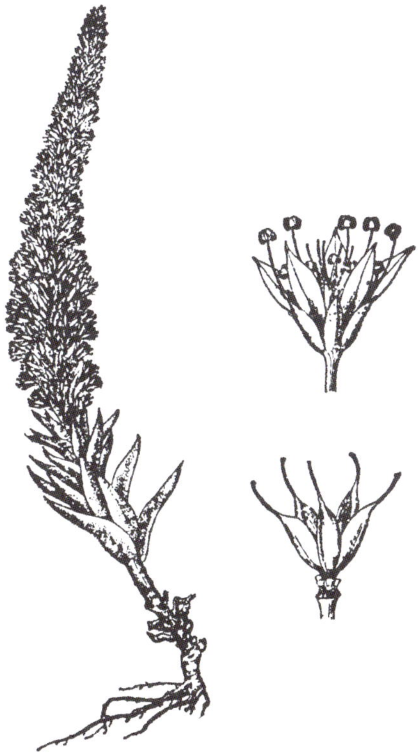

日本瓦松 **Orostachys japonica** (Maxim.) A. Berger
引自《中国高等植物图鉴》

日本瓦松 **Orostachys japonica** (Maxim.) A. Berger
摄影：徐克学

鳞片近四方形。花期 9–10 月。

分布与生境 产于黑龙江、山东、安徽、江苏、浙江等省区。俄罗斯、朝鲜、日本也有分布。生于低山岩石上或溪边。

药用部位 全草。

功效应用 活血止血，消肿敛疮。用于血痢，便血，吐血，鼻出血，肝炎，疟疾，热淋，痔疮，湿疹，痈毒，疔疮，烧烫伤。外用于疮口久不愈合。

化学成分 地上部分含酚酸类：4-羟基苯甲酸(4-hydroxybenzoic acid)，3,4-二羟基苯甲酸(3,4-dihydroxybenzoic acid)，没食子酸(gallic acid)，没食子酸甲酯(methyl gallate)[1]；黄酮类：山柰酚(kaempferol)，槲皮素(quercetin)，山柰酚-3-*O*-*β*-D-葡萄糖苷(kaempferol-3-*O*-*β*-D-glucoside)，槲皮素-3-*O*-*β*-D-葡萄糖苷(quercetin-3-*O*-*β*-D-glucoside)，山柰酚-3-*O*-*β*-D-半乳糖苷(kaempferol-3-*O*-*β*-D-galactoside)[1]。

全草含黄酮类：(-)-表儿茶素-5-没食子酸酯[(-)-epicatechin-5-gallate]，表儿茶素-3-没食子酸酯(epicatechin-3-gallate)，表儿茶素-3,5-二没食子酸酯(epicatechin-3,5-digallate)，表儿茶素(epicatechin)，槲皮素-3-*O*-*β*-D-吡喃葡萄糖苷(quercetin-3-*O*-*β*-D-glucopyranoside)，山柰酚(kaempferol)，槲皮素(quercetin)[1]，山柰酚-3-*O*-*α*-L-吡喃鼠李糖苷(kaempferol-3-*O*-*α*-L-rhamnopyranoside)[2]，棉皮素-8-*O*-*α*-D-吡喃来苏糖苷(gossypetin-8-*O*-*α*-D-lyxopyranoside)[3]；酚酸类：没食子酸(gallic acid)，没食子酸甲酯(methyl gallate)[1]，焦倍酚(pyrogallol; pyrogallic acid)[2]；甾体类：*β*-谷甾醇-3-*O*-*β*-D-吡喃葡萄糖苷-6'-*O*-棕榈酸酯(*β*-sitosteryl-3-*O*-*β*-D-glucopyranosyl-6'-*O*-palmitate)，胡萝卜苷，*β*-谷甾醇[4]，*β*-谷甾烯酮(*β*-sitostenone)，5*α*,8*α*-过氧麦角甾醇(5*α*,8*α*-peroxyergosterol)[5]；三萜类：羟基何帕酮(hydroxyhopanone)[4]，无羁萜(friedelin)，欧洲桤木醇▲(glutinol)，无羁萜醇(friedelinol)，欧洲桤木酮▲(glutinone; alnusenone)[5]。

药理作用 保护神经元作用：日本瓦松的甲醇提取部分对 H_2O_2 诱导的 GT1-1 小鼠下丘脑神经元凋亡

轮叶八宝 **Hylotelephium verticillatum** (L.) H. Ohba
引自《中国高等植物图鉴》

轮叶八宝 **Hylotelephium verticillatum** (L.) H. Ohba
摄影：徐克学

药用部位 全草（还魂草）。

功效应用 解毒消肿，止痛，止血。用于痈肿疔毒，无名肿毒，蛇虫咬伤，蝎螫伤，创伤出血。

注评 本种土家族药用，其根用于跌打损伤、劳伤身痛，全草擒烂外敷用于外伤出血。

3. 八宝 活血三七（安徽、云南），脚趾草（安徽），豆瓣还阳（湖北），胡豆七（四川），大打不死（云南），景天，对叶景天（长白山植物药志）

Hylotelephium erythrostictum (Miq.) H. Ohba in Bot. Mag. (Tokyo) 90: 50. 1977. ——*Sedum erythrostictum* Miq., *S. alboroseum* Baker, *S. telephium* L. subsp. *alboroseum* (Baker) Fröd.（英 **Common Eight Treasure**）

多年生草本，块根胡萝卜状。茎直立，高 30–70 cm，不分枝。叶对生，少有互生或 3 叶轮生，长圆形至卵状长圆形，长 4.5–7 cm，宽 2–3.5 cm，先端急尖，钝，基部渐狭，边缘有疏锯齿，无柄。伞房状花序顶生，花密生，花梗稍短或同长；萼片 5，卵形；花瓣 5，白色或粉红色，宽披针形，长 5–6 mm，渐尖；雄蕊 10，与花瓣同长或稍短，花药紫色；鳞片 5，长圆状楔形，长约 1 mm，先端有微缺；心皮 5，直立，基部几分离。花期 8–10 月。

分布与生境 产于四川、贵州、云南、黑龙江、吉林、辽宁、河北、山西、山东、河南、陕西、江苏、浙江、安徽、湖北。生于海拔 400–1800 m 的山坡草地或沟边。朝鲜、日本、俄罗斯也有分布。

药用部位 全草，叶，花。

功效应用 全草：清热解毒，散瘀消肿，止血。用于咽喉痛，吐血，隐疹。外用于疔疮肿毒，缠腰火丹，脚癣，毒蛇咬伤，烧烫伤。叶：敷治肿毒，蛇伤。花：用于女人漏下赤白，轻身明目。

化学成分 全草含黄酮[1]。

注评 本种畲族、白族和土家族药用；畲族用全草治小儿风痰、咽喉肿痛、痈肿；白族用全草治疮痈疔毒、跌打损伤、烫伤、外伤出血；土家族用全草治咽喉炎、跌打损伤、腹泻，外敷用于烧烫伤、疔疮肿痛，花用于火眼、目翳。

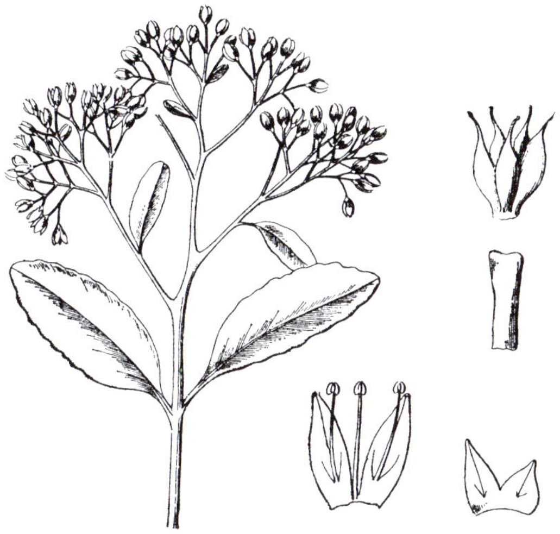

八宝 **Hylotelephium erythrostictum** (Miq.) H. Ohba
钱存源　绘

八宝 **Hylotelephium erythrostictum** (Miq.) H. Ohba
摄影：徐克学

化学成分参考文献

[1] Chen YJ, et al. *Pharmacognosy Magazine*, 2010: 6(24): 259-263.

4. 长药八宝

Hylotelephium spectabile (Boreau) H. Ohba in Bot. Mag. (Tokyo) 90: 52. 1977.——*Sedum spectabile* Boreau（英 **Longanther Eight Treasure**）

多年生草本。茎直立。叶对生，或 3 叶轮生，卵形至宽卵形，或长圆状卵形，长 4–10 cm，宽 2–5 cm，先端急尖，钝，基部渐狭，全缘或多少有波状齿，无柄。花序大形，伞房状，顶生；花密生；萼片 5，线状披针形至宽披针形；花瓣 5，淡紫红色至紫红色，披针形至宽披针形；雄蕊 10，长于花瓣，花药紫色；鳞片 5，长方形。蓇葖直立。花期 8–9 月，果期 9–10 月。

分布与生境　产于黑龙江、吉林、辽宁、河北、山东、河南、陕西、安徽等省区。生于低山多石山坡。朝鲜也有分布。

药用部位　全草。

功效应用　清热解毒，活血化瘀，祛风消肿，止血止痛，排脓。用于咽喉炎，荨麻疹，乳腺炎，吐血，小儿丹毒。外用于疔疮痈肿，跌打损伤，鸡眼，烧烫伤，带状疱疹，脚癣，毒蛇咬伤。

化学成分　全草含景天庚糖(sedoheptose)[1]。

注评　本种朝鲜族药用，其全草用于疮痈、皮肤炎、小儿丹毒。

化学成分参考文献

[1] LaForge FB. *J Biol Chem*, 1920: 42: 367-374.

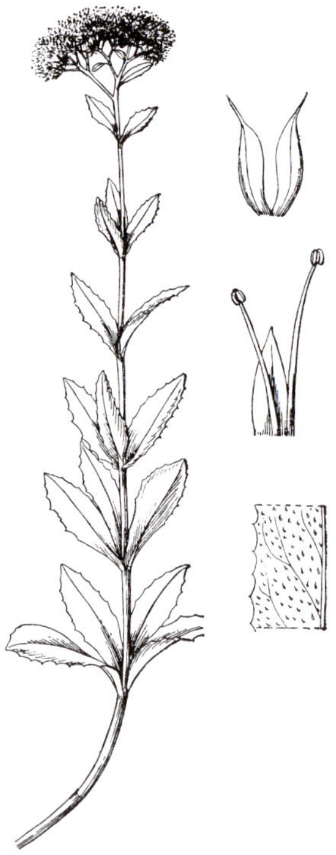

长药八宝 **Hylotelephium spectabile** (Boreau) H. Ohba
蔡淑琴　绘

长药八宝 **Hylotelephium spectabile** (Boreau) H. Ohba
摄影：周繇

5. 华北八宝　华北景天（内蒙古植物志）

Hylotelephium tatarinowii (Maxim.) H. Ohba in Bot. Mag. (Tokyo) 90: 52. F. 3a. 1977. ——*Sedum tatarinowii* Maxim.（英 **Tatarinow Stonecrop**）

多年生草本。根状茎常有小型胡萝卜状的根。茎直立或斜升，多数。叶互生，狭倒披针形至倒披针形，长1.2–3 cm，宽0.5–0.7 cm，先端渐尖，基部渐狭，边缘有疏锯齿至浅裂。伞房花序宽3–5 cm；花梗长2–3.5 mm；萼片5，卵状披针形，先端稍急尖；花瓣5，淡红色，卵状披针形，先端浅尖；雄蕊10，与花瓣近等长，花丝白色，花药紫色；鳞片5，近正方形；心皮5，直立，卵状披针形，花柱长约1 mm，稍外弯。花期7–8月，果期9月。

华北八宝 **Hylotelephium tatarinowii** (Maxim.) H. Ohba
摄影：刘冰

分布与生境　产于山西、河北、内蒙古。朝鲜也有分布。生于海拔1000–3000 m的山地石缝中。

药用部位　全草。

功效应用　解毒消炎，止渴，调经，止血生肌。用于大热大疮，身热烦，邪恶气，诸蛊毒，痂疮，寒热风痹，金疮出血，风疹恶痒，膝疮，小儿丹毒发热，眼睛红肿，眼生花翳，头痛寒热，带下，产后脱阴，小儿惊风。

化学成分　根、茎、叶含黄酮和多糖[1]。

化学成分参考文献

[1] Hu QP, et al. *J Food, Agric Envir*, 2012, 10(2, Pt. 1): 172-174.

6. 紫花八宝　打不死（广西），猫舌草、活血丹（浙江天目山药用植物志）

Hylotelephium mingjinianum (S. H. Fu) H. Ohba in Bot. Mag. (Tokyo) 90: 51. 1977. ——*Sedum mingjinianum* S. H. Fu（英 **Purpleflower Eight Treasure**）

多年生草本，无毛。茎直立，不分枝。叶互生，上部的线形，长约 2 cm，宽约 2 mm，下部的椭圆状倒卵形，长约 8.5 cm，宽约 3 cm，先端急尖，基部渐狭，边缘上部波状钝齿状，下部全缘。花序顶生，伞房状，密集；萼片 5，长圆状披针形；花瓣 5，紫色，倒卵状长圆形；鳞片 5，匙状长方形。种子小，线形，褐色。果期 10 月。

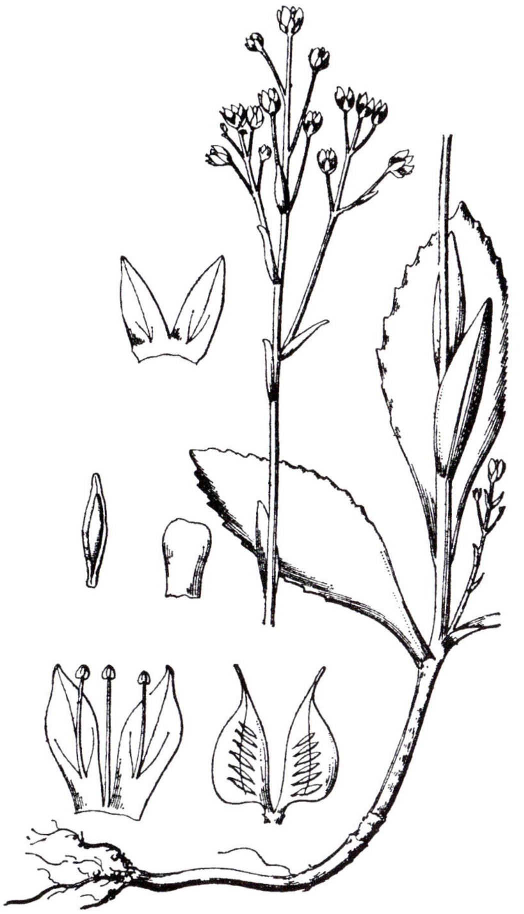

紫花八宝 **Hylotelephium mingjinianum** (S. H. Fu) H. Ohba
钱存源　绘

分布与生境　产于湖北、湖南、安徽、浙江、广西等省区。生于海拔约 700 m 的山间溪边阴湿处。

药用部位　全草（石蝴蝶）。

功效应用　活血生肌，止血，解毒。用于挫伤，吐血，小儿惊风，胸膜炎，胸胁痛，毒蛇咬伤，烧烫伤，带状疱疹。

化学成分　全草含黄酮类：紫花八宝苷(mingjinianuronide) A、B，槲皮素(quercetin)，槲皮素-3-*O*-α-L-鼠李糖苷(quercetin-3-*O*-α-L-rhamnoside)，槲皮素-3-*O*-β-L-葡萄糖苷(quercetin-3-*O*-β-L-glucoside)，山柰酚-7-*O*-α-L-吡喃鼠李糖苷(kaempferol-7-*O*-α-L-rhamnopyranoside)[1]；甾体类：β-谷甾醇，胡萝卜苷[1]；酚酸类：没食子酸(gallic acid)，原儿茶酸(protocatechuic acid)[1]；其他类：无羁萜(friedelin)，正三十三烷(*n*-tritriacontane)[1]。

化学成分参考文献

[1] 谭桂山，等. 药学学报，1994, 29(7): 519-525.

7. 白八宝　白景天（拉汉英种子植物名称）

Hylotelephium pallescens (Freyn) H. Ohba in Bot. Mag. (Tokyo) 90: 51. 1977.——*Sedum pallescens* Freyn, *H. eupatorioides* (Kom.) H. Ohba, *Sedum eupatorioides* (Kom.) Kom., *S. telephium* L. var. *albiflorum* Maxim.（英 **White Eight Treasure**）

多年生草本。根状茎短，直立。根束生。茎直立。叶互生，有时对生，长圆状卵形或椭圆状披针形，长 3–7 (–10) cm，宽 7–25 (–40) mm，先端圆，基部楔形，几无柄，全缘或上部有不整齐的波状疏锯齿，叶面有多数红褐色斑点。复伞房花序顶生；萼片 5，披针状三角形；花瓣 5，白色至浅红色；鳞片 5，长方状楔形。蓇葖直立，披针状椭圆形。种子狭长圆形，褐色。花期 7–9 月，果期 8–9 月。

分布与生境　产于黑龙江、吉林、辽宁、山西、河北、内蒙古、陕西、河南、山东、安徽等省区。生于河边石砾滩及林下草地。朝鲜也有分布。

药用部位　全草。

功效应用　清热解毒，镇静止痛。

化学成分　全草含黄酮类：山柰酚-7-*O*-α-L-吡喃鼠李糖苷(kaempferol-7-*O*-α-L-rhamnopyranoside)，山柰酚-3,7-二-*O*-α-L-鼠李糖苷(kaempferol-3,7-di-*O*-α-L-rhamnoside)[1]。

8. 伞房花序。

9. 花瓣红色……13. **大花红景天 R. crenulata**

9. 花瓣黄绿色……16. **红景天 R. rosea**

1. 地面上的根颈多少伸长，有或多或少残留的老枝茎；叶常全缘。

10. 花瓣大，长 8–11 mm，边缘稍不整齐或流苏状；叶狭，几为线形……1. **小丛红景天 R. dumulosa**

10. 花瓣大或小，全缘；叶狭或宽。

11. 根颈短，有分枝，或稍伸长，残留老枝茎多数；花小。

12. 花的鳞片线形或宽线形……2. **长鳞红景天 R. gelida**

12. 花的鳞片近正方形或近长方形。

13. 伞房花序少花；萼片 4，线状披针形……3. **四裂红景天 R. quadrifida**

13. 伞房花序多花；萼片 5 或 4，三角形……14. **糙红景天 R. scabrida**

11. 根颈多少伸长，残留老枝茎少数；花稍大。

14. 根颈伸长，每年生新花茎处不扩大；花瓣红色……5. **长鞭红景天 R. fastigiata**

14. 根颈稍伸长，每年生新花茎处稍扩大；花瓣黄色或黄绿色。

15. 花茎干后常带紫红色或粉红色；茎密被微乳头状突起……6. **西川红景天 R. alsia**

15. 花茎干后常为稻秆色；茎无乳头状突起……12. **唐古红景天 R. algida** var. **tangutica**

本属药用植物具有抗缺氧、抗寒冷、抗疲劳、抗微波辐射等显著功效，而且还具有延缓机体衰老、防止老年疾病、滋补强壮、扶正固本等功效。自 20 世纪 70 年代初，从本属植物中分得具有抗衰老、抗疲劳、抗缺氧作用的成分红景天苷 (rhodioloside; salidroside) 和酪醇 (tyrosol) 后，本属植物便成为一个研究热点，现已初步明确主要含有苷、鞣质、黄酮等类化学成分。

苷类化合物在本属植物中广泛分布，由于其具有独特的生物活性而受到重视。目前已分得的苷类主要是苯乙醇苷类化合物，如红景天苷和酪醇，它们也被认为是抗氧化、抗疲劳、增强免疫力的主要活性成分。另外一些苷类成分为氰苷类成分，如百脉根苷 (lotaustralin)，该类成分被认为是红景天属植物中的毒性成分。

黄酮类化合物在本属植物中也普遍存在，且其活性也基本得到证实。主要代表性成分为槲皮素、芦丁 (rutin)、木犀草素 (luteolin)、三粒小麦黄素 (tricetin)、山柰酚 (kaempferol)、草棉素 (herbacetin) 及其苷类。其中草棉素 -7-*O*-(3''-*O*-*β*-D- 吡喃葡萄糖基)-*α*-L- 吡喃鼠李糖苷 [herbacetin-7-*O*-6-(3''-*O*-*β*-D-glucopyranosyl)-*α*-L-rhamnopyranoside，**1**] 对紫外线诱导的 A375-S2 细胞死亡具有明显的抑制作用，且对该细胞没有显示出明显的细胞毒性。

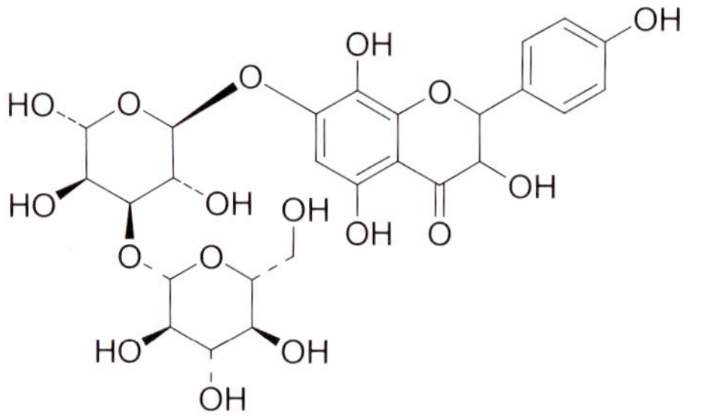

1

鞣质类化合物也是本属植物中的一类重要成分，具有显著的活性，如没食子酸 (gallic acid) 与表没食子儿茶素 -3-*O*- 没食子酸酯 [(-)-epigallocatechin-3-*O*-gallate; EGCG] 对结核分枝杆菌具有一定的抑制和杀灭活性；红景天鞣素▲ (rhodisin; 3,3'-di-*O*-galloylprodelphinidin B_2)、3,3'- 二没食子酰原矢车菊素 B_2 (3,3'-digalloylprocyanidin B_2)、表没食子儿茶素 -3-*O*- 没食子酸酯 [(-)-epigallocatechin-3-*O*-gallate]、(-)-

表儿茶素 -3-*O*- 没食子酸酯 [(-)-epicatechin-3-*O*-gallate] 具有良好的抗丙型肝炎病毒 (HCV) NS3 丝氨酸蛋白酶的作用，是一类潜在的非多肽的抗 HCV NS3 丝氨酸蛋白酶抑制剂。

1. 小丛红景天　凤尾草（陕西），香景天（甘肃），凤尾七（宁夏、四川），凤凰草（宁夏）

Rhodiola dumulosa (Franch.) S. H. Fu in Acta Phytotax. Sin., Addit. 1: 119. 1965. ——*Sedum dumulosum* Franch., *Chamaerhodiola dumulosa* (Franch.) Nakai（英 **Shrubberry Rhodiola**）

多年生草本。根颈粗壮，分枝，地上部分常被有残留的老枝。花茎聚生主轴顶端，直立或弯曲，不分枝。叶互生，线形至宽线形，长 7–10 mm，宽 1–2 mm，先端稍急尖，基部无柄，全缘。花序聚伞状，有 4–7 花；萼片 5，线状披针形；花瓣 5，长 8–11 mm，白色或红色，边缘稍不整齐或流苏状，披针状长圆形；鳞片 5，横长方形。种子长圆形，长约 1.2 mm，有微乳头状突起，有狭翅。花期 6–7 月，果期 8 月。

分布与生境　产于吉林、河北、内蒙古、山西、陕西、甘肃、青海、湖北、四川、云南等省区。生于海拔 1600–4100 m 的山坡石上。不丹、缅甸也有分布。

药用部位　根，全草（凤尾七）。

功效应用　滋阴补肾，养心安神，调经活血。用于劳热骨蒸，干血痨，头晕目眩，月经不调，心悸失眠。

化学成分　地上部分含挥发油：以肉豆蔻酸(myristic acid)，十六酸甲酯(methyl hexadecanoate)，1-(+)-抗坏血酸-2,6-二-十六酸酯[1-(+)-L-ascorbic acid-2, 6-dihexadecanoate]，8,11-十八碳二烯酸甲酯(8,11-methyl octadecadienoate)，十七烷(heptadecane)的含量较高[1]。

根状茎含黄酮类：山柰酚-7-*O*-α-L-吡喃鼠李糖苷(kaempferol-7-*O*-α-L-rhamnopyranoside)，草棉素-8-甲醚(herbacetin-8-methyl ether)，红景天素(rhodiosin)，红景天宁▲(rhodionin)[2]，山柰

小丛红景天 **Rhodiola dumulosa** (Franch.) S. H. Fu
引自《中国高等植物图鉴》

小丛红景天 **Rhodiola dumulosa** (Franch.) S. H. Fu
摄影：张英涛

库页红景天 **Rhodiola sachalinensis** Boriss.
引自《内蒙古植物志》

库页红景天 **Rhodiola sachalinensis** Boriss.
摄影：周繇

O-*β*-D-glucopyranoside)[1]，*β*-反式桂皮醇-*O*-(6'-*O*-*α*-L-呋喃阿拉伯糖基)-D-吡喃葡萄糖苷[*β*-*trans*-cinnamic alcohol-*O*-(6'-*O*-*α*-L- arabinofuranosyl)-D-glucopyranoside]，玫瑰红景天维素▲ (rosavin; rosavidin)[4-5]；苯甲醇类：苄基-*O*-*β*-D-吡喃葡萄糖苷(benzyl-*O*-*β*-D-glucopyranoside)[1,5]；苯乙醇类：苯乙基-8-*O*-*β*-D-吡喃葡萄糖苷(phenylethyl-8-*O*-*β*-D-glucopyranoside)[1]，红景天苷(rhodioloside; salidroside)[2]；酚类：对羟基苯甲酸(*p*-hydroxybenzoic acid)，没食子酸(gallic acid)[1]，熊果苷(arbutin)[5]；氰苷类：垂盆草苷(sarmentosin)，表百脉根苷(epilotaustralin)，百脉根苷(lotaustralin)[5]；挥发油：杜鹃花酸(azelaic acid)，3-苯基-2 反式-丙烯酸(3-phenyl-2-*trans*-propenoic acid)，棕榈酸，12-乙酰氧基油酸(12-acetoxyloleic acid)，1,3-丁炔二醇(1,3-bytanediol)[6]；四氢呋喃类：库页红景天醇▲(sachalinol)[7]；糖类：多糖[7]。

茎叶含三萜类：蒲公英赛醇-3-*β*-乙酸酯(taraxerol-3-*β*-acetate)，异莫替醇(isomotiol)[8]；苯乙醇类：红景天苷；苯丙素类：玫瑰红景天维素▲[8]。

药理作用 保肝作用：库页红景天以 0.5 g/kg 灌胃大鼠，能抑制四氯化碳介导的大鼠肝损伤[1]。在给小鼠腹腔注射 300 mg/kg 对乙酰氨基酚前，灌胃 50 mg/kg 或 100 mg/kg 红景天苷，可减轻对乙酰氨基酚的肝毒性[2]。

降血糖作用：从库页红景天根中提取的多糖类腹腔注射小鼠，剂量分别为 50 mg/kg、100 mg/kg、200 mg/kg，可抑制葡萄糖介导的肝糖原合成，增强肾上腺素、四氧嘧啶介导的肝糖原分解[3]。对小鼠皮下、尾静脉注射红景天多糖 B 能起到降血糖作用[4]。

其他作用：从库页红景天中分离出的某些化合物能保护 B103 神经元细胞免受 *β*- 淀粉样蛋白的损伤[5]。

注评 本种为浙江中药材标准（2000）收载“高山红景天”的基源植物，药用其干燥根及根状茎。

化学成分参考文献

[1] 倪付勇，等. 中草药，2013, 44(7): 798-802.

[2] Huang H, et al. *J Liq Chromatogr Relat Technol*, 2008, 31: 1324-1336.

[3] Yoshikawa M, et al. *Chem Pharm Bull*, 2008, 56(5): 695-

700.
[4] 杨智蕴，等. 中草药，1995, 26(8): 441-442.
[5] 侯奋争，等. 中国现代中药，2009, 11(4): 18-20.
[6] 张宏桂，等. 人参研究，1994, 2: 44-45.
[7] 汉丽萍，等. 中国中药杂志，2002, 37(6): 418-421.
[8] 李建新，等. 中草药，1998, 29(10): 659-661.

药理作用及毒性参考文献

[1] WU XL, et al. *World J Gastroenterol*, 2003, 9(7): 1559-1562.
[2] WU YL, et al. *Biol Pharm Bull*, 2008, 31(8): 1523-1529.
[3] 程秀娟，等. 中国中药杂志, 1993, 18(9): 557-559, 575.
[4] 程秀娟，等. 中国中药杂志, 1996, 21(11): 685-687.
[5] Mook-Jung I, et al. *Biol Pharm Bull*, 2002, 25(8): 1101-1104.

8. 异齿红景天

Rhodiola heterodonta (Hook. f. et Thomson) Boriss. in Kom., Fl. URSS. 9: 32. 1939.——*Sedum heterodontum* Hook. f. et Thomson（英 **Differenttooth Rhodiola**）

多年生草本。根粗壮，垂直。根颈分枝，先端被鳞片。花茎直立。叶互生，三角状卵形，长 1.5–2 cm，宽约 1.4 cm，先端急尖，基部心形，无柄，抱茎，边缘有粗锯齿。花序紧密伞房状；雌雄异株；花密生；萼片 4，线形；花瓣 4，黄绿色，线形；鳞片 4，线形；雄蕊 8，长超出花瓣，带红色。蓇葖直立，线状长圆形，有短而弯的喙。种子椭圆形，褐色。花期 5–6 月，果期 7 月。

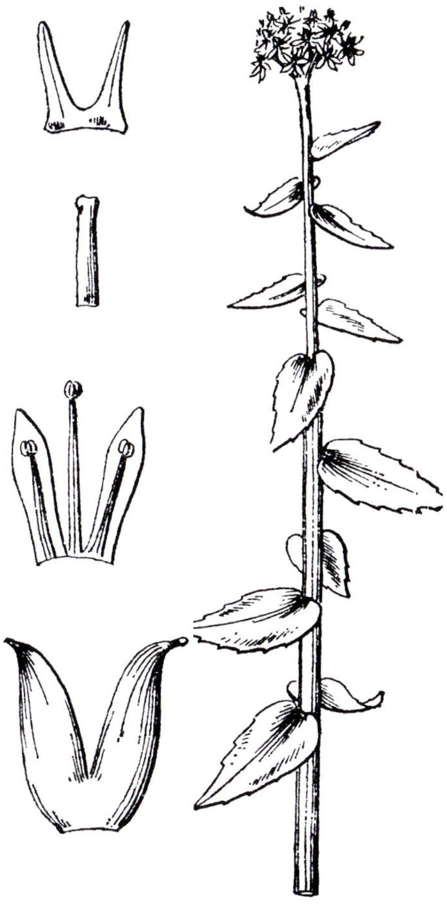

异齿红景天 **Rhodiola heterodonta** (Hook. f. et Thomson) Boriss.
钱存源 绘

分布与生境 产于新疆、西藏。生于海拔 2800–4700 m 的山坡及沟边。克什米尔地区、伊朗、阿富汗、印度、巴基斯坦、俄罗斯、塔吉克斯坦、蒙古、伊朗也有分布。

药用部位 根及根状茎。

功效应用 清热解毒，祛风湿，止血。

化学成分 新鲜根状茎含花青素类：原花青素(proanthocyanidin)[1]；苷类：红景天苷(rhodioloside; salidroside)，玫瑰红景天素▲(rosin)，玫瑰红景天林素▲(rosarin)，玫瑰红景天维素▲(rosavin; rosavidin)[1]。

根及根状茎含苯乙醇及其苷类：酪醇(tyrosol)，酪醇甲醚(tyrosol methyl ether)，红景天苷(rhodioloside; salidroside)，浅绿红景天苷▲(viridoside)，异齿红景天苷▲(heterodontoside)，蒙红景天苷▲(mongrhoside)[2]；氰苷类：红景天氰苷A (rhodiocyanoside A)[2]；黄酮类：(-)-表没食子儿茶素没食子酸酯[(-)-epigallocatechin gallate]，表没食子儿茶素-表没食子儿茶素-3-*O*-没食子酸酯[epigallocatechin-epigallocatechin-3-*O*-gallate]，3-*O*-没食子酰基-表没食子儿茶素-表没食子儿茶素-3-*O*-没食子酸酯[3-*O*-galloyl-epigallocatechin-epigallocatechin-3-*O*-gallate][2]。

注评 本种与同科植物费菜 Phedimus aizoon (L.) 't Hart 及其近缘种，民间称"土三七"。

化学成分参考文献

[1] Gad GY, et al. *Phytochemistry*, 2006, 67: 2380-2391.
[2] Grace MH, et al. *Nat Prodt Commun*, 2009, 4(8): 1053-1058.

9. 粗茎红景天

Rhodiola wallichiana (Hook.) S. H. Fu, Acta Phytotax. Sin., Addit. 1: 125. 1965.——*Sedum wallichianum* Hook.（英 **Wallich Rhodiola**）

9a. 粗茎红景天（模式变种） 全瓣红景天（拉汉英种子植物名称）

Rhodiola wallichiana (Hook.) S. H. Fu var. **wallichiana**

多年生草本。根颈横走，分枝少。老的花茎不残留或少数残留；花茎少数，有 3–5 个，高 17–25 cm。叶多数，线状倒披针形至披针形，长 12–16 mm，宽 2–3 mm，两端渐狭，无柄，两侧上部各有 1–3 个疏锯齿。花序伞房状，顶生；花两性，少有单性异株的；萼片 5，线形；花瓣 5，淡红色、淡绿色或黄白色，倒卵状椭圆形；鳞片 5，近匙状正方形。蓇葖直立，披针形，基部狭。种子连翅在内长约 1 mm。花期 8–9 月，果期 10 月。

分布与生境 产于云南、西藏。尼泊尔、印度、不丹、缅甸也有分布。生于海拔 2600–3800 m 的山坡林下石上。

药用部位 根及根状茎。

功效应用 清热解毒，防瘟。用于跌打损伤，风湿腰痛，四肢肿胀，发热，肺炎，吐血，血崩，痢疾，白血病，五更泻，腹泻。

粗茎红景天 **Rhodiola wallichiana** (Hook.) S. H. Fu var. **wallichiana**
钱存源　绘

粗茎红景天 **Rhodiola wallichiana** (Hook.) S. H. Fu var. **wallichiana**
摄影：张英涛

9b. 大株粗茎红景天 大株红景天（植物分类学报）

Rhodiola wallichiana (Hook.) S. H. Fu var. **cholaensis** (Praeger) S. H. Fu in Acta Phytotax. Sin., Addit. 1: 125. 1965.——*Sedum crassipes* Wall. ex Hook. f. et Thomson var. *cholaense* Praeger（英 **Big Wallich Rhodiola**）

植株高达 60 cm，灰绿色。花序花密生，苞片多，长。叶线状披针形，长约 3 cm，宽 3–4 mm，边缘有疏锯齿；萼片 5，线形；花瓣绿色，直立，线状倒披针形；花药绿色；鳞片 5，猩红色，近四方形；心皮 5，线状披针形，上部稍叉开。蓇葖长 1.2 cm 以上。

分布与生境 产于四川、云南。生于海拔约 3500 m 的山坡石上。印度也有分布。

药用部位 根及根状茎。

功效应用 清热，退烧，活血散瘀，止血，止痛，止泻。用于肺炎，发热，吐血，泄泻，血崩，跌打损伤，风湿腰痛。

注评 本种藏族药用，其根、根状茎、全草治肺炎、发热、腹泻等。

10. 云南红景天 豌豆七、白三七（湖北），胡豆七（四川），三台观音、铁角莲（云南）

Rhodiola yunnanensis (Franch.) S. H. Fu in Acta Phytotax. Sin., Addit. 1: 126. 1965. ——*Sedum yunnanense* Franch., *R. henryi* (Diels) S. H. Fu（英 **Yunnan Rhodiola**）

多年生草本。根颈粗，长，直径可达 2 cm，不分枝或少分枝，先端被卵状三角形鳞片。花茎单生或少数着生。3 叶轮生，稀对生，卵状披针形、椭圆形、卵状长圆形至宽卵形，长 4–7 (–9) mm，宽 2–4 (–6) cm，先端钝，基部圆楔形，边缘多少具稀锯齿，稀近全缘，下面苍白绿色，无柄。聚伞圆锥花序；雌雄异株，稀两性花，雄花小，多；萼片 4，披针形；花瓣 4，黄绿色，匙形；鳞片 4，楔状四方形；雌花萼片、花瓣各 4，绿色或紫色，线形，鳞片 4，近半圆形。蓇葖星芒状排列。花期 5–7 月，果期 6–8 月。

分布与生境 产于甘肃、陕西、河南、湖北、贵州、四川、云南、西藏等省区。生于海拔 1000–4000 m 的山坡林中。

药用部位 带根全草（还魂草）。

功效应用 清热解毒，散瘀止血，消肿，收敛，接骨生肌。用于疮痈，跌打损伤，创伤，刀伤出血，泄泻，痢疾，乳腺素，喉炎，咳嗽，咽喉痛。

化学成分 根和根状茎含木脂素类：黑五味子苷(schizandriside)[1]；酚酸类：1-表没食子儿茶素-3-没食子酸酯(1-epigallocatechin-3-gallate)，1-表儿茶素(1-epicatechin)，没食子酸(gallic acid)[1]；蒽醌类：大黄酚(chnysophanol)[1]；甾体类：*β*-谷甾醇，*β*-胡萝卜苷[1]；其他类：1-二十八醇阿魏酸酯(1-octacosanly ferulate)，1-二十八醇乙酸酯(1-octasonaly acetate)，1-二十六醇蜡酸酯(1-hexacosanyl cerotate)，蜡酸

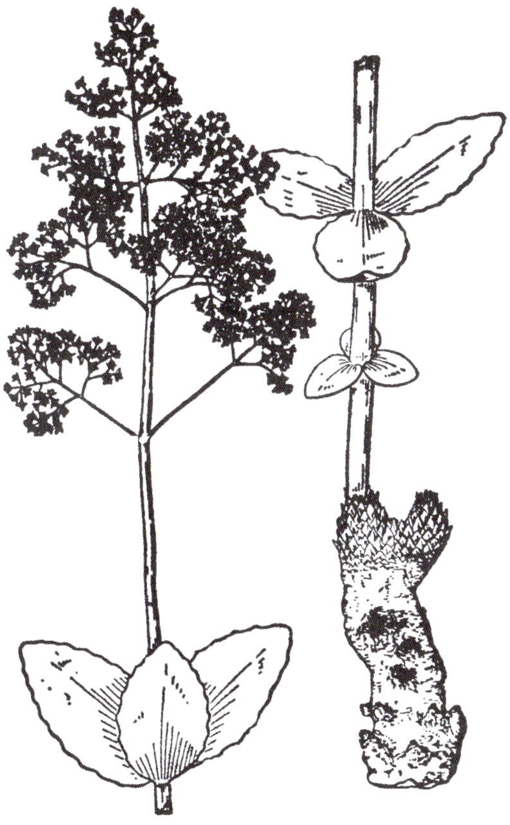

云南红景天 **Rhodiola yunnanensis** (Franch.) S. H. Fu
引自《中国高等植物图鉴》

云南红景天 **Rhodiola yunnanensis** (Franch.) S. H. Fu
摄影：徐克学

(cerotic acid)，1-二十六醇(1-hexacosanol)[1]；挥发油：1-辛醇 (1-octanol)，香叶醇(geraniol)，芳樟醇(linalol)，桃金娘烯醇(myrtenol)等[2]。

地上部分含鞣质类：1,2,3,6-四没食子酰葡萄糖(1,2,3,6-tetragalloylglucose)，1,2,3,4,6-五没食子酰葡萄糖(1,2,3,4,6-pentagalloylglucose)[3]；挥发油：1-辛醇(1-octanol)，香叶醇(geraniol)，芳樟醇(linalool)，桃金娘烯醇(myrtenol)，癸醇(decanol)，橙花叔醇乙酸酯(nerol acetate)[4]等。

注评 本种怒族、纳西族、彝族和白族药用，怒族外用全草治骨折、风湿关节痛、乳腺炎、疔疮；纳西族用根及根状茎治疗跌打损伤、腮腺炎、风湿痛、跌打扭伤、扁桃腺炎、外伤出血、便血等；彝族用根状茎或全草治跌打伤、骨折、风湿、喉炎、痢疾；白族用其根及根状茎治跌打损伤、风湿疼痛。

化学成分参考文献

[1] 郭运通，等 . 天然产物研究与开发，1993, 5(3): 1-7.

[2] 田军，等 . 军事医学科学院院刊，2000, 24 (1): 49-51.

[3] 何广新，等 . 中成药，1995, 7: 38.

[4] 黄容清，等 . 分析测试学报，2004, 23: 116-117.

11. 圣地红景天 全瓣红景天（拉汉英种子植物名称）

Rhodiola sacra (Prain ex Raym.-Hamet) S. H. Fu in Acta Phytotax. Sin., Addit. 1: 127. 1965.

（英 **Integripetal Rhodiola**）

多年生草本。主根粗，分枝。根颈短，先端被披针状三角形的鳞片。花茎少数，直立，不分枝，稻秆色，老时被微乳头状突起。叶沿花茎着生，互生，倒卵形或倒卵状长圆形，长 8–11 mm，宽 4–6 mm，先端急尖，钝，基部楔形，入于短的叶柄，边缘有 4–5 个浅裂。伞房状花序少数花；两性；萼片 5，狭披针状三角形；花瓣 5，白色，狭长圆；鳞片 5，近正方形。蓇葖直立。种子长圆状披针形，褐色。花期 8 月，果期 9 月。

分布与生境 产于青海、西藏。生于海拔 2700–5000 m 的山坡石缝中。尼泊尔也有分布。

药用部位 根状茎、全草（扫罗玛尔布）。

功效应用 活血，止血，止带，清肺止咳，解毒消肿。用于肺炎，肺结核，支气管炎，咯血，咳嗽，

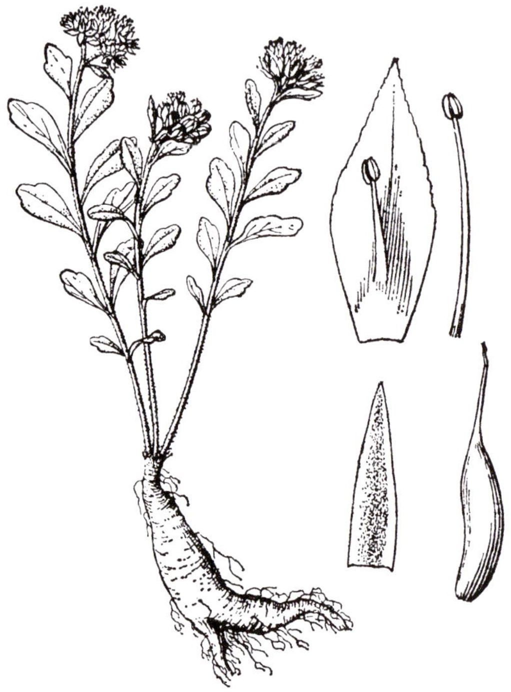

圣地红景天 **Rhodiola sacra** (Prain ex Raym.-Hamet) S. H. Fu
蔡淑琴 绘

圣地红景天 **Rhodiola sacra** (Prain ex Raym.-Hamet) S. H. Fu
摄影：陈又生

痰多色黄，白带，跌打损伤，水、火烫伤。

化学成分 根状茎含苯乙醇及其苷类：红景天苷(rhodioloside)，酪醇(tyrosol)[1]；苯丙素类：咖啡酸(caffeic acid)[1]；酚酸及其酯类：没食子酸(gallic acid)，没食子酸乙酯(ethyl gallate)[1]；黄酮类：山柰酚(kaempferol)[1]；香豆素类：伞形花内酯(ambelliferone)[1]；甾体类：β-谷甾醇，胡萝卜苷[1]。

地下部分含单萜苷：圣地红景天苷(sacranoside) A、B，肯普苷A (kenposide A)[2]；脂肪醇苷类：红景天辛醇苷(rhodiooctanoside)，2-甲基-3-丁烯-2-O-β-D-吡喃葡萄糖苷(2-methyl-3-buten-2-yl-β-D-glucopyranoside)[2]；氰苷类：红景天氰苷(rhodiocyanoside) A、D，百脉根苷(lotaustralin)，鸸鹋木苷▲(heterodendrin)[2]；苯乙醇苷类：红景天苷，2-苯乙醇-α-L-吡喃阿拉伯糖基-(1→6)-β-D-吡喃葡萄糖苷[2-phenylethyl-α-L-arabinopyranosyl-(1→6)-β-D-glucopyranoside][2]。

药理作用 保护神经元作用：从圣地红景天中分离出的化合物能保护 B103 神经元细胞免受 β- 淀粉样蛋白的损伤[1]。

注评 本种藏族药用，其根状茎治肺炎、肺结核、气管炎，用全草治咯血、肺炎、咳嗽、妇女白带等，全草外用治烫伤及跌打损伤。

化学成分参考文献

[1] 邱林刚，等. 天然产物研究与开发，1991, 3(1): 6-10.

[2] Yoshikawa M, et al. *Chem Pharm Bull*, 1997, 45(9): 1498-1503.

药理作用及毒性参考文献

[1] Mook-Jung I, et al. *Biol Pharm Bull*, 2002, 25(8): 1101-1104.

12. 唐古红景天

Rhodiola algida Fisch. et C. A. Mey. var. **tangutica** (Maxim.) S. H. Fu in Bull. Bot. Lab. N.-E. Forest. Inst., Harbin 6: 75. 1980.（英 **Tangut Rhodiola**）

多年生草本。主根粗长，分枝；根颈没有残留老枝茎，或有少数残留，先端被三角形鳞片。雌雄异株。雄株花茎干后稻秆色或老后棕褐色。叶线形，先端钝，渐尖，无柄。花序紧密，伞房状，花序下有苞叶；萼片 5，线状长圆形；花瓣 5，干后似粉红色，长圆状披针形；鳞片 5，四方形。雌株花茎棕褐色。叶线形，长 8–13 mm，宽约 1 mm，先端钝渐尖。花序伞房状，果时倒三角形；萼片 5，线状披针形；花瓣 5，长圆状披针形；鳞片 5，横长方形。蓇葖 5，直立，狭披针形，直立或稍向外弯。花期 5–8 月，果期 8 月。

唐古红景天 **Rhodiola algida** Fisch. et C. A. Mey. var. **tangutica** (Maxim.) S. H. Fu
摄影：张英涛

分布与生境 产于宁夏、甘肃、青海、四川等省区。生于海拔 2000–4700 m 的高山石缝中或近水边。

药用部位 根及根状茎、花。

功效应用 补气清肺，益智养心，收涩止血，散瘀消肿。用于气虚体弱，病后畏寒，气短乏力，肺热咳嗽，咯血，白带，腹泻，跌打损伤，烫火伤，神经麻痹症，高原反应。

化学成分 根含苯乙醇及其苷类：酪醇(tyrosol)，红景天苷(rhodioloside; salidroside)，6"-O-没食子酰红景天苷(6"-O-galloylslidroside)[1]；氰苷类：百脉根苷(lotaustralin)[1]；酚及其苷类：没食子酸(gallic acid)，欧洲李间甲酚苷(domesticoside; pleoside)[1]；苯丙素类：丁香酚-*O*-*β*-呋喃芹糖基-(1"→6')-*O*-*β*-吡喃葡萄糖苷[eugenyl-*O*-*β*-apiofuranosyl-(1"→6')-*O*-*β*-glucopyranoside]，路边青素▲(gein; eugenyl vicianoside)[1]；木脂素类：异落叶松脂醇-9-*O*-*β*-D-吡喃木糖苷(isolariciresinol-9-*O*-*β*-D-xylopyranoside)[1-2]；黄酮类：芹菜苷元-7-*O*-*β*-D-呋喃芹糖基-(1→2)-*β*-D-吡喃葡萄糖苷[apigenin-7-*O*-*β*-D-apiofuranosyl-(1→2)-*β*-D-glucopyranoside][1-2]。

注评 本种为中国药典（1977 年版）、部颁药品标准·藏药（1995 年版）和青海中药材标准（1976）收载“红景天”的基源植物，药用其干燥根及根状茎。

化学成分参考文献

[1] Zhang M, et al. *Asian J Tradit Med*, 2010, 5(4): 138-144.
[2] 褚光松，等. 沈阳药科大学学报，2012, 29(5): 394-397.

13. 大花红景天

Rhodiola crenulata (Hook. f. et Thomson) H. Ohba in J. Jap. Bot. 51: 386. 1976.——*Rhodiola euryphylla* (Fröd. ex Hand.-Mazz.) S. H. Fu（英 **Bigflower Rhodiola**）

多年生草本。地上根颈短，残存花茎少数，黑色。花茎多，直立或扇状排列，稻秆色至红色。叶椭圆状长圆形至近圆形，长 1.2–3 cm，宽 1–2.2 cm，先端钝或有短尖，全缘、波状或有圆齿；具短的假柄。花序伞房状，多花；花大，具长梗，雌雄异株；花瓣红色。蓇葖果直立。种子两端具翅。花期 6–9 月。

分布与生境 产于青海、四川、云南、西藏。生于海拔 2800–5600 m 的山坡草地、灌丛及石隙中。不丹、尼泊尔、印度也有分布。

药用部位 根及根状茎。

功效应用 益气活血，通脉平喘。用于气虚血瘀，胸痹心痛，中风偏瘫，倦怠气喘。

化学成分 根及根状茎含黄酮类：大花红景天苷(crenuloside)，红景天宁▲(rhodionin)，红景天素(rhodiosin)，山柰酚(kaempferol)，山柰酚-7-*O*-*α*-L-吡喃鼠李糖苷(kaempferol-7-*O*-*α*-L-rhamnopyranoside)[1]；苯乙醇及其苷类：大花红景天素(crenulatin)，红景天苷(rhodioloside; salidroside)[1]，酪醇(tyrosol)，6-*O*-没食子酰红景天苷(6-*O*-galloylsalidroside)[2]，2-苯乙基-1-*O*-*β*-D-吡喃葡萄糖苷(2-phenylethyl-1-*O*-*β*-D-glucopyranoside)，2-

大花红景天 **Rhodiola crenulata** (Hook. f. et Thomson) H. Ohba
钱存源　绘

大花红景天 **Rhodiola crenulata** (Hook. f. et Thomson) H. Ohba
摄影：陈又生

苯乙基-β-D-蚕豆糖苷(2-phenylethyl-β-vicianoside)，2-苯乙基-1-O-β-D-吡喃葡萄糖基-(1→6)-O-α-L-呋喃阿拉伯糖苷[2-phenylethyl-1-O-β-D-glucopyranosyl-(1→6)-O-α-L-arabinofuranoside]，2-苯乙基-1-O-β-D-吡喃葡萄糖基-(1→6)-O-β-D-吡喃木糖苷[2-phenylethyl-1-O-β-D-glucopyranosyl-(1→6)-O-β-D-xylopyranoside][3]；苯丙素类：对香豆酸(*p*-coumaric acid)，对香豆酸-4-O-β-D-吡喃葡萄糖苷(*p*-coumaric acid-4-O-β-D-glucopyranoside)，二氢松柏苷(dihydroconiferin)[3]；木脂素类：异落叶松脂醇-9,9'-丙酮化物(isolariciresionol-9,9'-acetonide)[3]；酚苷类：异直蒴苔苷▲(tachioside)，红景天氰苷D (rhodiocyanoside D)[3]；酚酸类：没食子酸(gallic acid)，鞣花酸(ellagic acid)，没食子酸乙酯(ethyl gallate)[1]，1,2,3,4,6-五-O-没食子酰基-β-D-吡喃葡萄糖苷(1,2,3,4,6-penta-O-galloyl-β-D-glucopyranoside)[2]，焦倍酚(pyrogallol; pyrogallic acid)[4]；挥发油：正辛醇(*n*-octanol)，香叶醇(geraniol)[5]，3,7-二甲基-1,6-辛二烯-3-醇(3,7-dimethyl-1,6-octadien-3-ol)，2-甲基-2-丁烯-1-醇(2-methyl-2-buten-1-ol)[6]等。

红景天 Rhodiolae crenulatae Radix et Rhizoma
摄影：钟国跃

地上部分含黄酮类：红景天素(rhodiosin)，红景天宁▲(rhodionin)[7]，德钦红景天苷(rhodiolatuntoside)[8]；苯乙醇及其苷类：酪醇(tyrosol)，红景天苷(rhodioloside; salidroside)[8]；挥发油：1-环癸烯(1-cyclodecen)，辛基甲酸酯(octyl formate)，二十四酸(tetracosanoic acid)，二十一烷(heneicosane)等[9]；多糖类[10-11]；酚酸类：没食子酸(gallic acid)[7]。

注评 本种为中国药典（2010 年版）、部颁药品标准·藏药（1995 年版）收载“红景天”的基源植物，药用其干燥根及根状茎。藏族用根及根状茎治疗腊度，恶心，身体虚弱；维吾尔族用于风湿骨痛，跌打损伤，外伤出血。

化学成分参考文献

[1] 杜玫，等 . 化学学报，1994, 52: 927-931.

[2] 俞文胜 . 天然产物研究与开发，1992, 4(2): 23-28.

[3] 杨極楠，等 . 中国药学杂志，2013, 48(6): 410-413.

[4] 王曙 . 药学学报，1992, 27(2): 117-120.

[5] 王云美，等 . 安徽农业科学，2009, 37(12): 5494-5495.

[6] 吴少雄，等 . 食品科学，2005, 26(8): 321-323.

[7] 彭江南，等 . 中草药，1995, 26(4): 177-179.

[8] 吴少雄，等 . 现代食品科技，2008, 24(4): 322-323.

[9] 常相娜，等 . 中草药，2005, 36(1): 31-32.

[10] 骆传环，等 . 中国医药工业杂志，1997, 28(10): 463-464.

[11] 张生明 . 安徽农业科学，2008, 36(18): 7741-7742.

14. 糙红景天 雪松（云南），糙红景天（拉汉英种子植物名称）

Rhodiola scabrida (Franch.) S. H. Fu in Acta Phytotax. Sin., Addit. 1: 120. 1965.——*Sedum scabridum* Franch.（英 **Scabrous Rhodiola**）

多年生草本。根颈分枝多，先端被鳞片，宿存老枝茎多，黑色。花茎细，红褐色，直立，被微乳头状突起。叶互生，线状披针形，长 3–5 mm，宽不及 1 mm，先端长渐尖，基部圆截形，无柄，全缘，叶面及叶缘常具有微乳头状突起。花序花单生，或 2–4 花着生；雌雄异株。种子长圆形，长约 1.5 mm，先端有翅，褐色。果期 7–9 月。

分布与生境 产于四川、云南。生于海拔 3200–4800 m 的山坡岩缝中。

药用部位 全草，茎。

功效应用 益气补血，续筋接骨，止血。主治气血虚弱，头晕心悸，气短乏力，筋伤骨折，外伤出血，痢疾。

化学成分 根和根状茎含苯乙醇苷类：红景天苷(rhodioloside; salidroside)[1]。

注评 本种为藏药“雪松”的基源植物，全株治疗病后体弱、贫血、痢疾、骨折、外伤出血等。

糙红景天 **Rhodiola scabrida** (Franch.) S. H. Fu
摄影：张英涛

化学成分参考文献

[1] 安丰，等. 中草药，1994, 25(9): 456-467.

15. 准噶尔红景天

Rhodiola junggarica Chang Y. Yang et N. R. Cui in Acta Phytot. Sin. 20(3): 321–322. pl. 1. 1982.
（英 **Dzungar Rhodiola**）

多年生草本。根状茎粗短，上面有覆瓦状排列的鳞片状叶。茎 1–4 根，高 5–11 cm。叶互生，卵状三角形，长 5–10 mm，宽 4–5 mm，先端渐尖，基部截形或微心形，边缘具粗齿，两面黄绿色。密头状伞房花序，周围有叶片。花单生，雌雄异株，4 基数，具梗；萼片稍长于花瓣，线形淡红色，基部常为淡黄色；花瓣椭圆形，红色，有时基部黄色；雄蕊 8，长于花瓣，具黄色花药和花丝。蓇葖果。花期 6 月。

分布与生境 产于新疆西部。生于海拔 2500–2700 m 的亚高山或高山草地。

药用部位 根及根状茎。

功效应用 清热解毒，祛风湿，止血。

化学成分 根含苯乙醇及其苷类：红景天苷(rhodioloside; salidroside)，酪醇(tyrosol)[1]；氰苷类：百脉根苷(lotaustralin)[1]。

化学成分参考文献

[1] 王强，等. 药物分析杂志，2005, 25(9):1026-1029.

16. 红景天

Rhodiola rosea L., Sp. Pl. 1035. 1753. ——*Sedum roseum* (L.) Scop.（英 **Rose-root**）

多年生草本。根粗壮，直立。根颈短，先端被鳞片。花茎高 20–30 cm。叶疏生，长圆形至椭圆状倒披针形或长圆状宽卵形，长 7–35 mm，宽 5–18 mm，先端急尖或渐尖，全缘或上部疏齿，基部稍抱茎。花序伞房状，密集多花；雌雄异株；萼片 4，披针状线形；花瓣 4，黄绿色；雄蕊 8，较花瓣长；鳞片 4，长圆形。蓇葖披针形或线状披针形，直立；种子披针形，一侧有狭翅。花期 4–6 月，果期 7–9 月。

分布与生境 产于新疆、山西、河北、吉林省。生于海拔 1800–2700 m 的山坡林下或草坡上。

药用部位 根，全草。

功效应用 益气活血，通脉平喘。用于气虚血瘀，胸痹心痛，中风偏瘫，倦怠气喘。现代用于改善睡眠，补血活血，清肺止咳，化瘀消肿，解热退烧，滋补元气，外用于跌打损伤和烧烫伤。

化学成分 根及根状茎含苯乙醇类：红景天苷(rhodioloside; salidroside)[1-4]，6-*O*-没食子酰红景天苷(6-*O*-galloylsalidroside)[4]，浅绿红景天苷▲(viridoside)[2]，酪醇(tyrosol)[1,3-4]，2-苯乙基-*O*-α-L-吡喃阿拉伯糖基-(1→6)-β-吡喃葡萄糖苷[2-phenylethyl-*O*-α-L-arabinopyranosyl-(1→6)-β-glucopyranoside][2]；苯甲

醇类：苄基-O-β-D-吡喃葡萄糖苷(benzyl-O-β-D-glucopyranoside)[5]，苯甲基-6-O-α-L-呋喃阿拉伯糖基-β-D-吡喃葡萄糖苷(phenylmethyl-6-O-α-L-arabinofuranosyl-β-D-glucopyranoside)，苯甲基-6-O-α-L-吡喃阿拉伯糖基-β-D-吡喃葡萄糖苷(phenylmethyl-6-O-α-L-arabinopyranosyl-β-D-glucopyranoside)[2]；苯丙素类：玫瑰红景天素▲(rosin)[2-3,5-6]，玫瑰红景天维素▲(rosavin; rosavidin)[2-6]，玫瑰红景天林素▲(rosarin)[3-6]，龙江柳苷▲(sachaliside)[5,7]，对香豆酸-4-O-β-D-吡喃葡萄糖苷(p-coumaric acid-4-O-β-D-glucopyranoside)，桂皮基-β-D-吡喃葡萄糖苷(cinnamyl-β-D-glucopyranoside)[4]，桂皮醇(cinnamic alcohol)[3]，咖啡酸(caffeic acid)[7]，4-甲氧基桂皮基-O-β-D-吡喃葡萄糖苷(4-methoxylcinnamyl-O-β-D-glucopyranoside)，桂皮基-(6'-O-β-吡喃木糖基)-O-β-吡喃葡萄糖苷[cinnamyl-(6'-O-β-xylopyranoside)-O-β-glucopyranoside][2,4-5]，4-甲氧基桂皮基-(6'-O-α-吡喃阿拉伯糖基)-O-β-吡喃葡萄糖苷[4-methoxylcinnamyl-(6'-O-α-arabinopyranoside)-O-β-glucopyranoside][5]，迷迭香酸(rosmarinic acid)[8]；单萜及其苷类：库页红景天醇▲A (sachalinol A)[2]，玫瑰红景天醇▲(rosiridol)，玫瑰红景天定▲(rosiridin)[2-6]，红景天苷(rhodioloside) A、B、C、D、E[9]、F[2]，肯普苷A (kenposide A)，香叶醇-1-O-α-L-呋喃阿拉伯糖基-(1→6)-β-D-吡喃葡萄糖苷[geraniol-1-O-α-L-arabinofuranosyl-(1→6)-β-D-glucopyranoside][2]，4-[4-(β-D-吡喃葡萄糖氧基)-苯基]-2-丁酮{4-[4-(β-D-glucopyranosyloxy)-phenyl]-2-butanone}[4]；黄酮类：5,7,3',5'-四羟基-黄烷酮(5,7,3',5'-tetrahydroxy-flavanone)[1]，紫云英苷(astragalin)[10]，山柰酚(kaempferol)，山柰酚-7-O-α-L-吡喃鼠李糖苷(kaempferol-7-O-α-L-rhamnopyranoside)[1,8,10]，槲皮素(quercetin)，芦丁(rutin)[8]，草棉素(herbacetin)，棉皮素(gossypetin)，红景天吉定▲(rhodiolgidin)，红景天尼定▲(rhodionidin)，红景天吉素▲(rhodiolgin)，红景天里定▲(rhodalidin)，棉皮素-二-O-葡萄糖苷(gossypetin-di-O-glucoside)[11]，雪片莲苷▲(leucoside)[2,10]，蒙红景天苷▲(mongrhoside)[2]，喜冷红景天林素▲(rhodalin; rodalin)[6,11]，红景天宁▲(rhodionin)[1,3,6,8,10]，红景天素(rhodiosin)[1,3,6,8]，红景天林素▲(rhodiolin)[3,6]，石莲苷▲C_1 (sinocrassoside C_1)[10]，小麦黄素(tricin)，小麦黄素-5-O-β-D-吡喃葡萄糖苷(tricin-5-O-β-D-glucopyranoside)，小麦黄素-7-O-β-D-吡喃葡萄糖苷(tricin-7-O-β-D-glucopyranoside)[3]，表没食子儿茶素-3-O-没食子酸酯(epigallocatechin-3-O-gallate)[4]，原花青素(proanthocyanidin)[12]；氰苷类：百脉根苷(lotaustralin)[13]，红景天氰苷A (rhodiocyanoside A)[14]；酚类：4-羟基苯甲酸(4-hydroxyl benzoic acid)，大花红景天素(crenulatin)[1]，没食子酸(gallic acid)[3]，α-苯基-塔洛糖苷(α-phenyl-taloside)[4]，云杉素(picein)[5]；香豆素类：7-甲氧基香豆素(7-methoxycoumarin)[4]；甾体类：胡萝卜苷(daucosterol)[1]，β-谷甾醇(β-sitosterol)[1,3]；糖类：蔗糖(sucrose)[1]；挥发油：主要含单萜烃、单萜醇、直链脂肪醇等，其中正癸醇(n-decanol)，香叶醇(geraniol)，1,4-p-薄荷二烯-7-醇(1,4-p-menthadien-7-ol)的含量较高[15]。

红景天 **Rhodiola rosea** L.
摄影：刘冰

地上部分含苯丙素类：桂皮醇(cinnamic alcohol)[6]；黄酮类：乙酰喜冷红景天素▲(acetylrhodalgin)，草棉素-8-甲醚(herbacetin-8-methyl ether)，山柰酚(kaempferol)，山柰酚-7-O-α-L-吡喃鼠李糖苷(kaempferol-7-O-α-L-rhamnopyranoside)，红景天里定▲(rhodalidin)，红景天吉定▲(rhodiolgidin)，红景天吉素▲(rhodiolgin)，红景天尼定▲(rhodionidin)，红景天宁▲(rhodionin)，小麦黄素(tricin)，小麦黄素-5-O-β-D-吡喃葡萄糖苷(tricin-5-O-β-D-glucopyranoside)，小麦黄素-7-O-β-D-吡喃葡萄糖苷(tricin-7-O-β-D-glucopyranoside)[6]；甾体类：胡萝卜苷(daucosterol)[6]；酚类：没食子酸(gallic acid)，没食子酸甲酯(methyl gallate)[6]。

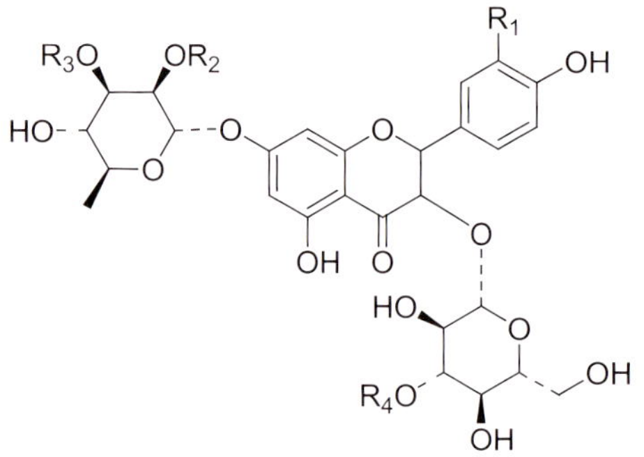

	R_1	R_2	R_3	R_4
1:	H	H	H	Ac
2:	H	H	IB	H
3:	H	IB	H	Ac
4:	H	(*S*)-2MB	H	Ac
5:	OH	H	(*S*)-2MB	H

1. 云南石莲　把岩香（云南）

Sinocrassula yunnanensis (Franch.) A. Berger in Engl. et Prantl, Nat. Pflanzenfam., ed. 2. 18a: 463. 1930.——*Crassula yunnanensis* Franch., *Sedum indicum* (Decne.) Raym.-Hamet var. *yunnanense* (Franch.) Raym.-Hamet（英 **Yunnan Stonelotus**）

莲座丛疏松。基生叶倒披针形至匙形，长 1.2–2.5 cm，宽 4–5 mm，先端急尖或渐尖，密被短的白柔毛；花茎被毛，密生叶，叶倒披针形，被毛。伞房状花序小；苞片少数，倒卵状披针形，被短柔毛；萼片 5，线状披针形，被微乳头状突起；花瓣 5，黄绿色，长圆状披针，外面被微乳头状突起；雄蕊 5，较花瓣短；鳞片 5，正方形；心皮 5，披针形，花柱短。花期 9–10 月。

分布与生境　产于云南大理。

药用部位　根。

功效应用　活血通络，祛痰，消炎止痛。

2. 石莲

Sinocrassula indica (Decne.) A. Berger in Engler et Prantl, Nat. Pflanzenfam., ed. 2. 18a: 463. 1930.——*Crassula indica* Decne.（英 **Stonelotus**）

2a. 石莲（模式变种）　梅花狗牙瓣、景天还阳（湖北），石山莲、土三七（广西），岩松（云南）

Sinocrassula indica (Decne.) A. Berger var. **indica**

二年生草本，无毛。根须状。花茎高 15–60 cm，直立，常被微乳头状突起。基生叶莲座状、匙状长圆形；茎生叶互生，宽倒披针状线形至近倒卵形，上部的渐缩小。花序圆锥状或近伞房状；苞片似叶而小；萼片 5，宽三角形；花瓣 5，红色，披针形至卵形；鳞片 5，正方形。蓇葖的喙反曲。种子平滑。花期 7–10 月。

分布与生境　产于甘肃、陕西、湖北、湖南、四川、贵州、广西、云南、西藏等省区。生于海拔 1200–3300 m。尼泊尔、印度、不丹、巴基斯坦也有分布。

药用部位　全草。

功效应用　清热解毒，活血散瘀，祛伤止痛。用于肝炎，中耳炎，乳腺炎，月经不调，跌打损伤，咽喉肿痛，痢疾，崩漏，便血，热淋，烧烫伤，疮疡，肿毒。

化学成分　全草含黄酮类：石莲苷▲(sinocrassoside) A_1、A_2、A_3、A_4、A_5、A_6、A_7、A_8、A_9、A_{10}、A_{11}、A_{12}、B_1、B_2、B_3、B_4、B_5、C_1、D_1、D_2，山柰酚(kaempferol)，紫云英苷(astragalin)，山柰酚-7-*O*-*α*-L-吡喃鼠李糖苷(kaempferol-7-*O*-*α*-L-rhamnopyranoside)，山柰酚-3-*O*-*β*-D-吡喃葡萄糖基-7-*O*-*α*-L-吡喃鼠李糖苷(kaempferol-3-*O*-*β*-D-glucopyranosyl-7-*O*-*α*-L-rhamnopyranoside)，毛茉莉素▲B (multiflorin B)，山柰酚-3-*O*-[*β*-*D*-吡喃葡萄糖基-(1→4)]-3-*O*-*α*-L-吡喃鼠李糖基-7-*O*-*α*-L-吡喃鼠李糖苷{kaempferol-3-*O*-[*β*-D-glucopyranosyl-(1→4)]-3-*O*-*α*-L-rhamnopyranosyl-7-*O*-*α*-L-rhamnopyranoside}，槲皮素(quercetin)，槲皮素-3-*O*-*β*-D-吡喃葡萄糖苷(quercetin-3-*O*-*β*-D-glucopyranoside)，槲皮素-3-

O-*β*-吡喃葡萄糖基-7-*O*-*α*-吡喃鼠李糖苷(quercetin-3-*O*-*β*-glucopyranosyl-7-*O*-*α*-rhamnopyranoside)，野蔷薇苷A (multinoside A)，木犀草素(luteolin)[1]；大柱香波龙烷类：反式-(3*S*,5*R*,6*R*,9*S*)-大柱香波龙-7-烯-3,5,6,9-四醇-3-*O*-葡萄糖苷[*trans*-(3*S*,5*R*,6*R*,9*S*)-megastigman-7-ene-3,5,6,9-tetraol-3-*O*-glucoside]，反式-(3*S*,5*R*,6*R*,9*S*)-大柱香波龙-7-烯-3,5,6,9-四醇-9-*O*-葡萄糖苷[*trans*-(3*S*,5*R*,6*R*,9*S*)-megastigman-7-ene-3,5,6,9-tetraol-9-*O*-glucoside][1]；其他类：苯丙氨酸(phenylalanine)，鸟苷(guanosine)[1]。

注评 本种藏族、普米族、土家族药用，藏族用全草治泻痢、便血、子宫出血，外用治诸疮；普米族用其茎、叶治肺热咳嗽、肺结核、肺炎、支气管炎、疮痈、骨折、蛇咬伤等；土家族用全草治跌打损伤、便血、吐血、外伤出血、蛇狗咬伤等，外用治银屑病。

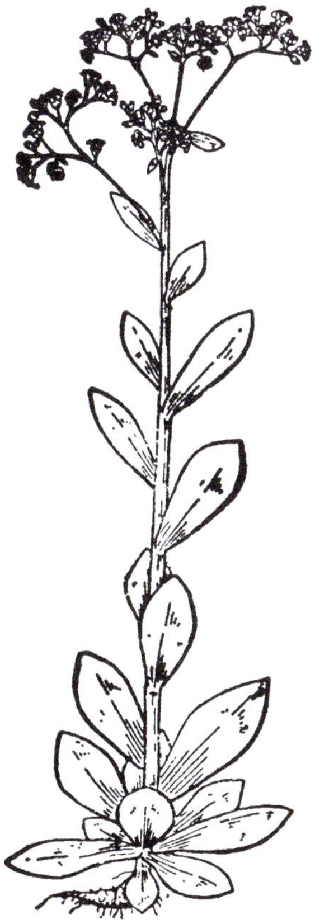

石莲 **Sinocrassula indica** (Decne.) A. Berger var. **indica**
引自《中国高等植物图鉴》

化学成分参考文献

[1] Morikawa T, et al. Chem Pharm Bull, 2008, 56(10): 1438-1444.

2b. 绿花石莲（变种） 绿花石莲花、石灯台（陕西）

Sinocrassula indica (Decne.) A. Berger var. **viridiflora** K. T. Fu, Fl. Tsinling. 1(2): 606. 1974.

（英 **Greenflower Stonelotus**）

一年生草本。根短而须状。花茎直立或弓曲，分枝。基生叶莲座状、匙状长圆形，先端尖；茎生叶倒披针形，先端尖，基部渐狭，无柄。花序圆锥状或伞房状，有长的总花梗；萼片5，三角形至卵形；花瓣5，绿黄色，宽披针形至狭卵形；鳞片5，近横长方形。蓇葖有种子12–20粒。种子长圆形，长约0.7 mm，褐色，有纵纹。花期9月，果期10月。

分布与生境 产于陕西、河南、四川省。生于海拔500–1200 m的河岸及山坡岩石上。

药用部位 全草（石灯台）。

功效应用 清热解毒，消炎。

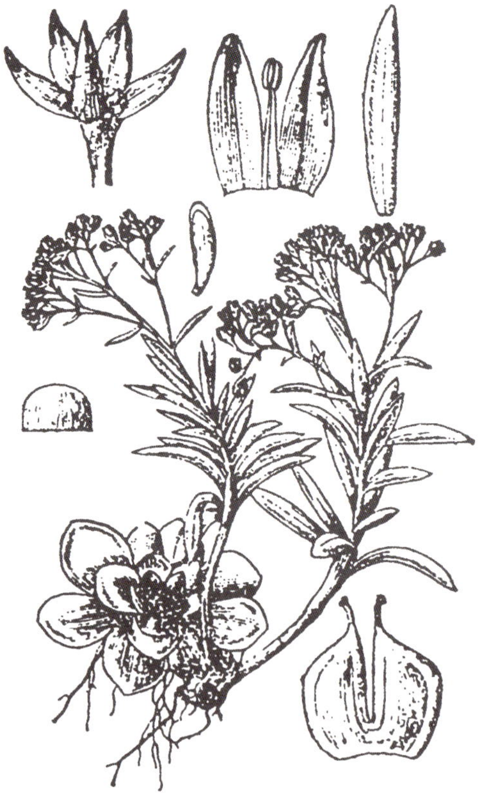

绿花石莲 **Sinocrassula indica** (Decne.) A. Berger var. **viridiflora** K. T. Fu
引自《中国高等植物图鉴》

绿花石莲 **Sinocrassula indica** (Decne.) A. Berger var. **viridiflora** K. T. Fu
摄影：刘冰

8. 景天属 Sedum L.

花茎基部的叶少有呈莲座状的，如植株有莲座，则莲座叶根生；花序聚伞状或伞房状，腋生或顶生。花常为两性，稀退化为单性，常为不等 5 基数，少有 4–9 基数；花瓣分离或基部合生；雄蕊通常为花瓣数的两倍，对瓣雄蕊贴生在花冠基部或少上处；鳞片全缘或有微缺；心皮分离或在基部合生，基部宽，无柄。蓇葖种子多数或少数。

约 470 种，主要分布北半球，一些种类分布到南半球的非洲和拉丁美洲。我国产 124 种、1 亚种、14 变种、及 1 变型，西南地区种类繁多，其中 23 种可药用。

分种检索表

1. 花有梗，心皮直立，基部宽广，多少离生或多少合生。
  2. 叶有距；花白色或黄色。
    3. 胎座正常，极稀膨大呈镰刀形或新月形··························7. **阔叶景天 S. roborowskii**
    3. 胎座膨大为镰刀形或新月形。
      4. 鳞片较短，宽匙形，上部扩张为横长圆形；胎座镰刀形，有明显的柄；叶先端尖·····························8. **隐匿景天 S. celatum**
      4. 鳞片长超过 0.5 mm，线状匙形或狭线形，上部略扩张；胎座新月形或胎座基生；叶先端钝·····························9. **高原山景天 S. przewalskii**
  2. 叶无距；花白色或紫色。

5. 植株被腺状毛。
6. 一年生，茎软；叶大，2–4 × 1.5–2.5 cm ······ 5. 大叶火焰草 **S. drymarioides**
6. 二年生，茎略呈木质；叶小，1–1.5 × 0.7–0.9 cm ······ 6. 火焰草 **S. stellariifolium**
5. 植株无毛。
7. 心皮密被小乳头状突起。
8. 茎直，不分枝；叶边缘具齿 ······ 1. 南川景天 **S. rosthornianum**
8. 茎单生或丛生；叶全缘 ······ 2. 细叶景天 **S. elatinoides**
7. 心皮无毛。
9. 花紫色；花茎分枝，高约 20 cm ······ 3. 小山飘风 **S. filipes**
9. 花白色；茎不分枝或基部分枝，高约 10 cm ······ 4. 山飘风 **S. majus**
1. 花无梗或近无梗，心皮基部多少合生，在成熟时至少上部半叉开至星芒状排列。
10. 叶通常不具距或有短距；萼不具距。
11. 萼片 5，长 0.5–0.7 mm ······ 10. 苞叶景天 **S. oligospermum**
11. 萼片 4，长 1 mm 左右 ······ 11. 四芒苞景天 **S. tetractinum**
10. 叶常有距；萼有距或无距。
12. 根状茎上升，有根出条。
13. 叶匙形或宽倒卵形，长 1.2–2 cm ······ 12. 白果佛甲草 **S. leucocarpum**
13. 叶卵形，长 3–4 mm ······ 13. 汶川景天 **S. wenchuanense**
12 根细，无根状茎。
14. 萼片与花瓣近等长或较长，萼片不等长 ······ 14. 多茎景天 **S. multicaule**
14. 萼片较花瓣短。
15. 茎木质，丛生；萼片长为花瓣长的 1/4–1/3 ······ 15. 藓状景天 **S. polytrichoides**
15. 茎草质，常不为丛生；萼片长为花瓣长的 1/2 或更长。
16. 叶常为轮生。
17. 叶倒披针形至长圆形 ······ 21. 垂盆草 **S. sarmentosum**
17. 叶线形 ······ 22. 佛甲草 **S. lineare**
16. 叶常为对生或互生。
18. 植株上部的叶腋有珠芽 ······ 16. 珠芽景天 **S. bulbiferum**
18. 植株叶腋不具珠芽。
19. 叶对生，先端有微缺 ······ 20. 凹叶佛甲草 **S. emarginatum**
19. 叶互生或覆瓦状排列，先端钝，稀有微缺。
20. 叶覆瓦状排列，长圆状披针形，长 5–6 mm ······ 18. 玉山佛甲草 **S. morrisonense**
20. 叶互生或对生。
21. 叶对生 ······ 23. 圆叶景天 **S. makinoi**
21. 叶互生。
22. 叶线状匙形，长 7–10 mm ······ 17. 日本景天 **S. japonicum**
22. 叶线状楔形、匙形或匙状倒卵形，长 1.2–3 cm ······ 19. 东南景天 **S. alfredii**

自 20 世纪 70 年代初，从景天属（费菜属）植物中分离出具有保肝活性的垂盆草苷，并确认其为抗肝炎的活性成分，使得本属植物成为一个研究热点。现已明确本属植物主要含黄酮及其苷、有机酸、香豆素、三萜和生物碱等类型化学成分。此外，甾体类化合物和挥发油在该属植物中也有分布。

黄酮及其苷类化合物广泛存在于景天属植物中，槲皮素、木犀草素 (luteolin)、异鼠李素 (isorhamnetin) 等黄酮及其苷类在该属植物中广泛分布。其中，槲皮素 -3-*O*-*α*-(6'''- 咖啡酰葡萄糖基 -*β*-

1,2- 鼠李糖苷 [quercetin-3-*O*-*α*-(6'''-caffeoylglucosyl-*β*-1,2-rhamnoside)、槲皮素 -3-*O*-*α*-(6'''- 对香豆酰葡萄糖基 -*β*-1,2- 鼠李糖苷 [quercetin-3-*O*-*α*-(6'''-*p*-coumaroyl-glucosyl-*β*-1,2-rhamnoside)]、槲皮素 -3-*β*-吡喃葡萄糖苷 (quercetin-3-*β*-glucopyranoside)、异鼠李素 -3-*O*-*β*- 吡喃葡萄糖苷 (isorhamnetin-3-*O*-*β*-glucopyranoside)、山柰酚 -3-*α*- 吡喃阿拉伯糖苷 (kaempferol-3-*α*-arabinopyranoside) 具有抑制人血管紧张素转换酶 (angiotensin converting enzyme) 的作用。小麦黄素 -7-*O*-*β*-D- 葡萄糖苷 (tricin-7-*O*-*β*-D-glucoside) 能显著抑制小鼠脾 T、B 淋巴细胞转化增殖，提示其对小鼠细胞免疫及体液免疫功能均有免疫抑制作用。

三萜类化合物是本属药用植物中的特征性成分之一，主要是 *δ*- 香树脂酮 (*δ*-amyrone) 等。从垂盆草 (S. sarmentosum) 中分得的具有过氧基的三萜类成分垂盆草素▲ (sarmentolin，**1**) 具有一定的保肝作用。

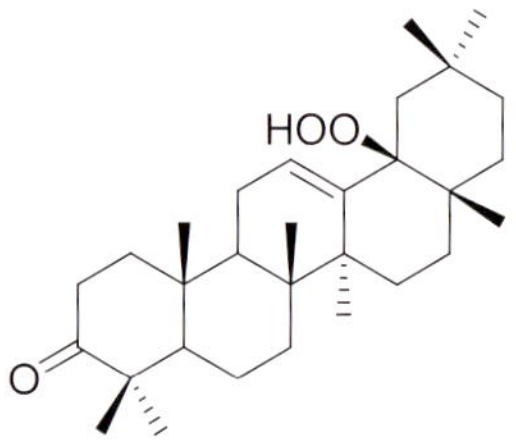

1

此外，在本属植物中，还分得生物碱类化合物，如石榴碱 (pelletierine)、*N*- 甲基石榴碱 (*N*-methylpelletierine)、*N*- 甲基别景天定 (*N*-methylallosedridine) 等。

1. 南川景天

Sedum rosthornianum Diels in Bot. Jahrb. Syst.29: 361. 1900.（英 **Nanchuan Stonecrop**）

多年生草本，植株无毛。花茎直立，不分枝。叶对生或 3–4 叶轮生，叶菱状长圆形，长 2–3.3 cm，宽 8–12 mm，先端近急尖，基部急狭，具长 4–6 mm 的宽假叶柄，边缘有浅锯齿 4–8。聚伞圆锥花序具稀疏的花；萼片 5，狭三角形；花瓣 5，白色，半长圆形；鳞片 5，宽匙形；心皮宽卵形，外侧被微乳头状突起。种子多数，卵形。花期 6 月。

分布与生境　产于四川。生于海拔约 1500 m 的山坡草地上。

药用部位　全草。

功效应用　用于咽喉痛，溃疡，痢疾，便血。

南川景天 **Sedum rosthornianum** Diels
蔡淑琴　绘

2. 细叶景天 半边莲、小鹅儿肠（陕西），灯台草、崖松（湖北）

Sedum elatinoides Franch. in Bull. Herb. Boissier. ser. 2, 6: 11. 1883.（英 **Slenderleaf Stonecrop**）

一年生草本，无毛。有须根。茎单生或丛生。3–6 叶轮生，叶狭倒披针形，长 8–20 mm，宽 2–4 mm，先端急尖，基部渐狭，全缘，无柄或几无柄。花序圆锥状或伞房状，分枝长，下部叶腋也生有花序，花稀疏；萼片 5，狭三角形至卵状披针形；花瓣 5，白色，披针状卵形；鳞片 5，宽匙形；心皮近直立，椭圆形，有微乳头状突起。蓇葖成熟时上半部斜展。种子卵形，长约 0.4 mm。花期 5–7 月，果期 8–9 月。

分布与生境 产于山西、甘肃、陕西、湖北、四川、云南等省区。生于海拔 400–3400 m 的山坡石上。缅甸也有分布。

药用部位 全草（崖松）。

功效应用 清热解毒，止痢。用于小儿丹毒，湿疹，细菌性痢疾，阿米巴痢疾，睾丸炎，疟疾；外用治烧烫伤。

注评 本种有“半边莲”之名，易与桔梗科植物半边莲 Lobelia chinensis Lour. 相混淆，二者是不同的药材，应注意区别使用。

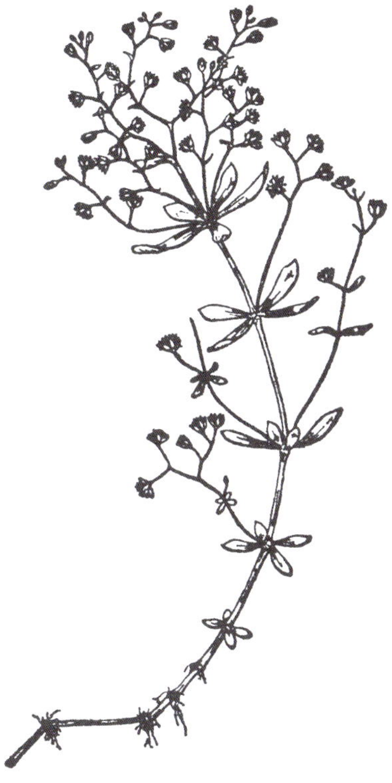

细叶景天 **Sedum elatinoides** Franch.
引自《中国高等植物图鉴》

细叶景天 **Sedum elatinoides** Franch.
摄影：朱仁斌

3. 小山飘风 豆瓣还阳（湖北）

Sedum filipes Hemsl. in F. B. Forbes et Hemsl., J. Linn. Soc., Bot. 23: 284. 1887.（英 **Little Stonecrop**）

一年生或二年生草本，全株无毛。花茎常分枝，直立或斜升。叶对生或 3–4 叶轮生，宽卵形至近圆形，长 1.5–3 cm，宽 1.2–2 cm，先端圆，全缘，有假叶柄长达 1.5 cm。伞房状花序顶生及上部腋生；萼片 5，披针状三角形；花瓣 5，淡紫色，卵状长圆形；鳞片 5，匙形；心皮披针形，近直立。蓇葖有种子 3–4 粒。种子倒卵形，长约 1 mm，棕色。花期 8–10 月，果期 10 月。

分布与生境 产于河南、陕西、江苏、浙江、湖北、四川、云南等省区。生于海拔 800–2000 m 的山

小山飘风 **Sedum filipes** Hemsl.
引自《中国高等植物图鉴》

小山飘风 **Sedum filipes** Hemsl.
摄影：刘宗才

坡林中。不丹、缅甸、印度、尼泊尔也有分布。

药用部位　全草。

功效应用　清热解毒，活血止痛。用于月经不调，劳伤腰痛，鼻出血，烧伤，外伤出血，疖痈。

4. 山飘风　半边莲（陕西），岩豆瓣菜、豆瓣七（湖北）

Sedum majus (Hemsl.) Migo in Bull. Shanghai Sci. Inst. 14: 293. 1944.——*Sedum filipes* Hemsl. var. *major* Hemsl.（英 **Big Stonecrop**）

小草本，高约 10 cm，基部分枝或不分枝。4 叶轮生，叶圆形至卵状圆形，一对大的长宽各约 4 cm，小的一对常稍小或较小，先端圆或钝，基部急狭，入于假叶柄，或几无柄，全缘。伞房状花序；萼片 5，近正三角形；花瓣 5，白色，长圆状披针形；鳞片 5，长方形，心皮椭圆状披针形，直立。种子少数。花期 7–10 月。

山飘风 **Sedum majus** (Hemsl.) Migo
蔡淑琴　绘

分布与生境　产于陕西、湖北、四川、云南、西藏等省区。生于海拔 1000–4300 m 的山坡林下石上。不丹、尼泊尔、印度也有分布。

药用部位　全草。

功效应用　清热解毒，活血止痛。用于月经不调，痨伤腰痛，鼻出血，烧伤，跌打损伤，外伤出血，疖痈。

注评　本种土家族药用，其全草用于月经不调、劳伤腹痛、跌打损伤、腹泻、便血等，鲜品捣烂外敷治疔痈、烫伤。

5. 大叶火焰草　龙鳞草、毛舌辣草（广西）

Sedum drymarioides Hance in J. Bot. 3: 379. 1865.——*S. drymarioides* Hance var. *genuinum* Raym.-Hamet（英 **Bigleaf Stonecrop**）

一年生草本，全株有腺毛。茎斜上，分枝多，细弱。下部叶对生或 4 叶轮生，上部叶互生，卵形至宽卵形，长 2–4 cm，宽 1.4–2.5 cm，先端急尖，圆钝，基部宽楔形并下延成柄。花序疏圆锥状，花少数，两性；萼片 5，长圆形至披针形；花瓣 5，白色，长圆形；鳞片 5，宽匙形，心皮略叉开。种子长圆状卵形，有纵纹。花期 4–6 月，果期 8 月。

分布与生境　产于河南、浙江、安徽、江西、湖南、湖北、广东、广西、福建、台湾等省区。生于海拔 900 m 以下的低山阴湿岩石上。日本也有分布。

药用部位　全草。

功效应用　凉血止血，清热解毒。用于吐血，咯血，小儿食积腹胀，潮热，肺热咳嗽，外伤出血。

大叶火焰草 **Sedum drymarioides** Hance
引自《中国高等植物图鉴》

大叶火焰草 **Sedum drymarioides** Hance
摄影：徐克学

6. 火焰草　石豆瓣、毛狗（湖北），火焰山景天（拉汉英种子植物名称）

Sedum stellariifolium Franch. in Bull. Herb. Boissier. ser. 2, 6: 10. 1883.——*S. bodinieri* H. Lév. et Vaniot, *S. drymarioides* Hance var. *stellariifolium* Raym.-Hamet（英 **Flame Grass**）

一年生或二年生草本，全株被腺毛。茎直立，基部木质，被腺毛。叶互生，正三角形或三角状宽卵形，长 7–15 mm，宽 5–10 mm，先端急尖，基部宽楔形至截形，入于叶柄，叶柄长 4–8 mm，全缘。总状聚伞花序；花顶生；萼片 5，披针形至长圆形；花瓣 5，黄色，披针状长圆形；鳞片 5，宽匙形至宽楔形；心皮近直立，长圆形。蓇葖下部合生，下部略叉开。种子长圆状卵形，有纵纹，褐色。花期 6–8 月，果期 8–9 月。

分布与生境　产于辽宁、河北、山西、山东、河南、陕西、甘肃、湖南、湖北、贵州、四川、台湾、云南等省区。生于海拔 400–3400 m 的山坡、山谷或石缝中。

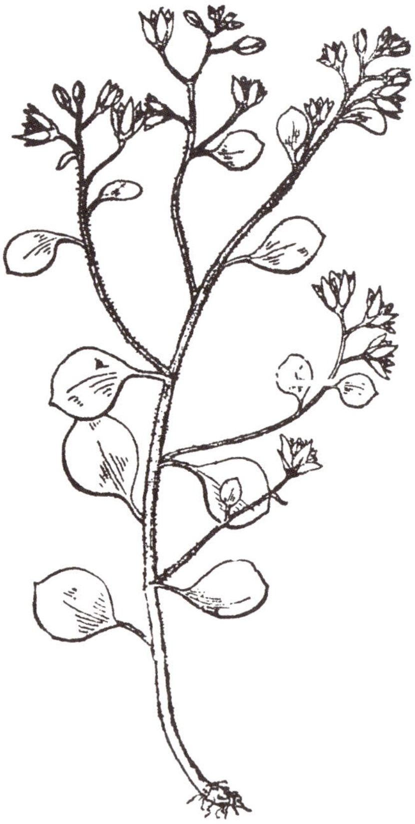

火焰草 **Sedum stellariifolium** Franch.
引自《中国高等植物图鉴》

火焰草 **Sedum stellariifolium** Franch.
摄影：张金龙

药用部位 全草。

功效应用 清热解毒，凉血止血。用于咽喉肿痛，热毒疮疡，乳痈，丹毒，无名肿毒，水火烫伤，牙龈炎，血热吐血，咯血，鼻出血，外伤出血。

注评 本种土家族药用，用其全草治疗黄疸肝炎，外治跌打损伤、烧烫伤。

7. 阔叶景天

Sedum roborowskii Maxim. in Bull. Acad. Imp. Sci. Saint-Pétersbourg. sér. 3. 29: 154. 1883.（英 **Broadleaf Stonecrop**）

二年生草本，无毛。根纤维状。花茎近直立，由基部分枝。叶长圆形，长 5–13 mm，宽 2–6 mm，有钝距，先端钝。花序伞房状（近蝎尾状聚伞花序），疏生多数花，苞片叶形。花为不等的五基数；萼片长圆形或长圆状倒卵形；花瓣淡黄色，卵状披针形；鳞片线状长方形（有时上部扩大），心皮长圆形，先端突狭，基部合生约 0.7 mm。种子卵状长圆形，长约 0.7 mm，有小乳头状突起。花期 8–9 月，果期 9 月。

分布与生境 产于宁夏、甘肃、青海、西藏等省区。生于海拔 2200–4500 m 的山坡林下岩石上。尼泊尔也有分布。

药用部位 全草。

功效应用 活血，止血，敛疮。

阔叶景天 **Sedum roborowskii** Maxim.
祁世章 钱存源 绘

8. 隐匿景天　隐匿山景天（拉汉英种子植物名称）

Sedum celatum Fröd. in Acta Horti Gothob. 7: 114. 1932.——*S. celatum* Fröd. f. *calcaratum* K. T. Fu（英 **Hidden Stonecrop**）

二年生草本，无毛。主根圆锥形。花茎直立，自基部分枝。叶披针形或狭卵形，长 5–7 mm，有钝或近浅裂的距，先端渐尖。花序伞房状，有 3–9 花；苞片叶形。花为不等的 5 基数；花瓣黄色，披针形；鳞片宽匙形；心皮半长圆形。种子倒卵状长圆形，长 0.7–1 mm，有狭翅及乳头状突起。花期 7 月，果期 8–9 月。

分布与生境　产于甘肃、青海。生于海拔 2900–4000 m 的山坡。

药用部位　全草。

功效应用　用于杀虫，蚀疣。

9. 高原山景天

Sedum przewalskii Maxim. in Bull. Acad. Imp. Sci. Saint-Pétersbourg. sér. 3. 29: 156. 1883.（英 **Plateau Stonecrop**）

一年生草本，无毛。根纤维状。花茎直立，常自基部分枝。叶宽披针形至卵形，长 2–4.8 mm，有截形宽距，先端钝。花序伞房状，有 3–7 花，苞片叶形；花为 5 基数；萼片半长圆形；花瓣黄色，三角状卵形；鳞片狭线形或近线状匙形；心皮近菱形，离生或合生 0.2–0.5 mm。种子卵状长圆形，长约 0.8 mm，有小乳头状突起。花期 8 月，果期 9 月。

分布与生境　产于甘肃、青海、四川、云南、西藏等省区。生于海拔 2400–5400 m 的山坡草地或岩石上。尼泊尔也有分布。

药用部位　带根全草。

功效应用　清热利肺，活血止血。

10. 苞叶景天　一朵云（陕西），水生还阳草、亮杆草（湖北），灯笼草（四川），大苞景天

Sedum oligospermum Maire in Bull. Soc. Hist. Nat. Afrique N. 30: 278. 1939.——*S. amplibracteatum* K. T. Fu, *S. bracteatum* Diels（英 **Bractleaf Stonecrop**）

一年生草本。叶互生，上部为 3 叶轮生，下部叶常脱落，菱状椭圆形，长 3–6 cm，宽 1–2 cm，两端渐狭、钝。聚伞花序常二歧分枝，每枝有 1–4 花；萼片 5，宽三角形，长 0.5–0.7 mm；花瓣 5，黄色，长圆形；雄蕊 10 或 5，较花瓣稍短；鳞片 5，近长方形至长圆状匙形。蓇葖有种子 1–2。种子大，纺锤形，长 2–3 mm，有微乳头状突起。花期 6–9 月，果期 8–11 月。

分布与生境　产于河南、陕西、甘肃、湖北、湖南、四川、贵州、云南等省区。生于海拔 1100–2800 m 的山坡林下阴湿处。缅甸也有分布。

药用部位　带根全草。

功效应用　活血散瘀，散寒理气，接骨，止痛。用于跌打损伤，骨折，水火烫伤，劳伤骨痛，月经不调，闭经。

注评　本种土家族药用，其带根全草鲜品捣烂外敷治跌打损伤、骨折、痈疔、烫伤，鲜品水煎服治感冒头痛。

苞叶景天 **Sedum oligospermum** Maire
蔡淑琴　绘

注评 本种有“九头狮子草”之名，而爵床科植物九头狮子草 Peristrophe japonica (Thunb.) Bremek. 的全草、唇形科植物不育红 Rabdosia yuennanensis (Hand.-Mazz.) H. Hara、爵床科狗肝菜 Dicliptera chinensis (L.) Juss. 和观音草 Peristrophe baphica (Spreng.) Bremek. 也称“九头狮子草”，它们功效应用不同，是不同的药材，应注意区别。彝族、白族、纳西族均药用，主要用全草治水火烫伤、喉炎、扁桃腺炎、口腔糜烂、便血、小儿疳积、肝炎、中耳炎等。

15. 藓状景天　柳叶景天（东北植物检索表），藓状佛甲草（拉汉英种子植物名称）

Sedum polytrichoides Hemsl. in J. Linn. Soc., Bot. 23: 286. 1887.（英 **Mosslike Stonecrop**）

多年生草本。茎木质，细，丛生，斜上，高 5–10 cm，有多数不育枝。叶互生，线形至线状披针形，长 5–15 mm，宽 1–2 mm，先端急尖，基部有距，全缘，厚肉质。花序聚伞状，有 2–4 分枝；花少数，花梗短；萼片 5，卵形，长 1.5–2 mm，急尖，基部无距；花瓣 5，黄色，狭披针形，长 5–6 mm，先端渐尖；雄蕊 10，稍短于花瓣；鳞片 5，细小，宽圆楔形，基部稍狭；心皮 5，稍直立。蓇葖星芒状叉开，基部约 1.5 mm 合生，腹面有浅囊状突起，卵状长圆形，长 4.5–5 mm，喙直立，长约 1.5 mm；种子长圆形，长不及 1 mm。花期 7–8 月，果期 8–9 月。

分布与生境 产于黑龙江、吉林、辽宁、山东、河南、陕西、浙江、安徽、江西等省区。生于海拔 1000 m 左右的山坡石上。朝鲜、日本也有分布。

药用部位 根。

功效应用 清热解毒，止血。用于咯血。

化学成分 叶含生物碱类：降古豆碱(norhygrine)，古豆碱(hygrine)，古豆醇碱(hygroline)，石榴碱(pelletierine)，景天定(sedridine)，*N*-甲基石榴碱(*N*-methylpelletierine)，*N*-甲基景天定(*N*-methylsedridine)，*N*-甲基别景天定(*N*-methylallosedridine)[1]。

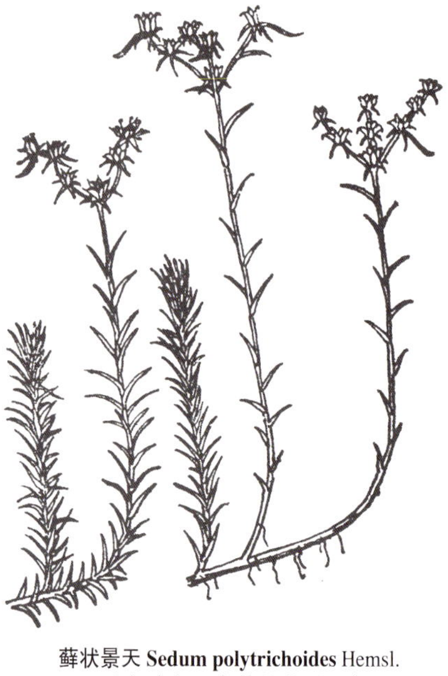

藓状景天 **Sedum polytrichoides** Hemsl.
引自《中国高等植物图鉴》

藓状景天 **Sedum polytrichoides** Hemsl.
摄影：周繇

化学成分参考文献

[1] Kim JH, et al. *Phytochemistry*, 1996, 41(5): 1319-1324.

16. 珠芽景天　马屎花（江苏、安徽），水三七（湖北）

Sedum bulbiferum Makino, Ill. Fl. Jap. 1(10): 2. 1891.——*S. alfredii* Hance var. *bulbiferum* (Makino) Fröd.（英 **Bulbiferous Stonecrop**）

多年生草本。根须状。下部常横卧。叶腋常有圆球形、肉质小形珠芽着生。基部叶常对生，上部的互生，下部叶卵状匙形，上部叶匙状倒披针形，长 10–15 mm，宽 2–4 mm，先端钝，基部渐狭。花序聚伞状，有三分枝，常再二歧分枝；萼片 5，披针形至倒披针形；花瓣 5，黄色，披针形；心皮 5，略叉开，基部约 1 mm 合生，连花柱长约 4 mm。花期 4–7 月。

分布与生境　产于湖北、湖南、四川、江苏、浙江、安徽、江西、广东、广西、福建等省区。生于海拔 1000 m 以下的低山或平地树阴下。日本也有分布。

药用部位　全草（小箭草）。

功效应用　散寒，理气，止痛，消肿，止血，截疟。用于食积腹痛，寒热疟疾，风湿瘫痪和瘟疫发疹。

化学成分　叶含生物碱类：石榴碱(pelletierine)[1]。

珠芽景天 **Sedum bulbiferum** Makino
引自《中国高等植物图鉴》

珠芽景天 **Sedum bulbiferum** Makino
摄影：徐克学

化学成分参考文献

[1] Kim JH, et al. *Phytochemistry*, 1996, 41(5): 1319-1324.

17. 日本景天　指甲草（湖北）

Sedum japonicum Siebold ex Miq. in Ann. Mus. Bot. Lugduno-Batavi. 2: 156. 1865. ——*S. chrysastrum* Hance, *S. uniflorum* Raf. subsp. *japonicum* (Siebold ex Miq.) H. Ohba（英 **Japan Stonecrop**）

多年生草本，匍匐生根，无毛。花茎细弱，多分枝，斜上。叶互生，圆柱形或稍扁，线状匙形，长 7–10 cm，宽 1.5–2.5 mm，先端钝，有短距，无柄。聚伞花序，3 歧分枝；萼片 5，线状长圆形或近三角形；花瓣 5，黄色，长圆状披针形；鳞片 5，细小，宽楔形；心皮 5，披针形，基部约 2 mm 合生，连花柱长约 5 mm。花期 5–6 月，果期 7–8 月。

分布与生境　产于湖南、安徽、浙江、江西、广东、台湾等省区。生于海拔 1000 m 以下的山坡阴湿

日本景天 **Sedum japonicum** Siebold ex Miq.
引自《中国高等植物图鉴》

日本景天 **Sedum japonicum** Siebold ex Miq.
摄影：孙庆文

处。日本也有分布。

药用部位 全草。

功效应用 清热解毒，生津止渴。用于疔疮肿毒，咽喉疼痛，目赤生翳，痔疮，痈疖，丹毒，疥癣，蚊虫咬伤。

化学成分 叶含生物碱类：降古豆碱(norhygrine)，石榴碱(pelletierine)，景天定(sedridine)，*N*-甲基景天定(*N*-methylsedridine)[1]。

化学成分参考文献

[1] Kim JH, et al. *Phytochemistry*, 1996, 41(5): 1319-1324.

18. 玉山佛甲草 新高山景天（拉汉种子植物名称）

Sedum morrisonense Hayata in J. Coll. Sci. Imp. Univ. Tokyo. 25(19): 94. 1908.（英 **Morrisor Stonecrop**）

多年生草本。花茎基部分枝，无毛。叶覆瓦状密生，肉质，长圆状披针形，长 5–6 mm，宽约 1.5 mm，先端钝，基部有短距。聚伞花序常有 3 条分枝，花多数；苞片与叶相似；花无梗；萼片 5，长圆状线形，长为花瓣之半，厚；花瓣 5，长圆形；鳞片小，稍呈横长方形。蓇葖 5，长圆形，直立展开。种子长圆形，小，被微乳头状突起。花期 7–8 月，果期 10–11 月。

分布与生境 产于台湾。生于海拔 2500–3900 m 的山地。

药用部位 全草。

功效应用 清热解毒，消肿排脓，止痛，退黄。用于咽喉痛，肝炎，痈肿疮毒，毒蛇咬伤，缠腰火丹，烧烫伤。

19. 东南景天　石上老鼠耳、石上瓜子菜（广东），石板菜（改订植物名汇）

Sedum alfredii Hance in J. Bot. 8: 7. 1870.（英 **Alfred Stonecrop**）

多年生草本。茎斜上，单生或上部有分枝。叶互生，下部叶常脱落，上部叶常聚生，线状楔形、匙形或匙状倒卵形，长 1.2–3 cm，宽 2–6 mm，先端钝，有时有微缺，基部狭楔形，有距，全缘。聚伞花序多花；萼片 5，线状匙形；花瓣 5，黄色，披针形至披针状长圆形；鳞片 5，匙状正方形。蓇葖斜叉开。种子多数，长约 0.6 mm，褐色。花期 4–5 月，果期 6–8 月。

分布与生境　产于湖北、湖南、四川、贵州、江苏、浙江、安徽、江西、广东、广西、福建、台湾等省区。生于海拔 2000–3000 m 的山坡林下阴湿石上。朝鲜、日本也有分布。

药用部位　带根全草。

功效应用　清热凉血，消肿解毒。用于痢疾，肝炎，疮疖肿毒，口疮，牙龈出血，外伤出血，烧烫伤，毒蛇咬伤。

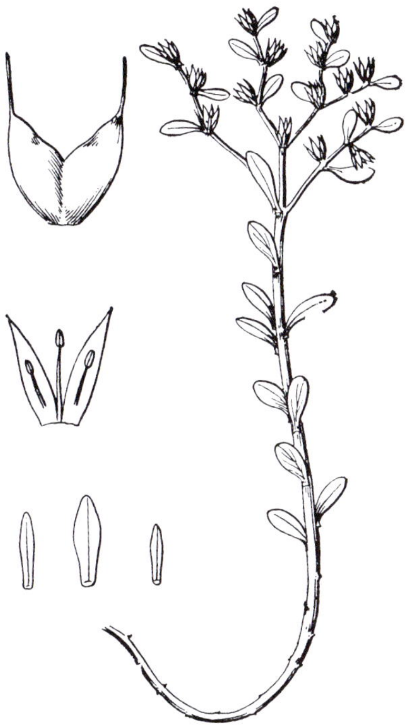

东南景天 **Sedum alfredii** Hance
钱存源　绘

东南景天 **Sedum alfredii** Hance
摄影：徐克学

20. 凹叶佛甲草　马牙半枝莲（江苏），豆瓣菜（安徽），山马齿苋（湖北），打不死、水辣椒（广西），六月雪（四川），九月寒（云南）

Sedum emarginatum Migo in J. Shanghai Sci. Inst. Sect. 3: 224. 1937.（英 **Emarginate Stonecrop**）

多年生草本。茎细弱。叶对生，匙状倒卵形至宽卵形，长 1–2 cm，宽 5–10 mm，先端圆，有微缺，基部渐狭，有短距。花序聚伞状，顶生，有多花，常有 3 个分枝；萼片 5，披针形至狭长圆形；花瓣 5，黄色，线状披针形至披针形；鳞片 5，长圆形。蓇葖略叉开，腹面有浅囊状隆起。种子细小，褐色。花期 5–6 月，果期 7 月。

分布与生境　产于陕西、甘肃、湖北、湖南、四川、江苏、浙江、安徽、江西、云南等省区。生于海拔 600–1800 m 山坡阴湿处。

药用部位　全草。

功效应用　清热解毒，凉血止血，止痛，利湿。用于肝炎，痢疾，咯血，吐血，衄血，便血，淋病，黄疸，月经过多；外用治跌打损伤，痈疖，疔疮，带状疱疹。

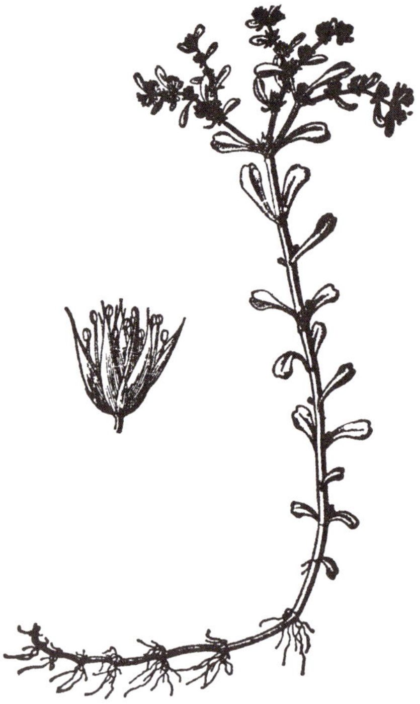

凹叶佛甲草 **Sedum emarginatum** Migo
引自《中国高等植物图鉴》

凹叶佛甲草 **Sedum emarginatum** Migo
摄影：徐克学

化学成分 全草含黄酮类：槲皮素(quercetin)，异鼠李素(isorhamnetin)[1]；其他类：氨基糖苷，无机硝酸盐[2]。

化学成分参考文献

[1] 吕飞，等. 化学与生物工程，2009, 26(8): 91-94.

[2] 乔剑峰，等. 浙江科技学院学报，2003, 15(B11): 26-28.

21. 垂盆草　鼠牙半枝莲（河北），肝炎草（山东），狗牙半枝莲（江苏），土三七（广东），瓜子莲（广西）

Sedum sarmentosum Bunge in Mém. Acad. Imp. Sci. St.-Pétersbourg Divers Savans. 2: 104. 1833.
（英 **Stringy Stonecrop**）

多年生草本。不育枝及花茎细，匍匐而节上生根。3 叶轮生，叶倒披针形至长圆形，长 15–28，宽 3–7 mm，先端近急尖，基部急狭，有距。聚伞花序，有 3–5 分枝，花少；萼片 5，披针形至长圆形；花瓣 5，黄色，披针形至长圆形；鳞片 10，楔状四方形。种子卵形，约长 0.5 mm。花期 5–7 月，果期 8 月。

分布与生境 产于吉林、辽宁、北京、河北、山西、山东、河南、陕西、甘肃、江苏、浙江、安徽、湖北、湖南、四川、贵州、江西、福建等省区。生于海拔 1600 m 以下的山坡阳处或石上。朝鲜、日本、泰国也有分布。

药用部位 全草。

功效应用 清热，消肿，解毒。用于咽喉肿痛，肝炎，热淋，痈肿，水火烫伤，蛇虫咬伤，劳伤咳嗽。

化学成分 地上部分含黄酮类：小麦黄素-7-*O*-*β*-D-吡喃葡萄糖苷(tricin-7-*O*-*β*-D-glucopyranoside)[1]，木犀草素(luteolin)，槲皮素(quercetin)，小麦黄素-7-*O*-*β*-D-葡萄糖苷(tricin-7-*O*-*β*-D-glucoside)，异鼠李素(isorhamnetin)，异甘草苷元(isoliquiritigenin)[2]，小麦黄素(tricin)，木犀草素-7-葡萄糖苷(luteolin-7-glucoside)，甘草苷元(liquiritigenin)，甘草苷(liquiritin)，异甘草苷(isoliquiritin)，异鼠李素-7-*O*-*β*-D-

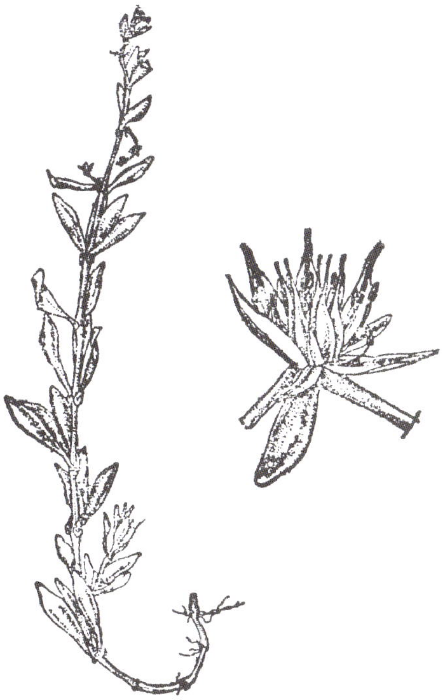

垂盆草 **Sedum sarmentosum** Bunge
引自《中国高等植物图鉴》

垂盆草 **Sedum sarmentosum** Bunge
摄影：张英涛

吡喃葡萄糖苷(isorhamnetin-7-*O*-*β*-D-glucopyranoside)，异鼠李素-3,7-二葡萄糖苷(isorhamnetin-3,7-diglucoside)，柠檬素(limocutrin)，柠檬素-3-葡萄糖苷(limocitrin-3-glucoside)，柠檬素-3,7-二葡萄糖苷(limocitrin-3,7-diglucoside)[1]，槲皮素-3-*O*-*α*-(6'''-咖啡酰葡萄糖基-*β*-1,2-鼠李糖苷)[quercetin-3-*O*-*α*-(6'''-caffeoylglucosyl-*β*-1,2-rhamnoside)]，槲皮素-3-*O*-*α*-(6'''-对香豆酰葡萄糖基-*β*-D-鼠李糖苷)[quercetin-3-*O*-*α*-(6'''-*p*-coumaroylglucosyl-*β*-D-rhamnoside)]，槲皮素-3-*β*-吡喃葡萄糖苷(quercetin-3-*β*-glucopyranoside)，异鼠李素-3-*O*-*β*-D-吡喃葡萄糖苷(isorhamnetin-3-*O*-*β*-D-glucopyranoside)，山柰酚-3-*α*-吡喃阿拉伯糖苷(kaempferol-3-*α*-arabinopyranoside)[3]；三萜类：*δ*-香树脂酮(*δ*-amyrone)，3-表-*δ*-香树脂醇(3-*epi*-*δ*-amyrin)，*δ*-香树脂醇(*δ*-amyrin)，垂盆草素▲(sarmentolin)[4]；生物碱类：石榴碱(pelletierine)，*N*-甲基石榴碱(*N*-methylpelletierine)，*N*-甲基别景天定(*N*-methylallosedridine)[5]；甾体类：*β*-谷甾醇，胡萝卜苷[6]，3*β*,6*β*-豆甾-4-烯-3,6-二醇(3*β*,6*β*-stigmast-4-en-3,6-diol)，3*β*,4*α*,14*α*,20*R*,24*R*-4,14-二甲基麦角甾-9(11)-烯-3-醇[3*β*,4*α*,14*α*,20*R*,24*R*-4,14-dimethylergost-9(11)-en-3-ol][7]；挥发油：棕榈酸，双十八烷基硫醚(dioctadecyl sulfide)[2]，6,10,14-三甲基-2-十五酮(6,10,14-trimethyl-2-pentadecanone)，9,12-十八碳二烯酸(9,12-octadecadienoic acid)，十五烷(pentadecane)[8]，六氢金合欢基丙酮(hexahydrofarnsylacetone)，2-己酰呋喃(2-hexanoylfuran)，麝香内酯(musk lactone)[9]等；大柱香波龙烷(megastigmane)类：垂盆草酸▲(sarmentoic acid)，垂盆草醇▲A (sarmentol A)，景天苷▲(sedumoside) A_1、A_2、A_3、B、C、D[10]；酚酸类：丁香酸(syringic acid)[6]；氰苷类：垂盆草苷(sarmentosin)[11]。

药理作用 抗炎作用：垂盆草对TNBS诱导的实验性结肠炎具有保护作用[1]。

调节免疫作用：垂盆草苷可使小鼠胸腺内胸腺细胞数明显降低，能抑制T细胞依赖抗原-SRBC的抗体形成细胞数，抑制T细胞介导的移植物抗

垂盆草 **Sedi Herba**
摄影：钟国跃

提取液具有抗脂质过氧化作用[5]。

抗衰老作用：佛甲草提取液具有良好的抗小鼠衰老作用[6]。

延缓疲劳作用：佛甲草能够显著提高小鼠运动耐力，具有延缓疲劳的作用[4]。

注评 本种为中国药典（1977 年版）收载“佛甲草”的基源植物，药用其干燥全草。苗族、畲族、瑶族、壮族均药用，主要用其全草治毒蛇咬伤、烫火伤、痈肿疔疖、牙痛、痢疾、肠炎、肝炎、吐血、衄血、便血、跌打肿痛等；彝族用其全草治水火烫伤。

化学成分参考文献

[1] 季尚晓，等. 中草药，1991, 22(10): 438-440.

药理作用及毒性参考文献

[1] 周青，等. 中国临床康复，2005, 9(31): 129-131.
[2] 周青，等. 时珍国医国药，2005, 16(12): 1228-1229.
[3] 周青，等. 赣南医学院学报，2002, 22(3): 223-224.
[4] 周青，等. 中国临床康复，2005, 9(47): 93-95.
[5] 许庆林，等. 赣南医学院学报，2003, 23(1): 14-16.
[6] 董晓华，等. 张家口医学院学报，2004, 21(4): 73-74.

23. 圆叶景天

Sedum makinoi Maxim. in Bull. Acad. Sci. St. Petersb. 32: 487. 1883.——*Sedum alfredii* Hance var. *makinoi* (Maxim.) Fröd.（英 **Makino Stonecrop**）

多年生草本，高 15–25 cm。茎下部节上生根，上部直立无毛。叶对生，倒卵形至倒卵状匙形，长 17–20 mm，宽 6–8 mm，先端钝圆，基部渐狭，入于假叶柄，基部有短距。聚伞状花序，花枝二歧分枝；花无梗；萼片 5，线状匙形，基部有短距；花瓣 5，黄色，披针形；雄蕊 10，对瓣的较花瓣为短，对萼的与花瓣稍同长；鳞片 5，长方状匙形；心皮 5，披针形，基部约 1 mm 合生。蓇葖斜展；种子细小，卵形，有微乳头状突起。花期 6–7 月。

分布与生境 产于安徽黄山及浙江四明山。日本也有分布。生于低山山谷林下阴湿处。

药用部位 全草。

功效应用 清热解毒，凉血止血，利湿。用于痈肿，疔疮，带状疱疹，瘰疬，咯血，吐血，衄血，血崩，带下，黄疸，跌打损伤，风痹，汗斑，水痘，疟疾，急痧。

圆叶景天 **Sedum makinoi** Maxim.
摄影：徐克学

9. 费菜属 Phedimus Raf.

多年生草本。根状茎粗。茎不分枝，无毛。叶互生或对生，有柄或无柄。聚伞花序顶生，无苞片，多花。花无梗或近无梗，两性，5 基数；花萼基部合生，肉质，花瓣黄色，几乎分离；雄蕊通常为花瓣数的两倍；鳞片全缘或顶端有微缺；花柱短。蓇葖种子多数。

约 20 种，主要分布于亚洲及欧洲。我国产 8 种、3 变种，其中 5 种 1 变种可药用。

分种检索表

1. 块根胡萝卜状，根状茎短粗 ………………………………………………………………………… 1. 费菜 **P. aizoon**
1. 无胡萝卜状块根，根状茎常匍匐。
   3. 叶线状匙形，宽 2–5 mm ………………………………………………………… 2. 吉林费菜 **P. middendorffianus**
   3. 叶倒卵形至匙形，宽 5 mm 以上。
      4. 茎分枝，匍匐 ………………………………………………………………………… 5. 杂交景天 **P. hybridus**
      4. 茎不分枝，斜升。
         5. 叶无柄…………………………………………………………………… 3. 堪察加景天 **P. kamtschaticus**
         5. 叶有假叶柄………………………………………………………………… 4. 齿叶费菜 **P. odontophyllus**

1. 费菜（救荒本草） 景天三七（通称），田三七（广西），大三七（四川），大马菜、土三七（江苏）

Phedimus aizoon (L.) 't Hart, Evol. et Syst. Crassulac. 168. 1995.——*Sedum aizoon* L.（英 **Aizoon Stonecrop**）

1a. 费菜（模式变种）（救荒本草） 景天三七（通称），田三七（广西），大三七（四川），大马菜、土三七（江苏）

Phedimus aizoon (L.) 't Hart var. **aizoon**

多年生草本。块根胡萝卜状；根状茎短、粗。茎直立，光滑，不分枝。叶互生，狭披针形、椭圆状披针形至卵状倒披针形，长 3.5–8 cm，宽 1.2–2 cm，先端渐尖，基部楔形，边缘有不整齐的锯齿。聚伞花序有多花，水平分枝，平展；萼片 5，线形，肉质，不等长；花瓣 5，黄色，长圆形至椭圆状披针形；鳞片 5，近正方形。蓇葖星芒状排列。种子椭圆形，长约 1 mm。花期 6–7 月，果期 8–9 月。

费菜 **Phedimus aizoon** (L.) 't Hart var. **aizoon**
引自《中国高等植物图鉴》

分布与生境 产于黑龙江、吉林、辽宁、河北、内蒙古、山西、山东、河南、陕西、甘肃、宁夏、青海、湖北、四川、江苏、浙江、安徽、江西等省区。生于海拔 1000–3100 m 的山坡、林中、灌丛中或田边。朝鲜、蒙古、俄罗斯、日本也有分布。

药用部位 全草。

功效应用 散瘀止血，安神镇静。用于心悸，失眠，吐血，衄血，牙龈出血，便血；外用治跌打损伤，外伤出血，烫火伤。

化学成分 地下部分含三萜类：齐墩果酸(oleanolic acid)[1]；酚苷类：熊果苷(arbutin)[1]；甾体类：谷甾醇[1]。

地上部分含黄酮类：槲皮素(quercetin)，槲皮苷(quercitrin)，杨梅素(myricetin)，杨梅苷(myricitrin)，槲皮素-3-(2''-没食子酰基)-鼠李糖苷[quercetin-3-(2''-galloyl)-rhamnoside][2]；酚酸类：没食子酸(gallic acid)，没食子酸甲酯(methyl gallate)[2]；生物碱类：(±)-甲基异石榴碱[(±)-methylisopelletierine]，(-)-景天宁[(-)-sedinine]，(±)-景天胺[(±)-sedamine][3]。

全草含黄酮类：槲皮素(quercetin)，槲皮苷(quercitrin)，杨梅苷(myricetrin)[4]，山柰酚(kaempferol)，

费菜 **Phedimus aizoon** (L.) 't Hart var. **aizoon**
摄影：张英涛

杨梅素(myricetin)，杨梅素-3-*O*-*β*-D-葡萄糖苷(myricetin-3-*O*-*β*-D-glucoside)，山柰酚-7-*O*-*β*-D-吡喃葡萄糖苷(kaempferol-7-*O*-*β*-D-glucopyranoside)[5]；酚酸类：没食子酸(gallic acid)，没食子酸乙酯(ethyl gallate)[5]；三萜类：欧洲桤木-5-烯-3-酮(glutin-5-en-3-one)，异莫替醇-3*β*-乙酸酯(isomotiol-3*β*-acetate)[6]，羽扇豆醇(lupeol)，古柯二醇(erythrodiol)，*α*-香树脂醇(*α*-amyrin)[7]；苯乙醇苷类：红景天苷(rhodioloside; salidroside)[6]；蒽醌类：大黄酚-8-*O*-*β*-D-葡萄糖苷(chrysophanol-8-*O*-*β*-D-glucoside)[6]；甾体类：*β*-谷甾醇，胡萝卜苷[6]；有机酸类：二十六酸[6]。

注评 本种为中国药典（1977 版）、江苏（1989）、山东（2002）、山西（1987）、上海（1994）等中药材标准收载“景天三七”的基源植物，药用其干燥全草。土家族、苗族和满族也药用，土家族用全草治吐血、衄血、便血、崩漏，鲜品治失眠、心悸、烦躁、白带、烫伤烧伤等；苗族用全草治溃疡病、肺结核、支气管扩张、出血、烦躁不安等；满族用茎叶治疗跌打损伤。

化学成分参考文献

[1] Krasnov EA, et al. *Khim Prir Soedin*, 1970, 6(4): 476.

[2] Wolbis M, et al. *Acta Poloniae Pharmaceutica*, 1996, 53(3): 225-227.

[3] Krasnov EA, et al. *Khim Prir Soedin*, 1977, (4): 585.

[4] 李忠红，等 . 中国天然药物，2007, 5(6): 431-434.

[5] 于志斌，等 . 天然产物研究与开发，2007, 19(1): 67-69.

[6] 李卫林，等 . 新乡医学院学报，2008, 25(6): 558-561.

[7] 李忠红，等 . 医药导报，2007, 26(10): 1228-1229.

1b. 乳毛费菜

Phedimus aizoon (L.) 't Hart var. **scabrus** (Maxim.) H. Ohba, K. T. Fu et B. M. Barthol. in Novon. 10: 401. 2000.——*Sedum aizoon* L. var. *scabrum* Maxim.

与费菜的区别在于：叶狭，先端钝，茎被微乳头状突起。花期 6–7 月，果期 8 月。

分布与生境 产于河北、内蒙古、陕西、甘肃、宁夏、青海等省区。生于海拔 1500–3100 m 的石山坡草地上。

药用部位 带根全草。

功效应用 活血止血，宁心，利湿，消肿解毒。

2. 吉林费菜　岩景天、狗景天（吉林）

Phedimus middendorffianus (Maxim.) 't Hart, Evol. et Syst. Crassulac. 169. 1995.——*Sedum middendorffianum* Maxim., *S. middendorffianum* Maxim. var. *diffusum* Praeger（英 **Jilin Stonecrop**）

多年生草本。根状茎蔓生，木质，分枝，长。茎多数，丛生，直立或上升，基部分枝，无毛。叶线状匙形，长 12–25 mm，宽 2–5 mm，先端钝，基部楔形，上部边缘有锯齿。聚伞花序有多花，常有展开的分枝；萼片 5，线形；花瓣 5，黄色，披针形至线状披针形；鳞片 5，细小。蓇葖星芒状，几呈水平排列。种子卵形，细小。花期 6–8 月，果期 8–9 月。

分布与生境　产于吉林、辽宁省。生于海拔 300–1000 m 的山地林下石上。朝鲜、俄罗斯、日本也有分布。

药用部位　带根全草。

功效应用　散瘀止血，安神镇痛，生津止咳，祛风清热。

化学成分　全草含黄酮类：槲皮素-3-D-葡萄糖苷 (quercetin-3-D-glucoside)[1]。

注评　本种朝鲜族药用，其用全草治全身衰弱、心悸。

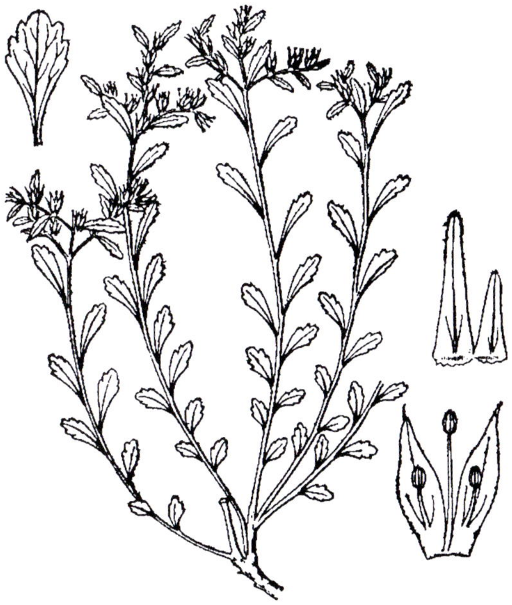

吉林费菜 **Phedimus middendorffianus** (Maxim.) 't Hart
钱存源　绘

化学成分参考文献

[1] Shnyakina GP, et al. *Khim Prir Soedin*, 1975, 11(1): 92-93.

吉林费菜 **Phedimus middendorffianus** (Maxim.) 't Hart
摄影：周繇

3. 堪察加景天　金不换（北京）

Phedimus kamtschaticus (Fisch.) 't Hart, Evol. et Syst. Crassulac. 168. 1995.——*Sedum kamtschaticum* Fisch.（英 **Orange Stonecrop**）

多年生草本。根状茎木质，分枝。茎斜上，有时被乳头状突起，常不分枝。叶互生或对生，稀 3 叶轮生，倒披针形匙形至倒卵形，长 2.5–7 cm，宽 0.5–3 cm，先端圆钝，下部渐狭，呈狭楔形，上部边缘有疏锯齿至疏圆齿。聚伞花序顶生；萼片 5，披针形；花瓣 5，黄色，披针形；鳞片 5，细小，近正方形。蓇葖上部星芒状水平横展，腹面作浅囊状突起。种子细小，倒卵形，褐色。花期 6–7 月，果

堪察加景天 **Phedimus kamtschaticus** (Fisch.) 't Hart
引自《中国高等植物图鉴》

堪察加景天 **Phedimus kamtschaticus** (Fisch.) 't Hart
摄影：刘宗才

期 8–9 月。

分布与生境 产于吉林、河北、内蒙古、山西等省区。生于海拔 600–1800 m 的砾石质山坡。朝鲜、俄罗斯、日本也有分布。

药用部位 带根全草。

功效应用 散瘀，活血，止血，宁心，利湿，消肿，解毒。用于跌打损伤，吐血，咯血，衄血，便血，心悸，失眠，疮疖痈肿，烫火伤，毒虫咬伤。

化学成分 全草含黄酮类：杨梅苷(myricitrin)，金丝桃苷(hyperin; hyperoside)，异杨梅苷(isomyricitrin)，棉皮素(gossypetin)，棉花皮苷(gossypin)[1]，杨梅素-3-*O*-[β-D-(6''-*O*-没食子酰基)-吡喃葡萄糖苷]{myricetin-3-*O*-[β-D-(6''-*O*-galloyl)-glucopyranoside]}，杨梅素-3-*O*-[β-D-(6''-*O*-没食子酰基)-吡喃半乳糖苷]{myricetin-3-*O*-[β-D-(6''-*O*-galloyl)-galactopyranoside]}[2]；香豆素类：七叶树内酯(esculetin)[1]。

注评 本种畲族药用，其全草治心悸不寐、血热虚烦、癔症、吐血。

化学成分参考文献

[1] Shnyakina GP, et al. *Khim Prir Soedin*, 1975, 11(1): 92-93.

[2] Zapesochnaya GG, et al. *Khim Prir Soedin*, 1978, (6): 806-807.

4. 齿叶费菜 六月还阳（湖北），打不死（四川），天簧七（贵州植物志）

Phedimus odontophyllus (Fröd.) 't Hart in 't Hart et Eggli, Evol. et Syst. Crassulac. 169. 1995.——*Sedum odontophyllum* Fröd.（英 **Toothedleaf Stonecrop**）

多年生草本。须根长，或幼时匍匐。花茎在基部生根，弧状直立。叶互生或对生，卵形或椭圆形，长 2–5 cm，宽 12–28 mm，先端稍急尖或钝，边缘有疏而不规则的牙齿，基部急狭入于假叶柄，假叶柄长 11–18 mm。聚伞状花序，分枝蝎尾状；萼片 5–6，三角状线形；花瓣 5–6，黄色，披针状长圆

齿叶费菜 **Phedimus odontophyllus** (Fröd.) 't Hart
钱存源　绘

齿叶费菜 **Phedimus odontophyllus** (Fröd.) 't Hart
摄影：林茂祥

形，或近卵形；鳞片 5–6，近四方形。蓇葖横展，腹面囊状隆起。种子多数。花期 4–6 月，果期 6 月。

分布与生境　产于湖北、四川省。生于海拔 300–1200 m 的山坡阴湿石上。尼泊尔也有分布。

药用部位　全草。

功效应用　活血散瘀，止血，消肿，止痛。用于跌打损伤，骨折扭伤，劳伤咳嗽，衄血；外用痈肿毒疮。

5. 杂交景天　杂种景天（经济植物手册）

Phedimus hybridus (L.) 't Hart in 't Hart et Eggli, Evol. et Syst. Crassulac. 168. 1995.——*Sedum hybridum* L.（英 **Czar's Gold**）

多年生草本。根状茎长，木质，蔓生。茎匍匐生根。叶互生，匙状椭圆形至倒卵形，长 1.5–3 cm，宽 1–2 cm，先端钝，基部楔形，边缘有钝锯齿。花序聚伞状，顶生，无苞片；萼片 5，线形至长圆形，常不等；花瓣 5，黄色，披针形；鳞片小。蓇葖椭圆形，成熟后星芒状开展。种子小，椭圆形，长不及 1 mm。花期 6–7 月，果期 8–10 月。

分布与生境　产于新疆。生于海拔 1400–2500 m 的山坡石缝中。蒙古、俄罗斯也有分布。

药用部位　全草。

功效应用　清热解毒，凉血止血，祛风湿。用于扁桃体炎，咽喉炎，口腔炎，鼻出血，咯血，吐血，高血压病，风湿关节痛，湿疹，疮疡。

化学成分　地上部分含生物碱类：(±)-甲基异石榴碱[(±)-methylisopelletierine]，(-)-景天宁[(-)-sedinine]，(±)-景天胺[(±)-sedamine][1]。

化学成分参考文献

[1] Krasnov EA, et al. *Khim Prir Soedin*, 1977, (4): 585.

8. 叶片阔卵形至近圆形，掌状 5–7 (–9) 裂，边缘有锯齿，两面均无毛；萼片 5–6，近等大，具 1 脉；花瓣 5–6，白色，雌蕊 5–6……………………………………………………… 6. **槭叶草属 Mukdenia**

7. 叶基生或兼茎生；有苞片；萼片 4–5 (–7)；花瓣 5 或不存在，雄蕊 4–10。

9. 萼片 5；花瓣 5；雄蕊 10；子房 2 室，具中轴胎座，或为 1 室且具边缘胎座；蒴果，稀蓇葖果。

10. 多年生草本；聚伞花序；花辐射对称；花萼筒状，内壁儿与子房不愈合，或仅其下部与子房愈合；蒴果 ……………………………………………………………………… 7. **岩白菜属 Bergenia**

10. 多年生，稀一年生或二年生草本；花通常辐射对称，稀两侧对称，组成聚伞花序或单生；花萼筒状（内壁完全与子房下部愈合）或扁平；蒴果，稀蓇葖果…… 8. **虎耳草属 Saxifraga**

9. 萼片 4–5 (–7)；花瓣 5，或不存在；雄蕊 4–10；子房通常 1 室，具 2 侧膜胎座，或上部 1 室，边缘胎座，而下部 2 室，中轴胎座。

11. 具托叶；萼片 5；花瓣 5，有时不存在；雄蕊 5 或 10；单叶，或复叶具 3 小叶；花序总状或圆锥状，顶生或腋生；花瓣非羽状分裂；雄蕊 10；2 果瓣明显不等大 ………………………………………………………………………………………… 9. **黄水枝属 Tiarella**

11. 无托叶；萼片 4–5 (–7)；花瓣不存在，雄蕊 4–10。

12. 无茎生叶；圆锥花序或总状花序；萼片 (4–) 5 (–7)；雄蕊 8–10，子房近上位 ……………………………………………………………………………………… 10. **峨屏草属 Tanakaea**

12. 茎生叶互生或对生；通常为聚伞花序；萼片 4 (–5)；雄蕊 4–8 (–10)；子房近上位、半下位至近下位………………………………………………………………… 11. **金腰属 Chrysosplenium**

2. 木本或草本，叶通常对生或互生，稀近轮生或丛生。

13. 萼片和花瓣均为 4 或 5，稀达 10；雄蕊为萼片之 2 倍，有时为其多倍。

14. 多年生草本；叶对生，掌状分裂；雄蕊为花瓣数的 3 倍……………………… 13. **黄山梅属 Kirengeshoma**

14. 木本、灌木或攀援灌木，如为草本，叶不为掌状分裂；雄蕊为花瓣数 2–10 倍。

15. 花丝扁平，钻形，有时具齿；灌木；花序全为孕性花；花萼裂片绝不增大呈花瓣状。

16. 叶通常被星状毛；花瓣 5；雄蕊 10 (12–15)；蒴果 3–5 瓣裂 ……………………… 14. **溲疏属 Deutzia**

16. 叶无星状毛；花瓣 4；雄蕊 20–40；蒴果 4 瓣裂…………………………… 15. **山梅花属 Philadelphus**

15. 花丝非扁平，线形，无齿；草本，直立或攀缘灌木；花序全为孕性花或兼具不育花，花萼裂片增大或不增大呈花瓣状。

17. 花序全为孕性花，其花萼裂片绝不增大呈花瓣状。

18. 直立灌木或亚灌木；花柱 3–6，细长，柱头长圆形或圆形；浆果，略干燥 ……………………………………………………………………………………………… 18. **常山属 Dichroa**

18. 攀援灌木，以气生根攀附于他物上；花柱 1，粗短，柱头膨大呈圆锥状或盘状；蒴果。

19. 花萼裂片和花瓣 7–10 片；雄蕊 20–30 枚；花瓣离生；柱头扁盘状 ……………………………………………………………………………………… 16. **赤壁木属 Decumaria**

19. 花萼裂片和花瓣 4–5 片；雄蕊 5–10 枚；花瓣上部连合成冠盖花冠，早落；柱头圆锥状…… ……………………………………………………………………………… 17. **冠盖藤属 Pileostegia**

17. 花序具不育花和孕性花；不育花的花萼裂片增大呈花瓣状，稀不增大。

20. 叶互生；花药倒心形，药隔宽；花柱粗短………………………………… 19. **草绣球属 Cardiandra**

20. 叶对生或近轮生；花药非倒心形，药隔狭；花柱细长。

21. 不育花仅具增大的花萼裂片 1–2 片；雄蕊 10；花柱单生；蒴果成熟时棱间开裂………… ……………………………………………………………………… 20. **钻地风属 Schizophragma**

21. 不育花具花瓣状的花萼裂片 2–5 片。

22. 多年生草本或亚灌木，具木质平卧的根状茎；地上茎不分枝；花瓣覆瓦状排列；花柱 1，顶端 5 裂………………………………………………………………… 21. **叉叶蓝属 Deinanthe**

22. 灌木或亚灌木，稀小乔木和木质藤本；茎多分枝；花瓣镊合状排列；花柱 2–4 (–5)，分离或仅基部合生……………………………………………………………………22. **绣球属 Hydrangea**

13. 萼片、花瓣与雄蕊同数，均为 5 或 4，稀更多；心皮 2；胚珠具厚珠心，具 2 层珠被。

23. 萼片 5，非花瓣状；花瓣 5，狭窄；子房 2 室；蒴果……………………………………23. **鼠刺属 Itea**

23. 萼片 5，稀 4，通常呈花瓣状；花瓣 5，稀 4 或不存在，常呈鳞片状；子房 1 室；浆果………………………………………………………………………………………………………24. **茶藨子属 Ribes**

1. 扯根菜属 Penthorum L.

多年生草本。茎直立。叶互生，膜质，狭披针形或披针形。螺状聚伞花序；花两性，多数，小形；萼片 5 (–8)；花瓣 5 (–8)，或不存在；雄蕊 2 轮，10 (–16)；心皮，5 (–8)，下部合生，花柱短，胚珠多数。蒴果 5 (–8)，浅裂，裂瓣先端喙形，成熟后喙下环状横裂。种子多数，细小。

本属约 2 种，分布于东亚和北美。我国产 1 种，可药用。

本属药用植物富含黄酮类化合物，如槲皮素 (quercetin)、槲皮苷 (quercitrin)、瑞士五针松素▲ (pinocembrin) 等，其中瑞士五针松素▲及其苷类，如瑞士五针松素▲-7-*O*-(3''-*O*-没食子酰基-4'',6''-六羟基二苯酚基)-*β*-葡萄糖 [pinocembrin 7-*O*-(3''-O-galloyl-4'',6''-hexahydroxydiphenoyl)-*β*-glucose，**1**] 是本属药用植物的特征性成分，对浅部真菌、须发藓菌生长具有较强的抑制作用；还可通过提高 T 细胞、B 细胞的活性，激发细胞免疫，从而起到增强免疫力的作用。此外，扯根菜总黄酮对金黄色葡萄球菌生长也有较强的抑制作用。

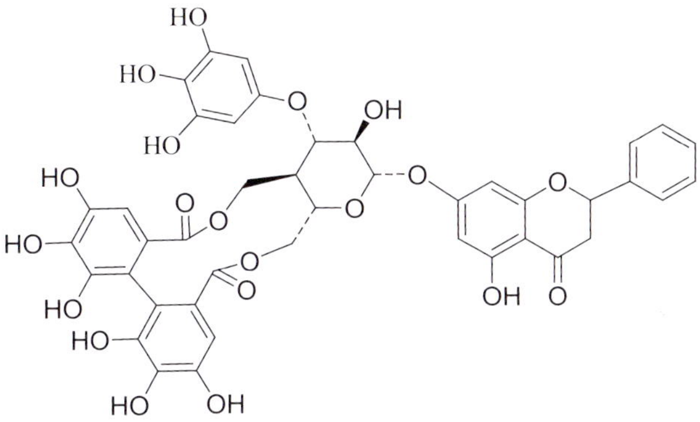

1

本属药用植物含新木脂素类化合物，主要有丁香树脂酚 (syringaresinol)、裂环异落叶松树脂醇 (secoisolariciresionol) 等。其中丁香树脂酚能抑制小鼠肝细胞微粒体脂质过氧化，具有抗氧化作用；对 cAMP 磷酸二酯酶具有抑制作用；在淋巴细胞白血病 P388 (PS) 系统中有较高的活性；对中枢神经系统有保护作用，具有促进神经生长因子 (NGF) 作用；能够刺激 T 细胞、B 细胞增殖，增强免疫；对人结肠癌 HCT8 和人肺癌 A549 细胞株具有抑制作用。

本属药用植物尚含挥发油，如扯根菜 (*P. chinenese*) 中的挥发油含量较高，体外药理实验表明具有一定的抗细菌作用，对铜绿假单胞菌和金黄色葡萄球菌生长均有明显的抑制作用。

本属药用植物的三萜类化合物主要为羽扇豆烷型，如羽扇豆醇，白桦脂酸等。羽扇豆醇能对镉诱导的大鼠肝毒性起到防护作用，可控制实验性高草酸盐尿结石形成因子，具有抗前列腺癌的作用。白桦脂醇对食管癌细胞 EC109 具有抑制作用。

4. 羽叶鬼灯檠（中国药用植物志） 岩陀、九叶岩陀（云南种子植物名录），大红袍、蛇疙瘩（中国药用植物志）

Rodgersia pinnata Franch. in Nouv. Arch. Mus. Hist. Nat. Paris Ser. 2. 10: 176. 1888.（英 **Featherleaf Rodgersflower**）

多年生草本，高 (0.25–) 0.4–1.5 m。茎无毛。近羽状复叶；叶柄长 3.5–32.5 cm，基部和叶片着生处具褐色长柔毛；基生叶和下部茎生叶通常具小叶片 6–9 枚，上有顶生者 3–5 枚，下有轮生者 3–4 枚，上部茎生叶具小叶片 3 枚；小叶片椭圆形、长圆形至狭倒卵形，长 (6.5) 11–32 cm，宽 (2.7–) 7–12.5 cm，短渐尖，基部渐狭，边缘有重锯齿，腹面无毛，背面沿脉具褐色柔毛。多歧聚伞花序圆锥状，长 12–31 cm，具多花；花序分枝长 3.5–22 cm，被膜片状毛，有时还杂有短腺毛；花梗长 1.5–3.5 mm；萼片 5，革质，近卵形，短渐尖而钝，腹面仅基部疏生近无柄之腺毛，背面被黄褐色柔毛和近无柄之腺毛，具弧曲脉 3，脉于先端汇合；无花瓣；雄蕊 10，长 2.8–4 mm；心皮 2，长约 3 mm，基部合生，子房近上位，花柱 2。蒴果紫色，长约 7 mm。花果期 6–8 月。

分布与生境 产于重庆（巫山）、贵州和云南。生于海拔 2400–3800 m 的林下、林缘、灌丛、高山草甸或石隙。

药用部位 根状茎。

功效应用 活血调经，祛风除湿，收敛止痢。用于跌打损伤，骨折，月经不调，痛经，风湿痹痛，外伤出血，肠炎，痢疾，甲状腺功能亢进。

化学成分 根状茎含单萜苷类：(*E*)-3,7-二甲基-1-*O*-[*α*-L-吡喃鼠李糖基-(1→6)-*β*-D-吡喃葡萄糖基]-辛-2-烯-7-醇{(*E*)-3,7-dimethyl-1-*O*-[*α*-L-rhamnopyranosyl-(1→6)-*β*-D-glucopyranosyl]-oct-2-en-7-ol}，(*E*)-3,7-二甲基-1-*O*-[*α*-L-吡喃阿拉伯糖基-(1→6)-*β*-D-吡喃葡萄糖基]-辛-2-烯-7-醇{(*E*)-3,7-dimethyl-1-*O*-[*α*-L-arabinofuranosyl-(1→6)-*β*-D-glucopyranosyl]-oct-2-en-7-ol}，香叶醇-1-*O*-*α*-L-呋喃阿拉伯糖基-(1→6)-*β*-D-吡喃葡萄糖苷[geraniol-1-*O*-*α*-L-arabinofuranosyl-(1→6)-*β*-D-glucopyranoside]，香叶醇-1-*O*-*α*-L-吡喃鼠李糖基-(1→6)-*β*-D-吡喃葡萄糖苷[geraniol-1-*O*-*α*-L-rhamnopyranosyl-(1→6)-*β*-D-glucopyranoside]，

羽叶鬼灯檠 **Rodgersia pinnata** Franch.
余汉平　绘

羽叶鬼灯檠 **Rodgersia pinnata** Franch.
摄影：陈又生

香叶醇-1-*O*-β-D-吡喃木糖基-(1→6)-β-D-吡喃葡萄糖苷[geraniol-1-*O*-β-D-xylopyranosyl-(1→6)-β-D-glucopyranoside]，香叶醇-1-*O*-α-L-吡喃阿拉伯糖基-(1→6)-β-D-吡喃葡萄糖苷[geraniol-1-*O*-α-L-arabinopyranosyl-(1→6)-β-D-glucopyranoside][1]；香豆素类：岩白菜素(bergenin)[2]。

注评　本种为中国药典（1977 年版）、云南（1974、1996）和贵州（1988）等药材标准收载“岩陀”的基源植物之一，药用其干燥根状茎；本种的根状茎是提取岩白菜素的资源植物。傈僳族、苗族、彝族也药用，主要用其根状茎治疗风湿骨痛、感冒头痛、痢疾、肠炎、外伤出血等，彝族还用其根状茎治疗崩漏、尿血、月经过多、阴囊湿疹。

化学成分参考文献

[1] 嵇长久，等. 云南植物研究，2004, 26(4): 465-470.

[2] 夏从龙，等. 时珍国医国药，2009, 20(2): 289-290.

4. 落新妇属 **Astilbe** Buch.-Ham. ex D. Don

多年生草本。根状茎粗壮。茎基部具褐色膜质鳞片状毛或长柔毛。叶互生，二至四回三出复叶，稀单叶，具长柄；托叶膜质；小叶片披针形、卵形、阔卵形至阔椭圆形，边缘具齿。圆锥花序顶生，具苞片；花小，白色、淡紫色或紫红色，两性或单性，稀杂性或雌雄异株；萼片通常 5，稀 4；花瓣通常 1–5，有时更多或不存在；雄蕊通常 8–10，稀 5；心皮 2 (–3)，多少合生或离生；子房近上位或半下位，2 (–3) 室，具中轴胎座，或为 1 室，具边缘胎座；胚珠多数。蒴果或蓇葖果；种子小。

约 18 种，分布于亚洲（主要是东亚）和北美。我国有 7 种，南北均产，主产于华东、华中和西南，其中 4 种 2 变种可药用。

分种检索表

1. 无花瓣或具 1–5 枚退化花瓣；花序之花较疏；萼片 4–5，背面无毛……………………4. **溪畔落新妇 A. rivularis**
1. 具正常花瓣 5 枚；花序之花较密。
  2. 萼片背面被腺毛……………………3. **腺萼落新妇 A. rubra**
  2. 萼片背面无毛。
    3. 花序轴密被褐色卷曲长柔毛；圆锥花序之宽通常不超过 12 cm，第一回分枝与花序轴通常成 15°–30° 角斜上；小叶片先端通常短渐尖至急尖……………………1. **落新妇 A. chinensis**
    3. 花序轴被腺毛；圆锥花序之宽可达 17 cm，第一回分枝与花序轴通常成 30°–50° 角斜上；小叶片通常短渐尖至渐尖……………………2. **大落新妇 A. grandis**

本属药用植物中，对落新妇 (A. chinensis) 的化学成分研究有较多报道，从中分离得到香豆素类化合物如岩白菜素单水合物 (bergenin monohydrate)、岩白菜素 (bergenin)、11- 没食子酰岩白菜素 (11-*O*-galloylbergenin) 和 4-*O*- 没食子酰岩白菜素 (4-*O*-galloylbergenin)；儿茶素；以及三萜类化合物，如 3β,6β- 二羟基齐墩果 -12- 烯 -27- 酸 (3β,6β-dihydroxyolean-12-en-27-oic acid，**1**)、3β- 羟基齐墩果 -12- 烯 -27- 酸 (3β-hydroxyolean-12-en-27-oic acid，**2**)、3β,6β,24- 三羟基齐墩果 -12- 烯 -27- 酸 (3β,6β,24-trihydroxyolean-12-en-27-oic acid，**3**)、3β,6β,7α- 三羟基齐墩果 -12- 烯 -27- 酸 (3β,6β,7α-trihydroxyolean-12-en-27-oic acid，**4**)、3β,6β- 二羟基熊果 -12- 烯 -27- 酸 (3β,6β-dihydroxyurs-12-en-27-oic acid，**5**)、3β,6β,24- 三羟基熊果 -12- 烯 -27- 酸 (3β,6β,24-trihydroxyurs-12-en-27-oic acid，**6**)、3β,6β,7α- 三羟基熊果 -12- 烯 -27- 酸 (3β,6β,7α-trihydroxyurs-12-en-27-oic acid，**7**)、3β- 乙酰基 -6β- 羟基熊果 -12 烯 -27- 酸 (3β-acetoxy-6β-hydroxyurs-12-en-27-oic acid，**8**)、3β- 羟基熊果 -12- 烯 -27- 酸 (3β-hydroxyurs-12-en-27-oic acid，**9**)、3β- 乙酰齐墩果 -12- 烯 -27- 酸 (3β-acetoxyolean-12-en-27-oic acid) 等。

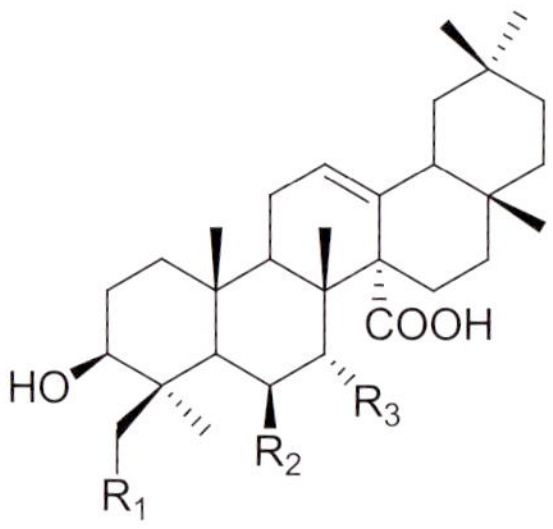

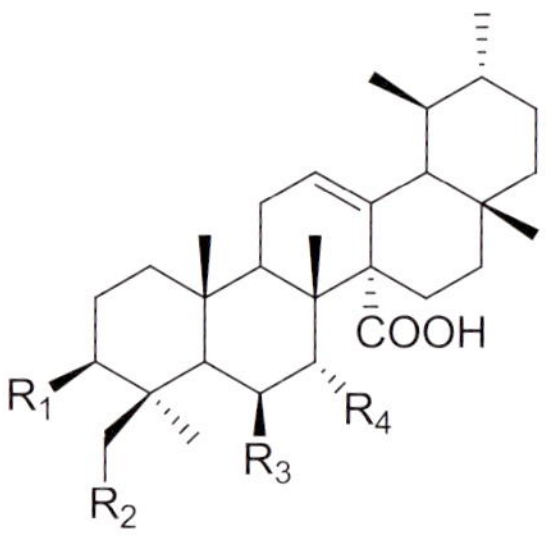

1: $R_1=R_3=H$　$R_2=OH$
2: $R_1=R_2=R_3=H$
3: $R_1=R_2=OH$　$R_3=H$
4: $R_1=H$　$R_2=R_3=OH$

5: $R_1=R_3=OH$　$R_2=R_4=H$
6: $R_1=R_2=R_3=OH$　$R_4=H$
7: $R_1=R_3=R_4=OH$　$R_2=H$
8: $R_1=OAc$　$R_2=R_4=H$　$R_3=OH$
9: $R_1=OH$　$R_2=R_3=R_4=H$

落新妇具有显著的抗肿瘤活性，从其石油醚部位分离出多个具有较强细胞毒活性的三萜类化合物，**1** 对 HO-8910、HeLa、HL-60、COLO205、PC_3、Bcap37、K562 等细胞株增殖具有细胞毒活性，IC_{50} 分别为 22.24 μg/ml、11.91 μg/ml、24.24 μg/ml、29.08 μg/ml、30.59 μg/ml、28.91 μg/ml、31.08 μg/ml；**2** 对 HO-8910、HeLa、HL60 等细胞株增殖具有细胞毒活性，IC_{50} 分别为 8.0 μg/ml、2.94 μg/ml、3.67 μg/ml；**3-8** 分别对 SK-N-SH 和 HL60 等细胞株增殖具有不同程度的细胞毒活性。此外，**9** 对 Bcap37、HeLa、$HepG_2$、HO-8910、K562、PAA、SGC7901、P388 等细胞增殖具有细胞毒活性，IC_{50} 为 4.0-8.0 μg/ml。

本属植物多数具有抗炎镇痛、抗肿瘤的作用。

1. 落新妇（本草经集注） 小升麻（本草拾遗），术活（四川中草药），马尾参、山花七、阿根八、铁火钳（贵州草药），金毛三七（浙江东天目），阴阳虎（浙江西天目），金毛狗、红升麻（陕西太白山）

Astilbe chinensis (Maxim.) Franch. et Sav., Enum. Pl. Jap. 1: 144. 1875.——*Hoteia chinensis* Maxim.（英 **Chinese Astilbe**）

多年生草本，高 50–100 cm。根状茎粗壮，须根多数。茎无毛。基生叶为 2–3 回三出羽状复叶；顶生小叶片菱状椭圆形，侧生小叶片卵形至椭圆形，长 1.8–8 cm，宽 1.1–4 cm，短渐尖至急尖，边缘有重锯齿，基部楔形、浅心形至圆形，腹面沿脉生硬毛，背面沿脉疏生硬毛和小腺毛；叶轴仅于叶腋部具褐色柔毛；茎生叶 2–3，较小。圆锥花序长 8–37 cm，宽 3–4 (–12) cm；下部第一回分枝长 4–11.5 cm，花序轴密被褐色卷曲长柔毛；苞片卵形，几无花梗；花密集；萼片 5，卵形，长 1–1.5 mm，宽约 0.7 mm，两面无毛，边缘中部以上生微腺毛；花瓣 5，淡紫色至紫红色，线形，长 4.5–5 mm，宽 0.5–1 mm，单脉；雄蕊 10，长 2–2.5 mm；心皮 2，仅基部合生。蓇果长约 3 mm；种子褐色，长约 1.5 mm。花果期 6–9 月。

分布与生境　产于黑龙江、吉林、辽宁、河北、山西、陕西、甘肃东部和南部、青海东部、山东、浙江、江西、河南、湖北、湖南、四川，云南等省。生于海拔 390–3600 m 的山谷、溪边、林下、林缘和草甸等处。也分布于俄罗斯、朝鲜和日本。

药用部位　根状茎、全草。

功效应用　祛风除湿，强筋壮骨，活血祛瘀，止痛，镇咳。用于筋骨痛，头痛，跌打损伤，毒蛇咬伤，咳嗽，小儿惊风，术后痛，胃痛，泄泻。

化学成分　根状茎含三萜类：3*β*-羟基齐墩果-12-烯-27-酸(3*β*-hydroxyolean-12-en-27-oic acid)[1]，落新妇酸(astilbic acid)，3*β*-羟基熊果-12-烯-27-酸(3*β*-hydroxyurs-12-en-27-oic acid)，3*β*-乙酰齐墩果-12-烯-27-酸(3*β*-acetoxyolean-12-en-27-oic acid)[2]，3*β*,6*β*,24-三羟基齐墩果-12-烯-27-酸(3*β*,6*β*,24-trihydroxyolean-12-en-27-oic acid)，3*β*-乙酸基-6*β*-羟基熊果-12 烯-27-酸(3*β*-acetoxy-6*β*-hydroxyurs-12-en-27-oic acid)[6]，落

落新妇 **Astilbe chinensis** (Maxim.) Franch. et Sav.
引自《中国高等植物图鉴》

落新妇 **Astilbe chinensis** (Maxim.) Franch. et Sav.
摄影：周繇

新妇三萜酸(astilbotriterpenic acid)[7]，3β,6β-二羟基熊果-12-3β-羟基熊果-12-烯-27-酸(3β,6β-dihydroxyurs-12-en-27-oic acid)，3β,6β,24-三羟基熊果-12-烯-27-酸(3β,6β,24-trihydroxyurs-12-en-27-oic acid)，3β,6β,7α-三羟基熊果-12-烯-27-酸(3β,6β,7α-trihydroxyurs-12-en-27-oic acid)[8]；香豆素类：岩白菜素单水合物(bergenin monohydrate)[3]，11-*O*-没食子酰岩白菜素(11-*O*-galloylbergenin)，4-*O*-没食子酰岩白菜素(4-*O*-galloylbergenin)[4]，岩白菜素(bergenin)[5]；黄酮类：儿茶素(catechin)[4]；甾体类：β-谷甾醇棕榈酸酯(β-sitosterol palmitate)，β-谷甾醇，胡萝卜苷[5]。

药理作用 抗哮喘作用：落新妇提取物落新妇酸可通过抑制 Th2 型细胞因子（如 IL-4、IL-5、IL-13）和支气管肺泡灌洗液中的炎症细胞（包括嗜酸细胞），对卵白蛋白所致的哮喘小鼠具有抗哮喘作用[1]。

抗肿瘤作用：落新妇根水煎剂 2 g/kg、4 g/kg、6 g/kg 抑制小鼠 S180 实体瘤生长，瘤重抑制率为 30%–54%，其中 4 g/kg 的抑瘤率达 51%–54%，且能延长小鼠艾氏腹水瘤的生存期，生命延长率为 44%。体外淋转试验表明有促进淋巴细胞转化的作用，最适有效浓度为 12.5 g/ml[2]。落新妇提取物落新妇酸可通过影响 CLO 205 细胞 DNA，抑制细胞增殖；并导致细胞 Bcl-2 表达下调，Bax 表达上调，激活半胱氨酸天冬氨酸蛋白酶 -3 (caspase-3)，诱导细胞凋亡[3]。

注评 本种为贵州中药材标准（1988）收载“红升麻”和青海中药材标准（1992）收载“落新妇”的基源植物，药用其干燥根状茎。各地所使用“红升麻”的商品药材主要来源同属多种近缘植物的根状茎，其与“升麻”为不同的两种药材，不能混用。景颇族、阿昌族、土家族、朝鲜族、彝族、苗族也药用本种。景颇族、阿昌族用其根状茎治跌打损伤、手术后疼痛、风湿关节痛；土家族用根状茎治风湿骨痛、劳伤疼痛、跌打损伤、小儿惊风、胃痛、腹泻；朝鲜族用根状茎治胃肠溃疡；彝族用根状茎或全草治跌打损伤、腹泻、腹痛、烧伤烫伤、感冒、风湿；苗族用全草治肺结核虚汗、盗汗、吐血。

化学成分参考文献

[1] Sun HX, et al. *Acta Crystallogr Sect E Struct Rep Online*, 2003, 59(7): o989-o991.

烯(α-santalene)，α-花柏烯(α-chamigrene)，β-花柏烯(β-chamigrene)，环异蒜头素(cycloisosativene)，α-长蒎烯(α-longipinene)，沉香螺醇(agarospirol)，雪松烯醇(cedrenol)，绿花白千层醇(viridiflorol)等[3]；其他类：9-十六烯酸，茴香基异丁酸酯(anisyl isobutyrate)[2]。

注评 本种的根状茎在秦岭山区民间称“盘龙七”供药用。葫芦科植物盘龙七 Hemsleya panlongqi A. M. Lu et W. J. Chang 和百合科植物九龙盘 Aspidistra lurida Ker Gawl. 也称“盘龙七”，它们是不同的药材，应注意区别。

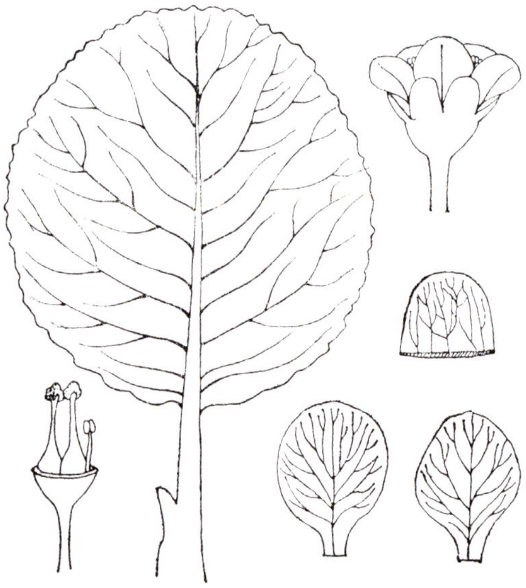

秦岭岩白菜 **Bergenia scopulosa** T. P. Wang
潘锦堂 王颖 绘

秦岭岩白菜 **Bergenia scopulosa** T. P. Wang
摄影：朱仁斌

化学成分参考文献

[1] 吕修梅，等. 中药材，2003, 26(11): 791-793.
[2] 王军宪，等. 中药材，2005, 28(1): 23-24.
[3] 陈玉龙，等. 中药材，2008, 31(7): 1006-1007.

2. 厚叶岩白菜（经济植物手册）

Bergenia crassifolia (L.) Fritsch in Verh. Zool.-Bot. Ges. Wien 39: 587. 1889.——*Saxifraga crassifolia* L.（英 **Leather Bergenia**）

多年生草本，高 15–31 cm。根状茎粗壮，具鳞片和枯残托叶鞘。叶均基生；叶片革质，倒卵形、狭倒卵形、阔倒卵形或椭圆形，长 5–12.5 cm，宽 3.2–9.5 cm，钝圆，边缘具波状齿，基部通常楔形，稀浅心形，两面多少具小腺窝，无毛；叶柄长 3–9 cm，基部具托叶鞘，托叶鞘边缘无毛。花葶下部无毛，上部具近无柄之腺毛；聚伞花序圆锥状，长 3.5–13 cm，具多花；花梗长 2–4 mm，与花序分枝均具近无柄之腺毛；萼筒外面疏生近无柄之腺毛；萼片在花期直立，革质，倒卵形至三角状阔倒卵形，长 3–4 mm，宽 2–4 mm，先端钝或微凹，腹面和边缘无毛，背面疏生近无柄之腺毛，具多脉；花瓣红紫色，椭圆形至阔卵形，长 7–8 mm，宽 4.6–5 mm，微凹，基部变狭成长约 1 mm 之爪，多脉；雄蕊长约 4.5 mm；子房卵球形，长约 2.5 mm，花柱 2，长约 2.5 mm。花果期 5–9 月。

分布与生境 产于新疆。生于海拔 1100–1800 m 的落叶松林下或阳坡石隙。也分布于阿尔泰山和蒙古北部，俄罗斯和朝鲜北部。

药用部位 叶、根状茎、全草。

功效应用 根状茎：用于痢疾，泄泻。全草：滋补，壮阳，敛肺，止血，止咳。用于虚弱头晕，劳伤咳嗽，吐血，咯血，淋浊，肿毒。叶：利尿通淋，清热解毒。

化学成分 叶含香豆素类：岩白菜素(bergenin)[1]；酚类：没食子酸(gallic acid)，鞣花酸(ellagic acid)，熊果苷(arbutin)，氢醌(hydroquinone)[1]；挥发油：主要含 3-甲基-2-丁烯-1-醇(3-methyl-2-buten-1-ol)，十六酸(hexadecanoic acid)，十二酸(dodecanoic acid)，芳樟醇(linalool)，亚油酸(octadecadienoic acid)[2]。

注评 本种的根状茎也作“岩白菜”药材使用。我国新疆的特色野生资源植物，其活性成分岩白菜素已被中国药典收载。

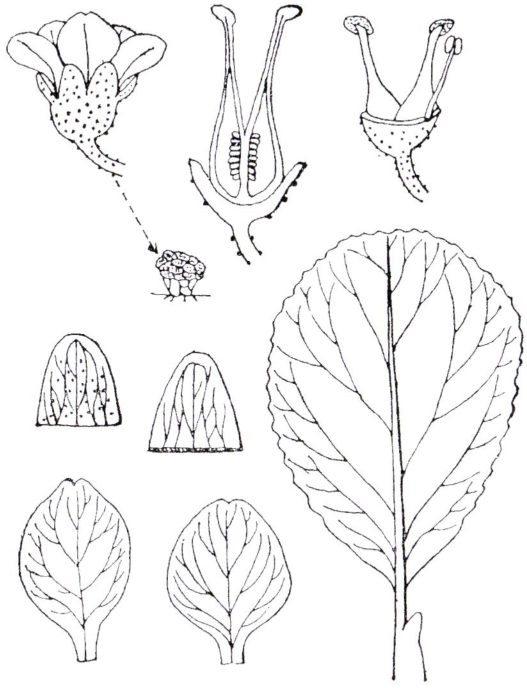

厚叶岩白菜 **Bergenia crassifolia** (L.) Fritsch
潘锦堂 王颖 绘

厚叶岩白菜 **Bergenia crassifolia** (L.) Fritsch
摄影：刘冰

化学成分参考文献

[1] Olga NP, et al. *J Sep Sci*, 2007, 30: 2447-2451.

[2] Zhao JY, et al. *Flavour Fragr J*, 2006, 21: 431-434.

3. 岩白菜（分类草药性） 滇岩白菜（经济植物手册），岩菖蒲（云南中草药），蓝花岩陀、岩七（云南）

Bergenia purpurascens (Hook. f. et Thomson) Engl. in Bot. Zeit. 26: 841. 1868.——*Saxifraga purpurascens* Hook. f. et Thomson, *B. purpurascens* (Hook. f. et Thomson) Engl. var. *delavayi* (Franch.) Engl. et Irmsch.（英 **Purple Bergenia**）

多年生草本，高 13–52 cm。根状茎粗壮，被鳞片。叶均基生；叶片革质，倒卵形、狭倒卵形至近椭圆形，稀阔倒卵形至近长圆形，长 5.5–16 cm，宽 3–9 cm，先端钝圆，边缘具波状齿至近全缘，基部楔形，两面具小腺窝，无毛；叶柄长 2–7 cm，托叶鞘边缘无毛。花葶疏生腺毛；聚伞花序圆锥状，

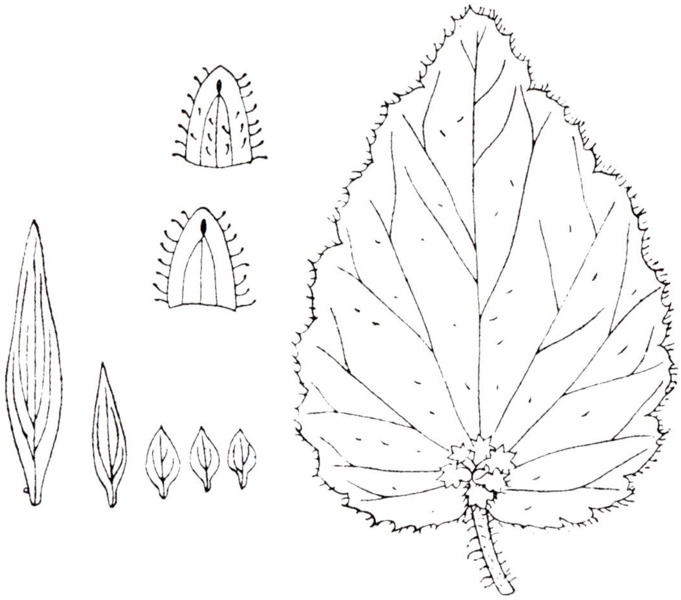

卵心叶虎耳草 **Saxifraga aculeata** Balf. f.
潘锦堂 刘进军 绘

6. 蒙自虎耳草（云南种子植物名录） 云南虎耳草（中国高等植物图鉴），马莲花（云南文山），反背红、云岩草（云南）

Saxifraga mengtzeana Engl. et Irmsch. in Notizbl. Bot. Gart. Berlin 6: 36. 1913. excl. var. cordatifolia Engl. et Irmsch.（英 **Yunnan Rockfoil**）

多年生草本，高 20–36 cm。茎不分枝，被褐色腺毛。基生叶的叶柄长 1.5–12 cm，被褐色腺毛；叶片草质，通常卵形，稀宽卵形至肾形，长 1.2–10 cm，宽 1–8.4 cm，两面被糙腺毛和斑点，基部心形（与叶

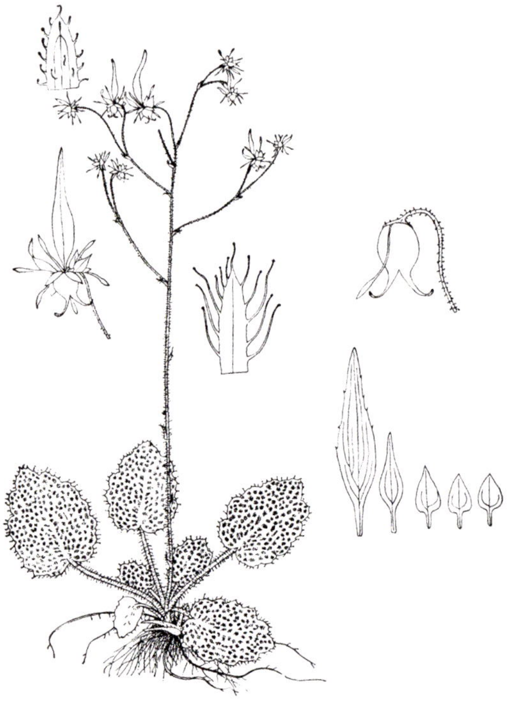

蒙自虎耳草 **Saxifraga mengtzeana** Engl. et Irmsch.
潘锦堂 刘进军 绘

蒙自虎耳草 **Saxifraga mengtzeana** Engl. et Irmsch.
摄影：朱鑫鑫

柄连接处具芽），边缘具波状粗齿和腺睫毛，先端急尖或钝；茎生叶 1–4 枚，披针形至卵形，长 2.5–5 cm，宽约 1.1 cm，外面和边缘被睫毛。聚伞花序圆锥状，有花 12–30 朵；花梗长 0.6–2 cm，和花序轴被腺毛；花两侧对称；萼片在花期开展或反折，卵形，长 1.6–4 cm，宽 1–1.6 mm，外面和边缘具腺毛；花瓣白色，5 枚，其中 3 枚较短，卵形，长 2–4.5 mm，宽 1.3–2.2 mm；另 2 枚，1 较长，披针形至线状披针形，长 3.3–17.5 mm，宽 1.2–2 mm，另 1 枚最长，线状披针形至披针形，长 12.6–29.3 mm，宽 2.2–7.5 mm；雄蕊长 4.5–5.5 mm，花丝棒状；心皮 2，中下部合生；子房近上位，卵球形，长 2–3.3 mm，花柱 2。蒴果长 3–4.6 mm，2 果瓣叉开。花果期 5–10 月。

分布与生境　产于广东北部、广西东北部、四川西部、云南东南部至西北部。生于海拔 800–3800 m 的林下和岩壁石隙。

药用部位　全草。

功效应用　清热解毒，凉血止血。用于麻疹，高热，咳嗽，中耳炎，腮腺炎，乳腺炎，无名肿毒，毒蛇咬伤，皮肤溃疡及过敏，湿疹，烫火伤，月经不调，产后腹痛，咯血，外伤出血。

7. 东北虎耳草（中国高等植物图鉴） 腺毛虎耳草（东北植物检索表）

Saxifraga manshuriensis (Engl.) Kom. in Trudy Imp. S.-Peterburgsk. Bot. Sada 22: 415. 1903.——*S. punctata* L. var. *manshuriensis* Engl.（英 **Manchurian Rockfoil**）

多年生草本。茎不分枝，被白色卷曲腺毛。叶均基生，叶柄长 6–17 cm，被白色腺毛；叶片肾形，长 3–5.7 cm，宽 3.8–7.9 cm，上面近无毛，下面和边缘被白色柔毛（有时具褐色腺点），脉序掌状达缘，基部心形，边缘有 24–26 圆状粗齿。聚伞花序，花梗和花序轴密被白色腺柔毛；萼片 7 (–8)，近披针形，在花期反折；花瓣 5，辐射对称，白色，长圆状倒披针形，长 2.3–3 mm，宽约 1 mm；单脉；花丝棒状；心皮 2，近分离；子房近卵球形；花柱长 1–1.2 mm。果实长 3.5–5 mm，2 个果瓣叉开。花期 7–8 月，果期 9 月。

分布与生境　产于黑龙江、吉林（东部）。生于林下草甸或山坡石隙。也分布于朝鲜和俄罗斯远东地区。

药用部位　全草。

功效应用　用于疔疮肿毒。

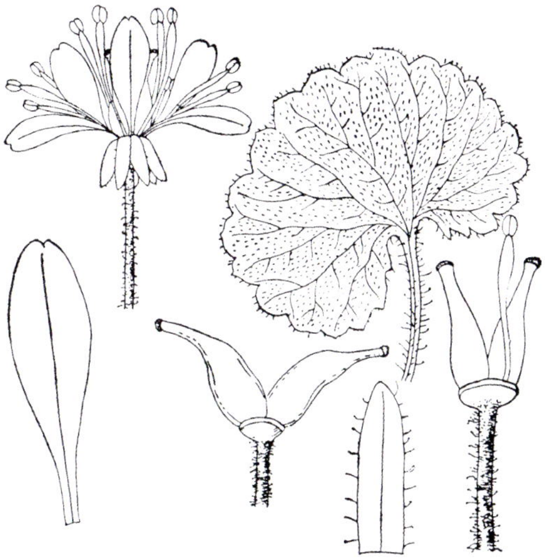

东北虎耳草 **Saxifraga manshuriensis** (Engl.) Kom.
潘锦堂 刘进军　绘

8. 斑点虎耳草（东北植物检索表）

Saxifraga punctata L., Sp. Pl. 1: 401. 1753.（英 **Punctate Rockfoil**）

多年生草本，高 22–33 cm。茎疏生腺柔毛。叶均基生，叶柄长 4–10.7 cm，疏生腺柔毛；叶片肾形，长 1.6–5.5 cm，宽 1.9–6.5 cm，上面被腺柔毛，下面无毛，掌状脉达边缘，基部深心形，边缘具 19–21 阔卵形牙齿，并具腺睫毛，顶端圆。聚伞花序圆锥状，具多花（30–52 朵花）；花梗、分枝和花序轴均被腺毛；萼筒长约 0.6 mm，无毛；萼片在花期反折，宽卵形至卵形，长 0.7–1.3 mm，宽 0.7–1 mm，无毛，单脉；花瓣白色或淡紫红色，卵形，长 2.1–2.7 mm，宽 1.6–1.8 mm，基部渐狭缩成长 0.5–0.7 mm 之爪，先端微凹，具单脉；雄蕊长 2–3 mm；花丝棒状；子房阔卵球形，近上位；花柱长 0.2–0.5 mm。蒴果长 2.8 mm，果瓣 2，上部叉开，基部合生。花期 7 月，果期 8 月。

分布与生境　产于黑龙江、吉林等省。生于海拔 1660–2300 m 的红松林下、林缘或石隙。也分布于朝鲜、蒙古、俄罗斯及北美。

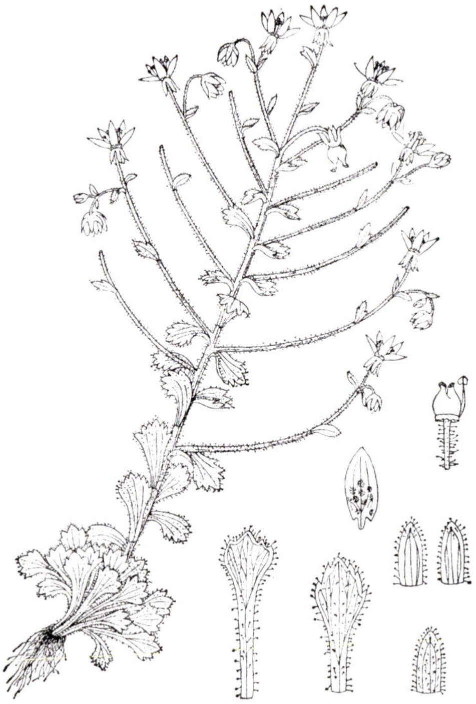

灯塔虎耳草 **Saxifraga candelabrum** Franch.
潘锦堂 刘进军 绘

灯塔虎耳草 **Saxifraga candelabrum** Franch.
摄影：陈又生

色腺毛；花瓣浅黄色，中下部具紫色斑点，狭卵形至长圆形，3–5 脉；花丝钻形；子房上位，近圆球形。花果期 7–9 月。

分布与生境 产于四川（甘孜）、云南东北部至西北部。生于海拔 2000–4200 m 的林下、林缘、高山草甸和石隙。也分布于日本。

药用部位 全草。

功效应用 清肝，胆实热，疮热。用于肝热，胆热，诸热，肠病，血病，疮疖肿毒。

注评 本种藏族药用，用其全草治肝胆热症、流行性感冒、高热、疮疡热毒。

13. 多叶虎耳草（中国高等植物图鉴） 小花虎耳草（云南种子植物名录）

Saxifraga pallida Wall. ex Ser. in DC., Prodr. 4: 38. 18309.——*S. micrantha* Edgew.（英 **Pallid Rockfoil**）

多年生草本，高 3.5–33 cm。茎被柔毛。叶均基生，具柄；叶片狭卵形、卵形至阔卵形，稀倒卵形，长 1.3–8 cm，宽 0.7–3.7 cm，先端钝，边缘具圆齿或钝齿和睫毛，基部楔形至近心形，腹面被柔毛；叶柄长 1–10 cm，具柔毛。最下部苞叶卵形至狭卵形，长 1.2–4 cm，宽 0.5–2 cm，先端急尖，边缘具齿和睫毛，腹面被柔毛，柄长 2–7 mm。聚伞花序圆锥状，长 4–20 cm，具 4–13 花；花序分枝和花梗均被柔毛；萼片在花期由直立变开展至反曲，卵形至狭卵形，长 3.3–3.8 mm，宽 1–2 mm；花瓣白色，卵形，长 4–4.4 mm，宽 2–3 mm，先端急尖、钝或微凹，基部具长 0.6–0.9 mm 的爪，基部具 2 黄色斑点；雄蕊长 2.5–4 mm，花丝棒状；子房近上位，长 1.6–3 mm，花柱 2，长 1–1.3 mm。成熟蒴果长 6–8 mm，2 果瓣叉开。花果期 7–10 月。

分布与生境 产于甘肃南部、四川西部、云南西北部和西藏东南部。生于海拔 3000–5000 m 的针叶林下、高山灌丛、高山草甸和高山碎石隙。印度北部、不丹、尼泊尔和克什米尔地区也有。

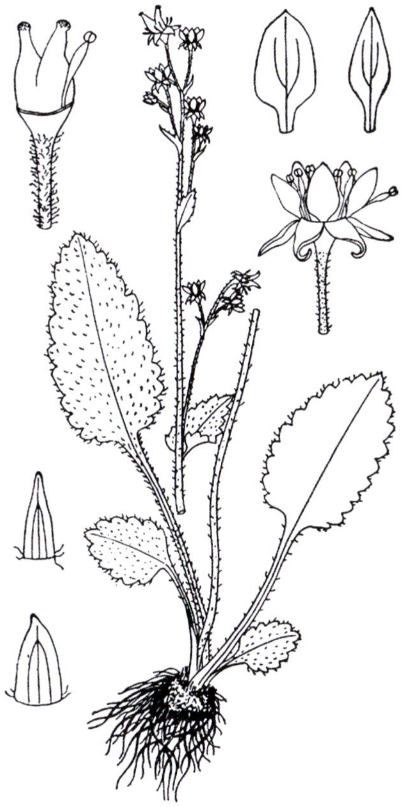

多叶虎耳草 **Saxifraga pallida** Wall. ex Ser.
潘锦堂 刘进军 绘

多叶虎耳草 **Saxifraga pallida** Wall. ex Ser.
摄影：陈彬

药用部位 全草。

功效应用 清热解毒，凉血止血。用于中耳炎，乳痈，无名肿毒。皮肤溃疡及过敏，外伤出血，高热，麻疹，咳嗽，月经不调，产后腹痛。

14. 黑虎耳草（青藏高原药用图鉴） 黑化虎耳草（中国高等植物图鉴），阿仲茶保（藏名）

Saxifraga atrata Engl. in Bull. Acad. Imp. Sci. Saint-Petersbourg 29: 117. 1883.（英 **Blackened Saxifraga**）

多年生草本，高 7–23 cm；根状茎很短。叶均基生；叶柄长 1–2 cm，基部有鞘；叶片卵形至宽卵形，长 1.2–2.5 cm，宽 0.8–1.8 cm，两面近无毛，脉不明显，边缘具圆钝状锯齿和睫毛，先端急尖或稍钝。花葶单一，或数条丛生，疏被白色卷曲柔毛；聚伞花序圆锥状或总状，长 3–9 mm，具花 7–25 朵；花梗被柔毛；萼片在花期反折，卵形或三角状卵形，长 2.4–3.2 mm，宽 1.5–2 mm，先端急尖或稍渐尖，无毛，3–7 条脉于先端汇合成 1 疣点；花瓣白色，卵形至椭圆形，长 2.8–4 mm，宽 1.8–2.2 m，先端钝或微凹，基部狭缩成长 0.8–1 mm 之爪，具 5–7 条脉；雄蕊长 3–5.9 mm，花药黑紫色，花丝钻形；心皮 2，黑紫色，大部合生；子房宽卵球形，长 1–3.4 mm；花柱 2。花期 7–8 月。

分布与生境 产于甘肃东南部和青海东北部。生于海拔 1000–3810 m 的高山草甸或石隙。

药用部位 花。

功效应用 清肺热，止咳喘。用于肺热喘咳，肺炎，痰色黄稠，胸闷喘息，发热，苔黄脉数等症。

注评 本种藏族药用，藏名“阿肿茶宝”，其花或全草治肺病。

黑虎耳草 **Saxifraga atrata** Engl.
摄影：潘建斌

15. 黑蕊虎耳草（秦岭植物志） 黑心虎耳草（中国高等植物图鉴），针色达奥（藏名）

Saxifraga melanocentra Franch. in J. Bot. (Morot) 10: 263. 1896.（英 **Blackcentral Rockfoil**）

多年生草本，高 3.5–22 cm；根状茎短粗。叶均基生，柄长 0.7–3.6 cm，疏被柔毛；叶片卵形、狭卵形至长圆形，长 0.8–4 cm，宽 0.7–1.9 cm，两面疏被柔毛或无毛，基部楔形至宽楔形，边缘有疏钝锯齿和腺睫毛，先端急尖或稍钝或短渐尖。聚伞花序伞房状；花葶被卷曲腺柔毛；苞片卵形、椭圆形至长圆形，长 5–15 mm，宽 1.1–11 mm，两面无毛或疏被柔毛，基部楔形稀宽楔形，边全缘或具齿，先端急尖；萼片在花期开展或反折，三角状卵形至狭披针形，长 2.9–6.5 mm，先端钝或急尖，无毛或疏被柔毛，3–8 条脉于先端汇合成 1 疣点；花瓣白色，稀红色至紫色，基部具 2 个黄色斑点或基部红色至紫红色，宽卵形至椭圆形，先端钝或微凹，基部狭缩成 0.5–1 mm 之爪；雄蕊长 2.5–5.5 mm，花丝钻形，花药黑色；花盘环形；心皮 2，黑紫色，中下部合生；子房宽卵球形，长 2.8–4 mm；花柱 2。花果期 7–9 月。

分布与生境 产于陕西（太白山）、甘肃南部、青海、四川西部、云南西北部。生于海拔 3000–5300 m 的高山灌丛、高山草甸和高山碎石隙。也分布于尼泊尔、印度（锡金）。

药用部位 全草。

功效应用 补血，散瘀，清热，利胆，退热。用于眼病，肺热咳嗽。

化学成分 地上部分含香豆素类：岩白菜素(bergenin)[1]，11-*O*-(4-*O*-甲基没食子酰基)-岩白菜素[11-*O*-(4-*O*-methylgalloyl)-bergenin][2]，5-*O*-对羟基苯甲酰基-岩白菜素[5-*O*-(*p*-hydroxybenzoyl)-bergenin][3]；黄酮类：山柰酚(kaermpferol)，槲皮素(quercetin)，山柰酚-3-*O*-*β*-D-葡萄糖苷(kaempferol-3-*O*-*β*-D-glucoside)，槲皮素-3-*O*-*β*-D-葡萄糖苷(quercetin-3-*O*-*β*-D-glucoside)，山柰酚-3-芸香糖苷(kaempferol-3-rutinoside)，芦丁(rutin)，2''-*O*-没食子酰芦丁(2''-*O*-galloylrutin)[1]，槲皮素-3-*O*-(2''-*O*-没食子酰芸香糖苷)[quercetin-3-*O*-(2''-*O*-galloylrutinoside)][3]；酚/酚酸类：没食子酸(gallic acid)，没食子酸甲酯(methyl gallate)[1]，没食子酸

黑蕊虎耳草 **Saxifraga melanocentra** Franch.
引自《中国高等植物图鉴》

黑蕊虎耳草 **Saxifraga melanocentra** Franch.
摄影：徐克学

乙酯(ethyl gallate)，1*β*-*O*-没食子酰葡萄糖(1*β*-*O*-galloylglucose)，1,2,3,4,6-五没食子酰葡萄糖(1,2,3,4,6-pentagalloylglucose)，1,3,6-三-*O*-没食子酰基-*β*-D-吡喃葡萄糖(1,3,6-tri-*O*-galloyl-*β*-D-glucopyranose)，1,3,4,6-四-*O*-没食子酰葡萄糖(1,3,4,6-tetra-*O*-galloylglucose)，3,6-二(3,4,5-三羟基苯甲酸酯)-*β*-D-吡喃葡萄糖[3,6-bis(3,4,5-trihydroxybenzoate)-*β*-D-glucopyranose]，4,4'-二甲氧基-5,6,5',6'-二(亚甲二氧基)-二苯基-2,2'-二羧酸二甲酯[dimethyl 4,4'-dimethoxy-5,6,5',6'-di(methylenedioxy)-biphenyl-2,2'-dicarboxylate]，石榴叶鞣质(punicafolin)，榄仁树鞣质(tercatain)，双环醇(bicyclol)，绿原酸(chlorogenic acid)[3]。

注评　本种的干燥全草在部分地区作药材“虎耳草”使用。藏族也药用，藏名“针色达奥”，全草用于补血、散瘀，治眼疾。

化学成分参考文献

[1] 左国营，等 . 云南植物研究，2005, 27(6): 691-694.
[2] 左国营，等 . 云南植物研究，2007, 29(4): 486-488.
[3] Zuo GY, et al. *Antivir Chem Chemother*, 2005, 16(6): 393-398.

16. 道孚虎耳草（中国高等植物图鉴）

Saxifraga lumpuensis Engl. in Repert. Spec. Nov. Regni Veg. Beih. 12: 394. 1922.（英 **Daofu Rockfoil**）

多年生草本，高 5.2–27 cm；根状茎短厚。叶全部基生，叶柄长 1–5.7 cm，被柔毛；叶片卵形、宽卵形至长圆形，长 0.2–2.5 cm，宽 0.6–2.1 cm，上面疏生柔毛，下面无毛，基部截形、楔形至心形，边缘具圆齿和睫毛，稀近全缘，先端钝。花葶被白色柔毛；苞叶无柄，心形至窄卵形，长 0.6–2.5 cm，宽 0.4–2.7 cm，上面被柔毛，下面无毛，基部心形，边具圆齿，先端急尖；聚伞花序圆锥状；花梗被白色柔毛；萼片在花期开展或反折，带紫红色，无毛，单脉；花瓣紫红色，卵形至窄卵形；花丝钻形，花盘肥厚，围绕子房，10 裂；子房近下位。花期 6–7 月。

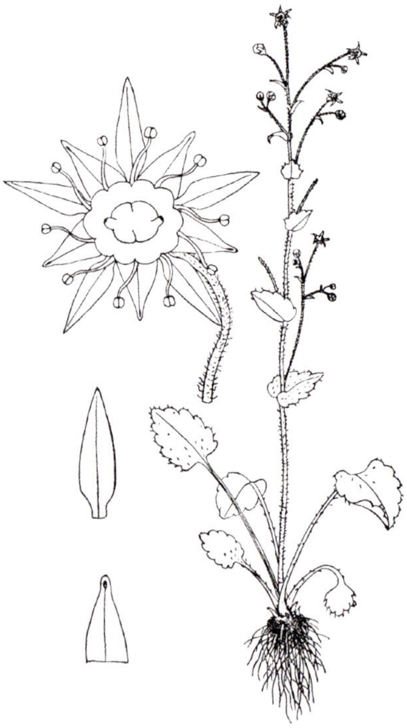

道孚虎耳草 **Saxifraga lumpuensis** Engl.
潘锦堂 刘进军 绘

分布与生境 产于甘肃南部和四川西部。生于海拔 3500–4100 m 的针叶林下、山坡、水沟边等处。
药用部位 全草。
功效应用 清热解毒，消肿。

17. 繁缕虎耳草（中国高等植物图鉴）

Saxifraga stellariifolia Franch. in Nouv. Arch. Mus. Hist. Nat. ser. 2. 8: 231, t. 7, f. a. 1886.（英 **Starwortleaf Rockfoil**）

多年生草本，丛生，高 7–34.5 cm。茎被褐色卷曲长腺毛。基生叶和下部茎生叶在花期枯凋；茎中上部的叶具柄，叶柄长 0.2–1 cm，其基部边缘具褐色长腺毛；叶片卵形，长 3–12 mm，宽 1.9–7 mm，上面无毛或疏生腺柔毛，下面和边缘疏生腺毛，基部通常圆形，先端急尖或稍钝。花单生于茎顶或成聚伞状，有花 2–6 朵；花梗长 0.2–1.2 cm，被褐色腺柔毛；萼片在花期开展或反折，近椭圆形至卵形，两面无毛，边缘无毛或具腺睫毛，3–5 条脉先端不汇合；花瓣黄色，3–5 条脉，侧脉旁具 4–6 痂体；花丝钻状，子房近上位。花果期 7–9 月。

分布与生境 产于四川西部和云南西北部。生于海拔 3000–4300 m 的林下和高山草甸。
药用部位 全草。
功效应用 清热解毒，祛风止咳。

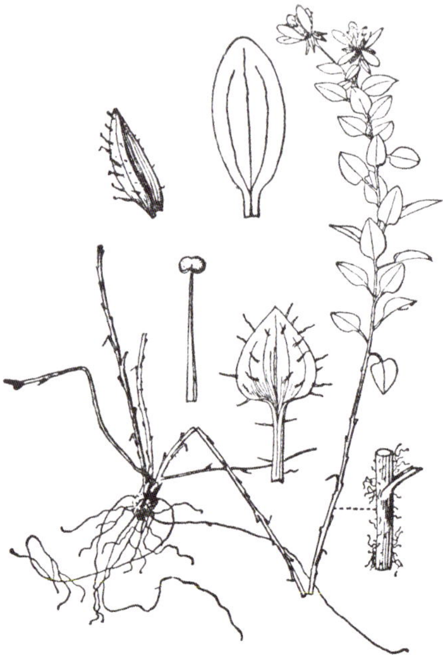

繁缕虎耳草 **Saxifraga stellariifolia** Franch.
引自《中国高等植物图鉴》

繁缕虎耳草 **Saxifraga stellariifolia** Franch.
摄影：何海

18. 异叶虎耳草（中国高等植物图鉴） 山羊参（云南）

Saxifraga diversifolia Wall. ex Ser. in DC., Prodr. 4: 44. 1830.（英 **Diversefolious Rockfoil**）

多年生草本，高 16–43 cm。茎中下部被褐色卷曲长柔毛或无毛，上部被短腺毛（腺毛黑褐色）。基生叶柄长 3–9.2 cm；叶片卵状心形至狭卵形，长 1.5–5 cm，宽 1.2–2.6 cm，上面无毛或基部疏生褐色柔毛，下面和边缘具褐色柔毛，基部心形，先端急尖；茎生叶 8–12 枚，向上渐变小。聚伞花序，通常伞房状，有花 5–17 朵；花梗长 0.6–1.2 cm，被短腺毛；萼片在花期反折，外面有短腺毛，3 (–5) 条

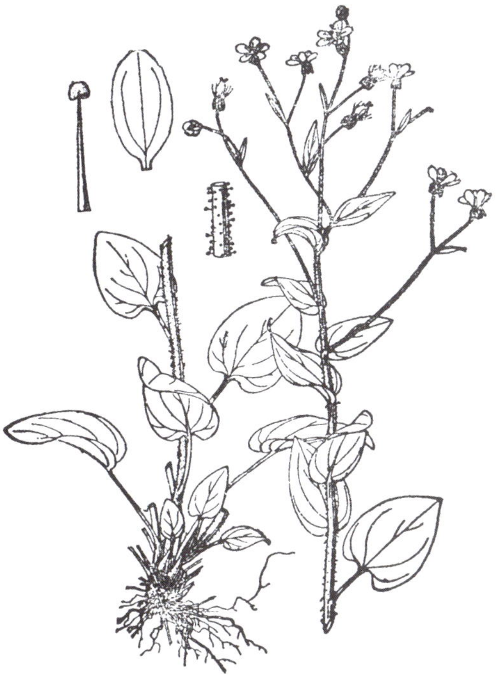

异叶虎耳草 **Saxifraga diversifolia** Wall. ex Ser.
引自《中国高等植物图鉴》

异叶虎耳草 **Saxifraga diversifolia** Wall. ex Ser.
摄影：陈又生

脉；花瓣黄色，椭圆形、倒卵形、卵形至窄卵形，(3–) 5–7 (–9) 条脉；花丝钻状；子房近上位，卵球形。花期 8–10 月。

分布与生境 产于四川西部、云南北部和西藏东南部。生海拔 2800–4300 m 的林下、林缘、灌丛、高山草甸和石隙。也分布于不丹至克什米尔地区。

药用部位 全草。

功效应用 消风凉血，祛风镇静，强壮，明目。用于血虚，眼病，淤肿。

注评 本种藏族药用，其全草用于治血虚眼花、跌打损伤。

19. 优越虎耳草（中国高等植物图鉴）

Saxifraga egregia Engl. in Bull. Acad. Imp. Sci. Saint-Petersbourg 29: 113. 1883.（英 **Superior Rockfoil**）

多年生草本，高 9–32 cm。茎中下部疏生褐色卷曲柔毛（有时带腺头），稀无毛，上部被短腺毛（腺头黑褐色）。基生叶的柄长 1.9–5 cm；叶片心形，心状卵形至狭卵形，长 1.55–3.25 cm，宽 1.2–2 cm，上面近无毛，下面和边缘被褐色长腺毛；茎生叶 (3–) 7–13 枚，中下部者叶片心状卵形至心形，下面和边缘具褐色长柔毛。多歧聚伞花序伞房状，花梗长 0.4–6 cm，和花序轴被短腺毛；萼片在果期反折，外面和边缘被腺毛，3–6 条脉在先端不汇合；花瓣黄色，基部楔形至圆形，具 (2–) 4–6 (–10) 痂体；花丝钻形；子房近上位，卵球形。花期 7–9 月。

分布与生境 产于甘肃南部、青海东部和南部、四川西部、云南北部和西藏东部。生海拔 2800–4500 m 的林下、灌丛、高山草甸和高山碎石隙。

药用部位 花。

功效应用 清热降火，凉血解毒，祛风止咳。

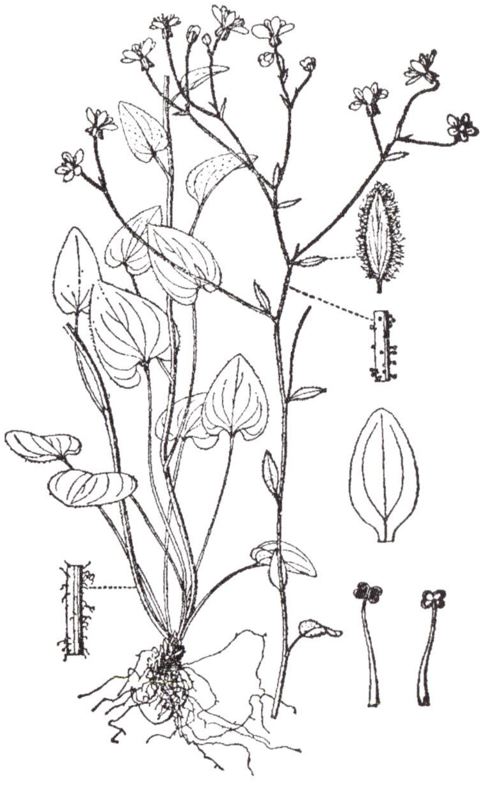

优越虎耳草 **Saxifraga egregia** Engl.
引自《中国高等植物图鉴》

优越虎耳草 **Saxifraga egregia** Engl.
摄影：徐永福

20. 叉枝虎耳草（植物分类学报） 阿仲嘎保（藏名）

Saxifraga divaricata Engl. et Irmsch. in Bot. Jahrb. Syst. 50(5, Beibl 114): 41. 1914.（英 **Divaricate Rockfoil**）

多年生草本，植株高 3.7–10 cm。叶均基生，叶柄长 1.7–3 cm，基部扩大下延，无毛；叶片卵形至长圆形，长 0.7–2.4 cm，宽 0.3–1.3 cm，无毛，基部楔形，边缘有锯齿或全缘，先端急尖或钝。花葶具白色卷曲腺柔毛；聚伞花序圆锥状，具 5–14 朵花；花序分枝叉开，长 1–4 cm；花梗密被卷曲腺柔毛；苞片长椭圆形至近线形，长 3.5–7 mm，宽 1–1.5 mm；萼片在花期开展，三角状卵形，长 1–3.8 mm，宽 0.9–2.5 mm，先端钝，无毛，具 3 至多脉，脉于先端汇合；花瓣白色，卵形至椭圆形，长 2.3–3 mm，宽 1–17 mm，先端钝或微凹，基部窄缩成长 0.5–0.9 mm 之爪，具 3 条脉；雄蕊长 1.5–4 mm，花药紫色，花丝钻形；心皮 2，紫褐色，中下部合生；花盘环状，围绕子房；子房半下位；花柱长 0.5–2 mm。花期 7–8 月。

分布与生境 产于青海东南部和四川西部。生于海拔 3400–4100 m 的灌丛草甸或沼泽化草甸。

药用部位 花。

功效应用 清热利肺，平肝潜阳，利尿。用于肺热咳嗽，头晕头痛，肺炎，淋病，淋巴结核，小便不利，高血压。

注评 本种藏族药用，其全草治湿热毒疮及湿热黄疸，花或全草用于治肺病。

21. 山地虎耳草（中国高等植物图鉴） 塞仁交木（藏名）

Saxifraga montana Harry Sm. in Acta Horti Gothob. 1: 9. 1924.（英 **Montane Rockfoil**）

多年生草本，丛生，高 4.5–35 cm。茎疏被褐色卷曲毛。基生叶发达，柄长 0.7–4.5 cm，边缘被褐色卷曲长柔毛；叶椭圆形、长圆形至线状长圆形，长 0.5–3.4 cm，宽 1.5–5.5 cm，无毛，基部楔形，边缘全缘，先端钝或急尖；茎生叶披针形至线形，长 0.9–2.5 cm，两面无毛或下面和边缘疏生褐色长柔毛，下部者具长 0.3–2 cm 之柄；上部者无柄。聚伞花序，有 (1–) 2–8 朵花；花梗长 0.4–1.8 cm，和花序轴被褐色卷曲柔毛；萼片在花期直立，近卵形至近椭圆形，上面无毛，下面有时疏生柔毛，边缘具卷曲长柔毛，5–8 条脉与先端不汇合；花瓣黄色，倒卵形、椭圆形、长圆形、提琴形至狭倒卵形，先端钝圆或急尖，基部具 0.2–0.9 mm 之爪，具 5–15 条脉，在基部侧脉旁具 2 痂体；雄蕊长 4–5 mm，花丝钻形；子房近上位，长 3.3–5 mm；花柱 2，长 1.1–2.5 mm。花果期 5–10 月。

山地虎耳草 **Saxifraga montana** Harry Sm.
引自《中国高等植物图鉴》

分布与生境 产于陕西（太白山）、甘肃南部、青海、四川西部、云南西北部及西藏东部和南部。生于海拔 2700–5300 m 的灌丛、高山草甸、高山沼泽化草甸和高山碎石隙。也分布于不丹至克什米尔地区。

药用部位 花、全草。

功效应用 消炎，镇痛。用于传染病发热，头痛，神经痛，头伤，外伤感染。

化学成分 全草含香豆素类：3-甲基-6-甲氧基-3,4-二氢异香豆素-8-*O*-*β*-D-吡喃葡萄糖苷(3-methyl-6-methoxy-3,4-dihydroisocoumarin-8-*O*-*β*-D-glucospyranoside)，西瑞香素(daphnoretin)，瑞香狼毒苷▲(chamaejasmoside)[1]；酚类：6''-*O*-(*E*)-对羟基桂皮酰基-葡萄糖基丁香酸甲酯[methyl 6''-*O*-(*E*)-*p*-hydroxycinnamoxyl-glucosyringate]，没食子酸(gallic acid)，葡萄糖基丁香酸(glucosyringic acid)[1]；黄酮类：杨梅素(myricetin)，槲皮

素(quercetin)，槲皮素-3-*O*-*β*-D-吡喃半乳糖苷(quercetin-3-*O*-*β*-D-galactopyranoside)，槲皮素-3-*O*-*α*-L-阿拉伯糖苷(quercetin-3-*O*-*α*-L-arabinoside)，槲皮素-3-*O*-*β*-D-吡喃葡萄糖苷(quercetin-3-*O*-*β*-D-glucopyranoside)，芦丁(rutin)，槲皮素-3-*O*-*β*-D-吡喃葡萄糖基-(6→1)-吡喃葡萄糖苷[quercetin-3-*O*-*β*-D-glucopyranosyl-(6→1)-glucopyranoside][1]；三萜类：熊果酸(ursolic acid)[1]；甾体类：5,28-豆甾二烯-3*β*-醇(5,28-stigmastadien-3*β*-ol)，*β*-谷甾醇，*β*-胡萝卜苷(*β*-daucosterin)，胡萝卜苷-6'-棕榈酸酯(daucosterol 6'-*O*-palmitate)[1]。

注评 本种藏族药用，藏名"塞仁交木"，用其花或全草治头痛、头伤、胆囊炎、瘟病时疫，全草亦可熬膏外用治外创发炎、化脓。

化学成分参考文献

[1] Liu JX, et al. *J Chin Chem Soc* (Taiwan), 2008, 55(4): 863-870.

22. 窄瓣虎耳草（中国高等植物图鉴） 狭瓣虎耳草（中国中药资源志要）

Saxifraga pseudohirculus Engl. in Bot. Jahrb. Syst. 48: 590. 1912.（英 **Narrowpetal Rockfoil**）

多年生草本，高 4–17 cm。茎单一，下部具褐色卷曲长腺毛，并混有短腺毛，中上部被黑褐色短腺毛。基生叶叶柄长 2–12 mm，基部扩大，边缘具褐色卷曲长腺毛；叶片披针形、倒披针形至狭长圆形，长 2–11 mm，宽 0.6–2.5 mm，两面和边缘均具腺毛，先端稍钝；茎生叶多数，下部者具柄，中上部者渐变无柄。聚伞花序，具花 2–12 朵或单生；花梗长 5–38 mm，被黑褐色短腺毛；萼片在花期直立至开展，外面和边缘密被黑褐色腺毛；花瓣黄色，披针形、狭长圆形至剑形，3–5 (–7) 脉，具 2 痂体；花丝钻形，子房半下位，宽卵球形。花果期 7–9 月。

分布与生境 产于陕西（秦岭）、甘肃南部、青海东部和南部、四川西部及西藏东部和南部。生于海拔

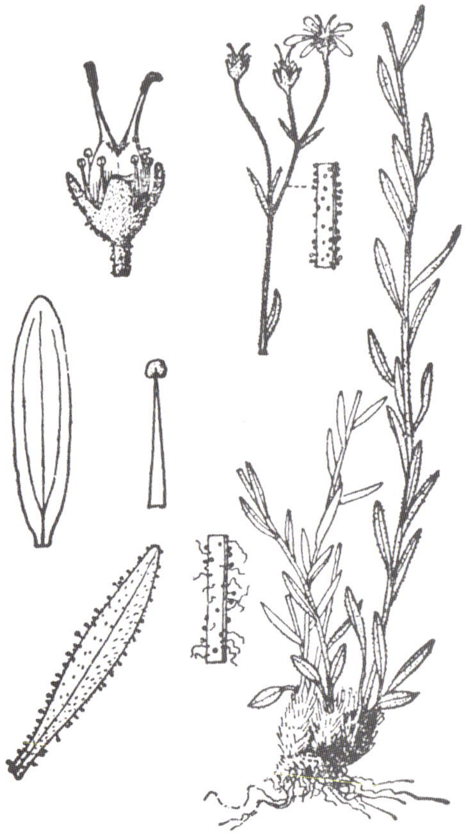

窄瓣虎耳草 **Saxifraga pseudohirculus** Engl.
引自《中国高等植物图鉴》

窄瓣虎耳草 **Saxifraga pseudohirculus** Engl.
摄影：陈又生

3100–5600 m 的林下、灌丛中、高山草甸和高山碎石隙。
药用部位 全草。
功效应用 清热解毒。

23. 甘青虎耳草（中国高等植物图鉴） 唐古特虎耳草（青藏高原药物图鉴），桑斗（藏名）

Saxifraga tangutica Engl. in Bull. Acad. Imp. Sci. Saint-Petersbourg 29: 114. 1883.——*S. flagrans* Harry Sm.（英 **Tangut Rockfoil**）

多年生草本，高 3.5–31 cm，丛生。茎被褐色卷曲长柔毛。基生叶柄长 1.7–2.5 cm，边缘疏生褐色卷曲长柔毛；叶片卵形、披针形至长圆形，长 6–33 mm，宽 3–8 mm，两面无毛，基部楔形，边缘具褐色卷曲长柔毛，先端钝或急尖；茎生叶下部者具长 2–5.2 mm 之柄，上部者变无柄；叶片披针形、长圆形至窄长圆形，长 7–13 mm，宽 2.3–6.5 mm，上面无毛，下面和边缘具褐色卷曲柔毛。多歧聚伞花序，长 1–7.5 cm，有 (2–) 8–24 朵花；花梗密被褐色卷曲长柔毛；萼片在花期由直立变开展至反折，卵形、椭圆形至窄卵形，长 1.7–3.3 mm，两面无毛，先端钝，有时外面和边缘有褐色卷曲柔毛，3–5 条脉与先端不汇合；花瓣黄色或上面黄色，而外面紫色，卵形、椭圆形至窄卵形，3–5 (–7) 条脉，基部有长 0.3–0.8 mm 之爪，具 2 痂体，先端钝；雄蕊长 2–2.5 mm；花丝钻状；子房近下位；具环状花盘；花柱长约 1 mm。花果期 6–10 月。
分布与生境 产于甘肃南部、青海、四川北部和西部及西藏。生于海拔 2900–5600 m 的林下、灌丛、高山草甸和高山碎石隙。也分布于不丹至克什米尔地区。
药用部位 全草。
功效应用 清热解毒，解表发汗，补脾。用于肝炎，胆囊炎，流行性感冒。
注评 本种藏族药用，用其全草治疗肝炎、胆囊炎、高热、疮疡热毒、外疮发炎、流行性感冒等。

甘青虎耳草 Saxifraga tangutica Engl.
引自《中国高等植物图鉴》

甘青虎耳草 Saxifraga tangutica Engl.
摄影：张英涛

24. 青藏虎耳草（青藏高原药物图说） 大通虎耳草（中国高等植物图鉴），桧吉斗（藏语）

Saxifraga przewalskii Engl. ex Maxim. in Bull. Acad. Imp. Sci. Saint-Petersbourg 29: 115. 1883.（英 **Przewalski Rockfoil**）

多年生草本，高 4–11.5 cm，丛生。茎不分枝，具褐色卷曲柔毛。基生叶柄长 1–3 cm，基部扩大，边缘具褐色卷曲柔毛；叶片卵形、椭圆形至长圆形，长 15–25 mm，宽 4–8 mm，上面无毛，下面和边缘具褐色卷曲柔毛；茎生叶卵形至椭圆形，长 1.5–2 cm，向上部渐变小。聚伞花序伞房状，具 2–6 花；花梗长 5–19 mm，密被褐色卷曲柔毛；萼片在花期反折，卵形至狭卵形，两面无毛，边缘具褐色卷曲柔毛，先端钝，3–5 条脉于先端不汇合；花瓣上面淡黄色，其中下部具红色斑点，外面紫红色，卵形、狭卵形至近长圆形，基部具长 0.5–1 mm 之爪，有 3–5 (–7) 条脉，并具 2 痂体，先端钝；雄蕊长 2–3.6 mm，花丝钻状；子房半下位，具环状花盘；花柱长 1–1.5 mm。花期 7–8 月。

青藏虎耳草 **Saxifraga przewalskii** Engl. ex Maxim.
摄影：潘建斌

分布与生境　产于甘肃（祁连山）、青海（黄南、海南、海北）和西藏（加查）。生于海拔 3700–4200 m 的林下、高山草甸和高山碎石隙。

药用部位　全草。

功效应用　清利肝胆，健胃。用于肝炎，胆囊炎，感冒，消化不良。

注评　本种藏族药用，全草用于治肝炎、胆囊炎、流行性感冒、发热、瘟病时疫、疮疡热毒。

25. 石生虎耳草（云南种子植物名录） 崖生虎耳草（Flora of China）

Saxifraga rupicola Franch. in J. Bot. (Morot) 10: 264. 1896.（英 **Stone Life Saxifrage**）

多年生草本；茎缩短，极多分枝，密集丛生，形成紧密垫状，密生覆瓦状排列的叶。茎直立，高 6–8 mm 或更短，被长卷曲腺毛，密生叶。叶片外折，匙形或窄倒卵形，长 4–5 mm，宽 1.5–2.5 mm，两面无毛，背面有龙骨状突起，基部散生缘毛，表面先端具 3–5 (–7) 个分泌钙质的小窝孔，先端钝圆；花茎的叶匙形，长 3–3.5 mm，宽 1–1.2 mm，具 3 个分泌钙质的小窝孔，下部生缘毛，基部平截，先端钝圆。花单个顶生；花梗比苞片短；萼片 5，在开花期直立，先端反折，长圆形，3 脉近于平行，脉端各具 1 小窝孔，边缘散生腺缘毛，先端钝；花瓣 5，黄绿色，肉质，披针状长圆形，1 脉，基部散生缘毛，先端钝；雄蕊 10，与花瓣近等长，花丝近钻状；子房 1/3 下位，具环状蜜腺花盘。蒴果宽卵圆形，下部合生，上部分离，钝角叉开；花柱极短，柱头粗。花果期 6–7 月。

分布与生境　产于云南（鹤庆、大理）。生于海拔 3500 m 的石灰岩山地。

药用部位　全草。

功效应用　清热，祛风，镇痛。用于中耳炎，隐疹，腹痛，小儿惊风。

26. 漆姑虎耳草（植物分类学报） 松吉斗（藏名）

Saxifraga saginoides Hook. f. et Thomson in J. Proc. Linn. Soc., Bot. 2: 68. 1857.（英 **Pearlweed Like Rockfoil**）

多年生密丛垫状草本，高 0.9–1.5 cm。茎极短，长 3–9 mm，被褐色卷曲腺柔毛。基生叶柄长 3–4.8 mm，仅边缘具褐色卷曲长腺毛；叶片近长圆形，长 3–4 mm，宽约 1 mm，无毛，基部下延，先端稍钝；茎生叶肥厚，线形，长 4.9–6.8 mm，宽 0.8–1 mm，仅边缘基部具褐色卷曲腺柔毛，先端圆钝。花单生于茎顶；花梗长 0.7–3 mm，密被褐色卷曲长腺毛；萼片通常直立，卵形至近椭圆形，长 2.1–2.6 mm，宽约 1 mm，无毛，有时仅边缘基部具少许褐色卷曲腺柔毛，3–4 条脉于先端汇合，先端钝或急尖；花瓣黄色，卵形至狭卵形，长 3.4–4.4 mm，宽 1.5–1.9 mm，基部狭缩成长 0.7–0.8 mm 之爪，有 3 条脉，无痂体或有不明显的 2 痂体，先端钝；雄蕊长 1.5–2.9 mm；花丝钻形；心皮 2，中下部合生，长 2–2.9 mm；子房近上位，近卵球形，长约 1.5 mm；花柱 2，长约 1.4 mm。花果期 7–9 月。

分布与生境 产于西藏南部。生于海拔 4300–5500 m 的高山灌丛草甸、高山草甸和高山碎石隙。也分布于印度北部、不丹、尼泊尔。

药用部位 全草。

功效应用 清热解毒，退热。利湿，退黄。用于肝炎，胆囊炎，身目发黄，脘腹胀满，食少纳呆，厌恶油腻，恶心呕吐，小便深黄，大便干结，舌苔黄腻，脉象滑数。

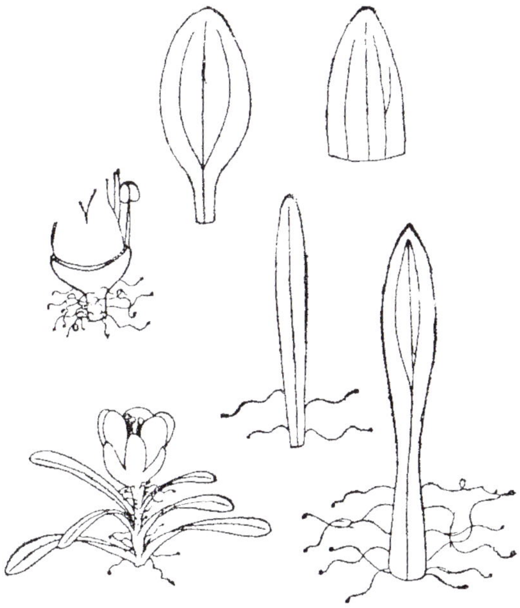

漆姑虎耳草 **Saxifraga saginoides** Hook. f. et Thomson
潘锦堂 刘进军 绘

27. 喜马拉雅虎耳草（植物分类学报） 直打洒曾（藏名）

Saxifraga brunonis Wall. ex Ser. in DC., Prodr. 4: 45. 1830.（英 **Himalayan Saxifrage**）

多年生草本，高 6–16 cm。茎不分枝，下部无毛，上部疏生黑紫色短腺毛；鞭匍枝紫褐色，被极疏黑紫色腺毛。基生叶呈莲座状，肉质肥厚且较硬，长圆状剑形，长 10–13 mm，宽 1.9–2.5 mm，两

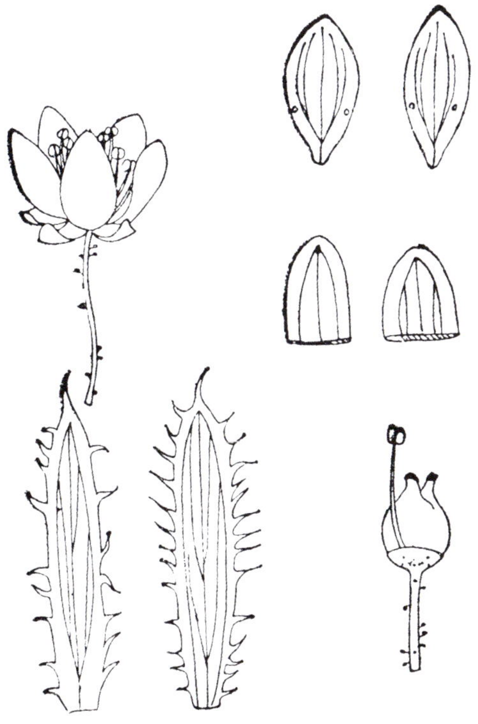

喜马拉雅虎耳草 **Saxifraga brunonis** Wall. ex Ser.
潘锦堂 刘进军 绘

喜马拉雅虎耳草 **Saxifraga brunonis** Wall. ex Ser.
摄影：刘彬彬

面无毛，边缘具软骨质刚毛状睫毛（有的具黑紫色腺头），先端具软骨质芒；茎生叶较疏，长圆状剑形至近长圆形，两面无毛，边缘具软骨质刚毛状睫毛；先端具软骨质芒。聚伞花序具 3–9 朵花，花序分枝长达 6.5 cm，疏生黑紫色短腺毛；花梗长 0.7–2.4 cm，细弱，疏生黑紫色短腺毛；萼片在花期开展，卵形至宽卵形，通常无毛，稀外面最下部具极少（2–3 枚）黑紫色腺毛，3–5 条脉于先端不汇合至汇合均有；花瓣黄色，椭圆形、长圆形至披针形，3–5 脉，基部近无爪或具长约 1 mm 之爪，先端急尖或钝；花丝钻形；子房近上位，椭圆体形，长 1.9–2 mm，花柱长 1–1.2 mm。花果期 6–10 月。

分布与生境 产于四川（木里）、云南（大理）和西藏南部。生于海拔 3100–4000 m 的林下、高山草甸、岩坡石隙。也分布于不丹、印度（锡金）、尼泊尔和克什米尔地区。

药用部位 全草。

功效应用 化痰止咳。用于肺结核，肺痈脓胸，胸闷，痰多，浓痰排出不爽，舌苔白腻，脉象濡滑。

注评 本种藏族药用，藏名“直打洒曾”，用其全草治肺结核、脓胸。

28. 朗县虎耳草（植物分类学报） 直打洒曾曼巴（藏名）

Saxifraga nangxianensis J. T. Pan in Acta Phytotax Sin. 16(2): 30, f. 13. 1978.（英 **Nangxian Rockfoil**）

多年生草本，高 2.5–10 cm。茎被短腺毛，具鞭匐枝；鞭匐枝出自茎基部叶腋，丝状，长 4.5–18 cm，被短腺毛，先端具芽。基生叶密集呈莲座状，肉质，狭倒卵形至近匙形，长 6–8.3 mm，宽 2.3–3 mm，两面和边缘均具褐色腺毛，先端急尖或稍钝；茎生叶较疏，稍肉质，长圆形至匙形，长 6–10 mm，宽 1.9–3 mm，两面和边缘均具褐色腺毛。聚伞花序，具 4–9 朵花；花梗长 1–6.2 mm，被短腺毛；萼片在花期直立，稍肉质，卵形至近椭圆形，内面稍凹陷，通常无毛，稀最上部具腺毛，外面和边缘被腺毛，先端急尖，3–4 条脉于先端不汇合；花瓣黄色至紫红色，倒卵形、倒宽卵形至椭圆形，5–7 条脉，具 2 痂体；子房近下位；长约 1.9 mm；花柱长约 1.9 mm；花盘环状。花期 7–8 月。

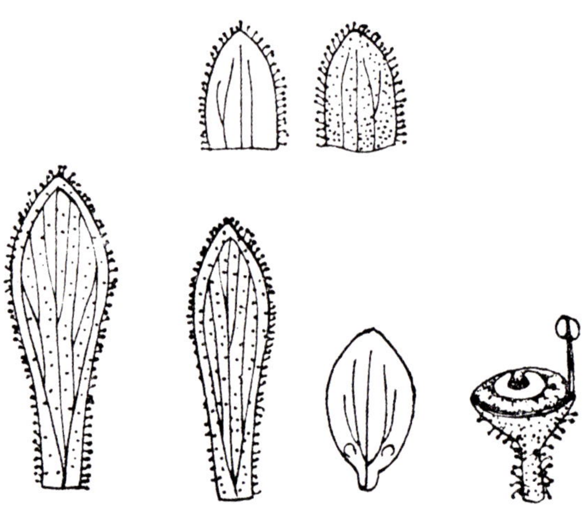

朗县虎耳草 **Saxifraga nangxianensis** J. T. Pan
潘锦堂 刘进军 绘

分布与生境 产于西藏（朗县、加查、错那、拉萨）。生于海拔 4500–5450 m 的高山灌丛中、高山草甸和高山碎石隙。

药用部位 全草。

功效应用 燥湿化痰。用于肺结核，脓胸，痰多咳嗽，气逆胸满。

注评 本种藏族药用，藏名“直打洒曾曼巴”，其全草用于治肺结核、脓胸。

29. 藏中虎耳草（植物分类学报） 松吉斗（藏名）

Saxifraga signatella C. Marquand in J. Linn. Soc., Bot. 48: 182. 1929.——*S. brunneopunctata* Harry Sm.（英 **Central Xizang Saxifraga**）

草本，高 2.5–7.5 cm。茎密被黑褐色腺毛。基生叶密集呈莲座状，稍肉质，通常匙形，长 6–9.2 mm，宽 1.6–2.8 mm，两面无毛，边缘上部通常具软骨质刚毛状睫毛，先端具短尖头；茎生叶较疏，长圆形至披针形，两面和边缘均具黑褐色短腺毛，先端急尖，稍肉质。聚伞花序长 2.4–4.5 cm，具 2–12 花，稀单生于茎顶；花梗细弱，长 1–2.5 cm，密被黑褐色腺毛；萼片在花期开展，卵形至宽卵形，上面无毛，下面和边缘下部具黑褐色腺毛或边缘无毛，先端急尖或钝，3–5 条脉于先端不汇合至汇合；花瓣黄色，中下部具黑褐紫色斑点，长圆形至披针形，基部渐狭成 0.5–0.9 mm 之爪，先端急尖，3–5 条脉，侧脉旁具 2 痂体；雄蕊长 3–3.5 mm；花丝钻形；子房近上位，黑紫色，宽卵球形，长 1.6–2.8 mm；花柱长约 1 mm。花果期 7–9 月。

分布与生境 产于西藏（墨脱、拉萨、南木林）。生于海拔 3900–5400 m 的高山草甸、高山沼泽化草甸和高山碎石隙。

药用部位 全草。

功效应用 舒风解表，清热解毒，利湿，退黄，排脓敛疮。用于黄疸性肝炎，胆囊炎，身目俱黄，小便黄赤，食欲缺乏。肋腹胀痛，风热感冒，流行性感冒，头痛身痛，发热。

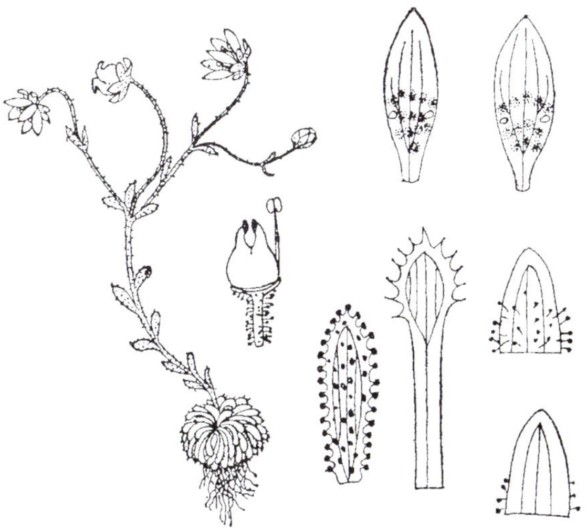

藏中虎耳草 **Saxifraga signatella** C. Marquand
潘锦堂 刘进军 绘

30. 小伞虎耳草（植物分类学报） 松滴（藏名）

Saxifraga umbellulata Hook. f. et Thomson in J. Linn. Soc., Bot. 2: 71. 1857.（英 **Umbellate Rockfoil**）

30a. 小伞虎耳草（模式变种）

Saxifraga umbellulata Hook. f. et Thomson var. **umbellulata**

多年生草本，高 5.5–10 cm。茎不分枝，被褐色腺毛。基生叶多数密集，呈莲座状；叶片匙形，长 0.8–1.35 mm，宽 2–3 mm，无毛，基部下延，边全缘，先端钝；茎生叶长圆形至近匙形，长 4.5–6.6 mm，宽 1.5–2 mm，两面和边缘均具褐色腺毛或上面无毛，基部下延，先端钝。聚伞花序伞房或复伞房状，长 3–5.5 cm，具 2–23 朵花；花梗纤细，被褐色腺毛；萼片在花期通常直立，卵形至三角状狭卵形，上面无毛，下面和边缘或多或少具褐色腺毛，先端急尖或稍钝，3 条脉于先端不汇合；花瓣黄色，提琴状长圆形至提琴形，长 6.5–9 mm，宽 2.9–3.2 mm，基部狭缩成长 0.4–0.5 mm 之爪，先端圆钝至急尖，3–5 条脉，基部具 2 痂体；雄蕊长约 3 mm，花丝钻形；子房近上位，宽卵球形，长约 1 mm；花柱 2，长约 0.5 mm。花期 6–9 月。

小伞虎耳草 **Saxifraga umbellulata** Hook. f. et Thomson var. **umbellulata**
摄影：童毅华

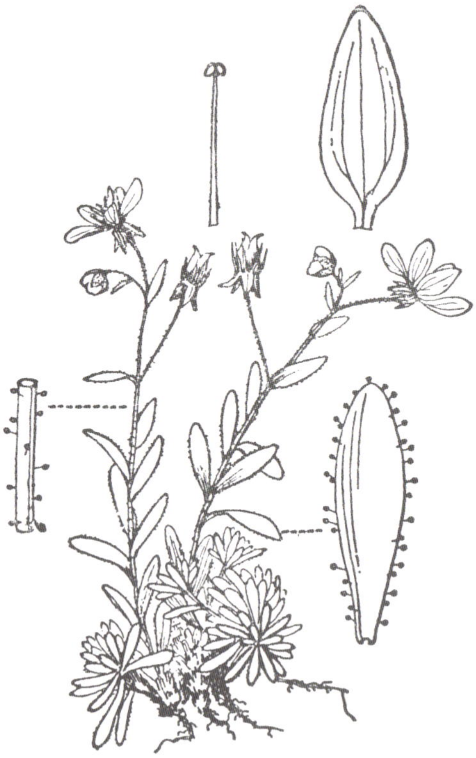

爪瓣虎耳草 **Saxifraga unguiculata** Engl.
引自《中国高等植物图鉴》

爪瓣虎耳草 **Saxifraga unguiculata** Engl.
摄影：陈彬

33. 小芽虎耳草（植物分类学报） 拜参布柔（藏名），芽虎耳草（中国高等植物图鉴补编），小伞虎耳草（中国中药资源志要）

Saxifraga gemmuligera (Engl.) Engl. in Bot. Jahrb. Syst. 48: 601. 1912.（英 **Bud-bearing Rockfoil**）

多年生草本，高 4.5–10.5 cm，丛生。小主轴具莲座叶丛。花茎下部无毛，中上部被腺毛；叶腋部具芽；芽鳞肉质，近匙形至倒卵形，长 1.4–2 mm，宽约 1 mm，无毛或仅边缘具极少睫毛。莲座叶肉质肥厚，倒卵形至近匙形，长 3–4.7 mm，宽 1–1.2 mm，两面无毛，边缘疏生软骨质刚毛状睫毛，先端钝；茎生叶草质，卵形、狭卵形、长圆形至狭长圆形，长 3–4.8 mm，宽 1–1.7 mm，边缘具腺睫毛（中部茎生叶有时边缘无毛），中下部者两面无毛，上部者上面无毛，下面有腺毛，先端具软骨质短尖头。花单生于茎顶；花梗长 1–1.8 cm，被腺毛；萼片肉质，在花期反折，卵形至宽卵形，长 1.8–2 mm，宽 1–2 mm，上面和边缘无毛，下面被腺毛，先端钝状急尖，3–5 脉于先端汇合；花瓣黄色，椭圆形至近卵形，基部窄缩成 0.5 mm 之爪，先端钝，3–4 脉，侧脉旁具 2 痂体；花丝钻状；子房近上位，近卵球形，长约 2 mm；花柱 2，长约 0.5 mm。花果期 7–9 月。

小芽虎耳草 **Saxifraga gemmuligera** (Engl.) Engl.
摄影：刘军

分布与生境 产于陕西眉县（太白山）和宝鸡（庙王山）。生于海拔 3100–3700 m 的高山草甸。

药用部位　全草。

功效应用　清热解毒，利肺。用于肺脓肿，肺痈，肺结核，咳嗽，痰黄，发热。

34. 聚叶虎耳草（中国高等植物图鉴）

Saxifraga confertifolia Engl. et Irmsch. in Bot. Jahrb. Syst. 50(5, Beibl. 144): 43. 1914.（英 **Fascicleleaf Rockfoil**）

多年生草本，高 4–10.5 cm，丛生。茎紫红色，密被腺毛。基生叶较少，具较小的莲座叶丛；莲座叶丛之叶片肉质，椭圆形至匙状长圆形，长 3–5 mm，宽 1–1.6 mm，两面无毛或下面疏生刚毛，边缘具软骨质刚状毛睫毛，先端具软骨质短尖头；茎生叶肉质，以中部者较大，向上、向下渐变小，长圆形、披针形至线形。长 5–7.5 mm，宽 1–2 mm，下部者两面和边缘均具腺毛，中部以上者上面无毛，下面和边缘被腺毛，先端急尖，且具短尖头。多歧聚伞花序长 1.2–3.5 cm，具 2–12 朵花或单生于茎顶；花梗长 6–7 mm，被褐色腺毛；萼片在花期开展或反曲，卵形，长 1.4–2.3 mm，宽 1–1.1 mm，上面凹陷，先端急尖或钝，无毛，3 脉于先端不汇合；花瓣黄色，下部具橙色斑点，近长圆形至狭卵形，基部狭缩成长 0.3–0.6 mm 之爪，先端急尖或钝，3 脉，基部侧脉旁具 2 痂体；花丝钻形；子房近上位，卵球形至倒卵球形，花柱 2。花果期 7–9 月。

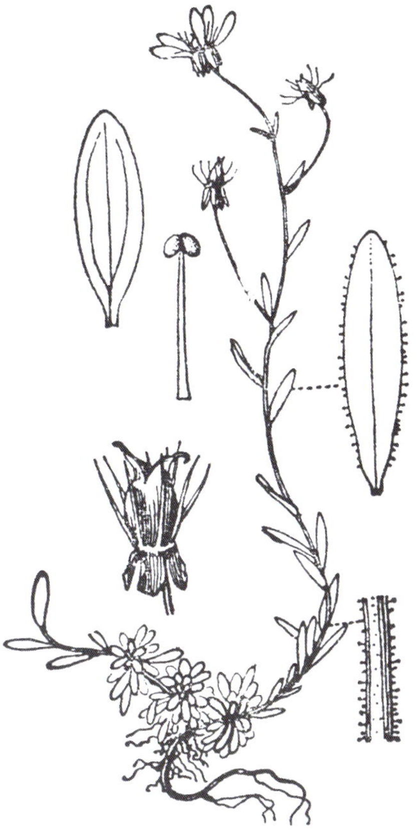

聚叶虎耳草 **Saxifraga confertifolia** Engl. et Irmsch.
引自《中国高等植物图鉴》

分布与生境　产于陕西（眉县、华县）、四川西部。生于海拔 3000–4000 m 的高山草甸和石隙。

药用部位　全草。

功效应用　清热解毒，利湿退黄。用于痈疽疮疖，发热，湿疮瘙痒，流黄水，黄疸，胆囊炎，小便不利。

注评　本种为部颁药品标准·藏药（1995 年版）收载“莲座虎耳草”（藏名：“松吉斗”）的基源植物之一，药用其干燥全草。藏族用全草治肝热，胆热，流行性感冒，高热，疮疡热毒。

35. 红虎耳草（植物分类学报）　松吉斗（藏名）

Saxifraga sanguinea Franch. in J. Bot. (Morot) 8: 295. 1894.（英 **Red Rockfoil**）

草本，高 5–15 cm。茎紫红色，密被紫色腺毛。基生叶较多数密集，呈莲座状；莲座之叶片肉质，匙形至近匙形，长 0.55–1.3 cm，宽 1.5–3 mm，两面无毛，边缘具软骨质刚毛状睫毛，先端钝而下弯；茎生叶较疏，革质，倒披针形至线状倒披针形，长 0.35–1.1 cm，宽 2–2.5 mm，两面和边缘具紫褐色腺毛，先端钝。聚伞花序长 2.7–6.5 cm，具 3–23 朵花；花序分枝长 2.5–6 cm，具 1–3 花；花梗长 0.6–1.7 cm，密被紫褐色腺毛；萼片在花期由开展至反折，卵形至披针形，在上面的最上部、下面和边缘均具紫褐色腺毛，先端急尖或稍钝，5–7 脉于先端汇合成 1 疣点；花瓣腹面黄白色，中下部具紫红色斑点，下面红色或全部红色，披针形，基部圆形，具长爪和 2 痂体；先端急尖，3 脉；花丝钻形；子房近上位，宽卵球形至近椭球形，长约 2 mm；花柱长约 1 mm。花期 7–8 月。

分布与生境　产于青海（久治）、四川西部、云南（香格里拉）、和西藏（萨迦、日喀则）。生于海拔 3300–4500 m 的山坡草甸和石灰岩石缝隙。

药用部位　全草。

功效应用　清热解毒，止血。用于肝炎，胆囊炎，咯血。

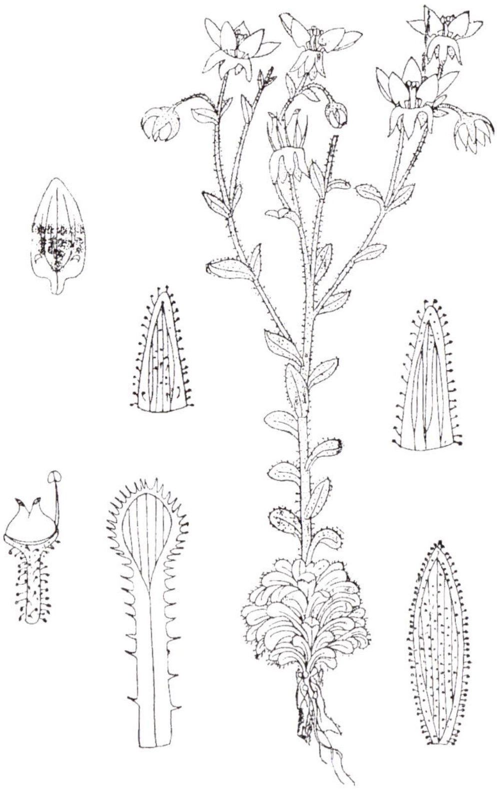

红虎耳草 **Saxifraga sanguinea** Franch.
潘锦堂 刘进军 绘

红虎耳草 **Saxifraga sanguinea** Franch.
摄影：林秦文

36. 燃灯虎耳草（中国高等植物图鉴） 灯架虎耳草（药用植物辞典）

Saxifraga lychnitis Hook. f. et Thomson in J. Linn. Soc., Bot. 2: 68. 1857.（英 **Lamp Support Rockfoil**）

多年生草本，高 4–15 cm，丛生。茎紫色，被黑紫色腺毛。基生叶密集，呈莲座状，莲座叶匙形，长 1.1–1.5 cm，宽 4.2–4.5 mm，两面和边缘均具较长腺毛，先端钝；茎生叶长圆形，长 9–10 mm，宽约 3.1 mm，两面和边缘均具腺毛，先端稍钝；下部茎生叶具长约 2 mm 之柄。花单生于茎顶或聚伞花序具 2 花；花梗长约 3 mm，被黑紫色腺毛；苞片长圆形，两面和边缘被黑紫色腺毛；萼片在花期直立，稍肉质，狭卵形，长约 5 mm，外面和边缘密被黑紫色腺毛，先端钝或急尖，3 脉于先端不汇合；花瓣黄色，长圆形，长 8.5–9 mm，基部具长 0.7–0.8 mm 之爪，先端微凹，3–4 条脉；花丝钻形；子房半下位。花期 7–9 月。

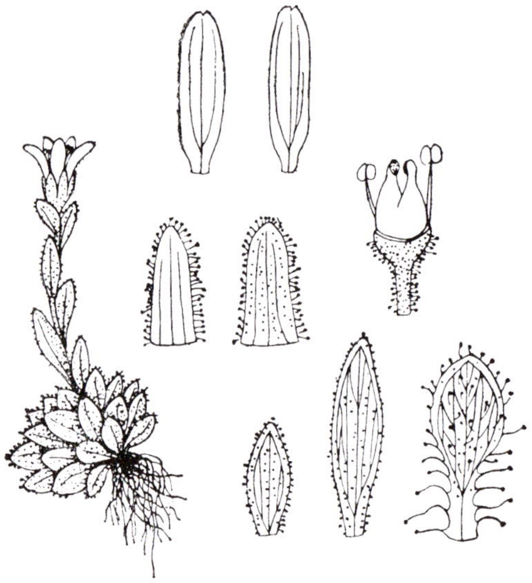

燃灯虎耳草 **Saxifraga lychnitis** Hook. f. et Thomson
潘锦堂 刘进军 绘

分布与生境 产于青海（茶卡盐湖）、四川（稻城）和西藏南部。生于海拔 4200–5500 m 的高山草甸和高山沼泽化草甸。也分布于不丹至克什米尔地区。

药用部位 全草。

功效应用 清湿热，解热毒。用于肝热，胆热，流行性感冒，高热，疮疡热毒。

9. 黄水枝属 Tiarella L.

多年生草本。根状茎短，具鳞片。叶大多基生，单叶，掌状分裂，或为复叶，具 3 小叶；茎生叶少数；托叶小型。花序总状或圆锥状，顶生或腋生；苞片小；花小；萼筒内壁下部与子房愈合；萼片 5，通常呈花瓣状；花瓣 5，有时不存在；雄蕊 10，伸出花冠外；心皮 2，大部合生；子房 1 室，具 2 近于基生之侧膜胎座；花柱 2，丝状。蒴果之 2 果瓣不等大，下部合生，上部离生，各具种子 6–12 粒，成熟时腹部纵裂。

本属有 5 种，分布于亚洲东部和北美。我国产 1 种，可药用。

迄今已从本属药用植物中分得三萜、黄酮和甾体等类型化合物。三萜类化合物是主要成分，已分得齐敦果烷型、熊果烷型和羽扇豆烷型等五环三萜及其苷类。其中齐敦果烷型如齐墩果酸 -3-*O*-*β*-D-吡喃葡萄糖苷、齐墩果酸 -3-*O*-*β*-D- 吡喃葡萄糖基 -(1→2)- 吡喃葡萄糖苷、齐墩果酸 -3-*O*-*β*-D- 吡喃葡萄糖基 -(1→2)-*β*-D- 吡喃葡萄糖基 -28-*O*-*β*-D- 吡喃葡萄糖酯苷等；熊果烷型如黄麻酸▲ (corosolic acid) 和委陵菜酸 (tormentic acid) 等；羽扇豆烷型如黄水枝酸和 3*β*- 羟基羽扇豆 -20(29)- 烯 -27- 酸 [3*β*-hydroxy-20(29)-lupen-27-oic acid] 等。这些三萜类化合物具有良好的生物活性，如黄水枝酸 (tiarellic acid，**1**) 能够诱导老龄人真皮成纤维细胞中的 1 型本胶原蛋白，下调基质金属蛋白酶 -9(MMP-9) 的表达；双三糖链皂苷类化合物，如齐墩果酸 -3-*O*-(*β*-D- 吡喃葡萄糖基 -(1→3)-*β*-D- 吡喃葡萄糖基 -28-*O*-*β*-D- 吡喃葡萄糖酯苷 [oleanolic acid-3-*O*-*β*-D-glucopyranosyl-(1→3)-*β*-D-glucopyranosyl-28-*O*-*β*-D-glucopyranosyl ester] 具有较强的抗补体活性，而单糖链皂苷类化合物，如齐墩果酸 -3-*O*-*β*-D- 吡喃葡萄糖苷 (oleanolic acid-3-*O*-*β*-D-glucopyranoside) 则会导致溶血。

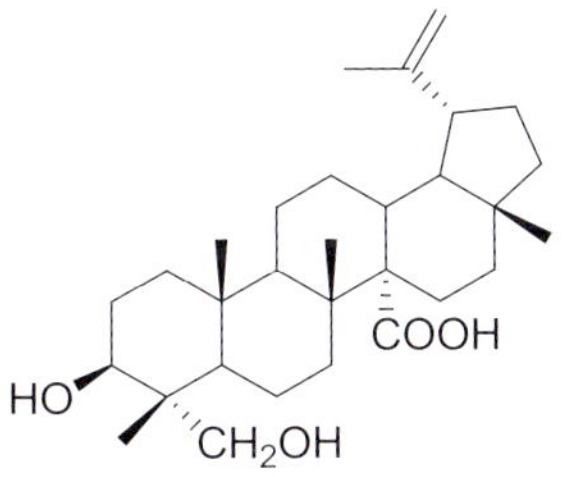

1

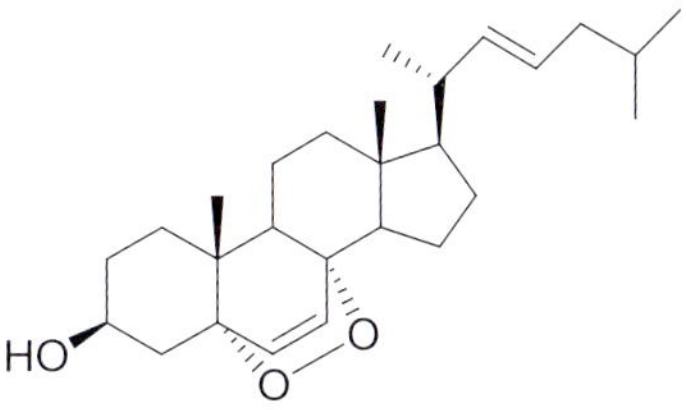

2

本属药用植物也含有较多的黄酮类化合物，如缅茄苷▲、槲皮素、异槲皮苷、杨梅素、紫云英苷等。药理研究表明缅茄苷▲、槲皮素、异槲皮苷等具有良好的抗补体活性，杨梅素、紫云英苷等活性较弱，而杨梅苷、烟花苷则没有抗补体活性。

黄水枝属还含有甾体类化合物，主要有豆甾醇 -3-*O*-*β*-D- 葡萄糖苷 (stigmasterol-3-*O*-*β*-D-glucoside)、*β*- 谷甾醇、过氧化麦角甾醇 (ergosterol endoperoxide，**2**)。其中，*β*- 谷甾醇、过氧化麦角甾醇具有抗补体活性。

1. 黄水枝（中国中部植物） 博落、水前胡（云南漾濞），防风七（湖北、浙江），紫背金钱（广西药用植物名录）

Tiarella polyphylla D. Don, Prodr. Fl. Nepal. 210. 1825.（英 **Himalayan Foamflower**）

多年生草本，高 20–45 cm；根状茎横走，深褐色。茎不分枝，密被腺毛。基生叶具长柄。叶片心形，长 2–8 cm，宽 2.5–10 cm，先端急尖，基部心形，掌状 3–5 浅裂，边缘具不规则浅齿，两面密被腺毛；叶柄长 2–12 cm，基部扩大呈鞘状，密被腺毛；托叶褐色；茎生叶通常 2–3 枚，与基生叶同型，叶柄较短。总状花序长 8–25 cm，密被腺毛；花梗长达 1 cm，被腺毛；萼片在花期直立，卵形，先端稍渐尖，腹面无毛，背面和边缘具短腺毛，3 至多脉；无花瓣；雄蕊长约 2.5 mm，花丝钻形；心皮 2，不等大，下部合生，子房近上位，花柱 2。蒴果长 7–12 mm。种子黑褐色，椭圆球形，长约 1 mm。花果期 4–11 月。

分布与生境 产于陕西南部、甘肃（陇南）、江西、台湾、湖北、湖南、广东、广西、四川、贵州、云南和西藏南部。生于海拔 980–3800 m 的林下、灌丛和阴湿地。也分布于日本、中南半岛北部、缅甸北部、不丹、印度（锡金）、尼泊尔。

药用部位 全草。

功效应用 清热解毒，活血祛瘀，消肿止痛。用于肝炎，耳聋，咳嗽气喘，跌打损伤，疮疖肿毒。

化学成分 全草含三萜类：齐墩果酸-3-*O*-*β*-D-吡喃葡萄糖苷(oleanolic acid-3-*O*-*β*-D-glucopyranoside)，齐墩果酸-3-*O*-*β*-D-吡喃葡萄糖基-(1→3)-吡喃葡萄糖苷[oleanolic acid-3-*O*-*β*-D-glucopyranosyl-(1→3)-*β*-D-glucopyranoside]，齐墩果酸-3-*O*-*β*-D-吡喃葡萄糖基-(1→2)-吡喃葡萄糖苷[oleanolic acid-3-*O*-*β*-D-glucopyranosyl-(1→2)-*β*-D-glucopyranoside]，齐墩果酸-3-*O*-*β*-D-吡喃葡萄糖基-(1→3)-*β*-D-吡喃葡萄糖基-28-*O*-*β*-D-吡喃葡萄糖酯苷[oleanolic acid-3-*O*-*β*-D-glucopyranosyl-(1→3)-*β*-D-glucopyranosyl-28-*O*-*β*-D-glucopyranosyl ester]，齐墩果酸-3-*O*-*β*-D-吡喃葡萄糖基-(1→2)-*β*-D-吡喃葡萄糖苷-28-*O*-*β*-D-吡喃葡萄糖酯苷[oleanolic acid-3-*O*-*β*-D-glucopyranosyl-(1→2)-*β*-D-glucopyranosyl-28-*O*-*β*-D-glucopyranosyl ester]，齐墩果酸-3-*O*-*α*-L-吡喃鼠李糖基-(1→3)-*β*-D-吡喃葡萄糖醛酸苷[oleanolic acid-3-*O*-*α*-L-rhamnopyranosyl-(1→3)-*β*-D-glucuronopyranoside]，齐墩果酸-3-*O*-*α*-L-吡喃鼠李糖基-(1→3)-*β*-D-吡喃葡萄糖醛酸基-28-*O*-*β*-D-吡喃葡萄糖酯苷[oleanolic acid-3-*O*-*α*-L-rhamnopyranosyl-(1→3)-*β*-D-glucuronopyranosyl-28-*O*-*β*-D-glucopyranosyl ester][1]，3*β*-羟基羽扇豆-20(29)-烯-27-酸[3*β*-hydroxy-20(29)-lupen-27-oic acid][2]，黄麻酸▲(corosolic acid)，委陵菜酸(tormentic acid)[3]，黄水枝酸(tiarellic acid)[2,4]；黄酮类：杨梅素(myricetin)，紫云英苷(astragalin)，缅茄苷▲(afzelin)，槲皮素(quercetin)，杨梅苷(myricitrin)，烟花苷(nicotiflorin)，异槲皮苷(isoquercitrin)[2]；甾体类：*β*-谷甾醇，胡萝卜苷，豆甾醇-3-*O*-*β*-D-葡萄糖苷(stigmasterol-3-*O*-*β*-D-glucoside)，过氧化麦角甾醇(ergosterol endoperoxide)[2]。

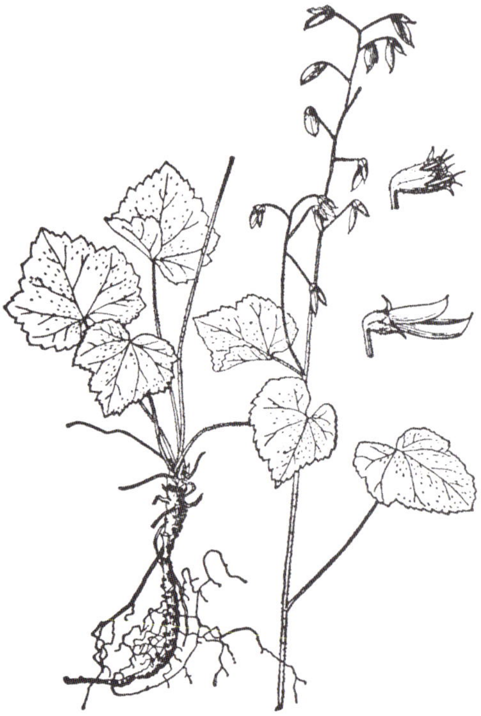

黄水枝 **Tiarella polyphylla** D. Don
引自《中国高等植物图鉴》

黄水枝 **Tiarella polyphylla** D. Don
摄影：梁同军

药理作用　抗皮肤辐射作用：黄水枝中三萜化合物黄水枝酸 (tiarellic acid) 对紫外线照射培养体系中老人真皮成纤维细胞具有诱导 I 型前胶原并降低间质金属蛋白酶 (MMP-1) 的表达[1]。

抗补体及溶血作用：黄水枝中多种齐墩果酸糖苷具体外抗补体及溶血作用[2]。

化学成分参考文献

[1] Park S, et al. *Arch Pharm Res*, 1999, 22(4): 428-431.

[2] Shen G, et al. *Arch Pharm Res*, 2008, 31(1): 10-16.

[3] Park S, et al. *Arch Pharm Res*, 2002, 25(1): 57-60.

[4] Moon H, et al. *Arch Pharm Res*, 2004, 27(10): 1060-1064.

药理作用及毒性参考文献

[1] Moon HI, et al. *Arch Pharm Res*, 2004, 27(10): 1060-1064.

[2] Park SH, et al. *Arch Pharm Res*, 1999, 22(4): 428-431.

10. 峨屏草属 Tanakaea Franch. et Sav.

多年生草本。叶均基生，具柄，革质，椭圆形、卵形、阔卵形至狭卵形，边缘有锯齿；无托叶。圆锥花序或总状花序；苞片小；萼片 (4–) 5 (–7)；花瓣不存在；雄蕊 8–10；心皮 2，下部合生，子房近上位，上部 1 室，边缘胎座，下部 2 室，中轴胎座。蒴果近上位；种子两端尖。

有 2 种，我国产 1 种，可药用。日本产 1 种。

1. 峨屏草（中国高等植物图鉴） 岩雪下（植物分类学报），峨眉岩下雪（四川）

Tanakaea omeiensis Nakai in J. Jap. Bot. 14(4): 223, f. 1. 1938.（英 **Omei Mountain Tanakea**）

多年生草本，高 6.5–12.3 cm；根状茎横走，直径约 2 mm。叶均基生，叶片椭圆形、卵形至圆状阔卵形，长 1.1–3 cm，宽 0.8–2.9 cm，先端急尖，边缘具粗锯齿，基部圆形或稍心形，两面被褐色柔毛（有的带腺头），叶柄长 1.1–6.5 cm，被褐色柔毛（有的带腺头）。花葶疏生腺柔毛。总状花序长 2.8–3.5 cm，被褐色腺柔毛；萼片狭卵形至披针形，长 1.5–1.9 mm，宽 0.4–0.6 mm，先端急尖，两面无毛，边缘具极少腺毛，单脉；无花瓣；雄蕊 8–10，花丝长 3.3–3.5 mm；2 心皮下部合生，长约 4 mm，子房近上位，花柱 2。蒴果长约 4 mm，2 果瓣叉开。花果期 4–10 月。

分布与生境　产于四川（峨眉山、屏山）、重庆（南川）。生于海拔 900–1100 m 的阴湿石隙。

药用部位　全草。

功效应用　清热消痈，熄风定惊。用于惊痫抽搐，神昏惊厥。

峨屏草 **Tanakaea omeiensis** Nakai
引自《中国高等植物图鉴》

11. 金腰属 Chrysosplenium L.

多年生小草本，通常具鞭匐枝或鳞茎。单叶互生或对生，具柄，无托叶。通常为聚伞花序，围有苞叶，稀单花；花小型，绿色、黄色、白色或带紫色；萼筒内壁通常多少与子房愈合；萼片 4，稀 5，在芽中覆瓦状排列；无花瓣，花盘极不明显或无，或明显 (4) 8 裂，有时其周围具褐色乳头状突起；雄蕊 8 (10) 或 4；花丝钻形，花药 2 室，侧裂，花粉粒具 3 拟孔沟，并具华美网纹；2 心皮通常中下部合生，子房近上位、半下位或近下位，1 室，胚珠多数，具 2 侧膜胎座；花柱 2，离生，柱头具斑点。蒴果之 2 果瓣近等大或明显不等大。种子多数，卵球形至椭圆球形，有时光滑无毛，有时具微乳头状突起、微柔毛或微瘤突，有时具纵肋，肋上具横纹、乳头状突起或微瘤突等。

本属有 65 种，分布于亚、欧、非、美四洲，但主产于亚洲温带，生于海拔 450–4800 m 的林下，高山灌丛、高山草甸和高山碎石隙。我国有 35 种，南北均产，主要产于陕西、甘肃、四川、云南和西藏，其中 15 种可药用。

分种检索表

1. 叶互生，或仅具茎生叶 1 枚，或无茎生叶。
  2. 种子光滑无毛。
    3. 花盘明显 8 裂。
      4. 无不育枝；花成聚伞花序；萼片通常全缘，稀具不规则齿……………………5. **肾叶金腰 C. griffithii**
      4. 不育枝出自花茎叶腋；单花腋生成疏聚伞花序；萼片近扁菱形，在花期开展……………………………………………………………………………………………………6. **长梗金腰 C. axillare**
    3. 花盘极不明显或无。
      5. 叶片非肾形；茎中上部之叶片披针形至狭倒披针形；萼片先端微凹，花柱和果瓣藏于萼内，不外露……………………………………………………………………4. **蔽果金腰 C. absconditicapsulum**
      5. 叶片肾形。
        6. 具鞭匐枝；多年生草本；茎无毛；叶片、苞片和萼片均具明显褐色单宁质斑纹；花单生于茎顶或聚伞花序具 2–3 花……………………………………………………………3. **单花金腰 C. uniflorum**
        6. 无鞭匐枝。
          7. 通常较高大，植株高达 20 cm 以上；茎仅于近叶腋部具褐色柔毛和乳突，他处则光滑无毛，具叶 1 枚；基生叶具 15–26 浅齿，茎生叶具 22–29 浅齿，齿多数不叠接；萼片在花期近开展……………………………………………………………………………………1. **贡山金腰 C. forrestii**
          7. 通常较矮小，植株高不过 10 cm；茎疏生褐色柔毛或乳突，通常无叶；基生叶具 7–15 浅齿；萼片在花期直立……………………………………………………………2. **裸茎金腰 C. nudicaule**
  2. 种子具微乳突或微柔毛。
    8. 花盘极不明显或无；子房通常半下位。
      9. 基生叶阔卵形至近阔椭圆形，长 (0.5–) 2.1–4.2 cm，宽 (0.7–) 2–3.7 cm，边缘具 (7–9–) 13–17 圆齿，基部通常近截形至稍心形，两面（沿脉）和边缘均具褐色长柔毛；萼片通常近圆形，先端钝圆或微凹；雄蕊与萼片近等高，长 1–2 mm；果喙长约 1 mm……………………7. **锈毛金腰 C. davidianum**
      9. 基生叶倒卵形，长 2.3–19 cm，宽 1.3–11.5 cm，全缘或具微波状小圆齿，基部楔形，腹面疏生褐色柔毛，背面无毛；萼片近卵形至阔卵形，先端微凹；雄蕊明显高出萼片，长 4–6.5 mm；果喙长 3–4 mm……………………………………………………………8. **大叶金腰 C. macrophyllum**
    8. 有花盘；如花盘退化，其周围必密生褐色乳突；子房近下位，或有时半下位。
      10. 花盘通常退化，其周围密生褐色乳突；子房通常近下位；种子具微乳突。具不育枝，无鞭匐枝；基生叶卵形、阔卵形至近椭圆形，先端钝圆，边缘具 9–17 波状圆齿，基部通常宽楔形，稀稍心形，两面和边缘具褐色柔毛；茎生叶阔卵形、扇形至椭圆形，边缘具 5–9 圆齿（齿先端钝圆），基部楔形……………………………………………………………………11. **绵毛金腰 C. lanuginosum**

10. 花盘通常 8 裂，稀 4 裂，其周围无褐色乳突；子房半下位或近下位；种子具微乳突或柔毛。

11. 植株高约 27 cm；基生叶具褐色单宁质斑点，大型，叶片长 2.3–8.5 cm，宽 2.4–8.5 cm，边缘波状或具 34–37 圆齿（齿缘具无色狭边），两面无毛；叶柄长 2.5–14 cm；花较大，直径 5–6 mm……………………………………………………………………9. **天胡荽金腰 C. hydrocotylifolium**

11. 植株高 8–15.5 cm；基生叶较小，叶片长 0.6–2.2 cm，宽 0.9–2.5 cm，边缘具 15–17 浅齿或不明显之圆齿，腹面疏生柔毛，背面无毛；叶柄长 1.5–8 cm；花较小，直径约 3 mm。茎疏生柔毛；叶片边缘具浅齿，背面近无毛；花序分枝疏生柔毛；雄蕊通常 4，稀 8 或 2，花盘通常 4 裂……………………………………………………………………10. **日本金腰 C. japonicum**

1. 叶对生。

12. 蒴果先端非平截状，2 果瓣近等大，近直立或叉开；茎和叶片无毛，有时仅于叶片腹面或叶腋疏生褐色乳突；种子无波状横纹……………………………………12. **山溪金腰 C. nepalense**

12. 蒴果之 2 果瓣明显不等大（其夹角在 90° 左右），或先端平截而微凹，2 果瓣近等大且水平状叉开。

13. 蒴果先端近平截而微凹，2 果瓣近等大，近水平状叉开；花盘明显 8 裂，其周围疏生褐色乳突；子房近下位；花茎无毛或具褐色乳头状突起，茎生叶腹面无毛，背面疏生褐色乳头状突起；苞叶背面疏生褐色乳突；萼片近扁圆形，先端微凹，凹处具 1 褐色乳突……………………15. **肾萼金腰 C. delavayi**

13. 蒴果之 2 果瓣明显不等大（其夹角在 90° 左右）。

14. 花盘极不明显或无；子房半下位或近上位；种子具微乳突；不育枝顶生叶片有时背面具褐色乳突；花茎、花序分枝、花梗、茎生叶和苞叶均无毛……………………13. **中华金腰 C. sinicum**

14. 花盘明显；子房通常半下位；种子具微乳突或微柔毛……………………14. **滇黔金腰 C. cavaleriei**

本属药用植物主要含黄酮醇类化合物，如：3',4',5- 三羟基 -3,6- 二甲氧基黄酮 -7-*O*-*β*-D- 吡喃葡萄糖苷 (3',4',5-trihydroxy-3,6-dimethoxyflavone-7-*O*-*β*-D-glucopyranoside)、婆婆纳叶布式菊素▲ (veronicafolin)、5,4'- 二羟基 -3,6,3'- 三甲氧基黄酮 -7-*O*-*β*-D- 葡萄糖苷 (5,4'-dihydroxy-3,6,3'-trimethoxyflavone-7-*O*-*β*-D-glucoside)、金腰酚 (chrysosplenol) B、D、E、F、G 等。

本属药用植物所含的黄酮醇类化合物具有较好的细胞毒活性。

本属植物多数具有清热解毒的作用。

1. 贡山金腰（中国高等植物图鉴补编） 滇西猫眼草（云南种子植物名录）

Chrysosplenium forrestii Diels in Notes Roy. Bot. Gard. Edinburgh 5: 282. 1912.（英 **Forrest Goldsaxifrage**）

多年生草本，高 (3.5–) 8.4–22.8 cm。茎仅于近叶腋部生有褐色柔毛或乳突，他处则无毛。基生叶具长柄；叶片肾形，长 (1.4–) 3–5.2 cm，宽 (1.7–) 3–7 cm，边缘具 15–26 浅齿（齿先端多少凹陷），腹面无毛，背面和齿间疏生褐色突起和柔毛；叶柄长 (2.3–) 9–13 cm；茎生叶 1 枚，叶片长 (1.1) 2–3.4 cm，宽 (1.5–) 4.1–5.2 cm，边缘具 22–29 浅齿（齿多数不叠接，其先端多少凹陷），腹面无毛，背面和齿间疏生褐色乳突；叶柄长 0.6–9 cm，疏生褐色乳突。聚伞花序长 3.3–4.3 cm；苞叶肾形至扇形，边缘具 5–15 浅齿（齿先端凹陷），腹面无毛，背面疏生褐色柔毛，齿间具褐色乳突和柔毛；花梗长 0.3–4 mm；萼片在花期近开展，多少相叠接，扁圆形，钝圆；雄蕊短于萼片，花丝长约 0.9 mm；子房半下位，花柱长约 0.3 mm，叉开。蒴果长约 3 mm，先端近平截而微凹，喙长约 0.4 mm。种子棕褐色，卵球形，光滑无毛，有光泽。花果期 5–10 月。

分布与生境　产于云南西北部和西藏东南部。生于海拔 3600–4700 m 的林下、高山灌丛草甸和高山碎石隙。也分布于缅甸北部、不丹、尼泊尔和印度北部。

药用部位　全草。

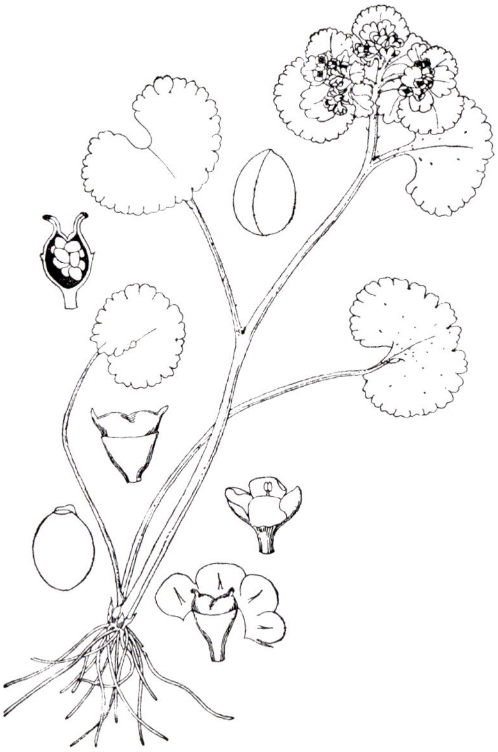

贡山金腰 **Chrysosplenium forrestii** Diels
潘锦堂 王颖　绘

功效应用　清热解毒，清肝胆热。用于发热，肝炎，胆囊炎，胆病引起的头痛。

2. 裸茎金腰（中国高等植物图鉴）亚吉玛（藏名）

Chrysosplenium nudicaule Bunge in Ledeb., Fl. Alt. 2: 114. 1830.（英 **Nakedcaule Goldsaxifrage**）

多年生草本，高 4.5–10 cm。茎疏生褐色柔毛或乳突，通常无叶。基生叶具长柄，叶片革质，肾形，长约 9 mm，宽约 13 mm，边缘具 (7–) 11–15 浅齿（齿扁圆形，先端凹陷且具 1 疣点，通常相互叠结），两面无毛，齿间弯缺处具褐色柔毛或乳突；叶柄长 1–7.5 cm，下部疏生褐色柔毛。聚伞花序密集呈半球形，长约 1.1 cm；苞叶革质，阔卵形至扇形，具 3–9 浅齿（齿扁圆形，先端通常具 1 疣点，多少叠接），腹面具极少褐色柔毛，背面无毛，齿间弯缺处具褐色柔毛，柄长 1–3 mm，疏生褐色柔毛；萼筒外面疏生褐色柔毛；萼片在花期直立，相互多少叠接，扁圆形，钝圆，弯缺处具褐色柔毛和乳突；雄蕊 8；两心皮近等大，子房半下位，花柱斜上。蒴果先端凹缺，2 果瓣近等大，喙长约 0.7 mm；种子黑褐色，卵球形，光滑无毛，有光泽。花果期 6–8 月。

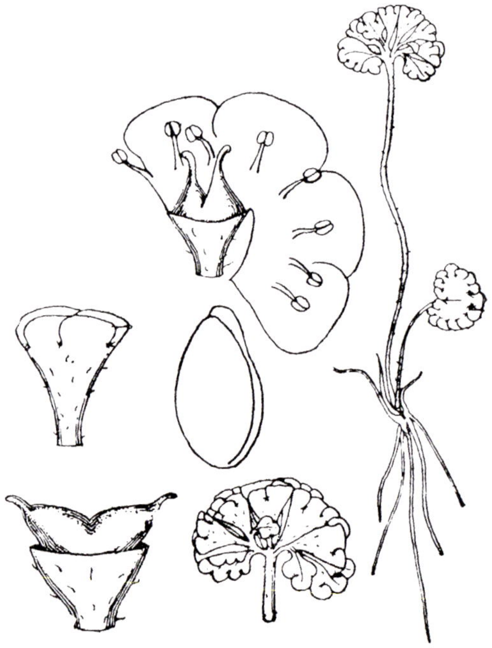

裸茎金腰 **Chrysosplenium nudicaule** Bunge
潘锦堂 王颖　绘

分布与生境　产于甘肃、青海、新疆、云南西北部和西藏东部。生于海拔 2500–4800 m 的石隙。也分布于尼泊尔、俄罗斯和蒙古。

药用部位　全草。

裸茎金腰 **Chrysosplenium nudicaule** Bunge
摄影：潘建斌

功效应用 清热解毒，退黄，止呕。用于黄疸型肝炎，胆囊炎，急性重型肝炎及其他多种胆病，发热，头痛，呕吐，吐黄水。

化学成分 全草含黄酮类：3',4',5-三羟基-3,6-二甲氧基黄酮-7-*O*-*β*-D-吡喃葡萄糖苷(3',4',5-trihydroxy-3,6-dimethoxyflavone-7-*O*-*β*-D-glucopyranoside)[1]，婆婆纳叶布式菊素▲(veronicafolin)，5,4'-二羟基-3,6,3'-三甲氧基黄酮-7-*O*-*β*-D-葡萄糖苷(5,4'-dihydroxy-3,6,3'-trimethoxy-flavone-7-*O*-*β*-D-glucoside)[2]，6,7,3'-三甲氧基-3,5,4'-三羟基黄酮(6,7,3'-trimethoxy-3,5,4'-trihydroxyflavone)[3]；挥发油：以烃、烯烃、脂肪酸酯、酮、芳香类和芳香杂环类为主，其中主要为二十烷(eicosane)，十六酸乙酯(hexadecanoic acid ethyl ester)，2,6-二叔丁基-对甲苯酚(2,6-ditertbutyl corrtricresol)，(*Z*,*Z*,*Z*)-9,12,15-十八碳三烯酸乙酯[(*Z*,*Z*,*Z*)-9,12,15-octadecenoic acid ethyl ester]，邻苯二甲酸二丁酯(dibutylphthalate)[1]；其他类：5-甲氧基阿拉伯糖(5-methoxylarabinose)，*β*-谷甾醇，*β*-涧边草酸▲(*β*-peltoboykinolic acid)[4]。

药理作用 抑菌作用：裸茎金腰中分离得到的两种黄酮醇化合物婆婆纳叶布式菊素▲(veronicafolin) 和 5,4'- 二羟基 -3,6,3'- 三甲氧基黄酮醇 -7-O-*β*-D- 葡萄糖苷均有抑菌作用，后者对大肠埃希菌、伤寒沙门氏菌、金黄色葡萄球菌和枯草芽孢杆菌有抑制作用。前者对枯草芽孢杆菌、伤寒沙门菌、金黄色葡萄球菌和大肠埃希菌有抑制作用。裸茎金腰水母液对金黄色葡萄球菌和伤寒沙门菌有抑菌作用[1]。

抗肿瘤作用：裸茎金腰中 6,7,3'- 三甲氧基 -3,5,4'- 三羟基黄酮可以阻止 K562 细胞由 S 期向 G_2 期转变，对 K562 细胞有抑制增殖和诱导凋亡作用[2]。

注评 本种为部颁药品标准·藏药（1995 年版）收载“金腰草”（藏药名：雅吉玛）的基源植物之一，药用其干燥全草；主要用于胆热症，发热，头痛，胆囊炎，胆结石。

化学成分参考文献

[1] 杨云裳，等 . 天然产物研究与开发，2004, 16(4): 294-296.
[2] 杨云裳，等 . 药物分析杂志，2005, 25(4): 418-420.
[3] 王玉平，等 . 实用癌症杂志，2005,20(4): 374-376.
[4] 杨云裳，等 . 天然产物研究与开发，2004, 16(1): 38-40.

药理作用及毒性参考文献

[1] 杨云裳，等 . 中成药，2006,28(2): 298-299.
[2] 王玉平，等 . 实用癌症杂志，2005,20(4): 374-376.

3. 单花金腰（中国高等植物图鉴）

Chrysosplenium uniflorum Maxim. in Bull. Acad. Imp. Sci. Saint-Petersbourg 27: 472. 1881.
（英 **Uniflorum Goldsaxifrage**）

多年生草本，高 (2–) 6.5–15 cm，地下具 1 鳞茎；鞭匐枝出自叶腋，丝状，无毛。茎无毛，其节间有时极度短缩，但有时也伸长至 4–9 mm。叶互生，下部者为鳞片状，全缘，中上部者具柄；叶片肾形，长 0.8–1.3 cm，宽 0.9–1.9 cm，具 7–11 圆齿（齿先端微凹且具 1 疣点，齿间弯缺处具褐色乳突），基部心形，两面无毛，但与苞叶和萼片均具褐色单宁质斑纹；叶柄长 1–1.9 cm，叶腋部具褐色乳突。单花生于茎顶，或聚伞花序具 2–3 花；苞叶卵形至圆状心形，边缘具 5–11 圆齿，基部圆形至心形，两面无毛，苞腋部具褐色乳突；几无花梗；萼片直立，阔卵形至近倒阔卵形，先端钝或微凹，无毛，但在萼片间弯缺处具褐色乳突；雄蕊 8，花丝长 1–1.6 mm；雌蕊长 2.6–4.1 mm，子房半下位，花柱斜上；花盘不明显。蒴果长约 3 mm，先端微凹，喙长约 1 mm；种子黑褐色，卵球形，长约 1 mm，无毛，有光泽。花果期 7–8 月。

分布与生境　产于陕西（太白山）、甘肃、青海、四川西部、云南西北部和西藏东部。生于海拔 2400–4700 m 的林下、高山草甸或石隙。也分布于尼泊尔。

药用部位　全草。

功效应用　行气化痰，止咳定喘，有催吐和清泻胆热的作用。用于胆热症。

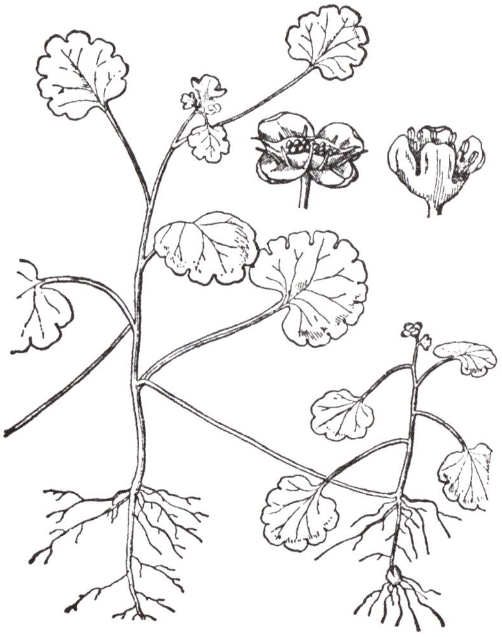

单花金腰 **Chrysosplenium uniflorum** Maxim.
引自《中国高等植物图鉴》

单花金腰 **Chrysosplenium uniflorum** Maxim.
摄影：易思荣

4. 蔽果金腰（西藏植物志）　亚吉玛（藏名）

Chrysosplenium absconditicapsulum J. T. Pan in C. Y. Wu, Fl. Xizang. 2: 450. f. 152: 12-18. 1985.
（英 **Hidefruit Goldsaxifrage**）

多年生草本，高 3.4–4.4 cm，丛生，无毛，但叶腋、苞腋具褐色乳突。茎多分枝，不育枝 2–3。不育枝上部叶片卵形，长 4.9–5.4 mm，宽 2.2–2.6 mm，边缘具 5 圆齿，基部楔形，叶柄长 1–1.4 mm；茎生叶互生，无柄，狭卵形、披针形至狭倒披针形，长 4.4–6.7 mm，宽 1.5–2 mm，最上部者边缘具 5 齿，以下者则具 14–17 不规则齿，齿先端具褐色疣点。多歧聚伞花序长 2.8–1.3 cm，具 9 花；苞叶狭卵形，边缘具 3–5 圆齿，基部渐狭成长约 1.7 mm 之爪；花梗长 0.8–1.5 mm；花黄绿色，钟形；萼片近椭圆形至圆状矩形。先端微凹；雄蕊 8，花丝长 0.8–0.9 mm；子房近下位，长约 2.7 mm，花柱直立；无花盘。蒴果，2 果瓣近等大，为萼片所蔽；种子黑褐色，近椭球形，无毛，有光泽。花果期 6–8 月。

分布与生境 产于我国西藏（拉萨）。

药用部位 全草。

功效应用 清热解毒，催吐，清泻胆热。用于胆热症，肝胆疾病及传染病引起的高热。

注评 本种为藏药“亚吉玛”的基源植物之一，药用其干燥全草；主要用于传染病引起之高热等。

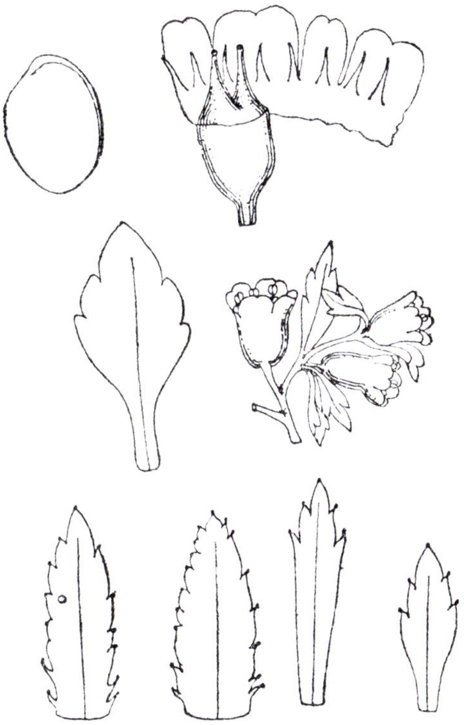

蔽果金腰 **Chrysosplenium absconditicapsulum** J. T. Pan
潘锦堂 阎翠兰 绘

5. 肾叶金腰（中国高等植物图鉴） 高山金腰子（秦岭植物志）

Chrysosplenium griffithii Hook. f. et Thomson in J. Linn. Soc., Bot. 2: 74. 1857.（英 **Griffith Goldsaxifrage**）

多年生草本，高 8.5–32.7 cm，丛生。茎不分枝，无毛。无基生叶或仅具 1 枚；叶片肾形，长 0.7–3 cm，宽 1.2–4.6 cm，7–19 浅裂（裂片多数不相叠接，近阔卵形），叶柄长 7.3–8.7 cm，疏生褐色柔毛和乳突；茎生叶互生，肾形，长 2.3–5 cm，宽 3.2–6.5 cm，11–15 浅裂（裂片近椭圆形至近卵形，先端通常微凹且具 1 疣点，稀具 3 圆齿），两面无毛，但裂片间弯缺处有时具褐色柔毛和乳突；叶柄长 3–5 cm，叶腋具褐色乳突和柔毛。聚伞花序长 3.8–10 cm，具多花（较疏离）；苞片肾形、扇形、阔卵形至近圆形，3–12 浅裂（裂片近卵形至近椭圆形，裂片间弯缺处有时具褐色柔毛和乳突），柄长 0.8–1.5 cm，苞腋具褐色乳突和柔毛；花梗长 0.25–1.1 cm，被褐色乳突和柔毛；花黄色，直径 4.2–4.6 mm；萼片在花期开展，近圆形至菱状阔卵形，先端钝圆，通常全缘，稀具不规则齿；雄蕊 8；子房半下位，花柱长约 0.4 mm；花盘 8 裂。蒴果长约 3 mm，先端近平截而微凹，喙长约 0.4 mm，2 果瓣近等大，近水平状叉开。种子黑褐色，卵球形，无毛，有光泽。花果期 5–9 月。

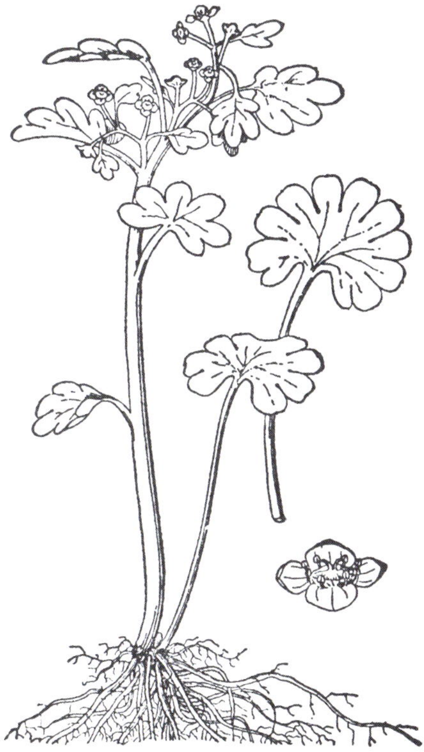

肾叶金腰 **Chrysosplenium griffithii** Hook. f. et Thomson
引自《中国高等植物图鉴》

分布与生境 产于陕西（太白山）、甘肃南部、四川西部和北部、云南北部和西藏东南部。生于海拔 2500–4800 m 的林下、林缘、高山草甸和高山碎石隙。也分布于缅甸北部、不

肾叶金腰 **Chrysosplenium griffithii** Hook. f. et Thomson
摄影：徐晔春

丹、尼泊尔和印度北部。

药用部位 全草。

功效应用 清热，泻下，利胆。用于肝炎，胆囊炎，胆热症。

注评 本种为部颁药品标准·藏药（1995 年版）收载“金腰草”的基源植物之一，药用其干燥全草；也是常用藏药“亚吉玛”的基源植物之一。

6. 长梗金腰（中国高等植物图鉴） 腋花金腰子（秦岭植物志），亚吉（藏名）

Chrysosplenium axillare Maxim. in Bull. Acad. Imp. Sci. Saint-Petersbourg 23: 341. 1877.（英 **Longpedicelled Goldsaxifrage**）

多年生草本，高 18–30 cm，不育枝出自叶腋。花茎无毛。无基生叶；茎生叶数枚，互生，中上部者具柄，叶片阔卵形至卵形，长 0.9–2.9 cm，宽 1– 1.7 cm，边缘具 1–2 圆齿，基部圆状宽楔形，无毛，叶柄长 0.4–1.9 cm，无毛，下部者较小，鳞片状，无柄。单花腋生或疏聚伞花序；苞叶卵形至阔卵形，边缘具 10–12 圆齿（齿先端具 1 褐色疣点），基部宽楔形至圆形，无毛；花梗长 6–19 mm，无毛；花绿色，直径 7.2 mm；萼片近扁菱形，在花期开展，先端具 1 褐色疣点，无毛；雄蕊长约 12 mm；子房半下位，花柱长 0.5–0.9 mm；花盘明显 8 裂。蒴果先端微凹，2 果瓣近等大，肿胀，喙长 0.7 mm。种子黑棕色，近卵球形，光滑无毛，有光泽。花果期 7–9 月。

长梗金腰 **Chrysosplenium axillare** Maxim.
引自《中国高等植物图鉴》

分布与生境 产于陕西（太白山）、甘肃南部、青海东南部和新疆（沙湾）。生于海拔 2800–4500 m 的林下、灌丛间或石隙。也分布于俄罗斯中亚地区。

药用部位 全草。

功效应用 清热解表，祛痰止咳。

注评 本种为藏药“亚吉玛”的基源植物之一，药用其干燥全草。

长梗金腰 **Chrysosplenium axillare** Maxim.
摄影：高贤明

7. 锈毛金腰（中国高等植物图鉴）

Chrysosplenium davidianum Decne. ex Maxim. in Bull. Acad. Imp. Sci. Saint-Petersbourg 23: 343. 1877.（英 **David Goldsaxifrage**）

多年生草本，高 (1–) 3.5–19 cm，丛生；根状茎，密被褐色长柔毛；不育枝发达。茎被褐色卷曲柔毛。基生叶具柄，叶片阔卵形至近阔椭圆形，长 (0.5–) 2.1–4.2 cm，宽 (0.7–) 2–3.7 cm，先端钝圆，边缘具 (7–9–) 13–17 圆齿，基部近截形至稍心形，两面（沿脉）和边缘具褐色长柔毛；叶柄长 1–3 cm，密被褐色卷曲长柔毛；茎生叶 (1–) 2–5 枚，互生，叶片阔卵形至近扇形，长 3–7 mm，宽 3.5–7 mm，先端钝圆，边缘具 7–9 圆齿，基部宽楔形，两面和边缘均疏生褐色柔毛；叶柄长 5–6 mm，被褐色柔毛。聚伞花序长 0.5–4 cm，具多花（较密集）；苞片圆状扇形，边缘具 3–5–7 圆齿，疏生柔毛至近无

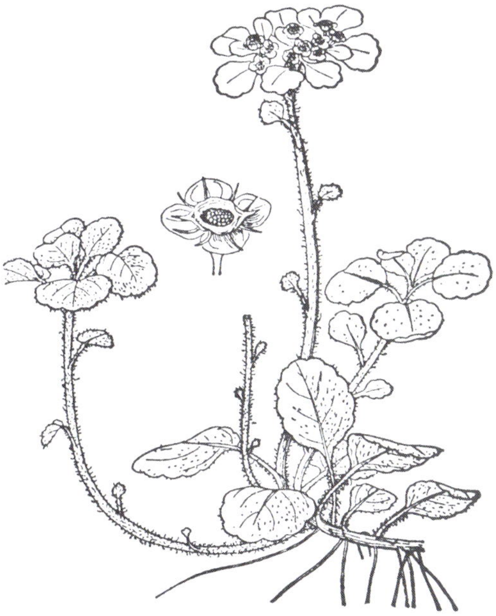

锈毛金腰 **Chrysosplenium davidianum** Decne. ex Maxim.
引自《中国高等植物图鉴》

锈毛金腰 **Chrysosplenium davidianum** Decne. ex Maxim.
摄影：李策宏

毛，柄长 1.2–3.5 mm，疏生柔毛；花梗长 1–5 mm，被褐色柔毛；花黄色；萼片近圆形，先端钝圆或微凹，无毛；雄蕊 8，长 1–2 mm；子房半下位，花柱长 0.8–2 mm；无花盘。蒴果长约 3.8 mm，先端近平截而微凹，2 果瓣近等大且水平状叉开，喙长约 1 mm。种子黑棕色，卵球形，被微乳突。花果期 4–8 月。

分布与生境 产于四川西部、云南北部和西部。生于海拔 1500–4100 m 的林下阴湿草地或山谷石隙。

药用部位 全草。

功效应用 清热解毒，祛风。用于蚂蟥咬伤。

8. 大叶金腰（中国高等植物图鉴） 马耳朵草、龙舌草（浙江东天目），岩窝鸡（四川东部），岩乌金菜（安徽），龙香草（云南彝良），虎皮草（陕西），肺心草（湖北）

Chrysosplenium macrophyllum Oliv. in Hooker's Icon. Pl. 18: t. 1744. 1888.（英 **Bigleaf Goldsaxifrage**）

多年生草本，高 17–21 cm；不育枝的叶互生，具柄，叶片阔卵形至近圆形，长 0.3–1.8 cm，宽 0.4–1.2 cm，边缘具 11–13 圆齿，腹面疏生褐色柔毛，背面无毛，叶柄长 0.8–1 cm，具褐色柔毛。花茎疏生褐色长柔毛。基生叶具柄，叶片倒卵形，长 2.3–19 cm，宽 1.3–11.7 cm，钝圆，全缘或具不明显之微波状小圆齿，基部楔形，腹面疏生褐色柔毛，背面无毛；茎生叶通常 1 枚，叶片狭椭圆形，长 1.2–1.7 cm，宽 0.5–0.75 cm，边缘通常具 13 圆齿，背面无毛，腹面和边缘疏生褐色柔毛。多歧聚伞花序长 3–4.5 cm，疏生褐色柔毛或近无毛；苞叶卵形至阔卵形，先端钝状急尖，边缘通常具 9–15 圆齿（有时不明显），基部楔形，柄长 3–10 mm；萼片近卵形至阔卵形，先端微凹，无毛；雄蕊高出萼片；子房半下位，花柱长约 5 mm；无花盘。蒴果长 4–4.5 mm，先端近平截而微凹，2 果瓣近等大，喙长 3–4 mm。种子黑褐色，近卵球形，密被微乳突。花果期 4–6 月。

分布与生境 产于陕西南部、安徽南部、浙江西北部、江西、湖北、湖南、广东北部、四川东部、贵州和云南东部。生于海拔 1000–2236 m 的林下或沟旁阴湿处。

药用部位 全草。

功效应用 清热解毒，平肝，收敛生肌。用于小儿惊风，疮疖肿痛，烧烫伤。

大叶金腰 **Chrysosplenium macrophyllum** Oliv.
引自《中国高等植物图鉴》

大叶金腰 **Chrysosplenium macrophyllum** Oliv.
摄影：梁同军

9. 天胡荽金腰（植物分类学报）

Chrysosplenium hydrocotylifolium H. Lév. et Vaniot in Repert. Spec. Nov. Regni Veg. 9: 441. 1911.（英 **Pennywortleaf Goldsaxifrage**）

多年生草本，高约 27 cm。茎通常无叶，被褐色柔毛。基生叶具长柄，叶片近圆形，长 2.3–8.5 cm，宽 2.4–8.5 cm，先端钝圆，边缘波状，或具 34–37 圆齿（齿先端微凹且具 1 疣点，齿缘具无色狭边），基部肾形，两面无毛，但具褐色单宁质斑点；叶柄长 2.5–14 cm，最下部具褐色长柔毛。多歧聚伞花序长 10–12 cm；花序分枝长达 7.5 cm，疏生褐色柔毛；苞叶阔卵形，边缘具 5–8 圆齿，基部楔形，无毛，柄长 3.5–9 mm，苞腋具褐色长柔毛；花绿色，直径 5–6 mm；萼片在花期开展，扁圆形，先端钝圆且具 1 褐色疣点，无毛，但具褐色单宁质斑点；雄蕊 8；子房近下位，花柱长约 0.3 mm；花盘 8 裂。蒴果长 5–5.5 mm，先端近平截而微凹，2 果瓣近等大，喙长约 0.2 mm。种子黑褐色，近卵球形，长约 1 mm，具微乳突，有光泽。花果期 4–7 月。

分布与生境　产于贵州和云南东部。生于海拔 1300–2400 m 的石灰岩隙。

药用部位　全草。

功效应用　清热解毒，祛风解表。用于风丹，疔疮，感冒发热。

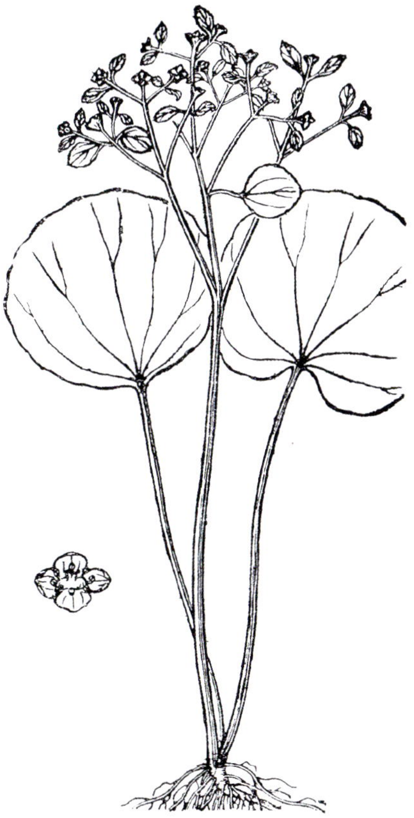

天胡荽金腰 **Chrysosplenium hydrocotylifolium** H. Lév. et Vaniot
张培英　绘

天胡荽金腰 **Chrysosplenium hydrocotylifolium** H. Lév. et Vaniot
摄影：孙庆文

10. 日本金腰（中国高等植物图鉴补编）　珠芽金腰子（东北草本植物志）

Chrysosplenium japonicum (Maxim.) Makino in Bot. Mag. Tokyo 23: 70. 1909.——*C. alternifolium* L. var. *japonicum* Maxim.（英 **Japanese Goldsaxifrage**）

多年生草本，高 8.5–15.5 cm，丛生；茎基具珠芽。茎疏生柔毛。基生叶肾形，长 0.6–1.6 cm，宽 0.9–2.5 cm，边缘约具 15 浅齿（齿先端微凹），基部心形或肾形，腹面疏生柔毛，背面近无毛；叶柄长

1.5–8 cm，疏生柔毛；茎生叶与基生叶同形，长约 1.1 cm，宽约 1.3 cm，边缘约具 11 浅齿，腹面疏生柔毛，背面近无毛；叶柄长约 2 cm，疏生柔毛。聚伞花序长 1.5–4 cm，疏生柔毛；苞片阔卵形至近扇形，边缘具 3–9 浅齿，基部宽楔形，无毛，柄长 0.5–6 mm，疏生柔毛；几无花梗；花密集，绿色，直径约 3 mm；萼片在花期直立，阔卵形，先端钝或急尖，无毛；雄蕊通常 4，稀 8 或 2；子房近下位，花盘通常 4 裂。蒴果长 4–5 mm，先端近平截而微凹，2 果瓣近等大而水平状叉开，喙长约 0.2 mm。种子黑棕色，椭球形，长 0.6–0.7 mm，被微柔毛。花果期 3–6 月。

分布与生境　产于吉林、辽宁、安徽、浙江和江西。生于海拔 500 m 左右的林下或山谷湿地。也分布于朝鲜、日本。

药用部位　全草。

功效应用　清热解毒，祛风解表。用于疔疮。

化学成分　全草含黄酮类：金腰素▲(chrysosplenin)[1]，金腰苷D (chrysosplenoside D)[2]；三萜类：葫芦素B (cucurbitacin B)，β-涧边草酸▲(β-peltoboykinolic acid)[3]。

化学成分参考文献

[1] Nakaoki T, et al. *Yakugaku Zasshi*, 1956, 76: 320-322.

[2] Shimizu M, et al. *Chem Pharm Bull*, 1968, 16(11): 2310-2311.

[3] Arisawa M, et al. *Shoyakugaku Zasshi*, 1993, 47(3): 334-337.

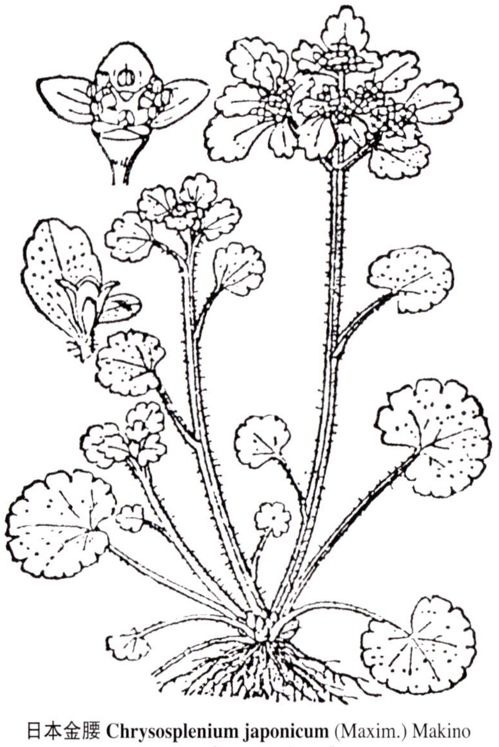

日本金腰 **Chrysosplenium japonicum** (Maxim.) Makino
引自《浙江植物志》

日本金腰 **Chrysosplenium japonicum** (Maxim.) Makino
摄影：浦锦宝

11. 绵毛金腰（中国高等植物图鉴）　红地棉（湖北）

Chrysosplenium lanuginosum Hook. f. et Thomson in J. Linn. Soc., Bot. 2: 74. 1857.——*C. henryi* Franch.（英 **Shortwoolled Goldsaxifrage**）

多年生草本，不育枝被褐色长柔毛，花茎被褐色柔毛或近无毛。基生叶卵形、阔卵形至近椭圆形，长 1.3–4.5 cm，宽 1.2–2.9 cm，先端钝圆，边缘具不明显 9–19 波状圆齿，基部宽楔形，两面和边

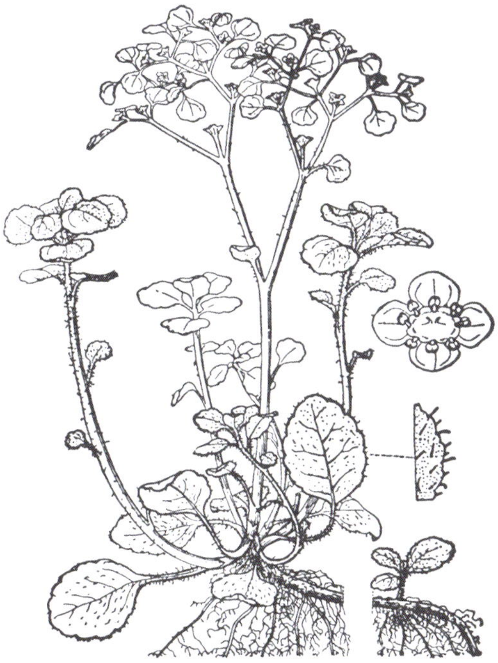

绵毛金腰 **Chrysosplenium lanuginosum** Hook. f. et Thomson
引自《中国高等植物图鉴》

绵毛金腰 **Chrysosplenium lanuginosum** Hook. f. et Thomson
摄影：周喜乐

缘均多少具褐色柔毛，叶柄长 0.8–5 cm，密被褐色柔毛；茎生叶 1–3 枚，阔卵形、椭圆形至扇形，长 0.2–1 cm，宽 0.16–1 cm，边缘具 5–9 圆齿，基部楔形，两面和边缘多少具褐色柔毛，有时背面无毛，叶柄长 0.5–1.7 cm，密被褐色柔毛。聚伞花序长 5–9.5 cm，苞片偏斜状阔卵形、近扇形至倒卵形，边缘具 5–11 圆齿（齿先端有时具褐色柔毛），基部宽楔形至截形，两面无毛，柄长 1.5–7 mm，无毛或疏生柔毛，最下部 1 枚苞片腹面被褐色柔毛；花较疏，绿色，直径 4.2–6.2 mm；萼片具褐色单宁质斑点，先端钝或短渐尖；雄蕊 8；子房近下位；花盘退化，周围具 1 圈褐色乳突。蒴果长 3.2–3.5 mm，先端近平截而微凹，2 果瓣近等大。种子黑褐色，近卵球形，具微乳突。花果期 4–6 月。

分布与生境　产于湖北、四川、贵州、云南和西藏。生于海拔 1130–1600 m 的山谷石隙阴湿处。也分布于缅甸北部、不丹、尼泊尔、印度北部。

药用部位　全草。

功效应用　活血化瘀，退黄。用于劳伤，跌打损伤，黄疸。

12. 山溪金腰（中国高等植物图鉴）

Chrysosplenium nepalense D. Don, Prodr. Fl. Nepal. 210. 1825.（英 **Nepal Goldsaxifrage**）

多年生草本，高 5.5–21 cm。花茎无毛。叶对生，叶片卵形至阔卵形，长 0.3–1.8 cm，宽 0.45–1.8 cm，先端钝圆，边缘具 6–16 圆齿，基部宽楔形至近截形，腹面有时具褐色乳突，背面无毛；叶柄长 0.2–1.5 cm，腹面和叶腋部具褐色乳突。聚伞花序具 8–18 花；苞片阔卵形，边缘具 5–10 圆齿，基部通常宽楔形，稀偏斜形，苞腋具褐色乳突；花黄绿色，直径约 3 mm；花梗无毛；萼片在花期直立，近阔卵形，先端钝圆，无毛；雄蕊 8，长 0.5–1.3 mm；子房近下位，花柱长约 0.2 mm；无花盘。蒴果长约 2.6 mm，2 果瓣近等大，喙长约 0.4 mm。种子红棕色，椭球形，长约 1 mm，光滑无毛。花果期 5–7 月。

分布与生境　产于四川、云南和西藏。生于海拔 1550–5850 m 的林下、草甸或石隙。也分布于缅甸北部、不丹、尼泊尔和印度北部。

山溪金腰 **Chrysosplenium nepalense** D. Don
引自《中国高等植物图鉴》

山溪金腰 **Chrysosplenium nepalense** D. Don
摄影：朱大海

药用部位 全草。

功效应用 清热，利胆，舒肝，催吐，清泻胆热。用于急性黄疸型肝炎，肝硬化，胆囊炎，胆结石，胆病引起的头痛。

注评 本种为部颁药品标准·藏药（1995 年版）收载"金腰草"（藏药名：雅吉玛）的基源植物之一，药用其干燥全草；主要用于胆热症，发热，头痛，胆囊炎，胆结石。

13. 中华金腰（中国高等植物图鉴） 华金腰子（东北植物检索表），中华金腰子（秦岭植物志）

Chrysosplenium sinicum Maxim. in Bull. Acad. Imp. Sci. Saint-Petersbourg 23: 348. 1877.——*C. trachyspermum* Maxim., *C. lushanense* W. T. Wang（英 **Chinese Goldsaxifrage**）

多年生草本，高 (3–) 10–20 (–33) cm。不育枝无毛，叶对生，阔卵形、近圆形，稀倒卵形，长 0.52–1.7 (–7.8) cm，宽 0.85–1.7 (–4.5) cm，先端钝，边缘具 11–29 钝齿，基部宽楔形至近圆形，两面无毛，有时顶生叶背面疏生褐色乳突，叶柄长 (0.5–) 2–8 (–17) mm，顶生叶之腋部具褐色卷曲髯毛。聚伞花序长 2.2–3.8 cm，具 4–10 花；花序分枝无毛；苞片阔卵形、卵形至近狭卵形，边缘具 5–16 钝齿，基部宽楔形至偏斜形，柄长 1–7 mm，近苞腋部具褐色乳突；花梗无毛；花黄绿色；萼片在花期直立，阔卵形至近阔椭圆形，先端钝；雄蕊 8；子房半下位，花柱长约 0.4 mm；无花盘。蒴果长 7–10 mm，2 果瓣明显不等大，叉开，喙长 0.3–1.2 mm。种子黑褐色，椭球形至阔卵球形，被微乳突，有光泽。花果期 4–8 月。

分布与生境 产于黑龙江、吉林、辽宁、河北、山西、陕西、甘肃、青海、安徽、江西、河南、湖北、四川等省。生于海拔 500–3550 m 的林下或山沟阴湿处。也分布于朝鲜、俄罗斯、蒙古。

药用部位 全草。

功效应用 清热解毒，利湿止痒，退黄，利尿，排石。用于咳喘，黄疸肝炎，胆道和膀胱结石，膀胱炎，砂淋，尿道感染，小便短赤疼痛，疔疮，痈疽疖毒，疮面溃烂，久不收口，瘙痒无度。

中华金腰 **Chrysosplenium sinicum** Maxim.
引自《中国高等植物图鉴》

中华金腰 **Chrysosplenium sinicum** Maxim.
摄影：刘冰

14. 滇黔金腰（中国高等植物图鉴） 明镜草（云南）

Chrysosplenium cavaleriei H. Lév. et Vaniot in Repert. Spec. Nov. Regni Veg. 9: 441. 1911.——*C. nepalense* D. Don var. *cavaleriei* (H. Lév. et Vaniot) H. Hara（英 **Cavalerie Goldsaxifrage**）

多年生草本，高 9–32 cm。不育枝的叶阔卵形至近椭圆形，长 1.1–1.9 cm，宽 1–1.9 cm，边缘具 15–23 钝齿（齿间弯缺处具褐色乳突），基部宽楔形，两面疏生盾状腺毛，叶柄长 3–5 mm，叶腋具褐色乳突。茎生叶对生，阔卵形至近扇形，长 0.9–1.3 cm，宽 1–1.35 cm，边缘具 14–19 钝齿（齿间弯缺处具 1 褐色乳突），基部宽楔形至近截形，腹面疏生褐色乳突，背面有时亦疏生褐色乳突；叶柄长 0.7–1 cm，疏生褐色乳突。多歧聚伞花序长 1.7–6.5 cm，具多花（13 花），无毛；苞片阔卵形，先端钝，边缘具 5–15 钝齿（齿间弯缺处具 1 褐色乳突），基部宽楔形、近截形至偏斜形，腹面疏生褐色乳突，背面有时亦疏生褐色乳突，柄长 1–2 mm，腹面和苞腋疏生褐色乳突；花梗无毛；花黄绿色，直径 3.8–6.5 mm；萼片阔卵形、近阔椭圆形至扁圆形，先端钝；雄蕊 8；子房半下位，花柱长 0.2–0.3 mm；花盘明显，其周围具 1 圈褐色乳突。蒴果长约 5.4 mm，2 果瓣不等大，喙长约 0.2 mm。种子黑褐色，近卵球形，密生微乳突。花果期 4–7 月。

分布与生境　产于湖北、湖南（衡山）、四川、贵州、云南。生于海拔 1300–3000 m 的林下湿地或山谷石隙。

药用部位　全草。

功效应用　清热泻火，消炎。

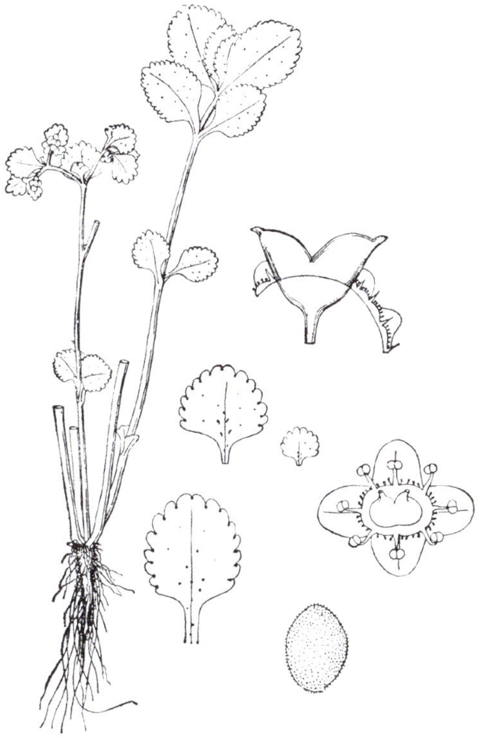

滇黔金腰 **Chrysosplenium cavaleriei** H. Lév. et Vaniot
潘锦堂 王颖　绘

4. 凹瓣梅花草（中国高等植物图鉴） 小苍耳七（云南）

Parnassia mysorensis F. Heyne ex Wight et Arn., Prodr. Fl. Penins Ind. Or. 1: 35. 1834.（英 **Concavepetal Parnassia**）

多年生草本，高 8–13 cm。基生叶 2–4 (–5) 具柄，柄长不超 2 cm；托叶早落；叶片卵状心形或宽卵形，长 5–15 mm，宽 7–15 mm，长、宽几相等，有 7–9 条弧形脉，基部心形或近心形，全缘，先端圆或钝。茎 1–2，近基部或 1/3 部分有 1 叶（苞叶），无柄，半包茎。花单生于茎顶，直径 18–20 mm；萼筒陀螺状；萼片长圆形或半圆形；花瓣白色，宽匙形，边缘变化较大，全缘、啮蚀状或上半部近全缘，下半部有锐齿，先端常 2 裂或微凹；退化雄蕊 5，扁平，先端 1/3 浅裂，裂片并行；子房卵球形。蒴果 3 裂。花期 7–8 月，果期 9 月开始。

分布与生境 产于四川、贵州、云南、西藏。生于海拔 2490–3600 m 的山坡杂木林内、灌丛草甸、山坡草地或山坡开阔的地方。也分布于印度（锡金）和印度北部。

药用部位 全草。

功效应用 清肺热，清肝止咳，解暑，止血。用于肺虚咳嗽，咯血。

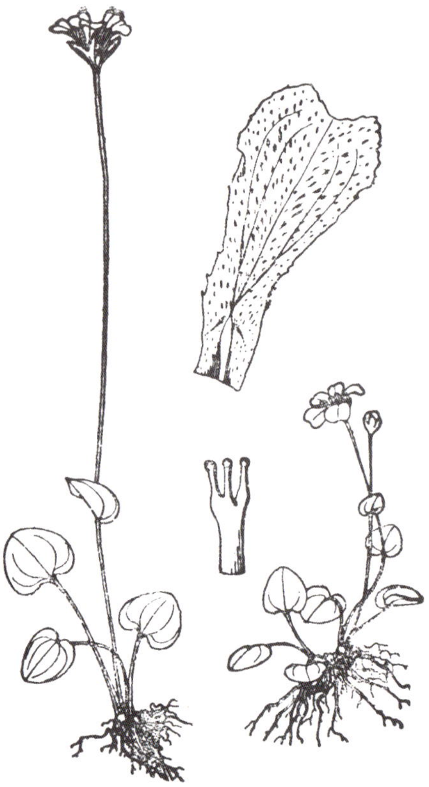

凹瓣梅花草 **Parnassia mysorensis** F. Heyne ex Wight et Arn.
引自《中国高等植物图鉴》

凹瓣梅花草 **Parnassia mysorensis** F. Heyne ex Wight et Arn.
摄影：陈又生

5. 三脉梅花草（中国高等植物图鉴）

Parnassia trinervis Drude in Linnaea 39: 322. 1875.（英 **Threenerve Parnassia**）

多年生草本，高 7–20 (–30) cm。基生叶 4–9，具柄，柄长 2–5 cm，稀达 4 cm；托叶早落；叶片长圆形、长圆状披针形或卵状长圆形，长 8–15 mm，宽 5–12 mm，下面有突起 3–5 条弧形脉，基部微心形、截形或下延而连于叶柄，先端急尖。茎 (1–) 2–4 (–8) 条，近基部具 1 茎生叶；茎生叶无柄，半抱茎，与基生叶同形，但较小。花单生于茎顶，直径约 1 cm；萼筒漏斗状；萼片披针形或长圆披针形；花瓣白色，边全缘；退化雄蕊扁平，先端 1/3 浅裂；子房半下位；柱头 3 裂。蒴果 3 裂。花期 7–8 月，

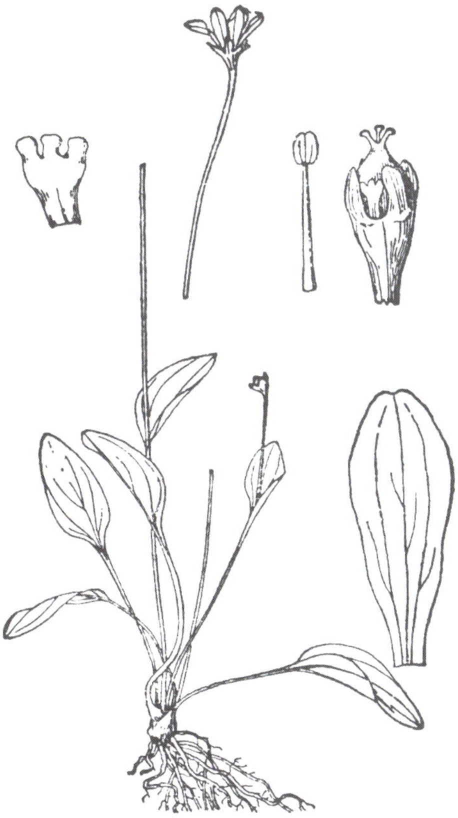

三脉梅花草 **Parnassia trinervis** Drude
引自《中国高等植物图鉴》

三脉梅花草 **Parnassia trinervis** Drude
摄影：林秦文

果期 9 月开始。

分布与生境　产于甘肃、青海、四川和西藏。生于海拔 3100–4500 m 的山谷潮湿地、沼泽草甸或河滩上。

药用部位　全草。

功效应用　清热解毒，止咳化痰。

6. 绿花梅花草（中国植物志）　绿花苍耳大（秦岭植物志）

Parnassia viridiflora Batalin in Trudy Imp. S.-Peterburgsk. Bot. Sada 12: 168. 1892.——*P. trinervis* Drude var. *viridiflora* (Batalin) Hand.-Mazz.（英 **Greenflower Parnassia**）

多年生草本，高 7–14 cm。基生叶 (1–) 2–4 (–5)，柄长 (1–) 1.5–2.5 cm；叶片卵状椭圆形或三角状卵形，稀卵状心形，长 1–2.5 cm，宽 6–15 mm，具 5–7 条弧形突起叶脉，基部宽楔形、近截形或下延连于叶柄，先端钝或微尖。茎 1，偶 2，近基部具 1 叶（苞叶），无柄半包茎，与基生叶同形，但明显小。花单生于茎顶，直径 13–18 mm；花瓣绿色，边全缘，具 5 条紫色脉；退化雄蕊扁平，先端 3 浅裂；子房半下位；柱头 3 裂。蒴果椭圆形，有时外被紫色小点。花期 8 月，果期 9 月。

分布与生境　产于陕西、青海、四川和云南。生于海拔 3600–4100 m 的高山草甸、灌丛草甸或山坡等处。

药用部位　全草。

功效应用　清热润肺，消炎止痛。

部常有数条锈褐色附属物，脱落。花单生于茎顶，直径 2–3 cm；萼筒钟状；萼片披针形，先端钝，具明显 3 条脉；花瓣白色，宽匙形或倒卵长圆形，基部渐窄成长约 2 mm 之爪，先端圆，有 5 条紫褐色之脉；退化雄蕊 5，扁平，全长约 5 mm，与花丝近等长，先端 3 深裂达 2/3，裂片长可达 3.2 mm，先端平；子房半下位，长卵球形；花柱短，长约 1 mm；柱头 3 裂；裂片长圆形，长约 1 mm。蒴果长卵球形，直径 5–7 mm。种子多数。花期 7–8 月，果期 9 月。

分布与生境 产于河北、山西、陕西、宁夏、甘肃、青海、四川等。生于海拔 1600–3000 m 的高山草地、山腰林缘和阴坡潮湿处或路边等处。

药用部位 全草。

功效应用 用于退热。

注评 本种为部颁药品标准·蒙药（1998 年版）、内蒙古中药材标准（1988）收载“梅花草”的基源植物之一，药用其干燥全草。

9. 短柱梅花草（中国高等植物图鉴）

Parnassia brevistyla (Brieger) Hand.-Mazz., Symb. Sin. 7(2): 434. 1931.——*P. delavayi* Franch. var. *brevistyla* Brieger（英 **Shrotstyle Parnassia**）

多年生草本，高 11–23 cm；根状茎圆柱形，形状多样。基生叶 2–4，柄长 3–9 cm，扁平，向基部加宽；托叶膜质，边有流苏状毛；叶片卵状心形或卵形，长 1.8–2.5 cm，宽 1.5–3.5 cm，有 5–7 (–9) 条脉，基部弯缺呈深心形，全缘，先端急尖。茎 2–4 条，近中部或偏上有 1 叶，无柄半抱茎，茎生叶与基生叶同形，但较小，其基部常有铁锈色附属物，有时结合成小片状。花单生于茎顶，直径 1.8–3 (–5) cm；萼筒浅；萼片长圆形、卵形或倒卵形，中脉明显；花瓣白色，宽倒卵形或长圆倒卵形，边缘上部的 2/3 呈

短柱梅花草 **Parnassia brevistyla** (Brieger) Hand.-Mazz.
引自《中国高等植物图鉴》

短柱梅花草 **Parnassia brevistyla** (Brieger) Hand.-Mazz.
摄影：张英涛

浅而不规则啮蚀状，下部 1/3 具短而流苏状毛，有 5–7 条紫红色脉，并布满紫红色小斑点；雄蕊 5，花药椭圆形，药隔连合并伸长，呈匕首状，长度不等，先端渐尖；退化雄蕊 5，扁平，3 裂，通常中间裂片短而窄，两侧裂片宽；子房卵球形，花柱短。蒴果倒卵球形。花期 7–8 月，果期 9 月开始。

分布与生境 产于四川西部和北部、西藏东北部、云南西北部和甘肃、陕西南部。生于海拔 2800–4300 m 的山坡阴湿的林下和林缘、云杉林间空地、山顶草坡下或河滩草地。

药用部位 全草。

功效应用 清热，止血。用于发热，内伤出血。

10. 突隔梅花草（中国高等植物图鉴） 芒药苍耳七（秦岭植物志），肺心草（陕西），金耳吊环、肾形草（湖北）

Parnassia delavayi Franch. in J. Bot. (Morot) 10:267. 1896.（英 **Delavay Parnassia**）

多年生草本，高 12–35 cm；根状茎形状多样。基生叶 3–4 (–7)，柄长 (3–) 5–16 cm；两侧有窄翼；托叶膜质，边有褐色流苏状毛；叶片肾形或近肾形，长 2–4 cm，宽 2.5–4.5 cm，有突起 5–7 (–9) 条脉，基部弯缺甚深呈深心形，全缘，先端圆，带突起圆头或急尖头。茎 1，中部以下或近中部具 1 叶，无柄，半抱茎，与基生叶同形，但稍小或近等大，常在基部有 2–3 条铁锈色附属物。花单生于茎顶，直径 3–3.5 cm；萼筒倒圆锥形；萼片长圆形、卵形或倒卵形，通常 3–5 (–7) 条脉，有显著密集褐色小点；花瓣白色，长圆倒卵形或匙状倒卵形，边缘上半部 1/3 有短的流苏状毛，通常有 5 条紫褐色脉，并密被紫褐色小点；雄蕊 5；花药椭圆形，其药隔连合并伸长，呈匕首状，长可达 5 mm；退化雄蕊 5，扁平，先端 3 裂，中间裂片比两侧裂片窄；子房上位，顶端压扁球形；柱头 3 裂。蒴果 3 裂。花期 7–8 月，果期 9 月开始。

分布与生境 产于湖北、陕西、甘肃、四川和云南。生于海拔 1800–3800 m 的溪边疏林中、冷杉林和杂木林下以及草滩湿地和碎石坡上。

药用部位 全草。

功效应用 清热润肺，解毒消肿。用于肺结核，喉炎，腮腺炎，淋巴腺炎，热毒疮肿，跌打损伤。

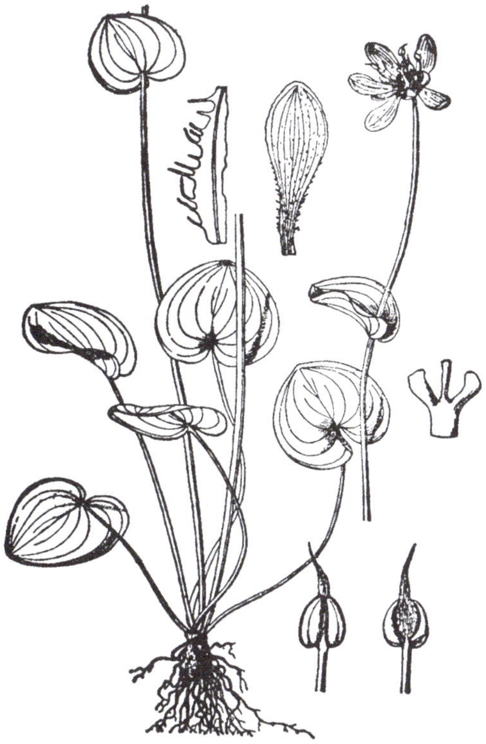

突隔梅花草 **Parnassia delavayi** Franch.
引自《中国高等植物图鉴》

突隔梅花草 **Parnassia delavayi** Franch.
摄影：陈又生

部无疣状体 ………………………………………………………………………… 4. 台湾溲疏 **D. taiwanensis**

7. 叶两面被毛形状和疏密不同，星状毛有 6–18 辐线，下面较上面密且辐线数多一倍以上，稀下面无毛或疏被毛。

8. 花枝无毛；叶下面无毛，如下面被毛亦很稀疏 ………………………………… 5. 黄山溲疏 **D. glauca**

8. 花枝被毛；叶两面均被毛，下面被毛较上面密；花枝上的叶柄长 1–2 mm；叶上面被 4–7 (–8) 辐线星状毛；花果均较小，花冠直径 1–1.8 cm，果直径 4–5 mm …… 6. 宁波溲疏 **D. ningpoensis**

1. 光萼溲疏（东北木本植物图志） 崂山溲疏（中国树木分类学），千层毛（东北），无毛溲疏（中国植物图谱），光叶溲疏（经济植物手册）

Deutzia glabrata Kom. in Trudy Imp. S.-Peterburgsk. Bot. Sada 22: 433. 1903.——*D. glaberrima* Koehne（英 **Glabrous Deutzia**）

灌木，高约 3 m；老枝的表皮常脱落；花枝具 4–6 叶，无毛。叶卵形或卵状披针形，长 5–10 cm，宽 2–4 cm，先端渐尖，基部阔楔形或近圆形，边缘具细锯齿，上面无毛或疏被 3–4 (–5) 辐线星状毛，下面无毛；侧脉每边 3–4 条；叶柄长 2–4 mm，花枝上叶近无柄或叶柄长 1–2 mm。伞房花序直径 3–8 cm，有花 5–20 (–30) 朵，花序轴无毛；花蕾球形或倒卵形；花冠直径 1–1.2 cm；花梗长 10–15 mm；萼筒杯状，高约 2.5 mm，直径约 3 mm，无毛；裂片卵状三角形，长约 1 mm，先端稍钝；花瓣白色，圆形或阔倒卵形，长约 6 mm，宽约 4 mm，先端钝，基部收狭，两面被细毛；雄蕊长 4–5 mm；花柱 3，约与雄蕊等长。蒴果球形，直径 4–5 mm，无毛。花期 6–7 月，果期 8–9 月。

分布与生境 产于黑龙江、吉林、辽宁、山东（崂山、昆嵛山）、河南（晋川、西峡）。生于海拔 300–600 m 的山地石隙间或山坡林下。也分布于朝鲜和俄罗斯（西伯利亚东部）。

药用部位 全株。

功效应用 清热，利尿，下气。

光萼溲疏 **Deutzia glabrata** Kom.
引自《中国高等植物图鉴》

光萼溲疏 **Deutzia glabrata** Kom.
摄影：周繇

2. 小花溲疏（中国树木分类学） 唐溲疏（日本）

Deutzia parviflora Bunge, Enum. Pl. Chin. Bor. 31. 1831.（英 **Smallflower Deutzia**）

2a. 小花溲疏（模式变种）

Deutzia parviflora Bunge var. **parviflora**

灌木，高约 2 m；老枝灰褐色，表皮片状脱落；花枝具 4–6 叶，褐色，被星状毛。叶纸质，卵形、椭圆状卵形或卵状披针形，长 3–6 (–10) cm，宽 2–4.5 cm，急尖或短渐尖，基部阔楔形或圆形，边缘具细锯齿，上面疏被 5 (–6) 辐线星状毛，下面被大小不等 6–12 辐线星状毛，有时具中央长辐线或仅中脉两侧有中央长辐线；叶柄长 3–8 mm，疏被星状毛。伞房花序直径 2–5 cm，多花，被长柔毛和星状毛；花蕾球形或倒卵形；花冠直径 8–15 cm；花梗长 2–12 mm；萼筒杯状，高约 3.5 mm，直径约 3 mm，密被星状毛，裂片三角形，较萼筒短，先端钝；花瓣白色，阔倒卵形或近圆形，先端圆，基部急收狭，两面均被毛，花蕾时覆瓦状排列；外轮雄蕊长 4–4.5 mm，花丝钻形或近截形，内轮雄蕊长 3–4 mm，花丝钻形或具齿，齿长不达花药，花药球形，具柄；花柱 3，较雄蕊稍短。蒴果球形，直径 2–3 mm。花期 5–6 月，果期 8–10 月。

分布与生境 产于吉林、辽宁、内蒙古、河北、山西、陕西、甘肃、河南、湖北。生于海拔 1000–1500 m 的山谷林缘。也分布于朝鲜和俄罗斯。

药用部位 茎皮。

功效应用 解热，发汗解表，宣肺止咳。用于感冒咳嗽，寒咳寒嗽，支气管炎。

小花溲疏 **Deutzia parviflora** Bunge var. **parviflora**
引自《中国高等植物图鉴》

小花溲疏 **Deutzia parviflora** Bunge var. **parviflora**
摄影：刘冰

2b. 东北溲疏（变种）（东北木本植物图志） 阿穆尔小花溲疏（经济植物手册）

Deutzia parviflora Bunge var. **amurensis** Regel in Mém. Acad. Imp. Sci. Saint Pétersbourg, Sér. 7, 4(4): 63. 1861.——*D. amurensis* (Regel) Airy Shaw（英 **Amur Smallflower Deutzia**）

本变种和原变种区别在于叶脉上的星状毛无中央长辐线。花期 6 月，果期 9 月。

分布与生境 产于黑龙江、吉林、辽宁、内蒙古。生于海拔 300–800 m 的杂木林或灌丛中。也分布于外轮雄蕊长约 12 mm，内轮较短，花丝先端 2 齿，齿长不达花药，花药长圆形，具短柄，从花丝裂齿间伸出；花柱 3–4，较外轮雄蕊稍长。蒴果半球形，直径约 3.5 mm。花期 3–6 月，果期 8–10 月。

分布与生境 产于台湾。生于海拔 300–2300 m 地区的林中。

药用部位 根。

功效应用 解热，截疟。用于疟疾，热病。

化学成分 叶和花含黄酮类：山柰酚-7-*O*-β-D-吡喃葡萄糖苷(kaempferol-7-*O*-β-D-glucopyranoside)，山柰酚-3-鼠李糖基-7-葡萄糖苷(kaempferol-3-rhamnosyl-7-glucoside)，槲皮素-3-葡萄糖苷(quercetin-3-glucoside)，槲皮素-3-鼠李糖基葡萄糖苷(quercetin-3-rhamnoglucoside)，山柰酚-3-三葡萄糖苷(kaempferol-3-triglucoside)，山柰酚-3-葡萄糖基鼠李糖基葡萄糖苷(kaempferol-3-glucorhamnoglucoside)，槲皮素-7-鼠李糖苷(quercetin-7-rhamnoside)[1]。

叶含环烯醚萜类：卯花苷元(scabrogenin)，α-溲疏苷元(α-deutziogenin)，β-溲疏苷元(β-deutziogenin)[2]，卯花醇(scabrosidol)[3]，溲疏醇(deutziol)[4]，卯花苷(scabroside)，溲疏醇苷(deutzioside)[5]。

注评 本种为“溲疏”的基源植物，药用其干燥果实。同属多个近缘种的果实多作“溲疏”入药。

化学成分参考文献

[1] Dembinska-Migas W, et al. *Herba Polonica*, 1986, 32(2): 75-80.

[2] Esposito P, et al. *Phytochemistry*, 1984, 23(4): 803-807.

[3] Esposito P, et al. *J Nat Prod*, 1983, 46(5): 614-618.

[4] Esposito P, et al. *Gazzetta Chimica Italiana*, 1976, 106(1-2): 57-63.

[5] Bonadies F, et al. *Gazzetta Chimica Italiana*, 1974, 104(1-2): 17-24.

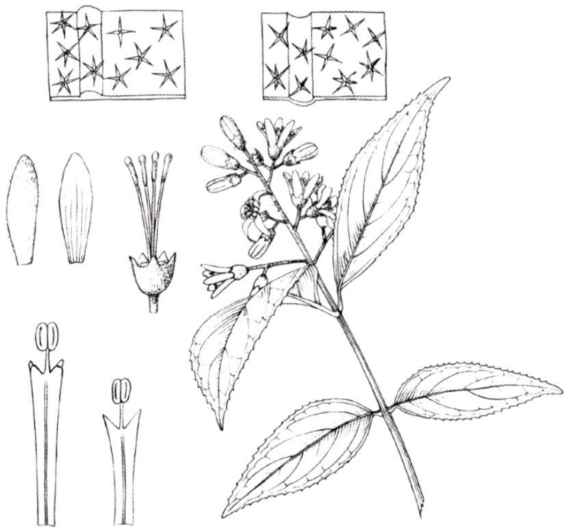

台湾溲疏 **Deutzia taiwanensis** (Maxim.) C. K. Schneid.
余汉平　绘

台湾溲疏 **Deutzia taiwanensis** (Maxim.) C. K. Schneid.
摄影：高贤明

5. 黄山溲疏（中国树木分类学）

Deutzia glauca W. C. Cheng in Contr. Biol. Lab. Chin. Assoc. Advancem. Sci., Sect. Bot. 10: 71. fig. 8. 1935.（英 **Greyblue Deutzia**）

灌木，高 1.5–2 m；老枝的表皮缓慢脱落，无毛。花枝长 8–20 cm，具 4–6 叶，无毛。叶纸质，卵状长圆形或卵状椭圆形，稀卵状披针形，长 5–10 cm，宽 2–4.5 cm，急尖或渐尖，基部楔形或圆形，边缘具细锯齿，上面疏被 4–5 辐线星状毛，下面无毛或被极稀疏 8–16 辐线星状毛，侧脉每边 4–8 条；叶柄长 5–9 mm，无毛。圆锥花序，具多花，无毛；花蕾长圆形，花冠直径 1–1.4 cm，花梗长 2–5 mm；萼筒杯状，裂片阔三角形，急尖，与萼筒均疏被 12–19 辐线星状毛；花瓣白色，长圆形或狭椭圆状菱

黄山溲疏 **Deutzia glauca** W. C. Cheng
引自《中国高等植物图鉴》

黄山溲疏 **Deutzia glauca** W. C. Cheng
摄影：徐克学

形，急尖或钝，外面被星状毛，内面近边缘稍被毛，花蕾时内向镊合状排列；外轮雄蕊长约 8 mm，内轮雄蕊长约 5 mm，花丝先端 2 钝齿，齿端不明显 2 裂，长不达花药，花药长圆形，具短柄，从花丝裂齿间伸出；花柱 3，长约 12 mm。蒴果半球形，高约 4 mm，直径约 7 mm。花期 5–6 月，果期 8–9 月。

分布与生境　产于安徽、河南、湖北、浙江、江西。生于海拔 600–1200 m 的林中。

药用部位　根、叶。

功效应用　清热解毒，利尿，补肾，截疟，接骨。

6. 宁波溲疏（中国植物图谱）　空心副常山、细叶空心柴（浙江），观音竹（湖北）

Deutzia ningpoensis Rehder in Sarg., Pl. Wils. 1: 17. 1911.——*D. ningpoensis* Rehder f. *integrifolias* D. Y. Liu et J. Han（英 **Ningpo Deutzia**）

灌木，高 1–2.5 m；老枝无毛，表皮常脱落；花枝具 6 叶，被星状毛。叶厚纸质，卵状长圆形或卵状披针形，长 3–9 cm，宽 1.5–3 cm，渐尖或急尖，基部圆形或阔楔形，边缘具疏离锯齿或近全缘，上面疏被 4–7 辐线星状毛，下面密被 12–15 辐线星状毛，稀具中央长辐线，侧脉每边 5–6 条；花枝上叶柄长 5–10 mm，其余叶柄长 5–10 mm，被星状毛。聚伞状圆锥花序，长 5–12 cm，直径 2.5–6 cm，多花，疏被星状毛；花蕾长圆形；花冠直径 1–1.8 cm；花梗长 3–5 mm；萼筒杯状；裂片卵形或三角形，与萼筒均密被 10–15 辐线星状毛；花瓣白色，急尖，中部以下渐狭，外面被星状毛，花蕾时内向镊合状排列；外轮雄蕊长 3–4 mm，内轮雄蕊较短；花丝先端 2 短齿，长不达花药，花药球形，具短柄，从花丝裂齿间伸出；花柱 3–4，长约 6 mm，柱头稍弯。蒴果半球形，直径 4–5 mm，密被星状毛。花期 5–7 月，果期 9–10 月。

分布与生境　产于陕西、安徽、湖北、江西、福建、浙江。生于海拔 500–800 m 的山谷或山坡林中。

药用部位　根、叶。

功效应用　清热解毒，截疟，利尿，接骨，杀虫。用于感冒发热，小便淋痛，夜尿，疟疾，骨折，疥疮。

宁波溲疏 **Deutzia ningpoensis** Rehder
引自《中国高等植物图鉴》

宁波溲疏 **Deutzia ningpoensis** Rehder
摄影：徐克学

7. 异色溲疏（中国植物图谱） 白花溲疏（经济植物手册）

Deutzia discolor Hemsl. in J. Linn. Soc., Bot. 23: 275. 1887.（英 **Discolour Deutzia**）

灌木，高 2–3 m；老枝圆柱形，疏被星状毛或无毛，表皮片状脱落，花枝具 2–4 (–6) 叶，疏被星状毛。叶纸质，椭圆状披针形或长圆状披针形，长 5–10 cm，宽 2–3 cm，急尖，基部楔形或阔楔形，

异色溲疏 **Deutzia discolor** Hemsl.
引自《中国高等植物图鉴》

异色溲疏 **Deutzia discolor** Hemsl.
摄影：刘宗才

边缘具细锯齿，齿端角质，疏被 4–6 辐线星状毛，下面密被 10–20 (–13) 辐线星状毛，两面均具中央长辐线，侧脉每边 5–6 条；叶柄长 3–6 mm，被星状毛。聚伞花序长 6–10 cm，直径 5–8 cm，有花 12–20 多朵；花蕾长圆形；花冠直径 1.5–2 cm；花梗长 1–1.5 cm；萼筒杯状，密被 10–12 辐线星状毛，裂片长圆状披针形，渐尖，与萼筒等长或稍长，绿色，被毛较稀疏；花瓣白色，椭圆形，外面疏被星状毛，花蕾时内向镊合状排列；外轮雄蕊长 5.5–7 mm，花丝先端 2 齿，齿长不达花药，花药卵形或球形，具长柄，药隔常被星状毛，内轮雄蕊长 3.5–5 mm，形状与外轮相似；花柱 3–4，与雄蕊等长或稍长。蒴果半球形，直径 4.5–6 mm，褐色，宿存萼裂片外反。花期 6–7 月，果期 8–10 月。

分布与生境　产于陕西、甘肃、河南、湖北和四川。生于海拔 1000–2500 m 的山坡或溪边灌丛中。

药用部位　根、叶。

功效应用　清热解毒，活血，止血，催吐，除烦，利尿。

8. 大花溲疏（东北木本植物图志） 华北溲疏（中国树木分类学）

Deutzia grandiflora Bunge in Enum. Pl. Chin. Bor. 30. 1831.（英 **Largeflower Deutzia**）

灌木，高约 2 m；老枝无毛，表皮片状脱落；花枝具 2–4 叶，被具中央长辐线星状毛。叶纸质，卵状菱形或椭圆状卵形，长 2–5.5 cm，宽 1–3.5 cm，急尖，基部楔形或阔楔形，边缘具大小相间或不整齐锯齿，上面被 4–6 辐线星状毛，下面被 7–11 辐线星状毛，沿叶脉具中央长辐线，侧脉每边 5–6 条；叶柄长 1–4 mm，被星状毛。聚伞花序长和直径均 1–3 cm，具花 (1–) 2–3 朵；花蕾长圆形；花冠直径 2–2.5 cm；花梗被星状毛；萼筒浅杯状，密被灰黄色星状毛，有时具中央长辐线，裂片线状披针形，较萼筒长，宽 1–1.5 mm，被毛较稀疏；花瓣白色，长圆形或倒卵状长圆形，长约 1.5 cm，宽约 7 mm，圆形，外面被星状毛，花蕾时内向镊合状排列；外轮雄蕊长 6–7 mm，花丝先端 2 齿，齿平展或下弯成钩状，花药具短柄，内轮雄蕊较短，形状与外轮相同；花柱 3 (–4)，约与外轮雄蕊等长。蒴果半球形，直径 4–5 mm，被星状毛，具宿存萼裂片外弯。花期 4–6 月，果期 9–11 月。

分布与生境　产于辽宁、内蒙古、河北、山西、陕西、甘肃、山东、江苏、河南、湖北等省区。生于海拔 800–1600 m 的山坡、山谷和路旁灌丛中。

药用部位　果实。

功效应用　清热，利尿，下气。

大花溲疏 **Deutzia grandiflora** Bunge
引自《中国高等植物图鉴》

大花溲疏 **Deutzia grandiflora** Bunge
摄影：张英涛

9. 四川溲疏（中国树木分类学） 夏季石藤（中国植物名录），白茂树（湖北会丰），鹅毛通（湖南），川溲疏（经济植物手册）

Deutzia setchuenensis Franch. in J. Bot. (Morot) 10: 282. 1896.（英 **Szechwan Deutzia**）

灌木，高约 2 m；老枝表皮常片状脱落，无毛；花枝具 4–6 叶，疏被紧贴星状毛。叶纸质或膜质，卵形、卵状长圆形或卵状披针形，长 2–8 cm，宽 1–5 cm，渐尖或尾状，基部圆形或阔楔形，边缘具细锯齿，被 3–5 (–6) 辐线星状毛，沿叶脉稀具中央长辐线，下面被 4–7 (–8) 辐线星状毛，侧脉每边 3–4 条；叶柄长 3–5 mm，被星状毛。伞房状聚伞花序长 1.5–4 cm，直径 2–5 cm，有花 6–20 朵；被星状毛；花蕾长圆形或卵状长圆形；花冠直径 1.5–1.8 cm；花梗长 3–10 mm；花瓣白色，卵状长圆形；萼筒杯状，密被 10–12 辐线星状毛，裂片阔三角形，急尖，外面密被星状毛，花蕾时内向镊合状排列；外轮雄蕊长 5–6 mm，花丝先端 2 齿，约与花药等长或较长，花药具短柄，从花丝裂齿间伸出，内轮雄蕊较短，花丝先端 2 浅裂，花药从花丝内侧近中部伸出；花柱 3，长约 3 mm。蒴果球形，直径 4–5 mm，宿存萼裂片内弯。花期 4–7 月，果期 6–9 月。

分布与生境 产于江西、福建西部、湖北、湖南、广东北部、广西北部、贵州、四川和云南西北部。生于海拔 300–2000 m 的山地灌丛中。

药用部位 全株、叶、枝。

功效应用 清热除烦，化食，利尿，除胃热，活血止痛，除蚊。用于外感暑热，身热烦渴，多汗，小便不利，赤尿，淋沥，热积膀胱，膀胱炎，小儿疳积，风湿关节痛，疮毒，毒蛇咬伤。

注评 本种苗族药用，其果实治妇女崩漏、疮疖痈肿。

四川溲疏 **Deutzia setchuenensis** Franch.
引自《中国高等植物图鉴》

四川溲疏 **Deutzia setchuenensis** Franch.
摄影：孙庆文

15. 山梅花属 Philadelphus L.

直立灌木，稀攀援，少具刺；小枝对生，树皮常脱落。叶对生，全缘或具齿，离基 3 或 5 出脉；托叶缺；芽常具鳞片或无鳞片。总状花序，常下部分枝呈聚伞状或圆锥状排列，稀单花；花白色，芳香，筒陀螺状或钟状，贴生于子房上；萼片 4 (–5)；花瓣 4 (–5)，旋转覆瓦状排列；雄蕊 13–90，花丝扁平，分离，稀基部联合，花药卵形或长圆形，稀球形；子房下位或半下位，4 (–5) 室，胚珠多颗，悬垂，中轴胎座，花柱 (3) 4 (–5)，合生，稀部分或全部离生，柱头槌形、棒形、匙形或桨形。蒴果 4 (–5) 瓣裂，外果皮纸质，内果皮木栓质。种子极多，种皮前端冠以白色流苏，末端延伸成尾或渐尖，胚小，陷入胚乳中。

本属约 70 多种，产于北温带，尤以东亚较多，欧洲仅 1 种，北美洲延至墨西哥。我国有 22 种 17 变种，几全国均产，但主产于西南部各省区，其中 7 种可药用。

分种检索表

1. 花柱纤细，柱头槌形，稀棒形，长 1–1.5 mm，较花药短而狭；总状花序常有花 3–7 (–14) 朵，下部分枝先端具 1 花，稀 3 花。
  2. 花梗和花萼外面密被毛；叶片下面密被长粗毛；总状花序有花 5–7 (–11) 朵，花序轴长 5–7 cm ······ 4. **山梅花 P. incanus**
  2. 花梗和花萼外面无毛或疏被毛。
    3. 花萼外面疏被微柔毛 ······ 3. **薄叶山梅花 P. tenuifolius**
    3. 花萼外面无毛。
      4. 叶两面均无毛或仅下面脉腋被毛；总状花序有花 5–7 朵，花序轴长 3–5 cm ······ 1. **太平花 P. pekinensis**
      4. 叶两面多少被毛；总状花序有花 3–5 朵，花序轴长 2–2.5 (–4) cm ······ 2. **短序山梅花 P. brachybotrys**
1. 花柱粗壮，柱头棒形、桨形或匙形，长 1.5–2 cm，较花药长或近相等；总状花序有花 (5) 7–11 (–30) 朵，通常下部 1–3 对分枝顶端具 2–5 花，呈聚伞状或圆柱状排列。
  5. 叶片下面密被柔毛；花萼外面无毛，常具白粉，无棱或仅基部稍具棱 ······ 5. **云南山梅花 P. delavayi**
  5. 叶片下面被稀疏柔毛或仅沿叶脉被毛；花萼外面被毛。
    6. 叶卵形或卵状长圆形；花萼和小枝暗紫色；叶上面被刚毛 ······ 6. **滇南山梅花 P. henryi**
    6. 叶椭圆形或椭圆状披针形；花萼和小枝褐色；叶上面被糙伏花 ······ 7. **绢毛山梅花 P. sericanthus**

1. 太平花（北京） 太平瑞圣花（群芳谱），京山梅花（中国植物图普），白花结

Philadelphus pekinensis Rupr. in Bull. Cl. Phys.-Math. Acad. Imp. Sci. Saint-Pétersbourg 15: 365. 1857.
（英 **Peking Mockorange**）

灌木，高 1–2 m，二年生小枝和当年生小枝无毛，不开裂。叶卵形或阔椭圆形，长 6–9 cm，宽 2.5–4.5 cm，长渐尖，基部阔楔形或楔形，边缘具锯齿，稀近全缘，两面无毛，稀仅下面脉腋被白色长柔毛；叶脉离基 3–5 条；花枝上叶较小，椭圆形或卵状披针形，长 2.5–7 cm，宽 1.5–2.5 cm；叶柄长 5–12 mm，无毛。总状花序有花 5–7 (–9) 朵；花序轴长 3–5 cm，无毛；花梗长 3–6 mm，无毛；花萼外面无毛，裂片卵形，长 3–4 mm，宽约 2.5 mm，先端急尖；花冠盘状，直径 2–3 mm；花瓣白色，倒卵形，长 9–12 mm，宽约 8 mm；雄蕊 25–28，最长的达 8 mm；花盘和花柱无毛；花柱长 4–5 mm，纤细，先端稍分裂，柱头棒形或槌形，长约 1 mm，常较花药小。蒴果近球形或倒圆锥形，直径 5–7 mm，宿存萼裂片近顶生。种子长 3–4 mm，具短尾。花期 5–7 月，果期 8–10 月。

分布与生境　产于辽宁、内蒙古、河北、河南、山西、陕西、湖北。生于海拔 700–900 m 的山坡杂木林中或灌丛中。也分布于朝鲜，欧美一些植物园有栽培。

药用部位　根。

功效应用　解热镇痛，截疟。用于疟疾，胃痛，腰痛，挫伤。

太平花 **Philadelphus pekinensis** Rupr.
引自《中国高等植物图鉴》

太平花 **Philadelphus pekinensis** Rupr.
摄影：张英涛

2. 短序山梅花（经济植物手册） 宝仙（群芳谱）

Philadelphus brachybotrys (Koehne) Koehne in Sarg., Pl. Wilson. 1: 5. 1911.——*P. pekinensis* Rupr. var. *brachybotrys* Koehne（英 **Shortinflorescenced Mockorange**）

灌木，高 2–3 m；二年生小枝无毛，表皮开裂，不易脱落，当年生小枝初被长柔毛，后无毛，不开裂。叶卵形或卵状长圆形，长 2–6 cm，宽 1–3 cm，急尖或渐尖，基部阔楔形或圆形，边缘具疏锯齿或近全缘，上面疏被糙伏毛，下面沿叶脉被白色长柔毛；叶脉稍离基 3–5 条；叶柄长 5–8 mm。总状花序有花 3–5 朵；花序轴长 2–2.5 (–4) cm，疏被长柔毛；花梗长 3–8 mm，无毛；花萼外面无毛，裂片卵形，长 4–6 mm，宽 3–4 mm，急尖，干后脉纹明显；花冠盘状，直径 2.5–3.5 cm；花瓣白色，阔椭圆形或阔倒卵形，长 1–1.5 cm，宽 1–1.4 cm；雄蕊 32–42，最长的长约 8 mm；花盘和花柱无毛；花柱纤细，与雄蕊近等长，先端稍分裂，柱头槌形，长约 1.5 mm，较花药小。蒴果椭圆形，长 7–10 mm，直径 5–7 mm。种子长 3–4 mm，尾长 1.5–2 mm。花期 4–7 月，果期 8–9 月。

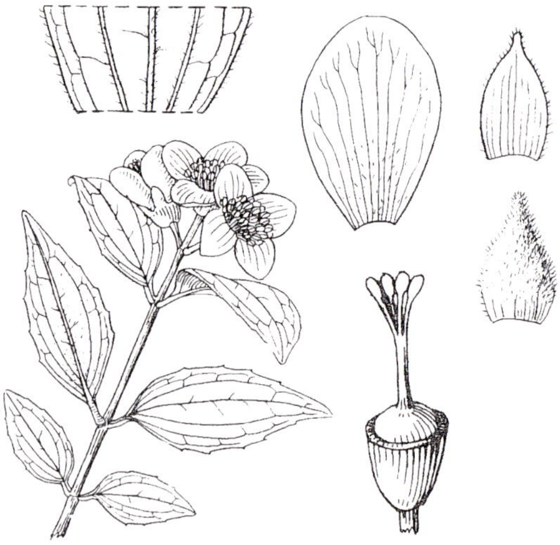

短序山梅花 **Philadelphus brachybotrys** (Koehne) Koehne
余汉平　绘

分布与生境　产于江苏、浙江和江西。生于海拔 200–400 m 的灌丛中。为观赏植物，常见栽培。

药用部位　根。

功效应用　解热镇痛，截疟，解毒。用于疟疾，胃痛，腰痛，挫伤。

短序山梅花 **Philadelphus brachybotrys** (Koehne) Koehne
摄影：徐克学

3. 薄叶山梅花（经济植物手册） 堇叶山梅花（中国树木分类学）

Philadelphus tenuifolius Rupr. ex Maxim. in Bull. Cl. Phys.-Math. Acad. Imp. Sci. Saint-Pétersbourg 15: 133. 1856.——*P. coronarius* L. var. *tenuifolius* Maxim.（英 **Thinleaf Mockorange**）

灌木，高 1–3 m；当年生小枝浅褐色，被毛。叶卵形或卵状椭圆形，长 (3) 8–11 cm，宽 5–6 cm，急尖或渐尖，基部近圆形或阔楔形，边缘具疏离锯齿，上面疏被长柔毛，下面沿叶脉疏被长柔毛；叶脉离基 3–5 条；叶柄长 3–8 mm，被毛。总状花序有花 3–7 (–9) 朵；花梗长 3–10 mm，果期较长，疏被短毛；花萼外面疏被微柔毛；裂片卵形，急尖，干后脉纹明显，无白粉；花冠盘状，直径 2.5–3.5 cm；花瓣白

薄叶山梅花 **Philadelphus tenuifolius** Rupr. ex Maxim.
余汉平　绘

薄叶山梅花 **Philadelphus tenuifolius** Rupr. ex Maxim.
摄影：周繇

色，卵状长圆形，顶端圆，稍 2 裂，无毛；雄蕊 25–30，最长达 10 mm；花柱纤细，先端稍分裂，无毛，柱头槌形，长约 1.5 mm，较花药小。蒴果倒圆锥形，长 4–6 mm，直径 4–5 mm。种子长 2.5–3 mm，具短尾。花期 6–7 月，果期 8–9 月。

分布与生境　产于黑龙江、吉林和辽宁。生于海拔 150–900 m 的杂木林中。也分布于俄罗斯东南部和朝鲜；欧美各国常有栽培。

药用部位　根、果实、花。

功效应用　根、果实：补虚强壮，利尿，清热凉血。用于痔疮，小便不利。花：用于神经系统的强壮剂和利尿剂。

化学成分　叶含酚/酚酸类：咖啡酸(caffeic acid)，没食子酸(gallic acid)，鞣酸(tannic acid)；黄酮类：芹菜苷元-*O*-糖苷(apigenin-*O*-glycoside)，槲皮素-*O*-糖苷(quercetin-*O*-glycoside)，芹菜苷元-*C*-糖苷(apigenin-*C*-glycoside)，槲皮素-*C*-糖苷(quercetin-*C*-glycoside)[1]；香豆素类：伞形花内酯(umbelliferone)[1]。

注评　本种朝鲜族药用，其花用于治疗神经衰弱。

化学成分参考文献

[1] Czigle S, et al. *Farmaceuticky Obzor*, 2006, 75(10-11): 260-265.

4. 山梅花（植物名实图考）　白毛山梅花（秦岭植物志），兴隆茶（甘肃），鸡骨头（湖北）

Philadelphus incanus Koehne in Cartenfl. 45: 562. 1896.（英 **Grey Mockorange**）

灌木，高 1.5–3.5 m；二年生小枝的表皮呈片状脱落，当年生小枝被微柔毛或有时无毛。叶卵形、椭圆形至卵状披针形，长 6–12.5 cm，宽 8–10 cm，基部阔楔形至圆形，先端渐尖，边缘具疏锯齿，上面被刚毛，下面密被白色长粗毛；叶脉离基 3–5 条；叶柄长 5–10 mm。总状花序有花 5–7 (–11) 朵，下部分枝有时具叶，疏被长柔毛或无毛；花梗长 5–10 mm，上部密被白色长柔毛；花萼外面密被紧贴糙伏毛；萼筒钟形，裂片卵形，先端骤渐尖；花冠盘状，直径 2.5–3 cm，花瓣白色，基部急收狭，长 13–15 mm，宽 8–13 mm；雄蕊 30–35，最长的长达 10 mm；花柱长约 5 mm，无毛，近先端稍分裂，柱头棒形，长约 1.5 mm，较花药小。蒴果倒卵形，长 7–9 mm，直径 4–7 mm。种子长 1.5–2.5 mm，

山梅花 **Philadelphus incanus** Koehne
引自《中国高等植物图鉴》

山梅花 **Philadelphus incanus** Koehne
摄影：熊豫宁

具短尾。花期 5–6 月，果期 7–8 月。

分布与生境　产于山西、陕西、甘肃、青海、河南、山东、湖北、安徽和四川。生于海拔 1200–1700 m 的林缘灌丛中。欧美各地的一些植物园有引种栽培。

药用部位　根皮。

功效应用　用于挫伤，腰肋疼痛，胃痛，头痛。

5. 云南山梅花（中国树木分类学）　西南山梅花（经济植物手册）

Philadelphus delavayi L. Henry in Rev. Hort. Paris 1903: 13, f. 3. 1903.（英 **Delavay Mockorange**）

灌木，高 2–4 m；小枝无毛，常具白粉。叶长圆状披针形或卵状披针形，长 4.5–16 cm，宽 3–8 cm，渐尖，稀急尖，基部圆形或楔形，边缘具细锯齿或近全缘，上面被糙伏毛，下面密被灰色稍弯长柔毛；叶脉基出或稍离基 3–5 条；叶柄长 3–5 mm。总状花序有花 5–9 (–21) 朵，最下 1 对分枝顶端具 3–5 花，花呈聚伞状或总状排列；花序轴和花梗及花萼外均无毛；花冠盘状，直径 2.5–3.5 cm；花瓣白色，圆形，有时浅 2 裂，边缘稍波状，无毛；雄蕊 30–35，最长的长达 9 mm；花药长圆形，长约 1.5 mm；花盘和花柱无毛，花柱长 7–8 mm，上部稍分裂或不分裂，柱头棒形，较花药长。蒴果倒卵形，长 8–10 mm，直径约 7 mm。种子长约 4 mm，具稍长尾。花期 6–8 月，果期 9–11 月。

分布与生境　产于四川、云南和西藏。生于海拔 700–3800 m 的林中或林缘。也分布于缅甸。

药用部位　根皮。

功效应用　活血，止痛，截疟。用于跌打损伤，腰肋疼痛，疟疾。

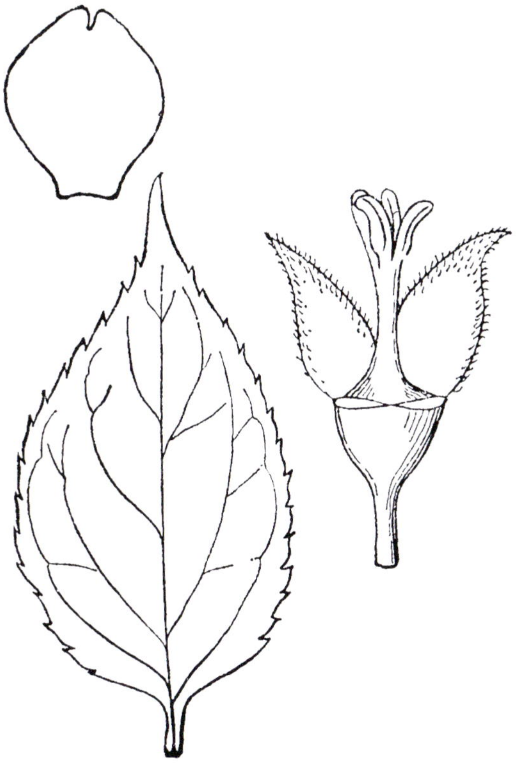

云南山梅花 **Philadelphus delavayi** L. Henry
潘锦堂 阎翠兰　绘

云南山梅花 **Philadelphus delavayi** L. Henry
摄影：陈又生

6. 滇南山梅花（中国高等植物图鉴补编） 山梅花、毛叶木通（云南）

Philadelphus henryi Koehne in Repert. Spec. Nov. Regni Veg. 10: 126. 1911.（英 **Henry Mockorange**）

灌木，高 1.5–2.5 m；二年生小枝表皮横裂，片状脱落，当年生小枝稀被白色长柔毛。叶纸质，卵形、卵状长圆形或卵状披针形，长 4–8 cm，宽 1.5–4 cm，渐尖或急尖，基部阔楔形，边缘具锯齿，上面被刚毛，下面沿主脉和侧脉疏被长硬毛；叶柄长 3–7 mm。总状花序有花 5–22 朵，稀柔弱枝上 1–3 朵，最下的 1–3 对分枝顶端常具 2–3 花排成聚伞状，其基部常具叶；花梗长 2–6 mm，密被糙伏毛；花萼外面密被刚毛，萼裂片卵形或长卵形，急渐尖，外面被毛较萼筒稀疏或近无毛；花冠近盘状，直径 2.5–3 cm；花瓣白色，圆形或长圆形；雄蕊 35–38，最长的长达 7 mm；花药卵状长圆形，长约 1.5 mm；花盘和花柱无毛，花柱长 5–6 mm，无毛，柱头桨形。蒴果倒卵形，长 5–6 mm，上部直径 5–7 mm，宿存萼裂片近顶生。种子长约 2.5 mm，具短尾。花期 6–7 月，果期 8–10 月。

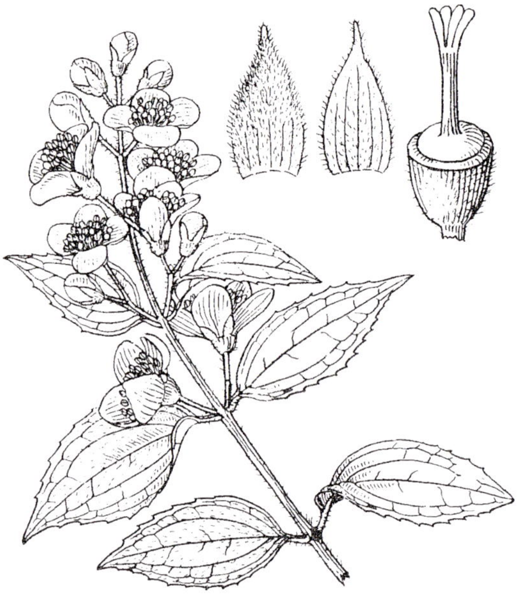

滇南山梅花 **Philadelphus henryi** Koehne
余汉平　绘

分布与生境　产于贵州和云南。生于海拔 1300–2200 m 的山坡灌丛中。

药用部位　茎、叶。

功效应用　清热利湿，退黄。用于小便淋痛，膀胱炎，黄疸型肝炎。

7. 绢毛山梅花（湖北植物志） 建德山梅花（中国树木分类学），毛萼山梅花（经济植物手册），鸡骨头（湖北），土常山、探花（湖南）

Philadelphus sericanthus Koehne in Gartenfl. 45: 561. 1891.（英 **Silk Mockorange**）

灌木，高 1–3 m；二年生小枝的表皮纵裂，片状脱落，当年生小枝无毛或疏被毛。叶纸质，椭圆形或椭圆状披针形，长 3–11 cm，宽 1.5–5 cm，渐尖，基部楔形或阔楔形，边缘具锯齿，齿端具角质

绢毛山梅花 **Philadelphus sericanthus** Koehne
引自《中国高等植物图鉴》

绢毛山梅花 **Philadelphus sericanthus** Koehne
摄影：徐克学

小圆点，上面疏被糙伏毛，下面仅沿主脉和脉腋被长硬毛；叶柄长 8–12 mm，疏被毛。总状花序有花 7–15 (–30) 朵，下面 1–3 对分枝顶端具 3–5 花成聚伞状排列，疏被毛；花梗长 6–14 mm，被糙伏毛；花萼外面疏被糙伏毛，裂片卵形，渐尖；花冠盘状，直径 2.5–3 cm；花瓣白色，外面基部常疏被毛，有时不规则齿缺；雄蕊 30–35，最长的长达 7 mm，花药长圆形，长约 1.5 mm；花盘和花柱均无毛或被白色稀疏刚毛；花柱长约 6 mm，上部稍分裂，柱头桨形或匙形。蒴果倒卵形，长约 7 mm，直径约 5 mm。种子长 3–3.5 mm，具短尾。花期 5–6 月，果期 8–9 月。

分布与生境 产于陕西、甘肃、江苏、安徽、浙江、江西、河南、湖北、湖南、广西、四川、贵州、云南。生于海拔 350–3000 m 的林下或灌丛中。

药用部位 根皮。

功效应用 活血，止痛，截疟。用于扭挫伤，腰肋疼痛，胃痛，头痛，疟疾。

16. 赤壁木属 Decumaria L.

常绿攀援状灌木，常具气生根；芽无明显鳞片包裹。叶对生，易脱落，边缘具锯齿或近全缘，具叶柄，无托叶。伞房状圆锥花序顶生；花两性，小，花冠一型，无不孕花；萼筒与子房贴生，裂片 7–10，细小；花瓣 7–10，花蕾时镊合状排列；雄蕊 20–30；花丝线形，花药 2 室，药室纵裂；子房下位，5–10 室，胚珠多数，生于中央胎座上；花柱粗短，柱头扁盘状，7–10 裂。蒴果室背棱脊间开裂，果瓣除两端外，与中轴分离。种子多颗，微小，两端有膜翅。

本属有 2 种，1 种产于我国，可药用；另 1 种产于美国东南部。

1. 赤壁木（植物分类学报） 罩壁木（秦岭植物志），十出花（经济植物手册）

Decumaria sinensis Oliv. in Hooker's Icon. Pl. 18: pl. 1741. 1888.（英 **Chinese Decumaria**）

攀援灌木，长 2–5 m；小枝圆柱形，嫩枝疏被长柔毛，老枝无毛，节稍肿胀。叶薄革质，倒卵形、椭圆形或倒披针状椭圆形，长 3.5–7 cm，宽 2–3.5 cm，先端钝或急尖，基部楔形，边全缘或上部有时具疏离锯齿或波状，近无毛或嫩叶疏被长柔毛，侧脉每边 4–6 条，常纤细而不明显；叶柄长 1–2 cm。伞房状圆锥花序长 3–4 cm，疏被长柔毛；花白色，芳香；花梗长 5–10 mm，果期更长，疏被长柔毛；

赤壁木 Decumaria sinensis Oliv.
引自《中国高等植物图鉴》

赤壁木 Decumaria sinensis Oliv.
摄影：张金龙

萼筒陀螺形，高约 2 mm，无毛，裂片卵形或卵状三角形；花瓣长圆状椭圆形；雄蕊 20–30，花丝纤细，长 3–4 mm，花药卵形或近球形；花柱粗短，长不及 1 mm，柱头扁盘状，7–9 裂。蒴果钟状或陀螺状，长约 6 mm，直径约 5 mm，先端截形，具宿存花柱和柱头，暗褐色，有隆起的脉纹或棱条 10–12。种子细小，长约 3 mm，有白翅。花期 3–5 月，果期 8–10 月。

分布与生境 产于陕西、甘肃、湖北、四川、贵州。生于海拔 600–1300 m 的山坡岩石缝的灌丛中。

药用部位 叶、全株。

功效应用 叶：清热解毒，消肿，止血。全株：祛风湿，强筋骨。

17. 冠盖藤属 **Pileostegia** Hook. f. et Thomson

常绿攀援状灌木，常以气生根攀附于他物上。叶对生，革质，边全缘或具波状锯齿，具叶柄，无托叶。伞房状圆锥花序，常具二歧分枝；花两性，小；花冠一型，无不孕花，常数朵聚生；萼筒与子房贴生，萼裂片 4–5；花瓣 4–5，花蕾时覆瓦状排列，上部联合成冠盖状，早落；雄蕊 8–10；花丝纤细，花药近球形，2 室，药室纵裂；子房下位，4–6 室，胚珠多颗，着生于中央胎座上，花柱粗短，柱头圆锥状，4–6 浅裂，受粉部分边缘彼此连接。蒴果陀螺状，平顶，具宿存花柱和柱头，沿棱脊间开裂。种子极多，微小，纺锤状，一端或两端具膜质翅。

本属有 2 种，产于亚洲东南部。我国 2 种均产，可药用。

分种检索表

1. 小枝、叶和花序无毛或极少被星状绒毛或柔毛；叶椭圆状倒披针形或长椭圆形，基部楔形至阔楔形 ………………………………………………………………… 1. 冠盖藤 **P. viburnoides**

1. 小枝、叶下面、叶柄和花序密被锈色星状绒毛；叶长圆形或倒卵状长圆形，基部圆形或稍浅心形 ………………………………………………………………… 2. 星毛冠盖藤 **P. tomentella**

1. 冠盖藤（植物分类学报） 旱禾树（广东），青棉花（贵州），大青叶（湖北）

Pileostegia viburnoides Hook. f. et Thomson in J. Linn. Soc., Bot. 2: 76, t. 2. 1857.——*Schizophragma viburnoides* Stapf, *Pileostegia urceolata* Hayata（英 **Common Pileostegia**）

常绿攀援状灌木，长达 15 m；小枝圆柱形，无毛。叶对生，薄革质，椭圆状倒披针形或长椭圆形，长 10–18 cm，宽 3–7 cm，先端渐尖或急尖，基部楔形或阔楔形，边全缘或稍波状，常稍背卷，有时近先端有稀疏蜿蜒状齿缺，无毛，下面无毛或主脉和侧脉交接处穴孔内有长柔毛，少具稀疏星状柔毛；叶柄长 1–3 cm。伞房状圆锥花序顶生，长 7–20 cm，宽 5–25 cm，无毛或稍被褐锈色微柔毛；苞片和小苞片线状披针形，无毛，褐色；花白色；花梗长 3–5 mm；萼筒圆锥状，长约 1.5 mm，裂片三角形，无毛；花瓣卵形，长约 2.5 mm；雄蕊 8–10；花丝纤细，长 4–6 mm；花柱长约 1 mm，无毛，柱头圆锥形，4–6 裂。蒴果圆锥形，长 2–3 mm，5–10 肋纹或棱，具宿存花柱和柱头。种子连翅长约 2 mm。花期 7–8 月，果期 9–12 月。

分布与生境 产于安徽、浙江、江西、福建、台湾、湖北、湖南、广东、广西、四川、贵州和云南。生于海拔 600–1000 m 的山谷林中。也分布于印度、越南和琉球群岛。

药用部位 根、藤、叶、花。

功效应用 祛风除湿，补肾，接骨，散瘀止痛，消肿解毒。用于肾虚腰痛，面黄肌瘦，风湿麻木，跌打损伤，骨折，外伤出血，痈肿疮毒。

化学成分 根状茎中化合物类型主要为烷烃、有机酸类、酯、醇；叶中化合物类型主要为酯、醇、有机酸以及酰胺、异丁基异硫氰酸盐、甲基-2-氧-苯甲酰基-d-呋喃糖苷[1]。

茎含挥发油：其中，(*Z*,*Z*)-9,12-十八碳二烯酸[(*Z*,*Z*)-9,12-octadecadienoia acid]的相对含量较高，油酸次之[2]。

冠盖藤 **Pileostegia viburnoides** Hook. f. et Thomson
引自《中国高等植物图鉴》

冠盖藤 **Pileostegia viburnoides** Hook. f. et Thomson
摄影：陈彬

化学成分参考文献

[1] 杨丹丹，等．西北药学杂志，2012, 27(3): 189-192.

[2] 袁燕，等．中药材，2011, 34(12): 1894-1897.

2. 星毛冠盖藤　星毛青棉花

Pileostegia tomentella Hand.-Mazz. in Akad. Wiss. Wien, Math.-Naturwiss. Kl., Anz. 59: 55. 1922.
（英 **Tomentose Pileostegia**）

常绿攀援灌木，长达 16 m；嫩枝、叶下面和花序均密被淡褐色或锈色星状柔毛，星状毛常为 3–6 辐线；老枝近无毛。叶革质，长圆形或倒卵状长圆形，稀倒披针形，长 5–10 (–18) cm，宽 2.5–5 (–8) cm，先端急尖或阔急尖，尖头突出，基部圆形或近叶柄处稍凹入呈心形，稀小枝最上两叶宽楔形，边近全缘或近顶端具三角形粗齿或不规则波状，背卷，嫩叶上面疏被星状毛，以后脱落，下面密被毛，叶脉上被毛较密，侧脉每边 8–13 条；叶柄长 1.2–1.5 cm。伞房状圆锥花序顶生，长和宽均 10–25 cm；苞片线形或钻形，被星状毛；花白色；花梗长约 2 mm；萼筒杯状；裂片三角形，疏被星状毛；花瓣卵形，早落，无毛；雄蕊 8–10，花丝长 5–6 mm；花柱长约 1.5 mm，柱头圆锥状，4–6 裂，被毛。蒴果陀螺状，平顶，直径约 4 mm，被稀疏星状毛，具宿存花柱和柱头，具棱，暗褐色。种子细小，连翅长约 2 mm，棕色。花期 3–8 月，果期 9–12 月。

分布与生境　产于江西、福建、湖南、广东和广西。生于海拔 300–700 m 的林谷中。

药用部位　全株、花。

功效应用　祛风除湿，散瘀止痛，消肿解毒。用于腰腿酸软，偏瘫，肢体萎废，风湿麻木，跌打损伤，骨折，外伤出血，

星毛冠盖藤 **Pileostegia tomentella** Hand.-Mazz.
邓晶发　绘

星毛冠盖藤 **Pileostegia tomentella** Hand.-Mazz.
摄影：陈彬

痈肿疮毒。

化学成分　全草含黄酮[1]。

化学成分参考文献

[1] 肖冰梅, 等 . 中国实验方剂学杂志，2012, 18(13): 131-133.

18. 常山属 **Dichroa** Lour.

落叶灌木。叶对生，稀上部互生。花两性，一型，无不孕花，排成伞房状圆锥花序或聚伞花序；萼筒倒圆锥形，贴生于子房上，裂片 5 (–6)；花瓣 5 (–6)，彼此分离，稍肉质，顶端常具内向的短角尖，花蕾时镊合状排列；雄蕊 4–5 或 10 (–20)，花丝线形或钻形，花药卵形或椭圆形，2 室，药室纵裂，花丝在花蕾时常有半数弯曲而使花药倒悬；子房近下位或半下位，上部一室，下部有不连接或近连接的隔膜 4–6，胚珠多数，生于向内伸展的侧膜胎座上；花柱 (2–) 3–6，分离或仅基部合生，开展，柱头长圆形或近球形。浆果，略干燥，不开裂。种子多数，细小，无翅，具网纹。

本属约有 12 种，广泛分布于亚洲东南部的热带和亚热带地区，仅少部分分布至太平洋岛屿。我国产 6 种，分布于西南部至东部，其中 3 种可药用。

分种检索表

1. 小枝、叶柄和叶脉均被皱卷短柔毛或无毛；伞房状圆锥花序……………………1. 常山 **D. febrifuga**
1. 小枝、叶柄和叶脉均被两种毛，一为皱卷短柔毛，另一为长粗毛。
　2. 花萼裂片钝三角形，长约 1 mm，无毛，花瓣无毛……………………2. 大明常山 **D. daimingshanensis**
　2. 花萼裂片披针形，长 2–6 mm，被长粗毛，花瓣被毛或内面无毛……………3. 罗蒙常山 **D. yaoshanensis**

本属药用植物的主要化学成分为喹啉类生物碱，如常山碱 (febrifugine，**1**)、异常山碱 (isofebrifugine，**2**) 和 γ- 常山碱 (γ-dichroine；常山碱丙)。本属最常用的药用植物为常山 (*D. febrifuga*)，其甲醇提取物对恶性疟疾显示极强的活性，其正丁醇萃取部位分离所得组分也对疟原虫具有明显的活性。

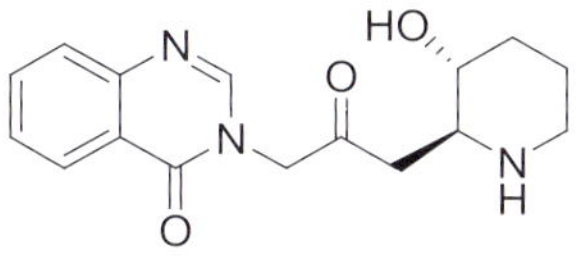

1

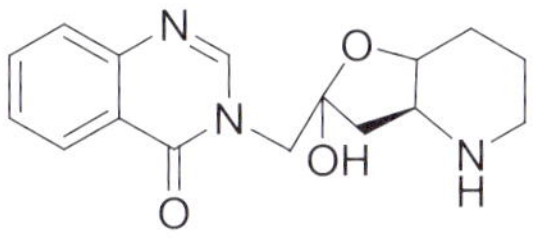

2

本属植物常山具有抗炎、解热、降压、催吐、抗疟、抗阿米巴原虫等作用。主要活性成分为常山碱类。该类成分具有较强的毒性。

1. 常山（证类本草） 恒山（敦煌新修残卷），蜀漆（苗的药材名），土常山，黄常山（福建药物志），鸡骨常山（江西、贵州）

Dichroa febrifuga Lour., Fl. Cochinch. 301. 1970.（英 **Antifebrile Dichroa**）

灌木，高 1–2 m；小枝圆柱状或稍具 4 棱，无毛或被稀疏短柔毛。叶常椭圆形、倒卵形、椭圆状长圆形或披针形，长 6–25 cm，宽 2–10 cm，渐尖，基部楔形，边缘具锯齿或粗齿，稀波状，无毛或仅沿叶脉具皱卷短柔毛，稀下面被长柔毛，侧脉每边 8–10 条；叶柄长 1.5–5 cm，无毛或被疏毛。伞房状圆锥花序顶生，有时叶腋有侧生花序，直径 3–20 cm，花蓝色或白色；花蕾倒卵形，直径 6–10 mm；花梗长 3–5 mm；花萼倒圆锥形，4–6 裂；裂片阔三角形，急尖，无毛或被毛；花瓣长圆状椭圆形，稍肉质，花后反折；雄蕊 10–20 枚，一半与花瓣对生，花丝线形，初与花瓣合生，后分离，花药椭圆形；花柱 4 (5–6)，柱头长圆形，子房 3/4 下位。浆果直径 3–7 mm，蓝色。种子长约 1 mm，具网纹。花期 2–4 月，果期 5–8 月。

分布与生境 产于陕西、甘肃、江苏、安徽、浙江、江西、福建、台湾、湖北、湖南、广东、广西、四川、贵州、云南、西藏。生于海拔 200–2000 m 地区的阴湿林中。也分布于印度、越南、缅甸、马来西亚、印度尼西亚、菲律宾和琉球群岛。

药用部位 根、枝叶。

功效应用 截疟，解热，催吐，祛痰。用于疟疾，痰饮，感冒，停积，胸胁胀满，伤寒寒热，鼠痿，狂躁，癫痫，惊厥。

化学成分 根含生物碱类：常山碱(febrifugine; β-dichroine)即常山碱乙，异常山碱(isofebrifugine; α-dichroine)即常山碱甲[1]，常山碱丙(γ-dichroine)[2]，4-喹唑啉酮(4-quinazolinone)[2-3]，小檗碱(berberine)[3]；香豆素类：伞形花内酯(umbelliferone)[2]；甾体类：豆甾醇，β-谷甾醇，胡萝卜苷[3]。

常山 Dichroa febrifuga Lour.
邓晶发　绘

常山 Dichroa febrifuga Lour.
摄影：徐克学

叶含生物碱类：新常山碱(neodichroine)，2-(4-羟丁基)-4(3*H*)-喹唑啉酮[2-(4-hydroxybutyl)-4(3*H*)-quinazolinone]，常山碱，异常山碱，4-喹唑啉酮(4-quinazolinone)[4]；香豆素类：伞形花内酯[4]；黄酮类：4',5-二羟基黄烷酮(4',5-dihydroxy-flavanone)[4]；芳香类：异香荚兰素(isovanillin)，异香荚兰酸(isovanillic acid)[4]。

药理作用 解热作用：常山醇提物对发热家兔和大鼠均有解热作用[1]。

抗炎作用：常山根状茎水提物通过抑制 NF-κB 活性和 IκB 降解，抑制 IKK、AkT、ERK1/2 和 JNK 的磷酸化，具有抑制 LPS 诱导的 C57BL/6 小鼠腹腔巨噬细胞的前致炎因子 IL-1、IL-6 的产生[2]。常山根状茎水提物还可以通过抑制 LPS 或 IFN-γ 诱导的小鼠腹腔巨噬细胞 NO 的分泌和 TNF-α 的产生而产生抗炎作用[3]。

常山 Dichroae Radix
摄影：张继

降血压作用：常山碱甲、乙、丙通过心脏抑制和内脏血管扩张，对狗具有降血压作用[4]。

催吐作用：常山碱甲、乙、丙通过刺激胃肠道的反射作用，能引起鸽呕吐[5]。

抗寄生虫作用：常山水浸膏及其有效成分常山碱均对鸡疟有抗疟作用。常山碱甲的抗疟效力与奎宁相当，常山碱乙、丙均为奎宁的 100 倍，常山总生物碱为奎宁的 26 倍。常山碱丙对鸭疟、金丝雀疟和猴疟都有抗疟作用。常山总提取物对氯喹敏感株和耐氯喹株疟原虫都有抗疟作用[6]。盐酸常山碱乙体外和体内都具有抗阿米巴原虫的作用。体外实验抑制效价和体内治疗指数均较盐酸依米丁大 1 倍，口服最小有效剂量为每日 1.0 mg/kg[7]。

毒性及不良反应 小鼠口服 LD_{50} 分别为：总碱 6.49–9.09 mg/kg；常山碱乙 6.11–7.04 mg/kg；常山碱丙 6.14–6.76 mg/kg。常山碱丙有肝毒性[8]。

注评 本种为历版中国药典、部颁药品标准·维吾尔药（1998 年版）收载“常山”的基源植物，药用其干燥根；药材又称“黄常山”。佤族、畲族、侗族、苗族、瑶族、傣族、拉祜族、哈尼族、景颇族、阿昌族、德昂族、蒙古族和基诺族也药用，主要用途同功效应用项外，侗族还用叶治蕈菌中毒和磷化锌中毒，苗族用根捣敷治跌打损伤、刀伤出血，傣族、拉祜族用全株外治骨折。

化学成分参考文献

[1] Koepfli JB, et al. *J Am Chem Soc*, 1947, 69: 1837.

[2] Chou TQ, et al. *J Am Chem Soc*, 1948, 70: 1765-1767.

[3] 张雅，等．中国实验方剂学杂志，2010, 16(5): 40-42.

[4] Deng YH, et al. *J Chin Pharm Sci*, 2000, 9(3): 116-118.

药理作用及毒性参考文献

[1] Rose CL, et al. *C A*. 1949,43: 3929.

[2] Park SY, et al. *J Ethnopharmacol*. 2009,125(2): 246-251

[3] Kim YH, et al. *J Ethnopharmacol*. 2000,69(1): 35-43

[4] 张昌绍，等．生理学报，1956, 20(1): 30-32.

[5] 江文德，等．生理学报，1961, 24(3): 180-182.

[6] 赵灿熙，等．同济医科大学学报，1987, 16(5), 334-335.

[7] 张覃沐，等．武汉医学院学报，1958, (1), 11-12.

[8] Henderson FG, et al. *J Pharmacol Exp Ther*. 1949,95(2): 191-200 .

2. 大明常山（植物分类学报）

Dichroa daimingshanensis Y. C. Wu in Bot. Jahrb. Syst. 71: 179. 1904.（英 **Daimingshan Dichroa**）

直立亚灌木，高 1–3 m；小枝、叶柄、叶脉和花序均被微细皱卷短柔毛，并有半透明长粗毛散布其间。叶椭圆形、长圆状椭圆形或倒卵状椭圆形，长 7–16 cm，宽 2.5–7 cm，急尖或尾尖，基部楔形或钝，边缘具不规则锯齿，上面被贴伏长粗毛，下面被疏松长柔毛，叶脉上有皱卷短柔毛和散生长硬毛，侧脉每边 6–9 条；叶柄长 1.3 cm。伞房状聚伞花序；花蕾长圆状倒卵形，蓝白色；花梗长约 4 mm；花萼倒圆锥形，下部疏被长柔毛，5–6 裂，裂片钝三角形，无毛；花瓣 5–6，阔披针形或长圆状卵形，内端具三角形尖角，一侧或两侧稍内卷，两面均无毛，稍肉质；雄蕊 10–12，花药在花蕾时半数反曲为长圆状椭圆形，另半数直立的为卵形，疏被长丝毛；花丝线形；花柱 4 (–6)，棒形，近基部被长柔毛，柱头长圆形，子房近下位。果实近球形，直径约 5 mm，无毛或疏被短柔毛。种子梨形，浅褐色。花期 4–5 月，果期 9–10 月。

大明常山 Dichroa daimingshanensis Y. C. Wu
邓晶发　绘

分布与生境　产于广西和贵州。生于海拔 400–800 m 的山谷阴湿林中。

药用部位　根、叶。

功效应用　用于风湿痹痛。

3. 罗蒙常山　入骨风（广西）

Dichroa yaoshanensis Y. C. Wu in Bot. Jahrb. Syst. 71: 180. 1940.（英 **Yaoshan Dichroa**）

亚灌木，高达 30 cm；小枝、叶柄、叶脉和花序被微细皱卷短柔毛，间有半透明长粗毛。叶椭圆形或卵状椭圆形，长 5–17 cm，宽 3–7.5 cm，急尖或急渐尖，基部楔形或渐狭，边缘具锯齿，除叶脉外两面均被长粗毛，下面毛较短而密，侧脉每边 5–11 条；叶柄长 1–7 cm。伞房状聚伞花序，稠密；花蕾长圆状倒卵形，长 5–7 mm，蓝色；花梗长约 5 mm；花萼倒圆锥形，密被皱卷短柔毛和长粗毛，裂片 5–6，披针形，外面及内面上部均密被长粗毛；花瓣长圆状披针形，急尖，内端具三角形尖角，两面均密被长硬毛或内面无毛；雄蕊 10–12，花药椭圆形或卵形；花丝线形，长短不等；花柱 4–5 枚，下部疏被长硬毛，柱头长圆形，偏斜，子房近下位。果实近球形，直径 4–5 mm，疏被长柔毛。花期 5–7 月，果期 9–11 月。

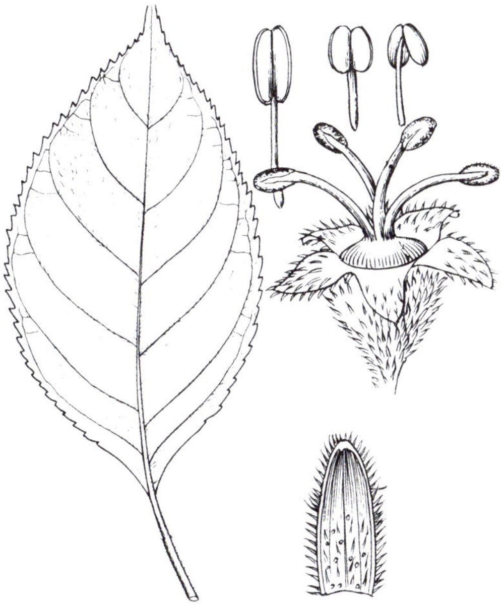
罗蒙常山 Dichroa yaoshanensis Y. C. Wu
邓晶发　绘

分布与生境　产于湖南、广东、广西和云南。生于海拔 500–1200 m 的山谷林下。

药用部位　根。

功效应用　祛风湿，止痛。用于风湿骨痛，产后风。

罗蒙常山 **Dichroa yaoshanensis** Y. C. Wu
摄影：张金龙

19. 草绣球属 **Cardiandra** Siebold et Zucc.

亚灌木至灌木，具地下茎；地上茎通常单生。单叶分散互生于茎上或 4–8 枚聚生于茎的中上部或下部，具锯齿或粗齿。伞房状聚伞花序或圆锥花序顶生；花二型，不育花（或称放射花）大，着生于花序外侧；萼片 2–3 片，花瓣状，分离或基部稍连合，具脉纹；孕性花小，着生于花序内侧，萼筒半球状，与子房贴生，先端 4–5 裂，萼齿小，卵状三角形，镊合状排列；花瓣 5，覆瓦状排列；雄蕊多数，多轮排列，花药倒心形，顶端近截平，药室 2，纵裂，药隔宽，倒三角形，扁平；子房近下位，具不完全的 2–3 室，胚珠多数，排成多列，着生于内弯的胎座上；花柱 2–3，柱头小，内倾，近头状。蒴果卵球形，近下位，顶端冠以宿存的萼齿和花柱，成熟时于花柱基部间孔裂。种子多数，小，长圆形，扁平，表面具脉纹，两端具翅；胚小，生于肉质胚乳中部。

本属有 5 种 1 变种，分布于我国和日本。我国有 3 种 1 变种，产于东南部至西南部，其中 1 种可药用。

1. 草绣球（种子植物名称） 人心药（植物分类学报），紫阳花（江西），牡丹三七（浙江、江西）

Cardiandra moellendorffii (Hance) Migo in J. Jap. Bot. 18: 419. 1942.——*Hydrangea moellendorffii* Hance（英 **Moellendorff Cardiandra**）

亚灌木，高 0.4–1 m；茎单生，稍具纵条纹。通常单叶、分散互生于茎上。椭圆形或倒长卵形，长 6–13 cm，宽 3–6 cm，渐尖或短渐尖，具短尖头，基部沿叶柄两侧下延成楔形，边缘有粗长牙齿状锯齿，上面被短糙伏毛。下面疏被短柔毛或仅脉上有疏毛；侧脉 7–9 对，弯拱，稀疏网状；叶柄长 1–3 cm，茎上部的渐短或几乎无柄。伞房状聚伞花序顶生；苞片和小苞片线形或狭披针形，宿存；不育花萼片 2–3，较小，近等大，阔卵形至近圆形，长 5–15 mm，先端圆或略尖，基部近截干，膜质，白色或粉红色；孕性花萼筒杯状，萼齿阔卵形，钝；花瓣阔椭圆形至近圆形，淡红色或白色；雄蕊 15–25，稍短于花瓣；子房近下位，3 室；花柱 3；蒴果近球形或卵球形。种子长圆形或椭圆形，扁平，

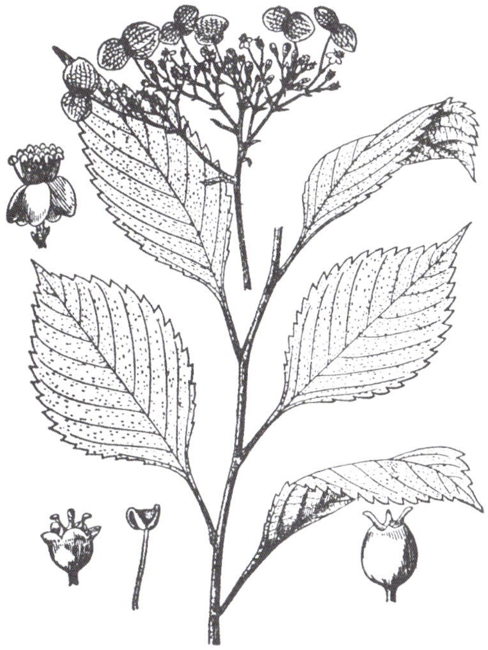

草绣球 **Cardiandra moellendorffii** (Hance) Migo
引自《中国高等植物图鉴》

草绣球 **Cardiandra moellendorffii** (Hance) Migo
摄影：徐克学

两端翅颜色较深，不透明。花期 7–8 月，果期 9–10 月。

分布与生境　产于安徽、浙江、江西、福建。生于山谷密林或山坡疏林，海拔 700–1500 m。

药用部位　根状茎。

功效应用　活血祛淤。用于跌打损伤，痔疮出血。

20. 钻地风属 Schizophragma Siebold et Zucc.

落叶木质藤本；茎平卧或藉气生根高攀；嫩枝的表皮紧贴，平滑，老枝具纵条纹，表皮疏松，片状剥落；冬芽被柔毛，有外鳞 2–4 对。叶对生，具长柄，全缘或稍有小齿或锯齿。伞房状或圆锥状聚伞花序顶生，花二型或一型，不育花存在或缺；萼片单生或偶尔间有孪生，大，花瓣状，全缘；孕性花小，萼筒与子房贴生，萼齿三角形，宿存；花瓣分离，镊合状排列，早落；雄蕊 10 枚，分离，花丝丝状，花药广椭圆形；子房近下位，倒圆锥状或陀螺状，4–5 室，胚珠多数，垂直，着生于中轴胎座上；花柱单生，短，柱头大，头状，4–5 裂。蒴果倒圆锥状或陀螺状，4–5 室，具棱，顶端突出于萼筒外或截平，突出部分常呈圆锥状，成熟时于棱间自基部往上纵裂，除两端外，果爿与中轴分离；种子极多数，纺锤状，两端具狭长翅。

本属有 10 种，主产于我国和日本。其中日本只产 1 种，我国有 9 种和 3 变种，分布于东部、东南部至西南部，其中 2 种 1 变种可药用。

分种检索表

1. 叶下面无颗粒状腺体，叶椭圆形、长椭圆形或阔卵形，两面无毛或下面沿叶脉被疏短柔毛，脉腋间常具髯毛 ………………………………………………………… 1. 钻地风 **S. integrifolium**

1. 叶下面具多数密集的颗状腺体，叶长卵形，两面无毛或有时下面脉腋间具髯毛 ………………………

………………………………………………………………………………………………2. 白背钻地风 S. hypoglaucum

目前仅从钻地风 (S. integrifolium) 中发现挥发油，且其挥发油对急性炎症具有良好的抑制作用，这可能是钻地风治疗风湿筋骨痛、四肢关节酸痛的物质基础之一。而钻地风非挥发性化学成分及其药理活性还有待进一步的研究。

1. 钻地风（植物分类学报） 小齿钻地风、阔瓣钻地风（植物分类学报），桐叶藤（浙江），利筋藤（四川）

Schizophragma integrifolium Oliv. in Hooker's Icon. Pl. 20: pl. 1934. 1890.——*S. hydrangeoides* Siebold et Zucc. var. *integrifolium* Franch., *S. integrifolium* Oliv. f. *denticulatum* (Rehder) Chun（英 **Chinese Hydrangeavine**）

1a. **钻地风**（模式变种）

Schizophragma integrifolium Oliv. var. **integrifolium**

木质藤本或藤状灌木；小枝无毛。叶纸质，椭圆形或长椭圆形或阔卵形，长 8–20 cm，宽 3.5–12.5 cm，渐尖或急尖，具狭长或阔短尖头，基部阔楔形、圆形至浅心形，边全缘或上部或多或少具仅有硬尖头的小齿，上面无毛，下面有时沿脉被疏短柔毛，后渐变近无毛，脉腋间常具髯毛；叶柄长 2–9 cm，无毛。伞房状聚伞花序密被紧贴短柔毛，结果时毛渐稀少；不育花萼片单生或偶有 2–3 片聚生于花柄上，卵状披针形、披针形或阔椭圆形，结果时长 3–7 cm，宽 2–5 cm，黄白色；孕性花萼筒陀螺状，萼齿三角形；花瓣长卵形，先端钝；雄蕊近等长，盛开时长 4.5–6 mm，花药近圆形，长约 0.5 mm；子房近下位，花柱和柱头长约 1 mm。蒴果钟状或陀螺状，全长 6.5–8 mm，宽 3.5–4.5 mm，基部稍宽，阔楔形，顶端突出部分短圆锥形。种子连翅轮廓纺锤形或近纺锤形，扁，两端的翅近相等，长 1–1.5 mm。花期 6–7 月，果期 10–11 月。

分布与生境 产于四川、云南、贵州、广西、广东、海南、湖南、湖北、江西、福建、江苏、浙江、安徽等省区。生于山谷、山坡密林或疏林中，常攀援于岩石或乔木上，海拔 200–2000 m。

药用部位 根、茎藤。

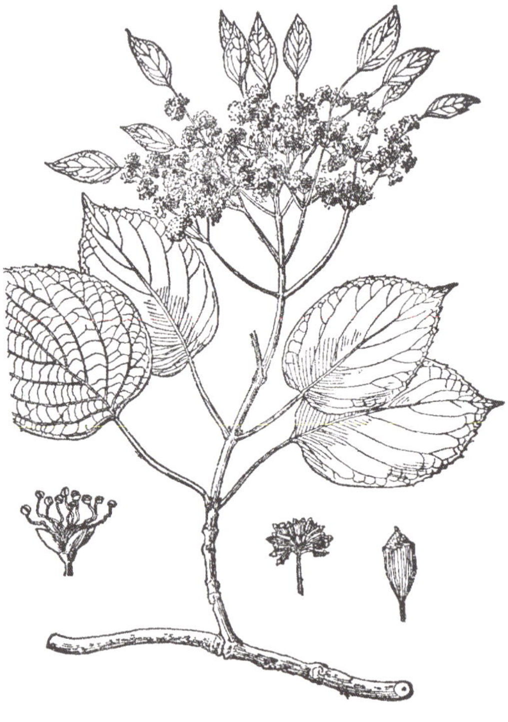

钻地风 **Schizophragma integrifolium** Oliv. var. **integrifolium**
引自《中国高等植物图鉴》

钻地风 **Schizophragma integrifolium** Oliv. var. **integrifolium**
摄影：梁同军

功效应用 舒经活络，祛风活血，止痛。用于风湿痹痛，四肢关节酸痛，丝虫病。

化学成分 根皮含挥发油：以萜类、芳香烃类为主，其中以1,2-二甲氧基-4-(2-丙烯基)苯[1,2-dimethoxy-4-(2-propenyl)benzene]，桉树脑(eucalyptole)，芳樟醇(linalool)，β-松油醇(β-terpineol)，α-蒎烯(α-pinene)，β-蒎烯(β-pinene)，樟脑(camphor)，樟烯(camphene)，3-蒈烯(3-carene)的含量较高[1]。

药理作用 抗炎作用：钻地风挥发油外用可以显著抑制佛波醇酯或二甲苯诱导的小鼠耳肿胀，对急性炎症具有良好的抑制作用[1]。

注评 本种傣族药用，用其全草治风湿脚气、四肢关节酸痛。

化学成分参考文献

[1] 曾光，等. 天然产物研究与开发，2009, 21: 129-131.

药理作用及毒性参考文献

[1] 曾光，等. 天然产物研究与开发，2009, 21: 129-131.

1b. 粉绿钻地风（变种）

Schizophragma integrifolium Oliv. var. **glaucescens** Rehder in Sarg., Pl. Wilson. 1: 42. 1911.（英 **Glaucescent Chinese Hydrangeavine**）

叶片背面具白粉，较薄。花期6月，果期10月。

分布与生境 产于四川、云南、贵州、广西、广东、浙江。海拔600–1800 m。

药用部位 根皮。

功效应用 舒经活络，祛风活血，止痛。用于风湿痹痛，四肢关节酸痛。

2. 白背钻地风（植物分类学报）

Schizophragma hypoglaucum Rehder in Sarg., Pl. Wils. 1: 43. 1911.——*S. glaucescens* auct. non. (Rehder) Chun（英 **Hypoglauce Hydrangeavine**）

木质藤本；小枝无毛，具细纵条纹。叶纸质，长卵形，长8–15 cm，宽4–8 cm，长渐尖，基部圆形或阔楔形，边缘略反卷，全缘或上部有稀疏细齿，上面无毛，下面粉白色，在高倍放大镜下可见多数、密集的颗粒状腺体，无毛或有时脉腋间具髯毛；中脉在上面平坦或近基部稍凹入，下面隆起，侧脉7–8对，弯拱，常有1–4条与侧脉近等粗的二级分枝；叶柄长2–6 cm，无毛。伞房状聚伞花序顶生，

白背钻地风 **Schizophragma hypoglaucum** Rehder
摄影：徐永福

近无毛；不育花萼片单生，长圆形、长卵形或披针形，先端钝，基部楔形；孕性花萼筒倒圆锥形，萼齿卵状三角形；花瓣长圆形，先端略尖；雄蕊 10 枚，不等长，开花时短的比花瓣略长，长的约长过花瓣 1 倍，花药近圆形；子房近下位，花柱和柱头长约 1 mm，柱头头状。蒴果狭倒圆锥形，全长 5–7 mm，宽 2.5–3 mm。具 10 棱，顶端突出部分短圆锥形；种子连翅轮廓狭纺锤形，稍扁，长 2.5–3 mm，宽约 0.4 mm，先端的翅长约 1.5 mm。花期 6–7 月，果期 9–10 月。

分布与生境　产于四川、湖南、广东。生于海拔 1000–1200 m 地区的山坡密林中或旷地岩石旁。

药用部位　茎藤。

功效应用　祛风湿，解热毒。用于淤血凝滞，筋骨疼痛及疮毒红肿。

21. 叉叶蓝属 **Deinanthe** Maxim.

多年生草本。有木质、粗壮、平卧的地下根状茎。叶膜质，大，对生或 4 片聚集于茎顶部近轮生，顶端常 2 裂，边缘有粗锯齿，被二型毛，即不分枝的单毛或分枝的复毛。伞形状或伞房状聚伞花序顶生；总苞和苞片卵形或卵状披针形，早落或迟落；花少数，二型，不育花生于花序外侧，较小；花梗纤细；萼片 3–4，卵形或椭圆形，绿白色或蓝色；孕性花生于花序内侧，较大；花梗粗壮；萼筒半球状或陀螺状，与子房贴生，萼齿 5，大，花瓣状，卵形或近圆形，白色或蓝色，花蕾时覆瓦状排列，宿存；花瓣 5–8 片，倒卵圆形或近圆形，覆瓦状排列；雄蕊极多数，着生于环状花盘的周缘，花丝纤细，花药阔椭圆形，基着；子房半下位，不完全的 5 室，胚珠多数，生于侧膜胎座上；花柱 5，合生，顶部短 5 裂，柱头细小。蒴果半下位，室间开裂。种子多数，小，两端具翅；胚圆柱状，位于胚乳的中部，直生。

本属有 2 种，分布于我国和日本。我国有 1 种，产于湖北，可药用。

1. 叉叶蓝（植物分类学报）银梅草、四块瓦（湖北）

Deinanthe caerulea Stapf in Curtis's Bot. Mag. 137: t. 8373. 1911.（英 **Caerulea Deinanthe**）

多年生草本，高 30–50 cm。地下茎具节和须根；地上茎单生，于近基部节上有对生或近对生的膜质苞片。叶膜质，通常 4 片聚集于茎顶部，近轮生，阔椭圆形、卵形或倒卵形，长 10–25 cm，宽 6–16 cm，先端具尾状尖头，不分裂或 2 裂，裂片长 5–6 cm，基部钝圆或狭楔形，边缘具粗的锐尖齿，上面被疏糙伏毛，下面除脉上被少许毛外，其余部分几乎无毛；侧脉 7–9 对；叶柄长 2–4 cm，近无毛。伞房状聚伞花序顶生；总花梗无毛；苞片披针形，边缘具小齿；不育花花梗纤细，长达 3 cm；萼片 3–4，蓝色，圆形或卵圆形，近等大，直径约 14 mm；孕性花常下垂；花梗长 5–15 mm；花萼和花冠蓝色或稍带红色；萼筒宽陀螺状，萼齿 5，卵圆形，先端略尖或骤尖；花瓣 6–8 片，卵圆形或扁圆形，内凹；雄蕊极多数，花丝和花药浅蓝色，花药长圆形；子房半下位，花柱合生，圆柱状，先端 5 裂。蒴果扁球形，直径约 10 mm，顶端突出部分宽圆锥状。花期 6–7 月。

叉叶蓝 **Deinanthe caerulea** Stapf
邓盈丰　绘

分布与生境　产于湖北西部。生于山地沟边湿润草丛中，海拔 800–1600 m。

药用部位　根状茎。

叉叶蓝 **Deinanthe caerulea** Stapf
摄影：高贤明

功效应用 活血散瘀，止痛。
注评 本种为药材“银梅草”的基源植物，药用其根和根状茎。我国特有珍稀植物。

22. 绣球属 Hydrangea L.

常绿或落叶亚灌木、灌木或小乔木，少数为木质藤本或藤状灌木；落叶种类常具冬芽，冬芽有鳞片 2–3 对。叶常对生或少数兼有 3 片轮生，边缘有小齿或锯齿，有时全缘。聚伞花序排成伞形状、伞房状或圆锥状，顶生；苞片早落；花二型，极少一型，不育花（或称放射花）存在或缺，具长柄，生于花序外侧，花瓣和雄蕊缺或极退化，萼片大，花瓣状，2–5 片，分离，偶有基部稍连合；孕性花较小，具短柄，生于花序内侧，花萼筒状，与子房贴生，顶端 4–5 裂，萼齿小；花瓣 4–5，分离，镊合状排列，早落或迟落，或少数种类连合成冠盖状花冠，花冠因雄蕊的伸长而整个被推落；雄蕊通常 10 枚，有时 8 枚或多达 25 枚，着生于花盘边缘下侧，花丝线形，花药长圆形或近圆形；子房 1/3–2/3 上位或完全下位，3–4 室，有时 2–5 室，胚珠多数，花柱 2–4，少有 5，分离或基部连合，具顶生或内斜的柱头，宿存。蒴果 2–5 室，于顶端花柱基部孔裂，顶端截平或突出于萼筒。种子多数，细小，两端或周边具翅或无翅，种皮膜质，具脉纹。

本属约有 73 种，分布于亚洲东部至东南部、北美洲东南部至中美洲和南美洲西部。我国有 46 种 10 变种，除海南、黑龙江、吉林、新疆等省区外，全国各地均有分布，尤以西南部至东南部种类最多，其中 16 种 1 变种可药用。

分种检索表

1. 子房 1/3–2/3 上位；蒴果顶端突出。
  2. 蒴果顶端突出部分非圆锥形；花瓣分离，基部通常具爪；种子具网状脉纹，通常无翅或罕有极短的翅；雄蕊近等长，较长的于花蕾时不内折。
    3. 子房稍半上位；蒴果近 1/3 或超过 1/3 突出于萼筒；种子一端或两端具极短的翅或无翅；叶边缘不反卷，有锯齿或粗长齿；伞房状聚伞花序近球形，花多数为不育花；叶倒卵形或阔椭圆形，先端骤尖，具短尖头……7. 绣球 **H. macrophylla**
    3. 子房近半上位或半上位；蒴果顶端 1/2 或 2/3 突出于萼筒；花瓣基部具爪；种子无翅。

4. 二年生小枝或老枝灰白色，树皮不剥落；叶纸质，狭披针形或披针形，上面光滑无毛；花序具长 4–12 cm 的总花梗；蒴果突出部分稍长于萼筒 …… 6. **柳叶绣球 H. stenophylla**

4. 二年生小枝或老枝红褐色或褐色，树皮呈薄片状剥落。

5. 蒴果顶端突出部分稍长于萼筒。

6. 花序分枝 5，长短、粗细不一；叶倒卵形或长倒卵形，先端具三角形尖头，两面光滑无毛 …… 1. **倒卵绣球 H. obovatifolia**

6. 花序分枝 5 或 3，分枝为 5 者，其长短、粗细相若；叶长圆形或狭椭圆形，先端具尾状尖头或短尖头，两面被短柔毛或仅脉上被毛 …… 2. **中国绣球 H. chinensis**

5. 蒴果顶端突出部分等长于萼筒。

7. 叶边缘稍反卷，近全缘或中部至近顶部有疏离的仅具硬尖头的小齿，两面无毛或偶尔下面脉腋间有少许髯毛；蒴果纺锤形 …… 3. **大瓣绣球 H. macrosepala**

7. 叶边缘不反卷，有锯齿，两面或一面及其中脉或侧脉上常被短柔毛；蒴果卵球形。

8. 花序无总花梗，分枝 3，中间的常较两侧的粗而长；宿存花柱外弯 …… 4. **西南绣球 H. davidii**

8. 花序有 3–5 cm 长的总梗，分枝 3，中间的常较短小，两侧的较粗长；宿存花柱稍扩展，不外弯 …… 5. **临桂绣球 H. linkweiensis**

2. 蒴果顶端突出部分圆锥形；花瓣分离，基部截平；种子具纵脉纹，两端具长翅；雄蕊不等长，较长的在花蕾时反折。

9. 花排成圆锥状聚伞花序；叶 2–3 片对生或轮生 …… 8. **圆锥绣球 H. paniculata**

9. 花排成伞房状聚伞花序；叶 2 片对生。

10. 叶下面具极小颗粒状腺体；花柱通常 3，钻状 …… 9. **白背绣球 H. hypoglauca**

10. 叶下面无腺体；花柱 3–4，上部略尖 …… 10. **挂苦绣球 H. xanthoneura**

1. 子房完全下位；蒴果顶端截平。

11. 花瓣连合成冠盖状；种子周边具翅；攀援藤本；花冠顶端圆或有时略尖，但非喙状；叶下面非粉白色，通常无毛或有时于中脉、侧脉上被少许短柔毛 …… 16. **冠盖绣球 H. anomala**

11. 花瓣分离，基部截平；种子两端具翅。

12. 叶下面密被颗粒状腺体。

13. 叶下面密被灰白色、直或稍弯曲、彼此略交结的短柔毛，脉上的毛稍长 …… 11. **马桑绣球 H. aspera**

13. 叶下面密被灰白色糙伏毛 …… 12. **蜡莲绣球 H. strigosa**

12. 叶下面无颗粒状腺体。

14. 伞房状聚伞花序分枝疏散，远离，彼此间隔较长；叶下面密被短柔毛或疏被糙伏毛，下面腺上无黄白色瘤状凸起；种子两端的翅较短，其长不超过 0.3 mm …… 15. **粗枝绣球 H. robusta**

14. 伞房状聚伞花序分枝密集，紧靠，彼此间隔短，一般长 5–20 mm，有时也有个别较长的。

15. 叶下面密被灰白色短绒毛，脉上的毛较长，常带黄褐色；小枝和总花梗较粗，常具钝棱，密被灰白色或黄褐色短柔毛和粗长毛 …… 13. **柔毛绣球 H. villosa**

15. 叶阔卵形或倒卵形，下面疏被短柔毛或长柔毛，中脉和叶柄也被短疏柔毛；小枝和总花梗较细，圆柱形，无毛或被短疏柔毛 …… 14. **莼兰绣球 H. longipes**

本属药用植物主要含香豆素类和黄酮类化合物，迄今为止已从本属药用植物中分得多个香豆素类化合物，如：伞形花内酯 (umbelliferone)、7- 甲氧基香豆素 (7-methoxycoumarin)、5- 羟基香豆素 (5-hydroxycoumarin)、7- 羟基 -8- 甲氧基香豆素 (7-hydroxy-8-methoxycoumarin)、茵芋苷 (skimmin)、叶甜素 (phyllodulcin)、绣球内酯 (hydrangenol) 等。其中叶甜素普遍存在于本属药用植物中，其甜度是蔗糖的 100 余倍。药理学研究表明叶甜素和绣球内酯等一些香豆素类化合物具有抗糖尿病的作用。

1. 倒卵绣球（植物分类学报） 倒卵叶紫阳花（台湾药用植物志）

Hydrangea obovatifolia Hayata, Icon. Pl. Formos. 3: 109. 1913.——*H. angustisepala* auct. non Hayata: Chun, p. p.（英 **Obovatifolious Hydrangea**）

灌木，高可达 4 m；嫩枝被柔毛，老枝无毛，树皮呈薄片状剥落。叶倒卵形或倒长卵形，长 5–9 (11) cm，宽 2.5–3.5 (5) cm，短渐尖，具三角形尖头，基部钝或楔形，边缘除基部外有疏离粗齿，齿端具小尖头，两面光滑无毛或仅于中脉上被稀疏短柔毛，有时下面脉腋间被少许髯毛；中脉和侧脉纤细，侧脉 4–6 对；叶柄长 1–1.5 cm，被疏柔毛。伞形状聚伞花序顶生，直径 5–10 cm，顶端截平或微拱，分枝通常 5，极扩展，被直或稍弯曲的短柔毛；不育花萼片 3–4，扁圆形或倒卵形、大小极不相等，中间 1 片常较大，全缘，基部具短爪；孕性花萼筒浅杯状，萼齿卵状三角形，其长约等于萼筒；花瓣长倒卵形，基部具短爪，爪长约 0.5 mm；雄蕊 8–10 枚，近等长，花药长圆形；子房不及一半下位，花柱 3，扩展，柱头增厚，沿花柱内侧下延至近中部。蒴果香炉形，连花柱长约 5 mm，宽约 3 mm，顶端突出部分长约 2 mm，稍长于萼筒。种子椭圆形或长倒卵形，无翅，具网状脉纹。花期 5 月，果期 8 月。

分布与生境 产于台湾（基隆、恒春）。生于山谷溪边疏林中。也分布于日本。

药用部位 根。

功效应用 活血祛淤。用于跌打损伤。

化学成分 叶含生物碱类：常山碱(febrifugine; β-dichroine)[1]；苯丙素类：反式-3-对香豆酰奎宁酸(*trans*-3-*p*-coumaroylquinic acid)[1]。

化学成分参考文献

[1] Hsieh CR, et al. *Botanical Studies*, 2010, 51(1): 45-51.

2. 中国绣球（植物分类学报） 狭瓣绣球、伞形绣球、绿瓣绣球（植物分类学报），江西绣球（植物研究），脱皮龙（广西），粉团花（贵州）

Hydrangea chinensis Maxim. in Mém. Acad. Imp. Sci. Saint Pétersbourg, Sér. 7, 10(16): 1867.——*H. angustipetala* Hayata, *H. umbellata* Rehder（英 **Chinese Hydrangea**）

灌木，高 0.5–2 m；小枝初时被短柔毛，后渐变无毛，老后树皮呈薄片状剥落。叶长圆形或狭椭圆形，有时近倒披针形，长 6–12 cm，宽 2–4 cm，渐尖或短渐尖，基部楔形，边缘近中部以上具疏钝齿或小齿，两面被疏短柔毛或仅脉上被毛，下面脉腋间常有髯毛；侧脉 6–7 对；叶柄长 0.5–2 cm，被短柔毛。伞形状或伞房状聚伞花序顶生，长和宽 3–7 cm，结果时直径 10–14 cm；分枝 5 或 3，被短柔毛；不育花萼片 3–4，全缘或具数小齿；孕性花萼筒杯状，萼齿披针形或三角状卵形；花瓣黄色，椭圆形或倒披针形，先端略尖，基部具短爪；雄蕊 10–11 枚，近等长，盛开时长 3–4.5 mm，花蕾时不内折；子房近半下位，花柱 3–4，直立或稍扩展，柱头通常增大呈半环状。蒴果卵球形，不连花柱长 3.5–5 mm，宽 3–3.5 mm，顶端突出部分长 2–2.5 mm。种子椭圆形、卵形或近圆形，略扁，无翅，具网状脉纹。花期 5–6 月，果期 9–10 月。

分布与生境 产于台湾（台北、宜兰）、福建西北部、浙江东北部至西北部、安徽（黄山、金寨）、江西大部分地区、湖南西北部至西南部、广西。生于山谷溪边疏林或密林，或山坡、山顶灌丛或草丛中，海拔 360–2000 m。

药用部位 根、叶或全株。

功效应用 根：利尿，抗疟，祛瘀止痛，活血生新。用于跌打损伤，骨折。全株：用于肺结核。根、叶：用于麻疹。

化学成分 根含香豆素类：伞形花内酯(umbelliferone)，7-甲氧基香豆素(7-methoxycoumarin)，5-羟基香豆素(5-hydroxycoumarin)，7-羟基-8-甲氧基香豆素(7-hydroxy-8-methoxycoumarin)，绣球内酯(hydrangenol)[1]，伞形花内酯-7-*O*-α-L-吡喃鼠李糖基-(1→4)-β-D-吡喃葡萄糖苷[umbelliferone-7-*O*-α-L-rhamnopyranosyl-(1→4)-β-D-

中国绣球 **Hydrangea chinensis** Maxim.
引自《中国高等植物图鉴》

中国绣球 **Hydrangea chinensis** Maxim.
摄影：徐克学

glucopyranoside]，6-羟基香豆素(6-hydroxycoumarin)，茵芋苷(skimmin)[2]；生物碱类：4-喹唑啉酮(4-quinazolinone)，中国绣球碱▲A (hydrachine A)[1]，常山碱(febrifugine; *β*-dichroine)，异常山碱(isofebrifugine; *α*-dichroine)[2]；三萜类：异乔木山小橘醇▲(isoarborinol)，茜草乔木醇B (rubiarbonol B)[1]；芳香类：丁香醛(syringaldehyde)，反式-4-羟基桂皮酸甲酯(*trans*-4-hydroxycinnamic acid methyl ester)，对香豆酸甲酯(*p*-coumaric acid methyl ester)，对羟基苯甲醛(*p*-hydroxybenzaldehyde)[1]；单萜类：绣球萜苷▲A (hydrangenoside A)[1]；甾体类：*β*-谷甾醇，胡萝卜苷[1]，胡萝卜苷-6'-棕榈酸酯(daucosterol 6'-*O*-palmitate)[3]；糖类：D-葡萄糖(D-glucose)[3]。

叶含香豆素类：伞形花内酯(umbelliferone)[2]，茵芋苷(skimmin)[3]；甾体类：胡萝卜苷-6'-棕榈酸酯，胡萝卜苷[2]；糠醛衍生物：5-乙酰氧基甲基糠醛[5-acetoxymethylfurfural]，5-羟甲基-2-糠醛(5-hydroxymethyl-2-furaldehyde)，5-甲氧基糠醛(5-methoxyfurfural)[2-3]；生物碱类：(-)-新常山碱[(-)-neodichroine][4]，中国绣球碱▲B (hydrachine B)[4]；环烯醚萜类：中国绣球苷▲(hydrachoside) A、B，7-表-沃格闭花苷▲(7-epi-vogeloside)，獐牙菜苷(sweroside)[3]；三萜类：无羁萜(friedelin)，表无羁萜醇(epifriedelinol)，异乔木山小橘醇▲，角鲨烯(squalene)，植醇(phytol)[3]；单萜类：绣球萜苷▲E (hydrangenoside E)[4]；芳香类：红景天苷(rhodioloside; salidroside)，对羟基苯甲酸(*p*-hydroxybenzoic acid)，对茴香醛(*p*-anisaldehyde)，香荚兰酸(vanillic acid)，丁香醛，对羟基苯甲醛[3]；其他类：丁基-*β*-D-呋喃果糖苷(butyl-*β*-D-fructofuranoside)，亚油酸(linoleic acid)[2]，棕榈酸，莽草酸(shikimic acid)，甲基-*α*-D-吡喃葡萄糖苷(methyl-*α*-D-glucopyranoside)[3]。

注评 本种为上海中药材标准（1994）收载“甜茶”的基源植物，药用其干燥叶及嫩茎。甜茶的来源较复杂，参见甜茶 Rubus chingii Hu var. suavissimus (S. Lee) L. T. Lu。苗族用其根治涤痰结、散肿毒、疗瘿瘤、截疟。

化学成分参考文献

[1] Ramesh P, et al. *J Nat Prod*, 2001, 64: 948-949.

[2] Ashraf TK, et al. *Arch Pharm Res*, 2003, 26(1): 15-20.

[3] 李岳翰 . 高雄医学大学硕士研究生论文，2002.

[4] Chang FR, et al. *J Nat Prod*, 2003, 66: 1245-1248.

3. 大瓣绣球（植物分类学报） 小叶八仙花

Hydrangea macrosepala Hayata, Icon, Pl. Formos. 3: 108. 1913.——*H. glabrifolia* Hayata, *H. formosana* Koidz.（英 **Macrosepal Hydrangea**）

灌木，高可达 4 m；小枝光滑无毛。叶披针形或狭椭圆形，长 5–12 cm，宽 1.5–3.5 cm，长渐尖，基部楔形或略钝，边缘稍反卷，近全缘或中部至近顶部有疏离的仅具硬尖头的小齿，两面无毛或偶尔于下面脉腋间有少许髯毛；中脉在上面微凹或平坦，侧脉 5–7 对；叶柄细小，无毛。伞房状聚伞花序顶生，直径 7–14 cm，顶端截平，分枝 3，中间 1 条常较短小，且第一回分枝常较低，有时接近于基部而形成伞形状聚伞花序，疏被紧贴微柔毛；不育花早落，萼片 4，不等大，边全缘或波状，基部具短爪，膜质，两面无毛；孕性花萼筒钟形，基部略尖，萼齿卵状三角形；花瓣倒披针形或倒长卵形，先端具短细尖头，基部具短爪；雄蕊 10 枚，近等长，花药长圆形；子房半上位，花柱 3–4，直立或稍扩展，柱头略增大，沿花柱内侧下延至中部。蒴果纺锤形，连花柱长 5–6 mm，宽 2.5–3 mm，顶端突出部分长 1.5–2 mm，与萼筒等长。种子未成熟，阔卵形或宽长圆形，无翅，具网状脉纹。花期 3–4 月，果期 6–7 月。

大瓣绣球 **Hydrangea macrosepala** Hayata
邓盈丰　绘

分布与生境　产于台湾（北部）。生于山地阔叶林中，海拔 650 m 左右。

药用部位　根。

功效应用　用于头痛。

4. 西南绣球（中国高等植物图鉴） 大卫绣球、云南绣球（植物分类学报），滇绣球花（中国植物图谱）

Hydrangea davidii Franch. in Nouv. Arch. Mus. Hist. Nat., sér. 2, 8: 227. 1885.——*H. yunnanensis* Rehder（英 **David Hydrangea**）

灌木，高 1–2.5 m；小枝被短柔毛，后渐变近无毛，树皮呈薄片状剥落。叶长圆形或狭椭圆形，长 7–15 cm，宽 2–4.5 cm，先端渐尖，基部楔形或略钝，边缘于基部以上具粗齿或小锯齿，上面疏被小糙伏毛，下面近无毛，仅脉上被稍长的柔毛，脉腋间的毛常密集成丛；侧脉 7–11 对；叶柄长 1–1.5 cm，被微弯的短柔毛或扩展的疏长毛。伞房状聚伞花序顶生，直径 7–10 cm，结果时达 14 cm，分枝 3，不等粗，中间 1 条常较粗和长，密被淡黄褐色短柔毛；不育花萼片 3–4，阔卵形、三角状卵形或扁卵圆形，不等大，全缘或具数小齿；孕性花深蓝色，萼筒杯状，萼齿狭披针形或三角状卵形；花瓣狭椭圆形或倒卵形；雄蕊 8–10 枚，近等长，较长的于花蕾时不内折，花药阔长圆形或近圆形；子房近半上位或半上位，花柱 3–4，外弯，柱头增大，沿花柱内侧下延。蒴果近球形，连花柱长 3.5–4.5 mm，宽 2.5–3.5 mm，顶端突出部分长 1.2–2 mm，约等于萼筒长度。种子倒卵形或椭圆形，无翅，具网状脉纹。花期 4–6 月，果期 9–10 月。

分布与生境　产于四川、云南、贵州。生于山谷密林，山坡路旁疏林或林缘，海拔 1400–2400 m。

药用部位　根、叶、茎髓。

功效应用　退疹通淋，驱邪截疟。用于疟疾，麻疹退发不畅，小便淋痛，疟疾。

注评　本种为四川中药材标准（1987）收载“小通草”的基源植物，药用其干燥茎髓。小通草的来源比较复杂，中国药典收载的“小通草”为旌节花科植物西域旌节花 Stachyurus himalaicus Hook. f. et

西南绣球 **Hydrangea davidii** Franch.
引自《中国高等植物图鉴》

西南绣球 **Hydrangea davidii** Franch.
摄影：徐克学

Thomson、中国旌节花 S. chinensis Franch. 或山茱萸科植物青荚叶 Helwingia japonica (Thunb.) F. Dietr. 的干燥茎髓；贵州中药材标准（1988）收载蔷薇科植物棣棠花 Kerria japonica (L.) DC. 的茎髓，湖南中药材标准（1993）收载五加科植物穗序鹅掌柴 Schefflera delavayi (Franch.) Harms 的叶柄髓作“小通草”使用。傈僳族用其根、叶治疟疾。

5. 临桂绣球（植物分类学报）

Hydrangea linkweiensis Chun in Acta Phytotax. Sin. 3(2): 125. 1954.（英 **Linkwei Hydrangea**）

亚灌木至灌木，高达 3 m；一年生或二年生小枝初时被疏柔毛，后渐变无毛，第二年树皮呈薄片状剥落。叶狭披针形、披针形或有时卵状披针形，长 5–14 cm，宽 1.7–4 cm，两侧略不对称，先端渐尖成镰状或尾状尖头，基部阔楔形或钝，边缘有疏离小齿或锯齿，上面近无毛，下面被疏微毛，脉上尤其中脉上密被贴伏短柔毛，侧脉约 7 对；叶柄长 4–10 mm，密被长柔毛。伞房状聚伞花序具 3–5 cm 长的总花梗，分枝 3，中间的常短小，两侧的较粗长，长 5–8 cm，扩展，被贴伏短柔毛；不育花萼片 3，三角状卵形或阔卵形，不等大，基部近截平，全缘；孕性花黄色，萼筒杯状，被疏柔毛；萼齿卵状披针形，长 1.5–2.5 mm；花瓣倒披针形或长倒卵形，先端具短细尖头，基部渐狭，具 1 中脉；雄蕊近等长，短于或稍长于花瓣，花药长圆形；子房半下位，花柱 3–4，稍扩展，柱头增厚，沿花柱内侧下延。蒴果卵球形，连花柱长 5–6.5 mm，宽 3–4 mm，顶端突出部分长约等长于萼筒。种子长圆形、倒卵形或近圆形，无翅，具网状脉纹。花期 5–6 月，果期 8–9 月。

分布与生境　产于广西（兴安、临桂、金平）。生于海拔 770–1020 m 的山谷或山坡密林、疏林或灌丛中。

药用部位　根、叶。

功效应用　祛风，解热，止痛，止咳，接骨，截疟。用于风湿骨痛，疟疾。

6. 柳叶绣球（植物分类学报）　狭叶绣球（中国植物图谱）

Hydrangea stenophylla Merr. et Chun in Sunyatsenia 1: 50. 1930.（英 **Stenophyllus Hydrangea**）

灌木，高 0.8–2 m；小枝常白色，树皮无毛和皮孔，常呈片状剥落。叶狭披针形或披针形，长

柳叶绣球 **Hydrangea stenophylla** Merr. et Chun
邓盈丰　绘

柳叶绣球 **Hydrangea stenophylla** Merr. et Chun
摄影：喻勋林

8–20 cm，宽 1–2.7 (4.5) cm，渐尖或有时具钝尖头，基部狭楔形或略钝，边缘稍反卷，有疏离锯形小齿，上面无毛，下面疏被紧贴微柔毛；中脉在上面平坦或微凹，下面微凸，侧脉 7–10 对，沿边缘向上延伸直达齿端；叶柄长 1–2 cm，无毛。伞房状聚伞花序具长 4–12 cm 的总花梗，直径 5–12 cm，分枝 3，除总花梗和分枝下部无毛或近无毛外，密被紧贴短柔毛；不育花，稀少，萼片 3–4，卵形、阔卵形或近圆形，不等大，边全缘或具数小齿；孕性花绿白色，萼筒浅杯状，基部略尖，疏被短柔毛；萼齿披针形、卵状披针形或三角形；花瓣狭椭圆形或椭圆形，短渐尖，略具细尖头，基部稍狭；雄蕊 8–10 枚，几等长，花药阔长圆形；子房近半下位，花柱 3–4，柱头头状。蒴果阔椭圆状，连花柱长 5–6.5 mm，宽 2.5–4 mm，顶端突出部分长 2–2.5 mm，稍长于萼筒。种子卵圆形或椭圆形，无翅，具网状脉纹。花期 5–6 月，果期 9–10 月。

分布与生境　产于江西西南部、广东北部和西部。生于海拔 700–800 m 的山谷密林或疏林下或山坡灌丛中。

药用部位　根、叶、花。

功效应用　清热解毒，除湿退黄，止痛，凉血止血，截疟。用于疟疾，心热惊悸。

7. 绣球（群芳谱）　八仙花、紫绣球（植物名实图考），粉团花（本草拾遗），八仙绣球（植物分类学报）

Hydrangea macrophylla (Thunb.) Ser. in DC., Prodr. 4: 15. 1830.——*Viburnum macrophyllum* Thunb., *H. macrophylla* (Thunb.) Ser. f. *hortensia* (Regel) Rehder, *H. macrophylla* (Thunb.) Ser. f. *otaksa* (Siebold et Zucc.) E. H. Wilson（英 **Largeleaf Hydrangea**）

灌木，高 1–4 m；茎常于基部发出多数放射枝而形成一圆形灌丛；枝粗壮，无毛。叶倒卵形或阔椭圆形，长 6–15 cm，宽 4–11.5 cm，骤尖，具短尖头，基部钝圆或阔楔形，边缘于基部以上具粗齿，两面无毛或仅下面中脉两侧被稀疏卷曲短柔毛，脉腋间常具少许髯毛，侧脉 6–8 对；叶柄长 1–3.5 cm，无毛。伞房状聚伞花序近球形，直径 8–20 cm，密被紧贴短柔毛，花密集，多数不育；不育花萼片 4，阔倒卵形、近圆形或阔卵形，粉红色、淡蓝色或白色；孕性花极少数，具 2–4 mm 长的花梗；萼筒倒圆锥状，与花梗疏被卷曲短柔毛，萼齿卵状三角形；花瓣长圆形；雄蕊 10 枚，近等长，不突出或稍突出，花药长圆形；子房大半下位，花柱 3，柱头稍扩大，半环状。蒴果未成熟，长陀螺状，连花柱长约 4.5 mm，顶端突出部分长约 1 mm，约等于蒴果长度的 1/3。花期 6–8 月。

分布与生境 产于山东、江苏、安徽、浙江、福建、河南、湖北、湖南、广东及其沿海岛屿、广西、四川、贵州、云南等省区。野生或栽培，生于山谷溪旁或山顶疏林中，海拔 380–1700 m。也分布于日本、朝鲜。

药用部位 叶、根、花。

功效应用 清热，解毒，宁心安神，截疟，杀虫。用于疟疾，心悸烦躁，心脏病。

化学成分 根含香豆素类：7-羟基-8-甲氧基-香豆素(7-hydroxy-8-methoxy-coumarin)，伞形花内酯(umbelliferone)[1]。

茎叶含环烯醚萜类：绣球萜苷▲(hydrangenoside) A、B、C、D，马钱苷(loganin)，裂环马钱苷(secologanin)，裂环马钱酸(secologanic acid)，獐牙菜苷(sweroside)[2]；氰苷类：绣球氰苷▲(hydracyanoside) A、B、C[3]。

叶含香豆素类：绣球酚(hydrangenol)，绣球酚-8-*O*-*β*-D-吡喃半乳糖苷(hydrangenol-8-*O*-*β*-D-glucopyranoside)，绣球酚-8-*O*-*β*-D-吡喃半乳糖苷(hydrangenol-8-*O*-*β*-D-galactopyranoside)，异绣球苷 (hydrangenol-4'-*O*-*β*-D-glucopyranoside)[4]；氰苷类：绣球腈苷▲(hydranitriloside) A_1、A_2、B_1、B_2[5]，绣球氰苷▲(hydracyanoside) A、D、E、F，(2*R*)-红豆杉氰苷[(2*R*)-taxiphyllin][6]；酚类：3-羟基-4-甲氧基苯甲酸-3-*O*-*β*-D-吡喃葡萄糖苷(3-hydroxy-4-methoxybenzoic acid-3-*O*-*β*-D-glucopyranoside)[5]，红景天苷(salidroside)，直蒴苔苷▲(isotachioside)，异香荚兰素-*β*-D-吡喃葡萄糖苷(isovanillin-*β*-D-

绣球 **Hydrangea macrophylla** (Thunb.) Ser.
引自《中国高等植物图鉴》

绣球 **Hydrangea macrophylla** (Thunb.) Ser.
摄影：徐克学

glucopyranoside)，异直蒴苔苷▲(tachioside)[6]，香荚兰素(vanillin)，异香荚兰素(isovanillin)，对羟基苯甲醛(4-hydroxybenzaldehyde)，异香荚兰酸甲酯(isovanillic acid methylester)[7]；苯丙素类：9-甲氧基异丁香酚(9-methoxyisoeugenol)，对香豆酸甲酯(methyl-*p*-coumarate)[7]；环烯醚萜类：西非灰毛豆苷▲(vogeloside)，表西非灰毛豆苷▲(epi-vogeloside)，8-表马钱苷(8-epiloganin)，裂环马钱苷(secoxyloganin)，马钱苷(loganin)[6]；核酸类：胸苷(thymidine)，腺苷(adenosine)[6]；苯乙醇类：*β*-苯乙基-*β*-D-吡喃葡萄糖苷(*β*-phenylethyl-*β*-D-glucopyranoside)，淫羊藿次苷F_2 (icariside F_2)[6]；其他类：(-)-莽草酸甲酯[(-)-methyl shikimate]，(*Z*)-六碳-3-烯-1-醇*β*-D-吡喃木糖基-(1→6)-*β*-D-吡喃葡萄糖苷[(*Z*)-hex-3-en-1-ol *β*-D-xylopyranosyl-(1→6)-*β*-D-glucopyranoside][6]。

全草含黄酮类：山柰酚-3-*O*-[6''-*O*-*β*-D-吡喃葡萄糖基-6'''-*O*-α-L-吡喃鼠李糖基-2''''-*O*-α-L-吡喃鼠李糖基]-*β*-D-吡喃葡萄糖苷{kaempferol-3-*O*-[6''-*O*-*β*-D-glucopyranosyl-6'''-*O*-α-L-rhamnopyranosyl-2''''-*O*-α-L-rhamnopyranosyl]-*β*-D-glucopyranoside}[8]，甲基-*β*-芸香糖苷(methyl-*β*-rutinoside)，槲皮素-3-*O*-*β*-D-吡喃葡萄糖苷(quercetin-3-*O*-*β*-D-glucopyranoside)，芦丁(rutin)，山柰酚-3-*O*-*β*-芸香糖苷(kaempferol-3-*O*-*β*-rutinoside)，5,4'-二羟基山柰酚-7-*O*-*β*-芸香糖苷(5,4'-dihydroxykaempferol-7-*O*-*β*-rutinoside)，山柰酚-3-*O*-*β*-D-葡萄糖苷(kaempferol-3-*O*-*β*-D-glucopyranoside)[9]；香豆素类：伞形花内酯[9]；酚、酚酸类：龙胆酸(gentisic acid)，焦儿茶酚(pyrocatechol)，1,2,4-苯三酚(1,2,4-benzenetriol)[9]；环烯醚萜类：莸苷▲(caryoptoside)，8-表马钱酸(8-epiloganic acid)[9]。

药理作用 抗疟作用：鸡疟实验中醇提取物肌内注射给药最小有效量为 1.5 g/kg，可使小鸡末梢血液中疟原虫变形，数目减少至消失[1]。叶水煎剂灌胃感染疟原虫小鼠，其平均抑制率为 99% 以上[2]。

子宫兴奋作用：醇提取物静脉注射 0.2 ml/kg，连续 2 次，可引起鼠短暂的子宫痉挛性收缩[1]。

化学成分参考文献

[1] Bohm BA, et al. *Canadian J Biochem Physiol*, 1961, 39: 1389-1395.

[2] Uesato S, et al. *Helv Chim Acta*, 1984, 67(8): 2111-27.

[3] Nakamura S, et al. *Tetrahedron Lett*, 2009, 50(32): 4639-4642.

[4] 杨大坚，等 . 中国中药杂志 , 1994, 19(5): 293-295.

[5] Wang ZB, et al. *Helv Chim Acta*, 2011, 94(5): 847-852.

[6] Wang ZB, et al. *Heterocycles*, 2010, 81(4): 909-916.

[7] 王知斌，等 . 中医药学报 , 2012, 40(4): 73-74.

[8] Feng WS, et al. *Chin Chem Lett*, 2010, 21(6): 690-692.

[9] 冯卫生，等 . 中国药学杂志，2011, 46(8): 576-579.

药理作用及毒性参考文献

[1] 福建医学院药理教研组 . 福建医学院学报，1959, (1): 93-95.

[2] 黄世英，等 . 广西中医药，1988, 11(3): 44-45.

8. 圆锥绣球（中国植物图谱） 糊溲疏、水亚木（福建），白花丹（广东、广西），轮叶绣球（植物分类学报），粉团花（湖北），土常山（云南）

Hydrangea paniculata Siebold in Nov. Actorum Acad. Caes. Leop.-Carol. German. Nat. Cur. 14(2): 691. 1829.（英 **Panicle Hydrangea**）

灌木或小乔木，高 1–5 (9) m，胸径约 20 cm；枝初时被疏柔毛，后变无毛，具凹条纹和圆形浅色皮孔。叶 2–3 片对生或轮生，卵形或椭圆形，长 5–14 cm，宽 2–6.5 cm，先端渐尖或急尖，具短尖头，基部圆形或阔楔形，边缘有密集稍内弯的小锯齿，上面无毛或有稀疏糙伏毛，下面于叶脉和侧脉上被紧贴长柔毛，侧脉 6–7 对；叶柄长 1–3 cm。圆锥状聚伞花序尖塔形，长达 26 cm，序轴及分枝密被短柔毛；不育花较多，白色；萼片 4，阔椭圆形或近圆形，不等大，先端圆或微凹，全缘；孕性花萼筒陀螺状；萼齿短三角形；花瓣白色，卵形或卵状披针形，渐尖；雄蕊不等长，长的长达 4.5 mm，短的略短于花瓣，花药近圆形；子房半下位，花柱 3，钻状，基部连合，柱头小，头状。蒴果椭圆形，不连花柱长 4–5.5 mm，宽 3–3.5 mm，顶端突出部分圆锥形，其长约等于萼筒。种子扁平，具纵脉纹，轮廓纺锤形，两端具翅，连翅长 2.5–3.5 mm，其中翅长 0.8–1.2 mm，先端的翅稍宽。花期 7–8 月，果期 10–11 月。

分布与生境　产于西北（甘肃）、华东、华中、华南、西南等地区。生于山谷、山坡疏林下或山脊灌丛中，海拔 360–2100 m。也分布于日本。

药用部位　全株、根、花。

功效应用　花：祛湿，破血。用于肾囊风（阴囊癣症）。全株：清热，抗疟。根：截疟退热，消积和中，散结解毒，驱邪杀虫。用于咽喉痛，疟疾，食积不化，胸腹胀满，骨折，癣癞，瘿瘤，肿毒。

化学成分　茎皮含香豆素类：新绣球苷(neohydrangin)[1]。

叶含黄酮类：芦丁(rutin)，槲皮素(quercetin)[2-3]。

花含香豆素类：绣球苷(hydrangin)[1]。

注评　本种苗族药用，其花用于消湿、破血。

圆锥绣球 **Hydrangea paniculata** Siebold
引自《中国高等植物图鉴》

圆锥绣球 **Hydrangea paniculata** Siebold
摄影：徐克学

化学成分参考文献

[1] Nakahara H, et al. *J Fac Sci, Niigata Univ Ser I*, 1955, 2: 63-66.

[2] Lupea AX, et al. *Revista de Chimie* (Bucharest, Romania), 2008, 59(3): 309-313.

[3] Cacig S, et al. *Revista de Chimie* (Bucharest, Romania), 2006, 57(12): 1197-1201.

[4] Hashimoto A, et al. *Yakugaku Zasshi*, 1935, 55: 183-186.

9. 白背绣球（植物分类学报） 光皮树（湖北）

Hydrangea hypoglauca Rehder in Sarg., Pl. Wils. 1: 26. 1911.（英 **Hypoglaucous Hydrangea**）

灌木，高 1–3 m；枝无毛或被疏散粗伏毛，老后树皮呈薄片状剥落。叶卵形或长卵形，长 7–12 cm，宽 2.8–6.5 cm，渐尖，基部圆或略钝，边缘有具短尖头的小锯齿，上面无毛或脉上有稀疏、紧贴的短粗毛，下面有密集的颗粒状小腺体（在高倍放大镜下可见），无毛或近无毛，仅脉上密被紧贴短粗毛，脉腋间有时具髯毛；侧脉 7–8 对；叶柄长 1.5–3 cm。伞房状聚伞花序有或无总花梗，直径 10–14 cm，分枝 2–3，具多回分枝，疏被粗长伏毛；不育花直径 2–4 cm；萼片 (3) 4，阔卵形、倒卵形或扁圆形，稍不等大，先端圆或略尖，白色；孕性花密集，萼筒钟状，萼齿卵状三角形，渐尖；花瓣白色，长卵形，长 2–2.5 mm，内凹；雄蕊不等长，短的与花瓣近等长，长的长约 3 mm，花蕾时内折，花药近圆形，长不及 0.5 mm；子房半下位或略超过一半下位，花柱 3，长约 1 mm，钻状，基部连合，柱头不增大。蒴果卵球形，连花柱长 4–4.5 mm，宽约 3 mm，顶端突出部分圆锥形，长约 1.5 mm，等于或略短于萼筒。种子纺锤形，略扁，不连翅长约 1 mm，具纵脉纹，两端各具 0.5–0.7 mm 的狭翅。花期 6–7 月，果期 9–10 月。

分布与生境 产于湖北、湖南、贵州。生于山坡密林或山顶疏林中，海拔 900–1900 m。

药用部位 根、果。

功效应用 除风痰，截疟疾。用于风寒感冒，疟疾。

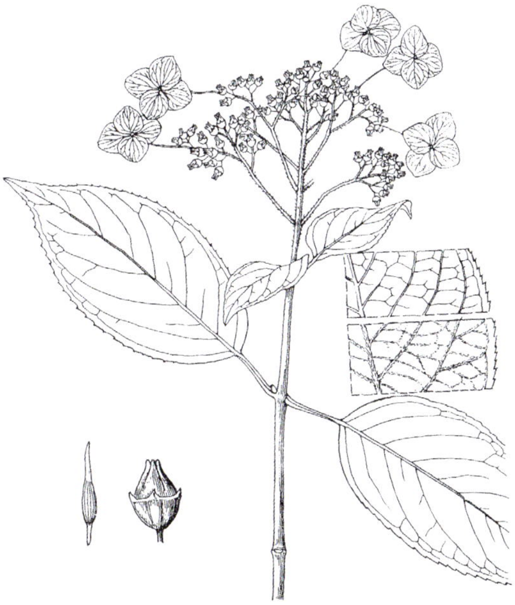

白背绣球 **Hydrangea hypoglauca** Rehder
邓盈丰 绘

白背绣球 **Hydrangea hypoglauca** Rehder
摄影：张金龙

10. 挂苦绣球（植物分类学报） 黄脉绣球（中国植物图谱），黄枝挂苦子树、光叶黄枝挂苦子树（中国树木分类学），排毛绣球、西南挂苦绣球（植物分类学报），六娥戏珠（陕西）

Hydrangea xanthoneura Diels in Bot. Jahrb. Syst. 29: 373. 1900.——*H. pubinervis* Rehder（英 **Yellowvein Hydrangea**）

灌木至小乔木，高 1–7 m；小枝无毛或疏被柔毛，常具明显皮孔，树皮不易脱落或呈小块状剥落。叶椭圆形、长椭圆形、长卵形或倒长卵形，长 8–18 cm，宽 3–10 cm，短渐尖或急尖，基部阔楔形或近圆形，边缘有密而锐尖的锯齿，上面无毛，仅中脉和侧脉上被小糙伏毛，下面常无毛，脉上被稍密的灰白色短柔毛，极少近无毛，脉腋间常有髯毛，侧脉 7–8 对；叶柄长 1.5–5 cm，被疏毛。伞房状聚伞花序顶生，直径 10–20 cm，顶端常弯拱，分枝 3，中间 1 枝常较粗长，被短糙伏毛；不育花萼片

挂苦绣球 **Hydrangea xanthoneura** Diels
引自《中国高等植物图鉴》

挂苦绣球 **Hydrangea xanthoneura** Diels
摄影：张金龙

4，偶有 5，广椭圆形至近圆形，长 1–3.5 cm，宽 1–2.5 cm；孕性花萼筒浅杯状，萼齿三角形，与萼筒近等长；花瓣白色或淡绿色，长卵形，先端风帽状；雄蕊 10–13 枚，不等长，短的约等于花瓣，花药近圆形；子房大半下位，花柱 3–4，上部略尖，基部连合，柱头稍增大，狭椭圆状。蒴果卵球形，长 3–3.5 mm，宽约 3 mm，顶端突出部分圆锥形，长约 1 mm。种子椭圆形或纺锤形，不连翅长约 1 mm，扁平，具纵脉纹，两端各具长约 0.5 mm 的狭翅。花期 7 月，果期 9–10 月。

分布与生境　产于四川、贵州、云南。生于山腰密林或疏林中或山顶灌丛中，海拔 1600–2900 m。

药用部位　根、枝、花、叶。

功效应用　根：活血祛淤，续筋接骨。用于骨折，风湿性腰痛。枝：用于刀腹伤。花、叶、根：用于疟疾。

化学成分　叶含酚类：对羟基苯甲酸(*p*-hydroxybenzoic acid)，香荚兰酸(vanillic acid)，异香荚兰酸(isovanillic acid)，原儿茶酸(protocatechuic acid)，龙胆酸(gentisic acid)，丁香酸(syringic acid)，对羟基苯乙酸(*p*-hydroxyphenylacetic acid)，对香豆酸(*p*-coumaric acid)，咖啡酸(caffeic acid)，阿魏酸(ferulic acid)，芥子酸(sinapic acid)，绣球酚(hydrangeol)[1]；香豆素类：伞形花内酯(umbelliferone)，7-羟基-8-甲氧基香豆素(7-hydroxy-8-methoxycoumarin)[1]。

化学成分参考文献

[1] Billek G, et al. *Monatshefte fuer Chemie*, 1962, 93: 85-98.

11. 马桑绣球（植物分类学报） 八仙马桑绣球（植物分类学报）

Hydrangea aspera D. Don, Prodr. Fl. Nepal. 211. 1825.（英 **Scabrous Hydrangea**）

灌木或小乔木，高 2–3 (–10) m；枝略具四钝棱，密被黄白色短糙伏毛和颗粒状鳞秕。叶长卵形、卵状披针形或长椭圆形，长 11–25 cm，宽 3.5–8 cm，长渐尖，基部阔楔形或圆形，边缘有具短尖头的不规则锯形小齿，上面被疏糙伏毛，下面密被黄褐色颗粒状腺体和绒毛状短柔毛，侧脉 7–10 对；叶柄长 1.5–4 cm，密被糙伏毛。伞房状聚伞花序直径 15–25 cm，密被褐黄灰色短粗毛；不育花萼片 4，阔

马桑绣球 **Hydrangea aspera** D. Don
邓盈丰　绘

马桑绣球 **Hydrangea aspera** D. Don
摄影：严岳鸿

卵形、圆形或倒卵圆形，边缘具锐尖粗齿，极少全缘，绿白色；孕性花萼筒钟状，萼齿阔三角形，先端尖；花瓣长卵形，先端急尖，基部截平；雄蕊不等长，花药近圆形；子房下位，花柱多数3，少有2，外弯，柱头略增大。蒴果坛状，长和宽3–3.5 mm，顶端截平，基部略尖，具棱。种子褐色，阔椭圆形或近圆形，稍扁，具凸起的纵脉纹，两端各具0.15–0.2 mm的翅，先端的翅宽扁，钝三角形或卵状披针形，基部的收狭呈柄状物。花期8–9月，果期10–11月。

分布与生境　产于云南、四川、贵州和广西隆林。生于山谷密林或山坡灌丛中，海拔1400–4000 m。也分布于尼泊尔、印度（锡金）、越南。

药用部位　根、叶、树皮、枝。

功效应用　根：消食积，健脾利湿，清热解毒，消暑止渴。用于慢性痢疾，腹泻。癣疥。叶：用于糖尿病。树皮、枝：接筋骨，利湿截疟。用于痢疾，疟疾，骨折。

化学成分　种子含脂肪酸类：油酸(oleic acid)，亚麻酸(linolenic acid)，亚油酸(linoleic acid)，硬脂酸[1]。

化学成分参考文献

[1] Breuer B, et al. *Phytochemistry*, 1987, 26(5): 1441-1445.

12. 蜡莲绣球（植物分类学报）土常山（陕西），狗骨常山（湖北），鸡跨裤（贵州）

Hydrangea strigosa Rehder in Sarg., Pl. Wils. 1: 31. 1911.——*H. strigosa* Rehder var. *angustifolia* (Hemsl.) Rehder（英 **Strigose Hydrangea**）

12a. 蜡莲绣球（模式变种）

Hydrangea strigosa Rehder var. **strigosa**

灌木，高1–3 m；小枝圆柱形或微具四钝棱，密被糙伏毛，无皮孔，树皮常呈薄片状剥落。叶长圆形、卵状披针形或倒卵状倒披针形，长 8–28 cm，宽 2–10 cm，渐尖，基部楔形、钝或圆形，边缘有具硬尖头的小齿或小锯齿，上面被稀疏糙伏毛或近无毛，下面密被灰棕色颗粒状腺体和灰白色糙伏毛，脉上的毛更密；中脉粗壮，侧脉 7–10 对，沿边缘长延伸；叶柄长 1–7 cm，被糙伏毛。伞房状聚伞花序直径达 28 cm，密被灰白色糙伏毛；不育花萼片 4–5，阔卵形、阔椭圆形或近圆形，结果时长 1.3–2.7 cm，宽 1.1–2.5 cm，先端钝头渐尖或近截平，基部具爪，边全缘或具数齿，白色或淡紫红色；孕性花淡紫红色，萼筒钟状，萼齿三角形；花瓣长卵形，初时顶端稍连合，后分离，早落；雄蕊不等长，较长的长约 6 mm，较短的长约 3 mm，花药长圆形，长约 0.5 mm；子房下位，花柱 2，近棒状。蒴果坛状，长和宽 3–3.5 mm，顶端截平，基部圆。种子褐色，阔椭圆形，不连翅长 0.35–0.5 mm，具纵脉纹，两端各具长 0.2–0.25 mm 的翅，先端的翅宽而扁平，基部的收狭呈短柄状。花期 7–8 月，果期 11–12 月。

分布与生境　产于陕西（洋县）、四川、云南、贵州、湖北和湖南。生于山谷密林或山坡路旁疏林或灌丛中，海拔 500–1800 m。

药用部位　根、叶。

功效应用　消食积，涤痰结，解热毒，截疟退热，利水渗湿。用于瘰疬，疟疾，疥癣，食积不化，胸腹胀满，咳嗽痰喘，小便不利，排尿困难，脚气水肿。

注评　本种苗族药用，其根用于涤痰结、散肿毒、疗瘿瘤、截疟。

蜡莲绣球 **Hydrangea strigosa** Rehder var. **strigosa**
引自《中国高等植物图鉴》

蜡莲绣球 **Hydrangea strigosa** Rehder var. **strigosa**
摄影：徐克学

12b. 阔叶蜡莲绣球（变种）（植物分类学报）

Hydrangea strigosa Rehder var. **macrophylla** (Hemsl.) Rehder in Sarg., Pl. Wils. 1: 32. 1911.——*H. aspera* D. Don var. *macrophylla* Hemsl.（英 **Bigleaf Strigose Hydrangea**）

本变种与模式变种的主要区别在于，叶片较薄，干后下面呈灰绿色，毛较细小，稀疏；不育花萼片扁圆形，宽略大于长，边缘的齿较多而细小。果期 10 月。

分布与生境　产于湖北（房县、兴山）。生于山沟密林下阴湿处，海拔 900–1400 m。

药用部位 根。

功效应用 清热解毒，截疟。用于疟疾，跌打损伤。

13. 柔毛绣球（植物分类学报） 踏地消、土常山（湖北）

Hydrangea villosa Rehder in Sarg., Pl. Wils. 1: 29. 1911.（英 **Villous Hydrangea**）

灌木，高 1–4 m；小枝常具钝棱，与具叶柄、花序密被灰白色短柔毛或黄褐色、扩展的粗长毛。叶披针形、卵状披针形、卵形或长椭圆形，长 5–23 cm，宽 2–8 cm，渐尖，基部阔楔形或圆形，两侧略不相等或明显不相等，且一侧稍弯拱，边缘具密的小齿，上面密被糙伏毛，下面密被灰白色短绒毛，脉上特别是中脉上的毛较长，侧脉 6–10 对；叶柄长 1–4.5 cm。伞房状聚伞花序直径 10–20 cm，总花梗粗壮，分枝较短，密集，紧靠，彼此间隔小；不育花萼片 4，少有 5，淡红色，倒卵圆形或卵圆形，边缘常具圆齿或细齿；孕性花紫蓝色或紫红色，萼筒钟状；长约 1 cm，被毛，萼齿卵状三角形；花瓣卵形或长卵形，略尖，基部截平；雄蕊 10 枚，不等长；子房下位，花柱 2，柱头近半环状。蒴果坛状，长和宽约 3 mm，顶端截平，基部圆，具棱。种子椭圆形或纺锤形，稍扁，具凸起的纵脉纹，两端各具 0.15–0.25 mm 长的翅。花期 7–8 月，果期 9–10 月。

分布与生境 产于甘肃（文县）、陕西（略阳）、江苏、湖北（西南部）、湖南（西南部）、广西（北部至东北部）、贵州大部、四川（中部、东部和东南部）、云南（东南部、东北部、北部和西北部）。生于山谷溪边密林或疏林下，或山坡路旁灌丛中，海拔 700–2600 m。

药用部位 全株、根、叶、花。

功效应用 全株：止血，解毒，祛风湿。用于外伤出血，疝气，乳痈，烧烫伤，风湿痛，带下病。根：抗疟。花：收敛。用于子宫脱垂。根、叶：截疟退热，消积和中。

化学成分 叶含酚类：对羟基苯甲酸(*p*-hydroxybenzoic acid)，香荚兰酸(vanillic acid)，异香荚兰酸(isovanillic acid)，原儿茶酸(protocatechuic acid)，龙胆酸(gentisic acid)，丁香酸(syringic acid)，对羟基苯乙酸(*p*-hydroxyphenylacetic acid)，对香豆酸(*p*-coumaric acid)，咖啡酸(caffeic acid)，阿魏酸(ferulic acid)，芥子酸(sinapic acid)，绣球酚(hydrangeol)[1]；香豆素类：伞形花内酯(umbelliferone)，7-羟基-8-甲氧基香豆素(7-hydroxy-8-methoxycoumarin)[1]。

化学成分参考文献

[1] Billek G, et al. *Monatshefte fuer Chemie*, 1962, 93: 85-98.

14. 莼兰绣球（植物分类学报） 鸡骨头（陕西），土常山（湖北），莼兰（四川宝兴），长柄绣球（中国植物图谱）

Hydrangea longipes Franch. in Nouv. Arch. Mus. Hist. Nat., sér. 2, 8: 227. 1885.——*H. longipes* Hemsl., *H. hemsleyana* Diels（英 **Longpetiole Hydrangea**）

灌木，高 1–3 m；小枝被黄色短柔毛，老后树皮不剥落。叶阔卵形、阔倒卵形、长卵形或长倒卵形，长 8–20 cm，宽 3.5–12 cm，急尖或渐尖，具阔短尖头，基部截平、微心形或阔楔形，边缘具不整齐的粗锯齿，上面疏被糙伏毛，下面被稀疏、短而近贴伏的细柔毛，脉上的毛较密，侧脉 6–8 对；叶柄长 3–15 cm，被短疏柔毛。伞房状聚伞花序顶生，直径 12–20 cm，分枝较短，通常密集，紧靠，彼此间隔短，密被扁平、透明、披针状短粗毛；不育花白色，萼片 4，倒卵形、阔倒卵形或近圆形，近等大，先端圆，具小突尖或有时微凹，基部渐狭，具短爪，边全缘或具数小齿；孕性花白色，萼筒杯状，萼齿三角形；花瓣长卵形，急尖，早落；雄蕊 10 枚，不等长，短的略短于花瓣，花药阔长圆形或近圆形；子房下位，花柱 2，外反。蒴果杯状，长 2–2.5 mm，宽 2.5–3.5 mm，顶端截平。种子倒长卵形或狭椭圆形，偶有近圆形，扁平，具凸起的纵脉纹，两端具 0.1–0.2 mm 的短翅，扁平，卵状三角形或狭三角形。花期 7–8 月，果期 9–10 月。

莼兰绣球 **Hydrangea longipes** Franch.
引自《中国高等植物图鉴》

莼兰绣球 **Hydrangea longipes** Franch.
摄影：林秦文

分布与生境 产于河北、陕西、甘肃、河南、湖北、湖南、四川、贵州和云南等省区。生于山沟疏林或密林下，或较湿润的山坡灌从中，海拔 1300–2800 m。

药用部位 根、叶。

功效应用 清热解毒，除湿退黄，止血。

15. 粗枝绣球 乐思绣球（植物分类学报），粗壮绣球（中国中药资源志要），大枝挂苦树（四川）

Hydrangea robusta Hook. f. et Thomson, J. Proc. Linn. Soc., Bot. 2: 76. 1858——*H. rosthornii* Diels
（英 **Rosthorn Hydrangea**）

灌木或小乔木，高 2–3 (6) m；小枝密被黄褐色短粗毛或扩展的粗长毛。叶阔卵形至长卵形或椭圆形至阔椭圆形，长 9–35 cm，宽 5–22 cm，急尖或渐尖，基部截平、微心形、圆形或钝，边缘具不规则的细齿或粗齿，有时具重齿，上面疏被糙伏毛，下面密被灰白色短柔毛或淡褐色短疏粗毛，中脉上有时被黄褐色、扩展且易脱落的粗长毛；侧脉 9–13 对；叶柄长 3–15 cm，被毛或后渐变近无毛。伞房状聚伞花序，花序轴粗壮，密被灰黄色或褐色短粗毛或长粗毛；不育花淡紫色或白色；萼片 4–5，阔卵形、圆形或扁圆形，边缘具齿或近全缘；孕性花萼筒杯状，长 1–1.5 mm，宽约 2 mm，萼齿卵状三角形或阔三角形；花瓣紫色，卵状披针形，初时顶部稍连合，后分离；雄蕊 10–14 枚，不等长，较短的稍长过花瓣，较长的长 6–6.5 mm，花后期长达 10 mm；子房下位，花柱 2，结果时长 1–2 mm，扩展或外反。蒴果杯状，长 3–3.5 mm，宽 3.5–4.5 mm，顶端截平。种子椭圆形或近圆形，具稍凸起的纵脉纹，两端具长 0.1–0.25 mm 的短翅。花期 7–8 月，果期 9–11 月。

分布与生境 产于四川、云南、贵州、广西、广东北部、湖南、湖北、江西、安徽、浙江、福建（武夷山）。生于海拔 700–2800 m 地区的山谷密林或山坡、山脊疏林或灌丛中。

药用部位 叶。

功效应用 清热抗疟。用于疟疾。

粗枝绣球 **Hydrangea robusta** Hook. f. et Thomson
引自《秦岭植物志》

粗枝绣球 **Hydrangea robusta** Hook. f. et Thomson
摄影：高贤明

16. 冠盖绣球（植物分类学报） 奇形绣球花（中国植物图谱），木枝挂苦藤（中国树木分类学），藤绣球（台湾植物志）

Hydrangea anomala D. Don, Prodr. Fl. Nepal. 211. 1825.（英 **Tibetan Hydrangea**）

攀援藤本，长 2–4 m 或更长；小枝无毛，老后呈片状剥落。叶椭圆形、长卵形或卵圆形，长 6–17 cm，宽 3–10 cm，渐尖，基部楔形、近圆形或有时浅心形，边缘有密而小的锯齿，两面无毛或有时于中脉、侧

冠盖绣球 **Hydrangea anomala** D. Don
引自《中国高等植物图鉴》

冠盖绣球 **Hydrangea anomala** D. Don
摄影：徐克学

脉上被少许淡褐色短柔毛，下面脉腋间常具髯毛；侧脉 6–8 对；叶柄长 2–8 cm，无毛或被疏长柔毛。伞房状聚伞花序，结果时直径达 30 cm，初时花序轴及分枝密被短柔毛，后其下部的毛逐渐脱落；不育花萼片 4，阔倒卵形或近圆形，长和宽 1–2.2 cm，边全缘或微波状或有时顶部具数个圆钝齿，初时略被微柔毛；孕性花多数，密集，萼筒钟状，基部略尖，无毛，萼齿阔卵形或三角形，长 0.5–0.8 mm，先端钝；花瓣连合成一冠盖状花冠，顶端圆或略尖，花后整个冠盖立即脱落；雄蕊 9–18 枚，近等长，花药小，近圆形；子房下位，花柱 2，少有 3。蒴果坛状，长 3–4.5 mm，宽 4–5.5 mm，顶端截平。种子椭圆形或长圆形，长 0.7–1 mm，扁平，周边具薄翅。花期 5–6 月，果期 9–10 月。

分布与生境 产于甘肃、陕西、安徽、浙江、江西、福建、台湾、河南、湖北、湖南、广东、广西、贵州、四川、云南和西藏。生于山谷溪边或山腰石旁，密林或疏林中，海拔 500–2900 m。也分布于印度北部、尼泊尔、不丹以及缅甸北部。

药用部位 叶、根。

功效应用 叶：清热，抗疟。用于疟疾，胸腹胀满。外用于皮肤疥癣。根：祛痰，截疟，解毒，活血散瘀。

23. 鼠刺属 Itea L.

灌木或乔木，常绿或落叶。单叶互生，具柄，边缘常具腺齿或刺状齿，稀圆齿状或全缘；托叶小，早落；羽状脉。花小，白色，辐射对称，两性或杂性，多数，排列成顶生或腋生总状花序或总状圆锥花序；萼筒杯状，基部与子房合生；萼片 5，宿存；花瓣 5，镊合状排列，花期直立或反折；雄蕊 5，着生于花盘边缘而与花瓣互生；花丝钻形；子房上位或半下位，具 2 (–3) 心皮，紧贴或仅下部紧贴花盘；花柱单生，有纵沟或有时中部分离；柱头头状；胚珠多数，两列，生于中轴胎座上。蒴果先端 2 裂，仅基部合生，具宿存的萼片及花瓣。种子多数，狭纺锤形，或少数，长圆形，扁平；种皮壳质，有光泽；胚大，圆柱形。

约 29 种，主要分布于东南亚至中国和日本，仅 1 种产于北美。我国 17 种及 1 变种，分布于西南、东南至南部各省区，其中 8 种 1 变种可药用。

分种检索表

1. 花序顶生，直立或略弯至下垂；子房半下位；雄蕊常短于花瓣。
  2. 花瓣在花期反折，花序直立；叶狭披针形，上半部分边缘具 4–8 个圆钝腺齿，侧脉 6–8 对……………………………………………………3. **秀丽鼠刺 I. amoena**
  2. 花瓣在花期直立，花序直立或稍弯至下垂；叶侧脉 4–5 (6) 对。
    3. 叶薄革质，卵形或椭圆形，具刺状细锯齿；花萼和花梗被短柔毛……………1. **滇鼠刺 I. yunnanensis**
    3. 叶厚革质，宽椭圆形、椭圆状长圆形至圆形，具硬刺状粗锯齿；花萼及花梗无毛……………………………………………………2. **冬青叶鼠刺 I. ilicifolia**
1. 花序腋生，稀兼顶生（黔鼠刺），直立；子房上位，或稀半下位；雄蕊常短于花瓣或长于花瓣。
  4. 子房半下位，雄蕊短于花瓣或与花瓣近等长，花瓣在花期反折，花丝及子房均无毛；叶阔卵形或宽椭圆形，两面无毛……………………………………………4. **大叶鼠刺 I. macrophylla**
  4. 子房上位，雄蕊长于花瓣。
    5. 叶厚革质。
      6. 小枝、花序轴、花梗及萼均有具柄或无柄的腺体；叶上面有疏腺体……………5. **腺鼠刺 I. glutinosa**
      6. 小枝无毛；花序轴、花梗及萼被短柔毛；叶两面具腺体……………6. **厚叶鼠刺 I. coriacea**
    5. 叶薄革质、纸质或膜质。
      7. 叶薄革质，两面无毛，倒卵形或卵状椭圆形，基部楔形，边缘具浅圆状齿，稀波状或近全缘，侧脉

4–5 对；苞片线状钻形，短于花梗……………………………………………………………7. 鼠刺 **I. chinensis**

7. 叶纸质或膜质，两面被毛，或至少脉腋有髯毛，椭圆形或长圆状椭圆形，先端短尖或渐尖，基部圆形或钝，侧脉 (7) 8–11 对；苞片几与花梗等长 ……………………………………… 8. 毛鼠刺 **I. indochinensis**

1. 滇鼠刺（植物分类学报） 云南鼠刺（中国高等植物图鉴）

Itea yunnanensis Franch. in J. Bot. 10: 268. 1896.——*I. forrestii* Y. C. Wu, *I. ilicifolia* auct. non Oliv.

（英 **Yunnan Sweetspire**）

灌木或小乔木，高 1–10 m；幼枝具纵条纹；老枝无毛。叶薄革质，卵形或椭圆形，长 5–10 cm，宽 2.5–5 cm，先端急尖或短渐尖，基部钝或圆形，边缘具稍内弯的刺状锯齿，两面均无毛，侧脉 4–5 对，弧状上弯，下面明显突起，网脉明显；叶柄长 5–15 mm，上面具槽沟，无毛；顶生总状花序，俯弯至下垂，长达 20 cm，被短柔毛；苞片钻形，长约 1 mm；花多数，常 3 枚簇生；花梗长 2 mm，在花时平展，果期下垂；萼筒浅杯状；萼片三角状披针形，被微柔毛，稀近无毛；花瓣淡绿色，线状披针形，花时直立，顶端稍内弯；雄蕊常短于花瓣；花丝无毛；花药长圆形；子房半下位，无毛，心皮 2 枚，紧贴；花柱单生，有纵沟，柱头头状。蒴果锥状，长 5–6 mm，无毛。花果期 5–12 月。

分布与生境 产于云南西北部、中部至东南部，四川西南部，西藏东南部，贵州和广西。生于海拔 1100–3000 m 的针阔叶林、杂木林下或河边、岩石处。

药用部位 根、花。

功效应用 根、花：滋补强壮，止咳，消肿，接骨。根：用于体虚，劳伤乏力，咳嗽，咽喉痛，跌打损伤，骨折，带下病，产后关节痛，腰痛。花：用于咽喉痛。

化学成分 茎和叶含蒜糖醇(allitol)，D-核已酮糖(D-ribohexulose)[1]。

化学成分参考文献

[1] Hough L, et al. *Phytochemistry*, 1963, 2(4):315-320.

滇鼠刺 **Itea yunnanensis** Franch.
引自《中国高等植物图鉴》

滇鼠刺 **Itea yunnanensis** Franch.
摄影：陈又生

2. 冬青叶鼠刺（经济植物手册） 月月青（中国树木分类学），猫儿刺（湖北），牛尾巴菜（贵州）

Itea ilicifolia Oliv. in Hooker's Icon. Pl. 6: t. 1538. 1886.（英 **Hollyleaf Sweetspire**）

灌木，高 2–4 m；小枝无毛。叶厚革质，阔椭圆形至椭圆状长圆形，稀近圆形，长 5–9.5 cm，宽 3–6 cm，先端锐尖或尖刺状，基部圆形或楔形，边缘具较疏而坚硬刺状锯齿，干时常反卷，上面有光泽，两面无毛或下面仅脉腋具簇毛，侧脉 5–6 对，中脉及侧脉在下面明显突起；叶柄长 5–10 mm，无毛。顶生总状花序下垂，长达 25–30 cm；花序轴被短柔毛；苞片钻形，长约 1 mm；花多数，通常 3 个簇生；花长约 1.5 mm，无毛；萼筒浅钟状，萼片三角状披针形，长约 1 mm；花瓣黄绿色，线状披针形，长 2.5 mm，顶端具小硬尖，直立；雄蕊短于花瓣约为花瓣之半；花丝无毛，长约 1.5 mm；花药长圆形；子房半下位，心皮 2 枚，紧贴；花柱单生，柱头头状。蒴果卵状披针形，长约 5 mm，下垂，无毛。花期 5–6 月，果期 7–11 月。

分布与生境 产于陕西南部、湖北西部（巴东、宜昌、兴山、秭归、建始、宣恩）、四川东部、重庆、贵州（瓮安、大定、息烽、仁怀、德江、镇宁等）。生于海拔 1500–1650 m 的山坡、灌丛或林下、山谷、河岸和路旁。

药用部位 根、花。

功效应用 根：清热止咳，滋补肝肾。用于虚劳咳嗽，咽喉干痛，目赤，肾虚腰痛。根、花：用于跌打损伤，扭伤，外伤出血。

化学成分 茎和叶含蒜糖醇(allitol)[1]，D-核己酮糖(D-ribohexulose)[2]。

花含蔗糖(sucrose)，肌肉肌醇(*myo*-inositol)[2]。

化学成分参考文献

[1] Hough L, et al. *Phytochemistry*, 1966, 5(1): 171-175.

[2] Hough L, et al. *Phytochemistry*, 1963, 2(4): 315-320.

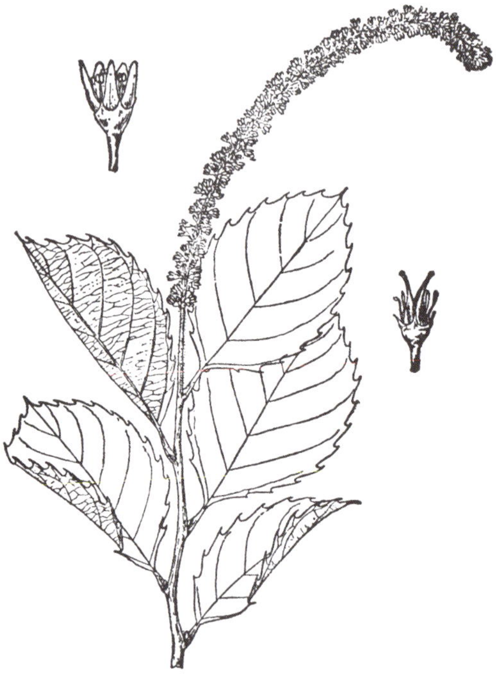

冬青叶鼠刺 **Itea ilicifolia** Oliv.
引自《中国高等植物图鉴》

冬青叶鼠刺 **Itea ilicifolia** Oliv.
摄影：刘冰

3. 秀丽鼠刺（中国植物图谱）

Itea amoena Chun in Sunyatsenia 1: 238. 1934.（英 **Amoenus Sweetspire**）

秀丽鼠刺 **Itea amoena** Chun
摄影：刘冰

常绿小灌木，高 1.5–2 m；全株无毛或仅花序稍被短毛。花枝具纵条纹；果枝深褐色。叶薄革质，狭长披针形，长 5–11 cm，宽 1.2–2 cm，先端渐尖或长渐尖，基部楔形或稍钝，边缘干时略反卷，上半部边缘有 4–8 个圆齿状腺齿，中部以下全缘，上面中脉下陷，侧脉 6–8 对，弧状上升，细脉密集网状，两面均无毛；叶柄细，长 1–1.5 cm，上面具狭槽。总状花序顶生或在小枝端腋生，直立，长 7–18 cm 或更长，花多数；花序轴及花梗被微毛；花单生，或 2–3 个簇生；花梗直立，长 4–5 mm；苞片钻形，长约 1 mm，早落；萼筒浅杯状，萼片狭披针形，长约 2 mm，被微毛；花瓣白色，长圆状披针形，长约 4–5 mm，宽约 2 mm，被微毛，花时反折；雄蕊略短于花瓣，长约 4 mm；花丝无毛；花药长圆形；子房半下位，无毛；柱头头状。蒴果近圆状锥形，花 8–10 mm，无毛。花期 6 月，果期 7–11 月。

分布与生境　产于广西。生于海拔 105–750 m 的山地溪流边或荫湿山谷中。

药用部位　根、叶

功效应用　外用于风湿痛。

4. 大叶鼠刺（中国高等植物图鉴）　大叶老鼠刺（中国树木分类学）

Itea macrophylla Wall. in Roxb. Fl. Ind. 2: 419. 1824.（英 **Largeleaf Sweetspire**）

小乔木，高达 8–10 m；小枝无毛，具纵条纹。叶薄革质，阔卵形或宽椭圆形，长 10–20 cm，宽 5–12 cm，先端急尖或渐尖，基部圆钝，边缘具腺锯齿，两面无毛，侧脉 7–10 对，中脉在上面下陷，脉在下面明显突起；叶柄粗壮，长 1–2.5 cm，无毛。总状花序腋生，通常 2–3 个簇生，稀单生，直立，长 10–15 (20) cm；花序轴及花梗被短柔毛，稀近无毛；花梗长 1.5–2 mm；苞片钻形；萼筒杯状；萼片三角状披针形，被微毛；花瓣白色，狭披针形，稍尖，花时常反折；雄蕊短于花瓣之半；花丝无毛；花药长圆形，背向着生；子房半下位，无毛；2 心皮，紧贴；柱头头状。蒴果狭锥形，长 7–8 mm，无毛，具纵条纹，平展或下垂。花果期 4–6 月。

分布与生境　产于海南、广西（武鸣）、云南南部。常见于海拔 500–1540 m 的疏、密林中或山坡路边。也分布于印度、不丹、缅甸、越南、菲律宾及印度尼西亚（爪哇）。

药用部位　根、花。

功效应用　根：滋补。花：咳嗽，喉干。

大叶鼠刺 **Itea macrophylla** Wall. ex Roxb.
引自《中国高等植物图鉴》

大叶鼠刺 **Itea macrophylla** Wall. ex Roxb.
摄影：林建勇

5. 腺鼠刺（植物分类学报） 牛母树、炸莲木（广西）

Itea glutinosa Hand.-Mazz. in Akad. Wiss. Wien, Math.-Naturwiss. Kl., Anz. 58: 91. 1921.（英 **Glandular Sweetspire**）

灌木或小乔木，高 3–6 m；小枝粗壮，橄榄色或栗褐色，有较密腺体。叶厚革质，长圆状椭圆形，长 8–16 cm，宽 4–7 cm，先端急尖或短渐尖，基部圆钝，边缘除近基部外具不规则的刺状锯齿，有疏生腺体，两面无毛；中脉宽，在上面微下陷，侧脉 6–7 对，弧状上升；叶柄粗壮，长 1.2–2 cm，无毛，上面具小槽。总状花序单生叶腋，短于叶片，长 7–13 cm，直立；具多数花；花序轴、花梗及萼均有红色具柄的腺体和疏短毛；花梗长 2–3 mm，开展至下垂；苞片叶状，长达 1 cm 以上；萼筒浅杯状；萼片线状披针形，长 3–3.5 mm，略短于花瓣或与花瓣等长，被疏微毛及腺体；花瓣白色，披针形，长 3–4 mm，

腺鼠刺 **Itea glutinosa** Hand.-Mazz.
引自《中国高等植物图鉴》

腺鼠刺 **Itea glutinosa** Hand.-Mazz.
摄影：徐晔春

花时直立，顶端微内弯，边缘有微毛，有时有疏腺体；雄蕊明显长于花瓣及子房，长约 5 mm；花丝被微毛；花药卵圆形；子房上位，无毛。蒴果长约 7 mm。花期 5–6 月，果期 6–11 月。

分布与生境 产于福建、湖南、广西及贵州。生于林下、山坡、灌丛或路旁。

药用部位 根、叶、花。

功效应用 根、花：续筋接骨，强壮滋补。叶：用于毒蛇咬伤。

注评 本种苗族药用，其根治跌打骨折、腰膝痿软。

6. 厚叶鼠刺（植物分类学报）

Itea coriacea Y. C. Wu in Bot. Jahrb. Syst. 71: 177. 1940.（英 **Coriaceous Sweetspire**）

灌木或稀小乔木，高达 10 m；小枝无毛，具明显纵条棱。叶厚革质，椭圆形或倒卵状长圆形，长 6–13 cm，宽 3–5 cm，急尖或短急尖，基部钝或宽楔形，边缘除近基部外具圆齿状齿，齿端有硬腺点，两面无毛，而具疏或密腺体；中脉宽达 1 mm，侧脉 5–6 对，弧状上弯，网状脉明显；叶柄长 1.5–2.5 cm，上面具小槽，无毛。总状花序腋生或稀兼顶生，单生，长达 15 cm，具多数花；花序轴及花梗被短柔毛；花 2，稀 1，或 3 个簇生；花梗长 2.5–4 mm，开展或在花后下垂；苞片长约 1 mm；萼筒浅杯状，被微柔毛；萼片三角状披针形，长 2 mm；花瓣白色，直立，渐尖，边缘及内面被疏微柔毛；雄蕊明显伸出花瓣，长 4 mm；花丝细，基部被微柔毛；花药椭圆状球形；子房上位，被短柔毛。蒴果锥形，长 7 mm，被疏柔毛，成熟时两裂，裂片顶端极反折。

厚叶鼠刺 **Itea coriacea** Y. C. Wu
摄影：喻勋林

分布与生境 产于江西、湖南、广东、广西和贵州。常生于海拔 600–1500 m 的疏或密林中、山地灌丛、山谷、路边和水旁。

药用部位 叶。

功效应用 用于刀伤出血。

7. 鼠刺（中国高等植物图鉴） 老鼠刺（中国树木分类学），中国拟铁（峨眉植物图志），鸡嘴果（广西）

Itea chinensis Hook. et Arn., Bot. Beech. Voy, 189, t. 39. 1833.（英 **Chinese Sweetspire**）

灌木或小乔木，高 4–10 m，稀更高；幼枝无毛；老枝具纵棱条。叶薄革质，倒卵形或卵状椭圆形，长 5–12 (15) cm，宽 3–6 cm，先端锐尖，基部楔形，边缘上部具不明显圆齿状小锯齿，呈波状或近全缘，中脉下陷，侧脉 4–5 对，弧状上弯，在近缘处相连接，两面无毛；叶柄长 1–2 cm，无毛，上面有浅槽。腋生总状花序，通常短于叶，长 3–7 (9) cm，单生或稀 2–3 束生，直立；花序轴及花梗被短柔毛；花多数，2–3 个簇生，稀单生；花梗细，长约 2 mm，被短毛；苞片线状钻形，长 1–2 mm；萼筒浅杯状，被疏柔毛，萼片三角状披针形，长 1.5 mm，被微毛；花瓣白色，披针形，长 2.5–3 mm，花时直立，顶端稍内弯，无毛；雄蕊与花瓣近等长或稍长于花瓣；花丝有微毛；子房上位，被密长柔毛；柱头头状。蒴果长圆状披针形，长 6–9 mm，被微毛，具纵条纹。花期 3–5 月，果期 5–12 月。

分布与生境 产于福建、湖南、广东、广西、云南西北部及西藏东南部。常见于海拔 140–2400 m 的山地、山谷、疏林、路边及溪边。也分布于印度东部、不丹、越南和老挝。

鼠刺 **Itea chinensis** Hook. et Arn.
引自《中国高等植物图鉴》

鼠刺 **Itea chinensis** Hook. et Arn.
摄影：李泽贤

药用部位　根、叶、花。

功效应用　根及叶：活血消肿，止痛。用于风湿痹痛，跌打肿痛。根、花：滋补强壮。

8. 毛鼠刺（植物分类学报）

Itea indochinensis Merr. in Univ. Calif. Publ. Bot. 8: 134. 1926.——*I. chinensis* Hook. et Arn. var. *indochinensis* (Merr.) Lecompte（英 **Indochinese Sweepspire**）

8a. 毛鼠刺（模式变种）

Itea indochinensis Merr. var. **indochinensis**

灌木或小乔木，高 10 m，稀达 15 m；小枝被密柔毛；老枝常变无毛，具纵条纹。叶纸质，椭圆形至长圆状椭圆形，长 10–15 (19) cm，宽 4.5–8 cm，短尖或渐尖，基部圆形或钝，边缘具细锯齿，上面无毛或被极疏短毛，有腺体，下面被密柔毛，沿脉毛更密，侧脉 7–11 对，弧状上升，在边缘处相连接，中脉和侧脉在下面突起，第三级细脉横走；叶柄长 1–1.7 cm，被长柔毛，上面具槽。总状花序，通常 3–4，密集簇生于叶腋，长 5–7 (8) cm，宽约 1 cm；花序轴和花梗被密长柔毛；花梗长约 2 mm；苞片长 1–2 mm，被长柔毛。萼片三角状披针形，长约为花瓣之半；花瓣白色，披针形，长 2.5–3 mm，被柔毛，花时直立；雄蕊长于花瓣，长 4–5 mm，花丝基部有长柔毛；子房半上位，被毛。蒴果长 8 mm，被毛，成熟时从基部开裂。花期 3–5 月，果期 5–12 月。

分布与生境　产于广西和云南。生于海拔 160–1400 m 的疏或密林中、灌木丛、林缘或溪旁。

药用部位　茎。

功效应用　用于风湿痛，跌打损伤。

毛鼠刺 **Itea indochinensis** Merr. var. **indochinensis**
张泰利　绘

8b. 毛脉鼠刺（变种）

Itea indochinensis Merr. var. **pubinervia** C. Y. Wu ex H. Chuang, Fl. Yunnan. 1: 106. 1977.

叶上面无毛，下面沿脉或至少在脉腋内有短柔毛，有时毛脱落，侧脉 6–8 对；腋生的总状花序少于 4 个，且较短。

分布与生境　产于广东、广西、贵州、云南。生于海拔 1000–2100 m 的疏林中、路边或溪旁。

药用部位　叶。

功效应用　止血，消肿。用于刀伤出血，骨折。

24. 茶藨子属 Ribes L.

落叶，稀常绿或半常绿灌木；枝平滑无刺或有刺，皮剥落或不剥落；芽具数片干膜质或草质鳞片。单叶互生，稀丛生，常 3–5 (–7) 掌状分裂，稀不分裂。花两性或单性而雌雄异株，5 数，稀 4 数；总状花序，有时花数朵组成伞房花序或几无总梗的伞形花序，或数朵簇生，稀单生；萼筒下部与子房合生，上部直接转变为萼片；萼片 5 (4)，常呈花瓣状，直立、开展或反折，多数与花瓣同色；花瓣 5 (4)，小，与萼片互生，有时退化为鳞片状，稀缺花瓣；雄蕊 5 (4)，与萼片对生，与花瓣互生，着生于萼片的基部或稍下方，花丝分离，花药 2 室；花柱通常先端 2 浅裂或深裂至中部或中部以下，稀不分裂；子房下位，极稀半下位，具短柄，光滑或具柔毛，有时具腺毛或小刺，1 室具 2 个侧膜胎座，含多数胚珠。果实为多汁的浆果，顶端具宿存花萼，成熟时从果梗脱落。种子多数，具胚乳，有小圆筒状的胚，内种皮坚硬，外部有胶质外种皮。

全球有 160 余种，主要分布于北半球温带和较寒冷地区，少数延伸到亚热带和热带山地，至南美洲的南端。我国产 59 种 30 变种，主产于西南部、西北部至东北部，其中 23 种可药用。

分种检索表

1. 花两性；苞片短小，卵圆形或近圆形，极稀舌形、长圆形或披针形。
  2. 枝具刺。
    3. 果实长圆形，长 20–25 mm，宽达 10 mm，无毛；叶和叶柄具柔毛，老时近无毛；花序和花萼外面无毛……3. **长果茶藨子 R. stenocarpum**
    3. 果实球形，稀椭圆形，长、宽各 8–15 mm。
      4. 子房和果实具腺毛，无小刺；叶下部的节上着生 3 枚粗壮的刺；花柱分裂至中部，花药先端具 1 蜜腺……1. **长刺茶藨子 R. alpestre**
      4. 子房和果实具小刺，无腺毛；叶下部的节上着生 3–7 枚轮状排列的粗壮的刺；花柱仅先端 2 浅裂，花药先端无蜜腺……2. **刺果茶藨子 R. burejense**
  2. 枝无刺。
    5. 花 1 朵或 2 朵簇生，绿色；萼筒盆形；花柱不裂；叶下面具柔毛和腺体；花萼外面无毛；子房和果实被长腺毛……10. **四川蔓茶藨子 R. ambiguum**
    5. 总状花序。
      6. 叶下面、花萼、子房和果实被黄色腺体，极稀不具腺体；花萼浅红色或苍白色，具短柔毛和黄色腺体；萼筒近钟形，花柱先端 2 裂；子房疏生短柔毛和腺体；果实疏生腺体……9. **黑茶藨子 R. nigrum**
      6. 叶下面、花萼、子房和果实无腺体，稀微具腺毛。
        7. 萼筒盆形或浅杯形；萼片反折，边缘无睫毛；叶裂片先端急尖至短渐尖，边缘具粗锐锯齿或重锯齿；花托内部具 5 个分离的突出体……8. **东北茶藨子 R. mandshuricum**
        7. 萼筒钟形或钟状短圆筒形。
          8. 萼片反折，边缘具睫毛，萼筒钟形；叶两面无毛，裂片先端微尖或稍钝，基部浅心脏形，稀近截形；雄蕊着生于低于花瓣处……………………………………………………… 7. **高茶藨子 *R. altissimum***

8. 萼片直立，萼筒钟形或钟状短圆筒形。

9. 萼片边缘无睫毛；幼枝和叶两面无毛或仅具腺毛，稀于叶下面沿叶脉具短柔毛；萼片顶端圆钝不内弯，雄蕊着生在与花瓣同一水平上………………………………4. **宝兴茶藨子 *R. moupinense***

9. 萼片边缘具睫毛；幼枝和叶柄无毛或几无毛；花萼外面无毛，萼片无齿，花瓣边缘或先端具睫毛。

10. 叶两面无柔毛，但常具腺毛，裂片先端急尖至短渐尖，基部心脏形；萼筒钟形，雄蕊着生在与花瓣同一水平上，花柱与雄蕊近等长……………………………5. **糖茶藨子 *R. himalense***

10. 叶两面无柔毛和腺毛，稀仅于下面脉腋间稍具柔毛，裂片先端急尖或稍钝，基部浅心形或截形；萼筒钟状短圆筒形，雄蕊着生在低于花瓣处，花柱长于雄蕊………………………………………………………………………………………6. **天山茶藨子 *R. meyeri***

1. 花单生，雌雄异株；苞片狭长，舌形、长圆形、椭圆形、披针形或线形。

11. 伞形花序几无总梗，具花 2–9 朵，或花数朵簇生，稀单生；落叶灌木，枝无刺；叶边分裂，顶生裂片稍长或几与侧生裂片近等长；花萼黄绿色；果实无毛……… 23. **华蔓茶藨子 *R. fasciculatum* var. *chinense***

11. 总状花序；落叶或常绿灌木。

12. 常绿稀半常绿灌木，枝无刺；叶边不裂；总状花序较短小，雄花序长 2–7 cm，具花 5–20 (–45) 朵。

13. 果实无毛；叶倒卵状椭圆形或宽椭圆形，长 2–5 cm，两面无毛，叶柄长 0.5–1 cm，具腺毛；花萼绿白色或浅黄绿色………………………………………………11. **革叶茶藨子 *R. davidii***

13. 果实具短柔毛或腺毛；叶椭圆形或倒卵状椭圆形，下面具腺体并沿叶脉和叶缘有腺毛，叶柄长 5–8 mm，被刺毛状腺毛；花萼浅绿白色，外面具腺毛…………………………12. **华中茶藨子 *R. henryi***

12. 落叶灌木，枝无刺或在节上具 2 枚小刺；叶边分裂。

14. 枝在节上具 2 枚小刺，节间疏生细小刺或无刺；总状花序较短小，雄花序长 (2) 3–7 cm，具花 7–20 朵。

15. 花序和果实无柔毛，稀花序疏生短腺毛；叶倒卵圆形或菱状倒卵圆形，基部楔形，无毛……………………………………………………………………………………20. **双刺茶藨子 *R. diacanthum***

15. 花序具短柔毛；果实无毛或具腺毛。

16. 叶倒卵圆形，仅沿叶缘具短柔毛或有时下面微具短柔毛，基部楔形；叶柄无毛……………………………………………………………………………………21. **石生茶藨子 *R. saxatile***

16. 叶宽卵圆形，两面具短柔毛，基部近截形至浅心脏形，叶柄具柔毛……………………………………………………………………………………22. **美丽茶藨子 *R. pulchellum***

14. 枝无刺；总状花序长大，雄花序长 (1) 5–15 cm，具花 (4) 10–30 朵。

17. 叶的顶生裂片几与侧生裂片近等长，先端常圆钝，稀急尖；萼片直立；果实无毛；叶圆形或近圆形，两面无毛或仅沿叶缘具柔毛；叶柄长 0.5–1 cm；花萼外面无毛……………………………………………………………………………………13. **圆叶茶藨子 *R. heterotrichum***

17. 叶的顶生裂片长于侧生裂片，先端急尖，渐尖或尾尖。

18. 叶较小，长 1–2 cm，顶生裂片比侧生裂片稍长，先端急尖；萼片开展或反折；花萼外面无毛；叶柄、叶两面、花序轴和花梗无毛………………………………14. **矮醋栗 *R. humile***

18. 叶较大，长 2–10 cm，顶生裂片比侧生裂片长得多或稍长，先端短渐尖、渐尖至尾尖，稀急尖；萼片直立，稀反折。

19. 花萼外面具柔毛。

20. 果实具柔毛和腺毛；叶宽卵圆形，长 6–10 cm，边缘具粗大钝齿或重锯齿；雄花序长 7–15 cm，具 15–30 余朵密集排列的花，花萼黄绿色略带红色；果实直径 7–10 mm……………………………………………………………………………………18. **华西茶藨子 *R. maximowiczii***

20. 果实无柔毛，仅具疏腺毛；叶宽卵圆形或近圆形，长 5–9 cm，边缘深裂，顶生裂片长于侧生裂片，先端渐尖，两面无毛或疏生腺毛；雄花序长 6–10 cm；花萼红褐色，萼片直立，具 3 脉……19. **渐尖茶藨子 R. takare**

19. 花萼外面无毛。

21. 叶基部圆形至近截形；萼筒浅杯形，花萼红褐色；叶长卵圆形，稀近圆形，顶生裂片比侧生裂片长 2–3 倍，先端长渐尖，边缘具粗大单锯齿或混生少数重锯齿；萼片卵圆形或舌形……17. **冰川茶藨子 R. glaciale**

21. 叶基部截形至心脏形；萼筒碟形。

22. 花萼红褐色或紫褐色；叶边具缺刻状重锯齿或混生粗大单锯齿；小枝和叶柄无柔毛或仅具疏腺毛；叶长卵圆形，稀近圆形，顶生裂片比侧生裂片长 1–2 倍，先端渐尖至尾尖；萼片舌形或卵形……15. **细枝茶藨子 R. tenue**

22. 花萼绿色或黄绿色；叶边具粗锐单锯齿或混生少数重锯齿；小枝和叶柄无毛；叶宽卵圆形至近圆形，稀长卵圆形，顶生裂片比侧生裂片稍长，先端急尖至短渐尖；萼片长圆形或舌形……16. **绿花茶藨子 R. viridiflorum**

迄今已从本属药用植物中分得黄酮、挥发油和糖苷等类化合物。果实、叶和花中黄酮类的含量较高。其黄酮类成分主要以花青素的形式存在，并以飞燕草素 (delphinidin)，如吡喃飞燕草素 (pyranodelphinin) B (**1**)、D (**2**) 等、矮牵牛素 (petunidin)、锦葵花素 (malvidin) 和天竺葵素 (pelargonidin) 等类型的花青素较为特征；矢车菊素类花青素也有报道，主要有吡喃矢车菊素 (pyranocyanin) A (**3**)、C (**4**) 等；还含有一些常见的黄酮类成分，如槲皮素 (quercetin)、山柰酚 (kaempferol) 等。本属植物的黄酮类成分具有较强的抗辐射和抗氧化作用，能够起到抗癌和抗过敏的作用，如花青素类成分能清除 DPPH 自由基，具有较强的抗氧化活性；还有助于预防结肠癌；天竺葵素或天竺葵素苷可抑制组织内嗜酸粒细胞的聚集，并由此对过敏性炎症具有抑制作用。

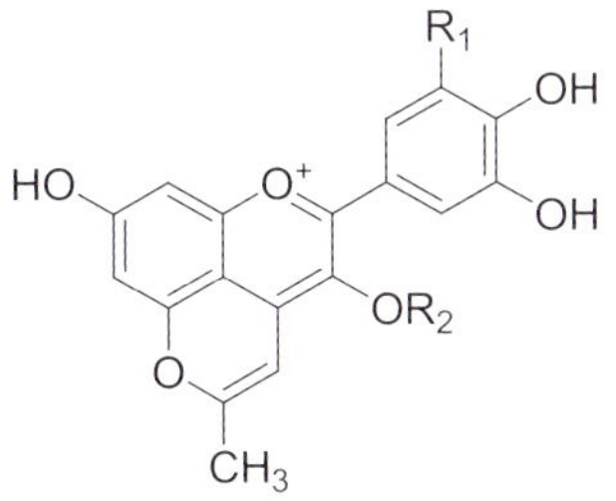

1：R_1=OH　R_2=glc
3：R_1=H　R_2=rut

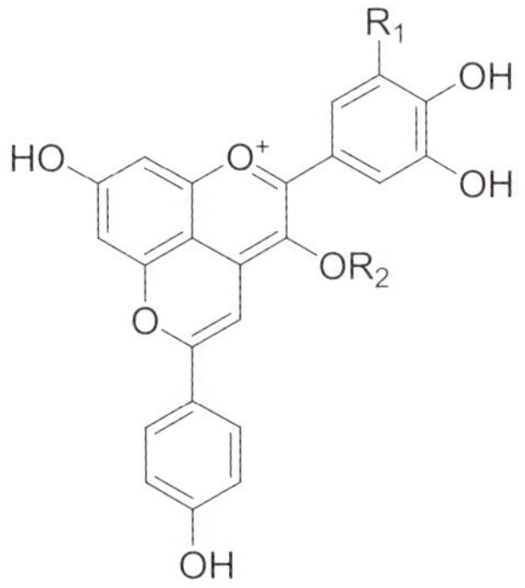

2：R_1=OH　R_2=glc
4：R_1=H　R_2=rut

本属药用植物富含大量的挥发油，有抗氧化作用。糖脂类化合物 DLGG (1,2-di-*O*-α-linolenoyl-3-*O*-β-D-galactopyranosyl-*sn*-glycerol，**5**) 能有效降低体内外试验中过度生成的一氧化氮 (NO)，并显著抑制巨噬细胞经内毒素刺激下诱导型一氧化氮合酶 (iNOS)、环氧合酶 -2(COX-2) 和前列腺素 E_2 (PGE_2) 的生成；同时 DLGG 也能抑制皮肤黑色素瘤的生长。

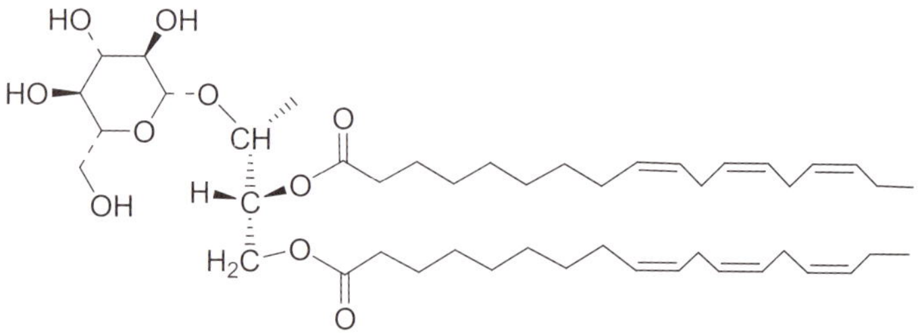

5

1. 长刺茶藨子（秦岭植物志） 大刺茶藨（中国高等植物图鉴），刺茶藨子（华北经济植物志要），亚高山茶藨子（拉汉种子植物名称），高山醋栗（中国树木志），刺李（河南）

Ribes alpestre Wall. ex Decne. in Jacq., Voy. Inde 4(Bot.): 64, t. 75. 1844.（英 **Hedge Gooseberry**）

落叶灌木，高 1–3 m；老枝呈条状或片状剥落，小枝幼时被细柔毛，在叶下部的节上着生 3 枚粗壮刺，刺长 1–2 cm，节间常疏生细小针刺或腺毛；芽具数枚干膜质鳞片。叶宽卵圆形，长 1.5–3 cm，宽 2–4 cm，基部近截形至心脏形，两面被细柔毛，沿叶脉毛较密，老时近无毛，3–5 裂，顶生裂片稍长于侧生裂片或几等长，边缘具缺刻状粗钝锯齿或重锯齿；叶柄长 2–3.5 cm，被细柔毛或疏生腺毛。花两性，2–3 朵组成短总状花序或花单生于叶腋；花序轴长 5–7 mm，具腺毛；花梗长 5–8 mm，无毛或具疏腺毛；苞片常成对着生于花梗的节上，边缘有稀疏腺毛，具 3 脉；花萼绿褐色或红褐色，外面具柔毛，常混生稀疏腺毛，稀近无毛；萼筒钟形；萼片长圆形或舌形；花瓣带白色；花托内部无毛；雄蕊长 4–5 mm，花药卵圆形，先端常具 1 个杯状蜜腺；子房无柔毛，具腺毛；花柱长于雄蕊，无毛，约分裂至中部。果实近球形或椭圆形，长 12–15 mm，直径 10–12 mm，紫红色，无柔毛，具腺毛，味酸。花期 4–6 月，果期 6–9 月。

长刺茶藨子 **Ribes alpestre** Wall. ex Decne.
引自《中国高等植物图鉴》

长刺茶藨子 **Ribes alpestre** Wall. ex Decne.
摄影：陈彬

分布与生境 产于山西、陕西、甘肃、青海、四川、云南、西藏。生于阳坡疏林下灌丛中、林缘、河谷草地或河岸边，海拔 1000–3900 m。也分布于克什米尔、不丹、阿富汗。

药用部位 果实、茎皮。

功效应用 果实：清热，止痛。用于萎缩性胃炎，胆汁缺乏症，高血压。茎皮、果实：舒筋活血，祛风湿。

注评 本种藏族药用，藏族名“茶茹”，药用其果实，主要用途同功效应用项。

2. 刺果茶藨子（华东经济植物志要） 刺李（东北木本植物图志），刺梨、山梨（中国高等植物图鉴），刺醋李（小兴安岭木本植物），醋栗（中国果树分类学），酸溜溜（山西）

Ribes burejense F. Schmidt in Mém. Acad. Imp. Sci. Saint Pétersbourg, Sér. 7, 12(2): 42. 1868.——*Grossularia burejensis* (F. Schmidt) A. Berger（英 **Bureja Gooseberry**）

落叶灌木，高 1–1.5 (2) m；老枝幼时具柔毛，在叶下部的节上着生 3–7 枚长达 1 cm 的粗刺，节间密生长短不等的细针刺；芽具数枚干膜质鳞片。叶宽卵圆形，长 1.5–4 cm，宽 1.5–5 cm，基部截形至心形，幼时两面被短柔毛，老时渐脱落，下面沿叶脉有时具少数腺毛，掌状 3–5 深裂，边缘有粗钝锯齿；叶柄长 1.5–3 cm，老时毛脱落近无毛，常有稀疏腺毛。花两性，单生于叶腋或 2–3 朵组成短总状花序；花梗长 5–10 mm，疏生腺毛、柔毛或近无毛；苞片被柔毛，具 3 脉；花萼浅褐色至红褐色，疏生柔毛或近无毛；萼筒宽钟形，宽稍大于长，萼片长圆形或匙形，在花期开展或反折，果期常直立；花瓣浅红色或白色；雄蕊较花瓣长或几等长，花药先端常无蜜腺；子房梨形，无柔毛，具黄褐色小刺；花柱无毛，先端 2 浅裂。果实圆球形，直径约 1 cm，未熟时浅绿色至浅黄绿色，熟后转变为暗红黑色，具多数黄褐色小刺。花期 5–6 月，果期 7–8 月。

分布与生境 产于东北、华北、河南（西部）、陕西（商县）、甘肃。生于山地针叶林、阔叶林或针、阔叶混交林下及林缘，也见于山坡灌丛及溪流旁，海拔 900–2300 m。也分布于蒙古、朝鲜、俄罗斯远东地区。

药用部位 茎枝、果实、种子、根。

功效应用 清热燥湿，利水，调经。用于风湿痛，月经不调。

刺果茶藨子 **Ribes burejense** F. Schmidt
引自《中国高等植物图鉴》

刺果茶藨子 **Ribes burejense** F. Schmidt
摄影：张英涛

注评 本种的名称易与药材“刺梨根”“刺梨果”和“刺梨叶”相混，而这三种药材分别来源于蔷薇科植物缫丝花 Rosa roxburghii Tratt. 和单瓣缫丝花 Rosa roxburghii Tratt. f. normalis Rehder et E. H. Wilson 的根、果实与叶，与本种无关，应注意区别。

3. 长果茶藨子（经济植物手册） 狭果茶藨（中国高等植物图鉴），长果醋栗（中国树木志）

Ribes stenocarpum Maxim. in Bull. Acad. Imp. Sci. Saint-Petersbourg 27: 475. 1881.——*Grossularia stenocarpa* (Maxim.) A. Berger（英 **Narrowfruit Currant**）

落叶灌木，高 1–2 (3) m；枝幼时具柔毛，老时皮呈条状或片状剥落，在叶下部的节上具 1–3 枚粗壮刺，节间散生稀疏小针刺或无刺；芽具数枚干膜质鳞片。叶近圆形或宽卵圆形，长 2–3 cm，宽 2.5–4 cm，基部截形至近心形，两面均被柔毛，至老时毛稀疏或几无毛，有时沿叶脉混生稀疏短腺毛，掌状 3–5 深裂，边缘具粗钝锯齿；叶柄长 (1) 2–3 cm，具柔毛和稀疏腺毛。花两性，2–3 朵组成短总状花序或单生于叶腋，无毛或具疏腺毛；花梗长 3–5 mm，无毛，稀疏生短腺毛；苞片成对生于花梗节上，边缘有疏腺毛，具 3 脉；花萼浅绿色或绿褐色，外面无毛；萼筒钟形；萼片舌形或长圆形，花期开展或反折，果期常直立；花瓣白色；花托内部无毛；雄蕊稍长或几与花瓣近等长，花药伸出花瓣；子房长圆形，无毛；花柱长于雄蕊，分裂几达中部，无毛。果实长圆形，长 2–2.5 cm，直径约 1 cm，浅绿色有红晕或红色，无毛。花期 5–6 月，果期 7–8 月。

分布与生境 产于陕西、甘肃、青海、四川。生于山坡灌丛、云杉林和杂木林下或山沟中，海拔 2300–3300 m。

药用部位 根、茎皮、枝、果实。

功效应用 茎皮、枝、果实：清热解毒。用于肝炎，湿热毒盛，疮疖赤肿，湿疱瘙痒，无名肿毒，流水溃破，胁肋胀满，黄疸型肝炎。根：祛风除湿，活血调经。

化学成分 种子含脂肪酸类：主要为不饱和脂肪酸，包括α-亚麻酸(α-linolenic acid)，γ-亚麻酸(γ-linolenic acid)，亚油酸(linoleic acid)[1]等。

化学成分参考文献

[1] 刘梅，等. 分析实验室，2004, 23(11): 36-38.

长果茶藨子 **Ribes stenocarpum** Maxim.
引自《中国植物志》

长果茶藨子 **Ribes stenocarpum** Maxim.
摄影：林秦文

4. 宝兴茶藨子（拉汉种子植物名称） 穆坪茶藨子（经济植物手册），穆坪醋栗（华北经济植物志要）

Ribes moupinense Franch. in Nouv. Arch. Mus. Hist. Nat., sér. 2, 8: 238. 1886.（英 **Paohsing Currant**）

落叶灌木，高 2–3 (5) m；小枝皮稍呈长条状纵裂或不裂，嫩枝无毛，无刺；芽具数枚棕褐色鳞片，外面无毛。叶卵圆形或宽三角状卵圆形，长 5–9 cm，宽几与长相似，基部心形，稀近截形，上面无柔毛或疏生粗腺毛，下面沿叶脉或脉腋间具短柔毛或混生少许腺毛，常 3–5 裂，顶生裂片长渐尖，侧生裂片短渐尖或急尖，边缘具不规则的尖锐单锯齿和重锯齿；叶柄长 5–10 cm，沿槽微具柔毛或近基部有少数腺毛。花两性，开花时直径 4–6 mm；总状花序长 5–10 (12) cm，具 9–25 朵疏松排列的花，具短柔毛；花梗极短或几无，稀稍长；苞片全缘或稍具小齿，无毛或边缘微具睫毛，位于花序下部的苞片较狭长，长可达 4 mm，先端微尖；花萼绿色而有红晕，外面无毛；萼筒钟形；萼片圆钝，边缘无睫毛；花瓣倒三角状扇形，宽短于长，下部无突出体；雄蕊几与花瓣等长，着生在与花瓣同一水平上，花药圆形；子房无毛；花柱短于雄蕊，先端 2 裂。果实球形，几无梗，直径 5–7 mm，黑色，无毛。花期 5–6 月，果期 7–8 月。

分布与生境　产于陕西、甘肃、安徽、湖北、四川、贵州、云南。生于山坡路边杂木林下、岩石坡地及山谷林下，海拔 1400–3100 m。

药用部位　根、茎皮、果实。

功效应用　根：祛风除湿，活血调经。茎皮、果实：清热燥湿，健胃。叶：用于烧烫伤，漆疮，胃痛。

宝兴茶藨子 **Ribes moupinense** Franch.
引自《中国高等植物图鉴》

宝兴茶藨子 **Ribes moupinense** Franch.
摄影：张金龙

5. 糖茶藨子（秦岭植物志） 埃牟茶藨子（华北经济植物志要），喜马拉雅茶藨子（拉汉种子植物名称）

Ribes himalense Royle ex Decne. in Jacq., Voy. Inde 4 (Bot.) 66. 1844.——*R. meyeri* Schneid., *R. emodense* Rehder, *R. rubrum* auct. non L.（英 **Himalayan Currant**）

落叶小灌木，高 1–2 m；小枝皮长条状或长片状剥落，嫩枝无毛，无刺；芽具数枚紫褐色鳞片，无毛或仅鳞片边缘具短柔毛。叶卵圆形或近圆形，长 5–10 cm，宽 6–11 cm，基部心形，上面无柔毛，常贴生腺毛，下面无毛，稀微具柔毛，或混生少数腺毛，掌状 3–5 裂，顶生裂片比侧生裂片稍长大，边缘具粗锐重锯齿或杂以单锯齿；叶柄长 3–5 cm，红色，无柔毛或有少许短柔毛，近基部有少数褐色长腺毛。花两性；总状花序长 5–10 cm，具花 8–20 余朵，具短柔毛，或杂以稀疏短腺毛；花梗长 1.5–3 mm；苞片卵圆形，稀长圆形或近披针形，微具短柔毛；花萼绿色带紫红色晕或紫红色，外面无毛；萼筒钟形；萼片倒卵状匙形或近圆形，边缘具睫毛，直立；花瓣近匙形或扇形，边缘微有睫毛，红色或绿色带浅紫红色；雄蕊几与花瓣等长，着生在与花瓣同一水平上，花药圆形，白色；子房无毛；花柱约与雄蕊等长，先端 2 浅裂。果实球形，直径 6–7 mm，红色或熟后转变成紫黑色，无毛。花期 4–6 月，果期 7–8 月。

分布与生境　产于湖北、四川、云南、西藏。生于山谷、河边灌丛及针叶林下和林缘，海拔 1200–4000 m。也分布于克什米尔地区、尼泊尔、印度和不丹。

药用部位　茎枝、茎内皮、果实。

功效应用　清热解毒。用于肝炎。

化学成分　种子含脂肪酸类：主要为不饱和脂肪酸，包括α-亚麻酸(α-linolenic acid)，γ-亚麻酸(γ-linolenic acid)，亚油酸(linoleic acid)，油酸(oleic acid)；尚含有棕榈油酸(palmitoleic acid)，十八碳四烯酸(parinaric acid)[1]。

化学成分参考文献

[1] 师治贤，等. 西北植物学报，2005, 25(8): 1669-1671.

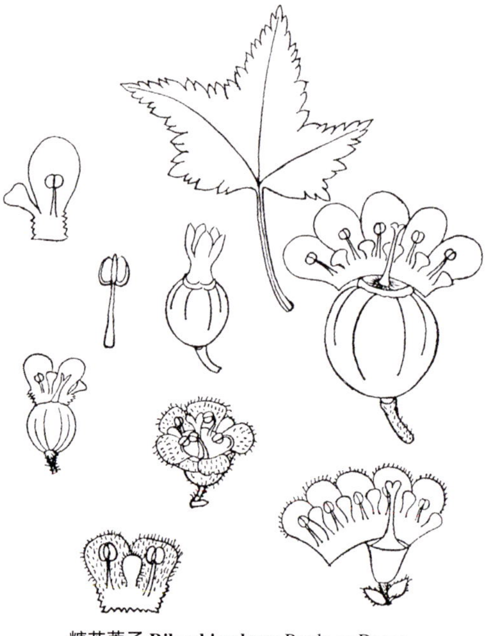

糖茶藨子 **Ribes himalense** Royle ex Decne.
引自《西藏植物志》

糖茶藨子 **Ribes himalense** Royle ex Decne.
摄影：徐晔春

6. 天山茶藨子（中国树木志）五裂茶藨（中国高等植物图鉴），麦氏醋栗（华北经济植物志要），麦粒醋栗（拉汉种子植物名称）

Ribes meyeri Maxim. in Bull. Acad. Imp. Sci. Saint-Petersbourg 19: 260. 1874, p. p.（英 **Meyer Currant**）

落叶灌木，高 1–2 m；小枝皮长条状剥离，嫩枝无毛或稍具短柔毛，稀混生少数短腺毛，无刺；芽具数枚褐色鳞片，外面无毛或微具短柔毛。叶近圆形，长 3–7 cm，宽几与长相等，基部浅心形，稀截形，两面无毛，稀于下面脉腋间稍有短柔毛，掌状 5 或稀 3 浅裂，急尖或稍钝，顶生裂片比侧生裂片稍长或近等长，边缘具粗锯齿；叶柄长 2.5–4 cm，无毛，近基部具疏腺毛。花两性，开花时直径 3.5–5 (6) mm；总状花序长 3–5 (6) cm，具花 7–17 朵，有短柔毛或几无毛；花梗长 1–2.5 mm；苞片卵圆形，微具短柔毛；花萼紫红色或浅褐色而具紫红色斑点和条纹，外面无毛；萼筒钟状短圆筒形；萼片匙形或倒卵圆形，圆钝，边缘具睫毛，花后直立；花瓣狭楔形或近线形，圆钝，微有睫毛或无毛，下面无突出体；雄蕊稍长于花瓣，着生在低于花瓣处，花药白色；子房无毛；花柱长于雄蕊，先端 2 裂。果实圆形，直径 7–8 mm，紫黑色，具光泽，无毛，多汁而味酸。花期 5–6 月，果期 7–8 月。

天山茶藨子 **Ribes meyeri** Maxim.
摄影：易思荣

分布与生境 产于新疆（北部、西部至西南部），生于山坡疏林内、沟边云杉林下或阴坡路边灌丛中，海拔 1400–3900 m。也分布于西伯利亚和中亚。

药用部位 茎皮、果实。

功效应用 清利湿热，退黄。用于黄疸。

化学成分 浆果含花青素类：飞燕草素葡萄糖苷(delphinidin glucoside)，飞燕草素芸香糖苷(delphinidin rutinoside)，矢车菊素葡萄糖苷(cyanidin glucoside)，矢车菊素-3-芸香糖苷(cyanidin-3-rutinoside)，矢车菊素-3-*O*-槐糖苷(cyanidin-3-*O*-sophoroside)，矢车菊素-3-*O*-*β*-D-接骨木二糖苷(cyanidin-3-*O*-*β*-D-sambubioside)[1]。

化学成分参考文献

[1] Sorokopulov VN, et al. Novye Dostizheniya v Khimii i Khimicheskoi Tekhnologii Rastitel'nogo Syr'ya, Materialy Vserossiiskoi Konferentsii, 2nd, Barnaul, Russian Federation, Apr. 21-22, 2005, 1: 300-302.

7. 高茶藨子（中国树木志） 高茶藨（中国中药资源志要）

Ribes altissimum Turcz. ex Pojark. in Trudy Bot. Inst. Akad. Nauk S.S.S.R., Ser. 1, Fl. Sist. Vyssh. Rast. 2: 179. 1936.——*R. triste* Turcz., *R. petraeum* Wulf. var. *altissimum* (Turcz. ex Pojark.) Jancz.（英 **High Currant**）

落叶灌木，高 (1) 2–3 m；小枝皮长条状剥裂，幼枝光滑无毛，稀具少数短腺毛；芽急尖，具数枚紫红色鳞片。叶近圆形，长 3–6 cm，宽几与长相似，基部心形，两面均无柔毛，有时下面仅沿叶脉疏生短腺毛，掌状 3–5 浅裂，裂片微尖或稍钝，顶生裂片比侧生裂片稍长或几等长，边缘具粗锐重锯齿并杂以单锯齿；叶柄长 3–5 cm，无毛或仅沿槽疏生短柔毛，有时疏生短腺毛。花两性，开花时直径 4–5 mm；总状花序长 3–8 cm，具花 10–25 朵，被短柔毛和短腺毛；花梗长 1–3 mm；苞片比花梗短，边缘疏生短腺毛；花萼浅黄色，常具紫红色斑点或条纹，外面无毛；萼筒钟形；萼片近舌形或长倒卵圆形，边缘具睫毛，反折；花瓣近扇形或倒卵圆形，下面无突出体；雄蕊稍短或几与花瓣近等长，着生在低于花瓣处，花药近圆形；子房无毛，花柱宽圆锥形，几与雄蕊等长，先端 2 裂。果实近球形，直径 5–7 mm，紫红黑色，无毛。花期 6 月，果期 7–8 月。

分布与生境 产于新疆（福海、布尔津）。生于海拔 2000 m 以下地区的山坡针叶林或针阔混交林下或林缘。也分布于俄罗斯和蒙古北部。

药用部位 根皮、果实。

功效应用 果实：滋补强壮。根皮：舒筋，活血。

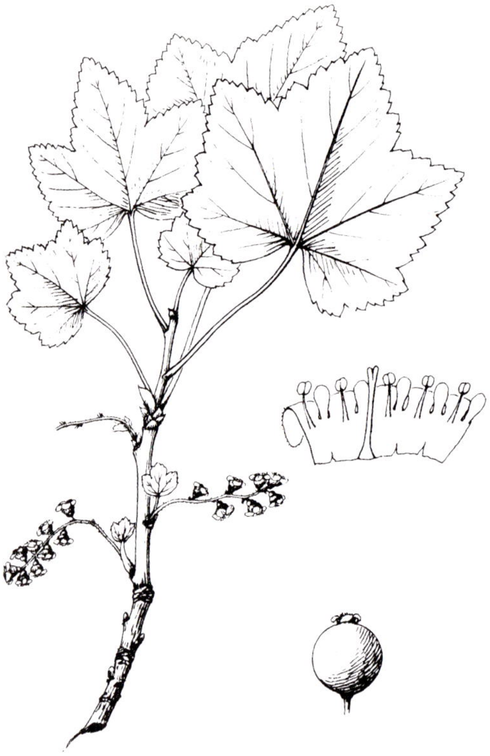

高茶藨子 **Ribes altissimum** Turcz. ex Pojark.
引自《中国植物志》

8. 东北茶藨子（拉汉种子植物名称） 满洲茶藨子（华北经济植物志要），山麻子（中国高等植物图鉴），东北醋李（小兴安岭木本植物志），狗葡萄、山樱桃、灯笼果（东北）

Ribes mandshuricum (Maxim.) Kom. in Trudy Imp. S.-Peterburgsk. Bot. Sada 22: 437. 1903.——*R. multiflorum* Kit. ex Roem. et Schult. var. *mandshuricum* Maxim.（英 **Manchurian Currant**）

落叶灌木，高 1–3 m；小枝皮纵向或长条状剥落，嫩枝具短柔毛或近无毛，无刺；芽具数枚棕褐色鳞片，外面微被短柔毛。叶长 5–10 cm，宽几与长相等，基部心形，幼时两面被灰白色平贴短柔毛，下面甚密，常掌状 3 裂，稀 5 裂，裂片卵状三角形，先端急尖至短渐尖，顶生裂片比侧生裂片稍长，边缘具不整齐粗锐锯齿或重锯齿；叶柄长 4–7 cm，具短柔毛。花两性，直径 3–5 mm；总状花序长 7–16 cm，稀达 20 cm，具花多达 40–50 朵，密被短柔毛；花梗长 1–3 mm；苞片几与花梗等长，无毛或微具短柔毛，早落；花萼浅绿色或带黄色，外面无毛或近无毛；萼筒盆形；萼片倒卵状舌形或近舌形，边缘无睫毛，反折；花瓣近匙形，浅黄绿色，下面有 5 个分离的突出体；雄蕊稍长于萼片，花药近圆形，红色；子房无毛；花柱稍短或几与雄蕊等长，先端 2 裂，有时分裂几达中部。果实球形，直径 7–9 mm，红色，无毛，味酸可食。种子多数，较大，圆形。花期 4–6 月，果期 7–8 月。

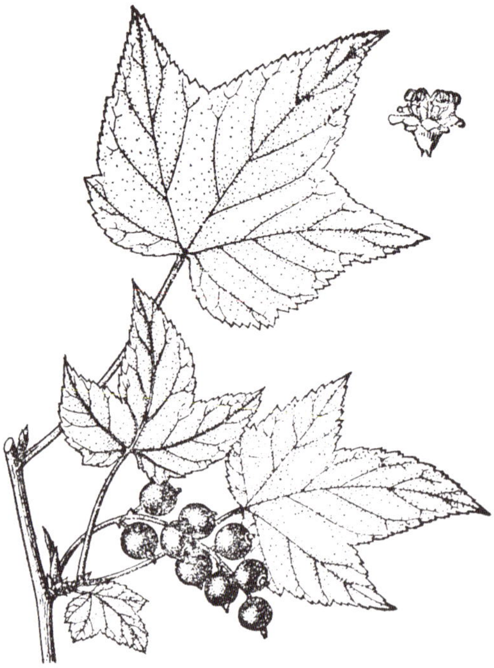

东北茶藨子 **Ribes mandshuricum** (Maxim.) Kom.
引自《中国高等植物图鉴》

分布与生境 产于东北、华北、河南、陕西、甘肃。生于山坡或山谷针、阔叶混交林下或杂木林内，海拔 300–

东北茶藨子 **Ribes mandshuricum** (Maxim.) Kom.
摄影：周繇

1800 m。也分布于朝鲜北部和西伯利亚。

药用部位 果实。

功效应用 疏风解表，散寒。用于感冒。

化学成分 浆果含黄酮[1]、糖、有机酸、维生素C、蛋白质、色素、丹宁酸等[2]。

注评 本种朝鲜族药用，其果实用于治小便不利、泄泻。

化学成分参考文献

[1] 张桂兰. 食品科学，2007, 28(11): 506-508.

[2] 田贺，等. 吉林农业大学学报，2009, 31(5): 621-623.

9. 黑茶藨子（华北经济植物志要） 茶藨子（中国树木分类学），旱葡萄（大兴安岭），黑豆、黑加仑（黑龙江），黑果茶藨（内蒙古植物志），哈日 - 哈达（蒙名）

Ribes nigrum L., Sp. Pl. 1: 201. 1753.——*Grossularia nigra* (L.) Rupr., *R. pauciflorum* Turcz. ex Ledeb.

（英 **European Black**）

落叶直立灌木，高 1–2 m；小枝的皮通常不裂，幼枝具疏密不等的短柔毛，被黄色腺体，无刺；芽被短柔毛和黄色腺体。叶近圆形，长 4–9 cm，宽 4.5–11 cm，基部心形，上面幼时微具短柔毛，老时脱落，下面被短柔毛和黄色腺体，掌状 3–5 浅裂，裂片宽三角形，先端急尖，顶生裂片稍长于侧生裂片，边缘具不规则粗锐锯齿；叶柄长 1–4 cm，具短柔毛，偶尔疏生腺体，有时基部具少数羽状毛。花两性，开花时直径 5–7 mm；总状花序长 3–5 (8) cm，具花 4–12 朵，具短柔毛，或混生稀疏黄色腺体；花梗长 2–5 mm；苞片具短柔毛；花萼浅黄绿色或浅粉红色，具短柔毛和黄色腺体；萼筒近钟形，萼片舌形，开展或反折；花瓣卵圆形或卵状椭圆形，先端圆钝；雄蕊与花瓣近等长，花药卵圆形，具蜜腺；子房疏生短柔毛和腺体；花柱稍短于雄蕊，先端 2 浅裂，稀几不裂。果实近圆形，直径 8–10 (14) mm，熟时黑色，疏生腺体。花期 5–6 月，果期 7–8 月。

分布与生境 产于黑龙江、内蒙古、新疆。生于湿润谷底，沟边或坡地云杉林，落叶松林或针、阔混交林下。也分布于欧洲、俄罗斯、蒙古和朝鲜北部。

药用部位 叶、根皮、果实。

功效应用 果：滋补强壮。根皮：舒筋活血。叶：风湿，痛风，关节炎，腰痛，足痛，利尿。

化学成分 树皮含酚类：酪醇(tyrosol)，没食子酸(gallic acid)，没食子酸甲酯(methyl gallate)[1]。

叶含挥发油：以 3-蒈烯(3-carene)，(*Z*)-*β*-罗勒烯[(*Z*)-*β*-ocimene]，(*E*)-*β*-罗勒烯[(*E*)-*β*-ocimene]，异松油烯(terpinolene)[2]，(±)-(*E*)-*β*-丁香烯[(±)-(*E*)-*β*-caryophyllene]，棕榈酸，(±)-氧化丁香烯

黑茶藨子 Ribes nigrum L.
引自《中国植物志》

黑茶藨子 Ribes nigrum L.
摄影：刘冰

[(±)-caryophyllene oxide]，α-葎草烯(α-humulene)[3]的含量较高；黄酮类：儿茶素(catechin)，没食子儿茶素(gallocatechin)，表没食子儿茶素(epigallocatechin)[4]；硫化物类：苄基硫酸酯(benzyl sulfate)[5]；糖酯类：单半乳糖基二酰甘油(monogalactosyldiacylglycerol)，双半乳糖基二酰甘油(digalactosyldiacylglycerol)，磷脂酰胆碱(phosphatidylcholine)，磷脂酰丝氨酸(phosphatidyserine)，双磷脂酰甘油(diphosphatidylglycerol)，磷脂酰乙醇胺(phosphatidylethanolamine)，磷脂酰肌醇(phosphatidylinostiol)，硫代鸡纳糖基二酰甘油(sulfoquinovosyl diacylglycerol)[6]。

花含挥发油：对孜然芹素▲(p-cymene)即对伞花烃，(+)-β-水芹烯[(+)-β-phellandrene]，大根香叶烯B (germacrene B)[2]，香叶烯(myrcene)，双环大香叶烯(bicyclogermacrene)[7]，α-水芹烯(α-phellandrene)，桉油烯醇(spathulenol)[8]，α-蒎烯(α-pinene)，β-蒎烯(β-pinene)，3-蒈烯，(+)-柠檬烯[(+)-limonene]，(E)-罗勒烯[(E)-β-ocimene]，松油烯-4-醇(terpinen-4-ol)，β-丁香烯(β-caryophyllene)，α-葎草烯[9]，香桧烯(sabinene)，异松油烯(terpinolene)，(Z)-β-罗勒烯等[10]。

果实含黄酮类：矢车菊素-3-葡萄糖苷(cyanidin-3-glucoside)，矢车菊素-3-芸香糖苷(cyanidin-3-rutinoside)，飞燕草素-3-葡萄糖苷(delphinidin-3-glucoside)，飞燕草素-3-芸香糖苷(delphinidin-3-rutinoside)，矮牵牛素-3-芸香糖苷(petunidin-3-rutinoside)，矮牵牛素-3-葡萄糖苷(petunidin-3-glucoside)[11]，矢车菊素-3-阿拉伯糖苷(cyanidin-3-arabinoside)，天竺葵素-3-葡萄糖苷(pelargonidin-3-glucoside)，芍药素-3-葡萄糖苷(peonidin-3-glucoside)，锦葵花素-3-葡萄糖苷(malvidin-3-glucoside)，锦葵花素-3-芸香糖苷(malvidin-3-rutinoside)，飞燕草素-3-(6''-香豆酰基)-葡萄糖苷[delphinidin-3-(6''-coumaroylglucoside)][12]，天竺葵素-3-芸香糖苷(pelargonidin-3-rutinoside)，芍药素-3-芸香糖苷(peonidin-3-rutinoside)，矢车菊素-3-(6''-香豆酰葡萄糖苷)[cyanidin-3-(6''-coumaroylglucoside)]，飞燕草素-3-木糖苷(delphinidin-3-xyloside)，矢车菊素-3-木糖苷(cyanidin-3-xyloside)，矮牵牛素-3-(6''-香豆酰葡萄糖苷)[petunidin-3-(6''-coumaroylglucoside)][13]，杨梅素己糖苷丙二酸酯(myricetin hexoside-malonate)，芦丁(rutin)，槲皮素-3-葡萄糖苷(quercetin-3-glucoside)，槲皮素己糖苷丙二酸酯(quercetin hexoside-malonate)，山柰酚-3-葡萄糖苷(kaempferol-3-glucoside)，山柰酚己糖苷去氧己糖苷(kaempferol hexoside-deoxyhexoside)，山柰酚己糖苷丙二酸酯(kaempferol hexoside-malonate)，矢车菊素-3-槐糖苷(cyanidin-3-sophoroside)，矢车菊素-3-葡萄糖基芸香糖苷(cyanidin-3-glucosylrutinoside)，矢车菊素-3-接骨木二糖苷(cyanidin-3-sambubioside)，矢车菊素-3-木糖基芸香糖苷(cyanidin-3-xylcosylrutinoside)[14]，杨梅素-3-*O*-葡萄糖苷(myricetin-3-*O*-glucoside)，杨梅素-3-芸香糖苷(myricetin-3-*O*-rutinoside)，杨梅素-丙二酰葡萄糖苷(myricetin-malonylglucoside)，金鱼草素-3-葡萄糖苷(aureusidin-3-*O*-glucoside)，槲皮素-3-*O*-芸香糖苷(quercetin-3-*O*-rutinoside)，异鼠李素-3-*O*-芸香糖苷(isorhamnetin-3-*O*-rutinoside)[15]，山柰酚-3-(6''-丙二酰基)葡萄糖苷[kaempferol-3-(6''-malonyl)glucoside]，杨梅素-3-半乳糖苷(myricetin-3-galactoside)，杨梅素-3-阿拉伯糖苷(myricetin-3-arabinoside)，杨梅素-3-(6''-丙二酰基)葡萄糖苷[myricetin-3-(6''-malonyl) glucoside]，槲皮素-3-半乳糖苷(quercetin-3-galactoside)，槲皮素-3-阿拉伯糖苷(quercetin-3-arabinoside)，杨梅素(myricetin)，山柰酚(kaempferol)，山柰酚-3-芸香糖苷(kaempferol-3-rutinoside)，槲皮素(quercetin)，槲皮素-3-(6''-丙二酰葡萄糖苷)[quercetin3-(6''-malonylglucoside)][16]，花青素苷(anthocyanin)[17]，异槲皮苷(isoquercitrin)[18]；脂肪酸类：硬脂四烯酸(stearidonic acid)，*γ*-亚麻酸(*γ*-linolenic acid)，*α*-亚麻酸(*α*-linolenic acid)[19]；芳香类：阿魏酰己糖(feruloylhexose)，对香豆酸-4-葡萄糖苷(*p*-coumaric acid-4-glucoside)[14]，咖啡酰葡萄糖(caffeoylglucose)，香豆酸葡萄糖苷(coumaric acid glucoside)，对香豆酰葡萄糖(*p*-coumaroylglucose)，阿魏酰葡萄糖(feruoylglucose)[15]，3-咖啡酰奎宁酸(3-caffeoylquinic acid)，3-对香豆酰奎宁酸(3-*p*-coumaroylquinic acid)，阿魏酸(ferulic acid)，对香豆酸(*p*-coumaric acid)，咖啡酸(caffeic acid)[16]，龙胆酸(gentisic acid)，没食子酸(gallic acid)，对羟基苯甲酸(*p*-hydroxybenzoic acid)，对焦儿茶酸(*p*-pyrocatechuic acid)，原儿茶酸(protocatechuic acid)，水杨酸(salicylic acid)，丁香酸(syringic acid)，香荚兰酸(vanillic acid)，藜芦酸(veratric acid)，邻香豆酸(*o*-coumaric acid)，间香豆酸(*m*-coumaric acid)，3,4-二甲氧基桂皮酸(3,4-dimethoxycinnamic acid)，羟基咖啡酸(hydroxycaffeic acid)，芥子酸(sinapic acid)，对羟基苯乙酸(*p*-hydroxyphenyl acetic acid)，对羟基苯基乳酸(*p*-hydroxyphenyl lactic acid)[20]；挥发油：以3-蒈烯，(*Z*)-*β*-罗勒烯，(+)-*β*-水芹烯[(+)-*β*-phellandrene]，对聚伞花烯，(±)-(*E*)-*β*-丁香烯[(±)-(*E*)-*β*-caryophyllene]，大根香叶烯B[2]，香桧烯，*β*-月桂烯(*β*-myrcene)[21]，正丙醇(poropanol)，2-甲基-3-丁基-2-醇(2-methyl-3-buten-2-ol)，2-甲基丙醇(2-methylpropanol)[22]，*α*-蒎烯，*β*-蒎烯，*α*-水芹烯(*α*-phellandrene)，*α*-松油烯(*α*-terpinene)，对伞花烃，(+)-柠檬烯[(+)-limonene]，1,8-桉树脑(1,8-cineole)，*γ*-松油烯(*γ*-terpinene)，异松油烯(terpinolene)，松油烯-4-醇(terpinen-4-ol)，对伞花烃-8-醇(*p*-cymen-8-ol)，香茅醇(citronellol)，*α*-香油脑(*α*-terpineol)，香叶醇(geraniol)，*α*-葎草烯[23]，樟烯(camphene)[24]的含量较高；甾体类：菜油甾醇(campesterol)，谷甾醇(sitosterol)[25]；其他类：1,2-二氧-*α*-亚麻酰基-3-*O*-*β*-D-吡喃半乳糖基-*sn*-甘油(1,2-di-*O*-*α*-linolenoyl-3-*O*-*β*-D-galactopyranosyl-*sn*-glycerol)[26]，木葡聚糖(xyloglucan)[27]，抗坏血酸(ascorbic acid)[17,28]，花青素类(anthocyans)，白花青素类(leucoanthocyans)，儿茶素类(catechins)，维生素P类活性物质(vitamin-P-active substances)，还原糖类[28]。

种子含脂肪酸类：硬脂四烯酸(stearidonic acid)[24]，油酸(oleic acid)，*α*-亚麻酸(*α*-linolenic acid)[29]，亚油酸(linoleic acid)，棕榈酸，硬脂酸[30]，*γ*-亚麻酸(*γ*-linolenic acid)[31]；黄酮类：吡喃矢车菊素(pyranocyanin) A、B、C、D，吡喃飞燕草素(pyranodelphinidin) A、B、C、D[32]，飞燕草素-3-芸香糖苷(delphinidin-3-rutinoside)，飞燕草素-3-葡萄糖苷(delphinidin-3-glucoside)，矢车菊素-3-芸香糖苷(cyanidin-3-rutinoside)，矢车菊素-3-葡萄糖苷(cyanidin-3-glucoside)，杨梅素-3-芸香糖苷(myricein-3-rutinoside)，杨梅素-3-葡萄糖苷(myricein-3-glucoside)，槲皮素-3-芸香糖苷(quercetin-3-rutinoside)，槲皮素-3-葡萄糖苷(quercetin-3-glucoside)，山柰酚-3-葡萄糖苷(kaempferol-3-glucoside)，二氢槲皮素(dihydroquercetin)，金鱼草素(aureusidin)[33]；苯丙素类：1-对香豆酰基-*β*-D-吡喃葡萄糖苷(1-*p*-coumaroyl-*β*-D-glucopyranoside)，1-对香豆酰基-*β*-D-吡喃葡萄糖苷(1-*p*-coumaroyl-*β*-D-glucopyranoside)，1-桂皮酰基-*β*-D-吡喃葡萄糖苷(1-*p*-cinnamoyl-*β*-D-glucopyranoside)[33]。

化学成分参考文献

[1] Komissarenko N, et al. *Chem Nat Compd*, 1997, 33(1): 97.
[2] Orav A, et al. *Proc Estonian Acad Sci Chem*, 2002, 51(4): 225-234.
[3] Kilic C, et al. *J Essent Oil Res*, 2008, 20(11/12): 512-514.
[4] Garbacki N, et al. *Naunyn Schmiedebergs Arch Pharmacol*, 2002, 365: 434-441.
[5] Boss B, et al. *Phytochemistry*, 1999, 50: 219-225.
[6] Dobson G, et al. *Lipids Anal*, 2000, 28(6): 583-586.
[7] Quere J, et al. *J Agric Food Chem*, 1990, 38: 3-10.
[8] Piry J, et al. *Food Chem*, 1995, 54: 73-77.
[9] Scalzo J, et al. *Biofactors*, 2008, 34: 13-21.
[10] Dvaranauskaite A, et al. *J Agric Food Chem*, 2008, 56: 3279-3286.
[11] Ogawa K, et al. *J Agric Food Chem*, 2008, 56: 4457-4462.
[12] Slimestad R, et al. *J Agric Food Chem*, 2002, 50: 3228-3231.
[13] Wu X, et al. *J Agric Food Chem*, 2004, 52: 7846-7856.
[14] Maatta K, et al. *J Agric Food Chem*, 2003, 51: 6736-6744.
[15] Anettonen M, et al. *J Agric Food Chem*, 2006, 54: 7530-7538.
[16] Sandell M, et al. *J Agric Food Chem*, 2009, 57: 3718-3728.
[17] Ehala S, et al. *J Agric Food Chem*, 2005, 53: 6484-6490.
[18] Williams B, et al. *J Am Chem Soc*, 1952, 74: 4566-4567.
[19] Manninen P, et al. *Lipids*, 1997, 32(8): 825-831.
[20] Zadernowski R, et al. *J Agric Food Chem*, 2005, 53: 2118-2124.
[21] Castillo M, et al. *Food Chem Toxicol*, 2002, 67(9): 3284-3288.
[22] Andersson J, et al. *Acta Chem Scand*, 1966, 20: 522-528.
[23] Luisa M, et al. *J Sci Food Agric*, 2002, 82: 1510-1515.
[24] Castillo M, et al. *J Agric Food Chem*, 2004, 52: 948-952.
[25] Piironen V, et al. *J Sci Food Agric*, 2003, 83: 330-337.
[26] Larsen E, et al. *J Food Lipids*, 2007, 14: 272-279.
[27] Hilz H, et al. *J Chromatogr A*, 2006, 1133: 275-286.
[28] Gaas DA. *Rastitel'nye Resursy*, 1987, 23(1): 76-80.
[29] Jovanovic K, et al. *J Herbs Spices Med Plants*, 2009, 6: 37-43.
[30] Sykora J, et al. *J Chromatogr A*, 2007, 1139: 152-155.
[31] Leskinen H, et al. *Anal Chem*, 2008, 80: 5788-5793.
[32] Lu Y, et al. *Tetrahedron Lett*, 2002, 43: 7341-7344.
[33] Lu Y, et al. *Food Chem*, 2003, 80: 71-76.

10. 四川蔓茶藨子（中国树木分类学）

Ribes ambiguum Maxim. in Bull. Acad. Imp. Sci. Saint-Petersbourg 19: 251. 1874.（英 **Epiphyte Currant**）

落叶小灌木，高不足 1 m；枝常附生于树上，嫩枝无毛，无刺；芽具数枚褐色鳞片。叶圆形或近圆形，长 3–4.5 cm，宽几与长相等，基部心形，两面均被柔毛，稀近无毛，下面还具几无柄的黏质腺体，掌状 3–5 裂，裂片宽卵圆形或三角状卵圆形，圆钝，顶生裂片几与侧生裂片等长，边缘具圆钝锯齿；叶柄长达 4 cm，具短柔毛，稀于基部疏生腺毛。花两性，1 朵或 2 朵簇生，开花时直径 10–12 mm；花梗长达 1 cm，被柔毛或近无毛；小苞片 2，无柔毛或边缘微具腺毛；花萼绿色，外面无毛；萼筒盆形；萼片舌形或椭圆形，常直立；花瓣近匙形，圆钝；雄蕊稍长于花瓣，花丝宽而扁，花药扁圆球形；子房近倒卵圆形，无柔毛，具长腺毛；花柱与雄蕊近等长，先端不分裂。果实近球形，直径 10–12 mm，绿色，具长腺毛；果梗长 1–2 cm。种子极多而小，卵圆形。花期 4–5 月，果期 7 月。

四川蔓茶藨子 **Ribes ambiguum** Maxim.
引自《中国树木分类学》

分布与生境　产于四川东部。

药用部位　种子。

功效应用　利尿，消肿，通经，祛风通络。用于膀胱湿热，小便短赤，淋漓涩痛，心烦尿赤，口舌生疮，水肿，风湿痹痛，四肢拘挛。

11. 革叶茶藨子（中国高等植物图鉴补编） 冬茶藨（中国树木志），大卫茶藨（中国果树分类学），岩石榴（湖北）

Ribes davidii Franch., Pl. David. 2: 58, pl. 7, f. b. 1888.（英 **David Currant**）

常绿矮灌木，高 0.3–1 m；小枝皮稍条状或片状剥离，嫩枝光滑无毛，无刺；芽急尖至短渐尖。叶倒卵状椭圆形或宽椭圆形，革质，长 2–5 cm，宽 1.5–3 cm，先端微尖或稍钝，具突尖头，基部楔形，两面无毛，不分裂，边缘自中部以上具圆钝粗锯齿，齿顶有突尖头，基部具明显 3 出脉；叶柄粗短，具腺毛。花单性，雌雄异株，形成总状花序；雄花序直立，长 2–4 (6) cm，具花 5–18 朵；雌花序常腋生，长 2–3 cm，具花 2–3 朵，稀达 7 朵；果序具果 1–2 枚；花序轴具柔毛和腺毛；花梗长 3–6 mm，幼时被稀疏柔毛和腺毛，逐渐脱落至老时无毛；苞片无毛，边缘常疏生短腺毛，具单脉；花萼绿白色或浅黄绿色，外面无毛；萼筒盆形；萼片宽卵圆形或倒卵状长圆形；花瓣楔状匙形或倒卵圆形，长约为萼片之半；雄蕊短于或约与花瓣近等长，雌花中的雄蕊几无花丝，花粉不育；子房光滑无毛，雄花无子房；花柱先端 2 裂，柱头头状。果实椭圆形，稀近圆形，长 8–11 mm，宽 6–8 mm，紫红色，无毛，具 20–25 粒细小种子。花期 4–5 月，果期 6–7 月。

分布与生境 产于湖北、湖南、四川、贵州、云南。生于山坡阴湿处、路边、岩石上或林中石壁上，海拔 900–2700 m。

药用部位 根、茎叶、全草、果实。

功效应用 根、茎叶、全草：祛风利湿，活血祛痰，补肝肾，强筋骨，止痛。用于风湿腰痛，关节酸痛，手足麻木，肢体瘫痪，跌打损伤，月经不调，经闭腰痛，产后腹痛，痢疾。果实：消炎解毒。

革叶茶藨子 Ribes davidii Franch.
引自《中国植物志》

革叶茶藨子 Ribes davidii Franch.
摄影：李策宏

12. 华中茶藨子（中国树木志） 亨利茶藨子（经济植物手册），睫毛茶藨（拉汉种子植物名称），钻石风（湖北），岩马桑（贵州）

Ribes henryi Franch. in Bull. Mens. Soc. Linn. Paris, sér. 2, 1898: 87. 1898.（英 **Henry Currant**）

常绿小灌木，高 0.3–1 m；小枝皮呈小片状剥裂，嫩枝密被刺毛状腺毛，无刺；芽具数枚褐色鳞片，外面稍具腺毛。叶椭圆形或倒卵状椭圆形，革质或近革质，长 5–10 cm，宽 2.5–5.5 (7) cm，急尖，基部楔形，上面无毛，下面常具腺体，并在中脉和侧脉上具腺毛，不分裂，边缘疏生浅小锯齿和长短不等的腺毛，齿顶具突尖头；叶柄粗短，长 5–8 mm，密被长短不等的刺毛状腺毛。花单性，雌雄异株，组成总状花序；雄花序长 2–5 cm，具花 5–10 朵；雌花序较短，具花 3–5 朵；果序长 1–3 cm，具果 1–3 个；花序轴和花梗密生腺毛并混生少许柔毛；花梗长 4–6 mm；苞片急尖，边缘常有腺毛，具单脉；花萼浅绿白色，外面具腺毛，成长时逐渐脱落；萼筒盆形；萼片宽卵圆形，稀近圆形；花瓣楔状匙形或近扇形，长约为萼片的 1/3；雄蕊短于花瓣，在雌花中雄蕊败育；子房倒卵状长圆形，密被腺毛，雄花中子房退化；花柱先端 2 裂。果实倒卵状长圆形，长 15–20 mm，直径约 10 mm，绿色，被腺毛，具多数细小种子。花期 5–6 月，果期 7–8 月。

分布与生境　产于湖北、四川。生于山坡林中或岩石山，海拔达 2300 m。

药用部位　根。

功效应用　舒筋活络，祛瘀止血。用于风湿筋骨痛，痨伤，吐血。

13. 圆叶茶藨子（植物分类学报）　小叶茶藨（中国树木志）

Ribes heterotrichum C. A. Mey. in Ledeb., Fl. Alt. 1: 270. 1829.——*R. orientale* Desf. var. *heterotrichum* (C. A. Mey.) Jancz.（英 **Roundleaf Currant**）

落叶矮灌木，高 1–1.5 m；小枝的皮稍呈条状剥落，嫩枝具棱角，被疏柔毛，老时毛脱落，无腺毛，无刺；芽具数枚棕褐色鳞片。叶圆形或近圆形，长、宽各 1–3 cm，基部宽楔形至截形，两面无毛或仅沿叶缘稍具睫毛，稀被少数黏质腺体，掌状 3，稀 5 浅裂，顶生裂片与侧生裂片近等长或稍长，边缘有粗钝锯齿；叶柄长 5–10 mm，疏生柔毛。花单性，雌雄异株；总状花序直立，雄花序长 2–5 cm，雌花序稍短，长 2–3 cm，具花 6–10 朵；花序轴和花梗具短柔毛或混生稀疏短腺毛；花梗长 2–3 mm；苞片边缘有稀疏短腺毛，具单脉；花萼紫红色或褐红色，近辐状，外面无毛或微具柔毛；萼筒浅杯形，宽稍大于长；萼片直立；花瓣，近扇形；雄蕊稍长于花瓣，花丝比花药稍长；子房无毛，花柱先端 2 裂。果实球形，直径 4–6 mm，红色或红黄色，无柔毛，也无腺毛，味甜，可供食用。花期 5–6 月，果期 7–8 月。

分布与生境　产于新疆。生于石质坡地灌丛中、山沟或沟边林下，海拔 1200–2500 m。也分布于西伯利亚和远东地区。

药用部位　根皮、果实。

功效应用　果实：滋补强壮。根皮：舒筋活血。

14. 矮醋栗（拉汉种子植物名称）　黄果矮茶藨（中国树木志）

Ribes humile Jancz. in Bull. Intern. Acad. Sci. Cracovie Cl. Sci. Math. Nat. 1910: 73. fig. 3. 1910.（英 **Low Currant**）

低矮丛生小灌木，高约 1 m，稀稍高；小枝皮稍条状剥裂，嫩枝细瘦，无毛，无刺；芽具数枚褐色鳞片，外面无毛。叶近圆形或卵圆形，长 1–2 cm，宽几与长相等，基部截形至浅心形，两面无毛，稀于上面疏生腺毛，常掌状 3 裂，顶生裂片稍长于侧生裂片，边缘具粗钝锯齿；叶柄长 5–10 mm，无毛。花单性，雌雄异株，排成短总状花序；雄花序长 1.5–3.5 cm，具花 7 至 10 余朵；雌花序较短而具花稍少；花序轴和花梗无柔毛，疏生短腺毛；花梗长 2–4 mm；苞片无柔毛或边缘微具疏腺毛；花萼紫红色，外面无毛；萼筒杯形，宽稍大于长；萼片卵圆形，直立或开展，稀反折；花瓣极小，近扇形或近倒卵圆形；雄蕊

矮醋栗 **Ribes humile** Jancz.
摄影：高贤明

稍长于花瓣，花药近圆形；子房光滑无毛，花柱先端 2 浅裂。果实圆形，直径 5–7 mm，红色，无毛。花期 5–6 月，果期 7–8 月。

分布与生境　产于四川。生于路边林下或山坡灌丛中，海拔 1000–3300 m。

药用部位　果实。

功效应用　祛风解表，解毒。用于感冒发热，头身疼痛，咳嗽咽痛，鼻塞流涕。

15. 细枝茶藨子（华北经济植物志要）三升米（湖北），狭萼茶藨子（秦岭植物志）

Ribes tenue Jancz. in Bull. Intern. Acad. Sci. Cracovie Cl. Sci. Math. Nat. 1906: 290. 1906.（英 **Asiatic Currant**）

落叶灌木，高 1–4 m；小枝皮长条状或薄片状撕裂，幼枝无柔毛，常具腺毛，无刺；芽具数枚紫褐色鳞片。叶长卵圆形，稀近圆形，长 2–5.5 cm，宽 2–5 cm，基部截形至心形，上面无毛或幼时具短柔毛和紧贴短腺毛，成长时逐渐脱落，下面幼时具短柔毛，老时近无毛，掌状 3–5 裂，顶生裂片菱状卵圆形，比侧生裂片长 1–2 倍，边缘具深裂或缺刻状重锯齿或混生少数粗锐单锯齿；叶柄长 1–3 cm，无柔毛或具稀疏腺毛。花单性，雌雄异株，组成直立总状花序；雄花序长 3–5 cm，具花 10–20 朵；雌花序长 1–3 cm，具花 5–15 朵；花序轴和花梗具短柔毛和疏腺毛；花梗长 2–6 mm；苞片急尖，边缘常具短腺毛，老时脱落，具单脉；花萼近辐状，外面无毛；萼筒碟形，宽大于长；萼片舌形或卵圆形，直立；花瓣楔状匙形或近倒卵圆形；雄蕊短，几与花瓣等长或稍短，花丝约与花药等长，花药近圆形，白色带粉红色；子房光滑无毛，花柱先端 2 裂；雄花中花柱退化成短棒状，子房败育。果实球形，直径 4–7 mm，暗红色，无毛。花期 5–6 月，果期 8–9 月。

分布与生境　产于陕西、甘肃、河南、湖北、湖南、四川、云南。生于山坡和山谷灌丛或沟旁路边，海拔 1300–4000 m。也分布于喜马拉雅山区。

药用部位　根。

功效应用　清虚热，调经止痛。用于阴虚发热，骨蒸劳瘵，手足心热，妇女五心烦热，月经不调，痛经，四肢无力，烧烫伤。

细枝茶藨子 **Ribes tenue** Jancz.
引自《中国高等植物图鉴》

细枝茶藨子 **Ribes tenue** Jancz.
摄影：刘冰

16. 绿花茶藨子（植物分类学报） 绿花细枝茶藨（中国树木志），三升米（天目山药用植物志）

Ribes viridiflorum (Cheng) L. T. Lu et G. Yao in Fl. Reipubl. Popularis Sin. 35(1): 345. 1995.——*R. tenue* Jancz. var. *viridiflorum* Cheng（英 **Greenflower Currant**）

落叶灌木，高 1–3 m；小枝皮稍剥裂，嫩枝无毛，无刺；芽具数枚棕褐色鳞片。叶宽卵圆形或近圆形，稀长卵圆形，长 2–7 cm，宽 2–6 cm，基部近截形至心形，上面幼时具短柔毛和紧贴疏腺毛，老时柔毛脱落，下面具短柔毛，掌状 3–5 裂，顶生裂片比侧生裂片稍长，稀长 1 倍多，侧生裂片急尖，边缘具粗锐单锯齿，有时混生少数重锯齿；叶柄长 1.5–3 cm，无柔毛，具长腺毛。花单性，雌雄异株，成直立总状花序；雄花序长 4–9 cm，具花 8–20 朵；雌花序稍短，具花 6–18 朵；花序轴具短柔毛，无或疏生短腺毛；花梗长 2–5 mm，幼时具短柔毛，有时疏生短腺毛，老时均脱落；苞片急尖或微钝，边缘有短腺毛，具单脉；花萼辐状，绿色或黄绿色，外面无毛；萼筒碟形，宽大于长；萼片长圆形或舌形，圆钝或微尖，直立；花瓣小，近圆形，绿白色；雄蕊短，几与花瓣等长或稍长，花丝约与花药等长，花药圆形；子房光滑无毛；花柱先端 2 裂。果实球形，直径 6–8 mm，红色，无毛。花期 4–5 月，果期 6–7 月。

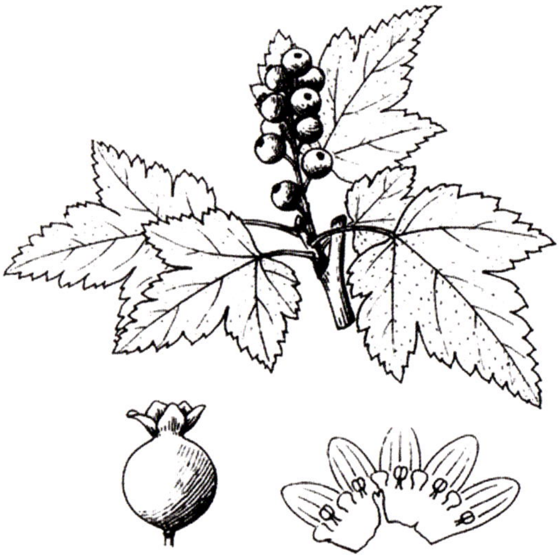

绿花茶藨子 Ribes viridiflorum (Cheng) L. T. Lu et G. Yao
吴彰桦　绘

分布与生境　产于浙江。生于山坡林中、岩石堆或路边，海拔 500–1200 m。

药用部位　根。

功效应用　清虚热，清心除烦，活血调经，止痛。用于妇女五心烦热，四肢乏力，月经不调，经来腹痛。

绿花茶藨子 Ribes viridiflorum (Cheng) L. T. Lu et G. Yao
摄影：陈彬

17. 冰川茶藨子（华北经济植物志） 冰川茶藨（中国高等植物图鉴），奶浆子（湖北）

Ribes glaciale Wall. in Roxb., Fl. Ind., ed. 1820, 2: 513. 1824.——*R. glaciale* Wall. var. *glandulosum* Jancz.（英 **Nepal Currant**）

落叶灌木，高 2–3 (5) m；嫩枝无毛或微具短柔毛，无刺；芽具鳞片数枚，草质，外面无毛。叶长卵圆形，稀近圆形，长 3–5 cm，宽 2–4 cm，基部圆形或近截形，上面无毛或疏生腺毛，下面无毛或沿

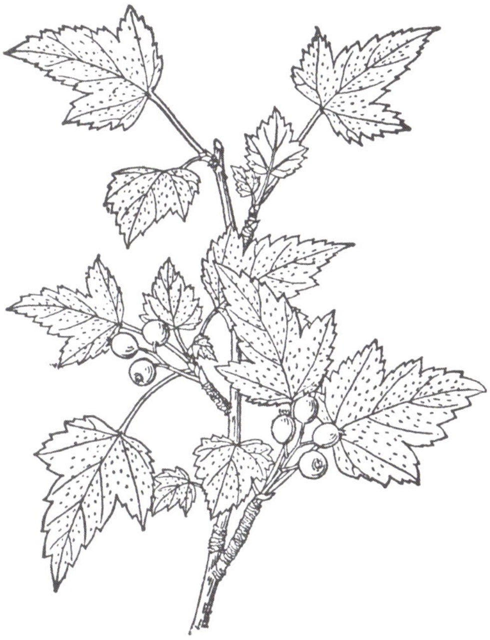

冰川茶藨子 **Ribes glaciale** Wall.
引自《中国高等植物图鉴》

冰川茶藨子 **Ribes glaciale** Wall.
摄影：朱仁斌

叶脉微具短柔毛，掌状 3–5 裂，顶生裂片三角状长卵圆形，长渐尖，比侧生裂片长 2–3 倍，侧生裂片急尖，边缘具粗大单锯齿，有时混生少数重锯齿；叶柄长 1–2 cm，无毛，稀疏生腺毛。花单性，雌雄异株，组成直立总状花序；雄花序长 2–5 cm，具花 10–30 朵；雌花序短，长 1–3 cm，具花 4–10 朵；花序轴和花梗具短柔毛和短腺毛；花梗长 2–4 mm；苞片边缘有短腺毛，具单脉；花萼近辐状，外面无毛；萼筒浅杯形，宽大于长；萼片圆钝或微尖，直立；花瓣近扇形或楔状匙形，短于萼片；雄蕊稍长于花瓣或几与花瓣近等长，花丝红色，花药圆形；子房倒卵状长圆形，无柔毛，稀微具腺毛；花柱先端 2 裂。果实近球形或倒卵状球形，直径 5–7 mm，红色，无毛。花期 4–6 月，果期 7–9 月。

分布与生境 产于陕西、甘肃、河南、湖北、四川、贵州、云南、西藏。生于山坡或山谷丛林及林缘或岩石上，海拔 900–3000 m。也分布于缅甸北部、不丹至克什米尔地区。

药用部位 叶、茎皮、果实、根。

功效应用 叶：用于烧烫伤，漆疮，胃痛。茎皮、果实：清热燥湿，健胃。根：清虚热，调经止痛。

18. 华西茶藨子（植物分类学报） 刺果茶藨子（秦岭植物志），马氏茶藨子（经济植物手册）

Ribes maximowiczii Batalin in Trudy Imp. S.-Peterburgsk. Bot. Sada 11: 487. 1890.——*R. maximowiczii* Batalin var. *floribundum* Jesson, *R. jessoniae* Stapf（英 **Maximowicz Currant**）

落叶灌木，高 2–3 m；枝皮呈纵向条状剥裂，嫩枝密被长柔毛和腺毛，无刺；芽具数枚紫褐色鳞片，外面被柔毛。叶宽卵圆形，长 6–10 cm，宽 4.5–9 cm，基部浅心形，上面散生柔毛，下面被长柔毛，沿叶脉毛较密，通常掌状 3 浅裂，稀 5 裂，顶生裂片渐尖，比侧生裂片长得多，边缘具不整齐粗大钝锯齿或重锯齿；叶柄长 3–4 cm，具长柔毛和腺毛。花单性，雌雄异株，成直立总状花序；雄花序长 7–15 cm，具 15–30 朵密集排列的花；雌花序长 4–10 cm，具花比雄花序少；花序轴和花梗密被长柔毛和长腺毛；花梗长 2–4 mm；苞片披针形，具长柔毛，边缘疏生腺毛；花萼被长柔毛或长腺毛；萼筒浅杯形或碟形；萼片卵状圆形至倒卵圆形，圆钝，宽稍大于长或几等长；花瓣近扇形；雄蕊稍长于花瓣；子房球形，密被长柔毛和长腺毛；花柱先端 2 裂，长约 2 mm。果实卵球形，直径 7–10 mm，熟时红色或带黄色，密被长柔毛和长腺毛。花期 6–7 月，果期 8 月。

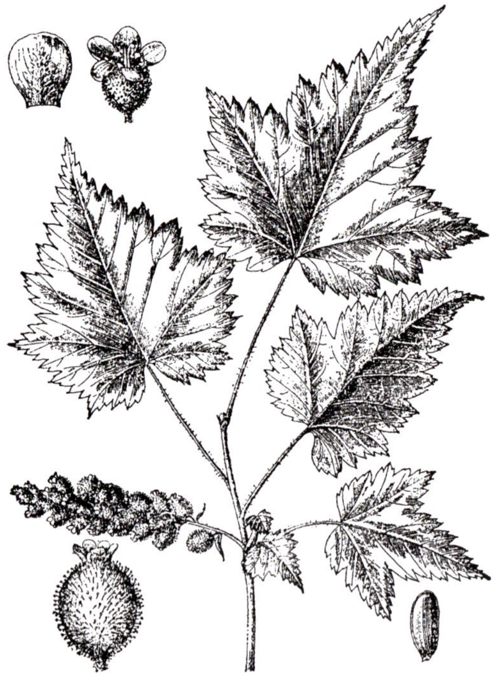

华西茶藨子 **Ribes maximowiczii** Batalin
引自《秦岭植物志》

华西茶藨子 **Ribes maximowiczii** Batalin
摄影：朱大海

分布与生境 产于陕西、甘肃。生于山谷林中或灌木丛内，海拔 2500–3000 m。
药用部位 根。
功效应用 祛风除湿，活血调经。用于风湿关节痛，月经不调。

19. 渐尖茶藨子（拉汉种子植物名称） 川西茶藨子（秦岭植物志），尖叶茶藨（中国高等植物图鉴）

Ribes takare D. Don, Prodr. Fl. Nepal. 208. 1825.——*R. acuminatum* Wall. ex G. Don（英 **Sharpleaf Gooseberry**）

渐尖茶藨子 **Ribes takare** D. Don
摄影：徐晔春

落叶灌木，高 1–3 m；小枝的皮纵向条状剥离，嫩枝无柔毛或稍具腺毛；芽具数枚红褐色鳞片，外面无毛或边缘微具短柔毛。叶宽卵圆形或近圆形，长 5–9 cm，宽 4–9 cm，基部心形，稀近截形，两面无柔毛，常疏生腺毛，掌状 3–5 裂，顶生裂片三角状卵圆形，长于侧生裂片，边缘具不整齐粗重锯齿；叶柄长 3–5 cm，无柔毛或微具短腺毛。花单性，雌雄异株，组成总状花序；雄花序长 6–10 cm，直立；雌花序粗壮而短；花序轴和花梗具短柔毛和稀疏短腺毛；花梗长 3–5 mm；苞片长 4–7 mm，急尖，边缘具粗腺毛或缘毛，具单脉；花萼外面微具短柔毛，老时脱落；萼筒杯形或盆形；萼片舌形或长圆形，稍钝，常具 3 脉，直立或在果期开展；花瓣近扇形或楔状圆形，圆钝；雄蕊的花药超出花瓣之上，花丝长于花药，花药近圆形；子房倒卵圆形，无毛或微被短柔毛，雄花的子房退化；花柱先端 2 裂。果实卵球形，直径 5–7 mm，浅黄绿色转红褐色，无毛，稀幼时微具短柔毛。花期 4–5 月，果期 7–8 月。

分布与生境 产于陕西、甘肃、四川、贵州、云南、西藏。生于海拔 1400–3250 m 的山坡疏或密林下、灌丛中或山谷沟边。也分布于缅甸、印度北部、不丹至克什米尔地区。

药用部位 果实。

功效应用 清热，生津止渴。

20. 双刺茶藨子（经济植物手册） 楔叶茶藨（东北木本植物图志），乌混 - 少布特日（蒙名），二刺茶藨（中国树木志）

Ribes diacanthum Pall., Reise Russ. Reich. 3: 722, t. 1, f. 2. 1776.（英 **Siberian Currant**）

落叶灌木，高 1–2 (3) m；小枝皮呈纵向细条状剥裂，嫩枝稍具纵棱，无毛，在叶下部的节上常有 1 对长 3–5 mm 的小刺，节间无刺或有稀疏细刺；芽卵圆形，具数枚棕色鳞片，外面无毛。叶倒卵圆形或菱状倒卵圆形，长 1.5–3.5 cm，宽 1–3 cm，基部楔形，两面无毛，掌状 3 裂，裂片先端稍钝或微尖，边缘具粗大锯齿；叶柄长 1–2 cm，无毛，稀仅于沿槽有稀疏柔毛。花单性，雌雄异株，组成总状花序；雄花序长 3–6 cm，下垂，具花 10–20 朵；雌花序长 1–2.5 cm，具花 10–15 朵；花序轴和花梗无柔毛，稀疏生短腺毛；花梗长 2–4 mm；苞片披针形或舌形，急尖或稍钝，近膜质，无柔毛，具单脉；花萼黄绿色，无毛；萼筒辐状或碟形；萼片卵圆形，稀椭圆形，微钝，直立；花瓣甚小，楔状圆形，圆钝；雄蕊短，约与花瓣等长，稀稍长，下弯；子房近球形，无毛，花柱先端 2 裂。果实球形或卵球形，直径 5–9 mm，红色或红黑色，无毛。花期 5–6 月，果期 8–9 月。

分布与生境 产于黑龙江、吉林、内蒙古。生于沙丘、沙质草原及河岸边，尤其在沙滩地区最常见，海拔达 1500 m。也分布于蒙古、朝鲜、俄罗斯西伯利亚。

药用部位 茎枝、果实。

功效应用 清热解毒，祛风消肿。用于风热感冒，头身恶痛，无名肿毒，肝炎。

化学成分 果实含氨基酸类：天冬氨酸(aspartic acid)，苏氨酸(threonine)，丝氨酸(serine)，谷氨酸(glutamine acid)，脯氨酸(proline)，甘氨酸(glycine)，丙氨酸(alanine)，胱氨酸(cystine)，缬氨酸(valine)，

双刺茶藨子 **Ribes diacanthum** Pall.
引自《中国高等植物图鉴》

双刺茶藨子 **Ribes diacanthum** Pall.
摄影：徐克学

蛋氨酸(methionine)，异亮氨酸(isoileucine)，亮氨酸(leucine)，酪氨酸(tyrosine)，色氨酸(tryptophan)，苯丙氨酸(phenylalanine)，赖氨酸(lysine)，组氨酸(histidine)，精氨酸(arginine)[1]；维生素类：抗坏血酸(ascorbic acid)，核黄素(riboflavin)，硫胺(thiamine)，烟酸(niacin)，维生素(vitamin) A、E[1]；其他类：胡萝卜素(carotene)[1]。

化学成分参考文献

[1] 哈斯巴根，等. 内蒙古师范大学学报（自然科学汉文版），2007, 36(4): 477-483.

21. 石生茶藨子（中国树木志）

Ribes saxatile Pall. in Nova Acta Acad. Sci. Imp. Petrop. Hist. Acad. 10: 376. 1797.（英 **Rock Currant**）

落叶低矮灌木，高 0.5–1 m；枝皮呈纵向长条状剥裂，幼枝微具短柔毛或无毛，在叶下部的节上常具 1 对小刺，节间具稀疏针状细刺或无刺；芽幼时微具柔毛，老时无毛。叶倒卵圆形，长 1–2.5 cm，宽几与长相似，基部楔形，老时仅沿叶缘具细短柔毛或有时下面也微具短柔毛，上半部掌状浅 3 裂，顶生裂片稍长于侧生裂片，边缘具粗钝锯齿；叶柄长 1–2 cm，无毛。花单性，雌雄异株，组成总状花序；雄花序长 3–6 cm，直立；雌花序长 3–5 cm，具花 10 余朵，结果时长达 6 cm；花序轴和花梗具短柔毛，老时毛渐脱落；花梗长 2–3 mm；苞片长圆形或舌形，边缘有细短柔毛，具单脉；花萼浅绿色，外面无毛；萼筒盆形或浅杯形；萼片舌形或倒卵圆形，向外反折；花瓣小，扇形；雄蕊几与花瓣近等长；子房光滑无毛，花柱先端 2 裂。果实球形，直径 5–7 mm，熟时暗红色，无毛。花期 5–6 月，果期 7–8 月。

分布与生境　产于新疆。生于低海拔地区的干旱山坡灌丛中及岩石坡地。也分布于中亚和西伯利亚。

药用部位　根皮、果实。

功效应用　果实：滋补强壮。根皮：舒筋活血。

22. 美丽茶藨子（经济植物手册）小叶茶藨（东北木本植物图志），碟花茶藨子（华北经济植物志要），高雅 - 乌混 - 少布特日（蒙名）

Ribes pulchellum Turcz. in Bull. Soc. Imp. Naturalistes Moscou 5: 191. 1832.（英 **Beautiful Gooseberry**）

落叶灌木，高 1–2.5 m；小枝皮稍纵向条裂，嫩枝被短柔毛，老时毛脱落，在叶下部的节上常具 1 对小刺，节间无刺或小枝上散生少数细刺；芽具数枚褐色鳞片，外面幼时具短柔毛。叶宽卵圆形，长、宽各为 (1) 1.5–3 cm，基部近截形至浅心形，两面具短柔毛，掌状 3 裂，有时 5 裂，边缘具粗锐或微钝单锯齿或混生重锯齿；叶柄长 (0.5) 1–2 cm，具短柔毛或混生稀疏短腺毛。花单性，雌雄异株，形成总状花序；雄花序长 5–7 cm，具 8–20 朵疏松排列的花；雌花序长 2–3 cm，具 8 至 10 余朵密集的花；花序轴和花梗具短柔毛，常疏生短腺毛，老时均逐渐脱落；花梗长 2–4 mm；苞片稍钝或微尖，边缘有稀疏短柔毛或短腺毛，具单脉；花萼无毛或近无毛，萼筒碟形；萼片宽卵圆形，长于花瓣；花瓣鳞片状；雄蕊长于花瓣，花药白色；子房近球形，无毛，花柱先端 2 裂。果实球形，直径 5–8 mm，红色，无毛。花期 5–6 月，果期 8–9 月。

美丽茶藨子 **Ribes pulchellum** Turcz.
引自《中国高等植物图鉴》

分布与生境　产于内蒙古、北京、河北、山西、陕西、宁夏、甘肃、青海。生于多石砾山坡、沟谷、黄土丘陵或阳坡灌丛中，海拔 300–2800 m。也分布于蒙古东北部、西伯利亚。

药用部位 茎枝，果实。

功效应用 解毒，解表散寒。用于感冒发热，恶寒，咽喉痛，鼻塞，头痛。

化学成分 果实含氨基酸类：天冬氨酸(aspartic acid)，苏氨酸(threonine)，丝氨酸(serine)，谷氨酸(glutamine acid)，脯氨酸(proline)，甘氨酸(glycine)，丙氨酸(alanine)，胱氨酸(cystine)，缬氨酸(valine)，异亮氨酸(isoileucine)，亮氨酸(leucine)，酪氨酸(tyrosine)，色氨酸(tryptophan)，苯丙氨酸(phenylalanine)，赖氨酸(lysine)，组氨酸(histidine)，精氨酸(arginine)，蛋氨酸(methionine)[1]；维生素类：维生素E (vitamin E)，胡萝卜素(carotene)[1]。

化学成分参考文献

[1] 恩和巴雅尔，等. 营养学报，2002, 24(2): 204-205.

美丽茶藨子 **Ribes pulchellum** Turcz.
摄影：张英涛

23. 华蔓茶藨子（华北经济植物志要） 华蔓藨（中国高等植物图鉴），大蔓茶藨（中国树木分类学），蔓蛇藨、三升米（浙江）

Ribes fasciculatum Siebold et Zucc. var. **chinense** Maxim. in Bull. Acad. Imp. Sci. Saint-Pétersbourg, Sér. 3, 19: 264. 1874.（英 **Chinese Winterberry Currant**）

落叶灌木，高达 1.5 m；小枝皮稍剥裂，嫩枝开展，密被柔毛，无刺；芽具数枚棕色或褐色鳞片，外面无毛。叶近圆形，长达 10 cm，宽 (2.5) 3.5–5 cm，基部截形至浅心形，两面被柔毛，边缘掌状 3–5 裂，裂片宽卵圆形。顶生裂片与侧生裂片近等长或稍长，具粗钝单锯齿；叶柄长 1–3 cm，被疏柔毛。花单性，雌雄异株，组成几无总梗的伞形花序；雄花序具花 2–9 朵；雌花 2–4 (6) 朵簇生，稀单生；花梗长 (3) 5–9 mm，具关节，密被柔毛，稀于关节以下部分微具柔毛；苞片长圆形，钝或稍微尖，微被短柔毛，具单脉，早落；花萼外面无毛，有香味；萼筒杯形，宽稍大于长或几相等，萼片卵圆形或舌形，圆钝，花期反折；花瓣近圆形或扇形，宽稍大于长；雄蕊长于花瓣，花丝极短，花药扁椭圆形；子房梨形，光滑无毛，花柱先端 2 裂。果实近球形，直径 7–10 mm，红褐色，无毛，味欠佳。花期 4–5 月，果期 7–9 月。

分布与生境 产于山东、河南、陕西、甘肃、江苏、浙江、安徽、湖北、江西。生于海拔 700–1300 m 的林下、林缘或山坡。也分布于日本和朝鲜。

药用部位 根、果实。

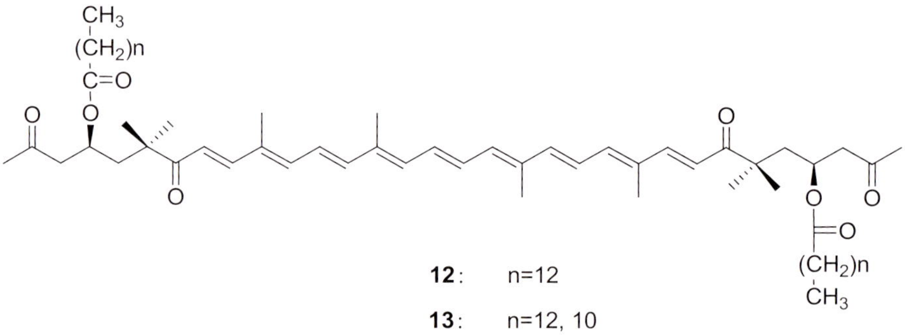

12: n=12

13: n=12, 10

14: n=10

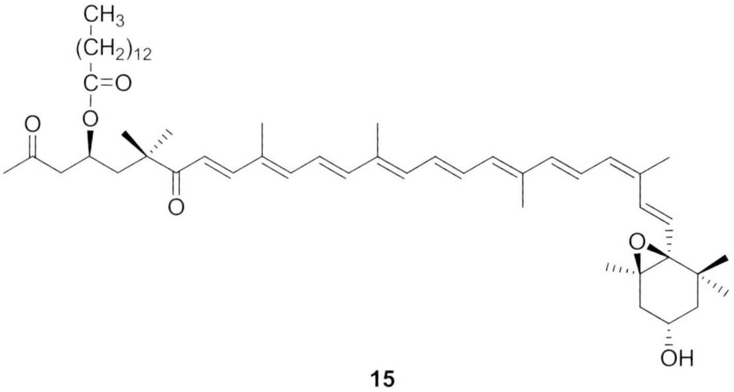

15

1. 皱叶海桐 黄木（云南昭通），岩花树、山枝条（湖北）

Pittosporum crispulum Gagnep. in Bull. Soc. Bot. France 55(7): 546. 1908.——*P. lignilobum* Hu et F. T. Wang（英 **Crispate-leaf Pittosporum**）

常绿灌木，高达 3 m，嫩枝无毛，干后红褐色。叶簇生于枝顶，薄革质，倒披针形或披针形，长 8–18 cm，宽 3–5 cm，先端渐尖，侧脉 13–20 对，边缘略皱折或微波状；叶柄长 1–1.5 cm。伞形花序有花 2–5 朵，2–4 束簇生于枝顶叶腋；花梗长 1–2 cm；萼片三角状卵形，长约 3 mm，基部稍连合，边缘有睫毛；花瓣长 1.5 cm，宽 2–2.5 mm；雄蕊长约 1 cm；雌蕊长 8–10 mm，子房被毛，侧膜胎座 3–5，每胎座有胚珠 10–15，排成 4 列，花柱 2–2.5 mm。蒴果椭圆形或梨形，长 2.5–3 cm，子房柄长 2–4 mm，3–5 爿开裂。种子约 45，长 2.5–3 mm，排成 2–4 列，种柄长 1–1.5 mm。花期 2–5 月，果期 6–10 月。

分布与生境 产于湖北、四川、贵州及云南。生于林中潮湿处、灌丛，海拔 500–1800 m。

药用部位 根、叶、种子。

功效应用 根、叶：祛风止痛，收敛止血，清热解毒。用于风湿痹痛，腰腿痛，跌打肿痛，崩漏，便血，外伤出血，肺热咳嗽，痢疾，黄疸，无名肿痛。种子：清热，生津止渴。用于咽痛，口渴，虚热心烦，泻痢后重，倦怠乏力，水肿。

皱叶海桐 **Pittosporum crispulum** Gagnep.
冯钟元 绘

注评 本种为四川（1980、1987、2010）和贵州（1988）中药材标准收载“山枝仁”的基源植物之一，药用其干燥成熟种子；四川标准还收载海金子 Pittosporum illicioides Makino 同等药用。四川“山枝仁”的商品来源涉及同属 8 种植物的种子。

2. 厚圆果海桐 铁棒锤（湖北）

Pittosporum rehderianum Gowda in J. Arnold Arbor. 32(3): 297. 1951.（英 **Rehder Pittosporum**）

灌木，高达 3 m，嫩枝无毛，干后暗褐色，老枝灰褐色，有皮孔。叶 4–5 片簇生枝顶，假轮生状，倒披针形，长 5–12 cm，宽 2–4 cm，革质，先端渐尖，侧脉 6–9 对，边缘平展；叶柄长 5–12 mm。伞形花序顶生，无毛；苞片卵形，长 1–4 mm，无毛；花梗长 5–10 mm；萼片长约 2 mm，三角状卵形，基部稍连合，无毛；花瓣分离，黄色，长 10–12 mm；雄蕊比花瓣短，长 7–8 mm；雌蕊约与雄蕊等长，子房无毛，侧膜胎座 3，胚珠 24–27 个。蒴果球形，直径 1.5–2 cm，有棱，3 裂，果爿木质，厚 1–2 mm，种柄长 3 mm。种子 21–24 个，红色，长 3.5 mm，干后变黑。花期 3–5 月，果期 5–11 月。

分布与生境 产于陕西、甘肃、湖北、四川。生于海拔 700–1100 m 的山地、林中、河边。

药用部位 根皮、果实、种子。

功效应用 祛风胜湿，清热收敛，止咳平喘，止渴。用于跌打损伤，口渴，哮喘，腹泻。

厚圆果海桐 **Pittosporum rehderianum** Gowda
引自《秦岭植物志》

3. 海桐（花镜）

Pittosporum tobira (Thunb.) W. T. Aiton in Hort. Kew. (ed. 2) 2: 27. 1811.——*Euonymus tobira* Thunb.（英 **Australian laurel, house blooming mock-orange, Japanese Pittosporum**）

灌木或小乔木，高达 6 m，嫩枝被褐色柔毛，有皮孔。叶聚生于枝顶，倒卵形或倒卵状披针形，长 4–9 cm，宽 1.5–4 cm，革质，先端圆钝，常微凹或微心形，侧脉 6–8 对，全缘，干后反卷；叶柄长达 2 cm。伞形或伞房花序顶生或近顶生，密被黄褐色柔毛；苞片披针形，长 4–5 mm；小苞片长 2–3 mm；花梗长 1–2 cm；花白色，芳香，后变黄色；萼片披针形，长 3–4 mm，被柔毛；花瓣倒披针形，长 1–1.2 cm，离生；雄蕊 2 型，退化雄蕊的花丝长 2–3 mm，花药近于不育，正常雄蕊的花丝长 5–6 mm，花药长圆形，长 2 mm，黄色；子房长卵形，密被柔毛，侧膜胎座 3，胚珠多数，2 列着生于胎座中部。蒴果球形，有棱，直径约 12 mm，多少有毛，3 裂，果爿木质，厚 1.5 mm，内侧黄褐色，有光泽，具横格。种子多数，长约 4 mm，多角形，红色，种柄长约 2 mm。花期 3–5 月，果期 6–10 月。

分布与生境 常栽培供观赏，产于江苏、浙江、湖北、福建、台湾、广东、广西、四川、贵州、云南等省区。也分布于日本及朝鲜半岛。

药用部位 根、叶、果实。

功效应用 叶：解毒，杀虫。用于疮疖，肿毒。根：祛风活络，散瘀止痛。用于风湿骨痛，失眠，皮肤病，赤痢。果实：用于疝痛。

化学成分 根皮含脂肪酸类：癸酸(decanoic acid)，十一酸(undecanoic acid)，1-三十酸(1-triacontanoic acid)[1]；其他类：月桂醛(lauraldehyde)，1-二十四醇(1-tetracosanol)[1]。

叶含三萜类：R1-玉蕊醇(R1-barrigenol)，21-*O*-当归酰基-R1-玉蕊醇(21-*O*-angeloyl-R1-barrigenol)，21-*O*-当归酰基-玉蕊皂苷元C (21-*O*-angeloyl-barringtogenol C)[2]；倍半萜类：海桐花苷▲(pittosporanoside) A_1、A_2[3]、A_3、A_4、A_5、A_6[4]、B_1、B_2、B_3[5]，海桐苷▲(pittosporatobiraside) A、B[6]；黄酮类：异鼠李素-3-鼠李糖葡萄糖苷(isorhamnetin 3-rhamnoglucoside)[7]。

花和花蕾含倍半萜类：海桐花新苷A、B[8]；挥发油：乙酸苄酯(benzyl acetate)[9]，十一烷(undecane)，壬烷(nonane)，α-蒎烯(α-pinpene)，α-荜澄茄烯(α-cubebene)[10]，(*E*)-橙花叔醇[(*E*)-nerolidol]，(*E*)-β-罗勒烯[(*E*)-β-ocimene]等的含量较高[11]。

果实含三萜类：皂苷(saponin) ⅢA_2、ⅢA_3、ⅢB_2、ⅢC_4[12]；挥发油：以α-蒎烯(α-pinpene)，壬烷(nonane)，大根香叶烯D (germacrene D)，α-荜澄茄烯，β-荜澄茄烯(β-cubebene)[11]的含量较高。

种子含胡萝卜素类：海桐花黄质▲(pittosporumxanthin) A_1、A_2[13]、A_3、A_4、B_1、B_2、C_1、C_2[14]，类胡萝卜素(carotenoid) 1、2、3，花药黄素(antheraxanthin)，(9*Z*)-堇黄质[(9*Z*)-violaxanthin]，堇黄质(violaxanthin)，(3*S*,5*R*,8*R*)-堇金黄质▲[(3*S*,5*R*,8*R*)-auroxanthin]，新黄质(neoxanthin)[15]，海桐黄质▲(tobiraxanthin) A_1、A_2、A_3、B、C、D[16]，β-胡萝卜素(β-carotene)，黄体黄质(luteoxanthin)，堇金黄质▲(auroxanthin)，(9*Z*)-花药黄素[(9*Z*)-antheraxanthin]，(9*Z*)-玉米黄质[(9*Z*)-mutatoxanthin]，(9'Z)-新黄质[(9'Z)-neoxanthin]，(9'Z)-新有色质▲[(9'Z)-neochrome]，(9'Z)-彩椒黄质▲[(9'Z)-latoxanthin]，(3*S*,3'*S*,5')-3,3'-二(四癸酰氧基)-5'-羟基-5,6,5',6'-二开环-β,β-胡萝卜素-5,6,6'-三酮[(3*S*,3'*S*,5')-3,3'-di(tetradecanoyloxy)-5'-hydroxy-5,6,5',6'-diseco-β,β-carotene-5,6,6'-trione]，(3*S*,5,3'*S*,5'*R*,6'*S*,9'Z)-3-四癸酰氧基-5',6'-环氧-5,3'-二羟基-5',6'-二氢-5,6-开环-β,β-胡萝卜素-6-酮[(3*S*,5,3'*S*,5'*R*,6'*S*,9'Z)-3-tetradecanoyloxy-5',6'-epoxy-5,3'-dihydroxy-5',6'-dihydro-5,6-*seco*-β,β-caroten-6-one]，(3*S*,5,3'*S*,5'*R*,6'*R*)-3-四癸酰氧基-5,3',5'-三羟基-6',7'-二去氢-5',6'-二氢-5,6-开环-β,β-胡萝卜素-6-酮[(3*S*,5,3'*S*,5'*R*,6'*R*)-3-tetradecanoyloxy-5,3',5'-trihydroxy-6',7'-didehydro-5',6'-dihydro-5,6-*seco*-β,β-caroten-6-one][17]。

药理作用 抗细菌作用：种子及果皮的各极性溶剂提取物对病原菌均有不同程度的抑制活性。海桐种子氯仿提取物对病原菌的抑制作用最好[1]。

海桐 **Pittosporum tobira** (Thunb.) W. T. Aiton
引自《中国高等植物图鉴》

海桐 **Pittosporum tobira** (Thunb.) W. T. Aiton
摄影：徐克学

化学成分参考文献

[1] Crisafulli M, et al. *Bollettino d'Informazioni per l'Industria Olearia e Saponiera*, 1967, 10(1): 22-24.

[2] Yoshioka I, et al. *Chem Pharm Bull*, 1968, 16(1): 190-193.

[3] Takaoka D, et al. *Chem Lett*, 1986, (7): 1121-1124.

[4] Takaoka D, et al. *Tennen Yuki Kagobutsu Toronkai Koen Yoshishu*, 1986, 28: 240-247.

[5] Nozaki H, et al. *Chem Lett*, 1990, (2): 219-222.

[6] Munesada K, et al. *Phytochemistry*, 1991, 30(12): 4158-4159.

[7] Proliac A, et al. *Pharmazie*, 1987, 42(8): 557-558.

[8] Ogihara K, et al. *Phytochemistry*, 1989, 28(11): 3085-3091.

[9] 李兆琳，等．兰州大学学报（自然科学版），1990, 26(3): 70-73.

[10] 李彩芳，等．河南大学学报（医学版），2006, 25(3): 13-16, 36.

[11] Nickavar B, et al. *Z Naturforsch C*, 2004, 59(3/4): 174-176.

[12] D'Acquarica I, et al. *Tetrahedron*, 2002, 58(51): 10127-10136.

[13] Fujiwara Y, et al. *Tetrahedron Lett*, 2001, 42(14): 2693-2696.

[14] Maoka T, et al. *J Nat Prod*, 2008, 71(4): 622-627.

[15] Fujiwara Y, et al. *Chem Pharm Bull*, 2001, 49(8): 985-987.

[16] Fujiwara Y, et al. *Tetrahedron Lett*, 2002, 43(24): 4385-4388.

[17] Maoka T, et al. *Phytochemistry*, 2006, 67(19): 2120-2125.

药理作用及毒性参考文献

[1] 李玲玲，等．西北农业学报，2007, 16(3): 274-276.

4. 少花海桐　满山香（广西）

Pittosporum pauciflorum Hook. et Arn. in Bot. Beechey Voy. 168. 1833.（英 **Few-flower Pittosporum**）

灌木，嫩枝无毛，老枝有皮孔。叶散生于嫩枝上，有时假轮生状，狭长圆形或狭倒披针形，长 5–8 cm，宽 1.5–2.5 cm，革质，先端锐尖，侧脉 6–8 对，边缘干后稍反卷；叶柄长 8–15 mm，初时有微毛，后变无毛。花 3–5 朵生于枝顶叶腋内，呈伞状；苞片线状披针形，长 6–7 mm；花梗长约 1 cm，无毛或有微毛；萼片狭披针形，长 4–5 mm，有微毛，边缘有睫毛；花瓣长 8–10 mm；雄蕊长 6–7 mm；子房长卵形，被灰绒毛，花柱长 2–3 mm，侧膜胎座 3，胚珠约 18 个。蒴果椭圆形或卵形，长约 1.2 cm，被疏毛，3 裂，果爿厚约 1 mm，木质，胎座位于果爿中部，各有种子 5–6 个。种子红色，长 4 mm，种柄长 2 mm，稍压扁。花期 4–5 月，果期 5–10 月。

少花海桐 **Pittosporum pauciflorum** Hook. et Arn.
廖沃根　绘

分布与生境　产于福建、江西、湖南、广东、广西。生于灌丛、山谷、溪边、路边，海拔 700–1000 m。越南也有。

药用部位　全株、根状茎。

功效应用　全株：用于跌打损伤，风湿痹痛，胃脘痛，毒蛇咬伤。根状茎：用于跌打损伤。

药理作用　抑瘤作用：少花海桐皮水煎液高剂量组 (7.12 g/kg) 能明显延长 S180 腹水瘤小鼠的生存天数[1]。对 H22 荷瘤小鼠的肉瘤抑制率接近 30%[2]。

少花海桐 **Pittosporum pauciflorum** Hook. et Arn.
摄影：徐克学

药理作用及毒性参考文献

[1] 陈少锋，等. 中医药学刊，2006, 24(2): 250-251.
[2] 庞声航，等. 广西中医药，2006, 29(4): 53-57.

5. 缝线海桐　珠木，黄珠子、吊灯笼（广西）

Pittosporum perryanum Gowda in J. Arnold Arbor. 32(3): 290. 1951.（英 **Sutured Pittosporum**）

小灌木，高 1–2 m，嫩枝无毛，略有皮孔。叶常 3–5 片生枝顶，狭椭圆形或倒卵状狭椭圆形，长 8–17 cm，宽 4–6 cm，薄革质，干后近于膜质，无毛，先端锐尖，侧脉 7 对，边缘平展；叶柄长 8–15 mm。花 6–9 朵排成伞形花序，顶生；苞片线形，长 5–7 mm；花梗长 5–10 mm；萼片卵形，长约 2 mm；花瓣长约 10 mm；雄蕊长 7–8 mm；子房无毛，心皮 3–4 个，每心皮有胚珠 4–6 个，花柱长 3 mm。蒴果 1–4 个，椭圆形，长 2–3 cm，偶为长筒形，长达 4 cm，无毛，缝线 3 条突起成棱状，3 或 4 裂，果爿薄，革质，内侧黄褐色，无横格。种子 8–9 (–18) 个，在胎座上排成 2 列，扁圆形，长约 6 mm，红色，干后黄红色。花期 3–5 月，果期 5–10 月。

分布与生境　产于广东、广西、海南、四川、贵州、云南。生于海拔 600–1800 m 的森林、灌丛、山谷、山坡、溪边。

药用部位　果实及种子、全株。

功效应用　果实及种子：利湿退黄。用于黄疸，小便黄赤，胁肋胀满，食欲缺乏。全株：用于泄泻，胃脘痛。

缝线海桐 **Pittosporum perryanum** Gowda
张培英　绘

6. 峨眉海桐

Pittosporum omeiense H. T. Chang et S. Z. Yan in Acta Phytotax. Sin. 16(4): 86. 1978.（英 **Emei Pittosporum**）

灌木，高约 2 m，当年枝无毛，老枝有皮孔。叶散生或 2–4 片聚生于枝顶，对生或轮生状，倒披针形或狭长圆形，长 7–10 cm，宽 1.5–2.5 cm，革质，先端尾状渐尖，侧脉约 5 对，边缘平展；叶柄长 5–8 mm。伞房状伞形花序 1–4 枝顶生，有花 9–17 朵；花序柄长 5–8 mm，略有柔毛；苞片线形，长 4–5 mm；花梗长 1.5–2 cm，纤细，有微毛；萼片长卵形，长 3 mm，基部略相连，有缘毛；花瓣倒披针形，长 10–11 mm，黄色，先端圆或钝；雄蕊长 8–9 mm，花丝长 5–7 mm，花药长 1.5–2 mm；雌蕊长 7–8 mm，子房长卵形，无毛或有微毛，花柱长约 3 mm，侧膜胎座 3 或 2，胚珠 8–9 个。蒴果椭圆形，长 1.6–2 cm，宽 1–1.3 cm，无毛，胎座位于果爿中部；果梗长 2–6 cm。种子 7–8 个，长 3–5 mm，种柄长约 2 mm，纤弱。花期 3–5 月，果期 6–11 月。

峨眉海桐 **Pittosporum omeiense** H. T. Chang et S. Z. Yan
冯钟元　绘

分布与生境　产于湖北西北部、四川、贵州。生于林中、灌丛、山谷溪边，海拔 900–1800 m。

药用部位　根、叶、果实。

功效应用　用于咳嗽，肾虚，神经衰弱。

化学成分　根含三萜类：羽扇豆酸(lupatic acid)[1]；甾体类：β-谷甾醇，胡萝卜苷，豆甾醇[1]；脂肪酸类：棕榈酸，棕榈酸单甘油酯(palmitic monoglycerol ester)[1]；其他类：11-羟基柳杉酚(11-hydroxy sugiol)，4-甲氧基糠醛(4-methoxy furancarboxaldehyde)[1]。

化学成分参考文献

[1] 唐京生，等. 四川大学学报（自然科学版），2002, 39(3): 538-541.

7. 光叶海桐（中国高等植物图鉴）　野连翘（湖北），大皮子药（湖南），一朵云（广东），大天王（广西植物名录）

Pittosporum glabratum Lindl. in J. Hort. Soc. London 1: 230. 1846.（英 **Glabrous-leaf Pittosporum**）

7a. 光叶海桐（模式变种）

Pittosporum glabratum Lindl. var. **glabratum**

常绿灌木，高 2–3 m；嫩枝无毛，老枝有皮孔。叶聚生于枝顶，二年生，长圆形或倒披针形，长 5–15 cm，宽 2–5.5 cm，薄革质，先端截形至锐尖，侧脉 5–8 对，边缘平展，有时稍皱折；叶柄长 6–14 mm。伞形或伞房花序 1–4 束簇生于枝顶叶腋，多花；苞片披针形，长约 3 mm；花梗长 4–12 mm；萼片卵形，长约 2 mm，通常具缘毛；花瓣分离，倒披针形，长 8–12 mm；雄蕊长 (4–) 6–7 mm；子房狭卵形，无毛，花柱长 3 mm，柱头略增大，侧膜胎座 3，每胎座约有胚珠 6 个。蒴果椭圆形，长 2–2.5 cm，有时为长筒形，长达 3.2 cm，3 裂，果爿薄，革质，每片有种子约 6 个，均匀分布于纵长的胎座上。种子大，近圆形，长 5–7 mm，红色，种柄长约 3 mm。花期 3–8 月，果期 6–12 月。

分布与生境　产于湖南、福建、广东、广西、海南、贵州。生于林中、灌丛、阳坡、河边，海拔 200–2000 m。也分布于越南。

狭叶海桐 **Pittosporum glabratum** Lindl. var. **neriifolium** Rehder et E. H. Wilson
摄影：李策宏

8. 柄果海桐 广栀仁（四川），山枝条（湖北），寡鸡蛋树（云南）

Pittosporum podocarpum Gagnep. in Notul. Syst. (Paris) 8(4): 211. 1939.（英 **Stalked-fruit Pittosporum**）

灌木，高约 2 m，嫩枝无毛，老枝有皮孔。叶簇生于枝顶，倒卵形或倒披针形，稀长圆形，长 7–13 cm，宽 2–4 cm，薄革质，先端渐尖或锐尖，侧脉 6–8 对，全缘而平展；叶柄长 8–15 mm。花 1–4 朵生于枝顶叶腋内；苞片细小，早落；花梗长 2–3 cm，无毛；萼片卵形，长约 3 mm，无毛或有缘毛；花瓣长 15–17 mm，宽 2–3 mm；雄蕊长 10–14 mm；雌蕊长约 1 cm，子房长卵形，密被褐色柔毛，花柱长 3–4 mm，子房柄长 2.5 mm，侧膜胎座 (2) 3，有胚珠 8–10 个。蒴果梨形或椭圆形，长 2–3 cm，3 (2) 裂，果爿薄，革质，外表粗糙，内侧有横格，每片有种子 3–4 个。种子长 6–7 mm，扁圆形，干后淡红色，种柄长 3–4 mm。花期 2–5 月，果期 5–10 月。

柄果海桐 **Pittosporum podocarpum** Gagnep.
冯钟元 绘

分布与生境 产于陕西、甘肃、湖北、湖南、福建、四川、贵州、云南、西藏。生于海拔 500–2700 (–3000) m 的森林、山坡、河边、荫处。也分布于缅甸、越南北部、印度东北部。

药用部位 根、根皮、叶、种子。

功效应用 根：补肺肾，祛风湿，活血通经。用于虚劳咳喘，遗精早泄，失眠，头晕，高血压病，风湿性关节痛，小儿瘫痪。根皮、叶：收敛止血，消肿止痛，清热解毒，补虚止咳。用于胃和十二指肠溃疡，心悸失眠，吐血，鼻出血，崩漏，便血，外伤出血，风湿痹痛，腰腿疼痛，跌打损伤，无名肿痛，毒蛇咬伤。种子：生津止渴，止痢。用于虚热心烦，口渴咽痛，泄泻，痢疾。

化学成分 枝叶含𠮿酮类：双花金丝桃酮▲HD (hyperielliptone HD; kielcorin)，2,3-二甲氧基𠮿酮(2,3-dimethoxyxanthone)[1]；三萜类：羽扇豆醇(lupeol)[1]；黄酮类：3,7-二甲氧基槲皮苷(3,7-dimethoxyquercitrin)，木犀草素(luteolin)[1]；有机酸类：蜡酸(cerotic acid)，二十八酸(octacosanic acid)[1]；甾体类：β-谷甾醇，胡萝卜苷[1]。

化学成分参考文献

[1] 潘争红，等. 云南大学学报(自然科学版)，2012, 34(4): 450-453.

9. 棱果海桐　瘦鱼蓼，鸡骨头、公栀子（贵州）

Pittosporum trigonocarpum H. Lév. in Repert. Spec. Nov. Regni Veg. 11: 492. 1913.（英 **Triangularfruit Pittosporum**）

灌木。嫩枝无毛，嫩芽有短柔毛，老枝灰色，有皮孔。叶簇生于枝顶，倒卵形或长圆状披针形，长 7–14 cm，宽 2.5–4 cm，革质，先端锐尖，侧脉约 6 对，边缘平展；叶柄长约 1 cm。伞形花序 3–5 枝顶生，花多数；花梗长 1–2.5 cm，纤细，无毛；萼片卵形，长约 2 mm，具缘毛；花瓣长约 1.2 cm，分离或部分联合；雄蕊长 8 mm；雌蕊与雄蕊等长，子房有柔毛，侧膜胎座 3，胚珠 9–15 个。蒴果常单生，椭圆形，干后三角形或球形，长 2.5–2.7 cm，有毛，宿存花柱长 3 mm，3 裂，果爿薄，革质，表面粗糙，每片有种子 3–5 个。种子红色，种柄长约 2 mm，压扁。花期 3–5 月，果期 6–10 月。

棱果海桐 **Pittosporum trigonocarpum** H. Lév.
引自《中国高等植物图鉴》

分布与生境　产于湖南、四川、贵州、广西。生于林中、林缘、灌丛、山坡、山谷、河边，海拔 400–2000 m。

药用部位　全株、根、根皮、茎皮、叶、果实、种子。

功效应用　全株或根、叶、果实：祛风除湿，活血止血，生津止渴，解毒。茎皮：清热补虚，生津止渴，收敛安神。种子：清热，生津止渴。根皮：用于哮喘。

注评　本种为药材“山枝仁”的基源植物之一，药用其干燥成熟种子，贵州又称“公栀子”；根皮也供药用。

棱果海桐 **Pittosporum trigonocarpum** H. Lév.
摄影：张金龙

化学成分参考文献

[1] 肖炳坤，等. 中草药，2011, 42(10): 1948-1951.

[2] 彭一波，等. 湖南中医药大学学报，2012, 32(7): 45-49.

药理作用及毒性参考文献

[1] 周述芳，等. 四川中草药研究，1994, 7(36): 41-44.

[2] 黄琳芸，等. 民族医药，2005, 28(5): 42-43.

13. 突肋海桐

Pittosporum elevaticostatum Hung T. Chang et S. Z. Yan in Acta Phytotax. Sin. 16(4): 87. 1978.

（英 **Elavate-nerve Pittosporum**）

灌木，高约 2 m，新枝无毛，老枝褐色，皮孔细小。叶簇生于枝顶，呈对生或轮生状，狭窄倒披针形，长 6–13 cm，宽 2–3.5 cm，革质，先端锐尖，中脉突起，侧脉 8–10 对；叶柄长 1 cm。伞形花序，顶生或近顶生；花梗长 1–1.7 cm，无毛；萼片卵形，长 2.5–3 mm，基部略相连，有缘毛；花瓣长约 7 mm；雄蕊长约 5 mm；雌蕊与雄蕊等长；子房有毛，侧膜胎座 2 (3)，胚珠 8–15 个，花柱长约 2.5 mm。果序有蒴果 1–2 个；果梗长 1–2.5 cm；蒴果近球形，直径 1–1.2 cm，2 (3) 裂，胎座纵长分布。种子 10–15 个，长 3–4 mm，种柄长约 2 mm。花期 3–5 月，果期 6–10 月。

突肋海桐 **Pittosporum elevaticostatum** Hung T. Chang et S. Z. Yan
胡涛　绘

分布与生境　产于湖北西部、四川东南部、贵州北部。生于林中、林缘、灌丛、山坡、山谷、溪边，海拔 800–1300 m。

药用部位　根、果实。

功效应用　化痰止咳，清热除烦。用于治疗哮喘，盗汗，遗精，风湿关节炎。

突肋海桐 **Pittosporum elevaticostatum** Hung T. Chang et S. Z. Yan
摄影：何海

14. 全秃海桐　土连翘、鸭脚板树（湖北）

Pittosporum perglabratum Hung T. Chang et S. Z. Yan in Acta Phytotax. Sin. 16(4): 89. 1978.（英 **Glabrous Pittosporum**）

灌木或小乔木，高 3–4 m，全株无毛，老枝褐色，有皮孔。叶簇生于枝顶，长圆形或长圆状倒披针形，长 5–7 cm，宽 2–2.5 cm，革质，先端锐尖，侧脉 5–6 对，边缘上半部略有微波状浅齿；叶柄长 4–8 mm。伞形花序顶生，有花约 10 朵；苞片卵形，长约 1.5 mm；花梗长 1–1.5 cm；萼片卵形，长约 2 mm；花瓣分离，长 8–9 mm；雄蕊长 6–7 mm；雌蕊与雄蕊等长，子房有短柄，花柱比子房略长，心皮 2，侧膜胎座 2，胚珠 12。蒴果长椭圆形，长 10–12 mm，宽 6–7 mm，宿存花柱长 2–3 mm，果爿 2，厚 1 mm，内侧无横格，胎座纵长。种子 8 个，长 3.5 mm，种柄极短。花期 3–5 月，果期 6–10 月。

分布与生境　产于四川、贵州。生于海拔 800–1900 m 的森林、灌丛、山坡、山谷、溪边。

药用部位　根皮、果皮。

功效应用　果皮：用于痢疾，感冒。根皮：强腰补肾，益气安肾。

全秃海桐 Pittosporum perglabratum
Hung T. Chang et S. Z. Yan
冯钟元　绘

15. 卵果海桐

Pittosporum lenticellatum Chun ex H. Peng et Y. F. Deng in Novon 11: 440. 2001.——*P. ovoideum* H. T. Chang et S. Z. Yan (1974), non Gowda (1951).（英 **Ovoid-fruit Pittosporum**）

灌木，高约 3 m；嫩枝粗壮，被短柔毛，老枝有皮孔。叶簇生于枝顶，倒卵状披针形，长 7–10 cm，宽 2–3 (–4.5) cm，厚革质，先端渐尖，有时钝圆，侧脉 8–10 对，边缘平展；叶柄长 1–1.5 cm，扁平，上半部有狭翅。伞形花序生于枝顶叶腋；苞片线形，长约 8 mm；花梗长 1–1.5 cm，粗壮，被毛；萼片披针形，长约 5 mm，宽 1–1.5 mm，有稀疏柔毛；花瓣长 9–10 mm，宽约 2 mm，离生；雄蕊长约 6 mm；子房被毛，花柱长 4 mm，侧膜胎座 2，各有胚珠 11–12 枚。蒴果强烈压扁，扁球形，直径 1.3–1.6 cm，2 裂，果爿厚 2–3 mm，内侧扁平，有突起横格。种子 16–24 个，长约 3 mm，种柄极短。花期 3–5 月，果期 6–10 月。

分布与生境　产于贵州东南部、广西北部。生于森林、灌丛、石灰岩的山地，海拔 200–1100 m。

药用部位　叶。

功效应用　用于止血。

卵果海桐 Pittosporum lenticellatum
Chun ex H. Peng et Y. F. Deng
引自《中国植物志》

16. 聚花海桐　山辣椒、山霸王（广西）

Pittosporum balansae Aug. DC. in Bull. Herb. Boissier, sér. 2, 4: 1071, 1904.（英 **Balansa Pittosporum**）

16a. 聚花海桐（模式变种）

Pittosporum balansae Aug. DC. var. **balansae**

常绿灌木，嫩枝被褐色柔毛，后变无毛。叶簇生于枝顶，对生或轮生状，薄革质，长圆形或披针形，长 5–16 cm，宽 1–5 cm，顶端长渐尖；叶柄长 5–15 mm。伞形花序有花 3–9 朵，单生或 2–3 枝簇生于枝顶叶腋内，花序柄长 1–1.5 cm，或有时无柄，花梗短，长 2–5 mm；苞片狭披针形，比萼片稍短；萼片披针形，长 5–6 mm，被短柔毛；花瓣长 8 mm，白色或淡黄色；雄蕊长 6 mm；子房被毛，心皮 2，侧膜胎座 2，每个胎座有胚珠 4 个。蒴果扁椭圆形，长 1.6–2.5 cm，2 片裂开。种子 8 枚。花期 3–5 月，果期 8–12 月。

分布与生境　产于广东、广西、海南。生于密林中、溪边。也分布于越南。

药用部位　根、叶。

功效应用　解毒散结，消肿止痛。用于淋巴结核，肿瘤，跌打肿痛，蛇咬伤。

聚花海桐 **Pittosporum balansae** Aug. DC. var. **balansae**
廖沃根　绘

聚花海桐 **Pittosporum balansae** Aug. DC. var. **balansae**
摄影：刘冰

16b. 窄叶聚花海桐（变种）　皱叶海桐花（海南），雅辽类（广西）

Pittosporum balansae Aug. DC. var. **angustifolium** Gagnep. in Lecomte, Fl. Indo-Chine, Suppl. 1: 215. 1939.（英 **Narrow-leaved Balansa Pittosporum**）

叶狭窄披针形，长 7–11 cm，宽 1–1.5 (–2) cm，顶端锐尖至渐尖。花期 3–5 月，果期 6–12 月。

分布与生境　产于广东、广西、海南。生于林中、灌丛。也分布于越南。

药用部位 根。
功效应用 用于骨折。

17. 四子海桐 山茶辣（广西）

Pittosporum tonkinense Gagnep. in Bull. Soc. Bot. Franch 55(7): 547. 1908.（英 **Tonkin Pittosporum**）

灌木，高达 5 m，顶芽及嫩枝有褐色柔毛，老枝无毛，皮孔稀少且不明显。叶聚生于枝顶，狭长圆形，长 6–9 cm，宽 2–3.5 cm，硬革质，先端锐尖，侧脉约 5 对；叶柄长 5–10 cm。伞房花序或总状花序顶生，长 2 cm，有褐色柔毛，花序柄极短；苞片早落，小苞片披针形，长约 1 mm，被柔毛；花梗长 5–8 mm，被毛；萼片卵形，长约 2 mm，先端钝；花瓣长 6–7 mm；雄蕊长约 5 mm；子房被毛，子房柄短，花柱下半部有毛，胎座位于基部，胚珠 4 枚。蒴果球形，直径 6–8 mm，无毛，2 裂，果爿薄，木质，内侧有横格。种子 4 个，扁圆形，长 5 mm，种柄极短。花期 1–5 月，果期 1–10 月。

分布与生境 产于广西、贵州及云南东南部。生于海拔 1000–1800 m 的石灰岩地区、林中、山坡、路旁。也分布于越南。
药用部位 全株。
功效应用 用于风湿痹痛，肋痛。

18. 崖花子 菱叶海桐（中国高等植物图鉴），山枝子、七里香（陕西），岩子花（湖北）

Pittosporum truncatum E. Pritz. in Bot. Jahrb. Syst. 29: 378. 1900.（英 **Truncate Pittosporum**）

灌木，高 2–3 m，多分枝。嫩枝有灰毛，不久变无毛。叶簇生于枝顶，倒卵形或菱形，长 5–8 cm，宽 2.5–3.5 cm，硬革质，先端锐尖，中部以下急剧收窄而下延，侧脉 7–8 对；叶柄长 5–8 mm。花单生或数朵成伞形，生于枝顶叶腋内；花梗纤细，长 1.5–2 cm；萼片卵形，长约 2 mm，具缘毛；花瓣倒披针形，长约 8 mm；雄蕊长约 6 mm；子房被褐毛，卵形，侧膜胎座 2，胚珠 16–18 枚。蒴果短椭圆形，长 9–11 mm，宽 7–8 mm，2 裂，果爿薄，内侧有小横格。种子 16–18 个，种柄扁而细，长 1.5 mm。花期 3–5 月，果期 6–10 月。

分布与生境 产于陕西、甘肃、湖北、湖南、四川、贵州、云南等省区。生于林中、灌丛、山谷、溪

崖花子 **Pittosporum truncatum** E. Pritz.
引自《中国高等植物图鉴》

崖花子 **Pittosporum truncatum** E. Pritz.
摄影：朱仁斌

边，海拔 300–2600 m。

药用部位 全株、根皮、种子。

功效应用 全株：散瘀止痛，祛风活络。用于胁痛，风湿骨痛，肿痛。根皮、种子：清热除湿，补虚安神。用于心悸，风湿，遗精，失眠。

药理作用 抗真菌作用：崖花子提取物有一定的抗真菌活性 [1]。

注评 本种为药材“山枝仁”的基源植物之一，药用其干燥成熟种子，药材商品又称“广栀仁”。

药理作用及毒性参考文献

[1] 吴光旭，等. 长江大学学报 (自科版) 农学卷，2005, 25(1): 77-82.

19. 秀丽海桐

Pittosporum pulchrum Gagnep. in Bull. Soc. Bot. France 55(7): 546. 1908.（英 **Beautiful Pittosporum**）

灌木，高约 3 m，嫩枝无毛，干后黑色，老枝灰褐色，树皮直裂，皮孔稀疏。叶约 20 片生于嫩枝顶，倒卵形或倒披针形，长 3–6 cm，宽 1.2–2 cm，厚革质，先端圆，有时微凹，侧脉 6–8 对，边缘反卷；叶柄长 5–8 mm。伞房花序顶生，长 3–5 cm，被毛；苞片长 2–5 mm；下部花梗长 1.5 cm；萼片卵形，被毛；花瓣狭长圆形，白色；雄蕊比花瓣短；子房被毛，花柱长约 1.5 mm，柱头 2 裂，侧膜胎座 2，胚珠 14–16 枚。蒴果球形，直径 7–8 mm，2 裂，果爿薄木质，厚约 0.8 mm，外侧被毛，内侧有横格，胎座位于果爿基部到中部；宿存花柱长 2 mm，柱头扩大。种子 15 个，多角形，长 2–2.5 mm，种柄极短。花期 1–4 月，果期 3–10 月。

秀丽海桐 **Pittosporum pulchrum** Gagnep.
冯钟元 绘

分布与生境 产于广西的西南部。生于海拔 400–500 m 的山坡林中。越南北部也有。

药用部位 全株。

功效应用 用于跌打损伤。

化学成分 叶含挥发油：主要成分为α-蒎烯(α-pinene)，β-蒎烯(β-pinene)，樟烯(camphene)，桃金娘烯醇(myrtenol)[1]。

化学成分参考文献

[1] 黄云峰，等. 广西科学，2011, 18(1): 59-60, 63.

20. 异叶海桐 臭皮，臭椿皮、野桂花、红杉树（云南）

Pittosporum heterophyllum Franch. in Bull. Soc. Bot. France 33: 415. 1886.（英 **Rock Pittosporum**）

灌木，高 2.5 m，嫩枝无毛，灰褐色，老枝无皮孔。叶簇生于枝顶，倒披针形至线形，长 4–8 cm，宽 1–2 cm，薄革质，先端近锐尖，侧脉 5–6 对，边缘平展；叶柄长 (0) 3–4 mm。花 1–5 朵簇生于枝顶，伞形；苞片早落；花梗长 7–15 mm；萼片卵形，长 2–2.5 mm，基部稍合生，无毛或有缘毛；花瓣披针形，长约 6 mm，合生，先端圆；雄蕊长 4–5 mm，花药长约 1.5 mm；雌蕊比雄蕊稍短，子房被毛或无毛，花柱长 1.5 mm；侧膜胎座 2，胚珠 5–8 枚。蒴果近球形，稍压扁，直径约 6 mm，2 裂，果爿薄，木质，有种子 5–8 个；宿存花柱长 2 mm。种子长 2.5 mm，干后黑色，种柄极短。花期 3–5 月，果期 5–11 月。

分布与生境　产于四川、云南北部、西藏东南部。生于林中、山谷、山坡、溪边，海拔 1900–3000 m。
药用部位　根皮、茎皮、种子。
功效应用　根、茎皮：祛风止痛，收敛止血，清热解毒。用于风湿痹痛，腰腿痛，跌打肿痛，崩漏，便血，外伤出血，肺热咳嗽，痢疾，黄疸，无名肿痛。种子：清热，生津止咳。

异叶海桐 **Pittosporum heterophyllum** Franch.
引自《中国高等植物图鉴》

21. 薄萼海桐

Pittosporum leptosepalum Gowda in J. Arnold Arbor. 32(4): 339. 1951.（英 **Thin-sepal Pittosporum**）

灌木或小乔木，高 3–4 m，嫩枝无毛，暗褐色，老枝有稀疏皮孔。叶簇生于枝顶，长圆形或披针形，长 5–8 cm，宽 1.5–2.5 cm，薄革质，先端渐尖，侧脉 5–7 对，边缘稍有皱折；叶柄长 6–10 mm，纤细，无毛。花数朵生于枝顶叶腋内，排成伞形；苞片早落；花梗纤细，长约 1 cm；萼片分离，线状披针形，长约 3 mm；花瓣分离，淡黄白色，狭窄披针形，长 7–8 mm；雄蕊长 5–6 mm，花药长约 1.5 mm；雌蕊与雄蕊等长，子房被毛，子房柄短，花柱长约 2.5 mm；侧膜胎座 2，胚珠 11–12 枚。蒴果球形，直径 6–8 mm，2 裂，果爿薄，内侧有横格，胎座位下半部，有种子约 10 个。种子长约 3 mm，种柄极短。花期 3–5 月，果期 6–11 月。
分布与生境　产于广东北部、广西东北部。生于山地常绿林。
药用部位　根皮、叶。
功效应用　根皮：祛风湿。叶：止血。

22. 牛耳枫叶海桐

Pittosporum daphniphylloides Hayata in J. Coll. Sci. Imp. Univ. Tokyo 30(1): 34. 1911.
（英 **Daphne Pittosporum**）

22a. 牛耳枫叶海桐（模式变种）

Pittosporum daphniphylloides Hayata var. **daphniphylloides**

常绿灌木或小乔木，高 2–5 (–8) m，嫩枝粗，无毛，老枝红褐色，有细小狭长皮孔。叶簇生于枝顶，薄革质，长圆形或椭圆形，长 10–20 cm，宽 4–8 mm，先端渐尖，侧脉 9–12 对，边缘平展，干后稍反卷；叶柄长 1.5–3 cm。伞房花序 3–7，长 4–5 cm，各自生于枝顶叶腋内，被灰毛，花序柄长 1.5–3 cm；苞片披针形，长 2–3 mm，被毛；花梗长 2–7 mm；萼片卵形，分离，长 1.2–2 mm；花瓣狭

31. 花柱在果实上宿存。

32. 花柱上部具关节，成熟时从关节处脱落，宿存部分先端弯曲………27. **路边青属 Geum**

32. 花柱直立，上部无关节，成熟时也不脱落。

33. 基生叶为羽状复叶，小叶多对；花两性，黄色；花柱不延长或稍延长……………………………………………………………………………………………………28. **羽叶花属 Acomastylis**

33. 基生叶为单叶；花杂性同株或异株，白色；花柱显著延长……29. **太行花属 Taihangia**

30. 花柱侧生或基生，稀近顶生，在果期不延长或稍延长。

34. 花托在成熟时干燥；草本或灌木；叶茎生或基生，小叶 3 至多数。

35. 雄蕊和雌雄均多数，有副萼片；基生叶为掌状复叶或羽状复叶。

36. 花瓣黄色或白色，先端圆钝或微凹，比萼片长或近等长……31. **委陵菜属 Potentilla**

36. 花瓣紫色或白色，先端渐尖，比萼片短…………………………32. **沼委陵菜属 Comarum**

35. 雄蕊 4–5；雌雄 4–20。

37. 雄蕊与花瓣互生；雌蕊 5–20；基生叶为掌状复叶或羽状复叶；有副萼片…………………………………………………………………………………………………33. **山莓草属 Sibbaldia**

37. 雄蕊与花瓣对生；雌蕊 4–10；基生叶 3 裂或 2 至 3 回羽状深裂或全裂；无副萼片…………………………………………………………………………………………34. **地蔷薇属 Chamaerhodos**

34. 花托在成熟时膨大变为肉质；草本；叶基生，小叶 3 稀 5 枚。

38. 花白色，副萼片比萼片小…………………………………………………35. **草莓属 Fragaria**

38. 花黄色，副萼片比萼片大…………………………………………………36. **蛇莓属 Duchesnea**

25. 瘦果着生于杯状或坛状花托里面。

39. 雌蕊多数；花托成熟时肉质而有色泽；羽状复叶，极稀单叶；灌木，枝常具刺………37. **蔷薇属 Rosa**

39. 雌蕊 1–4；花托成熟时干燥坚硬。

40. 花瓣黄色。

41. 花萼具钩刺，无副萼；雄蕊 5–15 ………………………………………38. **龙芽草属 Agrimonia**

41. 花萼不具钩刺，具副萼；雄蕊 35–40 ……………………………………39. **马蹄黄属 Spenceria**

40. 花瓣无。

42. 羽状复叶；萼片覆瓦状排列，无副萼片；雄蕊 4–15；花柱顶生；花两性，稀部分单性雌雄同株，常形成穗状或头状花序……………………………………………40. **地榆属 Sanguisorba**

42. 单叶，常掌状分裂，极稀掌状复叶；萼片镊合状排列，有副萼片；雄蕊 1–5；花柱基生或近基生；花两性，常形成聚伞状伞房花序…………………………………41. **羽衣草属 Alchemilla**

24. 心皮常为 1，少数 2 或 5；核果；萼常脱落；单叶。

43. 灌木常有枝刺；枝条髓部呈薄片状；花柱侧生…………………………42. **扁核木属 Prinsepia**

43. 乔木或灌木，无刺；枝条髓部坚实；花柱顶生。

44. 幼叶多为席卷式，少数为对折式；果实具沟，外面被毛或蜡粉。

45. 侧芽 3，两侧为花芽，具顶芽；花 1–2 朵，常无梗，稀具梗；子房和果实常被短柔毛，极稀无毛；核常有孔穴，稀光滑；叶为对折式；花先于叶开放 …………………43. **桃属 Amygdalus**

45. 侧芽单生，顶芽缺；核常光滑或粗糙或具不明显孔穴。

46. 子房和果实常被短柔毛；花常无梗或有短梗；花先于叶开放…………44. **杏属 Armeniaca**

46. 子房和果实均光滑无毛，常被蜡粉；花常具梗；花叶同时开放…………45. **李属 Prunus**

44. 幼叶多为对折式；果实无沟，不被蜡粉；枝具顶芽。

47. 花较大，数朵形成伞形、伞房或短总状花序，稀单生，基部常有明显苞片；子房光滑；核平

滑，具沟，稀具孔穴……………………………………………………………………46. **樱属 Cerasus**
47. 花较小，多朵形成总状花序，基部具小形苞片。
48. 叶冬季凋落；花序顶生，花序轴上常具叶，稀无叶……………………………47. **稠李属 Padus**
48. 叶常绿；花序腋生；花序轴上常无叶 …………………………………48. **桂樱属 Laurocerasus**

1. 绣线菊属 Spiraea L.

落叶灌木；冬芽小，具 2–8 枚外露的鳞片。单叶互生，边缘有锯齿或缺刻，有时分裂，稀全缘，具羽状叶脉，或基部有 3–5 出脉，常具短叶柄，无托叶。花两性，稀杂性，形成伞形，伞形总状、伞房或圆锥花序；萼筒杯状或钟状；萼片 5，通常稍短于萼筒；花瓣 5，圆形，较萼片长；雄蕊 15–60，着生在花盘和花瓣之间；心皮 5 (3–8)，离生。蓇葖果 5，常沿腹缝线开裂，内含数粒细小种子。种子线形至长圆形，种皮膜质，胚乳少或无。

本属约有 100 余种，分布在北半球温带至亚热带山区。我国有 70 余种，全国均有分布，西南地区为分布中心，其中 23 种 10 变种可药用。

分种检索表

1. 花序着生在当年生具叶长枝的顶端，长枝自灌木基部或老枝上发生。
2. 花序为长圆形或金字塔形的圆锥花序，花粉红色 ………………………………… 1. **柳叶绣线菊 S. salicifolia**
2. 花序为宽广平顶的复伞房花序；花白色、粉红色或紫色。
3. 复伞房花序顶生于当年生直立的新枝上。
4. 花序被短柔毛；花粉红色；蓇葖果成熟时略分开，无毛，稀仅沿腹缝具短柔毛……………………………………………………………………………………………………2. **绣线菊 S. japonica**
4. 花序无毛；花常白色；蓇葖果直立，无毛或在腹缝上有短柔毛…………… 3. **华北绣线菊 S. fritschiana**
3. 复伞房花序发生在去年生枝上的侧生短枝上。
5. 雄蕊长于花瓣 2–3 倍；蓇葖果外被短绒毛；叶边有重锯齿………………………4. **长蕊绣线菊 S. miyabei**
5. 雄蕊短于花瓣至稍长于花瓣。
6. 叶片全缘或仅先端具少数锯齿，两面无毛；蓇葖果无毛；小枝具棱角；花序被短柔毛或近无毛……………………………………………………………………………………5. **川滇绣线菊 S. schneideriana**
6. 叶片在中部以上或近顶处有少数锯齿，下面密生长柔毛；蓇葖果具毛；小枝圆柱形；花序被长柔毛 ……………………………………………………………………………… 6. **翠蓝绣线菊 S. henryi**
1. 花序由去年生枝上的芽发生，着生在有叶或无叶的短枝顶端。
7. 花序为有总梗的伞形或伞形总状花序，基部常有叶片。
8. 冬芽具有数枚外露鳞片。
9. 叶边有锯齿或缺刻，有时分裂。
10. 叶片、花序和蓇葖果无毛。
11. 叶片先端急尖；菱状披针形至菱状长圆形，有羽状脉…………………7. **麻叶绣线菊 S. cantoniensis**
11. 叶片先端圆钝。
12. 叶片近圆形，先端常 3 裂，基部圆形至亚心形，有显著 3–5 出脉……………………………………………………………………………………………………8. **三裂绣线菊 S. trilobata**
12. 叶片菱状卵形至倒卵形，基部楔形，具羽状脉或不显著 3–5 出脉……………………………………………………………………………………………………9. **绣球绣线菊 S. blumei**
10. 叶片下面有毛。
13. 花序无毛；叶片菱状卵形至椭圆形，先端急尖，基部宽楔形；蓇葖果除腹缝外全无毛…………

柳叶绣线菊 **Spiraea salicifolia** L. var. **salicifolia**
引自《中国高等植物图鉴》

柳叶绣线菊 **Spiraea salicifolia** L. var. **salicifolia**
摄影：徐克学

(hyperin; hyperoside)，槲皮素-3-*O*-(6''-*O*-α-L-吡喃阿拉伯糖基)-β-D-吡喃半乳糖苷[quercetin-3-*O*-(6''-*O*-α-L-arabinopyranosyl)-β-D-galactopyranoside][1]。

注评 本种鄂伦春族、朝鲜族药用，鄂伦春族用其叶治跌打损伤；朝鲜族用叶及根治类风湿、泄泻、湿疹。

化学成分参考文献

[1] Ahn BT, et al. *Saengyak Hakhoechi*, 1996, 27(3): 178-183.

1b. 贫齿绣线菊（变种）(Flora of China) 绣线菊贫齿变种（中国植物志）

Spiraea salicifolia L. var. **oligodonta** T. T. Yü in Acta Phytotax. Sin. 8(3): 215. 1963.（英 **Fewtooth Spiraea**）

与模式变种区别在于本变种叶片全缘或自中部以上疏生极浅锯齿，边缘微被细短柔毛。

分布与生境 产于黑龙江、内蒙古。生于海拔 200 m 地区的山脚水甸旁。

药用部位 全株、根。

功效应用 活血通经，行瘀止痛，化痰止咳，利水通便。用于闭经，便结腹胀，小便不利，跌打损伤，关节疼痛，周身酸痛，咳嗽痰多，刀伤。

1c. 巨齿绣线菊（变种）(Flora of China) 绣线菊巨齿变种（中国植物志）

Spiraea salicifolia L. var. **grosseserrata** Liou, Ill. Man. Woody Pl. N.-E. Prov. 278. 564. f. 98: 184. 1955.（英 **Grosstooth Spiraea**）

与模式变种区别在叶边锯齿较深，呈缺刻状重锯齿。

分布与生境 产于黑龙江、吉林。生于山坡或河岸边。

药用部位 全株、根。

功效应用 活血通经，行瘀止痛，化痰止咳，利水通便。用于闭经，便结腹胀，小便不利，跌打损伤，关节疼痛，周身酸痛，咳嗽痰多，刀伤。

2. 绣线菊（Flora of China） 粉花绣线菊（中国植物志），日本绣线菊（中国树木分类学），蚂蝗梢（陕西），火烧尖、土黄莲（贵州）

Spiraea japonica L. f., Suppl. Pl. 262. 1781.——*S. callosa* Thunb.（英 **Japanese Spiraea**）

2a. 绣线菊（模式变种）

Spiraea japonica L. f. var. **japonica**

直立灌木，高 1–1.5 m；枝条细长，开展，小枝近圆柱形，无毛或幼时被短柔毛；冬芽卵形，先端急尖至渐尖，基部楔形，边缘有缺刻状重锯齿及单锯齿，上面无毛或沿叶脉微具短柔毛，下面色浅或有白霜，沿叶脉具短柔毛；叶柄有短柔毛。复伞房花序着生于当年生直立新枝顶端，密被短柔毛，具密集花朵；花梗长 4–6 mm；苞片下面微被柔毛；花直径 4–7 mm；花萼外面有稀疏短柔毛；花瓣卵形至圆形，粉红色；雄蕊 25–30，远较花瓣长；花盘圆盘形，约有 10 个不整齐的裂片。蓇葖果无毛或沿腹缝有疏柔毛，花柱顶生，萼片常直立。花期 6–7 月，果期 8–9 月。

分布与生境 原产于日本、朝鲜，我国各地栽培供观赏。

药用部位 根、叶、果实。

功效应用 根：止咳，明目，止痛。用于咳嗽，眼赤，目翳，头痛。叶：清热解毒，消肿止咳，去腐生肌。用于慢性骨髓炎。果实：用于痢疾。

化学成分 根状茎含挥发油：以棕榈酸，肉豆蔻酸(myristic acid)，亚油酸(linoleic acid)，十五酸

绣线菊 **Spiraea japonica** L. f. var. **japonica**
引自《中国树木分类学》

绣线菊 **Spiraea japonica** L. f. var. **japonica**
摄影：张英涛

(pentadecanoic acid)，9-十六烯酸(9-hexadecenoic acid)，6,10,14-三甲基-2-十五酮(6,10,14-trimethyl-2-pentadecanone)的含量较高[1]。

注评 本种傈僳族药用，其根治咳嗽、眼赤、目翳、头痛。

化学成分参考文献

[1] 杨迺嘉，等. 天然产物研究与开发，2008, 20: 852-854.

2b. 渐尖绣线菊（变种）(Flora of China) 狭叶绣线菊（中国树木分类学），粉花绣线菊渐尖叶变种（中国植物志）

Spiraea japonica L. f. var. **acuminata** Franch. in Nouv. Arch. Mus. Hist. Nat., sér. 2, 8: 218. 1886.——*S. bodinieri* H. Lév., *S. bodinieri* H. Lév. var. *concolor* H. Lév., *S. esquirolii* H. Lév.（英 **Taperleaf Japanese Spiraea**）

叶片长卵形至披针形，先端渐尖，基部楔形，边缘有尖锐重锯齿，下面沿叶脉有短柔毛。复伞房花序直径 10–14 (–18) cm，花粉红色。花期 6–7 月，果期 7–8 月。

分布与生境 产于河南、陕西、甘肃、湖北、湖南、江西、江苏、浙江、安徽、福建、广东、广西、贵州、四川、云南、西藏等。生于海拔 950–4000 m 的山坡旷地、疏密杂木林中、山谷或河沟边。

药用部位 全株。

功效应用 解毒生肌，通经，通便，利尿。用于闭经，月经不调，便结腹胀，小便不利，淋痛。

化学成分 根含生物碱类：绣线菊胺(spiramine) A、B、C、D[1]、E、F、G、H、I[2]、S、V[3]；绣线菊明碱▲(spiromine) A、B、C、D[4]；三萜类：18-羟基熊果酸(18-hydroxyursolic acid)[3]。

注评 本种傈僳族、哈尼族药用，傈僳族用全株治闭经、月经不调、便结腹胀、小便不利；哈尼族用全株治感冒头痛、呼吸道感染、外科感染、菌痢、肠炎。

渐尖绣线菊 **Spiraea japonica** L. f. var. **acuminata** Franch.
引自《中国高等植物图鉴》

渐尖绣线菊 **Spiraea japonica** L. f. var. **acuminata** Franch.
摄影：张英涛

化学成分参考文献

[1] Hao XJ, et al. *Chem Pharm Bull*, 1987, 35: 1670-1672.

[2] 郝小江，等 . 云南植物研究，1991, 13(4): 452-454.

[3] 聂晶磊，等 . 云南植物研究，1997, 19(3): 327-330.

[4] Node M, et al. *Heteracycles*, 1990, 30: 635-643.

2c. 光叶绣线菊（变种）（Flora of China） 大绣线菊（中国树木分类学），绣线菊（江苏南部种子植物手册），粉花绣线菊光叶变种（中国植物志）

Spiraea japonica L. f. var. **fortunei** (Planch.) Rehder in Bailey, Cycl. Am. Hort. 4: 1703. 1902.——*S. fortunei* Planch.（英 **Fontune Japanese Spiraea**）

叶片长圆状披针形，先端短渐尖，基部楔形，边缘具尖锐重锯齿，上面有皱纹，两面无毛，下面具白霜。复伞房花序直径 4–8 cm，花粉红色。花期 6–7 月，果期 7–8 月。

分布与生境　产于陕西、甘肃、湖北、湖南、山东、江苏、浙江、江西、安徽、福建、广东、广西、贵州、四川、云南。生于海拔 700–3000 m 的山坡、田野或杂木林下。

药用部位　根、叶、果。

功效应用　根：清热止咳，明目，止痛。用于咽喉肿痛，咳嗽，眼赤，头痛。叶：消肿解毒，去腐生肌。果：用于痢疾。

化学成分　根含二萜生物碱：绣线菊碱(spiradine) A、Ⅳ、Ⅸ、Ⅹ、Ⅺ[2]，绣线菊定碱▲ (spiredine)，绣线菊新碱(spirasine) 2、3、5、6、C[3]，光叶绣线菊碱▲(spiraqine)，6-羟基光叶绣线菊碱▲ (6-hydroxylspiraqine)，绣线菊碱B (spiradine B)[4]。

注评　本种侗族药用，其根及嫩叶治内外伤、骨折、扭伤。

光叶绣线菊 **Spiraea japonica** L. f. var. **fortunei** (Planch.) Rehder
引自《中国高等植物图鉴》

光叶绣线菊 **Spiraea japonica** L. f. var. **fortunei** (Planch.) Rehder
摄影：徐克学

化学成分参考文献

[1] 孙放，等 . 药学学报，1985, 20(12): 913-917.

[2] Sun F, et al. *J Nat Prod*, 1987, 50(5): 923-926.

[3] Fan LM, et al. *Biochem Syst Ecol*, 2004, 32: 75-78.

[4] Fan LM, et al. *J Integr Plant Biol*, 2005, 47(1): 120-123.

2d. 无毛绣线菊（变种）(Flora of China)　红绣线菊（中国树木分类学），粉花绣线菊无毛变种（中国植物志）

Spiraea japonica L. f. var. **glabra** (Regel) Koidz. in Bot. Mag. (Tokyo) 23: 167. 1909.——*S. callosa* Thunb. var. *glabra* Regel（英 **Glabrous Japanese Spiraea**）

叶片卵状长圆形或长圆状椭圆形，先端急尖或短渐尖，基部楔形至圆形，边缘有尖锐重锯齿，两面无毛。复伞房花序无毛，直径 6–12 cm；花粉红色。花期 5–6 月，果期 7–8 月。

分布与生境　产于湖北、湖南、江西、安徽、浙江、四川、云南。生于海拔 1600–1900 m 的多石砾荒地或林下及林缘。

药用部位　全株。

功效应用　解毒生肌，活血通经，利尿通便。用于慢性骨髓炎，闭经，月经不调，便秘腹胀，小便不利，外伤出血。

化学成分　根含二萜生物碱：绣线菊碱F (spiradine F)，绣线菊胺(spiramine) A、B，绣线菊定碱D▲(spiredine D)，绣线菊新碱(spirasine) Ⅱ、Ⅲ[1]、2、3、5、6、C，绣线菊碱X (spiradine X)[2]。

无毛绣线菊 **Spiraea japonica** L. f. var. **glabra** (Regel) Koidz.
摄影：张芬耀

化学成分参考文献

[1] 杨小生，等. 云南植物研究，1993, 15(4): 421-423.

[2] Fan LM, et al. *Biochem Syst Ecol*, 2004, 32: 75-78.

2e. 筛子花（变种）（云南）　白升麻、一把伞（云南）

Spiraea japonica L. f. var. **stellaris** Rehder in Sarg., Pl. Wilson. 1: 452. 1913.（英 **Stellate Japanese Spiraea**）

本变种全珠被星状毛；叶密集，叶片长 4–5 cm，边缘具密集而锐尖的重锯齿；复伞房花序；蓇葖果倾斜开展。

分布与生境　产于山东、河南、陕西、甘肃至江南各省区。生于海拔 2000 m 以下的山地。模式变种在云南蒙自西南山区。

药用部位　根。

功效应用　清热解表。用于感冒，头痛，发热，跌打损伤。

化学成分　根含二萜类：绣线菊内酯B (spiramilactone B)，绣线菊二萜醇(spiraminol)[1]；生物碱类：绣线菊胺(spiramine) A、B、C、D、F、H、P、Q[1]。

化学成分参考文献

[1] 聂晶磊，等. 云南植物研究，1996, 18(2): 226-228.

3. 华北绣线菊（东北木本植物图志） 弗氏绣线菊（经济植物手册）

Spiraea fritschiana C. K. Schneid. in Bull. Herb. Boissier, sér. 2, 5: 347. 1905.（英 **Fritsch Spiraea**）

灌木，高 1–2 m；小枝具明显棱角，幼时无毛或具稀疏短柔毛；冬芽急尖至渐尖，有数枚褐色鳞片，幼时有稀疏短柔毛。叶片卵形、椭圆状卵形至椭圆状长圆形，长 3–8 cm，宽 1.5–2.5 cm，急尖至渐尖，基部宽楔形，边缘有重锯齿或单锯齿，上面无毛，稀沿叶脉疏生短柔毛，下面被短柔毛；叶柄长 2–5 mm，具短柔毛。复伞房花序顶生于当年生直立新枝上，多花，无毛。花梗长 4–7 mm；苞片稍具短柔毛；花直径 5–6 mm；萼筒钟状，萼片三角形；花瓣卵形，白色；雄蕊 25–30，长于花瓣；花盘圆杯状，约有 8–10 枚大小不等的裂片；子房具短柔毛，花柱短于雄蕊。蓇葖果几直立，开张，无毛或反沿腹缝有短柔毛，具直立或稍倾斜的花柱，有反折萼片。花期 6 月，果期 7–8 月。

华北绣线菊 **Spiraea fritschiana** C. K. Schneid.
引自《中国高等植物图鉴》

分布与生境 产于河南、陕西、山东、江苏、浙江。生于海拔 100–1000 m 的岩石坡地、山谷丛林间。也分布于朝鲜。

药用部位 根、果实。

功效应用 清热止咳。用于发热，咳嗽。

化学成分 植株膜脂肪酸主要由豆蔻酸(myristic acid)、棕榈酸(palmitic acid)、油酸(oleic acid)、亚油酸(linoleic acid)、亚麻酸(linolenic acid)等组成，约占膜脂总脂肪酸的 90%以上；饱和膜脂肪酸以棕榈酸为主，不饱和膜脂肪酸以亚油酸和亚麻酸为主。

华北绣线菊 **Spiraea fritschiana** C. K. Schneid.
摄影：徐克学

化学成分参考文献

[1] 刘慧民，等 . 中国农业大学学报，2011, 16(2): 52-57.

4. 长蕊绣线菊（中国植物志）

Spiraea miyabei Koidz. in Bot. Mag. (Tokyo) 23: 166. 1906.——*S. silvestris* Nakai（英 **Miyabe Spiraea**）

4a. 长蕊绣线菊（模式变种）

Spiraea miyabei Koidz. var. **miyabei**

灌木，高 1–2 m；小枝圆柱形或具棱角，幼时被短柔毛，老时无毛；冬芽卵形，先端稍钝，有数枚无毛鳞片。叶片卵形，长圆状卵形至宽披针形，长 4–7 cm，宽 1–2 cm，先端急尖或渐尖，基部宽楔形至圆形，边缘有尖锐重锯齿或有时缺刻状，两面无毛；叶柄长 2–5 (–10) mm，无毛。复伞房花序多花，具短柔毛；花萼外面无毛；花瓣较萼片长 1–1.5 倍；雄蕊 20–25，长于花瓣 2–3 倍；花盘边缘呈圆钝锯齿状，内面有疏柔毛；子房纺锤状，微有绒毛；花柱顶生。蓇葖果坚脆，微有灰色绒毛，背部有外曲花柱并具开展萼片。种子线形。花期 5–6 月，果期 7–8 月。

原产于日本，我国有栽培。

4b. 毛叶长蕊绣线菊（变种）（Flora of China） 疏毛绣线菊（中国中药资源志要），长蕊绣线菊毛叶变种（中国植物志）

Spiraea miyabei Koidz. var. **pilosula** Rehder in Sarg., Pl. Wilson. 1: 455. 1913.（英 **Rilose Miyabe Spiraea**）

本变种与模式变种区别在于叶片基部楔形，上面有稀疏柔毛，下面密被柔毛，边缘具深锯齿。花萼外面具稀疏柔毛。

分布与生境 产于湖北、四川、云南。生于海拔 1000–1600 m 的山坡林缘。

药用部位 全株或根、花。

功效应用 根：用于感冒。花：用于胃痛。全株：用于闭经，便结，腹胀，小便不利。

4c. 细叶长蕊绣线菊（变种）（Flora of China） 细叶绣线菊（中国中药资源志要），长蕊绣线菊细叶变种（中国植物志）

Spiraea miyabei Koidz. var. **tenuifolia** Rehder in Sarg., Pl. Wilson. 1: 455. 1913.（英 **Fineleaved Miyabe Spiraea**）

本变种叶片细长，长 7 cm，宽达 3.5 cm，基部楔形，下面粉绿色；叶柄细长达 1 cm；花序和花萼外面均无毛。

分布与生境 产于四川峨眉山。生于山坡。

药用部位 根。

功效应用 消肿解毒，祛腐生新。

5. 川滇绣线菊（中国植物志）

Spiraea schneideriana Rehder in Sarg., Pl. Wilson. 1: 449. 1913.（英 **Schneider Spiraea**）

灌木，高 1–2 m；小枝有棱角，幼时被细长柔毛，老时无毛；冬芽稍钝或急尖，具数枚鳞片，幼时被柔毛，老时无毛。叶片卵形至卵状长圆形，长 8–15 mm，宽 5–9 mm，圆钝或微急尖，基部楔形至圆形，全缘，稀有少数锯齿，两面无毛或沿叶脉有细长柔毛；叶柄长 1–3 mm，常无毛。复伞房花序生于侧生小枝先端，具短柔毛或近无毛，具多数花朵；花梗长 4–9 mm；苞片急尖，微被短柔毛；花直径 5–6 mm；萼筒外面有细柔毛；萼片急尖，外面近无毛；花瓣白色，无毛；雄蕊 20，稍长于花瓣；花盘圆环形；子房微具细柔毛；花柱短于雄蕊。蓇葖果开张，无毛或仅沿腹缝微具柔毛，花柱生于背部先端，萼片直立。花期 5–6 月，果期 7–9 月。

分布与生境 产于湖北、福建、四川、云南、西藏。生于杂木林内或高山冷杉林边缘，海拔 2500–4000 m。

川滇绣线菊 **Spiraea schneideriana** Rehder
张泰利　绘

川滇绣线菊 **Spiraea schneideriana** Rehder
摄影：易思荣

药用部位　花。
功效应用　生津止渴，止血，利水，除湿。用于发热性口渴，腹水，子宫出血，风湿痒疹。
注评　本种藏族药用，其花、叶治疮疡、黄水病、腹水、肺淤血、子宫出血。

6. 翠蓝绣线菊（中国植物志）　翠蓝茶（亨利氏中国植物名录），亨利绣线菊（经济植物手册）

Spiraea henryi Hemsl. in J. Linn. Soc., Bot. 23: 225. 1887.（英 **Henry Spiraea**）

灌木，高 1–3 m；小枝幼时具短柔毛，以后脱落近无毛；冬芽圆钝，稀急尖，具数枚外露鳞片，被短柔毛；叶片椭圆形，椭圆状长圆形至倒卵状长圆形，长 2–7 cm，宽 0.8–2.3 cm，急尖或稍圆钝，基部楔形，边缘在中部以上具少数粗锯齿，稀全缘，上面无毛或疏生柔毛，下面密生细长柔毛；叶柄

翠蓝绣线菊 **Spiraea henryi** Hemsl.
引自《中国高等植物图鉴》

翠蓝绣线菊 **Spiraea henryi** Hemsl.
摄影：南程慧

长 2–5 mm，具柔毛。复伞房花序密集于侧生短小枝顶端，多花，具长柔毛；花梗长 5–8 mm；苞片两面具柔毛；花直径 5–6 mm；萼筒外面有细长柔毛；萼片近无毛；花瓣宽倒卵形至近圆形，白色，无毛；雄蕊 20；花盘有 10 个肥厚的圆球形裂片；子房被细长柔毛；花柱短于雄蕊；蓇葖果开张，具细长柔毛，花柱顶生，并稍向外倾斜，具直立萼片。花期 4–5 月，果期 7–8 月。

分布与生境 产于河南、陕西、甘肃、湖北、四川、贵州、云南。生于岩石坡地、山麓或山顶丛林中，海拔 1500–2800 m。

药用部位 花、叶。

功效应用 清热解毒，散瘀。用于咽喉肿痛，跌打损伤。

7. 麻叶绣线菊（中国植物志） 麻叶绣球（汝南圃史），粤绣线菊（经济植物手册），麻毬（花镜），麻叶绣球绣线菊（东北植物检索表），石棒子（河南）

Spiraea cantoniensis Lour., Fl. Cochinch. 1: 322. 1790.——*S. reevesiana* Lindl.（英 **Hempleaf Spiraea**）

灌木，高达 1.5 m；小枝呈拱形弯曲，无毛；冬芽无毛，有数枚外露鳞片。叶片菱状披针形至菱状长圆形，长 3–5 cm，宽 1.5–2 cm，急尖，基部楔形，边缘自中部以上有缺刻状锯齿，两面无毛；叶柄长 4–7 mm，无毛。伞形花序具总花梗，具多数花；花直径 5–7 mm；花萼外面无毛；花瓣白色；雄蕊 20–28，稍短于或几与花瓣等长；花盘由大小不等的近圆形裂片组成圆环形；子房近无毛；花柱短于雄蕊。蓇葖果直立开张，无毛，花柱顶生，倾斜开展，具直立开张萼片。花期 4–5 月，果期 7–9 月。

分布与生境 产于河北、河南、陕西、山东、安徽、湖北、江西、江苏、浙江、福建、广东、广西、四川、云南。生于低海拔地区的平原或坡地，常见栽培供观赏。也分布于日本、印度、泰国及欧、美等地区。

药用部位 根、叶、果实。

功效应用 清热，凉血，祛痰，消肿止痛。用于跌打损伤，疥癣。

麻叶绣线菊 **Spiraea cantoniensis** Lour.
引自《中国高等植物图鉴》

麻叶绣线菊 **Spiraea cantoniensis** Lour.
摄影：徐克学

化学成分 叶含单萜类：3,7-二甲基-2(*E*),6-辛二烯-5-酮-1-*O*-*β*-D-葡萄糖苷[3,7-dimethyl-2(*E*),6-octadien-5-one-1-*O*-*β*-D-glucoside]，3,7-二甲基-3(*E*),6-辛二烯-5-酮-1-*O*-*β*-D-葡萄糖苷[3,7-dimethyl-3(*E*),6-octadien-5-one-1-*O*-*β*-D-glucoside]，3,7-二甲基-3(*Z*),6-辛二烯-5-酮-1-*O*-*β*-D-葡萄糖苷[3,7-dimethyl-3(*Z*),6-octadien-5-one-1-*O*-*β*-D-glucoside][1]，麻叶绣球苷▲(kodemarioside) A、B、C、D[2]。

花含单萜类：麻叶绣球苷▲(kodemarioside) A、E、F[2]；黄酮类：槲皮素-3-*O*-(6-*O*-咖啡酰基)-*β*-半乳糖苷[quercetin-3-*O*-(6-*O*-caffeoyl)-*β*-galactoside]，山柰酚-3-*O*-(6-*O*-咖啡酰基)-*β*-半乳糖苷[kaempferol-3-*O*-(6-*O*-caffeoyl)-*β*-galactoside]，山柰酚-3-*O*-(6-*O*-咖啡酰基)-*β*-葡萄糖苷[kaempferol-3-*O*-(6-*O*-caffeoyl)-*β*-glucoside][3]。

化学成分参考文献

[1] Takeda Y, et al. *Phytochemistry*, 1990, 29(5): 1591-1593.
[2] Yoshida K, et al. *J Nat Prod*, 2010, 73(5): 814-817.
[3] Yoshida K, et al. *J Agric Food Chem*, 2008, 56(12): 4367-4371.

8. 三裂绣线菊（青岛木本植物名录） 石棒子（河北），三桠绣球（山东），团叶绣球（中国树木分类学），三裂叶绣线菊（经济植物手册）

Spiraea trilobata L., Mant. Pl. 2: 244. 1771.（英 **Threelobed Spiraea**）

灌木，高 1–2 m；小枝稍呈“之”字形弯曲，无毛；冬芽先端钝，无毛，具数枚鳞片。叶片近圆形，长 1.7–3 cm，宽 1.5–3 cm，先端钝，三裂，基部圆形或亚心形，稀楔形，边缘自中部以上有少数圆钝锯齿，两面无毛，具显著 3–5 脉。伞形花序具总梗，无毛，有花 15–30 朵；花梗长 8–13 mm，无毛；苞片上部深裂成细裂片；花直径 6–8 mm；花萼外面无毛；花瓣宽倒卵形；雄蕊 18–20，短于花瓣；花盘有 10 个大小不等的裂片组成；子房被短柔毛；花柱比雄蕊短。蓇葖果开张，无毛或仅沿腹缝线有短柔毛，具稍倾斜顶生花柱及直立萼片。花期 5–6 月，果期 7–8 月。

分布与生境 产于东北、华北及河南、陕西、甘肃、新疆、山东、江苏、安徽。生于海拔 100–2400 m

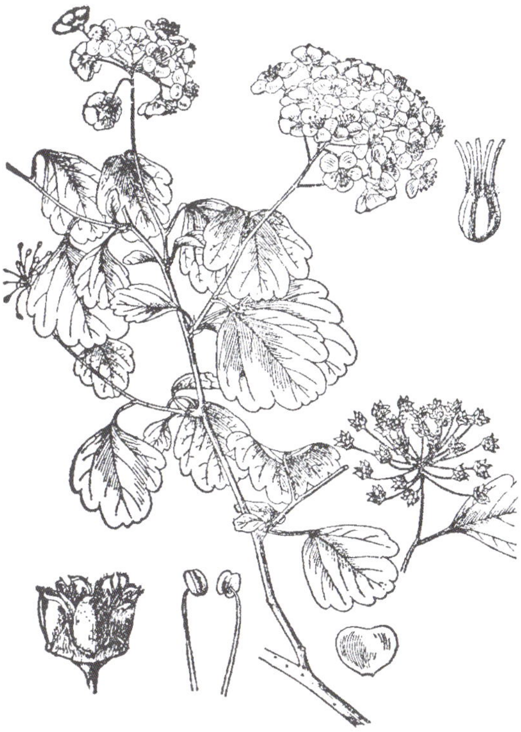

三裂绣线菊 **Spiraea trilobata** L.
引自《中国高等植物图鉴》

三裂绣线菊 **Spiraea trilobata** L.
摄影：张英涛

1. 鲜卑花（经济植物手册）

Sibiraea laevigata (L.) Maxim. in Trudy Imp. S-Peterburgsk Bot. Sada. 6: 215. 1879.——*Spiraea laevigata* L.（英 **Smooth Sibiraea**）

灌木，高 1.5 m；小枝无毛。叶在当年生枝条上多互生，在老枝上丛生。叶片线状披针形、宽披针形或长圆倒披针形，长 4–6.5 cm，宽 1–2.3 cm，两面无毛，基部渐狭，边全缘，先端急尖或突尖。顶生穗状圆锥花序，长 5–8 cm；花梗长约 3 mm，和花序轴均无毛；花直径约 5 mm；萼筒浅钟状；萼片三角状卵形，无毛；花瓣白色，倒卵形；雌花具退化雄蕊；花盘环状，肥厚，有 10 个裂片；雄花具 3–5 退化雌蕊；子房无毛。蓇葖果 5，并立；萼片宿存；果梗长 5–8 mm。花期 7 月，果期 8–9 月。

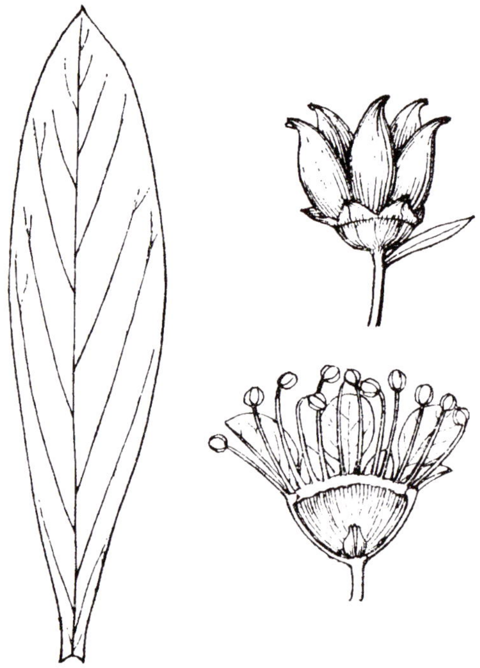

鲜卑花 **Sibiraea laevigata** (L.) Maxim.
鞠维江　绘

分布与生境　产于青海（海晏、西宁），甘肃（岷县、西固），西藏（索县）。生于海拔 2000–4000 m 的高山、溪边或草甸灌丛中。也分布于俄罗斯西伯利亚。

药用部位　枝、叶。

功效应用　消食，理气。用于食积作胀，胃脘疼痛。

化学成分　枝条含苯丙素类：咖啡酸乙酯(ethyl caffeate)，异阿魏酸(isoferulic acid)，甲基阿魏酸(methyl ferulic acid)，对甲氧基桂皮酸(*p*-methoxycinnamic acid)，3-羟基-1-(4-羟基-3,5-二甲氧基苯)-1-丙酮[3-hydroxy-1-(4-hydroxy-3,5-dimethoxyphenyl)-1-propanone][1]；木脂素类：(+)-松脂酚[(+)-pinoresinol]，9*α*-羟基水曲柳树脂酚▲(9*α*-hydroxymedioresinol)[1]；其他类：*ω*-羟基香草丙酮(*ω*-hydroxypropiovanillone)，邻苯二甲酸二(2-乙基己基)酯[bis(2-ethylhexyl)phthalate]，*C*-藜芦酰乙二醇(*C*-veratroylglycol)，月桂酸单甘油酯(lauric acid-1-monoglyceride)，正壬烷(*n*-nonane)[1]。

鲜卑花 **Sibiraea laevigata** (L.) Maxim.
摄影：张英涛

化学成分参考文献

[1] 于民丰，等 . 中草药 , 2014, 45(24): 3528-3531.

2. 窄叶鲜卑花（经济植物手册）

Sibiraea angustata (Rehder) Hand.-Mazz., Symb. Sin. 7: 454. 1933.——*S. laevigata* (L.) Maxim. var. *angustata* Rehder（英 **Narrowleaf Sibiraea**）

灌木，高 2–2.5 m，小枝幼时被短柔毛，以后脱落无毛。叶片窄披针形，倒披针形，稀长椭圆形，长 2–8 cm，宽 1.5–2.5 cm，无毛，仅在幼时边缘具毛，老时近无毛，基部下延呈楔形，全缘，先端急尖或突尖。顶生穗状圆锥花序，长 5–8 cm；花梗长 3–5 mm，和花序轴均密被短柔毛；花直径约 8 mm；萼筒浅钟状，外面被毛；萼片三角形，两面被毛；花瓣白色；花盘环状，10 裂；雌花具雌蕊 5，柱头肥厚；子房无毛。蓇葖果直立，具宿存萼片；果梗长 3–5 mm，具柔毛。花期 6 月，果期 8–9 月。

分布与生境 产于甘肃、青海、四川、云南、西藏。生于海拔 3000–4000 m 的山坡灌丛中或山谷沙石滩上。

药用部位 枝、叶。

功效应用 用于消化不良，胃痛。

化学成分 嫩枝和叶含苯丙素类：咖啡酸(caffeic acid)，咖啡酸山梨醇酯(caffeic acid glucitol ester)，异阿魏酸(isoferulic acid)[1]，甲基阿魏酸(methylferulic acid)[2]，三萜类：羊毛脂-8,24-二烯-3-乙酰氧基-26-酸(lanosta-8,24-dien-3-acetyloxy-26-oic acid)[1]，白桦脂醇(betulinol)，灵芝酸Z (ganoderiacid Z)，熊果酸(ursolic acid)[3]；挥发油：主要成分为*E*-罗勒烯酮(*E*-ocimenone)，芳樟醇(linalool)，其他成分有*β*-香堇酮(*β*-ionone)，*α*-松油醇(*α*-terpineol)，香叶醇(geraniol)，橙花叔醇(nerolidol)，顺式-玫瑰醚(*cis*-rose oxide)，9-十八烯酰胺(9-octadecenamide)，顺式-万寿菊酮(*cis*-tagetone)，反式-*α*-香柠檬烯(*trans*-*α*-bergamotene)，*β*-二氢香堇酮(*β*-dihydroionone)，反式-*β*-突厥蔷薇烯酮▲(*trans*-*β*-damascenone)，2-戊

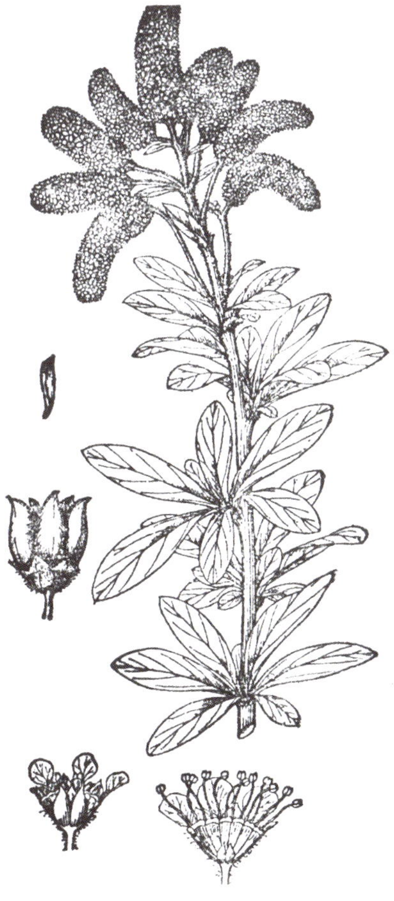

窄叶鲜卑花 **Sibiraea angustata** (Rehder) Hand.-Mazz.
引自《中国高等植物图鉴》

窄叶鲜卑花 **Sibiraea angustata** (Rehder) Hand.-Mazz.
摄影：张英涛

基呋喃(2-penlyl-furan)，3,4-二氢吡咯骈(1,2a)吡嗪(3,4-dihydropyrrolo[1,2-a]pyrazine)，1,2-二甲基-4-叔丁基咪唑(1,2-dimethyl-4-terbutylimidazole)，六氢菲啶酮(hexahydrophenznthridinone)[4]；甾体类：胡萝卜苷[1]，β-谷甾醇[2]；脂肪烃/醇类：十一醇[1]，十八酸，二十醇[2]，二十二醇-10，二十四酸[3]，二十九醇[2]，三十醇[3]。

地上部分含苯丙素类：鲜卑花酯(sibirate)[5-6]，咖啡酸，异阿魏酸(isoferulic acid)，3,4-二甲氧基桂皮酸(3,4-dimethoxycinnamic acid)[6]；黄酮类：槲皮素-3-*O*-β-D-吡喃葡萄糖苷(quercetin-3-*O*-β-D-glucopyranoside)，槲皮素-3-*O*-α-L-吡喃阿拉伯糖基-(1→6)-β-D-吡喃半乳糖苷[quercetin-3-*O*-α-L-arabinopyranosyl-(1→6)-β-D-galactopyranoside][6]；单萜类：鲜卑花内酯▲(sibiscolacton)，鲜卑花酸▲(sibiraic acid)[6]，鲜卑花苷▲(sibiskoside)[6-7]。

药理作用 减肥作用：窄叶鲜卑花水提取物和乙酸乙酯提取物时间依赖性和剂量依赖性地抑制 3T3-L1 前脂肪细胞的增殖与脂肪细胞的分化。其减肥活性主要是通过抑制重要的脂肪细胞分化因子的表达，如 CCAAT 增强子结合蛋白 β(C/EBPβ)，PPARγ，脂肪蛋白 -2，脂蛋白酯酶和 GLUT4[1]。

化学成分参考文献

[1] 陶婷婷，等 . 中国天然药物，2006, 4(4): 257-259.

[2] 游元元，等 . 华西药学杂志，2004, 19(2): 113-114.

[3] 刘建祥，等 . 热带亚热带植物学报，1999, 7(3): 248-251.

[4] 陶婷婷，等 . 华西药学杂志，2004, 19(3): 178-179.

[5] 张承忠，等 . 药学学报，1993, 28(10): 798-800.

[6] Li B, et al. *J Nat Med*, 2010, 64(1): 89-92.

[7] Ito Y, et al. *Chem Pharm Bull*, 2009, 57(3): 294-297.

药理作用及毒性参考文献

[1] Xiao L, et al. *Exp Biol Med*, 2010, 235(12): 1442-1449.

3. 假升麻属 Aruncus L.

多年生草本；根状茎粗大。叶大型，互生，一至三回羽状复叶，稀掌状复叶；小叶边缘有锯齿；不具托叶。花单性，雌雄异株，成大型穗状圆锥花序，无梗或近于无梗；萼筒杯状；萼片 5；花瓣 5，白色；雄蕊 15–30，花丝细长，雌花中具有短花丝和不发育花药；心皮 3–4，稀 5–8，与萼片互生，子房 1 室；雄花中有退化雌蕊。果实为蓇葖果，蓇葖果沿腹缝线开裂，通常具棍棒状种子 2，有少量胚乳。

本属约 6 种，分布于北半球冷温带。我国有 2 种，其中 1 种可药用。

本属药用植物化学成分研究较少，目前为止主要分得酚酸和黄酮类化合物。黄酮类化合物是主要抗氧化活性成分，如 (-)- 表儿茶素 [(-)-epicatechin]、(-)- 表儿茶素 -4- 苄基硫醚 [(-)epicatechin 4-benzyl thioether，**1**]、(+)- 儿茶素 -4- 苄基硫醚 [(+)-catechin 4-benzyl thioether，**2**]、(+)- 儿茶素 [(+)-catechin] 等，其中 **1**、**2** 结构较新颖，含有硫醚键。

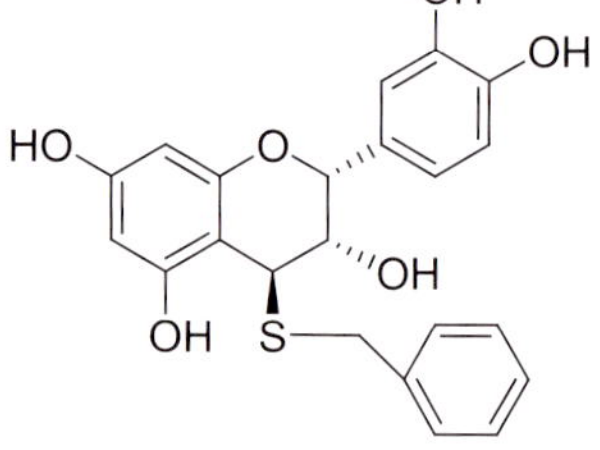

1

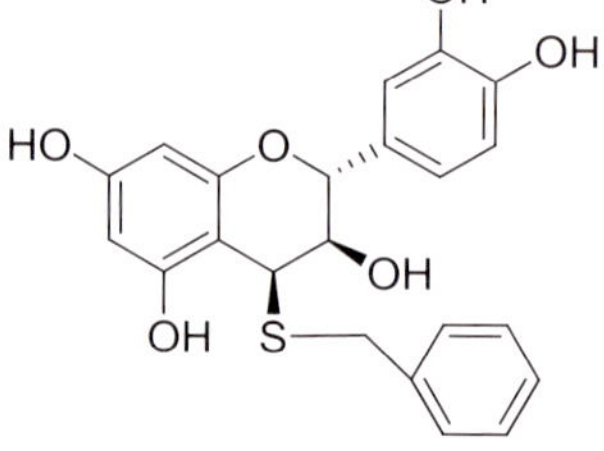

2

本属植物以假升麻为代表植物，具有抗细菌、抗氧化作用。

1. 假升麻（中国种子植物科属辞典） 棣棠升麻（东北植物检索表）

Aruncus sylvester Kostel. ex Maxim. in Trudy Imp. S-Peterburgsk Bot. Sada 6: 169. 1879.（英 **Goatsbeard**）

多年生草本，基部木质化，高达 1–3 m。茎无毛。大型羽状复叶，通常二回稀三回，总叶柄无毛；无托叶；小叶片 3–9，菱状卵形、卵状披针形或长椭圆形，长 5–13 cm，宽 2–8 cm，两面近无毛或沿叶边具疏柔毛，基部宽楔形，稀圆形，边缘有不规则的尖锐重锯齿，先端渐尖，稀尾尖。大型穗状圆锥花序，长 10–40 cm，直径 7–17 cm，被柔毛与稀疏星状毛，逐渐脱落，果期较少；花梗长约 2 mm；苞片线状披针形，微被柔毛；花直径 2–4 mm；萼筒杯状，微被毛；萼片三角形，近于无毛；花瓣白色，倒卵形，先端圆钝；雄花：具雄蕊 20，着生在萼筒边缘，有退化雌蕊；花盘盘状，边缘有 10 个圆形突起；雌花：心皮 3–4，稀 5–8，花柱顶生，有退化雄蕊。蓇葖果并立，无毛；果梗下垂；萼片宿存，开展，稀直立。花期 6 月，果期 8–9 月。

假升麻 **Aruncus sylvester** Kostel. ex Maxim.
引自《中国高等植物图鉴》

分布与生境 产于黑龙江、吉林、辽宁、河南、甘肃、陕西、湖南、江西、安徽、浙江、四川、云南、广西、西藏。生于海拔 1800–3500 m 的山沟、山坡杂木林下。也分布于俄罗斯（西伯利亚）、日本、朝鲜。

药用部位 根。

功效应用 用于跌打损伤，劳伤，筋骨痛。

化学成分 根、叶和花序含酚类：间羟基苯甲酸(*m*-hydroxybenzoic acid)，香荚兰酸(vanillic acid)，对羟基苯乙酸(*p*-hydroxyphenylacetic acid)，对羟基苯甲酸(*p*-hydroxybenzoic acid)，绿原酸(chlorogenic acid)，龙胆酸(gentisic acid)，反式-咖啡酸(*trans*-caffeic acid)，顺式-咖啡酸(*cis*-caffeic acid)，对香豆酸(*p*-coumaric acid)，反式-阿魏酸(*trans*-ferulic acid)，顺式-阿魏酸(*cis*-ferulic acid)，黄芪醛▲(astragal)，鞣花酸(ellagic acid)，高原儿茶酸(homoprotocatechuic acid)，没食子酸(gallic acid)[1]，原儿茶酸

假升麻 **Aruncus sylvester** Kostel. ex Maxim.
摄影：周繇

(protocatechuic acid)[2]；黄酮类：异槲皮苷(isoquercitrin)[1]，(-)-表儿茶素[(-)-epicatechin]，(-)-表儿茶素-4-苄基硫醚[(-)-epicatechin 4-benzylthioether]，(+)-儿茶素[(+)-catechin]，(+)-儿茶素-4-苄基硫醚[(+)-catechin 4-benzylthioether][2]。

药理作用 抗细菌作用：假升麻根 80% 乙醇提取物对金黄色葡萄球菌的最低抑菌浓度 (MIC) 为 3.125 mg/ml，对沙门氏菌的 MIC 为 6.25 mg/ml，对大肠埃希菌、枯草芽孢杆菌和链球菌的 MIC 均为 50 mg/ml。热处理、酸性环境等对抑菌作用均无明显影响 [1]。

抗氧化作用：假升麻根 80% 乙醇提取物对 DPPH 自由基清除的最低质量浓度为 0.0025 mg/ml，最高质量浓度为 0.32 mg/ml，其清除率达 85.5%，对 DPPH 自由基 50% 抑制质量浓度为 0.009 mg/ml，结果表明假升麻根具有较强的抗氧化作用 [1]。

注评 本种傈僳族药用，其根用于治伤劳损伤、筋骨疼痛。

化学成分参考文献

[1] Sokolowska-Wozniak A, et al. *Herba Pol*, 2000, 46(4): 255-260.

[2] Oszmianski J, et al. *Food Chem*, 2007, (100): 579-583.

药理作用及毒性参考文献

[1] 蔡恩博，等 . 食品科学，2010, 31(11):97-101.

4. 珍珠梅属 Sorbaria (Ser.) A. Braun

落叶灌木；冬芽卵形，具数枚互生外露的鳞片。叶为羽状复叶，互生，有托叶，小叶边缘有锯齿。花小型成顶生圆锥花序；萼筒钟状；萼片 5，反折；花瓣 5，白色，在芽中覆瓦状排列；雄蕊 20–50；心皮 5，基部合生，与萼片对生。果实为蓇葖果沿腹缝线开裂，含种子数枚。

本属约 9 种，分布于亚洲。我国约 4 种，产于东北、华北至西南各省区，其中 3 种 2 变种可药用。

分种检索表

1. 圆锥花序稀疏，具开展分枝；果实下垂，具弯曲果梗；雄蕊 20–30，长于花瓣；花柱稍侧生 ………………………………………… 3. **高丛珍珠梅 S. arborea**

1. 圆锥花序密集，具有直立分枝；果梗直立。

  2. 雄蕊 40–50，长于花瓣；花柱顶生 ………………………… 1. **珍珠梅 S. sorbifolia**

  2. 雄蕊 20，与花瓣近等长或稍短，花柱稍侧生 ………………… 2. **华北珍珠梅 S. kirilowii**

本属药用植物的化学成分研究较少，目前主要集中于对珍珠梅 (S. sorbifolia) 的化学成分研究，主要含黄酮类化合物，包括：异鼠李素 -3-*O*-*β*-D- 吡喃葡萄糖苷 (isorhamnetin-3-*O*-*β*-D-glucopyranoside)、黄芩素 (scutellarein)、芦丁 (rutin)、槲皮素 (quercetin)、珍珠梅苷 (sorbifolin)、山柰酚 -3- 呋喃阿拉伯糖苷 (kaempferol-3-arabofuranoside) 等。

药理学研究初步表明其主要活性成分为黄酮类化合物，具有抗氧化、扩张血管、调血脂等作用。此外，珍珠梅中槲皮素的含量可能影响其他黄酮类化合物的含量且具有极强的抗缺氧作用。

本属植物珍珠梅具有抗缺氧作用。

1. 珍珠梅（中国植物志） 山高粱条子、高楷子、八本条（东北），华楸珍珠梅（东北木本植物图志），东北珍珠梅（中国高等植物图鉴）

Sorbaria sorbifolia (L.) A. Braun in Aschers., Fl. Brandenburg 177. 1864.——*Spiraea sorbifolia* L.（英 **Ural Falsespiraea, Mountinash Falsespiraea**）

1a. 珍珠梅（模式变种）

Sorbaria sorbifolia (L.) A. Braun var. **sorbifolia**

落叶灌木，高 2 m；小枝微被柔毛或无毛；冬芽卵形，无毛或顶端微被毛。叶为羽状复叶，有小叶 11–17 枚，连叶柄长 13–23 cm；托叶卵状披针形或三角状披针形，外面微被短柔毛；小叶片披针形至卵状披针形，长 5–7 cm，宽 1.8–2.5 cm，两面无毛或近无毛，基部近圆形或宽楔形，稀偏斜，边缘有尖锐重锯齿，先端渐尖，稀尾尖。顶生大型密集圆锥花序，分枝近于直立；花梗长 5–8 mm，和花序轴被星状毛或短柔毛，逐渐脱落，果时减少；苞片卵状披针形或线状披针形，微被柔毛；花直径 10–12 mm；萼筒钟状，外面基部微被短柔毛；萼片三角状卵形，约与萼筒近等长；花瓣白色，长圆形或倒卵形；雄蕊 40–50，约长于花瓣 1.5–2 倍；心皮 5，无毛或稍具柔毛。蓇葖果长圆形，有顶生弯曲花柱，长约 3 mm；果梗直立；萼片宿存，反折，稀开展。花期 7–8 月，果期 9 月。

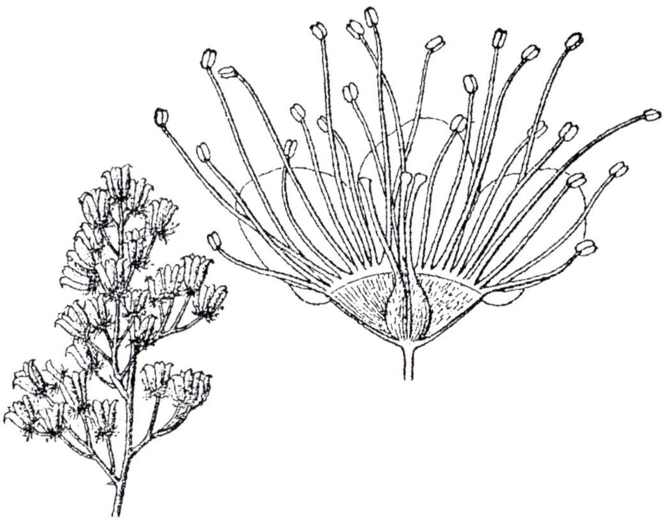

珍珠梅 **Sorbaria sorbifolia** (L.) A. Braun var. **sorbifolia**
吴樟桦 绘

分布与生境 产于黑龙江、吉林、辽宁、内蒙古。生于海拔 250–1500 m 的山坡疏林中。也分布于俄罗斯、朝鲜、日本、蒙古。

药用部位 茎皮。

功效应用 活血祛瘀，消肿止痛。用于骨折，跌打损伤。

化学成分 根含黄酮类：黄珍珠梅苷▲ (flavosorbin)[1]，珍珠梅苷(sorbifolin)[2]，紫云英苷(astragalin)，5,7-二羟基-2-甲基色酮(5,7-dihydroxyl-2-methylchromone)，槲皮素-3-葡萄糖醛酸苷(quercetin-3-glucuronide)，异鼠李素-3-*O*-*β*-D-吡喃葡萄糖苷(isorhamnetin-3-*O*-*β*-D-glucopyranoside)，黄芩素(scutellarein)，山柰酚-3-呋喃阿拉伯糖苷(kaempferol-3-arabofuranoside)[3]，5,7-二羟基-8-甲氧基黄酮(5,7-dihydroxyl-8-methoxylflavone)，5,7,3',4'-四羟基-3-甲氧基黄酮(5,7,3',4'-tetrohydroxyl-3-methoxylflavone)[4]，芦丁(rutin)，槲皮素(quercetin)[5]；酚、酚酸类：绿原酸(chlorogenic acid)，熊果苷(arbutin)[3]，原儿茶酸(protocatechuic acid)，苯甲酸(benzoic acid)，对羟基苯甲酸(*p*-hydroxybenzoic acid)[4]；其他类：三羟甲基蒽醌(trioxymethylanthraquinone)，胡萝卜苷[4]。

药理作用 抗缺氧作用：珍珠梅的浓缩水煎液 2 g/kg 腹腔注射可使结扎两侧颈总动脉小鼠耗氧量减少、生存时间延长。水煎液 3-4 g/kg 腹腔注射可使氰化物或亚硝酸钠中毒小鼠生存时间延长[1]。

毒性及不良反应 小鼠口服 LD_{50} 为 85.49 g/kg；腹腔注射的 LD_{50} 为 5.86 g/kg[1]。

注评 本种鄂伦春族、达斡尔族、鄂温克族和朝鲜族药用，鄂伦春族用其皮治骨折、跌打损伤、关节扭伤、红肿疼痛、类风湿关节炎；达斡尔族用皮治跌打损伤及软骨炎；鄂温克族用其地上部分治红肿；朝鲜族用皮、叶及果穗治类风湿关节炎，根治关节炎。

珍珠梅 **Sorbaria sorbifolia** (L.) A. Braun var. **sorbifolia**
摄影：周繇

化学成分参考文献

[1] Zaitsev VG., et al. *Khim Prir Soedin*, 1974, 10(1): 91-92.

[2] Zaitsev VG., etal. *Khim Prir Soedin*, 1969, 5(6): 504-507.

[3] Zaitsev VG., et al. *Khim Prir Soedin*, 1969, 5(6): 598.

[4] 李孝栋，等 . 中国中药杂志，2002, 27(11): 841-843.

[5] 全红梅，等 . 时珍国医国药，2006, 17(3): 318.

药理作用及毒性参考文献

[1] 李亦秀，等 . 中药通报，1982, 7(3): 34-35.

1b. 星毛珍珠梅（变种）（Flora of China） 珍珠梅星毛变种（中国植物志）

Sorbaria sorbifolia (L.) A. Braun var. **stellipila** Maxim. in Trudy Imp. S.-Peterburgsk. Bot. Sada 6(1): 223. 1879.（英 **Starshaped Hair Ural Falsespiraea**）

本变种与模式变种区别在于花梗和花序轴以及叶轴密被星状毛；叶片下面疏被星状毛。果实具疏生短柔毛。花期 7–8 月，果期 9 月。

分布与生境 产于黑龙江、吉林。生于海拔 250–300 m 的山地灌丛中。也分布于朝鲜。

药用部位 叶、花、茎皮、枝条、果穗。

功效应用 活血祛瘀，消肿止痛。用于跌打损伤，关节闪扭疼痛，骨折筋断，局部淤血，死血滞留作痛，局部肿胀，金刀创伤。

化学成分 地上部分含三萜类：葫芦素(cucurbitacin) D、F[1]；木脂素类：(+)-8-羟基松脂酚[(+)-8-hydroxypinoresinol]，(-)-橄榄脂素[(-)-olivil][2]；黄酮类：(+)-儿茶素[(+)-catechin]，(-)-表儿茶素[(-)-epicatechin]，紫云英苷(astragalin)[3]；腈苷类：萨氏金合欢素▲-5-反式-对香豆酸酯(sutherlandin-5-*trans*-*p*-coumarate)，倒地铃素-5-(4-羟基苯甲酸酯)[cardiospermin-5-(4-hydroxybenzoate)][4]。

星毛珍珠梅 **Sorbaria sorbifolia** (L.) A. Braun var. **stellipila** Maxim.
摄影：吴凤琴

化学成分参考文献

[1] Kim DK, et al. *Arch Pharm Res*, 1997, 20(1): 85-87.

[2] Kim DK, et al. *Yakhak Hoechi*, 1999, 43(3): 285-288.

[3] Kim DK, et al. *Saengyak Hakhoechi*, 1998, 29(3): 254-257.

[4] Kim DK, et al. *Chem Pharm Bull*, 2000, 48(11): 1766-1767.

2. 华北珍珠梅（中国植物志） 吉氏珍珠梅（经济植物手册），珍珠梅（中国高等植物图鉴）

Sorbaria kirilowii (Regel) Maxim. in Trudy Imp. S.-Peterburgsk. Bot. Sada 6(1): 225. 1879.

（英 **Kirilow Falsepiraea**）

落叶灌木，高约 3 m；枝条开展；小枝无毛。叶为羽状复叶，有小叶 13–21 枚，连叶柄长 21–25 cm，无毛；小叶片披针形至长圆状披针形，长 4–7 cm，宽 1.5–2 cm，两面无毛或下面叶腋间具短柔毛，侧脉 15–23 对，基部圆形至宽楔形，边缘有尖锐重锯齿，先端渐尖，稀尾尖。顶生大型密集的圆锥花序，分枝斜出或稍直立；花梗长 3–4 mm；花直径 5–7 mm；萼筒钟状，无毛；萼片长圆形；花瓣白色；雄蕊 20；心皮 5。蓇葖果长圆柱形，无毛；萼片宿存，反折，稀开展；果梗直立。花期 6 月，果期 9–10 月。

分布与生境 产于河北、河南、山东、山西、陕西、甘肃、青海、内蒙古。生于海拔 240–1300 m 的山坡阳处或杂木林中。

药用部位 茎皮、根、叶、果实。

功效应用 茎皮：活血祛瘀，消肿止痛。用于骨折，跌打损伤。根、叶、果实：清热，凉血，祛痰，消肿，止痛。

华北珍珠梅 **Sorbaria kirilowii** (Regel) Maxim.
引自《中国高等植物图鉴》

华北珍珠梅 **Sorbaria kirilowii** (Regel) Maxim.
摄影：张英涛

3. 高丛珍珠梅（华北常见观赏植物） 野生珍珠梅（经济植物手册）

Sorbaria arborea C. K. Schneid., Ill. Handh. Laubholzk. 1: 490. 1905.（英 **Tree Falsespiraea**）

3a. 高丛珍珠梅（模式变种）

Sorbaria arborea C. K. Schneid. var. **arborea**

落叶灌木，高达 6 m；枝条开展；小枝幼时微被星状毛或柔毛；冬芽卵圆形或长圆形，外被绒毛。叶为羽状复叶，有小叶 13–17 枚，连叶柄长 20–32 cm，微被短柔毛或近无毛；托叶三角状卵形，长 8–10 mm，无毛或近无毛；小叶片披针形至长圆状披针形，长 4–9 cm，宽 1–3 cm，两面无毛或下面微被星状毛，侧脉 20–25 对，下面显著，基部宽楔形或圆形，边缘有重锯齿，先端渐尖。顶生大型圆锥花序，分枝开展；花梗长 2–3 mm，和花序轴微被星状毛；苞片线状披针形至披针形，微被短柔毛；花直径 6–7 mm；萼筒浅钟状，无毛；萼片长圆形至卵形；花瓣白色，近圆形；雄蕊 20–30；心皮 5，无毛；花柱长不及雄蕊之半，在顶端稍下方向外弯曲。蓇葖果圆柱形，无毛；萼片宿存，反折；果梗弯曲下垂。花期 6–7 月，果期 9–10 月。

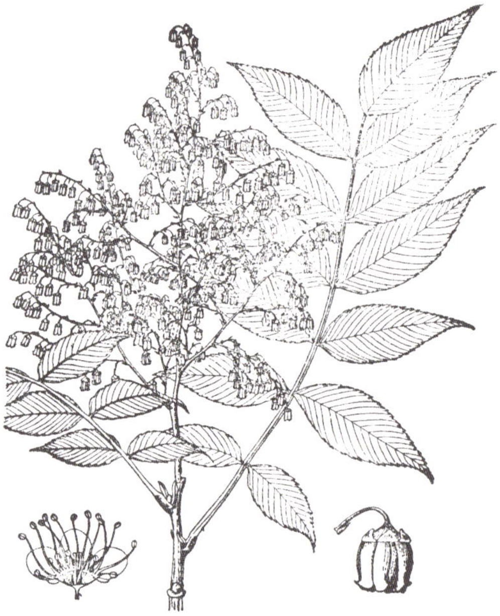

高丛珍珠梅 **Sorbaria arborea** C. K. Schneid. var. **arborea**
引自《中国高等植物图鉴》

分布与生境 产于陕西、甘肃、新疆、湖北、江西、四川、云南、贵州、西藏。生于海拔 2500–3500 m 的山坡林边、山溪沟边。

药用部位 茎皮。

功效应用 活血祛瘀，消肿止痛。用于骨折，跌打损伤。

化学成分 地上部分含腈类：鸸鹋木苷▲(heterodendrin)，2-β-D-吡喃葡萄糖氧基-4-对羟基苯甲酰氧基-3-亚甲基丁腈(2-β-D-glucopyranosyloxy-4-p-hydroxybenzoyloxy-3-methylenebutyronitrile)，倒地铃素-5-(4-羟基苯甲酸酯)[cardiospermin-5-(4-hydroxybenzoate)][1]。

高丛珍珠梅 **Sorbaria arborea** C. K. Schneid. var. **arborea**
摄影：何海

化学成分参考文献

[1] Nahrstedt A. *Zeitschrift fuer Naturforschung C: J Biosci*, 1976, 31C(7-8): 397-400.

3b. 光叶高丛珍珠梅（变种）（Flora of China） 高从珍珠梅光叶变种（中国植物志）

Sorbaria arborea C. K. Schneid. var. **glabrata** Rehder in Sarg., Pl. Wilson. 1: 48. 1911.（英 **Glabrous Tree Falsespiraea**）

本变种与模式变种区别在于叶片、叶轴、花梗和花序轴均无毛。花期 6–7 月，果期 9–10 月。

分布与生境 产于湖北、陕西、甘肃、四川、云南。生于海拔 2500–3500 m 的高山、溪边或密林中。

药用部位 茎皮。

功效应用 活血祛瘀，消肿止痛。用于骨折，跌打损伤，类风湿关节炎。

光叶高丛珍珠梅 **Sorbaria arborea** C. K. Schneid. var. **glabrata** Rehder
摄影：杨雁

5. 绣线梅属 Neillia D. Don

落叶灌木，稀亚灌木；枝条开展；冬芽卵形，有数枚互生外露的鳞片。单叶互生，常成二行排列；有叶柄；常有显著托叶；叶片边缘有重锯齿或分裂。顶生总状花序或圆锥花序；花两性；苞片早落；萼筒钟状至筒状；萼片 5，直立；花瓣 5，白色或粉红色，约与萼片等长；雄蕊 10–30，生于萼筒口部；心皮 1 (–2–5) 具 2–10 (–12) 胚珠成两列；花柱直立。蓇葖果藏于宿存萼筒内，成熟时沿腹缝线开展，内有种子数粒。种子倒卵球形，种皮有光泽，种脊突起，胚乳丰富，子叶平凸。

本属约 12 种，主要分布在我国、朝鲜、印度和印度尼西亚。我国有 10 种，其中 3 种可药用。

分种检索表

1. 圆锥花序；萼筒钟状，长宽几相等……………………………………………1. 绣线梅 **N. thyrsiflora**
1. 总状花序；萼筒筒状，长大于宽 1–1.5 倍。
  2. 小枝、叶柄及叶片两面近于无毛；叶片分裂较浅；花梗长 3–10 mm；萼筒长 10–12 mm，花瓣淡红色……………………………………………………2. 中华绣线梅 **N. sinensis**
  2. 小枝、叶柄及叶片下面密被柔毛；叶片分裂较深；花梗长 3–4 mm；萼筒长 8–9 mm；花瓣白色或淡粉色……………………………………………………3. 毛叶绣线梅 **N. ribesioides**

1. 绣线梅（中国植物志） 复序南梨（经济植物手册）

Neillia thyrsiflora D. Don, Prodr. Fl. Nepal. 288, 1825.（英 **Whiteflower Neillia**）

直立灌木，高达 2 m。叶片卵形至卵状椭圆形，近花序叶片常呈卵状披针形，长 6–8.5 cm，宽 4–6 cm，下面沿脉有稀疏柔毛或近无毛，先端长渐尖；基部圆形或近心形，边缘有尖锐重锯齿，通常基部 3 深裂，稀有不规则 3–5 浅裂，叶柄长 1–1.5 cm；托叶卵状披针形。顶生圆锥花序，花梗长约 3 mm，和花序轴均微被柔毛；花直径约 4 mm；萼筒和萼片外面均微被柔毛；花瓣白色，倒卵形；子房无毛或在缝线微被毛，内含胚珠 (8–) 10–12。蓇葖果和宿萼外面被柔毛和疏长腺毛。花期 7 月，果期 9–10 月。

分布与生境 产于云南西北部。生于海拔 1000–3000 m 的山地丛林中。也分布于印度、缅甸、尼泊尔、不丹、印度尼西亚。

药用部位 花。

功效应用 抗痨。用于肺结核。

绣线梅 **Neillia thyrsiflora** D. Don
摄影：陈彬

2. 中华绣线梅（中国植物志） 华南梨（经济植物手册）

Neillia sinensis Oliv. in Hooker's Icon. Pl. 16: t. 1540. 1886.（英 **Chinese Neillia**）

灌木，高达 2 m；小枝无毛；冬芽卵圆形，先端钝，微被短柔毛或近无毛。托叶线状披针形或卵状披针形，先端渐尖或急尖，全缘，早落；叶柄长 7–15 mm，微被毛或近于无毛；叶片卵形至卵状长椭圆形，长 5–11 cm，宽 3–6 cm，两面无毛或在下面脉腋有柔毛，先端长渐尖，基部圆形或近心形，稀宽楔形，边缘有重锯齿，常不规则分裂，稀不裂。顶生总状花序，长 4–9 cm；花梗长 3–10 mm，无毛；花直径 6–8 mm；萼筒筒状，长 1–1.2 cm，外面无毛；萼片三角形，长 3–4 mm，全缘；花瓣淡粉色，倒卵形，长约 3 mm，宽约 2 mm；雄蕊 10–15，花丝着生在萼筒边缘，排成不规则 2 轮；心皮 1–2；子房顶端有毛，内含 4–5 胚珠；花柱直立。蓇葖果长椭圆体，萼筒宿存，外被疏生长腺毛。花期 5–6 月，果期 8–9 月。

分布与生境 产于河南、陕西、甘肃、湖北、湖南、江西、广东、广西、四川、贵州、云南。生于海拔 1000–2500 m 的山坡、山谷、或沟边杂木林中。

药用部位 根。

功效应用 利水除湿，清热消肿。用于水肿，咯血。

中华绣线梅 **Neillia sinensis** Oliv.
引自《中国高等植物图鉴》

中华绣线梅 **Neillia sinensis** Oliv.
摄影：朱仁斌

3. 毛叶绣线梅（中国植物志）

Neillia ribesioides Rehder in Sarg., Pl. Wilson. 1: 435. 1913.（英 **Currant Neillia**）

灌木，高达 1–2 m；小枝微屈曲，密被短柔毛；冬芽卵圆形，顶端微尖，具 2–4 枚外露鳞片。托叶长圆形至披针形，长 5–10 mm，先端钝或急尖，全缘或具少数锯齿，微被短柔毛；叶柄长约 5 mm，密被短柔毛；叶片三角形至卵状三角形，长 4–6 cm，宽 3.5–4 cm，上面被稀疏平铺柔毛，下面密被柔毛，沿中脉和侧脉更显著，基部截形至近心形，边缘有尖锐重锯齿和 5–7 浅裂，先端渐尖。顶生总状花序，有花 10–15 朵，长 4–5 cm；苞片线状披针形，长约 6 mm，两面微被柔毛；花梗长 3–4 mm，近无毛；花直径约 6 mm；萼筒筒状，长 8–9 mm，外面无毛，基部有少数腺毛；萼片三角形，长约 2 mm，内面

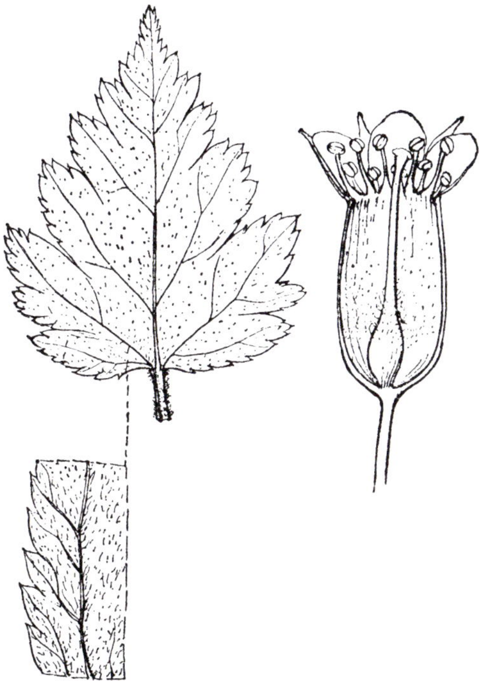

毛叶绣线梅 **Neillia ribesioides** Rehder
张荣生　绘

毛叶绣线梅 **Neillia ribesioides** Rehder
摄影：张军

被柔毛；花瓣白色或淡粉色，倒卵形，稍长于萼片；雄蕊 10–15，花丝短，着生在萼筒边缘；子房仅顶端微具柔毛，内含 4–5 胚珠。蓇葖果长椭圆形，萼片宿存，和萼筒外被疏生腺毛。花期 5 月，果期 7–9 月。

分布与生境　产于陕西、甘肃、湖北、四川、云南。生于海拔 1000–2500 m 的山地丛林中。

药用部位　根。

功效应用　利水消肿，清热止血。用于水肿，咯血。

6. 小米空木属 Stephanandra Siebold et Zucc.

落叶灌木；冬芽小型，常 2–3 芽迭生，有 2–4 枚外露鳞片。单叶，互生，边缘有锯齿和分裂；具叶柄与托叶。顶生圆锥花序稀伞房花序；花小形，两性；萼筒杯状；萼片 5；花瓣 5，约与萼片等长；雄蕊 10–20，花丝短；心皮 1，花柱顶生，有 2 倒生胚珠。蓇葖果偏斜，近球形，熟时自基部开裂，含 1–2 球形光亮种子。种子近球形，种皮坚脆，胚乳丰富，子叶圆形。

本属约 5 种，分布于亚洲东部。我国产 2 种，均可药用。

分种检索表

1. 叶片卵形至长椭圆卵形，长 5–7 cm，边缘浅裂；花梗和萼筒外面无毛……………………… 1. **华空木 S. chinensis**
1. 叶片三角状卵形或卵形，长 2–4 cm，边缘深裂；花梗和萼筒外面被柔毛……………………2. **小米空木 S. incisa**

1. 华空木（经济植物手册） 野珠兰、凤尾米筛花（浙江），中国小米空木（江苏植物名录）

Stephanandra chinensis Hance in J. Bot. 20: 210. 1882.（英 **Chinese Stephanandra**）

灌木，高达 1.5 m；小枝幼时微具柔毛。托叶线状披针形至椭圆状披针形；叶柄长 6–8 mm，近无毛；叶片卵形至长椭圆形，长 5–7 cm，宽 2–3 cm，两面无毛，基部近心形或圆形稀宽楔形，边缘有重锯齿并常浅裂，先端渐尖，稀尾尖。顶生疏松圆锥花序；花梗长 3–6 mm，和花序轴均无毛；萼筒杯状，无毛；萼片三角状卵形；花瓣白色；雄蕊 10；心皮 1，子房外被柔毛。蓇葖果近球形，直径

华空木 **Stephanandra chinensis** Hance
引自《中国高等植物图鉴》

华空木 **Stephanandra chinensis** Hance
摄影：梁同军

约 2 mm，被稀疏柔毛；具宿存直立萼片。花期 5 月，果期 7–8 月。

分布与生境 产于河南、湖北、江西、湖南、安徽、江苏、浙江、福建、广东、四川。生于海拔 1000–1500 m 的阔叶林边或灌木丛中。

药用部位 根。

功效应用 清热解毒，调经。用于咽喉肿痛，血崩，月经不调。

2. 小米空木（经济植物手册） 小野珠兰（中国高等植物图鉴），稀米菜、檬子树青阳（安徽）

Stephanandra incisa (Thunb.) Zabel in Gart.-Zeitung (Berlin) 4: 510, f. 1885.——*Spiraea incisa* Thunb.（英 **Catleaf Stephanandra**）

灌木，高 2.5 m；小枝幼时微被柔毛。托叶卵状披针形至长椭圆形；叶柄长 3–6 mm，被柔毛；叶片卵形至三角状卵形，长 2–4 cm，宽 1.5–2.5 cm，两面微被柔毛，下面沿脉较密，基部心形或截形，边缘具重锯齿，并 4–5 裂，先端渐尖或尾尖。顶生疏松的圆锥花序，花多数；花梗长 5–8 mm，和花序轴均被柔毛；萼筒浅杯状；萼片三角形至长圆形；花瓣白色，倒卵形；雄蕊 10；心皮 1，子房被柔毛。蓇葖果近球形，直径 2–3 mm，被柔毛；萼片宿存。花期 6–7 月，果期 8–9 月。

分布与生境 产于辽宁、山东、台湾。生于海拔 500–1000 m 的山坡或沟边。也分布于朝鲜和日本。

药用部位 根。

功效应用 用于咽喉痛。

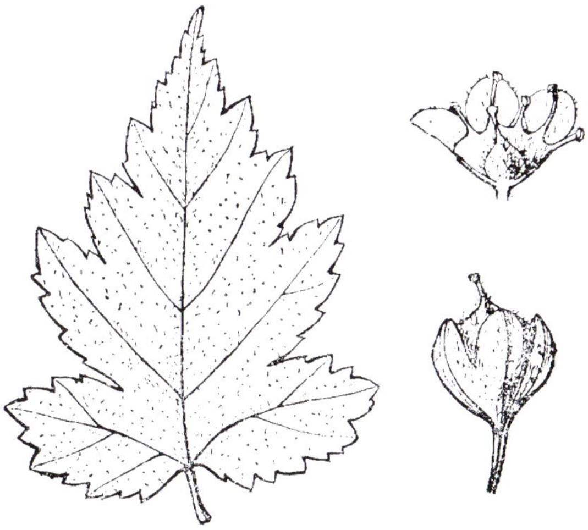

小米空木 **Stephanandra incisa** (Thunb.) Zabel
刘敬勉　绘

小米空木 **Stephanandra incisa** (Thunb.) Zabel
摄影：陈彬

7. 白鹃梅属 Exochorda Lindl.

落叶灌木；冬芽卵圆形，无毛，具有数枚覆瓦状排列鳞片。单叶，互生，全缘或有锯齿，有叶柄；不具托叶或有早落性托叶。花两性，多大型，顶生总状花序；萼筒钟状；萼片 5，短而宽；花瓣 5，白色，宽倒卵形，有爪，覆瓦状排列；雄蕊 15–30，花丝较短，着生在花盘边缘；心皮 5，合生；花柱分离；子房上位。果实为蒴果，具 5 脊，倒圆锥形，5 室，沿背腹两缝开裂，每室具种子 1–2 粒。种子扁平有翅。

本属约 4 种，产于亚洲中部至东部。我国有 3 种，其中 1 种可药用。

1. 白鹃梅（中国树木分类学） 总花白鹃梅（经济植物手册），茧子花（江苏南部种子植物手册），九活头（安徽），金瓜果（浙江）

Exochorda racemosa (Lindl.) Rehder in Sarg., Pl. Wilson. 1: 45. 1913.——*Amelanchier racemosa* Lindl.（英 **Common Pearlbush**）

灌木，高 3–5 m；小枝无毛。叶柄短，长 5–15 mm 或近于无柄；叶片椭圆形、长椭圆形至长圆倒卵形，长 3.5–6.5 cm，宽 1.5–3.5 cm，两面均无毛，基部楔形或宽楔形，全缘，稀中部以上有钝锯齿，先端圆钝或急尖稀有突尖。总状花序，有花 6–10 朵；花梗长 3–8 mm，和花序轴均无毛；花直径 2.5–3.5 cm；萼筒浅钟状，无毛；萼片宽三角形，无毛；花瓣白色，倒卵形；心皮 5；花柱离生。蒴果倒圆锥形，无毛，有 5 脊；果梗长 3–8 mm。花期 5 月，果期 6–8 月。

分布与生境　产于河南、江西、江苏、浙江。生于海拔 250–500 m 山坡阴处。

药用部位　根皮、树皮。

白鹃梅 **Exochorda racemosa** (Lindl.) Rehder
引自《中国高等植物图鉴》

白鹃梅 **Exochorda racemosa** (Lindl.) Rehder
摄影：张英涛

功效应用 强筋壮骨，活血止痛，健胃消食。用于腰膝酸痛，腰肌劳损，风湿病，消化不良。

化学成分 幼叶及花蕾含黄酮类：紫云英苷(astragalin)，烟花苷(nicotiflorin)，芦丁(rutin)，芹菜苷元-7-*O*-甲基葡萄糖醛酸苷(apigenin-7-*O*-methylglucuronide)，山柰酚-3-新橙皮糖苷(kaempferol-3-neohesperidoside)，芹菜苷元(apigenin)，木犀草素(luteolin)[1]；苯丙素类：丁香苷(syringin)，反式-4-羟基桂皮酸(*trans*-4-hydroxycinnamic acid)[1]；单萜类：芳樟醇-1-酸(linalool-1-oic acid)，白桦萜苷▲A (betulalbuside A)[1]；三萜类：熊果酸(ursolic acid)，黄麻酸▲(corosolic acid)[1]；生物碱类：萨氏金合欢素▲-5-反式-对香豆酸酯(sutherlandin-5-*trans*-*p*-coumarate)，*N*-对香豆酰基-*N*'-咖啡酰基腐胺(*N*-*p*-coumaroyl-*N*'-caffeoylputrescine)，菊三七脑苷Ⅱ(gynuramide Ⅱ)[1]；核苷类：尿苷(uridine)，腺苷(adenosine)[1]；甾体类：β-谷甾醇，胡萝卜苷[1]。

化学成分参考文献

[1] 张家佳，等. 中国中药杂志, 2011, 36(9):1198-1201.

8. 牛筋条属 Dichotomanthes Kurz

常绿灌木至小乔木；叶互生，全缘，具短柄；托叶细小，早落。花多数，着生于顶生复伞房花序；萼筒钟状；萼片 5；花瓣 5 片，白色；雄蕊 15–20；花丝长短交互排列，着生在萼筒边缘，花药 2 室；心皮 1，着生在萼筒基部；花柱侧生，柱头头状；子房上位，1 室，有 2 并生胚珠。果期心皮干燥，革质，成小核状，常具 1 种子，突出在肉质萼筒的先端。种子扁，子叶平凸，无胚乳或有微量胚乳。

本属仅有 1 种，主要产于我国西南部，可药用。

1. 牛筋条　红眼睛（四川），白牛筋（云南）

Dichotomanthes tristaniicarpa Kurz in J. Bot. 11: 195. 1873.（英 **Common Dichotomanthes**）

常绿灌木至小乔木，高 2–4 m；小枝幼时密被黄白色绒毛，老时无毛；树皮密被皮孔。叶片长圆状披针形、椭圆形至倒披针形或倒卵形，长 3–6 cm，宽 1.5–2.5 cm，先端急尖或圆钝并有凸尖，基部楔形至圆形，全缘，上面无毛或仅在中脉上有少数柔毛，下面幼时密被白色绒毛，侧脉 7–12 对；叶柄粗壮，长 4–6 mm，密被黄白色绒毛；托叶丝状，脱落。花多数，密集成顶生复伞房花序，被黄白色绒毛；苞片披针形，膜质，早落；花梗长 2–3 mm；花直径 8–9 mm；花萼外面被绒毛；花瓣白色，近圆形或宽卵形，圆钝或微凹；雄蕊 20，短于花瓣，花丝无毛；子房外被柔毛；花柱侧生，无毛，柱头头状。果期心皮干燥，革质，长圆柱状，先端稍具短柔毛，长 5–7 mm，突出于肉质红色杯状萼筒之中。花期 4–5 月，果期 8–11 月。

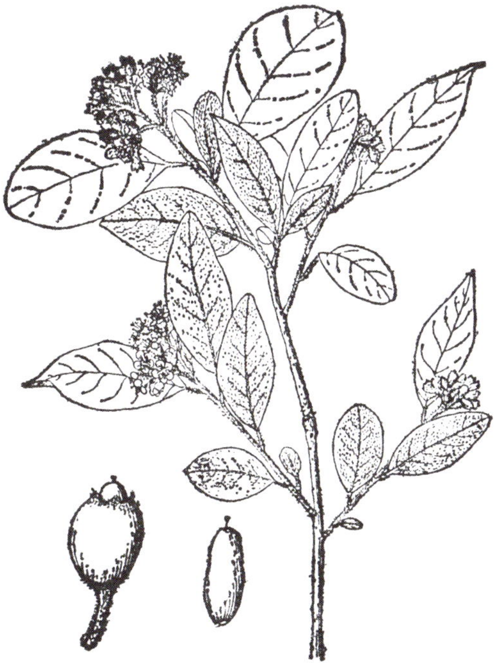

牛筋条 **Dichotomanthes tristaniicarpa** Kurz
引自《中国高等植物图鉴》

分布与生境 产于四川、云南。生于海拔 1500–2300 m 的山坡开旷地杂木林中或常绿栎林边缘。

药用部位 根皮。

功效应用 清热解毒，止咳，止血。用于感冒咳嗽，咽喉肿痛，鼻出血。

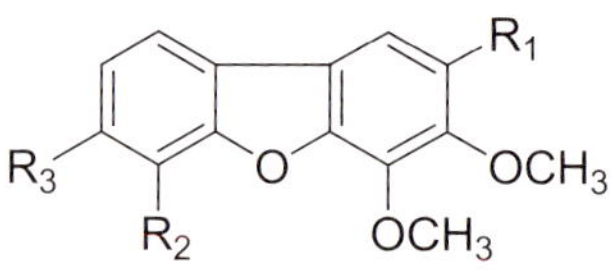

	R_1	R_2	R_3
1:	OH	OCH_3	OH
2:	OCH_3	OCH_3	OH
3:	OH	H	OH
4:	OH	H	OCH_3
5:	OH	OH	OCH_3

1. 粉叶栒子（经济植物手册）

Cotoneaster glaucophyllus Franch., Pl. Delavay. 222. 1890.（英 **Glaucosleaf Cotoneoster**）

半常绿灌木，高 2–5 m，多分枝；小枝幼时密被黄色柔毛，老时无毛。叶片卵形、椭圆形至长椭圆形，长 3–6 cm，宽 1.5–2.5 cm，先端急尖或圆钝，基部宽楔形至圆形，上面无毛，下面幼时微被短柔毛，后无毛，有白霜，侧脉 5–8 对；叶柄粗壮，长 4–6 mm，幼时黄色短柔毛，后无毛；托叶稍有柔毛，脱落。花多达 40 余朵，组成复聚伞花序，被带黄色柔毛；苞片稍有柔毛；花梗长 2–4 mm；花直径 7–8 mm；花萼外面有疏柔毛；花瓣平展，内面近基部微具柔毛，白色；雄蕊 20，几与花瓣近等长；花柱 2，离生，几与雄蕊等长或稍短；子房顶部微具柔毛。果实卵形至倒卵形，直径 6–7 mm，红黄色，常具 2 小核。花期 6–7 月，果期 9–10 月。

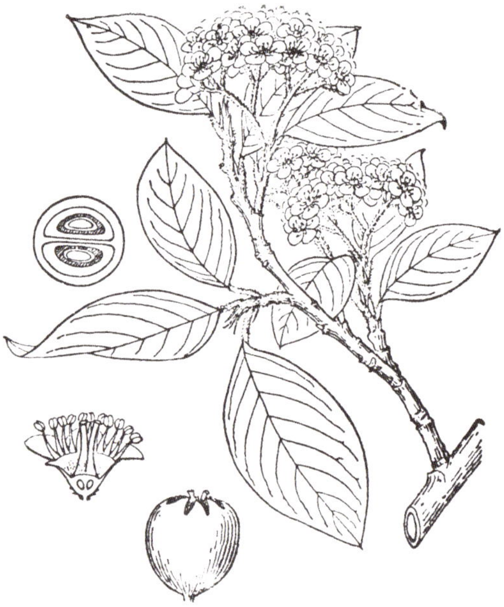

粉叶栒子 **Cotoneaster glaucophyllus** Franch.
引自《中国高等植物图鉴》

分布与生境　产于广西、贵州、四川、云南。生于海拔 1200–3000 m 的山坡杂木林下。

药用部位　根、茎。

功效应用　用于消化不良，食滞，胃脘胀满。

粉叶栒子 **Cotoneaster glaucophyllus** Franch.
摄影：黄碧光

2. 水栒子（中国树木分类学） 栒子木（东北木本植物图志），多花栒子（经济植物手册），多花灰栒子（华北经济植物志要），灰栒子、香李（河南）

Cotoneaster multiflorus Bunge, Fl. Alt. 2: 220. 1830.（英 **Manyflower Cotoneaster**）

落叶灌木，高达 4 m；枝条常呈弓形弯曲；小枝幼时具短柔毛，不久脱落。叶片卵形或宽卵形，长 2–4 cm，宽 1.5–3 cm，先端急尖或圆钝，基部宽楔形至圆形，上面无毛，下面幼时稍具柔毛，后渐脱落。叶柄长 3–8 mm，幼时有柔毛，后脱落；托叶疏生柔毛，脱落。花 5–21 朵，组成疏松聚伞花序，无毛，稀微具柔毛；花梗长 4–6 mm；苞片无毛或微具柔毛，花直径 1–1.2 cm；花萼内外两面均无毛，或仅于萼片先端边缘稍有毛；花瓣平展，内面基部有白色细柔毛，白色；雄蕊约 20，稍短于花瓣；花柱常 2，离生，短于雄蕊；子房先端有柔毛。果实近球形或倒卵形，直径 7–8 mm，红色，有一个由 2 心皮合成而成的小核。花期 5–6 月，果期 8–9 月。

分布与生境 产于黑龙江、辽宁、内蒙古、河北、山西、河南、陕西、甘肃、青海、新疆、湖北、四川、云南、西藏。生于海拔 1000–3500 m 的沟谷、山坡杂林内。也分布于亚洲中部和西部以及俄罗斯高加索和西伯利亚。

药用部位 枝叶、根、果实。

功效应用 枝叶：止血，生肌。用于烫伤，烧伤，刀伤。根：活血调经。用于妇女病。果实：祛风除湿，健胃消食，降血压，化瘀滞，退烧。用于风湿关节炎，关节积黄水，肝病，腹泻，肉食积滞，高血压，月经不调。

化学成分 种子含挥发油：主要为烷烃、萜、氧化萜和脂肪酸；萜类成分包括波旁老鹳草烯，榄香烯，长叶蒎烯，香柠檬烯等[1]。

水栒子 Cotoneaster multiflorus Bunge
引自《中国高等植物图鉴》

水栒子 Cotoneaster multiflorus Bunge
摄影：张英涛

化学成分参考文献

[1] 贾佳，等. 黑龙江医药，2010, 23(2): 167-169.

3. 灰栒子（中国树木分类学）

Cotoneaster acutifolius Turcz. in Bull. Soc. Imp. Naturalistes Moscou 5: 190. 1832.（英 **Peking Cotoneaster**）

落叶灌木，高 2–4 m；小枝幼时被长柔毛，老时脱落。叶片椭圆状卵形至长圆状卵形，长 2–4 cm，宽 1–2 cm，先端急尖，稀渐尖，基部宽楔形，全缘，幼时两面被长柔毛，老时渐脱落近无毛；叶柄长 2–5 mm，有长柔毛；托叶微具长柔毛，脱落。花 2–5 朵组成聚伞花序，有长柔毛；苞片有长柔毛；花梗长 3–5 mm；花直径 7–8 mm；花萼外面被长柔毛；花瓣直立，无毛，白色带红晕；雄蕊 10–15，比花瓣短；花柱 2，离生，短于雄蕊；子房先端密被长柔毛。果实椭圆形或倒卵形，黑色，具长柔毛，内含 2–3 小核。花期 5–6 月，果期 9–10 月。

分布与生境 产于内蒙古、河北、山西、河南、湖北、陕西、甘肃、青海、四川、云南、西藏。生于山坡、山麓、山沟或丛林中，海拔 1400–3700 m。也分布于蒙古。

药用部位 枝叶、果实。

功效应用 凉血止血。用于鼻出血，牙龈出血，月经过多，烧伤烫伤。

化学成分 接种真菌的边材含二苯并呋喃类：α-栒子呋喃▲(α-cotonefuran)，β-栒子呋喃▲(β-cotonefuran)，γ-栒子呋喃▲(γ-cotonefuran)，δ-栒子呋喃▲(δ-cotonefuran)，ε-栒子呋喃▲(ε-cotonefuran)[1]。

药理作用 降血糖作用：灰栒子提取物对 α- 淀粉酶活性的抑制率可达 80%，Lineweaver-Burk 双倒数图呈非竞争性抑制，其抑制活性不受 pH 影响且热稳定性良好 [1]。

注评 本种藏族药用，用其果治关节炎、关节积水，枝叶治各种出血和月经过多。

灰栒子 **Cotoneaster acutifolius** Turcz.
引自《中国高等植物图鉴》

灰栒子 **Cotoneaster acutifolius** Turcz.
摄影：徐克学

化学成分参考文献

[1] Kokubun T, et al. *Phytochemistry*, 1995, 38(1): 57-60.

药理作用及毒性参考文献

[1] 陈睿，等 . 食品科技，2009, 34(11): 243-145.

4. 川康栒子（经济植物手册） 四川栒子（中国高等植物图鉴）

Cotoneaster ambiguus Rehder et E. H. Wilson in Sarg., Pl. Wilson. 1: 159. 1912.（英 **Doubtful Cotoneaster**）

落叶灌木，高达 2 m；枝条弯曲，小枝细瘦，幼时被糙伏毛，不久即脱落无毛或近无毛。叶片椭圆状卵形至菱状卵形，长 2.5–6 cm，宽 1.5–3 cm，先端渐尖或急尖，基部宽楔形，全缘，上面幼时疏生柔毛，不久脱落，下面具柔毛，老时仅有疏柔毛；叶柄长 2–5 mm，有疏柔毛；托叶具疏柔毛，多数脱落。聚伞花序有花 5–10 朵，疏生柔毛；苞片稍具柔毛；早落；花梗长 4–6 mm；花萼外面无毛或稍有柔毛；花瓣直立，白色带粉红色；雄蕊 20，稍短于花瓣；花柱 2–5，离生，稍短于雄蕊；子房先端密生柔毛。果实卵形或近球形，先端微具柔毛，常具 2–3 (4–5) 小核。花期 5–6 月，果期 9–10 月。

分布与生境 产于陕西、甘肃、宁夏、湖北、贵州、四川、云南。生于山地、半阳坡及稀疏林中，海拔 1800–2900 m。

药用部位 叶、果实。

功效应用 清热解毒，消肿止痛。

化学成分 叶含黄酮类：槲皮素-3-*O*-葡萄糖苷(quercetin-3-*O*-glucoside)，槲皮素-3-*O*-鼠李糖基葡萄糖苷(quercetin-3-*O*-rhamnoglucoside)，异鼠李素-3-*O*-半乳糖苷(isorhamnetin-3-*O*-galactoside)[1]。

川康栒子 **Cotoneaster ambiguus** Rehder et E. H. Wilson
引自《中国高等植物图鉴》

川康栒子 **Cotoneaster ambiguus** Rehder et E. H. Wilson
摄影：何海

化学成分参考文献

[1] Chang CS, et al. *Biochem Syst Ecol*, 2003, 31(2): 171-179.

5. 泡叶栒子（经济植物手册）

Cotoneaster bullatus Bois in Frutic. Vilm. 119. 2. f. 1904.（英 **Hollyberry Cotoneaster**）

落叶开张灌木，高达 2 m；小枝粗壮，稍弯曲，幼时被糙伏毛。叶片长圆状卵形或椭圆状卵形，长 3.5–7 cm，宽 2–4 cm，先端渐尖，稀急尖，基部楔形或圆形，全缘，上面有明显皱纹并呈泡状隆起，无毛或微具柔毛，下面疏生柔毛，有时近无毛；叶柄长 3–6 mm，有柔毛；托叶有毛，早落。花 5–13 朵组成聚伞花序，具柔毛；花直径 7–8 mm；花萼外面幼时被柔毛，老时脱落；花瓣直立，浅红色；雄蕊 20–22，短于花瓣；花柱 4–5，离生，甚短；子房顶端有柔毛。果实球形或倒卵形，红色，具 4–5 小核。花期 5–6 月，果期 8–9 月。

泡叶栒子 **Cotoneaster bullatus** Bois
引自《中国高等植物图鉴》

泡叶栒子 **Cotoneaster bullatus** Bois
摄影：张金龙

分布与生境 产于湖北、四川、云南、西藏。生于山坡疏林内、河岸旁或山沟边，海拔 2000–3200 m。
药用部位 根、叶。
功效应用 清热解毒，止痛。
化学成分 花和果实含氰苷类：野樱苷(prunasin)，苦杏仁苷(amygdalin)[1]。

化学成分参考文献

[1] Nahrstedt A. *Phytochemistry*, 1973, 12(7): 1539-1542.

6. 宝兴栒子（中国高等植物图鉴） 木坪栒子（经济植物手册）

Cotoneaster moupinensis Franch. in Nouv. Arch. Mus. Hist. Nat., sér. 2, 8: 224. 1885.
（英 **Moupin Cotoneaster**）

落叶灌木，高达 5 m；小枝开张，稍曲折，有明显皮孔，幼时被糙伏毛，后渐脱落。叶片椭圆状卵形或菱状卵形，长 4–12 cm，宽 2–4.5 cm，先端渐尖，基部宽楔形或近圆形，全缘，上面疏生柔毛，具皱纹和泡状隆起，下面沿叶脉有短柔毛；叶柄长 2–3 mm，有短柔毛；托叶早落；花 9–25 朵组成聚伞花序，与花梗（长 2–3 mm）和苞片均被短柔毛；花直径 8–10 mm；花萼外面具短柔毛；花瓣直立，卵形或近圆形，长与宽各约 2–4 mm，粉红色；雄蕊约 20，短于花瓣；花柱 4–5，离生，比雄蕊短；子房先端具短柔毛。果实近球形或倒卵形，直径 6–8 mm，黑色，内具 4–5 小核。花期 6–7 月，果期 9–10 月。

宝兴栒子 **Cotoneaster moupinensis** Franch.
引自《中国高等植物图鉴》

分布与生境 产于陕西、甘肃、宁夏、湖北、贵州、四川、云南、西藏。生于海拔 1700–3200 m 的疏林边或松林下。
药用部位 全株。
功效应用 用于风湿关节痛。

宝兴栒子 **Cotoneaster moupinensis** Franch.
摄影：易思荣

7. 厚叶栒子（中国植物志）

Cotoneaster coriaceus Franch., Pl. Delavay. 222. 1890.（英 **Coriaceous Cotoneaster**）

常绿灌木，高 1–3 m；小枝幼时密被黄色绒毛，老时无毛。叶片厚革质，倒卵形至椭圆形，长 2–4.5 cm，宽 1.2–2.8 cm，先端圆钝或急尖，具小凸尖，基部楔形，全缘，上面无毛，下面密被黄色绒毛，侧脉 7–10 对；叶柄长 4–8 mm，幼时具黄色绒毛，老时毛渐稀少；托叶有疏绒毛至果期毛脱落，宿存。复聚伞花序具花 20 朵以上；花梗长 1–2 mm；花直径 4–5 mm；花萼外面有绒毛；花瓣平展，内面基部有疏绒毛，白色；雄蕊 20，稍短于花瓣；花柱 2，与雄蕊近等长，离生；子房先端有绒毛。果实倒卵形，红色，表面残留少数绒毛，2 小核。花期 5–6 月，果期 9–10 月。

分布与生境　产于贵州、四川、云南、西藏。生于沟边草坡或丛林中，海拔 1800–2700 m。

药用部位　根。

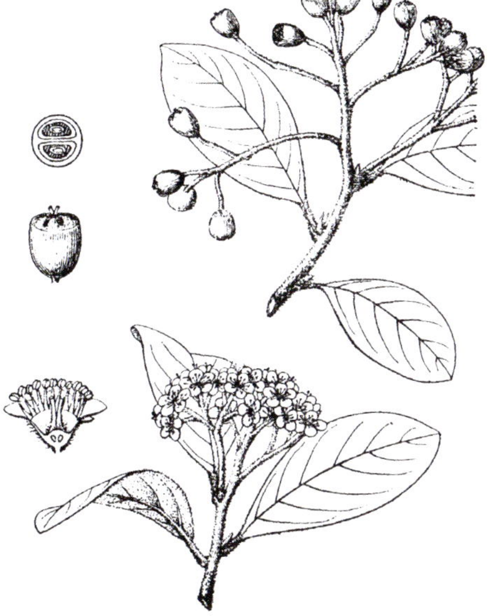

厚叶栒子 **Cotoneaster coriaceus** Franch.
引自《中国植物志》

厚叶栒子 **Cotoneaster coriaceus** Franch.
摄影：陈又生

11. 西北栒子（中国植物志） 札氏栒子（经济植物手册），杂氏灰栒子（华北经济植物志要），土兰条（河南）

Cotoneaster zabelii C. K. Schneid., Ill. Handb. Laubholzk 1: 479, f. 420 f-h, 422 i-k. 1906.（英 **NW China Cotoneaster**）

落叶灌木，高达 2 m；小枝幼时密被带黄色柔毛，老时无毛。叶片椭圆形至卵形，长 1.5–3 cm，宽 1–2 cm，先端常圆钝，稀微缺，基部圆形或宽楔形，全缘，上面有稀疏柔毛，下面密被带黄色或带灰色绒毛，老时脱落；叶柄长 2–4 mm，具绒毛；托叶具毛，在果期毛常脱落。花 3 至 10 余朵组成下垂聚伞花序，被柔毛；花梗长 2–4 mm，具柔毛；花萼外面被柔毛；花瓣直立，线红色；雄蕊 18–20，短于花瓣；花柱 2，离生，短于雄蕊；子房先端具柔毛。果实倒卵形至近球形，鲜红色，常具 2 小核。花期 5–6 月，果期 8–9 月。

西北栒子 **Cotoneaster zabelii** C. K. Schneid.
引自《中国高等植物图鉴》

分布与生境 产于内蒙古、河北、河南、山西、陕西、甘肃、宁夏、青海、江西、湖北、湖南、四川。生于海拔 800–2500 m 的石灰岩山地、山坡阴处、沟谷边及灌丛。

药用部位 枝叶、果实。

功效应用 枝叶：涩肠止泻，止血，止崩。用于治疗疔毒，出血，崩漏。果实：用于止血。

化学成分 叶含黄酮类：槲皮素-3-*O*-葡萄糖苷(quercetin-3-*O*-glucoside)，槲皮素-3-*O*-鼠李糖苷(quercetin-3-*O*-rhamnoside)，槲皮素-3-*O*-鼠李糖基葡萄糖苷(quercetin-3-*O*-rhamnoglucoside)，异鼠李素-3-*O*-半乳糖苷(isorhamnetin-3-*O*-galactoside)，木犀草素-6-*C*-葡萄糖苷(luteolin-6-*C*-glycoside)，木犀草素-7-*O*-葡萄糖苷(luteolin-7-*O*-glucoside)[1]。

化学成分参考文献

[1] Chang CS, et al. *Biochem Syst Ecol*, 2003, 31(2): 171-179.

西北栒子 **Cotoneaster zabelii** C. K. Schneid.
摄影：徐克学

12. 全缘栒子（中国植物志） 全缘栒子木（东北木本植物图志）

Cotoneaster integerrimus Medik., Gesch. Bot. 85. 1793.（英 **Common Cotoneaster**）

落叶灌木，高达 2 m，多分枝；嫩枝密被灰白色绒毛，后渐脱落。叶片宽椭圆形、宽卵形或近圆形，长 2–5 cm，宽 1.3–2.5 cm，先端急尖或圆钝，基部圆形，全缘，上面无毛或疏生柔毛，下面密被灰白色绒毛；叶柄长 2–5 mm，具绒毛；托叶微有毛，至果期多数宿存。聚伞花序有花 2–5 (–7) 朵，和花梗无毛或微具柔毛；苞片疏生柔毛；花梗长 3–6 mm；花直径 8 mm；花萼外面无毛或仅萼筒下部微具疏柔毛；花瓣直立，粉红色；雄蕊 15–20，与花瓣近等长；花柱 2，稀 3–4，离生，短于雄蕊；子房先端有柔毛。果实近球形，稀卵形，红色，无毛，常具 2 小核，稀 3–4 小核。花期 5–6 月，果期 8–9 月。

全缘栒子 **Cotoneaster integerrimus** Medik.
摄影：石硕

分布与生境 产于黑龙江、内蒙古、河北、青海、新疆。生于石砾坡地沙地或白桦林内，海拔达 2500 m。也分布于朝鲜、亚洲北部至欧洲。

药用部位 枝叶、果实。

功效应用 祛风湿，止血消炎。

13. 黑果栒子（经济植物手册） 黑果栒子木（东北木本植物图志），黑果灰栒子（华北经济植物志要）

Cotoneaster melanocarpus (Ledeb.) Lodd., G. Lodd. et W. Lodd. ex M. Roem., Fam. Nat. Syn. Monogr. 3: 223. 1847.（英 **Blackfruited Cotoneaster, Black Cotoneaster**）

落叶灌木，高 1–2 m；枝幼时具短柔毛，不久脱落无毛。叶片卵状椭圆形至宽卵形，长 2–4.5 cm，宽 1–3 cm，先端钝或微尖，有时微缺，基部圆形或宽楔形，全缘，上面幼时微具短柔毛，老时无毛，下面被白色绒毛；叶柄长 2–5 mm，有绒毛；托叶具毛，部分宿存。花 3–15 朵成聚伞花序，具柔毛，下垂；花梗长 3–7 (–9) mm；苞片有柔毛；花直径约 7 mm；花萼外面无毛；花瓣直立，粉红色；雄蕊 20，短于花瓣；花柱 2–3，离生，比花瓣短；子房先端具柔毛。果实近球形，蓝黑色，有蜡粉，内具 2–3 小核。花期 5–6 月，果期 8–9 月。

分布与生境 产于内蒙古、黑龙江、吉林、河北、甘肃、新疆。生于山坡、疏林间或灌木丛中，海拔 700–2600 m。也分布于蒙古北部、俄罗斯（西伯利亚）、亚洲西部至欧洲东部。

药用部位 枝叶、果实。

功效应用 祛风湿，止血。用于风湿痹痛，刀伤出血。

化学成分 果实含花青素类：矢车菊素-3-葡萄糖苷(cyanidin-3-glucoside)[1]。

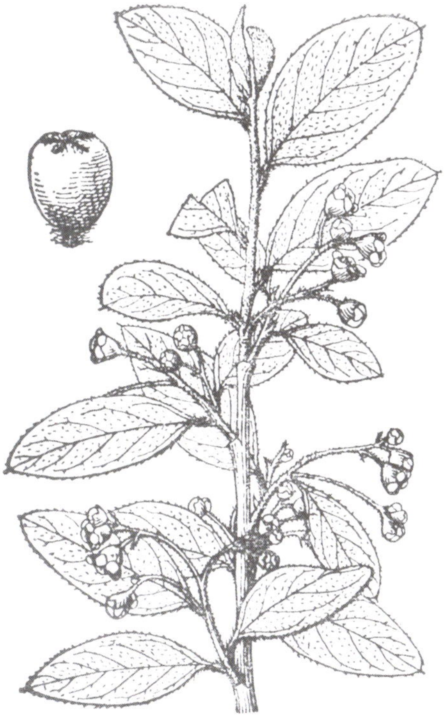

黑果栒子 **Cotoneaster melanocarpus** (Ledeb.) Lodd., G. Lodd. et W. Lodd. ex M. Roem.
引自《中国高等植物图鉴》

化学成分参考文献

[1] Demina TG. *Biol. Aktiv. Soedin. Rast. Sib. Flory*, 1974, 27-30.

黑果栒子 **Cotoneaster melanocarpus** (Ledeb.) Lodd., G. Lodd. et W. Lodd. ex M. Roem.
摄影：叶喜阳

14. 细弱栒子（中国植物志） 细弱灰栒子（华北经济植物志要）

Cotoneaster gracilis Rehder et E. H. Wilson in Sarg., Pl. Wilson. 1: 167. 1912.（英 **Slender Cotoneaster**）

落叶灌木，高 1–3 m；小枝幼时密被平铺柔毛，逐渐脱落，一年生枝无毛。叶片卵形至长圆状卵形，长 2–3.5 cm，宽 1–2 cm，先端急尖或圆钝，稀微凹，基部圆形，全缘，上面无毛或微具柔毛，下面密被白色绒毛；叶柄长 2–3 mm，具白色绒毛；托叶早落，有毛。聚伞花序具花 3–7 朵，稍被柔毛；苞片有柔毛；花梗长 3–6 mm；花直径 6–7 mm；花萼外面无毛；花瓣直立，粉红色；雄蕊 20，稍短于花瓣；花柱 2，离生，短于花瓣；子房先端具柔毛。果实倒卵形，红色，外面稍有柔毛，常具 2 小核。花期 5–6 月，果期 8–9 月。

分布与生境 产于陕西、甘肃、湖北、四川。生于海拔 1000–3000 m 的山坡或河滩地灌丛中。

药用部位 叶、果实。

功效应用 止血，接骨。

细弱栒子 **Cotoneaster gracilis** Rehder et E. H. Wilson
引自《中国高等植物图鉴》

15. 平枝栒子（经济植物手册） 平枝灰栒子（华北经济植物志要），矮红子、被告惹（贵州），栒刺木、岩楞子、山头姑娘（四川）

Cotoneaster horizontalis Decne. in Ann. Gén. Hort. 22: 168. 1877.（英 **Rock Cotoneaster**）

15a. 平枝栒子（模式变种）

Cotoneaster horizontalis Decne. var. **horizontalis**

落叶或半常绿匍匐灌木，高不超过 0.5 m，枝水平开张成整齐两列状；小枝幼时被糙伏毛，老时脱落；叶片近圆形或宽椭圆形，稀倒卵形，长 5–14 mm，宽 4–9 mm，先端急尖，基部楔形，全缘，上面无毛，下面有稀疏平贴柔毛；叶柄长 1–3 mm，被柔毛；托叶早落。花 1–2 朵，近无梗；花萼外面具稀疏短柔毛；花瓣直立，粉红色；雄蕊约 12，短于花瓣；花柱 (2) 3，离生，短于雄蕊；子房先端有柔毛。果实近球形，鲜红色，具 (2) 3 小核。花期 5–6 月，果期 9–10 月。

分布与生境 产于陕西、甘肃、湖北、湖南、贵州、四川、云南。生于灌木丛中或岩石坡地，海拔 2000–3500 m。也分布于尼泊尔。

药用部位 根、枝叶、全株。

功效应用 清热化湿，止血止痛，止咳止带。用于咳嗽泻泄，腹痛，吐血，痛经，带下病。

化学成分 叶含黄酮类：槲皮素-3-*O*-葡萄糖苷(quercetin-3-*O*-glucoside)，槲皮素-3-*O*-鼠李糖基葡萄糖苷(quercetin-3-*O*-rhamnoglucoside)[1]。

平枝栒子 Cotoneaster horizontalis Decne. var. horizontalis
引自《中国高等植物图鉴》

平枝栒子 Cotoneaster horizontalis Decne. var. horizontalis
摄影：徐克学

化学成分参考文献

[1] Chang CS, et al. *Biochem Syst Ecol*, 2003, 31(2): 171-179.

15b. 小叶平枝栒子（变种）

Cotoneaster horizontalis Decne. var. **perpusillus** C. K. Schneid., Ill. Handb. Laubholzk. 1: 745. 1906.

与模式变种的区别在于枝干平铺，叶形较小，长 6–8 mm，果实椭圆形，长 5–6 mm。

分布与生境　产于陕西、贵州、四川。生于岩石坡地，海拔 1500–2400 m。

药用部位　根。

功效应用　清热除湿，止血。用于泻泄，痢疾，腹痛，吐血。

小叶平枝栒子 **Cotoneaster horizontalis** Decne. var. **perpusillus** C. K. Schneid.
摄影：朱鑫鑫

16. 小叶栒子（经济植物手册） 铺地蜈蚣（亨利氏中国植物名录），地锅耙（云南禄劝）

Cotoneaster microphyllus Wall. ex Lindl. in Bot. Reg. 13: t. 1114. 1827.（英 **Rockspray Cotoneaster**）

常绿矮生灌木，高达 1 m；枝幼时具黄色柔毛，逐渐脱落。叶片厚革质，倒卵形至长圆状倒卵形，长 4–10 mm，宽 3.5–7 mm，圆钝，稀微凹或急尖，基部宽楔形，上面无毛或具稀疏柔毛，下面被带灰白色短柔毛，叶边反卷；叶柄长 1–2 mm，有短柔毛；托叶早落。花常单生，稀 2–3 朵，直径约 1 cm；花梗甚短；花萼外面疏生短柔毛；花瓣平展，白色；雄蕊 15–20，短于花瓣；花柱 2，离生，稍短于雄蕊；子房先端有短柔毛。果实球形，红色，常具 2 小核。花期 5–6 月，果期 8–9 月。

分布与生境　产于四川、云南、西藏。生于海拔 2500–4100 m 的多石山坡、灌木丛中。也分布于印度、缅甸、不丹、尼泊尔。

药用部位　叶、根、果实。

功效应用　叶、根：止血，生肌。用于刀伤出血，风湿症，跌打损伤。果实：祛风除湿，健胃消食，降血压，化脾滞。用于风湿关节痛，关节积黄水，肝病，腹泻，肉食积滞，高血压，月经不调。

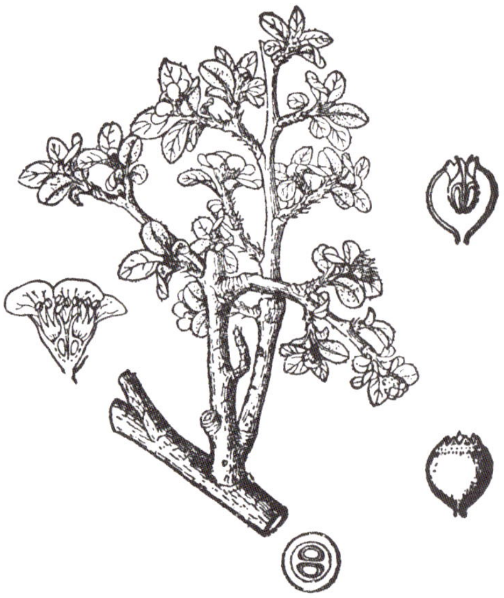

小叶栒子 **Cotoneaster microphyllus** Wall. ex Lindl.
引自《中国高等植物图鉴》

小叶栒子 **Cotoneaster microphyllus** Wall. ex Lindl.
摄影：徐克学

化学成分 果实含三萜类：白桦脂酸(betulinic acid)，熊果酸(ursolic acid)[1]；其他类：1:4:3:6-二脱水-D-甘露醇(1:4:3:6-dianhydro-D-mannitol)[1]。

地上部分含三萜类：栒子齐墩果酸▲(cotoneastoleanolic acid)，栒子熊果酸▲(cotoneastursolic acid)[2]；其他类：3-甲基三十烷(3-methyltriacontane)，5α-豆甾-7(8)-烯-3β-醇[5α-stigmast-7(8)-ene-3β-ol][2]。

化学成分参考文献

[1] Bisht G. *Asian J Chem*, 1995, 7(2): 455-456.

[2] Sharma SK, et al. *J Saudi Chem Soc*, 1998, 2(1): 61-66.

10. 火棘属 Pyracantha M. Roem.

常绿灌木或小乔木，常具枝刺；芽细小，被短柔毛。单叶互生，具短柄；托叶细小，早落；叶片边缘有圆钝锯齿、细锯齿或全缘。花白色，多数呈复伞房花序；萼筒短；萼片 5；花瓣 5，近圆形，开展；雄蕊 15–20，花药黄色；心皮 5，在腹面离生，在背面约 1/2 与萼筒相连，每心皮具 2 胚珠；子房半下位。果实为梨果，小，球形，顶端萼片宿存，内含小核 5 粒。

本属约 10 种，产于亚洲东部至欧洲南部。我国有 7 种，其中 2 种可药用。

分种检索表

1. 叶片倒卵形或倒卵状长圆形，中部以上最宽，长 1.5–6 cm，宽 0.2–2 cm，边缘有钝锯齿 ………………………………………… 1. **火棘 P. fortuneana**

1. 叶片椭圆形或长圆形，稀长圆倒卵形，长 1.5–4 cm，宽 1–1.6 cm，边全缘，有时有不明显细锯齿 ………………………………………… 2. **全缘火棘 P. atalantioides**

本属药用植物在我国民间以其果实、根及叶入药，用于清热解毒、消积止痢等。1990 年首次从本属药用植物火棘 (P. fortuneana) 叶中分得 4 种黄酮类化合物：芒苷 (miscanthoside)、芦丁 (rutin)、槲皮素 (quercetin) 和异槲皮苷 (isoquercitrin)。近年来研究表明火棘果实具有清除氧自由基、降血脂、增强免疫力和促进消化等作用，其化学成分主要为以下几类：多元酚及鞣质、黄酮、氰苷、三萜、脂肪酸、多糖等类化合物。

间苯三酚苷类化合物是火棘的特征性成分，主要有火棘苷▲(pyrafortunoside) A (**1**)、B (**2**)、C (**3**)、莽吉柿酮▲D (garcimangosone D)、2,4,6- 三羟基苯乙酮 -6-*O*-β-D- 吡喃葡萄糖苷 (2,4,6-trihydroxy-acetophenone-6-*O*-β-D-glucopyranoside)、2,4,6- 三羟基苯乙酮 -4-*O*-β-D- 吡喃葡萄糖苷 (2,4,6-trihydroxyacetophenone-4-*O*-β-D-glucopyranoside)。

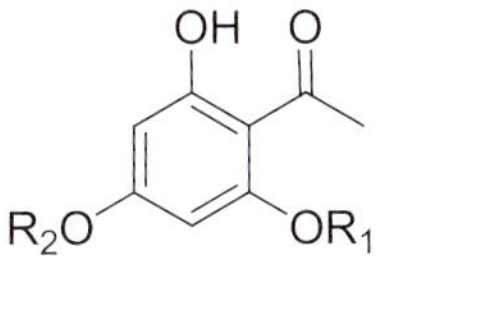

1: R_1=Glc-rha R_2=H
2: R_1=Glc R_2=H
3: R_1=H R_2=Glc

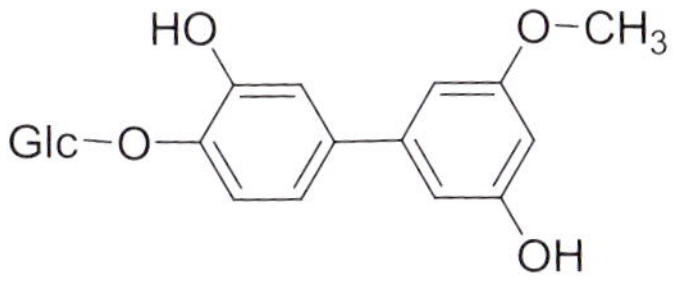

4

牛鼻栓苷 A (**4**)、B (**5**)、C (**6**)、D (**7**)、E (**8**) 属于联苯苷类化合物，牛鼻栓苷 G (**9**)、H (**10**)、J (**11**)、K (**12**) 则为具有呋喃环的联苯苷类化合物，也是火棘的特征性成分。

[9] 唐克华，等 . 湖南农业大学学报 (自然科学版), 2005, 31(4): 367-369.

药理作用及毒性参考文献

[1] Yuan C, et al. *Immunol Lett*, 2010, 133(1): 14-18.
[2] 梅兴国，等 . 中药材，2001, 24 (12): 874-876.
[3] 侯建军，等 . 湖北农业科学，2003, 4: 84-86.
[4] 韦忠恒，等 . 中国临床康复，2006, 10 (23): 99-101.
[5] 薛慧，等 . 湖北民族学院学报 (医学版), 2001, 18(3): 7-8.
[6] 薛慧，等 . 湖北民族学院学报 (医学版), 2001, 18(4): 8-9.
[7] 侯建军，等 . 中国公共卫生，2003, 1 (8): 944-945.

2. 全缘火棘（经济植物手册） 救军粮（贵州），木瓜刺（四川）

Pyracantha atalantioides (Hance) Stapf in Bot. Mag. 151: t. 9099, f. 1-4. 1926.——*Sportella atalantioides* Hance（英 **Entire Firethorn**）

常绿灌木或小乔木，高达 6 m；通常有枝刺，稀无刺。叶柄长 2–5 mm，无毛或有时有毛；叶片椭圆形、长圆形，稀长圆倒卵形，长 1.5–4 cm，宽 1–1.6 cm，幼时有黄褐色柔毛，老时两面无毛，下面微带白霜，基部宽楔形或圆形，边缘通常全缘或有时具不明显细锯齿，先端微尖或圆钝，有时具刺尖头。花呈复伞房花序；花梗长 5–10 mm，被黄褐色柔毛；花直径 7–9 mm；萼筒钟状和萼片外面被柔毛；萼片宽卵形，浅裂。花瓣白色，卵形；花柱 5，子房上部密被白色绒毛。梨果扁球形，直径 4–6 mm，亮红色。花期 4–5 月，果期 9–11 月。

分布与生境　产于陕西、湖北、湖南、四川、贵州、广东、广西。生于海拔 500–1700 m 的山坡或谷地灌丛中。

药用部位　果实、叶、根。

功效应用　清热解毒，凉血活血，消肿止痛，止血止泻，排脓。用于腹泻，各种出血，骨髓炎。

注评　本种瑶族药用，其叶、根用于治骨髓炎；土家族用根治消化不良、崩漏、白带，叶捣烂外敷治头疮、外伤出血，果实治痢疾，白带。

全缘火棘 **Pyracantha atalantioides** (Hance) Stapf
引自《中国高等植物图鉴》

全缘火棘 **Pyracantha atalantioides** (Hance) Stapf
摄影：徐克学

11. 山楂属 Crataegus L.

落叶稀半常绿灌木或小乔木，通常有刺；冬芽卵圆形或近圆形。单叶互生，有叶柄和托叶；叶片有锯齿，深裂或浅裂，稀不裂。伞房花序或伞形花序，极少单生；萼筒钟状；萼片5；花瓣5，白色，极少数粉红色；雄蕊5–25；心皮1–5，合生，仅先端离生；子房下位至半下位，每室具2胚珠，其中1个常不发育。果实为梨果，先端有宿存萼片；心皮熟时为骨质，成小核果状，各具1种子。种子直立，扁；子叶平凸。

本属至少1000余种，分布于北温带，特别以北美洲最集中。我国有18种，其中13种2变种可药用。

分种检索表

1. 枝上常无刺；叶片卵状披针形或卵状椭圆形，通常仅具齿，不分裂或有时在不孕枝上有少数叶具3–5浅裂片；花梗及花序轴无毛……………………………………1. **云南山楂 C. scabrifolia**

1. 枝上有刺；叶片常分裂。

  2. 叶片羽状深裂，通常两侧各有3–5羽状深裂片，裂片卵状披针形或带形，基部截形或宽楔形；果实球形，红色；小核3–5……………………………………13. **山楂 C. pinnatifida**

  2. 叶片浅裂，侧脉伸至裂片先端，裂片分裂处无侧脉。

    3. 果实黑色；花序无毛或幼时微具毛；叶片菱状卵形至宽卵形；小核2–3，两侧平滑……………………………………12. **准噶尔山楂 C. songarica**

    3. 果实红色，稀黄色；花序有毛或无毛。

      4. 花梗和花序轴被柔毛或绒毛。

        5. 叶片宽倒卵形至倒卵状长圆形，基部楔形，中部以上缺刻状或3–7浅裂，下面具稀疏柔毛；果实近球形或扁球形，红色或黄色；小核4–5，内面两侧平滑……………2. **野山楂 C. cuneata**

        5. 叶片不为宽倒卵形至倒卵状长圆形，基部宽楔形至近圆形，叶边有3–7对裂片；小核内面两侧有凹痕。

          6. 叶片上面近无毛，下面具稀疏柔毛。

            7. 果实椭圆形，直径6–7 mm，外面无毛；小核1–3……………3. **华中山楂 C. wilsonii**

            7. 果实近球形，直径约6 mm，外面被稀疏柔毛；小核2–3……………4. **滇西山楂 C. oresbia**

          6. 叶片上下两面密被柔毛。

            8. 叶片基部楔形；果实球形，红色；小核3–5……………5. **毛叶山楂 C. maximowiczii**

            8. 叶片基部圆形、截形或宽楔形；果实近球形，橘红色；小核2–3……6. **桔红山楂 C. aurantia**

      4. 花梗和花序轴均无毛。

        9. 叶片基部楔形，两面微有短柔毛；果实血红色，直径约1 cm，小核3，稀5……………………………………7. **辽宁山楂 C. sanguinea**

        9. 叶片基部截形或宽楔形或近圆形，两面无毛，或上面近无毛，下面被稀疏柔毛。

          10. 子房顶端无毛；叶片菱状卵形或椭圆卵形，有3–5对浅裂片，先端渐尖，果实近球形，橘红色；小核2–4……………………………………8. **光叶山楂 C. dahurica**

          10. 子房顶端具毛。

            11. 叶片卵形至卵状长圆形，边缘有圆钝锯齿，上半部具2–4对浅裂片；果实红色，有斑点；小核5……………………………………9. **湖北山楂 C. hupehensis**

            11. 叶片宽卵形，边缘有尖锐单或重锯齿。

              12. 叶片宽卵形，有5–7对浅裂片，边缘有较密的重锯齿；果实红色，小核2–3……………………………………10. **甘肃山楂 C. kansuensis**

花柱 2–3，稀 4，基部被柔毛。果实近球形，直径约 1 cm，干时橘红色。花期 5–6 月，果期 8–9 月。

分布与生境 产于山西、陕西、甘肃、河北。生于海拔 1000–1800 m 的山坡杂木林中。

药用部位 果实

功效应用 消食健胃，行气散瘀。用于肉食积带，脘腹痞满，血瘀产后腹痛，恶露不尽。

7. 辽宁山楂（中国树木分类学）

Crataegus sanguinea Pall., Fl. Ross. 1(1): 25. 1784.——*Mespilus sanguinea* Spach, *C. sanguinea* Pall. var. *genuina* Maxim.（英 **Redhaw Hawthorn**）

落叶灌木，稀小乔木，高达 2–4 m；刺短粗，锥形，亦常无刺；小枝幼时散生柔毛，不久即脱落。托叶草质，镰刀形或不规则心形，边缘有粗齿，无毛；叶柄长 1–1.5 cm，近无毛；叶片宽卵形或菱状卵形，长 5–6 cm，宽 1.5–4 cm，两面散生短柔毛，上面毛较密，下面多沿脉被柔毛，基部楔形，边缘具重锯齿，并常 3–5 浅裂，裂片宽卵形，先端急尖。伞房花序，多花，密集，花序轴和花梗均无毛或近无毛；花梗长 5–6 mm；苞片膜质，线形，边缘有腺齿，无毛；花直径约 8 mm；萼筒钟状；萼片三角状卵形，长约 4 mm，全缘，稀有 1–2 对锯齿，外面无毛；花瓣白色，长圆形；雄蕊 20，约与花瓣等长，花药红色或紫色；花柱 3 (–5)，柱头半球形，子房顶端被柔毛。果实血红色，近球形，直径约 1 cm；萼片宿存，反折；小核 3，稀 5，两侧有凹痕。花期 5–6 月，果期 7–8 月。

分布与生境 产于黑龙江、吉林、辽宁、河北、内蒙古、新疆。生于海拔 900–2100 m 的山坡或河旁杂木林中。也分布于俄罗斯（西伯利亚）、蒙古北部。

药用部位 果实

功效应用 健胃消食，行气散瘀，止痢止泻，降压。用于肉食积滞，胃肠胀满，小儿疳积，痢疾，肠炎，淤血经闭，产后瘀阻，心腹刺痛，疝气疼痛，高血压症。

化学成分 果实含黄酮类：芦丁(rutin)，槲皮素(quercetin)[1]，乙酰牡荆素(acetylvitexin)[2]，牡荆素(vitexin)，金丝桃苷(hyperin; hyperoside)[3]；有机酸类：琥珀酸(succinic acid)[1]，酒石酸(tartaric acid)，

辽宁山楂 **Crataegus sanguinea** Pall.
引自《内蒙古植物志》

辽宁山楂 **Crataegus sanguinea** Pall.
摄影：徐克学

dl-苹果酸(*dl*-malic acid)[3]；三萜类：熊果酸(ursolic acid)[1]；甾体类：β-谷甾醇，胡萝卜苷[1]。

化学成分参考文献

[1] 张培成，等. 沈阳化工学院学报，1999, 13(2): 87-89.
[2] Kashnikova MV, et al. *Khim Prir Soedin*, 1984, 1: 106.
[3] 高光跃，等. 药学学报，1995, 30(2): 138-143.

8. 光叶山楂（东北木本植物图志）

Crataegus dahurica Koehne ex C. K. Schneid., Ill. Handb. Laubholzk 1: 773, f. 437n-o, 438g-i. 1906.（英 **Dahurian Hawthorn**）

落叶灌木或小乔木，高达 2–6 m；刺细长，长 1–2.5 cm，有时无刺；小枝无毛。托叶草质，披针形或卵状披针形，边缘有锯齿，齿尖有腺，两面无毛；叶柄长 7–10 mm，无毛；叶片菱状卵形，稀椭圆卵形或倒卵形，两面无毛，基部楔形至宽楔形，边缘有细锐重锯齿，基部锯齿少或近全缘，上半部或 2/3 部分有 3–5 对浅裂，先端短渐尖或急尖。复伞房花序；多花，花序轴和花梗均无毛；花梗长 8–10 mm；花直径约 1 cm；萼筒钟状，外面无毛；萼片线状披针形，两面无毛；花瓣白色，近圆形或倒卵形；花柱 2–4，基部无毛。果实近球形，红色或橘红色；萼片宿存，反折。花期 5 月，果期 8 月。

光叶山楂 **Crataegus dahurica** Koehne ex C. K. Schneid.
摄影：陈彬

分布与生境　产于黑龙江、内蒙古。生于海拔 500–1000 m 的河岸林间草地或沙丘坡上。也分布于俄罗斯（西伯利亚）和蒙古北部。

药用部位　果实、叶。

功效应用　健胃消食，化积，散瘀。

化学成分　果实含三萜类：熊果酸(ursolic acid)[1]；其他类：β-胡萝卜素(β-carotene)，α-生育酚(α-tocopherol)，柠檬酸(citric acid)，花青素苷(anthocyanin)，多酚(polyphenol)[2]。

化学成分参考文献

[1] 高晓旭，等. 北华大学学报（自然科学版）, 2007, 8(6): 543-547.
[2] Shi L, et al. *Engeigaku Kenkyu*, 2004, 3(4): 333-338.

9. 湖北山楂（经济植物手册）　猴楂子（湖北），酸枣、大山枣（江西）

Crataegus hupehensis Sarg., Pl. Wilson. 1: 178. 1912.（英 **Hupeh Hawthorn**）

乔木或灌木，高达 3–5 m；刺少，长约 1.5 cm，也常无刺；小枝无毛。托叶草质，披针形或镰刀形，边缘具腺齿，早落；叶柄长 3.5–5 cm，无毛；叶片卵形至卵状长圆形，长 4–9 cm，宽 4–7 cm，两面无毛或仅下面脉腋有髯毛，基部宽楔形或近圆形，边缘有圆钝锯齿，上半部具 2–4 对浅裂片，裂片卵形，先端短渐尖。伞房花序，具多花，花序轴和花梗均无毛；花梗长 4–5 mm；苞片膜质，线状披针形，边缘有齿，早落；花直径 1–1.5 cm；萼筒钟状，外面无毛；萼片三角状卵形，长 3–4 mm，全缘，先端尾状渐尖，稍短于萼筒，两面皆无毛；花瓣白色，卵形，长约 8 mm，宽约 6 mm；雄蕊 20；花药紫色；花柱 5，基部被白色绒毛；柱头头状。果实近球形，深红色，直径 3.5 cm，有斑点，萼片

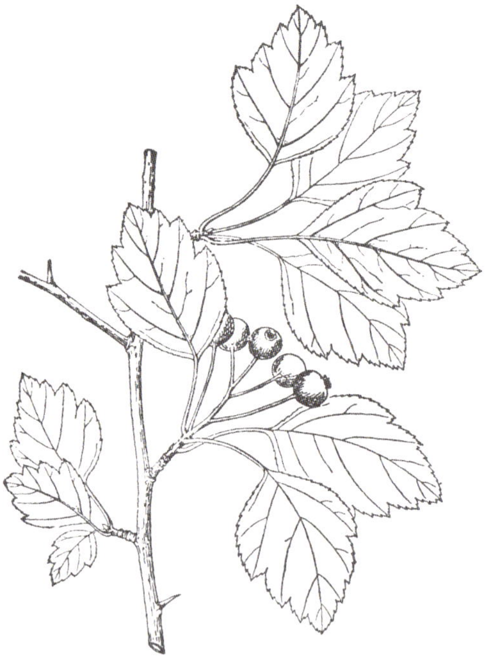

湖北山楂 **Crataegus hupehensis** Sarg.
引自《中国高等植物图鉴》

湖北山楂 **Crataegus hupehensis** Sarg.
摄影：熊豫宁

宿存，反折；小核 5，两侧平滑。花期 5–6 月，果期 8–9 月。

分布与生境 产于湖北、湖南、江西、江苏、浙江、四川、陕西、山西、河南。生于海拔 500–3000 m 的山坡灌木丛中。

药用部位 果实。

功效应用 破气散瘀，消食积，化痰，驱绦虫。用于痢疾，产后瘀痛，绦虫病，高血压症，肉食积滞，肝脾肿大，血脂偏高。

化学成分 果实含黄酮类：牡荆素(vitexin)，芦丁(rutin)，金丝桃苷(hyperin; hyperoside)[1]；有机酸类：酒石酸(tartaric acid)，柠檬酸(citric acid)[1]；三萜类：熊果酸(ursolic acid)[2]。

注评 本种为四川中药材标准（1987）收载“山楂”和四川中药材标准（1984）收载“云阳山楂”的基源植物，药用其干燥成熟果实。“山楂”的商品情况参见山楂 Crataegus pinnatifida Bunge。土家族也药用，用果实治食积、肚腹胀满、食欲缺乏。

化学成分参考文献

[1] 高光跃，等 . 药学学报，1995, 30(2): 138-143.
[2] 赵恒，等 . 药物分析杂志，1995, 19(1): 30-33.

10. 甘肃山楂（中国植物志） 面旦子（陕西）

Crataegus kansuensis E. H. Wilson in J. Arnold Arbor. 9: 58. 1928.（英 **Kansu Hawthorn**）

灌木或乔木，高 2.5–8 m；枝刺多，刺锥形，长 7–15 mm；小枝无毛。托叶膜质，卵状披针形，边有腺齿；叶柄长 1.8–2.5 cm，无毛；叶片宽卵形，长 4–6 cm，宽 3–4 cm，上面有稀疏柔毛，下面脉腋有髯毛，老时减少，基部截形或宽楔形，边缘有尖锐重锯齿和 5–7 对不规则羽状浅裂片，先端急尖。伞房花序，具 8–18 朵，花序轴和花梗均无毛；花梗长 5–6 mm；花直径 8–10 mm；萼筒钟状，外面无毛；萼片无毛；花瓣白色，近圆形；花柱 2–3，子房顶端被绒毛。果实近球形，红色或橘红色，直径 8–10 mm，萼片宿存。花期 5 月，果期 7–9 月。

分布与生境 产于甘肃、山西、河北、陕西、贵州、四川。生于海拔 1000–3000 m 的杂木林中、山坡

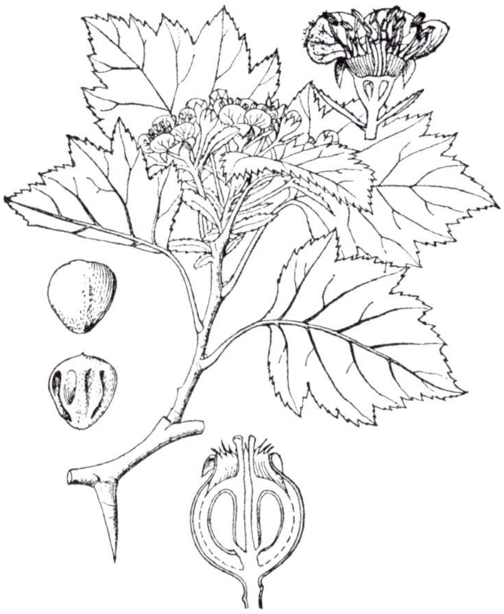

甘肃山楂 **Crataegus kansuensis** E. H. Wilson
王利生　绘

甘肃山楂 **Crataegus kansuensis** E. H. Wilson
摄影：刘冰

阴处及山沟边。

药用部位　果实。

功效应用　消食化滞，健胃，散瘀止血。用于消化不良，肉食积滞，小儿乳积，腹胀泄泻，产后淤血，腹痛，痢疾，痛经，疝气，高脂血症。

化学成分　果实含黄酮类：牡荆素(vitexin)，芦丁(rutin)，金丝桃苷(hyperin; hyperoside)[1]；有机酸类：酒石酸(tartaric acid)，柠檬酸(citric acid)[1]。

注评　本种藏族药用，用其果实治食积、消化不良、痛经、产后瘀阻腹痛。

化学成分参考文献

[1] 高光跃，等 . 药学学报，1995, 30(2): 138-143.

11. 阿尔泰山楂（中国植物志）

Crataegus altaica (Loudon) Lange, Rev. Sp. Gen. Crataeg. 42. 1897. excl. var. villosa C. K. Schneid.——*C. purpurea* J. A. Bosc ex DC. var. *altaica* Loudon（英 **Altai Mountain Howthorn**）

中型乔木，高 3–5 m；通常无刺，稀有少量粗壮枝刺；小枝无毛。托叶大，草质，镰刀形或心形，边有腺齿；叶柄长 2.5–4 cm，无毛；叶片宽卵形或三角状卵形，长 5–9 cm，宽 4–7 cm，上面具稀疏短柔毛，下面脉腋有髯毛，基部截形、宽楔形稀近心形，边缘有不规则尖锐疏锯齿，并每边 2–4 分裂，通常基部分裂较深，先端急尖。复伞房花序，多花密集，花序轴和花梗均无毛；花梗长 5–7 mm；花直径 1.2–1.5 cm；萼筒钟状，外面无毛；萼片三角形，两面无毛；花瓣白色，近圆形；花柱 4–5，子房上部有稀疏柔毛。果实金黄色，球形，直径 8–10 mm；萼片宿存，反折；小核 4–5。花期 5–6 月，果期 8–9 月。

分布与生境　产于新疆中部和北部。生于海拔 450–1900 m 的山坡、林下或沟边。也分布于俄罗斯伏尔加河下游，西伯利亚等地。

药用部位　果实。

功效应用　健胃消食，止痢止泻，降血压。

化学成分　幼苗含胡萝卜素(carotene)，抗坏血酸(ascorbic acid)，芦丁(rutin)[1]。

阿尔泰山楂 **Crataegus altaica** (Loudon) Lange
引自《中国高等植物图鉴》

阿尔泰山楂 **Crataegus altaica** (Loudon) Lange
摄影：秦桉

化学成分参考文献

[1] Molyaka AN, et al. *Vikoristannya Zbagachennya Rosl Resur Ukr*, 1977, 91-96.

12. 准噶尔山楂（中国植物志）

Crataegus songarica K. Koch, Verh. Vereins. Beförd. Gartenbaues Königl. Preuss. Staaten 1(2): 287. 1853.（英 **Xinjiang Hawthorn**）

小乔木或灌木，高达 4–5 m，有刺或无刺；小枝幼时散生柔毛，不久脱落。托叶镰刀形或披针形；叶柄长 2–2.5 cm，无毛或微有柔毛；叶片菱状卵形至宽卵形，长 3.5–6.5 cm，宽 2.5–5.5 cm，两面幼时有柔毛，老时减少近于无毛，基部楔形，稀宽楔形，边缘具疏齿并常 2–3 深裂，先端急尖。伞房花序多花；花序轴和花梗均无毛或幼时微具柔毛；花梗长 5–15 mm；萼筒钟状，外面无毛或幼时微被柔毛；萼片三角状卵形或宽披针形，比萼筒短，全缘；花柱 2–3，子房顶端有柔毛。果实深红色、黑色，有少数浅色斑点，球形，稀椭圆形，直径 12–16 mm；萼片宿存，反折。花期 5 月，果期 7 月。

分布与生境 产于新疆（伊犁、霍城）。生于海拔 500–2000 m 的河谷或峡谷灌丛中。也分布于俄罗斯、伊朗、阿富汗等地。

药用部位 果实。

功效应用 健胃消食，止痢止泻，降血压。

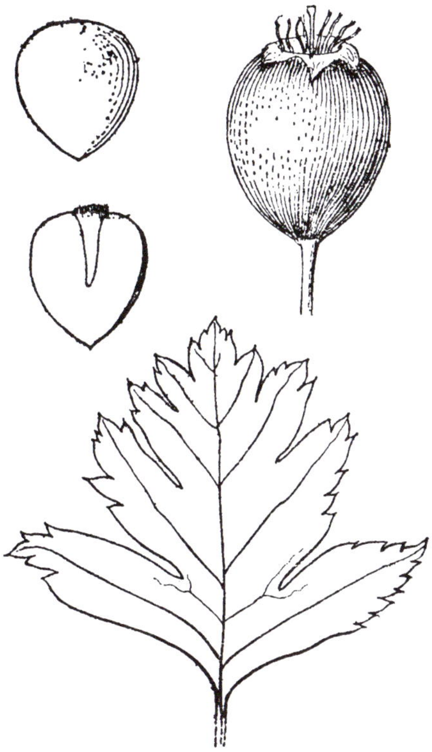

准噶尔山楂 **Crataegus songarica** K. Koch
引自《中国植物志》

准噶尔山楂 **Crataegus songarica** K. Koch
摄影：何海

13. 山楂（中国高等植物图鉴） 山里红（东北植物检索表）

Crataegus pinnatifida Bunge in Mém. Acad. Imp. Sci. St.-Pétersbourg Divers Savans 2: 100. 1835.
（英 **Chinese Hawthorn**）

13a. 山楂（模式变种）

Crataegus pinnatifida Bunge var. **pinnatifida**

落叶乔木，高达 6 m；刺长 1–2 cm，偶无刺；小枝无毛或近于无毛。托叶草质，镰形，边有锯齿；叶柄长 2–6 cm，无毛；叶片宽卵形或三角状卵形，稀菱状卵形，长 5–10 cm，宽 4–7.5 cm，下面沿脉疏生短柔毛或在脉腋有髯毛，侧脉 6–10 对，基部楔形至宽楔形，边缘有尖锐稀疏不规则重锯齿，并通常两侧 3–5 羽状深裂，裂片卵状披针形或带形，先端短渐尖。伞房花序多花；花序轴和花梗均被柔毛，花后脱落减少；花梗长 4–7 mm；花直径约 1.5 cm；萼筒钟状，外面密被灰白色柔毛；萼片三角状卵形；花瓣白色，倒卵形或近圆形；雄蕊 20；花柱 3–5，基部被柔毛。果实深红色，有浅色斑点，球形或梨形，直径 1–1.5 cm；萼片脱落很迟，先端留一圆形深洼；小核 3–5，外面稍有棱，内面两侧平滑。花期 5–6 月，果期 9–10 月。

分布与生境 产于黑龙江、吉林、辽宁、内蒙古、河北、河南、山东、山西、陕西、江苏。生于海拔 100–1500 m 的山坡林边或灌木丛中。也分布于朝鲜和俄罗斯西伯利亚。

药用部位 果实、叶。

功效应用 果实：消食健胃，行气散瘀。用于肉食积滞，胃脘胀，泻痢腹痛，产后瘀阻，心腹刺痛，高脂血症。叶：活血化瘀，理气通脉，化浊化脂。用于气滞血瘀，胸痹心痛，胸闷憋气，心悸健忘，眩晕耳鸣，高脂血症。

化学成分 叶含三萜类：$2\alpha,3\beta,19\alpha$-三羟基熊果酸($2\alpha,3\beta,19\alpha$-trihtydroxylursolic acid)，熊果酸(ursolic

山楂 **Crataegus pinnatifida** Bunge var. **pinnatifida**
引自《中国高等植物图鉴》

山楂 **Crataegus pinnatifida** Bunge var. **pinnatifida**
摄影：张英涛

acid)[1]；联苯苷类：山楂叶苷A (shanyenoside A)[2]；黄酮类：牡荆素(vitexin)，山柰酚(kaempferol)，牡荆素-2''-*O*-鼠李糖苷(vitexin-2''-*O*-rhamnoside)[1]，芦丁(rutin)，金丝桃苷(hyperin; hyperoside)，牡荆素-2''-*O*-葡萄糖苷(vitexin-2''-*O*-glucoside)[3]。

花含黄酮类：山楂定(pinnatifidin)[4]。

果实含挥发油：以醇、醛、酯、烷烃、酮为主，其中乙酸己酯(hexyl acetate)，顺式-3-己烯基乙酸酯(*cis*-3-hexenyl acetate)，己醇(hexanol)，顺式-3-己烯醇(*cis*-3-hexenol)，壬醛(nonanal)，糠醛(furfural)，芳樟醇(linalool)，反式-2-癸烯醛(*trans*-2-decenal)，柠檬醛(citral)，α-松油醇(α-terpineol)的含量较高[5]；黄酮类：牡荆素(vitexin)，芦丁(rutin)，金丝桃苷(hyperin; hyperoside)[6]，槲皮素(quercetin)[7]；有机酸类：柠檬酸(citric acid)[6]，绿原酸(chlorogenic acid)[7]；三萜类：熊果醇(uvaol)，熊果酸(ursolic acid)，3-氧代熊果酸(3-oxo-ursolic acid)[8]，山楂酸(crataegolic acid; maslinic acid)，黄麻酸▲(corosolic acid)，齐墩果酸(oleanolic acid)[9]；多糖类：CPP-1，CPP-2[10]。

药理作用　抗炎镇痛作用：山楂叶乙醇提取物对二甲苯所致小鼠耳郭肿胀有抑制作用，能减少冰醋酸

山楂叶 **Crataegi Folium**
摄影：张继

山楂 **Crataegi Fructus**
摄影：张继

所致小鼠的扭体反应次数，具有一定的抗炎、镇痛作用[1]。山楂水提液在脂多糖刺激的 RAW264.7 细胞模型上表现出抗炎作用，其机制与下调 COX-2、TNF-α、IL-1β 和 IL-6 表达有关[2]。

调节免疫作用：山楂熊果酸灌胃给予环磷酰胺造模的免疫低下小鼠，可增强模型小鼠腹腔巨噬细胞吞噬功能，升高外周血白细胞数，促进脾淋巴细胞增殖，增加脾指数[3]。皮下注射山楂注射液，可使小鼠胸腺和脾重量增加，血清溶菌酶含量、血清血凝抗体滴度及 T 淋巴细胞转化率提高，对体液免疫、细胞免疫具有促进作用[4]。山楂煎剂对小鼠胸腺和脾重量、T 淋巴细胞转化率、小鼠红细胞 C_3b 受体花环率及红细胞免疫复合物花环率均有增高作用，山楂煎剂对小鼠细胞免疫与红细胞免疫有促进作用[5-6]。

抗心肌缺血作用：山楂中黄酮类化合物可使氯化钾作用收缩后的离体兔动脉环产生剂量依赖性的血管舒张，推测山楂中黄酮类化合物对心肌具有正性肌力作用，可能是通过对磷酸二酯酶的抑制而产生[7]。山楂叶总黄酮静脉注射给予冠状动脉结扎致心肌梗死的麻醉犬，可增加犬冠状动脉流量，扩张冠状动脉血管，降低冠状动脉阻力，增加心输出量，提高左室做功能力，降低动脉血氧含量，增加冠状静脉窦血氧含量，降低心肌耗氧量和心肌氧利用率，改善心肌的血氧供应，并能降低外周阻力[8]。山楂叶总黄酮静脉给予结扎冠状动脉致心肌缺血再灌注的模型大鼠，可缓解心电图 ST 段变化，提高血清 NO 浓度，降低心肌组织 MDA 含量，表明山楂叶总黄酮能改善心肌缺血再灌注损伤，对损伤心肌具有保护作用，其机制与增加 NO 浓度、抗脂质过氧化作用有关[9]。山楂叶总黄酮 (50 mg/kg、100 mg/kg 和 200 mg/kg) 均可有效对抗异丙肾上腺素所致急性大鼠心肌缺血心电图 ST 段的抬高，降低血浆 LDH 和 CK 活力，增加心肌组织 CAT 和 SOD 的活力，并减少 MDA 生成，减轻心肌病理变化，结果表明山楂叶总黄酮对异丙肾上腺素致大鼠急性心肌缺血具有一定的保护作用，其机制可能与其抗氧化作用有关[10]。

抗脑缺血作用：山楂叶总黄酮灌喂给予结扎两侧颈总动脉造成急性全脑缺血的模型大鼠，可使模型大鼠脑组织中乳酸脱氢酶含量降低，MDA 和 NO 的产生明显减少。山楂叶总黄酮可能通过降低自由基产生，减少膜脂质破坏，降低 NO 生成等来发挥脑保护作用[11]。山楂叶总黄酮静脉注射给予局灶性脑缺血模型大鼠，可使模型大鼠的行为学评分及生化指标有明显改善，降低血清中肌酸激酶、乳酸脱氢酶的活性，表明山楂叶总黄酮可减轻细胞膜的损伤，降低细胞膜通透性，减轻脑缺血所造成的损伤，改善脑功能[12]。山楂叶总黄酮给予局灶性脑缺血再灌注模型大鼠后，可改善大鼠神经功能评分，减小梗死面积，免疫组化显示基质金属蛋白酶 -9 (MMP-9) 的表达明显降低，并呈现剂量依赖性，表明山楂叶总黄酮下调 MMP-9 表达是其脑保护作用的机制之一[13]。山楂总黄酮 12 mg/kg、24 mg/kg、48 mg/kg 静脉注射均可显著降低大鼠局灶性脑缺血损伤后脑含水量，山楂总黄酮 24 mg/kg、48 mg/kg 静脉注射可显著降低大鼠脑梗死范围，表明山楂总黄酮注射液对脑缺血性损伤具有良好的保护作用[14]。

降血脂、抗动脉粥样硬化作用：山楂及山楂黄酮能显著降低血清和丙二醛含量，增强红细胞和超氧化物歧化酶的活性，同时可增加全血谷胱甘肽还原酶的活性；升高大鼠低密度脂蛋白受体蛋白水平，增加大鼠低密度脂蛋白受体数目，对实验性动脉粥样硬化有治疗作用。山楂及山楂黄酮通过调节大鼠低密度脂蛋白受体转录水平和提高抗氧化能力、抑制脂质过氧化物，预防脂质代谢紊乱[15]。山楂籽油具有降低小鼠血清三酰甘油、总胆固醇、低密度脂蛋白胆固醇、动脉硬化指数、升高高密度脂蛋白胆固醇的作用[16]。山楂黄酮可以抑制低密度脂蛋白对人脐静脉内皮细胞的损害，降低细胞内乳酸脱氢酶释放和低密度脂蛋白脂质过氧化值，抑制内皮细胞对单核细胞黏附率，并可直接作用于内皮细胞，降低内皮细胞正常黏附率，保护内皮细胞，降低动脉粥样硬化发生的危险性[17]。山楂叶总黄酮能抵抗溶血磷脂酸胆碱和黄嘌呤氧化酶对血管内皮细胞的损伤，保护细胞减少乳酸脱氢酶的释放，降低细胞脂质过氧化程度，增加细胞中一氧化氮的产生，对防止由氧化损伤引起的动脉粥样硬化形成具有一定的保护作用[18]。HMG-CoA 还原酶可能为山楂降血脂作用的靶标，槲皮素和金丝桃苷为山楂中抑制 HMG-CoA 还原酶活性的主要活性成分，且单体之间存在协同作用[19]。

兴奋胃肠平滑肌作用：山楂水提物在 5–20 mg/ml 可显著增强大鼠胃、肠平滑肌条的运动，且具有显著剂量依赖性，山楂水提物 (20 mg/ml) 可加强乙酰胆碱引起的肠平滑肌的强烈收缩，对抗阿托品引起的肠平滑肌舒张作用，表明山楂水提物对大鼠胃、肠平滑肌条的收缩具有显著的刺激作用[20]。

保肝作用：山楂可降低大鼠肝组织中丙二醛、三酰甘油、总胆固醇含量，减少脂肪酸对肝细胞毒性作用。降低丙氨酸转氨酶、天冬氨酸转氨酶含量，呈现降血脂、保肝作用[21]。山楂叶总黄酮可能通过调节细胞因子网络，抑制 TNF-α、IL-8 等的分泌，保护肝组织，防治高脂饮食诱导的非酒精性脂肪性肝炎[22]。

调节血糖作用：山楂水煎剂可降低高脂饲料喂食所致肥胖大鼠的空腹血清胰岛素和丙二醛水平，具有调节糖代谢、改善胰岛素抵抗的作用[23]。

抗细菌作用：山楂榨取的原液中含有富马酸、熊果酸等多种有机酸，在体外对金黄色葡萄球菌、大肠埃希菌、白念珠菌具有杀灭作用[24]。山楂叶提取物对人免疫缺陷病毒 -1 (HIV-1) 蛋白酶有显著抑制活性，从中分得熊果醇 (uvaol) 和熊果酸 (ursolic acid) 均显示强抑制活性。

抗肿瘤作用：山楂果总黄酮在体外对人喉癌 Hep-2 细胞有抑制作用。山楂果总黄酮溶液可使 Hep-2 细胞变圆，体积变小，细胞核畸变，细胞数目减少，细胞单个生长，且细胞内钙浓度升高，DNA 含量降低。抑制肿瘤细胞 DNA 生物合成、阻止肿瘤细胞分裂繁殖可能是其抗肿瘤作用机制之一[25]。

抑制畸变作用：山楂提取物对环磷酰胺致小鼠精子畸变有抑制作用，可能与山楂中含有的大量亚油酸及维生素 C 有关[26]。

抗氧化作用：山楂叶乙醇提取物对羟自由基和超氧阴离子有清除和生成抑制作用，作用强度随提取物的百分比浓度增加而增加，山楂叶主要成分黄酮是其抗氧化作用的活性物质[27-28]。山楂叶总黄酮具有较强的抗氧化作用，其抗动脉粥样硬化作用可能与其增加对氧磷酶 (PON1) 表达、继而增强 HDL 抗氧化能力有关[29]。山楂叶总黄酮 100 μg/ml、200 μg/ml 均能显著对抗过氧化氢所引起的大鼠 H9c2 心肌细胞的氧化应激损伤及细胞凋亡，其作用途径可能为通过清除活性氧来发挥作用[30]。

抗眼损伤作用：以山楂制成的口服液可提高二硫化碳 (CS_2) 染毒兔对 CS_2 的耐受力，对视网膜具有一定程度的保护作用[31]。山楂黄酮提取物中黄酮含量占干质量的 98%，清除 ABTS 和 DPPH 自由基的能力随提取物剂量的增加而升高，EC_{50} 分别为 88 μg/ml、112 μg/ml，而标准品 Trolox 的 EC_{50} 清除 ABTS 和 DPPH 自由基的能力分别为 111 μg/ml、118 μg/ml[32]。

抗疲劳作用：山楂叶总黄酮灌服大鼠，游泳至力竭的时间延长，山楂叶总黄酮具有推迟运动性疲劳、提高运动能力的作用[33]。

注评 本种为历版中国药典和中华中药典范（1985 年版）、部颁药品标准·维吾尔药（1998 年版）收载“山楂”的基源植物，药用其干燥成熟果实；中华中药典范收载本种及同属近缘植物的果实同等药用。为中国药典（2010 年版）收载“山楂叶”的基源植物，药用干燥叶。“山楂”的商品药材有“北山楂”和“南山楂”两类，“北山楂”为本种及其变种山里红 C. pinnatifida Bunge var. major N. E. Br. 的果实，“南山楂”为同属植物野山楂 C. cuneata Siebold et Zucc. 的果实，“北山楂”是主流商品，“南山楂”仅在局部地区使用。此外，同属多种植物的果实在产地常混作“山楂”药用，曾有移衣属和苹果属多种植物的果实混充“山楂”的情况，目前商品中已无此混用情况出现。藏族、蒙古族也药用，用其果实治食积、消化不良、痛经、产后瘀阻腹痛。本种的果实也是食用水果。

化学成分参考文献

[1] 宋少江，等. 沈阳药科大学学报，2006, 23(2): 88-90.

[2] 陈佳，等. 沈阳药科大学学报，2006, 23(7): 430-431.

[3] Cheng S, et al. *J Sep Sci*, 2007, 30: 717 -721.

[4] Bykov VI, et al. *Chem Nat Compd*, 1972, 8(6): 699-701.

[5] 陈凌云，等. 色谱，1997, 15(3): 219-221.

[6] 高光跃，等. 药学学报，1995, 30(2): 138-143.

[7] Ye XL, et al. *J Agric Food Chem*, 2010, 58: 3132-3138.

[8] Byung SM, et al. *Arch Pharm Res*, 2000, 23(2): 155-158.

[9] 陈龙胜，等. 时珍国医国药，2008, 19(12): 2909-2910.

[10] Li F, et al. *Carbohydr Polym*, 2009, 78: 80-88.

药理作用及毒性参考文献

[1] 权迎春，等. 时珍国医国药，2006, 17(4): 556-557.

[2] Li C, et al. *Nutr Res Pract*, 2011, 5(2): 101-106.

[3] 林科，等 . 中国生化药物杂志，2007, 28(5): 308-311.
[4] 金治萃，等 . 包头医学院学报，1997, 13(1): 6-7.
[5] 常江，等 . 包头医学院学报，1996, 12(4): 10.
[6] 金治苹，等 . 包头医学院学报，1997, 13(1): 8.
[7] Schussler M. 国外医学 · 植物分册，1994, 9(4): 178.
[8] 鞠晓云，等 . 南京中医药大学学报，2005, 21(6): 381-383.
[9] 闵清，等 . 中国现代应用药学，2011, 28(2): 95-99.
[10] 闵清，等 . 中国临床药理学与治疗学，2007, 12(7): 800-803.
[11] 吕喜涛，等 . 中外健康文摘，2007, 4(10): 526.
[12] 纪影实，等 . 吉林大学学报 (医学版)，2005, 31(6): 879-882.
[13] 刘瑛琳，等 . 中风与神经疾病杂志，2006, 23(6): 690-691.
[14] 王燕霖，等 . 中国现代医药杂志，2010, 12(6): 66-67.
[15] 林秋实，等 . 营养学报，2000, 22(2): 131.
[16] 范学辉，等 . 现代生物医学进展，2007, 7(12): 1838-1842.
[17] 常翠青，等 . 营养学报，2001, 23(1): 58-61.
[18] 叶希韵，等 . 中国现代应用药学杂志，2002, 19(4): 265-268.
[19] 黄文文，等 . 中国中药杂志，2010, 35(18): 2428-2431.
[20] 温小萍，等 . 中国药房，2010，21(21)11: 978-980.
[21] 李晶，等 . 山西中药，2006, 22(3): 57-59.
[22] 严茂祥，等 . 中国中医药科技，2010, 17(6): 519-521.
[23] 闫君宝，等 . 四川中医，2005, 23(1): 19-20.
[24] 林玲 . 中国消毒学杂志，2000, 17(2): 85-87.
[25] 张妍，等 . 中草药，2004, 35(7): 787-789.
[26] 崔太昌 . 中国公共卫生，2002, 18(6): 736-737.
[27] 黄沛力，等 . 中国中药杂志，1996, 21(4): 245.
[28] 刘荣华，等 . 中草药，2010, 41(7): 1173-1178.
[29] 杨宇杰，等 . 中国医院药学杂志，2010, 30(3): 196-198.
[30] 孙涛 . 成都中医药大学学报，2011, 34(1): 86-91.
[31] 田清芬，等 . 中华眼底病杂志，1999, 15(4): 249-252.
[32] 柳嘉，等 . 食品科学，2010, 31(1): 220-223.
[33] 赵敬国，等 . 山东体育科技，2001, 23(3): 25-26.

13b. 山里红（变种）（中国植物志） 红果、棠棣（河北），大山楂（江苏）

Crataegus pinnatifida Bunge var. **major** N. E. Br. in Gard. Chron. n. ser. 26: 621, f. 121. 1886.（英 **Major Chinese Howthorn**）

本变种果形较大，直径可达 2.5 cm，深亮红色；叶片大，分裂较浅；植株生长茂盛。花期 5–6 月，果期 9–10 月。

分布与生境 栽培。

药用部位 果实、叶。

功效应用 果实：消食健胃，行气散瘀，化浊降脂。用于肉食积滞，胃脘胀，泻痢腹痛，产后瘀阻，心腹刺痛，疝气疼痛，高脂血症。叶：活血化瘀，理气通脉，化浊降脂。用于气滞血瘀，胸痹心痛，胸闷憋气，心悸健忘，眩晕耳鸣，高脂血症。

化学成分 叶含黄酮类：5,7,4'-三羟基黄酮-8-*O*-*β*-D-葡萄糖基-(1→4)-*β*-D-葡萄糖苷(5,7,4'-trihydroxyflavone-8-*O*-*β*-D-glucosyl-(1→4)-*β*-D-glucoside)[1]，牡荆素(vitexin)，槲皮素(quercetin)，金丝桃苷(hyperin; hyperoside)，芦丁(rutin)，槲皮素-3-*O*-*β*-D-葡萄糖苷(quercetin-3-*O*-*β*-D-glucoside)，槲皮素-3-*O*-*α*-L-吡喃鼠李糖基-(1→4)-*α*-L-吡喃鼠李糖基(1→6)-*β*-吡喃葡萄糖苷(quercetin-3-*O*-*α*-L-rhamnopyransoyl-(1→4)-*α*-L-rhamnopyranosyl-(1→6)-*β*-glucopyranoside)，6''-*O*-乙酰牡荆素(6''-*O*-acetylvitexin)，牡荆素-2''-*O*-鼠李糖苷(vitexin-2''-*O*-rhamnoside)，

山里红 **Crataegus pinnatifida** Bunge var. **major** N. E. Br.
摄影：徐克学

山楂叶 Crataegi Folium
摄影：张继

山楂 Crataegi Fructus
摄影：张继

牡荆素-4''-*O*-葡萄糖苷(vitexin-4''-*O*-glucoside)[2]，3''-*O*-乙酰牡荆素(3''-*O*-acetylvitexin)，2''-*O*-乙酰牡荆素(2''-*O*-acetylvitexin)，芹菜苷元-8-*C*-*β*-D-(2''-*O*-乙酰)呋喃葡萄糖苷[apigenin-8-*C*-*β*-D-(2''-*O*-acetyl) glucofuranoside][3]，山楂素(pinnatifin) C、D[4]、I[5]，山柰酚(kaempferol)，槲皮素-3-*O*-*β*-D-吡喃葡萄糖苷(quercetin-3-*O*-*β*-D-glucopyranoside)，槲皮素-3-*O*-*β*-D-吡喃葡萄糖基-(6→1)-*α*-L-吡喃鼠李糖苷(quercetin-3-*O*-*β*-D-glucopyranosyl-(6→1)-*α*-L-rhamnopyranoside)，槲皮素-3-*O*-*β*-D-吡喃半乳糖苷(quercetin-3-*O*-*β*-D-galacopyranoside)，山柰酚-7-*O*-*α*-L-吡喃鼠李糖基-3-*O*-*β*-D-吡喃葡萄糖苷(kaempferol-7-*O*-*α*-L-rhamnopyranosyl-3-*O*-*β*-D-glucopyranoside)，槲皮素-3-*O*-*β*-D-吡喃半乳糖基-(6→1)-*α*-L-吡喃鼠李糖苷(quercetin-3-*O*-*β*-D-galacopyranosyl-(6→1)-*α*-L-rhamnopyranoside)[6]，牡荆素-2''-*O*-吡喃鼠李糖苷(vitexin-2''-*O*-rhamnopyranoside)[7]，山楂苷(pinnatifinoside) A、B、C、D[8]；苯丙素类：绿原酸(chlorogenic acid)[2]；酚类：2-(4-羟苄基)-苹果酸[2-(4-hydroxybenzyl)malic acid][7]；三萜类：2*α*,3*β*,19*α*-三羟基熊果酸(2*α*,3*β*,19*α*-trihtydroxylursolic acid)，熊果酸(ursolic acid)[9]；联苯苷类：山楂叶苷A (shanyenoside A)[10]。

果实含黄酮类：槲皮素(quercetin)，金丝桃苷(hyperin; hyperoside)[13]，牡荆素(vitexin)，芦丁(rutin)[11]；三萜类：山楂酸(crataegolic acid; maslinic acid)，黄麻酸▲(corosolic acid)，齐墩果酸(oleanolic acid)[12]，熊果酸(ursolic acid)[13-14]，白桦脂醇(betulin)，熊果醇(uvaol)[13]；有机酸类：酒石酸(tartaric acid)，柠檬酸(citric acid)[11]；其他类：两面刺醛▲(cirsiumaldehyde)，胡萝卜苷[13]。

果核含酚类：原儿茶酸(protocatechuic acid)，没食子酸(gallic acid)，儿茶素(catechin)，对羟基苯甲酸(*p*-hydroxybenzoic acid)[15]。

注评 本种为历版中国药典收载"山楂"的基源植物，药用其干燥成熟果实；商品药材有"北山楂"。"山楂"的商品情况参见山楂 Crataegus pinnatifida Bunge。德昂族、景颇族、阿昌族均药用，用其根、果治食积、消化不良；藏族用其果实治食积、消化不良、痛经、产后瘀阻腹痛。

化学成分参考文献

[1] 董英杰，等. 沈阳药科大学学报，1996, 13(1): 31-33.
[2] 刘荣华，等. 中药材，2006, 29(11): 1169-1173.
[3] Zhang PC, et al. *J Asian Nat Prod Res*, 2003, 5(2): 131-136.
[4] Zhang PC, et al. *J Asian Nat Prod Res*, 2001, 3: 77-82.
[5] Zhang PC, et al. *Chin Chem Lett*, 2000, 11(10): 895-896.
[6] 张培成，等. 药学学报，2001, 36(10): 754-757.
[7] 丁杏苞，等. 中国中药杂志，1990, 15(5): 39-41.
[8] Zhang PC, et al. *Phytochemistry*, 2001, 57: 1249-1253.
[9] 宋少江，等. 沈阳药科大学学报，2006, 23(2): 88-90.
[10] 陈佳，等. 沈阳药科大学学报，2006, 23(7): 430-431.
[11] 高光跃，等. 药学学报，1995, 30(2): 138-143.
[12] 陈龙胜，等. 时珍国医国药，2008, 19(12): 2909-2910.
[13] 时岩鹏，等. 中草药，2000, 31(3): 173-174.
[14] 贾元印，等. 中国中药杂志，1989, 14(8): 18-20.
[15] 王雪松，等. 中国中药杂志，1999, 24(12): 739-740.

13c. 无毛山楂（变种）（Flora of China） 山楂无毛变种（中国植物志），长毛山楂（东北木本植物图说）

Crataegus pinnatifida Bunge var. **psilosa** C. K. Schneid., Ill. Handb. Laubholzk 1: 769. 1906.——*C. coreana* H. Lév., *C. pinnatifida* Bunge f. *psilosa* (C. K. Schneid.) Kitag.（英 **Hairless Chinese Hawthorn**）

本变种花梗和花序轴均无毛。花期 5–6 月，果期 9–10 月。

分布与生境 产于黑龙江、吉林、辽宁。也分布于朝鲜。

药用部位 果实。

功效应用 消食化积，散瘀。用于肉食停滞，脘腹胀满，痛经，产后淤血腹痛，高血脂症。

无毛山楂 **Crataegus pinnatifida** Bunge var. **psilosa** C. K. Schneid.
摄影：周繇

化学成分 叶含黄酮类：牡荆素(vitexin)，金丝桃苷(hyperin; hyperoside)，牡荆素-2''-*O*-吡喃鼠李糖苷(vitexin-2''-*O*-rhamnopyranoside)，槲皮素-3-*O*-α-L-吡喃鼠李糖基-(1→6)-β-D-吡喃半乳糖苷(quercetin-3-*O*-α-L-rhamnopyranosyl-(1→6)-β-D-galactopyranoside)[1]。

果实含黄酮类：牡荆素(vitexin)，芦丁(rutin)，金丝桃苷(hyperin; hyperoside)[2]。

化学成分参考文献

[1] Oh IS, et al. *Arch Pharm Res*, 1994, 17(5):314-317.

[2] 高光跃，等. 药学学报，1995, 30(2):138-143.

12. 小石积属 Osteomeles Lindl.

落叶或常绿灌木；冬芽小，卵圆形，有数枚外露鳞片。奇数羽状羽叶，互生，有托叶，早落；小叶片对生，近无柄，全缘；叶轴上有窄叶翼。顶生伞房花序，多花；苞片早落；萼筒钟状，具 5 裂片；花瓣 5，白色；雄蕊 15–20；花柱 5，离生；子房下位，5 室，每室具 1 胚珠。果实为梨果，小形，果肉坚硬，萼片宿存，内含 5 骨质小核。种子直立，子叶平凸。

本属约 5 种，分布于亚洲东部及太平洋岛屿。我国产 3 种，其中 1 种可药用。

1. 华西小石积（经济植物手册） 沙糖果（云南）

Osteomeles schwerinae C. K. Schneid., Ill. Handb. Laubholzk 1: 763, f. 430m, 431o-r. 1906.（英 **Chinese Bonyberry**）

落叶或半常绿灌木，高达 1–3 m；小枝幼时密被灰白色柔毛，逐渐脱落无毛；冬芽小，扁三角形，先端急尖，近于无毛。托叶膜质，早落；奇数羽状复叶，有小叶 7–15 对，连叶柄长 2–4.5 cm；幼时被绒毛，老时减少；小叶对生，近于无柄；小叶片椭圆形，椭圆长圆形或倒卵状长圆形，长 5–10 mm，宽 2–4 mm，两面疏被柔毛，下面较密，基部宽楔形或近圆形，全缘，先端急尖或突尖。顶生伞房花序，有花 3–5 朵，花序轴和花梗均密被灰白色柔毛；花梗长 3–5 mm；苞片膜质，早落；花直径约 1 cm；萼筒钟状，外面近无毛或有散生柔毛；萼片卵状披针形，外面有柔毛；花瓣白色，长圆形，长 5–7 mm；雄蕊 20；花柱 5，基部被长柔毛，柱头头状。果实蓝黑色，卵圆形或近球形，直径 6–8 mm，具宿存反折萼片；小核 5，骨质，褐色，椭圆体形，三棱，表面粗糙。花期 4–5 月，果期 7 月。

分布与生境 产于四川、云南、贵州、甘肃。生于海拔 1500–3000 m 的山坡灌木丛中或田边、路边向阳干燥地。

华西小石积 **Osteomeles schwerinae** C. K. Schneid.
引自《中国高等植物图鉴》

华西小石积 **Osteomeles schwerinae** C. K. Schneid.
摄影：陈彬

药用部位 根、叶。
功效应用 清热解毒，收敛止泻，祛风除湿。用于疮疡肿毒，咽喉肿痛，痄腮，痢疾，泄泻，肠风下血，阴挺，风湿痹痛。
化学成分 叶和枝含黄酮类：槲皮苷(quercitrin)，金丝桃苷(hyperin; hyperoside)[1]。

化学成分参考文献

[1] Lee J, et al. *J Sep Sci*, 2010, 33(4-5): 582-586.

13. 石楠属 **Photinia** Lindl.

落叶或常绿乔木或灌木；冬芽小，具覆瓦状鳞片。叶互生，革质或纸质，有锯齿，稀全缘，有托叶。花两性，多数，形成顶生伞形、伞房或复伞房花序，稀单生或 2–3 朵；萼筒杯状、钟状或筒状；萼片 5；花瓣 5，开展，在芽中为覆瓦状或卷旋状排列；雄蕊 15–25，稀稍多或较小；心皮 2–5；花柱离生或基部合生；子房半下位，2–5 室，每室有 2 胚珠。果实为小梨果，微肉质，成熟时不开裂，先端或 1/3 部分与萼筒分离，2–5 室，具宿存萼片，每室有 1–2 种子。种子直立，子叶平凸。

全球约 60 余种，分布于亚洲东部及南部。我国有 40 余种，其中 9 种 1 变种可药用。

分种检索表

1. 叶常绿；花序复伞房状；花序轴和花梗在果期无疣点。
  2. 叶片全缘，下面无腺体；花序密被绒毛；叶柄粗短或近无柄；长 1.5–4 mm；叶片长圆形，急尖或圆钝，侧脉 15–17 对；花瓣无毛 ························ 5. **厚叶石楠 P. crassifolia**
  2. 叶片边缘全部或一部分有锯齿。
    3. 叶片下面有黑色腺点；花序被柔毛；叶柄长 1–2.5 (3) cm，有腺点和锯齿；叶片长圆形或长圆状披针形，先端渐尖························ 4. **桃叶石楠 P. prunifolia**
    3. 叶片下面无黑色腺点；花序无毛或疏生柔毛。

4. 叶柄长 2–4 cm；叶片长椭圆形、长倒卵形或倒卵状椭圆形，先端尾尖，侧脉 (14) 25–30 对；花瓣内面无毛……………………………………………………………………1. 石楠 **P. serratifolia**

4. 叶柄长在 1.5 厘米以下。

5. 花瓣内面有毛；叶片椭圆形、长圆形或长圆状倒卵形，先端渐尖………………2. 光叶石楠 **P. glabra**

5. 花瓣内面无毛；叶片长圆形或倒披针形，稀椭圆形，先端急尖至渐尖……………………………………………………………………3. 椤木石楠 **P. davidsoniae**

1. 叶在冬季凋落；花序伞形、伞房或复伞房状，稀为聚伞状；总花梗和花梗在果期有明显疣点。

6. 花序具少数花朵，通常 2–10 朵，常形成伞形或简单伞房状花序；花序无毛；叶柄长 1–2 mm；叶片椭圆形、椭圆状卵形或菱状卵形，渐尖或尾尖；花瓣内面基部有毛…………………………9. 小叶石楠 **P. parvifolia**

6. 花序具多数花，常在 10 朵以上，为伞房状或复伞房状花序。

7. 花序无毛；叶柄长 5–10 mm；叶片椭圆形、长圆形、长圆状椭圆形或倒卵状长圆形，急尖至短渐尖；花瓣无毛……………………………………………………………………6. 中华石楠 **P. beauverdiana**

7. 花序有毛。

8. 叶片下面绒毛永存；叶柄长 6–10 mm；叶片长圆形、长圆状椭圆形至长圆状披针形，渐尖；花瓣无毛……………………………………………………………………7. 绒毛石楠 **P. schneideriana**

8. 叶片下面柔毛不久脱落；叶柄长 2–6 mm；叶片倒卵形或长圆状倒卵形，尾尖；花瓣内面基部具柔毛……………………………………………………………………8. 毛叶石楠 **P. villosa**

本属植物根、枝、叶均供药用，有行血、止血、止痛等功效，用于黄疸、乳痈、牙痛等症。目前已确定主要含有三萜类化合物，从石楠 (P. serrulata) 中分得野鸦椿酸 (euscaphic acid，**1**)、圆齿火棘酸 (pyracrenic acid，**2**)、委陵菜酸 (tormentic acid，**3**)、羽扇豆醇 (lupeol)、白桦脂酸 (betulinic acid)、熊果酸 (ursolic acid)，具有止血、抗炎、镇痛等药理作用。此外，还分离得到表儿茶素 (epicatechin) 和氰苷类的野樱苷 (prunasin) 等成分。

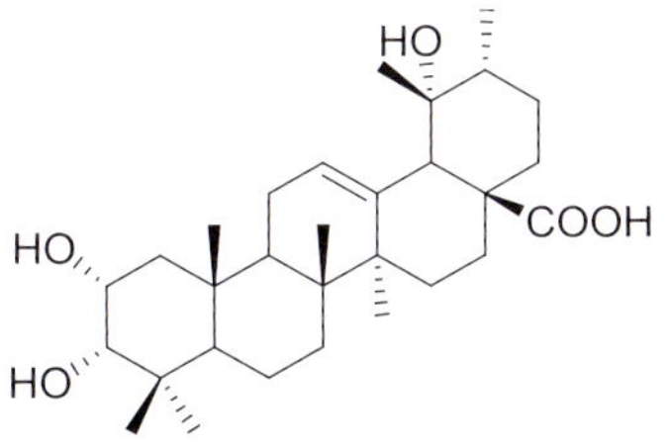

1

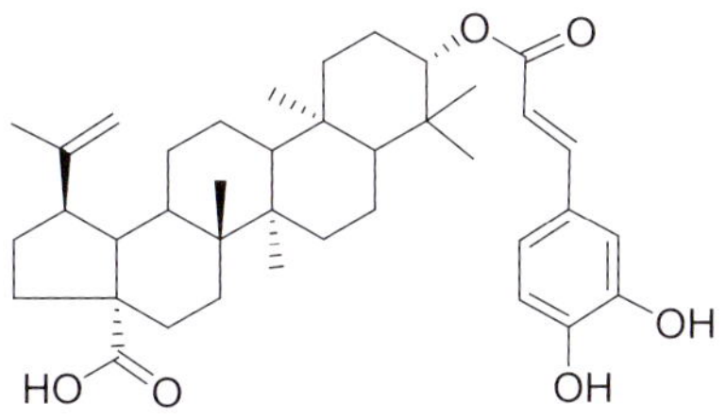

2

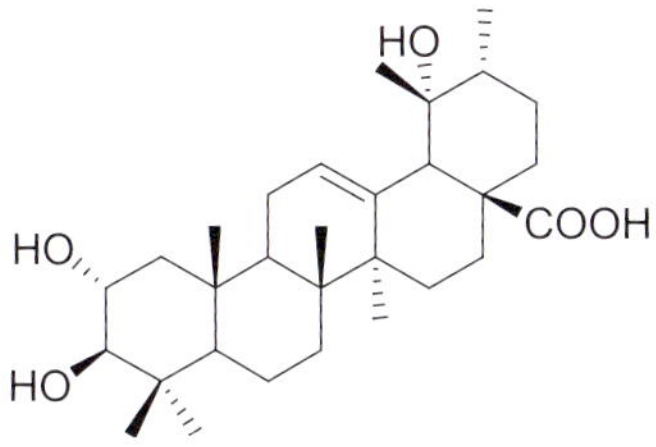

3

1. 石楠（广群芳谱） 凿木（中国种子植物科属辞典），千年红、扇骨木（南京），笔树，石眼树（江苏），将军梨、石楠柴（浙江），石纲（福建），凿角（广东），山官木（广西）

Photinia serratifolia (Desf.) Kalkman in Blumea 21: 424. 1973.——*Crataegus serratifolia* Desf., *Photinia serrulata* Lindl.（英 **Chinese Photinia**）

常绿灌木或小乔木，高 4–6 m，有时可达 12 m；枝无毛；冬芽卵形，鳞片无毛。叶片革质，长椭圆形、长倒卵形或倒卵状椭圆形，长 9–22 cm，宽 3–6.5 cm，先端渐尖至尾尖，基部圆形或宽楔形，边缘有疏生具腺细锯齿，近基部全缘，上面光亮，幼时中脉有绒毛，成熟后两面皆无毛，侧脉 25–30 对；叶柄粗壮，长 2–4 cm，幼时有绒毛，以后无毛。复伞房花序顶生，直径 10–16 cm；无毛；花梗长 3–5 mm；花直径 6–8 mm；花萼无毛；花瓣白色，无毛；雄蕊 20，外轮较花瓣长，内轮较花瓣短，花药带紫色；花柱 2，有时 3，基部合生，子房顶端有柔毛。果实球形，直径 5–6 mm，红色，后成褐紫色，有 1 粒种子。种子卵形，棕色，平滑。花期 4–5 月，果期 10 月。

分布与生境　产于陕西、甘肃、河南、江苏、安徽、浙江、江西、湖南、湖北、福建、台湾、广东、

石楠 **Photinia serratifolia** (Desf.) Kalkman
引自《中国高等植物图鉴》

石楠 **Photinia serratifolia** (Desf.) Kalkman
摄影：徐克学 张英涛

广西、四川、云南、贵州。生于杂木林中，海拔 1000–2500 m。也分布于日本、印度尼西亚。

药用部位　叶、根、果实。

功效应用　叶：祛风湿，止痒，强筋骨，益肝肾。用于风湿痹痛，头风头痛，风疹，脚膝痿弱，肾虚腰痛，阳痿，遗精。果实：祛风湿，消积聚。用于风痹积聚。根：祛风除湿，活血解毒。用于风痹，痛风，外感咳嗽，疮痈肿痛，跌打损伤。

化学成分　叶含三萜类：2α,3β,11α,13β-四羟基齐墩果-12-酮基-28-酸(2α,3β,11α,13β-tetrahydroxy-12-ketooleanan-28-oic acid)，3β-羟基-12-酮基-熊果-9(11)-烯-28,13β-内酯[3β-hydroxy-12-keto-9(11)-ursen-28,13β-olide][1]，细齿大戟素▲(serrulatin) A、B、C、D、E，熊果酸(ursolic acid)，野鸦椿酸(euscaphic acid)，委陵菜酸(tormentic acid)，黄麻酸▲(corosolic acid)，日本黑莓苷▲F_1 (kaji-ichigoside F_1)，委陵菜酸葡萄糖酯(tormentic acid glucosyl ester)，山楂酸(masilinic acid)，山香酸A (hyptatic acid A)，阿江榄仁酸(arjunolic acid; urjinolic acid)，旌节花酸▲A (stachlic acid A)[2]。

注评　本种为中国药典（1963、1977 年版）、中华中药典范（1985 年版）、部颁药品标准·中药材（1995 年版）、内蒙古中药材标准（1988）、部颁药品标准·维吾尔药（1998 年版）收载“石楠叶”的基源植物，药用其干燥带叶；江苏（1989）和北京（1998）中药材标准收载“石楠”，上海（1984）、山东（2002）中药材标准收载的“石南藤”为其干燥带叶茎枝。畲族也药用，用其根、叶治头风头痛、腰膝无力、风湿筋骨痛。

化学成分参考文献

[1] Song YL, et al. *Molecules*, 2007, 12(12): 2599-2604.
[2] Song YL, et al. *Helv Chim Acta*, 2008, 91(4): 665-672.

2. 光叶石楠（中国树木分类学） 扇骨木（江苏），光凿树（湖南），红檬子（四川），石斑木（广东），山官木（广西）

Photinia glabra (Thunb.) Franch. et Sav., Enum. Pl. Jap. 1: 141. 1873.——*Crataegus glabra* Thunb.

（英 **Japanese Photinia**）

常绿乔木，高 3–5 m，可达 9 m；老枝无毛，皮孔棕黑色。叶片革质，幼时及老时皆呈红色，椭圆形、长圆形或长圆状倒卵形，长 5–9 cm，宽 2–4 cm，先端渐尖，基部楔形，边缘有疏生浅钝细锯齿，两面无毛，侧脉 10–18 对；叶柄长 1–1.5 cm，无毛。花多数，成顶生复伞房花序，直径 5–10 cm；花梗无毛；花直径 7–8 mm；萼筒杯状，无毛；萼片三角形，急尖，外面无毛，内面有柔毛；花瓣白色，反卷，倒卵形，长约 3 mm，先端圆钝，内面近基部有白色绒毛；雄蕊 20，约与花瓣等长或较短；花柱 2，稀 3，离生或下部合生，柱头头状，子房顶端有柔毛。果实卵形，长约 5 mm，红色，无毛。花期 4–5 月，果期 9–10 月。

分布与生境 产于安徽、江苏、浙江、江西、湖南、湖北、福建、广东、广西、四川、云南、贵州。生于山坡杂木林中，海拔 500–800 m。也分布于日本、泰国、缅甸。

药用部位 根、叶、果实。

功效应用 根：祛风止痛，补肾强筋。叶：清热解毒，镇痛、利尿。用于小便不利，跌打损伤，头痛。果实：用于久痢，痔漏下血。

化学成分 叶含三萜类：表无羁萜醇(epifriedelinol)，表无羁萜醇乙酸酯(epifriedelinol acetate)[1]；酚类：2'-甲氧基欧花楸素(2'-methoxyaucuparin)，4'-甲氧基欧花楸素(4'-methoxyaucuparin)[2]，4(*S*)-*O*-(6-*O*-咖啡酰基)-*β*-D-吡喃葡萄糖基)-2-戊酮[4(*S*)-*O*-(6-*O*-caffeoyl)-*β*-D-glucopyranosyl)-2-pentanone][3]。

光叶石楠 **Photinia glabra** (Thunb.) Franch. et Sav.
引自《中国高等植物图鉴》

光叶石楠 **Photinia glabra** (Thunb.) Franch. et Sav.
摄影：徐克学

化学成分参考文献

[1] Takemoto T, et al. *Yakugaku Zasshi*, 1955, 75: 1164-1166.

[2] Widyastuti S, et al. *Nippon Shokubutsu Byori Gakkaiho*, 1992, 58(2): 228-233.

[3] Kamiyama T, et al. *Phytochemistry*, 1993, 32(2): 353-256.

3. 椤木石楠 椤木（浙江），水红树花（四川），梅子树（贵州），凿树（广东），山官木（广西）

Photinia davidsoniae Rehder et E. H. Wilson in Sarg., Pl. Wilson. 1: 185. 1912.（英 **Davidson Photinia**）

常绿乔木，高 6–15 m；幼枝有稀疏平贴柔毛，老时无毛，有时具刺。叶片革质，长圆形、倒披针形或稀为椭圆形，长 5–15 cm，宽 2–5 cm，先端急尖或渐尖，有短尖头，基部楔形，有具腺的细锯齿，中脉初有贴生柔毛，后渐脱落无毛，侧脉 10–12 对；叶柄长 8–15 mm，无毛。花多数，密集成顶生复伞房花序，有平贴短柔毛；花梗长 5–7 mm；花直径 10–12 mm；花萼浅杯状，外面有疏生平贴短柔毛；花瓣圆形，直径 3.5–4 mm，内外两面皆无毛；雄蕊 20，较花瓣短；花柱 2，基部合生并密被白色长柔毛。果实球形或卵球形，直径 7–10 mm，黄红色，无毛。种子 2–4，卵形，长 4–5 mm。花期 5 月，果期 9–10 月。

分布与生境 产于陕西、江苏、安徽、浙江、江西、湖南、湖北、福建、广东、广西、四川、云南。生于灌丛中，海拔 600–1000 m。也分布于越南、缅甸、泰国。

药用部位 根、叶。

功效应用 清热解毒，利尿，祛风止痛。用于痈肿疮疖。

化学成分 果实含脂肪酸类：神经酸(nervonic acid)[1]。

椤木石楠 **Photinia davidsoniae** Rehder et E. H. Wilson
引自《中国高等植物图鉴》

椤木石楠 **Photinia davidsoniae** Rehder et E. H. Wilson
摄影：徐克学

化学成分参考文献

[1] 马柏林，等 . 西北植物学报，2004, 24(12): 2362-2365.

4. 桃叶石楠 石斑木（广东）

Photinia prunifolia (Hook. et Arn.) Lindl. in Edwards's Bot. Reg. 10: sub t. 1956. 1837.——*P. serrulata* Franch. et Sav. var. *prunifolia* Hook. et Arn.（英 **Peachleaf Photinia**）

常绿乔木，高 10–20 m；小枝无毛，灰黑色，具黄褐色皮孔。叶片革质，长圆形或长圆状披针形，长 7–13 cm，宽 3–5 cm，渐尖，基部圆形至宽楔形，边缘有密生具腺的细锯齿，下面满布黑色腺点，

桃叶石楠 **Photinia prunifolia** (Hook. et Arn.) Lindl.
引自《中国高等植物图鉴》

桃叶石楠 **Photinia prunifolia** (Hook. et Arn.) Lindl.
摄影：徐克学

两面均无毛，侧脉 13–15 对；叶柄长 10–25 mm，无毛，具多数腺体，有时有锯齿。花多数，密集成顶生复伞房花序，直径 12–16 cm，微有长柔毛；花直径 7–8 mm；萼筒杯状，外面有柔毛；萼片三角形，先端渐尖，内面微有绒毛；花瓣白色，倒卵形，基部有绒毛；雄蕊 20，与花瓣等长或稍长；花柱 2 (–3)，离生，子房顶端有毛。果实椭圆形，长 7–9 mm，直径 3–4 mm，红色，内有 2 (–3) 种子。花期 3–4 月，果期 10–11 月。

分布与生境　产于广东、广西、福建、浙江、江西、湖南、贵州、云南。生于海拔 900–1100 m 的疏林中。也分布于琉球及越南。

药用部位　叶。

功效应用　祛风，通络，益肾。

5. 厚叶石楠　玉枇杷（贵州独山）

Photinia crassifolia H. Lév., Fl. Kouy-Tchéou 349. 1915.（英 **Thickleaf Photinia**）

常绿灌木，高 4–5 m；枝粗壮，幼时有锈色绒毛，老时无毛，皮孔不显著。叶片厚革质，长圆形，长 6–15 cm，宽 1.5–4.5 cm，先端急尖或圆钝，有短尖头，基部圆形，边缘稍外卷，全缘或有不显明锯齿，上面光亮，无毛，下面干时常带紫色，中脉和侧脉有绒毛，侧脉 15–17 对；叶柄长 1.5–2 mm，有绒毛。花多数，成顶生复伞房花序，直径 9–14 cm，密生绒毛；花梗长 2–3 mm；花直径 5–6 mm；萼筒钟状，外面无毛；萼片三角形，急尖，无毛；花瓣白色，倒卵形，无毛，有极短爪；雄蕊 20，较花瓣短；花柱 2，离生，子房顶端有白色绒毛。果实卵形，长约 6 mm，直径约 5 mm，棕红色。花期 5 月，果期 9–11 月。

分布与生境　产于贵州、云南、广西。生于海拔 500–1700 m 的向阳山坡丛林中。

药用部位　花、果实。

功效应用　用于久咳不止。

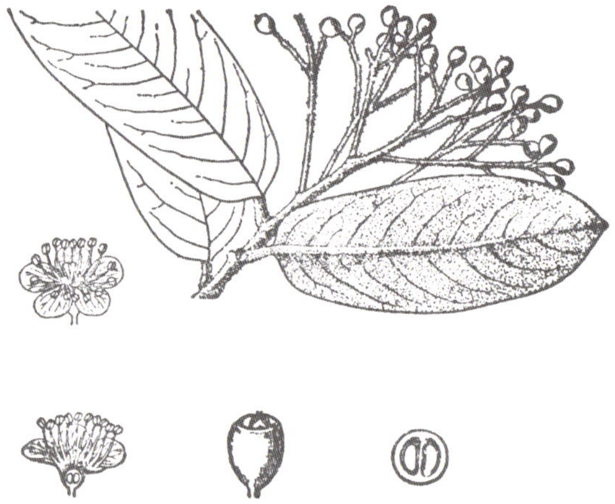

厚叶石楠 **Photinia crassifolia** H. Lév.
引自《中国高等植物图鉴》

厚叶石楠 **Photinia crassifolia** H. Lév.
摄影：易思荣

6. 中华石楠　假思桃（广东），牛筋木（广西），波氏石楠（经济植物手册）

Photinia beauverdiana C. K. Schneid. in Bull. Herb. Boissier, sér. 2, 6: 319. 1908.（英 **Beauverd Photinia**）

落叶灌木或小乔木，高 3–10 m；小枝无毛，有散生灰色皮孔。叶片薄纸质，长圆形、倒卵状长圆形或卵状披针形，长 5–10 cm，宽 2–4.5 cm，先端突渐尖，基部圆形或楔形，边缘有疏生具腺锯齿，上面无毛，下面中脉疏生柔毛，叶柄长 5–10 mm，微有柔毛。花多数，成复伞房花序，直径 5–7 cm，无毛，密生疣点；花梗长 7–15 mm；花直径 5–7 mm；萼筒杯状，外面微有毛；萼片三角状卵形；花瓣白色，卵形或倒卵形，长 2 mm，无毛；雄蕊 20；花柱 (2–) 3，基部合生。果实卵形，长 7–8 mm，直径 5–6 mm，紫红色，无毛，微有疣点，先端有宿存萼片；果梗长 1–2 cm。花期 5 月，果期 7–8 月。

分布与生境　产于陕西、河南、江苏、安徽、浙江、江西、湖南、湖北、四川、云南、贵州、广东、广西、福建。生于山坡或山谷林下，海拔 1000–1700 m。

药用部位　根、叶、果实。

功效应用　根及叶：行气活血，祛风止痛，补肾强筋。用于风湿痹痛，肾虚脚膝酸软，头风头痛，跌打损伤。果实：补肾强筋。用于劳伤疲乏。

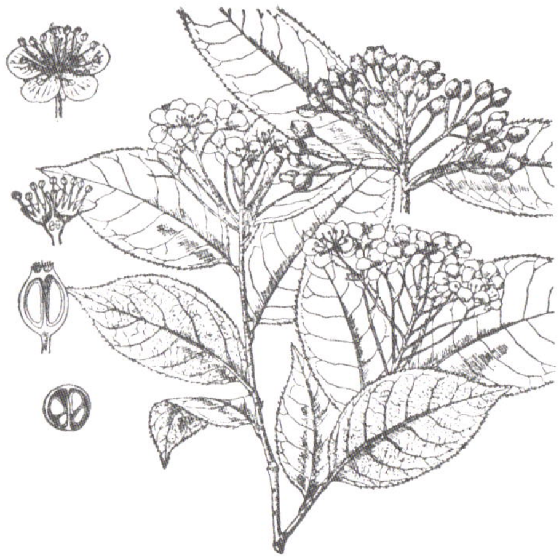

中华石楠 **Photinia beauverdiana** C. K. Schneid.
引自《中国高等植物图鉴》

中华石楠 **Photinia beauverdiana** C. K. Schneid.
摄影：刘军

7. 绒毛石楠

Photinia schneideriana Rehder et E. H. Wilson in Sarg., Pl. Wilson. 1: 188. 1912.（英 **Schneider Photinia**）

灌木或小乔木，高达 9 m；幼枝有稀疏长柔毛，以后脱落近无毛，老时具梭形皮孔；冬芽卵形，急尖，无毛。叶片长圆状披针形或长椭圆形，长 6–11 cm，宽 2–5.5 cm，渐尖，基部宽楔形，边缘有锐锯齿，上面初疏生长柔毛，以后脱落，下面被稀疏绒毛；叶柄长 6–10 mm，初被柔毛，以后脱落。花多数，成顶生复伞房花序，直径 5–7 cm，疏生长柔毛；花梗长 3–8 mm，无毛；萼筒杯状，外面无毛；萼片直立、圆形，长约 1 mm，先端具短尖头，内面上部有疏柔毛；花瓣白色，近圆形，直径约 4 mm，无毛；雄蕊 20，约和花瓣等长；花柱 2–3，基部连合，子房顶端有柔毛。果实卵形，长 10 mm，直径约 8 mm，带红色，无毛，有小疣点，顶端具宿存萼片。种子 2–3，卵形，长 5–6 mm，两端尖，黑褐色。花期 5 月，果期 10 月。

分布与生境　产于浙江、江西、湖南、湖北、四川、贵州、福建、广东。生于海拔 1000–1500 m 的山坡疏林中。

药用部位　叶、根皮。

功效应用　叶：补肾，强腰膝，除风湿。用于肾虚，腰膝软弱，风湿痹痛。根皮：用于内热。

绒毛石楠 **Photinia schneideriana** Rehder et E. H. Wilson
引自《中国高等植物图鉴》

绒毛石楠 **Photinia schneideriana** Rehder et E. H. Wilson
摄影：徐克学

8. 毛叶石楠（中国树木分类学） 细毛扇骨木（江苏植物名录），鸡丁子、吉铃子、活鸡丁（山东）

Photinia villosa (Thunb.) DC., Prodr. 2: 631. 1825——*Crataegus villosa* Thunb.（英 **Oriental Photinia**）

8a. 毛叶石楠（模式变种）

Photinia villosa (Thunb.) DC. var. **villosa**

落叶灌木或小乔木，高 2–5 m；小枝幼时有白色长柔毛，以后脱落无毛，有散生皮孔；冬芽卵形，无毛。叶片草质，倒卵形或长圆倒卵形，长 3–8 cm，宽 2–4 cm，先端尾尖，基部楔形，边缘上

毛叶石楠 **Photinia villosa** (Thunb.) DC. var. **villosa**
引自《中国高等植物图鉴》

毛叶石楠 **Photinia villosa** (Thunb.) DC. var. **villosa**
摄影：徐克学

半部具密生尖锐锯齿，两面初有白色长柔毛，以后上面逐渐脱落几无毛，仅下面叶脉有柔毛；叶柄长 1–5 mm，有长柔毛。花 10–20 朵，成顶生伞房花序，直径 3–5 cm；有长柔毛；花梗长 1.5–2.5 cm，在果期具疣点；苞片和小苞片钻形，早落；花直径 7–12 mm；萼筒杯状，外面有白色长柔毛；萼片三角状卵形，外面有长柔毛，内面有毛或无毛；花瓣白色，外面无毛，内面基部具柔毛，有短爪；雄蕊 20，较花瓣短；花柱 3，离生，无毛，子房顶端密生白色柔毛。果实椭圆形或卵形，长 8–10 mm，直径 6–8 mm，红色或黄红色，稍有柔毛。花期 4 月，果期 8–9 月。

分布与生境　产于甘肃、河南、山东、江苏、安徽、浙江、江西，湖南、湖北、福建、广东、贵州、云南。生于山坡灌丛中，海拔 800–1200 m。也分布于朝鲜、日本。

药用部位　根、果实。

功效应用　清热利湿，消肿止痛，和中健脾。用于湿热内蕴，呕吐，泄泻，痢疾，劳伤疲乏，跌打损伤，小儿消化不良，神经性头痛。

8b. 庐山石楠（中国树木分类学） 华毛叶石楠（经济植物手册）

Photinia villosa (Thunb.) DC. var. **sinica** Rehder et E. H. Wilson in Sarg., Pl. Wilson. 1: 186. 1912.（英 **Hairless Photinia**）

叶片椭圆形或长圆椭圆形，稀长圆倒卵形，长 4–8.5 cm，宽 1.8–4.5 cm，无毛。伞房花序有花 5–8 朵，稀达 15 朵；花直径 1–1.5 cm。果实球形，长 6–16 mm，直径 9–11 mm，无毛。

分布与生境　产于甘肃、陕西、江苏、安徽、浙江、江西、福建、湖南、湖北、四川、贵州、广东、广西。生于山坡疏林中，海拔 1000–1500 m。

药用部位　根、果实、叶。

功效应用　根、果实：用于劳伤疲乏。叶：祛风通络，益肾。

庐山石楠 **Photinia villosa** (Thunb.) DC. var. **sinica** Rehder et E. H. Wilson
摄影：南程慧

9. 小叶石楠（经济植物手册） 牛筋木（四川），牛李子（湖南），山红子（贵州）

Photinia parvifolia (E. Pritz.) C. K. Schneid., Ill. Handb. Laubholzk 1: 711. 1906.——*Pourthiaea parvifolia* E. Pritz.（英 **Littleleaf Photinia**）

落叶灌木，高 1–3 m；枝纤细，小枝红褐色，无毛，有黄色散生皮孔；冬芽卵形，长 3–4 mm，急尖。叶片草质，椭圆形、椭圆状卵形或菱状卵形，长 4–8 cm，宽 1–3.5 cm，渐尖或尾尖，基部宽

小叶石楠 **Photinia parvifolia** (E. Pritz.) C. K. Schneid.
引自《中国高等植物图鉴》

小叶石楠 **Photinia parvifolia** (E. Pritz.) C. K. Schneid.
摄影：陈炳华

楔形或近圆形，边缘有具腺尖锐锯齿，初疏生柔毛，以后无毛，下面无毛；叶柄长 1–2 mm，无毛。花 2–9 朵，成伞形花序，无总花梗；苞片及小苞片钻形，早落；花梗长 1–2.5 cm，无毛，有疣点；花直径 0.5–1.5 cm；萼筒杯状，无毛；萼片卵形，急尖，外面无毛，内面疏生柔毛；花瓣白色，直径 4–5 mm，先端钝，内面基部疏生长柔毛；雄蕊 20，较花瓣短；花柱 2–3，中部以下合生，较雄蕊稍长，子房顶端密生长柔毛。果实椭圆形或卵形，长 9–12 mm，直径 5–7 mm，橘红色或紫色，无毛。内含 2–3 卵形种子；果梗长 1–2.5 cm，密布疣点。花期 4–5 月，果期 7–8 月。

分布与生境 产于河南、江苏、安徽、浙江、江西、湖南、湖北、四川、贵州、台湾、广东、广西。生于海拔 300–2500 m 以下低山丘陵灌丛中。

药用部位 根。

功效应用 清热解毒，活血止痛，退黄。用于黄疸，乳痈，牙痛。

化学成分 茎含三萜类：羽扇豆醇(lupeol)，白桦脂酸(betulinic acid)，圆齿火棘酸(pyracrenic acid)[1]；黄酮类：表儿茶素(epicatechin)[1]；氰苷类：野樱苷(prunasin)[1]；甾体类：β-谷甾醇，胡萝卜苷[1]。

注评 本种彝族药用，其全株用于治牙痛、黄疸、乳痈。

化学成分参考文献

[1] 李媛，等 . 中草药，2004, 35(3): 241-242.

14. 枇杷属 Eriobotrya Lindl.

常绿乔木或灌木。单叶互生；托叶多早落；有叶柄或近无柄；叶片边缘有锯齿或近全缘，羽状脉明显。花成顶生圆锥花序，常有绒毛；萼筒杯状或倒圆锥状；萼片 5，宿存；花瓣 5，倒卵形或圆形，无毛或有毛，芽时呈卷旋状或双盖覆瓦状排列；雄蕊 20–40；花柱 2–5，基部合生，常有毛，子房下位，2–5 室，每室有 2 胚珠。果实为梨果，肉质或干燥，内果皮膜质，有 1 或数粒大种子。

本属约 30 种，分布于亚洲温带及亚热带。我国产 13 种，其中 4 种可药用。

分种检索表

1. 叶片下面有柔毛或绒毛，老时不脱落。
   2. 叶柄短或几无柄，长 6–10 mm；叶片披针形、倒披针形、倒卵形或椭圆状长圆形，下面密生灰棕色绒毛 ……………… 1. **枇杷 E. japonica**
   2. 叶柄长 2–3 cm；叶片倒卵状披针形，下面有黄色长柔毛 ……………… 2. **怒江枇杷 E. salwinensis**
1. 叶片下面近无毛或幼时有绒毛，不久即脱落。
   3. 花序轴和花梗疏生短柔毛或近无毛；叶片边缘不外卷，有浅锐锯齿，叶柄长 1.5–3.5 cm ……………… 3. **大花枇杷 E. cavaleriei**
   3. 花序轴和花梗密生棕色绒毛；叶片边缘外卷，有粗钝锯齿，叶柄长 2–4 cm ………… 4. **台湾枇杷 E. deflexa**

本属植物果实多可食用，营养丰富，含有丰富的碳水化合物、维生素以及矿物质；同时该属植物如枇杷 (E. japonica) 等还具有很高的药用价值，枇杷叶的醇提物有止咳、镇静、降血糖等药理作用。现已初步明确本属药用植物主要含有三萜类、黄酮类和挥发油。三萜类主要为包括野鸦椿酸 (euscaphic acid，**1**)、黄麻酸▲ (corosolic acid，**2**)、委陵菜酸 (tormentic acid，**3**)、齐墩果酸 (oleanolic acid)、熊果酸 (ursolic acid)、山楂酸 (crataegolic acid; maslinic acid)、果渣酸▲ (pomolic acid)、白桦脂酸甲酯 (methyl betuliate)、山楂酸甲酯 (methyl maslinate) 等，多具有止咳、抗炎、抗肿瘤等药理活性，多羟基三萜烯苷可显著降低遗传性糖尿病小鼠的尿糖，并可降低正常小鼠的血糖。

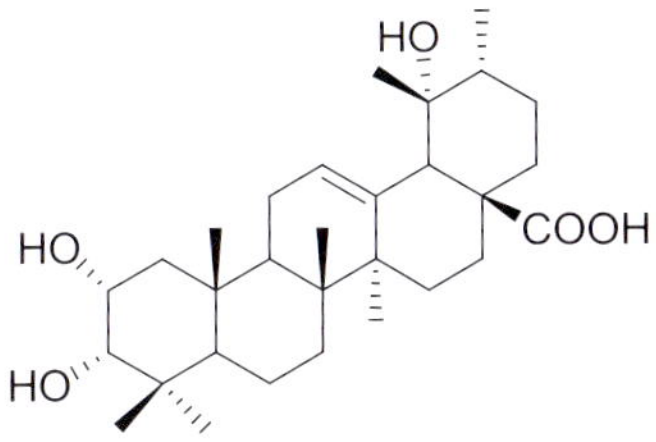

1

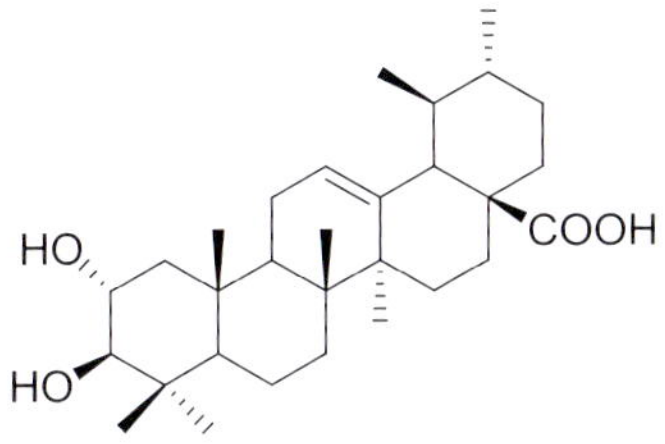

2

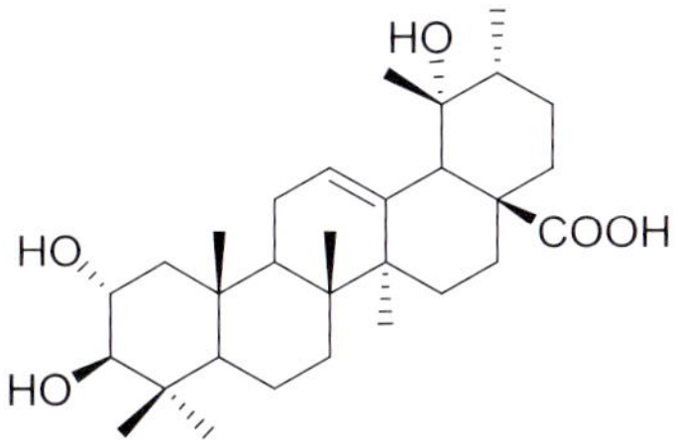

3

从本属药用植物中分得的黄酮类成分有山柰酚 (kaempferol)、枇杷甲素 (eribotrine A)、山柰酚 -3-*O*-*α*-L-(2'',4''- 二 -*E*- 对香豆酰基)- 鼠李糖苷、山柰酚 -3-*O*-*α*-L-(2'',4''- 二 -*Z*- 对香豆酰基)- 鼠李糖苷、山柰酚 -3-*O*-*α*-L-(2'',4''- 二 -*E*- 阿魏酰基)- 鼠李糖苷、金丝桃苷 (hyperin; hyperoside)、芦丁 (rutin)，具有抗炎、抗肿瘤、增强免疫力等药理作用。

此外，本属药用植物还含有挥发油，主要成分有橙花叔醇 (nerolidol)、金合欢醇 (farnesol)、丙炔酸 (propiolic acid)、己醛 (caproaldehyde)、苯甲醛 (benzaldehyde)、十六烷 (hexadecane)、异戊酸 -6,10,13- 三乙基十四烷酯 (isopentoic acid-6,10,13-triethyl tetradecane ester)、苯酚 (phenol)、1,4- 二甲基萘 (1,4-dimethyl naphthalene)、茴香醛 (anisaldehyde)、辛酸 (caprylic acid)、*N*, *N'*- 二 - 苄氧基庚联氨、对异丙基苯酚 (*p*-isopropyl phenol) 等。

本属植物枇杷具有镇咳祛痰、抗肺纤维化、保肝、抗炎抑菌、抗氧化、抗肿瘤、降血糖等药理作用。萜类及其黄酮类是其主要的活性部位。

1. 枇杷（中国植物志） 卢桔（广东）

Eriobotrya japonica (Thunb.) Lindl. in Trans. Linn. Soc. London 13: 102. 1822.——*Mespilus japonica* Thunb.（英 **Loquat**）

常绿小乔木，高可达 10 m；小枝密生锈色或灰棕色绒毛。托叶钻形，有毛；叶柄短或几无柄，长 6–10 mm，有灰棕色绒毛；叶片革质，披针形、倒披针形、倒卵形或椭圆状长圆形，长 12–30 cm，宽 3–9 cm，上面光亮，多皱，下面密被灰棕色绒毛，侧脉 11–21 对，基部楔形或渐狭成叶柄，上部边缘有疏锯齿，基部全缘，先端急尖或渐尖。圆锥花序顶生，长 10–19 cm，具多花，花序轴和花梗密生锈色绒毛；花梗长 2–8 mm；苞片钻形，长 2–5 mm，密生锈色绒毛；花直径 12–20 mm；萼筒浅杯状；萼片三角状卵形，和萼筒外面被锈色绒毛；花瓣白色，长圆形或卵形；基部有锈色绒毛；雄蕊 20，远短于花瓣；花柱 5，离生，子房顶端有锈色柔毛，5 室，每室 2 胚珠。果实球形或扁球形，直径 1–1.5 cm，褐色，光亮。种皮纸质。花期 10–12 月，果期 5–6 月。

分布与生境 产于甘肃、陕西、河南、江苏、安徽、浙江、江西、湖北、湖南、四川、云南、贵州、广西、广东、福建、台湾。各地广为栽培，四川、湖北有野生。日本、印度、越南、缅甸、泰国、印度尼西亚也有栽培。

药用部位 叶、果实、果壳、种仁、根、花。

功效应用 叶：清肺止咳，降逆止呕。用于肺热咳嗽，气逆喘急，胃热呕逆，烦热口渴。果实、果壳、种仁：止咳祛痰。用于发热，咳嗽，疝气，水肿，瘰疬。根：用于久咳虚劳，关节疼痛。花：用于伤风感冒，咳嗽，痰血。

化学成分 叶含黄酮类：山柰酚-3-*O*-*α*-L-(2'',4''-二-*E*-对香豆酰基)-鼠李糖苷[kaempferol-3-*O*-*α*-L-(2'',4''-di-*E*-*p*-coumaroyl)-rhamnoside]，山柰酚-3-*O*-*α*-L-(2'',4''-二-*Z*-对香豆酰基)-鼠李糖苷[kaempferol 3-*O*-*α*-L-(2'',4''-di-*Z*-*p*-coumaroyl)-rhamnoside]，山柰酚-3-*O*-*α*-L-(2'',4''-二-*E*-阿魏酰基)-鼠李糖苷[kaempferol-3-*O*-*α*-L-(2'',4''-di-*E*-feruloyl)-rhamnoside][1]，山柰酚(kaempferol)，金丝桃苷(hyperin; hyperoside)，蒙花苷(buddleoside; linarin)[2]，芦丁(rutin)[3]，(2*R*)-柚皮苷元-8-*C*-*α*-L-吡喃鼠李糖基-(1→2)-*β*-吡喃葡萄糖苷[(2*R*)-naringenin-8-*C*-*α*-rhamnopyranosyl-(1→2)-*β*-glucopyranoside]，辛可耐因 Ⅰd-7-*O*-*β*-吡喃葡萄糖苷

枇杷 **Eriobotrya japonica** (Thunb.) Lindl.
引自《中国高等植物图鉴》

枇杷 **Eriobotrya japonica** (Thunb.) Lindl.
摄影：徐克学

(cinchonain Ⅰd-7-*O*-*β*-glucopyranoside)[4]，辛可耐因Ⅱb (cinchonain Ⅱb)[5]；三萜类：3,19-二羟基熊果酸(3,19-dihydroxyursolic acid)，2,3-二羟基熊果酸(2,3-dihydroxyursolic acid)[2]，2*β*,3*β*,19*α*-三羟基熊果酸(2*β*,3*β*,19*α*-trihydroxyursolic acid)[3]，齐墩果酸(oleanolic acid)，熊果酸(ursolic acid)，山楂酸(maslinic acid)，果渣酸▲(pomolic acid)，野鸦椿酸(euscaphic acid)[6]，白桦脂酸甲酯(methyl betuliate)，山楂酸甲酯(methyl maslinate)，黄麻酸▲甲酯(methyl corosolate)，黄麻酸▲(corosolic acid)，委陵菜酸(tormentic acid)[7]，异阿江榄仁酸(arjunic acid)，*α*-羟基齐墩果酸(*α*-hydroxyoleanolic acid)[8]，阿江榄仁酸甲酯(methylarjunolate)，2*α*,3*α*,23-三羟基-12-烯-28-齐墩果酸(2*α*,3*α*,23-trihydroxyolean-12-en-28-oic acid)，熊果酸甲酯(methyl ursolate)，3-*O*-顺式-对香豆酰委陵菜酸(3-*O*-*cis*-*p*-coumaroyltormentic acid)，3-*O*-反式-对香豆酰委陵菜酸(3-*O*-*trans*-*p*-coumaroyltormentic acid)，3-表黄麻酸▲(3-epicorosolic acid)，1*β*-羟基野鸦椿酸(1*β*-hydroxyeuscaphic acid)，熊果酸内酯(ursolic acid lactone)，白桦脂酸(betulinic acid)[9]，23-反式-对香豆酰委陵菜酸(23-*trans*-*p*-coumaroyltormentic acid)，23-顺式-对香豆酰委陵菜酸(23-*cis*-*p*-coumaroyltormentic acid)，3-*O*-反式-咖啡酰委陵菜酸(3-*O*-*trans*-caffeoyltormentic acid)，3-*O*-反式-对香豆酰铁冬青酸(3-*O*-*trans*-*p*-coumaroyl rotundic acid)[10]；倍半萜类：橙花叔醇-3-*O*-*α*-L-吡喃鼠李糖基-(1→4)-*α*-L-吡喃鼠李糖基-(1→2)-[*α*-L-吡喃鼠李糖基-(1→6)]-*β*-D-吡喃葡萄糖苷(nerolidol-3-*O*-*α*-L-rhamnopyranosyl-(1→4)-*α*-L-rhamnopyranosyl-(1→2)-[*α*-L-rhamnopyranosyl-(1→6)]-*β*-D-glucopyranoside)[11]，3*α*-反式-阿魏酰氧基-2*α*-羟基熊果酸(3*α*-*trans*-feruloyloxy-2*α*-hydroxyursolic acid)[12]；其他类：*β*-谷甾醇，胡萝卜苷[2]，二十三碳酸，苯丙酸(phenylpropyl acid)[3]，枇杷苷(eriojaposide) A、B[11]，绿原酸(chlorogenic acid)，绿原酸甲酯(methyl chlorogenate)[13]。

花含三萜类：齐墩果酸(oleanolic acid)，熊果酸(ursolic acid)，2,3,19-三羟基熊果-5,12-二烯-28-酸(2,3,19-trihydroxyurs-5,12-dien-28-acid)，2,3,23-三羟基齐墩果酸(2,3,23-trihydroxyoleanolic acid)[14]；挥发油：以酸、醛、醇、酯为主，其中苯乙醇(benzene alcohol)，苯甲醛(benzaldehyde)，茴香醛(anisaldehyde)，乙酸(acetic acid)，4-甲氧基苯甲酸甲酯(4-methoxyl methyl benzoate)，辛酸(caprylic acid)，十七烷(heptadecane)，2,6,10,14-四甲基十五烷(2,6,10,14-tetramethyl pentadecane)的含量较高[15]。

核仁含苯丙素类：绿原酸(chlorogenic acid)，新绿原酸(neochlorogenic acid)，异绿原酸(isochlorogenic acid)，咖啡酸(caffeic acid)[16]；其他类：苦杏仁苷(amygdalin)[16]，4-亚甲基-*DL*-脯氨酸

(4-methylene-*DL*-proline)，反式-4-羟甲基脯氨酸(*trans*-4-hydroxymethylproline)，顺式-4-羟甲基脯氨酸(*cis*-4-hydroxymethylproline)[16]，蛋白质，脂肪，淀粉，还原糖，纤维，鞣质，维生素，矿物质[17]。

药理作用 抗炎作用：枇杷核提取物能增强小鼠的非特异性 Mϕ 吞噬功能，增加 B 细胞产生抗体的能力，提高 T 淋巴细胞转化率及自然杀伤细胞（NK 细胞）的杀伤活性，对抗生素造成的小鼠肠道菌群失调性腹泻具有治疗作用，表现出对免疫功能的增强作用以及对肠道正常菌群（双歧杆菌、乳酸菌、肠球菌、肠杆菌和类杆菌）的双重调节作用[1]。枇杷叶三萜酸 (75 mg/kg、225 mg/kg、675 mg/kg) 灌胃给药对二甲苯诱导的小鼠耳肿胀和冰醋酸引起的腹腔毛细血管渗出具有抑制作用；枇杷叶三萜酸 (50 mg/kg、150 mg/kg、450 mg/kg) 灌胃给药可减轻角叉菜胶诱导的大鼠足跖肿胀、棉球诱导的大鼠肉芽肿和佐剂性关节炎 (AA) 大鼠的原发性、继发性炎症病变；枇杷叶三萜酸 (0.05 mg/L、0.5 mg/L、5 mg/L、50 mg/L) 体外给药可增加刀豆蛋白 A (ConA)、脂多糖 (LPS) 诱导的 AA 大鼠脾淋巴细胞增殖反应和 IL-2 的产生，同时抑制 AA 大鼠 PMϕ 产生过高的 IL-1[2]。枇杷叶三萜酸的抗炎作用机制可能与 ERK 和 p38 通路有关[3]。

枇杷叶 Eriobotryae Folium
摄影：王海

镇咳、祛痰作用：枇杷花提取物在 140.59–25000 mg 生药 /kg 和枇杷叶浸膏在 150–47434.16 mg 生药 /kg 的剂量范围内均能明显减少浓氨水所致的小鼠 3 min 内咳嗽次数，250 mg 生药 /kg 剂量是枇杷花提取物镇咳作用的最佳剂量，折算成成人日用剂量为 25 mg 生药 /kg[4]。枇杷花醇提液具有祛痰作用[5]。枇杷苷Ⅰ、熊果酸和总三萜酸是枇杷叶抗炎和止咳作用的主要成分[6]。

抗肺纤维化作用：枇杷叶三萜酸能抑制体外培养人胚肺成纤维细胞 (HFL-Ⅰ) 增殖，同时也能使活化后 HFL-Ⅰ中的平滑肌肌动蛋白 (α-SMA) 生成减少，结缔组织生长因子 (CTGF)、胶原和 p-ERK1/2 表达降低，表现出抗肺纤维化的作用[7]。有研究表明调节诱生型及内皮型一氧化氮合酶 (iNOS、eNOS) 比例、抗脂质过氧化也可能是枇杷叶三萜酸抗肺纤维化作用的机制之一[8-9]。

保肝作用：枇杷核 70% 乙醇提取物具有改善肝纤维化的作用，但因实验诱发肝损害物质（二甲基亚硝胺和四氯化碳）的不同而作用有所差异，枇杷核提取物改善肝纤维化的作用受肝纤维化病态的影响，此改善作用与其抑制肝的炎症有显著关系[10]。

降血糖作用：枇杷叶乙醇提取物对正常小鼠、肾上腺素和葡萄糖引起的高血糖小鼠均具有降血糖作用，提取物 2.4 g/kg、4.8 g/kg 剂量在 0.5 h 时具有对抗肾上腺素的升血糖作用，4.8 g/kg 剂量在 1 h 时能降低肾上腺性高血糖；提取物 2.4 g/kg、4.8 g/kg 剂量对葡萄糖引起的血糖升高有抑制作用；提取物对正常小鼠的血糖影响亦明显[11]。

抑菌作用：采用石油醚、氯仿、乙酸乙酯、正丁醇、丙酮、95% 乙醇和水为提取溶剂，进行枇杷花提取物抑菌作用研究，结果显示枇杷花提取物对大肠埃希菌、金黄色葡萄球菌、白念珠菌具有抑菌作用，正丁醇、丙酮提取物对金黄色葡萄球菌抑制能力优于其他溶剂，石油醚提取物对大肠埃希菌抑制能力优于其他溶剂，石油醚、乙酸乙酯提取物对白念珠菌抑制能力优于其他溶剂[12]。枇杷叶水提取物、乙醇提取物、正己烷提取物对三种食品中常见污染菌（大肠埃希菌、金黄色葡萄球菌、枯草芽孢杆菌）具有抑菌作用，乙醇提取物的抑菌效果最好，其次是水提取物[13]。

抗肿瘤作用：枇杷叶中熊果酸对人肝癌 $HepG_2$、人胃癌 MGC803、BGC823 以及人乳腺癌 M231 细胞具有抑制增殖作用，作用机制与其诱导细胞凋亡发生、抑制 Caspase-3 的激活密切相关[14]。

抗氧化作用：枇杷核中黄酮类物质对羟自由基及 DPPH 自由基具有清除作用，黄酮类物质浓度增加、自由基的清除作用增强，呈线性相关[15-16]。枇杷总黄酮具有抗氧化作用，作用强度与总黄酮浓度具有剂量效应关系，黄酮类化合物普遍存在枇杷植物中，以枝条居多，叶片、果实含量较低[17]。有研究表明 0.10% 枇杷叶黄酮的抗氧化效果和 0.05% 叔丁基对苯二酚相近，并且维生素 C 与枇杷叶黄酮有协同抗氧化效应[18]。

注评 本种为历版中国药典、内蒙古中药材标准（1988）和部颁药品标准·维吾尔药（1998 年版）收载“枇杷叶”的基源植物，药用其干燥叶。水族、傈僳族、侗族、毛南族、仫佬族、瑶族、彝族、壮族、景颇族、阿昌族、德昂族、仡佬族、苗族和土家族也药用，主要用途同功效应用项外，侗族用树皮治气喘，瑶族用根治咳嗽、胃痛，彝族用其树皮治小儿百日咳、支气管炎，苗族用根治虚劳咳嗽、传染性肝炎，土家族用花蕾治各种咳嗽、百日咳。

化学成分参考文献

[1] Kawahara N, et al. *Chem Pharm Bull*, 2002, 50(12): 1619-1620.
[2] 陈剑，等. 中草药，2006, 37(11): 1632-1634.
[3] 陈剑，等. 植物资源与环境学报，2006, 15(4): 67-68.
[4] Ito H, et al. *Chem Pharm Bull*, 2000, 48(5): 687-693.
[5] Ito H, et al. *J Agric Food Chem*, 2002, 50(8): 2400-2403.
[6] 鞠建华，等. 中国药学杂志，2003, 38(10): 752-757.
[7] 吕寒，等. 中药材，2008, 31(9): 1351-1354.
[8] Huang Y, et al. *Life Sci*, 2006, 78(23): 2749-2757.
[9] Banno N, et al. *Biol Pharm Bull*, 2005, 28(10): 1995-1999.
[10] De Tommasi N, et al. *J Nat Prod*, 1992, 55(8): 1067-1073.
[11] Chen J, et al. *Phytomedicine*, 2008, 15(1-2): 98-102.
[12] Ito H, et al. *J Nat Prod*, 2001, 64(6): 737-740.
[13] Jong HA, *Arch Pharm Res*, 1999, 22(2): 213-218.
[14] 成丽，等. 华西医大学报，2001, 32(2): 283-285.
[15] 张丽华，等. 食品科技，2008, 3: 108-110.
[16] 柴振林，等. 浙江林业科技，2003, 23(3): 30-32.
[17] 林国荣，等. 食品科技，2007, 8: 276-277.

药理作用及毒性参考文献

[1] 李鹰，等. 中国微生态学杂志，2005, 17(4): 247-248.
[2] 葛金芳，等. 安徽医科大学学报，2007, 42(2): 174-179.
[3] 江国林，等. 中国药理学通报，2009, 25(5): 597-600.
[4] 孙苏逖，等. 中药药理与临床，2010, 26(5): 94-96.
[5] 邓晶晶，等. 时珍国医国药，2006, 17(12): 2469-2470.
[6] 王立为，等. 中草药，2004, 35(2): 174-176.
[7] 杨雅茹，等. 中国药理学通报，2011, 27(3): 341-346.
[8] 黄艳，等. 中国药理学通报，2011, 27(5): 642-646.
[9] 刘娟，等. 安徽医科大学学报，2010, 45(1): 50-53.
[10] 京谷庄二郎，等. 国外医学·中医中药分册，2004, 26(2): 124.
[11] 谢筱琳，等. 中医药导报，2009, 15(5): 93-94.
[12] 何莲，等. 食品科学，2007, 28(12): 109-112.
[13] 肖新生，等. 现代食品科技，2010, 26(1): 59-62.
[14] 邵敬伟，等. 药物生物技术，2009, 16(4): 355-359.
[15] 焦士蓉，等. 食品科学，2006, 27(9): 84-87.
[16] 董海丽，等. 中国农学通报，2011, 27(5): 489-492.
[17] 蔡建秀. 泉州师范学院学报（自然科学），2010, 28(4): 55-59.
[18] 杨桂福. 黑龙江医药，2009, 22(2): 150-152.

2. 怒江枇杷（中国植物志）

Eriobotrya salwinensis Hand.-Mazz., Symb. Sin. 7: 475. 1933.（英 **Salwin Loquat**）

小乔木；小枝幼时密生棕色绒毛，以后脱落近无毛。叶柄肥厚，长 2–3 cm，有绒毛；叶片厚革质，倒卵状披针形，长 10–20 cm，宽 2.5–6.5 cm，上面光亮，下面有黄色长柔毛，侧脉 14–20 对，基部楔形，有时近圆形，边缘上部 1/4 每侧有 4–10 浅锯齿，先端渐尖。圆锥花序呈金字塔形，花序轴及花梗密生棕色绒毛，在花序上部的花无梗成穗状；小苞片 2，卵形，外面有棕色短绒毛；萼片卵形和萼筒近等长；花瓣乳黄色，倒卵形，常 2 深裂，有黄色柔毛；花柱 2–3，离生，基部及子房有棕色长柔毛。果实球形，直径约 15 mm，基部和顶端全有棕色柔毛。花期 4–5 月，果期 6–8 月。

分布与生境 产于云南西北部。生于海拔 1600–2400 m 亚热带季雨阔叶林中。也分布于缅甸和印度。

药用部位 叶、果实。

功效应用 叶：清肺止咳，降逆止呕。用于咳嗽痰喘，多痰，呕吐。果实：用于发热。

化学成分 叶含三萜类：熊果酸(ursolic acid)[1]。

怒江枇杷 **Eriobotrya salwinensis** Hand.-Mazz.
摄影：朱鑫鑫

化学成分参考文献

[1] Hong YP, et al. *Acta Horticulturae*, 2007, 750: 225-232.

3. 大花枇杷（中国植物志） 山枇杷（江西、湖北、广西）

Eriobotrya cavaleriei (H. Lév.) Rehder in J. Arnold Arbor. 13: 307. 1932.——*Hiptage cavaleriei* H. Lév.（英 **Bigflower Loquat**）

常绿乔木，高 4–6 m；小枝无毛。叶柄长 1.5–4 cm，无毛；叶片集生枝顶，长圆形、长圆状披针形或长圆状倒披针形，长 7–18 cm，宽 2.5–7 cm，上面无毛，下面近无毛，侧脉 7–14 对，基部渐狭，边缘疏生内曲浅锐锯齿，近基部全缘，先端渐尖。圆锥花序顶生，花序轴和花梗被疏棕色短柔毛；花梗长 3–10 mm；花直径 1.5–2.5 cm；萼筒浅杯状，外被稀疏棕色短柔毛；萼片三角状卵形；花瓣白色，倒卵形；花柱 2–3，基部合生，中部以下有白色绒毛；子房无毛。果实椭圆体形或近球形，橘红色，直径 1–1.5 cm；萼片反折宿存。花期 4–5 月，果期 7–8 月。

大花枇杷 **Eriobotrya cavaleriei** (H. Lév.) Rehder
引自《中国高等植物图鉴》

大花枇杷 **Eriobotrya cavaleriei** (H. Lév.) Rehder
摄影：喻勋林

分布与生境　产于四川、贵州、湖北、湖南、江西、福建、广西、广东。生于海拔 500–2000 m 的山坡、河边杂木林中。也分布于越南北部。

药用部位　果实、叶、花、根皮。

功效应用　果实：用于热病。叶：清肺止咳。花、叶、根皮：清肺，止咳，平喘，消肿止痛。

注评　本种苗族药用，用其花、叶及根皮治咳嗽多痰、气喘、跌打骨折。

4. 台湾枇杷（中国树木分类学）

Eriobotrya deflexa (Hemsl.) Nakai in Bot. Mag. (Tokyo) 30: 18, 1918.——*Photinia deflexa* Hemsl.

（英 **Taiwan Loquat**）

常绿乔木，高 5–12 m；小枝幼时密被棕色绒毛，以后脱落近无毛。叶柄长 2–4 cm，无毛；叶片长圆形或长圆状披针形，长 10–19 cm，宽 3–7 cm，幼时两面有短绒毛，不久脱落无毛，基部楔形，边缘微向外卷，疏生不规则内弯粗钝锯齿，先端短尾尖或渐尖。圆锥花序顶生，花序轴和花梗均密生棕色绒毛；花梗长 6–13 mm；花直径 15–18 mm；萼筒杯状，外面密生棕色绒毛；萼片三角状卵形，外被棕色绒毛；花瓣白色，圆形或倒卵形；花柱 3–5，中部以下合生，并有柔毛；子房无毛。果实近球形，直径 1.2–2 cm，黄红色。花期 5–6 月，果期 6–8 月。

分布与生境　产于广东、台湾。生于海拔 1000–1800 m 的山坡及山谷阔叶杂木林中。也分布于越南南部。

药用部位　果实、叶。

功效应用　果实：清热解毒。用于发热。叶：清肺止咳。

化学成分　叶含单萜类：(3*S*)-*O*-*α*-L-吡喃鼠李糖基-(1→3)-[4-*O*-(*Z*)-香豆酰基]-*α*-L-吡喃鼠李糖基-(1→6)-*β*-D-吡喃葡萄糖基芳樟醇{(3*S*)-*O*-*α*-L-rhamnopyranosyl-(1→3)-[4-*O*-(*Z*)-coumaroyl]-*α*-L-rhamnopyranosyl-(1→6)-*β*-D-glucopyranosyllinalool}，(3*S*)-*O*-*α*-L-吡喃鼠李糖基-(1→3)-[4-*O*-(*E*)-香豆酰基]-*α*-L-吡喃鼠李糖基-(1→6)-*β*-D-吡喃葡萄糖基芳樟醇{(3*S*)-*O*-*α*-L-rhamnopyranosyl-(1→3)-[4-*O*-(*E*)-coumaroyl]-*α*-L-rhamnopyranosyl-(1→6)-*β*-D-glucopyranosyllinalool}[1]；三萜类：1,2,19-三羟基-3-氧代-12-熊果烯-28-酸(1,2,19-trihydroxy-3-oxo-12-ursen-28-oic acid)，野鸦椿酸(euscaphic acid)，2,3,19-三羟基齐墩果-12-烯-28-酸(2,3,19-trihydroxy-12-oleanen-28-oic acid)，1*β*-羟基-2-氧代果渣酸▲(1*β*-hydroxy-2-oxopomolic acid)，2-氧代果渣酸▲(2-oxopomolic acid)，2,19*α*-二羟基-3-氧代-熊果-12-烯-28-酸(2,19*α*-dihydroxy-3-oxo-12-ursen-28-oic acid)，异阿江榄仁酸(arjunic acid)[1]。

台湾枇杷 **Eriobotrya deflexa** (Hemsl.) Nakai
引自《中国高等植物图鉴》

台湾枇杷 **Eriobotrya deflexa** (Hemsl.) Nakai
摄影：骆适

化学成分参考文献

[1] Lee TH, et al. *J Nat Prod*, 2001, 64: 865-869.

15. 石斑木属 Rhaphiolepis Lindl.

常绿灌木或小乔木。单叶互生，革质，具短柄；托叶锥形，早落。花成直立总状花序、伞房花序或圆锥花序；萼筒钟状至筒状，下部与子房合生；萼片 5，直立或外折，脱落；花瓣 5，有短爪；雄蕊 15–20；子房下位，2 室，每室有 2 直立胚珠，花柱 2 或 3，离生或基本合生。梨果核果状，近球形，肉质；萼片脱落后顶端有一圆环或浅窝。种子 1–2，近球形，种皮薄，子叶肥厚，平凸或半球形。

本属约 15 种，分布于亚洲东部。我国产 7 种，其中 2 种可药用。

分种检索表

1. 叶片卵形或长圆形，稀倒卵形或长圆状披针形，长 (2–) 4–8 cm，宽 1.5–4 cm ……………… 1. 石斑木 **R. indica**

1. 叶片带状披针形，长 3–7.5 cm，宽 5–14 mm ……………………………………………… 2. 细叶石斑木 **R. lanceolata**

1. 石斑木（中国树木分类学） 车轮梅（植物学大辞典），春花、凿角（广东），雷公树（福建），白杏花（台湾），山花木、石棠木（广西）

Rhaphiolepis indica (L.) Lindl. ex Ker in Bot. Reg. 6: t. 468. 1820.——*Crataegus indica* L.（英 **Hongkong Hawthorn**）

常绿灌木，稀小乔木，高可达 4 m；幼枝初被褐色绒毛，以后脱落无毛。托叶钻形，长 3–4 mm，早落；叶柄长 5–18 mm，近于无毛；叶片革质，集生于枝顶，卵形、长圆形、稀倒卵形或长圆状披针形，长 (2–) 4–8 cm，宽 1.5–4 cm，上面无毛，下面无毛或被稀疏绒毛，叶脉稍凸起，网脉明显，基部渐狭连于叶柄，边缘具细钝锯齿，先端圆钝，急尖、渐尖或长尾尖。顶生圆锥花序或总状花序；花梗长 5–15 mm，和花序轴被锈色绒毛；苞片和小苞片披针形，长 2–3 mm，近无毛；花直径 1–1.3 cm；

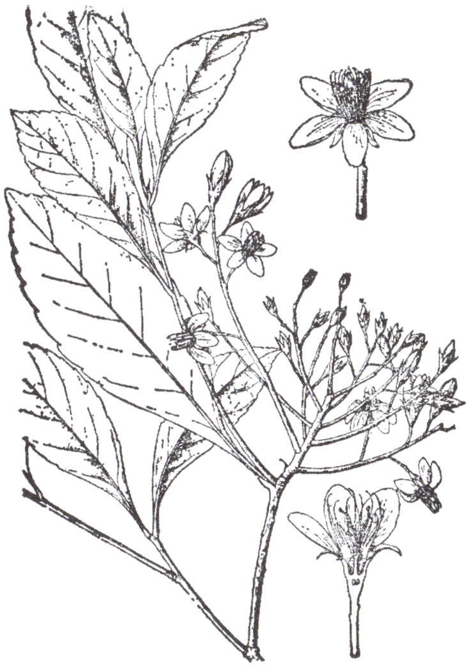

石斑木 **Rhaphiolepis indica** (L.) Lindl. ex Ker
引自《中国高等植物图鉴》

石斑木 **Rhaphiolepis indica** (L.) Lindl. ex Ker
摄影：李泽贤

分布与生境 产于山西、陕西、甘肃、青海、湖北、江西、安徽、山东、贵州、四川、云南、西藏。生于海拔 1500–3500 m 的高山阴坡或山沟密林内。

药用部位 树皮、果实。

功效应用 树皮：用于咳嗽痰喘。果实：消积食，健胃。用于肢体疲乏。

4. 黄山花楸（中国植物志）

Sorbus amabilis Cheng ex T. T. Yü et K. C. Kuan in Acta Phytotax. Sin. 8: 224. 1963.（英 **Huangshan Mountain Mountinash**）

乔木，高达 10 m；小枝具皮孔，幼时有褐色柔毛，老时近无毛；冬芽渐尖，先端具褐色柔毛。奇数羽状复叶；小叶片 (4) 5–6 对，长圆形或长圆状披针形，长 4–6.5 cm，宽 1.5–2 cm，渐尖，基部偏斜圆形，边缘自基部或 1/3 以上部分有粗锐锯齿，上面无毛，下面沿中脉有锈褐色柔毛，老时无毛；托叶草质，有粗大锯齿，花后脱落。复伞房花序，被锈褐色柔毛，老时近无毛；花直径 7–8 mm；花萼外面无毛；花瓣白色，内面微有柔毛或无毛；雄蕊 20，短于花瓣；花柱 3–4，稍短或约与雄蕊等长，基部密生柔毛。果实球形，直径 6–7 mm，红色，先端具宿存闭合萼片。花期 5–6 月，果期 9–10 月。

分布与生境 产于安徽、浙江、江西、福建。生于海拔 900–2000 m 的杂木林中。

药用部位 果实。

功效应用 强壮补虚。用于血虚劳倦。

黄山花楸 **Sorbus amabilis** Cheng ex T. T. Yü et K. C. Kuan
吴彰桦 绘

黄山花楸 **Sorbus amabilis** Cheng ex T. T. Yü et K. C. Kuan
摄影：徐克学

5. 北京花楸（中国植物志） 黄果臭山槐、白果臭山槐（河北），白果花楸（经济植物手册），北平花楸树（中国树木分类学），红叶花楸（河北习见树木图说）

Sorbus discolor (Maxim.) Maxim. in Bull. Acad. Imp. Sci. Saint-Petersbourg 19: 173. 1873.（英 **Snowberry Mountainash**）

乔木，高达 10 m；小枝具稀疏皮孔，无毛或几无毛；冬芽渐尖或急尖，无毛或微具短柔毛。奇数羽状复叶；小叶片 5–7 对，长圆形、长圆状椭圆形至长圆状披针形，长 3–6 cm，宽 1–1.8 cm，急尖至短渐尖，基部圆形，边缘有细锐锯齿，两面无毛；托叶草质，宿存。复伞房花序，多花，无毛；花梗长 2–3 mm；花萼外面无毛；花瓣白色，无毛；雄蕊 15–20，短于花瓣约 1 倍；花柱 3–4，几与雄蕊等长，基部疏生柔毛。果实卵形，直径 6–8 mm，白色或黄色，先端有宿存闭合萼片。花期 5 月，果期 8–9 月。

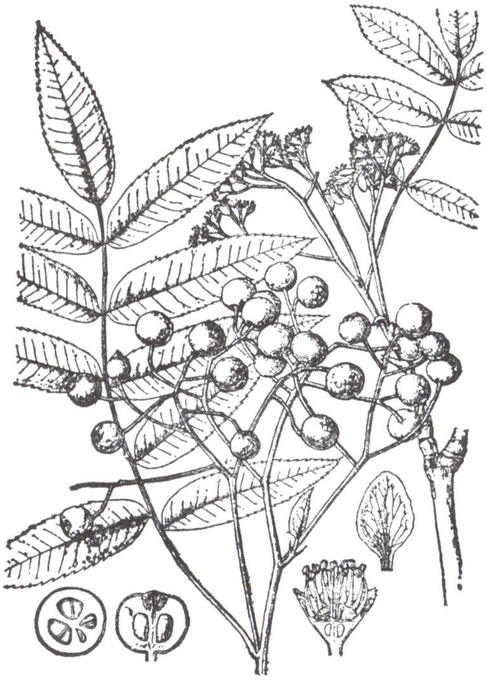

北京花楸 **Sorbus discolor** (Maxim.) Maxim.
引自《中国高等植物图鉴》

北京花楸 **Sorbus discolor** (Maxim.) Maxim.
摄影：林秦文

分布与生境 产于内蒙古、河北、河南、山西、陕西、甘肃、山东、安徽。生于海拔 1500–2500 m 的山地阳坡阔叶混交林中。

药用部位 树皮、果实。

功效应用 祛痰镇咳，健脾利水。

6. 花楸树（救荒本草） 百华花楸（河北习见树木图说），红果臭山槐、绒毛树、山槐子（河北），马加木（东北）

Sorbus pohuashanensis (Hance) Hedl. in Kongl. Svenska Vetenskapsakad. Handl. 35(1): 33. 1901.——*Pyrus pohuashanensis* Hance, *Sorbus pohuashanensis* (Hance) Hedl. var. *manshuriensis* (Kitag.) Y. C. Zhu, *S. taishanensis* F. Z. Li et X. D. Chen（英 **Pohuashan Mountain Mountainash**）

乔木，高达 10 m；小枝具灰白色细小皮孔，幼时被柔毛，老时脱落；冬芽渐尖，被灰白色绒毛状长柔毛。奇数羽状复叶；小叶片 5–7 对，卵状披针形或椭圆状披针形，长 3–5 cm，宽 1.4–1.8 cm，急尖或短渐尖，基部斜圆形，自基部或中部以上具细锐锯齿，上面近无毛或疏生绒毛状长柔毛，下面有疏密不等的绒毛状长柔毛，侧脉 9–16 对，在叶边稍弯曲；叶轴幼时具白色绒毛状长柔毛；托叶草质，宿存，有粗锐锯齿。复伞房花序，幼时密被白色绒毛状长柔毛，老时脱落至无毛或近无毛；花梗长 3–4 mm；花直径 6–8 mm；花萼外面有毛至几无毛；花瓣白色，内面稍具短柔毛；雄蕊 20，几与花瓣等长；花柱 3 (4)，基部具短柔毛，短于雄蕊。果实近球形，直径 6–8 mm，红色或橘红色，具宿存闭合萼片。花期 6 月，果期 9–10 月。

分布与生境 产于东北、华北、陕西、甘肃、山东、安徽。生于山坡或山谷木林内，海拔 900–2500 m。

药用部位 果实、茎、茎皮。

功效应用 镇咳祛痰，健脾利水。用于慢性气管炎，肺结核，水肿，哮喘咳嗽，胃炎，胃痛，吐泻，维生素 A、C 缺乏症。

化学成分 全株含木脂素类：阿拉伯糖木脂素苷[1]。

花楸树 **Sorbus pohuashanensis** (Hance) Hedl.
引自《中国高等植物图鉴》

花楸树 **Sorbus pohuashanensis** (Hance) Hedl.
摄影：徐晔春

注评 本种为吉林中药材标准（1977）收载"马加木"的基源植物，药用其干燥树皮。朝鲜族也药用，用其皮及果实治气管炎、坏血病。本种的果实还可制酱酿酒。

化学成分参考文献

[1] 张善玉，等 . 延边大学医学学报，1994, 17(1): 32-34.

7. 球穗花楸（中国植物志） 球花花楸（经济植物手册）

Sorbus glomerulata Koehne in Sarg., Pl. Wilson. 1: 470. 1913.——*Pyrus glomerulata* (Koehne) Bean（英 **Glomerulate Mountainash**）

灌木或小乔木，高 3–7 m；小枝具皮孔，无毛；冬芽急尖至短渐尖，无毛。奇数羽状复叶；小叶片 10–14 (18) 对，长圆形或卵状长圆形，长 1.5–2.5 cm，宽 0.5–0.8 cm，急尖或稍钝，基部斜圆形，自中部以上或先端每侧有 5–8 细锐锯齿，上面无毛，下面仅在中脉上具柔毛或近无毛；叶轴无毛或几无毛；托叶小，草质或近膜质。复伞房花序，无毛或微具柔毛；花梗长 2–3 mm；花萼外面无毛；花瓣白色，无毛；雄蕊 20，长约为花瓣之半；花柱 5，约与雄蕊等长，无毛。果实卵形，直径 6–8 mm，白色，先端具宿存闭合萼片。花期 5–6 月，果期 9–10 月。

分布与生境 产于湖北、四川、云南。生于海拔 1900–4000 m 的杂木林内或针、阔叶混交林中以及山谷沟边。

药用部位 根、果实。

功效应用 健脾，镇咳，祛痰。

球穗花楸 **Sorbus glomerulata** Koehne
引自《中国高等植物图鉴》

8. 陕甘花楸　昆氏花楸（经济植物手册）

Sorbus koehneana C. K. Schneid. in Bull. Herb. Boissier, sér. 2, 6: 316. 1906.（英 **Koehne Mountainash**）

灌木或小乔木，高 1.5–4 m；小枝具少数不明显皮孔，无毛；冬芽急尖或稍钝，无毛或仅先端有柔毛。奇数羽状复叶；小叶片 8–12 对，长圆形至长圆状披针形，长 1.5–3 cm，宽 0.5–1 cm，圆钝或急尖，基部偏斜圆形，边缘全部或基部以上每侧有尖锐锯齿 10–14，上面无毛，下面仅在中脉疏生柔毛或近无毛，无乳头状突起；叶轴近无毛或疏生柔毛；托叶草质，少数膜质，具锯齿或全缘，早落。复伞房花序具多数花；花梗长 1–2 mm；花萼外面无毛；花瓣白色，内面微具毛或几无毛；雄蕊 20，长约为花瓣的 1/3，花柱 5，几与雄蕊等长，基部几无毛或微具毛。果实球形，直径 6–8 mm，白色，先端具宿存闭合萼片。花期 6–7 月，果期 8–9 月。

分布与生境　产于山西、陕西、甘肃、青海、河南、湖北、贵州、四川、云南。生于海拔 2300–4000 m 的山地杂木林中。

药用部位　根皮。

功效应用　同西康花楸。

化学成分　果实含矿物质：Fe、K、Ca、Mn、Zn、Cu、Cr[1]。

陕甘花楸 **Sorbus koehneana** C. K. Schneid.
引自《中国高等植物图鉴》

陕甘花楸 **Sorbus koehneana** C. K. Schneid.
摄影：徐永福

化学成分参考文献

[1] Sokolova SM, et al. *Byulleten Glavnogo Botanicheskogo Sada*, 1994, 170: 54-58.

9. 西康花楸（中国植物志）　蒲氏花楸（华北经济植物志要）

Sorbus prattii Koehne in Sarg., Pl. Wilson. 1: 468. 1913.——*Sorbus unguiculata* Koehne（英 **Pratt Mountainash**）

灌木，高 2–4 m；小枝具少数皮孔，老时无毛；冬芽急尖，疏生短柔毛。奇数羽状复叶；小叶片 9–13 (–17) 对，长圆形，稀长圆状卵形，长 1–3 cm，宽 0.5–1 (–1.5) cm，圆钝或急尖，基部斜圆形，边缘在上半部有尖锐细锯齿，上面无毛，下面密被乳头状突起，沿中脉有柔毛；叶轴具柔毛，老时近无毛；托叶草质或近于膜质，有时分裂，脱落。复伞房花序多着生于侧生短枝上，排列疏松；花梗长 2–3 mm；花萼外面无毛；花瓣圆钝，白色，无毛；雄蕊 20，长约花瓣之半；花柱 5 或 4，几与雄蕊等

西康花楸 **Sorbus prattii** Koehne
吴彰桦　绘

西康花楸 **Sorbus prattii** Koehne
摄影：张英涛

长，基部微具柔毛或无毛。果实球形，直径 7–8 mm，白色，先端有宿存闭合萼片。花期 5–6 月，果期 8–9 月。

分布与生境　产于河南、陕西、甘肃、贵州、四川、云南。生于海拔 2100–3700 m 的杂木丛林或针叶林内。也分布于不丹、印度（锡金）。

药用部位　根皮。

功效应用　散风寒，除湿邪。用于牙龈肿痛，肾虚阴缩。

10. 红毛花楸（经济植物手册）

Sorbus rufopilosa C. K. Schneid. in Bull. Herb. Boissier, sér. 2, 6: 317. 1906.（英 **Redpilose Mounttainash**）

灌木或小乔木，高 2.7–5 m；小枝具少数不明显皮孔；有锈红色柔毛，老时脱落无毛；冬芽急尖，先端稍有短柔毛。奇数羽状复叶；小叶片 8–14 (–17) 对，椭圆形或长椭圆形，长 1–2 cm，宽 0.9–1 cm，急尖或圆钝，基部宽楔形或圆形，边缘每侧有内弯的细锐锯齿 6–10，上面有疏柔毛，下面沿中脉密被锈红色柔毛，老时脱落近无毛；叶轴下面被绣红色柔毛；托叶有粗锐锯齿，略带草质。伞房花序或复

红毛花楸 **Sorbus rufopilosa** C. K. Schneid.
引自《中国高等植物图鉴》

红毛花楸 **Sorbus rufopilosa** C. K. Schneid.
摄影：张英涛

伞房状花序被锈红色柔毛，具 3–8 朵或更多花；花梗长 3–5 mm；花萼外面无毛；花瓣粉红色，无毛；雄蕊约 20，短于花瓣；花柱 3–4 (–5)，约与雄蕊等长，基部微具疏柔毛。果实卵球形，直径 8–10 mm，红色，先端具宿存萼片。花期 5–6 月，果期 8–9 月。

分布与生境 产于贵州、四川、云南、西藏。生于海拔 2700–4000 m 的山地杂木林中、针叶林下或沟谷旁灌丛内。也分布于缅甸北部、尼泊尔、印度、不丹。

药用部位 根、树皮、果实。

功效应用 镇咳，利痰，健脾利水。

11. 大果花楸（经济植物手册） 沙糖果（贵州）

Sorbus megalocarpa Rehder in Sarg., Pl. Wilson. 2: 266. 1915.（英 **Bigfruit Mountainash**）

灌木或小乔木，高 5–8 m；小枝具明显皮孔，幼时有绒毛状毛，老时脱落；冬芽膨大，稍钝，无毛。叶片椭圆状倒卵形或倒卵状长椭圆形，长 10–18 cm，宽 5–9 cm，渐尖，基部楔形至近圆形，边缘有浅裂片和圆钝锯齿，两面无毛或下面脉腋间有少数绒毛，侧脉 14–20 对，直达叶边齿尖；叶柄长 1–1.8 mm，无毛。复伞房花序有绒毛，多花；花梗长 5–8 mm；花直径 5–8 mm；花萼外被绒毛；花瓣宽卵形至近圆形；雄蕊 20，约与花瓣等长；花柱 3–4，基部合生，约与雄蕊等长，无毛。果实卵球形、卵形或近球形，长 (1.5) 2–3 cm，直径 (1–) 1.5–2 cm，3–4 室，密被锈色皮孔，先端残存萼片呈圆筒状。花期 4–5 月，果期 7–8 月。

分布与生境 产于湖北、湖南、广西、四川、贵州、云南。生于山谷、沟边或岩石坡地，海拔 1400–2050 m。

药用部位 枝叶、茎、根、果实。

功效应用 枝叶：清热解毒。用于乳腺炎。茎：清热解毒，止血。用于肿毒，乳痈，刀伤出血。根、果实：健脾，镇咳，祛痰。

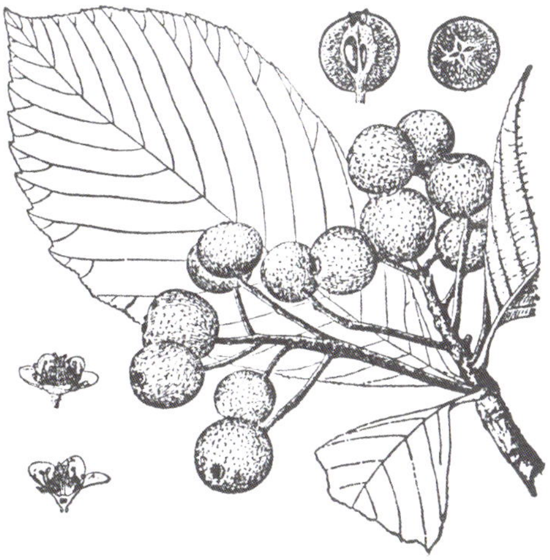

大果花楸 **Sorbus megalocarpa** Rehder
引自《中国高等植物图鉴》

大果花楸 **Sorbus megalocarpa** Rehder
摄影：易思荣

12. 水榆花楸　水榆（河南、浙江），花楸（经济植物手册），枫榆（青岛木本植物名录），千盘树（湖南），粘枣子（河北）

Sorbus alnifolia (Siebold et Zucc.) C. Koch in Ann. Mus. Bot. Lugduno-Batavi 1: 249. 1864.——*Crataegus alnifolia* Siebold et Zucc., *Micromeles alnifolia* (Siebold et Zucc.) Koehne（英 **Densehead Mountainash**）

12a. 水榆花楸（模式变种）

Sorbus alnifolia (Siebold et Zucc.) C. Koch var. **alnifolia**

乔木，高达 20 m；小枝具灰白色皮孔，幼时稍具毛，老时无毛；冬芽急尖，无毛。叶片卵形至椭圆状卵形，长 5–10 cm，宽 3–6 cm，短渐尖，基部宽楔形至圆形，边缘有不整齐尖锐重锯齿或有浅裂片，两面无毛或在下面脉上微具短柔毛，侧脉 6–10 (–14) 时，直达叶边齿尖；叶柄长 1.5–3 cm，无或微具疏柔毛。复伞房花序有疏柔毛，具花 6–25 朵；花梗长 6–12 mm；花直径 10–14 (–18) mm；花萼外面无毛；花瓣白色；雄蕊 20，短于花瓣；花柱 2，基部或中部以下合生，无毛，短于雄蕊。果实长圆形或卵状长圆形，长 10–14 mm，直径 7–10 mm，红色，无或有少数细小皮孔，2 室，萼片脱落后先端残留圆穴。花期 5 月，果期 8–9 月。

分布与生境　产于黑龙江、吉林、辽宁、河北、河南、山西、陕西、甘肃、山东、安徽、湖北、湖南、江西、浙江、福建、四川。生于海拔 500–2300 m 的山坡、山沟或山顶混交林或灌丛中。

药用部位　果实。

功效应用　强壮补虚。用于体虚劳倦。

注评　本种朝鲜族药用，其果实治肾炎、关节疼痛。

水榆花楸 **Sorbus alnifolia** (Siebold et Zucc.) C. Koch var. **alnifolia**
引自《中国高等植物图鉴》

水榆花楸 **Sorbus alnifolia** (Siebold et Zucc.) C. Koch var. **alnifolia**
摄影：于俊林

12b. 裂叶水榆花楸（Flora of China）　水榆花楸裂片变种（中国植物志）

Sorbus alnifolia (Siebold et Zucc.) C. Koch var. **lobulata** Rehder in Sarg., Pl. Wilson. 2: 275. 1915.（英 **Lobateleaf Densehead Mountainash**）

与模式变种区别在于叶片圆卵形或近圆形，叶边有浅裂片和重锯齿。

分布与生境　产于辽宁（绥中）、山东（青岛崂崳山、泰安泰山、淄博鲁山）。也分布于朝鲜。

药用部位　果实。

功效应用　强壮补虚。用于血虚劳倦。

13. 美脉花楸（经济植物手册） 川花楸（中国森林植物志），豆格盘、山黄果（贵州）

Sorbus caloneura (Stapf) Rehder in Sarg., Pl. Wilson. 2: 269. 1915.——*Micromeles caloneura* Stapf

（英 **Browndot Mountainash**）

乔木或灌木，高达 10 m；小枝具少数皮孔，无毛；冬芽无毛。叶片长椭圆形、卵状椭圆形至倒卵状长椭圆形，长 7–12 cm，宽 3–7 cm，渐尖，基部宽楔形至圆形，边缘有圆钝锯齿，上面无毛，下面在脉上有疏柔毛，侧脉 10–12 (–18) 对，直达叶边齿尖；叶柄长 (0.5) 1–2 cm，无毛。复伞房花序或圆锥状复伞房花序，多花，具疏柔毛；花梗长 5–8 mm；花直径 6–10 mm；花萼外面被疏柔毛；花瓣白色；雄蕊 20，稍短于花瓣；花柱 4–5，中部以下合生，无毛，短于雄蕊。果实近球形，稀倒卵形，具明显皮孔，4–5 室，萼片脱落后先端残留圆穴。花期 4–5 月，果期 8–10 月。

分布与生境 产于湖北、湖南、福建、广东、广西、贵州、四川、云南。生于海拔 600–2100 m 的杂木林内、河谷或山坡。也分布于越南北部。

药用部位 果实、根、枝叶。

功效应用 果实、根：消积健胃、助消化，收敛止泻。枝叶：消炎，止血。用于无名肿毒，乳腺炎，刀伤出血。

注评 本种瑶族、苗族药用，其果实及根治肠炎下痢、小儿疳积。

美脉花楸 **Sorbus caloneura** (Stapf) Rehder
引自《中国高等植物图鉴》

美脉花楸 **Sorbus caloneura** (Stapf) Rehder
摄影：李策宏

14. 圆果花楸（中国植物志）

Sorbus globosa T. T. Yü et H. T. Tsai in Bull. Fan. Mem. Inst. Biol., Bot. 7: 121. 1936.

（英 **Roundfruit Mountainash**）

乔木或大灌木，高达 7 m；枝条具少数皮孔，幼时被锈褐色短柔毛，不久脱落。叶片卵状披针形或椭圆状披针形，长 8–10 cm，宽 3–4.5 cm，渐尖，基部楔形，稀近圆形，边缘有稀疏尖锐锯齿，齿尖微向内弯曲，下半部近全缘，上面无毛，下面在脉上有锈褐色短柔毛，侧脉 8–11 对，在近叶边处分枝成网状；叶柄长 1–1.5 cm，稍有毛或无毛。复伞房花序或圆锥状复伞房花序，具花 15–20 余朵，有锈褐色短柔毛；花梗长 5–9 mm；花直径 5–8 mm；花萼外面有锈褐色柔毛；花瓣白色；雄蕊 20，较花瓣长或短；花柱 2–3，中部合生，无毛，短于雄蕊。果实球形，褐色，有皮孔，2–3 室，先端萼片脱落后残留圆穴。花期 3–5 月，果期 8–9 月。

分布与生境 产于广西、贵州、云南。生于海拔 1000–3000 m 的山坡林中。也分布于缅甸北部。

药用部位 根。

功效应用 生津止咳，涩肠止泻。

圆果花楸 **Sorbus globosa** T. T. Yü et Tsai
引自《中国高等植物图鉴》

15. 毛序花楸（中国植物志） 凯旋花（中国树木分类学）

Sorbus keissleri (C. K. Schneid.) Rehder in Sarg., Pl. Wilson. 2: 269. 1915.——*Micromeles keissleri* C. K. Schneid.（英 **Keissler Mountainash**）

乔木或灌木，高 7–15 m；小枝幼时具灰白色绒毛，不久脱落，具显著皮孔；冬芽急尖，无毛。叶片倒卵形或长圆状倒卵形，长 7–11 cm，宽 3.5–6 cm，短渐尖，基部楔形，边缘有圆钝细锯齿，近基部全缘，两面有绒毛，不久脱落或仅下面主脉上残存疏绒毛，侧脉 8–10 对，在叶边分枝成网状；叶柄长约 5 mm，幼时具灰白色绒毛，后渐脱落。复伞房花序多花，被绒毛；花梗长 2–5 mm；花直径 7–9 mm；萼筒外面微具绒毛；萼片无毛；花瓣白色；雄蕊 20，几与花瓣等长；花柱 2–3，中部以下合生，无毛，稍短于雄蕊。果实卵圆形或扁桔形，直径 9–10 (–12) mm，2–3 室，有少数小皮孔，

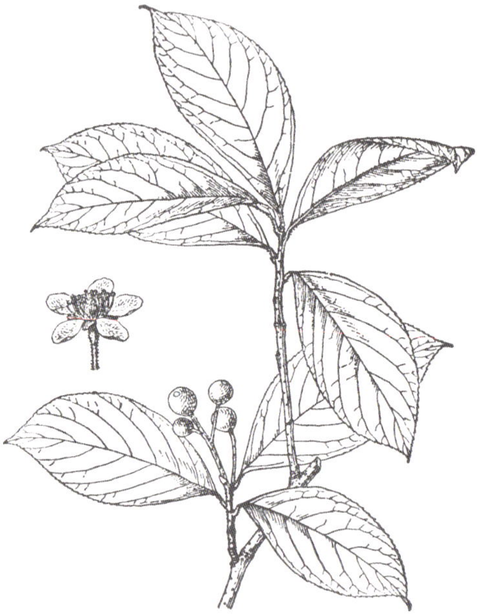

毛序花楸 **Sorbus keissleri** (C. K. Schneid.) Rehder
引自《中国高等植物图鉴》

毛序花楸 **Sorbus keissleri** (C. K. Schneid.) Rehder
摄影：林茂祥

先端残留圆穴。花期 5–6 月，果期 8–9 月。

分布与生境 产于江西、湖北、湖南、广西、贵州、四川、云南、西藏。生于 1200–2800 m 的山谷、山坡或多石砾地疏密林中。

药用部位 花、叶、果实。

功效应用 花、叶：健胃，助消化。果实：抗疲劳。用于疲乏无力。

16. 石灰花楸 石灰树、白绵子树（江西），毛栒子（河南），石灰条子（湖北），粉背叶（湖南），翻白树（四川），傅氏花楸（经济植物手册），华盖木（中国木本志略）

Sorbus folgneri (C. K. Schneid.) Rehder in Sarg., Pl. Wilson. 2: 271. 1915.——*Micromeles folgneri* C. K. Schneid.（英 **Folgner Mountainash**）

乔木，高达 10 m；小枝具少数皮孔，幼时被白色绒毛；冬芽急尖，无毛。叶片狭卵形，椭圆形至长圆形，长 6–12 cm，宽 3–7 cm，急尖或短渐尖，基部宽楔形或圆形，边缘有稍钝至尖锐锯齿，上面无毛，下面密被灰白色绒毛，侧脉 8–15 对，直达叶边锯齿先端；叶柄长 1–2.5 cm，无毛或稍有绒毛。复伞房花序具花 20–30 朵，被灰白色绒毛；花梗长 5–8 mm；花直径 7–10 mm；花萼外面具灰白色绒毛；花瓣卵形，白色；雄蕊 18–20，几与花瓣等长或稍长；花柱 2–3，近基部合生并有绒毛，短于雄蕊。果实长圆形或倒卵状长圆形，红色，稀黄色，近平滑或有少数不明显小皮孔，2–3 室，先端残留圆穴。花期 4–5 月，果期 7–8 月。

分布与生境 产于河南、陕西、甘肃、湖北、湖南、江西、安徽、福建、广东、广西、贵州、四川、云南。生于海拔 800–2000 m 的坡地杂木林内。

药用部位 茎、果实。

功效应用 茎：祛风除湿，舒筋活络。用于风湿骨痛，全身麻木，腰腿不利。果实：用于体虚劳伤。

石灰花楸 **Sorbus folgneri** (C. K. Schneid.) Rehder
引自《中国高等植物图鉴》

石灰花楸 **Sorbus folgneri** (C. K. Schneid.) Rehder
摄影：南程慧

17. 江南花楸（中国植物志） 黄脉花楸（中国植物志）

Sorbus hemsleyi (C. K. Schneid.) Rehder in Sarg., Pl. Wilson. 2: 276. 1915.——*Micromeles hemsleyi* C. K. Schneid., *S. xanthoneura* Rehder（英 **Hemsley Mountainash**）

乔木或灌木，高 7–10 m；枝条有明显皮孔，无毛；冬芽急尖，无毛。叶片卵形至长椭圆状卵形，稀长椭圆状倒卵形，长 5–11 (–15) m，宽 2.5–5.5 (–8) cm，急尖或短渐尖，基部近圆形，稀宽楔形，边缘有细锯齿，上面无毛，下面除叶脉外均被灰白色绒毛，侧脉 8–15 对，直达叶边齿端；叶柄长 1–2.5 cm，无或微被绒毛。复伞房花序具花 (15) 20–30 朵，有灰白色绒毛；花梗长 5–12 mm；花直径 10–12 mm；花萼外面有灰白色绒毛；花瓣白色，内面稍有绒毛；雄蕊 20，长短不齐，长者几与花瓣等长；花柱 2–3，基部合生并有绒毛，短于雄蕊。果实近球形，直径 5–9 mm，有少数皮孔，先端残留圆穴。花期 5 月，果期 8–9 月。

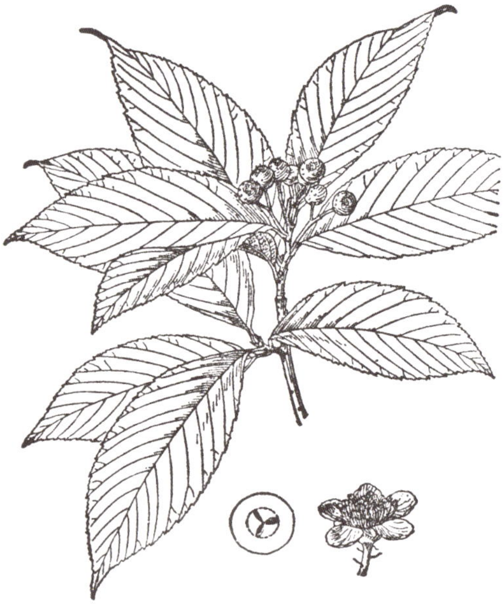

江南花楸 **Sorbus hemsleyi** (C. K. Schneid.) Rehder
引自《中国高等植物图鉴》

分布与生境 产于湖北、湖南、江西、安徽、浙江、福建、广东、广西、贵州、四川、云南。生于海拔 900–3200 m 的干旱坡地疏林内或常绿阔叶林下。

药用部位 根、树皮、果实。

功效应用 镇咳，祛痰，健胃利水。

17. 榅桲属 Cydonia Mill.

落叶灌木或小乔木；枝条无刺；冬芽小，有少数鳞片，外被短柔毛。单叶，互生，全缘，有叶柄与托叶。花单生于小枝顶端；萼片 5，有腺齿；花瓣 5，倒卵形，白色或粉红色；雄蕊 20；花柱 5，离生，基部具毛；子房下位，5 室，每室具有 5 粒胚珠。果实为梨果，具宿存萼片；萼片反折。

本属只有 1 种，原产于中亚。我国有栽培，1 种 2 变种均可药用。

本属药用植物化学成分研究较多和较深入的是榅桲 (C. oblonga)，化学成分类型多样，代表性化合物结构包括呋喃内酯类的 (+)- 榅桲内酯▲A [(+)-marmelolactone A] (**1**) 和 (-)- 榅桲内酯▲B [(-)-marmelolactone B] (**2**)，类胡萝卜素类的 (4*S*,1'*E*,3'*E*)-4-(5'- 羟基 -3'- 甲基 -1',3'- 戊二烯)-3,5,5- 三甲基 -2- 环己烯 -l- 酮 -*β*-D- 吡喃葡萄糖苷 [(4*S*,1'*E*,3'*E*)-4-(5'-hydroxy-3'-methyl-1',3'-pentadienyl)-3,5,5-trimethyl-2-cyclohexen-l-one-*β*-D-glucopyranoside，**3**] 和 (4*S*,1'*E*,3'*E*)-4- 羟基 -4-[5'- 羟基 -3'- 甲基 -1',3'- 戊二烯]-3,5,5- 三甲基 -2- 环己烯 -1- 酮 -*β*-D- 吡喃葡萄糖苷 [(4*S*,1'*E*,3'*E*)-4-hydroxy-4-[5'-hydroxy-3'-methyl-1',3'-pentadienyl]-3,5,5-trimethyl-2-cyclohexen-1-one-*β*-D-glucopyranoside，**4**] 以及萜类的榅桲苷 A (cydonioside A，**5**)。**3**、**4** 和 **5** 具有清除 DPPH 自由基的活性。

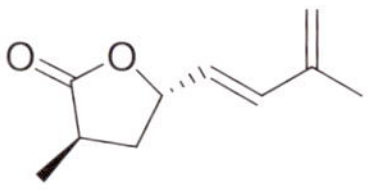

1

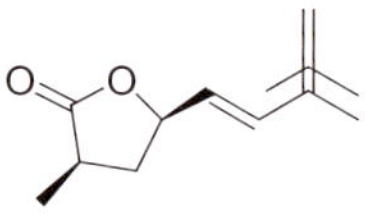

2

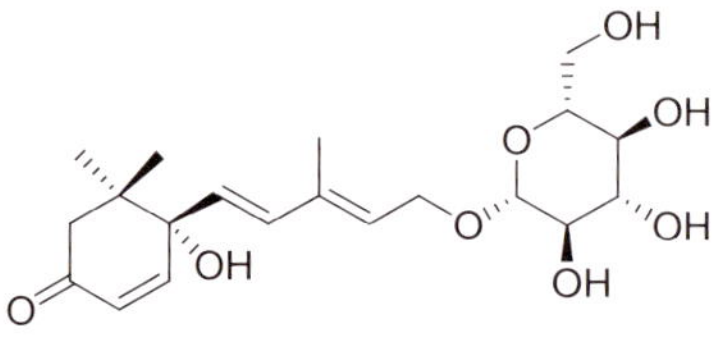

3：R=H；**4**：R=OH

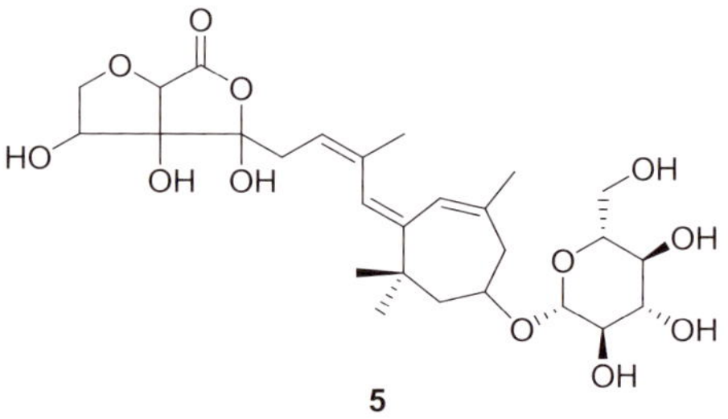

5

1. 榅桲（开宝本草） 木梨（河南）

Cydonia oblonga Mill., Gard. Dict. (ed. 8) no. 1. 1768. ——*C. vulgaris* Pers., *Pyrus cydonia* L.（英 **Common Quince**）

1a. 榅桲（模式变种）

Cydonia oblonga Mill. var. **oblonga**

灌木或小乔木，高达 8 m；小枝无刺，幼时密被绒毛，以后脱落；冬芽卵圆形，被绒毛。托叶膜质，卵形，边缘有腺齿，近于无毛；叶柄长 8–15 mm，被绒毛；叶片卵形至长圆形，长 5–10 cm，宽 3–5 cm，上面无毛或幼时有疏柔毛，下面密被长柔毛，叶脉显著，基部圆形或近心形，全缘，先端急尖、凸尖或微凹。花单生；花梗长约 5 mm 或近于无柄，密被绒毛；苞片膜质，卵形，早落；花直径 4–5 cm；萼筒钟状，外面密被绒毛；萼片卵形，长 5–6 mm，边缘有腺齿，反折，比萼筒长，内外两面均被绒毛；花瓣白色，倒卵形；雄蕊 20，长不及花瓣之半；花柱 5，离生，基部密被长绒毛。果实黄色，梨形，直径 3–5 cm，密被短绒毛，有香味；萼片宿存反折；果梗短粗，长约 5 mm，被绒毛。花期 4–5 月，果期 10 月。

分布与生境 产于陕西、新疆、江西、福建等地。

药用部位 果实、树皮。

功效应用 果实：祛湿解暑，舒筋活络，温中下气，镇咳祛痰，消食，利尿，收敛。用于中暑，呕吐酸水，食积胸闷，消化不良，水泻，肠虚，烦热，口渴，关节疼痛，腓肠肌痉挛。树皮：用于黄水疮。

化学成分 叶含大柱香波龙烷类：3-氧代-5,6-环氧-*β*-香堇醇(3-oxo-5,6-epoxy-*β*-ionol)，(6*R*)-3-氧代-4-羟基-7,8-二氢-*α*-香堇醇-9-*O*-*β*-D-吡喃葡萄糖苷[(6*R*)-3-oxo-4-hydroxy-7,8-dihydro-*α*-ionol-9-*O*-*β*-D-glucopyranoside][1]；三萜类：熊果酸(ursolic acid)[2]。

果实含大柱香波龙烷类：(3*R*)-3-羟基-*β*-香堇酮-*β*-D-吡喃葡萄糖苷[(3*R*)-3-hydroxy-*β*-ionone-*β*-D-glucopyranoside]，(3*R*)-3-羟基-*β*-香堇酮-*β*-D-龙胆二糖苷[(3*R*)-3-hydroxy-*β*-ionone-*β*-D-gentiobioside][3]，4-羟基-7,8-二氢-*β*-香堇酮(4-hydroxy-7,8-dihydro-*β*-ionone)[4]，3,9-二羟基大柱香波

榅桲 **Cydonia oblonga** Mill. var. **oblonga**
引自《中国高等植物图鉴》

榅桲 **Cydonia oblonga** Mill. var. **oblonga**
摄影：刘冰

降血糖作用：榅桲乙醇提取物 250 mg/kg、500 mg/kg 灌胃 5 d 治疗链尿佐菌素所致的糖尿病大鼠，对实验大鼠血糖有降低作用，机制可能与其抗氧化活性有关[2]。

抗病毒作用：榅桲对流感病毒具有抑制作用，多酚类成分为其有效成分[3]。

抗氧化作用：榅桲在亚油酸过氧化反应体系和 DPPH 自由基清除反应体系中，表现出抗氧化活性，与其含有的大量多酚类羟基肉桂酸衍生物有关[3]。

注评 本种为部颁药品标准·维吾尔药（1998 年版）收载“榅桲果”和“榅桲子”的基源植物，其干燥果实为“榅桲果”，种子为“榅桲子”。本种的树皮亦供药用，称“榅桲皮”。

化学成分参考文献

[1] Lutz-Roder A, et al. *Nat Prod Lett*, 2002, 16(2): 119-122.
[2] Aliev AM, et al. *Khim Prir Soedin*, 1976, (3): 399-400.
[3] Gueldner A, et al. *J Agric Food Chem*, 1991, 39(12): 2142-2146.
[4] Winterhalter P, et al. *J Agric Food Chem*, 1990, 38(3): 796-769.
[5] Fiorentino A, et al. *J Agric Food Chem*, 2006, 54: 9592-9597.
[6] Tsuneya T, et al. *Agric Biol Chem*, 1980, 44(4): 957-958.
[7] Fiorentino A, et al. *Chem Biodivers*, 2007, 4(5): 973-979.
[8] Hamauzu Y, et al. *Agric Biol Chem*, 2006, 54(3): 765-772.
[9] Fiorentino A, et al. *J Agric Food Chem*, 2008, 56(8): 2660-2667.
[10] Shibata H, et al. *Agric Biol Chem*, 1978, 42(8): 1589-1590.
[11] Alesiani D, et al. *Food Chem*, 2010, 118(2): 199-207.
[12] Lutz A, et al. *J Agric Food Chem*, 1992, 40: 1116-1120.
[13] Luts A, et al. *Phytochemistry*, 1992, 32(1): 57-60.
[14] Winterhalter P, et al. *Phytochemistry*, 1991, 30(9): 3021-3025.
[15] Guldner A, et al. *J Agric Food Chem*, 1991, 39(12): 2142-2146.
[16] Lindberg B, et al. *Carbohydr Res*, 1990, 207(2): 307-310.
[17] Vignon MR, et al. *Carbohydr Res*, 1998, 307(1,2): 107-111.
[18] De Tommasi N, et al. *J Nat Prod*, 1996, 59(3): 267-270.
[19] De Tommasi N, et al. *J Agric Food Chem*, 1996, 44(7): 1676-1681.

药理作用及毒性参考文献

[1] 乌兰巴依尔，等. 中成药，2010, 32(12): 2056-2058.
[2] Aslan M, et al. *J Ethnopharmacol*, 2010, 128(2): 384-389.
[3] Hamauzu Y, et al. *J Agric Food Chem*, 2005, 53(4): 928-934.

1b. 苹果形榅桲（变种）（中国中药资源志要）

Cydonia oblonga Mill. var. **maliformis** C. K. Schneid., Manual Cultivated Trees and Shrubs ed. 2. 401. 1951.（英 **Apple Quince**）

果实苹果形。

分布与生境 陕西、新疆、江西、福建、贵州、云南均有栽培。

药用部位 果实。

功效应用 舒筋活络，祛湿解暑，消食。

化学成分 果实含黄酮类：原矢车菊素(procyanidin)，芦丁(rutin)，槲皮素-3-半乳糖苷(quercetin-3-galactoside)，槲皮素-3-木糖苷(quercetin-3-xyloside)，槲皮素-3-鼠李糖苷(quercetin-3-rhamnoside)[1]；酚类：没食子酸(gallic acid)，3-*O*-咖啡酰奎宁酸(3-*O*-caffeoylquinic acid)，4-*O*-咖啡酰奎宁酸(4-*O*-caffeoylquinic acid)，5-*O*-咖啡酰奎宁酸(5-*O*-caffeoylquinic acid)[1]，熊果苷(arbutin)[1]。

化学成分参考文献

[1] Silva B, et al. *J Agric Food Chem*, 2000, 48(7): 757-761.

1c. 梨形榅桲（变种）（中国中药资源志要）

Cydonia oblonga Mill. var. **pyriformis** Rehder, Manual Cultivated Trees and Shrubs ed. 2. 401. 1951.（英 **Pear Quince**）

果实梨形。

分布与生境 陕西、新疆有栽培。

药用部位 果实、树皮。

功效应用 果实：舒筋活络，祛湿解暑，消食，下气，收敛。用于呕吐酸水，食积胸闷。树皮：捣末外敷用于黄水疮。

18. 移栎属 Docynia Decne.

常绿或半常绿乔木；冬芽小，卵圆形，有数枚外露鳞片。单叶，互生，全缘或具齿，有时微有分裂；有叶柄和托叶。花 2–3 朵，丛生，与叶同时开放或先叶开放；花梗短或近于无梗；苞片小，早落；萼筒钟状，外被绒毛；萼片 5，宿存；花瓣 5，白色，基部有短爪；雄蕊 30–50，排成两轮；花柱 5，基部合生；子房下位，5 室，每室具 3–10 胚珠。果实为梨果，近球形、卵球形或梨形，直径 2–3 cm，具宿存直立萼片。

本属约有 5 种，分布于亚洲。我国有 2 种，分布于西南，均可药用。

分种检索表

1. 叶片下面密被黄白色绒毛，革质，披针形至卵状披针形，全缘或稍有锯齿；雄蕊 40–45；果实卵圆形或长圆形，有长梗……………………………………………2. 云南移栎 **D. delavayi**
1. 叶片下面仅有薄层柔毛，坚纸质，椭圆形或长圆状披针形，边有锯齿，稀全缘；雄蕊约 30；果实近球形或椭圆体形，有短梗……………………………………………1. 移栎 **D. indica**

1. 移栎（中国植物志） 红叶多槵（经济植物手册）

Docynia indica (Wall.) Decne. in Nouv. Arch. Mus. Hist. Nat. 10: 131, pl. 14. 1874. ——*Pyrus indica* Wall.（英 **Indian Dccynia**）

半常绿或落叶乔木，高达 2–5 m；小枝密被柔毛，逐渐脱落。托叶小，早落；叶柄长 5–20 mm，被柔毛；叶片椭圆形或长圆状披针形，长 3.5–8 cm，宽 1.5–2.3 cm，上面无毛，下面被薄层柔毛或近

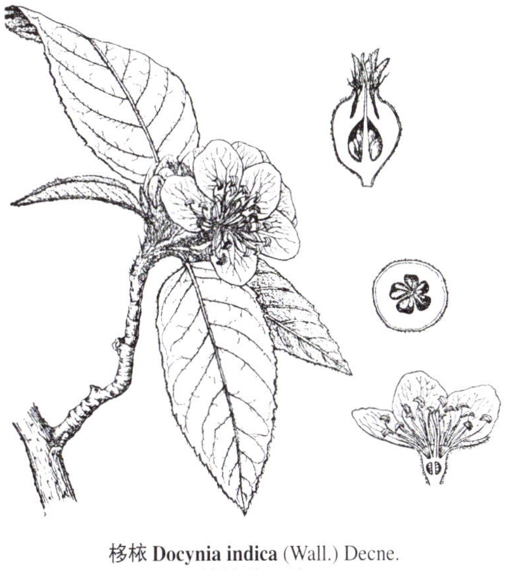

移栎 **Docynia indica** (Wall.) Decne.
傅桂珍 绘

移栎 **Docynia indica** (Wall.) Decne.
摄影：黄健

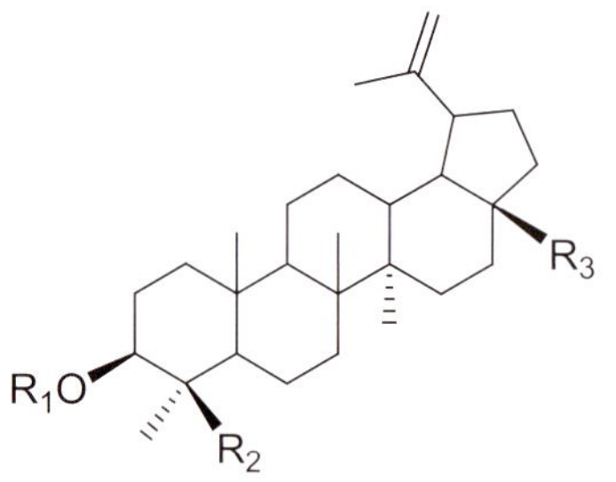

1: R_1=H　R_2=OCH_3　R_3=COOH
2: R_1=H　R_2=CH_3　R_3=CH_2OH
3: R_1=(*E*)-feruloyl　R_2=OCH_3　R_3=CH_2OH

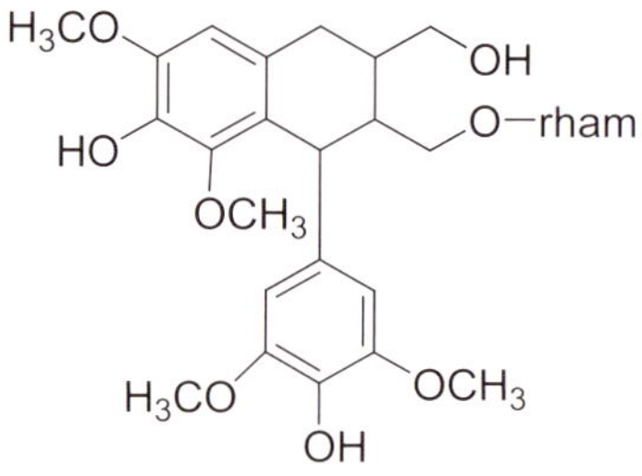

4

本属药用植物中还含有木脂素类化合物，主要为4-苯基四氢萘类木脂素，如南烛树脂醇-2*α*-*O*-*β*-D-葡萄糖苷(lyoniresinol-2*α*-*O*-*β*-D-glucopyranoside)、南烛树脂醇-2*α*-*O*-*α*-L-鼠李糖苷(lyoniresinol-2*α*-*O*-*α*-L-rhamnoide，**4**)等，其中**4**具有显著的抗人黑色素瘤细胞增殖的活性。

此外，本属药用植物中还发现了多种黄酮类化合物，且多数为黄酮苷类，如2-羟基柚皮苷元-7-*O*-葡萄糖苷(2-hydroxynaringenin-7-*O*-glucoside)、毛果枳椇苷C (hovetrichoside C)、木犀草素-7-*O*-*β*-D-葡萄糖苷(luteolin-7-*O*-*β*-D-glucuronide)、槲皮苷(quercitrin)、(±)-(2*E*,4*E*)-*O*-*β*-D-吡喃葡萄糖基-4'-羟基-*β*-芷香叉乙酸乙酯[(±)-(2*E*,4*E*)-*O*-*β*-D-glucopyranosyl-4'-hydroxy-*β*-ionylidene acetic acid ester]、木犀草素-3'-甲氧基-4'-*O*-*β*-吡喃葡萄糖苷(luteolin-3'-methoxy-4'-*O*-*β*-D-glucopyranoside)、木犀草素-4'-*O*-*β*-D-吡喃葡萄糖苷(luteolin-4'-*O*-*β*-D-glucopyranoside)、忍冬苷(lonicerin)、(-)-儿茶素[(-)-epicatechin]、萹蓄苷(avicularin; avicularoside)、染料木素-5-*O*-*β*-D-吡喃葡萄糖苷(genistein-5-*O*-*β*-D-glucopyranoside)、染料木素-7-*O*-*β*-D-吡喃葡萄糖苷(genistein-7-*O*-*β*-D-glucopyranoside)、金丝桃苷(hyperin; hyperoside)、木犀草素-5-*O*-*β*-D-葡萄糖酸苷甲酯(luteotin-5-*O*-*β*-D-glucuronide methyl ester)、木犀草素-4-*O*-*β*-D-吡喃葡萄糖醛酸苷(luteotin-4-*O*-*β*-D-glucuronide)、三粒小麦黄素-3'-甲氧基-4'-*O*-*β*-D-葡萄糖苷(tricetin-3'-methoxy-4'-*O*-*β*-D-glucoside)、芹菜苷元-7-*O*-*β*-D-吡喃葡萄糖醛酸苷甲酯(apigenin-7-*O*-*β*-D-glucuronide methyl ester)、原花青素(proanthocyanidin)、2-(4,5,7-三羟基柚皮苷元)-7-*O*-*β*-D-葡萄糖苷[2-(4,5,7-hydroxynaringenin)-7-*O*-*β*-D-glucoside]、木瓜酮(methyl-*β*-D-galactopyranoside)、异木瓜酮(chaenomone)、表儿茶素(epicatechin)等。从木瓜(*C. sinensis*)中得到具有抑制组织凝血致活酶活性的木犀草素-7-*O*-*β*-D-葡萄糖苷(luteolin-7-*O*-*β*-D-glucuronide)、槲皮苷(quercitrin)等黄酮类化合物。

本属植物以木瓜和皱皮木瓜为代表。研究表明木瓜具有保肝、抗炎、抗血栓、降血糖、降血脂、镇痛、抗肿瘤、调节免疫、抗氧化等作用。

1. 木瓜（尔雅） 榠楂（图经本草），木李（诗经），海棠（广州）

Chaenomeles sinensis (Thouin) Koehne, Gatt. Pomac. 29. 1890.——*Cydonia sinensis* Thouin（英 **Chinense Flowering quince**）

灌木或小乔木，高达5–10 m；小枝无刺，幼时被柔毛，不久即脱落；冬芽半圆形，无毛。托叶膜质，卵状披针形，长约7 mm，边缘具腺齿，先端渐尖；叶柄长5–10 mm，微被柔毛，有腺齿；叶片椭圆卵形或长圆形，稀倒卵形，长5–8 mm，宽3.5–5.5 cm，幼时下面密被黄白色绒毛，不久脱落无毛，基部宽楔形或圆形，边缘有刺芒状尖锐锯齿，齿尖有腺，先端急尖。花单生于叶腋；花梗短粗，长5–10 mm，无毛；花直径2.5–3 cm；萼筒钟状，外面无毛；萼片三角状披针形，长6–10 mm，边缘有腺齿，外面无毛，内面密被浅褐色绒毛，反折；花瓣淡粉红色，倒卵形；雄蕊长不及花瓣之半；花柱3–5，基部合生，被柔毛，柱头头状，有不明显分裂，约与雄蕊等长或稍长。果实长椭圆体形，长5–15 cm，暗黄色，木质，味芳香；果梗短。花期4月，果期9–10月。

分布与生境　产于山东、陕西、湖北、江西、安徽、江苏、浙江、广东、广西。常见栽培供观赏。

木瓜 **Chaenomeles sinensis** (Thouin) Koehne
引自《中国高等植物图鉴》

木瓜 **Chaenomeles sinensis** (Thouin) Koehne
摄影：梁同军

药用部位 果实。

功效应用 和脾敛肺，平肝舒筋，清暑消毒，祛风湿。用于吐泻腹痛，风湿关节痛，腰膝酸痛，脚气，水肿，痢疾。

化学成分 果实含三萜类：3-乙酰熊果酸(3-acetyl ursolic acid)，齐墩果酸(oleanolic acid)，熊果酸(ursolic acid)，熊果酸-3-山嵛酸酯(ursolic acid-3-*O*-behenate)，3-乙酰果渣酸▲(3-acetyl pomolic acid)，白桦脂酸(betulinic acid)，黄麻酸▲(corosolic acid)[1]；黄酮类：槲皮素(quercetin)，芦丁(rutin)[1]，2-羟基柚皮苷元-7-*O*-*β*-葡萄糖苷(2-hydroxynaringenin-7-*O*-*β*-glucoside)[2]，染料木素-7-*O*-*β*-D-吡喃葡萄糖苷(genistein-7-*O*-*β*-D-glucopyranoside)，毛果枳椇苷▲C (hovetrichoside C)，木犀草素-5-*O*-*β*-D-葡萄糖醛酸苷(luteolin-7-*O*-*β*-D-glucuronide)，金丝桃苷(hyperin; hyperoside)，萹蓄苷(avicularin; avicularoside)，槲皮苷(quercitrin)，(±)-(2*E*,4*E*)-*O*-*β*-D-吡喃葡萄糖基-5'-羟基-*β*-芷香叉乙酸酯[(±)-(2*E*,4*E*)-*O*-*β*-D-glucopyranosyl-4'-hydroxy-*β*-ionylideneacetic acid ester]，木犀草素-3'-甲氧基-4'-*O*-*β*-吡喃葡萄糖苷(luteolin-3'-methoxy-4'-*O*-*β*-D-glucopyranoside)，木犀草素-7-*O*-*β*-D-葡萄糖醛酸苷甲酯(luteolin-7-*O*-*β*-D-glucuronide methyl ester)，木犀草素-4'-*O*-*β*-D-吡喃葡萄糖苷(luteolin-4'-*O*-*β*-D-glucopyranoside)，三粒小麦黄素-3'-甲氧基-4'-*O*-*β*-D-吡喃葡萄糖苷(tricetin-3'-methoxy-4'-*O*-*β*-D-glucopyranoside)，芹菜苷元-7-*O*-*β*-D-吡喃葡萄糖醛酸苷甲酯(apigenin-7-*O*-*β*-D-glucuronide methyl ester)，(-)-表儿茶素[(-)-epicatechin][3]；挥发油：以萜烯类、酯类、内酯类为主，其中*α*-金合欢烯(*α*-farnesene)，辛酸异丁酯，辛酸丁酯(butylcaprylate)，3-环戊烷基丙酸-2-甲基丙酯的含量较高[4]；有机酸类：酒石酸(tartaric acid)，富马酸(fumaric acid)，原儿茶酸(protocatechuic acid)，琥珀酸(succinic acid)[1]；其他类：胡萝卜苷，十八酸，棕榈酸，10-二十九醇，苯甲酸[1]；蛋白酶类：木瓜蛋白酶[5]。

茎含三萜类：白桦脂醇(betulin)，委陵菜酸(tormentic acid)[6]；木脂素：南烛树脂醇-2*α*-*O*-*α*-L-鼠李糖苷(lyoniresinol-2*α*-*O*-*α*-L-rhamnoside)[6]；酚苷类：1-*β*-D-吡喃葡萄糖基-3,4,5-三甲氧基苯(1-*β*-D-glucopyranosyl-3,4,5-trimethoxybenzene)[6]。

树枝含三萜类：白桦脂酸(betulinic acid)，白桦脂醇，3-*O*-(*E*)-对香豆酰白桦脂醇[3-*O*-(*E*)-*p*-

稍有毛；柱头头状，有不明显分裂。果实球形或卵球形，直径 4–6 cm，黄色或带黄绿色，有稀疏不明显斑点，味芳香；萼片脱落；果梗短或近于无梗。花期 3–5 月，果期 9–10 月。

分布与生境 产于陕西、甘肃、四川、贵州、云南、广东。常栽培。

药用部位 果实。

功效应用 舒筋活络，和胃化湿。用于湿痹拘挛，腰膝关节酸重疼痛，转筋挛痛，脚气水肿。

化学成分 果实含酚/酚酸类：绿原酸乙酯(ethyl chlorogenate)，原儿茶酸(protocatechuic acid)，没食子酸(gallic acid)[1]，氢醌(hydroquinone)，3,4-二羟基苯甲酸(3,4-dihydroxybenzoic acid)[2]；三萜类：白桦脂酸(betulinic acid)，3-*O*-乙酰坡模酸(3-*O*-acetyl pomolic acid)[1]，熊果酸(ursolic acid)，3β-乙酰氧基-11-烯-13β,28-交酯(3β-acetoxyurs-11-en-13β,28-olide)，3-*O*-乙酰熊果酸(3-*O*-acetyl ursolic acid)，齐墩果酸(oleanolic acid)，山楂酸(masilinic acid)，委陵菜酸(tormentic acid)，皱皮木瓜过氧化物▲(speciosaperoxide)[3]；降倍半萜类：长春花苷(roseoside)，催吐萝芙木醇(vomifoliol)，(6*S*,7*E*,9*R*)-6,9-二羟基-4,7-大柱香波龙二烯-3-酮-β-D-吡喃木糖基(1→6)-吡喃葡萄糖苷[(6*S*,7*E*,9*R*)-6,9-dihydroxy-4,7-megastigmadien-3-one-9-*O*-β-D-xylopyranosyl (1→6)-glucopyranoside][3]；挥发油：以β-丁香烯(β-caryophyllene)，α-松油醇(α-terpineol)，松油烯-4-醇(terpinen-4-ol)，1,8-桉树脑(1,8-cineole)，α-杜松醇(α-cadinol)，γ-桉叶油醇(γ-eudesmol)，壬醛(*n*-nonanal)，苯甲醛(benzaldehyde)的含量较高[4]；其他类：曲酸(kojic acid)，3-羟基丁二酸甲酯(methyl 3-hydroxylbutanedioic ester)，槲皮素(quercetin)[1]。

药理作用 镇痛作用：皱皮木瓜总黄酮 (FLC) 具有全身镇痛作用及外周镇痛作用，其全身及外周镇痛作用可被 $CaCl_2$ 拮抗，被 EGTA 加强。5%、10% 和 20% FLC 呈浓度依赖性抑制 50 mmol/L K^+ 诱导蟾酥坐骨神经 Ca^{2+} 含量增加；10% FLC 抑制 10^{-5} mmol/L NE 诱导蟾酥坐骨神经 Ca^{2+} 含量增加。FLC 镇痛作用机制可能与其抑制神经组织钙通道和非神经组织钙通道、减少致痛介质释放等因素有关[1]。皱皮木瓜籽乙醇提取物对热板法和醋酸扭体法小鼠具有镇痛作用[2]。

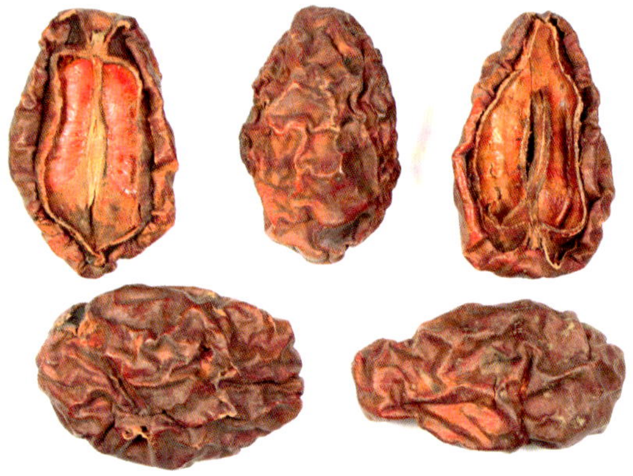

木瓜 Chaenomelis Fructus
摄影：钟国跃

抗炎作用：皱皮木瓜总提取物、籽乙醇提取物及总苷对醋酸所致小鼠腹腔毛细血管通透性增加具有抑制作用，对二甲苯所致小鼠耳郭肿胀和大鼠棉球肉芽肿形成也具有抑制作用[3-4]。木瓜总苷对小鼠乙酸疼痛扭体和甲醛疼痛第二相反应具有抑制作用，可使佐剂关节炎大鼠致炎第 28 天关节膜细胞升高的 PGE_2 和 TNF-α 水平降低[5]；在 120–240 mg/kg 剂量范围内有明显的抗角叉菜胶诱导大鼠足肿胀效应，在用药 3 小时后起效；在 60–240 mg/kg 剂量范围内，对大鼠棉球肉芽肿有显著的抑制作用[6]。木瓜总苷可抑制胶原免疫性关节炎模型小鼠足肿胀，降低后足疼痛反射阈值和踝关节组织中增高的 PGE；降低模型小鼠脾指数的增加，对胸腺指数无明显影响，使模型小鼠增高的 T 细胞、B 细胞增殖反应降低；使 T 细胞、PMϕ 分别产生的高水平 IL-1 和 IL-2 降至正常范围；降低模型小鼠血清中升高的抗 C Ⅱ 抗体和抗结核菌素抗体的含量[7-10]。木瓜苷 120 mg/kg 恢复佐剂性关节炎大鼠胸腺 T 淋巴细胞增殖能力，抑制模型大鼠腹腔巨噬细胞产生 IL-1、TNF-α 和 PGE_2 水平，恢复 A、B 型滑膜细胞的分布和 A、B 型滑膜细胞中高尔基体、线粒体、粗面内质网、致密体、空泡的数量及形态异常，其作用机制可能与调节 T 淋巴细胞功能、抑制腹腔巨噬细胞过度分泌炎性细胞因子和改善分泌功能细胞器的形态有关[11-13]。

调节免疫作用：皱皮木瓜粗提物能增强迟发超敏反应，对 NK 细胞活性影响不明显。粗提物中齐墩果酸和熊果酸可以降低小鼠血清中 MDA 含量，提高迟发性超敏反应 (DTH)，提高 SOD 活性及血清溶血素，表现皱皮木瓜具有一定的增强荷瘤小鼠的体液免疫能力[14-16]。皱皮木瓜籽提取物中三萜类化合物对环磷酰胺造模的免疫抑制小鼠具有免疫兴奋作用，可使吞噬百分率、吞噬指数显著升高，促进溶血素的形成，并提高外周血中 T 淋巴细胞数[3]。

抑制胃肠平滑肌作用：FLC 产生剂量依赖性抑制氯乙酰胆碱和 $CaCl_2$ 所致家兔胃底、回肠肌条的收缩，非竞争性拮抗氯乙酰胆碱和 $CaCl_2$ 累积量效曲线，压低最大反应，FLC 和维拉帕米能抑制氯乙酰胆碱诱导结肠带依内钙性收缩，对依外 Ca^{2+} 收缩，仅高浓度 (0.4%) FLC 有抑制作用 ($P<0.05$)，维拉帕米则无影响。FLC 具有一定的 Ca^{2+} 络合作用。FLC 松弛胃肠平滑肌的作用机制与抑制肠平滑肌细胞的受体调控性 Ca^{2+} 通道和电压依赖性 Ca^{2+} 通道功能，减少内 Ca^{2+} 释放和外 Ca^{2+} 内流有关；另一部分效应机制亦可能与 FLC 络合 Ca^{2+}，降低游离 Ca^{2+} 浓度，致外 Ca^{2+} 内流减少作用有关[17-18]。皱皮木瓜水提物能够降低小鼠体重、抑制小鼠小肠蠕动功能、抑制家兔胃底平滑肌、空肠及结肠带张力，表现出抑制胃肠运动功能的作用[19]。

保肝作用：皱皮木瓜乙醇提取物对 CCl_4 所致慢性肝损伤大鼠具有肝保护作用，其提取物对模型大鼠血清中升高的 ALT、AST、GGT、ALP 等酶水平具有降低作用，能够改善模型大鼠一般生活及活动状态，具有护肝降酶作用[20]。

抗氧化作用：皱皮木瓜经水煮醇沉可得约 5.0% 的皱皮木瓜多糖，经实验研究表明皱皮木瓜多糖具有超氧阴离子自由基 ($O_2^-\cdot$) 清除能力[21]。

注评 本种为历版中国药典和云南中药材标准（1974）收载“木瓜”的基源植物，药用其干燥果实，习称“皱皮木瓜”。“木瓜”的商品药材有“皱皮木瓜”和“光皮木瓜”两类，以“皱皮木瓜”为主流品种，“光皮木瓜”为同属植物木瓜 *C. sinensis* (Thouin) Koehne 的果实。此外同属植物西藏木瓜 *C. thibetica* T. T. Yü 的果实在西藏作“木瓜”使用。傣族、景颇族、藏族、蒙古族、侗族、彝族、苗族、傈僳族也药用，主要用途同功效应用项。

化学成分参考文献

[1] 尹凯，等. 沈阳药科大学学报，2006, 23(12): 760-763.
[2] 宋亚玲，等. 西北植物学报，2007, 27(4): 831-833.
[3] Song YL, et al. *J Asian Nat Prod Res*, 2008, 10(3): 214-217.
[4] Xie XF, et al. *Food Chem*, 2007, 100: 1312-1315.

药理作用及毒性参考文献

[1] 孔劲松，等. 时珍国医国药，2009, 20(3): 549-550.
[2] 刘淑霞，等. 中国医药导报，2008, 5(2): 13-15.
[3] 王会堂，等. 亚太传统医学，2008, 4(12): 32-33.
[4] 吴虹，等. 中国中医药科技，2004, 11(2): 98-99.
[5] 汪倪萍，等. 中国药理学与毒理学杂志，2005, 19(3): 169-174.
[6] 张玲玲，等. 安徽医科大学学报，2002, 37(6): 423-425.
[7] 张玲玲，等. 中国药理学通报，2004, 20(1): 95-100.
[8] 陈群，等. 中国药理学通报，2002, 19(4): 42.
[9] 陈群，等. 中国药理学通报，2003, 20(3): 46-47.
[10] 陈群，等. 中国药理学通报，2007, 23(7): 941-944.
[11] 戴敏，等. 中国药理学通报，2003, 19(3): 340-344.
[12] 戴敏，等. 中国药理学通报，2003, 20(1): 11.
[13] Dai M, et al. *Acta Pharmacol Sin*, 2003, 24(11): 1161-1166.
[14] 袁志超，等. 武汉工业学院学报，2007, 26(2): 22-26.
[15] Raphael TJ, et al. *Phytomedicine*, 2003, 10: 483-489.
[16] Ismaili H, et al. *J Ethnopharmacol*, 2004, 91: 31-36.
[17] 孔劲松，等. 实用医学进修杂志，2007, 35(2): 96-100.
[18] 柳蔚，等. 世界华人消化杂志，2007, 15(2): 165-167.
[19] 柳蔚，等. 中外医疗，2009, (32): 188-189.
[20] 王宏贤. 世界中西医结合杂志，2007, 4(2): 213-214.
[21] 刘捷，等. 河南工业大学学报(自然科学版)，2011, 32(1): 48-52.

3. 毛叶木瓜（中国植物志） 木桃（诗经），木瓜海棠（群芳芳谱）

Chaenomeles cathayensis (Hemsl.) C. K. Schneid., Ill. Handb. Laubholzk 1 : 730. 1906.——*Cydonia cathayensis* Hemsl.（英 **Hairyleaf Flowering quince**）

落叶灌木至小乔木，高 2–6 m；枝条有刺；小枝微屈曲，无毛；冬芽三角状卵形，无毛。托叶草质，肾形，耳形或半圆形，边有芒状细锯齿，下面被褐色绒毛；叶柄长约 1 cm，有毛或无毛；叶片椭圆形、披针形至倒卵状披针形，长 5–11 cm，宽 2–4 cm，上面无毛，下面密被褐色绒毛，以后脱落近无毛，基部楔形至宽楔形，边缘有芒状细锐锯齿，上半部有时形成重锯齿，下半部锯齿较疏，有时近全缘，先端急尖或渐尖。花先叶开放，2–3 朵簇生于二年生枝上，花梗短粗或近于无梗；花直径 2–4 cm；萼筒钟状，外面无毛或稍有短柔毛；萼片直立，卵形至椭圆形，长 3–5 mm，边全缘或有浅齿及黄褐色睫毛；花瓣淡红色或白色，倒卵形或近圆形，长 10–15 mm；花柱 5，基部合生，下半部被柔毛或绵毛；柱头头状。果实卵球形或近长圆柱形，长 8–12 cm，先端有突起，黄色有红晕，味芳香。花期 3–5 月，果期 9–10 月。

分布与生境 产于陕西、甘肃、江西、湖北、湖南、四川、云南、贵州、广西。生于海拔 900–2500 m 的山坡、林边，路旁。各地常见栽培。

药用部位 果实。

功效应用 祛风，舒筋活络。用于风湿骨痛。

化学成分 果实含三萜类：果渣酸▲(pomolic acid)，白桦脂酸(betulinic acid)，齐墩果酸(oleanolic acid)，熊果酸(ursolic acid)，乙酰熊果酸(acetyl ursolic acid)，白桦脂醇(betulin)，古柯二醇(erythrodiol)[1]；多糖类：CCP1[2]。

注评 本种为贵州中药材标准（1988）收载“木瓜”的基源植物，药用其干燥果实。藏族也药用，果实治消化不良、胃溃疡、热症、耳病。

毛叶木瓜 **Chaenomeles cathayensis** (Hemsl.) C. K. Schneid.
引自《山东植物志》

毛叶木瓜 **Chaenomeles cathayensis** (Hemsl.) C. K. Schneid.
摄影：徐克学

化学成分参考文献

[1] Li YK, et al. *J Chin Chem Soc*, 2008, 55: 1332-1337.

[2] 王文平，等 . 食品科学，2008, 29(5): 120-124.

4. 日本木瓜（中国植物志） 倭海棠（中国树木分类学），和圆子（中国药学大辞典），木瓜（台湾），贴梗海棠

Chaenomeles japonica (Thunb.) Lindl. ex Spach, Hist. Nat. Veg. 2: 159. 1834.——*Pyrus japonica* Thunb.（英 **Japanese quince**）

矮灌木，高约 1 m，有细刺，幼时具绒毛；二年生枝条有疣点突起，无毛。托叶肾形，有圆齿，长约 1 cm；宽 1.5–2 cm；叶柄长约 5 mm，无毛；叶片倒卵形、匙形至宽卵形，长 3–5 cm，宽 2–3 cm，无毛，基部楔形至宽楔形，边缘有圆钝锯齿，齿尖向内合拢，先端圆钝，稀微有急尖。花 3–5 朵簇生，花梗短或近于无梗，无毛；花直径 2.5–4 cm；萼筒钟状，外面无毛；萼片卵形，稀半圆形，长 4–5 mm，比萼筒约短一半，先端急尖或圆钝，外面无毛，内面基部有褐色短柔毛和睫毛；花瓣砖红色，倒卵形或近圆形，基部延伸成短爪，长约 2 cm，宽约 1.5 cm；雄蕊 40–60，长约花瓣之半；花柱 5，基部合生，无毛；柱头头状，有不显明分裂，约与雄蕊等长。果实近球形，直径 3–4 mm，黄色，萼片脱落。花期 3–6 月，果期 8–10 月。

日本木瓜 **Chaenomeles japonica** (Thunb.) Lindl. ex Spach
摄影：陈彬

分布与生境 原产于日本，我国陕西、江苏、浙江庭园习见栽培。

药用部位 果实。

功效应用 化湿和胃，舒筋活络，镇痉，镇咳，利尿。用于吐泻转筋，筋脉拘挛，风湿痹痛，霍乱，中暑，煎汤沐浴治风湿病。

化学成分 根含三萜类：熊果酸(ursolic acid)，齐墩果酸(oleanolic acid)，果渣酸▲(pomolic acid)，3-*O*-(*E*)-3,5-二羟基桂皮酰熊果酸[3-*O*-(*E*)-3,5-dihydroxycinnamoylursolic acid][1]；黄酮类：(-)-表儿茶素[(-)-epicatechin][1]；氰苷类：野樱苷(prunasin)[1]；甾体类：胡萝卜苷(daucosterol)[1]。

果实含单萜苷类：白桦萜苷▲(betulalbuside) A、B[2]；黄酮类：(-)-表儿茶素[(-)-epicatechin]，矢车菊素(cyanidin)[3]，(-)-表没食子儿茶素没食子酸酯[(-)-epigallocatechin gallate][4]，多聚原花青素(oligomeric proanthocyanidin)，二聚原花青素(dimeric proanthocyanidin)[5]；挥发油：丁醇(butanol)，戊醇(pentanol)，芳樟醇(linalool)，邻甲酚(*o*-cresol)，环戊醇(cyclopentanol)，α-松油醇(α-terpineol)，2-乙基己醇(2-ethylhexanol)，香叶醇(geraniol)，橙花叔醇(nerol)，3-甲基丁酸乙酯(ethyl 3-methylbutyrate)，异戊醇(isopentanol)，乙酸苄酯(benzyl acetate)，乙酸乙酯(ethyl acetate)，3-己烯-1-醇(3-hexen-1-ol)，乙酸环己酯(cyclohexyl acetate)，甲酸异丙酯(isopropyl formate)，2-己烯-1-醇(2-hexen-1-ol)，辛酸异丁酯(isobutyl octanoate)，2-甲基丁酸乙酯(ethyl 2-methylbutyrate)，2-甲基丁烯酸乙酯(ethyl 2-methyl-2-butenoate)[6]；糖类：蔗糖(sucrose)，葡萄糖(glucose)，果糖(fructose)，木糖(xylose)，麦芽糖(maltose)，甘露醇(mannitol)，山梨醇(sorbitol)[6]；果胶(pectin)[7]。

种子含脂肪酸类：油酸(oleic acid)，亚油酸(linoleic acid)，棕榈酸(palmitic acid)[8]；维生素类：维生素E (vitamin E)[8]。

叶、花、果实含大量矿物质元素：Fe，Mg，Ni，K，Rb，Sn，Cr，Co，Cu，Zn，Ca，Br[9]。

化学成分参考文献

[1] Xu YN, et al. *Chem Pharm Bull*, 2002, 50(8): 1124-1125.
[2] Tschesche R, et al. *Chemische Berichte*, 1977, 110(9), 3111-3117.
[3] Varnaite R, et al. *Lietuvos TSR Mokslu Akademijos Darbai, Serija C: Biologijos Mokslai*, 1981, (4): 39-42.
[4] Strek M, et al. *J Agric Food Chem*, 2007, 55(16): 6447-6452.
[5] Weinges K, et al. *Arzneimittel-Forschung*, 1969, 19(3): 328-330.
[6] Lesinska E, et al. *J Food Sci*,1988, 53(3):854-856.
[7] Thomas M, et al. *Carbohydr Polym*, 2003, 53(4): 361-372.
[8] Gora J, et al. *Herba Pol*, 1979, 25(1): 53-56.
[9] Dzhan TV, et al. *Farmatsevtichnii Zhurnal* (Kiev, Ukraine), 2010, (4), 55-59.

5. 西藏木瓜（中国植物志）

Chaenomeles thibetica T. T. Yü in Acta Phytotax. Sin. 8: 234. 1963.（英 **Tibet Flowering quince**）

灌木或小乔木，高达 1.5–3 m；通常多刺，刺锥形，长 1–1.5 cm；小枝屈曲。托叶大形，草质，近镰刀形或肾形，长约 1 cm，宽约 1.2 cm，边缘有不整齐锐锯齿稀钝锯齿，下面被褐色绒毛，上面无毛；叶柄粗短，长 1–1.6 cm，幼时被褐色绒毛，逐渐脱落；叶片革质，卵状披针形或长圆状披针形，长 6–8.5 cm，宽 1.8–3.5 cm，下面密被褐色绒毛，中脉和侧脉均显著突起，基部楔形，全缘，先端急尖。花 3–4 朵簇生；花柱 5，基部合生，并密被灰白色柔毛。果实长圆形或梨形，长 6–11 cm，黄色，味香，萼片宿存，反折，三角状卵形，先端急尖。

西藏木瓜 **Chaenomeles thibetica** T. T. Yü
摄影：陈又生

分布与生境　产于西藏（拉萨、林芝、波密）、四川西部。生于海拔 2600–2760 m 的山坡、山沟灌丛中。

药用部位　果实。

功效应用　舒筋，化湿，健胃。用于治疗胃溃疡，消化不良，耳痛，耳病。

化学成分　果实含三萜类：果渣酸▲(pomolic acid)，白桦脂酸(betulinic acid)，齐墩果酸(oleanolic acid)，熊果酸(ursolic acid)，乙酰熊果酸(acetyl ursolic acid)，白桦脂醇(betulin)，古柯二醇(erythrodiol)[1]；挥发油：以酸、酯、醛、醇类为主，其中棕榈酸，辛醛(octaldehyde)，壬酸(decenoic acid)，9,12-十八碳-二烯酸(9,12-octadecadienoic acid)，9,12-十八碳二烯酸甲酯(9,12-octadecadiene methyl ester)的含量较高[2]。

注评　本种的果实在西藏作“木瓜”使用。藏族也药用，用其果实主治热病、耳病。

化学成分参考文献

[1] Li YK, et al. *J Chin Chem Soc*, 2008, 55: 1332-1337.
[2] 龚复俊，等．中草药，2006, 37(11): 1634-1635.

20. 梨属 Pyrus L.

落叶乔木或灌木，稀半常绿乔木，有时具刺。单叶，互生，有锯齿或全缘，稀分裂，在芽中呈席卷状，有托叶和叶柄。花先于叶开放或同时开放；伞形总状花序；萼片 5，反折或开展；花瓣 5，白色，稀粉红色，基部具爪；雄蕊 15–30，花药通常深红色或紫色；花柱 2–5，离生；子房 2–5 室，每室有 2 胚珠。果实为梨果，果肉多汁，富含石细胞；子房壁软骨质。种子黑色或黑褐色；种皮软骨质，子叶平凸。

本属约 25 种，分布于亚洲、欧洲至北非。我国有 14 种，其中 11 种 5 变种可药用。

分种检索表

1. 果实上有萼片宿存；花柱 3–5。
  2. 叶缘有带刺芒尖的锐锯齿，刺芒或长或短。
    3. 叶缘刺芒长，叶形大，长 3–10 cm，宽 4–6 cm；花柱 5；果黄色；果梗短，长 1–2 cm……………………………………………………………………………………………1. 秋子梨 **P. ussuriensis**
    3. 叶缘刺芒短，叶形小，长 4–7 cm，宽 4–5 cm；花柱 4；果褐色；果梗长 1.5–3 cm……………………………………………………………………………………………2. 河北梨 **P. hopeiensis**
  2. 叶缘有不带刺芒的细锐锯齿或圆钝锯齿。
    4. 叶缘有圆钝锯齿；果实倒卵圆形或近球形；果梗长 2–3.5 cm…………5. 西洋梨 **P. communis** var. **sativa**
    4. 叶缘有细锐锯齿。
      5. 果实卵圆形至倒卵圆形，黄绿色，5 室；果梗先端肥厚，长 4–5 cm………3. 新疆梨 **P. sinkiangensis**
      5. 果实近球形或倒卵圆形，褐色，3–4 室；果梗先端不肥厚，长 3–4 cm……………4. 麻梨 **P. serrulata**
1. 果实上萼片多数脱落或少数部分宿存；花柱 2–5。
  6. 叶缘具有带刺芒的尖锐锯齿；花柱 4–5。
    7. 果实黄色；叶片基部宽楔形……………………………………………………………6. 白梨 **P. bretschneideri**
    7. 果实褐色；叶片基部圆形或近心形………………………………………………………7. 沙梨 **P. pyrifolia**
  6. 叶缘有不带芒的尖锐锯齿或圆钝锯齿；花柱 2–4 (–5)；果实褐色。
    8. 叶缘有尖锐锯齿。
      9. 果实近球形，2–3 室，直径 0.5–1 cm；幼枝、花序和叶片下面均被绒毛…………8. 杜梨 **P. betulifolia**
      9. 果实球形或卵球形，3–4 室，直径 2–2.5 cm；花序、小枝和叶片下面幼时均具绒毛，不久脱落……………………………………………………………………………………………9. 褐梨 **P. phaeocarpa**
    8. 叶缘有圆钝锯齿。
      10. 雄蕊 20；花柱 2–3；叶片、花序均无毛……………………………………………10. 豆梨 **P. calleryana**
      10. 雄蕊 25–30；花柱 3–5；叶片、花序最初有毛，不久脱落…………………………11. 川梨 **P. pashia**

梨属植物果实风味独特，具有高还原糖、低脂肪，富含维生素 C、E 及多种对人体有益的矿物质元素。《本草纲目》记载梨能“润肺凉心、清痰降火、解疮毒、酒毒”。现代化学研究已初步明确主要含有挥发油、多酚类化合物，另有部分植物含三萜及木脂素类成分。

梨属植物果实的香气成分主要来自果皮和果肉的挥发性成分，主要包括：酯类：乙酸乙酯 (ethyl acetate)、2- 甲基丙基乙酸酯 (acetic acid-2-methypropyl ester)、5-(2- 丙烯基) 苯并二茂 [benzodioxole-5-(2-propenyl)]、己烯酸甲酯 (hexenoicacid methyl ester) 等；烃类：环己烯 (cyclohexene)、邻甲基异丙苯 [benzene-1-methyl-2-(1-methylethyl)]、十六烷 (hexadecane) 等；醇类：乙醇 (ethanol)、4- 甲基 -1- 异丙基 -3- 环己烯 -1- 醇 [4-methyl-1-(1-methylethyl)-3-cyclohecen-1-ol] 等；还有一些醛、酮及酚类如：糠醛 (furfural)、2- 壬酮 (2-nonanone)、麝香草酚 (thymol) 等。

多酚类化合物是梨属植物的主要活性成分。研究表明：黄酮、绿原酸 (chlorogenic acid) 等是重要的植物性抗氧化剂，能清除引起生物体内脂质过氧化反应的自由基，具有抗氧化和抗衰老等功能。梨属植物的主要黄酮类成分包括：木犀草素 (luteolin)、芹菜苷元 (apigenin)、山柰酚 (kaempferol) 和杨梅素 (myricetin)。

本属药用植物果肉中还含有少量的木脂素类成分，如：落叶松脂醇 (lariciresinol)、松脂酚 (pinoresinol) 等。

1. 秋子梨（中国植物志） 花盖梨、山梨（东北），青梨（植物学大辞典），野梨（河北习见树木图说），沙果梨、酸梨（河北）

Pyrus ussuriensis Maxim. in Bull. Cl. Phys.-Math. Acad. Imp. Sci. Saint-Pétersbourg 15: 132. 1857.
（英 **Ussurien Pear**）

1a. 秋子梨（模式变种）

Pyrus ussuriensis Maxim. var. **ussuriensis**

乔木，高达 15 m；幼枝无毛或微具毛；冬芽肥大，卵圆形，先端钝，鳞片边缘具毛或近于无毛。托叶披针形，早落；叶柄长 2–5 cm，幼时有绒毛，不久脱落；叶片卵形至宽卵形，长 5–10 cm，宽 4–6 cm，两面无毛，或幼时被绒毛，不久脱落，基部圆形或近心形，稀宽楔形，边缘有带刺芒的尖锐锯齿，先端短渐尖。花序密集，有花 5–7 朵；花梗长 2–5 cm，花序轴和花梗幼时被绒毛，不久脱落；苞片膜质，线状披针形，长 8–12 cm；花直径 3–3.5 cm；萼筒外无毛或微具绒毛；萼片三角状披针形，边缘有腺齿，外面无毛，内面密被绒毛；花瓣白色，倒卵形或宽卵形，基部有短爪，先端圆钝，无毛；雄蕊 20；花柱 5，离生，近基部有疏柔毛。果实近球形，黄色，直径 2–6 cm；萼片宿存，基部微下陷；果梗短，长 1–2 cm。花期 5 月，果期 8–10 月。

分布与生境　产于黑龙江、吉林、辽宁、内蒙古、河北、山东、陕西、甘肃等地。本种抗寒力强，适

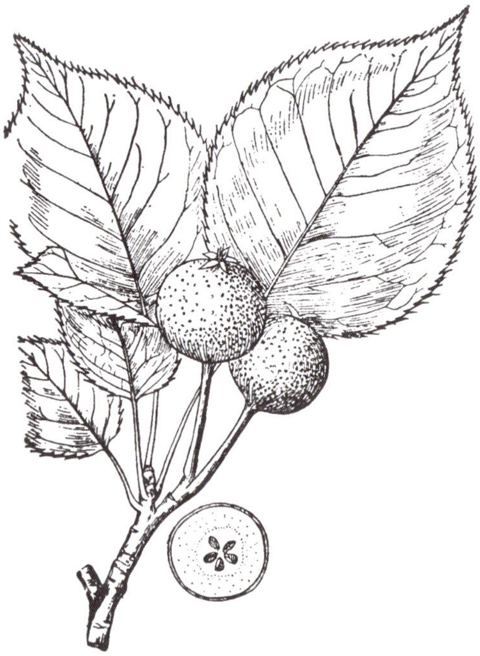

秋子梨 **Pyrus ussuriensis** Maxim. var. **ussuriensis**
引自《中国高等植物图鉴》

秋子梨 **Pyrus ussuriensis** Maxim. var. **ussuriensis**
摄影：张英涛 周繇

于生在寒冷而干燥的山区，生于海拔 100–2000 m。也分布于亚洲东北部、朝鲜等地。

药用部位 果实、果皮、叶、树皮、根。

功效应用 果皮、叶、树皮、根：功效同白梨。果实：解热祛痰。用于肺热，咳嗽痰多。

化学成分 果实含有机酸类：奎宁酸(quinic acid)，苹果酸(malic acid)，莽草酸(shikimic acid)[1]；黄酮类：儿茶素(catechin)，表儿茶素(epicatechin)，芹菜苷元(apigenin)、木犀草素(luteolin)、金圣草酚(chrysoeriol)以及三者的 7-*O*-糖苷，山柰酚(kaempferol)、槲皮素(quercetin)、异鼠李素(isorhamnetin)以及三者的 3-*O*-糖苷[1]；苯丙素类：绿原酸(chlorogenic acid)[2]。

果皮含挥发油：以衣兰烯(ylangene)，3,7,11-三甲基-1,3,6,10-十二碳四烯(3,7,11-trimethyl-1,3,6,10-dodecatetraene)，α-金合欢烯(α-farnesene)的含量较高[3]。

果肉含挥发油：以邻苯二甲酸双(2-乙基己基)酯，衣兰烯(ylangene)，α-金合欢烯(α-farnesene)，9-十八烯酸乙酯(9-octadecenoic acid ethyl ester)，2,6-二甲基-6-(4-甲基-3-丙烯基)双环[3.1.1]庚烷-2-烯{2,6-dimethyl-6-(4-methyl-3-propenyl)bicyclo[3.1.1]heptane-2-ene}的含量较高[4]。

注评 本种朝鲜族、藏族和蒙古族药用，朝鲜族用其叶治小便不通、中暑吐泻、水肿、毒菌中毒，果实治热病、伤津烦渴、消渴、热咳、痰热惊狂、噎嗝、便秘、慢性支气管炎、肝炎；藏族用果实治肠鸣、腹绞痛、泄泻；蒙古族用果实治胸闷胀满、消化不良、呕吐、热泻。

化学成分参考文献

[1] Lin LZ, et al. *J Agric Food Chem*, 2008, 56: 9094-9101.

[2] Kumazawa S, et al. *J Food Sci Technol*, 2007, 13(4): 404-413.

[3] 辛广，等. 食品科学，2002, 23(8): 227-230.

[4] 辛广，等. 食品科学，2004, 25(10): 223-225.

1b. 香水梨（变种）

Pyrus ussuriensis Maxim. var. **ovoidea** Rehder in J. Arnold Arbor. 2: 66. 1920.（英 **Perfume Pear**）

本变种与模式变种区别在果实卵圆形、近球形或椭圆体形；果梗稍长，2–4 cm；叶片及花序在幼时或多或少具绒毛。

分布与生境 栽培。

药用部位 果实。

功效应用 生津，润燥，清热，化痰。用于烦渴，热咳，噎嗝，痰热惊狂。

2. 河北梨（中国果树志）

Pyrus hopeiensis T. T. Yü in Acta. Phytotax. Sin. 8: 232. 1963.（英 **Hopei Pear**）

乔木，高达 6–8 m；小枝无毛。叶柄长 2–4.5 cm，有疏柔毛或无毛；叶片卵形、宽卵形至近圆形，长 4–7 cm，宽 4–5 cm，两面无毛，基部圆形或近心形，边缘有细密尖锐锯齿，齿尖有短刺芒，先端具长或短渐尖头。伞形总状花序，具花 6–8 朵；花梗长 12–15 mm，和花序轴有稀疏柔毛或近无毛；萼片三角形，边有齿，外面有疏柔毛；花瓣白色，椭圆倒卵形；花柱 4，离生。果实球形或卵球形，直径 1.5–2.5 cm，褐色，4 (–5) 室；果心大，果肉白色，石细胞多；萼片宿存。花期 4 月，果期 8–9 月。

分布与生境 产于河北、山东。生于海拔 100–800 m 的山坡丛林边。

药用部位 果实。

功效应用 消食止痢。

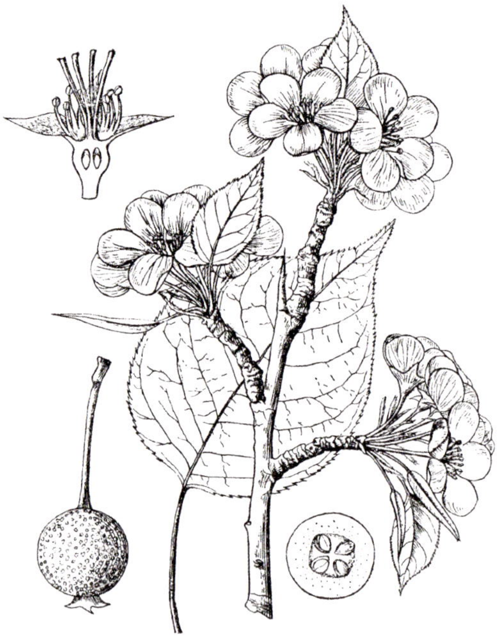

河北梨 **Pyrus hopeiensis** T. T. Yü
刘霁青　绘

3. 新疆梨（中国果树志）

Pyrus sinkiangensis T. T. Yü in Acta Phytotax. Sin. 8: 233. 1963.（英 **Sinkiang Pear**）

乔木，高达 6–9 m；小枝无毛。叶柄长 3–5 cm；幼时被白色绒毛，不久脱落；叶片卵形、椭圆形至宽卵形，长 6–8 cm，宽 3.5–5 cm，两面无毛，基部圆形稀宽楔形，边缘上半部有细锐锯齿，下半部

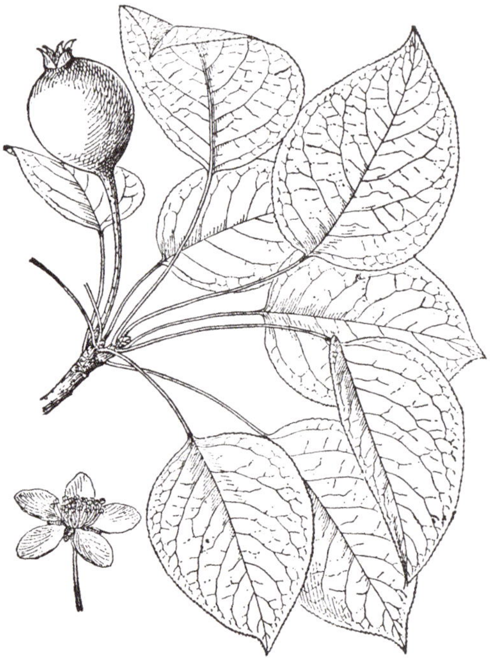

新疆梨 **Pyrus sinkiangensis** T. T. Yü
引自《中国高等植物图鉴》

新疆梨 **Pyrus sinkiangensis** T. T. Yü
摄影：朱仁斌

或基部锯齿浅或近于全缘，先端短渐尖。伞形总状花序，有花 4–7 朵；花梗长 1.5–4 cm 和花序轴均被绒毛，以后脱落无毛；花直径 1.5–2.5 cm；花瓣白色，倒卵形；花柱 5，离生，基部被柔毛。果实卵圆形至倒卵圆形，直径 2.5–5 cm，黄绿色，5 室；石细胞多；萼片宿存；果梗先端肥厚，长 4–5 cm。花期 4 月，果期 9–10 月。

分布与生境 产于新疆、青海、甘肃、陕西等地有栽培。生于海拔 200–1000 m。

药用部位 果实。

功效应用 生津，润燥，清热，化痰，健胃消食，润肺止痢。

化学成分 果实含酚类：熊果苷(arbutin)，绿原酸(chlorogenic acid)[1]；有机酸类：奎宁酸(quinic acid)，苹果酸(malic acid)，莽草酸(shikimic acid)[2]；黄酮类：儿茶素(catechin)，表儿茶素(epicatechin)，芹菜苷元(apigenin)、木犀草素(luteolin)、金圣草酚(chrysoeriol)以及三者的 7-*O*-糖苷，山柰酚(kaempferol)、槲皮素(quercetin)、异鼠李素(isorhamnetin)以及三者的 3-*O*-糖苷[2]。

化学成分参考文献

[1] Cui T, et al. *J Agric Food Chem*, 2005, 53: 3882-3887.

[2] Lin LZ, et al. *J Agric Food Chem*, 2008, 56: 9094-9101.

4. 麻梨（中国植物志） 麻梨子、黄皮梨（四川）

Pyrus serrulata Rehder in Proc. Amer. Acad. Arts 50: 234. 1915.（英 **Serrulate Pear**）

乔木，高达 8–10 m；小枝幼时被褐色绒毛，以后脱落。叶柄长 3.5–7.5 cm，幼时被褐色绒毛，不久脱落；叶片卵形至长卵形，长 5–11 cm，宽 3.5–7.5 cm，下面幼时被褐色绒毛，以后脱落，基部宽楔形或圆形，边有细锐锯齿，先端渐尖。伞形总状花序，有花 6–11 朵；花梗长 3–5 cm，和花序轴被褐色绒毛，逐渐脱落；花直径 2–3 cm；萼筒和萼片外面被稀疏绒毛；萼片三角状卵形；花瓣白色；花柱 3，稀 4，离生。果实近球形或倒卵形，长 1.5–2.2 cm，深褐色，有浅褐色果点，萼片宿存。花期 4 月，

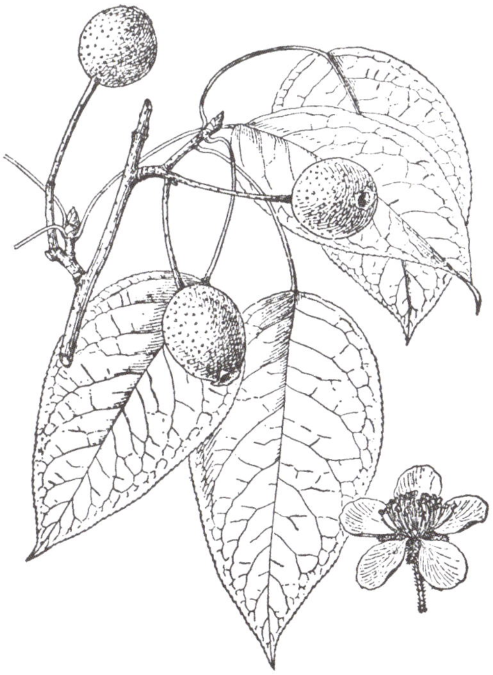

麻梨 **Pyrus serrulata** Rehder
引自《中国高等植物图鉴》

麻梨 **Pyrus serrulata** Rehder
摄影：徐克学

果期 6–8 月。

分布与生境　产于湖北、湖南、江西、浙江、四川、广东、广西。生于海拔 100–1500 m 的灌木丛中或林边。

药用部位　果实。

功效应用　生津，润燥止咳，清热，消暑健胃，收敛，止咳，化痰，消食积。用于食物中毒。

5. 西洋梨（变种）（Flora of China）　洋梨（山东土名）

Pyrus communis L. var. **sativa** (DC.) DC., Prodr. 2: 643. 1825.——*P. sativa* DC.（英 **Common Pear**）

乔木，高可达 15 m，稀达 30 m；小枝通常无刺，无毛或幼时微被短柔毛。叶片卵形、近圆形或椭圆形，长 5–10 cm，宽 3–6 cm，幼时有蛛丝状毛，不久脱落或仅下面沿脉被毛，基部宽楔形至近圆形，边有圆钝锯齿，稀全缘，先端急尖或短渐尖。伞形总状花序，有花 6–9 朵；花梗长 2–3.5 cm，和花序轴密被绒毛；花直径 2–3.5 cm；萼片三角状披针形，内外两面均被短柔毛；花瓣白色。果实倒卵圆形或近球形，绿色、黄色或带红晕，颜色和大小因品种不同变异很大；果梗粗厚，长 2.5–3 cm。

分布与生境　本变种在欧洲和亚洲西部栽培已久。中国各地栽培的西洋梨是近年来自欧美输入者。

药用部位　果实。

功效应用　健胃消食，润肺，止痢。

化学成分　茎皮含三萜类：羽扇豆-20(29)-烯-3α,27-二醇[lup-20(29)-ene-3α,27-diol]，表羽扇豆醇(epilupeol)，羽扇豆-20(29)-烯-3α,28-二醇[lup-20(29)-ene-3α,28-diol][1]。

叶含黄酮类：木犀草素(luteolin)，菜蓟苷▲(cinaroside)，杨梅素(myricetin)，根皮素(phloretin)，根皮苷(phloridizin)，大波斯菊苷(cosmosiin)，紫云英苷(astragalin)，金丝桃苷(hyperin; hyperoside)，槲皮苷(quercitrin)，异槲皮苷(isoquercitrin)，萹蓄苷(avicularin; avicularoside)，芦丁(rutin)[2]。

果实含酚/酚酸类：原儿茶酸(protocatechuic acid)，对羟基苯甲酸(*p*-hydroxybenzoic acid)，香荚兰

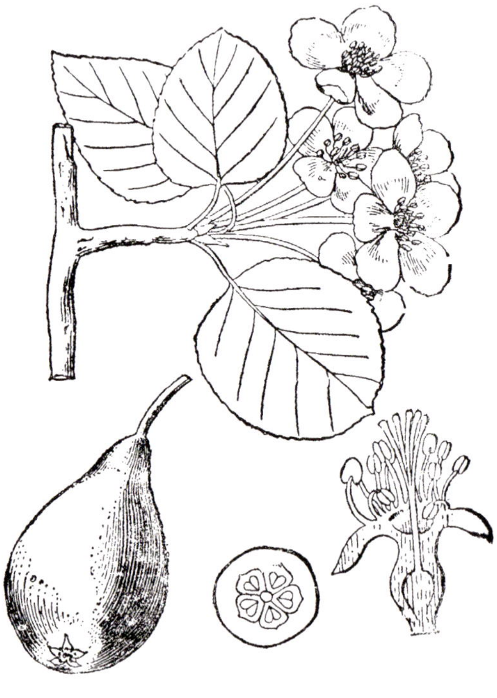

西洋梨 **Pyrus communis** L. var. **sativa** (DC.) DC.
引自《中国树木分类学》

西洋梨 **Pyrus communis** L. var. **sativa** (DC.) DC.
摄影：徐克学

酸(vanillic acid)[3]，对香豆酸(*p*-coumaric acid)，阿魏酸(ferulic acid)[4]。

果肉含木脂素类：落叶松脂醇(lariciresinol)，松脂酚(pinoresinol)，裂环异落叶松脂醇(secoisolariciresinol)[5]。

果皮、果肉、果核含有机酸类：奎宁酸(quinic acid)，苹果酸(malic acid)，莽草酸(shikimic acid)[6]；黄酮类：儿茶素(catechin)，表儿茶素(epicatechin)，芹菜苷元(apigenin)、木犀草素(luteolin)、金圣草酚(chrysoeriol)以及三者的 7-*O*-糖苷，山柰酚(kaempferol)、槲皮素(quercetin)、异鼠李素(isorhamnetin)以及三者的 3-*O*-糖苷[6]。

果皮、果肉含维生素类：维生素E (vitamin E)[7]；胡萝卜素类：*β*-胡萝卜素(*β*-carotene)[7]，叶黄素(lutein)，*β*-隐黄质(*β*-cryptoxanthin)，玉米黄素(zeaxanthin)[8]。

化学成分参考文献

[1] Mehta BK, et al. *Nat Prod Res*, 2003, 17(6): 459-463.

[2] Kislichenko VS, et al. *Chem Nat Compd*, 2007, 43(4): 704-705.

[3] Russell WR, et al. *Food Chem*, 2009, 115(1): 100-104.

[4] Mattila P, et al. *J Agric Food Chem*, 2006, 54: 7193-7199.

[5] Milder IEJ, et al. *Br J Nutr*, 2005, 93: 393-402.

[6] Lin LZ, et al. *J Agric Food Chem*, 2008, 56: 9094-9101.

[7] Charoensiri R, et al. *Food Chem*, 2009, 113: 202-207.

[8] Dias MG, et al. *Food Chem*, 2009, 113: 808-815.

6. 白梨（中国树木分类学） 白桂梨、罐梨（河北）

Pyrus bretschneideri Rehder in Proc. Amer. Acad. Arts 50: 231. 1915.（英 **Bretschneider Pear**）

乔木，高达 5–8 m；小枝幼时密被柔毛，不久脱落；冬芽卵圆形，先端圆钝或急尖，鳞片边缘及先端有柔毛。托叶膜质，线形至线状披针形；叶柄长 2.5–7 cm，幼时被绒毛不久脱落；叶片卵形或椭圆卵形，长 5–11 cm，宽 3.5–6 cm，两面均被绒毛，不久脱落，老时无毛，基部宽楔形，稀近圆形，边缘有尖锐锯齿，齿尖有刺芒，微向内合拢，先端渐尖，稀急尖。伞形总状花序，有花 7–10 朵，花梗

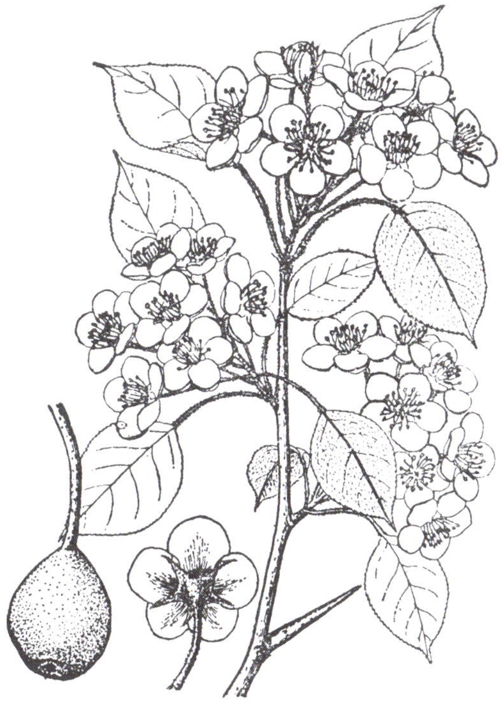

白梨 **Pyrus bretschneideri** Rehder
引自《中国高等植物图鉴》

白梨 **Pyrus bretschneideri** Rehder
摄影：徐克学

长 1.5–3 cm，和花序轴幼时有绒毛，不久脱落；苞片膜质，线形；花直径 2–3.5 cm；萼片三角形，边缘有腺齿，外面无毛，内面密被褐色长绒毛；花瓣白色，卵形，基部有短爪，先端啮蚀状；雄蕊 20；花柱 5 或 4，无毛。果实黄色，卵圆形或近球形，长 2.5–3 cm，直径 2–2.5 cm，有细密斑点，4–5 室，萼片脱落，基部具肥厚果梗。种子倒卵球形。花期 4 月，果期 8–9 月。

分布与生境 产于河北、河南、山东、山西、陕西、甘肃、青海。适宜生长在干旱寒冷的地区或山坡阳处，海拔 1000–2000 m。本种在我国北部常见栽培。

药用部位 果实、果皮、叶、枝、树皮、根。

功效应用 果实：清肺化痰，生津止渴。用于肺燥咳嗽，热病烦躁，津少口干，消渴，热咳，痰热惊狂，便秘。果皮：用于暑热烦渴，肺燥咳嗽，吐血，痢疾，发背，疔疮，疥癣。叶：清热解毒，理气止痛。用于食菌中毒，腹痛，腹泻，小儿疝气，痢疾，湿疹，痒疮。枝：行气和中，止痛。用于霍乱吐泻，腹痛。树皮：用于伤寒瘟疫。根：清肺止咳，理气止痛。用于肺虚咳嗽，疝气腹痛。

化学成分 果皮含挥发油：以棕榈酸甲酯(methyl palmitate)，(9*Z*)-十八烯酸甲酯[(9*Z*)-octadecenoic acid methyl ester]，角鲨烯(squalene)，十二烷(dodecane)，9-十六烯酸(9-hexadecenoic acid)，11,14-十八碳二烯酸(11,14-octadecadienoic acid)[1]、油酸甲酯(methyl oleate)，十六烯酸甲酯(9-hexadecenoic acid methyl ester)，亚油酸甲酯(methyl linoleate)[2]含量为高；酚类：苯酚(phenol)[1]，熊果苷(arbutin)，绿原酸(chlorogenic acid)[3]；有机酸类：奎宁酸(quinic acid)，苹果酸(malic acid)，莽草酸(shikimic acid)[4]；黄酮类：儿茶素(catechin)，表儿茶素(epicatechin)，芹菜苷元(apigenin)、木犀草素(luteolin)、金圣草酚(chrysoeriol)以及三者的 7-*O*-糖苷，山柰酚(kaempferol)、槲皮素(quercetin)、异鼠李素(isorhamnetin)以及三者的 3-*O*-糖苷[4]。

化学成分参考文献

[1] Li YC, et al. *J Phytopathol*, 2008, 156: 115-119.

[2] 李永才，等. 食品工业科技，2006, 27(2): 49-52.

[3] Cui T, et al. *J Agric Food Chem*, 2005, 53: 3882-3887.

[4] Lin LZ, et al. *J Agric Food Chem*, 2008, 56: 9094-9101.

7. 沙梨（中国树木分类学） 麻安梨（贵州）

Pyrus pyrifolia (Burm. f.) Nakai in Bot. Mag. (Tokyo) 40: 564. 1926.——*Ficus pyrifolia* Burm. f.（英 **Sand Pear**）

乔木，高达 7–15 m；小枝幼时具黄褐色长柔毛及绒毛，不久脱落；冬芽长卵圆形，鳞片边缘和先端微具长绒毛。托叶膜质，线状披针形，长 1–1.5 cm，边缘有长柔毛，早落；叶柄长 3–4.5 cm，幼时被绒毛，不久脱落；叶片卵状椭圆形或卵形，长 7–12 cm，宽 4–6.5 cm，两面无毛或幼时有褐色绵毛，基部圆形或近心形，边缘有带刺芒锯齿，齿微向内合拢，先端长渐尖。伞形总状花序，有花 6–9 朵；花梗长 3.5–5 cm，和花序轴幼时微具柔毛；花直径 2.5–3 cm；苞片膜质，线形；萼片三角形，长约 5 mm，边有腺齿，先端渐尖，外面无毛，内面密被褐色绒毛；花瓣白色，卵形，长 15–17 mm，基部有短爪，先端啮蚀状；雄蕊 20，长约等于花瓣之半；花柱 5，稀 4，无毛，与雄蕊近等长。果实近球形，浅褐色，有浅色斑点，先端微向下陷；萼片脱落。种子卵形。花期 4 月，果期 8 月。

分布与生境 产于安徽、江苏、浙江、江西、湖北、贵州、四川、云南、广东、广西、福建。适于生长在温暖而多雨的地区，海拔 100–1400 m。

药用部位 果实、果皮、根。

功效应用 果实、果皮：清热，生津，润燥，化痰。用于咳嗽，干咳，烦渴，口干，汗多，喉痛，痰热惊狂，便秘，烦躁。根：用于止嗽。

化学成分 果皮、果肉、果核含有机酸类：奎宁酸(quinic acid)，苹果酸(malic acid)，莽草酸(shikimic acid)[1]；黄酮类：儿茶素(catechin)，表儿茶素(epicatechin)，芹菜苷元(apigenin)、木犀草素(luteolin)、

沙梨 **Pyrus pyrifolia** (Burm. f.) Nakai
引自《中国高等植物图鉴》

沙梨 **Pyrus pyrifolia** (Burm. f.) Nakai
摄影：徐克学

金圣草酚(chrysoeriol)以及三者的 7-*O*-糖苷，山柰酚(kaempferol)、槲皮素(quercetin)、异鼠李素(isorhamnetin)以及三者的 3-*O*-糖苷[1]。

果皮、果肉含挥发油：以 2-壬酮(2-nonanone)，乙酸(acetic acid)，丙酸乙酯(propanoic acid ethyl ester)，丁酸丁酯(butanoic acid butyl ester)，乙醇(ethanol)，乙酸乙酯(ethyl acetate)，蒽油(anthracene oil)，环己烯(cyclohexene)的含量较高[2]；苯丙素类：绿原酸(chlorogenic acid)[3]。

注评　本种为湖南中药材标准（1993）收载“秋梨”的基源植物，药用其成熟果实；本种及其栽培品近成熟或成熟果实也同等药用。此外，山柑科植物沙梨木 Crateva magna (Lour.) DC.、樟科植物假柿木姜子 Litsea monopetala (Roxb.) Pers. 在广东称“野沙梨”，大风子科植物马蛋果 Gynocardia odorata Roxb. 亦称“野沙梨”，这些与本种来源完全不同，应注意区别。拉祜族也药用本种，其茎皮用于感冒，鲜叶用于接骨。

化学成分参考文献

[1] Lin LZ, et al. *J Agric Food Chem*, 2008, 56: 9094-9101.

[2] 谢定，等. 中南林业科技大学学报，2008, 28(3): 65-68.

[3] 史国安，等. 植物资源与环境学报，2000, 9(3): 57-58.

8. 杜梨（华北的梨）　棠梨（植物名实图考），灰梨（山西），土梨（河南），海棠梨、野梨子（江西）

Pyrus betulifolia Bunge in Mém. Acad. Imp. Sci. St.-Pétersbourg Divers Savans 2: 101. 1835.（英 **Birchleaf Pear**）

乔木，高达 10 m；枝常具刺；小枝幼时密被灰白色绒毛，老时减少；冬芽卵圆形，先端渐尖，外被灰白色绒毛。托叶膜质，线状披针形，两面均被绒毛；叶柄长 2–3 cm，被灰白色绒毛；叶片菱状卵形至长圆卵形，长 4–8 cm，宽 2.5–3.5 cm，两面均密被灰白色绒毛，成长后脱落，老叶上面无毛有光泽，下面微被绒毛或近无毛，基部宽楔形，稀近圆形，边缘有粗锐锯齿，先端渐尖。伞形总状花序，有花 10–15 朵；花梗长 2–2.5 cm，和花序轴均被灰白色绒毛；苞片膜质，线形；花直径 1.5–2 cm；萼筒外面被灰白色，绒毛；萼片三角状卵形，先端急尖，内外两面均被绒毛；花瓣白色，宽卵形，基部有短爪，先端圆钝；雄蕊 20，花药紫色；花柱 2–3，基部微具毛。果实近球形，直径 5–10 mm，褐色，有

杜梨 **Pyrus betulifolia** Bunge
引自《中国高等植物图鉴》

杜梨 **Pyrus betulifolia** Bunge
摄影：张英涛

淡色斑点，2–3 室；萼片脱落；果梗具绒毛。花期 4 月，果期 8–9 月。

分布与生境 产于辽宁、河北、河南、山东、山西、陕西、甘肃、湖北、江苏、安徽、江西。生于海拔 50–1800 m 的平原或山坡阳处。

药用部位 果实、枝叶、树皮。

功效应用 果实：涩肠，敛肺，涩肠，止泻，除吐，消食。用于泻痢，咳嗽，食积。枝叶：和胃止泻。用于反胃吐食，霍乱吐泻，转筋腹痛。树皮：敛疮。用于皮肤溃疡。

化学成分 叶含多糖类[1]。

果实含多糖类[2]；挥发油：棕榈酸，二十三烷(tricosane)，二十五烷(pentacosane)，6,10,14-三甲基-2-十五酮(6,10,14-trimethyl-2-pentadecanone)，二十四烷(tetracosane)，1,2-二苯羧酸二辛酯(1,2-dioctyl benzenedicarboxylic acid)，二十八烷(octacosane)，二丁基邻苯二甲酸酯(dibutyl phthalate)，十六碳酸甲酯(methyl hexadecanoate)[3]。

化学成分参考文献

[1] 蒋卉，等．食品研究与开发，2008, 29(2): 70-72.
[2] 赵小亮，等．西北农业学院，2007, 16(4): 279-281.
[3] 吴瑛，等．安徽农业科学，2007, 35(19): 5659-5660.

9. 褐梨（河北习见树木图说） 棠杜梨（北京），杜梨（中国树木分类学）

Pyrus phaeocarpa Rehder in Proc. Amer. Acad. Arts 50: 235. 1915.（英 **Dusky Pear**）

乔木，高达 5–8 m；小枝被白色绒毛，不久脱落。叶柄长 2–6 cm，微被柔毛或近无毛；叶片椭圆卵形至长卵形，长 6–10 cm，宽 3.5–5 cm，两面幼时有稀疏柔毛，不久脱落，基部宽楔形，边有尖锐锯齿，齿尖向外，先端长渐尖。伞形总状花序，有花 5–8 朵；花梗长 2–2.5 cm，和花序轴幼时被绒毛，

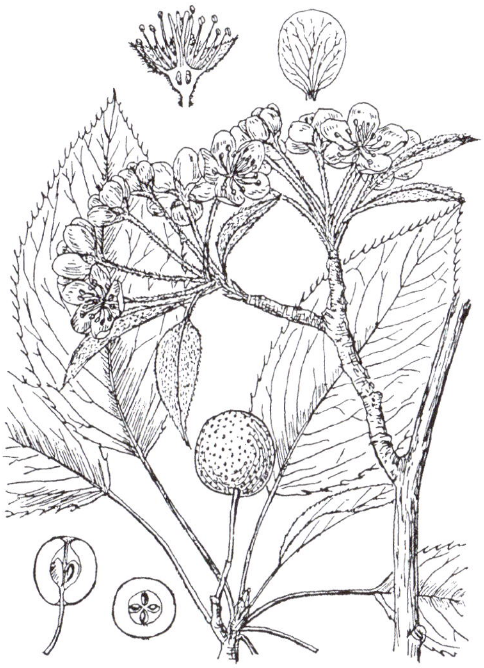

褐梨 **Pyrus phaeocarpa** Rehder
引自《山东植物志》

褐梨 **Pyrus phaeocarpa** Rehder
摄影：刘冰

逐渐脱落；花直径约 3 cm；萼筒外面具白色绒毛；萼片三角状披针形；花瓣白色；花柱 3–4，稀 2，基部无毛。果实球形或卵球形，直径 2–2.5 cm，有斑点；萼片脱落；果梗长 2–4 cm。花期 4 月，果期 8–9 月。

分布与生境 产于河北、山东、山西、陕西、甘肃。生于海拔 100–1200 m 的山坡、黄土丘陵地杂木林中。

药用部位 果实。

功效应用 止咳平喘。

10. 豆梨（中国树木分类学） 鹿梨（图经本草），阳檖、赤梨（尔雅），糖梨、杜梨（贵州），梨丁子（江西），野梨（浙江）

Pyrus calleryana Decne., Jard. Fruit. 1: 329. 1858.（英 **Callery Pear**）

10a. 豆梨（模式变种）

Pyrus calleryana Decne. var. **calleryana**

乔木，高 5–8 m；小枝幼时被绒毛，不久脱落；二年生枝条灰褐色，无毛；冬芽三角状卵形，先端短渐尖，微被绒毛。托叶草质，线状披针形，长 4–7 mm，无毛；叶柄长 2–4 cm，无毛；叶片宽卵形至卵形，稀长卵形，长 4–8 cm，宽 3.5–6 cm，两面无毛，基部圆形至宽楔形，边缘有钝锯齿，先端渐尖，稀短尖。伞形总状花序，有花 6–8 朵；花梗长 1.5–3 cm，和花序轴均无毛；苞片膜质，线状披针形，长 8–13 mm，内面具绒毛；花直径 2–2.5 cm；萼筒无毛；萼片披针形，长约 5 mm，全缘，先端渐尖，外面无毛，内面具绒毛；花瓣白色，卵形，长约 13 mm，宽约 10 mm，基部有短爪；雄蕊 20，稍短于花瓣；花柱 2，稀 3，离生，基部无毛。果实球形，直径约 1 cm，黑褐色，有斑点，2 (–3) 室；萼片脱落；果梗细长，无毛。花期 4 月，果期 8–9 月。

分布与生境 产于山东、河南、江苏、浙江、江西、安徽、湖北、湖南、福建、广东、广西。适生于温暖潮湿气候，生于山坡、平原或山谷杂木林中，海拔 80–1800 m。也分布于越南北部。

豆梨 **Pyrus calleryana** Decne. var. **calleryana**
引自《中国高等植物图鉴》

豆梨 **Pyrus calleryana** Decne. var. **calleryana**
摄影：徐克学

药用部位　果实、果皮、枝叶。

功效应用　果实：健脾消食，涩肠止痢。用于饮食积滞，泻痢。果皮：清热生津，涩肠止痢。用于热病伤津，久痢，疮癣。枝叶：温中止呕。用于吐泻不止，转筋腹痛，反胃吐食。

化学成分　茎皮含三萜类：无羁萜(friedelin)，表无羁萜醇(epifriedelinol)，无羁萜醇(friedelinol)，熊果酸(ursolic acid)，乙酰熊果酸(acetyl ursolic acid)，3*β*,6*α*,19*α*-三羟基熊果酸(3*β*,6*α*,19*α*-trihydroxy-ursolic acid)，黄麻酸▲(corosolic acid)，野鸦椿酸(euscaphic acid)[1]。

叶含酚类：熊果苷(arbutin)，绿原酸(chlorogenic acid)，异绿原酸(isochlorogenic acid)，咖啡酰鹿梨苷(caffeoylcalleryanin)，原儿茶酰鹿梨苷(protocatechuoyl calleryanin)，对羟基苯甲酸-3,4-二羟基苄醇酯-4-葡萄糖苷(*p*-hydroxybenzoic acid-3,4-dihydroxybenzyl alcohol ester-4-glucoside)，香荚兰酰鹿梨苷(vanilloylcalleryanin)，原儿茶酸-3-葡萄糖苷(protocatechuic acid-3-glucoside)，鹿梨苷(calleryanin)[2]；黄酮类：槲皮素-3-葡萄糖苷(quercetin-3-glucoside)，大波斯菊苷(cosmosiin)，木犀草素-7-葡萄糖苷(luteolin-7-glucoside)[2]。

果实含黄酮类：紫云英苷(astragalin)，异槲皮苷(isoquercitrin)，漆黄素-3-(6''-乙酰基)-*O*-*β*-D-吡喃葡萄糖苷[fisetin-3-(6''-acetyl)-*O*-*β*-D-glucopyranoside]，漆黄素-3-*O*-*β*-D-吡喃葡萄糖苷(fisetin-3-*O*-*β*-D-glucopyranoside)，木犀草素-7-*O*-*β*-D-吡喃葡萄糖苷(luteolin-7-*O*-*β*-D-glucopyranoside)[3]。

注评　本种侗族药用，果实治水肿。

化学成分参考文献

[1] El-Hawary SS, et al. *Bull Faculty Pharm* (Cairo University), 2003, 41(3): 145-157.

[2] Challice JS, et al. *Phytochemistry*, 1968, 7(1): 119-130.

[3] El-Hawary SS, et al. *Egyptian J Biomed Sci*, 2005, 19: 248-258.

10b. 柳叶豆梨（变种）（Flora of China） 豆梨柳叶变种（中国植物志）

Pyrus calleryana Decne. var. **lanceata** Rehder in J. Arnold Arbor. 6: 28. 1926.（英 **Lanceolateleaf Callery Pear**）

本变种与模式变种不同在叶片卵状披针形或长圆状披针形，边缘有浅钝锯齿或近全缘。花期 4 月，果期 8–9 月。

分布与生境　产于安徽、浙江、福建。

药用部位　果实、果皮、根皮、枝叶。

功效应用　果实：用于痢疾。果皮：清热，生津，收敛。根皮：止咳。枝叶：温中止呕。用于吐泻不止，转筋腹痛，反胃吐食。

柳叶豆梨 **Pyrus calleryana** Decne. var. **lanceolata** Rehder
摄影：南程慧

11. 川梨（中国树木分类学） 棠梨刺（云南）

Pyrus pashia Buch.-Ham. ex D. Don, Prodr. Fl. Nepal. 236. 1825.（英 **Pashi Pear**）

11a. 川梨（模式变种）

Pyrus pashia Buch.-Ham. ex D. Don var. **pashia**

乔木，高达 12 m；常具枝刺；小枝幼时有绵状毛，以后脱落；冬芽卵形，先端圆钝，鳞片边缘被毛。托叶膜质，线状披针形，不久脱落；叶柄长 1.5–3 cm；叶片卵形至长卵形，稀椭圆形，长 4–7 cm，宽 2–5 cm，幼时有绒毛，以后脱落，基部圆形，稀宽楔形，边缘有钝锯齿，在幼苗或萌蘖上的叶片常分裂并有尖锐锯齿，先端渐尖或急尖。伞形总状花序，有花 7–13 朵；花梗长 2–3 cm，和花序轴均被绒毛，逐渐脱落，果期无毛；苞片膜质，线形，长 8–10 mm，两面均被绒毛；花直径 2–2.5 mm；萼筒

川梨 **Pyrus pashia** Buch.-Ham. ex D. Don var. **pashia**
引自《中国高等植物图鉴》

川梨 **Pyrus pashia** Buch.-Ham. ex D. Don var. **pashia**
摄影：刘冰

杯状，外面密被绒毛；萼片三角形，长 3–6 mm，内外两面均被绒毛；花瓣白色，倒卵形，长 8–10 mm，基部具短爪，先端圆或啮齿状；花柱 3–5，无毛。果实近球形，直径 1–1.5 cm，褐色，有斑点；萼片早落；果梗长 2–3 cm，无毛。花期 3–4 月，果期 8–9 月。

分布与生境 产于四川、云南、贵州。生于海拔 650–3000 m 的山谷斜坡、丛林中。也分布于印度、缅甸、不丹、尼泊尔、老挝、越南、泰国。

药用部位 果实、种子。

功效应用 果实：消食化积，祛瘀止痛。用于肉食积滞，消化不良，泄泻，痛经，产后淤血作痛，四肢水肿，脘腹冷痛。种子：生津，润燥，化痰，消积。

化学成分 茎皮和叶含三萜类：无羁萜(friedelin)[1]；甾体类：β-谷甾醇[1]。

化学成分参考文献

[1] Chakravarti D, et al. *J Indian Chem Soc*, 1964, 41(1): 83-84.

11b. 无毛川梨（变种）（Flora of China） 光梨（中国树木分类学），川梨无毛变种（中国植物志）

Pyrus pashia Buch.-Ham. ex D. Don var. **kumaoni** Stapf in Bot. Mag. 135: t. 8256. 1909.（英 **Hairless Pashi Pear**）

本变种和模式变种的区别在叶片、花梗和花序轴均无毛；萼片卵形，先端钝。花期 3–4 月，果期 8–9 月。

分布与生境 产于云南。也分布于印度北部。

药用部位 果实、茎内皮。

功效应用 润肠，通便，利水，消积食，化淤滞，止泻痢。用于四肢水肿，消化不良，泄泻，痛经，高血压。

11c. 钝叶川梨（变种）（Flora of China） 川梨钝叶变种（中国植物志）

Pyrus pashia Buch.-Ham. ex D. Don var. **obtusata** Cardot in Notyl. Syst. (Paris) 3: 346. 1918.（英 **Obtuse Pashi Pear**）

本变种与模式变种区别在叶片先端钝，稀急尖或渐尖；嫩枝和花序常被绒毛。

分布与生境 产于云南、四川。

药用部位 果实、茎内皮。

功效应用 润肠，通便，利水，消积食，化淤滞，止泻痢。用于四肢水肿，消化不良，泄泻，痛经，高血压。

11d. 大花川梨（变种）（Flora of China） 川梨大花变种（中国植物志）

Pyrus pashia Buch.-Ham. ex D. Don var. **grandiflora** Cardot in Notul. Syst. (Paris) 3: 346. 1918.（英 **Largeflower Pashi Pear**）

本变种与模式变种区别为花形特大，直径约 3 cm；幼叶、叶柄、花梗及萼片内面均被锈色绒毛。

分布与生境 产于云南、四川。

药用部位 果实、茎内皮。

功效应用 润肠，通便，利水，消积食，化淤滞，止泻痢。用于四肢水肿，消化不良，泄泻，痛经，高血压。

21. 苹果属 Malus Mill.

落叶稀半常绿乔木或灌木，通常不具刺；冬芽卵圆形，外被数枚覆瓦状排列鳞片。单叶互生；有叶柄和托叶；叶片有齿或分裂，在芽中呈席卷状或对折状。伞形总状花序；花瓣白色、浅红至艳红色，近圆形或倒卵形；雄蕊多数，具有黄色花药和白色花丝；花柱 3–5，基部合生，无毛或有毛；子房下位，3–5 室，每室有 2 胚珠。果实为梨果，通常不具石细胞或少数种类有石细胞；萼片宿存或脱落；子房壁软骨质，2–5 室，每室有 1–2 种子。种皮褐色或近黑色，子叶平凸。

本属约 55 种，广泛分布于北温带，亚洲、欧洲和北美洲均产。我国约有 26 种，其中 16 种可药用。

分种检索表

1. 叶片不分裂，在芽中呈席卷状；果实内无石细胞。
  2. 萼片脱落；花柱 3–5；果实小，直径多在 1.5 cm 以下。
    3. 萼片披针形，比萼筒长。
      4. 果实椭圆形或倒卵形；叶柄、叶片下面被柔毛……3. 毛山荆子 **M. manshurica**
      4. 果实卵球形或近球形。
        5. 叶柄、叶片、花梗和萼筒外面均无毛；果实近球形……1. 山荆子 **M. baccata**
        5. 叶片、叶柄、花梗和萼筒外面被绒毛……2. 丽江山荆子 **M. rockii**
    3. 萼片三角形，与萼筒近等长或稍短。
      6. 叶片边缘有细锐锯齿；萼片先端渐尖或急尖；花柱 3，稀 4；果实椭圆体形或近球形……4. 湖北海棠 **M. hupehensis**
      6. 叶片边缘有钝细锯齿；萼片先端圆钝；花柱 4 或 5，果实梨形或倒卵球形……5. 垂丝海棠 **M. halliana**
  2. 萼片宿存；花柱 (4–) 5；果实较大，直径常在 2 cm 以上。
    7. 萼片先端渐尖，比萼筒长。
      8. 叶片边缘有钝锯齿；果实扁球形或球形，先端常有隆起；萼洼下陷；果实直径大……6. 苹果 **M. pumila**
      8. 叶片边缘有锐锯齿，果实卵圆形，先端渐窄，不或稍隆起；萼洼微凹。
        9. 果实较大，果梗较短，叶片下面密被短柔毛……7. 花红 **M. asiatica**
        9. 果实较小，果梗细长；叶片下面仅沿脉被短柔毛或近无毛……8. 楸子 **M. prunifolia**
    7. 萼片先端急尖，比萼筒短或近等长。
      10. 叶片基部宽楔形或近圆形；叶柄长 1.5–2 cm；果实黄色，基部梗洼隆起；萼片宿存……9. 海棠花 **M. spectabilis**
      10. 叶片基部渐窄成楔形；叶柄长 2–3.5 cm；果实红色，基部梗洼下陷；萼片宿存或脱落……10. 西府海棠 **M. micromalus**
1. 叶片常分裂，稀不裂，在芽中呈对折状；果实内无石细胞或有少数石细胞。
  11. 萼片脱落。
    12. 花柱基部有长柔毛；果实近球形……11. 三叶海棠 **M. sieboldii**
    12. 花柱基部无毛；果实椭圆体形、倒卵圆形或近球形。
      13. 果实椭圆体形或倒卵圆形；叶片边缘有细锐重锯齿，通常 3 浅裂，裂片三角状卵形……12. 陇东海棠 **M. kansuensis**
      13. 果实近球形；叶片边缘有细锐锯齿，并不规则深裂，裂片长圆形至椭圆形……13. 花叶海棠 **M. transitoria**
  11. 萼片宿存。
    14. 果实先端有杯状浅洼，果心不分离；叶片边缘具齿，并 3–5 浅裂……14. 滇池海棠 **M. yunnanensis**

14. 果实先端伸长呈短颈，果心分离；叶片边缘仅具齿，不分裂。

15. 花梗、萼筒和萼片外面被绒毛……………………………………………………………15. **台湾林檎 M. doumeri**

15. 花梗、萼筒和萼片外面无毛 ………………………………………………………………… **16. 光萼林檎 M. leiocalyca**

本属植物多为水果，但亦具有良好的医药应用、药食两用，如大果山楂 (M. doumeri) 有理气健脾，消食导滞之功效。现已初步明确本属药用植物主要含糖、鞣质、有机酸、黄酮和挥发油等类成分。目前分得的花青素和黄酮类化合物有原矢车菊素 (procyanidin) B_1、B_2、C_1、(+)- 儿茶素 [(+)-catechin]、(-)- 表儿茶素 [(-)-epicatechin]、槲皮素 -3-*O*- 鼠李糖苷 (quercetin-3-*O*-rhamnoside)、槲皮素 -3-*O*- 芸香糖苷 (quercetin-3-*O*-rutinoside)、槲皮素 -3-*O*- 半乳糖苷 (quercetin-3-*O*-galactoside)、槲皮素 -3-*O*- 葡萄糖苷 (quercetin-3-*O*-glucoside)、槲皮素 -3-*O*- 阿拉伯糖苷 (quercitin-3-*O*-arabinoside)、槲皮素 -3-*O*- 木糖苷 (quercitin-3-*O*-xyloside)、矢车菊素 -3- 葡萄糖苷 (cyanidin-3-glucoside)、矢车菊素 -3- 半乳糖苷 (cyanidin-3-galactoside) 等，有抗炎、解热、抗菌、抗肿瘤等药理作用。

1. 山荆子（河北习见树木图说） 林荆子（经济植物手册），山定子（河北）

Malus baccata (L.) Borkh., Theor. Prakt. Handb. Forstbot. 2: 1280. 1803.——*Pyrus baccata* L.（英 **Siberian Crabapple**）

乔木，高达 10–14 m；小枝无毛。托叶膜质，披针形；叶柄长 2–5 cm，幼时被毛，老时无毛；叶片椭圆形或卵形，长 3–8 cm，宽 2–3.5 cm，无毛，基部楔形或圆形，边缘有细锐锯齿，先端渐尖。伞形花序，有花 4–6 朵，集生于小枝顶端；花梗长 1.5–4 cm，无毛；花直径 3–3.5 cm；萼筒外面无毛；萼片披针形，外面无毛，长于萼筒；花瓣白色，倒卵形；花柱 5 或 4，基部有长柔毛。果实近球形，直径 8–10 mm，红色或黄色，柄洼及萼洼稍陷入，萼片脱落；果梗长 3–4 cm。花期 4–6 月，果期 9–10 月。

分布与生境 产于黑龙江、吉林、辽宁、内蒙古、河北、山西、山东、陕西、甘肃。生于海拔 50–150 m 的山坡杂木林中、山谷阴处灌木丛中。也分布于蒙古、朝鲜、俄罗斯西伯利亚。

药用部位 果实。

功效应用 清热解毒，止泻痢。用于肠道疾病，吐泻，各种细菌感染，结核病。

山荆子 **Malus baccata** (L.) Borkh.
引自《中国高等植物图鉴》

山荆子 **Malus baccata** (L.) Borkh.
摄影：周繇

化学成分 果实含三萜类：熊果酸(ursolic acid)[1]；甾体类：*β*-谷甾醇，胡萝卜苷，菜油甾醇，菜油甾醇-*β*-D-葡萄糖苷[1]；黄酮类：根皮素(phloretin)及其苷、槲皮素(quercetin)及其苷、矢车菊素(cyanidin)及其苷等[2]。

化学成分参考文献

[1] Park HJ, et al. *Saengyak Hakhoechi*, 1993, 24(4): 282-288.
[2] 聂继云，等. 中国农业科学，2010, 43(21): 4455-4462.

2. 丽江山荆子（中国植物志） 喜马拉雅山荆子（中国树木分类学），李仁（云南）

Malus rockii Rehder in J. Arnold Arbor. 14: 206. 1933.（英 **Rock Apple**）

乔木，高 8–10 m；小枝幼时被长柔毛。叶柄长 2–4 cm，被柔毛；叶片椭圆形、卵状椭圆形或长圆卵形，长 6–12 cm，宽 3.5–7 cm，上面沿脉被柔毛，下面被毛，沿脉较密，基部圆形或宽楔形，边缘有不等紧贴细锯齿，先端渐尖。花 4–8 朵，近似伞房花序；花梗长 2–4 cm，被柔毛；花直径 2.5–3 cm；萼筒钟状，密被长柔毛；萼片三角状披针形，外面被柔毛或近无毛；花瓣白色，倒卵形；雄蕊 25；花柱 4–5，基部被长柔毛。果实红色，卵圆形或近球形，直径 1–1.5 cm；萼片很迟脱落。花期 5–6 月，果期 9 月。

分布与生境 产于四川西南部、云南西北部、西藏东南部。生于海拔 2400–3800 m 的山谷杂木林中。

药用部位 种仁、果实。

功效应用 种仁：活血祛瘀。用于跌打损伤。果实：健胃，降血压。用于肝病，腹泻，眼疾，月经不调。

化学成分 果实含黄酮类：根皮素(phloretin)及其苷，槲皮素(quercetin)及其苷，矢车菊素(cyanidin)及其苷等[1]。

注评 本种藏族药用，其果实用于肠鸣、腹绞痛、泄泻，肝病、眼疾、月经不调。

化学成分参考文献

[1] 聂继云，等. 中国农业科学，2010, 43(21): 4455-4462.

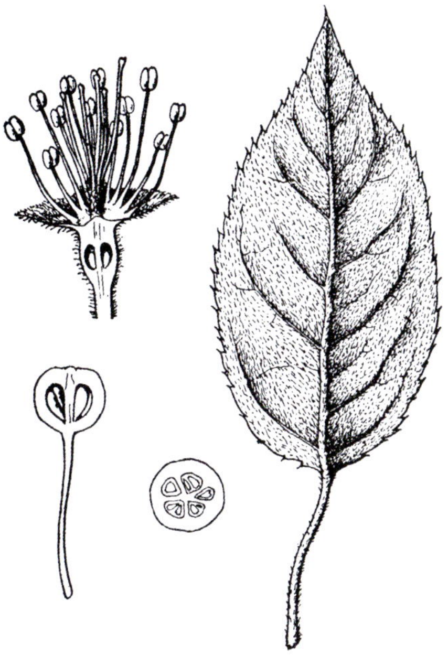

丽江山荆子 **Malus rockii** Rehder
赵宝恒 绘

丽江山荆子 **Malus rockii** Rehder
摄影：高贤明

3. 毛山荆子（东北木本植物图志） 辽山荆子（河北习见树木图说），棠梨木（吉林）

Malus mandshurica (Maxim.) Kom. ex Juz. in Fl. URSS 9: 371. 1939.——*Pyrus baccata* L. var. *mandshurica* Maxim.（英 **Hairy Apple**）

乔木，高达 15 m；小枝幼时密被短柔毛，老时逐渐脱落；冬芽卵形，无毛或仅在鳞片边缘有短柔毛。托叶叶质至膜质，线状披针形，长 5–7 mm，边缘有稀疏腺齿，内面被短柔毛；叶柄长 3–4 cm，被疏短柔毛；叶片卵形、椭圆形至倒卵形，长 5–8 cm，宽 3–4 cm，下面中脉及侧脉具短柔毛或近无毛，基部楔形或近圆形，边缘有细锯齿，基部锯齿浅钝或近全缘，先端急尖或渐尖。伞形花序，具花 3–6 朵，集生在小枝顶端；花梗长 3–5 cm，有疏生短柔毛；苞片小，膜质，披针形，早落；花直径 3–3.5 cm；萼筒外面有疏生短柔毛；萼片披针形，长 5–7 mm，全缘，内面被绒毛，比萼筒稍长；花瓣白色，倒卵形，长 1.5–2 cm，基部有短爪；雄蕊 30，约等于花瓣之半或稍长；花柱 4，稀 5，基部具绒毛。果实椭圆体形或倒卵圆形，直径 8–12 mm，红色，萼片脱落；果梗长 3–5 cm。花期 5–6，果期 8–9 月。

分布与生境 产于黑龙江、吉林、辽宁、内蒙古、山西、陕西、甘肃。生于海拔 100–2100 m 的山坡杂木林中、山顶及山沟。

药用部位 叶、花蕾。

功效应用 用于急性腹泻，痉挛性疼痛。

化学成分 果实含黄酮类：根皮素 (phloretin) 及其苷，槲皮素 (quercetin) 及其苷，矢车菊素 (cyanidin) 及其苷等[1]。

毛山荆子 **Malus mandshurica** (Maxim.) Kom. ex Juz.
赵宝恒　绘

毛山荆子 **Malus mandshurica** (Maxim.) Kom. ex Juz.
摄影：南程慧

化学成分参考文献

[1] 聂继云，等 . 中国农业科学，2010, 43(21): 4455-4462.

4. 湖北海棠（中国植物志） 野海棠（河南），小石枣（甘肃），野花红（浙江），花红茶（湖北），秋子（四川），茶海棠（中国植物图谱）

Malus hupehensis (Pamp.) Rehder in J. Arnold Arbor. 14: 207. 1933.——*Pyrus hupehensis* Pamp.

（英 **Hupeh Crabapple**）

乔木，高可达 8 m；小枝幼时有短柔毛，不久脱落；冬芽卵圆形，鳞片边缘有疏生短柔毛。托叶草质至膜质，线状披针形，有疏柔毛，早落；叶柄长 1–3 cm，嫩时有稀疏短柔毛，逐渐脱落；叶片卵形至卵状椭圆形，长 5–10 cm，宽 2.5–4 cm，常呈紫红色，幼时有稀疏短柔毛，不久脱落，基部宽楔形，稀近圆形，边缘有细锐锯齿，先端渐尖。花 4–6 朵，组成伞房花序；花梗长 3–6 cm，无毛或稍有长柔毛；苞片披针形，早落；花直径 3.5–4 cm；萼筒钟状，外面无毛或微有长柔毛；萼片三角状卵形，长 4–5 mm，先端渐尖或急尖，外面无毛，与萼筒近等长或稍短；花瓣粉白色或近白色，倒卵形，长约 1.5 cm，基部有短爪；雄蕊 20，花丝不等长，约等于花瓣之半；花柱 3，稀 4，基部有长绒毛。果实黄绿色稍带红晕，椭圆体形或近球形，直径约 1 cm；萼片脱落；果梗长 2–4 cm。花期 4–5 月，果期 8–9 月。

分布与生境 产于湖北、湖南、江西、江苏、浙江、安徽、福建、广东、甘肃、陕西、河南、山西、山东、四川、云南、贵州。生于海拔 50–2900 m 的山坡、山谷丛林中或溪边等处。

药用部位 果实、根。

功效应用 消食化滞，和胃健脾。用于食滞胃呆，消化不良，小儿疳积，痢疾，疳积。

化学成分 嫩枝、叶含黄酮类：根皮苷(phloridzin)[1]。

果实含黄酮类：根皮素(phloretin)及其苷、槲皮素(quercetin)及其苷、矢车菊素(cyanidin)及其苷等[2]。

药理作用 降血糖作用：湖北海棠水煎液对正常小鼠血糖和肾上腺素所致高血糖均有降低作用，其作用缓和，效果持久[1]。

湖北海棠 **Malus hupehensis** (Pamp.) Rehder
引自《中国高等植物图鉴》

湖北海棠 **Malus hupehensis** (Pamp.) Rehder
摄影：徐克学

抑菌作用：湖北海棠叶水煎液对金黄色葡萄球菌和大肠埃希菌最低抑菌浓度 (MIC) 为 9.75 mg/ml、4.88 mg/ml，表明湖北海棠叶水煎液有抑制其生长的作用[2]。

抗氧化作用：湖北海棠乙醇总提取物消除 DPPH 自由基的 EC_{50} 为 0.20 mg/ml；湖北海棠主要成分根皮苷消除 DPPH 自由基的 EC_{50} 为 0.75 mg/ml[3]。

抗应激作用：湖北海棠叶水煎液连续灌胃 7 d，具有提高缺氧小鼠存活时间，延长小鼠游泳时间和耐低温的作用[2]。

毒性及不良反应 急性毒性试验中，雌雄小鼠 LD_{50} 均大于 10.0 g/kg。遗传毒性试验中，选用 Ames 试验、精子畸形试验和微核试验结果均为阴性，未显示有遗传毒性作用。大鼠灌胃给药 30 d 喂养，各项观察指标未产生明显影响[4]。

化学成分参考文献

[1] 方荣，等. 食品科技，2008, (6): 195-196.

[2] 聂继云，等. 中国农业科学，2010, 43(21): 4455-4462.

药理作用及毒性参考文献

[1] 王春玲，等. 基层中药杂志，1999, 13(2): 19-20.

[2] 屈克义，等. 时珍国医国药，2000, 11(2): 107-108.

[3] 张宏岐，等. 食品科技，2008, 33(11): 183-186.

[4] 郭捷，等. 预防医学论坛，2008, 14(11): 1004-1008.

5. 垂丝海棠（群芳谱）

Malus halliana Koehne, Gatt. Pomac. 27. 1890.（英 **Hall Crabapple**）

乔木，高达 5 m；树冠开展；小枝紫色或紫褐色，幼时有毛，不久脱落。托叶小，披针形，早落；叶柄长 5–25 mm，幼时被疏柔毛，老时近无毛；叶片卵形、椭圆形至长椭卵形，长 3.5–8 cm，宽 2.5–4.5 cm，上面常带紫晕，下面沿中脉有时具短柔毛，其余部分无毛，基部楔形至近圆形，边缘有圆钝

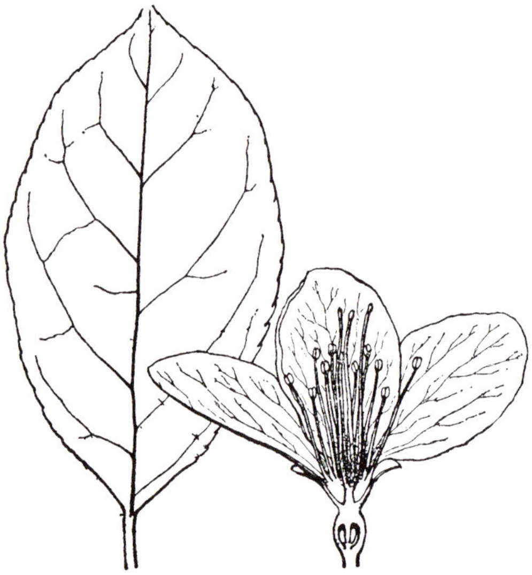

垂丝海棠 **Malus halliana** Koehne
赵宝恒　绘

垂丝海棠 **Malus halliana** Koehne
摄影：徐克学

细锯齿，先端长渐尖。花 4–6 朵，组成伞房花序；花梗紫色，细弱，下垂，长 2–4 cm，有稀疏柔毛；花直径 3–3.5 cm；萼筒外面无毛；萼片三角状卵形，长 3–5 mm，外面无毛，内面密被绒毛，与萼筒近等长或稍短；花瓣粉红色，常在 5 数以上，倒卵形；雄花 20–25，约等于花瓣之半；花柱 4 或 5，较雄蕊长，基部有长绒毛，顶花有时缺少雌蕊。果实梨形或倒卵圆形，直径 6–8 mm，略带紫色，成熟较迟；萼片脱落；果梗长 2–5 cm。花期 3–4 月。

分布与生境　产于江苏、浙江、安徽、陕西、四川、云南。生于海拔 50–1200 m 的山坡丛林中或山溪边。

药用部位　花。

功效应用　调经活血，止血散瘀。用于吐血，咯血，衄血，牙齿出血，尿血，崩漏，跌打损伤，闪扭，骨碎筋伤，内外出血。

化学成分　花瓣含黄酮类：花青素苷(anthocyanin)，黄酮醇(flavonol)[1]。

化学成分参考文献

[1] Tateyama C, et al. *Nippon Shokuhin Kagaku Kogaku Kaishi*, 1997, 44(4): 290-299.

6. 苹果（采兰杂志）　柰（西京杂记），西洋苹果（中国树木分类学）

Malus pumila Mill., Gard. Dict. (ed. 8) Malus no. 3. 1768.——*M. domestica* Borkh., *M. communis* Poir., *M. dasyphylla* Borkh., *Pyrus malus* L.（英 **Apple**）

乔木，高可达 15 m；多具有圆形树冠和短主干；小枝短而粗，幼时密被绒毛，老枝无毛，紫褐色；冬芽卵圆形，先端钝，密被短柔毛。托叶草质，披针形，密被短绒毛，早落；叶柄长 1.5–3 cm，被短柔毛；叶片椭圆形、卵形至宽椭圆形，长 4.5–10 cm，宽 3–5.5 cm，幼时两面具短柔毛，后脱落，上面无毛，基部宽楔形或圆形，边缘具圆钝锯齿，先端急尖。花 3–7 朵，组成伞房花序，集生于小枝顶端；花梗长 1–2.5 cm，密被绒毛；苞片披针形，被绒毛；花直径 3–4 cm；萼筒外面密被绒毛；萼片

苹果 **Malus pumila** Mill.
引自《中国高等植物图鉴》

苹果 **Malus pumila** Mill.
摄影：徐克学

三角状披针形或三角状卵形，先端渐尖，全缘，比萼筒长，内外两面均密被绒毛；花瓣白色，含苞未放时带粉红色，倒卵形，长 5–18 mm；雄蕊 20，约等于花瓣之半；花柱 5，较雄蕊稍长，下半部密被灰白色绒毛。果实扁球形，直径 2 cm 以上，先端常有隆起，萼洼下陷，萼片永存，果梗短粗。花期 5 月，果期 7–10 月。

分布与生境 产于辽宁、河北、山西、山东、陕西、甘肃、四川、云南、西藏，常见栽培。生于山坡梯田、平原矿野以及黄土丘陵等处，海拔 50–2500 m。原产于欧洲及亚洲中部，栽培历史已久。全世界温带地区均有种植。

药用部位 果实、果皮、叶。

功效应用 果实：益胃，生津，除烦，醒酒。用于肺燥咳嗽，中暑，心烦不安，津少口渴，脾虚泄泻，食后腹胀，饮酒过度。果皮：降逆和胃。用于反胃呕吐。叶：凉血解毒。用于产后血晕，月经不调，发热，热毒疮疡，烫伤。

化学成分 花含挥发油：壬烷(nonane)，辛醛(capryl aldehyde)，苄醇(benzyl alcohol)，风信子醛苷(hyacinthin)，3,7-二甲基-1,3,7-辛三烯，壬醛(nonanal)，苯乙醇(phenethanol)，十二烷(dodecane)，癸醛(capraldehyde)[1]；其他类：蛋白质，糖类，鞣质，有机酸，维生素[2]。

果实含糖，淀粉，花青素，果胶，鞣质，蛋白质[3-4]，纤维素[5]；酚酸类：5-*O*-咖啡酰奎宁酸(5-*O*-caffeoylquinic acid)，对香豆酰奎宁酸(*p*-coumaroylquinic acid)[6]，绿原酸(chlorogenic acid)[7]；黄酮类：原矢车菊素(procyanidin) B_1、B_2、C_1，(+)-儿茶素[(+)-catechin]，(-)-表儿茶素[(-)-epicatechin]，根皮素-2'-*O*-木糖葡萄糖苷(phloretin-2'-*O*-xyloglucoside)，根皮素-2'-*O*-葡萄糖苷(phloretin-2'-*O*-glucoside)，槲皮素-3-*O*-鼠李糖苷(quercetin-3-*O*-rhamnoside)，槲皮素-3-*O*-芸香糖苷(quercetin-3-*O*-rutinoside)，槲皮素-3-*O*-半乳糖苷(quercetin-3-*O*-galactoside)，槲皮素-3-*O*-葡萄糖苷(quercetin-3-*O*-glucoside)，槲皮素-3-*O*-阿拉伯糖苷(quercitin-3-*O*-arabinoside)，槲皮素-3-*O*-木糖苷(quercitin-3-*O*-xyloside)，矢车菊素-3-葡萄糖苷(cyanidin-3-glucoside)，矢车菊素-3-半乳糖苷(cyanidin-3-galactoside)[6]，异鼠李素-3-*O*-*β*-D-吡喃葡萄糖苷(isorhamnetin-3-*O*-*β*-D-glucopyranoside)，异鼠李素-3-*O*-半乳糖苷(isorhamnetin-3-*O*-galactoside)[8]，3,4-二羟基-7,8-二氢香堇酮-3-*O*-*β*-D-吡喃葡萄糖苷(3,4-dihydroxy-7,8-dihydroionone-3-*O*-*β*-D-glucopyranoside)[9]；挥发油：1-丁醇(1-butanol)，1-己醇(1-hexanol)，己醛(hexanal)，(*E*)-2-己烯醛[(*E*)-2-hexenal]，(*E*)-(*Z*)-3-己烯醛[(*E*)-(*Z*)-3-hexenal]，(*Z*)-(*E*,*E*)-2,4-己二烯醛[(*Z*)-(*E*,*E*)-2,4-hexadienal]，乙酸乙酯(ethyl acetate)，乙酸丁酯(butyl acetate)，乙酸己酯(acetic acid hexyl ester)，2-甲基-1-丁醇乙酸酯(1-butanol-2-methyl acetate)，丁酸乙酯(butanoic acid ethyl ester)等[10-11]。

种子含蛋白质，脂肪类[12]，带酚羟基的还原成分，糖或糖苷类[13]；脂肪酸类：亚油酸(linoleic acid)[13-14]，棕榈酸，硬脂酸，油酸(oleic acid)，11-二十烯酸(11-eicosenoic acid)，二十烯酸(eicosenoic acid)，12-甲基-肉豆蔻酸(12-methyl-myristic acid)，山嵛酸(behenic acid)[14]。

枝梢含有氨基酸及酚类成分[15]。

木材含有木质素，多戊素，纤维素类[16]。

皮含三萜类：齐墩果酸(oleanolic acid)[17]，熊果酸(ursolic acid)[17-18]，果渣酸▲(pomolic acid)，果渣酮酸▲(pomonic acid)；黄酮类：根皮素-2'-*O*-葡萄糖苷(phloretin-2'-*O*-glucoside)，槲皮素-3-*O*-芸香糖苷(quercetin-3-*O*-rutinoside)，(+)-儿茶素[(+)-catechin]，(-)-表儿茶素[(-)-epicatechin]，槲皮素-3-*O*-葡萄糖苷(quercetin-3-*O*-glucoside)，金丝桃苷(hyperin; hyperoside)，槲皮素-3-*O*-鼠李糖苷(quercetin-3-*O*-rhamnoside)，矢车菊素-3-半乳糖苷(cyanidin-3-galactoside)，原矢车菊素(procyanidin) B_1、B_2[19]；苯丙素类：绿原酸(chlorogenic acid)[19]。

苹果渣含蛋白质，脂肪，纤维[20-21]，糖类[22]，淀粉，果胶，鞣质类[23]。

药理作用 舒张血管作用：在大鼠的离体主动脉血管中，给予苹果中的花青素后，通过 NO/cGMP 路径与钾离子超极化通道结合后，可以起到松弛血管平滑肌的作用[1]。

保肝作用：苹果多酚可使由 CCl_4 诱导的肝损伤小鼠血清胆碱酯酶趋于正常水平，降低天冬氨酸转氨酶含量[2]。

抗肿瘤作用：低相对分子质量苹果多糖能使小鼠结肠、直肠肿瘤发生率下降，通过影响 gal-3 进而影响 TLR-4 的表达及功能[3]。

抗氧化作用：灌胃酵母膏及氧嗪酸钾制作高尿酸血症大鼠，再灌胃苹果多酚，可以降低血清中超氧化物歧化酶活力及尿酸水平[4]。

注评 本种藏族药用，其果实用于肠鸣、腹绞痛、泄泻。

化学成分参考文献

[1] 陈欣，等. 南通职业大学学报，2003, 17(2): 67-68.
[2] 徐怀德，等. 果蔬加工，2002, 1: 25-26.
[3] 于继洲，等. 营养学报，1998, 20(1): 115-117.
[4] 刘全宏，等. 西北植物学报，2001, 21(4): 668-672.
[5] 张欣艳，等. 黑龙江八一农垦大学学报，2008, 20(1): 85-88.
[6] Wojdyło A, et al. *J Agric Food Chem*, 2008, 56(15): 6520-6530.
[7] Hamauzu Y, et al. *Acta Horti*, 2007, 744: 417-423.
[8] Andreas S, et al. *Phytochem Anal*, 2002, 13(2): 87-94.
[9] Stingl C, et al. *Nat Prod Lett*, 2002, 16(2): 87-93.
[10] 王海波，等. 果树学报，2007, 24(1): 11-15.
[11] Ferreira L, et al. *J Sep Sci*, 2009, 32: 1875-1888.
[12] 刘寄明，等. 落叶果树，1994, 4: 12-13.
[13] 洪庆慈，等. 食品科学，2004, 25(7): 148-151.
[14] 李嵘，等. 植物生理学通讯，2006, 42(5): 955-957.
[15] 林三冬，等. 昆虫知识，1995, 32(1): 26-27.
[16] 宁黎黎，等. 山东林业科技，2008, 2: 28-29.
[17] Brieskorn CH, et al. *Zeitschrift fuer Naturforschung, Teil A: Astrophysik, Physik und Physikalische Chemie*, 1966, 21(10): 1005.
[18] Frighetto RTS, et al. *Food Chem*, 2008, 106(2): 767-771.
[19] Huber GM, et al. *J Food Sci*, 2009, 74(9): C693-C700.
[20] 杨福有，等. 甘肃农业大学学报，2000, 35(3): 340-344.
[21] 李彩凤，等. 资源开发，2001, 2: 38.
[22] 刘庆华，等. 福建畜牧兽医，2004, 26(1): 16-17.
[23] 马惠玲，等. 西北林学院学报，2003, 18(4): 120-122.

药理作用及毒性参考文献

[1] Matsui T, et al. *Biosci Biotechnol Biochem*, 2009, 73(10), 2246-2251.
[2] 史珅，等. 中国食品学报，2011, 11(3): 9-13.
[3] 李宇华. 低分子量苹果多糖的结肠炎癌变预防作用及机制研究 [学位论文]. 西安：第四军医大学，2010.
[4] 史珅，等. 现代生物医学进展，2010, 18(10): 3460-3463.

7. 花红（中国树木分类学） 文林郎果（本草纲目），林檎（河北习见树木图说），沙果（河北）

Malus asiatica Nakai in Matsum., Ic. Pl. Koisik. 3: t. 155. 1915.（英 **Chinese Pear leaf Crabapple**）

小乔木，高 4–6 m；小枝幼时密被柔毛，老枝无毛；冬芽卵圆形，先端急尖，初时密被柔毛，逐渐脱落。托叶小，膜质，披针形，早落；叶柄长 1.5–5 cm，具短柔毛；叶片卵形或椭圆形，长 5–11 cm，宽 4–5.5 cm，上面有短柔毛，逐渐脱落，下面密被短柔毛，基部圆形或宽楔形，边缘有细锐锯齿，先端急尖或渐尖。花 4–7 朵，呈伞房状，集生于小枝顶端；花梗长 1.5–2 cm，密被柔毛；花直径 3–4 cm；萼筒钟状，外面密被柔毛；萼片三角状披针形，长 4–5 mm，先端渐尖，全缘，内外两面密被柔毛，比萼筒稍长；花瓣粉红色，倒卵形或长圆状倒卵形，基部有短爪；雄蕊约 20，花丝不等长，比花瓣短；花柱 4 (–5)，基部具长绒毛，比雄蕊稍长。果实卵圆形或近球形，直径 4–5 cm，黄色或红色，先端渐窄，不具隆起，基部陷入，宿存萼肥厚隆起。花期 4–5 月，果期 8–9 月。

分布与生境 产于内蒙古、辽宁、河北、河南、山东、陕西、山西、甘肃、湖北、四川、贵州、云南、新疆和福建。适生于海拔 50–2000 m 的山坡阳处、平原砂地。因长期栽培，品种很多。

药用部位 果实、根、叶。

功效应用 果实：下气宽胸，生津止渴，和中止痛。用于痰饮积食，胸膈痞塞，消渴，霍乱，吐泻腹痛，痢疾。根：杀虫，止渴。用于蛔虫病，绦虫病，消渴。叶：泻火明目，杀虫解毒。用于眼目青盲，

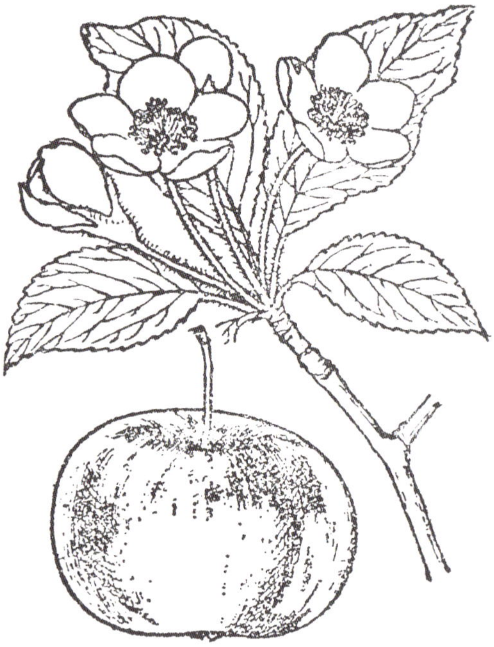

花红 **Malus asiatica** Nakai
引自《中国高等植物图鉴》

花红 **Malus asiatica** Nakai
摄影：徐克学

翳膜遮睛，小儿疳疮。

注评 本种藏族药用，其果实用于肠鸣、腹绞痛、泄泻。

8. 楸子（食性本草） 海棠果（河北）

Malus prunifolia (Willd.) Borkh., Theor. Prakt. Handb. Forstbot. 2: 1278. 1803.——*Pyrus prunifolia* Willd.（英 **Pearleat Crabapple**）

小乔木，高 3–8 m；小枝幼时密被短柔毛；老枝无毛；冬芽卵圆形，被毛。托叶早落；叶柄长 1–5 cm，幼时密被柔毛，老时脱落；叶片卵形或椭圆形，长 5–9 cm，宽 4–5 cm，在幼时两面沿中脉和侧脉被柔毛，老时仅下面沿中脉被柔毛或近无毛，基部宽楔形，边缘有细锐锯齿，先端渐尖或急尖。花 4–10 朵，近似伞形花序；花梗长 2–3.5 cm，被短柔毛；苞片膜质，线状披针形，微被柔毛，早落；花直径 4–5 cm；萼筒外面被柔毛；萼片披针形或三角状披针形，全缘，两面均被柔毛，比萼筒长；花瓣白色，含苞未放时粉红色，倒卵形或椭圆形，基部有短爪；雄蕊 20；花柱 4 (–5)，基部有长绒毛。果实红色，卵圆形，直径 2–2.5 cm，萼洼微凸，萼片宿存，肥厚；果梗细长。花期 4–5 月，果期 8–9 月。

分布与生境 产于辽宁、内蒙古、河北、山东、山西、河南、甘肃等省区。野生或栽培。生于海拔 50–1300 m 的山坡、平地或山谷梯田边。

药用部位 果实。

功效应用 清凉生津，止渴，补血，消食，行瘀定痛。用于口渴，食积停滞，胸腹胀痛，胀泻，疝气。

化学成分 果实含黄酮类：芦丁(rutin)，金丝桃苷(hyperin; hyperoside)，槲皮素(quercetin)，山柰酚(kaempferol)[1]。

化学成分参考文献

[1] 梁泰刚，等. 中国中药杂志，2009, 34(17): 2217-2219.

楸子 **Malus prunifolia** (Willd.) Borkh.
引自《中国高等植物图鉴》

楸子 **Malus prunifolia** (Willd.) Borkh.
摄影：徐克学

9. 海棠花（中国树木分类学） 海棠（河北习见树木图说）

Malus spectabilis (Aiton) Borkh., Theor. Prakt. Handb. Forstbot. 2: 1279. 1803.——*Pyrus spectabilis* Aiton（英 **Chinese Flowering Crabapple**）

落叶乔木，高可达 8 m；小枝幼时具短柔毛，逐渐脱落。托叶膜质，窄披针形；叶柄长 1.5–2 cm，具短柔毛；叶片椭圆形至长椭圆形，长 5–8 cm，宽 2–3 cm，幼时两面疏短柔毛，老叶无毛，基部宽

海棠花 **Malus spectabilis** (Aiton) Borkh.
引自《浙江植物志》

海棠花 **Malus spectabilis** (Aiton) Borkh.
摄影：张英涛

楔形或近圆形，边缘有紧贴细锯齿，有时部分近全缘，先端短渐尖或圆钝。花 4–6 朵，组成近伞形花序；花梗长 2–3 cm，具柔毛；花直径 4–5 cm；萼筒外面无毛或有白色绒毛；萼片三角形，外面无毛或偶有疏柔毛；花瓣白色，卵形；花柱 5，稀 4，基部有白色绒毛。果实近球形，黄色，直径约 2 cm；萼片宿存，基部不下陷，梗洼隆起；果梗细长，先端肥厚，长 3–4 cm。花期 4–5 月，果期 8–9 月。

分布与生境　产于河北、山东、陕西、江苏、浙江、云南。生于海拔 50–2400 m 的山地。本种为我国著名观赏植物，华北、华东各地普遍栽培，园艺品种很多。

药用部位　果实。

功效应用　理气健脾，消食导滞。

化学成分　花含挥发油：以顺式-3-己烯-1-醇乙酸酯(*cis*-3-hexen-1-ol acetate)，邻苯二甲酸二乙酯(diethylphthalate)，4-甲基-2,6-二叔丁基苯酚(4-methyl-2,6-ditertiarybutylphenol)的含量较高[1]。

果实含黄酮类：根皮素(phloretin)及其苷，槲皮素(quercetin)及其苷，矢车菊素(cyanidin)及其苷等[2]。

化学成分参考文献

[1] 王明林，等 . 色谱，2006, 24(4):343-346.

[2] 聂继云，等 . 中国农业科学，2010, 43(21): 4455-4462.

10. 西府海棠（群芳谱）　海红（本草纲目），小果海棠（华北经济植物志要），子母海棠（河北）

Malus micromalus Makino in Bot. Mag. (Tokyo) 22: 69. 1908.（英 **Midget Grabapple**）

小乔木，高达 2.5 m；小枝幼时被短柔毛，老时脱落；冬芽卵圆形，先端急尖，无毛或仅边缘有绒毛。托叶膜质，线状披针形，早落；叶柄长 2–3.5 cm；叶片长椭圆形或椭圆形，长 5–10 cm，宽 2.5–5 cm，幼时被短柔毛，下面较密，老时脱落，基部楔形，稀近圆形，边缘有尖锐锯齿，先端急尖或渐尖。花 4–7 朵，组成伞形总状花序，集生于小枝顶端；花梗长 2–3 cm，幼时被长柔毛，逐渐脱落；苞片膜质，线状披针形，早落；花直径约 4 cm；萼筒外面密被白色长绒毛；萼片三角状卵形、三角状披针形至长卵形，长 5–8 mm，内面被白色绒毛，外面较稀疏，与萼筒近等长或稍长，全缘，先端急尖或渐尖；花瓣粉红色，近圆形或长椭圆形，长约 1.5 cm，基部有短爪；雄蕊 20；花柱 5，基部具绒毛。果实近球形，红色，直径 1–1.5 cm，萼洼、梗洼均下陷；萼片多数脱落，少数宿存。花期 4–5 月，果期 8–9 月。

西府海棠 **Malus micromalus** Makino
引自《中国高等植物图鉴》

西府海棠 **Malus micromalus** Makino
摄影：张英涛

分布与生境 产于辽宁、河北、山西、山东、陕西、甘肃、云南。生于海拔 100–2460 m。为常见栽培观赏树和果树，栽培品种很多，果实形状、大小、颜色和成熟期均有差别。

药用部位 果实。

功效应用 收敛，涩肠止泻。用于泻痢，肠滑久泻久痢，肠鸣，腹部畏寒隐痛，小便清长，体倦神疲。

化学成分 花含挥发油：主要包括烷烃类、酯类、有机酸类、醛类、酮类、芳环类等多种化合物。其中烷烃类相对含量较高，含量最高的是二十三烷，其次为二十一烷[1]。

果实含黄酮类：根皮素(phloretin)及其苷、槲皮素(quercetin)及其苷、矢车菊素(cyanidin)及其苷等[2]。

化学成分参考文献

[1] 石磊，等. 中国药业，2009, 18(19): 6-8.

[2] 聂继云，等. 中国农业科学，2010, 43(21): 4455-4462.

11. 三叶海棠（中国植物志） 山茶果（山东），野黄子、山楂子（贵州）

Malus sieboldii (Regel) Rehder in Sarg., Pl. Wilson. 2: 293. 1915.——*Pyrus sieboldii* Regel（英 **Siebold Crabapple**）

灌木，高 2–6 m；小枝幼时被短柔毛，老时脱落；冬芽卵圆形，无毛或仅在鳞片边缘微有短柔毛。托叶草质，窄披针形，全缘，微被短柔毛；叶柄 1–2.5 cm，被短柔毛；叶片卵形、椭圆形或长椭圆形，长 3–7.5 cm，宽 2–4 cm，幼时两面均被短柔毛，老叶上面近无毛，下面沿中脉和侧脉有短柔毛，基部圆形或宽楔形，边缘有尖锐锯齿，在新枝上的叶片锯齿粗锐，常 3 稀 5 浅裂，先端急尖。花 4–8 朵，集生于小枝顶端；花梗长 2–2.5 cm，有柔毛或近无毛；苞片膜质，披针形，早落；花直径 2–3 cm；萼筒外面近无毛或有柔毛；萼片三角状卵形，先端渐尖，全缘，外面无毛，与萼筒近等长或稍长；花瓣淡粉红色，花蕾时颜色较深；雄蕊 20，约等于花瓣之 1/2；花柱 3–5，基部有长柔毛，较雄蕊稍长。果实近球形，直径 6–8 mm，红色或褐黄色，萼片脱落，果梗长 2–3 cm。花期 4–5 月，果期 8–9 月。

分布与生境 产于辽宁、山东、陕西、甘肃、江西、浙江、湖北、湖南、四川、贵州、福建、广东、广西。生于海拔 150–2000 m 的山坡杂木林或灌木丛中。也分布于日本、朝鲜。

药用部位 果实。

功效应用 与山楂相同，可代用。

化学成分 叶含黄酮类：白杨素(chrysin)[1]，白杨素-7-葡萄糖苷(chrysin-7-glucoside)[2]。

药理作用 抗炎作用：三叶海棠的 80% 乙醇提取物可减少脂多糖 (LPS) 活化的 RAW264.7 巨噬细胞分泌一氧化氮 (NO)。终浓度 100 μg/ml 时，对 NO 释放抑制率达 72.08%，对细胞生长无抑制作用[1]。

三叶海棠 Malus sieboldii (Regel) Rehder
赵宝恒 绘

三叶海棠 Malus sieboldii (Regel) Rehder
摄影：刘冰

抗细菌作用：三叶海棠水提取物体外对金黄色葡萄球菌、枯草芽孢杆菌有一定的抑制作用。其主要成分为黄酮类[2]。

化学成分参考文献

[1] 李法庆，等 . 一种制备白杨素的方法：中国，CN102465158A

[2] 李法庆，等 . 一种从三叶海棠叶中提取白杨素苷的方法：中国，CN102464687A.

药理作用及毒性参考文献

[1] Yang E, et al. *Interdiscip Toxicol*, 2009, 2(4): 245-249.

[2] 谭周进，等 . 食品科学，2002, 23(6): 104-107.

12. 陇东海棠（中国树木分类学） 大石枣（甘肃），甘肃海棠（华北经济植物志要）

Malus kansuensis (Batalin) C. K. Schneid. in Repert. Spec. Nov. Regni Veg. 3: 178. 1906. ——*Pyrus kansuensis* Batalin（英 **Kansu Crabapple**）

灌木至小乔木，高 3–5 m；小枝幼时被短柔毛，不久脱落；冬芽卵圆形，鳞片边缘有绒毛。托叶草质，线状披针形，边缘有疏生腺齿，稍有柔毛；叶柄长 1.5–4 cm，被疏生短柔毛；叶片卵形或宽卵形，长 5–8 cm，宽 4–6 cm，下面有疏生短柔毛，基部圆形或截形，边缘有细锐重锯齿，通常 3 浅裂，稀有不规则分裂或不裂，裂片三角状卵形，先端急尖。伞形总状花序，有花 4–10 朵；花梗长 2.5–3.5 cm 和花序轴幼时有稀疏柔毛，不久即脱落；苞片膜质，线状披针形；花直径 1.5–2 cm；萼筒外面有长柔毛；萼片三角状卵形至三角状披针形；外面无毛，内面被长柔毛，与萼筒等长或稍长；花瓣白色，宽倒卵形，内面上部有疏柔毛；雄蕊 30，约等于花瓣之半；花柱 3，稀 4 或 2，基部无毛。果实椭圆体形或倒卵形，直径 1–1.5 cm，黄红色，萼片脱落；果梗长 2–3.5 cm。花

陇东海棠 **Malus kansuensis** (Batalin) C. K. Schneid.
引自《中国高等植物图鉴》

陇东海棠 **Malus kansuensis** (Batalin) C. K. Schneid.
摄影：赖阳均

期 5–6 月，果期 7–8 月。

分布与生境 产于甘肃、河南、陕西、四川。生于海拔 1500–3000 m 的杂木林或灌木丛中。

药用部位 果实。

功效应用 消积除渴。用于食滞不消，食积。

13. 花叶海棠（中国植物志） 花叶杜梨（陕西），马杜梨、小白石枣、涩枣子（甘肃），细弱海棠（华北经济植物志要）

Malus transitoria (Batalin) C. K. Schneid., Ill. Handb. Laubholzk 1: 726. 1906.——*Pyrus transitoria* Batalin（英 **Tibetan Crabapple**）

灌木至小乔木，高可达 8 m；小枝幼时被绒毛。托叶叶质，披针形；叶柄长 1.5–3.5 cm，密被绒毛；叶片卵形至宽卵形，长 2.5–5 cm，宽 2–4.5 cm，上面被绒毛或近于无毛，下面密被绒毛，基部圆形至宽楔形，边缘有不整齐锯齿，并 3–5 不规则深裂，稀混有不裂，先端急尖。花 3–6 朵，近伞形花序；花梗长 1.5–2 cm，密被绒毛；花直径 1–2 cm；萼筒钟状，外面密被绒毛；萼片三角状卵形，内外两面均密被绒毛；花瓣白色，卵形；花柱 3–5，基部无毛。果实近球形，直径 6–8 mm，萼片脱落，萼洼下陷；果梗长 1.5–3 cm，外被绒毛。花期 5 月，果期 9 月。

分布与生境 产于内蒙古、甘肃、青海、陕西、四川。生于海拔 1500–3900 m 的山坡丛林中或黄土丘陵地。

药用部位 果实。

功效应用 用于消化不良，高血压，肝炎，腹泻，月经不调。西藏用于肺病，痰多。

注评 本种藏族药用，果实用于肠鸣、腹绞痛、泄泻。

花叶海棠 **Malus transitoria** (Batalin) C. K. Schneid.
引自《中国高等植物图鉴》

花叶海棠 **Malus transitoria** (Batalin) C. K. Schneid.
摄影：何海

14. 滇池海棠（中国树木分类学） 云南海棠（经济植物手册）

Malus yunnanensis (Franch.) C. K. Schneid. in Repert. Spec. Nov. Regni Veg. 3: 170. 1906.——*Pyrus yunnanensis* Franch.（英 **Yunnan Crabapple**）

乔木，高达 10 m；小枝幼时密被绒毛，老时逐渐脱落减少；冬芽较肥大，卵圆形，无毛或仅在鳞片边缘有短柔毛。托叶膜质，线形，边缘有疏生腺齿；叶柄长 2–3.5 cm，被绒毛；叶片卵形、宽卵形至长椭卵形，长 6–12 cm，宽 4–7 cm，上面近无毛，下面密被绒毛，基部圆形至心形，边缘有尖锐重锯齿，通常上半部两侧各有 3–5 浅裂，裂片三角状卵形，先端急尖。花 8–12 朵，组成伞形总状花序；花序轴和花梗均被绒毛，花梗长 1.5–3 cm；苞片膜质，线状披针形；花直径约 1.5 cm；萼筒钟状，外面密被绒毛；萼片三角状卵形，内外两面被绒毛，约与萼筒等长；花瓣白色，近圆形；雄蕊 20–25；花柱 5，基部无毛。果实球形，红色有白点，直径 1–1.5 cm，萼片宿存；果梗长 2–3 cm。花期 5 月，果期 8–9 月。

滇池海棠 **Malus yunnanensis** (Franch.) C. K. Schneid.
引自《中国高等植物图鉴》

分布与生境 产于四川、云南。生于海拔 1600–3800 m 的山坡杂木林中或山谷沟边。

药用部位 果实。

功效应用 健脾消积，行瘀定痛。用于脘腹胀痛，消化不良，食滞内停，痢疾，腹痛泄泻，疝气，产后瘀阻腹痛。

注评 本种傈僳族药用，其果实用于胸腹胀满。

15. 台湾林檎（中国植物志） 台湾海棠（广州植物志）

Malus doumeri (Bois) A. Chev. in Compt. Rend. Hebd. Séances Acad. Sci. 170: 1129. 1920.——*P. doumeri* Bois, *M. melliana* (Hand.-Mazz.) Rehder, *M. formosana* (Kawak. et Koidz. ex Hayata) Kawak. et Koidz.（英 **Taiwan Apple**）

灌木或小乔木；小枝幼时密被或疏被长柔毛，老时脱落。叶片长椭卵形或卵状披针形，长 9–15 cm，宽 4–6.5 cm，幼时两面被毛，逐渐脱落，果时两面有疏柔毛或上面无毛，下面被毛或两面均无毛，基部宽楔形或近圆形，边缘有尖锐锯齿，先端渐尖。花序近伞形，有花 4–5 朵；花梗长 1.5–3 cm，被绒毛；花直径 2.5–3 cm；萼筒倒钟形，外面有绒毛；萼片卵状披针形，外面疏被绒毛；花瓣白色，卵形；花柱基部有长绒毛。果实球形，直径 2.5–5.5 cm，黄红色，顶端有短颈；萼片反折，果心分离，外面有点。花期 5 月，果期 8 月。

台湾林檎 **Malus doumeri** (Bois) A. Chev.
朱世珍　绘

分布与生境 产于广东、广西、贵州、湖南、江西、台湾、云南、浙江。生于海拔 1000–2000 m 的林中。也分布于老挝、越南。

药用部位 果实、叶。

功效应用 果实：消食导滞，理气健脾。用于食积停滞，脘腹胀痛，泄泻。叶：解暑化湿，开胃消积。用于暑湿

台湾林檎 **Malus doumeri** (Bois) A. Chev.
摄影：喻勋林

厌食，食积。

化学成分 果实含芳香类：根皮酚(phloroglucinol)，根皮酸(phloretic acid)[1]；有机酸类：苹果酸(malic acid)，琥珀酸，草酸(oxalic acid)[1]；其他类：熊果酸(ursolic acid)，芦丁(rutin)[1]。

化学成分参考文献

[1] 潘莹，等. 时珍国医国药，2007, 8(12): 2972-2973.

16. 光萼林檎（中国植物志） 麦氏海棠（庐山植物园栽培手册），锐齿亚洲海棠（植物分类学报）

Malus leiocalyca S. Z. Huang in Guihaia 9(4): 305. 1989.（英 **Glabersepal Apple**）

灌木或小乔木，高 4–10 m；小枝幼时密或疏被柔毛，老时脱落无毛或近无毛。叶片椭圆形至卵状椭圆形，长 5–10 cm，宽 2.5–4 cm，幼时两面被柔毛，逐渐脱落，两面无毛或两面散生柔毛或仅下面散生柔毛，基部圆形至宽楔形，边缘有圆钝锯齿，先端急尖或渐尖。花序近伞形，有 5–7 朵花；花梗长 3–5 cm，无毛；花直径约 2.5 cm；萼筒外面无毛；萼片三角状披针形，外面无毛；花瓣白色，倒卵形；花柱 5，基部有白色绒毛。果实球形，顶端有长颈，颈长 5–8 mm；萼片宿存，反折。花期 5 月，果期 8–9 月。

分布与生境 产于安徽、福建、广东、广西、湖南、江西、云南、浙江。生于海拔 700–2400 m 的山地混交林中、山谷沟边。

药用部位 果实。

功效应用 健胃消食，生津止渴，散瘀止痛。用于肉食积滞，消化不良，小儿疳积，痢疾，肠炎，产后腹痛，胃酸缺乏，高血压。

化学成分 叶含黄酮、单宁和皂苷[1]。

注评 本种为广西中药材标准（1990）收载“山楂”“山楂叶”的基源植物，前者是其干燥果实，后者是其干燥

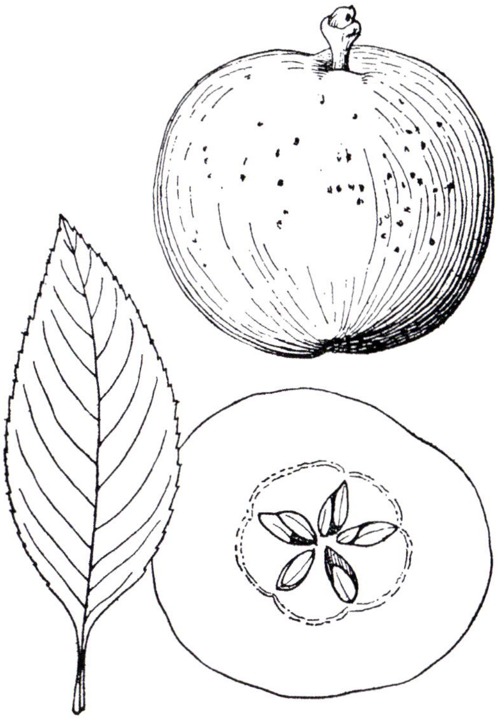

光萼林檎 **Malus leiocalyca** S. Z. Huang
朱世珍　绘

25. 蚊子草属 Filipendula Mill.

多年生草本；根状茎短而斜走。叶常为羽状复叶或掌状分裂，通常顶生小叶扩大，分裂；托叶大，常近心形。花小，多数，两性，极稀单性而雌雄异株；聚伞花序呈圆锥状或伞房状，中央花序梗常缩短；萼片5，花后宿存反折；花瓣白色或红色，基部有爪，覆瓦状排列；雄蕊20–40枚，花丝细长；雌蕊5–15枚，着生在扁平或微凸起的花托上，彼此分离；花柱顶生，柱头头状；每心皮有胚珠1–2颗。果实为瘦果，直立，以基部着生在花托上，或螺旋状以腹部横生在花托上。种子1，下垂，胚乳极少。

本属约10余种，分布于北半球温带至寒温带。我国约7种，主要分布在东北和西北，华北、云南和台湾也有分布，其中5种1变种可药用。

分种检索表

1. 顶生小叶3裂，侧生小叶不分裂或极浅裂；叶片下面被白色绒毛；瘦果弯曲，呈螺旋状，以腹部着生在花托上……………………5. **旋果蚊子草 F. ulmaria**
1. 顶生小叶5–9裂；侧生小叶分裂或不裂；瘦果直立着生在花托上。
  2. 顶生小叶裂片宽阔，卵形、卵状披针形至菱状披针形。
    3. 叶为羽状复叶，有小叶2对；侧生小叶较小，3–5裂，裂至小叶1/3–1/2；托叶大，草质，绿色，半心形，边缘有尖锐锯齿……………………1. **蚊子草 F. palmata**
    3. 叶为羽状复叶，有小叶1–3对，中间有时夹有附片；侧生小叶小，边缘有重锯齿或不明显的裂片；托叶小，草质或膜质，常淡褐绿色，卵状披针形，全缘……………………2. **槭叶蚊子草 F. purpurea**
  2. 顶生小叶裂片较窄，带形至带状披针形。
    4. 叶片下面有白色绒毛；花梗及萼片外面密被短柔毛；瘦果基部有短柄，周围有糙硬毛……………………3. **翻白蚊子草 F. intermedia**
    4. 叶片下面及萼片外面无毛；花梗几无毛或被疏柔毛；瘦果无柄，无毛，稀周围有绒毛……………………4. **细叶蚊子草 F. angustiloba**

本属药用植物在我国民间多用于止血、止痢、驱蚊等，现已初步明确主要含有鞣质类、黄酮类和挥发油等。鞣质类化合物是其特征性成分之一，目前分得的有玫瑰鞣质A (rugosin A，**1**)、玫瑰鞣质(rugosin) D、E、F、G，拟唢呐草素▲(tellimagrandin) Ⅰ、Ⅱ，多具有杀菌、止血、收敛等药理作用。

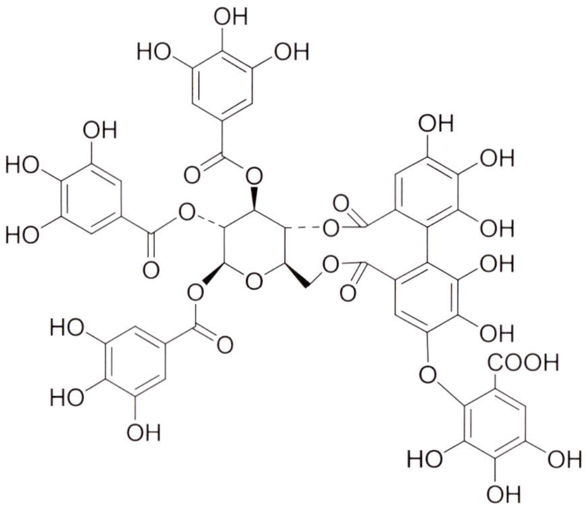

1

黄酮类化合物包括绣线菊苷 (spiraeoside，**2**)、槲皮素、芦丁 (rutin)、金丝桃苷 (hyperin; hyperoside)、萹蓄苷 (avicularin; avicularoside)、槲皮素 -3-*O*- 葡萄糖醛酸苷 (quercetin-3-*O*-glucuronide)、山柰酚 -4'-*O*- 葡萄糖苷 (kaempferol-4'-*O*-glucoside)、异槲皮苷 (isoquercitrin) 等，多有抗菌、抗炎、抗肿瘤等药理作用。

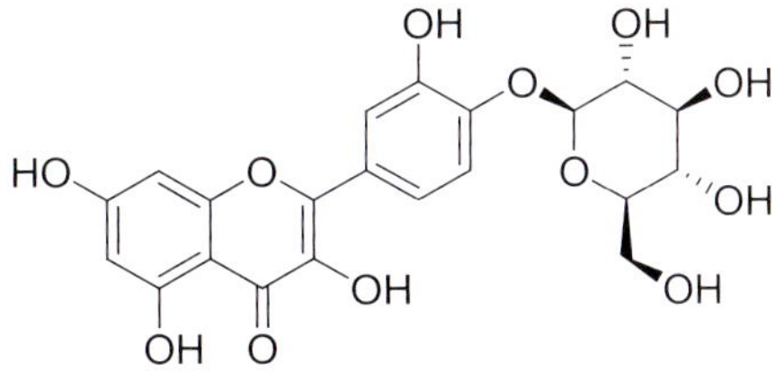

2

1. 蚊子草（东北植物检索表） 合叶子（拉汉种子植物名称）

Filipendula palmata (Pall.) Maxim. in Trudy Imp. S.-Peterburgsk. Bot. Sada 6: 250. 1879. p. p.——*Spiraea palmata* Pall.（英 **Palmate Meadowsweet**）

1a. 蚊子草（模式变种）

Filipendula palmata (Pall.) Maxim. var. **palmata**

多年生草本，高 60–150 cm。茎近无毛或上部被短柔毛。叶为羽状复叶，有小叶 2 对；叶柄被短柔毛或近无毛；托叶大，草质，绿色，半心形，边缘有尖锐锯齿；顶生小叶特别大，5–9 掌状深裂，裂片披针形至菱状披针形；侧生小叶较小，3–5 裂，裂至小叶 1/3–1/2 处。顶生圆锥花序，花小而多；花梗疏被短柔毛，以后脱落无毛；花直径 5–7 mm；萼片卵形，外面无毛；花瓣白色，倒卵形。瘦果

蚊子草 **Filipendula palmata** (Pall.) Maxim. var. **palmata**
引自《东北草本植物志》

蚊子草 **Filipendula palmata** (Pall.) Maxim. var. **palmata**
摄影：于俊林

半月形，直立，有短柄，沿背腹两边有柔毛。花果期 7–9 月。

分布与生境 产于黑龙江、吉林、辽宁、内蒙古、河北、山西。生于海拔 200–2000 m 的山麓、沟谷、草地、河岸、林缘及林下。也分布于俄罗斯、蒙古、日本。

药用部位 根、全草。

功效应用 祛风除湿，解表退热，止血。用于风湿痹痛，痛风，外感发热无汗，妇女崩漏，月经过多，外伤出血，驱蚊。

化学成分 地上部分含鞣质类：拟唢呐草素▲(tellimagrandin) Ⅰ、Ⅱ，玫瑰鞣质(rugosin) A、D、E、F、G[1]；挥发油：以醇、酚、醛、酮类为主，其中 2,6-二甲基苯酚，苯甲醇(phenylmethanol)，壬醛(nonanal)的含量较高[2]。

化学成分参考文献

[1] 金哲雄，等 . 中国中药杂志，1994, 19(1): 32-33.

[2] 孙允秀，等 . 吉林大学自然科学学报，1992, 1: 119-121.

1b. 光叶蚊子草（变种）(东北草本植物志)

Filipendula palmata (Pall.) Maxim. var. **glabra** Ledeb. ex Kom. et Aliss., Key Pl. Far. East. URSS. 2: 650. 1932.（英 **Glabrous Palmate Meadowsweed**）

本变种与模式变种区别在其茎被极短柔毛或以后脱落几无毛。叶片上面暗绿色，通常无毛或有稀疏短柔毛，下面淡绿色，疏被短柔毛，沿脉较密。花果期 7–9 月。

分布与生境 产于吉林、内蒙古、河北、山西。生于海拔 400–2300 m 的沟边、阴湿地或阳坡。也分布于俄罗斯远东地区和日本。

药用部位 花、叶、根、全草。

光叶蚊子草 **Filipendula palmata** (Pall.) Maxim. var. **glabra** Ledeb. ex Kom. et Aliss.
引自《东北植物检索表》

光叶蚊子草 **Filipendula palmata** (Pall.) Maxim. var. **glabra** Ledeb. ex Kom. et Aliss.
摄影：徐克学

功效应用 花：止血，止痢，驱虫。叶：发汗。用于热病，冻疮，烧伤。根、全草：用于风湿痹痛，外伤出血，驱蚊。

注评 本种朝鲜族药用，全草治泄泻、小便不利、类风湿。

2. 槭叶蚊子草（东北草本植物志）

Filipendula purpurea Maxim. in Trudy Imp. S.-Peterburgsk. Bot. Sada. 6: 248. 1879.（英 **Japanese Meadowsweet**）

多年生草本，高 50–150 cm。茎无毛。叶为羽状复叶，有叶小叶 1–3 对，中间有时夹有附片；叶柄无毛；托叶草质或半膜质，常带褐绿色，较小，卵状披针形，全缘；顶生小叶大，常 5–7 裂，裂片卵形，顶端常尾状渐尖，边缘有重锯齿或不明显裂片，齿急尖或微钝，两面绿色，无毛或下面沿脉疏生柔毛；侧生小叶小，长圆卵形或卵状披针形，边缘有重锯齿或不明显裂片。顶生圆锥花序；花梗无毛；花直径约 4–5 mm；萼片卵形，外面无毛；花瓣粉红色至白色，倒卵形。瘦果直立，基部有短柄，背、腹两边有一行柔毛。花果期 6–8 月。

槭叶蚊子草 **Filipendula purpurea** Maxim.
引自《东北植物检索表》

分布与生境 产于黑龙江、吉林、辽宁。生于海拔 700–1500 m 的林缘、林下或湿草地。也分布于俄罗斯、日本。

药用部位 根、全草、花。

功效应用 根、全草：祛风除湿，解表退热，止血。花：止血，止痢，驱蚊。用于风湿痹痛，痛风，外感发热无汗，妇女崩漏，月经过多，外伤出血，驱蚊。

化学成分 花含黄酮类：槲皮素(quercetin)，花青素(anthocyanidin)，花青素苷(anthocyanin)[1]；酚类：水杨酸甲酯(methyl salicylate)[1]。

注评 本种朝鲜族药用，全草治泄泻、小便不利、类风湿。

化学成分参考文献

[1] Takaishi K, et al. *Kinki Daigaku Yakugakubu Kiyo*, 1967, (5): 21-22.

槭叶蚊子草 **Filipendula purpurea** Maxim.
摄影：于俊林

3. 翻白蚊子草（东北植物检索表）

Filipendula intermedia (Glehn) Juz. in Fl. URSS 10: 284. 1941.——*Spiraea digitata* Willd. var. *intermedia* Glehn（英 **Intermediate Meadowsweet**）

多年生草本，高 80–100 cm。茎几无毛。叶为羽状复叶，有小叶 2–5 对；托叶草质，扩大，半心形，边缘有锯齿；叶柄近无毛；顶生小叶稍比侧生小叶大或近等大，常 7–9 裂，裂片狭窄，带形或披针形，上面无毛，下面被白色绒毛，沿脉有疏柔毛，边缘有整齐或不规则锯齿，顶端渐尖；侧生小叶与顶生小叶相似，惟向下较小及裂片较少。圆锥花序顶生；花梗常被短柔毛；萼片卵形，外面密被短柔毛；花瓣白色，倒卵形。瘦果基部有短柄，直立，周围有一圈糙毛。花果期 6–8 月。

分布与生境 产于黑龙江、吉林。生于山岗灌丛、草甸及河边。

药用部位 根、全草、叶。

功效应用 根、全草：止血，止痢，驱蚊。用于风湿关节痛，外伤出血，驱蚊。叶：发汗。用于发热，冻伤，烧伤。

翻白蚊子草 **Filipendula intermedia** (Glehn) Juz.
引自《东北植物检索表》

翻白蚊子草 **Filipendula intermedia** (Glehn) Juz.
摄影：张金龙

4. 细叶蚊子草（东北植物检索表）

Filipendula angustiloba (Turcz.) Maxim. in Trudy Imp. S.-Peterburgsk. Bot. Sada 6: 250. 1879.——*Spiraea angustiloba* Turcz.（英 **Narrow Lobed Meadowsweet**）

多年生草本，高 50–120 cm。茎无毛。叶为羽状复叶，有小叶 2–5 对；托叶草质，绿色，宽大，半心形，边缘有锯齿；顶生小叶比侧生小叶长大，常 7–9 裂，裂片披针形，两面绿色，无毛，边缘有不规则尖锐锯齿，顶端渐尖；侧生小叶与顶生小叶相似，但较小，裂片较少。圆锥花序顶生；花梗无毛或被稀疏柔毛；花直径约 5 mm；萼片卵形；花瓣白色，倒卵形。瘦果无柄，直立，边缘无毛或有毛。花果期 6–8 月。

分布与生境　产于黑龙江、内蒙古。生于海拔 600–1300 m 的草甸、河边、林区湿地。也分布于俄罗斯、蒙古及日本。

药用部位　花。

功效应用　止血。用于各种出血。

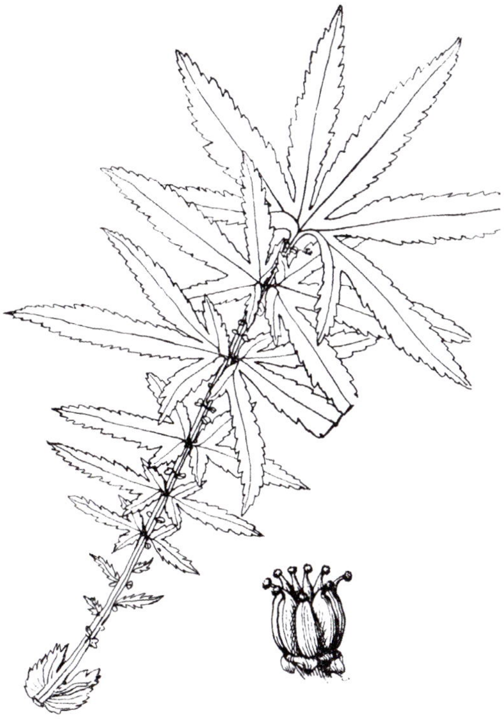

细叶蚊子草 **Filipendula angustiloba** (Turcz.) Maxim.
冀朝祯　绘

5. 旋果蚊子草（中国植物志）　榆叶蚊子草（新疆）

Filipendula ulmaria (L.) Maxim. in Trudy Imp. S.-Peterburgsk. Bot. Sada 6: 251. 1987.——*Spiraea ulmaria* L.（英 **European Meadowsweet**）

多年生草本，高 80–120 cm。茎无毛。叶为羽状复叶，有小叶 2–5 对；叶柄无毛；托叶草质，绿色，半心形或卵状披针形，边缘有锯齿；顶生小叶 3–5 裂，裂片披针形至长圆状披针形，边缘有重锯齿或不明显裂片，上面无毛，下面被白色绒毛；侧生小叶比顶生小叶稍小或几等长，长圆状卵形或椭圆状披针形，基部圆形，边缘有重锯齿或不明显裂片，顶端渐尖。顶生圆锥花序；花梗疏被短柔毛；花直径约 5 mm；萼片卵形，外面密被短柔毛；花瓣白色。瘦果弯曲，如螺旋状着生在果托上，几无柄。花期 6–9 月。

分布与生境　产于新疆。生于海拔 1200–2400 m 的山谷阴处、沼泽、林缘及水边。也分布于欧亚北极地区及寒温带、南可达土耳其、俄罗斯中亚地区及蒙古。

药用部位　根、花。

功效应用　止血，消炎，平肝降压，祛腐敛疮。用于高血压，疮疡脓血，咳嗽，流行性感冒，类风湿关节炎，痛风，膀胱疾病，湿疹。

化学成分　地上部分含黄酮类：3'-β-D-吡喃葡萄糖氧基-3,4',5,7-四羟基黄酮(3'-β-D-glucopyranosyloxy-3,4',5,7-tetrahydroxyflavone)[1]，绣线菊苷(spiraeoside)[2]，异水杨苷(isosalicin)[3]，槲皮素(quercetin)，芦丁(rutin)，金丝桃苷(hyperin; hyperoside)，萹蓄苷(avicularin; avicularoside)，槲皮素-3-*O*-葡萄糖醛酸苷(quercetin-3-*O*-glucuronide)，山柰酚-4'-*O*-葡萄糖苷(kaempferol-4'-*O*-glucoside)[5]，槲皮素-4'-*O*-β-吡喃半乳糖苷(quercetin-4'-*O*-β-galactopyranoside)，异槲皮苷(isoquercitrin)[6]，槲皮素-4'-*O*-葡萄糖苷(quercetin-4'-*O*-glucoside)[7]；其他类：松下兰苷▲(monotropitin)，绣线菊因碱(spirein)[4]。

药理作用　抗炎、调节免疫作用：旋果蚊子草提取物灌胃 (10 mg/kg、50 mg/kg、100 mg/kg 和 500 mg/kg) 能够刺激 CBA/CaLac 和 C57BL/6 小鼠在诱发期和产生期的体液免疫反应；该提取物还具有抗炎作

锐单锯齿；花 3–8 朵组成伞房状花序，稀单花；萼片卵形，先端急尖……………………………………………………3. **白花悬钩子 R. leucanthus**

5. 小叶 3–15 枚，多草质，少革质。

7. 小叶 3 或 3–5 枚。

8. 叶片下面被柔毛，稀疏生柔毛至无毛。

9. 枝上被柔毛或疏生皮刺。

10. 花单生或 1–2 朵。

11. 小叶 3–5 枚，卵形或宽卵形，边缘有尖锐重锯齿，两面疏生柔毛，叶柄长 2–3 cm，被柔毛、腺毛，疏生皮刺……………………………4. **蓬蘽 R. hirsutus**

11. 小叶 3 枚稀 5 枚，宽卵形至椭圆状卵形，边缘有粗锐重锯齿或缺刻状重锯齿，两面均被柔毛；叶柄长 1–2 (3) cm，与叶轴均被柔毛和疏生小皮刺……………………………5. **刺莓 R. taiwanianus**

10. 花常在 3 朵以上，簇生或成伞房状花序，稀单生。

12. 小叶片长圆形、椭圆状披针形，稀卵状披针形，先端急尖或圆钝，边缘有不整齐锯齿，下面仅沿脉有柔毛和细刺；叶柄长 3–8 cm，被疏柔毛和直立皮刺……………………………8. **黄果悬钩子 R. xanthocarpus**

12. 小叶片卵形，菱状卵形或宽卵形，先端急尖，边缘有粗锯齿或缺刻粗锯齿，下面仅沿脉被短柔毛；叶柄长 2–5 cm，具柔毛和疏生皮刺。

13. 伞房花序；花萼外被灰白色短柔毛；萼片长卵形至卵状披针形，先端渐尖；花瓣倒卵形，与萼片近等长或稍短……………………………6. **插田泡 R. coreanus**

13. 总状状花序短缩成圆柱形；花萼外被灰黄色长柔毛；萼片卵形或宽卵形，先端急尖；花瓣匙形，稀长倒卵形，长于萼片一倍或更长……………………………7. **柱序悬钩子 R. subcoreanus**

9. 枝上除具皮刺外，还密被刺毛或腺毛。

14. 植株具腺毛；小叶 3 枚，卵形或宽卵形，先端渐尖，边缘有粗锐重锯齿；叶柄长 5–8 cm，具柔毛、腺毛和稀疏皮刺；总状花序顶生或腋生；花紫红色……………………………9. **腺毛莓 R. adenophorus**

14. 植株不具腺毛；小叶 3 枚，椭圆形、卵形稀倒卵形，先端急尖至尾尖，稀圆钝，边缘有细锐锯齿；叶柄长 2–4.5 cm，具红褐色刺毛、柔毛和疏皮刺，花数朵在叶腋团聚成束，稀单生；花白色……………………………10. **红毛悬钩子 R. wallichianus**

8. 叶片下面密被灰白色或黄灰色绒毛。

15. 枝上具柔毛和稀疏皮刺，稀无毛。

16. 花成圆锥花序或总状花序；小叶 3 枚，稀 5 枚；叶片近圆形、卵形至椭圆形，稀卵状披针形；花萼外被绒毛状长柔毛和腺毛；萼片卵形，先端急尖……………………………17. **白叶莓 R. innominatus**

16. 花成伞房状或短总状花序或少花簇生及单生，极稀圆锥花序。

17. 叶片先端长渐尖、渐尖或短渐尖，仅侧生小叶先端急尖。

18. 花 1–2 朵生于短枝先端；叶片卵形、菱状卵形、菱状披针形或椭圆形，边缘有粗锯齿或缺刻状重锯齿；花萼外面具柔毛、腺毛和针刺；花瓣白色；果实直径 12–20 mm，密被长柔毛……………………………11. **桉叶悬钩子 R. eucalyptus**

18. 花成伞房状或短总状花序。

19. 果实密被绒毛，红色或橙黄色；叶片长卵形或椭圆形，边缘有粗锯齿或重锯齿；花萼外具疏密不等的针刺；花瓣白色；果实直径 10–14 mm……………………………

……………………………………………………12. **复盆子 *R. idaeus***

19. 果实无毛，紫黑色；叶片卵形、宽菱状卵形、椭圆状卵形或椭圆形，边缘浅裂并有粗锯齿；花萼外无针刺；花瓣白色或浅红色；果实直径 6–8 mm ………………………………………………………………13. **喜阴悬钩子 *R. mesogaeus***

17. 叶片先端圆钝至急尖，稀渐尖或尾尖。

20. 花多朵成伞房状或短总状花序；果实红色；小枝、叶柄和花梗均具柔毛；叶片菱状卵形或倒卵形；花萼外被柔毛和针刺；萼片卵状披针形或披针形，先端渐尖……………………………………………………16. **茅莓 *R. parvifolius***

20. 花单生或 2–5 朵簇生；果实黄色。

21. 小枝、叶柄和花梗均无毛；叶片近圆形、卵形或椭圆形；花萼外无毛，无针刺；萼片卵形或圆卵形，先端急尖；果实黄色，无毛 ⋯14. **粉枝莓 *R. biflorus***

21. 小枝、叶柄和花梗均具长柔毛；叶片菱形、卵形至椭圆形；花萼外有长柔毛，密被针刺；萼片卵状披针形或披针形，先端尾尖，尾尖先端常扩大且有时分裂；果实黄色，无毛……………………………15. **刺萼悬钩子 *R. alexeterius***

15. 枝上密被刺毛、针刺或腺毛。

22. 小叶 3 枚；植株具刺毛，稀具腺毛；叶片椭圆形，先端急尖或突尖；花数朵至十几朵组成顶生短总状花序或簇生，稀单花；果实金黄色 ………18. **椭圆悬钩子 *R. ellipticus***

22. 小叶 3–5 枚。

23. 叶片卵形、卵状披针形或长圆状卵形，边缘具粗锯齿或缺刻状锯齿，顶生小叶片不分裂；花常 5–9 朵成伞房状花序，稀单生，花直径约 1 cm；果实直径约 1 cm，被绒毛 ……………………………………………19. **库页悬钩子 *R. sachalinensis***

23. 叶片卵形、宽卵形或菱形，稀椭圆形，边缘具不整齐粗锯齿，顶生小叶羽状浅裂；花组成短总状花序；花直径 6–10 mm；果实直径约 1 cm，无毛 ………………………………………………………………20. **多腺悬钩子 *R. phoenicolasius***

7. 小叶 5 枚以上，多数 5–7，少数多达 15 枚。

24. 叶片下面被柔毛，稀疏生柔毛至无毛。

25. 枝上被柔毛和疏生皮刺，稀无皮刺及无毛。

26. 顶生小叶浅裂。小叶 7–11 枚，卵形或卵状披针形，上面无毛或疏生伏毛，下面沿脉具柔毛和小皮刺，边缘具缺刻状重锯齿；花梗和花萼外面具柔毛、小皮刺或混生疏腺毛………………………………………………23. **秀丽莓 *R. amabilis***

26. 顶生小叶不分裂。

27. 小叶 5–7 枚，卵状披针形或披针形，边缘有尖锐缺刻状重锯齿，两面疏生柔毛并有黄色腺点；花梗和花萼外面有柔毛和腺点………………21. **空心泡 *R. rosifolius***

27. 小叶 3–5 (7) 枚，卵形、椭圆形，稀卵状披针形，边缘具缺刻状尖锐重锯齿；两面疏生柔毛，老时仅下面沿脉有柔毛；花梗和花萼外面无毛，也无腺点，仅内萼片边缘有绒毛 …………………………………………22. **大红泡 *R. eustephanos***

25. 枝上密被刺毛，针刺、腺毛和皮刺。

28. 顶生小叶羽状浅裂；花萼外具疏密不等的针刺；枝、叶柄和花梗具柔毛；小叶 (3) 5–7 (9) 枚，卵形、三角状卵形或卵状披针形，先端急尖或渐尖，边缘有尖锐重锯齿或缺刻状重锯齿，两面具柔毛或下面仅在脉上有柔毛；花单生或 2–4 朵；果实近球形，有柔毛或近无毛…………………………………26. **针刺悬钩子 *R. pungens***

28. 顶生小叶不分裂，极稀浅裂；花萼外无针刺；枝、叶柄和花梗具柔毛和较长腺毛；叶片先端渐尖，极稀急尖；果实无毛。

29. 果实长圆形，长 12–18 mm，无毛；花 3 至数朵组成伞房状花序，稀单生；萼片披针形，长 7–10 mm；小叶 (3) 5–7 枚，披针形至卵状披针形，边缘有不整齐尖锐锯齿……………………………………………………………………24. **红腺悬钩子 R. sumatranus**

29. 果实近球形或近圆形，直径 8–11 mm，无毛，花数朵组成顶生伞房状花序，稀单生；萼片三角状披针形，长 8–15 mm；小叶 (3) 5–7 枚，卵状椭圆形至卵状披针形，边缘具不整齐锐锯齿或重锯齿……………………25. **薄瓣悬钩子 R. piptopetalus**

24. 叶片下面密被灰白色绒毛。

30. 小叶 5–7 枚或 7 枚。

31. 顶生小叶不分裂；小叶 5–7 枚，卵形、椭圆形至卵状披针形，边缘有不整齐粗单锯齿；花组成短总状或近圆锥状花序，具绒毛状柔毛和短腺毛；果实半球形或近球形，红色，无毛或有疏柔毛……………………………………27. **拟复盆子 R. idaeopsis**

31. 顶生小叶羽裂或细裂；小叶 5–7 枚，卵形、卵状披针形或卵状长圆形，边缘有浅裂片和粗重锯齿；花成狭圆锥花序或总状花序，具柔毛；果实球形，红色至红黑色，微具柔毛，老时脱落近无毛……………………………………28. **弓茎悬钩子 R. flosculosus**

30. 小叶 7–9 枚，少数 11–13 枚。

32. 叶片先端渐尖；小叶 (5) 7–9 枚，长圆状披针形或卵状披针形，边缘有不整齐粗锯齿或缺刻状重锯齿；叶柄长 3–5 cm，无毛；花组成圆锥花序或总状花序；果实近球形，紫黑色，微具柔毛或几无毛……………………29. **华中悬钩子 R. cockburnianus**

32. 叶片先端急尖或圆钝；叶片 (5) 7–9 (11) 枚，椭圆形、卵状椭圆形或菱状椭圆形，边缘具不整齐粗锐锯齿；叶柄长 1.5–4 cm，被绒毛状柔毛或稀疏小皮刺；花组成伞房状或短圆锥状花序；果实半球形，深红色转黑色，密被绒毛…30. **红泡刺藤 R. niveus**

2. 匍匐草本稀半灌木或小灌木，无皮刺，稀具针状小皮刺或刺毛；托叶离生，全缘。

33. 茎、叶柄和花梗具柔毛或刺毛；叶片近圆形至宽倒卵形；边缘有粗钝锯齿；花单生或 1–2 朵顶生；花瓣白色；雌雄 4–20……………………………………34. **凉山悬钩子 R. fockeanus**

33. 茎、叶柄和花梗具柔毛或小针刺，无刺毛。

34. 叶片菱形至菱状倒卵形，边缘有细锐锯齿或细锐重锯齿；茎、叶柄和花梗仅具柔毛；花 1–2 朵，直径 1–2 cm；花瓣紫红色；雌雄 20 枚……………………32. **北悬钩子 R. arcticus**

34. 叶片卵状菱形至长圆状菱形，边缘有粗重锯齿，稀为缺刻状锯齿；茎、叶柄和花梗具柔毛和小针刺，有时疏生腺毛；花直径 6–10 mm，2–10 朵组成伞房状花序；花瓣白色；雌雄 5–6 枚…………………………………………………………33. **石生悬钩子 R. saxatilis**

1. 单叶。

35. 匍匐草本或半灌木，无皮刺，具长柔毛和针刺；托叶离生，有长柔毛，掌状深裂；叶片近圆形，边缘波状浅裂或 3 浅裂，具不整齐的细钝锯齿或重锯齿，两面被稀疏长柔毛；单花顶生，稀 2–3 朵…………………………………………………………63. **黄泡 R. pectinellus**

35. 灌木或半灌木，极稀草本，具皮刺或针刺及刺毛。

36. 托叶离生。

37. 茎上常被刺毛，稀被疏针刺或小皮刺；花 5–12 朵组成近总状花序；稀 3–5 朵簇生；叶宽长卵形，边缘 3–5 裂，顶生裂片比侧生者大数倍，两面具长柔毛；花瓣白色，比萼片短得多…………………………………………………………35. **周毛悬钩子 R. amphidasys**

37. 茎上常具皮刺。

38. 托叶和苞片常较狭小，长在 2 cm 以下，宽不到 1 cm，分裂或全缘。

39. 叶片下面无毛或有疏柔毛。

40. 叶片基部圆形，下面仅沿叶脉有柔毛，老时近无毛；托叶和苞片先端细裂；叶片卵形、卵状长圆形或椭圆状长圆形，先端急尖；叶柄长达 1 cm；花组成圆锥花序，被柔毛……………………………………………………………………………… 36. **梨叶悬钩子 R. pirifolius**

40. 叶片基部心形至深心形，两面或下面被柔毛或无毛；花组成顶生圆锥花序或腋生近总状花序，被柔毛。

41. 托叶和苞片全缘；植株具腺毛；叶片卵状披针形，两面无毛；叶柄长 2–4 cm……………………………………………………………………………37. **宜昌悬钩子 R. ichangensis**

41. 托叶和苞片分裂；植株常无腺毛，仅其变种具腺体或腺毛；叶片宽卵形，稀长圆状卵形，被稀疏毛；叶柄 2–5 cm ……………………………………… 38. **高粱泡 R. lambertianus**

39. 叶片下面密被柔毛。

42. 花成顶生或腋生简单总状花序；托叶和苞片全缘或仅先端有齿或浅裂。

43. 叶片掌状 3–5 深裂，裂片披针形或狭长圆形，边缘有稀疏细锐锯齿，顶生裂片与侧生裂片之间常成锐角；花梗长达 1 cm，被白色或黄白色绒毛和长柔毛；果实黑色 ……………………………………………………………………………………42. **鸡爪茶 R. henryi**

43. 叶片不裂或浅裂。

44. 叶片下面绒毛永存不脱落；花序具腺毛；叶片卵形，宽卵形至卵状披针形，基部截形至浅心形，边缘浅波状，有不整齐细锐锯齿；花梗长约 1 cm，被绒毛状长柔毛和少数腺毛……………………………………………………………… 41. **白藨 R. doyonensis**

44. 叶片下面被灰白色绒毛，结果枝上的绒毛常脱落而无毛。

45. 花序具腺毛；叶片卵形、宽卵形至长圆状披针形，基部截形至浅心形，边缘有不整齐粗锐锯齿；花梗长 1–3 mm，被绒毛状柔毛，有稀疏针刺……………………………………………………………………………………39. **木莓 R. swinhoei**

45. 花序无腺毛；叶片椭圆形至长圆状椭圆形，基部近圆形，边缘有粗锯齿和不明显浅齿，结果枝上叶片下面绒毛常脱落；花梗长 1–1.5 cm，被绒毛状长柔毛……………………………………………………………………… 40. **棠叶悬钩子 R. malifolius**

42. 花组成圆锥状花序或短总状花序，伞房状花序，极稀花数朵簇生或单生。

46. 叶片狭长，叶柄长 0.5–1 cm；大型圆锥花序；托叶和苞片掌状深裂；叶片卵状披针形或长圆状卵形，基部弯曲宽而浅，上面伏生长柔毛…………………………43. **乌泡子 R. parkeri**

46. 叶片宽大，近圆形、宽卵形、卵状披针形至椭圆形，浅裂，基部有掌状 5 出脉；叶柄长在 2 cm 以上，稀较短。

47. 叶片下面被灰白色至黄灰色绒毛。

48. 叶边不分裂或浅裂，先端渐尖，稀急尖或圆钝；花组成顶生宽大或狭窄圆锥花序。

49. 植株无腺毛，稀仅在花梗和花萼具腺毛。

50. 叶柄无毛，长 4–7 cm，疏生小皮刺；叶片近圆形或宽卵形，先端尾状渐尖，边缘不明显波状………………………………………………44. **毛萼莓 R. chroosepalus**

50. 叶柄被长柔毛或绒毛状长柔毛；叶片长卵形至卵状披针形；叶柄长 2–3 cm，具绒毛，疏生小皮刺；花序具绒毛状短柔毛 ……… 45. **黄脉莓 R. xanthoneurus**

49. 植株具长短不等的腺毛或刺毛。

51. 植株具柔毛和腺毛，无刺毛；叶片卵形至长卵形，边缘波状浅裂，裂片圆钝，有粗锐锯齿；萼片卵形至卵状披针形，渐尖至尾尖，不分裂…………………………………………………………………………………… 46. **黔桂悬钩子 R. feddei**

51. 植株具绒毛和腺毛，并有刺毛；叶片心状近圆形，边缘 5–7 浅裂，裂片圆钝，有不整齐锯齿；萼片卵形，急尖，不分裂 ……………… 47. **灰白毛莓 R. tephrodes**

48. 叶边浅裂或裂片重复分裂，先端圆钝或急尖，稀渐尖；花组成顶生狭圆锥花序或近总状花序或簇生于叶腋。

52. 叶缘 3–7 浅裂或微波状。

53. 叶 3–7 浅裂；托叶和苞片羽状或不规则深裂几达基部；叶片近圆形或宽卵形，先端圆钝或急尖，下面绒毛不脱落；叶柄长 3–4.5 cm，密被绒毛状长柔毛及稀疏小皮刺；萼片宽卵形，外萼片先端及边缘掌状至羽状条裂……………………………………………………………………………………48. **粗叶悬钩子 R. alceifolius**

53. 叶 5–7 浅裂，托叶和苞片掌状或羽状深裂。

54. 叶片圆形至宽卵形，下面灰白色绒毛常不脱落；叶柄长 3–7 cm，被长柔毛和小刺；果实红色；高大攀援灌木…………49. **羽萼悬钩子 R. pinnatisepalus**

54. 叶片卵形至近圆形；下面绒毛常脱落，老时下面仅剩柔毛或近无毛；叶柄长 4–9 cm，密被长柔毛，无刺或疏生针刺；果实紫黑色；直立或匍匐小灌木…………………………………………………………………………50. **寒莓 R. buergeri**

52. 叶缘分裂，裂片重复分裂，极稀不再分裂。

55. 托叶和苞片较小，卵状披针形，先端条裂；叶片近圆形或宽卵形，边缘 5–7 浅裂，裂片再浅裂，先端圆钝或近截形；萼片披针形，先端尾尖；花紫红色；果实黑色……………………………………………………………51. **川莓 R. setchuenensis**

55. 托叶和苞片较大，近扇形、宽倒卵形、宽椭圆形至长圆形，梳齿状分裂。

56. 植株常具皮刺；花组成狭圆锥花序，总状花序或数朵团集于叶腋；花梗长 1–3 (4) cm；叶片近圆形，7–9 浅裂，顶生裂片再 3 浅裂，先端圆钝，近截形稀急尖；花梗长 1–1.5 cm；花直径 1.5–2.5 cm……………………………………………………………………………………52. **大乌泡 R. pluribracteatus**

56. 植株无皮刺；花单生或数朵组成短总状花序；花梗长 0.3–0.4 cm；叶片宽卵形或近圆形，5 浅裂，先端常急尖；花梗长 3–4 mm；花直径约 1.5 cm……………………………………………………………………………………53. **台湾悬钩子 R. formosensis**

47. 叶片下面被铁锈色绒毛。

57. 叶缘近基部 2 浅裂；叶片长圆状披针形或卵状披针形，先端急尖至短渐尖，基部深心形；叶柄长 2–5 cm，密被绒毛，无刺或偶有小刺；花 3–8 朵组成伞房花序……………………………………………………………………………54. **戟叶悬钩子 R. hastifolius**

57. 叶缘 3–5 浅裂；叶片心状长圆形，先端圆钝或急尖，基部心形，顶生裂片比侧生裂片长得多；叶柄长 2.5–5 cm，被绒毛并有稀疏小皮刺；花组成总状花序或数朵团集生于叶腋，密被锈色长柔毛……………………………………55. **锈毛莓 R. reflexus**

38. 托叶和苞片常较宽大，通常长 2–5 cm，宽 1–2 cm，稀较短小，分裂或有锯齿。

58. 叶片宽卵形至长卵形，先端渐尖，边缘有突尖锐锯齿，下面密被灰白绒毛；叶柄长 4–8 cm，幼时具柔毛，疏生小皮刺；花组成顶生短总状或伞房花序或单生于叶腋；花梗长 1–3 cm，密被绒毛状柔毛…………………………………………………………56. **太平莓 R. pacificus**

58. 叶片近圆形，先端圆钝或急尖，边缘波状或不明显浅裂，有不整齐粗锐锯齿，下面被灰白或黄灰色绒毛；叶柄长 5–10 cm，被绒毛状柔毛，无刺或具极稀疏小皮刺；花少数组成顶生伞房状或近总状花序，也数朵簇生或单生于叶腋；花梗长 1–1.5 cm，具绒毛状柔毛…………………………………………………………………………………………57. **灰毛泡 R. irenaeus**

36. 托叶合生。

59. 叶片盾状；托叶卵状披针形；叶片卵状圆形，边缘 3–5 掌状分裂，裂片三角状卵形，两面被贴生柔毛；单花顶生；果实圆柱形或圆筒形，橘红色，密被柔毛………………58. **盾叶莓 R. peltatus**

59. 叶片非盾状；托叶线形至线状披针形。

60. 叶片不分裂或 3 浅裂，基部常具掌状 3 出脉。

61. 叶片卵状披针形或长圆状披针形，两面无毛；花常 3 朵或 3 朵以上组成短总状花序；雌蕊 10–50 枚；果实近球形，红色，无毛……………………………………………… 59. **三花悬钩子 R. trianthus**

61. 叶片卵形至卵状披针形，幼时两面被细柔毛，逐渐脱落至老时近无毛；花单生或少数生于短枝上；雌蕊多数；果实近球形或卵球形，红色，密被细柔毛………… 60. **山莓 R. corchorifolius**

60. 叶片掌状分裂，基部常具掌状 5 出脉。

62. 叶片卵形至长卵形，3–5 掌状分裂，边缘有不规则缺刻状锯齿，两面无毛或沿叶脉有柔毛和小皮刺；花数朵簇生或组成短总状花序；雌蕊多数；果实近球形，暗红色，无毛………………………………………………………………………………………………………61. **牛叠肚 R. crataegifolius**

62. 叶片近圆形，掌状 5 深裂，稀 3 或 7 裂，边缘有重锯齿，两面沿脉有长柔毛或几无毛；单花腋生；雌蕊多数；果实近球形，红色，密被灰白色柔毛……………… 62. **掌叶复盆子 R. chingii**

对本属药用植物化学成分的系统研究始于 20 世纪 70 年代末 80 年代初，迄今已分得三萜及其苷、二萜及其苷、黄酮、酚酸、挥发油等类型化合物。其中二萜及三萜类化合物是本属药用植物的特征性成分，如 19α- 羟基熊果酸 -β- 葡萄糖酯苷 (19α-hydroxyursolic acid-β-glucosyl ester) 型三萜被认为在本属药用植物中具有重要的化学分类学意义。

本属药用植物中的二萜类化合物主要为贝壳杉烷 (kaurane) 型，其次为半日花烷 (labdane) 型；贝壳杉烷型如悬钩子苷 (rubusoside，**1**)、甜茶糖苷 (suavioside) A、B、C_1、D_1、D_2、E、F、G、H、I、J 等；半日花烷型二萜如从掌叶复盆子 (R. chingii) 叶中分得的五个二萜苷类化合物掌叶覆盆子苷 (goshonosides) F_1、F_2、F_3、F_4、F_5。从甜茶 (R. chingii var. suavissimus) 叶中分得的第一个贝壳杉烷型二萜化合物悬钩子苷 (rubusoside)，其甜度为蔗糖的 114 倍。此外，悬钩子苷 (rubusoside) 还能刺激胰岛素的分泌，起到一定的降血糖作用；该化合物还具有显著降低大鼠血清三酰甘油水平、降低胆固醇含量和抑菌等作用。

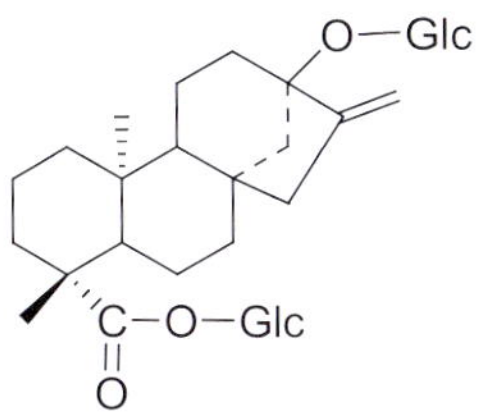

1

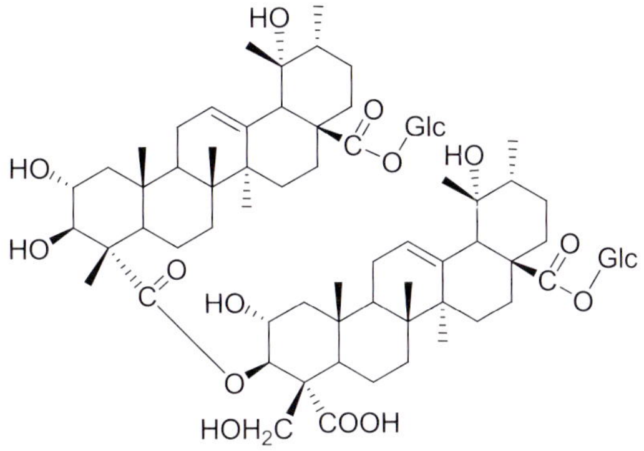

2

本属药用植物中的三萜 / 苷类化合物主要为齐墩果烷型和熊果烷型。熊果烷型如 2α,3β- 二羟基熊果酸 (2α,3β-dihydroxyursolic acid)、2α,3β,23- 三羟基熊果酸 (2α,3β,23-trihydroxyursolic acid)、2α,3β,19α,23- 四羟基熊果酸 (2α,3β,19α,23-tetrohydroxyursolic acid)；齐墩果烷型如：2α,3β,19α,23- 四羟基齐墩果酸 (2α,3β,9α,23-tetrahydroxyoleanolic acid)、插田泡苷 F_1 (coreanoside F_1，**2**) 等。其中从插田泡 (R. coreanus) 叶中分得一个较为少见的三萜苷二聚体插田泡苷 F_1。粗叶悬钩子 (R. aleaefolius) 中的三萜和鞣质均具有阻断细胞周期的作用。

酚酸类和黄酮类化合物是本属药用植物的另外两大类成分，也是本属药用植物的主要抗氧化活性成分，如没食子酸 (gallic acid)、矢车菊素 -3- 槐糖苷 (cyanidin-3-sophoroside)、矢车菊素 -3- 芸香糖苷

(cyanidin-3-rutinoside)、矢车菊素 -3- 葡萄糖苷 (cyanidin-3-glucoside)、槲皮素 -3- 芸香糖苷 (quercetin-3-rutinoside)、槲皮素 -3- 葡萄糖苷 (quercetin-3-glucoside) 等。从覆盆子 (R. idaeus) 中提取的类黄酮、五羟基黄酮、4,5,7- 三羟基黄酮等具有显著的抗细菌作用。

1. 蛇泡筋（广东海南） 越南悬钩子（海南植物志），鸡足刺、猫枚筋（海南）

Rubus cochinchinensis Tratt., Ros. Monogr. 3: 97. 1823.——*Rubus playfairii* Hemsl.（英 **Cochinchina Raspberry**）

攀援灌木；枝、叶柄、花序和叶片下面中脉上疏生弯曲小皮刺；枝幼时有黄色绒毛，逐渐脱落。掌状复叶具 5 小叶，上部有时具 3 小叶，小叶片椭圆形至椭圆状披针形，长 5–10 (15) cm，宽 2–3.5 (5) cm，短渐尖，基部楔形，上面无毛，下面密被褐黄色绒毛，边缘有不整齐锐锯齿；叶柄长 4–5 cm，幼时被绒毛，老时脱落，小叶柄长 3–6 mm；托叶长 5–7 mm，扇形，掌状分裂。顶生圆锥花序或腋生近总状花序，也常花数朵簇生于叶腋，密被黄色绒毛；花梗长 4–10 mm；苞片掌状或梳齿状分裂，早落；花直径 8–12 mm；花萼无刺；萼片卵圆形，先端渐尖，外萼片先端 3 浅裂；花瓣白色，短于萼片；雄蕊多数，花丝钻形，比萼片和花瓣短；雌花 30–40，无毛，花柱长于萼片。果实球形，幼时红色，熟时变黑色。花期 3–5 月，果期 7–8 月。

分布与生境 产于广东、广西、四川。在低海拔至中海拔灌木林中常见。也分布于泰国、越南、老挝、柬埔寨。

药用部位 根、叶。

功效应用 祛风除湿，行气。用于腰腿痛，风湿骨痛，湿疹，舌痛，跌打损伤，肿痛。

化学成分 叶含三萜类：2-*O*-乙酰甜茶苷F_1 (2-*O*-acetylsuavissimoside F_1)，熊果酸(ursolic acid)，委陵菜酸(tormentic acid)，(+)-2-氧代果渣酸▲[(+)-2-oxopomolic acid]，(+)-甜茶苷F_1 [(+)-suavissimoside F_1][1]；黄酮类：表儿茶素(epicatechin)[1]。

化学成分参考文献

[1] Lien TP, et al. *Phytochemistry*, 1999, 50(3): 463-465.

蛇泡筋 **Rubus cochinchinensis** Tratt.
引自《中国高等植物图鉴》

蛇泡筋 **Rubus cochinchinensis** Tratt.
摄影：徐克学

2. 三叶悬钩子　三叶藨（云南木本植物名录），绊脚刺、小黄泡刺（四川），小倒钩刺（云南）

Rubus delavayi Franch., Pl. Delavay. 205. 1890.（英 **Delavayi Raspberry**）

直立矮小灌木，高 0.3–1 cm；枝红褐色，圆柱形，无毛，具小皮刺。小叶 3 枚，披针形至狭披针形，长 3–7 cm，宽 1–2 cm，先端渐尖，基部宽楔形至圆形，两面无毛或下面沿主脉稍具柔毛及小皮刺，边缘具不整齐粗锯齿；叶柄长 2–3 cm，顶生小叶柄长 5–8 mm，侧生小叶无柄或近无柄，无毛或具疏柔毛，疏生小皮刺；托叶线形。花单生或 2–3 朵；花梗长 1–2 cm，具细柔毛或近无毛，疏生小皮刺；苞片线形；花直径约 1 cm；花萼外具细柔毛，有稀疏小皮刺；萼片三角状披针形，先端长尾尖成长条形，在果期直立；花瓣倒卵形，白色，具细柔毛，比萼片短得多；花丝短而稍宽，具细柔毛；花柱短于雄蕊，花柱与子房均无毛。果实球形，直径约 1 cm，橙红色，无毛；核小、具细皱纹。花期 5–6 月，果期 6–7 月。

三叶悬钩子 **Rubus delavayi** Franch.
摄影：易思荣

分布与生境　产于四川、云南。生于山坡杂木林下，海拔 2000–3400 m。

药用部位　叶、根、全株。

功效应用　清热解毒，除湿止痛，止痢，驱蛔虫。用于乳蛾，目赤红肿，痢疾，疥疮，风湿关节痛，蛔虫病，痄腮，扁桃腺炎，无名肿毒。可作避孕药。

药理作用　调节免疫作用：三叶悬钩子对小鼠免疫功能有增强作用，能明显提高正常小鼠的脾指数和胸腺指数；提高小鼠网状内皮系统 (RES) 中 M 吞噬碳粒的能力；刺激免疫器官增重和活化 RES 的作用，即可提高 B、T 细胞的数量及激活 M，增强机体的免疫功能 [1]。

抗炎作用：三叶悬钩子对炎症早期的水肿和渗出有明显的抑制作用，对二甲苯致小鼠耳郭肿胀有明显的对抗作用，对醋酸所致小鼠腹腔毛细血管通透性增高有明显抑制作用，抑制肝脾指数下降 [2]。

注评　本种傈僳族、彝族药用，傈僳族用全株治扁桃腺炎、火眼、痢疾、疥疮、类风湿关节炎、蛔虫病；彝族用全株治疮痈高热、白带、痢疾、蛔虫病，根治疗扁桃腺炎、急性结膜炎、疮疡、类风湿关节炎。

药理作用及毒性参考文献

[1] 郭美仙，等 . 中国药事，2009, 23(5): 428-429.

[2] 秦攀，等 . 云南中医中药杂志，2008, 29(9): 41.

3. 白花悬钩子（广州植物志）　白钩簕藤、南蛇簕（海南）

Rubus leucanthus Hance in Walp., Ann. Bot. Syst. 2: 468. 1852.（英 **Whiteflower Raspberry**）

攀援灌木，高 1–3 m，枝无毛，疏生钩状皮刺。小叶 3 枚，生于枝上部或花序基部的有时为单叶，革质，卵形或椭圆形，长 4–8 cm，宽 2–4 cm，先端渐尖或尾尖，基部圆形，两面无毛，或上面稍具柔毛，边缘有粗单锯齿；叶柄长 2–6 cm，顶生小叶柄长 1.5–2 cm，均无毛，具钩状小皮刺；托叶钻形。花 3–8 朵形成伞房状花序，稀单花腋生；花梗长 0.8–1.5 cm，无毛；苞片与托叶相似；花直径 1–1.5 cm；萼片卵形，先端急尖并具短尖头，内萼片边缘微被绒毛，在花果时均直立开展；花瓣长卵形或近圆形，白色，基部微具柔毛；雄蕊多数，花丝较宽扁；雌蕊通常 70–80，有时达 100 或更多，花柱和子房无毛或仅于子房顶端及花柱基部具柔毛；花托中央突起部分近球形，基部无柄或几无

白花悬钩子 **Rubus leucanthus** Hance
引自《中国高等植物图鉴》

白花悬钩子 **Rubus leucanthus** Hance
摄影：徐克学

柄。果实近球形，直径 1–1.5 cm，红色，无毛；核较小，具洼穴。花期 4–5 月，果期 6–7 月。

分布与生境 产于湖南、福建、广东、广西、贵州、云南。生于低海拔至中海拔疏林中，旷野常见。也分布于越南、老挝、柬埔寨、泰国。

药用部位 根。

功效应用 用于泄泻，赤痢。

4. 蓬蘽（江苏南部种子植物手册） 刺蘼（新华本草纲要），泼盘（植物名实图考），三月泡、割田藨、野杜利

Rubus hirsutus Thunb., Diss. Bot.-Med. de Rubo 7. 1813.（英 **Hirsute Raspberry**）

灌木，高 1–2 m；枝红褐色或褐色，被柔毛和腺毛，疏生皮刺。小叶 3–5 枚，卵形或宽卵形，长 3–7 cm，宽 2–3.5 cm，先端急尖或渐尖，基部宽楔形至圆形，两面疏生柔毛，边缘具不整齐尖锐重锯齿；叶柄长 2–3 cm，顶生小叶柄长约 1 cm，稀较长，均具柔毛和腺毛，并疏生皮刺；托叶披针形或卵状披针形，两面具柔毛。花常单生于侧枝顶端，也有腋生；花梗长 (2) 3–6 cm，具柔毛和腺毛，或有极少小皮刺；苞片小，线形，具柔毛；花大，直径 3–4 cm；花萼外密被柔毛和腺毛；萼片卵状披针形或三角状披针形，先端长尾尖，外面边缘被灰白色绒毛，花后反折；花瓣倒卵形或近圆形，白色，基部具爪；花丝较宽；花柱和子房均无毛。果实近球形，直径 1–2 cm，无毛。花期 4 月，果期 5–6 月。

蓬蘽 **Rubus hirsutus** Thunb.
引自《中国高等植物图鉴》

分布与生境 产于河南、江西、安徽、江苏、浙江、福建、台湾、广东。生于山坡路旁阴湿处或灌丛中，海拔达 1500 m。也分布于朝鲜、日本。

药用部位 根、叶。

功效应用 清热解毒，活血止痛。用于伤暑吐泻，风火头

蓬藟 **Rubus hirsutus** Thunb.
摄影：徐克学

痛，感冒，黄疸。

化学成分　种子含脂肪酸类：棕榈酸，硬脂酸，棕榈油酸(palmitoleic acid)，油酸(oleinic acid)，亚油酸(linoleic acid)[1]。

注评　本种侗族药用，其叶、根治烧伤、眼科外伤、急性肠炎。

化学成分参考文献

[1] 陈炳华，等．福建师范大学学报（自然科学版），2000, 16(2): 85-89.

5. 刺莓（台湾木本植物志）

Rubus taiwanianus Matsum. in Bot. Mag. (Tokyo) 16: 32. 1902.（英 **Taiwan Raspberry**）

直立灌木，高达 50 cm；枝细，具柔毛，疏生皮刺。小叶 3 枚，稀 5 枚，宽卵形至椭圆状卵形，长 2–5 cm，宽 (1) 1.5–3 cm，先端圆钝，顶生小叶先端急尖，基部圆形至近心形，两面均被柔毛，老时上面近无毛，边缘具粗锐重锯齿或缺刻状重锯齿；叶柄长 1–2 (3) cm，顶生小叶柄长 0.5–1 cm，与叶轴均被柔毛，疏生小皮刺；托叶线形或线状披针形，具柔毛。花单生或成对，常顶生；花梗长 1–2 cm，具柔毛和稀疏小皮刺；花直径达 2.5 cm；花萼外密被柔毛；萼片三角状披针形，先端尾尖，在花时直立开展，果时常反折；花瓣近圆形或圆状椭圆形，稍长或几与萼片近等长，白色；花丝线形；花柱和子房无毛。果实椭圆形或长圆形，长 1–1.5 cm，宽约 8 mm，浅红色，无毛。花期 4–5 月，果期 6 月。

刺莓 **Rubus taiwanianus** Matsum.
刘春荣　绘

分布与生境　产于我国台湾，特有种。生于路边或林缘，全岛习见，海拔达 2000 m。

药用部位　叶、全株。

功效应用　止痒，消毒。用于痢疾，外洗治痔疮。

7. 柱序悬钩子（中国植物志）

Rubus subcoreanus T. T. Yü et L. T. Lu in Acta Phytotax. Sin. 20(3): 302. Pl. 1. f. 3. 1982.（英 **Subcorean Raspberry**）

直立灌木，高 1–2 m；枝无毛，具直立或微钩状扁平皮刺。小叶常 5 枚，卵形、宽卵形或菱状卵形，长 2–6 cm，宽 1.5–4 cm，先端急尖，基部楔形或宽楔形，稀近圆形，上面无毛或有稀疏柔毛，下面仅沿叶脉有柔毛，边缘有缺刻状粗锐锯齿或重锯齿；叶柄长 2–4 cm，和叶轴均具细柔毛和稀疏小皮刺；托叶线状披针形，有细柔毛。总状花序短缩成圆柱形，和苞片、花萼均被灰黄色柔毛；花梗长 5–10 mm；苞片披针形；花直径 5–8 mm；萼片卵形或宽卵形，边缘无绒毛；花瓣匙形，稀长倒卵形，紫红色，基部具柔毛，长于萼片 1 倍或更多；花丝紫红色；花柱无毛，子房密被灰白色长柔毛。果实近球形，直径 6–8 mm，红色，无毛或近无毛。花期 5–6 月，果期 7–8 月。

分布与生境　产于陕西、甘肃、河南。生于山坡或沟溪旁灌丛中或生于溪旁悬岩上，海拔 900–1500 m。

药用部位　根、果实。

功效应用　清肺止血，解毒止痢。用于吐血，衄血，痢疾，泄泻。

柱序悬钩子 **Rubus subcoreanus** T. T. Yü et L. T. Lu
刘春荣　绘

柱序悬钩子 **Rubus subcoreanus** T. T. Yü et L. T. Lu
摄影：刘冰

8. 黄果悬钩子（华北经济植物志）黄莓子、地莓子、莓子刺（甘肃），泡儿刺（陕西）

Rubus xanthocarpus Bureau et Franch. in J. Bot. (Morot) 5: 46. 1891.——*R. tibetanus* Focke, *R. xanthocarpus* Bureau et Franch. var. *tibetanus* (Focke) Cardot（英 **Yellowfruit Raspberry**）

低矮半灌木，高 15–50 cm；分枝或不分枝，有钝棱，疏生较长直立针刺。小叶 3 (–5) 枚，长圆形或椭圆状披针形，稀卵状披针形，顶生小叶片长 5–10 cm，宽 1.5–3 cm，基部常有浅裂片，侧生小叶长宽约为顶生小叶之半，先端急尖至圆钝，基部宽楔形至近圆形，老时两面无毛或仅沿叶脉有柔毛，下面沿脉有细刺，边缘具不整齐锯齿；叶柄长 (2) 3–8 cm，顶生小叶柄长 1–2.5 cm，均被疏柔毛和直立针刺；托叶披针形或线状披针形，全缘或边缘浅条裂。花 1–4 朵成伞房状花序，稀单生；花梗长

黄果悬钩子 **Rubus xanthocarpus** Bureau et Franch.
引自《中国高等植物图鉴》

黄果悬钩子 **Rubus xanthocarpus** Bureau et Franch.
摄影：柳永红

1–2.5 cm，有柔毛和疏生针刺；花直径 1–2.5 cm；花萼外被较密直立针刺和柔毛；萼片长卵圆形至卵状披针形，先端尾状或钻状渐尖，花瓣白色，较萼片长，被细柔毛；雄蕊短于花瓣；雌蕊多数，子房近顶端有柔毛。果实扁球形，直径 1–1.2 cm，橘黄色，无毛；核具皱纹。花期 5–6 月，果期 8 月。

分布与生境 产于陕西、甘肃、安徽、四川。生于山坡路旁、林缘、林中或山沟石砾滩地，海拔 600–3200 m。

药用部位 根。

功效应用 清热解毒，清湿热，止血，杀虫。用于风火烂眼，目赤肿痛，疮疡肿毒，湿热泻痢，黄水疮，鼻出血，疥癣。

化学成分 地上部分含三萜类：1α,2α,3β,19α-四羟基熊果酸(1α,2α,3β,19α-tetrahydroxyursolic acid)，2α,3α,19α,24-四羟基熊果酸-28-*O*-β-D-吡喃葡萄糖酯苷(2α,3α,19α,24-tetrahydroxyursolic acid-28-*O*-β-D-glucopyranosyl ester)，2α,3α,19α-三羟基熊果-12-烯-24-甲酰基-28-酸-28-*O*-β-D-吡喃葡萄糖酯苷(2α,3α,19α-trihydroxyurs-12-en-24-formyl-28-oic acid-28-*O*-β-D-glucopyranosyl ester)，2,3-*O*-异丙亚烯基-2α,3α,19α-三羟基熊果酸(2,3-*O*-isopropylidenyl-2α,3α,19α-trihydroxyursolic acid)，委陵菜酸(tormentic acid)，黄麻素▲甲酯(corosin methyl ester)，万花酸▲甲酯(myrianthic acid methyl ester)，2α,3β,19-三羟基熊果-12-烯-23,28-二羧酸-28-β-D-吡喃葡萄糖基-23-甲酯(2α,3β,19-trihydroxy-urs-12-ene-23,28-dioic acid-28-β-D-glucopyranosyl-23-methyl ester)[1]。

注评 本种彝族药用，用其全草治疗小儿惊风。

化学成分参考文献

[1] Li BZ, et al. *Phytochemistry*, 1998, 49(8): 2477-2481.

药用部位 果实、全草、茎枝。

功效应用 果实：益肾补肝，明目，壮阳。用于滑精，遗尿，带下病，泄泻，阳痿。全草：用于风湿并发症。茎枝：用于感冒，发热，肺热咳嗽。

化学成分 根含黄酮类：粉枝莓素(fenzhimin) A、B[1]；挥发油：主要为3-(4-甲氧基苯基)-2-丙烯酸-2-乙基己酯[3-(4-methoxyphenyl)-2-propenoic acid-2-ethylhexyl ester]，碳酸二苯酯(diphenyl carbonate)，2,6,10,15,19,23-六甲基-2*E*,6*E*,10*E*,14*E*,18*E*-22-二十四碳六烯(2,6,10,15,19,23-hexamethyl-2*E*,6*E*,10*E*,14*E*,18*E*-22-tetracoshexaene)，硬脂酸(stearic acid)，2,9-甲氧基-3-甲基-3-氮杂-双环[3.3.1]壬烷(2,9-methoxy-3-methyl-3-aza bicyclo[3.3.1]nonane)，十八酸乙酯(octadecanoic acid ethyl ester)，棕榈酸甲酯(methyl palmitate)[2]。

药理作用 镇咳、平喘作用：粉枝莓根挥发油中碳酸二苯酯是医药腈基酯的原料，苯甲酸苄酯可用于配制百日咳药，气喘药。

杀虫作用：25% 苯甲酸苄酯洗剂、搽剂能杀灭疥虫，作用较硫磺为优，无刺激性。

增强机体耐力作用：2,6,10,15,19,23- 六甲基 -2*E*,6*E*,10*E*,14*E*,18*E*-22- 二十四碳六烯，在人体内可参与胆固醇的生物合成及多种生化反应，促进生物氧化及机体的新陈代谢，提高机体的防御功能及应激能力，加速类固醇激素合成，激活腺苷酸环化酶的活性，具有增强机体的耐力与改善心功能的作用[1]。

注评 本种藏族药用，其茎枝用于治疗流行性感冒及热病初起的恶寒、发热、头及周身疼痛、肺病。

粉枝莓 **Rubus biflorus** Buch.-Ham. ex Sm.
引自《中国高等植物图鉴》

粉枝莓 **Rubus biflorus** Buch.-Ham. ex Sm.
摄影：高贤明

化学成分参考文献

[1] 康淑荷，等 . 药学学报，2007, 42(12): 1288-1291.

[2] 康淑荷 . 西北民族大学学报 (自然科学版)，2007, 28(1): 27-30.

药理作用及毒性参考文献

[1] 康淑荷，等 . 西北民族大学学报 (自然科学版), 2007, 28(65): 27-28.

15. 刺萼悬钩子（中国高等植物图鉴）

Rubus alexeterius Focke in Notes Roy. Bot. Gard. Edinburgh 5: 75. pl. 67. 1911.（英 **Spinycalyx Raspberry**）

灌木，高 1–2 m；老枝无毛，常被白色粉霜，有钩状皮刺；花枝密被长柔毛，具钩状细皮刺。小叶 3–5 枚，小叶菱形，卵形，长卵形或椭圆形，长 3–4 (5) cm，宽 1.5–3 cm，急尖，有时浅裂，基部楔形至圆形，上面伏生长柔毛，下面密被灰白色绒毛，边缘具不整齐锐锯齿或中部以上有缺刻状锯齿；叶柄密被长柔毛，疏生钩状细皮刺；托叶有长柔毛。花 1–4 朵，生于侧生小枝先端者常 3–4 朵簇生，腋生者常单花；花梗被长柔毛和细皮刺；花直径 1.5–2 cm；花萼长达 2 cm，外面密被针刺和长柔毛；萼片不等长，先端尾尖，尾尖顶部常扩大且有时分裂，有时具稀疏腺毛；花瓣近圆形，白色，短于萼片；雌蕊多数，子房无毛或仅顶端具绒毛，花柱近基部密被白色绒毛。果实球形，包藏于萼内，直径达 1.5 (2) cm，黄色，无毛，先端常有具绒毛的花柱残存；核近肾形，有浅皱纹。花期 4–5 月，果期 6–7 月。

刺萼悬钩子 **Rubus alexeterius** Focke
王金凤　绘

分布与生境　产于四川、云南西北部和西藏南部。生于山谷溪旁、荒山坡或松林下开旷处，海拔达 3700 m。也分布于不丹至尼泊尔。

药用部位　根。

功效应用　固涩，止泻，调经。用于痢疾，肠风下血，黄疸，肾炎水肿，筋骨疼痛，扭伤，月经不调，小儿百日咳，黄水疮。

16. 茅莓（本草纲目）　红梅梢（浙江），草杨梅子（湖北）

Rubus parvifolius L., Sp. Pl. 1197. 1753, excl. syn.（英 **Japanese Raspberry**）

16a. 茅莓（模式变种）

Rubus parvifolius L. var. **parvifolius**

灌木，高 1–2 m；枝被柔毛和稀疏钩状皮刺；小叶 3 枚，在新枝上偶有 5 枚，菱状圆形或倒卵形，长 2.5–6 cm，宽 2–6 cm，先端圆钝或急尖，基部圆形或宽楔形，上面伏生疏柔毛，下面密被灰白色绒毛，边缘有不整齐粗锯齿或缺刻状粗重锯齿，常具浅裂片；叶柄长 2.5–5 cm，顶生小叶柄长 1–2 cm，均被柔毛和稀疏小皮刺；托叶线形，具柔毛。伞房花序顶生或腋生，稀顶生花序成短总状，具花数朵至多朵，被柔毛和细刺；花梗长 0.5–1.5 cm，具柔毛和稀疏小皮刺；苞片有柔毛；花直径约 1 cm；花萼外面密被柔毛和疏密不等的针刺；萼片有时条裂，在花果时均直立开展；花瓣卵圆形或长圆形，粉红至紫红色；雄蕊花丝白色，稍短于花瓣；子房具柔毛。果实卵球形，直径 1–1.5 cm，红色，无毛或具稀疏柔毛；核有浅皱纹。花期 5–6 月，果期 7–8 月。

分布与生境　产于全国各地。生于山坡杂木林下、向阳山谷、路旁或荒野，海拔 400–2600 m。也分布于日本、朝鲜。

药用部位　根、全株。

功效应用　清热解毒，祛风利湿，活血凉血，散瘀止血，杀虫疗疮。用于感冒发热，咽喉肿痛，风湿痹痛，肝炎，肠炎，痢疾，肾炎水肿，尿路感染，结石，跌打损伤，外伤止血，咯血，吐血，崩漏，

茅莓 **Rubus parvifolius** L. var. **parvifolius**
引自《中国高等植物图鉴》

茅莓 **Rubus parvifolius** L. var. **parvifolius**
摄影：于俊林

腮腺炎，感冒发热，咳嗽痰血，产后腹痛，疥疮，疖肿。

化学成分 根含三萜类：甜茶苷R_1 (suavissimoside R_1)，苦莓苷F_1 (niga-ichigoside F_1)[1]，华茶皂苷元(camelliagenin) A、C[2]，野鸦椿酸(euscaphic acid)，$2\alpha,3\alpha,19\alpha,23$-四羟基熊果酸($2\alpha,3\alpha,19\alpha,23$-tetrahydroxylursolic acid)[3]；甾体类：β-谷甾醇，胡萝卜苷[3]。

叶含挥发油：主要为有机酸、醛、醇、酚、烷烃、酮类，其中以棕榈酸，油酸(oleic acid)，癸醛(decylaldehyde)，壬醛(nonylaldehyde)，硬脂酸的含量较高[4]。

药理作用 抗凝血和促凝血作用：茅莓水提物具有止血和活血化瘀双向调节作用[1]。通过茅莓提取物对纤溶凝血系统和缺血性脑梗死作用的影响实验，进一步研究了茅莓的活血化瘀活性。实验结果与对照组比较，茅莓提取物能有效减小脑梗死面积和减轻局灶性病理损害程度，对 TT、APTT 和 FBG 的改变明显，缺血灶内 HSP70 的表达减少，推断其机制为茅莓提取物减轻了脑组织的缺血性损害，下调了 HSP70 的表达，提示茅莓具有抗凝和促凝的双重功能[2]。

抗心肌缺血作用：茅莓水提物按生药 6 g/kg 给大鼠灌胃，连续 3 d，末次给药后 1 h 处死动物，摘取心脏，作离体心脏灌流。结果显示，茅莓能明显扩张冠状血管，增加离体大鼠心脏冠状动脉流量，同时也能明显对抗由垂体后叶素诱发的大鼠缺血性心电图改变[3]。此外，小鼠常压和低压缺氧耐力试验表明，茅莓水提物灌胃可增强动物常压和低压情况下的耐缺氧能力。

抗脑缺血作用：茅莓总皂苷对大鼠局灶性脑缺血具有保护作用[4]，灌胃 10 mg/kg，20 mg/kg 茅莓总皂苷可明显改善大鼠异常神经症状，使采用大脑中动脉阻塞 (MACO) 法制备局灶性脑缺血模型大鼠的 SOD 和 GSH-Px 活力提高，MDA 生成减少以及脑皮层细胞凋亡数减少。从而证实茅莓总皂苷能通过抗自由基、抑制细胞凋亡等机制对脑梗死产生保护作用。以染色标记和免疫组化方法为研究手段，研究了茅莓总皂苷对大鼠缺血性脑损伤的神经保护机制，结果表明茅莓总皂苷能明显减轻大鼠模型神经元的病理变化，有明显的抗凋亡作用，其机制可能与增加 Bcl-2 阳性细胞的表达，降低 Bax 阳性细胞的表达，提高 Bcl-2/Bax 有关[5]。

抗细菌作用：茅莓叶对大肠埃希菌、巴氏杆菌有明显的抑菌活性，最低抑菌浓度 (MIC) 分别为

10^{-7} g/ml、10^{-6} g/ml[6]。

抗肿瘤作用：茅莓总皂苷对四种癌细胞株（HR8348 直肠腺癌细胞，A375 黑色素癌细胞，Hut-78 人皮肤 T 细胞淋巴瘤细胞和 A431 人表皮癌细胞）的体外抗肿瘤活性结果表明，茅莓总皂苷对前三种肿瘤有良好的抑制作用，在检测对 HR8348 直肠腺癌周期的影响实验中发现茅莓总皂苷主要通过将细胞周期阻滞在 S 期而发挥抗肿瘤作用[7]。

注评 本种为中国药典（1977 年版）收载"茅莓"和上海中药材标准（1994）收载"天青地白草"的基源植物，药用其干燥地上部分；中国药典（1977 年版）、山东（2002）、上海（1994）中药材标准收载的"茅莓根"为其干燥根。土家族也药用，其全株治湿气、骨痛、小儿食积、痢疾、腹泻。

化学成分参考文献

[1] 王先荣，等 . 中国中药杂志，1994, 19(8): 486-487.

[2] 都述虎，等 . 中国天然药物，2005, 3(1): 17-20.

[3] 谭明雄，等 . 广西植物，2003, 23(3): 282-284.

[4] 谭明雄，等 . 天然产物研究与开发，2003, 15(1): 32-33.

药理作用及毒性参考文献

[1] 朱志华，等 . 中国中药杂志，1990, 5(7): 43.

[2] 郑永玲，等 . 中医药研究，2002, 18(2): 37.

[3] 王继生，等 . 中国药房，2007, 18(6): 463-464.

[4] 王继生，等 . 中国中药杂志，2006, 31(2): 138.

[5] 王继生，等 . 中国药理学通报，2006, 22(2): 224.

[6] 谭明雄 . 化学时刊，2002, 16(9): 211.

[7] 郑振，等 . 浙江临床医学，2007, 9(5): 611.

16b. 腺花茅莓（变种）（秦岭植物志） 倒莓子（甘肃）

Rubus parvifolius L. var. **adenochlamys** (Focke) Migo in J. Shanghai Norm. Univ. 3(4): 169. 1939.——*R. triphyllus* Thunb. var. *adenochlamys* Focke（英 **Glandular Flower Japanese Raspberry**）

本变种花序轴、花梗和花萼具锈褐色腺毛。花期 5–6 月，果期 7–8 月。

分布与生境 产于山西、陕西、甘肃、河北、河南、湖北、湖南、江苏、四川。生于向阳山坡或林下，海拔 500–2700 m。也分布于日本。

药用部位 全草、枝叶及根。

功效应用 清热解毒，祛风除湿，活血消肿，调和气血。用于风湿痹痛，跌打损伤，月经不调，心胸气闷，吐血，创伤出血，痈肿疮毒，瘰疬，汗斑泡疮。

腺花茅莓 **Rubus parvifolius** L. var. **adenochlamys** (Focke) Migo
摄影：朱仁斌

17. 白叶莓（经济植物手册） 白叶县钩子（秦岭植物志），刺泡（陕西）

Rubus innominatus S. Moore in J. Bot. 13: 226. 1875.（英 **Whiteleaf Raspberry**）

17a. 白叶莓（模式变种）

Rubus innominatus S. Moore var. **innominatus**

灌木，高 1–3 m；小枝密被绒毛状柔毛，疏生钩状皮刺。小叶常 3 (–5) 枚，卵形或近圆形，稀卵状披针形，长 4–10 cm，宽 2.5–5 (7) cm，先端急尖至短渐尖，基部圆形至浅心形，边缘常 3 裂或缺刻状浅裂，上面疏生平贴柔毛或几无毛，下面密被灰白色绒毛，沿叶脉混生柔毛，边缘有不整齐粗锯齿或缺刻状粗重锯齿；叶柄长 2–4 cm，密被绒毛状柔毛；托叶线形，被柔毛。总状或圆锥状花序，密被黄灰色或灰色绒毛状长柔毛和腺毛；萼片卵形，内萼片边缘具灰白色绒毛；花瓣紫红色，边啮蚀状，稍长于萼片；雄蕊稍短于花瓣；花柱无毛；子房稍具柔毛。果实近球形，直径约 1 cm，橘红色，初期被疏柔毛，成熟时无毛；核具细皱纹。花期 5–6 月，果期 7–8 月。

白叶莓 **Rubus innominatus** S. Moore var. **innominatus**
引自《中国高等植物图鉴》

分布与生境 产于陕西、甘肃、河南、湖北、湖南、江西、安徽、浙江、福建、广东、广西、四川、贵州、云南。生于山坡疏林、灌丛中或山谷河旁，海拔 400–2500 m。

药用部位 根、叶。

功效应用 根：祛风散寒，清热解毒，止咳平喘，祛湿，愈疮，止血，止痛。用于风寒咳喘，哮喘，崩漏。叶：祛湿，愈疮。

化学成分 根含三萜类：覆盆子酸(fupenzic acid)，2-氧代果渣酸▲(2-oxopomolic acid)，果渣酸▲(pomolic acid)，熊果酸(ursolic acid)，委陵菜酸(tormentic acid)，阿江榄仁酸(arjunolic acid; urjinolic acid)，玫红酸(rosolic acid)，2α,19α-二羟基-3-氧代-熊果酸(2α,19α-dihydroxy-3-oxo-ursolic acid)，2α,3α-二羟基熊果-12,18-二烯-28-酸(2α,3α-dihydroxyurs-12,18-dien-28-oic acid)，2α,3α-二羟基熊果-12,19-二烯-28-酸(2α,3α-dihydroxy-urs-12,19-dien-28-oic acid)，2-甲酰基-3β,19-二羟基熊果酸(2-formyl-3β,19-dihydroxy-ursolic acid)[1]；甾体类：β-谷甾醇，胡萝卜苷[1]。

白叶莓 **Rubus innominatus** S. Moore var. **innominatus**
摄影：徐克学

化学成分参考文献

[1] 王明奎，等. 中草药，2003, 34(4): 295-297.

17b. 无腺白叶莓（变种）（中国高等植物图鉴）

Rubus innominatus S. Moore var. **kuntzeanus** (Hemsl.) L. H. Bailey in Gentes Herb. 1: 30. 1920.——*R. kuntzeanus* Hemsl.（英 **Kuntz Whiteleaf Raspberry**）

本变种枝、叶柄、叶片下面、总花梗、花梗和花萼外面均无腺毛。

分布与生境　产于陕西、甘肃、湖北、湖南、江西、安徽、浙江、福建、广东、广西、四川、贵州、云南。生于海拔 800–2000 m 的山坡路旁或灌丛中。

药用部位　根。

功效应用　祛风散寒，止咳平喘。用于风寒咳喘，小儿风寒咳逆，气喘。

注评　本种苗族药用，其根用于治小儿风湿咳逆、气喘。

无腺白叶莓 **Rubus innominatus** S. Moore var. **kuntzeanus** (Hemsl.) L. H. Bailey
摄影：张金龙

18. 椭圆悬钩子（中国植物志）　切头悬钩子（四川）

Rubus ellipticus Sm. in Rees, Cycl. 30: Rubus no. 16. 1819.（英 **Golden Evergreen Raspberry**）

18a. 椭圆悬钩子（模式变种）

Rubus ellipticus Sm. var. **ellipticus**

灌木，高 1–3 m；小枝被较密的紫褐色刺毛或有腺毛，并具柔毛和稀疏钩状皮刺。小叶 3 枚，椭圆形，长 4–8 (12) cm，宽 3–6 (9) cm，先端急或突尖，基部圆形，上面沿中脉有柔毛，下面密生绒毛，沿叶脉有紫红色刺毛，边缘具不整齐细锐锯齿；叶柄均被紫红色刺毛、柔毛和小皮刺；托叶具柔毛和腺毛。花数朵至十几朵，密集成顶生短总状花序，或腋生成束，稀单生；花梗短，长 4–6 mm，具柔毛，有时也具刺毛；苞片有柔毛；花直径 1–1.5 cm；花萼外面被黄色绒毛或柔毛或疏生刺毛；花瓣匙形，边缘啮蚀状，具较密柔毛，白色或浅红色；花丝短于花柱；花柱无毛，子房具柔毛。果实近球形，直径约 1 cm，金黄色，无毛或小核果顶端具柔毛；核三角卵球形，密被皱纹。花期 3–4 月，果期 4–5 月。

分布与生境　产于四川、云南、西藏。生于干旱山坡、山谷或疏林内，海拔 1000–2500 m。也分布于巴基斯坦、尼泊尔、不丹、印度北部、斯里兰卡、缅甸、泰国、老挝、越南、印度尼西亚、菲律宾。

药用部位 根、叶、果实。

功效应用 根：祛风除湿，清热解毒。用于吐血，瘰疬。叶：杀虫止痒。用于皮肤病，黄水疮。果实：用于痢疾。

化学成分 根含三萜类：熊果酸(ursolic acid)，悬钩子酸(rubitic acid)[1]；甾体类：β-谷甾醇，胡萝卜苷[1]；脂肪酸/醇类：二十八酸，二十八醇[1]。

叶含三萜类：鱼藤酸(elliptic acid)[2]，3β-羟基熊果-12,18-二烯-28-酸-3-O-[β-D-吡喃葡萄糖基-(1→4)-α-L-吡喃阿拉伯糖苷[3β-hydroxy-urs-12,18-dien-28-oic acid-3-O-[β-D-glucopyranosyl-(1→4)-α-L-arabinopyranoside]，委陵菜酸(tormentic acid)，野鸦椿酸(euscaphic acid)[3]；甾体类：β-谷甾醇，胡萝卜苷[3]。

注评 本种彝族和基诺族药用，彝族用其根、叶治扁桃体炎、牙痛、急慢性痢疾、黄疸型肝炎、黄水疮；基诺族用其根治痢疾、腹泻、牙痛、咽喉痛。

椭圆悬钩子 **Rubus ellipticus** Sm. var. **ellipticus**
王金凤　绘

化学成分参考文献

[1] Bhakuni RS. *Indian Drugs*, 1987, 24(5): 272.

[2] Dutta S, et al. *Nat Prod Sci*, 1997, 3(2): 108-110.

[3] Pal R, et al. *Indian J Chem*, 1991, 30B(2): 292-293.

18b. 栽秧泡（变种）（中国高等植物图鉴） 黄泡（云南）

Rubus ellipticus Sm. var. **obcordatus** (Franch.) Focke, Biblioth. Bot. 17(Heft 72(2)): 199. 1991.——*R. ellipticus* Sm. f. *obcordatus* Franch.（英 **Obcordate Golden Evergreen Raspberry**）

和上述变种区别在于叶较小，长 2–5.5 cm，宽 1.5–4 (5) cm，倒卵形，顶端浅心形或近截形；花梗和花萼上几无刺毛。

分布与生境 产于广西、四川、云南、贵州。生于山坡、路旁或灌丛中，海拔 300–2000 m。也分布于

栽秧泡 **Rubus ellipticus** Sm. var. **obcordatus** (Franch.) Focke
引自《中国高等植物图鉴》

栽秧泡 **Rubus ellipticus** Sm. var. **obcordatus** (Franch.) Focke
摄影：孙庆文

印度、老挝、泰国、越南。

药用部位 根、果实。

功效应用 根：舒筋活络，清热利湿，消肿解毒，补肾涩精，止血，敛疮。用于筋骨疼痛，肢体痿软麻木，赤白久痢，黄疸型肝炎，扁桃体炎，无名肿毒。果实：补肾涩精。用于肾虚，神经衰弱，多尿，遗精，早泄。

化学成分 根含三萜类：熊果酸(ursolic acid)，果渣酸▲(pomolic acid)，委陵菜酸(tormentic acid)，野鸦椿酸(euscaphic acid)，绢毛榄仁酸▲(sericic acid)，23-羟基委陵菜酸(23-hydroxytormentic acid)，日本黑莓苷▲F_1 (kaji-ichigoside F_1)，野蔷薇苷(rosamultin)，绢毛榄仁苷(sericoside)，四角风车子苷▲Ⅷ (quadranoside Ⅷ)，牛叠肚苷▲(crataegioside)，苦莓苷F_1 (niga-ichigoside F_1)[1]。

注评 本种白族、傣族、苗族、哈尼族、佤族药用，主要用根、叶治牙痛，咽喉痛、筋骨酸痛、月经不调、细菌性痢疾、黄疸型肝炎、小儿消化不良、腹泻、肠炎、吐血、肠出血、月经不调、痢疾、风湿关节痛、手足麻木、黄水疮、烧烫伤等。

化学成分参考文献

[1] 左国营，等 . 云南植物研究，2008, 30(3): 381.

19. 库页悬钩子（东北木本植物图志） 白背悬钩子（吉林）

Rubus sachalinensis H. Lév. in Repert. Spec. Nov. Regni Veg. 6: 332. 1909.（英 **Sachalin Raspberry**）

灌木或矮小灌木，高 0.6–2 m；小枝具柔毛，被较密黄色、棕色或紫红色直立针刺，并混生腺毛。小叶常卵形、卵状披针形或长圆状卵形，长 3–7 cm，宽 1.5–4 (5) cm，急尖或渐尖，基部圆形或浅心形，上面无毛或稍有毛，下面密被灰白色绒毛，边缘有不规则粗锯齿或缺刻状锯齿；叶柄长 2–5 cm，顶生小叶柄长 1–2 cm，均具柔毛、针刺或腺毛；托叶有柔毛或疏腺毛。花 5–9 朵成伞房状花序，稀单花腋生，具柔毛，密被针刺和腺毛；花梗长 1–2 cm；苞片有柔毛和腺毛；花直径约 1 cm；花萼外面密被短柔毛，具针刺和腺毛；萼片长尾尖，外面边缘常具灰白色绒毛；花瓣舌状或匙形，白色，短于萼

库页悬钩子 **Rubus sachalinensis** H. Lév.
引自《内蒙古植物志》

库页悬钩子 **Rubus sachalinensis** H. Lév.
摄影：于俊林

埔寨、日本、印度尼西亚（爪哇）、大洋洲、非洲。

药用部位 根，叶，果实。

功效应用 根，叶：清热解毒，止咳，收敛止血，接骨。用于肺热咳嗽，小儿百日咳，咯血，小儿惊风，月经不调，痢疾，跌打损伤，慢性骨髓炎，外伤出血，烧烫伤。果实：用于夜尿多，阳痿，遗精。

化学成分 地上部分含三萜类：28-甲氧基委陵菜酸(28-methoxytormentic acid)，委陵菜酸(tormentic acid)[1]；甾体类：豆甾醇(stigmasterol)，菜油甾醇(campesterol)，β-谷甾醇，胡萝卜苷[1]。

注评 本种土家族药用，其全株治痢疾、月经不调；侗族用全株治呕吐、小儿咳嗽、烫伤。

化学成分参考文献

[1] Kanegusuku M, et al. *Biol Pharm Bull*, 2007, 30(5): 999-1002.

21b. 重瓣空心泡（变种） 佛见笑（云南）

Rubus rosifolius Sm. var. **coronarius** (Sims) Focke, Biblioth. Bot. 17(Heft 72(2)): 155. 1911.——*R. coronarius* Sims（英 **Doublepetal Roseleaf Raspberry**）

花重瓣，白色，芳香，直径 3–5 cm。花期 6–7 月。

分布与生境 产于陕西和云南（大理）。通常庭园栽培供观赏。也分布于印度、印度尼西亚、马来西亚。

药用部位 根、叶。

功效应用 清热，收敛，凉血止血。用于倒经，喘咳，盗汗。

22. 大红泡（中国高等植物图鉴）

Rubus eustephanos Focke in Bot. Jahrb. Syst. 36: 54. 1905.（英 **Bigred Raspberry**）

灌木，高 0.5–2 m；小枝常有棱角，无毛，疏生钩状皮刺。小叶 3–5 (7) 枚，卵形、椭圆形、稀卵状披针形，长 2–5 (7) cm，宽 1–3 cm，先端渐尖至长渐尖，基部圆形，幼时两面疏生柔毛，老时仅下面沿叶脉有柔毛，沿中脉有小皮刺，边缘具缺刻状尖锐重锯齿；叶柄长 1.5–2 (4) cm，顶生小叶柄长 1–1.5 cm，和叶轴均无毛或幼时疏生柔毛，有小皮刺；托叶尾尖，无毛或边缘稍有柔毛。花常单生，

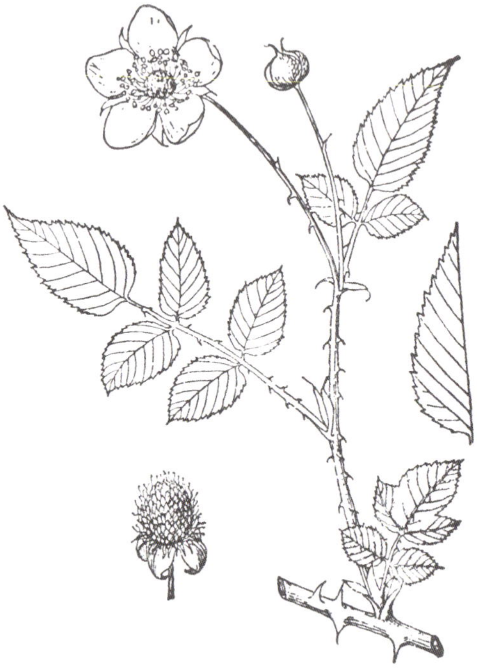

大红泡 **Rubus eustephanos** Focke
引自《中国高等植物图鉴》

大红泡 **Rubus eustephanos** Focke
摄影：徐克学

稀 2–3 朵；花梗长 2.5–5 cm，无毛，疏生小皮刺，常无腺毛，但其变种疏生短腺毛；苞片和托叶相似；花大，开展时直径 3–4 cm；花萼无毛；萼片钻状长渐尖，内萼片边缘有绒毛，花后开展，果时常反折；花瓣椭圆形或宽卵形，白色，长于萼片；雄蕊多数，雌蕊很多，子房和花柱无毛。果实近球形，直径达 1 cm，红色，无毛。核较平滑或微皱。花期 4–5 月，果期 6–7 月。

分布与生境 产于浙江、陕西、湖北、湖南、四川、贵州。生于山麓潮湿地、山坡密林下或河沟边灌丛中，海拔 500–2310 m。

药用部位 根、叶。

功效应用 消肿，止痛，收敛。用于百日咳。

23. 秀丽莓（经济植物手册） 美丽悬钩子（华北经济植物志要）

Rubus amabilis Focke in Bot. Jahrb. Syst. 36 (Beibl. 82): 53. 1905.（英 **Elegant Raspberry**）

灌木，高 1–3 m；枝无毛，具稀疏皮刺；花枝具柔毛和小皮刺。小叶 7–11 枚，卵形或卵状披针形，长 1–5.5 cm，宽 0.8–2.5 cm，先端急尖或渐尖，基部近圆形或截形，上面无毛或疏生伏毛，下面沿叶脉具柔毛和小皮刺，边缘具缺刻状重锯齿，顶生小叶边缘有时浅裂或 3 裂；叶柄长 1–3 cm，小叶柄长约 1 cm，和叶轴均于幼时具柔毛，逐渐脱落至老时无毛或近无毛，疏生小皮刺；托叶具柔毛。花单生于小枝先端，下垂；花梗长 2.5–6 cm，具柔毛，疏生细小皮刺，有时具稀疏腺毛；花直径 3–4 cm；花萼外面密被短柔毛，无刺或有时具稀疏短针刺或腺毛；萼片渐尖或具突尖头；花瓣近圆形，白色，比萼片稍长或几等长；花丝带白色；花柱浅绿色，无毛，子房具短柔毛。果实长圆形，稀椭圆形，长 1.5–2.5 cm，直径 1–1.2 cm，红色，幼时具稀疏短柔毛，老时无毛，可食；核肾形，稍有网纹。花期 4–5 月，果期 7–8 月。

分布与生境 产于陕西、甘肃、河南、山西、湖北、四川、青海。生于山麓、沟边或山谷丛林中，海拔 1000–3700 m。

药用部位 根、茎枝。

功效应用 根：清热解毒，活血止痛，止带止汗。用于腰痛，白带，瘰疬，黄水疮，盗汗。茎枝：用于感冒，肺热咳嗽，发热，痢疾。

化学成分 茎含苯丙素类：反式-4-羟基桂皮酸(*trans*-4-hydroxy cinnamic acid)，咖啡酸(caffeic acid)[1]；芪

秀丽莓 **Rubus amabilis** Focke
引自《中国高等植物图鉴》

秀丽莓 **Rubus amabilis** Focke
摄影：张英涛

类：白藜芦醇(resveratrol)[1]；酚、酚酸类：没食子酸(gallic acid)，4-乙酰氧基-3-甲氧基苯甲酸(4-acetoxy-3-methoxybenzoic acid)，2-*O*-*β*-D-吡喃葡萄糖基-6-羟基苯甲酸(2-*β*-D-glucopyranosyloxy-6-hydroxybenzoic acid)，香荚兰酸(vanillic acid)，2,6-二甲氧基-4-羟苯基-1-*O*-*β*-D-吡喃葡萄糖苷(2,6-dimethoxy-4-hydroxyphenol-1-*O*-*β*-D-glucopyranoside)[1]。

果实含黄酮类：槲皮素-3-葡萄糖醛酸苷(quercetin-3-glucuronide)[2]。

地上部分含甾体皂苷类：3-*O*-*β*-D-吡喃葡萄糖基-3*β*,15*α*-二羟基孕甾-5-烯-20-酮(3-*O*-*β*-D-glucopyranosyl-3*β*,15*α*-dihydroxypregn-5-en-20-one)；木脂素类：(-)-裂环异落叶松脂醇-*O*-*α*-L-吡喃鼠李糖苷[(-)-secoisolariciresinol-*O*-*α*-L-rhamnopyranoside][3]。

药理作用 镇咳作用：秀丽莓水提液灌胃给药能明显减少小鼠由浓氨水引起的咳嗽次数，但无明显增强气管排泌酚红的作用，说明其无明显的化痰作用[1]。

注评 本种藏族药用，其茎枝治感冒、发热、肺热咳嗽。

化学成分参考文献

[1] 刁玉林，等．天然产物研究与开发，2014, 26(1): 11-14.

[2] Kaisu R, et al. *J Agric Food Chem*, 2004, 52: 6178-6187.

[3] Xiao CC, et al. *Chin Chem Lett*, 2000, 11(10): 897-900.

药理作用及毒性参考文献

[1] 刘凤云，等．青海师范大学学报（自然科学版），2006, 2: 88-90.

24. 红腺悬钩子（中国高等植物图鉴） 马泡、红刺苔（贵州），牛奶莓（浙江）

Rubus sumatranus Miq., Fl. Ned. Ind. Appendix 1: 307. 1860.（英 **Redglandular Raspberry**）

直立或攀援灌木；小枝、叶轴、叶柄、花梗和花序均被紫红色腺毛、柔毛和皮刺；腺毛长者达4–5 mm，短者1–2 mm。小叶5–7枚，稀3枚，卵状披针形至披针形，长3–8 cm，宽1.5–3 cm，渐尖，基部圆形，两面疏生柔毛，沿中脉较密，下面沿中脉有小皮刺，边缘具不整齐的尖锐锯齿；叶柄

红腺悬钩子 **Rubus sumatranus** Miq.
引自《中国高等植物图鉴》

红腺悬钩子 **Rubus sumatranus** Miq.
摄影：徐克学

长 3–5 cm，顶生小叶柄长达 1 cm；托叶有柔毛和腺毛。花 3 朵或数朵成伞房状花序，稀单生；花梗长 2–3 cm；苞片披针形；花直径 1–2 cm；花萼被长短不等的腺毛和柔毛；萼片长尾尖；花瓣长倒卵形或匙状，白色；花丝线形；雌蕊数可达 400，花柱和子房均无毛。果实长圆形，长 1.2–1.8 cm，橘红色，无毛。花期 4–6 月，果期 7–8 月。

分布与生境　产于湖北、湖南、江西、安徽、浙江、福建、台湾、广东、广西、四川、贵州、云南、西藏。生于山地、山谷疏密林内、林缘、灌丛内、竹林下及草丛中，海拔达 2000 m。也分布于朝鲜、日本、尼泊尔、印度、越南、泰国、老挝、柬埔寨、印度尼西亚。

药用部位　根。

功效应用　清热解毒，健脾利水。用于产后寒热，腹痛，食欲缺乏，风湿骨痛，水肿，中耳炎。

25. 薄瓣悬钩子（台湾木本植物志）　虎婆刺、虎梅刺（台湾）

Rubus piptopetalus Hayata ex Koidz. in J. Coll. Sci. Imp. Univ. Tokyo 34(2): 141. 1913.（英 **Thinpetal Raspberry**）

半直立矮小灌木；枝密被较短腺毛（长 1–3 mm）和柔毛，疏生直立或微钩状皮刺。小叶 (3) 5–7 枚，顶生小叶卵状椭圆形或卵状披针形，长 4–6 cm，宽 2–3.5 cm，急尖至短渐尖，侧生小叶椭圆形或宽卵形，长 2–5 cm，宽 1.5–3 cm，圆钝或急尖，基部圆形至近心形，两面均密被柔毛，老时仅沿叶脉具柔毛，下面沿中脉有小皮刺，边缘有不整齐锯齿或重锯齿；叶柄长 2–3 cm，侧生小叶几无柄，顶生小叶柄长 0.8–1.5 cm，和叶轴均密被柔毛和较短腺毛，有稀疏小刺；托叶有柔毛和腺毛。花常单生，稀 2–5 朵成顶生伞房状花序；花梗长 2–3 cm，密被腺毛和柔毛，疏生小刺；苞片和托叶相似，但较小；花较大，直径 2–3 cm；花萼被柔毛和腺毛；萼片长尾尖，全缘，稀有分裂，内萼片边缘有绒毛；花瓣白色，较萼片长大；雄蕊多数；雌蕊很多，花柱和子房无毛。果实近球形，红色，无毛；核具窝孔。花期 3 月，果期 4–5 月。

分布与生境　产于我国台湾，特有种。生于低海拔至中海拔地区。

药用部位　茎、叶。

功效应用　清热解毒，清凉解表，消肿。用于疮痈焮红，肿痛，风热外袭，头痛发热，咽干口渴，鼻流黄涕。

26. 针刺悬钩子（中国植物志）　倒扎龙、倒毒散

Rubus pungens Cambess. in Jacq., Voy. Inde 4: 48. t. 59. 1844.（英 **Sping Raspberry**）

26a. 针刺悬钩子（模式变种）

Rubus pungens Cambess. var. **pungens**

匍匐灌木，高达 3 m；枝幼时被柔毛，老时脱落，常具较稠密的直立针刺。小叶常 5–7 枚，稀 3 或 9 枚，卵形、三角状卵形或卵状披针形，长 2–5 cm，宽 1–3 cm，急尖至渐尖，基部圆形至近心形，上面疏生柔毛，下面有柔毛或仅在脉上有柔毛，边缘具尖锐重锯齿或缺刻状重锯齿，顶生小叶常羽状分裂；叶柄长 (2) 3–6 cm，顶生小叶柄长 0.5–1 cm，与叶轴均有柔毛或近无毛，并有稀疏小刺和腺毛；托叶小，有柔毛。花单生或 2–4 朵成伞房状花序；花梗长 2–3 cm，有柔毛和小针刺或有疏腺毛；花直径 1–2 cm；花萼外面具柔毛和腺毛，密被直立针刺；萼片长达 1.5 cm，长渐尖，花瓣长圆形、倒卵形或近圆形，白色，比萼片短；雄蕊多数，长短不等；雌蕊多数，花柱无毛或基部具疏柔毛，子房有柔毛或近无毛。果实近球形，红色，直径 1–1.5 cm，具柔毛或近无毛；核卵球形，长 2–3 mm，有明显皱纹。花期 4–5 月，果期 7–8 月。

分布与生境　产于陕西、甘肃、四川、云南、西藏。生于山坡林下、林缘或河边，海拔 2200–3300 m。也分布于克什米尔地区、印度北部、尼泊尔、不丹、缅甸北部和日本、朝鲜。

药用部位　根。

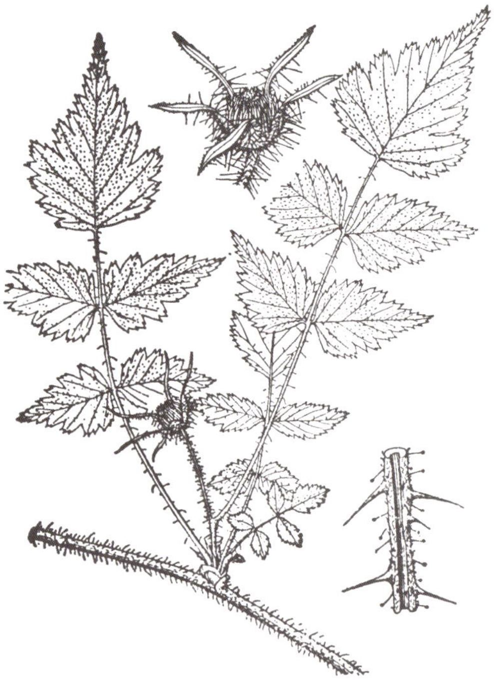

针刺悬钩子 **Rubus pungens** Cambess. var. **pungens**
引自《中国高等植物图鉴》

针刺悬钩子 **Rubus pungens** Cambess. var. **pungens**
摄影：石硕

功效应用 解毒疗疮，活血止痛，止汗止带。用于跌打损伤，疮疡肿毒，瘰疬，腰腿痛，带下，黄水疮，盗汗。

化学成分 地上部分含三萜类：针刺悬钩子苷▲(rubupungenoside) A、B[1]。

化学成分参考文献

[1] Wang BG, et al. *J Nat Prod*, 2000, 63(6): 851-854.

26b. 香莓（变种）（中国高等植物图鉴） 九里香、落地角公、九头饭消扭

Rubus pungens Cambess. var. **oldhamii** (Miq.) Maxim. in Mél. Biol. Bull. Phys.-Math. Acad. Imp. Sci. Saint-Pétersbourg 8: 386. 1872.——*R. oldhamii* Miq.（英 **Oldham Spiny Raspberry**）

枝上针刺较稀少，花萼具疏密不等的针刺或近无刺；花枝、叶柄、花梗和花萼上无腺毛或仅于局部如花萼或花梗上有稀疏短腺毛。花期 7–8 月。

香莓 **Rubus pungens** Cambess. var. **oldhamii** (Miq.) Maxim.
摄影：叶喜阳

分布与生境 产于吉林、山西、河南、陕西、甘肃、江西、湖北、浙江、安徽、福建、台湾、贵州、四川、云南。生于山谷半阴处潮湿地或山地疏密林中，海拔 600–3900 m。也分布于日本、朝鲜。

药用部位 根、带叶的茎枝。

功效应用 根：清热解毒，活血止痛，止滞敛汗。用于腰痛，白带，黄水疮，小儿惊风，盗汗。带叶茎枝：消食，利水，发表。

化学成分 地上部分含三萜类：$2\alpha,3\beta$,

19α-三羟基齐墩果-12-烯-23,28-二羧酸(2α,3β,19α-trihydroxyolean-12-ene-23,28-dioic acid)，2α,3β,19α-三羟基熊果-12-烯-23,28-二羧酸(2α,3β,19α-trihydroxyurs-12-ene-23,28-dioic acid)，2α,3β,19α-三羟基熊果-12-烯-23,28-二羧酸-28-*O*-6'-*O*-甲基-β-D-吡喃葡萄糖酯苷[2α,3β,19α-trihydroxyurs-12-ene-23,28-dioic acid-28-*O*-(6'-*O*-methyl-β-D-glucopyranosyl)ester]，24-*O*-丁基-2α,3β,19α,24-四羟基熊果酸(24-*O*-butyl-2α,3β,19α,24-tetrahydroxyursolic acid)，2α,3β,19α,23-四羟基熊果酸(2α,3β,19α,23-tetrahydroxyursolic acid)，委陵菜酸(tormentic acid)[1]，针刺悬钩子苷▲(rubupungenoside) A、B[2]；黄酮类：山柰酚-3-*O*-α-L-吡喃鼠李糖苷(kaempferol-3-*O*-α-L-rhamnopyranoside)[1]；甾体类：胡萝卜苷[1]。

化学成分参考文献

[1] Wang BG, et al. *Phytochemistry*, 1998, 49(1): 185-188.

[2] Wang BG, et al. *Chin Chem Lett*, 2000, 11(2): 143-146.

27. 拟复盆子（拉汉种子植物名称）

Rubus idaeopsis Focke, Biblioth. Bot. 17(Heft 72(2)): 203. 1911.（英 **Idaeuslike Raspberry**）

灌木，高 1–3 m；小枝具紫褐色宽扁皮刺，密被绒毛状柔毛和疏密不等长 1–2 mm 的腺毛或无腺毛。小叶 (3) 5–7 枚，长 3–7 cm，宽 2–4 cm，急尖至短渐尖，椭圆形至卵状披针形，稀卵形，基部楔形至圆形，上面疏生柔毛，下面密被灰白色绒毛，边缘有不整齐粗单锯齿；叶柄与叶轴均密被柔毛和短腺毛，疏生小皮刺；托叶有柔毛和稀疏短腺毛。花形成短总状花序或近圆锥状花序；具柔毛和短腺毛；花梗长 7–12 mm；苞片具柔毛和腺毛；花直径 1–1.5 cm；花萼外面密被柔毛和短腺毛；萼片外面边缘具灰白色绒毛；花瓣近圆形，紫红色，边缘啮蚀状，稍短于萼片；雄蕊排成单列；花柱无毛，子房具柔毛。果实半球形或近球形，直径约 1 cm，红色，无毛或有稀疏柔毛；核有皱纹和小洼孔。花期 5–6 月，果期 7–8 月。

分布与生境 产于河南、陕西、甘肃、江西、福建、广西、四川、贵州、云南、西藏。生于山谷溪边或山坡灌丛中，海拔 1000–2600 m。

药用部位 果实。

功效应用 补肾固精，助阳明目，益髓。用于肾虚腰痛，头目昏晕，遗精滑精，阳痿，尿频，遗尿，腰膝酸软，筋骨乏力。

拟复盆子 **Rubus idaeopsis** Focke
张作嵩　绘

拟复盆子 **Rubus idaeopsis** Focke
摄影：王骞

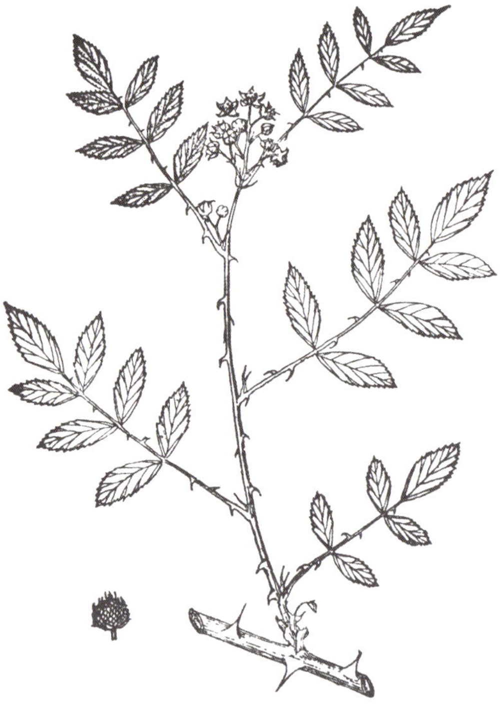

红泡刺藤 **Rubus niveus** Thunb.
引自《中国高等植物图鉴》

红泡刺藤 **Rubus niveus** Thunb.
摄影：易思荣

里兰卡、缅甸、泰国、老挝、越南、马来西亚、印度尼西亚、菲律宾。

药用部位 根、叶、果实。

功效应用 根及叶：祛风利湿，收敛止血，止咳消炎，调经止带。用于脱肛，湿热痢疾，肺病，流行性感冒，头痛，顿咳，月经不调。果实：补肾涩精。用于肾虚阳痿，遗精早泄，小便频数，不孕症。

化学成分 地上部分含酚/酚酸类：3,5-二羟基苯甲酸(3,5-dihydroxybenzoic acid)，没食子酸(gallic acid)[1]；三萜类：齐墩果酸(oleanolic acid)[1]；其他类：半乳糖乙苷(ethyl galactoside)，β-谷甾醇[1]。

注评 本种哈尼族、苗族、傣族、德昂族、傣族、藏族药用，哈尼族、苗族、傣族用其根或全株治疗腹胀、痢疾、难产、食积，傣族还用其根、叶治疗扁桃腺炎、急慢性痢疾、黄疸性肝炎、月经不调。本种藏族药用，其茎枝用于治疗流行性感冒及热病初起的恶寒、发热、头及周身疼痛、肺病。

化学成分参考文献

[1] Sultana N, et al. *Nat Prod Res*, 2010, 24(5): 407-415.

31. 绵果悬钩子（秦岭植物志） 毛柱悬钩子（华北经济植物志要），毛柱莓（中国高等植物图鉴），刺泡花（陕西）

Rubus lasiostylus Focke in Hooker's Icon. Pl. 20(3): pl. 1951. 1891.（英 **Woollystyle Raspberry**）

灌木高达 2 m；有时具白粉，幼时无毛或具柔毛，老时无毛，具疏密不等的针状或微钩状皮刺。小叶 3–5 枚，顶生小叶宽卵形，侧生小叶卵形或椭圆形，长 3–10 cm，宽 2.5–9 cm，渐尖或急尖，基部圆形至浅心形，上面疏生细柔毛，下面密被白色绒毛，沿叶脉疏生小皮刺，边缘具不整齐重锯齿，顶生小叶常浅裂或 3 裂；叶柄长 5–10 cm，顶生小叶柄长 2–3.5 cm，均无毛或具稀疏柔毛，疏生小皮刺；托叶膜质，无毛，渐尖。花 2–6 朵成顶生伞房状花序，有时 1–2 朵腋生；花梗长 2–4 cm，无毛，有疏密不等的小皮刺；苞片大，膜质，无毛；花直径 2–3 cm；花萼外面紫红色，无毛；萼片尾尖，仅内萼片边缘具灰白色绒毛；花瓣近圆形，红色，短于萼片；花丝白色；花柱下部和子房上部密被灰白色或灰黄色长绒毛。果实球形，直径 1.5–2 cm，红色，外面密被灰白色长绒毛和宿存花柱。花期 6 月，果期 8 月。

分布与生境　产于陕西、湖北、四川、云南。生于山坡灌丛或谷底林下，海拔 1000–2500 m。

药用部位　果实。

功效应用　固肾涩精，止遗。用于肾虚腰痛，阳痿早泄，遗尿。

注评　本种的未成熟干燥果实，在湖北、重庆等地常混作“覆盆子”药用，商品情况参见掌叶复盆子 Rubus chingii Hu。

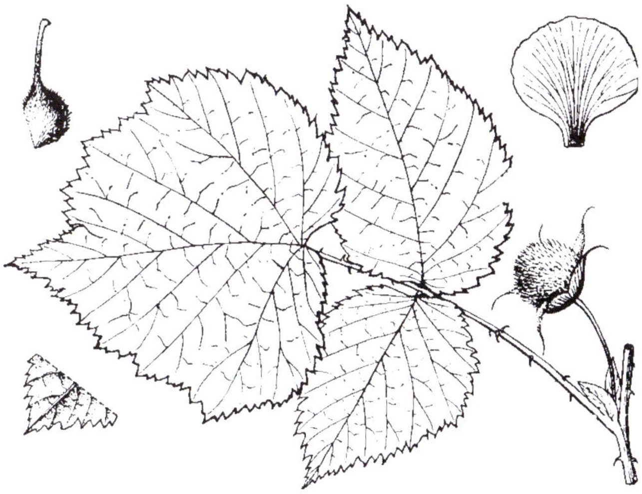

绵果悬钩子 **Rubus lasiostylus** Focke
刘春荣　绘

绵果悬钩子 **Rubus lasiostylus** Focke
摄影：刘宗才

32. 北悬钩子（东北植物检索表）

Rubus arcticus L., Sp. Pl. 708. 1753.（英 **Arctic Raspberry**）

草本，高 10–30 m；根匍匐，能产生萌蘖；茎单生或有分枝，不育茎无鞭状匍枝，疏生柔毛。复叶具 3 小叶；小叶菱形至倒卵状菱形，顶生小叶长 3–5 cm，急尖或圆钝，基部狭楔形，侧生小叶基部偏斜，上面近无毛，下面疏生柔毛，边缘具不整齐细锐锯齿或重锯齿，有时浅缺刻状；叶柄具疏柔毛；托叶离生，草质，全缘，有柔毛。花单生或 1–2 朵腋生，两性或不完全单性，直径 1–2 cm；花梗长 2–4 cm，具柔毛；花萼外面被柔毛，具萼片 5–10 枚；花瓣紫红色，长于萼片；雄蕊短于花瓣很多；雌蕊约 20，无毛或背部有疏柔毛；花柱短于雄蕊。果实半球形，暗红色，有少数小核果，宿存萼片反折；小核近光滑或稍具皱纹。花期 6–7 月，果期 7–8 月。

分布与生境　产于黑龙江、吉林、辽宁、内蒙古。生于海拔 1200 m 左右的山坡、林下及沟旁。也分布于朝鲜、蒙古、俄罗斯和北欧。

药用部位　果实。

功效应用　补肝肾，明目。

化学成分　浆果含花青素类：花青素苷(cyanin)，菊色素(chrysanthemin)[1]；挥发油：2,5-二甲基-4-甲氧

北悬钩子 **Rubus arcticus** L.
摄影：周繇

基-2,3-二氢-3-呋喃酮(2,5-dimethyl-4-methoxy-2,3-dihydro-3-furanone)[2]，2,5-二甲基-4-甲氧基-3(2*H*)-呋喃酮[2,5-dimethyl-4-methoxy-3(2*H*)-furanone]，2,5-二甲基-4-羟基-3(2*H*)-呋喃酮[2,5-dimethyl-4-hydroxy-3(2*H*)-furanone][3]，2,4-二硝基苯腙(2,4-dinitrophenylhydrazone)，反式-3-戊烯-1-醇(*trans*-3-penten-1-ol)，2-庚醇(2-heptanol)，3-甲基-2-丁烯-1-醇(3-methyl-2-buten-1-ol)，苄醇(benzyl alcohol)，芳樟醇(linalool)，α-香堇酮(α-ionone)，β-香堇酮(β-ionone)[4]。

化学成分参考文献

[1] Keranen AJA, et al. *Suomen Kemistilehti B*, 1960, 33B: 155-158.

[2] Honkanen E, et al. *Kemia-Kemi*, 1976, 3(4): 180-181.

[3] Kallio H, et al. *Methods Appl, Proc - Int. Workshop*, 1984, Meeting Date 1983: 433-446.

[4] Pyysalo T, et al. *Zeitschrift fuer Lebensmittel-Untersuchung und –Forschung*, 1976, 162(3): 263-272.

33. 石生悬钩子（华北经济植物志要） 天山悬钩子（东北植物检索表）

Rubus saxatilis L., Sp. Pl. 494. 1753.（英 **Rocky Raspberry**）

草本，高 20–60 cm；茎细，不育茎有鞭匐枝，具疏柔毛和小针刺，有时有腺毛。复叶常有 3 小叶，稀单叶分裂；小叶卵状菱形至长圆状菱形，顶生小叶长 5–7 cm，急尖，基部近楔形，侧生小叶基部偏斜，两面被柔毛，下面沿叶脉毛较多，边缘具粗重锯齿，稀为缺刻状锯齿，侧生小叶有时 2 裂；叶柄长 2–3.5 cm，疏生柔毛和小针刺，顶生小叶柄长 1–2 cm，侧生小叶近无柄；托叶离生；花常数朵成束或组成伞房状花序，被稀疏柔毛和小针刺，也常混生腺毛；花直径小于 1 cm；花萼外具柔毛；花瓣白色，直立；雄蕊短于花瓣；雌蕊 5–6 枚。果实球形，红色，无毛，小核果较大；核具蜂巢状孔穴。花期 6–7 月，果期 7–8 月。

分布与生境 产于东北、华北、新疆。生于石砾地、灌丛或针阔叶混交林下，海拔达 3000 m。也分布于克什米尔、蒙古、俄罗斯、欧洲、北美。

药用部位 果实、全株。

功效应用 补肾固精，助阳明目，补肝健胃，祛风止痛，缩小便。用于遗精，急性、亚急性肝炎，食欲缺乏，风湿关节痛。

化学成分 叶含酚/酚酸类：鞣花酸(ellagic acid)，原儿茶酸(protocatechuic acid)，龙胆酸(gentisic acid)，香荚兰酸(vanillic acid)，咖啡酸(caffeic acid)，对香豆酸(*p*-coumaric acid)，阿魏酸(ferulic acid)，对羟基苯甲酸(*p*-hydroxybenzoic acid)，对羟基苯乙酸(*p*-hydroxyphenylacetic acid)，丁香酸(syringic acid)，

石生悬钩子 **Rubus saxatilis** L.
引自《中国高等植物图鉴》

石生悬钩子 **Rubus saxatilis** L.
摄影：汪远

芥子酸(sinapic acid)，短叶苏木酚酸甲酯(brevifolincarboxylic acid methyl ester)[1]；黄酮类：山柰酚(kaempferol)，槲皮素(quercetin)，银锻苷(tiliroside)[1]。

注评　本种为部颁药品标准·藏药（1995 年版）收载“悬钩木”的基源植物，药用其干燥去皮、髓的茎部。

化学成分参考文献

[1] Gudej J, et al. *Herba Polonica*, 1998, 44(4): 340-344.

34. 凉山悬钩子（拉汉种子植物名称） 匍匐悬钩子（四川）

Rubus fockeanus Kurz in J. Asiat. Soc. Bengal 44(2): 206. 1875.——*R. loropetalus* Franch.（英 **Focke Raspberry**）

多年生匍匐草本，无刺无腺，稀混生少数小腺毛；茎平卧，节上生根，有短柔毛。复叶具 3 小叶；小叶片近圆形至宽倒卵形，圆钝，基部宽楔形至圆形，上面有疏柔毛，下面沿叶脉稍有柔毛，边缘有不整齐粗锯齿；叶柄长 2–5 cm，被柔毛，顶生小叶具短柄；托叶离生，膜质，椭圆形，稍钝或有短尖，有时具齿。花单生或 1–2 朵，直径达 2 cm；花梗长 2–5 cm，具柔毛，有时有刺毛；花萼外面被柔毛或混生红褐色稀疏刺毛；萼片 5 或超过 5 枚，长渐尖至尾状渐尖，不分裂，稀浅条裂；花瓣倒卵圆状长圆形至带状长圆形，白色，稍长或几于萼片等长；雄蕊多数；雌蕊 4–20，子房无毛或复部边缘微具柔毛；花柱无毛或基部稍具短毛。果实球形，红色，无毛，由半球形的小核果组成；核具皱纹。花期 5–6 月，果期 7–8 月。

分布与生境　产于湖北、四川、云南、西藏。生于山坡草地或林下，海拔 2000–4000 m。也分布于缅甸北部、印度、尼泊尔、不丹。

药用部位　全株。

功效应用　清热解毒，消炎。

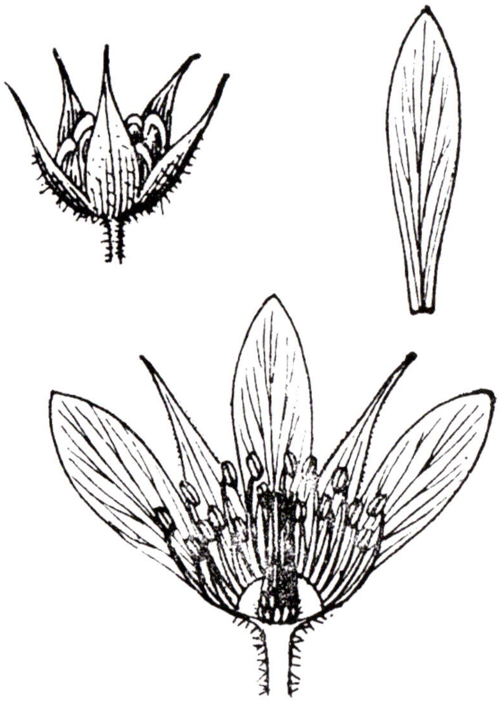

凉山悬钩子 **Rubus fockeanus** Kurz
王金风　绘

凉山悬钩子 **Rubus fockeanus** Kurz
摄影：刘冰

35. 周毛悬钩子（中国高等植物图鉴）　全毛悬钩子（浙江）

Rubus amphidasys Focke in Bot. Jahrb. Syst. 29: 396. 1901.（英 **Hair Raspberry**）

蔓性小灌木，高 0.3–1 m；枝密被红褐色长腺毛、软刺毛和淡黄色长柔毛，常无皮刺。单叶，宽长卵形，长 5–11 cm，宽 3.5–9 cm，短渐尖或急尖，基部心形，两面均被长柔毛，边缘 3–5 浅裂，顶生裂片比

周毛悬钩子 **Rubus amphidasys** Focke
引自《中国高等植物图鉴》

周毛悬钩子 **Rubus amphidasys** Focke
摄影：梁同军

侧生者大数倍，有不整齐尖锐锯齿；叶柄被红褐色长腺毛、软刺毛和淡黄色长柔毛；托叶离生，羽状深条裂，裂片条形或披针形，被长腺毛和长柔毛。花常 5–12 朵组成近总状花序，稀 3–5 朵簇生，密被红褐色长腺毛、软刺毛和淡黄色长柔毛；花梗长 5–14 mm；苞片与托叶相似，但较小；花直径 1–1.5 cm；萼片狭披针形，尾尖，外萼片常 2–3 条裂；花瓣宽卵形至长圆形，白色，比萼片短得多；花丝短于花柱；子房无毛。果实扁球形，直径约 1 cm，暗红色，无毛。花期 5–6 月，果期 7–8 月。

分布与生境　产于江西、湖北、湖南、安徽、浙江、福建、广东、广西、四川、贵州。生于山坡路旁丛林或竹林内或生于山地林下，海拔 400–1600 m。

药用部位　全株、叶。

功效应用　全株：祛风除湿，祛风通络，活血调经，止痛。用于月经不调，带下，风湿痹痛，感冒。叶：用于外伤出血。

36. 梨叶悬钩子（海南植物志）　太平悬钩子（台湾木本植物志），蛇泡

Rubus pirifolius Sm., Pl. Icon. Ined. 3: t. 161. 1791.（英 **Pearleaf Raspberry**）

攀援灌木；枝具柔毛和扁平皮刺。单叶，近革质，卵形、卵状长圆形或椭圆状长圆形，长 6–11 cm，宽 3.5–5.5 cm，急尖至短渐尖，基部圆形，两面沿叶脉有柔毛，逐渐脱落至近无毛，侧脉 5–8 对，边缘具不整齐的粗锯齿；叶柄长达 1 cm，伏生粗柔毛，有稀疏皮刺；托叶分离，早落，条裂，有柔毛。圆锥花序顶生或生于上部叶腋内，被灰黄色短柔毛，无刺或有少数小皮刺；花梗长 4–12 mm；苞片条裂成 3–4 枚线状裂片，有柔毛，早落；花直径 1–1.5 cm；萼片内外两面均密被短柔毛，先端 2–3 条裂或全缘；花瓣小，白色，短于萼片；雄蕊多数；雌蕊 5–10，通常无毛。果实直径 1–1.5 cm，由数个小核果组成，带红色，无毛；小核果较大，长 5–6 mm，宽 3–5 mm，有皱纹。花期 4–7 月，果期 8–10 月。

分布与生境　产于福建、台湾、广东、海南、广西、贵州、四川、云南。生于低海拔至中海拔的山地较荫蔽处。也分布于泰国、越南、老挝、柬埔寨、印度尼西亚、菲律宾。

药用部位　根、全株。

功效应用　根：清肺止咳，行气解郁。用于肺热咳嗽，胸闷，吐血，咯血，气滞胁痛，脘腹胀痛。全

梨叶悬钩子 **Rubus pirifolius** Sm.
引自《中国高等植物图鉴》

梨叶悬钩子 **Rubus pirifolius** Sm.
摄影：朱大海

化学成分参考文献

[1] 陈炳华，等. 天然产物研究与开发，2001, 13(6): 53-56.

38b. 光滑高粱泡（变种）（拉汉种子植物名称）

Rubus lambertianus Ser. var. **glaber** Hemsl. in J. Linn. Soc., Bot. 23: 233. 1887.（英 **Glabrous Lambert Raspberry**）

本变种小枝和叶片两面均光滑无毛或仅在叶片上面沿叶脉稍具柔毛，花序和花萼无毛或近无毛，果实黄色或橙黄色。

分布与生境　产于陕西、甘肃、湖北、江西、贵州、四川、云南。生于海拔 200–2500 m 的山坡、多石砾山沟或林缘。也分布于日本。

药用部位　叶。

功效应用　叶：清热解毒，除湿。用于黄水疮。

光滑高粱泡 **Rubus lambertianus** Ser. var. **glaber** Hemsl.
摄影：叶喜阳

38c. 腺毛高粱泡（变种）（拉汉种子植物名称）

Rubus lambertianus Ser. var. **glandulosus** Cardot in Notul. Syst. (Paris) 3: 293. 1914.（英 **Glandular Lambert Raspberry**）

本变种枝、叶片两面均无毛或仅于叶片上面沿叶脉稍具柔毛，花序无毛或近无毛，但花序各部或局部或在花萼上具疏密不等的小腺毛。

分布与生境　产于湖北、贵州、四川、云南、台湾。生于山谷疏林或灌木丛中潮湿地，海拔可达 2000 m 以上。也分布于日本。

药用部位　根、叶。

功效应用　根：疏风清热，凉血祛瘀，除湿，解毒。用于感冒，高血压，咳嗽，产后腹痛，便血。叶：用于外伤出血，黄水疮。

腺毛高粱泡 **Rubus lambertianus** Ser. var. **glandulosus** Cardot
摄影：高贤明

38d. 毛叶高粱泡（变种）

Rubus lambertianus Ser. var. **paykouangensis** (H. Lév.) Hand.-Mazz., Symb. Sin. 7: 489. 1933.——*Rubus paykouangensis* H. Lév.

小枝、叶柄、叶片下面脉上、花序和花萼均密被腺毛和柔毛，或混生刺毛，叶片两面有柔毛。果实黄色或橙黄色。

分布与生境　产于湖南、广西、贵州、四川、云南。生于海拔 300–2200 m 的山坡灌丛中。

药用部位　叶。

功效应用 清热解毒，除湿。用于黄水疮，小儿口角周围糜烂流黄水。

39. 木莓 高脚老虎扭、斯氏悬钩子（台湾植物志）

Rubus swinhoei Hance in Ann. Sci. Nat. Bot. ser. 5. 5: 211. 1866.（英 **Swinhoe Raspberry**）

落叶或半常绿灌木，高 1–4 m；茎幼时具灰白色短绒毛，疏生微弯小皮刺。叶宽卵形至长圆状披针形，长 5–11 cm，宽 2.5–5 cm，渐尖，基部截形至浅心形，上面仅沿中脉有柔毛，下面密被灰色绒毛或近无毛，往往不育枝和老枝上的叶片下面密被灰色平贴绒毛，不脱落，而结果枝（或花枝）上的叶片下面仅沿叶脉有少许绒毛或完全无毛，主脉上疏生钩状小皮刺，边缘有不整齐粗锐锯齿，稀缺刻状；叶柄长 5–10 (15) mm，被灰白色绒毛，有时具钩状小皮刺；托叶稍有柔毛，全缘或先端有齿，膜质，早落。花常 5–6 朵组成总状花序，被 1–3 mm 长的紫褐色腺毛和稀疏针刺；花直径 1–1.5 cm；花梗长 1–3 cm，被绒毛状柔毛；苞片有时具深裂锯齿；花萼被灰色绒毛；萼片急尖，全缘；花瓣白色，有细短柔毛；雄蕊多数，无毛；雌蕊多数，比雄蕊长很多，子房无毛。果实球形，直径 1–1.5 cm，无毛，成熟时由绿紫红色转变为黑紫色，味酸涩；核具明显皱纹。花期 5–6 月，果期 7–8 月。

分布与生境 产于陕西、湖北、湖南、江西、安徽、江苏、浙江、福建、台湾、广东、广西、贵州、四川。生于山坡疏林或灌丛中，或生溪谷及杂木林下，海拔 300–1500 m。

药用部位 根、叶。

功效应用 凉血止血，活血调经，收敛解毒，消食积，止泻痢。用于牙痛，疮漏，疔肿疮肿，月经不调。

化学成分 根含三萜类：木莓酸▲(swinhoeic acid)[1]，红毛悬钩子酸▲(pinfaenoic acid)，异红毛悬钩子酸▲(isopinfaenoic acid)，熊果酸(ursolic acid)，2-氧代果渣酸▲(2-oxopomolic acid)，阿江榄仁苷元(arjungenin)，五灵脂三萜酸(goreishic acid)，委陵菜酸(tormentic acid)，异阿江榄仁酸(arjunic acid)，野鸦椿酸(euscaphic acid)[2]；甾体类：胡萝卜苷[2]。

木莓 **Rubus swinhoei** Hance
引自《中国高等植物图鉴》

木莓 **Rubus swinhoei** Hance
摄影：徐永福

化学成分参考文献

[1] Zhao WQ, et al. *Chin Chem Lett*, 2001, 12(3): 245-246.　[2] 赵卫权，等 . 中草药，2001, 32(10): 874-876.

40. 棠叶悬钩子（拉汉种子植物名称）羊尿泡（四川），老林茶（湖北兴山），羊乌泡（湖南），海棠叶莓（经济植物手册）

Rubus malifolius Focke in Hook. Icon. Pl. ser. 3. 10: pl. 1947. 1891.（英 **Appleleaf Raspberry**）

攀援灌木，高 1.5–3.5 m，具稀疏微弯小皮刺；一年生枝、不育枝和结果枝（或花枝）幼时均具柔毛，老时渐脱落。单叶，椭圆形或长圆状椭圆形，长 5–12 cm，宽 2.5–5 cm，渐尖，稀急尖，基部近圆形，上面无毛，下面具平贴灰白色绒毛，不育枝和老枝上叶片下面的绒毛不脱落，结果枝上的叶片下面绒毛脱落，边缘具不明显浅齿或粗锯齿；叶柄长 1–1.5 cm，幼时有绒毛，以后脱落，有时具少数小针刺；托叶和苞片线状披针形，膜质，幼时被平铺柔毛，早落。花组成顶生总状花序，被较密长柔毛，逐渐脱落近无毛；花梗长 1–1.5 cm；花萼密被长柔毛；萼片渐尖，全缘；花直径可达 2.5 cm；花瓣倒卵形至近圆形，白色或白色有粉红色斑，两面微具细柔毛；雄蕊多数，微被柔毛，花药具长硬毛；雌蕊多数，花柱长于雄蕊很多，先端棍棒状，花柱和子房无毛。果实扁球形，无毛，熟时紫黑色；小核果半圆形，核稍有皱纹或较平滑。花期 5–6 月，果期 6–8 月。

分布与生境　产于湖北、湖南、四川、贵州、云南、广东、广西。生于山坡或山沟杂木林内或灌丛中荫蔽处，海拔 400–2200 m。

药用部位　根、叶、茎。

功效应用　消肿止痛，收敛。用于小儿疳积，疮疡肿毒。

棠叶悬钩子 **Rubus malifolius** Focke
引自《中国高等植物图鉴》

棠叶悬钩子 **Rubus malifolius** Focke
摄影：林茂祥

41. 白薷（云南中草药续集）

Rubus doyonensis Hand.-Mazz., Symb. Sin. 7: 487. 1933.（英 **Bairu Raspberry**）

攀援灌木；幼枝被灰黄色绒毛，疏生微弯小皮刺，花枝具短腺毛。单叶，卵形、宽卵形至卵状披针形，长 6–9 cm，宽 4–6 cm，短渐尖至尾尖，基部截形至浅心形，上面无毛，仅沿主脉稍具柔毛，下面密被灰白色绒毛，边缘浅波状，稀具不明显裂片，有不整齐细锐锯齿；叶柄长 1–2 cm，具灰黄色绒毛和短腺毛，老时毛渐脱落；托叶全缘、膜质，具柔毛。总状花序较短小，常具花 6–15 朵，具绒毛和长 1–2 mm 的腺毛；花梗长约 1 cm；苞片与托叶相似；萼片短尾尖，全缘；花瓣白色，几与萼片等长，稍具柔毛；雄蕊多数，花丝无毛或在花药上稍具柔毛；雌蕊多数，稍长于雄蕊，子房无毛。果实近球形，直径约 1.5 cm，成熟时黑色；核具网纹。花期 5–7 月，果期 8–9 月。

分布与生境 产于云南西北部和东北部。生于亚热带地区的沟谷边杂木林中，海拔 2400–3200 m。

药用部位 全株。

功效应用 解毒。用于解雪山一枝蒿、草乌、附子片等中毒。

42. 鸡爪茶（湖北） 老林茶（湖北），亨利莓（经济植物手册）

Rubus henryi Hemsl. et Kuntze in J. Linn. Soc., Bot. 23: 231. 1887.（英 **Henry Raspberry**）

常绿攀援灌木，高达 6 m；枝疏生微弯小皮刺，幼时被绒毛，老时近无毛。单叶，革质，长 8–15 cm，基部宽楔形至近圆形，稀近心形，深 3 裂，稀 5 裂，分裂至叶片的 2/3 处或超过之，顶生裂片与侧生裂片之间常成锐角，裂片披针形或狭长圆形，长 7–11 cm，宽 1.5–2.5 cm，渐尖，边缘有稀疏细锐锯齿，上面无毛，下面密被灰白色或黄白色绒毛，有时疏生小皮刺；叶柄细，有绒毛；托叶离生，膜质，全缘或先端有 2–3 锯齿，有长柔毛。花常 9–20 朵，成顶生和腋生总状花序；被灰白色或黄白色绒毛和长柔毛，混生少数小皮刺；花梗长达 1 cm；苞片和托叶相似；花萼有时混生腺毛；萼片全缘，花瓣粉红色，两面疏生柔毛；雄蕊多数，有长柔毛；雌蕊多数，被长柔毛。果实近球形，黑色，直径 1.3–1.5 cm，宿存花柱带红色并有长柔毛；核稍有网纹。花期 5–6 月，果期 7–8 月。

分布与生境 产于湖北、湖南。生于坡地或山林中，海拔达 2000 m。

药用部位 根。

鸡爪茶 **Rubus henryi** Hemsl. et Kuntze
引自《中国树木分类学》

鸡爪茶 **Rubus henryi** Hemsl. et Kuntze
摄影：张金龙

功效应用 除风湿，舒筋络。用于风湿骨痛，跌打损伤。

注评 本种哈尼族药用，其根治疗风湿骨痛、跌打损伤。

43. 乌泡子（中国高等植物图鉴） 乌泡（四川），乌藨子（中国树木分类学）

Rubus parkeri Hance in J. Bot. 20. 260. 1882.（英 **Parker Raspberry**）

攀援灌木；枝密被灰色长柔毛，疏生紫红色腺毛和微弯皮刺。单叶，卵状披针形或卵状长圆形，长7–16 cm，宽 3.5–6 cm，渐尖，基部心形，弯曲较宽而浅，两耳短而不相靠近，上面伏生长柔毛，下面密被灰色绒毛，沿叶脉具长柔毛，沿中脉疏生小皮刺，边缘有细锯齿或浅裂片。叶柄长 0.5–1 (2) cm，被长柔毛、腺毛和小皮刺；托叶掌状深裂，脱落，有长柔毛。圆锥花序顶生，稀腋生，密被长柔毛和长短不等的紫红色腺毛，具稀疏小皮刺；花梗长 8–12 mm；苞片和托叶均有长柔毛和腺毛；花直径约 8 mm；花萼外面被长柔毛和腺毛；萼片渐尖，全缘，里面有灰白色绒毛；花瓣小，白色，有时无花瓣；雄蕊多数；雌蕊少数，无毛。果实球形，紫黑色，无毛。花期 5–6 月，果期 7–8 月。

分布与生境 产于陕西、湖北、江苏、广东、福建、贵州、四川、云南。生于海拔 1000–2600 m 以下地段的山地疏密林中阴湿处或溪旁及山谷岩石上。

药用部位 根。

功效应用 活血调经，止血，祛痰止咳。用于劳伤咳嗽，吐血，月经不调，血崩，症瘕痞块，牙痛，龋齿，外伤出血，湿疹，血热疮疡。

化学成分 根含三萜类：齐墩果酸(oleanolic acid)，2α,3α,19α-三羟基齐墩果酸(2α,3α,19α-trihydroxyloleanolic acid)，野鸦椿酸(euscaphic acid)[1]。

注评 本种的果实可作为食品，其果实、根、叶等也可入药。

化学成分参考文献

[1] 陶正明，等. 中草药，2002, 33(2): 99-101.

乌泡子 **Rubus parkeri** Hance
引自《中国高等植物图鉴》

乌泡子 **Rubus parkeri** Hance
摄影：易思荣

44. 毛萼莓（经济植物手册） 毛萼悬钩子、紫萼悬钩子（秦岭植物志），紫萼莓（广西植物名录）

Rubus chroosepalus Focke in Hooker's Icon. Pl. ser. 3. 10: pl. 1952. 1891.（英 **Hairysepal Raspberry**）

半常绿攀援灌木；枝幼时有柔毛，老时无毛，疏生微弯皮刺。单叶，近圆形或宽卵形，直径 5–10.5 cm，尾状短渐尖，基部心形，上面无毛，下面密被灰白色或黄白色绒毛，沿叶脉有稀疏柔毛，边缘不明显的波状并有不整齐的尖锐锯齿；叶柄长 4–7 cm，无毛，疏生微弯小皮刺；托叶离生，不分裂或先端浅裂，早落。圆锥花序顶生，下部的花序分枝开展；被绢状长柔毛；花梗长 3–6 mm；苞片两面均被柔毛，全缘或先端常 3 浅裂，早落；花直径 1–1.5 cm；花萼外密被灰白色或黄白色绢状长柔毛；萼片渐尖，全缘，里面紫色而无毛，仅边缘有绒毛状短毛；无花瓣；雄蕊多数，短于萼片；雌蕊约 15 或较少，比雄蕊长，无毛。果实球形，直径约 1 cm，紫黑色或黑色，无毛；核具皱纹。花期 5–6 月，果期 7–8 月。

分布与生境 产于陕西、湖北、湖南、江西、福建、广东、广西、贵州、四川、云南。生于海拔 300–2000 m 的山坡灌丛中或林缘。也分布于越南。

药用部位 根。

功效应用 清热解毒，活血祛瘀，止泻。

化学成分 根含三萜类：2α,3β-二羟基熊果-12,19-二烯-23,28-二羧酸(2α,3β-dihydroxyurs-12,19-diene-23,28-dioic acid)，2α,3β,23-三羟基熊果-12,18-二烯-28-酸(2α,3β,23-trihydroxyurs-12,18-diene-28-oic acid)，2α,3β,23-三羟基熊果-12,19-二烯-28-酸(2α,3β,23-trihydroxyurs-12,19-diene-28-oic acid)，2α,3α-二羟基熊果-12,18-二烯-28-酸(2α,3α-dihydroxyurs-12,18-diene-28-oic acid)，2α,3α-二羟基-熊果-12,19-二烯-28-酸(2α,3α-dihydroxyurs-12,19-diene-28-oic acid)[1]。

注评 本种布朗族、傣族、苗族和土家族药用，布朗族和傣族用根治腹泻、肠炎、痢疾、风湿骨痛；苗族用根皮治咯血、崩漏、痔疮出血、经闭、跌打损伤、疮疡肿毒；土家族用根治腹泻、痢疾、关节疼痛、肾炎水肿，根皮外用烧烫伤，嫩枝治腹泻，叶捣烂外敷治跌打青肿，具虫瘿的叶捣烂外敷治睑腺炎，口腔炎。

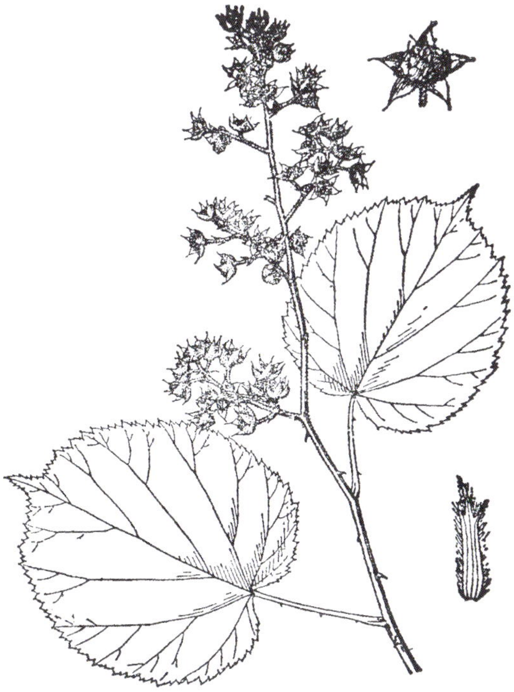

毛萼莓 **Rubus chroosepalus** Focke
引自《中国高等植物图鉴》

毛萼莓 **Rubus chroosepalus** Focke
摄影：易思荣

化学成分参考文献

[1] 刘戎，等 . 药学学报，2001, 36(1): 38-41.

45. 黄脉莓（湖北植物志）

Rubus xanthoneurus Focke in Bot. Jahrb. Syst. 29: 392. 1901.（英 **Yellownerve Raspberry**）

攀援灌木，高达 3 m；小枝具灰白色或黄灰色绒毛，老时脱落，疏生微弯小皮刺。单叶长卵形至卵状披针形，长 7–12 cm，宽 4–7 cm，渐尖，基部截形至浅心形，上面沿叶脉有长柔毛，下面密被灰白色或黄白色绒毛，边缘浅裂，有不整齐粗锐锯齿；叶柄有柔毛，疏生小皮刺；托叶离生，边缘或先端深条裂，有毛。花组成顶生或腋生圆锥花序，具绒毛；花梗长达 1.2 cm；花直径不到 1 cm；花萼外面具绒毛；萼片渐尖，边缘被灰白色绒毛，外萼片浅条裂；花瓣白色，短于萼片，有细柔毛；雄蕊几与花瓣等长；雌蕊 10–35，无毛。果实近球形，暗红色，无毛；核具细皱纹。花期 6–7 月，果期 8–9 月。

黄脉莓 **Rubus xanthoneurus** Focke
引自《贵州植物志》

分布与生境　产于陕西、湖北、湖南、福建、广东、广西、贵州、四川、云南。生于荒野、山坡疏林阴处或密林中，生于路旁沟边，海拔 1300–2000 m。

药用部位　根。

功效应用　止血，消肿。用于跌打肿痛，外伤出血。

注评　本种彝族药用，用全草治小儿惊风。

46. 黔桂悬钩子（广西植物名录）

Rubus feddei H. Lév. et Vaniot in Repert. Spec. Nov. Regni Veg. 8: 549. 1910.（英 **Fedde Raspberry**）

攀援灌木；枝具长柔毛，近先端有腺毛，疏生微弯小皮刺。单叶，卵形至长卵形，长 6–8 cm，圆钝至急尖，基部心形，上面沿叶脉有长柔毛和腺毛，下面密被灰白绒毛，沿叶脉具长柔毛和长腺毛（长达 2–3 mm），基部有 5 出掌状脉，边缘波状浅裂，有不整齐粗锐锯齿；叶柄长 3–4 (6) cm，被长柔毛和长腺毛，疏生微弯小皮刺；托叶离生，早落，条裂，有柔毛及腺毛。圆锥花序顶生，有时似伞房状，密被带褐紫色长腺毛和长柔毛；花梗长 0.5–1 cm；苞片与托叶相似；花直径 1–1.2 cm；萼片渐尖，全缘；花瓣狭小而不明显，白色，几退化，比萼片短很多；雄蕊多数，淡黄色；雌蕊 15–20，无毛。果实无毛，幼时红色，成熟时转为紫黑色，可食。花期 7–8 月，果期 9–10 月。

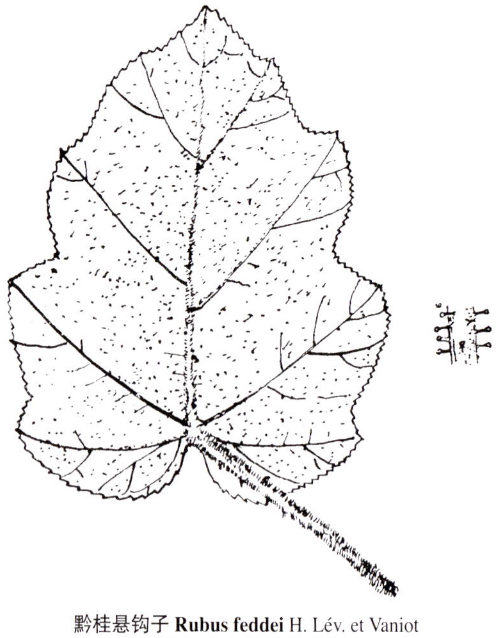

黔桂悬钩子 **Rubus feddei** H. Lév. et Vaniot
引自《贵州植物志》

分布与生境　产于广西、贵州、云南。生于低海拔的山坡疏密林下灌丛中或山路旁。也分布于越南。

药用部位　根、叶。

功效应用　止血，清热利胆。用于急慢性黄疸型肝炎。

黔桂悬钩子 **Rubus feddei** H. Lév. et Vaniot
摄影：林建勇

47. 灰白毛莓（中国高等植物图鉴） 灰莓（安徽），乌龙摆尾、倒水莲、蛇乌苞、黑乌苞、乌苞（湖南）

Rubus tephrodes Hance in J. Bot. 12: 260. 1874.（英 **Greywhitehair Raspberry**）

47a. 灰白毛莓（模式变种）

Rubus tephrodes Hance var. **tephrodes**

攀援灌木，高 3–4 m；枝密被灰白色绒毛，疏生微弯皮刺，并具疏密及长短不等的刺毛和腺毛。单叶，近圆形，长、宽各 5–8 (11) cm，急尖或圆钝，基部心形，上面有疏柔毛或疏腺毛，下面密被灰白色绒毛，基部有掌状 5 出脉，边缘有 5–7 圆钝裂片和不整齐锯齿；叶柄长 1–3 cm，具绒毛，疏生小皮刺或刺毛及腺毛；托叶离生，脱落，深条裂或梳齿状深裂，有柔毛。大型圆锥花序顶生，被柔毛、刺毛或腺毛；花梗长 4–10 mm；苞片与托叶相似；花直径约 1 cm；花萼外密被灰白色绒毛，常无刺毛或腺毛；花瓣小，白色，几与萼片等长；雄蕊几与花瓣等长；雌蕊 30–50，无毛，长于雄蕊。果实球形，紫黑色，无毛；核有皱纹。花期 6–8 月，果期 8–10 月。

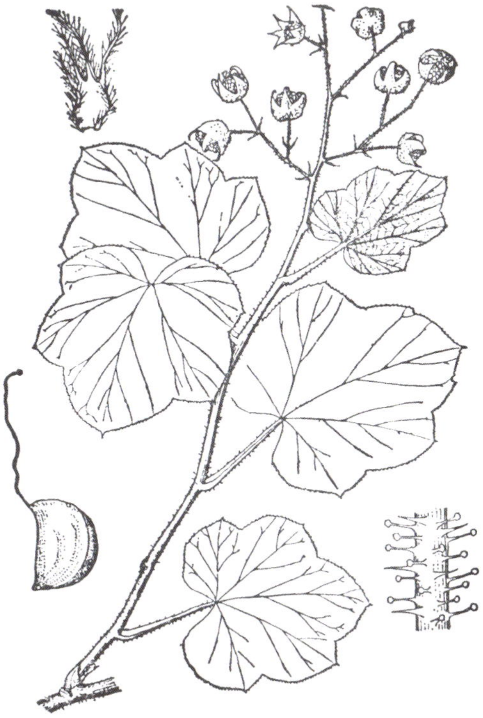

灰白毛莓 **Rubus tephrodes** Hance var. **tephrodes**
引自《中国高等植物图鉴》

分布与生境 产于湖北、湖南、江西、安徽、福建、台湾、广东、广西、贵州。生于山坡、路旁或灌丛中，海拔达 1500 m。

药用部位 根、果实、种子。

功效应用 根：收敛，凉血，活血，止血。用于闭经，产后感冒，腰腿痛，筋骨酸痛，麻木。果实、种子：补肝肾，缩小便，补气益精。用于病后虚弱，神经衰弱。

注评 本种土家族药用，其根治月经不调、腰腿痛、妇女不育症。

药理作用及毒性参考文献

[1] 洪振丰，等 . 中国中医药科技，2005, 12(6): 375-376.
[2] 叶蕻芝，等 . 中医药学刊，2005, 23(5): 829-831.
[3] 洪振丰，等 . 福建中医学院学报，2005, 15(2): 24-26.
[4] 周建衡，等 . 实用中西医结合临床，2007, 7(1): 78-79.
[5] 黄玲，等 . 中国中医药科技，2008, 15(1): 36-37.
[6] 洪振丰，等 . 中华中医药学刊，2007, 25(6): 1137-1138.
[7] 陈玲，等 . 福建中医学院学报，2006, 16(3): 38-39.
[8] 刘艳，等 . 福建中医学院学报，2008, 18(2): 13-15.
[9] 赵庆春，等 . 中国药物化学杂志，2001, 11(6): 343.

49. 羽萼悬钩子（中国高等植物图鉴） 爬地泡（四川），新店悬钩子（台本木本植物志）

Rubus pinnatisepalus Hemsl. in J. Linn. Soc., Bot. 29: 305. 1892.（英 **Pinnatesepal Raspberry**）

藤状灌木，高达 1 m，有匍匐茎；小枝被长柔毛和刺毛状小刺。单叶，圆形或宽卵形，直径 7–14 cm，圆钝或急尖，基部心形，上面疏生长柔毛，下面被灰白色绒毛，沿叶脉有长柔毛和刺毛状小刺，边缘 5–7 浅裂，有不规则粗锯齿或重锯齿；叶柄被长柔毛和刺毛状小刺；托叶宽扇状，梳齿状或掌状深裂，裂片披针形或条形，有长柔毛。花组成顶生短总状花序，或花数朵腋生或单生，被灰白色或浅黄色长柔毛；花梗长不到 1 cm，有时混生稀疏腺毛；苞片与托叶相似；花直径 1.5 cm；花萼外有灰白色或浅黄色绒毛和长柔毛，并有刺毛；萼片长卵形或卵状披针形，外萼片羽状深裂，裂片披针形，内萼片全缘，先端长尾尖，常有细腺毛；花瓣白色，基部稍具柔毛；雄蕊多数，花丝具柔毛；雌蕊多数，子房无毛或微有柔毛。果实近球形，直径约 1 cm，红色，无毛。花期 6–7 月，果期 9–10 月。

分布与生境 产于湖北、台湾、贵州、四川、云南。生于山地溪旁或路边杂木林内，海拔可达 1000 m。

药用部位 根。

功效应用 用于痢疾，疟疾。

羽萼悬钩子 Rubus pinnatisepalus Hemsl.
引自《中国高等植物图鉴》

羽萼悬钩子 Rubus pinnatisepalus Hemsl.
摄影：易思荣

50. 寒莓（中国高等植物图鉴） 地莓、大叶寒莓（台湾木本植物志），水漂沙、寒刺泡（江西），冬扎公（浙江）

Rubus buergeri Miq. in Ann. Mus. Bot. Lugduno-Batavi 3: 36 1867.（英 **Buerger Raspberry**）

直立或匍匐小灌木，匍匐枝长达 2 m，与花枝均密被长柔毛，无或具稀疏小皮刺。单叶，卵形至近圆形，直径 5–11 cm，圆钝或急尖，基部心形，上面微具柔毛或仅沿叶脉具柔毛，下面密被绒毛，沿叶脉具柔毛，成长时下面绒毛常脱落，故在同一枝上，往往嫩叶被绒毛，老叶则下面仅具柔毛，边缘5–7浅裂，有不整齐锐锯齿，基部具掌状5出脉；叶柄长4–9 cm，被长柔毛，无刺或疏生针刺；托叶离生，掌状或羽状深裂，有柔毛。花组成总状花序或数朵簇生于叶腋，被长柔毛，无刺或疏生针刺；花梗长5–9 mm；花萼外被淡黄色长柔毛和绒毛；萼片渐尖，外萼片浅裂，内萼片全缘；花瓣白色；雄蕊多数，短于花瓣，无毛；雌蕊长于雄蕊。果实近球形，紫黑色，无毛；核具粗皱纹。花期7–8月，果期9–10月。

分布与生境 产于江西、湖北、湖南、安徽、江苏、浙江、福建、台湾、广东、广西、贵州、四川、云南。生于中、低海拔地区的阔叶林下或山地疏密杂木林内。也分布于日本。

药用部位 根、全草、叶。

功效应用 根：活血，凉血，清热解毒，和胃止痛。用于胃痛吐酸，黄疸，泄泻，带下病，痔疮。全草、叶：补阴益精，强壮补身。用于肺结核咯血，黄水疮。

化学成分 全草含三萜类：寒梅酸甲酯(methyl buergericate)，熊果酸(ursolic acid)，野鸦椿酸(euscaphic acid)，2-氧代果渣酸▲(2-oxopomolic acid)，委陵菜酸(tormentic acid)，2α,3β-二羟基熊果酸(2α,3β-dihydroxylursolic acid)，阿江榄仁苷元(arjungenin)，3β,19α-二羟基熊果酸-β-D-吡喃葡萄糖苷(3β,19α-dihydroxylursolic acid-28-*O*-β-D-glucopyranoside)，2α,3β-二羟基齐墩果酸(2α,3β-dihydroxyloleanolic acid)，2α,3β,19α,23-四羟基齐墩果酸(2α,3β,19α,23-tetrahydroxyloleanolic acid)，2α,3β,19α,23-四羟基熊果酸(2α,3β,19α,23-tetrahydroxylursolic acid)，3-*O*-β-D-吡喃阿拉伯糖基果渣酸▲(3-*O*-β-D-arabinopyranosylpomolic acid)[1]。

化学成分参考文献

[1] 邓烨，等. 植物学报，2001, 43(6):644-646.

寒莓 **Rubus buergeri** Miq.
引自《中国高等植物图鉴》

寒莓 **Rubus buergeri** Miq.
摄影：熊豫宁

51. 川莓（经济植物手册） 糖泡刺、黄水泡、倒生根（贵州）

Rubus setchuenensis Bureau et Franch. in J. Bot. (Morot) 5: 46. 1891.——*R. omeiensis* Rolfe, *R. setchuenensis* Bureau et Franch. var. *omeiensis* (Rolfe) Hand.-Mazz.（英 **Setchuen Raspberry**）

落叶灌木，高 2–3 m；小枝密被黄色柔毛，老时脱落，无刺。单叶，近圆形或宽卵形，直径 7–15 cm，圆钝或近截形，基部心形，上面粗糙，无毛或仅沿叶脉稍具柔毛，下面密被灰白色绒毛，有时绒毛逐渐脱落，基部具掌状 5 出脉，边缘 5–7 浅裂，裂片圆钝或急尖并再浅裂，有不整齐浅钝锯齿；叶柄长 5–7 cm，具浅黄色柔毛，常无刺；托叶离生，先端条裂，早落。花组成狭圆锥花序，顶生或腋生或花少数簇生于叶腋；均密被浅黄色柔毛；花梗长约 1 cm；苞片与托叶相似；花直径 1–1.5 cm；花萼外密被浅黄色绒毛和柔毛；萼片尾尖，全缘或外萼片先端浅条裂；花瓣紫红色，比萼片短很多；雄蕊较短；雌花无毛，花柱比雄蕊长。果实半球形，黑色，无毛，常包藏在宿萼内；核较光滑。花期 7–8 月，果期 9–10 月。

分布与生境 产于湖北、湖南、广西、四川、云南、贵州。生于山坡、路旁、林缘或灌丛中，海拔 500–3000 m。

药用部位 根、叶。

功效应用 根：清热凉血，活血散瘀，祛湿敛疮。用于劳伤出血，吐血，咯血，痢疾，月经不调，脱肛，瘰疬，跌打损伤，骨折。叶：用于黄水疮。

注评 本种土家族药用，用其全株治崩漏、吐血、衄血、便血、淋症、痢疾，根用于肝炎、感冒，叶研末加菜油调敷用于烧烫伤。本种的根除药用外，还可提制栲胶，茎皮作造纸原料，种子可榨油。

川莓 **Rubus setchuenensis** Bureau et Franch.
引自《中国高等植物图鉴》

川莓 **Rubus setchuenensis** Bureau et Franch.
摄影：孙庆文

52. 大乌泡（拉汉种子植物名称） 大红黄袍、乌泡

Rubus pluribracteatus L. T. Lu et Boufford, Flora of China 9: 255. 2003.——*R. multibracteatus* H. Lév. et Vaniot, *R. mallodes* Focke（英 **Multibract Raspberry**）

灌木，高达 3 m；茎有黄色绒毛状柔毛和稀疏钩状小皮刺。单叶，近圆形，直径 7–16 cm，圆钝或急尖，基部心形，上面有柔毛和密集的小凸起，下面密被黄灰色或黄色绒毛，沿叶脉有柔毛，边缘掌状 7–9 浅裂，顶生裂片不明显 3 裂，有不整齐粗锯齿，基部有掌状 5 出脉；叶柄长 3–6 cm，密被黄色柔毛和疏生小皮刺；托叶宽椭圆形或宽倒卵形，先端梳齿状深裂，裂片披针形或线状披针形，不再分裂。顶生狭圆锥花序或总状花序，腋生花序为总状或花团集，密被黄色或黄白色绢状长柔毛；花梗长 1–1.5 cm，稀较长；苞片似托叶，掌状条裂；花直径 1.5–2.5 cm；萼片渐尖，边缘有时稍具绒毛，通常外萼片较宽

大，先端掌状至羽状分裂，稀不分裂，内萼片较狭长，不分裂或分裂；花瓣白色；雄蕊多数，花药有少数长柔毛；雌蕊很多，子房无毛。果实球形，直径可达 2 cm，红色；核有明显皱纹。花期 4–6 月，果期 8–9 月。

分布与生境 产于广东、广西、云南、贵州。生于山坡及沟谷阴处灌木林内或林缘及路边，海拔可达 2000–2500 m。也分布于泰国、越南、老挝、柬埔寨。

药用部位 根、全株。

功效应用 清热解毒，祛风除湿，凉血，止血，接骨。用于感冒发热，肠炎，痢疾，泄泻，咯血，衄血，妇女倒经，骨折。

大乌泡 **Rubus pluribracteatus** L. T. Lu et Boufford
摄影：张金龙

53. 台湾悬钩子（台湾木本植物志）

Rubus formosensis Kuntze Meth. Sp. Rub. 73, 79, 80, 82, 84, 95. 1879.——*R. nantoensis* Hayata, *R. rubribracteatus* F. P. Metcalf（英 **Taiwan Raspberry**）

直立或近蔓性灌木；枝密被黄褐色柔毛，无皮刺或具稀疏钩状小皮刺。单叶，宽卵形或近圆形，长 6–12 cm，宽几与长相等，急尖或圆钝，基部心形，上面具皱纹，幼时有柔毛，下面密被黄灰色绒毛，沿叶脉具柔毛，边缘 5 浅裂，裂片卵状三角形，先端急尖，顶生裂片较长大，有不规则粗锯齿，基部具 5 出脉；叶柄长 3–5 cm，密被黄褐色柔毛，常无皮刺；托叶离生，羽状深裂或不规则撕裂，裂片线形或线状披针形。单花腋生或数朵组成顶生短总状花序，密被黄褐色柔毛；花梗长 3–4 mm，稀稍长；苞片红褐色，形状与托叶相似；花直径约 1.5 cm 或稍长；花萼外密被黄褐色长柔毛和绒毛；萼片急尖，全缘或仅外萼片先端浅裂；花瓣宽卵形，长 5–6 mm，宽 4–5 mm，基部具短爪；雄蕊多数，花丝线形；雌蕊无毛。果实圆形或宽卵形，红色。花期 6–7 月，果期 8–9 月。

分布与生境 产于台湾、广东、广西。生于中海拔干燥地、岩石地或山谷溪边疏林内。

药用部位 根。

功效应用 用于牙痛。

台湾悬钩子 **Rubus formosensis** Kuntze
摄影：朱鑫鑫

54. 戟叶悬钩子（拉汉种子植物名称） 红绵藤（四川）

Rubus hastifolius H. Lév. et Vaniot in Bull. Soc. Bot. France 51: 218. 1904.——*R. rufolanatus* H. T. Chang（英 **Hastateleaf Raspberry**）

常绿攀援灌木，长达 12 m，主干直径 4–6 cm；枝长鞭状，先端落地常生不定根，小枝密被灰白色绒毛，老时毛常脱落，疏生短小皮刺。单叶，近革质，长圆状披针形或卵状披针形，长 6–12 cm，宽 2.5–4 cm，急尖至短渐尖，基部深心形，上面无毛，下面密被红棕色绒毛，边缘不分裂或近基部有 2 浅裂片，有细小锯齿；叶柄长 2–5 cm，密被绒毛，无刺或偶有小刺；托叶离生，掌状分裂几达基部，裂片线状披针形，被柔毛，早落。花 3–8 朵组成伞房状花序，密被红棕色绢状长柔毛；花梗长 0.8–1.5 cm；苞片与托叶相似，但花序上部的苞片，常分裂成 2–3 条线状裂片，早落；花直径 1.5 cm；花萼外密被红棕色绢状长柔毛；萼片短渐尖或急尖，不分裂或外萼片顶端浅条裂；花瓣白色，无毛，与萼片近等长；雄蕊多数，排成 2–3 列，花丝无毛，花药淡黄色，背部稍具绢状长柔毛；雌蕊多数，子房无毛，花柱疏生绢状长柔毛，几与雄蕊等长。果实近球形，稍压扁，肉质，红色，熟透时变紫黑色，无毛；核具浅皱纹。花期 3–5 月，果期 4–6 月。

戟叶悬钩子 **Rubus hastifolius** H. Lév. et Vaniot
摄影：徐永福

分布与生境　产于湖南、江西、广东、贵州、云南。生于山坡阴湿处及沟谷土质较疏松肥沃的黄壤疏林内或溪涧两旁的灌丛中，海拔 600–1500 m。也分布于泰国、越南。

药用部位　枝叶。

功效应用　清热，收敛，凉血，止血，止痛。用于多种内出血和外出血。

55. 锈毛莓（中国高等植物图鉴）　蛇包簕、大叶蛇簕（广东），山烟筒子（广西）

Rubus reflexus Ker Gawl. in Bot. Reg. 6: 461. 1820——*R. esquirolii* H. Lév.（英 **Rustyhair Raspberry**）

55a. 锈毛莓（模式变种）

Rubus reflexus Ker Gawl. var. **reflexus**

攀援灌木，高达 2 m。枝被锈色绒毛，有稀疏小皮刺。单叶，心状长卵形，长 7–14 cm，宽 5–11 cm，上面无毛或沿叶脉疏生柔毛，下面密被锈色绒毛，沿叶脉有长柔毛，边缘 3–5 裂，有不整齐的粗锯齿或重锯齿，基部心形，顶生裂片，披针形或卵状披针形，比侧生裂片长得多，裂片顶端钝或近急尖；叶柄长 2.5–5 cm，被绒毛并有稀疏小皮刺；托叶长、宽各 1–1.4 cm，被长柔毛，梳齿状或不规则掌状分裂，裂片披针形或线状披针形。花数朵团集生于叶腋或成顶生短总状花序，密被锈色长柔毛；花梗长 3–6 mm；苞片与托叶相似；花直径 1–1.5 cm；花萼外密被锈色长柔毛和绒毛；萼片的外萼片先端常掌状分裂，裂片披针形，内萼片常全缘；花瓣白色，与萼片近等长；雄蕊短，花药无毛或先端有毛；雌蕊无毛。果实近球形，深红色；核有皱纹。花期 6–7 月，果期 8–9 月。

分布与生境　产于江西、湖南、浙江、福建、台湾、广东、广西。生于山坡、山谷灌丛或疏林中，海拔 300–1000 m。

药用部位　根、叶。

功效应用　根：祛风除湿，强筋骨。用于风湿痹痛，跌打损伤，骨折。叶：止血，消炎。用于牙痛，刀伤出血。

注评　本种哈尼族药用，其根治疗风湿腰痛、跌打损伤、痢疾、腹泻。

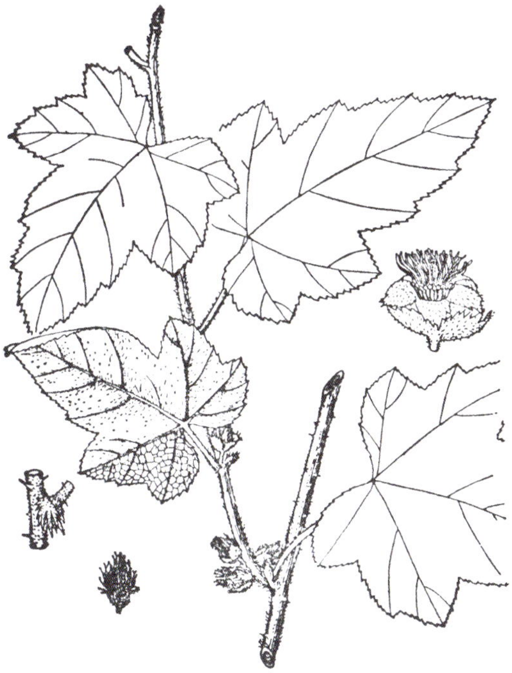

锈毛莓 **Rubus reflexus** Ker Gawl. var. **reflexus**
引自《中国高等植物图鉴》

锈毛莓 **Rubus reflexus** Ker Gawl. var. **reflexus**
摄影：徐克学

55b. 浅裂锈毛莓（变种）（中国植物志）

Rubus reflexus Ker Gawl. var. **hui** (Diels ex Hu) F. P. Metcalf in Lingnan Sci. J. 11: 6. 1932.——*R. hui* Diels ex Hu（英 **Hu Rustyhair Raspberry**）

本变种与上述变种区别在于叶片心状宽卵形或近圆形，长 8–13 cm，宽 7–12 cm，边缘较浅裂，裂片急尖，顶生裂片比侧生者仅稍长或近等长。

分布与生境 产于江西、湖南、浙江、福建、台湾、广东、广西、贵州、云南。生于海拔 300–1500 m 的山坡灌丛、疏林湿润处或山谷溪流旁。

药用部位 根、叶。

功效应用 清热除湿，强筋活络，活血止痛，补肾接骨。用于湿热痢疾，风湿痹痛，跌打损伤，外伤出血，陈旧性骨折。

注评 本种苗族药用，其根治肠炎、痢疾、妇女月痨、小儿疳积，根、叶治气痞腹痛、口疮。

浅裂锈毛莓 **Rubus reflexus** Ker Gawl. var. **hui** (Diels ex Hu) F. P. Metcalf
摄影：陈炳华

55c. 深裂锈毛莓（变种）（中国植物志）

Rubus reflexus Ker Gawl. var. **lanceolobus** F. P. Metcalf in Lingnan Sci. J. 11: 7. 1932.（英 **Lancelobed Rustyhair Raspberry**）

本变种叶片心状宽卵形或近圆形，边缘 5–7 深裂，裂片披针形或长圆状披针形。

分布与生境 产于湖南、福建、广东、广西。生于低海拔的山谷或水沟边疏林中。

药用部位 根。

功效应用 祛风湿，强筋骨。用于风湿痹痛，四肢麻木不遂，痢疾，风火牙痛，带下病，崩漏，月经不调，小儿疳积。

注评 本种瑶族药用，其全株治崩漏、痔疮出血、风湿瘫痪。

化学成分 根状茎含三萜类：2α,3β,19α-三羟基熊果-12-烯-23-酸-28-*O*-吡喃葡萄糖酯苷(2α,3β,19α-trihydroxyurs-12-en-23-carboxyl-28-*O*-glucopyranosyl ester)，2α,3β,19α-三羟基熊果酸(2α,3β,19α-trihydroxyursolic acid)，2α,3β,19α-三羟基熊果-12-烯-23,28-二羧酸(2α,3β,19α-trihydroxyurs-12-en-23,28-dioic acid)，伪地榆二苷元A (pseudosanguidiogenin A)[1]；甾体类：β-谷甾醇[1]。

化学成分参考文献

[1] 黄艳，等. 现代药物与临床，2013, 28(3): 282-284.

深裂锈毛莓 **Rubus reflexus** Ker Gawl. var. **lanceolobus** F. P. Metcalf
摄影：张金龙

56. 太平莓（中国高等植物图鉴） 大叶莓、老虎扭（浙江）

Rubus pacificus Hance in J. Bot. 12: 259. 1874.（英 **Pacific Raspberry**）

常绿矮小灌木，高 40–100 cm；枝幼时具柔毛，老时脱落，疏生细小皮刺。单叶，革质，宽卵形至长卵形，长 8–16 cm，宽 5–13 cm，渐尖，基部心形，上面无毛，下面密被灰色绒毛，基部具掌状 5 出脉，棕褐色，边缘不明显浅裂，有不整齐而具突尖头的锐锯齿；叶柄长 4–8 cm，幼时具柔毛，老时脱落，疏生小皮刺；托叶叶状，长达 2.5 cm，具柔毛，近先端较宽并缺刻状条裂。花 3–6 朵成顶生短总状或伞房状花序，或单生于叶腋，密被柔毛；花梗长 1–3 cm；苞片与托叶相似，惟稍小；花直径 1.5–2 cm；萼片渐尖，外萼片顶端常条裂，内萼片全缘；花瓣白色，顶端微缺刻状，稍长于萼片；雄蕊多数，花药具长柔毛；雌蕊很多，无毛，稍长于雄蕊。果实球形，直径 1.2–1.6 cm，红色，无毛；核具皱纹。花期 6–7 月，果期 8–9 月。

分布与生境 产于湖南、江西、安徽、江苏、浙江、福建。生于海拔 300–1000 m 的山地路旁或杂木

太平莓 **Rubus pacificus** Hance
引自《中国高等植物图鉴》

太平莓 **Rubus pacificus** Hance
摄影：徐克学

林内。

药用部位 全株。

功效应用 清热，活血。用于妇人产后腹痛，发热。

注评 本种土家族药用，其全株治疗伤风感冒、发热、腹痛。

57. 灰毛泡（中国高等植物图鉴） 地王泡藤（江西）

Rubus irenaeus Focke in Bot. Jahrb. Syst. 29: 394. 1901.（英 **Greyhair Raspberry**）

常绿矮小灌木，高 0.5–2 m；枝密被灰色柔毛，花枝自根状茎上出长，疏生细小皮刺或无刺。单叶，近革质，近圆形，直径 8–14 cm，圆钝或急尖，基部深心形，上面无毛，下面密被灰色或黄灰色绒毛，具五出掌状脉，沿叶脉具长柔毛，边缘波状或不明显浅裂，有不整齐粗锐锯齿；叶柄长 5–10 cm，密被柔毛，无刺或具极稀小皮刺；托叶大，叶状，被绒毛状柔毛，缺刻状条裂。花数朵组成顶生伞房状或近总状花序，也常单花或数朵生于叶腋，密被柔毛；花梗长 1–1.5 cm；苞片与托叶相似，具柔毛，先端分裂；花直径 1.5–2 cm；花萼外密被柔毛；萼片短渐尖，外萼片先端或边缘条裂，内萼片常全缘；花瓣白色，稍长于萼片；雄蕊多数，短于萼片，花药具长柔毛；雌蕊 30–60 枚，无毛，花柱长于雄蕊。果实球形，直径 1–1.5 cm，红色，无毛；核具网纹。花期 5–6 月，果期 8–9 月。

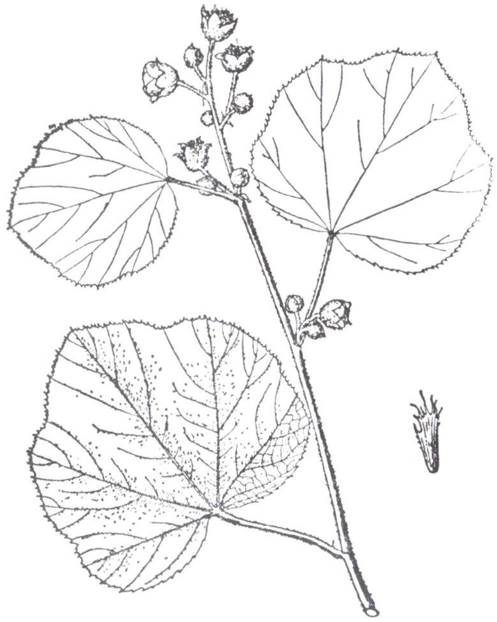

灰毛泡 **Rubus irenaeus** Focke
引自《中国高等植物图鉴》

分布与生境 产于江西、湖北、湖南、江苏、浙江、福建、广东、广西、贵州、四川。生于山坡疏密杂林下或

灰毛泡 **Rubus irenaeus** Focke
摄影：严岳鸿

树阴下腐殖质较多的地方，海拔 500–1300 m。

药用部位 根、叶。

功效应用 理气止痛，散毒生肌。用于气痞腹痛，口角生疮。

化学成分 根含三萜类：2α,19α-二羟基-3-氧代-熊果酸(2α,19α-dihydroxyl-3-oxo-ursolic acid)，2α,3α19α-三羟基齐墩果酸(2α,3α,l9α-trihydroxyl-oleanolic acid)，2α,3β-二羟基羽扇豆-20(29)-烯-28-酸[2α,3β-dihydroxyllup-20(29)-en-28-oic acid]，覆盆子酸(fupenzic acid)，野鸦椿酸(euscaphic acid)，2,3-*O*-异丙亚烯基野鸦椿酸(2,3-*O*-isopropylidenyl euscaphic acid)，果渣酸▲(pomolic acid)，2-氧代果渣酸▲(2-oxopomolic acid)[1]；其他类：儿茶素(catechin)，胡萝卜苷[1]。

化学成分参考文献

[1] 刘戎，等. 中草药，2003, 34(5): 394-396.

58. 盾叶莓（中国高等植物图鉴）

Rubus peltatus Maxim. in Bull. Acad. Imp. Sci. Saint-Petersbourg 8: 384. 1871.（英 **Peltateleaf Raspberry**）

直立或攀援灌木，高 1–2 m；枝无毛，疏生皮刺，幼时有白粉。叶片盾状，卵状圆形，长 7–17 cm，宽 6–15 cm，基部心形，两面均有贴生柔毛，下面沿中脉有小皮刺，边缘 3–5 掌状分裂，裂片三角状卵形，先端急尖至短渐尖，有不整齐细锯齿；叶柄长 4–8 cm，无毛，有小皮刺；托叶大，长 1–1.5 cm，全缘，无毛。单花顶生，直径约 5 cm 或更大；花梗长 2.5–4.5 cm，无毛；苞片与托叶相似；萼筒常无毛；萼片有柔毛，边缘有齿或先端分裂；花瓣白色，长于萼片；雄蕊多数，短于花瓣；雌蕊很多，具柔毛。果实圆柱形或圆筒形，长 3–4.5 cm，橘红色，密被柔毛；核具皱纹。花期 4–5 月，果期 6–7 月。

分布与生境 产于江西、湖北、安徽、浙江、福建、贵州、四川。生于山坡、山脚、山沟林下、林缘或较阴湿处，海拔 300–1500 m。也分布于日本。

药用部位 果实。

功效应用 消炎利尿，清热排石，强腰健肾。用于四肢关节疼痛，腰脊酸痛。

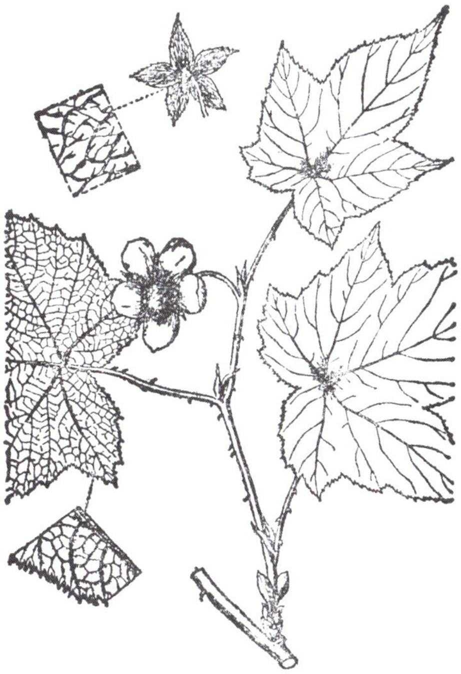

盾叶莓 **Rubus peltatus** Maxim.
引自《中国高等植物图鉴》

盾叶莓 **Rubus peltatus** Maxim.
摄影：徐克学

59. 三花悬钩子（中国高等植物图鉴） 三花莓（经济植物手册），苦悬钩子（台湾木本植物志）

Rubus trianthus Focke, Biblioth. Bot. 17(Heft 72(2)): 140. f. 59. 1911.（英 **Threadflower Raspberry**）

藤状灌木，高 0.5–2 m；枝无毛，疏生皮刺，有时具白粉；单叶，卵状披针形或长圆状披针形，长 4–9 cm，宽 2–5 cm，渐尖，基部心形，稀近截形，两面无毛，3 裂或不裂，通常不育枝上的叶较大而 3 裂，边缘有不规则或缺刻状锯齿；叶柄长 1–3 (4) cm，无毛，疏生小皮刺；托叶无毛；花常 3 朵，有时超过 3 朵而组成短总状花序；花梗长 1–2.5 cm，无毛；花直径 1–1.7 cm；花萼外无毛；萼片长尾

三花悬钩子 **Rubus trianthus** Focke
引自《中国高等植物图鉴》

三花悬钩子 **Rubus trianthus** Focke
摄影：徐克学

尖；花瓣白色，几与萼片等长或稍长；雄蕊短于花瓣；雌蕊 10–50，子房无毛。果实近球形，红色，无毛；核具皱纹。花期 4–5 月，果期 5–6 月。

分布与生境 产于河南、江西、湖北、湖南、安徽、江苏、浙江、福建、台湾、贵州、四川、云南。生于山坡杂木林或草丛中，也习见于路旁、溪边及山谷等处，海拔 500–2800 m。也分布于越南。

药用部位 根、叶、全株。

功效应用 凉血止血，活血散瘀，调经，收敛，解毒。用于淤血肿痛，吐血，痔出血，赤白带下，崩漏，月经不调，遗精，痢疾，小儿感冒风寒，咳嗽气急，虫牙痛，肾亏劳伤，跌打损伤，毒蛇咬伤，疮疖痈肿。

60. 山莓（尔雅） 撒秧泡（贵州），三月泡（湖南），大麦泡（陕西），刺葫芦（福建），刺莓、牛萝卜（湖北）

Rubus corchorifolius L. f., Suppl. Pl. Syst. Veget. 263. 1781.（英 **Juteleaf Raspberry**）

直立灌木，高 1–3 m；枝具皮刺，幼时被柔毛。单叶卵形至卵状披针形，长 5–12 cm，宽 2.5–5 cm，渐尖，基部微心形，有时近截形或近圆形，上面沿叶脉有细柔毛，下面幼时密被细柔毛，至老时近无毛，沿中脉疏生小皮刺，边缘不分裂或 3 裂，通常不育枝上的叶 3 裂，有不规则锐锯齿或重锯齿，基部具 3 脉；叶柄长 1–2 cm，疏生小皮刺，幼时密生细柔毛；托叶具柔毛。花单生或少数生于短枝上；花梗长 0.6–2 cm，有细柔毛；花直径 1.5–2 (3) cm；花萼外密被细柔毛，无刺；萼片急尖至短渐尖；花瓣白色，长于萼片；雄蕊短于花瓣；雌蕊多数，稀短于雄蕊，子房有柔毛。果实近球形或卵球形，红色，密被细柔毛；核具皱纹。花期 2–4 月，果期 4–6 月。

分布与生境 除青海、新疆、西藏外，全国其他地区均有分布。普遍生于阳坡、溪边、山谷、荒野或疏密灌丛中潮湿处，海拔 200–2200 m。也分布于朝鲜、日本、缅甸、越南。

药用部位 果实、根。

功效应用 果实：醒酒，止渴，祛痰，解毒。用于醉酒，痛风，丹毒，遗精。根：凉血止血，活血调

山莓 **Rubus corchorifolius** L. f.
引自《中国高等植物图鉴》

山莓 **Rubus corchorifolius** L. f.
摄影：孙庆文

经，收敛解毒。用于吐血，痔血，血崩，带下病，泄泻，遗精，腰痛，疟疾。

化学成分 叶含二萜类：对映-贝壳杉-3α,16α,17,19-四醇(*ent*-kauran-3α,16α,17,19-tetrol)，对映-2-羰基-16α-羟基-贝壳杉-17-β-D-葡萄糖苷(*ent*-2-carbonyl-16α-hydroxy-kauran-17-β-D-glucoside)[1]；香豆素类：东莨菪内酯(scopoletin)[2]。

药理作用 降血糖作用：山莓中黄酮类化合物，香豆素及山莓果实提取的山莓液均具有降糖作用，香豆素对正常大鼠和糖尿病大鼠都有显著的降糖作用[1]。山莓液经临床观察，证实其具有降糖、增强胰岛分泌，止渴、止遗等功效，并具有改善患者临床症状，降低患者血糖，升高血清胰岛素的作用。动物实验证明该药液几乎无毒副作用[2-3]。

降血脂作用：茶多酚和黄酮类化合物具有降血脂作用[4]。

抑菌作用：山莓叶总生物碱对金黄色葡萄球菌、猪巴氏杆菌、大肠埃希菌、链球菌和沙门氏菌都有明显的抑菌作用，可以用于各种化脓性疾病，乳腺炎、腹泻、仔猪黄痢、败血症及胃肠炎等细菌性疾病[4]。山莓叶具有良好的抑菌活性，是一种潜在的天然防腐剂[5]。

抗氧化、抗衰老作用：黄酮类化合物、茶多酚及 SOD 具有抗氧化活性，可清除自由基，抗脂质过氧化，抗衰老[4,6-8]。

注评 本种的未成熟干燥果实，在安徽、福建、湖北、浙江等地常混作“覆盆子”药用，商品情况参见掌叶复盆子 Rubus chingii Hu。

化学成分参考文献

[1] 张敏，等. 药学学报，2007, 42(11): 1155-1158.

[2] 陈炳华，等. 福建师范大学学报(自然科学版)，2001, 17(3): 81-83.

药理作用及毒性参考文献

[1] 顾姻，植物资源与环境，1992, 1(2): 50-60.

[2] 王敏，等. 中医药学刊，2003, 21(9): 1437.

[3] 邓平荟. 中医中药，2005, 14(7): 31.

[4] 董振生，等. 畜牧兽医杂志，2008, 27(6): 25-30.

[5] 陈雪香，等. 食品科技，2008, 9: 192-195.

[6] 安保礼，等. 林产化学与工业，1999, 19(4): 49-52.

[7] 袁珂. 林产化学与工业，1997, 17(1): 56-60.

[8] 董振生，等. 现代中药研究与实践，2008, 22(1): 60-62.

61. 牛叠肚（中国高等植物图鉴） 蓬蘽（植物名实图考），托盘、马林果（东北）

Rubus crataegifolius Bunge, Enum. Pl. China Bor. 24. 1833.（英 **Hawthornleaf Raspberry**）

直立灌木，高 1–2 (–3) m；枝具沟棱，幼时被细柔毛，老时无毛，有微弯皮刺。单叶，卵形至长卵形，长 5–12 cm，宽达 8 cm，渐尖，稀急尖，基部心形或近截形，上面近无毛，下面脉上有柔毛和小皮刺，边缘 3–5 掌状分裂，有不规则缺刻状锯齿，基部具掌状 5 脉；叶柄长 2–5 cm，疏生柔毛和小皮刺；托叶线形，几无毛。花数朵簇生或成顶生短总状花序；花梗长 5–10 mm，有柔毛；苞片与托叶相似；花直径 1–1.5 cm；花萼外面有柔毛，至果期近于无毛；萼片卵状三角形或卵形，渐尖；花瓣椭圆形或长圆形，白色，几与萼片等长；雄蕊直立；雌蕊多数，子房无毛。果实近球形，直径约 1 cm，暗红色，无毛，有光泽；核有皱纹。花期 5–6 月，果期 7–9 月。

分布与生境 产于黑龙江、辽宁、吉林、河北、河南、山西、山东。生于向阳山坡灌木丛中或林缘，常在山沟、路边成群生长，海拔 300–2500 m。也分布于朝鲜、日本、俄罗斯远东地区。

药用部位 果实、根。

功效应用 清热解毒，调经活血，祛风利湿，补肝肾，缩小便。用于类风湿关节炎，痛风，慢性肝炎，肝肾不足，阳痿遗精，遗尿，尿频，须发早白，不孕症，口渴。

化学成分 根含三萜类：阿江榄仁苷▲ Ⅰ (arjunglycoside Ⅰ)，玉蕊酸▲-28-β-D-葡萄糖酯(barrinic acid-28-β-D-glucosyl ester)，具柄冬青苷(pedunculoside)，麻栎苷▲ Ⅱ (dotorioside Ⅱ)，甜茶苷R_1 (suavissimoside

牛叠肚 **Rubus crataegifolius** Bunge
引自《中国高等植物图鉴》

牛叠肚 **Rubus crataegifolius** Bunge
摄影：周繇

R_1)，冬青醇皂苷元A-28-*O*-*β*-D-吡喃葡萄糖酯苷(ilexosapogenin A-28-*O*-*β*-D-glucopyranosyl ester)[1]。

注评 本种朝鲜族药用，其叶用于治疗关节炎、癫痫。

化学成分参考文献

[1] Jung SW, et al. *Arch Pharm Res*, 2001, 24(5): 412-415.

62. 掌叶复盆子（中国高等植物图鉴） 大号角公、牛奶母（浙江）

Rubus chingii Hu in J. Arnold Arbor. 6: 141. 1925.（英 **Palmleaf Raspberry**）

62a. 掌叶复盆子（模式变种）

Rubus chingii Hu var. **chingii**

藤状灌木，高 1.5–3 m；枝具皮刺，无毛。单叶，近圆形，直径 4–9 cm，两面仅沿叶脉有柔毛或几无毛，基部心形，边缘掌状 5 深裂，稀 3 或 7 裂，渐尖，基部狭缩，顶生裂片与侧生裂片近等长或稍长，具重锯齿，有掌状 5 脉；叶柄长 2–4 cm，微具柔毛或无毛，疏生小皮刺；托叶线状披针形。单花腋生，直径 2.5–4 cm；花梗长 2–3.5 (4) cm，无毛；萼筒毛较稀或近无毛；萼片先端具凸尖头，外面密被短柔毛；花瓣白色，圆钝，雄蕊多数；雌蕊多数，具柔毛。果实近球形，红色，密被灰白色柔毛；核有皱纹。花期 3–4 月，果期 5–6 月。

分布与生境 产于江苏、安徽、浙江、江西、福建、广西。生于低海拔至中海拔地区，在山坡、路边阳处或阴处灌木丛中常见。也分布于日本。

药用部位 果实、茎叶。

功效应用 益肾，固精，缩尿，养肝明目。用于遗精滑精，遗尿尿频，阳痿早泄，目暗昏花。

化学成分 果实含黄酮类：山柰酚-3-*O*-*β*-D-葡萄糖基-(6→1)-鼠李糖苷[kaempferol-3-*O*-*β*-D-glcosyl-(6→1)-rhamnoside][1]，山柰酚(kaempferol)，槲皮素(quercetin)，山柰酚-3-*O*-*β*-D-吡喃葡萄糖苷(kaempferol-3-*O*-*β*-D-glucopyranoside)，槲皮素-3-*O*-*β*-D-吡喃葡萄糖苷(quercetin-3-*O*-*β*-D-glucopyranoside)，山柰酚-3-*O*-*β*-D-

掌叶复盆子 **Rubus chingii** Hu var. **chingii**
引自《中国高等植物图鉴》

掌叶复盆子 **Rubus chingii** Hu var. **chingii**
摄影：徐克学

吡喃葡萄糖醛酸甲酯(kaempferol-3-*O*-*β*-D-glucuronide methyl ester)[2]，银锻苷(tiliroside)[3]；三萜类：齐墩果酸(oleanolic acid)，熊果酸(ursolic acid)，2*α*-羟基齐墩果酸(2*α*-hydroxyoleanolic acid)，黄麻酸▲(corosolic acid)，异阿江榄仁酸(arjunic acid)；挥发油：以三十一烷(hentriacontane)[2]，对香豆酰己糖酯苷(hexacosyl-*p*-coumarate)，硬脂酸，三十二酸(dotriacontanoic acid)[3]，乙酸乙酯(ethyl acetate)，甲酸乙酯(ethyl forate)的含量较高[4]；酚酸类：4-羟基苯甲酸(4-hydroxybenzoic acid)[2]；甾体类：*β*-谷甾醇，胡萝卜苷[3]。

注评　本种为历版中国药典、中华中药典范（1985年版）收载“覆盆子”的基源植物，药用其未成熟果实；中华中药典范还收载同属近缘植物同等药用。“覆盆子”的商品药材比较混乱，主要有同属植物山莓 R. corchorifolius L. f.（安徽、福建、湖北、浙江）、桉叶悬钩子 R. eucalyptus Focke（四川）、绵果悬钩子 Rubus lasiostylus Focke（湖北）和复盆子 Rubus idaeus L.（吉林、河北）等多种植物的未成熟干燥果实在不同地区混作“覆盆子”，应注意区别，这些品种与“覆盆子”的同质性也值得进一步研究。德昂族、蒙古族也药用，果实的主要用途同功效应用项。

覆盆子 Rubi Fructus
摄影：钟国跃

化学成分参考文献

[1] 刘劲松，等. 中国中医药科技，2008, 15(3): 197-199.

[2] 郭启雷，等. 中国药学杂志，2007, 42(15): 1141-1143.

[3] 郭启雷，等. 中国中药杂志，2005, 30(3): 198-200.

[4] 李维林，等. 植物资源与环境，1997, 6(2): 56-57.

62b. 甜茶（变种）

Rubus chingii Hu var. **suavissimus** (S. Lee) L. T. Lu, Acta Phytotax. Sin. 38: 280. 2000.（英 **Fragrant Raspberry**）

叶掌状 5–7 裂，稀 6 或 8 裂。花直径 3–5 cm；花瓣长 1.4–2.5 cm。

分布与生境 产于广西（桂平、金秀）。生于海拔 500–1000 m 的山坡常绿阔叶林、针叶林、灌丛。

药用部位 叶。

功效应用 叶：清热生津，补肾降压。用于糖尿病，高血压。

化学成分 根含三萜类：甜茶苷R_1 (suavissimoside R_1)，苦莓苷F_1 (niga-ichigoside F_1)[1]。

叶含三萜类：2*α*,3*β*-二羟基熊果酸(2*α*,3*β*-dihydroxyursolic acid)，2*α*,3*β*,23-三羟基熊果酸(2*α*,3*β*,23-trihydroxyursolic acid)，2*α*,3*β*,19*α*,23-四羟基熊果酸(2*α*,3*β*,19*α*,23-tetrahydroxyursolic acid)，2*α*,3*β*,19*α*,23-四羟基齐墩果酸(2*α*,3*β*,9*α*,23-tetrahydroxyoleanolic acid)[2]；二萜类：对映-贝壳杉-16*β*,17-二醇-3-酮-17-*O*-*β*-D-葡萄糖苷(*ent*-kauran-16*β*,17-diol-3-one-17-*O*-*β*-D-glucoside)，甜茶糖苷(suavioside) A[3]、B、C_1、D_1、D_2、E、F、G、H、I、J[4]，对映-16*α*,17-二羟基-贝壳杉-19-酸(*ent*-16*α*,17-dihydroxy-kauran-19-oic acid)，对映-贝壳杉-3*α*,16*β*,17-三醇(*ent*-kauran-3*α*,16*β*,17-3-triol)，对映-13,17-二羟基-贝壳杉-15-烯-19-酸(*ent*-13,17-dihydroxy-kauran-15-en-19-oic acid)[5]，对映-16*β*,17-二羟基-贝壳杉-3-酮(*ent*-16*β*,17-dihydroxy-kauran-3-one)，对映-16*β*,17-二羟基-贝壳杉-19-酸(*ent*-16*β*,17-dihydroxy-kauran-19-oic acid)，对映-贝壳杉-16*β*,17-二醇-3-酮-17-*O*-*β*-D-葡萄糖苷(*ent*-kauran-16*β*,17-diol-3-one-17-*O*-*β*-D-glucoside)，悬钩子苷(rubusoside)[6]，甜菊醇单苷(steviol monoside)[7]；黄酮类：芦丁(rutin)[7]，槲皮苷(quercitrin)，山柰苷(kaempferitrin)[8]，异槲皮苷(isoquercitrin)，黄花酢浆草苷▲(cernuoside)，缅茄苷▲(afzelin)，异槲皮苷(isoquercitrin)，2'-对香豆酰紫云英苷(2'-*p*-coumarylastragalin)[9]；酚酸类：没食子酸(gallic acid)，鞣花酸(ellagic acid)[7]。

药理作用 抗过敏作用：瑶山甜茶提取物具有较强的抗过敏作用，能明显抑制大鼠被动皮肤过敏和小鼠耳异种被动皮肤过敏引起的炎症渗出，延长豚鼠支气管痉挛引起哮喘发作的潜伏期，减少二硝基氯苯所致迟发型皮肤过敏小鼠耳片重量，并对组胺诱发足跖肿胀有一定的对抗作用[1]。瑶山甜茶提取物的透明质酸酶活性实验、鼠肥大细胞释放组胺抑制实验以及临床实验，证实瑶山甜茶有强抗过敏作用，并用于樱花过敏症的治疗，其抗过敏有效成分为 GOD 型的鞣花单宁，且聚合度越大，抗过敏作用越强[2-3]。云南甜茶的透明质酸酶抑制率高于瑶山甜茶，甜茶抗过敏有效成分可能为黄酮类化合物。从乙酸乙酯提取的组分得到酚性组分、中性组分和酸性组分，3 种组分均有抗过敏作用[4-5]。

降血糖降血脂作用：甜茶素提取物通过刺激胰岛素的分泌降低血糖，极显著地降低 STZ 致高血糖大鼠血糖，增强其抗氧化能力，同时能刺激胰岛素的分泌[6]。甜茶素对小鼠血糖代谢的影响与控制糖异生途径有关，降低正常小鼠血糖水平，对糖异生具有明显的抑制作用，同时，甜茶素能明显降低血清三酰甘油（TG）水平，对胆固醇 (TC) 含量也有降低作用[7]。可显著降低高脂饲料喂养 4 周的大鼠血清 TC、TG，升高 HDL-C 和 HDL-C/TC[8]。

其他作用：瑶山甜茶具有止咳、祛痰、抗炎、止痛和镇静作用，对小鼠浓氨水实验性咳嗽有止咳作用，能明显增加小鼠呼吸道酚红排出量，抑制小鼠二甲苯所致耳肿，可减少醋酸所致扭体次数和抑制自发活动[9]。三萜类化合物可能是甜茶止咳有效成分[10]。瑶山甜茶热水提取物的骨吸收抑制活性呈量 - 效相关性，有效成分为鞣花酸，主要活性存在于极性组分中，其活性成分为水解型多酚[11]。水解性鞣质也具有骨吸收抑制活性，二聚体大戟鞣素 A 及茶鞣素 A 等有较强作用，二聚体或三聚体的作用强于单体[12]。

注评 本种为广西中药材标准（1990）收载“甜茶”的基源植物，药用其干燥叶。“甜茶”的来源较复杂，除上海中药材标准（1994）收载虎耳草科植物中国绣球 Hydrangea chinensis Maxim. 的干燥叶及嫩茎外，鼠李科植物黄背勾儿茶 Berchemia flavescens (Wall.) Brongn. 在四川称“甜茶”，壳斗科植物木姜叶柯 Lithocarpus litseifolius (Hance) Chun 在云南称“甜茶子树”，虎耳草科植物蛛网萼 Platycrater arguta Siebold et Zucc. 也称“梅花甜茶”。

化学成分参考文献

[1] Gao F, et al. *Chem Pharm Bull*, 1985, 33(1): 37-40.

[2] 杜晋伟，等 . 中草药，2007, 38(3): 346-348.

[3] Chou WH, et al. *Chem Pharm Bull*, 1987, 35(7): 3021-3024.

[4] Hirono S, et al. *Chem Pharm Bull*, 1990, 38(6): 1743-1744.

[5] 吕华冲，等．广东药学院学报，2007, 23(5): 489-492.
[6] 王剑霞，等．时珍国医国药，2008, 19(3): 664-665.
[7] Chou GX, et al. *J Agric Food Chem*, 2009, 57: 1076-1083.
[8] 陈全斌，等．林业科技，2005, 30(1): 46-48.
[9] 杨大坚，等．中草药，1991, 22(5): 198-201.

药理作用及毒性参考文献

[1] 高山，等．广西医学，2001, 23(5): 1080-1083.
[2] 平井孝一．食品与开发，1994, 29(11): 43-46.
[3] 平井孝一．食品与开发，1997, 32(2): 22-24.
[4] 李晚谊，等．药学实践杂志，2000, 18(5): 292-296.
[5] 李晚谊，等．云南大学学报（自然科学版），2001, 23(6): 461-463.
[6] 田翠平，等．营养学报，2003, 25(1): 29-32.
[7] 田翠平，等．广西中医药，2001, 24(4): 59-63.
[8] 孙斌，等．广西医科大学学报，2001, 18(5): 627-629.
[9] 钟正贤，等．时珍国医国药，2000, 11(10): 867-868.
[10] Henry R. et al. *Phytochemistry*, 1974, 13: 1551-1554.
[11] 倪玉亨．国外医学·中医中药分册，1995, 17(6): 39.
[12] 波多野力．国外医学·中医中药分册，1995, 17(2): 42.

63. 黄泡（中国高等植物图鉴）

Rubus pectinellus Maxim. Bull. Acad. Imp. Sci. Saint-Petersbourg 8: 374. 1871.——*R. pectinellus* Maxim. var. *trilobus* Koidz.（英 **Pectinate Raspberry**）

草本或半灌木，高 8–20 cm；茎匍匐，节处生根，有长柔毛和稀疏微弯针刺。单叶，叶片心状近圆形，长 2.5–4.5 cm，宽 3–5 (7) cm，圆钝，基部心形，边缘有时波状浅裂或 3 浅裂，有不整齐细钝锯齿或重锯齿，两面被稀疏长柔毛，下面沿叶脉有针刺；叶柄长 3–6 cm，有长柔毛和针刺；托叶离生，有长柔毛，二回羽状深裂，裂片线状披针形。花单生，稀 2–3 朵，直径达 2 cm；花梗长 2–4 cm，被长柔毛和针刺；苞片和托叶相似；花萼外面密被针刺和长柔毛；萼片不等大，叶状，卵形至卵状披针形，外萼片宽大，梳齿状深裂或缺刻状，内萼片较狭，渐尖，有少数锯齿或全缘；花瓣白色，稍短于萼片；雄蕊多数，直立，无毛；雌蕊多数，但很多败育，子房先端和花柱基部微具柔毛。果实红色，球形，具反折萼片；小核近光滑或微皱。花期 5–7 月，果期 7–8 月。

分布与生境　产于湖南、江西、福建、台湾、贵州、四川、云南。生于海拔 1000–3000 m 的山地林中。也分布于日本、菲律宾。

药用部位　根、叶。

功效应用　清热解毒，行水利湿。用于黄疸，水泻，黄水疮。

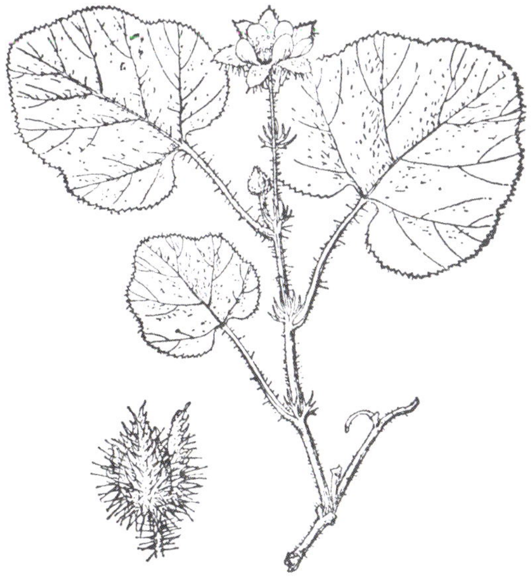

黄泡 **Rubus pectinellus** Maxim.
引自《中国高等植物图鉴》

黄泡 **Rubus pectinellus** Maxim.
摄影：徐克学

27. 路边青属 Geum L.

多年生草本；有根状茎；茎直立。基生叶为奇数羽状复叶，顶生小叶特大，或为假羽状复叶；茎生叶数目较少，常 3 出或单生，如苞片状；托叶成鞘，贴生于叶柄。花两性，单生或成伞房状；萼筒陀螺状或半球形；萼片 5，镊合状排列；副萼片 5，较小，与萼片互生；花瓣 5，黄色、白色、稀红色；花盘环绕萼筒口部，平滑或有突起；雄蕊多数；雌蕊多数，离生，着生在凸起的、通常为圆筒状的花托上；柱头细小；花柱丝状，上部扭曲，成熟后自弯曲处脱落；每心皮含 1 胚珠，上升。果实为由多数离生的小瘦果集生于凸起的花托上而形成聚合果；瘦果小，有柄或无柄；果喙顶端具钩。种子直立，种皮膜质；子叶长圆形。

本属约 70 余种。广泛分布于南北两半球温带。我国有 3 种，分布于南北各省区，均可药用。

分种检索表

1. 花俯垂，直径 2–2.5 cm；萼片直立，或多或少带紫色；花瓣黄色，有紫色条纹，半圆形，基部有长爪……………………………………3. **紫萼路边青 G. rivale**
1. 花梗直立；花直径不超过 1.5 cm；萼片开展，绿色；花瓣黄色，卵形或倒卵形，无明显爪。
  2. 茎生叶变化较大，有 2–6 小叶，小叶片有时重复分裂，披针形或菱状椭圆形，先端渐尖，稀急尖；果托具短硬毛，毛长约 1 mm……………………………………1. **路边青 G. aleppicum**
  2. 茎生叶通常为单叶，不裂或 3 浅裂；小叶片卵形，顶端圆钝，稀急尖；果托具长硬毛，毛长 2–3 mm……………………………………2. **柔毛路边青 G. japonicum var. chinense**

本属药用植物多具有清热解毒、利尿、消肿止痛之功效，现已初步明确主要含有鞣质类、黄酮类和挥发油。鞣质类化合物在本属药用植物中广泛分布，从柔毛路边青 (G. japonicum var. chinese) 中分离鉴定的英国栎素 (pedunculagin，**1**)、蛇含鞣质 (potentillin，**2**)、鞣花酸 (ellagic acid)、水杨梅鞣质 (gemin) A、G、木麻黄鞣宁 (casuarinin) 和拟唢呐草素▲Ⅱ (tellimagrandin Ⅱ) 等均为此类化合物，有抗菌、收敛、抗炎等药理作用。

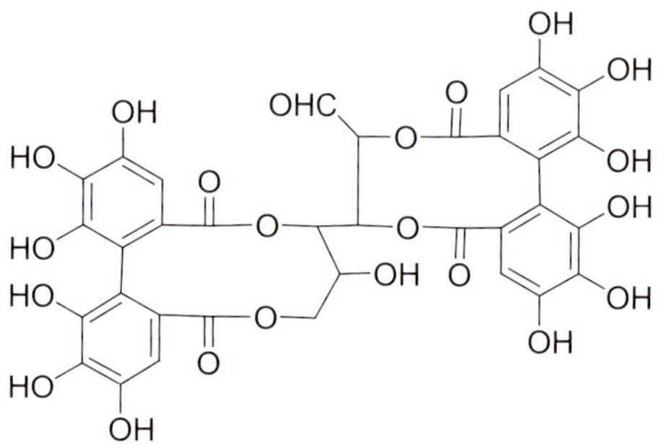

1

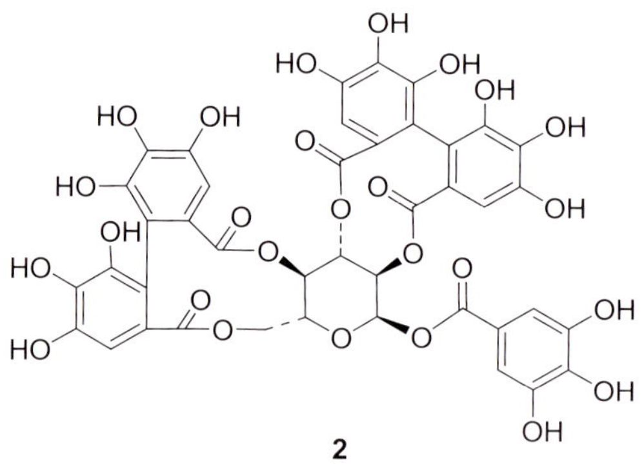

2

本属药用植物的黄酮类化合物主要为木犀草素、槲皮素、山柰酚、木犀草素 -7-*O*- 葡萄糖苷 (luteolin-7-*O*-glucoside)、山柰酚 -3-*O*- 阿拉伯糖苷 (kaempferol-3-*O*-arabinoside)、山柰酚 -3-*O*- 葡萄糖醛酸苷 (kaempferol-3-*O*-glucuronide)、银锻苷 (tiliroside)、槲皮素 -3-*O*- 鼠李糖苷 (quercetin-3-*O*-rhamnoside)、槲皮素 -3-*O*- 葡萄糖苷 (quercetin-3-*O*-glucoside)、槲皮素 -3-*O*- 葡萄糖醛酸苷 (quercetin-3-*O*-glucuronide)、山柰酚 -3-*O*- 葡萄糖苷 (kaempferol-3-*O*-glucoside)，具有抗炎、解热、抗肿瘤等活性。

此外，本属药用植物的全草还含有挥发油，主要成分包括苯甲酸 (benzoic acid)、香荚兰

素 (vanillin)、3,4,5- 三羟基苯甲醛 (3,4,5-trihydoxybenzoic dehyde)、3,4,5- 三羟基苯甲酸乙酯 (3,4,5-trihydoxybenzoic acid ethyl ester) 等，有止咳、抗炎等药理作用。

1. 路边青（中国植物志） 水杨梅（本草纲目），兰布政（云南）

Geum aleppicum Jacq., Icon. Pl. Rar. 1: 10. 1786.——*G. aleppicum* Jacq. var. *bipinnatum* (Batalin) F. Bolle ex Hand.-Mazz.（英 **Aleppo Avens**）

多年生草本；茎直立，高 30–100 cm，被开展粗硬毛，稀几无毛。基生叶为大头羽状复叶，通常有小叶 2–6 对，连叶柄长 10–25 cm，叶柄被粗硬毛；小叶大小极不相等，顶生小叶最大，菱状宽卵形或宽扁圆形，长 4–8 cm，宽 5–10 cm，两面疏生粗硬毛，基部宽心形至宽楔形，边缘有不规则粗大锯齿并浅裂，先端急尖或圆钝；茎生叶为羽状复叶，有时重复分裂，向上小叶逐渐减少；茎生托叶大，叶状绿色。花序顶生，疏散排列；花梗被短柔毛或微硬毛；花直径 1–1.7 cm；萼片卵状三角形；副萼片狭小，披针形，先端渐尖，稀 2 裂，比萼片短 1 倍多，外面被短柔毛及长柔毛；花瓣黄色，近圆形；花柱顶生，在上部 1/4 处扭曲，成熟后自扭曲处脱落。聚合果倒卵球形；瘦果被长硬毛；花柱宿存部分无毛，顶端有小钩；果托被短硬毛，毛长约 1 mm。花果期 7–10 月。

分布与生境 产于黑龙江、吉林、辽宁、内蒙古、山西、陕西、甘肃、新疆、山东、河南、湖北、四川、贵州、云南、西藏。生于海拔 200–3500 m 的山坡草地、沟边、地边、河滩、林间隙地及林缘等处。也分布于北半球温带及暖温带。

药用部位 根、全草。

功效应用 祛风除湿，补血，活血消肿，止痛，健胃润肺。用于腰腿痹痛，痢疾，带下病，跌打损伤，痈疽疮疡，咽喉肿痛，虚弱咳嗽，虚损痨伤，瘰疬，头痛，偏头痛。

化学成分 全草含酚、酚酸类：苯甲酸(benzoic acid)，没食子酸(gallate acid)，水杨酸(salicylic acid)，

路边青 **Geum aleppicum** Jacq.
引自《中国高等植物图鉴》

路边青 **Geum aleppicum** Jacq.
摄影：张英涛

香荚兰素(vanilin)，3,4,5-三羟基苯甲醛(3,4,5-trihydoxybenzoic dehyde)，3,4,5-三羟基苯甲酸乙酯(3,4,5-trihydoxybenzoic acid ethyl ester)[1]。

蓝布正 Gei herba
摄影：张继

注评 本种畲族、傈僳族、白族、藏族、布依族、朝鲜族、彝族、苗族和侗族药用，畲族用全草治肠炎，痢疾，外用治疔疮，痈肿；傈僳族用全草治肾虚腰痛，头晕眼花，虚火牙痛；白族用全草或根治腰腿痹痛，痢疾，崩漏，白带，跌打损伤，痈疽疮疡，咽痛，瘰疬；布依族用全草治头晕，头痛，虚弱咳嗽；藏族用全草治脾胃虚弱，虚痨咳嗽，肺痿声嘶，热极惊风；朝鲜族朝用全草治子宫出血，癫痫，咳嗽；彝族用全草或根主治胃病，泻痢，肿毒，月经不调，阳虚头晕，风湿关节痛；苗族用全草治晶状体浑浊；侗族用全草主治惊吓给，惊招形，闷高瘟。

化学成分参考文献

[1] 李刚，等 . 吉林大学学报 (医学版)，2006, 32(2): 196-198.

2. 柔毛路边青（中国植物志） 黄梅球、水球花（浙江），追风七（陕西）

Geum japonicum Thunb. var. **chinense** F. Bolle in Notizbl. Bot. Gart. Berl. 11: 210. 1931.（英 **Japanese Avens**）

多年生草本。茎直立，高 25–60 cm，被黄色短柔毛及粗硬毛。基生叶为大头羽状复叶，通常有小叶 1–2 对，其余侧生小叶呈附片状；叶柄被粗硬毛及短柔毛，顶生小叶最大，卵形或广卵形，长 3–8 cm，宽 5–9 cm，两面被稀疏糙伏毛，基部宽心形或宽楔形，边有粗大圆钝或急尖锯齿，先端圆钝；下部茎生叶为 3 小叶，上部茎生叶为单叶，3 浅裂。花序疏散，顶生数朵；花梗密被粗硬毛及短柔毛；花直径 1.5–1.8 cm；萼片三角形；副萼片窄小，比萼片短 1 倍多，外面均被短柔毛；花瓣黄色；花柱顶生，在上部 1/4 处扭曲，成熟后自扭曲处脱落，脱落部分下部被疏柔毛。瘦果被长硬毛。花期 5–10 月。

分布与生境 产于陕西、甘肃、新疆、山东、河南、江苏、安徽、浙江、江西、福建、湖北、湖南、广东、广西、四川、贵州、云南。生于海拔 200–2300 m 的山坡草地、田边、河边、灌丛及疏林下。也分布于日本。

药用部位 全草、根。

功效应用 补肾平肝，活血消肿。用于高血压，小儿惊风，阳痿，遗精，虚劳咳嗽，风湿痹痛，月经不调，疮疡肿痛，跌打损伤。

化学成分 全草含鞣质/酚酸类：水杨梅鞣质(gemin) A、G，木麻黄鞣宁(casuarinin)，英国栎素(pedunculagin)，蛇含鞣质(potentillin)，拟唢呐草素▲ Ⅱ (tellimagrandin Ⅱ)，鞣花酸(ellagic acid)[1]。

注评 本种白族、纳西族、彝族、藏族、布依族和朝鲜族药用，白族用其全草治食滞腹胀、肾虚腰痛、乳腺炎，根治高血压、头晕、头痛、月经不调、白带、小儿惊风、风湿痛；纳西族用根治肾虚腰痛、头晕眼花、虚火牙痛、乳腺炎、阳痿；彝族用全草治顽固性头痛、慢性支气管炎；藏族用全草治肝炎，子宫出血，月经不调，疝痛，关节炎，鲜草榨汁治小儿惊风；布依族用全草治头晕、头痛、虚弱咳嗽；朝鲜族全草用于利尿、解毒；苗族用全草治疗头晕。

化学成分参考文献

[1] Liu HW, et al. *Chem Biodivers*, 2009, 6(3): 402-410.

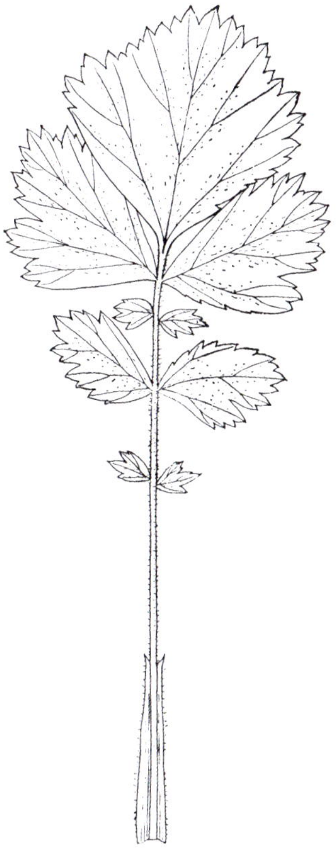

柔毛路边青 **Geum japonicum** Thunb. var. **chinense** F. Bolle
王金凤　绘

柔毛路边青 **Geum japonicum** Thunb. var. **chinense** F. Bolle
摄影：陈世品

3. 紫萼路边青（中国植物志）　垂花水杨梅（新疆）

Geum rivale L., Sp. Pl. 501. 1753.（英 **Brookside Avens**）

多年生草本。茎直立，高 25–70 cm，被疏长柔毛或微硬毛。基生叶为大头羽状复叶，有小叶 2–4 对，小叶极不等，顶生小叶最大，菱状卵形，长 4–9 cm，宽 3–8 cm，两面散生糙伏毛，基部宽楔形或近截形，边缘缺刻状浅裂至 3 深裂，先端圆钝。花序疏散，有花 2–4 朵，常下垂，花梗密被黄色短柔毛及疏柔毛；花直径 2–2.5 cm；萼片常带紫色，三角形；副萼片细小，比萼片短 2–3 倍；花瓣黄色，有紫色条纹；花柱宿存，关节处扭曲，下部及子房被黄色长柔毛。瘦果被黄色长柔毛，宿存花柱在上部扭曲处脱落。花果期 5–8 月。

分布与生境　产于新疆。生于海拔 1200–2300 m 的山谷草地、水旁多砾石地及灌丛中。

药用部位　全草。

功效应用　清热解毒，祛湿消肿，收敛，健胃。用于出血，血性腹泻及胃病等胃肠道炎症性疾病。外用于皮炎及灼伤。

化学成分　地上部分含黄酮类：木犀草素(luteolin)，芹菜苷元(apigenin)，槲皮素(quercetin)，槲皮素-3-*O*-鼠李糖苷(quercetin-3-*O*-rhamnoside)，异槲皮苷(isoquercitrin)，槲皮素-3-*O*-葡萄糖醛酸苷(quercetin-3-*O*-glucuronide)，山柰酚-3-*O*-葡萄糖苷(kaempferol-3-*O*-glucoside)，大波斯菊苷(cosmosiin)，山柰酚(kaempferol)，木犀草素-7-*O*-葡萄糖苷(luteolin-7-*O*-glucoside)，山柰酚-3-*O*-阿拉伯糖苷(kaempferol-3-*O*-arabinoside)，山柰酚-3-*O*-葡萄糖醛酸苷(kaempferol-3-*O*-glucuronide)，银椴苷(tiliroside)；三萜类：表无羁萜醇(epifriedelinol)，白桦脂醇(betulin)，α-香树脂醇(α-amyrin)，熊果酸(ursolic acid)，齐墩果酸(oleanolic acid)，委陵菜酸(tormentic acid)，野鸦椿酸-28-葡萄糖苷(euscaphic acid-28-glucoside)，野鸦椿酸(euscaphic acid)，苦莓苷F_1 (niga-ichigoside F_1)[1]，号角树酸▲

紫萼路边青 **Geum rivale** L.
王金凤　绘

紫萼路边青 **Geum rivale** L.
摄影：寿海洋

(cecropiacic acid)[2]；酚、酚酸类：咖啡酸(caffeic acid)，没食子酸(gallic acid)，鞣花酸(ellagic acid)，绿原酸(chlorogenic acid)[1]，1-*O*-甲基-6-*O*-咖啡酰基-*β*-D-吡喃葡萄糖苷(1-*O*-methyl-6-*O*-caffeoyl-*β*-D-glucopyranose)，1-*O*-原儿茶酰葡萄糖(1-*O*-protocatechuoylglucose)[2]；香豆素类：东莨菪内酯(scopoletin)，前胡素(decursin)，七叶树内酯(esculetin)[1]；其他类：蔗糖(sucrose)。

化学成分参考文献

[1] Panizzi L, et al. *Phytother Res*, 2000, 14: 561-563.

[2] Ming DS, et al. *J Asian Nat Prod Res*, 2002, 4(3): 217-220.

28. 羽叶花属 Acomastylis Greene

多年生草本，常丛生，有粗壮根状茎。基生叶为羽状复叶，茎生叶较少，退化。花单生或数朵顶生成聚伞花序；萼筒陀螺状；萼片5，镊合状排列；副萼片5，较小，与萼片互生；花瓣5，黄色；雄蕊多数，着生在萼筒口部；心皮多数，密被硬毛或仅顶端被疏毛；花柱在果时宿存，稍延长或不延长，无毛或仅下部有短毛；胚珠基生。

本属约有15种，分布于北美洲和亚洲东部。我国有2种，产于西部和西南部，均可药用。

分种检索表

1. 基生叶为大头羽状复叶，顶生小叶极大，卵形或肾形，有小叶5–10对；萼片比副萼片长3–4倍；花瓣外面被疏柔毛；花柱全部有毛……………………………………2. **大萼羽叶花 A. macrosepala**

1. 基生叶不为大头羽状复叶，顶生小叶不明显大，宽带形，有小叶 9–13 对；萼片比副萼片长约 1 倍多；花瓣外面无毛；花柱无毛或仅基部有疏柔毛……………………………………………………………………1. 羽叶花 **A. elata**

1. 羽叶花（中国植物志）

Acomastylis elata (Wall. ex G. Don) F. Bolle in Fedde, Sp. Nov. Beih. 72: 83. 1933.——*Sieversia elata* (Wall. ex G. Don) Royle, *Geum elatum* Wall. ex G. Don（英 **Tall Acomastylis**）

多年生草本。花茎直立，高 20–40 cm，被短柔毛。基生叶为间断羽状复叶，有小叶 9–13 对；叶柄长 1–4 cm，被短柔毛或疏柔毛，稀脱落近无毛；小叶半圆形，上部较大，下部较小，长 0.4–2.5 cm，宽 0.3–2.2 cm，两面绿色，被稀疏柔毛或脱落几无毛，基部宽楔形，大部与叶轴合生，边缘有不规则圆钝锯齿并有睫毛，先端圆钝；茎生叶退化呈苞叶状。花 2–6 朵，呈聚伞花序，顶生；花梗被短柔毛；花直径 2.8–3.5 cm；副萼片细小，比萼片短 1 倍以上，外面被短柔毛；花瓣黄色，宽倒卵形；子房密被硬毛；花柱基部有稀疏柔毛。瘦果长卵形，花柱宿存。花果期 6–8 月。

分布与生境　产于西藏。生于海拔 3500–5400 m 的高山草地。也分布于印度（锡金）、尼泊尔、克什米尔地区。

药用部位　根、全草。

功效应用　清热解毒，补脾健胃，润肺化痰。用于脾胃虚热，虚劳咳嗽，肺痿声嘶，热急惊风，血病（血热）。

注评　本种为“独行千里”的基源植物，药用其干燥根、叶；有“独虎头”“扣钮子”“膜叶槌果藤”等之名。本品服后有头晕、恶心等副作用，故多为外用。此外，山柑属又称槌果藤属，在名称上易相混，应注意区别。

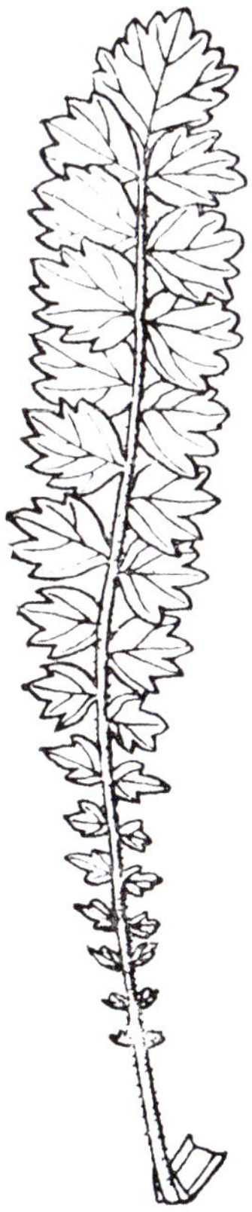

羽叶花 **Acomastylis elata** (Wall. ex G. Don) F. Bolle
王金凤　绘

羽叶花 **Acomastylis elata** (Wall. ex G. Don) F. Bolle
摄影：朱仁斌

2. 大萼羽叶花（中国植物志）

Acomastylis macrosepala (Ludlow) T. T. Yü et C. L. Li in Fl. Reipulb. Popularis Sin. 37: 225. 1985.——*Geum macrosepalum* Ludlow（英 **Largesepal Acomastylis**）

多年生草本；根状茎粗壮，圆柱形。茎直立或上升，高 30–70 cm，被短柔毛或微硬毛。基生叶为大头羽状复叶，有小叶 5–10 对，连叶柄长 10–15 cm，侧生小叶较小，顶生小叶极大，卵形或肾形，长 5–6 cm，宽 4–7 cm，两面绿色，伏生疏柔毛或糙伏毛，基部深心形，边缘有不规则圆钝锯齿，顶端圆钝。茎生叶为单叶，倒卵形或宽倒披针形。花单生或 2 朵，直立，稀下垂；花直径 2.5–3.5 cm；萼片卵形或宽卵形，副萼片卵形，比萼片短 3–4 倍，外被硬毛；花瓣黄色，有时顶端紫色，外面被疏柔毛，与萼片近等长；花柱下部被长硬毛。瘦果长椭圆体形，被长硬毛；花柱短，宿存，直立。花果期 8–9 月。

分布与生境　产于西藏。生于海拔 3800–4400 m 的山坡草地或灌丛中。也分布于印度、不丹。

药用部位　全草。

功效应用　补脾健胃，润肺化痰。用于脾胃虚热，虚劳咳嗽，肺痿声嘶，热急惊风。

大萼羽叶花 Acomastylis macrosepala (Ludlow) T. T. Yü et C. L. Li
王金凤　绘

大萼羽叶花 Acomastylis macrosepala (Ludlow) T. T. Yü et C. L. Li
摄影：陈又生

29. 太行花属 Taihangia T. T. Yü et C. L. Li

多年生草本；根状茎粗壮。花葶上无叶，仅有少数苞片，苞片 3 裂。基生叶为单叶，边缘有圆钝或急尖锯齿。单花顶生，稀 2 朵，雄性花和两性花同株或异株；萼筒倒圆锥形或陀螺形；萼片 5，镊合状排列，副萼片 5，较萼片短小；花瓣 5，白色；雄蕊多数，着生在萼筒边缘；花盘环状，无毛；雌蕊多数，子房基部有短柄，在雄花中数目较少，败育，无毛，在雌花中数目较多，被疏柔毛，螺旋状着生在花托上；花柱顶生，延长，被短柔毛，柱头略为扩大。果实为瘦果被柔毛。

本属仅有1种和1变种，为我国太行山区特产，其中1种可药用。

1. 太行花（植物分类学报）

Taihangia rupestris T. T. Yü et C. L. Li in Acta Phytotax. Sin. 18(4): 469, pl. 1: 1-5. 1981.（英 **Cliff Taihangia**）

多年生草本。花葶高4–15 cm，无毛或有时被稀疏柔毛，葶上无叶，仅有1–5枚对生或互生的苞片。基生叶为单叶，叶柄长2.5–10 cm，无毛，或被稀疏柔毛；叶片卵形或椭圆形，长2.5–10 cm，宽2–8 cm，上面无毛，下面几无毛或在叶基部脉上有极疏柔毛，基部截形或圆形，稀宽楔形，边缘有粗大钝齿或波状圆齿，先端圆钝。花雄性和两性同株或异株，单生花葶顶端，稀2朵；花直径3–4.5 cm，萼筒陀螺状，无毛；萼片卵状椭圆形或卵状披针形；花瓣白色；雄蕊多数；雌蕊多数；花柱延长达14–16 mm，被短柔毛（毛长达0.2 mm），仅顶端无毛；花托在果时延长，达10 mm。瘦果被疏柔毛（毛长0.5 mm）。花果期5–8月。

太行花 **Taihangia rupestris** T. T. Yü et C. L. Li
冯晋庸　绘

分布与生境　产于河南北部（太行山）。生于海拔1100–1200 m的阴坡山崖石壁上。

药用部位　全草。

功效应用　用于癣症。

化学成分　全草三萜类：熊果酸(ursolic acid)，2α,3β-二羟基熊果酸(2α,3β-dihydroxyprunol)，2α,3β,23-三羟基齐墩果酸-28-β-D-吡喃葡萄糖酯苷(2α,3β,23-trihydroxyloleanolic acid-28-β-D-glucopyranosyl ester)[1]；其他类：β-谷甾醇，没食子酸(gallic acid)[1]。

注评　本种中国特有植物，属国家二级保护植物。

化学成分参考文献

[1] 王皓，等. 中草药，2001, 32(8): 689-690.

30. 无尾果属 Coluria R. Br.

多年生草本，有柔毛，具根状茎。基生叶为羽状复叶或大头羽状复叶，边缘有锯齿；托叶合生。花茎直立；花少数；有苞片；副萼片5，常小形；萼筒倒圆锥形，花后延长，有10肋；萼片5，镊合状排列；花瓣5，黄色或白色，比萼片长；雄蕊多数，成2–3组；花丝离生，在果期宿存；花盘环绕萼筒，无毛；心皮多数；花柱近顶生，直立，脱落；胚珠1，着生在子房基部。果实为瘦果，多数，扁平，包被在宿存萼筒内，有1种子。

本属约4种，分布在亚洲北部及南部。我国产3种，其中1种可药用。

1. 无尾果（中国植物志）

Coluria longifolia Maxim. in Bull. Acad. Imp. Sci. Saint-Petersbourg 27: 466. 1882.（英 **Longleaf Coluria**）

多年生草本。基生叶为间断羽状复叶，长5–10 cm；托叶卵形，全缘或有1–2锯齿，两面具柔毛及缘毛；叶柄长1–3 cm，疏被柔毛；上部小叶片排列紧密无间隙，向下方小叶排列间隔渐稀疏；小叶

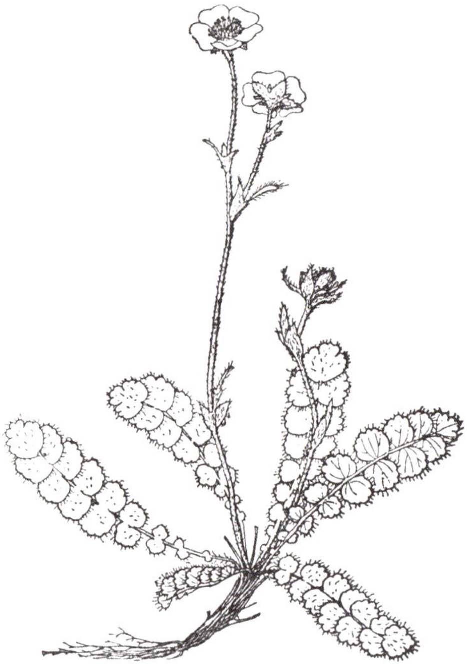

无尾果 **Coluria longifolia** Maxim.
引自《中国高等植物图鉴》

无尾果 **Coluria longifolia** Maxim.
摄影：潘建斌

片 9–20 对，上部者较大，向下渐小；皆无柄；上部小叶片宽卵形或近圆形，长 5–15 mm，宽 3–8 mm，两面有柔毛或近无毛，基部歪形，边有锐齿和黄色长缘毛，先端圆钝或急尖；下部小叶片卵形或长圆形，长 1–3 mm，宽 0.5–1 mm，基部歪形，全缘或有圆钝锯齿并具缘毛，先端圆；茎生叶 1–4 个，宽条形，羽裂或 3 裂。花茎直立，高 4–20 cm，上部有分枝，被短柔毛；聚伞花序，有花 2–4 朵，稀具 1 花；苞片卵状披针表；花梗长 1–2.5 cm，密被短柔毛；花直径 1.5–2.5 cm；萼筒钟状，外面密被柔毛和长柔毛；副萼片长圆形；萼片三角形和副萼片外面皆被短柔毛、长柔毛和缘毛；花瓣黄色，倒卵形或倒心形；子房无毛。瘦果长圆形，光滑无毛。花期 6–7 月，果期 8–10 月。

分布与生境 产于甘肃、青海、四川、云南、西藏。生于海拔 2700–4100 m 的高山草原。

药用部位 全草。

功效应用 清热解毒，平肝息风，止血止痛。用于高血压，头痛发热，肝炎，子宫出血，月经不调。

注评 本种藏族药用，用其全草治肝炎、高血压、子宫出血、月经不调、疝痛、关节炎、大小肠热病、血症等。

31. 委陵菜属 Potentilla L.

多年生稀一或二年生草本或灌木；常有根状茎；茎直立、上升或匍匐。叶为奇数羽状复叶或掌状复叶；有托叶，托叶膜质或草质，不同程度地贴生到叶柄上。花通常两性，单生、聚伞花序或聚伞圆锥花序；萼筒凹，多呈半球形；萼片 5，镊合状排列；副萼片 5，与萼片互生；花瓣 5，通常黄色，稀白色或紫红色；雄蕊多数，稀少数，花药 2 室；雌蕊通常多数，离生，着生在微凸起的花托上；胚珠上升或下垂，侧生、横生或近顶生；花柱近顶生、侧生或基生。瘦果多数，着生在干燥花托上，具宿存萼片。种子 1 颗，种皮膜质。

约 500 种，大多分布于北半球温带、寒带及高山地区，极少数种类分布于南半球，我国有 88 种，全国各地均有，但主要分布在东北、西北和西南各省区。有些高山种类形成垫状，为高山草甸植被重要成分。37 种 13 变种可药用。

分种检索表

1. 灌木或小灌木。
  2. 羽状复叶通常有小叶 3–5 枚；花白色，直径 2–2.5 cm，稀达 3.5 cm……………………………2. **银露梅 P. glabra**
  2. 羽状复叶有小叶 (3–) 5–7 对；花黄色。
    3. 小叶片羽状排列，通常 5，稀 3，长圆形、倒卵长圆形，稀披针形，长 7–25 mm，宽 4–10 mm，边缘平坦或微反卷；花直径 1.5–3 cm ………………………………………………………………… 1. **金露梅 P. fruticosa**
    3. 小叶片排列紧密近掌状，5–7，偶 3，披针形或倒卵披针形，长 5–10 mm，宽 4–5 mm，边缘向下极为反卷；花直径 1–1.2 cm，稀达 2.5 cm………………………………………………………3. **小叶金露梅 P. parvifolia**
1. 草本，稀为亚灌木。
  4. 基生叶为羽状复叶。
    5. 小叶片边缘全缘或 2 裂，无锯齿……………………………………………………………4. **二裂委陵菜 P. bifurca**
    5. 小叶片边缘有锯齿并常分裂。
      6. 小叶片边缘有锯齿或浅裂，而不深裂成小裂片。
        7. 基生叶有小叶 2–4 对。
          8. 一年生草本，植株铺散，分枝多；花直径 6–8 mm，稀达 10 mm；花单生叶腋………5. **朝天委陵菜 P. supina**
          8. 多年生草本；植株直立或上升；花直径 1–2.5 cm。
            9. 花茎和叶柄密被白色绵毛；小叶片长圆形或长圆状披针形，下面密被白色或灰白色绵毛……………………………………………………………………………………………………6. **翻白草 P. discolor**
            9. 花茎和叶柄被疏柔毛或长柔毛，而不被绵毛。
              10. 小叶片下面密被白色绒毛及柔毛，椭圆形或倒卵状椭圆形；花茎和叶柄被疏柔毛和长柔毛………………………………………………7. **长柔毛委陵菜 P. griffithii** var. **velutina**
              10. 小叶片下面不被绒毛，仅被柔毛。
                11. 花茎和叶柄被开展长柔毛；小叶片上面无皱褶，倒卵形、椭圆形或长椭圆形，上面平铺疏柔毛，下面沿脉较密……………………………………………8. **莓叶委陵菜 P. fragarioides**
                11. 花茎和叶柄被疏柔毛；小叶片上面有明显皱褶，椭圆形、长椭圆形或椭圆卵形，上面伏生疏柔毛，下面密生柔毛……………………………………………9. **皱叶委陵菜 P. ancistrifolia**
        7. 基生叶有小叶 4–23 对。
          12. 基生叶有小叶 4–8 对。
            13. 花序疏散，多花；花直径 10–15 mm；副萼片窄披针形，通常比萼片短，果期不增大…………………………………………………………………………………………10. **菊叶委陵菜 P. tanacetifolia**
            13. 花序紧密，少花；花直径 15–18 mm，副萼片长圆状披针形，与萼片近等长或稍长于萼片，果时直立，增大 ……………………………………………………………… 11. **腺毛委陵菜 P. longifolia**
          12. 基生叶有小叶 (6–7) 10–23 对。
            14. 茎匍匐并有匍匐枝，节处着地生根，常长出新植物；花单生或 2 朵……12. **蕨麻 P. anserina**
            14. 茎直立、铺散或上升，但不具匍匐枝；花多数。
              15. 小叶片两面伏生柔毛，后脱落近无毛或仅下面沿脉被柔毛，椭圆形或卵形…………………………………………………………………………………………13. **簇生委陵菜 P. turfosa**
              15. 小叶片下面被白色绢毛或被绒毛。
                16. 小叶片下面被白色绢毛及绒毛，倒卵状长圆形或倒卵状椭圆形，自顶端向基部不缩小，不成附片状………………………………………………………16. **西南委陵菜 P. lineata**
                16. 小叶片下面被白色绢毛，自顶端向基部逐渐缩小成附片状。

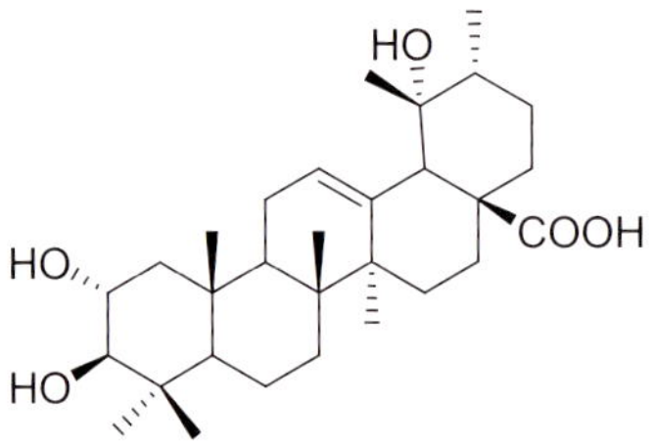

1

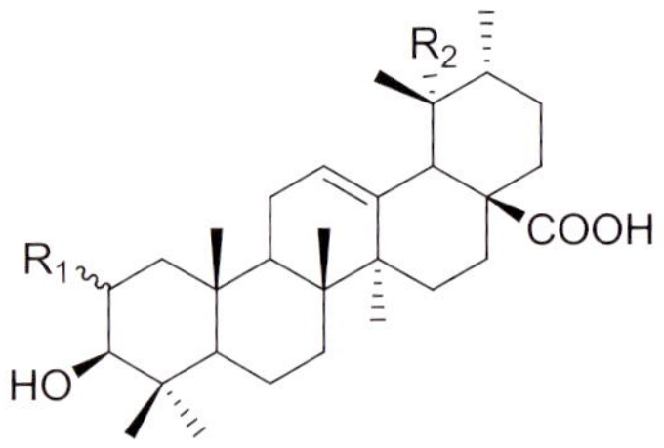

	R_1	R_2
2:	α-OH	H
3:	β-OH	OH

鞣质是本属药用植物中含量较大的一类化合物。主要有两类：一类是缩合鞣质，主要由儿茶素 (catechin) 及其衍生物缩合而成；另一类是可水解鞣质，由酚酸及其衍生物与葡萄糖或多元醇通过苷键或酯键而形成。其中，从翻白草中分离得到的可水解鞣质仙鹤草素 (agrimoniin) 和英国栎素 (pedunculagin，**4**) 具有较强的生物活性：**4** 能够诱导小鼠腹膜腔渗出细胞分泌白细胞介素 -1(IL-1)，并且在体外能诱导人外周血单核细胞分泌 IL-1。

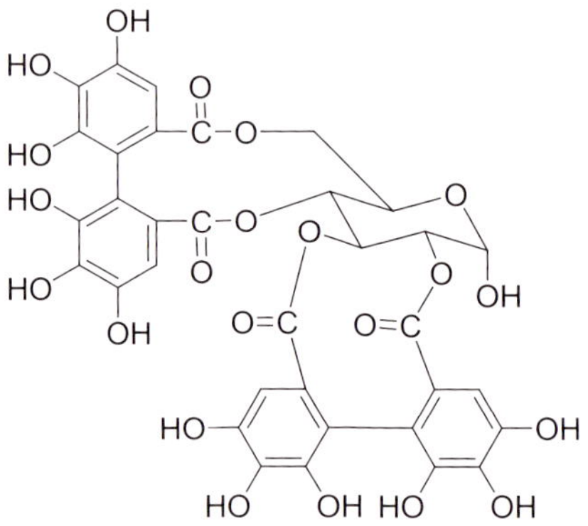

4

1. 金露梅（经济植物手册） 金老梅、金蜡梅（东北木本植物图志），药王茶、棍儿茶（东北）

Potentilla fruticosa L., Sp. Pl. 495. 1753.——*Dasiphora fruticosa* (L.) Rydb.（英 **Bush cinquefiol**）

1a. 金露梅（模式变种）

Potentilla fruticosa L. var. **fruticosa**

灌木，高 0.5–2 m；多分枝；树皮纵向剥落；小枝红褐色，幼时被长柔毛。叶为奇数羽状复叶，有小叶 2 对，稀 3 对，上面一对小叶基部下延与叶轴汇合；叶柄被绢毛或疏柔毛；托叶薄膜质，宽大，外面被长柔毛或脱落；小叶片长圆形、倒卵状长圆形或卵状披针形，长 0.7–2 cm，宽 0.4–1 cm，两面绿色，疏被柔毛或绢毛或脱落近无毛，基部楔形，边全缘，平坦，先端急尖或圆钝。花单生或数朵生于枝顶；花梗密被长柔毛或绢毛；花直径 2.2–3 cm；萼片卵形，先端急尖至短渐尖；副萼片披针形至倒卵状披针形，先端渐尖至急尖，与萼片近等长，外面疏被绢毛；花瓣黄色，宽倒卵形，先端圆钝，比萼片长；花柱近基生，棒形，基部稍细，顶端缢缩，柱头扩大。瘦果近卵圆形，褐棕色，长 1.5 mm，外被长柔毛。花果期 6–9 月。

分布与生境 产于黑龙江、吉林、辽宁、内蒙古、河北、山西、陕西、甘肃、新疆、四川、云南、西藏。生于海拔 1000–4000 m 的山坡草地、砾石坡、灌丛及林缘。广泛分布在北温带山区、亚洲、欧洲

金露梅 **Potentilla fruticosa** L. var. **fruticosa**
引自《内蒙古植物志》

金露梅 **Potentilla fruticosa** L. var. **fruticosa**
摄影：张英涛

及美洲均有记录。

药用部位 叶、花、枝、根。

功效应用 叶：清泄暑热，益脑清心，健胃消食。用于暑热眩晕，两目不清，胃气不和，食滞纳呆，月经不调。花：化湿健脾。用于湿阻脾胃，食欲缺乏，身面水肿，赤白带下，乳腺炎。枝：涩肠止泻。用于腹泻，痢疾。根：止血，解毒利咽。用于崩漏，口疮，咽喉肿痛。

化学成分 地上部分含黄酮类：槲皮素-3-*O*-*α*-L-吡喃阿拉伯糖苷(quercetin-3-*O*-*α*-L-arabinopyranoside)，槲皮素-3-*O*-*β*-D-吡喃半乳糖苷(quercetin-3-*O*-*β*-D-galactopyanoside)，大波斯菊苷(cosmosiin)，山柰酚-3-*β*-D-吡喃葡萄糖苷(kaempferol-3-*β*-D-glucopyranoside)[1]，3,3',4',5,7-五羟基黄酮(3,3',4',5,7-pentahydroxyflavone)，3,3',4',5,7-五羟基黄酮-3-*O*-*α*-L-吡喃鼠李糖苷(3,3',4',5,7-pentahydroxyflavone-3-*O*-*α*-L-rhamnopyranoside)，(±)-儿茶素[(±)-catechin]，(-)-表儿茶素[(-)-epicatechin]，(-)-表儿茶素没食子酸酯[(-)-epicatechin gallate]，(-)-表没食子儿茶素没食子酸酯[(-)-epigallocatechin gallate][2]；三萜类：表熊果酸(epiursolic acid)，黄麻酸▲(corosolic acid)，2*α*,19*α*-二羟基熊果酸(2*α*,19*α*-dihydroxyursolic acid)[3]；酚酸类：咖啡酸(caffeic acid)，对香豆酸(*p*-coumaric acid)，芥子酸(sinapic acid)，阿魏酸(ferulic acid)，鞣花酸(ellagic acid)[2]。

注评 本种藏族、彝族药用，藏族用其花治妇科病、赤白带下，叶烧成炭外敷乳腺炎，花及叶治乳痈、黄水病、疮疡溃烂；彝族用叶治暑热眩晕、双目不清、胃气不和、食滞、月经不调。

化学成分参考文献

[1] Ganenko TV, et al. *Khim Prir Soedin*, 1988, 3: 451-543.

[2] Fedoseeva GM, et al. *Khim Prir Soedin*, 1979, 4: 575-576.

[3] Ganenko TV, et al. *Khim Prir Soedin*, 1989, 6: 856.

1b. 白毛金露梅（变种）（经济植物手册）

Potentilla fruticosa L. var. **albicans** Rehder et E. H. Wilson in Sarg., Pl. Wilson. 2: 302. 1916.（英 **White Bush Cinquefoli**）

本变种与模式变种区别为小叶片下面密被银白色绒毛或绢毛。花果期 6–9 月。

分布与生境 产于新疆、四川、云南、西藏。生于海拔 400–4600 m 的高山草甸、干旱山坡、林缘及灌丛中。

药用部位 叶、花。

功效应用 清热，健胃，调经。用于暑热眩晕，胃气不和，滞食，妇女月经不调。

1c. 伏毛金露梅（变种）（中国植物志）

Potentilla fruticosa L. var. **arbuscula** (D. Don) Maxim. in Mel. Bull. Phys.-Math. Acad. Imp. Sci. Biol. Saint-Péterbourg 9: 158. 1873.（英 **Hairy Bush Ciquefoil**）

本变种与模式变种的主要区别在于小叶片上面密被伏生白色柔毛，下面网脉较为明显突出，被疏柔毛或无毛，边缘常向下反卷。花果期 7–8 月。

分布与生境 产于四川、云南、西藏。生于海拔 2600–4600 m 的山坡草地、灌丛或林中岩石上。

药用部位 叶。

功效应用 清暑热，益脑清心，调经，健胃。

伏毛金露梅 **Potentilla fruticosa** L. var. **arbuscula** (D. Don) Maxim.
摄影：张英涛

2. 银露梅（中国植物志） 银老梅（东北木本植物图志），白花棍儿茶（东北）

Potentilla glabra Lodd., Bot. Cab. 10: t. 914. 1824.（英 **Glabrous Cinquefoil**）

2a. 银露梅（模式变种）

Potentilla glabra Lodd. var. **glabra**——*P. fruticosa* L. var. *dahurica* Ser.

灌木，高 0.3–2 m，稀达 3 m；树皮纵向剥落；小枝灰褐色或紫褐色，被稀疏柔毛。叶为奇数羽状复叶，有小叶 2 对，稀 3 小叶，上面一对小叶基部下延与叶轴汇合；叶柄被疏柔毛或脱落几无毛；托叶薄膜质，外被疏柔毛或脱落几无毛；小叶片椭圆形、倒卵状椭圆形或卵状椭圆形，长 0.5–1.2 cm，宽 0.4–0.8 cm，两面绿色，被疏柔毛或近无毛，基部楔形或近圆形，边缘平坦或微向下反卷，全缘，先端圆钝或急尖。花单生或数朵，花梗细长，被疏柔毛；花直径 1.5–2.5 cm；萼片卵形，先端急尖或短渐尖；副萼片披针形、倒卵状披针形或卵形，比萼片短或近等长，外面被疏柔毛；花瓣白色，倒卵形，先端圆钝；花柱近基生，棒状，基部较细，在柱头下缢缩，柱头扩大。瘦果表面被毛。花果期 6–11 月。

银露梅 **Potentilla glabra** Lodd. var. **glabra**
摄影：张英涛

分布与生境 产于内蒙古、河北、山西、陕西、甘肃、青海、安徽、湖北、四川、云南。生于海拔 1400–4200 m 的山坡草地、河谷岩石缝中、灌丛及林中。也分布于朝鲜、俄罗斯、蒙古。

药用部位 茎、叶、花。

功效应用 茎、叶、花：理气散寒，镇痛固齿，利尿消水，肠道防腐，干黄水。用茎叶煎剂治风热牙痛、牙齿松动和其他牙病，小便不利，水肿，气滞腹胀，胸闷气短，胃寒腹痛，黄水病。花：擦牙固齿。

注评 本种藏族药用，用其花、叶治牙病、黄水病、肺病、胸胁胀痛。

2b. 白毛银露梅（变种）（中国植物志） 华西银腊梅（秦岭植物志），华西银露梅（内蒙古植物志），观音茶（陕西）

Potentilla glabra Lodd. var. **mandshurica** (Maxim.) Hand.-Mazz. in Acta Hort. Gothob. 13: 297. 1939.——*Potentilla fruticosa* L. var. *mandshurica* Maxim.（英 **Manchurian Glabrous Cinquefoil**）

本变种与模式变种区别主要在于小叶上面或多或少伏生柔毛，下面密被白色绒毛或绢毛。花果期 5–9 月。

分布与生境 产于内蒙古、河北、山西、陕西、甘肃、青海、湖北、四川、云南。生于海拔 1200–3400 m 的干旱山坡、沟谷、岩石坡、灌丛及杂木林中。也分布于朝鲜。

药用部位 花、叶。

功效应用 花、叶效用同银露梅。此外能健脾化湿，和胃，调经，止带。用于中暑，消化不良，月经不调，带下不止。

注评 本种藏族药用，用其全草治各种出血性热病，痢疾，无名肿痛。

化学成分 茎、叶、花含挥发油：以油酸乙酯(ethyl oleate)，油酸(oleic acid)，二十八烷(octacosane)，9,12-十八碳二烯酸乙酯(9,12-octadecadienoic acid ethyl ester)，十六酸乙酯(hexadecanoic acid ethyl ester)，

白毛银露梅 **Potentilla glabra** Lodd. var. **mandshurica** (Maxim.) Hand.-Mazz.
引自《内蒙古植物志》

白毛银露梅 **Potentilla glabra** Lodd. var. **mandshurica** (Maxim.) Hand.-Mazz.
摄影：刘宗才

二十一烷(heneicosane)的含量较高[1]。

化学成分参考文献

[1] 娄宁，等. 兰州大学学报(自然科学版)，2004, 40(4): 58-60.

2c. 伏毛银露梅（变种）（中国植物志）

Potentilla glabra Lodd. var. **veitchii** (E. H. Wilson) Hand.-Mazz. in Acta Hort. Gothob. 13: 298. 1939.（英 **Veitch Glabrous Cinquefoil**）

本变种与模式变种区别在于小叶上面伏生白色绢毛，下面疏被白色绢毛或脱落几无毛；花梗较粗，密被白色绢状柔毛。花果期 7–8 月。

分布与生境　产于四川、云南。生于海拔 2600–4100 m 的高山草地、开旷地、岩石边及林缘。

药用部位　茎、叶、花。

功效应用　效用同银露梅。

伏毛银露梅 **Potentilla glabra** Lodd. var. **veitchii** (E. H. Wilson) Hand.-Mazz.
摄影：张英涛

3. 小叶金露梅（东北木本植物图志）

Potentilla parvifolia Fisch. ex Lehm., Nov. Stirp. Pug. 3: 6. 1983.（英 **Small Leaf Cinquefoil**）

灌木，高 0.3–1.5 m；小枝幼时被灰白色柔毛或绢毛。叶为奇数羽状复叶，有小叶 2 对，常混有 3 对，基部两对小叶呈掌状或轮状排列；托叶膜质，褐色或淡褐色，外面被疏柔毛；小叶片小，披针形、带状披针形或倒卵披针形，长 0.7–1 cm，宽 2–4 mm，两面绿色，被绢毛或下面粉白色，有时被柔毛，基部楔形，边缘全缘，明显向下反卷，先端常渐尖，稀圆钝。单花顶生或数朵；花梗被灰白色柔毛或绢状柔毛；花直径 1.2–2.2 cm；萼片卵形；副萼片披针形，与萼片外面被绢状柔毛或疏柔毛；花瓣黄色；花柱近基生，棒状，基部稍细，在柱头下缢缩，柱头扩大。瘦果表面被毛。花果期 6–8 月。

小叶金露梅 **Potentilla parvifolia** Fisch. ex Lehm.
张泰利　绘

分布与生境　产于黑龙江、内蒙古、甘肃、青海、四川、西藏。生于海拔 900–5000 m 的干燥山坡、岩石缝中、林缘、林中。也分布于俄罗斯、蒙古。

药用部位　叶、花。

功效应用　解毒消肿，利尿消水，收敛止泻，止痒。用于寒湿脚气，痒疹，乳腺炎，水肿，黄水病，疮疡溃烂。

注评　本种藏族、彝族药用，藏族用其花治妇科病、赤白带下，叶烧成炭外敷乳腺炎，花及叶治乳痈、黄水病、疮疡溃烂；彝族用茎叶治寒湿脚气、疹痒、乳腺炎。

小叶金露梅 **Potentilla parvifolia** Fisch. ex Lehm.
摄影：刘冰

4. 二裂委陵菜（中国高等植物图鉴） 痔疮草（陕北），叉叶委陵菜（东北植物检索表）

Potentilla bifurca L., Sp. Pl. 497. 1753.（英 **Bifurca Cinquefoil**）

4a. 二裂委陵菜（模式变种）

Potentilla bifurca L. var. **bifurca**

多年生草本或亚灌木；根圆柱形，纤细，木质。花茎直立或上升，高 5–2 cm，密被柔毛或微硬毛。羽状复叶有小叶 5–8 对，最上面 2–3 对小叶基部下延与叶轴汇合，连叶柄长 3–8 cm；叶柄密被疏柔毛或微硬毛；下部茎生叶托叶膜质褐色，上部茎生叶托叶草质，绿色，卵状椭圆形，常全缘稀有齿；小叶片无柄，对生或互生，椭圆形或倒卵椭圆形，长 0.5–1.5 cm，宽 0.4–0.8 cm，两面绿色，伏生疏柔毛，基部楔形或宽楔形，边全缘，顶端常 2 裂，稀 3 裂。近伞房状聚伞花序，顶生，疏散；花直径 0.7–1 cm；萼片卵形，顶端急尖，副萼片椭圆形，顶端急尖或钝，比萼片短或近等长，外面均被疏柔毛；花瓣黄色，倒卵形，顶端圆钝，比萼片稍长；心皮沿腹部有稀疏柔毛；花柱侧生，棒形，基部较细，顶端缢缩，柱头扩大。瘦果表面光滑。花果期 5–9 月。

分布与生境 产于黑龙江、内蒙古、河北、山西、陕西、甘肃、宁夏、青海、新疆、四川。生于海拔 800–3600 m 的地边、道旁、沙滩、山坡、草地、黄土坡上半干旱荒漠草原及疏林下。也分布于蒙古、俄罗斯、朝鲜。

药用部位 全草。

功效应用 凉血，止血，解毒。用于崩漏、产后出血、痢疾、痔疮。

化学成分 全草含黄酮类：槲皮素-4'-*O*-*β*-D-葡萄糖苷(quercetin-4'-*O*-*β*-D-glucoside)[1]。

注评 本种朝鲜族药用，用其全草治肺结核、泄泻、皮肤溃疡。

二裂委陵菜 **Potentilla bifurca** L. var. **bifurca**
引自《中国高等植物图鉴》

二裂委陵菜 **Potentilla bifurca** L. var. **bifurca**
摄影：陈彬

化学成分参考文献

[1] 朴香兰，等. 中国中药杂志，2009, 34(15): 1952-1954.

4b. 矮生二裂委陵菜（变种）（中国植物志）

Potentilla bifurca L. var. **humilior** Ost.-Sack. et Rupr., Sert. Tianschan, 45. 1868.（英 **Duarf Bifurcate Cinquefiol**）

本变种与模式变种区别在于：植株矮小铺散；花茎高在 7 cm 以下；小叶片通常 3–5 对，稀达 6 对，大多全缘，偶有顶端二裂者；花单生。花果期 5–10 月。

分布与生境　产于内蒙古、河北、陕西、甘肃、青海、宁夏、新疆、四川、西藏。生于海拔 1100–4000 m 的山坡草地、河滩沙地及干旱草原。也分布于俄罗斯、蒙古。

药用部位　簇生幼芽，全草。

功效应用　簇生幼芽：用于止血。全草：消炎，杀虫。

矮生二裂委陵菜 **Potentilla bifurca** L. var. **humilior** Ost.-Sack. et Rupr.
摄影：刘冰

4c. 长叶二裂委陵菜（变种）（中国植物志）　小叉叶委陵菜（东北植物检索表），高二裂委陵菜（内蒙古植物志）

Potentilla bifurca L. var. **major** Ledeb., Fl. Ross. 2: 43. 1843.——*P. bifurca* L. var. *glabrata* Lehm.（英 **Longleaf Bifurcate Cinquefoil**）

本变种与模式变种区别在于：植株高大；叶柄、花茎下部伏生柔毛或脱落几无毛；小叶片带形或长椭圆形，顶端圆钝或 2 裂；花序聚伞状；花朵较大，直径 1.2–1.5 cm。花果期 5–10 月。

分布与生境　产于黑龙江、吉林、内蒙古、河北、山西、陕西、甘肃、新疆。生于海拔 400–3200 m 的耕地道旁、河滩沙地、山坡草地。也广布于欧洲至远东地区。

药用部位　全草。

功效应用　止血，止痢。

长叶二裂委陵菜 **Potentilla bifurca** L. var. **major** Ledeb.
摄影：张金龙

5. 朝天委陵菜（中国高等植物图鉴） 铺地委陵菜（秦岭植物志），鸡毛菜（东北）

Potentilla supina L., Sp. Pl. 497. 1753.（英 **Carpet Cinquefoil**）

一年生或二年生草本。茎平展、上升或直立，叉状分枝，长 20–50 cm，被疏柔毛或脱落几无毛。基生叶为羽状复叶，有小叶 2–5 对，连叶柄长 4–15 cm，叶柄被疏柔毛或脱落几无毛；小叶片长圆形或倒卵状长圆形，通常长 1–2.5 cm，宽 0.5–1.5 cm，两面绿色，被疏柔毛或脱落几无毛，基部楔形或宽楔形，边缘有圆钝或缺刻状锯齿，先端圆钝或急尖。花茎上多叶，下部花自叶腋生，顶端呈伞房状聚伞花序；花梗长 0.8–1.5 cm，常密被短柔毛；花直径 6–8 mm；花瓣黄色；花柱近顶生。瘦果长圆形。花果期 3–10 月。

分布与生境 产于东北、华北、西北、西南及山东、河南、江苏、浙江、安徽、江西、湖北、湖南、广东。生于海拔 100–2000 m 的田边、荒地、河岸、沙地、山坡湿地、草甸等处。也广布于北半球温带及部分亚热带地区。

药用部位 全草。

功效应用 收敛止泻，凉血止血，滋阴益肾。用于泄泻，吐血，尿血，便血，血痢，须发早白，牙齿不固。

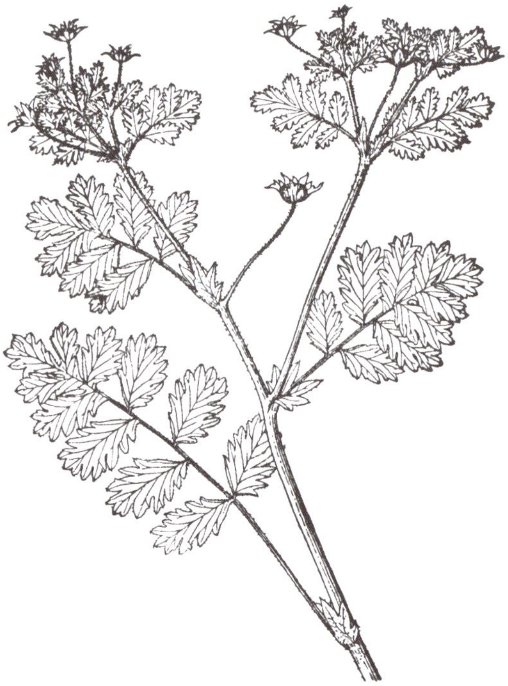

朝天委陵菜 **Potentilla supina** L.
引自《中国高等植物图鉴》

朝天委陵菜 **Potentilla supina** L.
摄影：熊豫宁

6. 翻白草（救荒本草） 鸡腿根、天藕（陕西），叶下白、鸡爪参（湖南）

Potentilla discolor Bunge in Mém. Acad. Imp. Sci. St.-Pétersbourg, Sér. 6, Sci. Math. 2: 99. 1833.（英 **Discolor Cinquefoil**）

多年生草本。根粗壮，下部常肥厚呈纺锤状。花茎直立、上升或微铺散，高 10–45 cm，密被白色绵毛。基生叶有小叶 2–4 对，连叶柄长 4–20 cm，叶柄密被白色绵毛，有时并有长柔毛；基生叶托叶膜质，褐色，外面被白色长柔毛；茎生叶托叶草质，绿色，卵形或宽卵形，边缘有缺刻状牙齿，稀全缘，下面密被白色绵毛；小叶片长圆形或长圆状披针形，长 1–5 cm，宽 5–8 mm，上面被稀疏白色绵毛或脱落几无毛，下面密被白色或灰白色绵毛，基部楔形、宽楔形或偏斜圆形，边缘具圆钝锯齿，先端急尖；茎生叶 1–2，为掌状 3–5 小叶。聚伞花序，有花数朵至多朵，疏散；花梗长 1–2.5 cm，被绵毛；花直径 1–2 cm；萼片三角状卵形，副萼片披针形，比萼片短，均外面被白色绵毛；花瓣黄色，倒卵形，顶端微凹或圆钝，比萼片长；花柱近顶生，基部具乳头状膨大；柱头稍扩大。瘦果近肾形，直径约 1 mm；光滑。花果期 5–9 月。

分布与生境 产于黑龙江、吉林、辽宁、内蒙古、河北、山西、陕西、山东、河南、江苏、安徽、浙江、江西、湖北、湖南、四川、福建、台湾、广东。生于海拔 100–1850 m 的荒地、山谷、沟边、山坡草地、草甸及疏林下。也分布于日本、朝鲜。

药用部位 带根全草。

功效应用 清热解毒，止血，止痢，消肿。用于肺热咳嗽，肺痈，泄泻，疟疾，咳血，便血，崩漏，痈肿疮毒，瘰疬结核。

化学成分 根含鞣质类：仙鹤草素(agrimoniin)，英国栎素(pedunculagin)，水杨梅鞣质A (gemin A)，木麻黄鞣亭(casuarictin)，拟唢呐草素▲(tellimagrandin)[1]；三萜类：覆盆子酸(fupenzic acid)[2]；甾体类：β-谷甾醇，胡萝卜苷[2]等。

全草含三萜类：熊果酸(ursolic acid)，野鸦椿酸(euscaphic acid)，委陵菜酸(tormentic acid)，2α,3β-二羟基熊果酸(2α,3β-dihydroxyl-ursolic acid)[3]，3α,30-二羟基羽扇豆-20(29)-烯-27-酸[3α,30-dihydroxylup-20(29)-en-27-oic acid]，(20*S*)-3α,29-二羟基羽扇豆-27-酸[(20*S*)-3α,29-dihydroxylupan-27-oic acid][4]；鞣质类：鞣花酸-3-甲氧基-4'-*O*-α-吡喃鼠李糖苷(ellagic acid-3-methyl ether-4'-*O*-α-rhamnopyranoside)，鞣花酸-3,3',4-三甲基-4'-*O*-β-吡喃葡萄糖苷(ellagic acid-3,3',4-trimethyl ether-4'-*O*-β-glucopyranoside)[5]；黄酮类：槲皮素(quercetin)[5]，芹菜苷元(apigenin)，木犀草素（luteolin），山柰酚(kaempferol)[6]，银椴苷(tiliroside)[5]，槲皮苷(quercetrin)，刺蒺藜苷(tribuloside)，山柰酚-3-*O*-β-D-葡

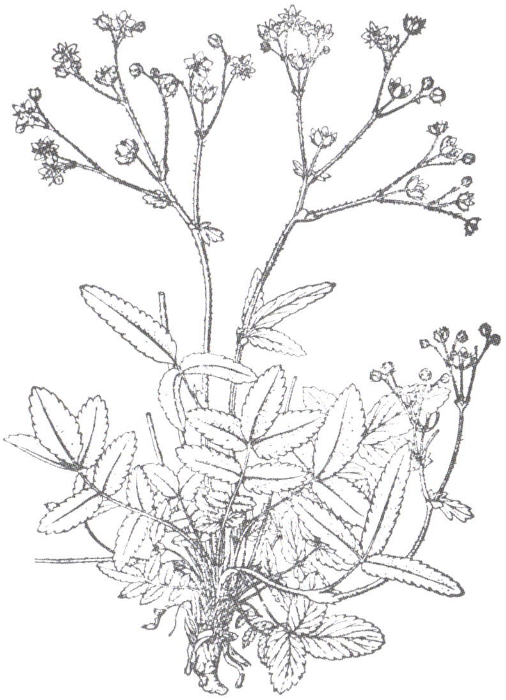

翻白草 **Potentilla discolor** Bunge
引自《中国高等植物图鉴》

翻白草 **Potentilla discolor** Bunge
摄影：徐克学

莓叶委陵菜 **Potentilla fragarioides** L.
摄影：周繇

山西、陕西、甘肃、山东、河南、安徽、江苏、浙江、福建、湖南、四川、云南、广西。生于海拔 350–2400 m 的草地、沟边、地边、灌丛及疏林下。也分布于日本、朝鲜、蒙古、俄罗斯西伯利亚。

药用部位 全草，根状茎及根。

功效应用 活血化瘀，养阴清热，益中气，补虚阴，止血。用于疝气，干血痨，妇科出血，肺结核咯血。

化学成分 地上部分含黄酮类：(+)-儿茶素[(+)-catechin]，槲皮苷(quercitrin)，异槲皮苷(isoquercitrin)，槲皮素-3-*O*-*β*-D-吡喃葡萄糖基-*β*-D-吡喃木糖苷(quercetin-3-*O*-*β*-D-glucopyranosyl-*β*-D-xylopyranoside)[1]；酚酸类：咖啡酸(caffeic acid)，4-*O*-咖啡酰基-L-苏阿糖酸(4-*O*-caffeoyl-L-threonic acid)[1]。

注评 本种为中国药典（1977 年版）收载"莓叶委陵菜"的基源植物，药用其干燥根及根状茎。瑶族、朝鲜族和彝族也药用，瑶族用全草治风湿痛、功能性子宫出血、风疹；朝鲜族用全草治痢疾、胃肠出血；彝族用全草治子宫功能性出血、疝气。

化学成分参考文献

[1] Choi YH, et al. *Saengyak Hakhoechi*, 1998, 29(2): 79-85.

9. 皱叶委陵菜（秦岭植物志） 钩叶委陵菜（中国高等植物图鉴）

Potentilla ancistrifolia Bunge in Mém. Acad. Imp. Sci. St.-Pétersbourg, Sér. 6, Sci. Math. 2: 99. 1833.（英 **Barbed leaf Cinquefoil**）

9a. 皱叶委陵菜（模式变种）

Potentilla ancistrifolia Bunge var. **ancistrifolia**

多年生草本。花茎直立，高 10–30 cm，被疏柔毛，上部有时混有腺毛。基生叶为羽状复叶，有小叶 2–4 对，下部一对常小形，连叶柄长 3–15 cm；叶柄被稀疏柔毛；基生叶托叶膜质；茎生叶托叶草质；小叶片椭圆形、长椭圆形或椭圆状卵形，长 1–4 cm，宽 0.5–1.5 cm，上面通常有明显皱褶，伏生疏柔毛，下面密被柔毛，沿脉伏生长柔毛，基部楔形或宽楔形，边缘有急尖锯齿，齿常粗大，先端急尖或圆钝。伞房状聚伞花序，顶生；花梗长 0.5–1 cm，密被长柔毛和腺毛；花直径 8–12 mm；萼片三角状卵形；副萼片窄披针形，均常带紫色，被疏柔毛；花瓣黄色；花柱近顶生。成熟瘦果表面有脉纹。花果期 5–9 月。

皱叶委陵菜 **Potentilla ancistrifolia** Bunge var. **ancistrifolia**
引自《中国高等植物图鉴》

皱叶委陵菜 **Potentilla ancistrifolia** Bunge var. **ancistrifolia**
摄影：林秦文

分布与生境 产于黑龙江、吉林、辽宁、河北、山西、陕西、甘肃、河南、湖北、四川。生于海拔 300–2400 m 的山坡草地、岩石缝中、多砂砾地及灌木林下。也分布于俄罗斯和朝鲜。

药用部位 全草。

功效应用 清热解毒，凉血止痛，止痢。用于赤痢腹痛，久痢不止，痔疮出血，痈肿疮毒。

9b. 薄叶委陵菜（变种）（中国植物志）

Potentilla ancistrifolia Bunge var. **dickinsii** (Franch. et Sav.) Koidz. in Bot. Mag. (Tokyo) 23: 177. 1909.（英 **Dickins Barbed Cinquefoil**）

本变种与模式变种区别在于基生叶有小叶 2–3 对，常混生有 3 小叶，小叶片两面被稀疏柔毛或脱落几无毛，上面不皱褶，下面网脉不明显突起，成熟瘦果光滑或脉纹不明显。花果期 6–9 月。

分布与生境 产于辽宁、河北、山西、陕西、甘肃、河南、安徽。生于海拔 200–2700 m 的山坡岩石缝中、沟边、草地及林下。也分布于日本。

药用部位 全草。

功效应用 清热解毒，凉血止痛。用于赤痢腹痛，久痢不止，痔疮出血，痈肿疮毒。

薄叶委陵菜 **Potentilla ancistrifolia** Bunge var. **dickinsii** (Franch. et Sav.) Koidz.
摄影：刘冰

10. 菊叶委陵菜（中国高等植物图鉴） 蒿叶委陵菜（东北草本植物志）

Potentilla tanacetifolia Willd. ex D. F. K. Schltdl. in Ges. Naturf. Freunde Berlin Mag. Neuesten Entdeck. Gesammten Naturk. 7: 286. 1816.（英 **Tansyleaf Cinquefoil**）

多年生草本。花茎直立或上升，高 15–65 cm，被长柔毛，短柔毛或卷曲柔毛并被稀疏腺毛。基生叶为羽状复叶，有小叶 5–8 对，连叶柄长 5–20 cm；基生叶托叶膜质，褐色，外被疏柔毛；茎生叶托叶草质，边缘深撕裂状；小叶片长圆形、长圆状披针形或长圆状倒披针形，长 1–5 cm，宽 0.5–1.5 cm，上面伏生疏柔毛或密被长柔毛或脱落几无毛，下面被短柔毛。伞房状聚伞花序，多花；花梗长 0.5–2 cm，被短柔毛；花直径 1–1.5 cm；萼片和副萼片外被短柔毛和腺毛；花瓣黄色；花柱近顶生，圆锥形；柱头稍扩大。瘦果卵球形，具脉纹。花果期 5–10 月。

菊叶委陵菜 **Potentilla tanacetifolia** Willd. ex D. F. K. Schltdl.
引自《中国高等植物图鉴》

分布与生境 产于黑龙江、吉林、辽宁、内蒙古、河北、山西、陕西、甘肃、山东。生于海拔 400–2600 m 的山坡草地、低洼地、砂地、草原、丛林边及黄土高原。也分布于俄罗斯西伯利亚、蒙古。

药用部位 全草。

功效应用 清热解毒，消炎止血。用于肠炎，痢疾，吐血，便血，崩漏带下，感冒，肺炎，疮痈肿毒。

化学成分 地上部分含黄酮类：3,3',4',5,7-五羟基黄酮-3-*O*-*α*-L-吡喃鼠李糖苷(3,3',4',5,7-pentahydroxyflavone-3-*O*-*α*-L-rhamnopyranoside)，3,4',5,7-四羟基黄酮-3-*O*-*α*-D-吡喃葡萄糖苷(3,4',5,7-tetrahydroxyflavone-3-*O*-*α*-D-glucopyranoside)[1]。

化学成分参考文献

[1] Fedoseeva GM. *Khim Prir Soedin*, 1979, 4: 576.

11. 腺毛委陵菜（中国高等植物图鉴） 粘萎陵菜（种子植物名录）

Potentilla longifolia Willd. ex D. F. K. Schltdl. in Ges. Naturf. Freunde Berlin Mag. Neuesten Entdeck. Gesammten Naturk. 7: 287. 1816.（英 **Longleaf Ginquefoil**）

多年生草本。花茎直立或微上升，高 30–90 cm，被短柔毛、长柔毛及腺毛。基生叶为羽状复叶，有小叶 4–5 对，连叶柄长 10–30 cm；叶柄被短柔毛、长柔毛和腺毛；小叶片长圆状披针形至倒披针形，长 1.5–8 cm，宽 0.5–2.5 cm，上面被疏柔毛或脱落无毛，下面被短柔毛和腺毛，沿脉疏生长柔毛，边缘有缺刻状锯齿，先端圆钝或急尖。伞房花序集生于花茎顶端，少花；花梗短；花直径 1.5–1.8 cm；萼片和副萼片外面密被短柔毛和腺毛；果时直立增大；花柱近顶生，圆锥形。瘦果近肾形或卵球形。花果期 7–9 月。

分布与生境 产于黑龙江、吉林、内蒙古、河北、山西、甘肃、青海、新疆、山东、四川、西藏。也分布于俄罗斯、蒙古、朝鲜。

药用部位 根、全草。

功效应用 清热解毒，收敛固脱。用于肠炎，痢疾，肺炎，咽喉炎，百日咳，功能性子宫出血，子宫脱垂。

注评 本种藏族药用，其全草治赤痢腹痛、痔疮出血、痈肿疮毒、胃肠炎。

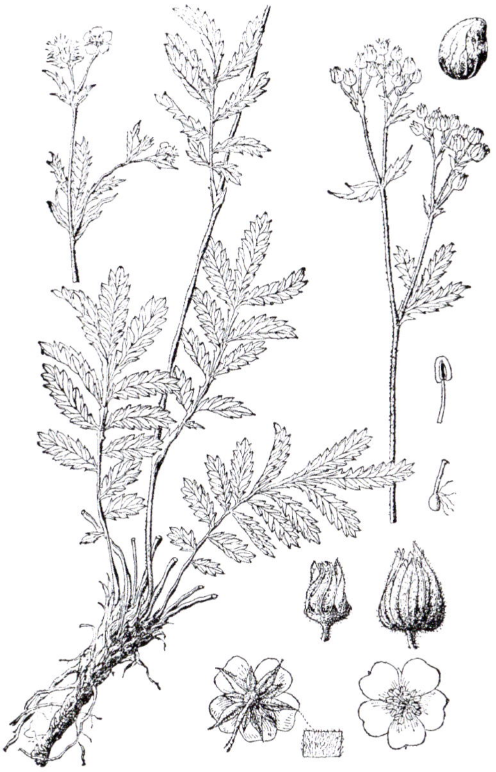

腺毛委陵菜 **Potentilla longifolia** Willd. ex D. F. K. Schltdl.
引自《内蒙古植物志》

腺毛委陵菜 **Potentilla longifolia** Willd. ex D. F. K. Schltdl.
摄影：林秦文

12. 蕨麻（中国植物志） 人参果、延寿草、蕨麻委陵菜（秦岭植物志），莲花菜、鹅绒委陵菜（中国高等植物图鉴）

Potentilla anserina L., Sp. Pl. 495. 1753.（英 **Silverweed Cinquefoil**）

12a. 蕨麻（模式变种）

Potentilla anserina L. var. **anserina**

多年生草本。茎匍匐，在节处生根，常着地长出新植物，外被伏生或半开展疏柔毛或脱落几无毛。基生叶为间断羽状复叶，有小叶 6–11 对，连叶柄长 2–20 cm，叶柄被伏生或半开展疏柔毛或脱落几无毛；小叶对生或互生，无柄或顶生小叶有短柄，最上面一对小叶基部下延与叶轴汇合，基部小叶渐小，呈附片状；小叶片椭圆形、倒卵状椭圆形或长椭圆形，长 1–2.5 cm，宽 0.5–1 cm，上面被疏柔毛或脱落几无毛，下面密被紧贴银白色绢毛，基部楔形或宽楔形，边缘有多数尖锐锯齿或呈裂片状，先端圆钝；茎生叶与基生叶相似，惟小叶对数较少。单花，腋生；花梗长 2.5–8 cm，被疏柔毛；花直径 1.5–2 cm；萼片三角形，顶端急尖或渐尖；副萼片椭圆形或椭圆状披针形，顶端常 2–3 裂，稀不裂，与萼片近等长或稍短；花瓣黄色，倒卵形，顶端圆形，比副萼片长 1 倍；花柱侧生，小枝状，柱头稍扩大。花果期 6–8 月。

分布与生境 产于黑龙江、吉林、辽宁、内蒙古、河北、山西、陕西、甘肃、宁夏、青海、新疆、四川、云南、西藏。生于海拔 500–4100 m 的河岸、路边、山坡草地及草甸。本种分布较广，横跨欧亚美三洲北半球温带以及南美智利、大洋洲新西兰及塔斯马尼亚岛等地。

药用部位 块根。

功效应用 健脾益胃，生津止渴，益气补血，利湿。用于脾虚腹泻，病后贫血，营养不良，风湿痹痛。

化学成分 花含黄酮类：草棉素-8-甲醚-3-*O*-*β*-D-槐糖苷(herbacetin 8-methyl ether-3-*O*-*β*-D-sophoroside)[1]。

幼时密被伏生柔毛，老时几无毛或中脉伏生柔毛，基部圆形或宽楔形，常偏斜，边缘有缺刻状急尖锯齿，每边 5–7 齿，先端圆钝。花 1–4 朵，顶生，疏散，组成伞房花序；花梗长 3–4 cm，伏生疏柔毛；花直径 1–1.3 cm；萼片卵状三角形；副萼片椭圆形或椭圆状披针形，全缘或有 2–3 齿，与萼片近等长；花瓣黄色；花柱侧生或近基生，小枝状，柱头扩大。花果期 8–9 月。

分布与生境 产于云南。生于海拔 2600–3600 m 的山坡草地或竹林边缘。

药用部位 全草。

功效应用 涩肠止泻，收敛，利湿，解毒，镇痛。用于痢疾，泄泻，风湿痛，关节屈伸不利、红肿疼痛。捣烂外敷治疔疮。

注评 本种傈僳族药用，其全草治痢疾、风湿痛。

14. 银叶委陵菜（中国高等植物图鉴） 锦线镖（四川）

Potentilla leuconota D. Don, Prodr. Fl. Nepal. 230. 1825.（英 **Silverleaf Cinquefoil**）

14a. 银叶委陵菜（模式变种）

Potentilla leuconota D. Don var. **leuconota**

多年生草本。茎粗壮；花茎直立或上升，高 10–45 cm，被伏生或微开展长柔毛。基生叶为间断羽状复叶，稀不间断，有小叶 10–17 对，连叶柄长 10–25 cm；叶柄被伏生或微开展长柔毛；基生叶托叶膜质，褐色，外被白色卷毛，茎生叶之托叶草质，边缘深撕裂状或有深齿；小叶片长圆形、椭圆形或椭圆卵形，长 0.5–3 cm，宽 0.3–1.5 cm，向下逐渐变小在基部多呈附片状，上面疏被伏生长柔毛或脱落几无毛，下面密被银白色绢毛，脉不明显，基部圆形或宽楔形，边缘有多数急尖或渐尖锯齿，先端圆钝或急尖。花序集生在花茎顶端，呈假伞形花序；花梗长 1.5–2 cm，密被白色伏生长柔毛；基部有叶状总苞；花直径 0.8 (–1) cm；萼片三角形，副萼片披针形或长圆状披针形，与萼片近等长，均外面被白色长柔毛；花瓣黄色；花柱侧生，小枝状，柱头扩大。瘦果光滑无毛。花果期 5–10 月。

分布与生境 产于甘肃、湖北、四川、云南、贵州、台湾。生于海拔 1300–4600 m 的山坡草地及林

银叶委陵菜 **Potentilla leuconota** D. Don var. **leuconota**
引自《中国高等植物图鉴》

银叶委陵菜 **Potentilla leuconota** D. Don var. **leuconota**
摄影：陈又生

下。也分布于不丹、尼泊尔、印度（锡金）。

药用部位 全草、根。

功效应用 清热解毒，止痢，止带。用于风热音哑，痰湿风邪，肺痈，腹痛下痢，妇女白带。

化学成分 根含三萜类：委陵菜酸(tormentic acid)[1]。

注评 本种彝族、傈僳族药用，彝族用其全草治肺痈、风热声哑、痢疾、妇女白带；傈僳族用根治风热声哑、湿痰风邪、腹痛下痢、妇女白带。

化学成分参考文献

[1] 赵晓霞，等. 发明专利申请公开说明书，2008:9, CN 101172109, A 20080507.

14b. 脱毛银叶委陵菜（变种）（中国植物志）

Potentilla leuconota D. Don var. **brachyphyllaria** Cardot in Notul. Syst. (Paris) 3: 241. 1914.（英 **Hairless Silverleaf Cinquefoil**）

本变种与模式变种不同在于植株纤细矮小，间断羽状复叶，有小叶 9–12 对，间距不超过 5 mm；小叶片卵形，边缘有 4–6 尖锐锯齿，下面绿色，仅沿脉被紧贴白色绢毛。花果期 7–8 月。

分布与生境 产于四川、云南。生于海拔 3600–4200 m 的溪边、高山草地及峭壁上。

药用部位 根。

功效应用 用于腰痛。

15. 总梗委陵菜（中国植物志） 大理人参果、白地榆（云南）

Potentilla peduncularis D. Don, Prodr. Fl. Nepal. 230. 1825.（英 **Puduncle Cinquefoil**）

15a. 总梗委陵菜（模式变种）

Potentilla peduncularis D. Don var. **peduncularis**

多年生草本。花茎直立或上升，高 10–35 cm，被伏生长柔毛或绢毛。基生叶为间断羽状复叶，稀不间断，有小叶 10–21 对，间距 0.5–0.8 cm，连叶柄长 15–25 cm，叶柄被伏生长柔毛或绢毛；基生叶托叶膜质；茎生叶之托叶草质；小叶片长圆形、长圆状披针形或卵状披针形，长 0.5–3 cm，宽 0.3–1 cm，自顶端向基部逐渐缩小，基部小叶呈附片状，上面疏被伏生长柔毛，下面密被银白色或淡黄色绢毛，基部圆形，稀宽楔形，边缘有多数尖锐锯齿，齿尖如毛笔状，先端急尖至渐尖。伞房状聚伞花序；花梗长 2–3 cm，被柔毛；花直径 1.5–2.5 cm；花瓣黄色；花柱侧生，小枝状。花果期 5–10 月。

总梗委陵菜 **Potentilla peduncularis** D. Don var. **peduncularis**
摄影：陈又生

分布与生境 产于云南、西藏。生于海拔 3000–4000 m 的高山草地、砾石坡及林下。也分布于缅甸、不丹和印度（锡金）。

药用部位 全草、根。

功效应用 全草：健脾止泻，收敛止血，活络定痛。用于慢性胃肠炎，腹泻，消化不良，月经不调，产后流血不止，鼻出血，跌打损伤。根：清热利湿，消肿。用于风热音哑，腹痛下痢，水肿，带下病。

15b. 疏叶总梗委陵菜（变种）（中国植物志）

Potentilla peduncularis D. Don var. **elongata** T. T. Yü et C. L. Li in Acta Phytotax. Sin. 18: 8. 1980.（英 **Elongate Peduncle Cinquefoil**）

本变种与模式变种区别在于羽状复叶有小叶 15–18 对，间距 1–2.5 cm，连叶柄长 20–30 cm；小叶片椭圆形或宽卵形，下面被极薄一层紧贴白色绢毛，侧脉不明显；茎生托叶膜质，褐色，全缘，稀顶端分裂。果期 8 月。

分布与生境 产于云南。生于海拔 2500–3000 m 的高山草甸、砾石坡上。

药用部位 根。

功效应用 清热利湿，消肿，用于风热音哑，腹痛，下痢，水肿，带下病。

16. 西南委陵菜（中国植物志） 地槟榔、管仲（云南），银毛委陵菜（中国植物志）

Potentilla lineata Trevir., Index Seminum Hort. Vratislav. 1822.——*P. fulgens* Wall. ex Hook., *P. siemersiana* Lehm.（英 **Xi-nan Cinquefoil**）

多年生草本；根圆柱形。花茎直立或上升，高 10–60 cm，密被开展长柔毛及短柔毛。基生叶为间断羽状复叶，有小叶 6–13 (–15) 对，连叶柄长 6–30 cm；叶柄密被开展长柔毛及短柔毛；基生叶托叶膜质，褐色，外被长柔毛；茎生叶托叶草质，下面被白色绢毛，上面被长柔毛，边缘有锐锯齿；小叶片倒卵长圆形或倒卵椭圆形，长 1–6.5 cm，宽 0.5–3.5 cm，上面绿色或暗绿色，伏生疏柔毛，下面密被白色绢毛及绒毛，基部楔形或宽楔形，边缘有多数尖锐锯齿，先端圆钝；茎生叶与基生叶相似，但上部小叶对数减少。伞房状聚伞花序顶生，花直径 1.2–1.5 cm；萼片三角状卵形，外面绿色，被长柔毛；副萼片椭圆形，全缘，外面密生白色绢毛，与萼片近等长；花瓣黄色，先端圆钝，比萼片稍长；花柱近基生，两端渐狭，中间粗；子房无毛。瘦果光滑。花果期 6–10 月。

分布与生境 产于湖北、四川、贵州、云南、广西。生于海拔 1100–3600 m 的山坡草地、灌丛、林缘及林中。也分布于印度（锡金）、尼泊尔。

药用部位 根或带根的全草。

西南委陵菜 **Potentilla lineata** Trevir.
引自《中国高等植物图鉴》

西南委陵菜 **Potentilla lineata** Trevir.
摄影：陈彬

功效应用 清热解毒，涩肠止泻，凉血止血。用于赤白下痢，肠炎腹泻，肠风下血，肺结核咯血，吐血，衄血，崩漏带下，外伤出血，疔疮，烫烧伤。

化学成分 根含黄酮类：西南委陵菜双黄酮(potifulgene)，表儿茶素(epicatechin)[1]。

药理作用 降血糖作用：根的甲醇粗提物对正常小鼠血糖和四氧嘧啶所致高血糖均有降低作用，且效果持久[1]。

抑菌作用：全草、根、叶的水煎剂对大肠埃希菌、志贺痢疾杆菌、金黄色葡萄球菌均有抑菌作用，不同的入药部位均对大肠埃希菌的作用最强，对志贺痢疾杆菌的作用次之，金黄色葡萄球菌的作用最弱[2]。

注评 本种白族、景颇族、阿昌族、德昂族、傣族、佤族、彝族、拉祜族、傈僳族和基诺族药用，主要用根或带根全草治胃痛、消化道出血、鼻出血、痢疾、腹泻、消化不良、痛经、外伤出血等；藏族用全草治各种出血性热病、痢疾、无名肿痛。

化学成分参考文献

[1] Jaitak V, et al. *J Food Comp Anal*, 2010, 23(2): 142-147.

药理作用及毒性参考文献

[1] Syiem D, et al. *J Ethnopharmacol*, 2002, 83(1-2): 55-61.

[2] 向红，等. 贵州师范大学学报 (自然科学版), 2003, 21(2): 55-57.

17. 腺粒委陵菜（植物分类学报）

Potentilla granulosa T. T. Yü et C. L. Li in Acta Phytotax. Sin. 18(1): 11, Pl. 4: 1. 1980.

（英 **Graing Cinquefoil**）

多年生草本；根圆柱形。花茎直立或上升，高 10–20 cm，被疏柔毛、短柔毛及腺毛。基生叶为羽状复叶，有小叶 4–8 对，连叶柄长 4–10 cm；叶柄被疏柔毛、短柔毛和腺毛；基生叶之托叶膜质，深褐色，外被疏柔毛、短柔毛及腺体；茎生叶托叶草质，绿色，全缘或 1–2 裂，顶端渐尖，外面被疏柔毛及腺体；小叶片椭圆形、长圆形或长圆状披针形，长 1–2 cm，宽 0.5–1 cm，上面被疏柔毛及颗粒状腺体，下面被短柔毛及颗粒状腺体，边缘羽状深裂几达中脉，裂片带形，先端圆钝；茎生叶与基生叶相似，向上小叶片减少至 2 对。伞房状聚伞花序疏散，花梗长 1–3.5 cm，被短柔毛及腺毛；花直径约 1.5 cm；萼片三角状卵形，先端急尖；副萼片椭圆状披针形，先端急尖或圆钝，与萼片近等长或稍短，外被疏柔毛及粒状腺体；花瓣黄色，宽倒卵形，顶端凹，比萼片长 0.5–1 倍；花柱基部膨大，柱头扩大。花期 7–8 月。

分布与生境 产于四川、西藏。生于海拔 3400–4200 m 的高山草地。

药用部位 全草。

功效应用 用于血管硬化症。

腺粒委陵菜 **Potentilla granulosa** T. T. Yü et C. L. Li
刘春荣 绘

腺粒委陵菜 **Potentilla granulosa** T. T. Yü et C. L. Li
摄影：童毅华

18. 绢毛委陵菜（中国植物志） 白毛小委陵菜（东北植物检索表），毛叶委陵菜（东北草本植物志）

Potentilla sericea L., Sp. Pl. 495. 1753.（英 **Silky Cinquefoil**）

多年生草本；根圆柱形。花茎直立或上升，高 5–20 cm，被开展白色绢毛或长柔毛。基生叶为羽状复叶，有小叶 3–6 对，连叶柄长 3–8 cm；叶柄被开展白色绢毛或长柔毛；基生叶托叶膜质，褐色，外被卷毛或长柔毛；茎生叶托叶草质，绿色，卵形，顶端渐尖，边缘锐裂稀全缘，外被长柔毛；小叶片长圆形，上部小叶比下部小叶大，长 0.5–1.5 cm，宽 3–8 mm，上面绿色，伏毛绢毛，下面密被白色绒毛，绒毛上密盖一层白色绢毛，边缘羽状深裂，裂片带形，呈篦齿排列，反卷，先端急尖或圆钝。聚伞花序疏散；花梗长 1–2 cm，密被短柔毛及长柔毛；花直径 0.8–2.2 cm；萼片三角状卵形，顶端急尖；副萼片披针形，顶端圆钝，比萼片稍短，稀近等长；花瓣黄色，倒卵形，顶端凹；花柱近顶生，基部膨大。瘦果长圆卵形，有皱纹。花果期 5–9 月。

分布与生境　产于黑龙江、吉林、内蒙古、甘肃、青海、新疆、西藏。生于海拔 600–4100 m 的山坡草地、砂地、草原、河漫滩及林缘。也分布于俄罗斯、蒙古。

药用部位　全草。

功效应用　补肾壮阳，止血止痢，解毒。用于妇女崩带，男子阳弱症，阳痿，遗精，腰膝酸软。

19. 多裂委陵菜（中国植物志） 细叶委陵菜（东北植物检索表），白马肉（甘肃）

Potentilla multifida L., Sp. Pl. 496. 1753.（英 **Mang-cleft Cinquefoil**）

多年生草本。花茎上升，稀直立，高 12–40 cm，被紧贴或开展短柔毛或绢状柔毛。基生叶为羽状复叶，有小叶 3–5 (–6) 对，连叶柄长 5–17 cm；叶柄被紧贴或开展短柔毛；小叶片长椭圆形或宽卵形，长 1–5 cm，宽 0.8–2 cm，上面伏生短柔毛，稀脱落几无毛，下面被白色绒毛，沿脉伏生绢状长柔毛，边缘向下反卷，羽状深裂几达中脉，裂片带形或带状披针形，先端舌状或急尖。花序为伞房状聚伞花序，花后花梗伸长疏散；花梗长 1.5–2.5 cm，被短柔毛；花直径 1.2–1.5 cm；萼片和副萼片外面伏生长柔毛；花瓣黄色；花柱圆锥形，近顶生。花期 5–8 月。

分布与生境　产于黑龙江、吉林、辽宁、内蒙古、河北、陕西、甘肃、青海、新疆、四川、云南、西藏。生于海拔 1200–4300 m 的山坡草地、沟谷及林缘。也广布于北半球欧、亚、美三洲。

药用部位　全草。

功效应用　止血，利湿热，杀虫。用于外伤出血，功能性子宫出血，崩漏，肝炎，蛲虫病。

多裂委陵菜 **Potentilla multifida** L.
摄影：刘冰

化学成分 全草含黄酮类：芹菜苷元(apigenin)，木犀草素(luteolin)，金圣草酚(chrysoeriol)，山柰酚(kaempferol)，槲皮素(quercetin)，刺蒺藜苷(tribuloside)，金丝桃苷(hyperin; hyperoside)，刺槐素-7-*O*-α-L-吡喃鼠李糖基-(1'''→6'')-β-D-吡喃葡萄糖苷[acacetin-7-*O*-α-L-rhamnopyranosyl-(1'''→6'')-β-D-glucopyranoside][1]，芹菜苷元-6-*C*-吡喃阿拉伯糖基-8-*C*-吡喃葡萄糖苷(apigenin-6-*C*-arabinopyranosyl-8-*C*-glucopyranoside)，高黄芩苷A (scutellarin A; apigenin-7-*O*-β-D glucuronoside)，木犀草素-7-*O*-β-D-葡萄糖醛酸苷(luteolin-7-*O*-β-D-glucuronide)[2]，槲皮素-3-*O*-β-D-吡喃葡萄糖苷(quercetin-3-*O*-β-D-glucopyranoside)，木犀草素-7-*O*-β-D-葡萄糖醛酸苷(luteolin-7-*O*-β-D-glucuronide)[3]；三萜类：熊果酸(ursolic acid)，2α,3β-二羟基熊果酸(2α,3β-dihydroxylursolic acid)[1]，野鸦椿酸(euscaphic acid)，委陵菜酸(tormentic acid)，3β,24-二羟基熊果-12-烯(3β,24-dihydroxylurs-12-ene)，3β-羟基熊果酸(3β-hydroxylursolic acid)，2α,3α,19α-三羟基熊果酸(2α,3α,19α-trihydroxylursolic acid)，2α,3β,19α-三羟基熊果酸(2α,3β,19α-trihydroxylursolic acid)，表常春藤皂苷元(epihedaragenin)[4]；鞣质类：鞣花酸-3,3'-二甲醚-4-*O*-β-D-吡喃木糖苷(ellagic acid-3,3'-dimethyl ether-4-*O*-β-D-xylopranoside)，鞣花酸-3,3'-二甲醚-4-*O*-β-D-吡喃葡萄糖苷(ellagic acid-3,3'-dimethyl ether-4-*O*-β-D-glucopranoside)[1]；大柱香波龙烷类：淫羊藿次苷B_1 (icariside B_1)，长春花苷(roseoside)，(6*S*,7*E*,9*R*)-催吐萝芙木醇-9-*O*-β-D-吡喃木糖-(1→6)-*O*-β-D-葡萄糖苷[(6*S*,7*E*,9*R*)-vomifoliol-9-*O*-β-D-xylopyranosyl-(1→6)-*O*-β-D-glucopyranoside][5]；酚酸类：鞣花酸-3,3'-二甲醚(ellagic acid-3,3'-dimethyl ether)，鞣花酸-3,3',4-三甲醚(ellagic acid-3,3',4-trimethyl ether)[1]；核苷类：腺苷(adenosine)[2]。

化学成分参考文献

[1] Xue PF, et al. *Biochem Syst Ecol*, 2005, 33(7): 725-728.

[2] Xue PF, et al. *J Chin Pharm Sci*, 2005, 14(2): 86-88.

[3] Xue PF, et al. *J Chromatogr Sci*, 2007, 45(4): 216-219.

[4] 薛培凤，等．北京大学学报（医学版），2004, 36(1): 21-23.

[5] 薛培凤，等．中国中药杂志，2005, 30(13): 983-986.

20. 大萼委陵菜（中国植物志） 白毛委陵菜（东北植物检索表），大头委陵菜（东北草本植物志）

Potentilla conferta Bunge in Ledeb., Fl. Alt. 2:240. 1830.（英 **Largecalyx Cinquefoil**）

多年生草本。花茎直立或上升，高 20–45 cm，外被短柔毛及开展白色绢状长柔毛，毛长可达 3–4 mm。基生叶为羽状复叶，有小叶 3–6 对，连叶柄长 6–20 cm；叶柄被短柔毛及开展白色绢状长

23. 下江委陵菜（中国植物志） 浮尸草（四川）

Potentilla limprichtii J. Krause in Repert. Spec. Nov. Regni Veg. Beih. 12: 408. 1922.（英 **Limpricht Cinquefoil**）

多年生草本。花茎纤弱，基部弯曲上升，稀铺散，高 15–30 cm，被疏柔毛及稀疏绵毛，下部常脱落几无毛。基生叶为羽状复叶，有小叶 4–8 对，连叶柄长 6–20 cm；叶柄被疏柔毛及少数白色绵毛，常脱落几无毛；小叶片卵形、椭圆卵形或长圆状倒卵形，长 1–2.5 cm，宽 0.5–1.5 cm，上面伏生疏柔毛或脱落几无毛，下面被灰白色绵毛及疏柔毛，基部楔形或宽楔形，边缘前部有 4–7 个齿牙状裂片或锯齿。花序疏散，花数朵，花梗长 3–4 cm，疏被柔毛或绵毛；花直径 1–1.5 cm；萼片和副萼片外面被疏柔毛及白色绵毛；花瓣黄色；花柱近顶生。花果期 10 月。

分布与生境 产于四川、湖北、江西、广东。生于河边、沟边石缝中。也分布于越南。

药用部位 全草。

功效应用 补虚，敛汗，止血。用于久病体虚，阴虚盗汗，男子弱症，女子干病，崩漏，带下。

下江委陵菜 **Potentilla limprichtii** J. Krause
吴彰桦 绘

24. 轮叶委陵菜（中国植物志） 轮叶萎陵菜（东北植物检索表）

Potentilla verticillaris Stephan ex Willd., Sp. Pl. 2: 1096. 1799.（英 **Whorled Cinquefoil**）

多年生草本。花茎丛生，直立，高 5–16 cm，被白色绒毛及长柔毛。基生叶有小叶 3–5 对；小叶片羽状深裂或掌状深裂几达中轴形成假轮状，下部小叶片比上部小叶片稍短，裂片带形或窄带形，通常长 0.5–3 cm，宽 1–3 mm，上面疏被柔毛或脱落几无毛，下面被白色绒毛，沿脉疏被白色长柔毛，基部楔形，边缘反卷，先端急尖或圆钝。聚伞花序疏散，少花；花梗长 1–1.5 cm，外被白色绒毛；花直径 0.8–1.5 cm；萼片和副萼片外被白色绒毛及长柔毛；花瓣黄色；花柱近顶生，基部膨大。花果期 5–8 月。

分布与生境 产于黑龙江、吉林、内蒙古、河北。生于海拔 600–1900 m 的干旱山坡、河滩沙地、草原及灌丛下。也分布于俄罗斯西伯利亚、蒙古、朝鲜和日本。

药用部位 全草。

功效应用 清热解毒，凉血止痛。用于赤痢腹痛，久痢不止，痔疮出血，痈肿疮毒。

轮叶委陵菜 **Potentilla verticillaris** Stephan ex Willd.
冀朝祯 绘

轮叶委陵菜 **Potentilla verticillaris** Stephan ex Willd.
摄影：刘冰

25. 星毛委陵菜（东北植物检索表） 无茎萎陵菜（东北草本植物志）

Potentilla acaulis L., Sp. Pl. 500. 1753.（英 **Stemless Cinquefoil**）

多年生草本，高 2–15 cm。花茎丛生，密被星状毛及开展微硬毛。基生叶为掌状 3 出复叶，连叶柄长 1.5–7 cm；叶柄密被星状毛及开展微硬毛；基生叶托叶膜质，茎生叶托叶草质，均被星状毛及开展微硬毛；小叶片常有短柄及近无柄，倒卵状椭圆形或菱状倒卵形，长 0.8–3 cm，宽 0.4–1.5 cm，两面密被星状毛及开展微硬毛，下面沿脉较密，基部楔形，边缘每边有 4–6 个圆钝锯齿，先端圆钝。花 1–2，顶生或 2–5 组成聚伞花序；花梗长 1–2 cm，密被星状毛及疏柔毛；花直径约 1.5 cm；萼片和副萼片外面密被星状毛及疏柔毛；花瓣黄色；花柱近顶生；柱头微扩大。瘦果近肾形，直径约 1 mm。花果期 4–8 月。

分布与生境 产于黑龙江、内蒙古、河北、山西、陕西、甘肃、青海、新疆。生于海拔 580–3000 m 的山坡草地、砂原草滩、黄土坡、多砾石瘠薄山坡。也分布于俄罗斯、蒙古。

药用部位 全草。

功效应用 清热解毒，止血，止痢。

星毛委陵菜 **Potentilla acaulis** L.
引自《中国高等植物图鉴》

28. 三叶委陵菜（中国高等植物图鉴） 三张叶（陕西）

Potentilla freyniana Bornm. in Mitt. Thür. Bot. Ver. N. F. 20:12. 1904.（英 **Freyn Cinquefoil**）

28a. 三叶委陵菜（模式变种）

Potentilla freyniana Bornm. var. **freyniana**

多年生草本；根簇生；有纤匍枝或不明显。花茎纤细，直立或上升，高 8–25 cm，被平铺或开展疏柔毛。基生叶为掌状 3 出复叶，连叶柄长 4–30 cm；小叶片长圆形、卵形或椭圆形，两面疏生平铺柔毛，下面沿脉较密，基部楔形或宽楔形，边缘有急尖锯齿，先端急尖或圆钝；托叶膜质，褐色，外面被稀疏长柔毛；茎生叶 1–2，与基生小叶片相似，但叶柄短；托叶草质，绿色，边有缺刻状锯齿，有疏长柔毛。伞房状聚伞花序，顶生，多花，松散；花梗纤细，长 1–1.5 cm，被疏柔毛；花直径 0.8–1 cm；萼片三角状卵形，先端渐尖，副萼片披针形，顶端渐尖，与萼片近等长，外面均被平铺柔毛；花瓣淡黄色，长圆状倒卵形，先端微凹或圆钝；花柱近顶生，上部粗，基部细。瘦果卵球形，直径 0.5–1 mm，表面有显著脉纹。花果期 3–6 月。

三叶委陵菜 **Potentilla freyniana** Bornm. var. **freyniana**
引自《中国高等植物图鉴》

分布与生境 产于黑龙江、吉林、辽宁、河北、山西、山东、陕西、甘肃、湖北、湖南、浙江、江西、福建、四川、贵州、云南。生于海拔 300–1200 m 的山坡草地、溪边及疏林下阴湿处。也分布于俄罗斯、日本和朝鲜。

药用部位 根、全草。

功效应用 清热解毒，敛疮止血，散瘀止痛。用于咳喘，痢疾，肠炎，痈肿疔疮，烧、烫伤，口舌生疮，骨髓炎，骨结核，瘰疬，痔疮，毒蛇咬伤，崩漏，月经过多，产后出血，外伤出血，胃痛，牙痛，胸骨痛，腰痛，跌打损伤。

化学成分 根状茎含三萜类：委陵菜酸(tormentic acid)，野鸦椿酸(euscaphic acid)，19α-羟基积雪草酸(19α-hydroxyasiatic acid)，万花酸▲(myrianthic acid)，β-白桦脂酸(β-betulinic acid)，麦珠子酸(alphitolic acid)，3-表麦珠子酸(3-epialphitolic acid)，鞘蕊花酸(coleonolic acid)，野蔷薇酸(rosamultic acid)[1]；甾体类：β-谷甾醇，胡萝卜苷[2]。

药理作用 保肝作用：三叶委陵菜能降低四氯化碳所致小鼠急性肝损伤血清丙氨酸转氨酶、天冬氨酸转氨酶和肝脂质过氧化物含量[1]。

抑菌作用：三叶委陵菜乙酸乙酯萃取物对致龋齿菌中的变形链球菌和茸毛球菌均有抑菌作用，MIC 分别为 1.5 mg/ml、3.0 mg/ml[2]。

抗病毒作用：三叶委陵菜根乙醇提取醋酸乙酯萃取物有抗带状疱疹病毒作用，表现在药物浓度增加，抗病毒指数增加，病毒感染性下降，显示量效关系。与阳性对照药物阿昔洛韦比较，有类似的抗病毒作用。三叶委陵菜根在 300 μg/ml 时，抗病毒效率与 80 μg/ml 的阿昔洛韦相似，经过初步分离及鉴定可知三叶委陵菜根乙醇提取醋酸乙酯萃取物主要化学成分为三萜类化合物[3]。

抗氧化作用：提取物具有抑制黄嘌呤氧化酶和脂氧化酶作用。可清除 ABTS 自由基正离子和降低 COX-2 基因的表达[4]。

注评 本种侗族、布依族、苗族、土家族、瑶族和壮族药用，主要用根治肠炎、腹泻、痢疾，布依族还用根治虚弱、咳嗽、盗汗、喘息、血痢，土家族、瑶族换用鲜品捣烂外敷用于蛇咬伤、外伤出血、

三叶委陵菜 **Potentilla freyniana** Bornm. var. **freyniana**
摄影：周繇

烫伤，鲜品嚼含治牙痛；朝鲜族用根治胃肠出血、骨髓炎。

化学成分参考文献

[1] Wu XH, et al. *Biochem Syst Ecol*, 2009, 37(4): 509-511.

[2] 蔡玉华，等. 武汉理工大学学报，2005, 27(9): 32-33, 63.

药理作用及毒性参考文献

[1] 边可君，等. 时珍国医国药，2001, 12(4): 294-295.

[2] 罗新舟，等. 湖北中医杂志，2008, 30(2): 61-62.

[3] 刘梁，等. 时珍国医国药，2006, 17(8): 1484-1485.

[4] Chen K, et al. *J Ethnopharmacol*, 2005, 96(1-2): 201-205.

28b. 中华三叶委陵菜（变种）（中国植物志） 三叶委陵菜（江苏南部种子植物手册），地蜂子

Potentilla freyniana Bornm. var. **sinica** Migo in Shangh. Sizerk. Iho. 14: 310. 1944.（英 **Chinese Freyn Cinquefoil**）

本变种不同于模式变种在于茎和叶柄上被开展柔毛较密；小叶片两面被开展或微开展柔毛，尤其沿脉较密；小叶片菱状卵形或宽卵形，边缘有圆钝锯齿；花茎或纤匐枝上托叶卵形，全缘，极稀顶端2裂。花果期4–5月。

分布与生境 产于江苏、安徽、浙江、江西、湖北、湖南。生于海拔600–800 m草丛中及林下阴湿处。

药用部位 根、全草。

功效应用 清热解毒，敛疮止血，散瘀止痛。用于咳喘，痢疾，肠炎，痈肿疔疮，烧、烫伤，口舌生疮，骨髓炎，骨结核，瘰疬，痔疮，毒蛇咬伤，崩漏，月经过多，产后出血，外伤出血，胃痛，牙痛，胸骨痛，腰痛，跌打损伤。

药理作用 镇痛作用：采用热板法实验，中华三叶委陵菜乙醇提取物(0.5–2.5 g/kg)灌胃给药15 min、30 min、60 min、90 min后，小鼠的痛阈均明显延长，其中灌胃2.5 g/kg提取物90 min后的镇痛效应比氨基比林(100 mg/kg肌内注射)的明显。在对非甾体抗炎药敏感的扭体法中，灌胃不同剂量的三叶委陵菜醇提物(0.5–2.5 g/kg)均能抑制0.7%醋酸引起的扭体反应[1]。

抗细菌作用：中华三叶委陵菜叶的乙醇提取物对革兰阳性细菌（金黄色葡萄球菌、粪肠球菌），革兰阴性细菌（大肠埃希菌、肺炎克雷伯菌、铜绿假单胞菌、奇异变形杆菌），产芽胞细菌（枯草芽孢杆菌、蜡状芽孢杆菌）和白念珠菌具有明显的抑制作用[2]。

注评 本种侗族、布依族、苗族、土家族、瑶族和壮族药用，瑶族、水族、土家族、壮族主要用其根

中华三叶委陵菜 **Potentilla freyniana** Bornm. var. **sinica** Migo
摄影：黄健

治痢疾；侗族用根或全草治疗腹泻、痢疾、肠炎，苗族根治肠炎、痢疾、毒蛇咬伤、呕吐、骨折等，布依族用根治虚弱、咳嗽、盗汗、喘息、血痢，全草或根用于治指头炎、肠炎、痢疾。

药理作用及毒性参考文献

[1] 边可君，等．江苏临床医学杂志，2002, 6(3): 200-203.
[2] Jurkštienė V, et al. *Medicina (Kaunas)*, 2011, 47(3): 174-179.

29. 曲枝委陵菜（中国植物志） 匐枝委陵菜（东北草本植物志）

Potentilla yokusaiana Makino in Bot. Mag. (Tokyo) 142. 1910.（英 **Yokusa Cinquefoil**）

多年生草本；有匐匐枝，匍匐枝常弯曲成膝状，在节处生根长出新植物。基生叶为 3 出掌状复叶，稀叶柄上有 1–2 个极小的附片，连叶柄长 4–7 cm；叶柄被稀疏开展长柔毛；小叶片菱状卵形、菱状倒卵形或广椭圆形，长 1–3.5 cm，宽 1–2 cm，上面被稀疏开展长柔毛，边缘有多数卵形条裂状锯齿，间或杂有重锯齿，齿端尖锐，先端急尖，稀圆钝；匍匐枝上的叶与基生叶相似；花茎上升，1–2 小叶退化、缩小。伞房花序顶生，有花 6–8 朵；花直径 1.5–2 cm；花瓣黄色；花柱近顶生，基部细，柱头头状扩大。花果期 5 月。

曲枝委陵菜 **Potentilla yokusaiana** Makino
引自《东北植物检索表》

分布与生境　产于辽宁。生于山坡灌丛中及山坡林缘。也分布于日本和朝鲜。

药用部位　全草。

功效应用　用于痢疾，腹泻。

30. 白萼委陵菜（中国植物志） 白叶委陵菜（东北草本植物志）

Potentilla betonicifolia Poir. in Lam., Encycl. 5: 601. 1804.（英 **Whitecalyx Cinquefoil**）

多年生草本；根木质化，圆柱形。花茎直立或上升，高 8–16 cm，初被白色绒毛，以后脱落无毛。基生叶为掌状 3 出复叶，连叶柄长 5–12 cm；叶柄幼时被白色绒毛，以后脱落无毛；基生叶托叶膜质，褐色，外被白色绢状长柔毛；茎生叶托叶很小，草质，呈苞片状。小叶片草质，长圆状披针形或卵状披针形，长 1–5 cm，宽 0.5–1.5 cm，上面初被白色绒毛，以后脱落，下面密被白色绒毛，沿中脉被稀疏绢状柔毛，基部楔形或近圆形，边缘有圆钝或急尖粗大锯齿，先端急尖；茎生叶不发达，呈苞片状。聚伞花序圆锥状，多花，疏散；花梗长 1–1.5 cm，被白色绒毛；花直径约 1 cm；萼片三角状卵形；副萼片披针形或椭圆形，比萼片短或近等长，均外被白色绒毛及疏柔毛；花瓣黄色，倒卵形，顶端圆钝；花柱近顶生，基部膨大，柱头略扩大。瘦果有脉纹。花果期 5–6 月。

分布与生境　产于黑龙江、吉林、辽宁、内蒙古、河北。生于海拔 700–1600 m 的山坡草地及岩石缝间。也分布于俄罗斯、蒙古。

药用部位　全草。

功效应用　消肿利水。用于火泛肌肤，身目具肿，各种水肿，小便短少，大腹胀满，腹水症。

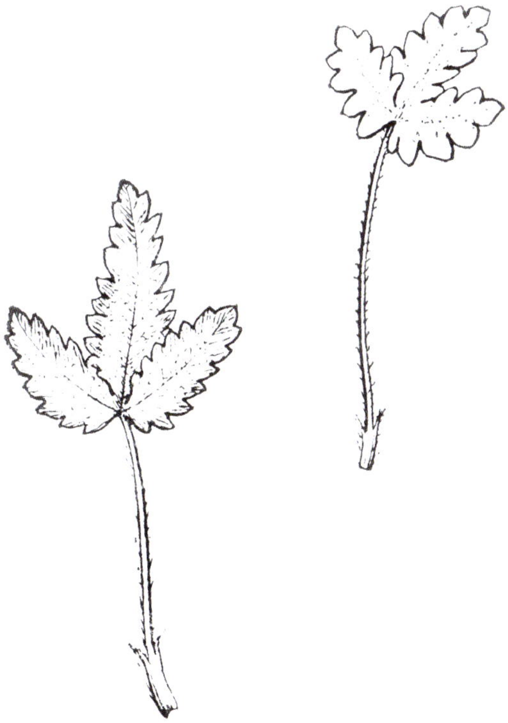

白萼委陵菜 **Potentilla betonicifolia** Poir.
吴彰桦　绘

白萼委陵菜 **Potentilla betonicifolia** Poir.
摄影：刘冰

31. 雪白委陵菜（中国高等植物图鉴） 白萎陵菜（东北植物检索表），假雪委陵散（东北草本植物志）

Potentilla nivea L., Sp. Pl. 499. 1753.（英 **Snow White Cinquefoil**）

多年生草本。花茎直立或上升，高 5–25 cm。基生叶为掌状 3 出复叶，连叶柄长 1.5–8 cm；叶柄被白色绒毛；基生叶托叶膜质，褐色；外面被疏柔毛或脱落近无毛；茎生叶托叶草质，下面密被白色绒毛。小叶片卵形、倒卵形或椭圆形，长 1–2 cm，宽 0.8–1.3 cm，上面被伏生柔毛，下面被雪白色绒毛，脉不明显。聚伞花序顶生，少花，稀单花；花梗长 1–2 cm，被白色绒毛；花直径 1–1.8 cm；萼片和副萼片外被平铺绢状柔毛；花瓣黄色；花柱近顶生，基部膨大。瘦果光滑。花果期 6–8 月。

分布与生境　产于吉林、内蒙古、山西、新疆。生于海拔 2500–3200 m 的高山灌丛边、山坡草地及沼

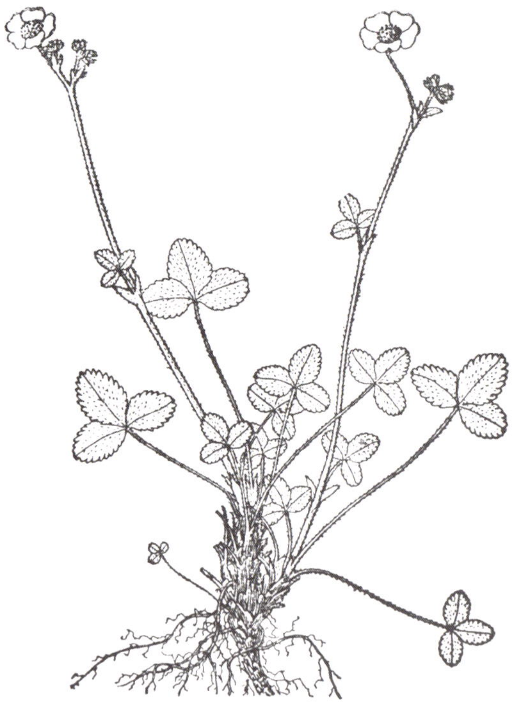

雪白委陵菜 **Potentilla nivea** L.
引自《中国高等植物图鉴》

雪白委陵菜 **Potentilla nivea** L.
摄影：林秦文

泽边缘。也分布于欧洲至俄罗斯西伯利亚、朝鲜和日本。本种在国外分布甚广。

药用部位　全草、根。

功效应用　清热解毒，补虚止痛，止血止痢。用于吐血，咯血，便血，崩漏，痢疾，急性肠炎，小儿消化不良，腹泻，肝炎，高血压，发热，类风湿关节炎，咽喉炎，百日咳，子宫出血，月经不调，疝痛。外用于外伤出血，痈疮肿毒。

注评　本种藏族药用，全草治培根木布病，脉热病，大小肠热病，血病。

32. 显脉委陵菜（中国植物志）　三叶翻白草（新疆）

Potentilla nervosa Juz. in Fl. URSS 10: 135, 610. 1914.（英 **Nerved Cinquefoil**）

多年生草本。茎直立或基部略弯，高 16–30 cm，被灰白色绒毛及长柔毛。基生叶为掌状 3 出复叶，连叶柄长 3–10 cm；叶柄被灰白色绒毛及长柔毛；小叶片长椭圆形或倒卵状椭圆形，长 1–3.5 cm，宽 0.7–1.5 cm，上面被伏生疏柔毛，有时被稀疏灰白色绒毛，下面被灰白色绒毛，沿脉被伏生白色长柔毛；基部楔形至宽楔形，边缘有 6–10 锯齿，顶端圆钝或急尖；茎生叶 1–3。聚伞花序伞房状；花梗长 1.5–2.5 cm，密被绒毛；花直径 1.5–1.8 cm；萼片和副萼片外被伏生疏柔毛；花瓣黄色；花柱近顶生，柱头扩大。瘦果。花果期 6–7 月。

分布与生境　产于新疆。生于海拔 1900–2500 m 的草坡、林缘。也分布于俄罗斯。

药用部位　全草。

功效应用　清热解毒，降压，止血。用于细菌感染，高血压，外伤出血。

33. 钉柱委陵菜（中国高等植物图鉴）

Potentilla saundersiana Royle, Ill. Bot. Himal. Mount. 1: 207. 1839.（英 **Saunders Conquefoil**）

多年生草本。花茎被白色绒毛及疏柔毛。基生叶为 3–5 掌状复叶，连叶柄长 2–5 cm，被白色绒毛及疏柔毛；小叶片长圆倒卵形，长 0.5–2 cm，上面伏生稀疏柔毛，下面密被白色绒毛，沿脉伏生疏柔

钉柱委陵菜 **Potentilla saundersiana** Royle
引自《中国高等植物图鉴》

钉柱委陵菜 **Potentilla saundersiana** Royle
摄影：林秦文

毛，基部楔形，边缘有多数缺刻状锯齿，先端圆钝或急尖；茎生叶 1–2 枚，与基生小叶相似。聚伞花序顶生，有花多朵；花梗长 1–3 cm，被白色绒毛；花直径 1–1.4 cm；萼片和副萼片外被白色绒毛及柔毛；花瓣黄色；花柱近顶生。瘦果光滑。花果期 6–8 月。

分布与生境　产于山西、陕西、甘肃、宁夏、新疆、青海、四川、云南、西藏。生于海拔 2600–5150 m 的山坡草地、多石山顶、高山灌丛及草甸。也分布于印度、尼泊尔、不丹。

药用部位　全草。

功效应用　清热解毒，止血。用于阿米巴痢疾，肠炎，肺炎，肝炎，关节炎，高血压，发热，疝痛，子宫出血，月经不调。

注评　本种藏族药用，其全草治骨裂、食物中毒。

34. 匍匐委陵菜（中国高等植物图鉴）

Potentilla reptans L., Sp. Pl. 499. 1753.（英 **Creeping Cinquefoil**）

34a. 匍匐委陵菜（模式变种）

Potentilla reptans L. var. **reptans**

多年生匍匐草本；匍匐枝长 20–100 cm，节上生不定根，被稀疏柔毛或脱落近无毛。基生叶为鸟足状五出复叶，连叶柄长 7–14 cm，叶柄被疏柔毛或脱落几无毛；小叶有短柄或几无柄；小叶片倒卵形或倒卵状长圆形，上面几无毛，下面被疏柔毛，基部楔形，边有急尖或圆钝锯齿，先端圆钝；托叶膜质，褐色；纤匍枝上之叶与基生叶相似；托叶草质，绿色。花单生于叶腋或与叶对生；花梗长 6–9 cm，被疏柔毛；花直径 1.5–2.2 cm；萼片卵状披针形，先端急尖；副萼片长椭圆形或椭圆状披针形，先端急尖或圆钝，与萼片近等长，外面均被疏柔毛，果时显著增大；花瓣黄色，宽倒卵形，顶端显著下凹；花柱近顶生，基部细，柱头扩大。瘦果黄褐色，卵球形，外面被显著点纹。花果期 6–8 月。

分布与生境　产于新疆。生于海拔 500–600 m 的田边潮湿处。广布于欧洲、俄罗斯西伯利亚和中亚地区及非洲北部。

药用部位 块根、全草。

功效应用 生津止渴，滋阴补虚，收敛，止血，解热。用于虚痨，带下病，虚咳，糖尿病，肾病，胃病，扁桃腺炎，咽喉痛，牙痛，牙床出血，面痣，疮疖。

药理作用 抗胃溃疡作用：口服匍匐委陵菜提取物可治疗乙醇诱导的小鼠胃溃疡，从组织病理学可证实其愈合效果[1]。

药理作用及毒性参考文献

[1] Gurbuz I, et al. *J Ethnopharmacol*, 2005, 101(1-3): 313-318.

匍匐委陵菜 **Potentilla reptans** L. var. **reptans**
引自《Flora von Deutschland Österreich und der Schweiz》

34b. 绢毛匍匐委陵菜（变种）（中国植物志） 绢毛细蔓萎陵菜（秦岭植物志），金金棒、金棒锤、五爪龙（陕西）

Potentilla reptans L. var. **sericophylla** Franch., Pl. David. 1: 113. 1884.——*Fragaria filipendula* Hemsl.（英 **Silky Creeping Cinquefoil**）

本变种与模式变种区别在于叶为三出掌状复叶，边缘两个小叶浅裂至深裂，有时混有不裂者，小叶下面及叶柄伏生绢状柔毛，稀脱落被稀疏柔毛。花果期 4–9 月。

分布与生境 产于内蒙古、河北、山西、陕西、甘肃、河南、山东、江苏、浙江、四川、云南。生于海拔 300–3500 m 的山坡草地渠边、溪边灌丛中及林缘。

药用部位 块根、全草。

功效应用 止血排脓，生津止渴，补阴，除虚热，收敛，发表，止咳，利尿。用于肺淤血，子宫出血，虚劳白带，虚喘，风寒感冒，支气管炎、咳嗽，肠炎，痢疾，尿闭，水肿，疖疮痈肿。

注评 本种藏族、彝族药用，藏族用其全草治肺淤血、子宫出血、黄水病、血热性化脓症、肺胃淤血；彝族用根、叶治咽炎、扁桃体炎，外用于毒蛇咬伤。

绢毛匍匐委陵菜 **Potentilla reptans** L. var. **sericophylla** Franch.
摄影：徐克学

35. 匍枝委陵菜（中国高等植物图鉴） 鸡儿头苗、蔓萎陵菜（东北植物检索表）

Potentilla flagellaris Willd. ex D. F. K. Schltdl. in Ges. Naturf. Freunde Berlin Mag. Neuesten Entdeck. Gesammten Naturk. 7: 291. 1816.（英 **Runnery Cinquefoil**）

多年生匍匐草本。匍匐枝长 8–60 cm，被伏生短柔毛或疏柔毛。基生叶为掌状 5 出复叶，连叶柄长 4–10 cm；叶柄被伏生柔毛或疏柔毛；小叶片披针形、卵状披针形或长椭圆形，长 1.5–3 cm，宽 0.7–1.5 cm，两面伏生稀疏短毛，以后脱落或下面沿脉伏生疏柔毛，基部楔形，边缘有 3–6 缺刻状大小不等急尖锯齿，下部 2 个小叶有时 2 裂，顶端急尖或渐尖。单花与叶对生；花梗长 1.5–4 cm；花直径 1–1.5 cm；萼片与副萼片外被短柔毛及疏柔毛；花瓣黄色；花柱近顶生，基部细。花果期 5–9 月。

分布与生境　产于黑龙江、吉林、辽宁、河北、山西、甘肃、山东。生于海拔 300–2100 m 的阴湿草地、水泉旁及疏林中。也分布于俄罗斯、蒙古、朝鲜。

药用部位　全草。

功效应用　清热解毒。

匍枝委陵菜 **Potentilla flagellaris** Willd. ex D. F. K. Schltdl.
引自《中国高等植物图鉴》

匍枝委陵菜 **Potentilla flagellaris** Willd. ex D. F. K. Schltdl.
摄影：徐克学

36. 蛇含委陵菜（中国高等植物图鉴） 蛇含（本草经），五爪龙（秦岭植物志），五皮风、五皮草（云南）

Potentilla kleiniana Wight et Arn., Prodr. Fl. Penins. Ind. Orient. 300. 1894.（英 **Klein Cinquefoil**）

一年生、二年生或多年生宿根草本。花茎上升或匍匐，常在节处着地生根并发育出新植物，长 10–50 cm，被疏柔毛或开展长柔毛。基生叶为近于鸟足状 5 小叶，上部茎生叶为 3 小叶；连叶柄长 3–20 cm；叶柄被疏柔毛或开展长柔毛；基生叶托叶膜质，茎生叶托叶草质，外面均被疏柔毛或脱落几无毛；小叶片倒卵形、长圆倒卵形，长 0.5–4 cm，宽 0.4–2 cm，两面被疏柔毛，有时上面脱落几无毛，或下面沿脉密被伏生长柔毛，基部楔形，边缘有多数急尖或圆钝锯齿，先端圆钝；聚伞花序密集枝顶如假伞形；花梗长 1–1.5 cm，密被开展长柔毛；花直径 0.8–1 cm；萼片三角状卵形；副萼片披针形或椭圆状披针形，花时比萼片短，果时略长或近等长，外被稀疏长柔毛；花瓣黄色，倒卵形，先端微凹，长于萼片；花柱近顶生；圆锥形，基部膨大，柱头扩大。瘦果近圆形，直径约 0.5 mm。花果期

蛇含委陵菜 **Potentilla kleiniana** Wight et Arn.
引自《中国高等植物图鉴》

蛇含委陵菜 **Potentilla kleiniana** Wight et Arn.
摄影：佚名

4–9 月。

分布与生境 产于辽宁、陕西、山东、河南、安徽、江苏、浙江、湖北、湖南、江西、福建、广东、广西、四川、贵州、云南、西藏。生于海拔 400–3000 m 的田边、水边、草甸及山坡草地。也分布于朝鲜、日本、印度、马来西亚及印度尼西亚。

药用部位 全草或带根的全草。

功效应用 清热定惊，截疟，止咳化痰，解毒活血。用于高热惊风，疟疾，肺热咳嗽，百日咳，痢疾，疮疖肿毒，咽喉肿痛，风火牙痛，带状疱疹，目赤肿痛，虫蛇咬伤，风湿麻木，跌打损伤，月经不调，外伤出血。

药理作用 抑菌作用：蛇含委陵菜乙酸乙酯萃取物对大肠埃希菌、金黄色葡萄球菌、铜绿假单胞菌、藤黄微球菌和枯草杆菌均有抑菌作用，MIC 分别为 3.33 mg/ml、0.33 mg/ml、3.00 mg/ml、2.33 mg/ml、0.67 mg/ml[1]。

注评 本种朝鲜族、侗族、彝族、水族、土家族、仡佬族药用，朝鲜族用其全草治气管炎、百日咳；侗族用全草治发热、咳嗽；彝族用根治疗跌打损伤、风寒湿痹、腰腿疼痛、筋骨酸软、小便不利、全身水肿；水族用全草治小儿高热、火烫伤；土家族用全草治头痛、伤风感冒、咳嗽痰多、青水疮、癣疮、疟疾、腹泻、痢疾、喉痛、产后气血痛，鲜品捣烂外敷治痈疔、顽癣、蛇咬伤、外伤出血、烧烫伤；仡佬族药全草治狂犬咬伤。

药理作用及毒性参考文献

[1] 黄易安，等. 贵州大学学报 (自然科学版), 2008, 25(3): 320-321.

37. 黄花委陵菜（中国植物志） 亚洲委陵菜（新疆）

Potentilla chrysantha Trevir., Ind. Sem. Hort. Vrastisl. 1818: 5. 1818.——*P. asiatica* (Th. Wolf) Juz. ex Kom.（英 **Yelloaflower Cinquefoil**）

黄花委陵菜 **Potentilla chrysantha** Trevir.
李志民　绘

多年生草本。花茎直立或上升，高 15–55 m，被开展至伏生疏柔毛，有时脱落几无毛。基生叶为 5 出复叶，连叶柄长 5–20 cm；叶柄被开展或伏生疏柔毛或脱落几无毛；小叶片倒卵状长圆形，通常长 1.5–7 cm，宽 1–3 cm，两面绿色，被紧贴或微开展疏柔毛或脱落几无毛，仅在下面沿脉被柔毛，基部楔形，边缘有多数急尖锯齿，先端圆钝或急尖；茎生叶下部 5 出，上部 3 出，小叶片与基生叶相似。花序为伞房聚伞花序，多花；花梗长 1–2 cm，密被短柔毛；花直径 1.2–1.5 cm；萼片三角状披针形；副萼片披针形或椭圆状披针形；花瓣黄色，倒卵形，顶端微凹。花果期 5–8 月。

分布与生境　产于新疆。生于海拔 1000–2200 m 的林缘、草地、河谷、水渠边。也分布于东欧及俄罗斯、蒙古。

药用部位　带根全草。

功效应用　清热解毒，止血消肿。用于痢疾，疟疾，肺痈，咯血，吐血，下血，崩漏，痈肿，疮癣，瘰疬结核。

化学成分　地上部分含可水解鞣质，其盐酸水解产物为葡萄糖，没食子酸(gallic acid)，去氢二没食子酸(dehydrodigallic acid)，鞣花酸(ellagic acid)[1]。

化学成分参考文献

[1] Chumbalov TK, et al. *Khim Prir Soedin*, 1974, 10(1): 124-125.

黄花委陵菜 **Potentilla chrysantha** Trevir.
摄影：刘冰

32. 沼委陵菜属 Comarum L.

多年生草本或亚灌木；根状茎匍匐；茎直立。叶为奇数羽状复叶，互生。花两性，数朵，组成聚伞花序；萼筒平坦呈蝶状，在果期增大；副萼片和萼片各 5，宿存；花瓣 5，红色，暗紫色或白色；雄蕊 15–25；花丝丝状，宿存，花药扁球形，侧面裂开，基部心形；心皮多数；花柱侧生，丝状。果实为瘦果，无毛或有毛。

本属约 5 种，产于北半球温带。我国产 2 种，其中 1 种可药用。

从本属植物沼委陵菜地上部分分得的原花青素 (proanthocyanidin) 类成分具有抗氧化、保护心血管、抗炎等活性。原花青素的大分子衍生物为缩合鞣质类，是沼委陵菜属植物的主要成分（约含 10%）。大分子化合物沼委陵菜多糖▲ (comaruman) 及其片段具有抑制人纤维连接蛋白嗜中性粒细胞、抗炎等作用。

1. 沼委陵菜（中国植物志）

Comarum palustre L., Sp. Pl. 502. 1753.（英 **Marsh Cinguefoil**）

多年生草本，高 20–30 cm。茎中空，下部弯曲，无毛，上部上升，密生柔毛及腺毛。奇数羽状复叶，连叶柄长 6–16 cm；小叶片 5–7 个，彼此接近生长，有时似掌状；椭圆形或长圆形，长 4–7 cm，宽 1.2–3 cm，上面无毛或有少量伏生柔毛，下面有柔毛，基部楔形，边缘有锐锯齿，先端圆钝或急尖。聚伞花序顶生或腋生，有 1 至数花；花序轴和花梗具柔毛和腺毛；花梗长 1–1.5 cm；花直径 1–1.5 cm；萼筒盘形，外面有柔毛；萼片深紫色，三角状卵形；副萼片披针形；花瓣卵状披针形，深紫色；花丝及花药均深紫色；子房卵圆形，深紫色，无毛。瘦果多数，卵球形，无毛。花期 5–8 月，果期 7–10 月。

分布与生境 产于黑龙江、吉林、辽宁、河北、内蒙古。生于沼泽及泥炭沼泽。也分布于朝鲜、蒙古、俄罗斯、日本、欧洲及北美洲。

药用部位 根、叶、全草。

功效应用 根：用于腹泻，浸剂治胃癌，乳腺癌。叶：外洗伤口，促进愈合。全草：用于肺结核，血脉性静脉炎，黄疸，神经痛。含漱剂治牙痛，牙龈松动。

化学成分 地上部分含原花青素(proanthocyanidin)[1]和沼委陵菜多糖▲(comaruman)[2-6]。

药理作用 抗炎作用：沼委陵菜及其所含沼委陵菜多糖具有抑制人中性粒细胞向纤维连接蛋白黏附的作用[1]。沼委陵菜多糖具有抑制中性粒细胞渗入、增加结肠黏液的作用，对乙酸所致的结肠炎小鼠具

沼委陵菜 Comarum palustre L.
摄影：周繇

有治疗作用[2]。沼委陵菜通过改善肾功能参数、血脂水平、免疫状态、减少肾单位损伤、抑制自由基以及提高机体抗氧化能力等，对慢性实验性肾小球肾炎呈现出肾保护作用[3]。

化学成分参考文献

[1] Buzuk GN. *Dokl Biochem Biophys*, 2008, 421: 211-213.

[2] Popov SV, et al. *Fitoterapia*, 2005, (76): 281-287.

[3] Popov SV, et al. *Biochemistry (Mosc)*, 2005, 70(1): 108-112.

[4] Ovodova RG, et al. *Biochemistry (Mosc)*, 2006, 71(5): 538-542.

[5] Popov SV, et al. *Dig Dis Sci*, 2006, (51): 1532-1537.

[6] Ovodova RG, et al. *Biochemistry (Mosc)*, 2005, 70(8): 867-877.

药理作用及毒性参考文献

[1] Popov SV, et al. *Biochemistry (Mosc)*, 200, 70(1): 108-112.

[2] Popov SV, et al. *Dig Dis Sci*, 2006, 51(9): 1532-1537.

[3] Mondodoev AG, et al. *Patol Fiziol Eksp Ter*, 2010, (1): 24-27.

33. 山莓草属 Sibbaldia L.

多年生草本；常具木质化根状茎。叶为羽状或掌状复叶；有叶柄和托叶；小叶片边缘或顶端有齿，稀全缘。花通常两性，组成聚伞花序或单生；萼筒蝶形或半球形，萼片 5，稀 4；副萼片 5，稀 4，与萼片互生；花瓣 5，稀 4，黄色、紫色或白色；花盘通常明显，稀不明显宽阔；雄蕊 (4–) 5 (–10)，花药 2 室，花丝长或短；雌蕊 4–20，彼此分离；花柱侧生、近顶生或顶生；每心皮有 1 胚珠，通常上升。瘦果少数，着生在干燥凸起的花托上；萼片宿存；种子 1 颗。

本属约 20 余种，分布于北半球北极及高山地区。我国有 15 种，分布于华北、西北及西南部高山地区，其中 2 种可药用。

分种检索表

1. 基生叶为 3 出掌状复叶；雄蕊 5 枚；花瓣为萼片的 1/2……… 1. **隐瓣山莓草 S. procumbens** var. **aphanopetala**

1. 基生叶为羽状复叶，有小叶 2 对，有时混有 3 小叶；雄蕊 10 枚；花瓣为萼片的 1/4–1……… 2. **伏毛山莓草 S. adpressa**

本属植物伏毛山莓草具有抑菌作用。

1. 隐瓣山莓草（中国植物志） 隐瓣山金梅（秦岭植物志），山莓草（中国中药资源志要）

Sibbaldia procumbens L. var. **aphanopetala** (Hand.-Mazz.) T. T. Yü et C. L. Li in Fl. Reipulb. Popularis Sin. 37: 337. 1985.——*S. aphanopetala* Hand.-Mazz.（英 **Petalless Sibbaldia**）

多年生草本。根状茎匍匐。花茎直立或上升，被糙伏毛。基生叶为 3 出复叶，连叶柄长 3–12 cm，叶柄被疏柔毛；小叶片倒卵状长圆形，长 1–3 cm，宽 0.6–1.5 cm，上面被疏毛或脱落，下面被伏生疏柔毛，基部楔形，先端截平，有 3–5 三角形稀卵形急尖锯齿；茎生叶 1–2。顶生伞房花序，有花 8–12 朵；花直径 4–6 mm；萼片卵形至三角状卵形；副萼片狭长，披针形，与萼片近等长或稍短，但不短于一半；花瓣黄色，倒卵状长圆形，为萼片的 1/4–1；雄蕊 5，花柱侧生。瘦果光滑。花果期 7–8 月。

分布与生境　产于陕西、甘肃、青海、四川、云南、西藏。生于海拔 2500–4000 m 的山坡草地、岩石缝及林下。

药用部位　全草。

功效应用　止咳，调经，祛痰，消肿。用于咳嗽，月经不调，骨折。

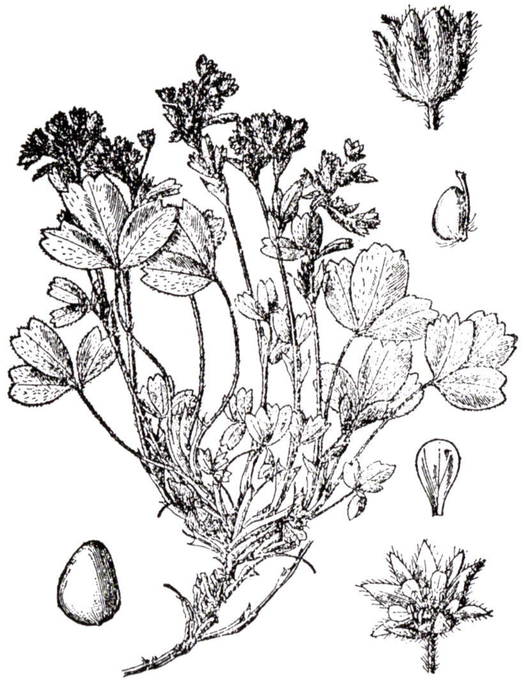

隐瓣山莓草 **Sibbaldia procumbens** L. var. **aphanopetala** (Hand.-Mazz.) T. T. Yü et C. L. Li
引自《秦岭植物志》

隐瓣山莓草 **Sibbaldia procumbens** L. var. **aphanopetala** (Hand.-Mazz.) T. T. Yü et C. L. Li
摄影：高贤明

2. 伏毛山莓草（中国植物志）

Sibbaldia adpressa Bunge in Ledeb., Fl. Alt. 1: 428. 1829.（英 **Pressedhairy Sibbaldia**）

多年生草本；花茎矮小，丛生，高 1.5–12 cm，被绢状糙伏毛。基生叶为羽状复叶，有小叶 2 对，有时混有 3 小叶，连叶柄长 1.5–7 cm；叶柄被绢状糙伏毛；顶生小叶片倒披针形或倒卵状长圆形，顶端截形，有 (2–) 3 齿，侧生小叶片，披针形或长圆状披针形，全缘，上面伏生疏柔毛或脱落几无毛，下面被绢状糙伏毛；茎生叶 1–2。聚伞花序数朵或单花顶生；花 5 出，直径 0.6–1 cm；萼片和副萼片外面均被绢状糙伏毛；花瓣黄色或白色；雄蕊 10；花柱近基生。瘦果表面有显著皱纹。花果期 5–8 月。

分布与生境　产于黑龙江、内蒙古、河北、甘肃、青海、新疆、西藏。生于海拔 600–4200 m 的农田边、山坡草地、砾石地及河滩地。也分布于俄罗斯、蒙古。

药用部位　全草。

功效应用　用于肺结核、肺脓肿。

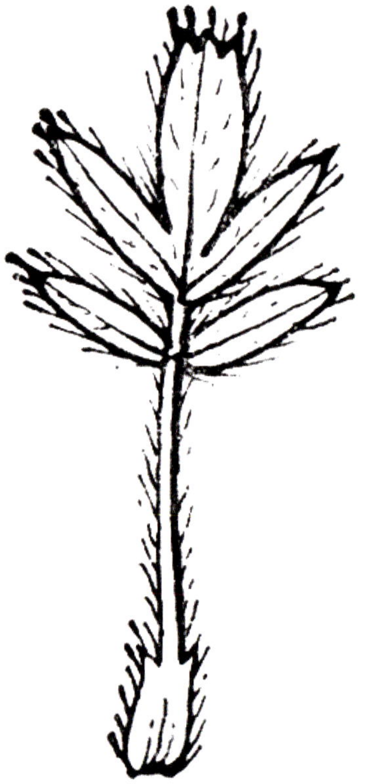

伏毛山莓草 **Sibbaldia adpressa** Bunge
冀朝祯　绘

伏毛山莓草 **Sibbaldia adpressa** Bunge
摄影：林秦文

34. 地蔷薇属 Chamaerhodos Bunge

草本或亚灌木，具腺毛及柔毛。叶互生，三裂或二至三回全裂，裂片条形；托叶膜质，贴生于叶柄。花茎直立，纤细；花小；聚伞、伞房或圆锥花序，少有单生；萼筒钟状、筒状或倒圆锥状；萼片5，直立；花瓣5，白色或紫色；雄蕊5，与花瓣对生；花盘围绕萼筒口部，边缘肥厚，具长刚毛；心皮4–10或更多；花柱基生，脱落；柱头头状，胚珠1个，基生。瘦果卵圆形，无毛，包裹在宿存的萼筒内。种子直立。

本属约8种，分布于亚洲和北美洲。我国产5种，其中1种可药用。

1. 地蔷薇（种子植物名录） 追风蒿（内蒙古），直立地蔷薇

Chamaerhodos erecta (L.) Bunge in Ledeb., Fl. Alt. 1: 430. 1829.——*Sibbaldia erecta* L.

（英 **Erect Chamaerhods**）

二年生或一年生草本，具长柔毛和腺毛；根木质。茎直立或弧形上升，高20–50 cm，单一，少有多茎丛生，常在上部分枝。基生叶莲座状，托叶形状似叶；叶柄长1–2.5 cm；叶片二回羽状三深裂，侧裂片二深裂，中央裂片常3深裂；二回裂片边缘具缺刻或3浅裂，小裂片条形，长1–2 mm，基部楔形，全缘，先端圆钝，果期枯萎；茎生叶似基生叶，近无柄。聚伞花序顶生，具多花，二歧分枝形成圆锥花序；苞片及小苞片2–3裂；花梗细，长3–6 mm；花直径2–3 mm；萼筒倒圆锥形或钟形；萼片卵状披针形；花瓣白色或粉红色；心皮10–15，离生。瘦果卵球形或长圆形，无毛。花果期6–8月。

分布与生境 产于黑龙江、吉林、辽宁、内蒙古、河北、山西、河南、陕西、甘肃、宁夏、青海、新疆。生于海拔约2500 m的山坡、丘陵或干旱河滩。也分布于朝鲜、蒙古和俄罗斯。

药用部位 全草。

功效应用 祛风除湿。用于黄疸，风湿关节痛。

化学成分 地上部分含三萜类：委陵菜酸(tormentic acid)，野鸦椿酸(euscaphic acid)[1]；酚类：4,5-二羟基苯甲醛-3-*O*-*β*-D-吡喃葡萄糖苷(4,5-dihydroxybenzaldehyde-3-*O*-*β*-D-glucopyranoside)[1]；黄酮类：山柰酚(kaempferol)，槲皮素(quercetin)，山柰酚-3-*O*-*β*-D-(6''-*O*-反式对香豆酰基)吡喃葡萄糖苷[kaempferol-3-*O*-*β*-D-(6''-*O*-*trans*-*p*-coumaroyl)glucopyranoside]，槲皮素-3-*O*-*β*-D-葡萄糖醛酸苷(quercetin-3-*O*-*β*-D-

地蔷薇 **Chamaerhodos erecta** (L.) Bunge
引自《中国高等植物图鉴》

地蔷薇 **Chamaerhodos erecta** (L.) Bunge
摄影：张英涛

glucuronide)，槲皮素-3-*O*-*β*-D-吡喃葡萄糖苷(quercetin-3-*O*-*β*-D-glucopyranoside)，山柰酚-3-*O*-*β*-D-吡喃葡萄糖苷(kaempferol-3-*O*-*β*-D-glucopyranoside)，山柰酚-3-*O*-*β*-D-葡萄糖醛酸苷(kaempferol-3-*O*-*β*-D-glucuronide)，槲皮素-3-*O*-*β*-D-吡喃葡萄糖醛酸苷甲酯 (quercetin-3-*O*-*β*-D-glucuronide methyl ester)[1]；酚酸和鞣质类：鞣花酸(ellagic acid)，丁香鞣质(eugeniin)，木麻黄素(strictinin)，木麻黄鞣亭(casuarictin)，蛇含鞣质(potentillin)，仙鹤草素(agrimoniin)，1,2,3,4,6-五-*O*-没食子酰基-*β*-D-吡喃葡萄糖苷(1,2,3,4,6-penta-*O*-galloyl-*β*-D-glucopyranoside)[1]。

注评　本种朝鲜族药用，用其全草治类风湿关节炎。

化学成分参考文献

[1] Selenge E, et al. *J Nat Med*, 2013, DOI 10.1007/s11418-013-0748-1.

35. 草莓属 Fragaria L.

多年生草本；通常具纤匍枝，常被开展或贴生柔毛。叶为三出或羽状五小叶；托叶膜质，褐色，基部与叶柄合生，鞘状。花两性或单性，杂性异株，数朵成聚伞花序，稀单生；萼筒倒卵状圆锥形或陀螺形；萼片5，镊合状排列，全缘，宿存；副萼片5，全缘，与萼片互生；花瓣白色，稀淡黄色，倒卵形或近圆形；雄蕊18–24，花药2室；雌蕊多数，着生在凸起的花托上，彼此分离；花柱自心皮腹面侧生，宿存；每心皮具1胚珠。瘦果多数，小形，硬壳质，成熟时着生在球形或椭圆体形肥厚肉质花托凹陷内而成聚合果。种子1颗，种皮膜质，子叶平凹。

本属约20余种，分布于北半球温带至亚热带，欧、亚两洲常见，个别种分布向南延伸到拉丁美洲。我国约8种，1种系引种栽培，其中5种1变种可药用。

果实供鲜食或作果酱、罐头，味道鲜美。

分种检索表

1. 花梗被紧贴的毛；萼片在果期水平开展；小叶 3 或 5，两面疏被柔毛，下面沿脉较密 ······ 1. **野草莓 F. vesca**
1. 花梗被开展的毛。
  2. 小叶 5，稀 3，质地较薄，植株被银白色柔毛 ······ 5. **西南草莓 F. moupinensis**
  2. 小叶 3。
    3. 萼片在果期开展或微反折；小叶质地较薄，植株被柔毛 ······ 2. **东方草莓 F. orientalis**
    3. 萼片在果期紧贴于果实；小叶质地较厚；植株被黄色或棕黄色柔毛。
      4. 果实直径小，直径 1–1.5 cm，野生 ······ 3. **黄毛草莓 F. nilgerrensis**
      4. 果实直径大，直径可达 3 cm ······ 4. **草莓 F. × ananassa**

本属植物既为水果，又具有良好的医药应用。草莓 (F. ananassa) 果实在抗菌、抗肿瘤、抗 HIV 病毒等方面具有一定的生物活性。现已初步明确主要含有黄酮类、酚酸类和挥发油等。目前分得的黄酮类成分主要有黄酮醇及其苷类：槲皮素、山柰酚 (kaempferol)、槲皮素 -3- 葡萄糖苷 (quercetin-3-glucoside)、槲皮素 -3- 葡萄糖醛酸苷 (quercetin-3-glucuronide)、山柰酚 -3- 葡萄糖醛酸苷 (kaempferol-3-glucuronide)、山柰酚 -3- 葡萄糖苷 (kaempferol-3-glucoside) 等，多具有抗炎、抗菌、解热等药理作用；花青素及其苷类：天竺葵素 (pelargonidin)、矢车菊素 (cyanidin)、矢车菊素 -3- 葡萄糖苷 (cyanidin-3-glucoside)、天竺葵素 -3- 葡萄糖苷 (pelargonidin-3-glucoside)、天竺葵素 -3- 芸香糖苷 (pelargonidin-3-rutinoside)、矢车菊素槐糖苷 (cyanidin-3-sophoroside)、矢车菊素 -3- 芸香糖苷 (cyanidin-3-rutinoside)、矢车菊素 -3-(2^G- 葡萄糖基芸香糖苷)[cyanidin-3-(2^G-glucosylrutinoside)]、天竺葵素 -3- 丙二酰葡萄糖苷 (pelargonidin-3-malonylglucoside) 等，多有镇静、抗炎等作用；儿茶素类如 (+)- 儿茶素 [(+)-catechin]、表儿茶素 [(-)-epicatechin]，具有抗肿瘤活性。

本属药用植物中的酚酸类化合物主要有：没食子酸 (gallic acid)、鞣花酸 (ellagic acid)、咖啡酸 (caffeic acid)、阿魏酸 (ferulic acid)、对香豆酸 (*p*-coumaric acid)、对羟基苯甲酸 (*p*-hydroxybenzoic acid)、木麻黄鞣亭 (casuarictin)、3,4,5- 三羟苯基丙烯酸 (3,4,5-trihydroxyphenyl-acrylic acid)、(*E*)- 对香豆酸葡萄糖酯 [(*E*)-*p*-coumaric acid-glucose ester] 等。

1. 野草莓（中国植物志） 欧洲草莓（经济植物手册）

Fragaria vesca L., Sp. Pl. 494. 1753.（英 **European Strawberry**）

多年生草本，高 5–30 cm。茎被开展柔毛，稀脱落。3 小叶，稀羽状 5 小叶；叶柄长 3–20 cm，被开展柔毛；小叶片无柄，倒卵形、椭圆形或宽卵形，长 1–5 cm，宽 0.6–4 cm，上面疏被柔毛，下面被短柔毛，沿脉较密，有时脱落几无毛，顶生小叶基部宽楔形，侧生小叶基部楔形，边缘有缺刻状锯齿，先端圆钝。花 2–4 (–5) 朵，组成聚伞花序；花梗长 1–3 cm，被紧贴柔毛；萼片卵状披针形；副萼片窄披针形或钻形；花瓣白色，倒卵形。聚合果卵球形，红色；瘦果卵球形；萼片水平开展。花期 4–6 月，果期 6–9 月。

分布与生境 产于吉林、陕西、甘肃、新疆、四川、云南、贵州。生于山坡、草地、林下。广布于北温带，欧洲、北美洲均有记录。

药用部位 果实、全草、根。

功效应用 清热解毒，补肺利咽，收敛止痛，利尿，强壮，调经。用于感冒，咳嗽，肺结核，咽痛，痄腮，痢疾，口疮，血崩，血尿。

化学成分 果实含黄酮类：(+)-儿茶素[(+)-catechin]，(-)-表儿茶素[(-)-epicatechin][1]，天竺葵素-3-葡萄糖苷(pelargonidin-3-monoglucoside)，矢车菊素-3-葡萄糖苷(cyanidin-3-monoglucoside)[2]。

野草莓 Fragaria vesca L.
路桂兰 绘

野草莓 Fragaria vesca L.
摄影：刘冰

药理作用 抗炎作用：野草莓的乙醇提取物以 500 mg/kg 灌胃，可明显改善诱导性炎性肠病大鼠的 MPO、CAT 和 SOD 的水平[1]。

扩张血管作用：野草莓叶的水提部位可以通过 NO 和环氧合酶介导的产物，对离体的豚鼠心脏和大鼠肺主动脉环产生扩张血管作用[2]。

抗氧化作用：野草莓的提取物在体内和体外均具有抗氧化活性[3]。

注评 本种藏族药用，用其全草治肺结核、胸腔脓血、黄水病、血热型化脓症、肺胃淤血。

化学成分参考文献

[1] Tsanova-Savova S, et al. *J Food Compost Anal*, 2005, 18(7): 691-698.

[2] Sondheimer E, et al. *Nature*, 1956, 178: 648-649.

药理作用及毒性参考文献

[1] Kanodia L, et al. *Indian J Pharmacol*, 2011, 43(1): 18-21.

[2] Mudnic, I, et al. *Phytomedicine*, 2009, 16(5): 462-469.

[3] Oktyabrsky O, et al. *J Appl Microbiol*, 2009, 106(4): 1175-83.

2. 东方草莓（中国高等植物图鉴）

Fragaria orientalis Losinsk. in Bull. Jard. Bot. Pric. URSS 25: 70, f. 5. 1926.（英 **Oriental Strawberry**）

多年生草本，高 5–30 cm。茎被开展柔毛。三出复叶，叶柄被开展柔毛，有时上部较密；小叶几无柄，倒卵形或菱状卵形，长 1–5 cm，宽 0.8–3.5 cm，两面有疏柔毛，下面沿脉较密，基部楔形，侧生小叶基部偏斜，边缘有缺刻状锯齿，先端圆钝或急尖。花 (1–) 2–5 (–6) 朵，组成聚伞花序；花梗长 0.5–1.5 cm，被开展柔毛；花两性，稀单性，直径 1–1.5 cm；萼片卵状披针形；副萼片线状披针形，偶有 2 裂；花瓣白色，近圆形。聚合果半球形，成熟后紫红色；宿存萼片开展或微反折；瘦果卵圆形。花期 5–7 月，果期 7–9 月。

分布与生境 产于东北、华北、陕西、甘肃、青海。生于海拔 600–4000 m 的山坡草地或林下。也分

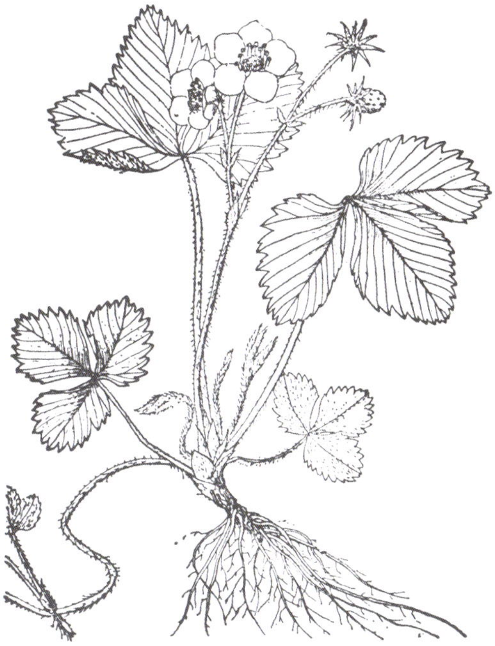

东方草莓 **Fragaria orientalis** Losinsk.
引自《中国高等植物图鉴》

东方草莓 **Fragaria orientalis** Losinsk.
摄影：周繇

布于朝鲜、蒙古、俄罗斯远东地区。

药用部位 果实、全草、叶。

功效应用 果实：止渴生津。未成熟果实：用于肾结石。果汁：用于湿疹。全草：清热解毒，祛痰，消肿。用于腹泻，眼痛，子宫出血。叶：用作祛痰剂。

注评 本种为部颁药品标准·藏药（1995 年版）收载"草莓"的基源植物之一，药用其干燥全草；本种及同属多种近缘植物也同等药用。朝鲜族也药用，用其果实治痛风、肾炎。

3. 黄毛草莓（中国植物志） 锈毛草莓（秦岭植物志），白草莓（四川）

Fragaria nilgerrensis Schltdl. ex J. Gay in Ann. Sci. Nat. Bot. sér. 4, 8: 206. 1857.（英 **Yellowhairy Strawberry**）

3a. 黄毛草莓（模式变种）

Fragaria nilgerrensis Schltdl. ex J. Gay var. **nilgerrensis**

多年生草本，密集成丛，高 5–25 cm。茎密被黄棕色开展绢状柔毛。叶三出；叶柄长 4–18 cm，密被黄棕色开展绢状柔毛；小叶具短柄；小叶片倒卵形或椭圆形，长 1–4.5 cm，宽 0.8–3 cm，上面深绿色，被疏柔毛，下面淡绿色，被黄棕色绢状柔毛，沿脉的毛长而密，顶生小叶片基部楔形，侧生小叶片基部偏斜，边缘具缺刻状锯齿，齿端急尖或圆钝，先端圆钝。花 (1–) 2–5 (–6) 朵，组成聚伞花序，花序下部具一或三出有柄小叶；花两性，直径 1–2 cm；萼片卵状披针形，副萼片披针形，比萼片窄，近等长，全缘或 2 裂；花瓣白色，圆形，基部有短爪；雄蕊 20，不等长。聚合果圆形，白色、淡白黄色或红色，宿存萼片直立，紧贴果实；瘦果卵圆形，光滑。花期 4–7 月。果期 6–8 月。

分布与生境 产于陕西、湖北、四川、云南、湖南、贵州、台湾。生于海拔 700–3000 m 的山坡草地或沟边林下。也分布于尼泊尔、印度、越南北部。

药用部位 全草。

功效应用 清肺止咳，解毒消肿，接骨舒筋，祛风止咳。用于肺热咳喘，百日咳，口舌生疮，痢疾，小便淋痛，疮疡肿痛，毒蛇咬伤，骨折损伤。

黄毛草莓 **Fragaria nilgerrensis** Schltdl. ex J. Gay var. **nilgerrensis**
摄影：张英涛

化学成分 浆果含挥发油：正辛基乙酸酯(*n*-octyl acetate)，正癸基乙酸酯(*n*-decyl acetate)，甲基己酸酯(methyl caproate)，乙基辛酸酯(ethyl caprylate)，乙基癸酸酯(ethyl caprate)[1]等。

注评 本种傈僳族、藏族也药用，傈僳族用果实和叶治咳嗽吐血、胃热呕哕；藏族用全草治血热型化脓症、肺胃淤血、黄水病脓疡。

化学成分参考文献

[1] Staudt G, et al. *Zeitschrift fuer Pflanzenzuechtung*, 1975, 75(1): 36-42.

3b. 粉叶黄毛草莓（变种）（中国植物志） 白藨（云南）

Fragaria nilgerrensis Schltdl. ex J. Gay var. **mairei** (H. Lév.) Hand.-Mazz., Symb. Sin. 7: 507. 1933.（英 **Maire Strawberry**）

本变种与模式变种的区别为小叶片下面具苍白色腊质乳头。花期 4–7 月，果期 6–8 月。

分布与生境 产于陕西、湖北、湖南、四川、云南、贵州。生于海拔 800–2700 m 的山坡草地、沟谷、灌丛及林缘。

药用部位 全草。

功效应用 清热化痰，活血解毒，续筋接骨。用于肺痈咳嗽，口疮，筋骨疼痛，血尿，淋症，毒蛇咬伤，骨折，腰椎结核。

注评 本种傈僳族、佤族、白族也药用，中药用其全草治小儿口腔炎、血尿、尿路感染。

4. 草莓（中国高等植物图鉴） 凤梨草莓

Fragaria × ananassa (Weston) Duchesne, in Lam., Encycl. 2: 538. 1788.——*F. grandiflora* Ehrh.（英 **Strawberry**）

多年生草本，高 10–40 cm。茎低于叶或近相等，密被开展黄色柔毛。叶三出；叶柄长 2–10 cm，密被开展黄色柔毛；小叶具短柄；小叶片质地较厚，倒卵形或菱形，稀近圆形，长 3–7 cm，宽 2–6 cm，上面近无毛，下面疏被毛，沿脉较密，基部宽楔形，侧生小叶基部偏斜，边缘具缺刻状锯齿，先端圆钝。花 5–15 朵，组成聚伞花序；花梗被开展毛；花直径 1.5–2 cm；萼片卵形，比副萼片稍长；副萼片椭圆状披针形；花瓣白色，近圆形或倒卵椭圆形。聚合果大，直径达 3 cm，鲜红色；萼片宿存直立，紧贴于果实。花期 4–5 月，果期 6–7 月。

分布与生境 我国各地栽培，原产于南美、欧洲等地，广为栽培。

药用部位 果实。

功效应用 清凉止渴，健胃消食。用于口渴，食欲缺乏，消化不良。

草莓 Fragaria × ananassa (Weston) Duchesne
引自《中国高等植物图鉴》

化学成分 果实含黄酮类：矢车菊素-3-葡萄糖苷(cyanidin-3-glucoside)，天竺葵素(pelargonidin)，天竺葵素-3-葡萄糖苷(pelargonidin-3-glucoside)，天竺葵素-3-芸香糖苷(pelargonidin-3-rutinoside)，山柰酚(kaempferol)，槲皮素(quercetin)，山柰酚-3-(6'-香豆酰基)-葡萄糖苷[kaempferol-3-(6'-coumaroyl)-glucoside][1]；酚类：3,4,5-三羟苯基丙烯酸(3,4,5-trihydroxyphenylacrylic acid)，(*E*)-对香豆酸葡萄糖酯[(*E*)-*p*-coumaric acid-glucose ester]，鞣花酸(ellagic acid)[1]，1-*O*-反式桂皮酰基-β-D-吡喃葡萄糖(1-*O*-*trans*-cinnamoyl-β-D-glucopyranose)[2]；挥发油：以丁酸乙酯(ethyl butanoate)，γ-癸内酯(γ-decalactone)，乙酸丁酯(butyl acetate)，已醛(hexanal)，已酸甲酯(methyl hexanoate)，已酸乙酯(ethyl hexanoate)，乙酸已酯(hexyl acetate)，已醇(hexanol)，已烯-2-醛(hexen-2-al)，芳樟醇(linalool)，丁酸(butanoic acid)，次丁酸(*sec*-butyric acid)，已酸(hexanoic acid)，桂皮酸(cinnamic acid)，呋喃妥因(furaneol)，橙花叔醇(nerolidol)，辛酸(octanoic acid)的含量较高[3]；硫化物：甲硫醇(methanethiol)，硫化氢(hydrogen sulfide)，二氧化硫(sulfur dioxide)，二甲基硫醚(dimethyl sulfide)，二硫化碳(carbon disulfide)，硫代乙酸甲酯(methyl thioacetate)，二甲基二硫醚(dimethyl disulfide)，二甲基三硫醚(dimethyl trisulfide)[4]；三萜类：环木菠萝烯醇(cycloartenol)[5]；甾体类：14-甲基-豆甾-7,24(28)二烯-3β-醇(14-methyl-stignmsta-7,24(28)-en-3β-ol)，β-谷甾醇[5]。

籽含脂肪酸类：棕榈酸，硬脂酸，十四酸(tetradecanoic acid)，油酸(oleic acid)，棕榈烯酸(palmolefinic acid)，亚油酸(linoleic acid)，亚麻酸(linolenic acid)，花生酸(arachidic acid)，二十烯酸

草莓 Fragaria × ananassa (Weston) Duchesne
摄影：徐克学

(eicosenoic acid)[6]。

注评　本种为部颁药品标准 · 藏药（1995 年版）收载“草莓”的基源植物之一，药用其干燥全草；本种及同属多种近缘植物也同等药用。彝族也药用，用其果实治湿热痧疹、风疹奇痒、皮肤潮红，全草或根治伤风感冒、毒蛇咬伤、喘哮、咽喉肿痛、肺病、火烧伤、口疮起泡。

化学成分参考文献

[1] Zhang YJ, et al. *J Agric Food Chem*, 2008, 56(3): 670-675.

[2] Stefan L, et al. *J Agric Food Chem*, 1996, 44(6): 1367-1370.

[3] Lambert Y, et al. *Food Chem*, 1999, 67(1): 7-16.

[4] Schulbach KF, et al. *J Food Sci*, 2004, 69(4): 268-272.

[5] 阮金兰，等 . 中国中药杂志，2001, 26(9): 610-612.

[6] 罗仓学，等 . 中国油脂，2006, 31(5): 68-69.

5. 西南草莓（中国植物志）

Fragaria moupinensis (Franch.) Cardot in Lecomt, Not. Syst. 3: 329. 1914.——*Potentilla moupinensis* Franch.（英 **Moupin Stracoberry**）

多年生草本，高 5–15 cm。茎被开展的白色绢状柔毛。小叶 5，或 3；叶柄长 2–8 cm，被开展白色绢状柔毛；小叶具短柄或无柄；小叶片椭圆形或倒卵形，长 0.7–4 cm，宽 0.6–2.5 cm，上面被疏柔毛，下面被白色绢状柔毛，沿脉较密，基部楔形，侧生小叶基部偏斜，边缘具缺刻状锯齿，先端圆钝。花 1–4 朵，组成聚伞花序；花梗被白色开展的毛；花两性，直径 1–2 cm；萼片卵状披针形；副萼片披针形或线状披针形；花瓣白色，倒卵形或近圆形。聚合果椭圆体形或卵球形，宿存萼片直立，紧贴于果实；瘦果卵圆形。花期 5–6 (–8) 月，果期 6–7 月。

分布与生境　产于陕西、甘肃、四川、云南、西藏。生于 1400–4000 m 的山坡、草地、林下。

药用部位　全草，根。

功效应用　清热解毒，止咳，止泻。用于风热咳嗽，痢疾，疔疮，烫伤。

注评　本种彝族药用，用根治癥瘕痞块、痈疡疔疮。

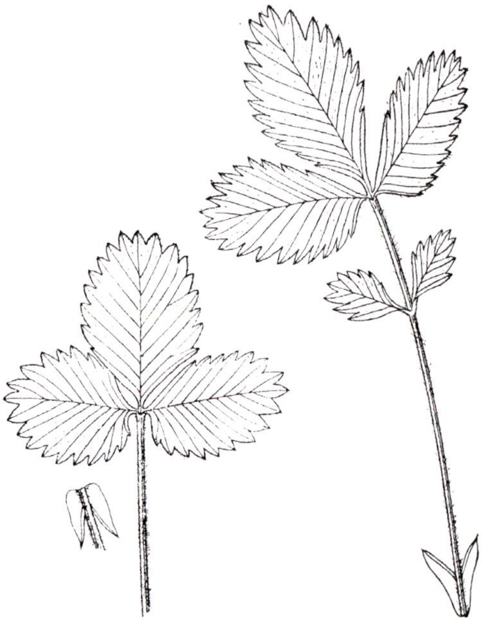

西南草莓 **Fragaria moupinensis** (Franch.) Cardot
路桂兰　绘

西南草莓 **Fragaria moupinensis** (Franch.) Cardot
摄影：李小杰

36. 蛇莓属 Duchesnea J. E. Sm.

多年生草本；根状茎粗短；匍匐茎细长，在节处生不定根。基生叶数个，茎生叶互生，皆为三出复叶，有长柄和托叶；托叶贴生于叶柄上，宿存。花多单生于叶腋；无苞片；萼片两轮，副萼片 5，大形，先端 3–5 锯齿或浅裂，宿存；萼片 5，宿存，与副萼片互生，全缘；花瓣 5，黄色；雄蕊 20–30；心皮多数，离生；花托半球形或陀螺形，在果期增大，海绵质，红色；花柱侧生或近顶生。果实为聚合果，由多数瘦果集生于海绵质花托上；瘦果微小，扁卵形，种子 1，肾形，光滑。

本属 5–6 种，分布于亚洲南部、欧洲及北美洲。我国产 2 种，均可药用。

全株供药用；果实可食。种子含油。

分种检索表

1. 瘦果光滑或具不明显突起，鲜时有光泽；小叶片倒卵形至菱状长圆形，长 2–5 cm；花较大，直径 1.5–2.5 cm ················· 1. **蛇莓 D. indica**
1. 瘦果具明显皱纹，无光泽；小叶片菱形、倒卵形或卵形，长 1.5–2.5 cm；花较小，直径 5–15 mm ················· 2. **皱果蛇莓 D. chrysantha**

本属植物蛇莓具有抑制中枢神经系统、抑菌、抗突变、抗肿瘤和抗炎等作用。皱果蛇莓具有抗肿瘤和抗氧化等作用。

1. 蛇莓（名医别录） 蛇杨梅、三叶蛇扭（浙江），蛇泡草、龙吐珠、三爪风

Duchesnea indica (Andrews) Teschem. in Hort. Reg. & Gard. Mag. 1(12): 460. 1835.——*Fragaria indica* Andrews, *Potentilla indica* (Andrews) Th. Wolf（英 **Indian Mock Strawberry**）

多年生草本；根状茎短，粗壮；具匍匐茎，匍匐茎多数，长 30–100 cm，在节处生不定根，有柔毛。叶为三出复叶，托叶窄卵形至宽披针形，长 5–8 mm；叶柄长 1–5 cm，有柔毛；小叶片具短柄，倒卵形至菱状长圆形，长 2–3.5 (–5) cm，宽 1–3 cm，两面皆有柔毛或上面无毛，基部宽楔形或楔形，边缘有钝锯齿，先端圆钝。花单生于叶腋，花梗长 3–6 cm，有柔毛；花直径 1.5–3.5 cm；萼片卵形，长 4–6 mm，全缘，先端锐尖，外面有散生柔毛；副萼片倒卵形，长 5–8 mm，比萼片长，先端有 3–5 齿或浅裂；花瓣黄色，倒卵形，长 5–10 mm，先端圆；雄蕊 20–30；心皮多数，离生；花托在果期膨大，海绵质，鲜红色，有光泽，直径 10–20 mm，外面有长柔毛。瘦果卵圆形，长约 1.5 mm，光滑或具不显明突起，鲜时有光泽。花期 6–8 月，果期 8–10 月。

蛇莓 **Duchesnea indica** (Andrews) Teschem.
引自《中国高等植物图鉴》

分布与生境 产于辽宁以南各省区。生于海拔 1800 m 以下的山坡、河岸、草地或潮湿的地方。亚洲、欧洲及美洲均有分布。

药用部位 全草。

功效应用 清热解毒，散瘀消肿，凉血，调经，祛风化痰。用于感冒发热，咳嗽吐血，小儿高热惊风，咽喉肿痛，白喉，痢疾，黄疸性肝炎，月经过多；外用治疗腮

腺炎，眼结膜炎，目赤，烫伤，疔疮肿毒，湿疹，狂犬咬伤，毒蛇咬伤。

化学成分 果实含黄酮类：矢车菊素-3-芸香糖苷(cyanidin-3-rutinoside)，芍药素-3-*O*-芸香糖苷(peonidin-3-*O*-rutinoside)，矮牵牛素-3-*O*-芸香糖苷(petunidin-3-*O*-rutinoside)[1]。

全草含三萜类：野鸦椿酸(euscaphic acid)，异阿江榄仁酸(arjunic acid)，野蔷薇苷(rosamultin)，黄麻酸▲(corosolic acid)，2*α*-羟基齐墩果酸(2*α*-hydroxyoleanolic acid)，委陵菜酸(tomentic acid)，日本黑莓苷▲ F_1 (kaji-ichigoside F_1)[2]，2*α*,3*β*-二羟基熊果-12-烯-18,19-环氧-28-酸(2*α*,3*β*-dihydroxyurs-12-en-18,19-epoxy-28-oic acid)，18,19-裂环-2*α*,3*α*-二羟基-19-氧代-熊果-11,13(18)-二烯-28-酸[18,19-seco-2*α*,3*α*-dihydroxy-19-oxo-urs-11,13(18)-dien-28-oic acid][3]，齐墩果酸(oleanolic acid)，熊果酸(ursolic acid)[4]，果渣酸▲(pomolic acid)[5]，3*β*-羟基熊果-12-烯-28-酸(3*β*-hydroxyurs-12-en-28-oic acid)，2*α*,3*β*,19*α*-三羟基熊果-12-烯-28-酸(2*α*,3*β*,19*α*-trihydroxyurs-12-en-28-oic acid)，2*α*,3*β*,19*α*-三羟基熊果-12-烯-28-酸-28-*O*-*β*-D-吡喃葡萄糖苷(2*α*,3*β*,19*α*-trihydroxyurs-12-en-28-oic acid-28-*O*-*β*-D-glucopyranoside)[6]，果渣酸▲乙酸酯(pomolic acid acetate)[7]；黄酮类：翻白叶苷A (potengriffioside A)[2]，芹菜苷元(apigenin)，山柰酚(kaempferol)，山柰酚-3-*O*-*β*-D-葡萄糖苷(kaempferol-3-*O*-*β*-D-glucoside)，异槲皮苷(isoquercitrin)，山柰酚-3-*O*-[*α*-L-吡喃鼠李糖基-(1→3)-*α*-L-吡喃鼠李糖基-(1→6)-*β*-D-吡喃半乳糖苷]{kaempferol-3-*O*-[*α*-L-rhamnopyranosyl-(1→3)-*α*-L-rhamnopyranosyl-(1→6)-*β*-D-galactopyranoside]}，山柰酚-3-*O*-[*α*-L-吡喃鼠李糖基-(1→6)-*β*-D-吡喃半乳糖苷]{kaempferol-3-*O*-[*α*-L-rhamnopyranosyl-(1→6)-*β*-D-galactopyranoside]}[4]，山柰苷(kaempferitrin)[5]，芹菜苷元-6-*C*-*β*-D-吡喃葡萄糖苷(apigenin-6-*C*-*β*-D-glucopyranoside)，刺槐素-7-*O*-*α*-L-吡喃鼠李糖基-l-(1→6)-*β*-D-吡喃葡萄糖苷[acacetin-7-*O*-*α*-L-rhamnopyranosy-l-(1→6)-*β*-D-glucopyranoside]，山柰酚-3-*O*-*β*-D-吡喃半乳糖苷(kaempferol-3-*O*-*β*-D-galactopyranoside)，芦丁(rutin)，金丝桃苷(hyperin; hyperoside)[8]；酚类：对羟基桂皮酸(*p*-hydroxycinnamic acid)[2]，短叶苏木酚(brevifolin)，短叶苏木酚酸(brevifolin carboxylic acid)，短叶苏木酚酸甲酯(brevifolincarboxylic acid methyl ester)[4]，蛇莓苷(ducheside) A[6,9]、B[6]；甾体类：*β*-谷甾醇，(24*R*)-6-羟基-24-乙基-胆甾-4-烯-3-酮[(24*R*)-6-hydroxy-24-ethyl-cholest-4-en-3-one][4]，胡萝卜苷[5]；脂肪酸类：富马酸(fumaric acid)，富马酸单甲酯(fumaric acid monomethyl ester)[5]。

药理作用 抑制中枢神经系统作用：蛇莓醇提物 (10–50 g/kg) 和水提物 (50 g/kg) 小鼠灌胃后，对中枢神经系统具有明显的抑制作用，减弱自主活动，增强阈下催眠剂量戊巴比妥钠作用，对抗最大电休克惊厥。醇提物的作用强于水提物 [1]。对戊四氮最小阈发作无影响 [2]。

抗炎作用：蛇莓乙醇提取物通过抑制 NF-*κ*B 的激活，下调巨噬细胞表达炎症介质，减少 TNF-*α*、IL-1*β*、IL-6、NO、IL-10 分泌，下调 COX-2 蛋白表达，同时促进血红素氧合酶 -1 (HO-1) 的释放而发挥抗炎作用 [3-4]。

抗细菌作用：蛇莓水煎液体外对金黄色葡萄球菌、肺炎球菌、痢疾杆菌、甲型副伤寒杆菌、变形杆菌、枯草杆菌、铜绿假单胞菌等 7 种常见致病菌具不同程度的抑制作用，最低抑菌浓度 (MIC) 为 1:32–1:1024[5]。蛇莓对金黄色葡萄球菌和变形杆菌的抑菌作用最强，MIC 均为 1:1024。其甲醇提取物中水溶性部分、水不溶而可溶于丙酮的部分，对金黄色葡萄球菌、铜绿假单胞菌和痢疾志贺杆菌的生长有较强的抑制作用 [6]。

抗病毒作用：蛇莓内服、外用对带状疱疹病毒感染均有治疗作用 [7-9]。蛇莓 25–250 μg/ml 具有抑制流感病毒 A 复制、减少病毒宿主细胞病变的抗病毒作用，具有抗神经氨酸酶活性 [10]。

抗肿瘤作用：蛇莓具有较强的抗肿瘤活性 [11]，其水提取物对小鼠移植瘤 S180、H22 和 S37 的生长有明显的抑制作用，10.4 g 生药 /kg 连续灌胃 10 d，对小鼠 S37 的抑瘤率为 70%；剂量为 5.2 g/kg 时，对小鼠 S180 和 H22 的抑瘤率分别为 59% 和 31%[12]。蛇莓甲醇提取多糖部分 100 mg/kg 和 200 mg/kg 连续注射给予移植瘤 S180 大鼠 30 d，其抑瘤率分别为 31.9% 和 63.0%[6]。蛇莓水提物质量浓度相当于生药 0.4 mg/ml 时，对人肝癌 SMMC7721、胃癌 SGC7901 和食管癌 Eca109 细胞具有显著的杀伤作用，杀伤率均为 100%[12]。蛇莓水提物对鼠肺癌 LLC、胰腺癌 Panc 02 和乳腺癌 MC-NeuA 细胞的生长亦有较好的抑制作用，其 IC_{50} 分别为 217 μg/ml、206 μg/ml、311 μg/ml[13]。蛇莓中三萜类成分 2*α*- 羟基熊果酸、

蛇莓 Duchesnea indica (Andrews) Teschem.
摄影：周繇

野鸦椿酸、3-*O*-乙酰坡模酸、2α-羟基齐墩果酸对 HeLa 细胞具有一定的细胞毒作用[14]。蛇莓有效部位蛇莓总酚对体外实验中的 SKOV23、HeLa、HEC21B、NCI2H460、CNE、BGC2823 肿瘤细胞具有生长抑制作用，对体内小鼠 U14 移植瘤也具有抑制作用，并呈现剂量依赖性；同时蛇莓总酚可增强 T 细胞增殖和 B 细胞抗体分泌，表明蛇莓总酚既可直接作用于肿瘤细胞，也可以通过提高机体细胞与体液免疫应答水平而发挥体内抗肿瘤作用[15]。研究表明蛇莓可抑制鸡胚绒毛尿囊膜血管新生，因此，抑制血管新生能力可能也是其抗肿瘤作用的机制之一[16]。蛇莓抗肿瘤作用还可能与上调 Bax 蛋白表达、下调 Bcl-2 蛋白表达、增加 Bax/Bcl-2 比值、减少线粒体向胞浆释放细胞色素 C、抑制 caspase-3 激活、下调细胞周期 S 相相关蛋白表达、阻滞细胞周期、诱导细胞凋亡等机制有关[17-18]。

抗突变作用：蛇莓水煎液具有温和的抗诱变作用，在鼠伤寒沙门菌 / 哺乳动物微粒体酶试验中，可抑制由苯并芘诱导的突变[19]。

毒性及不良反应　蛇莓最大给药量为 20 g/kg，相当于 50 kg 人临床日用量 1000 g，未见有小鼠死亡[20]。

注评　本种为四川中药材标准（1979）收载“三匹风”、上海（1994）和山东（2002）中药材标准收载“蛇莓”的基源植物，药用其干燥全草；北京中药材标准（1998）收载的“蛇莓”为其地上部分。彝族、水族、傈僳族、畲族、瑶族、傣族、侗族、朝鲜族和土家族也药用，彝族用全草治虫蛇咬伤、肢体潮红、皮肤瘙痒、痈疽疔疮、痄腮、乳痈、疮疖、月经不调、血崩；水族用全草治痢疾；傈僳族用全草治热病、惊痫咳嗽、吐血、咽喉肿痛、痢疾、痈肿、疔疮、蛇虫咬伤；畲族用全草治感冒、发热、咳嗽、咽喉肿痛、白喉、痢疾、月经不调、疔疮肿毒；瑶族用全草治痢疾、血尿；傣族用全草治感冒发热、急性扁桃腺炎、气管炎、腮腺炎、黄疸性肝炎、吐血、衄血，外用于治烧烫伤、蛇咬伤、疔疮、湿疹，用根治痢疾、腹泻、吐血、眼结膜炎；侗族用全草治小儿疮疖、头晕；朝鲜族用全草治胃癌、鼻癌、肺癌、宫颈癌；土家族用全草治伤风感冒、痒疹、癞癣、末梢神经炎、腰带疮、痢疾、淋症、腰痛、小儿惊风，鲜品捣烂外敷用于蛇咬伤、腮腺炎、带状疱疹、疔疮、无名肿毒等。

化学成分参考文献

[1] Qin CG, et al. *Nat Prod Res, Part A: Structure and Synthesis*, 2009, 23(17): 1589-1598.

[2] 苗青，等．第二军医大学学报，2008, 29(11): 1366-1370.

[3] Qiao W, et al. *Chin Chem Lett*, 2009, 20(5): 572-575.

[4] 许文东，等．沈阳药科大学学报，2007, 24(7): 402-406.

[5] 彭江南，等．中草药，1995, 26(7): 339-341.

[6] 叶亮，等．药学学报，1996, 31(11): 844-848.

[7] 吴培楠，等．中草药，2007, 38(9): 1311-1313.

[8] 许文东，等．中国药学杂志，2007, 42(13): 981-983.

[9] Ye L, et al. *Chin Chem Lett*, 1996, 7(4): 335-336.

药理作用及毒性参考文献

[1] 马越鸣，等 . 中草药，1996, 27(9): 138-139.
[2] 马越鸣，等 . 皖南医学院学报，1996, 15(4): 293-295.
[3] 庞然，等 . 华中科技大学学报 (医学版)，2009, 38(4): 481-485.
[4] Zhao L, et al. *Immunol Invest*, 2008, 37(4): 339-357.
[5] 梁薇，等 . 咸宁学院学报，2005, 19(3): 167-168.
[6] 惠善 (译). 日本医学资料，1900, 11(3): 75-77.
[7] 饶金成，等 . 中草药，1996, 27(10): 616.
[8] 葛昌请 . 湖南中医杂志，1995, 11(5): 57.
[9] 杜冷湘，等 . 海峡药学，1995, 7(1): 66.
[10] Tian L, et al. *J Ethnopharmacol*, 2011, 137(1): 534-542.
[11] 王予琪，等 . 世界科学技术 - 中医药现代化，2007, 9(2): 107-110.
[12] 段泾云，等 . 中药药理与临床，1998, 14(3): 28.
[13] Mark S, et al. *Phytotherapy Res PTR*, 2005, 19(7): 649-651.
[14] 吴培楠，等 . 中草药，2007, 38(9): 1311-1313.
[15] 彭博，等 . 中国药理学通报，2007, 23(8): 1007-1010.
[16] 许扬，等 . 中药药理与临床，2008, 24(3): 65-67.
[17] Peng B, et al. *Exp Biol Med (Maywood)*, 2009, 234(1): 74-83.
[18] Peng B, et al. *Gynecol Oncol*, 2008, 108(1): 173-181.
[19] Lee H, et al. *Mutation Res*, 1988, 204(2): 229-234.
[20] 刘世彪，等 . 营养学报，2009, 31(3): 307-309.

2. 皱果蛇莓（海南植物志） 地锦

Duchesnea chrysantha (Zoll. et Moritzi) Miq., Fl. Ind. Bot. 1: 372. 1855.——*Fragaria chrysantha* Zoll. et Moritzi（英 **Yellowflower Mock Strawberry**）

多年生草本，匍匐茎长 30–50 cm，有柔毛。叶为三出复叶；托叶披针形，长 2–3 mm，有柔毛；叶柄长 1.5–3 cm，被柔毛；小叶片无柄，菱形、倒卵形或卵形，长 1.5–2.5 cm，宽 1–2 cm，上面近无毛，下面疏生长柔毛，基部楔形，边缘有钝或锐锯齿，近基部全缘。花单生于叶腋；花梗长 2–3 cm，疏生长柔毛；花直径 5–15 mm；萼片卵形或卵状披针形，外面有长柔毛；副萼片三角状倒卵形，外面疏生长柔毛，先端有 3–5 锯齿或浅裂；花瓣黄色，倒卵形。瘦果卵圆形，红色，具明显皱纹，无光泽。花期 5–7 月，果期 6–9 月。

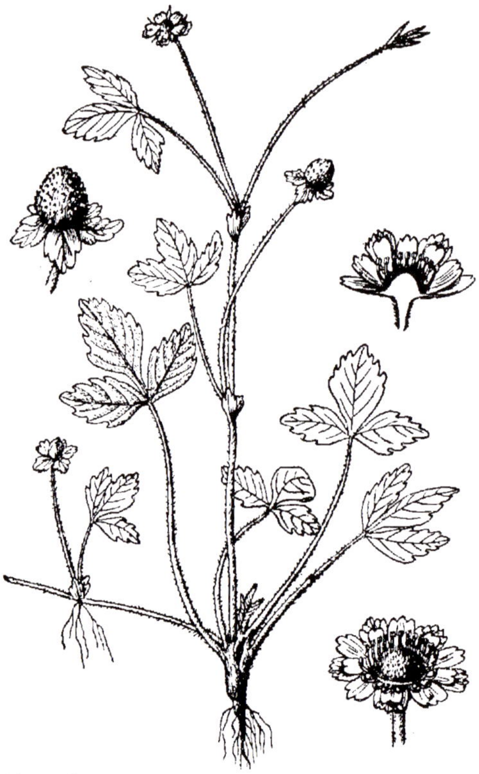

皱果蛇莓 **Duchesnea chrysantha** (Zoll. et Moritzi) Miq.
引自《海南植物志》

分布与生境 产于陕西、四川、云南、广西、广东、福建、台湾。生于低海拔的草地上和山谷沙地上。也分布于日本、朝鲜、印度、印度尼西亚。

药用部位 全草、果实、茎叶、种子。

功效应用 全草：止血。用于崩漏。果实、茎叶：外敷用于毒蛇咬伤，烫伤，疔疮。种子：乙醇提取物有活血镇痛作用。用于治疗脚气，龋齿以及外伤消毒。

化学成分 全草含酚类：短叶苏木酚酸(brevifolin carboxylic acid)，没食子酸(gallic acid)，咖啡酸甲酯(methylcaffeate)，原儿茶酸(protocatechuic acid)，英国栎素(pedunculagin)[1]；多糖[2]。

药理作用 抗肿瘤作用：采用 MTT 法对皱果蛇莓中分离获得的 5 个多酚类化合物进行细胞毒活性测定，研究发现短叶苏木酚羧酸对人肺癌 PC14 和胃癌 MKN45 细胞具有很强的杀伤作用，而没食子酸、咖啡酸甲酯、原儿茶酸和英国栎素 (pedunculagin) 则作用缓和[1]。

抗氧化作用：皱果蛇莓的多糖部分 (PEF) 在体外具有抗氧化活性。PEF 能够抑制 Cu^{2+} 诱导的低密度脂蛋白氧化，并能阻止 DNA 被紫外线 (UV)、羟自由基 (·OH)、超氧阴离子自由基 (O_2^-·) 在金属催化下的氧化破坏。PEF 能阻止硝基四唑盐由于 O_2^-·的氧化变红等。PEF 的抗氧化活性是通过直接清除

皱果蛇莓 **Duchesnea chrysantha** (Zoll. et Moritzi) Miq.
摄影：王祝年

O_2^-·、·OH 或脂质过氧化自由基实现的[2]。

化学成分参考文献

[1] Lee IR, et al. *Arch Pharm Res*, 1994, 17(6): 476-479.

[2] Kim IG, et al. *Biotechnol Lett*, 2002, 24(16): 1299-1305.

药理作用及毒性参考文献

[1] Lee, et al. *Arch Pharm Res*, 1994, 17(6): 476-479.

[2] Kim, et al. *Biotechnol lett*, 2002, 24(16): 1299-1305.

37. 蔷薇属 Rosa L.

直立、匍匐或攀援灌木；多数有皮刺、针刺或刺毛，有毛、无毛或有腺毛。叶互生，奇数羽状复叶，极稀单叶；小叶边缘有锯齿；托叶大部贴生或着生在叶柄上，稀无托叶。花单生或组成伞房状、稀复伞房状或圆锥状花序；萼筒球形、坛状至杯状，颈部缢缩；萼片 5，稀 4，开展，覆瓦状排列，全缘，有时呈羽状分裂；花瓣 5，稀 4，开展，覆瓦状排列，白色、黄色、粉红色至红色；花盘环绕萼筒口部；雄蕊多数，分为数轮，着生在花盘周围；心皮多数，稀少数，离生，着生在萼筒内，无柄，极稀有柄；花柱顶生至侧生，离生或上部合生，外伸；胚珠单生，下垂。瘦果木质，多数，稀少数，着生在萼筒内形成蔷薇果。种子下垂。

本属约有 200 多种，广泛分布于亚、欧、北非、北美各洲寒温带至亚热带地区。我国产 95 种，其中 39 种 13 变种可药用。

本属是世界著名的观赏植物之一，庭园普遍栽培。我国蔷薇属植物栽培历史悠久。

分种检索表

1. 萼筒杯状；瘦果着生在基部突起的花托上；花柱离生，不外伸……………………………39. **缫丝花 R. roxburghii**
1. 萼筒坛状；瘦果着生在萼筒内部。
  2. 托叶大部分贴生于叶柄上，并宿存。
    3. 花柱离生，不外伸或微伸出萼筒口部，比雄蕊短。
      4. 花单生，稀有数花，无苞片。
        5. 小叶 5–9，稀 15–17，常小形；花白色或黄色，偶粉红色。
          6. 萼片和花瓣均为 5 数。

7. 着花的枝密被皮刺和针刺，稀无刺。

8. 小叶下面有腺，边缘为重锯齿，卵形、椭圆形或倒卵形 ……………… 3. **腺叶蔷薇 *R. kokanica***

8. 小叶片下面无腺，边缘为单锯齿或偶混有重锯齿。

9. 小叶片长圆形、长圆状卵形或近圆形，长 1–2.2 cm，宽 6–12 mm；果实近球形，黑色或暗褐色……………………………………………………………………… 1. **密刺蔷薇 *R. spinosissima***

9. 小叶片椭圆形、倒卵状椭圆形或长圆状椭圆形，长 6–15 mm，宽 4–8 mm；果实长圆形，橘红色……………………………………………………………………… 2. **长白蔷薇 *R. koreana***

7. 着花的枝仅具皮刺，极稀有针刺。

10. 花瓣粉红色或深红色；花梗长 1–2.5 (–3) cm，无毛或有稀疏腺毛……………………………………………………………………………………… 7. **细梗蔷薇 *R. graciliflora***

10. 花瓣黄色；花梗长 1–2 cm，无毛。

11. 小叶 5–9，近圆形、倒卵形或椭圆形，边缘上半部有锯齿，基部全缘，无毛 ……………………………………………………………………………… 4. **宽刺蔷薇 *R. platyacantha***

11. 小叶 5–13，边缘全部具齿，有毛或无毛。

12. 小叶卵形、椭圆形或倒卵形，无毛，边缘有锐锯齿；花直径 4–5.5 cm；枝条基部有时具针刺 …………………………………………………………… 5. **黄蔷薇 *R. hugonis***

12. 小叶宽卵形或长圆形，稀椭圆形，下面被疏柔毛，边缘锯齿较圆钝；花直径 2–4 (–5) cm；枝条基部无针刺………………………………………………… 6. **黄刺玫 *R. xanthina***

6. 萼片和花瓣均为 4 数。

13. 果熟时果梗膨大；小叶长圆形或椭圆长圆形，全边有锯齿，无毛或仅在下面中脉上有短柔毛；果倒卵球形，红色或黄色………………………………………… 8. **峨眉蔷薇 *R. omeiensis***

13. 果熟时果梗不膨大；小叶下面或两面均密被柔毛。

14. 小叶 7–11 (–13)，卵形或倒卵形、倒卵状长圆形，仅上半部有锯齿，上面无毛，下面被丝状柔毛……………………………………………………………… 9. **绢毛蔷薇 *R. sericea***

14. 小叶 5–9 (–11)，长圆状倒卵形，两面密被柔毛；果倒卵圆形，直径约 1 cm……………………………………………………………………………………… 10. **毛叶蔷薇 *R. mairei***

5. 小叶 3–5，稀 7；花常粉红色或红色。

15. 小叶片 3–5，厚革质；花梗直立……………………………………… 11. **法国蔷薇 *R. gallica***

15. 小叶 5，稀 7，薄纸质；花梗弯曲…………………………………… 12. **百叶蔷薇 *R. centifolia***

4. 花多数组成伞房花序或单生，有苞片。

16. 萼筒上部、萼片、花盘、花柱在果实成熟时一起脱落。

17. 皮刺弯曲如镰刀状，通常无针刺；花多朵组成伞房或圆锥花序；果实球形 ……………………………………………………………………………………… 13. **弯刺蔷薇 *R. beggeriana***

17. 皮刺直立，并常密生针刺；花单生或 2–3 朵簇生；果实梨形或椭圆形 ……………………………………………………………………………………… 14. **腺齿蔷薇 *R. albertii***

16. 萼筒上部、萼片、花盘和花柱在果实成熟时不脱落。

18. 小叶长在 1.5 cm 以下或更小；花单生或 2–4 朵；果实长圆形或卵球形，直径 1.5–2 cm，密被腺毛………………………………………………………………… 25. **腺果蔷薇 *R. fedtschenkoana***

18. 小叶片长 1.5–7 cm。

19. 萼片羽裂；花多数组成伞房花序；小叶 7–9，下面有腺；花直径 3–5 cm，花梗被腺毛……………………………………………………………………………… 15. **刺梗蔷薇 *R. setipoda***

19. 萼片全缘。

20. 托叶下面无皮刺。

21. 小枝和皮刺被绒毛；小叶质地较厚，上面有明显褶皱，下面密被绒毛和腺毛……………………………16. 玫瑰 **R. rugosa**

21. 小枝和皮刺无毛，稀小枝幼时被疏柔毛；小叶质地较薄，上面无褶皱。

22. 小叶下面有白霜并有腺点；小枝通常无针刺；萼筒扁球形……17. 山刺玫 **R. davurica**

22. 小叶下面无白霜，无腺点；小枝常密生针刺；萼筒长椭圆形……………………………18. 刺蔷薇 **R. acicularis**

20. 托叶下面有皮刺。

23. 皮刺弯曲镰刀状；小叶 7–9，下面无毛或有短柔毛；花瓣白色；果实卵球形，直径 1–1.8 cm……………………………19. 疏花蔷薇 **R. laxa**

23. 皮刺直立。

24. 小叶下面无毛或近无毛。

25. 小叶 7，卵形至卵状披针形，长 3–6 cm；花单生，暗红色；花梗长 1.5–3 cm，通常无毛……………………………20. 大红蔷薇 **R. saturata**

25. 小叶 7–9 (–11)，椭圆形至卵形，长 1–3 cm；花常 1–3 朵，粉红色。

26. 花梗长 5–10 mm，密被腺毛；小叶先端急尖，稀圆钝，长 1–3 cm；花直径 4–5 cm……………………………21. 美蔷薇 **R. bella**

26. 花梗长 1.5–3 cm；无毛，稀有腺毛；小叶先端圆钝或急尖，长 0.5–2.5 cm；花直径 2–2.5 cm……………………………22. 钝叶蔷薇 **R. sertata**

24. 小叶下面被柔毛或至少沿脉被柔毛。

27. 萼片羽状分裂，外面常有腺毛；小叶边缘具重锯齿，稀有时混有单锯齿；花直径 2.5–3 cm；小枝被皮刺并常有针刺……………………………23. 扁刺蔷薇 **R. sweginzowii**

27. 萼片全缘；小叶边缘具单锯齿；花直径 3.5–5 cm；小枝通常仅具少数皮刺，无针刺……………………………24. 大叶蔷薇 **R. macrophylla**

3. 花柱合生或离生，伸出萼筒之外，比雄蕊长或近等长。

28. 花柱离生，与雄蕊近等长；小叶 3–5。

29. 常绿或落叶直立灌木；小叶 3 或 5；花红色、粉红色、稀白色，通常 4–5 朵，稀单生，微香或无香；果实球形或梨形……………………………26. 月季 **R. chinensis**

29. 常绿或半常绿藤本；小叶 5–7；花黄色或白色，很香……………………………27. 香水月季 **R. odorata**

28. 花柱合生，结合成柱，比雄蕊稍长或近等长；小叶片 5–9。

30. 托叶篦齿状或有不规则锯齿。

31. 托叶篦齿状；花柱无毛……………………………28. 野蔷薇 **R. multiflora**

31. 托叶有不规则之齿，而不是分裂成篦齿状；花柱有毛。

32. 小叶较小，下面和花梗以及花序轴有柔毛和腺毛……………………………29. 小金樱 **R. taiwanensis**

32. 小叶较大，下面和花梗以及花序轴均无毛……………………………30. 光叶蔷薇 **R. wichuraiana**

30. 托叶全缘，常有腺齿。

33. 小叶 3–5；小叶片较大，长 3.5–9 cm，两面无毛……………………………34. 软条七蔷薇 **R. henryi**

33. 小叶 (5–) 7–9。

34. 小叶革质，上面有光泽，两面无毛；小叶柄和叶轴均无毛……31. 长尖叶蔷薇 **R. longicuspis**

34. 小叶非革质，上面无光泽，两面被毛或仅下面被毛。

35. 小叶长圆状卵形或卵状披针形，长 2.5–4.5 cm，先端短渐尖或急尖……………………………32. 卵果蔷薇 **R. helenae**

35. 小叶片倒卵形或椭圆形，长 1–3 cm，先端圆钝、截形或急尖…33. 川滇蔷薇 **R. soulieana**

2. 托叶离生或近离生，早落。

36. 小枝密被绒毛或柔毛；小叶片 7–9；托叶篦齿状分裂；花单生，有大形苞片……………………………………38. **硕苞蔷薇 R. bracteata**

36. 小枝光滑无毛；小叶 3–5；托叶全缘；花组成花序。

37. 花梗和萼筒外面密被针刺；花大，白色，单生……………………37. **金樱子 R. laevigata**

37. 花梗和萼筒均光滑，无针刺；花小，黄色或白色。

38. 伞房花序；萼片全缘……………………35. **木香花 R. banksiae**

38. 复伞房花序；萼片有羽状裂片……………………36. **小果蔷薇 R. cymosa**

本属药用植物根和果实所含化学成分主要为鞣质、黄酮、五环三萜及其苷类。花含挥发油，种子含脂肪油。现代药理学研究表明，本属许多植物的果汁和各提取部位对心血管系统和免疫系统有广泛的作用，具有降血脂、抗动脉粥样硬化、抑制血小板聚集、抗细胞突变、抗癌、清除自由基、抗衰老等活性，其有效成分已证实主要为黄酮和三萜及其苷类。

本属药用植物所含鞣质大多为可水解鞣质，偶见缩合鞣质，其中可水解鞣质的酚酸部分多为没食子酸 (gallic acid) 等。没食子酸和没食子酸甲酯具有清除自由基和抗氧化活性。

本属药用植物的根和果实中含多种黄酮类化合物，苷元多为槲皮素和山柰酚等，糖链多由 1–3 个单糖基组成，常见的单糖为葡萄糖、鼠李糖、半乳糖和阿拉伯糖。刺梨黄酮能很好地清除各种活性氧自由基，并能显著抑制红细胞氧化溶血以及肝组织 MDA 的产生。光叶蔷薇 (R. wichuraiana) 和野蔷薇 (R. multiflora) 种子的正丁醇部位具有止泻活性，从中分得的野蔷薇苷 A 乙酸酯 (multinoside A acetate) 和多花蔷薇苷 A (multiflorin A) 均具止泻作用。

本属多数植物尚含以熊果酸、齐墩果酸 (oleanolic acid)、玫红酸 (rosolic acid) 等为主的五环三萜类化合物。值得注意的是其三萜皂苷的成苷位置多为 C-28 位，而非易成苷的 C-3 位。委陵菜酸 (tormentic acid) 和野鸦椿酸 (euscaphic acid) 在本属药用植物中普遍存在，可能是本属药用植物的共有成分。从小金樱 (R. taiwanensis) 中分得的 $2\alpha,3\beta$- 二羟基熊果酸对肿瘤 HCT-8 细胞株增殖有细胞毒活性。

此外，研究表明从玫瑰 (R. rugosa) 中分得的多糖肽类复合物和苯丙素苷聚合物均具有抗 HIV-1 反转录酶的活性。

本属药用植物的花常用来制作精油，可用于调配化妆品和烟用香精，也可用于食品、药品中，具有防腐、抗菌等作用。

1. 密刺蔷薇（中国植物志）

Rosa spinosissima L., Sp. Pl. 491. 1753.（英 **Scotch Rose**）

矮小灌木，高约 1 m；小枝无毛，有皮刺和密被针刺。小叶 5–11 枚，通常 7–9，连叶柄长 4–8 cm；叶轴和叶柄有少数针刺和腺毛；托叶大部贴生于叶柄；小叶片长圆形、长圆状卵形或近圆形，长 1–2.2 cm，宽 6–12 mm，两面无毛，基部近圆形或宽楔形，边缘有单锯齿或部分重锯齿，先端圆钝或急尖。花单生于叶腋或 2–3 朵集生，无苞片；花梗长 1.5–3.5 cm；花直径 2–5 cm；花瓣白色或淡黄色；花柱离生，被白色柔毛，比雄蕊短很多。果实近球形，直径 1–1.6 cm，黑色或暗褐色，萼片宿存。花期 5–6 月，果期 8–9 月。

分布与生境 产于新疆。生于海拔 1100–2300 m 的山地、草坡或林间灌丛。也分布于俄罗斯中亚地区。

药用部位 果实。

功效应用 活血舒筋，祛湿利尿。

化学成分 果实含维生素类：抗坏血酸(ascorbic acid)[1]。

化学成分参考文献

[1] Plekhanova TI, et al. *Chem Nat Compd*, 1978, 14(3): 334.

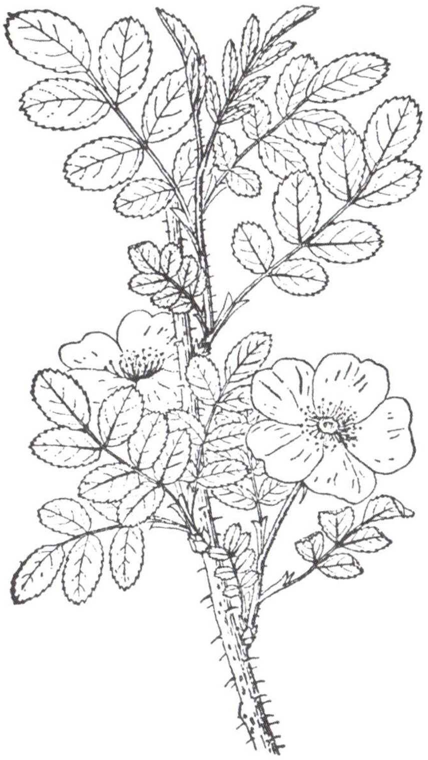

密刺蔷薇 Rosa spinosissima L.
引自《中国高等植物图鉴》

密刺蔷薇 Rosa spinosissima L.
摄影：何海

2. 长白蔷薇（东北木本植物图志）

Rosa koreana Kom. in Trudy Imp. S.-Peterburgsk. Bot. Sada 18: 434. 1901.（英 **Koran Rose**）

小灌木，丛生，高约 1 m；枝条密被针刺。小叶 7–11 (–15) 枚，连叶柄长 4–7 cm；托叶大部贴生于叶柄上；小叶片椭圆形、倒卵状椭圆形或长圆状椭圆形，长 6–15 mm，宽 4–8 mm，两面无毛或下面沿脉被毛，基部近圆形或宽楔形，边缘有带腺尖锐锯齿或混有重锯齿，先端圆钝。花单生于叶腋，无苞片；花梗长 1.2–3 cm，有腺毛；花直径 2–3 cm；花瓣白色或带粉色，倒卵形；萼筒和萼片外面无毛；花柱离生，比雄蕊短很多。果实长圆球形，橘红色；萼片宿存，直立。花期 5–6 月，果期 7–9 月。

分布与生境 产于黑龙江、吉林、辽宁。生于海拔 600–1200 m 的灌丛中、林缘或山坡多石地。也分布于朝鲜。

药用部位 叶、花、果实、根。

功效应用 滋补强壮，健胃消食，收敛固涩，活血调经，祛风湿，止痛，利湿。用于风湿疼痛，身体衰弱，贫血，肺结核，气滞腹胀，胃痛，胃溃疡，遗精，带下，月经不调，痛经，痢疾，小便不利。

化学成分 根和茎含黄酮类：(-)-表儿茶素没食子酸酯[(-)-epicatechin gallate]，(+)-儿茶素[(+)-catechin]，(-)-表儿茶素[(-)-epicatechin]，(-)-没食子儿茶素[(-)-gallocatechin]，(-)-表没食子儿茶素[(-)-epigallocatechin][1]。

叶含黄酮类：(-)-没食子酰儿茶素，(-)-表没食子酰儿茶素[1]。

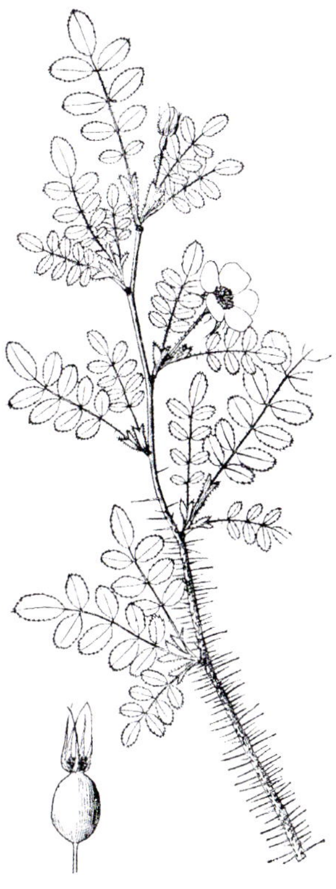

长白蔷薇 Rosa koreana Kom.
马建生　绘

长白蔷薇 **Rosa koreana** Kom.
摄影：周繇

化学成分参考文献

[1] Pankov YA, et al. *Rastitel'nye Resursy*, 1975, 11(4): 520-523.

3. 腺叶蔷薇（中国植物志） 南疆蔷薇（新疆）

Rosa kokanica (Regel) Regel ex Juz. in Fl. URSS 10: 426. 1941.（英 **Glandleaf Rose**）

小灌木，高 1.5–2 m；小枝密被针刺，幼时混有腺毛。小叶 5–7 (–9) 枚，连叶柄长 4.5–8 cm，小叶柄和叶轴有腺和短小针刺；托叶大部贴生于叶柄；小叶片卵形、椭圆形或倒卵形，长 1–2.2 cm，宽 6–13 mm，下面有腺或有极疏柔毛，基部宽楔形或近圆形，边缘有尖锐重锯齿，齿尖带腺，先端圆钝，稀急尖。花单生于叶腋，无苞片；花梗长 1.5–3 cm，有腺或无腺；花直径 2–4 (–6) cm；萼筒和萼片外面有腺或无腺；花瓣乳白色或黄色，宽倒卵形，先端微凹；花柱离生。果实球形，萼片宿存。花期 5–7 月，果期 8–11 月。

分布与生境 产于新疆。生于海拔 1500–2500 m 的山坡、林缘或为落叶松林下重要灌木之一。也分布于俄罗斯、中亚地区、伊朗、阿富汗。

药用部位 果实。

功效应用 活血化瘀，祛风除湿，解毒收敛。

化学成分 果实含三萜类：表阿江榄仁酸(epiarjunic acid)，齐墩果酸(oleanolic acid)[1]；黄酮类：金丝桃苷(hyperin; hyperoside)，槲皮素(quercetin)，银椴苷(tiliroside)[1]。

化学成分参考文献

[1] 周燕，等 . 分析测试学报，2004, 23: 91-92.

4. 宽刺蔷薇（中国植物志）

Rosa platyacantha Schrenk in Bull. Acad. Imp. Sci. Saint-Petersbourg 10: 252. 1842.（英 **Broad Spine Rose**）

小灌木，高 1–2 m，枝条开展，无毛；皮刺多，呈扁圆而基部膨大，黄色。小叶 5–7，连叶柄长 3–5 cm，小叶柄和叶轴幼时有腺毛，以后脱落；托叶下部贴生于叶柄，离生部分披针形；小叶片近圆形、倒卵形或长圆形，长 8–15 mm，宽 5–10 mm，两面无毛或下面沿脉有柔毛，基部宽楔形或近圆形，边缘上半部有 4–6 个锯齿，下半部和基部全缘，先端圆钝。花单生于叶腋或 2–3 朵集生；无苞片；花梗长 1–3.5 cm，通常无毛；花直径 3–5 cm；萼筒和萼片外面无毛；萼片披针形；花瓣黄色，倒卵形，先端微凹，基部楔形；花柱离生，被黄白色长柔毛；比雄蕊短。果实球形至卵球形，直径约 1 cm，暗红色至紫褐色，萼片直立，宿存。花期 5–8 月，果期 8–11 月。

分布与生境 产于新疆。生于海拔 1100–1800 m 的林边、林下、灌木丛中较干燥山坡、荒地或水边润湿处。

药用部位 根、果实。

功效应用 根：清热解毒，活血止痛。果实：强壮止泻，涩精利尿。

化学成分 果实含糖类：β-葡萄糖没食子苷(β-glucogallin)[1]。

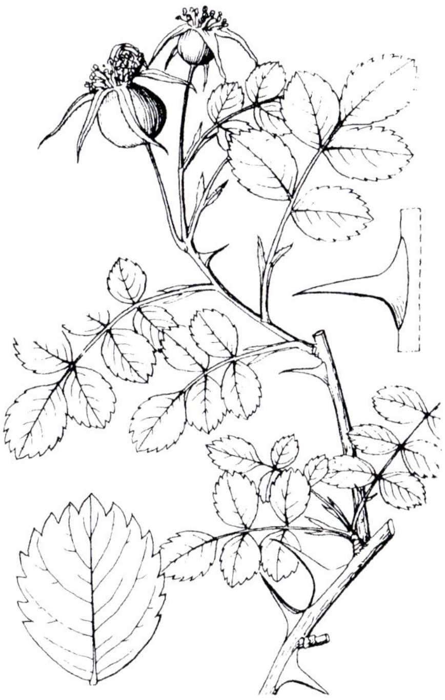

宽刺蔷薇 **Rosa platyacantha** Schrenk
李志民 绘

化学成分参考文献

[1] Bikbulatova TN, et al. *Chem Nat Compd*, 1979, 3: 420-421.

5. 黄蔷薇（群芳谱） 大马茄子、红眼刺（陕西）

Rosa hugonis Hemsl. in Bot. Mag. 131: t. 8004. 1905.（英 **Father Hugo Rose**）

矮小灌木，高约 2.5 m；小枝无毛，皮刺扁平，常混有针刺。小叶片 5–13 枚，连叶柄长 4–8 cm；托叶大部分贴生于叶柄；小叶片卵形、椭圆形或倒卵形，长 8–20 mm，宽 5–12 mm，两面无毛，基部宽楔形或近圆形，边缘有锐锯齿，先端钝或急尖。花单生于叶腋，无苞片；花梗长 1–2 cm，无毛；花直径 4–5.5 cm；萼筒和萼片外面无毛；花瓣黄色，倒卵形，先端微凹；花柱离生，被白色长柔毛。果实扁球形，直径 12–15 mm，紫红色至黑褐色，无毛，比雄蕊短。花期 5–6 月，果期 7–8 月。

分布与生境 产于山西、陕西、甘肃、青海、四川。生于海拔 600–2300 m 的山坡向阳处、林边灌丛中。

药用部位 根、叶、花。

功效应用 降气清胆，活血调经，止痛，收敛。用于肺热咳嗽，吐血，月经不调，脉管瘀痛，赤白带下，乳痈。

化学成分 花含挥发油：以 1,8-桉树脑(1,8-cineole)，3-甲基四氢呋喃(3-methyl-tetrahydrafuran)，柠檬烯(limonene)，Δ^3-蒈烯(Δ^3-carene)，水合桧烯(sabinene hydrate)，3-亚甲基戊烷(3-methylene-pentane)，月桂烯(myrcene)，十九烷(nonadecane)的含量较高[1]。

黄蔷薇 **Rosa hugonis** Hemsl.
引自《中国高等植物图鉴》

化学成分参考文献

[1] 赵秀英，等. 西北植物学报，1994, 14(5): 154-156.

黄蔷薇 **Rosa hugonis** Hemsl.
摄影：潘建斌

6. 黄刺玫（种子植物名录） 黄刺莓（中国高等植物图鉴）

Rosa xanthina Lindl., Ros. Monogr. 132. 1820.（英 **Manchuria Rose**）

6a. 黄刺玫（模式变型）

Rosa xanthina Lindl. f. **xanthina**

灌木，高 2–3 m；小枝无毛，有皮刺，无针刺。小叶 7–13，连叶柄长 3–5 cm；托叶大部贴生于叶柄上；小叶片宽卵形或近圆形，稀椭圆形，上面无毛，下面有疏柔毛，基部宽楔形或近圆形，边缘有圆钝锯齿，先端圆钝。花单生于叶腋，重瓣或半重瓣，无苞片；花梗长 1–1.5 cm，无毛，无腺；花直径 3–4 (–5) cm；萼筒和萼片外面无毛；花瓣黄色，宽倒卵形，先端微凹，基部宽楔形；花柱离生，被长柔毛，比雄蕊短。果实近球形或倒卵圆形，直径 8–10 mm，无毛。花期 4–6 月，果期 7–8 月。

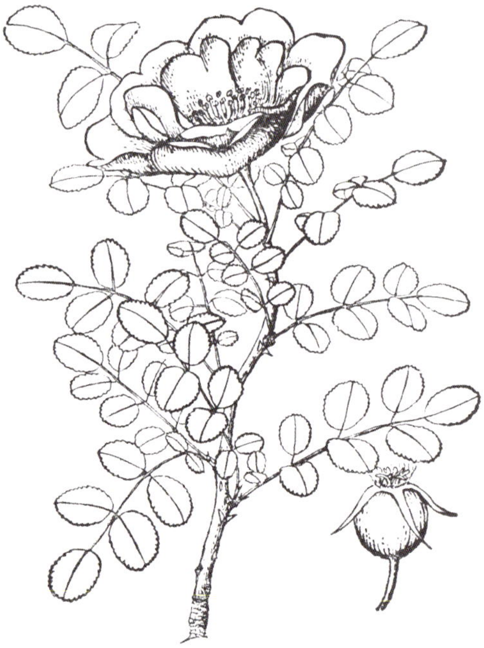

黄刺玫 **Rosa xanthina** Lindl. f. **xanthina**
引自《中国高等植物图鉴》

分布与生境 产于东北、华北，各地庭园常见栽培。

药用部位 果实、花。

功效应用 活血舒筋，调经，健脾，祛湿利尿，消肿。用于消化不良，气滞腹痛，胃痛，食管痉挛不畅，乳痈，肿毒，月经不调，跌打损伤，扭伤。

化学成分 叶含黄酮类：芦丁(rutin)[1]。

种子含脂肪酸类：亚油酸(linoleic acid)，亚麻酸(linolenic acid)，肉豆蔻酸(myristic acid)，棕榈油酸(palmitoleic acid)，棕榈酸，硬脂酸，油酸(oleic acid)，花生酸(arachidic acid)，二十烯酸(eiconsenoic acid)[2]。

药理作用 抗动脉硬化作用：黄刺玫果肉中的芦丁含量丰富，芦丁具有软化血管，防止动脉硬化的作用[1]。

抗氧化作用：黄刺玫果肉 SOD 活力高，可提高人体抗氧化酶系的活力，清除体内活性氧和过氧化自由基，防止脂质过氧化，保护蛋白质和核酸等大分子不受损伤[1]。黄刺玫汁可显著提高大鼠体内 SOD 和 GSH-Px 等抗氧化酶系的活力，加强对活性氧的清除作用，起到显著的抗氧化作用[2]。

黄刺玫 **Rosa xanthina** Lindl. f. **xanthina**
摄影：张英涛

化学成分参考文献

[1] 王常青 . 食品工业科技，1999, 20(5): 14-15.

[2] 王常青 . 中国油脂，1995, 20(1): 44-46.

药理作用及毒性参考文献

[1] 王常青 . 营养学报，1997, 19(4): 484-486.

[2] 王常青，等 . 中国公共卫生学报，1995, 14(3): 169-172.

6b. 单瓣黄刺玫（变型）（中国植物志）

Rosa xanthina Lindl. f. **normalis** Rehder et E. H. Wilson in Sarg., Pl. Wilson. 2: 342. 1915.（英 **Normal Manchuria Rose**）

本变型与模式变型的区别为花瓣黄色，单瓣。

分布与生境 产于黑龙江、吉林、辽宁、内蒙古、河北、山东、山西、陕西、甘肃等省区。生于向阳山坡或灌木丛中。

药用部位 花。

功效应用 理气解郁，和血散瘀。

单瓣黄刺玫 **Rosa xanthina** Lindl. f. **normalis** Rehder et E. H. Wilson is Sarg.
摄影：徐克学

分布与生境　产于四川、云南、贵州、甘肃、青海、西藏。生于山坡灌丛中。

药用部位　根、果实。

功效应用　收敛止血，止痢。用于吐血，便血，衄血，崩漏，痢疾，久痢久泻。

扁刺峨眉蔷薇 **Rosa omeiensis** Rolfe f. **pteracantha** Rehder et E. H. Wilson
摄影：张英涛

8c. 腺叶峨眉蔷薇（中国植物志）（变型）

Rosa omeiensis Rolfe f. **glandulosa** T. T. Yü et T. C. Ku in Bull. Bot. Res. Harbin 1(4): 7. 1981.（英 **Glandular Omei Mountain Rose**）

本变型与模式变型区别在叶柄及叶片下面有腺体；叶片边缘为单锯齿或部分重锯齿。花期 5–6 月，果期 7–9 月。

分布与生境　产于四川、云南、甘肃。生于山坡林下或灌丛中。

药用部位　果实。

功效应用　清热解毒，活血调经。用于肺热咳嗽，吐血，血脉瘀痛，月经不调，赤血带下，乳痈。

9. 绢毛蔷薇（拉汉种子植物名称）　山刺梨（四川）

Rosa sericea Lindl., Ros. Monogr. 105, t. 120. 1820.（英 **Silky Rose**）

9a. 绢毛蔷薇（模式变型）

Rosa sericea Lindl. f. **sericea**

直立灌木，高 1–2 m；枝粗壮弓形，皮刺散生或对生，基部稍膨大，有时密生针刺。小叶 (5–) 7–11，连叶柄长 3.5–8 cm，叶柄和叶轴有极疏的皮刺和腺毛；托叶大部贴生于叶柄，仅顶端离生，呈耳状，边有腺毛，有毛或无毛；小叶片卵形、倒卵形稀倒卵状长圆形，长 8–20 mm，宽 5–8 mm，上面无毛，有褶皱，下面被丝状长柔毛，基部宽楔形，边缘仅上半部有锯齿，先端圆钝或急尖。花单生于叶腋，无苞片；花梗长 1–2 cm，无毛；花直径 2.5–5 cm；萼片卵状披针形，全缘，先端渐尖或急尖和萼筒外面皆被疏柔毛或无毛；花瓣白色，宽倒卵形，基部宽楔形，先端凹；花柱离生，被柔毛，微

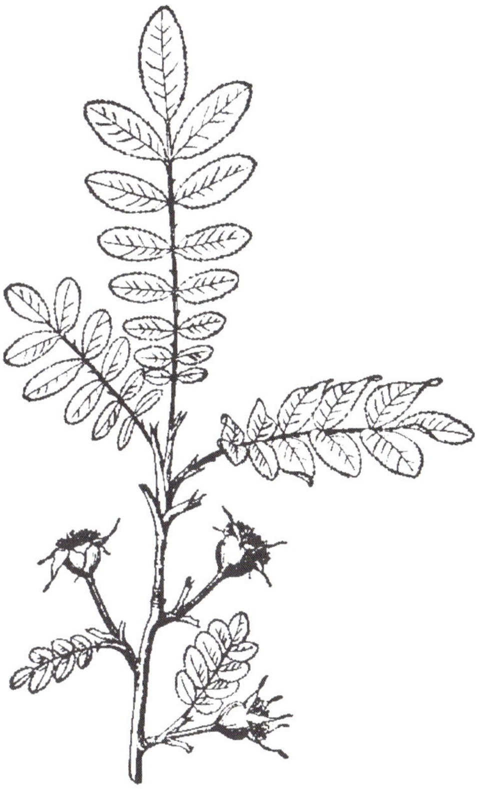

绢毛蔷薇 **Rosa sericea** Lindl. f. **sericea**
引自《中国高等植物图鉴》

绢毛蔷薇 **Rosa sericea** Lindl. f. **sericea**
摄影：张英涛

伸出萼筒口部，比雄蕊短。果实倒卵球形或球形，直径 8–15 mm，红色或褐色，无毛，有宿存直立萼片。花期 5–6 月，果期 7–8 月。

分布与生境 生于海拔 2000–3800 m 的山顶、山谷斜坡或向阳干燥地。也分布于印度、缅甸、不丹。

药用部位 根、果实、花。

功效应用 清热利湿，凉血止血，消食健胃，止泻止痢。用于食积腹胀，肠鸣腹泻，痢疾，胆囊炎，头痛恶心，血崩，月经过多，沙眼。

化学成分 果实含三萜类：齐墩果酸(oleanolic acid)，野鸦椿酸-3,4-单丙酮化物(euscaphic acid-3,4-monoacetonide)，野鸦椿酸(euscaphic acid)[1]；黄酮类：槲皮素(quercetin)[1]；其他类：没食子酸甲酯-4-*O*-*β*-D-吡喃葡萄糖苷(gallic acid methyl ester-4-*O*-*β*-D-glucopyranoside)，豆甾醇(stigmasterol)[1]。

注评 本种为部颁药品标准·藏药（1995 年版）收载“蔷薇花”的基源植物，药用其干燥成熟种子。

化学成分参考文献

[1] 陈封政，等 . 药学学报，1999, 34(6): 454-456.

9b. 腺叶绢毛蔷薇（变型）（植物分类学报）

Rosa sericea Lindl. f. **glandulosa** T. T. Yü et T. C. Ku in Acta Phytotax. Sin. 18(4): 503. 1980.（英 **Glandular Silky Rose**）

本变型与模式变型区别在于小叶片下面被腺毛和柔毛。花期 5–6 月，果期 7–8 月。

分布与生境 产于西藏。生于海拔 2550–4200 m 的山坡灌丛中、河谷或林缘山麓。

药用部位 根、果实、花。

功效应用 根、果实：消食健胃，止痢。花：降气，清胆，活血调经。

腺叶绢毛蔷薇 **Rosa sericea** Lindl. f. **glandulosa** T. T. Yü et T. C. Ku
摄影：张英涛

10. 毛叶蔷薇（中国植物志） 昭通山石榴（云南）

Rosa mairei H. Lév. in Repert. Spec. Nov. Regni Veg. 11: 299. 1912.（英 **Hairyleaf Rose**）

矮小灌木，高 1–2 m；小枝幼时被柔毛，以后脱落，散生扁平皮刺，有时密被针刺。小叶 5–9 (–11)，连叶柄长 2–7 cm；托叶下部贴生于叶柄；小叶片长圆倒卵形或倒卵形，长 6–20 mm，宽 4–10 mm，两面有丝状柔毛，下面更密，基部楔形或近圆形，边缘上部 2/3 或 1/3 部分有锯齿，先端圆钝或截形。花单生于叶腋；无苞片；花梗长 8–15 mm，有毛；花直径 2–3 cm；花瓣白色；花柱离生，有毛，比雄蕊短很多。果实倒卵圆形，红色或褐色，无毛；萼片宿存。花期 5–7 月，果期 7–10 月。

分布与生境 产于四川、贵州、云南、西藏。生于海拔 2300–4100 m 的山坡阳处或沟边杂木林中。

药用部位 根、果实、花。

功效应用 根、果实：清热，消食健胃，止痢，止泻，祛瘀止痛。用于食积腹胀，肠鸣腹泻，痢疾，胃痛，骨折。花：清热降气。用于龙病，赤巴病，肺病。

化学成分 花含挥发油：以苯乙醇(phenylethyl alcohol)，1,1-乙氧基乙烷(1,1-ethoxy-ethane)，香茅醇

毛叶蔷薇 **Rosa mairei** H. Lév.
摄影：朱鑫鑫

(citronellol)，香叶醇(geraniol)，十九烷(nonadecane)，芳樟醇(linalool)，二十一烷(heneicosane)，顺式-氧化芳樟醇(*cis*-linnalool oxide)，十七烷(heptadecane)的含量较高[1]。

注评 本种彝族、藏族药用，彝族用其根或果实治疗骨折、腹泻、胃痛、腹内肿块、中暑；藏族用花蕾或初开的鲜花治肺病。

化学成分参考文献

[1] 袁家漠，等 . 云南植物研究，1990, 12(4): 463-466.

11. 法国蔷薇（中国植物志）

Rosa gallica L., Sp. Pl. 429. 1753.（英 **French Rose**）

直立灌木，高约 1.5 m；小枝通常有大小不等的皮刺并混生刺毛。小叶 3–5；小叶柄和叶轴有刺毛和腺毛；托叶下部贴生于叶柄，离生部分卵形，边有腺毛；小叶片革质，卵形或宽椭圆形，长 2–6 cm，上面暗绿色，有褶皱，下面淡绿色，被柔毛，基部圆形或近心形，边有重锯齿稀为单锯齿，齿尖常带腺，先端圆钝或短渐尖。花单生，稀 3–4 朵，无苞片；花梗直立，粗壮，被腺毛；花直径 4–7 cm；萼筒和萼片外面有腺；花瓣粉红色或深红色。果实近球形或梨形，亮红色；萼片脱落。

分布与生境 原产于中欧、南亚及西亚，栽培历史悠久，园艺品种很多。有重瓣和半重瓣。我国各地均有栽培。

药用部位 花。

功效应用 收敛，祛风。浸剂内服治腹泻，漱口治咽喉炎。

化学成分 花含挥发油：芳樟醇(linalool)，香茅醇(citronellol)，橙花叔醇(nerol)，香叶醇(geraniol)[1]；苷类：芳樟醇-*β*-D-吡喃葡萄糖苷(linalool-*β*-D-glucopyranoside)，香茅醇-*β*-D-葡萄糖苷(citronellol-*β*-D-glucopyranoside)，橙花叔醇-*β*-D-吡喃葡萄糖苷(nerol-*β*-D-glucopyranoside)，香叶醇-*β*-D-吡喃葡萄糖苷(geraniol-*β*-D-glucopyranoside)[1]，苯乙基-*β*-D-吡喃葡萄糖苷(phenethyl-*β*-D-glucopyranoside)[2]，没食子苷(gallicoside) A、B、C[3]。

法国蔷薇 **Rosa gallica** L.
摄影：何海

化学成分参考文献

[1] Bugorskii PS, et al. *Chem Nat Compd*, 1977, 13(6): 732-733.
[2] Melnikov VN, et al. *Chem Nat Compd*, 1976, 11: 822.
[3] Bugorskii PS, et al. *Chem Nat Compd*, 1977, 13(3): 357.

12. 百叶蔷薇（中国植物志） 洋蔷薇（中国树木分类学）

Rosa centifolia L., Sp. Pl. 491. 1753.（英 **Cabbage Rose**）

小灌木，高 2–3 m；小枝被皮刺，皮刺不等大。小叶 5 (–7)，叶柄和叶轴有腺毛无皮刺；托叶大部贴生于叶柄，离生部分卵形，边缘有腺；小叶片大而薄，长圆形，上面无毛或偶有毛，下面有柔毛，基部圆形或近心形，边缘通常有单锯齿，先端急尖或微钝。花单生，无苞片，常重瓣，芳香；花梗细长，弯曲，密被腺毛；萼片卵形，先端不明显叶状；花瓣粉红色，直立，重叠如包心菜状；雄蕊多数；花柱离生，被毛，比雄蕊短很多。果实卵球形或近球形；萼片宿存。

分布与生境 我国各地有栽培。原产于高加索，在欧洲栽培悠久，品种甚多。

药用部位 根、叶、花。

功效应用 收敛止痛，消肿散瘀，润肠缓下。用于淤血肿痛，跌打损伤，腰肌劳损，闪挫扭伤，眼疾。花的挥发油为矫臭，矫味剂的原料。

化学成分 花含挥发油：香茅醇(citronellol)，橙花叔醇(nerol)，香叶醇(geraniol)，苯乙醇(benzene alcohol)，玫瑰蜡(oleopten)[1]。

百叶蔷薇 **Rosa centifolia** L.
引自《山东植物志》

百叶蔷薇 **Rosa centifolia** L.
摄影：何海

化学成分参考文献

[1] 张睿，等 . 西北植物学报，2003, 23(10): 1768-1771.

13. 弯刺蔷薇（中国植物志） 落花蔷薇（新疆树木学讲义）

Rosa beggeriana Schrenk, Enum. Pl. Nov. 73. 1841.（英 **Curved Prickle Rose**）

灌木，高 1.5–3 m；小枝无毛；有皮刺；皮刺成对或散生，基部膨大，浅黄色，镰刀状。小叶 5–9，连叶柄长 3–9 cm；叶柄和叶轴有稀疏柔毛和针刺；托叶大部贴生于叶柄；小叶片广椭圆形或椭

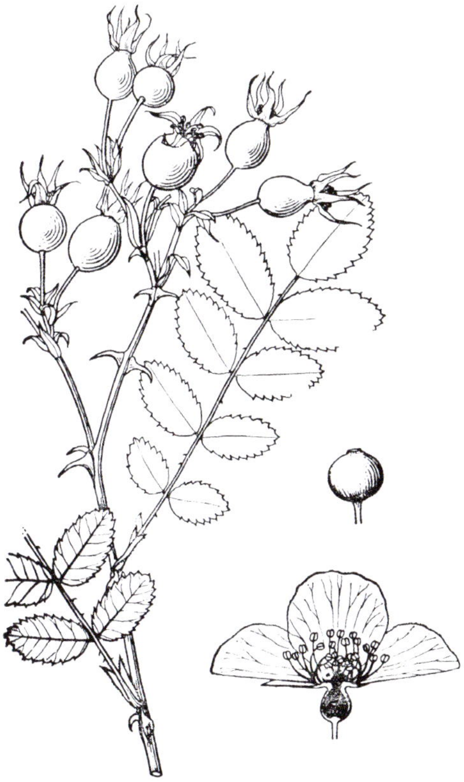

弯刺蔷薇 **Rosa beggeriana** Schrenk
张春芳 绘

弯刺蔷薇 **Rosa beggeriana** Schrenk
摄影：何海

圆状倒卵形，长 8–25 mm，宽 5–12 mm，上面无毛，下面被柔毛或无毛，基部近圆形或宽楔形，边缘有单锯齿，近基部全缘，先端急尖或圆钝。花数朵或多朵，组成伞房状或圆锥状花序，偶单生；有苞片，苞片 1–3 (–4)；花梗长 1–2 cm；花直径 2–3 cm；萼筒近球形，和萼片外面无毛；花瓣白色，稀粉红色；花柱离生。果实近球形，稀卵球形，红色转为黑紫色，成熟时萼片和萼筒顶部一起脱落。花期 5–7 月，果期 7–10 月。

分布与生境 产于新疆、甘肃。生于海拔 800–2000 m 的山坡、山谷、河边及路旁。也分布于中亚、伊朗、阿富汗。

药用部位 果实。

功效应用 强壮，止泻，利尿。

化学成分 果实含黄酮类：(+)-儿茶素[(+)-catechin][1]；维生素类：抗坏血酸(ascorbic acid)[2]。

化学成分参考文献

[1] Nurgalieva GM, et al. *Sintetich i Prirod Soedin i ikh Issled*, *Alama-Ata*, 1980, 83-5.

[2] Khaitov IK, et al. *Herba Hungarica*, 1980, 19(1): 195-199.

14. 腺齿蔷薇（新疆树木学讲义） 落萼蔷薇（新疆）

Rosa albertii Regel in Trudy Imp. S.-Peterburgsk. Bot. Sad 8: 278. 1883.（英 **Albert Rose**）

灌木，高 1–2 m；小枝无毛，散生皮刺，并密生针刺。小叶片 5–7，连叶柄长 3–8 cm；叶柄和叶轴被短柔毛、腺毛和稀疏皮刺；托叶大部贴生于叶柄；小叶片卵形、椭圆形、倒卵形或近圆形，长 8–30 mm，宽 5–18 mm，下面有短柔毛，沿脉较密，基部近圆形或宽楔形，边缘有重锯齿，齿尖常带腺体。花单生或 2–3 朵簇生；有苞片，苞片卵形；花梗长 1.5–3 cm，无毛，有腺毛或无腺毛；花瓣白色。果实梨形或椭圆形，橙红色，成熟后萼片和萼筒顶部一起脱落。花期 6–8 月，果期 8–10 月。

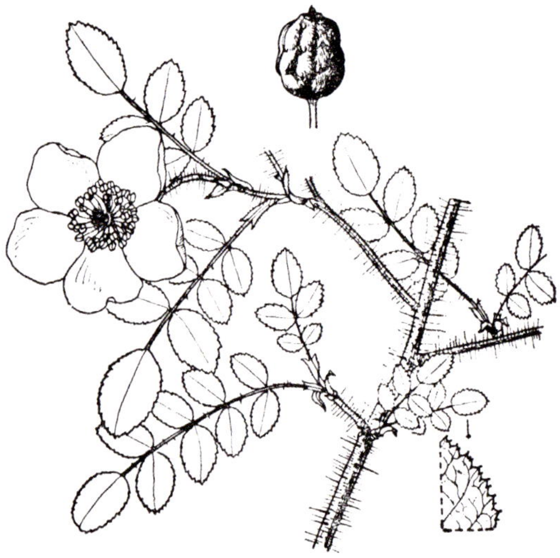

腺齿蔷薇 **Rosa albertii** Regel
张春芳 绘

分布与生境 产于新疆、青海、甘肃。多生于山坡，云杉、落叶松林下或林缘等处。

药用部位 根。

功效应用 活血化瘀，祛风除湿，解毒收敛。

化学成分 果实含维生素类：维生素C、P[1]。

化学成分参考文献

[1] Vadova VA; et al. *Trudy Vsesoyuz Nauch-Issledovatel Vitamin Inst*, 1953, 4: 119-121.

15. 刺梗蔷薇（经济植物手册） 刺毛蔷薇（秦岭植物志），刺柄蔷薇（拉汉种子植物学名称）

Rosa setipoda Hemsl. et E. H. Wilson in Kew Bull. 1906: 158. 1906.（英 **Nodfruit Rose**）

灌木，高可达 3 m；小枝无毛，散生宽而扁皮刺，稀无刺。小叶 5–7，连叶柄长 8–19 cm，小叶柄和叶轴密被腺毛或稀疏小皮刺；托叶宽平，大部贴生于叶柄，离生部分耳状，三角状披针形，边缘及下面有腺体；小叶片卵形、椭圆形或广椭圆形，长 2.5–5.2 cm，宽 1.2–3 cm，上面无毛，下面有柔毛和腺体，基部近圆形或宽楔形，边缘有重锯齿，先端急尖或圆钝。花为稀疏伞房花序，花序基部有 2–3 卵形苞片，边有不规则的齿和腺体，下面有柔毛和腺体；花梗长 1.3–2.4 cm，被腺毛；花直径 3.5–5 cm；萼片卵形，先端扩展成叶状，边缘具羽状裂片或有锯齿，齿尖和外面有腺；花瓣粉红色或玫瑰紫色，外面微被柔毛；花柱离生，被柔毛，比雄蕊短很多。果实长圆状卵球形，先端有短颈，直径 1–2 cm，深红色，有腺毛或无腺毛，萼片直立，宿存。花期 5–7 月，果期 7–10 月。

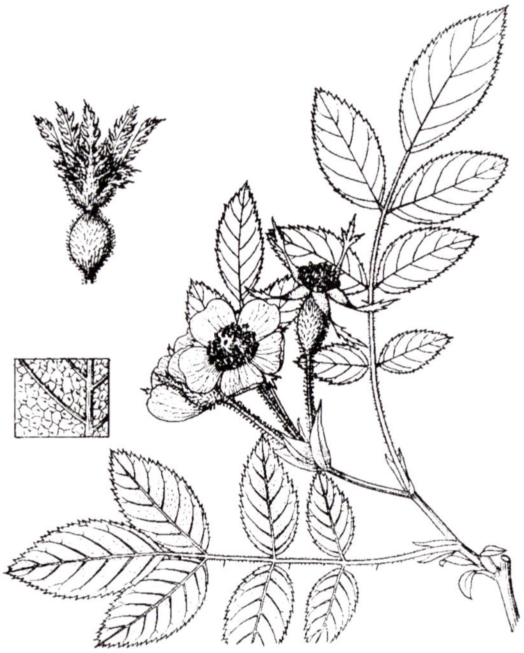

刺梗蔷薇 **Rosa setipoda** Hemsl. et E. H. Wilson
王金凤 绘

分布与生境 产于湖北、四川。生于海拔 1800–2600 m 的山坡或灌丛中。

药用部位 果实、根。

功效应用 果实：理脾健胃，止泻。用于食积停滞，消化不良，脾虚食少，泄泻。根：清热，发乳，止泻。

16. 玫瑰（群芳谱）

Rosa rugosa Thunb., Fl. Jap. 213. 1784.（英 **Rogose Rose**）

直立灌木，高可达 2 m；茎丛生；小枝密被绒毛并有针刺和腺毛，有直立或弯曲的淡黄色皮刺，皮刺密被绒毛。小叶片 5–9，连叶柄长 5–13 cm；叶柄和叶轴密被绒毛和腺毛；托叶大部贴生于叶柄，离生部分卵形，边缘有带腺锯齿，外面被绒毛；小叶片椭圆形或椭圆状倒卵形，长 1.5–4.5 cm，宽 1–2.5 cm，上面无毛，叶脉下陷，有褶皱，下面中脉突起，被绒毛和腺毛，有时腺毛不明显，基部圆形或宽楔形，边缘有尖锐锯齿，先端急尖或圆钝。花单生于叶腋或数朵簇生；苞片卵形，外被绒毛；花梗长 5–25 mm，密被绒毛和腺毛；花直径 4–5.5 cm；萼筒和萼片外面密被柔毛和腺毛；花瓣重瓣至半重瓣，芳香，紫红色至白色；花柱离生。果实扁球形，直径 2–2.5 cm，砖红色，平滑；萼片宿存。花期 5–6 月，果期 8–9 月。

分布与生境　原产于我国华北以及日本和朝鲜，我国各地均有栽培，园艺品种很多。

药用部位　花蕾。

功效应用　行气解郁，和血，止痛。用于肝胃气痛，食少呕恶，月经不调，跌打伤痛。

化学成分　根含三萜类：日本黑莓苷▲F_1 (kaji-ichigoside F_1)，野蔷薇苷(rosamultin)[1]；黄酮类：(+)-儿茶素[(+)-catechin]，槲皮素-3-*O*-β-D-半乳糖苷(quercetin-3-*O*-β-D-galactoside)，原矢车菊素B_3 (procyanidin B_3)[1]；酚类：没食子酸甲酯(methyl gallate)，没食子酸(gallic acid)[1]。

叶含黄酮类：芹菜苷元(apigenin)，芹菜苷元-7-甲醚(apigenin-7-methyl ether)，刺槐素(acacetin)，芹菜苷元-7,4'-二甲醚(apigenin-7,4'-dimethyl ether)，粗毛豚草素(hispidulin)，果胶柳穿鱼苷元(pectolinarigenin)[2]。

花含挥发油：以β-香茅醇(β-citronellol)，香叶醇(geraniol)，甲基丁香酚(methyleugenol)，香茅醇乙酸酯(citronellyl acetate)[3]，二十三烷(tricosane)，二十一烷(heneicosane)，二十烷(eicosane)，十八醇乙酸酯(octadecanol acetate)，β-香茅醇(β-citronellol)的含量较高[4]；其他类：糖蛋白复合物，苯丙素苷聚合物[5]，没食子酸(gallic acid)，槲皮素(quercetin)[6]。

果实含酚类：没食子酸(gallic acid)，原儿茶酸(protocatechuic acid)，龙胆酸(gentisic acid)，对羟基苯甲酸(*p*-hydroxybenzoic acid)，香荚兰酸(vanillic acid)，咖啡酸(caffeic acid)，丁香酸(syringic acid)，对香豆酸(*p*-coumaric acid)，反式-阿魏酸(*trans*-ferulic acid)，顺式-阿魏酸(*cis*-ferulic acid)，对羟基苯乙酸(*p*-hydroxyphenylacetic acid)，水杨酸(salicylic acid)[7]。

药理作用　调节心血管作用：玫瑰花水煎剂含有直接扩张血管的有效成分，可使去甲肾上腺素预收缩兔离体胸主动脉条产生明显的舒张作用[1]。以玫瑰花为主的玫瑰舒心口服液对心肌梗死有明显保护作用，

玫瑰 **Rosa rugosa** Thunb.
引自《中国高等植物图鉴》

玫瑰 **Rosa rugosa** Thunb.
摄影：于俊林

可缩小心肌梗死范围[2]。其黄酮类化合物具有维生素 P 的作用，能扩张冠状动脉升高或降低血压[15]。

调血脂作用：玫瑰花提取物喂饲能显著减少小鼠三酰甘油 (TG) 的含量[3]。玫瑰黄酮明显降低大鼠的血清总胆固醇 (TC)、TG 水平，升高高密度脂蛋白胆固醇 (HDL-C) 水平[4]。

利胆作用：玫瑰油对大鼠有促进胆汁分泌的作用，能明显改善肝炎恢复期及胆囊炎、胆石症发作期的症状[5]。

玫瑰花 Rosae rugosae Flos
摄影：钟国跃

抗菌、抗病毒作用：玫瑰花提取物对人免疫缺陷病毒（艾滋病毒，HIV）、白血病病毒和 T 细胞白血病病毒均有抗病毒作用。其对感染小鼠白血病病毒细胞的反转录酶有制作用。玫瑰挥发油对临床常见致病性念珠菌有抗菌活性[6]。

抗氧化作用：玫瑰多酚提取物可以提高衰老模型小鼠的胸腺指数和脾指数，提高血清 SOD 活力，降低血清 MDA 含量，减少脑组织中脂褐质 (Lf) 含量，通过提高小鼠的抗氧化能力发挥抗衰老功效；玫瑰花中维生素 C 是一种重要的自由基清除剂，维生素 C 与多酚同时存在时，具有协同抗氧化作用；玫瑰花中富含的矿物质元素硒、锌、铜、锰在抗氧化和清除自由基方面起着重要作用[7-11]。玫瑰花蕾提取物对羟自由基具有较强的清除能力[12]。从玫瑰花中分离出没食子酸、槲皮素、糖蛋白复合物和苯丙素类化合物均具有较强的抑制红细胞溶血活性和抗组织匀浆脂质过氧化活性，后两者尚可提高细胞中 SOD、CAT 的酶活性和该酶的基因表达水平[13]。玫瑰花提取物对衰老的小鼠不仅在组织水平和细胞水平上有显著的抗氧化作用，而且在分子水平上能提高基因表达量，其含有高效抗氧化成分[14]。

其他作用：黄酮类化合物具有维生素 P 的作用，能促进维生素 C 的吸收，防止坏血病，同时它还具有利尿、杀虫、祛痰等活性[15]。

注评　本种为历版中国药典、内蒙古中药材标准（1988）、部颁药品标准·维吾尔药（1998 年版）收载“玫瑰花”的基源植物，药用其干燥花蕾。藏族、朝鲜族也药用，藏族用其花治胆囊炎、肺病、体虚，根皮治胸闷气滞、淤血作痛、疮疡；朝鲜族用花治月经不调，肝痛、胃痛。

化学成分参考文献

[1] Cho EJ, et al. *Phytomedicine*, 2003, 10: 544–551.

[2] Eckhard W, et al. *Biochem Syst Ecol*, 2008, 36: 481-483.

[3] 吴承顺，等 . 植物学报，1985, 27(5): 510-515.

[4] 李明，等 . 中成药，2008, 30(5): 726-730.

[5] Fu M, et al. *J Pharm Pharmacol*, 2006, 58(9): 1275-1280.

[6] 牛淑敏，等 . 南开大学学报（自然科学版），2006, 39(1): 90-94.

[7] Renata N. *Acta Pol Pharm*, 2006, 63(4): 281-288.

药理作用及毒性参考文献

[1] 李红芳，等 . 中药药理与临床，2002, 18(2): 20-21.

[2] 张秀兰，等 . 中西医结合杂志，1992, 12(7): 414.

[3] Lee S Y, et al. *Life Sci*, 1991, 49(13): 947.

[4] 何熹 . 玫瑰精油提取新工艺的研究及相关动物实验探讨 [学位论文]. 济南 : 山东师范大学，2002.

[5] 颜正华 . 中药学，北京 : 人民卫生出版社，1991, 423.

[6] 李晓晴，等 . 中国皮肤性病学杂志，2006, 6: 321-323.

[7] 李玉赜，等 . 中国食物与营养，2008, 4: 54-55.

[8] Lopz M, et al. *Talanta*, 2003, 60(2-3): 609-616.

[9] Subba Rao MV, et al. *J Agric Food Chem*, 2002, 50(4): 889-892.

[10] Yang B, et al. *Anal Sci*, 2001, 17: 599-604.

[11] 吕镇城，等 . 华南师范大学学报（自然科学版），2007,(4): 102-108.

[12] 齐亚娥，等 . 食品科技 . 2007, 4: 82-84.

[13] 牛淑敏，等 . 南开大学学报（自然科学版）, 2006, 39(1): 90-94.

[14] 牛淑敏，等 . 南开大学学报（自然科学版）, 2004, 37(2): 29-31.

[15] Hemmerle H, et al. *J Med Chem*, 1997, 40(2): 137-145.

17. 山刺玫（经济植物手册） 刺玫蔷薇（东北木本植物图志），刺玫果、红根（东北）

Rosa davurica Pall., Fl. Ross. 1(2): 61. 1788.（英 **Dahurian Rose**）

17a. 山刺玫（模式变种）

Rosa davurica Pall. var. **davurica**

直立灌木，高 1.5 m；小枝无毛；皮刺常成对，生于小枝或叶柄基部。小叶片 7–9 枚，连叶柄长 4–10 cm；小叶柄和叶轴被柔毛、腺毛和稀疏皮刺；托叶大部分贴生于叶柄；小叶片长圆形或宽披针形，长 1.5–3.5 cm，宽 5–15 mm，上面无毛，下面有腺点和稀疏短柔毛，基部圆形或宽楔形，边缘有单锯齿和重锯齿，先端急尖或圆钝。花单生于叶腋或 2–3 朵簇生；苞片卵形，边有腺齿；花梗长 5–8 mm，无毛，有腺毛；花直径 3–4 cm。果实球形或卵球形，红色；萼片宿存。花期 6–7 月，果期 8–9 月。

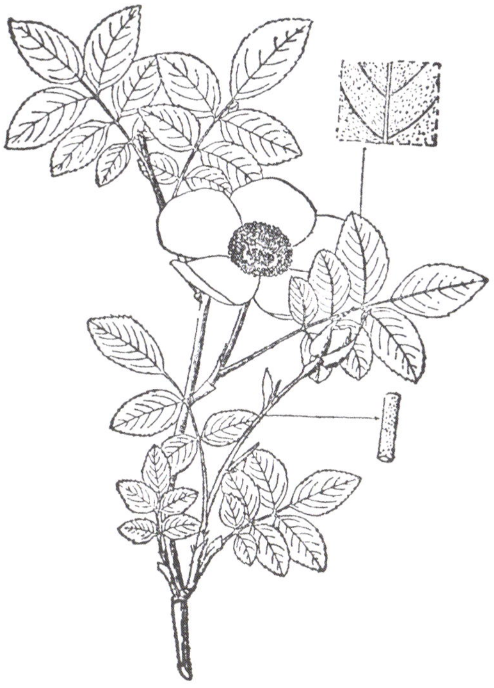

山刺玫 **Rosa davurica** Pall. var. **davurica**
引自《中国高等植物图鉴》

分布与生境 产于黑龙江、吉林、辽宁、内蒙古、河北、山西。生于海拔 430–2500 m 的山坡阳处、杂木林缘或丘陵草地。也分布于朝鲜、俄罗斯、西伯利亚东部、蒙古南部。

药用部位 根、花、果实。

功效应用 根：用于慢性咳嗽，血崩，泄泻，痢疾，跌打损伤。花：用于月经过多，吐血，血崩，肋间作痛，痛经。果实：健脾消食，调经通淋，止痛。用于小儿食积，消化不良，胃痛，腹泻，淋病，月经不调。

化学成分 果实含三萜类：白桦脂酸(betulinic acid)，麦珠子酸(alphitolic acid)，齐墩果酸(oleanolic acid)，山楂酸(maslinic acid)，熊果酸(ursolic acid)，果渣酸▲(pomolic acid)，黄麻酸▲(corosolic acid)，委陵菜酸(tormentic acid)，野鸦椿酸(euscaphic acid)，2*β*,19*α*-2-表委陵菜酸(2*β*,19*α*-2-*epi*-tormentic acid)[1]，乙酰熊果酸(acetylursolic acid)[2]，2*α*-羟基齐墩果酸(2*α*-hydroxyoleanolic acid)，19*α*-羟基熊果酸(19*α*-hydroxyursolic acid)，2*α*,3*α*,19*α*-三羟基熊果酸(2*α*,3*α*,19*α*-trihydroxyursolic acid)[3]；黄酮类：槲皮素(quercetin)，金丝桃苷(hyperin; hyperoside)，银锻苷(tiliroside)；鞣质类：3-*O*-*β*-D-葡萄糖基没食子酸甲酯(methyl-3-*O*-*β*-D-glucopyranosyl-gallate)[4]，木麻黄鞣亭(casuarictin)，1,2,3,6-四-*O*-没食子酰基-*β*-D-葡萄糖(1,2,3,6-tetra-*O*-galloyl-*β*-D-glucose)，1,2,3,4,6-五-*O*-没食子酰基-*β*-D-葡萄糖(1,2,3,4,6-penta-*O*-galloyl-*β*-D-glucose)，仙鹤草素(agrimoniin)，金樱子素(laevigatin) D、F，刺玫果素(davuriciin) D_1、D_2、T_1、M_1[5]；甾体类：*β*-谷甾醇，胡萝卜苷[2]，*β*-谷甾醇乙酸酯(*β*-sitosterin acetas)[3]；其他类：蜡酸(cerotic acid)，*β*-吡喃果糖乙苷(ethyl *β*-fructopyranoside)，二十七烷[2]。

药理作用 抗过敏作用：刺玫果实抑制大鼠速发型过敏反应，完全抑制 48/80 复合物诱导的系统性过敏性休克；刺玫果实预处理可剂量依赖性降低血清组胺水平；剂量依赖性抑制抗 -DNP IgE 抗体诱导的被动皮肤过敏反应；抑制 48/80 复合物或抗 -DNP IgE 抗体引起的腹膜肥大细胞的组胺释放，同时显著抑制抗 -DNP IgE 抗体诱导的腹膜肥大细胞的 TNF-*α* 的生成[1]。

抗氧化作用：刺玫果实具有抗脂质过氧化的作用，显著降低过氧化氢诱导的小鼠肝、心、肾、脑及红细胞组织匀浆中的 MDA 含量，增加小鼠缺血心肌的 SOD 和 GHS-Px 活力[2]。

注评 本种为吉林中药材标准（1977）收载“野玫瑰根”的基源植物，药用其干燥根及根状茎。达斡尔族也药用，其根瘤治类风湿。

疏花蔷薇 **Rosa laxa** Retz.
张春芳　绘

注评　本种为部颁药品标准·维吾尔药（1998 年版）收载“疏花蔷薇果”的基源植物，药用其干燥果实。

化学成分参考文献

[1] 李庆典，等. 营养学报，1993, 15(3): 361-363.
[2] 李庆典，等. 植物资源与环境，1997, 6(2): 32-35.

药理作用及毒性参考文献

[1] 王良信，等. 国外医药·植物药分册，2007, 22(1): 35.

20. 大红蔷薇（经济植物手册）

Rosa saturata Baker in Willmott, Gen. Ros. 2: 503. 1914.（英 **Saturate Rose**）

灌木，高 1–2 m；小枝无毛，有皮刺，无针刺。小叶通常 7 (–9) 枚；连叶柄长 7–16 cm；托叶大部贴生于叶柄；小叶片卵形或卵状披针形，长 2.5–6.5 cm，宽 1.5–4 cm，两面无毛或下面沿脉被柔毛或无毛，基部近圆形或宽楔形，边缘有尖锐单锯齿。花单生，稀 2 朵，有宽大的 1–2 枚苞片；花梗长 1.5–2.5 cm；花直径 3.5–5 cm；萼片卵状披针形，先端明显伸展成叶状，比花瓣长 1/3–1/2；花柱离生。果实卵球形，直径 1.5–2 cm，朱红色。花期 6 月，果期 7–10 月。

分布与生境　产于湖北、四川、浙江。生于海拔 2200–2400 m 的山坡、灌丛中或水沟旁等处。

药用部位　根皮。

功效应用　活血化瘀，调经止痛。

21. 美蔷薇（经济植物手册）　油瓶子（河北）

Rosa bella Rehder et E. H. Wilson in Sarg., Pl. Wilson. 2: 341. 1915.（英 **Solitary Rose**）

灌木，高 1–2 m；小枝被皮刺，有时密被针刺。小叶 (5–) 7–9，连叶柄长 4–11 cm，小叶柄和叶轴无毛或有疏柔毛，散生腺毛和小皮刺；托叶大部贴生于叶柄；小叶片椭圆形、卵形或长卵形，长

1–3 cm，宽 6–20 mm，两面无毛或下面沿脉有散生柔毛和腺毛，基部近圆形，边缘有单锯齿，先端急尖或圆钝。花单生或 2–3 朵集生；苞片卵状披针形；花梗长 5–10 mm；花直径 4–5 cm；花瓣粉红色；花柱离生。果实椭圆状卵球形，顶端有短颈，猩红色，有腺毛。花期 5–7 月，果期 8–10 月。

分布与生境 产于吉林、内蒙古、河北、山西、河南等省。生于海拔 1700 m 的灌丛中、山脚下或河沟边等处。

药用部位 花蕾、根、果实。

功效应用 花蕾：活血，理气，消肿，健脾，调经。用于消化不良，气滞腹痛，乳痈肿痛，跌打损伤。根、果实：固精止遗，涩肠止泻。用于遗精，滑精，遗尿，脾虚泻痢，崩漏带下，虚汗。

美蔷薇 **Rosa bella** Rehder et E. H. Wilson
引自《中国高等植物图鉴》

化学成分 果实含三萜类：果渣酸▲(pomolic acid)，齐墩果酸(oleanolic acid)，玫红酸(rosolic acid)；黄酮类：槲皮素(quercetin)，山柰酚-3-*O*-*β*-D-(6-*O*-反式-对羟基香豆酰基)-葡萄糖苷[kaempferol-3-*O*-*β*-D-(6-*O*-*trans*-*p*-hydroxycoumaroyl)-glucoside]；甾体类：*β*-谷甾醇，胡萝卜苷[1]。

药理作用 强心作用：美蔷薇醇提物对蟾蜍离体心脏有显著增强心肌收缩力的作用，但在超过其有效浓度范围后出现相反作用，使心脏显著抑制或停搏；美蔷薇提取物对正常大鼠血清总胆固醇、高密度脂蛋白和三酰甘油的含量均无明显影响[1]。

美蔷薇 **Rosa bella** Rehder et E. H. Wilson
摄影：汪远

化学成分参考文献

[1] 陈封政，等. 中国中药杂志，2001, 26(8): 549-550.

药理作用及毒性参考文献

[1] 陈封政，等. 中国中药杂志，2001, 26 (8): 549-551.

22. 钝叶蔷薇（秦岭植物志）

Rosa sertata Rolfe in Bot. Mag. 139: t. 8473. 1913.（英 **Obtuseleaf Rose**）

灌木，高 1–2 m；小枝无毛，散生皮刺或无刺。小叶片 7–11 枚，连叶柄长 5–8 cm，小叶柄和叶轴有稀疏柔毛、腺毛和小皮刺；托叶大部贴生于叶柄；小叶片宽椭圆形至卵状椭圆形，长 1–2.5 cm，宽 7–15 mm，两面无毛或下面沿中脉有疏柔毛，基部近圆形，边缘有尖锐单锯齿，先端急尖或圆钝。花单生或 3–5 朵组成伞房花序；有 1–3 枚苞片，卵形，无毛，边缘有腺毛；花梗长 1.5–3 cm，无毛或有稀疏腺毛；花直径 2–3.5 cm；萼片卵状披针形，先端延长成叶状；花瓣粉红色或玫瑰色；花柱离生。果实卵球形，顶端有短颈，直径约 1 cm，深红色。花期 6 月，果期 8–10 月。

分布与生境 产于甘肃、陕西、山西、河南、安徽、江苏、浙江、江西、湖北、四川、云南等省区。生于海拔 1390–2200 m 的山坡、路边、沟边或疏林中。

药用部位 根、果实。

功效应用 根：活血调经，止痛，清热解毒。用于月经不调，风湿痹痛，痛风，疮疡肿毒。果实：用于遗精。

化学成分 花含挥发油：主要成分为苯乙醇(phenylethyl alcohol)，香茅醇(citronellol)，香叶醇(geraniol)，橙花叔醇(nerol)[1]。

钝叶蔷薇 **Rosa sertata** Rolfe
引自《中国高等植物图鉴》

钝叶蔷薇 **Rosa sertata** Rolfe
摄影：张英涛

化学成分参考文献

[1] 张睿，等. 西北植物学报，2003, 23(10): 1768-1771.

23. 扁刺蔷薇（秦岭植物志） 油瓶子、野刺玫（陕西）

Rosa sweginzowii Koehne in Repert. Spec. Nov. Regni Veg. 8: 22. 1910.（英 **Sweginzow Rose**）

灌木，高 3–5 m；小枝无毛或有疏短柔毛，有扁而基部膨大的直或弯曲皮刺。小叶 7–9 枚，连叶柄长 6–11 cm；小叶柄和叶轴有柔毛、腺毛和散生小皮刺；托叶大部贴生于叶柄，离生部分卵状披针形，边缘有腺齿；小叶片椭圆形至卵状长圆形，长 2–5 cm，宽 8–20 mm，上面无毛，下面有柔毛或至少沿脉有柔毛，基部近圆形或宽楔形，边缘有重锯齿，先端急尖，稀圆钝。花单生或 2–3 簇生；苞片 1–2，卵状披针形；花梗长 1.5–2 cm，有腺毛；花直径 3–5 cm；萼片卵状披针形，先端浅裂扩展成叶状或有时羽状分裂，外面有腺或无腺，近无毛；花瓣粉红色，宽倒卵形，基部宽楔形，先端微凹；花柱离生，密被柔毛，比雄蕊短很多。果实长圆形或倒卵状长圆形，长 1.5–2.5 cm，先端有短颈，紫红色，外面常有腺毛，萼片直立宿存。花期 6–7 月，果期 8–11 月。

扁刺蔷薇 **Rosa sweginzowii** Koehne
吴彰桦　绘

分布与生境　产于云南、四川、湖北、陕西、甘肃、青海、西藏。生于海拔 2300–3850 m 的山坡、路边或灌木丛中。

药用部位　果实。

功效应用　解毒退烧，固精涩尿，健脾消食，止泻，止咳平喘，祛风湿，活气血。用于中毒性发热，肝炎，肾病，肾虚遗精，白浊带下，久泻久痢，脱肛，子宫脱垂，多尿，小便频数，小便失禁，关节积液，肺虚咳嗽。

注评　本种藏族药用，其果实和茎皮治中毒症、肝炎、肾病、关节积液、腹泻等。

扁刺蔷薇 **Rosa sweginzowii** Koehne
摄影：叶喜阳

24. 大叶蔷薇

Rosa macrophylla Lindl., Ros. Monogr. 35, t. 6. 1820.（英 **Largeleaf Rose**）

灌木，高 1.5–3 m；小枝散生直立常成对皮刺，有时无刺。小叶 (7–) 9–13 枚，连叶柄长 7–15 cm，小叶柄和叶轴有长柔毛，疏生腺毛和散生小皮刺；托叶宽大，大部贴生于叶柄，离生部分卵形，边有腺齿，通常无毛；小叶片长圆形或椭圆状卵形，长 2.5–6 cm，宽 1.5–2.8 cm，上面无毛，下面有长柔毛，基部圆形，稀宽楔形，边缘有尖锐单锯齿，稀重锯齿，先端急尖。花单生或 2–3 朵簇生；苞片 1–2，长卵形；花梗长 1.5–2.5 cm，和萼筒外面密被腺毛，有柔毛或无毛；花直径 3.5–5 cm；萼片卵状披针形，长 2–3.5 cm，先端伸展成叶状，全缘，外面有腺毛和疏柔毛或无毛；花瓣深红色，倒三角状卵形，先端微凹；花柱离生，被柔毛，比雄蕊短很多。果实大，长圆状卵球形至长倒卵形，长 1.5–3 cm，直径 1.5 cm，先端有短颈，紫红色，有或无腺毛；萼片直立宿存。花期 6–7 月，果期 8–10 月。

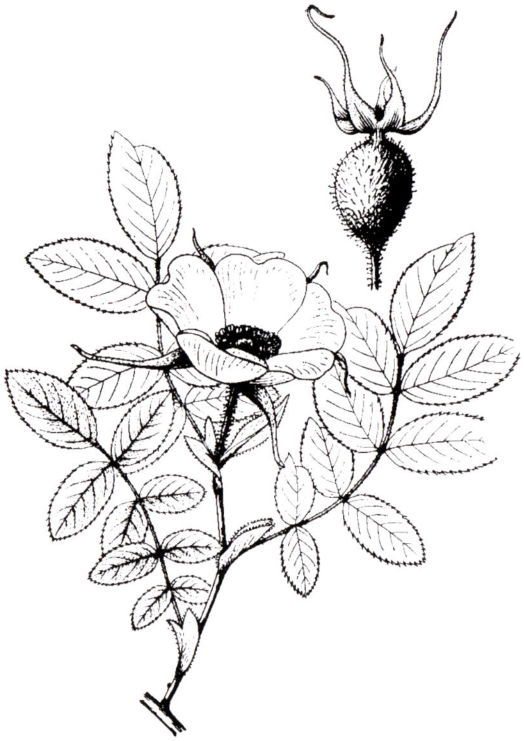

大叶蔷薇 **Rosa macrophylla** Lindl.
张春芳　绘

分布与生境　产于西藏和云南西北部。生于海拔 3000–3700 m 的山坡或灌丛中。

药用部位　果实、根。

功效应用　果实：补肾固精，缩尿止泻。用于肾虚滑精，遗精，遗尿，尿频，白带过多，脾虚久泻。根：收敛。外用治水火烫伤。

注评　本种藏族药用，用其果实治肾虚、滑精、遗尿、白浊带下、脾虚、腹泻，根皮治烫伤。

大叶蔷薇 **Rosa macrophylla** Lindl.
摄影：林秦文

25. 腺果蔷薇（中国植物志）

Rosa fedtschenkoana Regel in Trudy Imp. S.-Peterburgsk. Bot. Sada 5:314. 1878.（英 **Fedtschenko Rose**）

小灌木，高可达 4 m；小枝有淡黄色、大小不等的皮刺；小叶通常 7，稀 5 或 9，连叶柄长 3–4.5 cm；托叶大部分贴生于叶柄；小叶片近圆形或卵形，长 8–15 mm，宽 6–10 mm，两面无毛，基部近圆形或宽楔形，边缘有单锯齿，近基部全缘，先端圆钝。花单生或 2–4 朵集生；苞片卵形或卵状披针形；花梗长 1–2 cm，有腺毛；花直径 3–4 cm；萼筒和萼片外面被腺毛；花瓣白色，稀粉红色，花柱离生，被毛。果实长圆形或卵球形，深红色，密被腺毛。花期 5–7 月，果期 7–10 月。

分布与生境　产于新疆。生于海拔 2400–2700 m 的山坡灌丛中、山坡或河谷水沟边。也分布于中亚、天山、帕米尔。

药用部位　果实。

功效应用　强壮，止泻。

化学成分　果实含抗坏血酸[1]。

腺果蔷薇 **Rosa fedtschenkoana** Regel
李志民　绘

化学成分参考文献

[1] Kochkareva TF, et al. *Otdelenie Biologicheskikh Nauk*, 1967, (1): 17-28.

26. 月季（群芳谱）　月月红（江苏、浙江），月月花（四川）

Rosa chinensis Jacq., Obs. Bot. 3:7, t. 55. 1768.（英 **China Rose**）

26a. 月季（模式变种）

Rosa chinensis Jacq. var. **chinensis**

直立灌木，高 1–2 m；小枝无毛，有短粗钩状皮刺或无刺。小叶 3–5，稀 7，连叶柄长 5–11 cm，顶生小叶片有短柄，侧生小叶片近无柄，小叶柄和叶轴有散生皮刺和腺毛；托叶大部贴生于叶柄，顶端分离呈耳状，边缘有腺毛；小叶片宽卵形至卵状长圆形，长 2.5–6 cm，宽 1–3 cm，两面无毛，基部近圆形或宽楔形，边缘有锐锯齿，先端长渐尖或渐尖。花数朵集生，稀单生；花梗长 2.5–6 cm，近无毛或有腺毛；花直径 4–5 cm；萼筒长圆形；萼片卵形，先端尾状渐尖，有时呈叶状，边缘常有羽状裂片，稀全缘，外面无毛，内面有长柔毛；花瓣重瓣至半重瓣，粉红色、红色或白色，倒卵形，先端微凹，基部楔形；雄蕊多数；花柱离生，伸出萼筒之外，约与雄蕊等长。果实卵球形或梨形，长 1–2 cm，红色，萼片脱落。花期 4–9 月，果期 6–11 月。

分布与生境　原产于中国，各地普遍栽培，园艺品种很多。

药用部位　花、根、全株。

功效应用　花：活血调经，消肿解毒，疏肝解郁。用于气

月季 **Rosa chinensis** Jacq. var. **chinensis**
引自《中国高等植物图鉴》

月季 **Rosa chinensis** Jacq. var. **chinensis**
摄影：张英涛

滞血瘀，月经不调，痛经，闭经，胸胁胀痛。根：活血调经，涩精止带，消肿散结。用于遗精，滑精，带下，月经不调，瘰疬。全珠：用于风湿，跌打损伤，骨折。

化学成分 花含鞣质类：没食子酰基-β-D-吡喃葡萄糖苷(galloyl-β-D-glucopyranoside)，二-*O*-没食子酰基-β-D-吡喃葡萄糖苷(di-*O*-galloyl-β-D-glucopyranoside)，六羟基二苯甲酰没食子酰吡喃葡萄糖苷(hexahydroxydiphenoyl galloylglucopyranoside)，三-*O*-没食子酰基-β-D-吡喃葡萄糖苷(tri-*O*-galloyl-β-D-glucopyranoside)[1]；黄酮类：矢车菊素-3,5-二葡萄糖苷(cyanidin-3,5-diglucoside)，天竺葵素-3,5-双氧糖苷(pelargonidin-3,5-di-*O*-glycoside)，槲皮素-3-*O*-葡萄糖苷(quercetin-3-*O*-glucoside)，槲皮素-3-*O*-鼠李糖苷(quercetin-3-*O*-rhamnoside)，槲皮素-鼠李糖苷(quercetin-rhamnoside)，槲皮素-3-*O*-阿拉伯糖苷(quercetin-3-*O*-arabinoside)，槲皮素(quercetin)，山柰酚-3-*O*-阿拉伯糖苷(kaempferol-3-*O*-arabinoside)，山柰酚-3-芸香糖苷(kaempferol-3-rutinoside)，山柰酚-3-*O*-鼠李糖苷(kaempferol-3-*O*-rhamnoside)[1]；山柰酚-3-*O*-β-D-葡萄糖苷(kaempferol-3-*O*-β-D-glucoside)[1-2]，山柰酚(kaempferol)，山柰酚-3-*O*-β-D-槐糖苷(kaempferol-3-*O*-β-D-sophoroside)，槲皮素(quercetin)，槲皮素-3-*O*-β-D-槐糖苷(quercetin-3-*O*-β-D-sophoroside)，银锻苷(tiliroside)，槲皮素-7-*O*-β-D-龙胆二糖苷(quercetin-3-*O*-β-D-gentiobioside)，芹菜苷元-7-*O*-(6''-*O*-对羟基苯基)-β-D-葡萄糖苷[apigenin-7-*O*-(6''-*O*-*p*-hydroxybenzyl)-β-D-glucoside][2]；三萜类：熊果酸(ursolic acid)，2α,3α,19α-三羟基熊果酸(2α,3α,19α-trihydroxyursolic acid)，2α,3α,19α,23-四羟基熊果酸(2α,3α,19α,23-tetrahydroxyursolic acid)，齐墩果酸(oleanolic acid)[2]；甾体类：环桉烯醇(cycloeucalenol)，菜油甾醇(campesterol)，β-谷甾醇，胡萝卜苷[2]；挥发油：以顺式-3-己烯醇(*cis*-3-hexenol)，顺式-3-己烯基乙酸酯(*cis*-3-hexenyl acetate)，1,3,5-三甲氧基苯(1,3,5-trimethoxybenzene)含量为高[3]。

药理作用 抗真菌作用：月季花具有强抗真菌作用。对其抗真菌成分分析发现其为没食子酸，对17种真菌具有明显的抑菌作用[1]。

抗氧化作用：可维护细胞膜的流动和蛋白质的构象，抑制脂质过氧化，对心血管病、抗癌、抗突变、抗衰老、抗白内障等方面有独特功效[2]。

注评 本种为历版中国药典、部颁药品标准·维吾尔药（1998年版）收载“月季花”的基源植物，药用其干燥花；本种的栽培种类很多，其花、根、叶均可入药。傈僳族、佤族、德昂族、哈尼族、苗

月季花 **Rosae chinensis Flos**
摄影：钟国跃

族、侗族和土家族也药用，其花的主要用途同功效应用项，佤族还用根治跌打损伤、红崩、遗精，外治疗疮肿痛，叶治疗瘰疬、血瘀肿痛、跌打损伤；德昂族还用叶治跌打损伤；哈尼族尚用根、茎治疗跌打损伤、遗精；土家族也用根、茎叶治月经不调、痛经、闭经、产后腹痛、跌打损伤。

化学成分参考文献

[1] Cai YZ, et al. *J Agric Food Chem*, 2005, 53: 9940-9948.

[2] 王晓燕, 等. 中国药学杂志, 2012, 47(7): 500-503.

[3] Joichi A, et al. *Flavour Fragr J*, 2005, 20: 152-157.

药理作用及毒性参考文献

[1] Tripathi SC, et al. *Experientia*, 1977, 33(2): 207-209.

[2] 许茹，等. 亚热带农业研究，2011, 7(1): 33-36.

26b. 紫月季花（变种）（中国植物志）

Rosa chinensis Jacq. var. **semperflorens** (Curtis) Koehne, Deuts. Dendr. 281. 1893.——*R. semperflorens* Curtis（英 **Purple China Rose**）

本变种与模式变种区别为枝条纤细，有短皮刺；小叶 5–7，较薄，常带紫红色；花大部单生或 2–3 朵，深红色或深紫色，重瓣，有细长花梗。

分布与生境 栽培。

药用部位 花蕾。

功效应用 活血调经。用于月经不调，痛经。

注评 本种的花蕾也作“月季花”药用。

27. 香水月季（中国树木分类学） 黄酴醿（植物名实图考），芳香月季（中国高等植物图鉴）

Rosa odorata (Andrews) Sweet, Hort. Suburb. Lond. 119. 1878.——*R. indica* L. var. *odorata* Andrews（英 **Tea Rose**）

27a. 香水月季（模式变种）

Rosa odorata (Andrews) Sweet var. **odorata**

常绿或半常绿攀援灌木，有长匍匐枝；枝无毛，有散生而粗短钩状皮刺。小叶 5–9，连叶柄长 5–10 cm；顶生小叶片有长柄，小叶柄和叶轴有稀疏小皮刺和腺毛；托叶大部贴生于叶柄，窄卵形，无毛，边缘或仅在基部有腺毛；小叶片革质，椭圆形、卵形或长圆卵形，长 2–7 cm，宽 1.5–3 cm，两面无毛，基部楔形或近圆形，边缘有紧贴锐锯齿，先端急尖或渐尖，稀尾状渐尖。花单生或 2–3 朵集生；花梗长 2–3 cm，无毛或有腺毛；花直径 5–8 cm；萼筒扁球形；萼片披针形，全缘稀有少数羽状裂片，先端长渐尖，外面无毛，内面密被长柔毛；花瓣芳香，白色或带粉红色，倒卵形；心皮多数，被毛，花柱离生，伸出萼筒之外，约与雄蕊等长。果实呈压扁球形，稀梨形，外面无毛；果梗短。花期 6–9 月。

分布与生境 产于云南。各地常见栽培。

药用部位 根、叶、花、果实。

功效应用 根、叶：调气和血，止痢，止咳，定喘，消炎，杀菌。用于痢疾，小儿疝气，哮喘，腹泻，白带，外治疮痈疖。花、果实：活血调经，消肿止痛。用于月经不调。

注评 本种为三级濒危保护植物。

香水月季 **Rosa odorata** (Andrews) Sweet var. **odorata**
引自《中国高等植物图鉴》

27b. 大花香水月季（变种）（中国植物志）

Rosa odorata (Andrews) Sweet var. **gigantea** (Collett ex Crép.) Rehder et E. H. Wilson in Sarg., Pl. Wilson. 2: 338. 1915.——*R. gigantea* Collett ex Crép.（英 **Giant Tea Rose**）

本变种与模式变种的区别为花为单瓣，乳白色，芳香，直径 8–10 cm。花期 6–9 月。

分布与生境 产于云南（维西、大理、丽江、昆明、普洱、蒙自、屏边）。生于海拔 800–2600 m 的山坡、林缘或灌丛中。此变种为香水月季的原始类型。

药用部位 根、果实。

功效应用 根：收敛，止咳定喘。用于不孕，疝气，痢疾，咳嗽痰喘，泄泻，疮毒。果实：涩精止遗，涩肠止泻。用于遗精，遗尿，带下病，脾虚泄泻。

大花香水月季 **Rosa odorata** (Andrews) Sweet var. **gigantea** (Collett ex Crép.) Rehder et E. H. Wilson
吴彰桦 绘

化学成分 根含三萜类：白桦脂酸(betulinic acid)，野鸦椿酸(euscaphic acid)，日本黑莓苷▲F_1 (kaji-ichigoside F_1)，野蔷薇苷(rosamultin)，冬青苷B (ilexoside B)，2α,3β,19β-三羟基熊果酸(2α,3β,19β-trihydroxyursolic acid)，2α,3α,19α,23-四羟基熊果酸(2α,3α,19α,23-tetrahydroxyursolic acid)，2α,3β,19α-三羟基熊果酸(2α,3β,19α-trihydroxyursolic acid)，2α,3α,19α,23-四羟基熊果酸-3-*O*-β-D-吡喃葡萄糖酯苷(2α,3α,19α,23-tetrahydroxyursolic acid-3-*O*-β-D-glucopyranosyl ester)[1]。

注评 本种苗族、彝族和佤族药用，苗族用其根治疗腹泻、痢疾，花治白带，叶、果治疮痈；彝族用

大花香水月季 **Rosa odorata** (Andrews) Sweet var. **gigantea** (Collett ex Crép.) Rehder et E. H. Wilson
摄影：朱鑫鑫

果治肾阳不足、房事不举、梦遗滑精、尿频遗尿、崩漏带下、久婚不孕；佤族用果实治疗遗精、遗尿、白带、脾虚泄泻，根治疗痢疾、疝气、不孕、喘咳、腹泻。

化学成分参考文献

[1] 刘岱琳，等 . 中国天然药物，2010, 8(1): 12-15.

27c. 粉花香水月季（变种）（中国植物志）

Rosa odorata (Andrews) Sweet var. **erubescens** (Focke) T. T. Yü et T. C. Ku in Fl. Reipulb. Popularis Sin. 37: 424. 1985.——*R. gigantea* Collett ex Crép. f. *erubescens* Focke（英 **Blush Tea Rose**）

本变种与模式变种的不同为花重瓣，粉红色，直径 3–6 cm。

分布与生境　产于云南（丽江、大理）。海拔 200–2500 m。

药用部位　果实。

功效应用　益肾，涩精，止泻。用于滑精，尿频，遗尿，久泻。

注评　云南作金樱子用。

粉花香水月季 **Rosa odorata** (Andrews) Sweet var. **erubescens** (Focke) T. T. Yü et T. C. Ku
摄影：朱鑫鑫

粉团蔷薇 **Rosa multiflora** Thunb. var. **cathayensis** Rehder et E. H. Wilson
引自《秦岭植物志》

粉团蔷薇 **Rosa multiflora** Thunb. var. **cathayensis** Rehder et E. H. Wilson
摄影：徐克学

28c. 七姊妹（变种）（群芳谱） 十姊妹（群芳谱）

Rosa multiflora Thunb. var. **carnea** Thory in Redoute, Roses, 2: 67, t. 1821.（英 **Flesh-coloured Manyflowered Rose**）

本变种与模式变种的区别为花重瓣，粉红色。

分布与生境 栽培。

药用部位 根、叶、花、果实。

功效应用 根、果实、花：效用同野蔷薇。根、叶：清热化湿，疏肝利胆。用于黄疸，痞积，妇女白带。

七姊妹 **Rosa multiflora** Thunb. var. **carnea** Thory
摄影：徐克学

29. 小金樱（中国植物志）

Rosa taiwanensis Nakai in Bot. Mag. (Tokyo) 30: 238, 1916.（英 **Taiwan Rose**）

攀援灌木；枝纤细，有散生钩状皮刺；羽状复叶有小叶 5–7 片；托叶大部贴生于叶柄，离生部分带形，边缘有细尖锯齿；上面无毛，下面稍有柔毛；小叶柄和叶轴有稀疏皮刺，无毛或微被柔毛；小叶片椭圆形或卵形，长 1.8–3.6 cm，宽 0.8–1.5 cm，侧生小叶较小，两面无毛或在中脉微被柔毛，基部圆形，边缘具齿，先端圆钝或急尖。花 2–9 朵组成顶生伞房花序；花梗及花序轴有柔毛及腺毛；萼片卵状长圆形，长 6–7 cm，宽 3–3.5 cm，先端急尖，反折，外面被柔毛及腺毛，内面被白色绒毛；花瓣宽倒卵形，先端微凹；花柱合生成束，长 4–5 mm，有毛。果实球形，直径 7–8 mm，熟时红色，萼片脱落。

分布与生境　产于我国台湾中央山脉中海拔地区。

药用部位　果实、根。

功效应用　用于淋病，月经不调，糖尿病，遗精，跌打损伤。

化学成分　根含三萜类：羽扇豆醇(lupeol)，白桦脂醇(betulin)，白桦脂酸(betulinic acid)，齐墩果酸(oleanolic acid)，熊果酸(ursolic acid)，2α,3β-二羟基熊果酸(2α,3β-dihydroxyursolic acid)，2α,3β,19α-三羟基熊果酸(2α,3β,19α-trihydroxyursolic acid)，β-D-吡喃葡萄糖基-2α,3β,19α-三羟基熊果-12-烯-28-酯苷(β-D-glucopyranosyl-2α,3β,19α-trihydroxyurs-12-en-28-oate)，2α,3α-二羟基熊果-12,18-二烯-28-酸(2α,3α-dihydroxyurs-12,18-dien-28-oic acid)，2α,3α-二羟基熊果-12,19-二烯-28-酸(2α,3α-dihydroxyurs-12,19-dien-28-oic acid)，2α,3β-二羟基熊果-12,19-二烯-28-酸(2α,3β-dihydroxyurs-12,19-dien-28-oic acid)[1]；黄酮类：山柰酚(kaempferol)，槲皮素(quercetin)，儿茶素(catechin)[1]；酚类：对羟基苯甲醛(*p*-hydroxybenzaldehyde)，3,4-二羟基苯甲酸(3,4-dihydroxybenzoic acid)，2-羟基-3-苯基丙酸甲酯(methyl 2-hydroxy-3-phenylpropanoate)[1]；甾体类：β-谷甾醇，胡萝卜苷[1]；其他类：油酸(oleic acid)，亚油酸(linoleic acid)，黑麦草内酯(loliolide)，脱落酸(abscisic acid)[1]。

化学成分参考文献

[1] Shen CY, et al. *J Chin Chem Soc*, 1995, 42: 573-577.

30. 光叶蔷薇（中国树木分类学） 维屈蔷薇（经济植物手册）

Rosa wichuraiana Crép. in Bull. Soc. Bot. Belg. 25: 189. 1886.——*R. lucieae* Franch. et Rochebr. ex Crép.（英 **Wichura Rose**）

攀援灌木，高 3–5 m；枝条平卧、节上易生根；小枝幼时有毛，不久脱落。小叶 5–7 稀 9，连叶柄长 5–10 cm；托叶大部贴生于叶柄，离生部分披针形，边缘有不规则齿和腺毛；小叶片椭圆形、卵形或倒卵形，长 1–3 cm，宽 7–15 mm，两面均无毛，边缘有疏锯齿，先端圆钝或急尖。花多数，组成伞房花序；花梗长 6–20 mm，和花序轴幼时有疏柔毛，不久脱落，常散生腺毛；苞片卵形，早落；花瓣白色，有香味；花柱合生成束，被柔毛，伸出萼筒口外，比雄蕊稍长。果实紫褐色，有稀疏腺毛。花期 4–7 月，果期 10–11 月。

分布与生境　产于浙江、广东、广西、福建、台湾。生于海拔 150–500 m。也分布于琉球、朝鲜。

药用部位　叶。

功效应用　活血，消肿。

化学成分　果实含黄酮类：异槲皮苷(isoquercitrin)，金丝桃苷(hyperin; hyperoside)，槲皮素-3-*O*-β-D-葡萄糖醛酸苷(quercetin-3-*O*-β-D-glucuronide)[1]。

茎叶含黄酮类：芦丁(rutin)[2]。

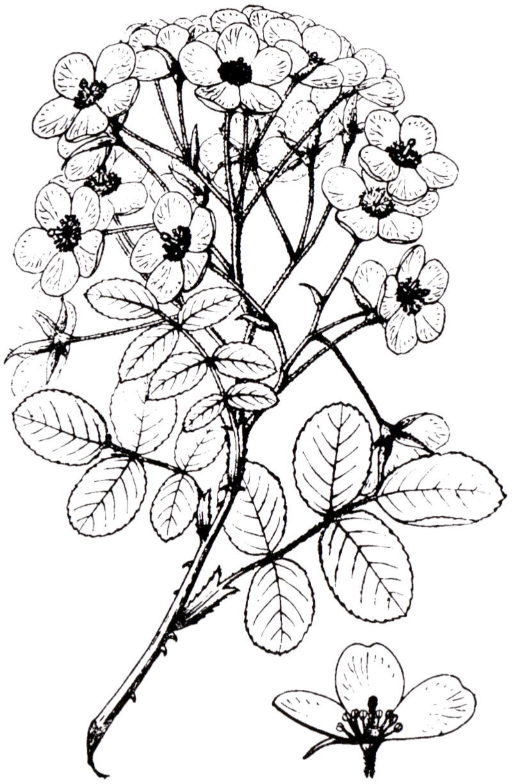

光叶蔷薇 **Rosa wichuraiana** Crép.
吴彰桦　绘

光叶蔷薇 **Rosa wichuraiana** Crép.
摄影：杨成梓

化学成分参考文献

[1] Seto T, et al. *Chem Pharm Bull* 1992, 40(8): 2080-2082.
[2] Makoto K, et al. *Agric Biol Chem*, 1979, 43(3): 657-658.

31. 长尖叶蔷薇（经济植物手册） 粉棠果（云南中草药续集），倒挂刺（云南）

Rosa longicuspis Bertol. in Mem. Acad. Sci. Bologn. 11: 101, t. 13. 1861.（英 **Long-tooth Rose**）

攀援灌木，高 1.5–3 m；枝弓形，常有短钩状皮刺。小叶革质，7–9（近花序小叶常为 5）连叶柄长 7–14 cm；托叶大部贴生于叶柄；小叶片卵形、椭圆形或卵状长圆形，稀倒卵状长圆形，长 3–7 (–11) cm，宽 1–3.5 (–5) cm，两面无毛，上面有光泽，基部近圆形或宽楔形，边缘有尖锐锯齿，先端渐尖或长渐尖。花多数组成伞房花序；花梗长 1.5–3.5 cm，有疏柔毛和较密腺毛；花直径 3–4 (–5) cm；萼筒球形或倒卵球形，外被疏柔毛；花瓣白色，外面有平铺绢毛；花柱合生成束，有毛，比雄蕊长。果实暗红色；萼片反折，成熟时脱落；花柱宿存。花期 5–7 月，果期 7–11 月。

长尖叶蔷薇 **Rosa longicuspis** Bertol.
引自《贵州植物志》

分布与生境　产于云南、四川、贵州。生于海拔 600–2100 m 的丛林中。也分布于印度北部。

长尖叶蔷薇 **Rosa longicuspis** Bertol.
摄影：何海

药用部位　果实、叶上虫瘿。

功效应用　涩精止泻，调经止血，舒筋活络。用于遗精，遗尿，尿频，慢性腹泻，月经不调，子宫脱垂，外伤出血，风湿痹痛。

32. 卵果蔷薇（中国高等植物图鉴）巴东蔷薇（秦岭植物志），牛黄树刺（湖北），野牯牛刺（陕西）

Rosa helenae Rehder et E. H. Wilson in Sarg., Pl. Wilson. 2: 310. 1915.（英 **Helen Rose**）

铺散灌木，有长匍枝；小枝无毛；皮刺粗短，基部膨大，稍弯曲。小叶 (5–) 7–9 枚，连叶柄长 8–17 cm；托叶大部贴生于叶柄，边有腺毛；小叶片长圆卵形或卵状披针形，长 2.5–4.5 cm，宽 1–2.5 cm，上面无毛，下面有毛，沿脉较密，基部圆形或宽楔形，边缘有紧贴锐锯齿，先端急尖或短渐尖。顶生伞房花序；花梗长 1.5–2 cm 和花序轴密被柔毛和腺毛；萼筒和萼片外面被柔毛和腺毛；花瓣白色，有香味；花柱结合成束，被柔毛，伸出萼筒之外，与雄蕊近等长。果实深红色；萼片最后脱落。花期 5–7 月，果期 9–10 月。

分布与生境　产于湖北、陕西、甘肃、四川、云南、贵州。多生于海拔 1000–1160 m 的山坡、沟边和灌丛中。

药用部位　根、嫩叶、果实。

功效应用　根：活血调经。嫩叶：用于气胀。果实：润肺止咳。用于咳嗽，咽喉痛。

卵果蔷薇 **Rosa helenae** Rehder et E. H. Wilson
引自《中国高等植物图鉴》

卵果蔷薇 **Rosa helenae** Rehder et E. H. Wilson
摄影：张军

33. 川滇蔷薇（中国植物志） 苏利蔷薇（经济植物手册）

Rosa soulieana Crép. in Bull. Soc. Bot. Belg. 35: 21. 1896.（英 **Soulie Rose**）

灌木，高 2–4 m；小枝无毛。小叶 5–9，常 7，连叶柄长 3–8 cm；托叶大部贴生于叶柄；小叶片椭圆形或倒卵形，长 1–3 cm，宽 2–20 mm，两面无毛，或下面沿中脉有短柔毛，基部近圆形或宽楔形，边缘有紧贴锯齿，近基部全缘，先端圆钝、急尖或截形。花多数组成伞房花序，稀单生；花梗长不到 1 cm，无毛；有小苞片；萼筒无毛，有时有腺毛；萼片外面有疏柔毛；花瓣黄白色；花柱结合成束，被毛，伸出萼筒口外，比雄蕊稍长。果实近球形或卵球形。花期 5–7 月，果期 8–9 月。

分布与生境 产于安徽（九华山）、云南、四川、西藏。生于海拔 2500–3000 m 的山坡、沟边或灌丛中。

药用部位 果实。

功效应用 固肾涩精。用于滑精，遗尿，尿频。

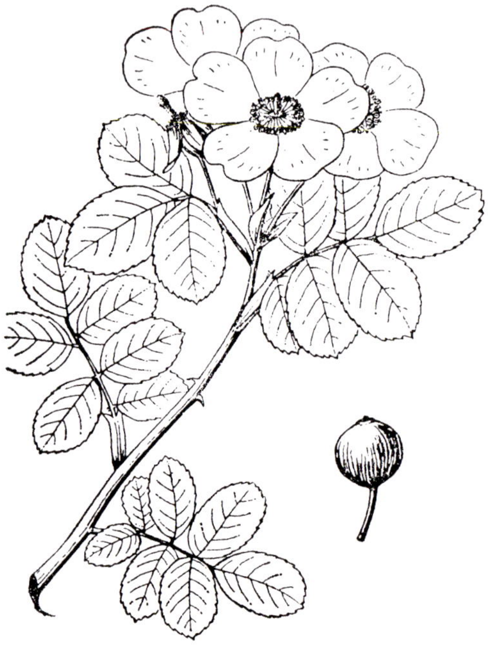

川滇蔷薇 **Rosa soulieana** Crép.
吴彰桦 绘

川滇蔷薇 **Rosa soulieana** Crép.
摄影：董建

化学成分 果实含三萜类：野鸦椿酸(euscaphic acid)，齐墩果酸(oleanolic acid)[1]；黄酮类：槲皮素(quercetin)[1]；甾体类：β-谷甾醇，胡萝卜苷[1]。

化学成分参考文献

[1] 陈封政，等. 应用与环境生物学报，2000, 6(4): 334-336.

34. 软条七蔷薇（中国高等植物图鉴） 秀蔷薇（浙江），湖北蔷薇（秦岭植物志）

Rosa henryi Boulenger in Ann. Soc. Sci. Bruxell. ser. B. 53: 143. 1933.（英 **Henry Rose**）

灌木，高 3–5 m；有长匍枝。小叶通常 5，近花序小叶片常 3；连叶柄长 9–14 cm；托叶大部贴生于叶柄；小叶片长圆形、卵形、椭圆形或椭圆状卵形，长 3.5–9 cm，宽 1.5–5 cm，两面无毛，基部近圆形或宽楔形，边缘有锐锯齿，先端长渐尖或尾尖。花 5–15 朵，组成伞形伞房花序；花直径 3–4 cm；花梗长 1.5–2 cm，和萼筒以及萼片外面无毛，有时有腺毛；花瓣白色；花柱合生成束，被柔毛，伸出萼筒口外，比雄蕊稍长。果实近球形，成熟后褐红色；萼片脱落。花期 4–6 月，果期 7–9 月。

分布与生境 产于陕西、河南、安徽、江苏、浙江、江西、福建、广东、广西、湖北、湖南、四川、贵州、云南等省区。生于海拔 1700–2000 m 的山谷、林边、田边或灌丛中。

药用部位 根、果实。

功效应用 消肿止痛，祛风除湿，止血解毒，补脾固涩。用于月经不调，带下病，妇女不孕症，跌打损伤，风湿痹痛，尿频，遗尿，慢性腹泻，外伤出血。

化学成分 根含鞣质类：糖松素▲A (lambertianin A)，地榆素(sanguiin) H-2、H-6，软条七蔷薇鞣素▲(roshenin) A、B、C、D、E[1]；黄酮类：原矢车菊素(procyanidin) B_4、B_3，(-)-表儿茶素[(-)-epicatechin]，(+)-儿茶素[(+)-catechin][1]；其他类：地榆酸二内酯(sanguisorbic acid dilactone)[1]。

软条七蔷薇 **Rosa henryi** Boulenger
引自《中国高等植物图鉴》

软条七蔷薇 **Rosa henryi** Boulenger
摄影：徐克学

化学成分参考文献

[1] Yoshida T, et al. *Chem Pharm Bull*, 1992, 40(8): 1997-2001.

35. 木香花（花镜） 木香（群芳谱），七里香（四川）

Rosa banksiae W. T. Aiton, Hort. Kew. ed. 2. 3: 258. 1811.（英 **Banksia Rose**）

35a. 木香花（模式变种）

Rosa banksiae W. T. Aiton var. **banksiae**

攀援小灌木，高可达 6 m；小枝无毛，有短小皮刺，老枝上皮刺较大，坚硬（经栽培后有时枝条无刺）。小叶 3–5，稀 7，连叶柄长 4–6 cm；小叶柄和叶轴被稀疏柔毛和散生小皮刺；托叶膜质，离生，线状披针形，先端渐尖，早落；小叶片椭圆状卵形或长圆状披针形，长 2–5 cm，宽 8–18 mm，上面深绿色，无毛，下面淡绿色，中脉突起，沿脉被柔毛，基部近圆形或宽楔形，边缘有紧贴细锯齿，先端急尖或稍钝。花小，多朵组成伞形花序；花梗长 2–3 cm，和花序轴无毛；花直径 1.5–2 cm；萼筒近圆形，外面无毛；萼片卵形，全缘，先端长渐尖，外面无毛，内面被白色柔毛；花瓣重瓣至半重瓣，白色，倒卵形，基部楔形，先端圆；心皮多数；花柱离生，密被柔毛，比雄蕊短很多。花期 4–5 月。

分布与生境　产于四川、云南。生于海拔 500–1300 m 的溪边、路旁或山坡灌丛中。全国各地均有栽培。

药用部位　根、叶。

功效应用　收敛止痛，涩肠止泻，止血，解毒。用于肠炎，腹泻，痢疾，疮疖，月经过多，小儿腹胀，消化不良，便血。

化学成分　花和叶含挥发油：以十二烷(dodecane)，冰片烯(bornylene)，苯乙醇(benzene alcohol)，龙脑(borneol)，榄香脂素(elemicine)的含量较高[1]。

木香花 **Rosa banksiae** W. T. Aiton var. **banksiae**
引自《中国高等植物图鉴》

木香花 **Rosa banksiae** W. T. Aiton var. **banksiae**
摄影：徐克学

注评 本种有“木香”“七里香”之名，而“木香”类中药主要来源于菊科植物川木香 Dolomiaea souliei (Franch.) C. Shih 及其同属多种植物、菊科植物云木香 Saussurea costus (Falc.) Lipsch.、菊科植物土木香 Inula helenium L. 等，与本种无关。而“七里香”之名涉及芸香科植物千里香 Murraya paniculata (L.) Jack、蔷薇科植物单瓣白木香 Rosa banksiae W. T. Aiton var. normalis Regel、马钱科植物白背枫 Buddleja asiatica Lour. 和胡颓子科植物沙枣 Elaeagnus angustifolia L. 等，以上各种植物的药用部位、功效应用均不相同，应注意区别。

化学成分参考文献

[1] 朱万平，等 . 中国中药杂志，2008, 33(5): 609-611.

35b. 单瓣白木香（变种）（中国植物志） 七里香（陕西）

Rosa banksiae W. T. Aiton var. **normalis** Regel in Trudy Imp. S.-Peterburgsk. Bot. Sada 5: 375. 1878.（英 **Wild Banksia Rose**）

本变种与模式变种区别在于花白色，单瓣，味香；果实球形至卵球形，直径 5–7 mm，红黄色至黑褐色，萼片脱落。此变种为木香花野生原始类型。

分布与生境 产于河南、甘肃、陕西、湖北、四川、云南、贵州。生于海拔 500–1500 m 的沟谷中。

药用部位 根皮。

功效应用 活血调经，消肿散瘀。用于月经不调，外伤红肿，淤血作痛。

注评 本种的根皮含鞣质，可制栲胶，药用称“红根”。

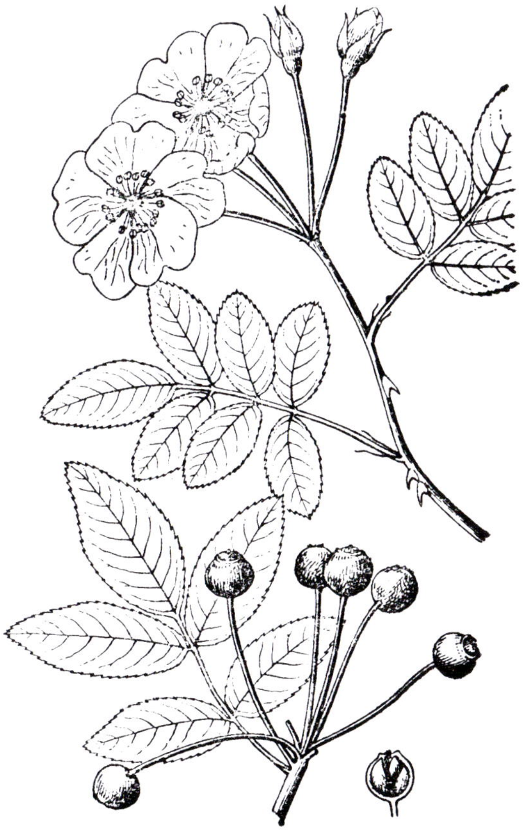

单瓣白木香 **Rosa banksiae** W. T. Aiton var. **normalis** Regel
吴彰桦 绘

单瓣白木香 **Rosa banksiae** W. T. Aiton var. **normalis** Regel
摄影：徐克学

35c. 黄木香花（变型）（中国植物志）

Rosa banksiae W. T. Aiton f. **lutea** (Lindl.) Rehder in Bibliog 316. 1949.——*R. banksiae* W. T. Aiton var. *lutea* Lindl.（英 **Yellow Banusia Rose**）

本变型花黄色重瓣，无香味。

分布与生境　产于江苏。

药用部位　根皮。

功效应用　收敛止痛，涩肠止泻，止血，解毒。用于肠炎，腹泻，痢疾，疮疖，月经过多，小儿腹胀，消化不良，便血。

黄木香花 **Rosa banksiae** W. T. Aiton f. **lutea** (Lindl.) Rehder
摄影：南程慧

36. 小果蔷薇（中国植物图谱）　倒钩簕（广东），红荆藤（四川），山木香（浙江）

Rosa cymosa Tratt., Ros. Monogr. 1: 87. 1823.——*R. microcarpa* Lindl.（英 **Smallfruit Rose**）

攀援灌木，高 2–5 m；小枝无毛或稍有柔毛，有钩状皮刺。小叶 3–5，稀 7 枚，连叶柄长 3–10 cm；小叶柄和叶轴无毛或有柔毛，有稀疏皮刺和腺毛；托叶离生，膜质，线形，早落；小叶片卵状披针形或椭圆形，稀长圆状披针形，长 2.5–6 cm，宽 8–25 mm，两面均无毛，上面亮绿色，下面色淡，中脉突起，沿脉有疏柔毛，基部近圆形，边缘有紧贴或锐细锯齿，先端渐尖。花多朵组成复伞房花序；花梗长约 1.5 cm，和花序轴幼时密被长柔毛，老时脱落近无毛；花直径 2–2.5 cm；萼片卵形，先端渐尖，边缘常有羽状裂片，外面近无毛，稀有刺毛，内面被疏白色绒毛，沿边缘较密；花瓣白色，倒卵形，先端凹，基部楔形；花柱离生，稍伸出萼筒口外，与雄蕊近等长，密被白色柔毛。果实球形，直径 4–7 mm，红色至黑褐色；萼片脱落。花期 5–6 月，果期 7–11 月。

小果蔷薇 **Rosa cymosa** Tratt.
引自《中国高等植物图鉴》

分布与生境　产于江西、江苏、浙江、安徽、湖南、四川、云南、贵州、福建、广东、广西、台湾。多生于海拔 250–1300 m 的向阳山坡、路旁、溪边或丘陵地。

药用部位　根、果实、花、叶、种子。

功效应用　根、果实：消肿止痛，祛风除湿，镇咳，止血，解毒，补脾固涩。用于风湿关节痛，风痰咳嗽，遗尿，疳积，跌打损伤，阴挺，脱肛。花：清热化湿，消暑止血，顺气和胃。叶：生肌收敛，解毒。外用于痈疮肿毒，烧烫伤。种子：祛风湿，泻下，利尿。用于月经过多，遗尿，牙痛，口疳，跌打损伤。

小果蔷薇 **Rosa cymosa** Tratt.
摄影：徐克学

化学成分 叶含三萜类：黄麻酸▲(corosolic acid)，野鸦椿酸(euscaphic acid)[1]，野蔷薇苷(rosamultin)，2*β*,3*β*,19*α*-三羟基熊果酸(2*β*,3*β*,19*α*-trihydroxyursolic acid)，日本黑莓苷▲F_1 (kaji-ichigoside F_1)，红毛悬钩子酸▲-28-*O*-*β*-D-吡喃葡萄糖酯苷(pinfaenoic acid-28-*O*-*β*-D-glucopyranoside)，异阿江榄仁酸(arjunic acid)，23-羟基委陵菜酸(23-hydroxytormentic acid)，阿江榄仁素▲(arjunetin)，苦莓苷F_1 (niga-ichigoside F_1)，绢毛榄仁苷(sericoside)，2*α*,3*α*,19*α*,23-四羟基熊果酸-28-*O*-*β*-D-吡喃葡萄糖酯苷(2*α*,3*α*,19*α*,23-tetrahydroxyursolic acid-28-*O*-*β*-D-glucopyranosyl ester)，异红毛悬钩子酸▲-28-*O*-*β*-D-吡喃葡萄糖酯苷(isopinfaenoic acid-28-*O*-*β*-D-glucopyranosyl ester)[2]；黄酮类：紫云英苷(astragalin)，翻白叶苷A (potengriffioside A)[1-2]；酚类：4,2'-二-(3,4-二羟基苯基)-5,3'-二羟基-6,7-骈二氢吡喃-3,4-二氢苯骈吡喃酮[4,2'-di-(3,4-dihydroxybenzyl)-5,3'-dihydroxy-6,7-combine-dihydropyran-3,4-dihydrobenzopyrone][2]；甾体类：*β*-谷甾醇，胡萝卜苷[1]。

花含挥发油：以丁香酚(eugenol)，芳樟醇(linalool)，十九烷(nonadecane)，十七烷(heptadecane)，香叶醇(geraniol)，1-十七烯 (1-heptadecaene)，苄醇(benzyl alcohol)，桂皮醛(cinnamal)的含量较高[3]。

注评 本种为江苏中药材标准（1989）收载“白残花”的基源植物，药用其干燥花瓣；其干燥根为湖南中药材标准（1993）收载的“金樱根”的来源之一；干燥花为上海中药材标准（1994）收载的“野蔷薇花”。哈尼族也药用，用其根、嫩叶治月经不调、子宫脱垂、痔疮、脱肛、外伤出血，果实治疗不孕症。

化学成分参考文献

[1] 包海燕，等 . 药学实践杂志，2009, 27(2): 101-103.

[2] 包海燕 . 沈阳药科大学硕士学位论文，2008.

[3] 罗心毅 . 云南植物研究，1988, 10(4): 483-485.

37. 金樱子（嘉祐本草） 糖罐头（浙江），和尚头（四川），唐樱簕（广东），油饼果子（安徽）

Rosa laevigata Michx., Fl. Bor. Am. 1: 295. 1803.（英 **Cherokee Rose**）

常绿攀援灌木，高可达 5 m；小枝散生扁而弯皮刺，无毛，幼时被腺毛，逐渐减少。小叶革质，通常 3，稀 5，连叶柄长 3–10 cm；小叶柄和叶轴有皮刺和腺毛；托叶离生或基部与叶柄合生，披针形，边缘有细齿，齿尖有腺，早落；小叶片椭圆状卵形、倒卵形或披针状卵形，长 2–6 cm，宽 1.2–3.5 cm，上面亮绿色，无毛，下面幼时沿中脉有腺毛，老时逐渐脱落无毛，边缘有锐锯齿，先端急尖、圆钝，稀尾状渐尖。花单生于叶腋；花直径 5–7 cm；花梗长 1.8–3.5 (–3) cm，花梗和萼筒外面密被腺毛，随果实

金樱子 **Rosa laevigata** Michx.
引自《中国高等植物图鉴》

金樱子 **Rosa laevigata** Michx.
摄影：徐克学

成长变为针刺；萼片卵状披针形，先端呈叶状，边缘羽状浅裂或全缘，常有刺毛和腺毛，内面密被柔毛，比花瓣稍短；花瓣白色，宽倒卵形，先端微凹；花柱离生，有毛，比雄蕊短很多。果实梨形或倒卵形，稀近球形，紫褐色，外面密被刺毛；果梗长约 3 cm，密被刺毛；萼片宿存。花期 4–6 月，果期 7–11 月。

分布与生境　产于陕西、安徽、江西、江苏、浙江、湖北、湖南、广东、广西、台湾、福建、四川、贵州、云南等省区。生于海拔 250–1600 m 的向阳山野、田边、溪旁或灌木丛中。

药用部位　果实、根、叶、花。

功效应用　果实：固精缩尿，固崩止带，涩肠止泻。用于遗精滑精，遗尿尿频，崩漏带下，久泻久痢。根据：用于滑精遗尿，崩漏带下，子宫脱垂，腰脊酸痛，小儿脱肛，泄泻，痢疾，疖肿，痔疮，跌打损伤，烫火伤。叶：解毒消肿。花：止冷热痢，杀虫。

化学成分　果实含鞣质类：金樱子素(laevigatin) A[1]、B[1-2]、C[1]、D[1-2]、E、F、G[2]，仙鹤草素(agrimoniin)，仙鹤草酸(agrimonic acid) A、B[1-2]，英国栎素(pedunculagin)，地榆素H-4 (sanguiin H-4)[2]；三萜类：野鸦椿酸(euscaphic acid)[2-3]，2α,3α,19α,23-四羟基熊果酸(2α,3α,19α,23-tetrahydroxyursolic acid)，2α,3β,19α,23-四羟基熊果酸(2α,3β,19α,23-tetrahydroxyursolic acid)，二乙酰基-2α,3β-羟基羽扇豆-28-酸甲酯(diacetyl-2α,3β-hydroxylupin-28-carboxy-methyl ester)[3]，2α,19α,23-三羟基熊果酸(2α,19α,23-trihydroxyursolic acid)，2α,19α,23-三羟基熊果酸-28-*O*-β-D-葡萄糖苷(2α,19α,23-trihydroxyursolic acid-28-*O*-β-D-glucoside)[4]，齐墩果酸(oleanolic acid)，苦梅苷F_1 (niga-ichigoside F_1; laevigatanoside A)[5]，2α,3β,19α-三羟基熊果酸(2α,3β,19α-trihydroxyursolic acid)[6]，黄麻酸▲(corosolic acid)[7]，2α,3α,24-三羟基熊果-12,18-二烯-28-酸-β-D-吡喃葡萄糖酯苷(2α,3α,24-trihydroxyurs-12,18-dien-28-oic acid-β-D-glucopyranosyl ester)，2α,3α,23-三羟基熊果-12,19(29)-二烯-28-酸-β-D-吡喃葡萄糖酯苷[2α,3α,23-trihydroxyurs-12,19(29)-dien-28-oic acid-β-D-glucopyranosyl ester][8]；木脂素类：丁香树脂酚(syringaresinol)，8-羟基松脂酚(8-hydroxypinoresinol)，醉鱼草醇(buddlenol) B、C，(-)-野花椒

醇[(-)-simulanol]，山楝醇▲(polystachyol)，金樱子脂素▲(rosalaevin) A、B[9]；黄酮类：柚皮苷元(naringenin)，甘草苷元(liquiritigenin)[9]，4',5,7-三羟基黄酮醇-3-*O*-*β*-D-(6''-*O*-(*E*)-对羟基苯丙烯酰基)-吡喃葡萄糖苷(4',5,7-trihydroxyflavonol-3-*O*-*β*-D-(6''-*O*-(*E*)-*p*-acrolyl-hydroxybenzene)[6]；酚、酚酸类：香荚兰素(vanillin)，香荚兰酸(vanillic acid)，对羟基苯甲醛(*p*-hydroxybenzaldehyde)，丁香醛(syringaldehyde)[9]；有机酸类：柠檬酸(citric acid)，苹果酸(malic acid)[10]；甾体类：*β*-谷甾醇[3]，胡萝卜苷[5]；其他类：胡萝卜素(carotene)[3]，葡萄糖[5]，树脂(resin)[10]。

金樱子 Rosae laevigatae Fructus
摄影：王海

地上部分含香豆素类：6,7-二甲氧基香豆素(6,7-dimethoxycoumarin)[11]；挥发油：苹果酸二乙酯(diethyl malate)，二氢-4-羟基-2(3*H*)-呋喃酮[dihydro-4-hydroxy-2(3*H*)-furanone]，黑麦草内酯(loliolide)，对香豆酸(*p*-coumaric acid)[11]；黄酮类：儿茶素(catechin)，山柰酚(kaempferol)，槲皮素(quercetin)[11]；其他类：亚油酸(linolic acid)，亚油酸乙酯(ethyl linoleate)，亚油酸三酰甘油(linoleate triglyeride)[12]。

药理作用 调节免疫作用：金樱子多糖具有增强小鼠非特异性免疫、体液免疫和细胞免疫作用，提高小鼠巨噬细胞对血中刚果红的吞噬能力、增加小鼠溶血素的生成、恢复免疫功能低下小鼠的迟发性超敏反应，降低血中转氨酶活性，逆转肝、脾指数[1]。

降血脂作用：金樱子多糖对实验性小鼠的高胆固醇血症具有预防和治疗作用，对高三酰甘油 (TG) 血症的预防和治疗作用不明显[2]。金樱子鲜汁连续灌胃给药能明显降低大鼠血清胆固醇 (TC)，TG 和升高高密度脂蛋白胆固醇 (HDL-C) 含量[3]。金樱子干果可以降低糖尿病大鼠血清中 TC、TG、LDL 含量，增加血清中 HDL-C 的含量。降低糖尿病大鼠肝中 TG、FFA 含量，减少脂质的堆积[4]。

抑菌作用：金樱子多糖具有抗菌和抗炎作用，对大肠埃希菌、副伤寒杆菌、白色葡萄球菌及金黄色葡萄球菌等均具有较强的抑制作用，能抑制二甲苯引起的小鼠耳肿胀[5]。金樱子多糖对大肠埃希菌的抑菌效果最好，金黄色葡萄球菌次之，金樱子黄酮对二者的抑制效果相反，两种提取物对枯草芽孢杆菌的抑制作用都最弱[6]。

改善肾功能作用：金樱子醇提物显著降低被动型 Heymann 肾炎模型及血清病型肾炎模型大鼠尿蛋白、血清肌酐和尿素氮水平，升高血清总蛋白含量，减轻肾组织的病理变化，改善肾功能[7-8]。金樱子水醇提取物对实验性 IgA 肾炎大鼠肾功能具有保护作用，其机制可能与下调 TGF-β mRNA 及 MCP-1 mRNA 在肾的表达，调节肾组织蛋白质表达，调节 TXB2 与 6K-PGF1α 的平衡有关[9-12]。

抗氧化作用：金樱子多糖能显著清除超氧阴离子自由基、抑制羟自由基对细胞膜的破坏而引起的溶血和脂质过氧化产物的形成，从而具有显著的抗氧化作用[13]。金樱子黄酮类化合物能显著阻断亚油酸的自氧化作用，表现出较强的抗氧化活性[14]。金樱子水醇提取液可抑制大鼠肝组织脂质过氧化产物 MDA 生成，提示其在一定的浓度范围内具有抗氧化活性[15]。

抗疲劳作用：金樱子鲜汁连续灌胃给药显著延长大鼠的游泳时间和常压缺氧下的存活时间，增强小鼠抗疲劳和耐缺氧能力[3]。

注评 本种为历版中国药典、内蒙古中药材标准（1988）、部颁药品标准·维吾尔药（1998 年版）收载“金樱子”的基源植物，药用干燥成熟果实；其干燥根为广西（1990）、湖南（1993）和贵州（1988）中药材标准收载的“金樱根”，以及上海（1994）和浙江（2000）中药材标准收载的“金樱子根”。水族、苗族、蒙古族、侗族和畲族也药用，果实的主要用途同功效应用项，水族用根治骨折，叶治乳腺炎；苗族用根治小儿腹泻、脱肛；侗族用根或嫩叶治结核、疖肿。

化学成分参考文献

[1] Yoshida T, et al. *Chem Pharm Bull*, 1989, 37(4): 920-924.

[2] Yoshida T, et al. *Phytochemistry*, 1989, 28(9): 2451-2454.

[3] 高迎，等 . 中国中药杂志，1993, 18(7): 426-428.

[4] 叶苹，等 . 贵阳中医学院学报，1993, 15(4): 62-65.

[5] 李向日，等 . 中国中药杂志，1997, 22(5): 298-230.

[6] 王进义，等 . 天然产物研究与开发，2000, 13(1): 21-23.

[7] 毕葳，等 . 北京中医药大学学报，2008, 31(2): 110-111.

[8] Yuan JQ, et al. *Molecules*, 2008, 13: 2229-2237.

[9] Li X, et al. *Food Chemistry*, 2012, 130(3): 575-580.

[10] 李咏梅，等 . 中国林副特产，2002, 63(4): 6-7.

[11] Fang JM, et al. *J Chin Chem Soc*, 1991, 38: 297-299.

[12] 贺祝英，等 . 贵阳中医学院学报，1995, 17(4): 60-61.

药理作用及毒性参考文献

[1] 张庭廷，等 . 中国实验方剂学杂志，2005, 11(4): 55-58.

[2] 张庭廷，等 . 中国公共卫生，2004, 20(7): 829-830.

[3] 林宣贤，等 . 中国食品添加剂，2008, 79-81.

[4] 秦振启，等 . 云南中医中药杂志，2009, 30(1): 46-49.

[5] 张庭廷，等 . 生物学杂志，2005, 22(2): 41-42.

[6] 刘晓蓉，等 . 食品工业科技，2009, 30(7): 168-169.

[7] 陈敬民，等 . 中药材，2005, 28(5): 408-410.

[8] 陈敬民，等 . 时珍国医国药，2006, 17(8): 1404-1405.

[9] 韦玉兰，等 . 陕西中医，2007, 28(11): 1566-1568.

[10] 苏上贵，等 . 中华中医药杂志，2008, 23(11): 973-976.

[11] 黄艳明，等 . 时珍国医国药，2007, 18(9): 2154-2155.

[12] 苏上贵，等 . 时珍国医国药，2008, 19(6): 1365-1366.

[13] 赵云涛，等 . 云南中医中药杂志，2003, 24(4): 35-37.

[14] 陈乃富，等 . 中国林副特产，2005, 5: 2-4.

[15] 曾日海，等 . 广西医科大学学报，2007, 24(6): 868-870.

38. 硕苞蔷薇（中国植物志） 野毛栗、糖钵（浙江）

Rosa bracteata J. C. Wendl., Obs. Bot. 50. 1798.（英 **Macartney Rose**）

铺散常绿灌木，高 2–5 m，有长匍枝；小枝密被黄褐色柔毛，混生针刺和腺毛；皮刺扁而弯，常成对着生在托叶下方。小叶 5–9，连叶柄长 4–9 cm；小叶柄和叶轴有稀疏柔毛、皮刺和腺毛；托叶大部离生，呈篦齿状深裂，密被柔毛，边缘有腺毛；小叶片革质，椭圆形或倒卵形，长 1–2.5 cm，宽 8–15 mm，上面无毛，下面沿脉有柔毛或无毛，基部宽楔形或近圆形，边缘有贴生圆钝锯齿，先端截形、圆钝或稍急尖。花单生或 2–3 朵集生；花梗长不到 1 cm，密生长柔毛和稀疏腺毛，有数枚大型宽卵形苞片，苞片边缘有不规则缺刻状锯齿，外面密被柔毛；花直径 4.5–7 cm；萼片卵形，先端尾状渐尖，萼筒外面密被褐色柔毛和腺毛，内面有稀疏柔毛，花后反折；花瓣白色，倒卵形；花柱离生，密被柔毛，比雄蕊稍短。果实球形，密被黄褐色柔毛；果梗短，密被柔毛。花期 5–7 月，果期 8–11 月。

硕苞蔷薇 **Rosa bracteata** J. C. Wendl.
引自《中国高等植物图鉴》

分布与生境 产于江苏、浙江、台湾、福建、江西、湖南、贵州、云南。多生于海拔 100–300 m 的溪边、路旁和灌丛中。也分布于琉球。

药用部位 根、叶、花、果实。

功效应用 根：补脾益肾，收敛涩精，祛风活血，消肿解毒。用于风湿胃痛，下肢水肿，腰脊无力，四枝酸软，盗汗，久泻，脱肛，疝气，睾丸偏坠，遗精，带下病，月经不调，子宫脱垂。叶：收敛解毒。外用于肿毒。花：

硕苞蔷薇 **Rosa bracteata** J. C. Wendl.
摄影：南程慧

润肺止咳。用于肺结核咳嗽。果实：祛风，调经。用于关节疼痛，月经不调，痢疾，脚气病。

化学成分 果实含挥发油：以5-羟甲基-2-糠醛(5-hydroxymethyl-2-furaldehyde)，5-乙酰氧甲基糠醛(5-acetoxymethyl furfural)[1]，3-羧基-3-羟基戊二酸二甲酯(dimethyl 3-carboxyl-3-hydroxypentanedioate)，3-羟基-3-甲氧基羰基戊二酸(3-hydroxy-3-methoxycarbonyl-pentanedioic acid)，枸橼酸钙(calcium citrate)的含量较高[2]；三萜类：齐墩果酸(oleanolic acid)[1]；黄酮类：漆黄素(fisetin)[3]，(+)-儿茶素[(+)-catechin][4]；甾体类：β-谷甾醇[1]。

药理作用 镇痛作用：硕苞蔷薇萃取物RBa能明显对抗吗啡成瘾小鼠由纳洛酮诱导的跳跃反应[1]。硕苞蔷薇提取物RBa-Ⅰ能对抗吗啡依赖大鼠戒断症状，其机制可能与升高下丘脑和垂体中内源性阿片物质β-内啡肽含量有关[2]。

保肝、解毒、抗氧化作用：硕苞蔷薇中的(+)-儿茶素和漆黄素对铁超载引起的血脂异常有保护作用，显著抑制铁超载大鼠的体重下降，降低血清中铁含量，抑制血脂中低密度脂蛋白胆固醇和总胆固醇的升高，(+)-儿茶素还可以抑制三酰甘油水平的升高[3]。漆黄素对铁超载引起的大鼠心肌损伤有保护作用，抑制高铁引起的离体大鼠心脏左室收缩压、左室舒张末压的升高，抑制冠状动脉流量、心率的下降；降低冠状动脉流出液中LDH和CK，使心肌中MDA水平降低[4]。(+)-儿茶素和漆黄素对柠檬酸铁所致大鼠原代肝细胞的损伤具有保护作用，提高培养液中的SOD活性，降低LDH水平，抑制ALT、AST的释放，提高白蛋白(ALB)的含量，提高肝细胞的存活率[5]。(+)-儿茶素能改善铝超载所致的小鼠学习记忆障碍，并且具有很强的抗氧化能力，提高血清、脑和肾组织匀浆中的SOD水平，降低血清、脑和肾组织匀浆中的MDA的生成，降低脑中的B型单胺氧化酶(MAO-B)的水平[6]。

化学成分参考文献

[1] 袁干军，等. 中药材，2000, 23(3): 454-456.
[2] 徐志国，等. 中药材，2003, 26(12): 867-869.
[3] 冯星，等. 中草药，2005, 37(4): 571-574.
[4] 冯星，等. 中山大学学报，2004, 43(2): 88-94.

药理作用及毒性参考文献

[1] 陈艳明，等. 湖南中医学院学报，2000, 20(1): 6-11.
[2] 陈艳明，等. 中药新药与临床药理，2002, 13(1): 14-16.
[3] 冯星，等. 中山大学学报，2004, 43(2): 88-94.
[4] 冯星，等. 中草药，2005, 37(4): 571-574.
[5] 冯星，等. 中国药理学通报，2003, 19(12): 1397-1401.
[6] 冯星，等. 中国药科大学学报，2002, 33(4): 321-326.

39. 缫丝花（植物名实图考） 刺梨（贵州），文光果

Rosa roxburghii Tratt., Ros. Monogr. 2: 233. 1823.（英 **Roxburgh Rose**）

39a. 缫丝花（模式变型）

Rosa roxburghii Tratt. f. **roxburghii**

开展灌木，高 1–2.5 m；小枝有基部稍扁而成对的皮刺。小叶 9–15 枚，连叶柄长 5–11 cm；小叶柄和叶轴有散生小皮刺；托叶大部贴生于叶柄，离生部分呈钻形，边有腺齿；小叶片椭圆形或长圆形稀倒卵形，长 1–2 cm，宽 6–12 mm，两面无毛，下面叶脉突起，基部宽楔形，边缘有细锐锯齿，先端急尖或圆钝。花单生或 2–3 朵生于短枝顶端；花直径 5–6 cm；花梗短；小苞片 2–3，卵形，边缘有腺毛；萼片通常宽卵形，边有羽状裂片，先端渐尖，内面密被绒毛，外面密生针刺；花重瓣至半重瓣，淡红色或粉红色，微香，倒卵形，外轮花瓣大，内轮较小；雄蕊多数着生在杯状萼筒边缘；心皮多数，着生在花托底部；花柱离生，被毛，不外伸，短于雄蕊。果实扁球形，直径 3–4 cm，绿红色，外面密生针刺；萼片宿存，直立。花期 5–7 月，果期 8–10 月。

分布与生境 产于陕西、甘肃、江西、安徽、浙江、福建、湖南、湖北、四川、贵州、云南和西藏。均有野生或栽培。也见于日本。

药用部位 果实、根。

功效应用 果实：解暑，消食。用于中暑，食滞，痢疾。根：清热，消食健胃，收敛止泻，止血涩带。用于食积腹胀，痢疾，泄泻，自汗，盗汗，遗精，带下病，月经过多，痔疮出血。

化学成分 果实含三萜类：刺梨酸(roxburic acid)[1]，日本黑莓苷▲F_1 (kaji-ichigoside F_1)，野蔷薇苷(rosamultin)[2]，野鸦椿酸(euscaphic acid)，委陵菜酸(tormentic acid)[3]；黄酮类：(+)-儿茶素[(+)-catechin][4]；酚酸类：原儿茶酸(protocatechuic acid)[3]；甾体类：β-谷甾醇[3]。

籽含挥发油：4-氧代戊酸(4-oxovaleric acid)，月桂酸(lauric acid)，十四烯酸(tetradecenoic acid)，棕榈酸，硬脂酸，油酸(oleic acid)，亚油酸(linoleic acid)，亚麻酸(linolenic acid)，花生四烯酸(arachidonic acid)，二十二烯酸(docosenoic acid)[5]。

注评 本种为四川中药材标准（1979）收载“刺梨根”和四川中药材标准（1980）“刺梨果”的基源植

缫丝花 **Rosa roxburghii** Tratt. f. **roxburghii**
引自《浙江植物志》

缫丝花 **Rosa roxburghii** Tratt. f. **roxburghii**
摄影：徐克学

物，前者是其根，后者是其干燥成熟果实。苗族、彝族、侗族、布依族、水族、仡佬族、土家族也药用，苗族用根及根状茎治细菌性痢疾、消化不良、腹泻；彝族用根、果实或嫩叶治饮食积滞、腹泻、痢疾、经血过多、遗精、中暑；侗族用根及果实主治肠原性发绀，根治小儿腹泻；布依族用根治慢性胃炎、胃痛，果实治小儿消化不良，嫩叶治小儿热疮、外伤出血；水族用根治胃痛；仡佬族用根治上吐下泻；土家族用根或果治崩漏、痢疾、腹泻，果实用于腹胀、肝炎、消化不良、头晕，根用于白带、痔疮。

化学成分参考文献

[1] 梁光义，等 . 药学学报，1987, 22(20): 121-125.
[2] 梁光义 . 植物学报，1988, 30(4): 409-413.
[3] 梁光义，等 . 贵阳中医学院学报，1984, (4): 41.
[4] 梁光义，等 . 贵州科学，2001, 19(3): 6-8.
[5] 张峻松，等 . 中国粮油学报，2007, 22(3): 85-87.

39b. 单瓣缫丝花（变型）（中国植物志） 野石榴、刺石榴（陕西）

Rosa roxburghii Tratt. f. **normalis** Rehder et E. H. Wilson in Sarg., Pl. Wilson. 2: 319. 1915.（英 **Normal Roxburgh Rose**）

本变型与模式变型区别在于花为单瓣，粉红色，直径 4–6 cm。为本种的野生原始类型。花期 5–7 月，果期 8–10 月。

分布与生境　产于陕西、甘肃、江西、福建、广西、湖北、四川、云南、贵州。多生于海拔 500–2500 m 的向阳山坡、沟谷、路边以及灌丛中。

药用部位　果实。

功效应用　用于解暑，消食。

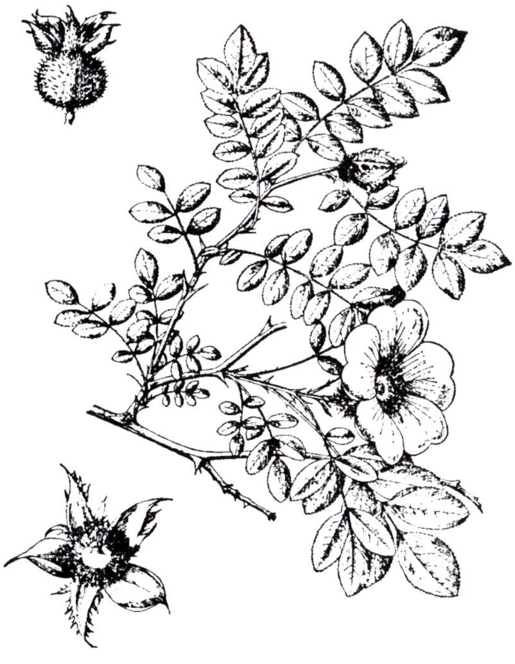

单瓣缫丝花 **Rosa roxburghii** Tratt. f. **normalis** Rehder et E. H. Wilson
引自《秦岭植物志》

单瓣缫丝花 **Rosa roxburghii** Tratt. f. **normalis** Rehder et E. H. Wilson
摄影：徐克学

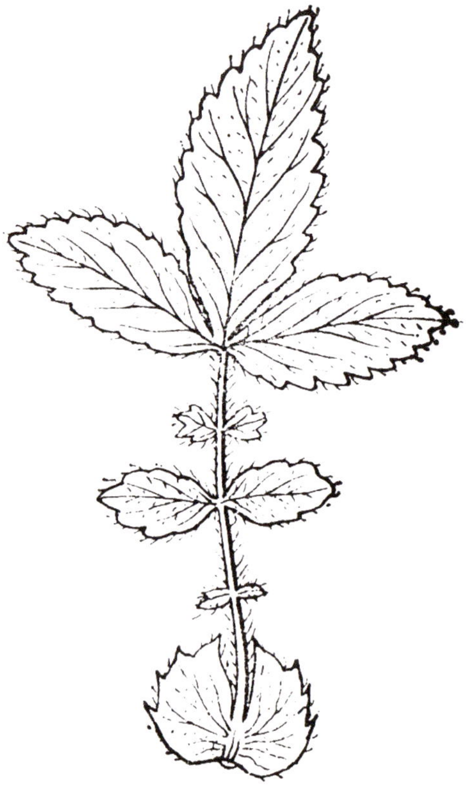

小花龙芽草 **Agrimonia nipponica** Koidz. var. **occidentalis** Skalický ex J. E. Vidal
冀朝祯　绘

小花龙芽草 **Agrimonia nipponica** Koidz. var. **occidentalis** Skalický ex J. E. Vidal
摄影：梁同军

药用部位　全草。

功效应用　收敛，止血，补血。用于咯血，吐血，崩漏下血，血痢，感冒发热。

3. 托叶龙芽草（中国植物志）　朝鲜龙芽草（东北草本植物志）

Agrimonia coreana Nakai, Rep. Veget. Diamond Mount. 71. 1818.——*A. pilosa* Ledeb. var. *coreana* (Nakai) Liou et Cheng, *A. velutina* Juz.（英 **Korean Agrimonia**）

草本；主根不发达；根状茎粗短，木质化，常有地下芽。茎高 70–100 cm，被疏柔毛及短柔毛。叶为间断奇数羽状复叶，有小叶 3–4 对；叶柄被疏柔毛及短柔毛；小叶无柄，菱状椭圆形或倒卵状椭圆形，长 2–6 cm，宽 1.5–3 cm，上面伏生疏柔毛或脱落几无毛，下面脉上横生疏柔毛，脉间密被短柔毛，基部宽楔形或楔形，边缘有粗大圆钝锯齿，先端急尖至圆钝；托叶宽大，呈扇形或宽卵形，边缘有粗大圆钝锯齿或浅裂。穗状总状花序疏散，花序轴纤细，被短柔毛及疏柔毛，花梗长 1–3 mm；苞片 3 深裂，裂片带形，小苞片 1 对，卵形，有齿或全缘；花直径 7–9 mm；萼片 5，三角状卵形；花瓣黄色，倒卵状长圆形；花柱 2；柱头扩大，呈头状。果实圆锥状半球形，外面有 10 条肋，被疏柔毛，顶端有数层钩刺，向外开展，连钩刺长约 5 mm，最宽处直径约 4 mm。花果期 7–8 月。

分布与生境　产于吉林、辽宁、山东、浙江。生于海拔 500–800 m 的林缘及山坡灌丛下。也分布于俄罗斯、朝鲜和日本。

药用部位　根状茎及全草。

功效应用　补血止血，收敛，驱虫。用于吐血，咳血，呕血，尿血，绦虫病。

托叶龙芽草 **Agrimonia coreana** Nakai
冀朝祯 绘

4. 大花龙芽草（中国植物志）

Agrimonia eupatoria L. subsp. **asiatica** (Juz.) Skalický in Repert. Spec. Nov. Regni Veg. 79:35. 1968.——*A. asiatica* Juz.（英 **Asiatic Agrimonia**）

多年生草本；根粗壮，圆柱形；根状茎短粗。茎高35–120 cm，密被长硬毛。叶为间断奇数羽状复叶，有小叶3–5对，最上部小叶仅1–2对；小叶片无柄或偶有短柄，椭圆形、长圆形或倒卵状椭圆形，长2–7 cm，宽1.5–4 cm，上面伏生疏柔毛，下面被短柔毛及疏柔毛，基部圆钝或宽楔形，边缘有粗大圆钝锯齿，先端圆钝或急尖；托叶宽大，草质，半圆形，边缘有粗大圆钝锯齿。穗状总状花序通常不分枝，花序轴较粗，被短柔毛及长柔毛；花梗极短，长约1 mm；苞片深3裂，裂片带形，中间裂片特长；小苞片1对，卵形，3齿裂；花直径12–13 mm；萼片5，三角状卵形；花瓣黄色；倒卵椭圆形；雄蕊11–12；花柱2，柱头扩大。果实钟形，外面有10条肋，被疏柔毛，顶端有数层钩刺，外层反折，内层开展。花期6月，果期7月。

大花龙芽草 **Agrimonia eupatoria** L. subsp. **asiatica** (Juz.) Skalický
冀朝祯 绘

分布与生境 产于新疆。生于海拔500–1300 m的山脚下及水边。也分布于亚洲中部及西南部。

药用部位 全草。

功效应用 收敛，止血，止泻，消炎。用于咯血，呕血，尿血，便血。

化学成分 地上部分含黄酮类：木犀草素-7-*O*-β-D-葡萄糖苷(luteolin-7-*O*-β-D-glucoside)，大波斯菊苷(cosmosiin)[1]。

药理作用 促凝血作用：龙芽草属植物龙芽草、小花龙芽草、托叶龙芽草、大花龙芽草和黄龙尾的水提液均具有较强的促凝血作用，作用强度以大花龙牙草较强，托叶龙牙草较弱，其余各种无显著差异，其作用机制可能为水提液中鞣质和维生素 K 的协同作用[1]。

抗氧化作用：大花龙芽草的 30% 和 60% 甲醇提取物具有清除自由基作用[2]。

化学成分参考文献

[1] Drozd GA, et al. *Chem Nat Compd*, 1983, 19(1): 104.

药理作用及毒性参考文献

[1] 崔迥漠，等 . 中国中医药科技，1999, 6(3): 173.

[2] Copland A, et al. *Fitoterapia*, 2003, 74(1): 133-135.

39. 马蹄黄属 Spenceria Trimen

多年生草本，全株密被白色长柔毛；根状茎木质；茎直立，单一，圆柱形。叶为奇数羽状复叶；基生叶托叶草质，贴生于叶柄上，叶柄基部有鞘；小叶对生，稀互生，先端 (2–) 3 裂或 2–3 齿；花茎上有少数复叶或单叶。顶生总状花序稀疏；苞片全缘，3 浅裂或 3 深裂；小苞片 2，对生，合成总苞片，外面有腺柔毛；萼筒倒圆锥状；萼片 5，镊合状，宽线形至披针形，宿存；副萼片 5，半圆形或三角形；花瓣 5，金黄色或奶油色，倒披针形至倒卵形；雄蕊 30–40，排成 2–3 轮，花丝基部连合，宿存；心皮 (1–) 2，顶端被毛；子房卵球状筒状；胚珠 1，下垂；花柱近顶生，丝状，远伸出萼筒之外；柱头小。瘦果 1，近球形，具薄果皮，包被在萼筒内。

本属仅 1 种，分布于我国和不丹，可药用。

1. 马蹄黄（中国植物志） 黄地榆、白地榆（云南），黄总花草（中国高等植物图鉴）

Spenceria ramalana Trimen in J. Bot. 17: 97, t. 201. 1879.（英 **Common Spenceria**）

多年生草本，高 18–32 cm；茎带红褐色，不分枝或在栽培时稍分枝，全株被白色长柔毛或绢状柔毛。基生叶为奇数羽状复叶，有小叶 13–21 片，连叶柄长 4.5–13 cm；叶柄长 1–6 cm，基生叶托叶卵形，长约 1 cm；小叶片宽椭圆形或倒卵状长圆形，长 1–2.5 cm，宽 5–10 mm，基部圆形，边全缘，先端 2–3 浅裂；茎生叶小叶片少或成单叶。总状花序顶生，长 5–20 cm，有花 12–15 朵；苞片倒披针形，长 5–20 mm，3 浅裂或深裂，上部的窄披针形，不裂，和总苞片外面被长柔毛和腺毛；花梗直立，长 1.5–4 cm，被白色长柔毛或绢状柔毛；花直径约 2 cm；萼筒钟状，长约 2 mm；副萼片披针形，长 1.2–3.5 mm；萼片披针形，长 3–6 mm，外面被白色长柔毛和腺毛；花瓣黄色，倒卵形；花丝黄色，长 3–6 mm，宿存；子房卵状长圆形；花柱 2，离生，伸出花瓣之外很长。瘦果近球形，直径 3–4 mm，黄褐色，包被在萼筒内。花期 6–8 月，果期 9–10 月。

马蹄黄 **Spenceria ramalana** Trimen
引自《中国高等植物图鉴》

分布与生境 产于四川、云南和西藏。生于海拔 3000–5000 m 的高山草原、石灰岩山坡。

药用部位 根。

功效应用 清热解毒，收敛止血。用于久痢，水泻。

注评 本种的名称与中药“大黄”的商品中有“马蹄黄”“马蹄大黄”易相混淆，应注意区别。藏族也

马蹄黄 **Spenceria ramalana** Trimen
摄影：张英涛

药用，其全草治腹胀、痢疾，煎膏治皲裂。

40. 地榆属 Sanguisorba L.

多年生草本；根粗壮，下部长出若干纺锤形、圆柱形或细长条形根。叶为奇数羽状复叶。花两性，稀单性，密集成穗状或头状花序；萼筒喉部缢缩，有 4 (–7) 萼片，覆瓦状排列，紫色、红色或白色，稀带绿色，如花瓣状；花瓣无；雄蕊通常 4 枚，稀更多；花丝通常分离，稀下部连合，着生于花盘外面，花盘贴生于萼筒喉部；心皮通常 1，稀 2，包藏于萼筒内，花柱顶生，柱头扩大呈画笔状；胚珠 1 枚，下垂。瘦果小，包藏在宿存的萼筒内。种子 1 枚；子叶平凸。

本属约 30 余种，分布于欧洲、亚洲及北美。我国有 7 种，南北各省区均有分布，但多数集中在我国东北部，6 种 5 变种可药用。

分种检索表

1. 穗状花序的花从顶部开始，向下部逐渐开放。
    2. 花序呈头状；花白色；植株矮小，高 35 cm 以下；基生叶小叶片宽卵形至近圆形；花单性；花柱比萼片长 0.5–1 倍……………………………………………………………………4. **矮地榆 S. filiformis**
    2. 花序呈椭圆形、圆柱形或长圆柱形；花紫红色、红色、粉红色或白色。
        3. 花丝呈丝状，与萼片近等长，稀稍长；基生叶小叶片卵形或长圆状披针形，基部心形至微心形…………………………………………………………………………………1. **地榆 S. officinalis**
        3. 花丝显著扁平扩大，比萼片长 0.5–2 倍。
            4. 基生叶小叶片带状披针形，基部圆形、微心形至斜宽楔形，边缘有缺刻状急尖锯齿………………

··· 2. **细叶地榆 S. tenuifolia**

4. 基生叶小叶片卵形、椭圆形或长圆形，基部心形，边缘有粗大圆钝锯齿 ···· 3. **宽蕊地榆 S. applanata**

1. 穗状花序的花自基部开始向上部逐渐开放。

5. 基生叶小叶片基部通常截形至微心形；花序通常粗大，下垂，萼片白色或带粉红色；苞片在花蕾时显著比萼筒长，被毛较多；花丝从基部开始扩大至中上部最宽到顶端渐狭显著比花药窄，或有时花丝扩大不明显 ·· 5. **高山地榆 S. alpina**

5. 基生叶小叶片基部心形或深心形；花序通常较细长，直立，萼片白色；苞片在花蕾时与萼筒近等长，边有睫毛，背面被毛稀疏或几无毛；花丝从中部开始扁平扩大至顶端最宽几与花药等宽 ·································· ·· 6. **大白花地榆 S. stipulata**

本属药用植物中，市场流通的商品地榆药材主要来源于地榆 (S. officinalis) 与长叶地榆 (S. officinalis var. longifolia)，其次为细叶地榆 (S. tenuifolia)。化学成分研究较多的是《中国药典》收载品种地榆 (S. officinalis)。含多种类型化学成分，主要为皂苷、鞣质和黄酮类，并具有止血、抗菌、抗炎等药理作用。

地榆根部约含三萜皂苷类化合物 2.4%–4.0%，主要有 3*β*-*O*- 阿拉伯糖基 -12,19- 二烯熊果酸 -28-*β*-D- 葡萄糖酯 (3*β*-*O*-arabinosyl-hydroxyurs-12,19-dien-28-oic acid-28-*O*-*β*-D-glucosyl ester)、3*β*-*O*-*α*-L-吡喃阿拉伯糖基 -19*α*- 羟基熊果酸 (3*β*-*O*-*α*-L-arabinopyranosyl-19*α*-hydroxyursolic acid)、1*β*,2*α*,3*α*,19*α*-四羟基熊果酸 (1*β*,2*α*,3*α*,19*α*-tetrahydroxyursolic acid)、3*β*-(*α*-L- 吡喃阿拉伯糖氧基)- 熊果 -12,19(29)-二烯 -28- 酸 -28-*O*-*β*-D- 吡喃葡萄糖酯苷 [3*β*-(*α*-L-arabinopyranosyloxy)urs-12,19(29)-dien-28-oic acid-28-*O*-*β*-D-glucopyranosyl ester] 及二聚三萜类化合物地榆皂苷 (sanguidioside) A、B、C、D 等。

地榆作为常用止血药，其止血作用与鞣质有关。地榆根部含鞣质类化合物约 17%，主要有 3,3',4- 三 -*O*- 甲基鞣花酸 [3,3',4-tri-*O*-methylellagic acid，**1**]、3,4',4- 三 -*O*- 甲基鞣花酸 [3,4',4-tri-*O*-methyl-ellagic acid，**2**]、3,4'- 二 -*O*- 甲基鞣花酸 (3,4'-di-*O*-methylellagic acid)、3-*O*- 甲基没食子酸甲酯 (methyl 3-*O*-methylgallate)、3,3',4'- 三 -*O*- 甲基鞣花酸 -4-*O*-*α*-D- 吡喃葡萄糖基 -28-*β*-D- 吡喃葡萄糖苷 (3,3',4'-tri-*O*-methylellagic acid-4-*O*-*α*-D-glucopyranosyl-28-*β*-D-glucopyranoside) 等。有研究报道地榆炭的止血作用优于生地榆，可能是由于炒炭后鞣质含量和与止血作用密切相关的钙离子含量的大幅度增加所致。此外，地榆所含鞣质类化合物还有抗菌消肿的作用：给小鼠耳部涂抹地榆鞣质 4 mg 或每天口服 1 g/kg，连续 4 天，都可明显抑制巴豆油诱发的耳肿胀。

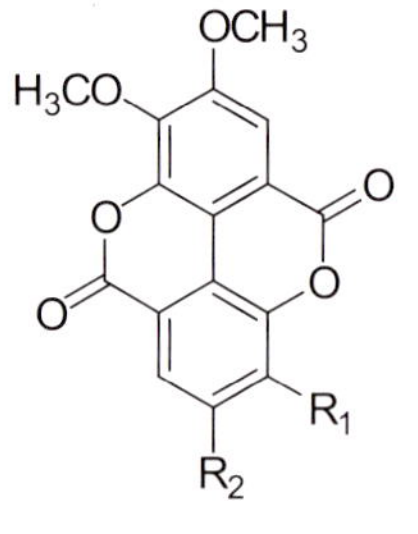

1: R_1=OCH_3　R_2=OH
2: R_1=OH　R_2=OCH_3

地榆根中尚含槲皮素、山柰酚 -3,7- 二鼠李糖苷 (kaempferol-3,7-dirhamnoside)、槲皮素 -3- 半乳糖基 -7- 葡萄糖苷 (quercetin-3-galacosyl-7-glucoside)、金丝桃苷 (hyperin; hyperoside) 等黄酮类化合物。

地榆的药理研究多集中在以鞣质为指标，分析和比较地榆炮制前后止血作用的变化，而对地榆中皂苷、黄酮类成分对血液系统作用的研究较少。

1. 地榆（本草经） 山红枣（浙江），黄瓜香、玉札、山枣子

Sanguisorba officinalis L., Sp. Pl. 116. 1753.（英 **Garden Burnet**）

1a. 地榆（模式变种）

Sanguisorba officinalis L. var. **officinalis**

多年生草本，高 30–120 m；根多呈纺锤形，稀圆柱形，横切面黄白或紫红色，较平整。茎直立，无毛或基部有疏腺毛。基生叶为羽状复叶，有小叶 4–6 对，叶柄无毛或基部有疏腺毛；基生叶托叶膜质，褐色，外面无毛或被稀疏腺毛；茎生叶托叶大，草质，半圆形；基生叶小叶片卵形或长圆状卵形，长 1–7 cm，宽 0.5–3 cm，两面无毛，基部心形至浅心形，边缘有多数粗大圆钝稀急尖锯齿，顶端圆钝，稀急尖；茎生叶较少。穗状花序椭圆形、圆柱形或卵球形，直立，通常长 1–3 (–4) cm，从花序顶端向下部开放；花序轴无毛偶有稀疏腺毛；苞片披针形，比萼片短或近等长，外面及边缘有柔毛；萼片 4，紫红色，椭圆形至宽卵形，外面被疏柔毛；雄蕊 4；花丝丝状，不扩大，与萼片近等长或稍短；子房外面无毛或基部微被毛。果实包藏在宿存萼筒内，外面有 4 棱。花果期 7–10 月。

分布与生境 产于东北、华北、华东、华中、西南及陕西、甘肃、青海、新疆、广西。生于海拔 30–3000 m 的草原、草甸、山坡草地、灌丛或疏林下。也分布于欧洲和亚洲北温带。

药用部位 根。

功效应用 凉血止血，解毒敛疮。用于便血，痔血，血痢，崩漏，水火烫伤，痈肿疮毒。

化学成分 根含三萜类：异阿江榄仁酸(arjunic acid)，野蔷薇酸(rosamultic acid)，山香二烯酸▲(hyptadienic acid)，1*β*-羟基野鸦椿酸(1*β*-hydroxyeuscaphic acid)，野鸦椿酸(euscaphic acid)，委陵菜酸(tormentic acid)，果渣酸▲(pomolic acid)，熊果酸(ursolic acid)[1]，3*β*-*O*-阿拉伯糖基-熊果-12,19-二烯-28-酸-*β*-D-吡喃葡萄糖酯苷(3*β*-*O*-arabinosyl-hydroxyursolic-12,19-diene-28-*β*-D-glucopyranosyl ester)[2]，3*β*-*O*-*α*-L-吡喃阿拉伯糖基-19*α*-羟基熊果酸(3*β*-*O*-*α*-L-arabinopyranosyl-19*α*-hydroxyursolic acid)，3*β*,19*α*-二羟基熊果酸-*β*-D-吡喃葡萄糖酯苷(3*β*,19*α*-dihydroxyursolic acid-28-*β*-D-glucopyranoside)，3*β*-*O*-*α*-L-吡喃阿拉伯糖基-19*α*-羟基熊果酸(3*β*-*O*-*α*-L-arabinopyranosyl-19*α*-hydroxyursolic acid)，降八碳

地榆 **Sanguisorba officinalis** L. var. **officinalis**
引自《中国高等植物图鉴》

地榆 **Sanguisorba officinalis** L. var. **officinalis**
摄影：张英涛

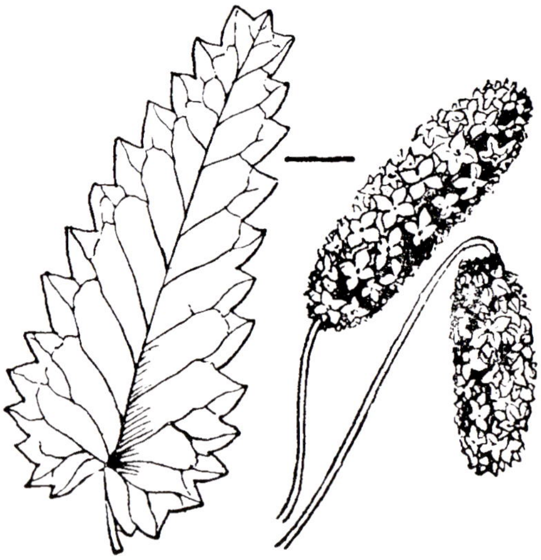

长叶地榆 **Sanguisorba officinalis** L. var. **longifolia** (Bertol.) T. T. Yü et C. L. Li
引自《东北植物检索表》

长叶地榆 **Sanguisorba officinalis** L. var. **longifolia** (Bertol.) T. T. Yü et C. L. Li
摄影：张军

形；茎生叶较多，与基生叶相似，但更长而狭窄，长 2–6 cm，直径通常 0.5–1 cm；雄蕊与萼片近等长。花果期 8–11 月。

分布与生境 产于黑龙江、辽宁、河北、山西、甘肃、河南、山东、湖北、安徽、江苏、浙江、江西、四川、湖南、贵州、云南、广西、广东、台湾。生于海拔 100–3000 m 的山坡草地、溪边、灌丛中。也分布于俄罗斯（西伯利亚）、蒙古、朝鲜和印度。

药用部位 根。

功效应用 凉血止血，清热敛疮。用于便血，痔血，血痢，崩漏，水火烫伤，痈肿疮毒。

化学成分 根含三萜类：长叶地榆苷(changyediyuine) Ⅰ、Ⅱ、Ⅲ[1]。

注评 本种为中国药典（1985、1990、1995、2000、2005、2010 年版）收载“地榆”的基源植物之一，药用其干燥根；“地榆”药材商品情况参见地榆 Sanguisorba officinalis L.。

化学成分参考文献

[1] Shen T, et al. *Indian J Chem*, 2008, 47(B): 1600-1604.

1e. 长蕊地榆（变种）（中国植物志） 直穗粉花地榆（东北草本植物志）

Sanguisorba officinalis L. var. **longifila** (Kitag.) T. T. Yü et C. L. Li in Acta Phytotax. Sin. 17(1): 10. 1979.（英 **Longstamen Burnet**）

本变种与模式变种不同在于花丝伸出萼片之外，比萼片长 0.5–1 倍；基生叶小叶片带状长圆形至带状披针形。花果期 8–9 月。

分布与生境 产于黑龙江、内蒙古。生于海拔 100–1300 m 的沟边及草原湿地。

药用部位 根。

功效应用 凉血止血，清热解毒。用于吐血，衄血，血痢，崩漏，肠风，痔漏，痈肿，湿疹，金疮，烧伤，胃痛，胃肠出血，肚腹痛。

2. 细叶地榆（东北植物检索表） 狭叶地榆

Sanguisorba tenuifolia Fisch. ex Link, Enum Hort. Berol. 1: 144. 1890.（英 **Siberian Burnet**）

2a. 细叶地榆（模式变种）

Sanguisorba tenuifolia Fisch. ex Link var. **tenuifolia**

多年生草本，高可达 50–100 cm；根较粗壮；根状茎肥厚，棕褐色，分出较多细长根。茎直立，无毛。基生叶为羽状复叶，有小叶 7–9 对；叶柄无毛；基生叶托叶膜质，褐色，无毛；茎生叶托叶草质，绿色，半月形，边缘有缺刻状锯齿；基生叶之小叶片带形或带状披针形，长 5–7 cm，宽 1.5–1.7 cm，两面绿色，无毛，基部圆形、微心形至斜宽楔形，边缘有多数缺刻状急尖锯齿，先端急尖至圆钝。茎生叶与基生叶相似，唯向上部小叶对数逐渐减少，且较狭窄。穗状花序长圆柱形，下垂，长 2–7 cm，直径 5–8 mm，从顶部向下逐渐开放；花序轴几无毛；苞片披针形，外面及边缘密被柔毛，比萼片短；萼片长椭圆形，粉红色，外面无毛；雄蕊 4；花丝扁平扩大，顶端稍比花药窄或近等宽，比萼片长 0.5–1 倍；子房无毛或近基部有短柔毛，柱头扩大呈盘状。果实圆形，有 4 棱，无毛。花果期 8–9 月。

分布与生境 产于黑龙江、吉林、辽宁、内蒙古。生于海拔 300–1500 m 的山坡草地、草甸及林缘。也分布于朝鲜和日本。

药用部位 根及根状茎。

功效应用 凉血止血，清热解毒。用于吐血，衄血，血痢，崩漏，肠风，痔漏，痈肿，湿疹，金疮，烧伤，胃痛，胃肠出血，肚腹痛。

化学成分 全草和根状茎含黄酮类：槲皮素，山柰酚，矢车菊苷(centaurein)[1]；酚酸类：鞣花酸，咖啡酸，对香豆酸[1]；皂苷、香豆素[1]。

化学成分参考文献

[1] 吉林省中医中药研究所，等. 长白山植物药志，1982: 586-589.

2b. 小白花地榆（变种）

Sanguisorba tenuifolia Fisch. ex Link var. **alba** Trautv. et C. A. Mey. in Middendorff, Reise Sibir. 1(3): 35. 1856.（英 **Whiteflower Siberian Burnet**）

萼片白色；花丝长为萼片的 1–2 倍。花果期 7–9 月。

分布与生境 产于黑龙江、吉林、辽宁、内蒙古。生于海拔 200–1700 m 的林中、林缘、草甸及湿润处。也分布于朝鲜、日本、蒙古和俄罗斯。

药用部位 根及根状茎。

功效应用 凉血止血，清热解毒。用于吐血，衄血，血痢，崩漏，肠风，痔漏，痈肿，湿疹，金疮，烧伤，胃痛，胃肠出血，肚腹痛。

小白花地榆 **Sanguisorba tenuifolia** Fisch. ex Link var. **alba** Trautv. et C. A. Mey.
摄影：张英涛

化学成分 根含三萜类：2-氧代-3β,19α-二羟基齐墩果-12-烯-28-酸-β-D-吡喃葡萄糖酯苷(2-oxo-3β,19α-dihydroxyolean-12-en-28-oic acid-β-D-glucopyranosyl ester)，2α,19α-

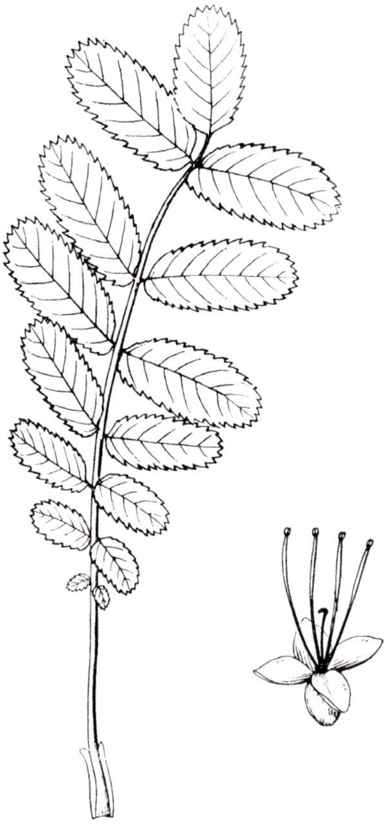

高山地榆 **Sanguisorba alpina** Bunge
吴彰桦　绘

高山地榆 **Sanguisorba alpina** Bunge
摄影：陈又生

下垂，长 1–4 (–5) cm；苞片淡黄褐色，边缘及外面密被柔毛，未开放时比萼片长 1–2 倍；萼片白色，稀微带淡红色，卵形；雄蕊 4。果实被疏柔毛；萼片宿存。花果期 7–8 月。

分布与生境　产于宁夏（贺兰山）、甘肃、新疆。生于海拔 1200–2700 m 的山坡、沟谷水边、沼地及林缘。也分布于俄罗斯、蒙古、朝鲜。

药用部位　根。

功效应用　凉血止血，止泻，收敛，消炎，解毒，敛疮。

化学成分　根含三萜类：3-*O*-*β*-D-吡喃葡萄糖基-2*α*,19*α*-二羟基熊果酸-*β*-D-吡喃葡萄糖酯苷(3-*O*-*β*-D-glucopyranosyl-2*α*,19*α*-dihydroxyursolic acid-*β*-D-glucopyranosyl ester)，2-氧代-3*β*,19*α*-二羟基熊果酸-*β*-D-吡喃葡萄糖酯苷(2-oxo-3*β*,19*α*-dihydroxyursolic acid-*β*-D-glucopyranosyl ester)，2*α*,3*α*-二羟基熊果-12,19(29)-二烯-28-酸-*β*-D-吡喃葡萄糖酯苷(2*α*,3*α*-dihydroxyurs-12,19(29)-dien-28-oic acid-*β*-D-glucopyranosyl ester)，2*α*,3*β*,19*α*-三羟基熊果酸-*β*-D-吡喃半乳糖酯苷(2*α*,3*β*,19*α*-trihydroxyursolic acid-*β*-D-galactopyranosyl ester)，2-异丁酰基-19*α*-羟基熊果-1,12-二烯-28-酸(2-isobutyryl-19*α*-hydroxyurs-1,12-dien-28-oic acid)，日本黑莓苷▲F_1 (kaji-ichigoside F_1)，野蔷薇苷(rosamutin)，地榆苷Ⅱ(ziyuglycoside Ⅱ)，2-氧代果渣酸▲(2-oxopomolic acid)，3*α*,9*α*,24-三羟基熊果酸(3*α*,9*α*,24-trihydroxyurolic acid)，3-*O*-乙酰熊果酸(3-*O*-acetylursolic acid)，牛筋条酯▲(tribiaotanic ester)[1]；蒽醌类：1,8-二羟基-3-甲氧基-6-甲基蒽醌(1,8-dihydroxy-3-methoxy-6-methylanthraquinone)，1,8-二羟基-3-甲氧基-3-甲基蒽醌(1,8-dihydroxy-3-methoxy-3-methylanthraquinone)[1]；甾体类：谷甾醇，胡萝卜苷[1]；氰苷类：野樱苷(prunasin)[1]；黄酮类：(+)-儿茶素[(+)-catechin][1]。

化学成分参考文献

[1] Jia Z, et al. *Phytochemistry*, 1993, 32(1): 155-169.

6. 大白花地榆（东北植物检索表）

Sanguisorba stipulata Raf., Herb. Rof. 47. 1883.——*S. sitchensis* C. A. Mey.（英 **Sirka Burnet**）

多年生草本；根状茎粗壮，伸长，具若干疏散细根。茎直立高 30–80 cm，无毛。叶为羽状复叶，有小叶 4–6 对；基生叶有长柄，有棱，无毛；小叶有柄，柄长 0.7–2.2 cm；基生叶托叶膜质，黄褐色，无毛；茎生叶托叶草质，绿色，卵形，边缘有缺刻状锯齿；基生叶之叶片长圆状卵形、广椭圆形或椭圆形，长 3.5–6 cm，宽 2–4.5 cm，上面暗绿色，下面色淡，两面均无毛，基部心形至深心形，稀微心形，边缘有粗大缺刻状急尖锯齿，先端圆形；茎生叶 2–4，与基生叶相似，唯向上部小叶对数减少。穗状花序直立，长圆柱形，长达 13 cm；花萼白色，从基部开始向上逐渐开放；花序轴无毛；苞片狭带形，无毛或外被疏柔毛，与萼片近等长；萼片 4，椭圆形或卵形，无毛；雄蕊 4；花丝从中部开始扩大，比萼片长 2–3 倍。果实近圆形，被柔毛，萼片宿存。花期 7–8 月，果期 8–9 月。

分布与生境　产于吉林、辽宁。生于海拔 1400–2300 m 的山地、山谷湿地、疏林下及林缘。也分布于俄罗斯、朝鲜、日本及北美洲。

药用部位　嫩茎、叶、根。

功效应用　嫩茎、叶：收敛止血。根：凉血止血，解毒敛疮。

注评　本种的干燥根在产地也作“地榆”药用，“地榆”药材商品情况参见地榆 Sanguisorba officinalis L.。

大白花地榆 **Sanguisorba stipulata** Raf.
吴彰桦　绘

大白花地榆 **Sanguisorba stipulata** Raf.
摄影：周繇

41. 羽衣草属 Alchemilla L.

多年生草本，稀一年生；根状茎木质，直立或外倾。单叶，互生，掌状浅裂或深裂，极稀掌状复叶，有长叶柄和托叶，基生叶和茎生叶；托叶与叶柄合生。花小形，两性，成疏的或密集的伞房花序或聚伞花序；萼筒壶形，宿存，喉部收缩；萼片 2 轮，各为 4–5 片，萼片在芽中为镊合状排列；花瓣缺；雄蕊 (1–) 4，花丝离生，短；心皮 1 (–4)，无柄或有短柄；胚珠 1。瘦果 1 (–4)，全部或部分包在膜质萼筒内。种子基生，种皮膜质，子叶长倒卵形。

本属 100–300 种，分布于亚、欧、美、非四洲寒带、温带和热带高山草原中，直到北极地区。我国有 3 种，其中 1 种可药用。

1. 羽衣草（中国植物志） 斗蓬草（种子植物名称）

Alchemilla japonica Nakai et H. Hara in J. Jap. Bot. 13: 177. 1937.（英 **Japanese Ladysmantle**）

多年生草本，高 10–30 cm；根状茎肥厚、木质。茎单生或丛生，直立或斜展，密被白色长毛。基生叶托叶膜质，褐色，下面被长柔毛；叶柄长 3–15 cm，密被开展长柔毛；叶片心状圆形，长 2–3 cm，宽 3–7 cm，两面疏被毛，沿脉密；基部深心形，边缘具齿和 7–9 浅裂；茎生叶小，具短柄或近无柄；托叶边缘具齿，基部合生，外被长柔毛。伞房状聚伞花序较紧密；花黄绿色，直径 3–4 cm；花梗长 2–3 cm，无毛或近无毛；萼筒外面密被或疏被长柔毛；副萼片长圆状披针形，外被疏柔毛；萼片三角状卵形，长 1–1.5 mm，较副萼片稍长而宽，外被疏柔毛；雄蕊长约为萼片之半；花柱线形，较雄蕊稍长。瘦果卵圆形，长约 1.5 mm，先端稍尖，无毛，全部包藏在萼筒内。

分布与生境　产于内蒙古、陕西、甘肃、青海、新疆、四川。生于海拔 2500–3500 m 的高山草原。也分布于日本。

药用部位　全草。

功效应用　止血收敛，清热止痛。用于月经过多，外伤。

羽衣草 **Alchemilla japonica** Nakai et H. Hara
王金凤　绘

羽衣草 **Alchemilla japonica** Nakai et H. Hara
摄影：叶建飞

42. 扁核木属 Prinsepia Royle

落叶直立或攀援灌木，有枝刺；枝具片状髓部；冬芽小，卵圆形，有少数被毛鳞片。单叶互生或簇生，有短柄；叶片全缘或有细锯齿；托叶小形，早落。花两性，排成总状花序或簇生和单生，生于叶腋或侧枝顶端；萼筒宿存，杯状，具圆形不相等的 5 个裂片，在芽中覆瓦状排列；花瓣 5，白色或黄色，近圆形，有短爪，着生在萼筒的喉部；雄蕊 10 或多数，分数轮着生在萼筒口部花盘边缘，花丝较短，常不相等；心皮 1，无柄，花柱近顶生或侧生，柱头头状，胚珠 2，并生，下垂。果实为核果，椭圆体形或圆筒形，肉质；核革质，平滑或稍有纹饰。种子 1，直立，长圆筒形，种皮膜质；子叶平凹，含有油质。

本属约 5 种，分布于中国和喜马拉雅山地区。我国有 4 种，其中 3 种 1 变种可药用。

分种检索表

1. 花多数排成总状花序；雄蕊多数，排成 2–3 轮；枝刺上有叶……………………1. **扁核木 P. utilis**
1. 花簇生或单生；雄蕊 10，成 2 轮排列；枝刺上无叶。
  2. 花黄色，簇生稀单生；叶片卵状披针形至披针形；花梗长 1–1.8 cm……………2. **东北扁核木 P. sinensis**
  2. 花白色，单生，稀 2–3 朵簇生；叶片长圆状披针形或狭长圆形；花梗长 3–5 mm………3. **蕤核 P. uniflora**

本属药用植物主要含有黄酮、三萜、倍半萜和挥发油等类化学成分，黄酮含量较高。青刺果 (P. utilis) 的总黄酮能显著改善糖尿病小鼠的血糖和血脂水平。

三萜类化合物主要有熊果酸 (ursolic acid)、齐墩果酸 (oleanolic acid)、黄麻酸▲ (corosolic acid，**1**)、果渣酸▲ (pomolic acid，**2**)、委陵菜酸 (tormentic acid，**3**)、3-*O*- 反式 - 对香豆酰委陵菜酸 (3-*O*-*trans*-*p*-coumaroyltormentic acid，**4**)、3-*O*- 顺式 - 对香豆酰委陵菜酸 (3-*O*-*cis*-*p*-coumaroyltormentic acid，**5**)、山楂酸 (crataegolic acid; maslinic acid，**6**)、号角树酸▲ (cecropiacic acid，**7**) 等。药理学研究表明，这些化合物对淋巴细胞转化都具有较强的抑制作用，显示出一定的免疫抑制作用。其中，熊果酸还具有较好的抗炎作用。近年来，从本属药用植物中还分离出了一些半萜类成分，如青刺果酮 (utililactone，**8**)、表青刺果酮 (epiutililactone，**9**)，这些半萜类化合物在一定程度上抑制淋巴细胞的转化，具有较强的免疫抑制作用。

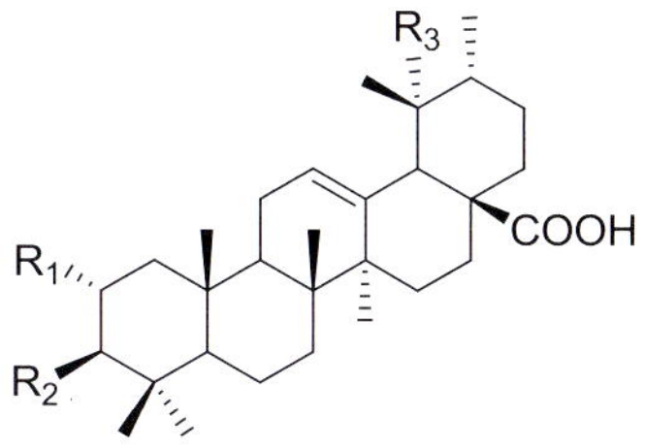

1: R_1=OH　R_2=OH　R_3=H
2: R_1=H　R_2=OH　R_3=OH
3: R_1=OH　R_2=OH　R_3=OH
4: R_1=OH　R_2=*trans-p*-coumaroyl　R_3=OH
5: R_1=OH　R_2=*cis-p*-coumaroyl　R_3=OH

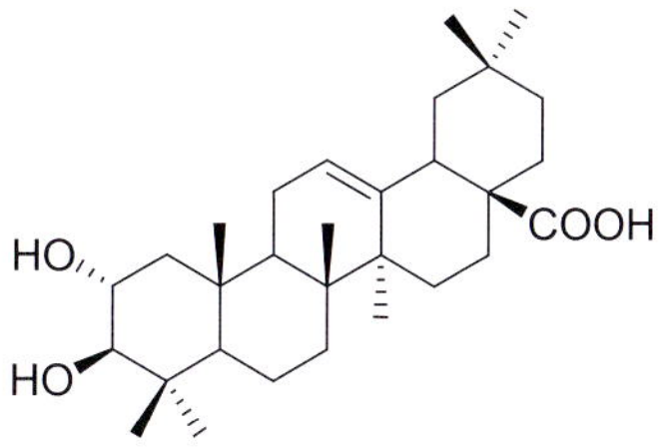

6

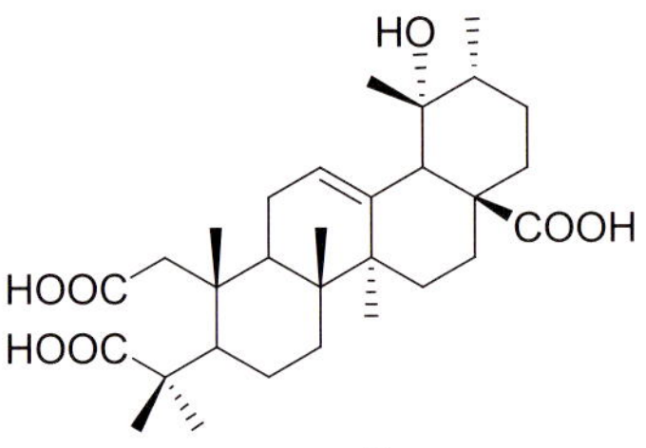

7

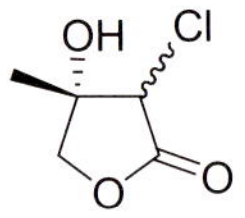

8：2*R*, 3*S*
9：2*S*, 3*R*

1. 扁核木（中国植物志） 青刺尖（滇南本草），枪刺果（曲靖），打油果、鸡蛋果（云南），阿那斯（纳西语）

Prinsepia utilis Royle, Ill. Bot. Himal. 206, t. 38, f. 1. 1835.（英 **Himalayan Prinsepia**）

灌木，高 1–5 m；小枝被褐色短柔毛或近无毛；枝刺长可达 3.5 cm，刺上生叶；冬芽小，卵圆形或长圆形，近无毛。叶柄长约 5 mm，无毛；托叶未见。叶片长圆形或卵状披针形，长 3.5–9 cm，宽 1.5–3 cm，两面均无毛，基部宽楔形或近圆形，全缘或有浅锯齿，先端急尖或渐尖。花多数成总状花序，长 3–6 cm，生于叶腋或生于枝刺顶端；小苞片披针形，被褐色柔毛，早落；花梗长 4–8 mm；花序轴和花梗有褐色短柔毛，逐渐脱落；花直径约 1 cm；萼筒杯状，外被褐色短柔毛；萼片半圆形或宽卵形，边缘有齿，两面有褐色柔毛，边缘较密，以后脱落；花瓣白色，宽倒卵形；雄蕊多数；花盘圆盘状，紫红色；心皮 1，无毛；花柱短，侧生。核果长圆形或倒卵状长圆形，长 1–1.5 cm，紫褐色或黑紫色，无毛，被白粉；萼片宿存；果梗长 8–10 mm，无毛；核紫红色。花期 4–5 月，果熟期 8–9 月。

扁核木 **Prinsepia utilis** Royle
引自《中国高等植物图鉴》

分布与生境 产于云南、贵州、四川和西藏。生于海拔 1000–2560 m 的山坡荒地、山谷或路边等处。也分布于巴基斯坦、尼泊尔、不丹和印度北部。

药用部位 叶、果实、根。

功效应用 叶：清热解毒，活血散结。用于乳痈，痄腮，痔疮，瘰疬，跌打损伤，月经不调。果实：健胃消食，明目退翳，解毒。用于食积不化，目翳多泪，疮毒痈疽。根：敛肺止咳。用于虚咳，久咳。

化学成分 茎含三萜类：熊果酸(ursolic acid)[1]；挥发油：三十四醇(tetrariacontanol)[1]。

叶含三萜类：熊果酸(ursolic acid)，齐墩果酸(oleanolic acid)，黄麻酸▲(corosolic acid)，山楂酸(maslinic acid)，果渣酸▲(pomolic acid)，委陵菜酸(tormentic acid)，号角树酸▲(cecropiacic acid)，3-*O*-反式-对香豆酰委陵菜酸(3-*O*-*trans*-*p*-coumaroyltormentic acid)，3-*O*-顺式-对香豆酰委陵菜酸(3-*O*-*cis*-*p*-coumaroyltormentic acid)[6]；半萜类：表青刺果酮▲(epiutililactone)，青刺果酮▲(utililactone)[2]。

果实含挥发油：脂肪酸含量较高，如棕榈酸，硬脂酸，亚油酸(linoleic acid)，亚麻酸(linolenic acid)，油酸(oleic acid)[3]，其他如角鲨烯(squalene)，十八烯酸甲酯(octadecenoic methyl ester)，9,12-十八碳二烯酸甲酯(9,12-octadecadiene methyl ester)，十六酸甲酯(hexadecanoic acid methyl ester)，环丙烷丁酸(cyclopropane butyric acid)，二十四烷(lignocerane)，酢浆草酸-2-苯乙基丙基酯[4]；维生素类：维生素 C、PP、B_1、B_2，*β*-胡萝卜素(*β*-carotene)[5]。

扁核木 **Prinsepia utilis** Royle
摄影：孙庆文

注评 本种纳西族、苗族、普米族、彝族和白族药用，主要用嫩叶治口腔湿热糜烂、小儿咽喉炎、发热；纳西族、苗族用根、嫩枝、叶治筋骨疼痛、骨髓炎、咳嗽，普米族用果实治疮疖痈疽、骨折、扭伤、黄水疮、跌打损伤，彝族用枝尖治跌打损伤、虫牙、痈疽疮疡、毒蛇咬伤；白族用根、叶治淋巴结炎、乳腺炎、类风湿关节炎，果实用于治消化不良、神经衰弱。

化学成分参考文献

[1] 王毓杰，等. 华西药学杂志，2006, 21(2): 152-154.

[2] Xu YQ, et al. *J Asian Nat Prod Res*, 2007, 9(2): 637-642.

[3] 古昆，等. 食品科学，2003, 24(7): 116-117.

[4] 陈鹏，等. 广西植物，2007, 27(3): 448-452.

[5] 袁瑾，等. 植物资源与环境学报，2002, 11(2): 63-64.

2. 东北扁核木（东北木本植物图志） 辽宁扁核木（中国树木分类学），扁担胡子（吉林），东北蕤核（拉汉种子植物名称）

Prinsepia sinensis (Oliv.) Oliv. ex Bean in Kew Bull. 1909: 354. 1909.——*Plagiospermum sinense* Oliv.（英 **Cherry Prinsepia**）

灌木，高约 2 m；枝刺长 6–10 mm，通常不生叶。托叶小，膜质，披针形；叶柄长 5–10 mm，无毛；叶片卵状披针形或披针形，极稀带形，长 3–6.5 cm，宽 6–20 mm，两面无毛或有少数睫毛，基部近圆形或宽楔形，全缘或有稀疏锯齿。花 1–4 朵，簇生于叶腋；花梗长 1–1.8 cm，无毛；花直径约 1.5 cm；萼筒钟状；萼片外面无毛；花瓣黄色，倒卵形；雄蕊 10，成 2 轮；心皮 1，无毛，花柱侧生。核果近球形或长圆形，直径 1–1.5 cm，无毛，萼片宿存。花期 3–4 月，果期 8 月。

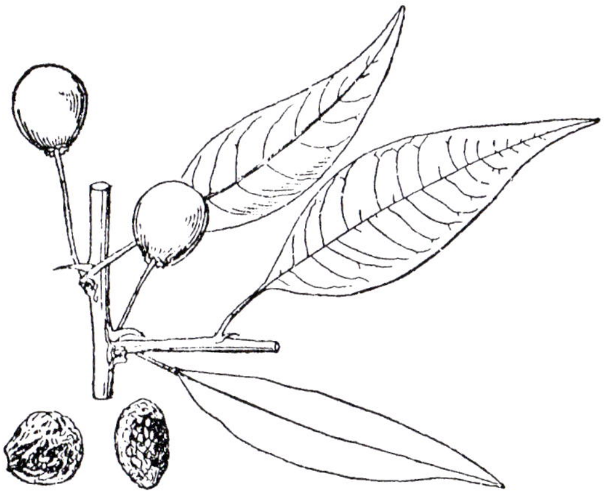

东北扁核木 **Prinsepia sinensis** (Oliv.) Oliv. ex Bean
引自《东北植物检索表》

分布与生境 产于黑龙江、吉林、辽宁。生于杂木林中、阴山坡林间或山坡开阔处以及河岸旁。

药用部位 种子。

功效应用 清肝明目。用于目赤肿痛，眦烂多泪，昏暗羞明，眼结膜炎，角膜薄翳。

东北扁核木 **Prinsepia sinensis** (Oliv.) Oliv. ex Bean
摄影：于俊林

3. 蕤核（本草经） 蕤李子（救荒本草），扁核木（中国树木分类学），单花扁核木（经济植物手册），蕤仁

Prinsepia uniflora Batalin in Trudy Imp. S.-Peterburgsk. Bot. Sada 12: 167. 1892.（英 **Hedge Prinsepia**）

3a. **蕤核**（模式变种）

Prinsepia uniflora Batalin var. **uniflora**

灌木，高 1–2 m；老枝树皮光滑；小枝灰绿色或灰褐色，无毛或有短柔毛；枝刺钻形，长 0.5–1 cm，无毛，刺上无叶。托叶小，早落；近无叶柄；叶片长圆状披针形或窄长圆形，长 2–5.5 cm，宽 6–8 mm，两面无毛，基部楔形或宽楔形，边全缘，有时呈浅波状或有不规则锯齿，先端圆钝或急尖。花单生或 2–3 朵簇生于叶丛内；花梗长 3–5 mm，无毛；花直径 8–10 mm；萼筒陀螺状；萼片短三角形或半圆形，全缘，先端圆钝；花瓣白色，有紫色脉纹，倒卵形，基部有短爪，先端啮蚀状；雄蕊 10，花药黄色，长 5–6 mm，倒卵形；心皮 1，无毛；花柱侧生，柱头头状。核果球形，红褐色或黑褐色，直径 8–12 mm，无毛，有光泽；萼片宿存，反折；核为左右压扁的卵球形，长约 7 mm。花期 4–5 月，果期 8–10 月。

分布与生境 产于河南、山西、陕西、内蒙古、甘肃和四川。生于海拔 900–1100 m 的山坡阳处或山脚下。

药用部位 果核。

功效应用 疏风散热，养肝明目。用于目赤肿痛，睑弦赤烂，目暗羞明。

化学成分 叶含腈苷类：萨氏金合欢素▲(sutherlandin)，拟樱桃素环氧化物▲(osmaronin epoxide)[1]。

果核含三萜类：熊果酸(ursolic acid)[2]；二萜类：里白烯(diploptene)[2]；木脂素类：蛇菰宁(balanophonin)[2]；酚酸类：香荚兰酸(vanillic acid)，原儿茶酸(protocatechuic acid)[2]；甾体类：β-谷甾醇，胡萝卜苷[2]。

注评 本种蒙古族药用，其果核治疗目赤肿痛、睑缘炎、角膜炎、早期白内障、玻璃体浑浊。

蕤核 **Prinsepia uniflora** Batalin var. **uniflora**
引自《中国高等植物图鉴》

蕤核 **Prinsepia uniflora** Batalin var. **uniflora**
摄影：徐克学

化学成分参考文献

[1] Lechtenberg M, et al. *Phytochemistry*, 1996, 41(3): 779-785.

[2] 李宏轩，等 . 沈阳药科大学学报，2006, 23(4): 209-211.

3b. 齿叶扁核木（变种）（中国植物志）

Prinsepia uniflora Batalin var. **serrata** Rehder in J. Arnold Arbor. 22: 575. 1941.（英 **Serrate Hedge Prinsepia**）

本变种与模式变种区别在于叶片边缘有明显锯齿，不育枝上叶片卵状披针形或卵状长圆形，先端急尖或短渐尖；花枝上叶片长圆形或窄椭圆形；花梗长 5–15 mm。花期 4–5 月，果期 8–10 月。

分布与生境　产于山西、陕西、甘肃、青海、四川。生于海拔 800–2000 m 的山坡、山谷以及沟边黄土丘陵地。

药用部位　果核。

功效应用　祛风，散热，养肝，明目。用于目赤肿痛，睑弦赤烂，目暗羞明。

注评　本种为中国药典（1985、1990、1995、2000、2005、2010 年版）收载“蕤仁”的基源植物，药用其干燥果核。

齿叶扁核木 **Prinsepia uniflora** Batalin var. **serrata** Rehder
摄影：朱大海

43. 桃属 Amygdalus L.

落叶乔木或灌木；枝无刺或有刺。腋芽常 5 个或 2–3 个并生，两侧为花芽，中间是叶芽。幼叶在芽中呈对折状，后于花开放，稀与花同时开放，叶柄或叶边常具腺体。花单生，稀 2 朵生于 1 芽内，粉红色，罕白色，几无梗或具短梗，稀有较长梗；雄蕊多数；雌蕊 1 枚，子房常具柔毛，1 室具 2 胚珠。果实为核果，外被毛，极稀无毛，成熟时果肉多汁不开裂，或干燥开裂，腹部有明显的缝合线，果洼较大；核扁圆、圆形至椭圆形，与果肉粘连或分离，表面具深浅不同的纵、横沟纹和孔穴，极稀平滑。种皮厚，种仁味苦或甜。

全球 40 多种，分布于亚洲中部至地中海地区，栽培品种广布于温带至亚热带地区。我国有 12 种，主要产于西部和西北部，栽培品种全国各地均有。9 种 1 变种可药用。

分种检索表

1. 果实成熟时干燥无汁，开裂。
  2. 枝具刺。小枝被短柔毛；叶片宽椭圆形、近圆形或倒卵形，长 8–15 mm，侧脉 4 对；果实宽卵球形，直径约 10 mm……………………………………………… 4. **蒙古扁桃 A. mongolica**
  2. 枝无刺。
    3. 萼筒圆筒形；叶片披针形或椭圆状披针形，幼时被疏柔毛，老时无毛；叶柄长 10–20 (30) mm；果实斜卵形或长圆卵形，密被短柔毛；核表面多少光滑，具蜂窝状孔穴，有或无浅沟纹……………………………………………… 1. **扁桃 A. communis**
    3. 萼筒宽钟形；叶片近圆形、椭圆形至倒卵形，被短柔毛；花梗长 4–8 mm。
      4. 灌木稀小乔木，高 2–3 m；叶片先端常 3 裂，边缘具粗锯齿或重锯齿；核近球形，两端圆钝，表面具网状浅沟汶……………………………………………… 2. **榆叶梅 A. triloba**
      4. 小灌木高 1–2 m；叶片先端不分裂，边缘具不整齐锯齿；核宽卵形，顶端具小突尖头，表面平滑或稍有皱纹 ……………………………………………… 3. **长梗扁桃 A. pedunculata**
1. 果实成熟时肉质多汁，不开裂，稀具干燥的果肉。
  5. 核有深沟纹和孔穴。
    6. 叶片下面无毛；花萼外面无毛；果肉薄而干燥；核两侧通常不扁平，先端圆钝；果实及核近球形……………………………………………… 7. **山桃 A. davidiana**
    6. 叶片下面脉腋间有少数短柔毛，稀无毛；花萼外面被短柔毛；果肉厚而多汁；核两侧扁平，顶端渐尖。
      7. 核表面具纵、横向不规则沟纹和孔穴；叶片侧脉不直达叶缘，在叶边结合成网状……5. **桃 A. persica**
      7. 核表面具纵向平行的沟纹和极稀疏的小孔穴；叶片侧脉直达叶缘，在叶边相互靠近而不彼此结合成网状 ……………………………………………… 6. **新疆桃 A. ferganensis**
  5. 核表面光滑，仅具浅沟纹，无孔穴。
    8. 花萼外面有短柔毛；核近球形，顶端圆钝，表面具纵、横向浅沟纹 ……………… 8. **甘肃桃 A. kansuensis**
    8. 花萼外面无毛；核扁卵圆形，顶端急尖，表面具少数不明显纵向浅沟纹 ……………… 9. **光核桃 A. mira**

本属药用植物大部分含有苦杏仁苷 (amygdalin) 和芳香类化合物。此外，从桃 (A. persica) 的种子分离得到一生物碱类化合物桃碱苷▲ (persicaside，**1**)。**1** 在大鼠造骨细胞肉瘤 (osteoblast sarcoma) 细胞 (ROS 17/2.8) 通过抑制诱导性一氧化氮合酶 (iNOS) 和环氧合酶 -2(COX-2) 的表达抑制一氧化氮 (NO) 和前列腺素 E_2 (PGE_2) 的生成；但 **1** 对 COX-1 无作用。

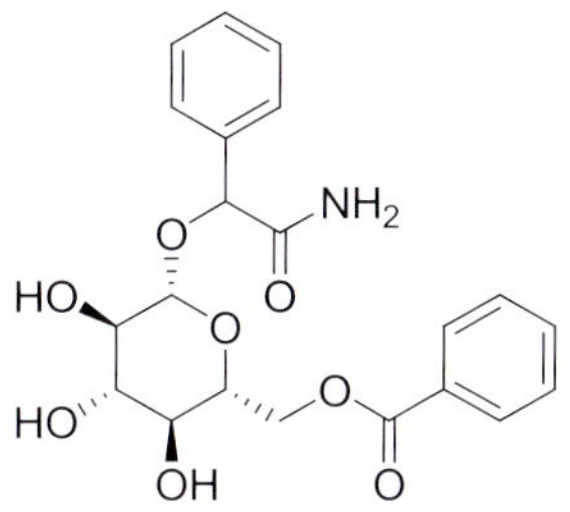

1

本属植物桃为代表植物，近年来针对桃仁的相关研究较多，研究表明桃仁具有抗心脑缺血、抗动脉粥样硬化、抗血小板聚集、保肝、镇咳、延缓矽肺纤维化、抗炎、抗肿瘤、抗氧化、益智等药理活性。

1. 扁桃（中国树木分类学） 巴旦杏（维语），八担杏（授时通考）

Amygdalus communis L., Sp. P1. 473. 1753.——*Prunus amygdalus* Batsch（英 **Almond**）

中型乔木或灌木，高 (2) 3–6 (8) m；枝无刺，幼时无毛；冬芽卵形。叶互生或簇生；叶片披针形或椭圆状披针形，长 3–6 (9) cm，宽 1–2.5 cm，急尖至短渐尖，基部宽楔形至圆形，幼嫩时微被疏柔毛，老时无毛，叶缘具浅钝锯齿；叶柄长 1–2 (3) cm，无毛，在叶片基部及叶柄上常具 2–4 腺体。花单生，先于叶开放，花梗长 3–4 mm；萼筒圆筒形，外面无毛；萼片宽长圆形至宽披针形，圆钝，边缘具柔毛；花瓣长圆形，长 1. 5–2 cm，白色至粉红色。雄蕊长短不齐；花柱长于雄蕊，子房密被绒毛状毛。果实斜卵形或长圆卵形，扁平，长 3–4.3 cm，直径 2–3 cm，尖或稍钝，基部近截形，外面密被短柔毛；果梗长 4–10 mm；果肉薄，成熟时开裂；核卵形、宽椭圆形或短长圆形，核壳硬，黄白色至褐色，先端尖，基部斜截形或圆截形，两侧不对称，背缝较直，具浅沟或无，腹缝较弯，具多少尖锐的龙骨状突起，沿腹缝线具不明显的浅沟或无沟，具蜂窝状孔穴；种仁味甜或苦。花期 3–4 月，果期 7–8 月。

扁桃 Amygdalus communis L.
引自《中国果树分类学》

分布与生境 我国新疆、陕西、甘肃等地区有少量栽培。原产于亚洲西部。

药用部位 种子。

功效应用 润肺，止咳，化痰，下气。用于虚痨咳嗽，心腹逆闷。

化学成分 茎和枝含黄酮类：槲皮素(quercetin)，柚皮苷元(naringenin)，异鼠李素(isorhamnetin)，槲皮素-3-*O*-芸香糖苷(quercetin-3-*O*-rutinoside)，槲皮素-3-*O*-葡萄糖苷(quercetin-3-*O*-glucoside)，槲皮素-3-*O*-半乳糖苷(quercetin-3-*β*-galactoside)，山柰酚(kaempferol)，山柰酚-3-*O*-葡萄糖苷(kaempferol-3-*O*-glucoside)，山柰酚-3-*O*-芸香糖苷(kaempferol-3-*O*-rutinoside)，黄烷酮(flavanone)，异鼠李素-3-*O*-芸香糖苷(isorhamnetin-3-*O*-rutinoside)，异鼠李素-3-*O*-*β*-D-吡喃葡萄糖苷(isorhamnetin-3-*O*-*β*-D-glucopyranoside)，柚皮苷元-7-*O*-葡萄糖苷(naringenin-7-*O*-glucoside)，黄烷-3-醇(flavan-3-ol)，(+)-儿茶素[(+)-catechin]，(-)-表儿茶素[(-)-epicatechin][1]；酚、酚酸类：香荚兰酸(vanillic acid)，原儿茶醛

(protocatechuic aldehyde)，原儿茶酸(protocatechuic acid)，对羟基苯甲酸(*p*-hydroxybenzoic acid)，对羟基苯乙酸(*p*-hydroxyphenyl acetic acid)，对羟基苯甲醛(*p*-hydroxybenzaldehyde)，香荚兰素(vanillin)[1]；苯丙素类：绿原酸(chlorogenic acid)，反式-对香豆酸(*trans*-*p*-coumaric acid)，反式-阿魏酸(*trans*-ferulic acid)[1]；糖类：D-葡萄糖，D-木糖，阿拉伯糖[1]；脂肪酸类：棕榈酸，棕榈油酸，油酸，硬脂酸，肉豆蔻酸，亚麻油酸，亚麻酸，花生四烯酸，二十酸，二十四酸[1]；其他类：α-生育酚(α-tocopherol)，β-生育酚(β-tocopherol)[1]。

药理作用　调节免疫作用：扁桃仁具有增强免疫力作用，扁桃仁浸出液能增强刀豆蛋白 A（ConA）对小鼠淋巴细胞的增殖作用，促进 T 细胞成熟，对抗免疫抑制药 CP 引起的免疫功能低下[1]。

降血脂作用：扁桃仁对高脂血症患者具有降血脂作用，扁桃仁富含单不饱和脂肪酸，对高脂血症患者的血脂和载脂蛋白水平具有调节作用。扁桃仁中高含量的单不饱和脂肪酸是其防治心血管疾病的主要有效成分[2-3]。

抗肿瘤作用：扁桃水提取液 0.5 g/kg、1.0 g/kg 灌胃给药，可抑制荷瘤小鼠肿瘤生长，对 HepA 和 S180 的最大抑制率分别为 11.2% 和 19.1%，体外对人胃癌 SGC7901 细胞系及白血病 K562 细胞系的抑制率分别达到 22.9% 和 15.8%[4]。扁桃仁及扁桃仁油能够抑制药物诱导的大鼠结肠癌细胞生长[5]。

抗氧化作用：扁桃仁能够降低小鼠肝、脑组织中脂质过氧化物含量，升高肝、脑组织中 SOD 活性，表现出抗氧化作用[6]。扁桃仁匀浆液可提高实验小鼠血清 SOD 活性并降低 MDA 水平，在 1 g/kg 时抗氧化作用明显[7]。扁桃仁匀浆液对超氧阴离子自由基 ($O_2^- \cdot$)、羟自由基 ($\cdot OH$) 具有清除作用，并能降低红细胞膜微黏度，呈现一定的抗氧化能力[8]。

注评　本种维吾尔族药用，杏核治结核咳嗽；又称“巴旦杏”“甜扁桃”“甜杏仁”。本种的种子（杏仁）是常见的坚果。

化学成分参考文献

[1] Mandalari G, et al. *J Food Compos Anal*, 2010, 23(2): 166-174.

药理作用及毒性参考文献

[1] 邓淑文，等 . 营养学报，1998, 20(2): 234-235.

[2] Hyson DA, et al. *J Nutr*, 2002, 132 (4): 703-707.

[3] 肖颖，等 . 中国公共卫生，2002, 18(8): 931-932.

[4] 杜潇利，等 . 兰州大学学报 (医学版)，2005, 31(4): 51-52, 62.

[5] Davis PA, et al. *Cancer Lett*, 2001, 165(1): 27-33.

[6] 马龙，等 . 新疆医科大学学报，1997, 20(2): 92-94.

[7] 王志凡，等 . 卫生职业教育，2006, 24(7): 137-138.

[8] 王晖，等 . 毒理学杂志，2006, 20(1): 16-18.

2. 榆叶梅　榆梅（江苏），额勒伯特 - 其其格（蒙语）

Amygdalus triloba (Lindl.) Ricker in Proc. Biol. Soc. Wash. 30: 18. 1917.——*Prunus triloba* Lindl.（英 **Flowering Almond**）

灌木稀小乔木，高 2–3 m；枝条开展，小枝无毛或幼时微被短柔毛；冬芽短小，长 2–3 mm。叶常簇生或互生；叶片宽椭圆形至倒卵形，长 2–6 cm，宽 1.5–3 (4) cm，先端短渐尖，常 3 裂，基部宽楔形，上面具疏柔毛或无毛，下面被短柔毛，叶缘具粗锯齿或重锯齿；叶柄长 5–10 mm，被短柔毛。花 1–2 朵，先于叶开放，直径 2–3 cm；花梗长 4–8 mm；萼筒宽钟形，无毛或幼时微具毛；萼片卵形或卵状披针形，无毛，近先端疏生小锯齿；花单瓣或重瓣，花瓣近圆形或宽倒卵形，长 6–10 mm，圆钝，有时微凹，粉红色；雄蕊 25–30，短于花瓣；子房密被短柔毛，花柱稍长于雄蕊。果实近球形，直径 1–1.8 cm，红色，外被短柔毛；果梗长 5–10 mm；果肉薄，成熟时开裂；核近球形，具厚硬壳，直径 1–1.6 cm，两侧几不压扁，先端圆钝，表面具网纹。花期 4–5 月，果期 5–7 月。

分布与生境　产于东北、华北及陕西、甘肃、山东、江西、江苏、浙江等省区。生于低至中海拔的坡

榆叶梅 **Amygdalus triloba** (Lindl.) Ricker
引自《中国高等植物图鉴》

榆叶梅 **Amygdalus triloba** (Lindl.) Ricker
摄影：张英涛

地或沟旁林下或林缘。全国各地多有栽植。也分布于中亚。

药用部位 种子。

功效应用 润燥，滑肠，下气，利水。

化学成分 叶含氢氰酸(hydrocyanic acid)[1]。

化学成分参考文献

[1] Rosenthaler L. *Pharmaceutica Acta Helvetiae*, 1929, 4: 196-199.

3. 长梗扁桃　柄扁桃（内蒙古），长柄扁桃（中国果树分类学），布衣勒斯（蒙语）

Amygdalus pedunculata Pall. in Nov. Act. Acad. Sci. Petrop. 7: 353. 1789.——*Prunus pedunculata* (Pall.) Maxim.（英 **Longstalk Peach**）

灌木，高 1–2 m；枝开展，小枝幼时被短柔毛；冬芽在短枝上常 3 个并生，中间为叶芽，两侧为花芽。短枝上之叶密集簇生，一年生枝上的叶互生；叶片椭圆形、近圆形或倒卵形，长 1–4 cm，宽 0.7–2 cm，急尖或圆钝，基部宽楔形，两面疏生短柔毛，叶边具不整齐粗锯齿；叶柄长 2–5 (10) mm，被短柔毛。花单生，稍先于叶开放，直径 1–1.5 cm；花梗长 4–8 mm，具短柔毛；萼筒宽钟形，无毛或微具柔毛；萼片三角状卵形，有时边缘疏生浅锯齿；花瓣近圆形，直径 7–10 mm，有时先端微凹，粉红色；雄蕊多数；子房密被短柔毛，花柱稍长或几与雄蕊等长。果实近球形或卵球形，直径 10–15 mm，成熟时暗紫红色，密被短柔毛；果梗长 4–8 mm；果肉薄而干燥，成熟时开裂，离核；核宽卵形，直径 8–12 mm，基部圆形，两侧稍扁，表面平滑或稍有皱纹；种仁宽卵形，棕黄色。花期 5 月，果期 7–8 月。

分布与生境 产于内蒙古、宁夏。生于丘陵地区向阳石砾质坡地或坡麓，也见于干旱草原或荒漠草原。也分布于蒙古和俄罗斯西伯利亚。

药用部位 种子。

功效应用 润肠通便，下气利水。用于津枯肠燥，食积气滞，腹胀便秘，水肿，脚气，小便不利。

化学成分 果仁含矿物质元素：9种人体所需矿物质元素，含量大小依次为K>Mg>Ca>P>Na>Fe>Zn>Mn>Cu，未检出Pb、Cd、Hg、As等有害元素；氨基酸类：天冬氨酸(aspartic acid)、丙氨酸(alanine)、酪氨酸(tyrosine)、苏氨酸(threonine)、胱氨酸(cystine)、苯丙氨酸(phenylalanine)、丝氨酸(serine)、缬氨酸(valine)、赖氨酸(lysine)、谷氨酸(glutamic acid)、蛋氨酸(methionine)、组氨酸(histidine)、脯氨酸(proline)、异亮氨酸(isoleucine)、精氨酸(arginine)、甘氨酸(glycine)、亮氨酸(leucine)、色氨酸(L-tryptophan)，其中谷氨酸、精氨酸、天冬氨酸、甘氨酸、组氨酸等含量丰富。

注 评 本种为中国药典（1990、1995、2000、2005、2010年版）和内蒙古中药材标准（1988）收载"郁李仁"的基源植物，药用其干燥成熟种子；商品药材习称"大李仁"；中国药典同时收载同科植物郁李 Cerasus japonica (Thunb.) Loisel. 和欧李 Cerasus humilis (Bunge) Sokoloff 的种子同等药用，商品药材称"小李仁"，传统认为"小李仁"的质量较优。"郁李仁"商品药材情况参见欧李 Cerasus humilis (Bunge) Sokolov。

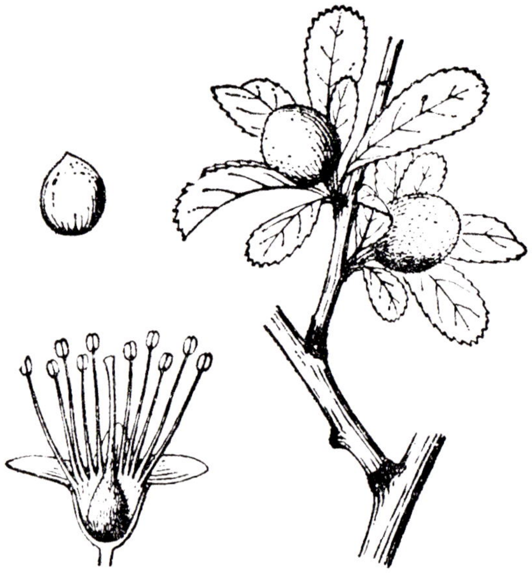

长梗扁桃 Amygdalus pedunculata Pall.
吴彰桦 绘

郁李仁 Pruni Semen
摄影：王海

化学成分参考文献

[1] 王燕，等. 西北大学学报(自然科学版)，2009, 39(1): 59-62.

4. 蒙古扁桃（中国果树分类学） 乌兰-布衣勒斯（蒙语）

Amygdalus mongolica (Maxim.) Ricker in Proc. Biol. Soc. Wash. 30: 17. 1917.——*Prunus mongolica* Maxim.（英 **Mongolian Peach**）

灌木，高1–2 m；枝条多分枝，小枝顶端转变成枝刺；嫩枝红褐色，被短柔毛，老时灰褐色；短枝上叶多簇生，长枝上叶常互生；叶片宽椭圆形、近圆形或倒卵形，长8–15 mm，宽6–10 mm，圆钝，基部楔形，两面无毛，叶缘有浅钝锯齿，下面中脉明显突起；叶柄长2–5 mm，无毛。花单生稀数朵簇生于短枝上；花梗极短；萼筒钟形，无毛；萼片长圆形，与萼筒近等长，无毛；花瓣倒卵形，长5–7 mm，粉红色；雄蕊多数，长短不一；子房被短柔毛；花柱细长，几与雄蕊等长，具短柔毛。果实宽卵球形，长12–15 mm，宽约10 mm，顶端具急尖头，外面密被柔毛；果梗短；果肉薄，成熟时开裂，离核；核卵形，长8–13 mm，具小尖头，基部两侧不对称，腹缝压扁，背缝不压扁，表面光滑，具浅沟纹，无孔穴；种仁扁宽卵形，浅棕褐色。花期5月，果期8月。

分布与生境 产于内蒙古、甘肃、宁夏。生于荒漠区和荒漠草原区的低山丘陵坡麓、石质坡地及干河床，海拔1000–2400 m。也分布于蒙古。

药用部位 种子。

功效应用 润燥滑肠，止咳化痰，下气利水。用于止咳化痰，咽喉干燥，干咳，气管炎，津枯肠燥，食积气滞，腹胀便秘，水肿，脚气，小便淋痛。

蒙古扁桃 **Amygdalus mongolica** (Maxim.) Ricker
引自《中国高等植物图鉴》

蒙古扁桃 **Amygdalus mongolica** (Maxim.) Ricker
摄影：徐晔春

化学成分 种仁和叶片中元素含量均为Ca>Mg>Fe>Zn>Mn>Cu，其中叶片中Ca、Mg、Mn含量高于种仁[1]；还含有维生素E[2]、多糖[3]、黄酮[4]、有机酸等[5]。

化学成分参考文献

[1] 钮树芳，等．时珍国医国药，2012, 23(10): 2389-2390.
[2] 苏琨，等．中国实验方剂学杂志，2013, 19(12): 70-72.
[3] 石松利，等．时珍国医国药，2013, 24(2): 257-258.
[4] 石松利，等．包头医学院学报，2012, 28(1): 12-13.
[5] 郑东华，等．时珍国医国药，2013, 24(3): 515-516.

5. 桃（诗经） 毛桃（安徽），白桃（浙江），陶古日（蒙语）

Amygdalus persica L., Sp. Pl. 677. 1753.——*Prunus persica* (L.) Batsch（英 **Peach**）

5a. 桃（模式变种）

Amygdalus persica L. var. **persica**

乔木，高 3–8 m；树皮老时粗糙；小枝无毛，向阳处转变成红色，具大量小皮孔；冬芽外被短柔毛，常 2–3 个簇生，中间为叶芽，两侧为花芽。叶片长圆状披针形、椭圆状披针形或倒卵状披针形，长 7–15 cm，宽 2–3.5 cm，渐尖，基部宽楔形，上面无毛，下面在脉腋间具少数短柔毛或无毛，叶缘具细锯齿或粗锯齿；叶柄粗壮，长 1–2 cm。花单生，先于叶开放，直径 2.5–3.5 cm；花梗极短或几无梗；萼筒钟形，被短柔毛，稀几无毛；萼片圆钝，外被短柔毛；花瓣粉红色，罕为白色；雄蕊 20–30，花药绯红色；花柱几与雄蕊等长或稍短；子房被短柔毛。果实卵形、宽椭圆形或扁圆形，直径 (3) 5–7 (12) cm，长几与宽相等，淡绿白色至橙黄色，常在向阳面具红晕，外面密被短柔毛，稀无毛，腹缝明显；果肉白色、浅绿白色、黄色、橙黄色或红色，多汁有香味，甜或酸甜；核大，离核或黏核，椭圆形或近圆形，两侧扁平，渐尖，表面具纵、横沟纹和孔穴；种仁味苦，稀味甜。花期 3–4 月，果期 6–8 月。

分布与生境 原产于我国，各省区广泛栽培。世界各地均有栽植。

药用部位 种子、幼果、花、叶、树胶、枝条。

功效应用 种子：活血行瘀，润肠通便，祛痰。用于经闭，痛经，症瘕痞块，跌打损伤，肠燥便秘。幼果：止汗。用于自汗，盗汗。花：滑肠逐水，消肿。叶：散结，消肿，解毒。树胶：和胃止渴。枝条：活血通络，解毒杀虫。用于心腹刺痛，风湿痹痛，跌打损伤，疮癣。

桃 Amygdalus persica L. var. **persica**
引自《中国高等植物图鉴》

化学成分 果实含氰苷类：苦杏仁苷(amygdalin)[1]；酚类：绿原酸(chlorogenic acid)，新绿原酸(neochlorogenic acid)[2]，没食子酸(gallic acid)[3]；黄酮类：芦丁(rutin)，槲皮素-3-葡萄糖苷(quercetin-3-glucoside)，表儿茶素(epicatechin)，儿茶素(catechin)，矢车菊素-3-葡萄糖苷(cyanidin-3-glucoside)，黄烷-3-醇(flavan-3-ol)[2]；香气物质：2-丁醇、芳樟醇、1-己醇、顺式-3-己烯醇、反式-2-己烯醇、6-甲基-5-庚烯-2-醇、己醛、反式-2-己烯醛、苯甲醛、壬醛、β-香堇酮、苯甲酮、6-甲基-5-庚烯-2-酮、1-苯乙酮、乙酸甲酯、乙酸乙酯、乙酸己酯、乙酸-(反式)-己烯酯、3-顺式-乙酸-1-己烯酯、*d*-甲基-异丙基苯、甲苯、二甲苯、$C_{6\text{-}10}$ γ-内酯及δ-癸内酯、2,6-二乙基苯酚、乙酸等。桃果实不同部位挥发性物质种类和含量差异显著。一般地，果皮中各种直链和支链烃类化合物、醛、醇、酮、酯等芳香物质含量均显著高于果肉(中果皮)含量。己醛、反式-2-己烯醛、苯甲醛、芳樟醇、γ-癸内酯和δ-癸内酯 6 种化合物是桃果实主要呈味物质[4]。

种子含生物碱类：桃碱苷▲(persicaside)[5]。

药理作用 镇咳作用：桃仁有效成分苦杏仁苷在酸或酶的作用下水解产生氢氰酸，氢氰酸对中枢神经系统呈先兴奋后抑制作用，对呼吸中枢具有镇咳作用[1]。

益智作用：桃仁乙醇提取物（0.6 g/kg、1.2 g/kg、2.4 g/kg，静脉注射给药 10 d）具有改善小鼠学习记忆功能的作用，其机制可能与抗过氧化作用有关[2]。

抗炎及调节免疫作用：桃仁对炎症初期具有抗渗出作用，其水提物具有抗大鼠试验性足跖肿胀作用。桃仁水提取物具有抗过敏性炎症作用。桃仁总蛋白可纠正 CD_4^+/CD_8^+ 细胞比值失衡，恢复机体正常免疫状态，诱导肿瘤细胞凋亡而发挥抗肿瘤作用[3]。桃仁总蛋白通过提高荷瘤小鼠血清中的 IL-2、IL-4 水平、调节 CD_4^+/CD_8^+ 的 T 淋巴细胞亚群比例，实现调节免疫系统失衡，并促进肿瘤细胞凋亡[6-7]。

抗心肌缺血作用：桃仁石油醚提取物能降低急性心肌梗死大鼠心电图 ST 段的抬高，抑制血清中肌酸磷酸激酶、乳酸脱氢酶的升高，减小心肌梗死面积[7]。

抗脑缺血作用：桃仁中有效成分苦杏仁苷能增加脑血流量，防止脑缺血。桃仁既能增加正常鼠脑中能量代谢细胞色素氧化酶的活性，也能增加脑缺血状态下的能量代谢细胞色素氧化酶的活性[8]。

抗动脉粥样硬化作用：桃仁能够干预载脂蛋白 E (Apo E) 基因缺陷小鼠成熟斑块的进展，具有一定的稳定斑块作用，其作用机制可能与调节脂质代谢和抑制炎症反应有关[9]。

抗凝血、抗血栓作用：桃仁乙醇提取物 (1.2 g/kg、2.4 g/kg) 对小鼠出血时间和凝血时间均具有延长作用，表明桃仁乙醇提取物具有抗凝血作用[10]。桃仁水提物、苦杏仁苷、桃仁脂肪油对二磷酸腺苷 (ADP) 诱导的血小板聚集具有不同程度的抑制作用，作用强度以桃仁水提物最强，其次为苦杏仁苷和桃仁脂肪油[11]。桃仁注射液（含生药 1 g/ml）对凝血酶和 ADP 诱导血小板聚集具有抑制作用，作用机制可能与桃仁具有较强的钙离子拮抗作用及具有提高血小板内环磷酸腺苷 (cAMP) 水平有关[12]。桃仁乙酸乙酯提取物能够延长小鼠凝血时间，并能延长电刺激大鼠颈动脉血栓的形成时间[13]。桃仁醋酸乙酯和乙醇提取物均能缩短 ADP 诱导的血小板聚集所致肺栓塞引起的呼吸喘促时间，呈现抗血栓作用[14]。桃仁水浸液 (100–400 mg/ml) 具有纤溶活性，并且在含纤溶酶原和不含纤溶酶原的纤维蛋白板上出现同样程度的纤溶活性，但未发现对组织型纤溶酶原激活剂 (t-PA)、尿激酶型纤溶酶原激活剂 (u-PA) 激活纤溶的增强作用，表明桃仁可能含有直接的纤溶成分[15-16]。

改善血液流变性作用：采用家兔静脉滴注 150 g/L 的相对分子质量为 200 000 的高分子右旋糖酐，复制实验性淤血动物模型，以全血黏度、红细胞聚集指数为指标，发现桃仁（浓度为 100%，剂量为 5 ml/kg）能显著降低由注射高分子右旋糖酐引起的家兔实验性高黏滞血症，并能降低红细胞的聚集性[17]。

延缓硅沉着病肺纤维化作用：桃仁提取物对硅沉着病大鼠具有治疗作用。桃仁提取物能抑制硅沉着病大鼠胶原蛋白合成和减少血清铜蓝蛋白，有延缓硅沉着病肺纤维化的作用[18]。

保肝作用：桃仁水提物能够预防肝纤维化的形成[19-20]。桃仁提取物具有抗血吸虫病肝纤维化作用，桃仁提取物能促进肝纤维化逆转，改善门脉高压，调整机体异常的免疫状态。提高肝组织胶原酶活性、促进纤维化肝内胶原降解是其作用机制之一[21]。桃仁提取物注射液对肝表面微循环有一定的改善作用。对胆汁分泌有轻微作用，对肝炎后肝硬化肝窦毛细血管化的逆转有一定作用[22]。桃仁乙醇提取物能降低四氯化碳和乙醇所致小鼠急性肝损伤模型动物血清中丙氨酸转氨酶 (ALT)、天冬氨酸转氨酶 (AST) 活性，降低肝匀浆 AST 活性和丙二醛 (MDA) 含量，提高超氧化物歧化酶 (SOD) 活性和谷胱甘肽 (GSH) 含量，从而呈现出桃仁乙醇提取物对急性肝损伤的保护作用，其机制可能与抗脂质过氧化作用有关[23]。

抑菌防腐作用：桃仁在 0.5 mol/L 硫酸、80℃条件下水解 80 min，得到天然的苯甲醛。经研究表明从桃仁中得到的天然苯甲醛对真菌和细菌均有一定的抑制作用，具有作为食品防腐剂进一步开发的前景[24]。

抗肿瘤作用：苦杏仁苷对前列腺癌[25]、结肠癌[26]、人早幼粒细胞白血病 (HL-60)[27] 均有体外抑制作用。

抗氧化作用：桃仁提取物 (10 mg/kg) 腹腔注射能防止乙醇所致小鼠肝谷胱甘肽耗竭及脂质过氧化产物丙二醛生成，对 Fe^{2+}- 半胱氨酸所致大鼠肝细胞脂质过氧化损伤也具有防护作用[28]。桃仁多糖对羟自由基 (·OH) 和超氧阴离子自由基 (O_2^-·) 均有一定的抑制作用，在同等浓度下对 O_2^-· 的清除率要明显高于对·OH 的清除率[29]。

抑制酪氨酸酶作用：桃仁 50% 乙醇提取物对酪氨酸酶具有抑制作用，且不影响酶促反应的平衡[30]。

桃 Amygdalus persica L. var. **persica**
摄影：张英涛

桃仁乙醇提取物能够促进黑色素瘤细胞酪氨酸酶蛋白的成熟、稳定及运输[31]。

注评　本种为历版中国药典、部颁药品标准·藏药（1995年版）、部颁药品标准·维吾尔药（1998年版）收载“桃仁”的基源植物之一，药用其干燥成熟种子。中华中药典范（1985年版）收载的“桃仁”为本种及同属近缘植物的成熟、去内果皮种仁；四川中药材标准（1984、1987）收载“桃仁”为本种的栽培品种水蜜桃和黄蜜桃的干燥成熟种子；本种的枝条为中国药典（2010年版）收载的“桃枝”，根为上海中药材标准（1994）收载的“桃树根”；叶为湖南中药材标准（1993）收载的“桃叶”；本种及同属植物树干上分泌的树胶为上海中药材标准（1994）收载的“桃树胶”。傣族、藏族、蒙古族、维吾尔族、朝鲜族、瑶族、壮族、拉祜族、彝族、侗族、佤族、水族、哈尼族、傈僳族、景颇族、阿昌族、德昂族和基诺族也药用，茎木：傣族、佤族用于治一切风症、胃痛；种子：藏族、蒙古族、傈僳族、景颇族、阿昌族和德昂族主要用于治经闭、痛经、腹部肿块、跌打损伤、肠燥便秘、痞块，藏族还治黄水病，用桃仁油涂抹治秃发；叶：藏族、蒙古族、朝鲜族、白族、佤族和基诺族主要用于治湿疹、痔疮、疟疾、头虱、癣疮，瑶族用叶治劳累过度引起的全身不适、脱肝，壮族用叶治阴道炎、宫颈炎，维吾尔族用叶治风热感冒、咳嗽。此外，藏族用其花治腹水、水肿，侗族用其叶及种仁治蛇咬伤，水族用种仁治牙龈肿痛，哈尼族用根治肠炎、胃炎，拉祜族用树皮治腹泻、感冒、全身疼痛、痧症、疟疾，毛南族用根皮治龋齿痛，基诺族用树皮外洗治皮肤瘙痒；白族用花治水肿、脚气、痰饮、积滞、二便不利、经闭，嫩枝治心腹痛、痔疮，根、茎皮治黄疸、吐血、衄血、牙痛、经闭、痈肿、痔疮，用桃胶治石淋、血淋、痢疾；彝族用其叶、花或树胶治疗疮疖脓肿、蛔虫作痛、腹胀、水肿、牙痛、疟疾、风疹、咳嗽诸症，用全株治妇科附件炎、不孕症。

化学成分参考文献

[1] 袁丹，等．中国药学杂志，2003, 38(1): 53-56.

[2] Andreotti C, et al. *Ann Appl Biol*, 2008, 153(1): 11-23.

[3] Cantin CM, et al. *J Agric Food Chem*, 2009, 57(11): 4586-4592.

[4] 胡花丽，等．农业工程学报，2007, 23(4): 280-287.

[5] Rho JR, et al. *Bull Korean Chem Soc*, 2007, 28(8): 1289-1293.

药理作用及毒性参考文献

[1] 韩志强，等．山西中医，1998, 14(4): 35.

[2] 金英子，等．中国现代医学杂志，2010, 20(19): 2901-2905.

[3] 许惠玉，等．齐齐哈尔医学院学报，2004, 25(5): 487.

[4] 吕跃山，等．中医药信息，2004, 21(4): 60-61.

[5] 王亚贤，等．中医药信息，2008, 25(1): 37-38.

[6] 许惠玉，等．齐齐哈尔医学院学报，2004, 25(5): 485-487.

[7] 耿涛，等．苏州大学学报（医学版），2005, 25(2): 238.

[8] 杨小平，等．中国新药与临床药理，1996, 7(2): 50-52.

[9] 文川，等．中国中西医结合杂志，2005, 25(4): 345.

[10] 金松今，等．延边大学医学学报，2010, 33(2): 98-99.

[11] 朱萱萱，等．中医药研究，2000, 16(3): 44.

[12] 王雅君，等．上海医药，1998, 11(3): 27-28.

[13] 崔国惠，等．血栓与止血学杂志，1995, 2(3): 100-101.

[14] 汪 宁，等．中药材，2002, 25(6): 414-415.

[15] 谢文光，等．中国中药杂志，1998, 23(2): 111-113.

[16] 谢文光，等．中国医药学报，1996, 11(6): 18-21.

[17] 翁维良，等．中医杂志，1984, (2): 69-71.

[18] 洪长福，等．劳动医学，2000, 17(4): 218.

[19] 徐列明，等．中药药理与临床，1993, 9(5): 14-16.

[20] 徐列明，等．中西医结合肝病杂志，1993, 9(2): 16-18.

[21] 刘平．肝脏，2002, 7(1): 33.

[22] 徐列明，等．中国中西医结合杂志，1994, 14(6): 362.

[23] 许贞爱，等．中国医院药学杂志，2011, 31(2): 120-123.

[24] 李雪玲，等．生物学杂志，2010, 27(3): 35-37.

[25] Chang HK, et al. *Biol Pharm Bull*, 2006, 29(8): 1597-1602.

[26] Park HJ, et al. *Gastroenterol*, 2005, 11(33): 5156-5161.

[27] Kwon HY, et al. *Arch Pharm Res*, 2003, 26(2): 157-161.

[28] 季光，等．江西中医学院学报，1995, 7(3): 34.

[29] 王 亮．大连民族学院学报，2009, 11(1): 96.

[30] 闫军，等．中国药房，2003, 14(7): 442.

[31] 孙秀坤，等．中华皮肤科杂志，2006, 39(6): 328.

5b. 蟠桃（变种）（江苏、浙江）

Amygdalus persica L. var. **compressa** (Loudon) T. T. Yü et L. T. Lu in Fl. Reipubl. Popularis Sin. 38: 19. 1986.——*Persica vulgaris* Mill. var. *compressa* Loudon, *Prunus persica* (L.) Batsch var. *compressa* (Loudon) Bean（英 **Flat Peach**）

果实扁平；核小，圆形，有深沟纹。花果期 4–8 月。

分布与生境　全国各地均有栽培。

药用部位　种子。

功效应用　润肺止咳，祛痰平喘。

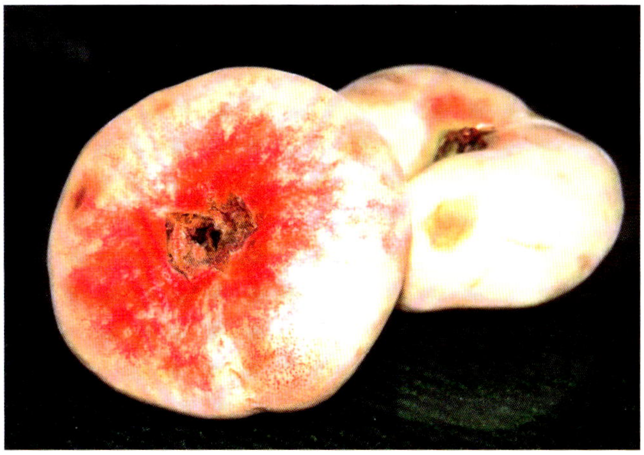

蟠桃 **Amygdalus persica** L. var. **compressa** (Loudon) T. T. Yü et L. T. Lu
摄影：徐克学

6. 新疆桃（中国果树分类学）　大宛桃

Amygdalus ferganensis (Kostina et Rjabov) T. T. Yü et L. T. Lu in Fl. Reipubl. Popularis Sin. 38: 20. 1986.——*Prunus persica* (L.) Batsch subsp. *ferganensis* Kostina et Rjabov（英 **Xinjiang Peach**）

乔木，高达 8 m；枝条无毛，具多数皮孔；冬芽 2–3 个簇生于叶腋，被短柔毛。叶片披针形，长 7–15 cm，宽 2–3 cm，渐尖，基部宽楔形至圆形，上面无毛，下面在脉腋间具稀疏柔毛，叶边锯齿顶端有小腺体，叶柄粗壮，长 5–20 mm，具 2–8 腺体。花单生，直径 3–4 cm，先于叶开放；花梗很短；萼筒钟形，外面绿色而具浅红色斑点；萼片卵形或卵状长圆形，外被短柔毛；花瓣近圆形至长圆形，直径 15–17 mm，粉红色；雄蕊多数，几与雌蕊等长；子房被短柔毛。果实扁圆形或近圆形，长 3.5–6 cm，外被短柔毛，极稀无毛，绿白色，稀金黄色，有时具浅红色晕；果肉多汁，酸甜，有香味，离核，成熟时不开裂；核球形、扁球形或宽椭圆形，长 1.7–3.5 cm，两侧扁平，先端具长渐尖头，基部近截形，表面具纵向平行沟纹和极稀疏的小孔穴；种仁味苦或微甜。花期 3–4 月，果期 8 月。

分布与生境　我国新疆栽培。俄罗斯中亚地区也大量栽植。

药用部位　种子。

功效应用　润肺止咳，祛痰平喘。

新疆桃 **Amygdalus ferganensis** (Kostina et Rjabov) T. T. Yü et L. T. Lu
引自《中国果树分类学》

甘肃桃 **Amygdalus kansuensis** (Rehder) Skeels
吴彰桦　绘

甘肃桃 **Amygdalus kansuensis** (Rehder) Skeels
摄影：刘冰

9. 光核桃（中国树木分类学） 西藏桃

Amygdalus mira (Koehne) Ricker in Bull. Biol. Soc. Wash. 30: 17. 1917.——*Prunus mira* Koehne
（英 **Smoothpit Peach**）

乔木，高达 10 m；枝条无毛，嫩枝绿色，具紫褐色小皮孔。叶片披针形或卵状披针形，长 5–10 cm，宽 1.5–4 cm，渐尖，基部宽楔形至近圆形，上面无毛，下面沿中脉具柔毛，叶缘有圆钝浅锯齿，近先端处全缘，齿端常具小腺体；叶柄长 8–15 mm，无毛，常具紫红色扁平腺体。花单生，先于叶开放，直径 2.2–3 cm；花梗长 1–3 mm；萼筒钟形，无毛；萼片卵形或长卵形，圆钝，无毛或边缘微具长柔毛；花瓣宽倒卵形，长 1–1.5 cm，先端微凹，粉红色；雄蕊多数，比花瓣短得多；子房密被柔毛，花柱长于或几与雄蕊等长。果实近球形，直径约 3 cm，肉质，不开裂，外面密被柔毛；果梗长 4–5 mm；核扁卵圆形，长约 2 cm，两侧稍压扁，先端急尖，基部近截形，稍偏斜，表面光滑，仅于背面和腹面具少数不明显纵向浅沟纹。花期 3–4 月，果期 8–9 月。

分布与生境　产于四川、云南、西藏。生于山坡杂木林中或山谷沟边，海拔 2000–3400 m。野生或栽培。也分布于俄罗斯。

药用部位　叶、花、幼果、种子。

功效应用　叶：用于湿疹，痔疮。花：泻下通便，利水消肿。幼果：敛汗，止血。种子：破血行瘀，润燥通便。

注评　本种为四川（1992）中药材标收载“桃仁”的基源植物，药用其干燥成熟种子。本种为中国特有植物，其果实富含维生素 C、糖类和其他营养成分，可制作果脯，加工果汁，具有独特的香味。

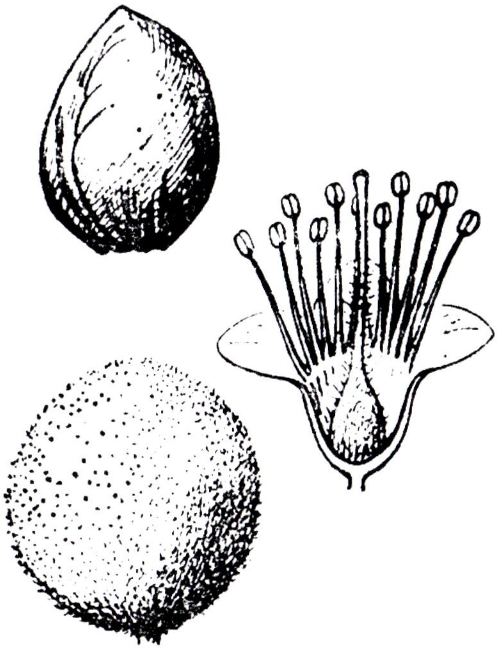

光核桃 **Amygdalus mira** (Koehne) Ricker
吴彰桦　绘

光核桃 **Amygdalus mira** (Koehne) Ricker
摄影：易思荣

44. 杏属 **Armeniaca** Mill.

落叶乔木，极稀灌木；枝无刺，极少有刺；叶芽和花芽并生，2–3 个簇生于叶腋。幼叶在芽中席卷状；叶柄常具腺体。花常单生，稀 2 朵，先于叶开放，近无梗或有短梗；萼 5 裂；花瓣 5，着生于花萼口部；雄蕊 15–45；心皮 1，花柱顶生；子房具毛，1 室，具 2 胚珠。果实为核果，两侧多少扁平，有明显纵沟，果肉肉质而有汁液，成熟时不开裂，稀干燥而开裂，外被短柔毛，稀无毛，离核或黏核；核两侧扁平，表面光滑、粗糙或呈网状，罕具蜂窝状孔穴；种仁味苦或甜；子叶扁平。

此属约 8 种，布于东亚、中亚、小亚细亚和高加索。我国有 7 种，其中 5 种 2 变种可药用。

分种检索表

1. 一年生枝绿色；叶缘具小锐锯齿，幼时两面具短柔毛，老时仅下面脉腋间有短柔毛；果实黄色或绿白色，具短梗或几无梗；核具蜂窝状孔穴……………… 5. **梅 A. mume**
1. 一年生枝灰褐色至红褐色。
  2. 叶缘具不整齐细长尖锐重锯齿，幼时两面具柔毛，老时仅下面脉腋间具毛；花梗长 7–10 mm，果梗稍长于花梗……………… 4. **东北杏 A. mandshurica**
  2. 叶缘具细小圆钝或锐利单锯齿。
    3. 叶片卵形或椭圆状卵形，两面被柔毛，老时毛较稀疏；果梗长 4–7 mm……………… 3. **藏杏 A. holosericea**
    3. 叶片两面无毛或仅下面脉腋间具柔毛；果梗短或近无梗。
      4. 乔木，高 5–8 (12) m；叶片宽卵形或圆卵形，先端急尖至短渐尖；果实多汁，成熟时不开裂；核基部常对称……………… 1. **杏 A. vulgaris**
      4. 灌木或小乔木，高 2–5 m；叶片卵形或近圆形，先端长渐尖至尾尖；果实干燥，成熟时开裂；核基部常不对称……………… 2. **山杏 A. sibirica**

杏属植物化学成分研究较少，主要成分为苦杏仁苷 (amygdalin，**1**)、此外还有黄酮类和脂肪酸类化合物。

苦杏仁苷是本属药用植物的主要活性成分，其水解产生的微量氢氰酸能抑制呼吸中枢，起到镇咳平喘的作用，可用于治疗多种症状的咳喘。另有研究发现，苦杏仁苷还可以提高肌体的免疫功能和抗肝纤维化等作用。

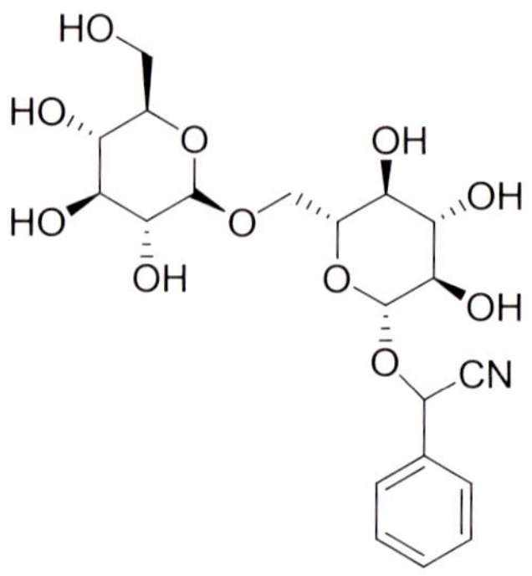

1

脂肪酸类化合物广泛分布于杏属植物中，如棕榈酸、硬脂酸、油酸、亚油酸和亚麻酸等。

此外，还从本属药用植物东北杏 (A. mandshurica) 中分得黄酮类化合物，如芦丁 (rutin)、金丝桃苷 (hyperin; hyperoside)、槲皮苷 (quercitrin)、萹蓄苷 (avicularin; avicularoside)。

本属药用植物以梅、杏为代表，近年来针对二者的相关研究较多。研究表明梅具有调节免疫、调节消化道平滑肌、抗肿瘤、镇咳、益智、抗菌、抗病毒、抗寄生虫、抗氧化、抗疲劳、解毒及抗生育等药理活性。杏具有镇咳，调节免疫，抗脑缺血，抗肿瘤，抗氧化和抗溃疡等作用。野杏则具有降血脂，镇咳，促进肠蠕动等作用。

1. 杏（山海经） 杏树（救荒本草），杏花（花镜），归勒斯（蒙语）

Armeniaca vulgaris Lam., Encycl. Méth. Bot. 1: 2. 1783.——*Prunus armeniaca* L.（英 **Common Apricot**）

1a. 杏（模式变种）

Armeniaca vulgaris Lam. var. **vulgaris**

乔木，高 5–8 (12) m；树皮灰褐色，纵裂；多年生枝皮孔大而横生，一年生枝无毛，具多数小皮孔。叶片宽卵形或圆卵形，长 5–9 cm，宽 4–8 cm，急尖至短渐尖，基部圆形至近心形，叶缘有圆钝锯齿，两面无毛或下面脉腋间具柔毛；叶柄长 2–3.5 cm，无毛，基部常具 1–6 腺体。花单生，先于叶开放；花梗短，被短柔毛；花萼紫绿色；萼筒外面基部被短柔毛；萼片卵形至卵状长圆形，急尖或圆钝；花瓣圆形至倒卵形，白色或带红色；雄蕊 20–45，稍短于花瓣；子房被短柔毛，花柱稍长或几与雄蕊等长，下部具柔毛。果实球形，稀倒卵形，直径约 2.5 cm 以上，白色、黄色至黄红色，常具红晕，微被短柔毛；果肉多汁，成熟时不开裂；核卵形或椭圆形，基部对称，稀不对称，表面稍粗糙或平滑，腹棱较圆，常稍钝，背棱较直，腹面具龙骨状棱；种仁味苦或甜。花期 3–4 月，果期 6–7 月。

分布与生境 产于全国各地，多数为栽培，尤以华北、西北和华东地区较多，少数地区逸为野生，在新疆伊犁一带野生成纯林或与新疆野苹果林混生，海拔可达 3000 m。世界各地均有栽培。

药用部位 种子。

功效应用 降气止咳平喘，润肠通便。用于咳嗽气喘，胸满痰多，血虚津枯，肠燥便秘。

化学成分 种子含脂肪酸类：棕榈酸，硬脂酸，油酸(oleic acid)，亚油酸(linoleic acid)，亚麻酸(linolenic acid)[1]；氰苷类：苦杏仁苷(amygdalin)[1]。

药理作用 镇咳作用：苦杏仁苷是杏仁有效成分，其水解的微量氢氰酸能起到镇咳平喘的作用[1]。

杏 **Armeniaca vulgaris** Lam. var. **vulgaris**
张荣生　绘

杏 **Armeniaca vulgaris** Lam. var. **vulgaris**
摄影：徐克学

调节免疫作用：苦杏仁苷 20 mg/kg、10 mg/kg 可显著降低 SD 大鼠胃蛋白酶活性，抑制佐剂性关节炎原发病变的足跖肿胀度，减轻继发病变的肿胀率；40 mg/kg 可提高昆明种小鼠的廓清指数和吞噬指数；各剂量组的苦杏仁苷对大鼠胃液酸度无明显影响。苦杏仁苷能抑制佐剂性炎症，增强巨噬细胞的吞噬功能，具有调节免疫功能的作用[2]。

抗脑缺血作用：苦杏仁苷能够提高脑缺血状态下细胞色素氧化酶的活力，改善能量代谢，延长细胞生存时间，促进组织细胞代谢及功能恢复和组织修复[3]。

苦杏仁 Armeniacae Semen Amarum
摄影：张继

抗溃疡作用：40 mg/kg、20 mg/kg 苦杏仁苷能够降低冷浸法所致小鼠胃溃疡的溃疡指数，抑制小鼠束缚 – 冷冻应激性胃溃疡；5 mg/kg、10 mg/kg、20 mg/kg 苦杏仁苷能够减少醋酸烧灼法所致大鼠胃溃疡的溃疡面积，促进大鼠醋酸烧灼溃疡愈合；10 mg/kg、20 mg/kg 苦杏仁苷能够减少幽门结扎所致的大鼠胃溃疡的溃疡面积；10 mg/kg、20 mg/kg 能够抑制胃蛋白酶的活性；但苦杏仁苷对胃液量、游离酸度、总酸度没有影响。具有较好的抗溃疡作用，能够治疗慢性胃炎、慢性萎缩性胃炎及胃溃疡[4-5]。

抗肿瘤作用：苦杏仁苷在体内、体外能够通过抑制肿瘤促进剂诱导的 EB 病毒早期抗原活性，而呈现出一定的抗肿瘤作用[6]。苦杏仁苷被 β- 葡萄糖苷酶特异性激活后，具有通过调节 Bax 与 Bcl-2 基因表达和 Caspase 活性，导致大肠癌 LoVo 细胞出现以凋亡为主的抗肿瘤作用[7]。0.1 g/ml 的杏多糖提取物可促进人食管癌 Eca9706 细胞抑癌基因 Bax 的表达，并促进细胞的凋亡[8]。

抗氧化作用：杏花花粉醇提物、结晶上清物和苦杏仁苷具有抗氧化、清除 DPPH 自由基、清除羟自由基和抑制脂质氧化的作用[9]。

注评 本种为历版中国药典和中华中药典范（1985 年版）、内蒙古中药材标准（1988）、部颁药品标准·维吾尔药（1998 年版）收载"苦杏仁"，以及山东（2002）、北京（1998）、上海（1994）、四川（1992）等中药材标准收载"甜杏仁"的基源植物，药用其干燥成熟种子；其近成熟果实的果肉为河南中药材标准（1993）收载的"梅杏"。其种子分为甜杏仁及苦杏仁两种，我国南方产的杏仁属甜杏仁，又称"南杏仁"，味道微甜、细腻，多食用；北方产的杏仁则属苦杏仁，又称"北杏仁"，带苦味，多作药用。蒙古族、傈僳族和水族也药用，主要用途同功效应用项；藏族用种子治疮痈、黄水病，杏仁油涂抹治秃发；侗族用种仁治鸡眼。

化学成分参考文献

[1] 朱友平，等. 植物资源与环境，1993, 2(1): 56-57.

药理作用及毒性参考文献

[1] 罗琼. 中医药学报，2002, 30(3): 32-33.
[2] 方伟蓉，等. 中国临床药理学与治疗学，2004, 9(3): 289-293.
[3] 杨小平，等. 中药材，2006, 29(6): 636-637.
[4] 蔡莹，等. 中国药科大学学报，2003, 34(3): 254-256.
[5] 邓嘉元，等. 中国药科大学学报，2002, 33(1): 45-47.
[6] Fukuda T, et al. *Biol Pharm Bull*, 2003, 26(2): 271-273.
[7] 连彦军，等. 肿瘤防治杂志，2005, 12(6): 413-416.
[8] 杨洪彩，等. 疾病控制杂志，2008, 12(1): 41-45.
[9] 董捷，等. 食品科学，2007, 28(8): 65-68.

1b. 野杏（变种） 山杏（河北习见树木图说），合格仁 - 归勒斯（蒙语）

Armeniaca vulgaris Lam. var. **ansu** (Maxim.) T. T. Yü et L. T. Lu. in Fl. Reipubl. Popularis Sin. 38: 26. 1986.——*Prunus armeniaca* L. var. *ansu* Maxim.（英 **Wild Apricot**）

叶片基部楔形或宽楔形。花常 2 朵，淡红色。果实近球形，红色；核卵球形，离肉，表面粗糙而有网纹，腹棱常锐利。

野杏 **Armeniaca vulgaris** Lam. var. **ansu** (Maxim.) T. T. Yü et L. T. Lu.
引自《中国果树分类学》

分布与生境 主要产于我国北部地区，栽培或野生，尤其在河北、山西等省普遍野生，山东、江苏等省也产。也分布于日本、朝鲜。

药用部位 种子

功效应用 止咳平喘，润肠通便，降气，镇静。用于咳嗽，喘息，胸满痰多，呼吸困难，血虚津枯，肠燥，便秘。

化学成分 种子含脂肪酸类：棕榈酸，硬脂酸，油酸(oleic acid)，亚油酸(linoleic acid)，亚麻酸(linolenic acid)[1]；氰苷类：苦杏仁苷(amygdalin)[1]。

药理作用 镇咳祛痰作用：野杏仁水提液剂量按生药计为 1 g/kg、2 g/kg、4 g/kg 连续灌胃小鼠 5 d，呈现出镇咳及祛痰作用[1]。

降血脂作用：野杏水浸液灌胃给予高血脂模型大鼠，具有降血脂作用[2]。野杏杏仁油中油酸、亚油酸含量占总脂肪酸的 90% 以上，野杏杏仁油可以降低高血脂模型大鼠的 TC 和 TG 值，具有降低大鼠血脂生物学效应的作用[3]。

促进肠蠕动作用：野杏干果肉含有丰富的膳食纤维 (51.84%) 和钾、镁、磷、铁、钠等多种矿物质元素及维生素，野杏果肉中膳食纤维可促进小鼠肠蠕动和推进作用，具有润肠通便作用[4]。

注评 本种为上海中药材标准（1994）收载"甜杏仁"的基源植物，药用其干燥味甜栽培品的种子。

野杏 **Armeniaca vulgaris** Lam. var. **ansu** (Maxim.) T. T. Yü et L. T. Lu.
摄影：刘冰

蒙古族、水族也药用，主要用途同功效应用项；藏族用其种仁生发乌发、治秃疮。

化学成分参考文献

[1] 朱友平，等 . 植物资源与环境，1993, 2(1): 56-57.

药理作用及毒性参考文献

[1] 张金艳，等 . 中国实验方剂学杂志，2010, 16(18): 173-175.
[2] 阿依古丽 · 艾合买提，等 . 新疆农业科学，2006, 43(3): 248-251.
[3] 姚健，等 . 中兽医医药杂志，2009, 28(2): 19-22.
[4] 姚健，等 . 中兽医医药杂志，2009, 28(1): 18-20.

2. 山杏（东北木本植物图志） 西伯利亚杏（中国树木分类学），西伯日 - 归勒斯（蒙语）

Armeniaca sibirica (L.) Lam., Encycl. Méth. Bot. 1: 3. 1783.——*Prunus sibirica* L.（英 **Siberian Apricot**）

2a. 山杏（模式变种）

Armeniaca sibirica (L.) Lam. var. **sibirica**

灌木或小乔木，高 2–5 m；小枝无毛，稀幼时疏生短柔毛。叶片卵形或近圆形，长 (3) 5–10 cm，宽 (2.5) 4–7 cm，先端长渐尖至尾尖，基部圆形至近心形，叶边有细钝锯齿，两面无毛，稀下面脉腋间具短柔毛；叶柄长 2–3.5 cm，无毛，有或无小腺体。花单生，直径 1.5–2 cm，先于叶开放；花梗长 1–2 mm；花萼紫红色；萼筒钟形，基部微被短柔毛或无毛；萼片长圆状椭圆形，先端尖；花瓣近圆形或倒卵形，白色或粉红色；雄蕊几与花瓣近等长；子房被短柔毛。果实扁球形，直径 1.5–2.5 cm，黄色或橘红色，有时具红晕，被短柔毛；果肉较薄而干燥，成熟时开裂，味酸涩不可食，成熟时沿腹缝线开裂；核扁球形，易与果肉分离，两侧扁，顶端圆形，基部一侧偏斜，不对称，腹面宽而锐利；种仁味苦。花期 3–4 月，果期 6–7 月。

分布与生境　产于黑龙江、吉林、辽宁、内蒙古、甘肃、河北、山西等地。生于干燥向阳山坡、丘陵草原或与落叶乔灌木混生，海拔 700–2000 m。也分布于蒙古、俄罗斯远东和西伯利亚。

药用部位　种子。

功效应用　降气止咳平喘，润畅通便。用于咳嗽气喘，胸满痰多，血虚津枯，肠燥便秘。有小毒。

山杏 **Armeniaca sibirica** (L.) Lam. var. **sibirica**
引自《中国高等植物图鉴》

山杏 **Armeniaca sibirica** (L.) Lam. var. **sibirica**
摄影：周繇 徐克学

化学成分 种子含脂肪酸类：棕榈酸，硬脂酸，油酸(oleic acid)，亚油酸(linoleic acid)，亚麻酸(linolenic acid)[1]；氰苷类：苦杏仁苷(amygdalin)[2]；多糖类：果胶多糖(pectic polysaccharide)[3]。

注评 本种为历版中国药典和中华中药典范（1985年版）、内蒙古中药材标准（1988）、部颁药品标准·维吾尔药（1998年版）收载"苦杏仁"，以及山东（2002）、四川（1992）中药材标准收载"甜杏仁"的基源植物，药用其干燥成熟种子；中国药典（1963年版）收载的"杏仁油"为本种及其变种种子的脂肪油。蒙古族也药用，其种子治疗咳嗽、气喘、便秘；朝鲜族用其种子治皮肤病、肝硬化腹水。

苦杏仁 **Armeniacae Semen Amarum**
摄影：王海

化学成分参考文献

[1] 朱友平，等. 植物资源与环境，1993, 2(1): 56-57.

[2] 沈红梅，等. 中草药，1992, 23(1): 16-17.

[3] Odonmazig P, et al. *Carbohydr Res*, 1992, 226(2): 353-358.

2b. 毛杏（变种）

Armeniaca sibirica (L.) Lam. var. **pubescens** Kostina in Kom., Fl. URSS 10: 594. 1941.——*Prunus sibirica* L. var. *pubescens* (Kost.) Nakai（英 **Hairy Siberian Apricot**）

本变种小枝、花梗和叶片下面被短柔毛，老时叶片毛逐渐脱落，仅下面脉腋间或沿叶脉具毛。

分布与生境 产于内蒙古、河北、山西、陕西、甘肃。生于山坡阳处杂木林或灌丛中，或见于沟谷及草原中，海拔 1200–2500 m。也分布于朝鲜。

药用部位 种子。

功效应用 止咳平喘，宣肺润肠。用于支气管炎，伤风咳嗽，气喘，呼吸困难，大便秘结，喉痹，身体水肿。

3. 藏杏（中国果树分类学） 毛叶杏（中国中药资源志要）

Armeniaca holosericea (Batalin) Kostina in Kom., Fl. URSS 10: 584. 1941.——*Prunus armeniaca* L. var. *holosericea* Batalin（英 **Silky Apricot**）

乔木，高 4–5 m；小枝红褐色或灰褐色，幼时被短柔毛，逐渐脱落。叶片卵形或椭圆状卵形，长 4–6 cm，宽 3–5 cm，先端渐尖，基部圆形至浅心形，叶边具细小锯齿，幼时两面被短柔毛，逐渐脱落，老时毛较稀疏；叶柄长 1.5–2 cm，被柔毛，常有腺体。果实卵球形或卵状椭圆形，直径 2–3 cm，密被短柔毛，稍肉质，成熟时不开裂；果梗长 4–7 mm；核卵状椭圆形或椭圆形，两侧扁，顶端急尖，基部近对称或稍不对称，表面具皱纹，腹棱微钝。果期 6–7 月。

分布与生境 产于陕西、四川至西藏东南部。生于向阳山坡或干旱河谷灌丛中，海拔 700–3300 m。

药用部位 种子。

功效应用 止咳，平喘，润肠，愈疮，生发。用于痈疮，黄水病，赤巴病。杏仁油：涂抹治疗脱发。

注评 本种的种仁可榨油或入药，也为栽培杏品种改良的潜在种质资源。

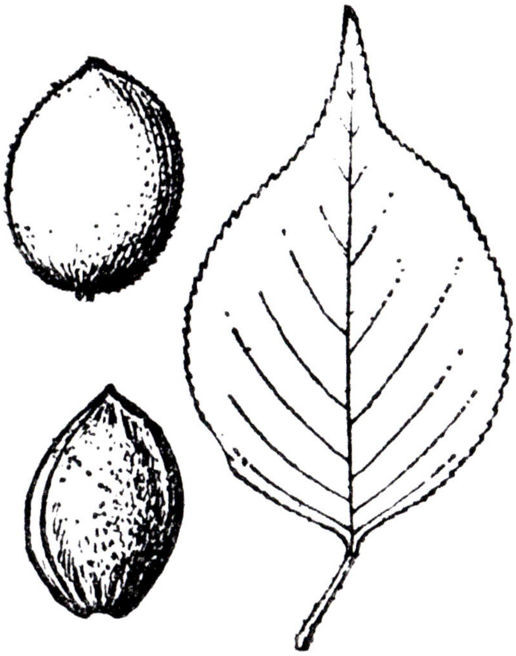

藏杏 **Armeniaca holosericea** (Batalin) Kostina
吴彰桦 绘

藏杏 **Armeniaca holosericea** (Batalin) Kostina
摄影：刘冰

4. 东北杏（东北木本植物图志） 辽杏（中国树木分类学）

Armeniaca mandshurica (Maxim.) Skvortsov in Bull. App. Bot. Genet. 22. 3: 223, f. 7-9. 1929.——*Prunus armeniaca* L. var. *mandshurica* Maxim.（英 **Manchurian Apricot**）

乔木，高 5–15 m；树皮深裂；嫩枝无毛。叶片宽卵形至宽椭圆形，长 5–12 (15) cm，宽 3–6 (8) cm，渐尖至尾尖，基部宽楔形至圆形，有时心形，叶缘具不整齐的细长尖锐重锯齿，幼时两面具毛，逐渐脱落，老时仅下面脉腋间具柔毛；叶柄长 1.5–3 cm，常有 2 腺体。花单生，直径 2–3 cm，先于叶开放；花梗长 7–10 mm，无毛或幼时疏生短柔毛；花萼常无毛；萼片圆钝或急尖，边常具不明显细小锯齿；花瓣宽倒卵形或近圆形，粉红色或白色；雄蕊多数，与花瓣近等长或稍长；子房密被柔毛。果实近球形，直径 1.5–2.6 cm，黄色，有时向阳处具红晕或红点，被短柔毛；果肉稍肉质或干燥，味酸或稍苦涩，果实大的类型可食，有香味；核近球形或宽椭圆形，两侧扁，圆钝或微尖，基部近对称，表面微具皱纹，腹棱钝，侧棱不发育，具浅纵沟，背棱近圆形；种仁味苦，稀甜。花期 4 月，果期 5–7 月。

东北杏 **Armeniaca mandshurica** (Maxim.) Skvortsov
引自《中国高等植物图鉴》

分布与生境 产于吉林、辽宁。生于开阔的向阳山坡灌木林或杂木林下，海拔 400–1000 m。也分布于俄罗斯和朝鲜北部。

药用部位 种子。

功效应用 降气止咳平喘，润肠通便。用于咳嗽气喘，胸满痰多，肠燥便秘。有小毒。

化学成分 种子含脂肪酸类：棕榈酸，硬脂酸，油酸(oleic acid)，亚油酸(linoleic acid)，亚麻酸(linolenic acid)[1]；黄酮类：芦丁(rutin)，金丝桃苷(hyperin; hyperoside)，槲皮苷(quercitrin)，萹蓄苷(avicularin; avicularoside)[2]；氰苷类：苦杏仁苷(amygdalin)[1]。

注评 本种为中国药典（1977、1985、1990、1995、2000、2005、2010 年版）、内蒙古中药材标准（1988）、部颁药品标准·维吾尔药（1998 年版）收载“苦杏仁”的基源植物，药用其干燥成熟种子。

东北杏 **Armeniaca mandshurica** (Maxim.) Skvortsov
摄影：于俊林

蒙古族也药用，其种子治咳嗽、气喘、便秘。

化学成分参考文献

[1] 朱友平，等．植物资源与环境，1993, 2(1): 56-57.

[2] Zhumabayeva SE, et al. *Rastit Resur*, 1993, 29(3): 79-85.

5. 梅（诗经） 春梅（江苏南通），干枝梅（北京），梅树（浙江）

Armeniaca mume Siebold in Verh. Batav. Genoot. Kunst. Wetensch. 12(1): 69. 1830.——*Prunus mume* (Siebold) Siebold et Zucc.（英 **Japanese Apricot**）

小乔木，稀灌木，高 4–10 m；树皮浅灰色或带绿色，平滑；小枝绿色，无毛。叶片卵形或椭圆形，长 4–8 cm，宽 2.5–5 cm，尾尖，基部宽楔形至圆形，叶缘常具小锐锯齿，幼嫩时两面被短柔毛，成长时逐渐脱落，或仅下面脉腋间具短柔毛；叶柄长 1–2 cm，幼时具毛，常有腺体。花单生或有时 2 朵同生于 1 芽内，直径 2–2.5 cm，香味浓，先于叶开放；花梗短，长 1–3 mm，常无毛；花萼通常红褐色，但有些品种的花萼为绿色或绿紫色；萼筒宽钟形，无毛或有时被短柔毛；萼片卵形或近圆形，圆钝；花瓣倒卵形，白色至粉红色；雄蕊短或稍长于花瓣；子房密被柔毛，花柱短或稍长于雄蕊。果实近球形，直径 2–3 cm，黄色或绿白色，被柔毛，味酸；果肉与核黏贴；核椭圆形，圆形而有小突尖头，基部楔形，两侧微扁，腹棱稍钝，腹面和背棱上均有明显纵沟，表面具蜂窝状孔穴。花期冬春季，果期 5–6 月（在华北果期延至 7–8 月）。

分布与生境 我国各地均有栽培，但以长江流域以南各省最多，江苏北部和河南南部也有少数品种，某些品种已在华北引种成功。也分布于日本和朝鲜。

药用部位 花蕾、果实。

功效应用 花蕾：开郁和中，化痰解毒。用于郁闷心烦，肝胃气痛，梅核气，瘰疬疮毒。果实：止咳

梅 **Armeniaca mume** Siebold
引自《中国高等植物图鉴》

梅 **Armeniaca mume** Siebold
摄影：徐克学

平喘，敛肺涩肠，生津，安蛔。用于肺虚久咳，虚热消渴，蛔厥呕吐腹痛，胆道蛔虫症。

化学成分 茎含三萜类：熊果酸(ursolic acid)，齐墩果酸(oleanolic acid)[1]。

浙江产乌梅的花蕾含酰化蔗糖衍生物：乌梅酰糖(mumeose) A、B、C、D、E[2-3]、F、G、H、I、J，2',3',4',6'-四-*O*-乙酰基-3-*O*-*E*-对香豆酰蔗糖(2',3',4',6'-tetra-*O*-acetyl-3-*O*-*E*-*p*-coumaroylsucrose)[3]；苯丙素类：乌梅酸A (mumeic acid A)，乌梅酸A甲酯(mumeic acid A methyl ester)[2-3]，5-*O*-*E*-对香豆酰奎宁酸甲酯(5-*O*-*E*-*p*-coumaroylquinic acid methyl ester)，5-*O*-*E*-对香豆酰奎宁酸(5-*O*-*E*-*p*-coumaroylquinic acid)，绿原酸(chlorogenic acid)，绿原酸甲酯(chlorogenic acid methyl ester)，绿原酸乙酯(chlorogenic acid ethyl ester)，5-*O*-*E*-阿魏酰奎宁酸甲酯(5-*O*-*E*-feruloylquinic acid methyl ester)[2-3]，5-*O*-*E*-对香豆酰奎宁酸乙酯(5-*O*-*E*-*p*-coumaroylquinic acid ethyl ester)，*E*-对香豆酸(*E*-*p*-coumaric acid)，*E*-咖啡酸(*E*-caffeic acid)，*E*-阿魏酸(*E*-ferulic acid)，丁香酚-D-*β*-吡喃葡萄糖苷(eugenyl-D-*β*-glucopyranoside)，(*S*,*R*)-1-*O*-咖啡酰甘油[(*S*,*R*)-1-*O*-caffeoylglycerol]，(*S*,*R*)-1-*O*-阿魏酰甘油[(*S*,*R*)-1-*O*-feruloylglycerol][3]；酚类：1-*O*-(3-羟基-4-甲氧基苯甲酰基)-*β*-D-吡喃葡萄糖[1-*O*-(3-hydroxy-4-methoxybenzoyl)-*β*-D-glucopyranose][3]；黄酮类：槲皮素(quercetin)，槲皮素-3'-*O*-(2''-*O*-乙酰基)-*β*-D-吡喃葡萄糖苷[quercetin-3'-*O*-(2''-*O*-acetyl)-*β*-D-glucopyranoside]，槲皮素-3-*O*-(6''-*O*-乙酰基)-*β*-D-吡喃葡萄糖苷[quercetin-3-*O*-(6''-*O*-acetyl)-*β*-D-glucopyranoside]，槲皮素-3-*O*-(6''-*O*-苯甲酰基)-*β*-D-吡喃半乳糖苷(quercetin-3-*O*-(6''-*O*-benzoyl)-*β*-D-galactopyranoside)，异鼠李素-3-*O*-*β*-D-吡喃葡萄糖苷(isorhamnetin-3-*O*-*β*-D-glucopyranoside)，异鼠李素-3-*O*-*β*-D-吡喃半乳糖苷(isorhamnetin-3-*O*-*β*-D-galactopyranoside)[2-3]，苯乙酸类：D-扁桃酸(D-mandelic acid)[2-3]。

日本产乌梅的鲜花含酰化蔗糖衍生物：梅酰糖▲(prunose) Ⅰ、Ⅱ[4]、Ⅲ[5]；黄酮类：芦丁(rutin)，粗叶悬钩子苷(alcesefoliside)，槲皮素-3-*O*-新橙皮糖苷(quercetin-3-*O*-neohesperidoside)，槲皮素-3-*O*-鼠李糖基-(1→6)-半乳糖苷[quercetin-3-*O*-rhamnosyl-(1→6)-galactoside]，异鼠李素-3-*O*-鼠李糖苷(isorhamnetin-3-*O*-rhamnoside)[4]；苯丙素类：绿原酸，丁香油-D-*β*-吡喃葡萄糖苷，胡椒酚-*β*-D-葡萄糖苷(chavicol-*β*-D-glucoside)[4]；苯甲醇苷：苄基-*O*-*β*-D-吡喃葡萄糖苷(benzyl-*O*-*β*-D-glucopyranoside)，苄基樱草糖苷(benzylprimeveroside)[4]；二萜类：植醇(phytol)[4]。

果实含三萜类：熊果酸，齐墩果酸[6]；黄酮类：甘草苷元-7-*O*-*β*-D-吡喃葡萄糖苷(liquiritigenin-7-*O*-*β*-D-glucopyranoside)[7]；苯丙素类：4-*O*-咖啡酰奎宁酸甲酯(4-*O*-caffeoylquinic acid methyl ester)，5-*O*-咖啡酰奎宁酸甲酯(5-*O*-caffeoylquinic acid methyl ester)[7]；氰苷类：野樱苷(prunasin)[7]；其他类：苄基-*O*-*β*-D-吡喃葡萄糖苷，5-羟甲基-2-糠醛(5-hydroxymethyl-2-furaldehyde)[7]；生物碱类：2,2,6,6-四甲基哌啶酮(2,2,6,6-tetramethyl piperidone)，丁脲(butylurea)[8]；挥发油：以十六碳酸(hexadecanoic acid)，亚油酸(linoleic acid)，苯甲酸(benzoic acid)，苯甲醛(benzaldehyde)，糠醛(furfural)，荧蒽(fluoranthene)，苄醇(benzyl alcohol)，2,6-二甲氧基苯酚(2,6-dimethoxy phenol)，邻苯二甲酸二乙酯(diethyl-*o*-phthalate)，9,12,15-十八碳三烯酸甲酯(9,12,15-oleic acid methyl ester)，苯(benzene)，1-丙乙醚(1-chloroethyl propyl ether)，丁香酚(eugenol)的含量较高[9]。

药理作用 益智作用：100% 浓度青梅汁具有改善30% 乙醇造成小鼠记忆再现障碍的作用[1]。

调节平滑肌作用：乌梅煎液能增强豚鼠离体膀胱逼尿肌肌条的张力，增加膀胱逼尿肌肌条的收缩频率和收缩波平均振幅，其作用机制可能与兴奋细胞膜上 L 型 Ca^{2+} 通道作用有关[2]。乌梅对豚鼠离体胆囊的作用表现为双向性反应，即低浓度的乌梅对胆囊肌条表现为抑制作用，当乌梅累积至一定浓度时，对胆囊肌条的张力呈现为先降低后增高的双

乌梅 Mume Fructus
摄影：钟国跃

向性反应[3]。乌梅对小鼠、家兔肠运动功能具有抑制作用，这可能是其治疗久泻久痢的药理作用机制之一[4]。

抗细菌作用：乌梅提取液在体外对大肠埃希菌、痢疾杆菌、伤寒杆菌、副伤寒杆菌、霍乱杆菌、百日咳杆菌、变形杆菌、炭疽杆菌、白喉杆菌、类白喉杆菌、人型结核分枝杆菌、脑膜炎球菌、金黄色葡萄球菌、肺炎球菌、溶血性链球菌等均有抑制作用，沙门菌、铜绿假单胞菌对其醇浸渍液作用敏感，其 MBC 为 0.015 g/ml[5]。乌梅水煎液对临床分离的 28 株肠球菌有很好的抑制作用，其 MIC_{90} 为 1:320[6]。研究发现乌梅对脑膜炎球菌有较强的体外抑菌作用[7]。梅提取物具有抑制幽门螺杆菌活动的活性[8]。

抗病毒作用：梅果汁可能通过植物血凝素样活性，抑制病毒血凝素附着在宿主细胞表面，从而防治和减少人流感病毒 A 的感染[8]。

抗肠寄生虫作用：乌梅可使蛔虫活动增强且可使大部分蛔虫从引流胆囊中后退。这与乌梅具有收缩胆囊作用，并可增加胆汁分泌、使胆汁趋于酸性和松弛胆道口括约肌的作用有关[9]。

抗肿瘤作用：乌梅煎剂对小鼠肉瘤 S180 艾氏腹水瘤有抑制作用，体外试验对人子宫颈瘤 JTC-26 株的抑制率在 90% 以上[10]。体外抗肿瘤及体外免疫调节试验结果表明[11]，乌梅水提液、醇提液具有抑制人原始巨核白血病细胞和人早幼粒白血病细胞生长的作用，对这两种细胞的克隆形成都有不同程度的抑制作用，呈一定的量效关系，乌梅对 HL-60 细胞的作用机制之一是抑制细胞 DNA 合成，并使细胞停滞于 G_2/M 期；低浓度乌梅水提液和醇提液对小鼠免疫器官和体液免疫无明显影响，而高浓度 (10 g/kg) 乌梅水提液则能明显减轻小鼠胸腺、脾、肝的重量，但对体液免疫影响不明显，提示乌梅抗肿瘤作用通过调节整体免疫而达到的可能性较小，可能以对肿瘤的直接作用为主，乌梅的抗肿瘤作用与其 pH 值无关，所含熊果酸具有一定作用，但非主要成分。

抗生育作用：乌梅煎液对未孕和早孕大鼠子宫平滑肌均有兴奋作用，妊娠子宫对其尤为敏感，有明显的抗着床、抗早孕作用[12]。乌梅有较强的杀精子作用，其主要有效成分为乌梅枸橼酸，其杀精子机制为破坏精子的顶体、线粒体及膜结构，最低有效浓度为 0.09%。同时乌梅—枸橼酸具有良好的阻抑精子穿透宫颈黏液的作用，精子经不同浓度乌梅枸橼酸作用后，运动能力明显减弱，精子穿透宫颈黏液管的距离与精子受乌梅枸橼酸作用的浓度呈负相关[13]。

抗氧化作用：乌梅对邻苯三酚及肾上腺素氧化系统产生的氧自由基有很强的清除能力，并在垂直凝胶电泳中表现出抑制氮蓝四唑 (NBT) 光化还原的能力[14]。体外试验表明，乌梅果浆有明显抗氧化溶血和抗肝匀浆脂质过氧化作用，且抑制率和剂量呈正相关。

抗疲劳作用：青梅中含有的大量天然优质柠檬酸能促进三羧酸 (TCA) 循环，并将血液疲劳物质乳酸分解排出体外，避免与肌肉蛋白结合；可使葡萄糖效力增加约 10 倍，从而释放更多能量以消除疲劳。因此，对运动员、高温作业人员恢复体力尤有实际价值[15]。

解毒作用：青梅虽然很酸，但灰分中碱性矿物质大大多于酸性矿物质，青梅中的天然优质有机酸有益于钙的吸收，是良好的碱性食品，可以中和血液的酸性，保持体液的弱碱性。青梅所含琥珀酸是重金属及巴比妥类药物中毒的解毒剂，所含的丙酮酸和齐墩果酸等活性物质对肝有保护作用，能提高肝的解毒功能[16]。

注评　本种为历版中国药典和部颁药品标准·维吾尔药（1998 年版）收载“乌梅”的基源植物，药用其干燥近成熟果实；广西中药材标准（1996）以“梅干”之名收载。中国药典（1977、1985、1990、1995、2000、2005、2010 年版）收载的“梅花”和中国药典（1963 年版）、山东中药材标准（2002）收载的“白梅花”为其干燥花蕾；本种的根为浙江中药材标准（2000）收载的“梅根”。此外，本种的野生品种和不同产地一些栽培变种的果实亦作为“乌梅”药用。维吾尔族、彝族、傣族、傈僳族主要用其果实治疗肺虚久咳、口干烦渴、胆道蛔虫、胆囊炎、慢性腹泻、痢疾、崩漏，水族用果实治久泄久痢，白族用果实治消化不良、腹泻；傣族用树皮治牙痛、咳嗽，彝族还用茎叶治热毒内陷、湿重气滞、胸热胀满、久热不退、肠痈痢疾、滑胎漏胎。

化学成分参考文献

[1] Yoshida M, et al. *Jpn Kokai Tokkyo Koho*, 1998, JP 10007696 A 19980113.
[2] Nakamura S, et al. *Phytochemistry*, 2013, 92, 128-136.
[3] Fujimoto K, et al. *Chem Pharm Bull*, 2013, 61(4): 445-451.
[4] Yoshikawa M, et al. *J Nat Prod*, 2002, 65(8): 1151-1155.
[5] Matsuda H, et al. *Chem Pharm Bull*, 2003, 51(4): 440-443.
[6] 范成杰，等．时珍国医国药，2008, 19(8): 1843-1844.
[7] Jin QH, et al. *Nat Prod Sci*, 2012, 18(3): 200-203.
[8] 任少红，等．中药材，2004, 27(2): 917-918.
[9] 任少红，等．中药材，2004, 27(1): 16-19.

药理作用及毒性参考文献

[1] 张怡，等．营养学报，2007, 29(3): 306-307.
[2] 张英福，等．山西中医，2000, 16(2): 43.
[3] 周旭，等．山西中医，1999, 15(1): 34.
[4] 侯建平，等．中国中医药科技，1995, 2(6): 24-26.
[5] 陈星灿，等．中医药学报，1998, (1): 36.
[6] 李仲兴，等．中草药，2001, 32(12): 1101.
[7] 张友菊，等．中医药研究，2001, 17(2): 40-41.
[8] Yingsakmongkon S, et al. *Bio Pharm Bull*, 2008, 31(3): 511-515.
[9] 梁开虎，等．中华实用医学，2005, 7(2): 68.
[10] 季宇彬．抗癌中药药理与应用，哈尔滨：黑龙江科学技术出版社，1999 ： 335.
[11] 沈红梅，等．中国中药杂志，1995, 20(6): 365-369.
[12] 杨东焱，等．中成药，2000, 22(12): 850.
[13] 黄庆玉，等．实用妇科杂志，1996, (12): 205.
[14] 张尔贤，等．中国药学杂志，1991, 26(7): 404.
[15] 曾凡骏，等．食品工业科技，2002, 23(2): 77-79.
[16] 周蓉芬．宁波大学学报（理工版），1998, 11(2): 87-89.

45. 李属 Prunus L.

落叶小乔木或灌木；分枝较多；顶芽常缺，腋芽单生，卵圆形，有数枚覆瓦状排列鳞片。单叶互生，幼叶在芽中为席卷状或对折状；有叶柄，在叶片基部边缘或叶柄顶端常有 2 小腺体；托叶早落。花单生或 2–3 朵簇生，具短柄；先叶开放或与叶同时开放；有小苞片，早落；萼片和花瓣均为 5 数，覆瓦状排列；雄蕊多数 20–30；雌蕊 1，周位花，子房上位；心皮无毛，1 室，2 胚珠。果实为核果，具有 1 个成熟种子，外面有沟，无毛，常被蜡粉；核两侧扁平，平滑，稀有沟或皱纹；子叶肥厚。

本属约 30 余种，主要分布于北温带，现已广泛栽培，栽培品种很多。我国原产及常见栽培者有 7 种，其中 5 种可药用。

分种检索表

1. 叶侧脉直出呈弧形，基部与主脉呈锐角，尤其在叶片基部更明显；果实为顶端扁的圆形，果梗很短；核常具纵沟……………………………………1. **杏李 P. simonii**
1. 叶侧脉斜出与主脉呈 45° 角。
    2. 幼枝密被绒毛或短柔毛；苞片被绒毛或短柔毛；花梗通常被短柔毛；果近球形………2. **黑刺李 P. spinosa**
    2. 幼枝无毛或有微柔毛；苞片无毛或几无毛；花梗无毛，稀被短柔毛。
        3. 叶片下面被短柔毛；果红色、紫色或黄色和绿色，被蓝黑色果粉，通常有明显纵沟……………………………………3. **欧洲李 P. domestica**
        3. 叶片下面无毛或多少有微柔毛或沿中脉被柔毛；果黄色或红色，不被蓝黑色果粉。
            4. 花通常单生，很少混有 2 朵；叶片边缘有圆钝单锯齿，有时混有重锯齿；果实直径 2–3 cm；核光滑或粗糙，有时呈蜂窝状……………………………………4. **樱桃李 P. cerasifera**
            4. 花通常 3 朵并生；叶片边缘有细密圆钝重锯齿，偶混有单锯齿；果实直径 3.5–5 (–7) cm；核有皱纹……………………………………5. **李 P. salicina**

李属药用植物化学成分多样，主要有氰苷、三萜、有机酸、挥发油、多酚和生物碱等类化学成分。

氰苷类化合物是本属药用植物的特征性成分之一，其代表性成分是苦杏仁苷 (amygdalin，**1**) 和野樱苷 (prunasin，**2**)，具有止咳祛痰的作用。

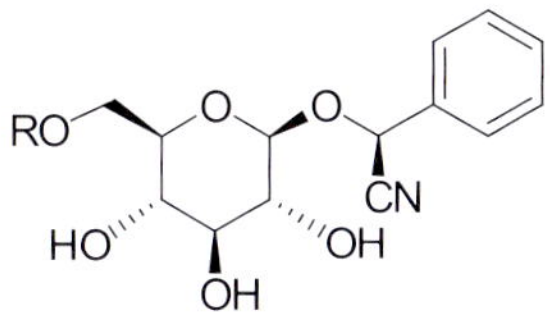

1：R=-*β*-D-glu
2：R=H

李属中的多酚类化合物含量较高，亦是有效成分。如李 (P. salicina) 中含有大量的酚类化合物，均具有很强的抗氧化活性；有机酸类化合物如绿原酸和新绿原酸等也具有较强的抗氧化作用；据近年来研究，绿原酸还具有抗焦虑作用。

脱落酸是青梅 (P. domestica) 中的特征性成分，是一类具有倍半萜结构的植物激素，如相对 -5-(3*S*,8*S*- 二羟基 -1*R*,5*S*- 二甲基 -7- 氧杂 -6- 氧代双环 [3,2,1] 辛 -8- 基)-3- 甲基 -2*Z*,4*E*- 戊二烯酸 {*rel*-5-(3*S*,8*S*-dihydroxy-1*R*,5*S*-dimethyl-7-oxa-6-oxobicyclo[3,2,1]-oct-8-yl)-3-methyl-2*Z*,4*E*-pentadienoic acid，**3**}、相对 -5-(3*S*,8*S*- 二羟基 -1*R*,5*S*- 二甲基 -7- 氧杂 -6- 氧代双环 [3,2,1] 辛 -8- 基)-3- 甲基 -2*Z*,4*E*- 戊二烯酸 3-*O*-*β*-D- 吡喃葡萄糖苷 {*rel*-5-(3*S*,8*S*-dihydroxy-1*R*,5*S*-dimethyl-7-oxa-6-oxobicyclo[3,2,1]-oct-8-yl)-3-methyl-2*Z*,4*E*-pentadienoic acid 3-*O*-*β*-D-glucopyranoside，**4**}、相对 -5-(1*R*,5*S*- 二甲基 -3*R*,4*R*,8*S*- 三羟基 -7- 氧杂 -6- 氧代双环 [3,2,1] 辛 -8- 基)-3- 甲基 -2*Z*,4*E*- 戊二烯酸 {*rel*-5-(1*R*,5*S*-dimethyl-3*R*,4*R*,8*S*-trihydroxy-7-oxa-6-oxobicyclo-[3,2,1]oct-8-yl)-3-methyl-2*Z*,4*E*-pentadienoic acid，**5**}，对植物的生长发育和适应环境胁迫等具有多方面的调节作用，如种子休眠、萌芽、营养生长等，也参与了成花调控。

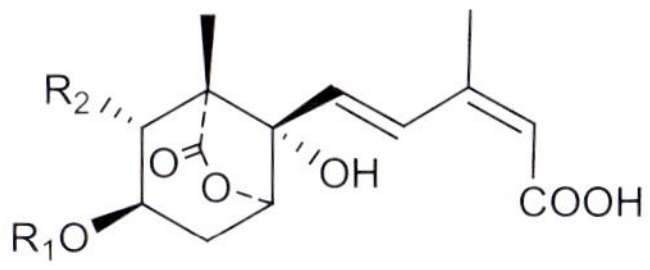

3：R_1=H　　R_2=H
4：R_1=*β*-D-glu　R_2=H
5：R_1=H　　R_2=OH

1. 杏李（中国植物志） 红李（河北习见树木图说），秋根李（河北昌黎）

Prunus simonii Carrière in Rev. Hort. 1872: 111. t. 1872.（英 **Apricot Plum**）

乔木，高 5–8 m；树冠金字塔形；小枝无毛；冬芽卵圆形，通常无毛，稀鳞片边缘有睫毛。托叶膜质，线形，边缘有腺体；叶柄长 1–1.3 cm，无毛，通常在顶端两侧各有 1–2 腺体；叶片长圆状倒卵形或长圆状披针形，稀长椭圆形，长 7–10 cm，宽 3–5 cm，两面无毛，上面主脉和侧脉明显下陷，下面主脉和侧脉均明显突起，侧脉弧形与主脉呈锐角，基部楔形或宽楔形，边缘有细密圆钝细锯齿，有时混有不明显重锯齿，幼时齿尖常带腺体，先端渐尖或急尖。花 (1–) 2–3 朵簇生；花梗长 2–5 mm，无毛；花直径 1.5–2 cm；萼筒钟状；萼片长圆形，边缘有带腺细锯齿，先端圆钝和萼筒外面均无毛；花瓣白色，长圆形，基部楔形，有短爪，先端圆钝；雌蕊 1，心皮无毛；柱头盘状。核果，顶端扁的球形，直径 3–5 (–6) cm，红色，果肉淡黄色，质地紧密，有浓香味；核小，扁球形，有纵沟。果期 6–7 月。

分布与生境 产于我国华北地区，广泛栽培为果树，品种甚多。

药用部位 根、叶、种仁。

功效应用 行气活血，调经，止血。用于跌打损伤，淤血作痛，吐血，白浊，经闭。

注评 本种为四川中药材标准（1984、1987）收载“李仁”的基源植物，药用其干燥成熟种子；其根、叶也供药用。

化学成分 叶、茎、树皮含黄酮类：(+)-儿茶素[(+)-catechin]，没食子儿茶素(gallocatechin)，槲皮素(quercetin)[1]。

化学成分参考文献

[1] Mavlyanov S, et al. *Chem Nat Compd*, 2003, 39(5): 450-452.

杏李 **Prunus simonii** Carrière
王金凤 绘

2. 黑刺李（中国植物志） 乌荆子（新疆），刺李

Prunus spinosa L., Sp. Pl. 475. 1753.（英 **Sloe, Blackthorn**）

灌木，很少乔木，高 4–8 m；多分枝，多刺；小枝幼时密被短柔毛，以后脱落无毛。叶片长圆状倒卵形或椭圆状卵形，稀长圆形，长 2–4 cm，宽 8–18 mm；上面有稀疏贴生柔毛，下面被柔毛，逐渐脱落，基部近圆形或宽楔形，边缘有细钝锯齿，有时具重锯齿，先端急尖或圆钝。花单生，先于叶开放；花梗长 6–8 (–15) mm，被柔毛，无腺体；花直径 1–1.5 cm；萼片三角状卵形；萼筒钟状和萼片外面无毛；花瓣白色；雌蕊 1，心皮无毛。核果球形、广椭圆体形或圆锥形，直径 1–1.5 cm，黑色，具浅蓝色果粉，果肉绿色。花期 4 月。

分布与生境 原产于欧洲、北非和西亚。我国引种栽培。

药用部位 种仁、果实、花、叶。

功效应用 种仁：解热生津，止痢。果实：收敛止泻。花：祛痰止咳。用于咳嗽，通经，利尿，缓泻，血液纯化剂。叶：在意大利，保加利亚用以制造血液纯化剂。

化学成分 叶含降倍半萜类：氧代猕猴桃醇异构体(oxoactinidol isomer)，3-羟基-7,8-去氢-*β*-香堇酮(3-hydroxy-7,8-dehydro-*β*-ionone)，3-氧代-*α*-香堇醇(3-oxo-*α*-ionol)，3-羟基-7,8-二氢-*β*-香堇醇(3-hydroxy-7,8-dihydro-*β*-ionol)，3-羟基-5,6-环氧-*β*-香堇醇(3-hydroxy-5,6-epoxy-*β*-ionol)，3-羟基-*β*-香堇酮(3-hydroxy-*β*-ionone)，催吐萝芙木醇(vomifoliol)[1]；黄酮类：山柰酚-3,7-双-*α*-L-呋喃鼠李糖苷(kaempferol-3,7-di-*α*-L-rhamnofuranoside)，山柰酚-3-*α*-L-呋喃阿拉伯糖基-7-*α*-L-呋喃鼠李糖苷(kaempferol-3-*α*-L-arabofuranosyl-7-*α*-L-rhamnofuranoside)[2]，山柰酚-7-*O*-*α*-L-呋喃鼠李糖苷(kaempferol-7-*O*-*α*-L-rhamnofuranoside)[3]，槲皮素-3-*O*-*α*-L-呋喃阿拉伯糖苷(quercetin-3-*O*-*α*-L-arabofuranoside)[4]。

果实含黄酮类：矢车菊素-3-葡萄糖苷(cyanidin-3-glucoside)，矢车菊素-3-芸香糖苷(cyanidin-3-rutinoside)，芍药素-3-葡萄糖苷(peonidin-3-glucoside)，芍药素-3-芸香糖苷(peonidin-3-rutinoside)[5]，杨梅素(myricetin)，槲皮素(quercetin)，山柰酚(kaempferol)[6]。

种子含氰苷类：苦杏仁苷(amygdalin)，野樱苷(prunasin)，西洋接骨木苷▲(sambunigrin)[7]。

黑刺李 **Prunus spinosa** L.
引自《中国果树分类学》

黑刺李 **Prunus spinosa** L.
摄影：刘冰

枝含黄酮类：山柰酚(kaempferol)，山柰酚-3,7-二鼠李糖苷(kaempferol-3,7-dirhamnoside)，槲皮素(quercetin)，儿茶素(catechin)，表儿茶素(epicatechin)，对映-表儿茶素-(2α,7,4α,8)-儿茶素[*ent*-epicatechin-(2α,7,4α,8)-catechin]；香豆素类：5-羟基-6-甲氧基-7-*O*-β-D-葡萄糖基香豆素(5-hydroxy-6-methoxy-7-*O*-β-D-glucosylcoumarin)[8]。

药理作用 抗氧化作用：黑刺李汁对人的U937细胞和组织具有抗氧化作用，可能与其所含的花青素（矢车菊素-3-芸香糖苷，芍药素-3-芸香糖苷和矢车菊-3-葡萄糖苷）有关[1]。

注评 本种的果实可供制干果、果酱、果汁及果酒；叶可代茶。其果肉为生产"利口酒"，即"黑刺李杜松子酒"的原料。

化学成分参考文献

[1] Humpf H, et al. *J Agric Food Chem*, 1992, 40: 1898-1901.

[2] Makarov V, et al. *Khim Prir Soedin*, 1969, 5(5): 345-348.

[3] Makarov V, et al. *Khim Prir Soedin*, 1968, 4(4): 211-211.

[4] Makarov V, et al. *Khim Prir Soedin*, 1968, 4(6): 380-380.

[5] Deineka V, et al. *Chem Nat Compd*, 2005, 41(2): 230-231.

[6] Stefova M, et al. *J Liq Chrom Rel Technol*, 2001, 24(15): 2283-2292.

[7] Kumarasamy Y, et al. *Biochem Syst Ecol*, 2003, 31: 1063-1065.

[8] Irizar A, et al. *J Nat Prod*, 1992, 55(4): 450-454.

药理作用及毒性参考文献

[1] Fraternale D, *Nat Prod Commun*, 2009, 4(12): 1665-1670.

3. 欧洲李（中国果树分类学） 西洋李，洋李

Prunus domestica L., Sp. Pl. 475. 1753.（英 **European Plum**）

落叶乔木，高6–15 m；小枝幼时被短柔毛，以后脱落无毛。叶柄长1–2 cm，密被柔毛，通常在叶片基部边缘两侧各有1个腺体；托叶线形；叶片椭圆形或倒卵形，长4–10 cm，宽2.5–5 cm；上面无毛或在脉上散生柔毛，下面被柔毛，边缘有睫毛，基部楔形，偶有宽楔形，边缘有稀疏圆钝锯齿，

先端急尖或圆钝，稀短渐尖。花 1–3 朵簇生；花梗长 1–1.2 cm，无毛或具短柔毛；花直径 1–1.5 cm；萼筒和萼片两面均被毛；萼片卵形；花瓣白色，有时带绿晕。核果通常卵球形至长圆形，稀近球形；直径 1–2.5 cm，红色、紫色、绿色、黄色，常被蓝色果粉；果梗长约 1.2 cm，无毛。花期 5 月，果期 9 月。

欧洲李 **Prunus domestica** L.
王金凤　绘

分布与生境　原产于西亚和欧洲。我国各地引种栽培。

药用部位　果实。

功效应用　活血散瘀，生津止渴，解热除烦，止痢。用于感冒烧热，烦咳不安，泻痢，维生素缺乏症。

化学成分　果实含黄酮类：(+)-儿茶素[(+)-catechin]，原矢车菊素B_1 (procyanidin B_1)[1]，芦丁(rutin)[2]；吡喃酮类：4-氨基-4-羧基色烷-2-酮(4-amino-4-carboxychroman-2-one)[2]；苯丙素类：绿原酸(chlorogenic acid)，隐绿原酸(cryptochlorogenic acid)，新绿原酸(neochlorogenic acid)[1]；酚、酚酸类：咖啡酸(caffeic acid)[1]，对羟基苯甲酸(*p*-hydroxybenzoic acid)，没食子酸(gallic acid)，丁香酸(syringic acid)，香荚兰酸(vanillic acid)，对香豆酸(*p*-coumaric acid)，阿魏酸(ferulic acid)，对羟基苯乙酸(*p*-hydroxyphenylacetic acid)，苯甲酸(benzoic acid)[3]，4-*O*-咖啡酰奎宁酸(4-*O*-caffeoylquinic acid)，5-*O*-咖啡酰奎宁酸(5-*O*-caffeoylquinic acid)，3-*O*-咖啡酰奎宁酸甲酯(3-*O*-caffeoylquinic acid methyl ester)，4-*O*-咖啡酰奎宁酸甲酯(4-*O*-caffeoylquinic acid methyl ester)，咖啡酸甲酯(caffeic acid methyl ester)，松柏苷(coniferin; coniferoside)，阿魏酸-*β*-D-吡喃葡萄糖苷(ferulic acid-*β*-D-glucopyranoside)，原儿茶酸(protocatechuic acid)，香荚兰酸-*β*-D-吡喃葡萄糖苷(vanillic acid-*β*-D-glucopyranoside)，苄基樱草糖苷(benzylprimeveroside)[2]，水杨酸(salicylic acid)，乙酰水杨酸(acetyl salicylic acid)[4]，龙胆酸(gentisic acid)，三羟基桂皮酸(trihydroxycinnamic acid)，芥子酸(sinapic acid)[5]；有机酸类：莽草酸(shikimic acid)，奎宁酸(quinic acid)[5]，乙酸(acetic acid)，柠康酸酐(citraconic anhydride)，琥珀酸酐(succinic anhydride)，辛酸(octanoic acid)，癸酸(decanoic acid)，十四酸(tetradecanoic acid)，9-十六烯酸(9-hexadecenoic acid)，十六酸(hexadecanoic acid)，6-十八烯酸(6-octadecenoic acid)，顺式-油酸(*cis*-oleic acid)，十八酸(octadecanoic acid)[6]；香豆素类：东莨菪内酯(scopoletin)，北美大叶木兰苷▲(magnolioside)[2]；脱落酸类：(+)-脱落酸[(+)-abscisic acid]，(+)-*β*-D-吡喃葡萄糖基脱落酸酯[(+)-*β*-D-glucopyranosyl abscisate]，长春花苷(roseoside)，相对-5-(3*S*,8*S*-二羟基-1*R*,5*S*-二甲基-7-氧杂-6-氧代双环[3,2,1]辛-8-基)-3-甲基-2*Z*,4*E*-戊二烯酸{*rel*-5-(3*S*,8*S*-dihydroxy-1*R*,5*S*-dimethyl-7-oxa-6-oxobicyclo[3,2,1]oct-8-yl)-3-methyl-2*Z*,4*E*-pentadienoic acid}，相对-5-(3*S*,8*S*-二羟基-1*R*,5*S*-二甲基-7-氧杂-6-氧代双环[3,2,1]辛-8-基)-3-甲基-2*Z*,4*E*-戊二烯酸 3-*O*-*β*-D-吡喃葡萄糖苷{*rel*-5-(3*S*,8*S*-dihydroxy-1*R*,5*S*-dimethyl-7-oxa-6-oxobicyclo[3,2,1]oct-8-yl)-3-methyl-2*Z*,4*E*-pentadienoic acid 3-*O*-*β*-D-glucopyranoside}，相对-5-(1*R*,5*S*-二甲基-3*R*,4*R*,8*S*-三羟基-7-氧杂-6-氧代双环[3,2,1]辛-8-基)-3-甲基-2*Z*,4*E*-戊二烯酸{*rel*-5-(1*R*,5*S*-dimethyl-3*R*,4*R*,8*S*-trihydroxy-7-oxa-6-oxobicyclo-[3,2,1]oct-8-yl)-3-methyl-2*Z*,4*E*-pentadienoic acid}，相对-5-(1*R*,5*S*-二甲基-3*R*,4*R*,8*S*-三羟基-7-氧杂双环[3,2,1]辛-8-基)-3-甲基-2*Z*,4*E*-戊二烯酸{*rel*-5-(1*R*,5*S*-dimethyl-3*R*,4*R*,8*S*-trihydroxy-7-oxabicyclo[3,2,1]-oct-8-yl)-3-methyl-2*Z*,4*E*-pentadienoic acid}[7]；木脂素类：(+)-松脂酚-*β*-D-吡喃葡萄糖苷[(+)-pinoresinol-*β*-D-glucopyranoside][7]，3-(*β*-D-吡喃葡萄糖氧基甲基)-2-(4-羟基-3-甲氧基苯基)-5-(3-羟丙基)-7-甲氧基-(2*R*,3*S*)-二氢苯并呋喃[3-(*β*-D-glucopyranosyloxymethyl)-2-(4-hydroxy-3-methoxyphenyl)-5-(3-hydroxypropyl)-7-methoxy-(2*R*,3*S*)-dihydrobenzofuran][2]；挥发油：二氢香豆酮(dihydrocoumarone)[6]；生物碱类：2-(5-羟基甲基-2',5'-二氧代-2',3',4',5'-四氢-1'*H*-1,3'-双吡咯)-甲醛[2-(5-hydroxymethyl-2',5'-dioxo-2',3',4',5'-tetrahydro-1'*H*-1,3'-bipyrrole)-carbaldehyde][2]，6-羟基-1-甲基-1,2,3,4-四氢-*β*-咔啉(6-hydroxy-1-methyl-1,2,3,4-tetrahydro-*β*-carboline)[8]；甾体类：菜子甾醇(brassicasterol)，菜油甾醇(campesterol)，豆甾醇

(stigmasterol)，β-谷甾醇[9]。

种子含挥发油：以脂肪酸酯、酮、芳香化合物和芳香杂环类为主，其中4-硝基苯乙酰胺[4-nitrophenylacetamide]，3-羟基-4-甲基戊酸乙基酯(3-hydroxy-4-methyl pentanoic acid ethyl ester)，4-羟基-3-甲氧基苯乙酸(4-hydroxy-3-methoxybenzeneacetic acid)，1-甲基十三烷基辛酸酯(1-methyl-tridecyl octanoic acid ester)，6-甲氧基-2-[4-羟基苯亚甲基]香豆满-3-酮{6-methoxy-2-[4-hydroxybenzylidene] coumaran-3-one}，2,3,4-三甲氧基苄醇(2,3,4-trimethoxybenzyl alcohol)，环癸酮肟(oxime cyclodecanone)，1-甲基硫己烷[1-(methylthio)hexane]，D-阿拉伯糖醇(D-arabinitol)，2-羟基吡啶(2-hydroxypyridine)，2-甲氧基-6-(2-烯丙基)苯酚[2-methoxy-6-(2-propenyl)phenol]，(17*R*)-阿义马林-17-醇[(17*R*)-ajmalan-17-ol]，5-乙基-1,3-二甲基-2,4,6(1*H*,3*H*,5*H*)嘧啶三酮[5-ethyl-1,3-dimethyl-2,4,6(1*H*,3*H*,5*H*)pyrimidinetrione]，苹果酸(malic acid)，2-羟基-3-甲基-6-(1-甲基乙基)-2-环己烯-1-酮[2-hydroxy-3-methyl-6-(1-methylethyl)-2-cylcohexen-1-one]，2,3-二乙氧基-丙酸乙酯(2,3-diethoxypropionic acid ethyl ester)，呋喃基-2-羟甲基酮(furyl-2-hydroxymethylketone)，3-(2-甲氧基-1-甲基乙氧基)丙腈[3-(2-methoxy-1-methylethoxy) propanenitrile]，2,5-二氢-2,5-二甲基呋喃(2,5-dihydro-2,5-dimethyl-furan)的含量较高[10]。

注评 本种的干燥成熟种子，在部分地区也混做药材“郁李仁”使用，商品属“大李仁”。维吾尔族也药用，其果实用于治感冒发热、烦渴不安、肺结核，泻痢、维生素缺乏症、驱虫。

化学成分参考文献

[1] Kumazawa S, et al. *Food Sci Technol Res*, 2007, 13(4): 404-413.

[2] Kayano S, et al. *Biofactors*, 2004, 21: 309-313.

[3] Biessaga M, et al. *J Sep Sci*, 2007, 30: 2929-2934.

[4] Scotter M, et al. *Food Chem*, 2007, 105: 273-279.

[5] Fang N, et al. *J Agric Food Chem*, 2002, 50: 3579-3585.

[6] 韩明，等 . 林产化工通讯，2005, 39(31): 18-20.

[7] Kikuzaki H, et al. *J Agric Food Chem*, 2004, 52: 344-349.

[8] Herraiz T, et al. *J Agric Food Chem*, 2003, 51: 7156-7161.

[9] Piironen V, et al. *J Sci Food Agric*, 2003, 83: 330-337.

[10] Ahmed R, et al. *J Saudi Chem Soc*, 2007, 11(1): 121-130.

4. 樱桃李（中国果树分类学）

Prunus cerasifera Ehrh., Beitr. Naturk 4: 17. 1789.（英 **Cherry Plum**）

乔木或小乔木，高达 8 m；小枝无毛。叶柄长 6–12 mm，无腺；叶片椭圆形、卵形或倒卵形，极稀椭圆状披针形，长 (2–) 3–6 cm，宽 2–4 (–6) cm，上面无毛，下面沿中脉和脉腋有髯毛，基部楔形或近圆形，边缘有圆钝锯齿，有时混有重锯齿，先端急尖。花 1 朵，稀 2 朵；花梗长 1–2.2 cm，无毛或微被短柔毛；花直径 2–2.5 cm；萼筒钟状和萼片外面无毛；萼片长卵形；花瓣白色，长圆形或匙形；雌蕊 1，心皮被长柔毛。核果近球形或椭圆形，直径 2–3 cm，黄色、红色或黑色，微被蜡粉。花期 4 月，果期 8 月。

分布与生境 产于新疆。生于海拔 800–2000 m 的山坡林中或多石砾的坡地以及峡谷水边等地。也分布于中亚、天山、伊朗、小亚细亚、巴尔干半岛。

药用部位 果实。

功效应用 镇咳，活血，止痢，润肠。

化学成分 果实含生物碱类：色胺(tryptamine)，腐肉碱(putrescrine)[1]；黄酮类：矢车菊素-3-葡萄糖苷(cyanidin-3-glucoside)，矢车菊素-3-芸香糖苷(cyanidin-3-rutinoside)[2]；有机酸类：柠檬酸(citric acid)，苹果酸(malic acid)，酒石酸(tartaric acid)，草酸(oxalic acid)[3]；维生素类：维生素(vitamin) C，β-胡萝卜素(β-carotene)[3]。

注评 本种外观形似樱桃色如李而得名，又称“野酸梅”，野生仅产于新疆，是珍稀的野生水果，可做功能性食品，也是提取天然色素的原料。现已人工栽培，长期栽培中，品种变型颇多，有垂枝、花叶、紫叶、红叶、黑叶等变型。有时混杂于商品乌梅药用。

樱桃李 **Prunus cerasifera** Ehrh.
引自《中国果树分类学》

樱桃李 **Prunus cerasifera** Ehrh.
摄影：徐克学

化学成分参考文献

[1] Saaid M, et al. *Food Chem*, 2009, 113: 1356-1362.

[2] Deineka VI, et al. *Chem Nat Compd*, 2003, 41(2): 230-231.

[3] 齐曼 · 尤努斯，等 . 新疆农业科学，2005, 42(4): 240-243.

5. 李（诗经） 山李子（河南），李子树（救荒本草），嘉庆子、嘉应子（南京），玉皇李（北京）

Prunus salicina Lindl. in Trans Hort. Soc. Lond. 7: 239. 1828.（英 **Japanese Plum**）

落叶乔木，高 9–12 m；小枝无毛；冬芽卵圆形，通常无毛。托叶膜质，边缘有腺；叶柄长 1–2 cm，通常无毛，顶端有 2 腺体或无，有时在叶片基部边缘有腺体。叶片长圆状倒卵形或长椭圆形稀长椭卵形，长 6–8 (–12) cm，宽 3–5 cm，两面无毛，偶在下面沿主脉有毛，基部楔形，边缘有圆钝细密重锯齿，常混有单锯齿，幼时齿尖带腺，先端渐尖、急尖或短尾尖。花通常 3 朵并生；花梗长 1–2 cm，通常无毛；花直径 1.5–2.2 cm；萼筒钟状；萼片长圆卵形，边缘有疏齿，与萼筒近等长，均外面无毛；花瓣白色，长圆倒卵形，先端啮蚀状，有明显带紫色条纹，具短爪；雌蕊 1，柱头盘状。核果球形、卵球形或近圆锥形，直径 3.5–5 cm，栽培品种可达 11 cm，黄色或红色，有时为绿色或紫色，外被蜡粉；核卵球形或长圆形。花期 4 月，果期 7–8 月。

分布与生境 产于陕西、甘肃、四川、云南、贵州、湖南、湖北、江苏、浙江、江西、福建、广东、广西和台湾。生于海拔 400–2600 m 的山坡灌丛中、山谷疏林中或水边沟底、路边等处。我国及世界各地均有栽培。

药用部位 果实、根、叶、树脂、种子。

功效应用 果实：清肝涤热，生津，利水。用于虚劳骨蒸，消渴，腹水。叶：清热解毒。用于壮热惊痫，肿毒溃烂，水肿。根：清热解毒。用于消渴，热淋，痢疾，白带，丹毒，牙痛。树脂：清热，透

李 **Prunus salicina** Lindl.
引自《中国高等植物图鉴》

李 **Prunus salicina** Lindl.
摄影：张英涛

疹，退翳。用于麻疹透发不畅，目翳。种子：活血祛瘀，滑肠利水。用于跌打损伤，淤血作痛，痰饮咳嗽，水肿，便秘，虫蝎螫痛。

化学成分 果实含黄酮类：(-)-表儿茶素[(-)-epicatechin]，(+)-儿茶素[(+)-catechin]，矢车菊素(cyanidin)，矢车菊素-3-葡萄糖苷(cyanidin-3-glucoside)，矢车菊素-3-芸香糖苷(cyanidin-3-rutinoside)，槲皮素(quercetin)，山柰酚(kampeferol)[1]，杨梅素(myricetin)[2]，异槲皮苷(isoquercitrin)，槲皮素-3-阿拉伯糖苷(quercetin-3-arabinoside)[3]，槲皮苷(quercitrin)[4]；苯丙素类：新绿原酸(neochlorogenic acid)，绿原酸(chlorogenic acid)[1]，咖啡酸(caffeic acid)，对香豆酸(*p*-coumaric acid)[1]；挥发油：以乙醇(ethanol)，乙酸乙酯(ethyl acetate)，1-丁醇(1-butanol)，顺式-3-己烯-1-醇(*cis*-3-hexen-1-ol)，1-己醇(1-hexanol)，1-丁基乙酸酯(1-butyl acetate)，顺式-3-己烯基乙酸酯(*cis*-3-hexenyl acetate)，1-己基乙酸酯(1-hexyl acetate)含量为高[5]；四萜类：β-胡萝卜素(β-carotene)，β-隐黄质(β-cryptoxanthin)[6]；糖类：蔗糖(sucrose)，葡萄糖(glucose)，果糖(fructose)，山梨醇(sorbitol)[7]。

注评 本种为四川（1984、1987）、宁夏（1993）中药材标准收载“李仁”和甘肃中药材标准（1991）收载“郁李仁”的基源植物，药用其干燥成熟种子。“郁李仁”的商品情况参见欧李 Cerasus humilis (Bunge) Sokolov。朝鲜族、傣族、彝族、白族、哈尼族、景颇族、阿昌族、德昂族也药用，朝鲜族用叶治惊风、水肿；傣族用根治周身酸痛、举步无力、精神困倦、解毒；彝族用根治疗高热抽风、目赤齿痛、食积不化、肠痈疮毒；白族用根治牙痛、消渴、痢疾、白带，种仁治跌打损伤、淤血作痛、大便燥结、水肿；哈尼族用根、种仁、叶治牙痛、消渴、痢疾、跌打损伤、淤血、大便燥结、水肿；景颇族、阿昌族、德昂族用根治跌打损伤、淤血作痛。

化学成分参考文献

[1] Vasco C, et al. *J Agric Food Chem*, 2009, 57: 1204-1212.
[2] Sultana B, et al. *Food Chem*, 2008, 108: 879-884.
[3] Byron L, et al. *J Am Chem Soc*, 1953, 75(17): 4363-4364.
[4] Kaneta M, et al. *Agric Biol Chem*, 1979, 43(3): 657-658.
[5] Forrey R, et al. *J Agric Food Chem*, 1974, 22(3): 496-498.
[6] Gil M, et al. *J Agric Food Chem*, 2002, 50: 4976-4982.
[7] 唐根源，等. 福建分析测试，1999, 8(4): 1126-1130.

46. 樱属 Cerasus Mill.

落叶乔木或灌木；腋芽单生或三个并生，中间为叶芽，两侧为花芽。幼叶在芽中为对折状，后于花开放或与花同时开放；叶有叶柄和脱落的托叶，托叶边缘具齿和腺体；叶片边缘有单、重或缺刻状锯齿，齿端常带腺体。花常数朵组成伞形、伞房状或短总状花序，或 1–2 朵花单生于叶腋内；常有花梗；花序基部有芽鳞宿存或有明显苞片；萼筒钟状或管状；萼片反折或直立开展；花瓣白色或粉红色，先端圆钝、微凹或深裂；雄蕊 15–50；雌蕊 1；花柱和子房有毛或无毛。果实为核果，成熟时肉质多汁，不开裂；核球形或卵球形，平滑或稍有皱纹。

本属约 150 种，分布于北半球温带，主要分布在我国西部和西南部以及日本和朝鲜。我国有 44 种，其中 18 种 2 变种可药用。

分种检索表

1. 腋芽单生；花序多伞形或伞房总状，稀单生；叶柄通常较长。
  2. 萼片反折。
    3. 花序上有大形绿色苞片，果时宿存或伞形花序基部有叶。
      4. 花序伞形总状，有总梗。
        5. 苞片和叶片边缘之齿端有小盘状、圆头状或锥状腺体；叶片下面无毛或被疏柔毛；萼筒钟状，外面无毛或被疏柔毛……………………………………1. **四川樱桃 C. szechuanica**
        5. 苞片和叶片边缘之齿端通常无腺体；叶片下面仅沿脉伏生疏柔毛；萼筒倒圆锥形，外面伏生短柔毛……………………………………2. **黑樱桃 C. maximowiczii**
      4. 花序伞形或近伞形，有总梗或无总梗。
        6. 叶缘锯齿微凹；花序基部无叶状苞片；叶片长可达 15 cm，下面多少有柔毛……………………………………5. **欧洲甜樱桃 C. avium**
        6. 叶缘锯齿渐尖，齿端有腺体；花序基部有叶状苞片。
          7. 苞片边缘齿端有盘状腺体，总苞片紫褐色；萼筒外面无毛……………3. **康定樱桃 C. tatsienensis**
          7. 苞片边缘齿端有圆锥形或头状腺体，总苞片绿色；萼筒外面近无毛或无毛……………………………………4. **微毛樱桃 C. clarofolia**
    3. 花序上苞片大多为褐色，稀绿褐色，通常果期脱落，稀小形宿存。
      8. 叶缘有尖锐重锯齿，齿端有小腺体，下面沿脉被柔毛；花序伞房状或近伞形，有花 3–6 朵……………………………………6. **樱桃 C. pseudocerasus**
      8. 叶缘有单锯齿或不明显重锯齿；下面沿脉被毛，以后脱落；花序伞形，有花 3–7 朵……………………………………7. **崖樱桃 C. scopulorum**
  2. 萼片直立或开展。
    9. 花梗及萼筒外面被毛。
      10. 花序伞形，有花 2–3 朵；叶片上面伏生小糙毛；萼筒外面疏被糙毛；苞片绿色，呈叶状……………………………………8. **刺毛樱桃 C. setulosa**
      10. 花序伞形总状，有花 3–4 朵；叶片上面无毛；萼筒外面被疏柔毛；苞片褐色，匙状长圆形………

………………………………………………………………………………………… 9. **东京樱桃 C. yedoensis**

9. 花梗及萼筒外面无毛。

11. 叶边缘有呈芒状的尖锐锯齿；花序近伞形或伞房总状，有花 2–3 朵；花叶同开，萼筒钟状；果实黑色 ………………………………………………………………………… 10. **山樱花 C. serrulata**

11. 叶边缘有尖锐锯齿，但不呈芒状。

12. 花序伞形，有花 3–5 朵，花瓣白色，先叶开放；叶边为重锯齿，果红色；熟时果梗顶端不膨大 ………………………………………………………………… 11. **华中樱桃 C. conradinae**

12. 花序近伞形，有花 2–5 朵；花瓣白色至粉红色，花叶同开；叶边有重或单锯齿，果紫色，熟时果梗顶端常膨大 ………………………………………………… 12. **高盆樱桃 C. cerasoides**

1. 腋芽 3 个并生，中间为叶芽，两侧为花芽；花多单生或 2 (–3) 朵。

13. 萼片反折；萼筒杯状或陀螺状，长宽近相等；花序伞形，有 1–4 朵花；花梗明显；花柱无毛或仅基部被毛。

14. 叶片中部以下最宽，卵形或卵状披针形，先端渐尖至急尖，基部圆形，花柱无毛 ……………………………………………………………………………… 16. **郁李 C. japonica**

14. 叶片中部或中部以上最宽，基部楔形至宽楔形。

15. 叶片下面密被褐色微硬毛；花梗长 4–8 mm，密被短柔毛；花柱无毛 ……………………………………………………………………… 13. **毛叶欧李 C. dictyoneura**

15. 叶片下面无毛或脉腋有簇毛。

16. 叶片中部以上最宽，倒卵状长圆形或倒卵状披针形，先端急尖或短渐尖；花柱无毛 ………………………………………………………………………… 14. **欧李 C. humilis**

16. 叶片中部或近中部最宽，卵状长圆形或长圆状披针形，先端急尖或渐尖；花柱基部有疏柔毛或无毛 ……………………………………………………………… 15. **麦李 C. glandulosa**

13. 萼片直立或开展；萼筒管状，长大于宽；花 1–2 朵；花梗短，长 1–2.5 mm；花柱全部或基部被柔毛。

17. 叶片卵状椭圆形或倒卵状椭圆形，先端急尖或渐尖，长 2–7 cm，上面被疏柔毛，下面密被绒毛，以后脱落减少 ……………………………………………………… 17. **毛樱桃 C. tomentosa**

17. 叶片倒卵状披针形，顶端急尖或圆钝，长 0.8–1.6 cm，两面无毛 ………… 18. **天山樱桃 C. tianshanica**

本属植物多数具有清热解毒、止血止痛、滑肠通便、利尿消肿的功效，表现出抗炎、抗氧化和对肠平滑肌的调节作用。

1. 四川樱桃（中国植物志） 四川樱（拉汉种子植物名称），盘腺樱桃（湖北植物志）

Cerasus szechuanica (Batalin) T. T. Yü et C. L. Li in Fl. Reipubl. Popularis Sin. 38: 49, f. 6: 10-11. 1986.——*Prunus szechuanica* Batalin（英 **Szechuan Cherry**）

乔木或灌木，高 3–7 m；小枝无毛或被稀疏柔毛。托叶卵形至宽卵形，有缺刻状锯齿，齿尖有圆头状腺体；叶柄长 1–1.8 cm，无毛或被疏柔毛，顶端常有 1 对盘状或头状腺体；叶片卵状椭圆形、倒卵状椭圆形或长椭圆形，长 5–9 cm，宽 2.5–4 cm，两面无毛或下面疏被柔毛，基部圆形或宽楔形，边有重锯齿或单锯齿，齿端有小盘状、圆头状或锥状腺体，先端尾尖或骤尖。花 2–5 朵，组成近伞形总状花序；总苞片褐色，倒卵状长圆形，边缘有圆头状腺体；花梗长 1–2 cm，无毛或被疏柔毛；萼筒钟状，外面无毛或有稀疏柔毛；花瓣白色或淡粉色。核果紫红色，卵球形。花期 4–6 月，果期 6–8 月。

分布与生境　产于陕西、河南、湖北、四川。生于海拔 1500–2600 m 的林中或林缘。

药用部位　根、果实、种子。

功效应用　清热，益肾，调经活血，透疹。用于咽喉肿毒，声哑，麻疹初起，疹出不透，月经不调。

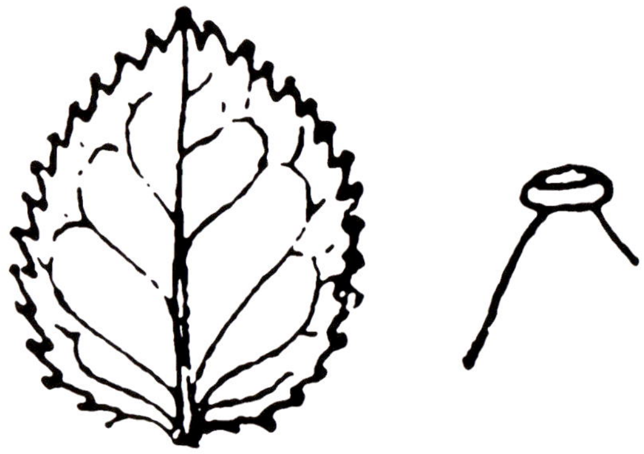

四川樱桃 **Cerasus szechuanica** (Batalin) T. T. Yü et C. L. Li
苞片及边缘腺体　　　刘春荣　绘

2. 黑樱桃（中国树木分类学）　深山樱（植物学大辞典）

Cerasus maximowiczii (Rupr.) Kom. in Kom et Klob.-Alis., Key Pl. Far. East. Reg. URSS 2: 567. 1932.——*Prunus maximowiczii* Rupr.（英 **Maximowicz Cherry**）

乔木，高可达 7 m；小枝密被长柔毛。托叶线形，边缘有稀疏深紫色腺体；叶柄长 0.5–1.5 cm，密被柔毛；叶片倒卵形或倒卵状椭圆形，长 3–9 cm，宽 1.5–4 cm，上面沿中脉伏生柔毛，下面沿脉伏生疏柔毛，基部楔形或圆形，边缘有重锯齿，先端骤尖或短尾尖。伞房花序，有花 5–10 朵，基部具有绿色叶状苞片，花叶同开；总苞片匙状长圆形，边缘有稀疏暗红色小腺体；苞片绿色，卵形；花梗长 0.5–1.5 cm，密被伏生柔毛；花直径 1.5 cm；萼筒倒圆锥状，外面伏生短柔毛；萼片椭圆三角形；花瓣白色。核果卵球形，直径 7–8 mm，成熟后变黑色。花期 6 月，果期 9 月。

分布与生境　产于黑龙江、吉林、辽宁。生于阳坡杂木林中或腐殖土石坡上，也见于山地灌丛或草丛中。也分布于俄罗斯（远东地区）、朝鲜和日本。

药用部位　果实。

功效应用　滋补强壮，祛风除湿。用于贫血，免疫力低下，风湿痹痛，痛风，感冒，各种炎症。

化学成分　茎皮含黄酮类：(+)-儿茶素[(+)-catechin]，(-)-表儿茶素[(-)-epicatechin]，樱花苷(sakuranin)，新樱花苷(neosakuranin)[1]。

木材含黄酮类：(+)-儿茶素，柚皮苷元(naringenin)，樱花素(sakuranetin)，圣草酚(eriodictyol)，香树素(aromadendrin)，染料木素(genistein)，樱黄素(prunetin)，白杨素(chrysin)，花旗松素(taxifolin)[2]。

注评　本种朝鲜族药用，用果实治咽喉炎。

化学成分参考文献

[1] Mimaki Y, et al. *Nat Med*, 1994, 48(1): 86-91.

[2] Hasegawa M, et al. *J Amer Chem Soc*, 1957, 79: 1738-1734.

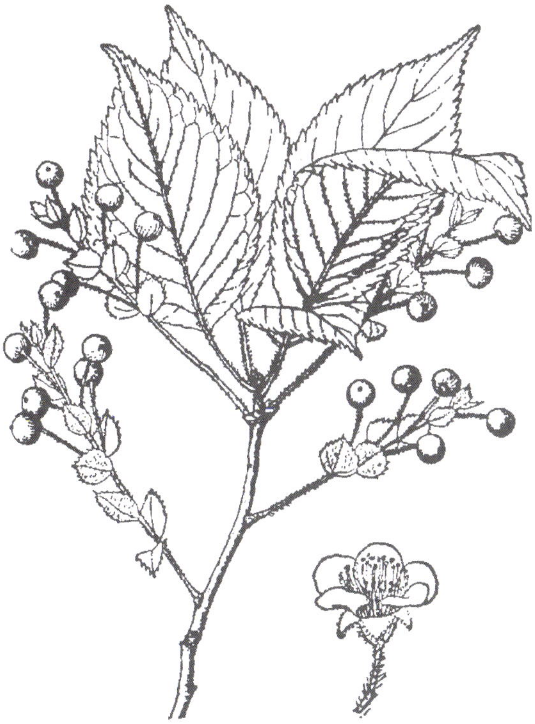

黑樱桃 **Cerasus maximowiczii** (Rupr.) Kom.
引自《中国高等植物图鉴》

黑樱桃 **Cerasus maximowiczii** (Rupr.) Kom.
摄影：周繇

3. 康定樱桃（中国植物志）

Cerasus tatsienensis (Batalin) T. T. Yü et C. L. Li in Fl. Reipulb. Popularis Sin. 38: 52, f. 7: 6-7. 1936.——*Prunus tatsienensis* Batalin（英 **Kangting Cherry**）

灌木或小乔木，高 2–5 m；小枝疏被柔毛或近无毛。托叶椭圆状披针形或卵状披针形，边缘齿端有盘状腺体；叶柄长 0.8–1 cm，顶端有腺或无腺；叶片卵形或卵状椭圆形，长 1–4.5 cm，宽 1–2.5 cm，下面无毛或脉腋有簇毛，基部圆形，边缘有重锯齿，齿端有小腺体，先端渐尖。花序伞形或近伞形，有花 2–4 朵，花叶同开；总苞片紫褐色，匙形；苞片绿色，果期宿存，边缘齿端有盘状腺体；花直径约 1.5 cm；萼筒钟状，无毛；萼片卵状三角形，长约为萼筒的一半；花瓣白色或粉红色。核果。花期 4–6 月。

分布与生境 产于山西、陕西、河南、湖北、四川、云南。生于海拔 900–2600 m 的林中。

药用部位 叶。

功效应用 杀虫。用于阴道炎。

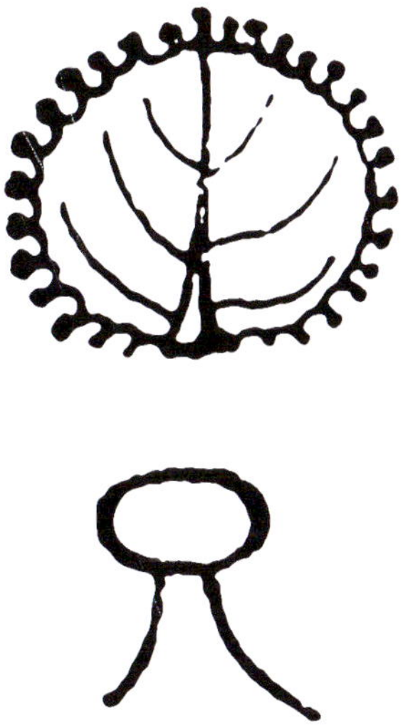

康定樱桃 **Cerasus tatsienensis** (Batalin) T. T. Yü et C. L. Li
苞片及边缘腺体　　刘春荣　绘

4. 微毛樱桃（秦岭植物志） 微毛野樱桃（经济植物手册），西南樱桃（湖北植物志）

Cerasus clarofolia (C. K. Schneid.) T. T. Yü et C. L. Li in Fl. Reipubl. Popularis Sin. 38: 54, f. 7: 1-4. 1986.——*Prunus clarofolia* C. K. Schneid.（英 **Fewhairy Cherry**）

乔木或小乔木，高 2.5–20 m；小枝无毛或多少被疏柔毛。托叶披针形，边缘有腺齿或有羽状分裂腺齿；叶柄长 0.8–1 cm，无毛或微被柔毛；叶片卵形、卵状椭圆形或倒卵状椭圆形，长 3–6 cm，宽 2–4 cm，两面无毛或疏被柔毛，基部圆形，边缘有单锯齿或重锯齿，齿渐尖，齿端有小腺体或不明显，先端渐尖或骤尖。花序伞形或近伞形，有花 2–4 朵，花叶同开；总苞片褐色，匙形；苞片绿色，果时宿存，近卵形、卵状长圆形或近圆形，边缘有锯齿，齿端有锥状或头状腺体；花梗长 1–2 cm；萼筒钟状；萼片卵状三角形或披针状三角形；花白色或粉红色。核果红色。花期 4–6 月，果期 6–7 月。

分布与生境 产于河北、山西、陕西、甘肃、湖北、四川、贵州、云南。生于海拔 800–3600 m 的山坡林中或灌丛中。

药用部位 叶、树皮。

功效应用 解毒，杀虫。

微毛樱桃 **Cerasus clarofolia** (C. K. Schneid.) T. T. Yü et C. L. Li
刘春荣 绘

微毛樱桃 **Cerasus clarofolia** (C. K. Schneid.) T. T. Yü et C. L. Li
摄影：刘冰

5. 欧洲甜樱桃 欧洲樱桃（经济植物手册）

Cerasus avium (L.) Moench, Meth. Pl. 672. 1794.——*Prunus avium* (L.) L., *P. cerasus* L. var. *avium* L.（英 **Sweat Cherry**）

乔木，高达 25 m；小枝无毛。托叶狭带形，边缘有腺齿；叶柄长 2–7 cm，无毛；叶片倒卵状椭圆形或椭圆状卵形，长 3–13 (–15) cm，宽 2–6 cm，上面无毛，下面被疏长柔毛，侧脉 7–12 对，基部圆形或楔形，边缘有缺刻状圆钝重锯齿，齿端陷入小腺体，先端骤尖或短渐尖。花序伞形，有花 3–4 朵，花叶同开；花芽鳞片大型，开花期反折；花梗长 2–3 cm，无毛；萼筒钟状，无毛；萼片长椭圆形，花后反折；花瓣白色。核果近球形或卵球形，红色至紫黑色，直径 1.5–2.5 cm。花期 4–5 月，果期 6–7 月。

欧洲甜樱桃 **Cerasus avium** (L.) Moench
引自《中国果树分类学》

分布与生境 东北、华北等地引种栽培。原产于欧洲及亚洲西部，欧、亚及北美久经栽培，品种很多。

药用部位 果实、种仁。

功效应用 果实：生津，开胃，利尿。用于排肾结石，减肥剂。种仁：解表，透疹。

化学成分 心材含酚、酚酸类：香荚兰素(vanillin)，香荚兰酸(vanillic acid)，香荚兰酸甲酯(methylvanillate)，苯甲酸(benzoic acid)，对羟基苯甲酸(*p*-hydroxybenzoic acid)，原儿茶酸(protocatechuic acid)，原儿茶醛(protocatechualdehyde)，丁香酸甲酯(methylsyringate)，丁香醛(syringaldehyde)，丁香酸(syringic acid)，没食子酸(gallic acid)，3,4,5-三甲氧基苯酚(3,4,5-trimethoxyphenol)[1]；黄酮类：槲皮素(quercetin)，花旗松素(taxifolin)，柚皮苷元(naringenin)，异樱花素(isosakuranetin)，山柰酚(kaempferol)，橙皮素(hesperetin)，芹菜苷元(apigenin)，圣草酚(eriodictyol)，原矢车菊素(procyanidin) B_1、B_2，瑞士五针松素▲(pinocembrin)，(+)-儿茶素[(+)-catechin]，(+)-表儿茶素[(+)-epicatechin]，香树素(aromadendrin)[1]，(-)-樱花素[(-)-sakuranetin]，(-)-二氢汉黄芩素[(-)-dihydrowogonin]，(+)-(2*R*)-柚皮苷元[(+)-(2*R*)-naringenin]，杨芽黄素(tectochrysin)，(+)-(2*R*,3*R*)-反式-二氢山柰酚[(+)-(2*R*,3*R*)-*trans*-dihydrokaempferol][2]；香豆素类：东莨菪内酯(scopoletin)[1]；苯丙素类：松柏醛(coniferaldehyde)，芥子醛(sinapaldehyde)，对香豆酸(*p*-coumaric acid)[1]。

果实含花青素类：天竺葵素-3-芸香糖苷(pelargonidin-3-rutinoside)，芍药素-3-芸香糖苷(peonidin-3-rutinoside)[3]，矢车菊素-3-葡萄糖苷(cyanidin-3-glucoside)，矢车菊素-3-芸香糖苷(cyanidin-3-rutinoside)[3-4]，矢车菊素 (cyanidin)，矢车菊素-3-*O*-(2''-*O*-葡萄糖基)-芸香糖苷[cyanidin-3-*O*-(2''-*O*-glucosyl)-rutinoside][4]；苯丙素类：绿原酸(chlorogenic acid)，新绿原酸(neochlorogenic acid)，对香豆酰奎宁酸(*p*-coumaroylquinic acid)[3]。

药理作用 抗炎作用：欧洲樱桃中的花色素苷及其苷元矢车菊素具有抗炎作用，其中矢车菊素对前列腺素 H 胞内过氧化合酶 -1 和 -2(PGHS-1，PGHS-2) 的抑制活性较高，IC_{50} 分别为 90 mmol/L、60 mmol/L[1]。

欧洲甜樱桃 **Cerasus avium** (L.) Moench
摄影：南程慧

抗氧化作用：2 mmol/L 浓度的矢车菊素 -3-*O*-(2''-*O*- 葡萄糖基)- 芸香糖苷、矢车菊素 -3- 芸香糖苷、矢车菊素 -3- 葡萄糖苷及矢车菊素对脂质过氧化反应的抑制率分别为 39%、70%、75% 和 57%，它们的抗氧化活性与抗氧化剂丁基化羟基甲苯相当，而比生育酚维生素 E 高 [1]。

化学成分参考文献

[1] Sanz M, et al. *J Agric Food Chem*, 2010, 58(8): 4907-4914.

[2] McNulty J, et al. *Phytochemistry*, 2009, 70(17-18): 2040-2046.

[3] Ballistreri G, et al. *Food Chemistry*, 2013, 140(4): 630-638.

[4] Wang H, et al. *J Nat Prod*, 1999, 62(2): 294-296.

药理作用及毒性参考文献

[1] Wang H, et al. *J Nat Prod*, 1999, 62(2): 294-296.

6. 樱桃（名医别录） 莺桃（本草纲目），荆桃（尔雅），楔桃（广雅），英桃、牛桃（博物志），樱珠（江苏），樱球（浙江）

Cerasus pseudocerasus (Lindl.) Loudon, Hort. Brit. 200. 1830.——*Prunus pseudocerasus* Lindl.（英 **Falsesour Cherry**）

乔木，高 2–6 m；小枝无毛或被疏柔毛。托叶披针形，有羽裂腺齿；叶柄长 0.7–1.5 cm，被疏柔毛，先端有 1 或 2 个大腺体；叶片卵形或长圆状卵形，长 5–12 cm，宽 3–5 cm，上面近无毛，下面沿脉或脉间有稀疏柔毛，侧脉 9–11 对，基部圆形，边缘有尖锐重锯齿，齿端有小腺体，先端渐尖或尾状渐尖。花序伞房状或近伞形，有花 3–6 朵，先叶开放；总苞片褐色，倒卵状椭圆形，长约 5 mm，边有腺齿；花梗长 0.8–1.9 cm，被疏柔毛；萼筒钟状，外面被疏柔毛；萼片三角状卵形或卵状长圆形，

樱桃 **Cerasus pseudocerasus** (Lindl.) Loudon
刘春荣　绘

樱桃 **Cerasus pseudocerasus** (Lindl.) Loudon
摄影：徐克学

全缘，长为萼筒的一半或过半；花瓣白色，卵形，先端下凹或 2 裂；雄蕊 30–35（栽培者可达 50 枚）；花柱无毛。核果近球形，红色，直径 0.9–1.3 cm。花期 3–4 月，果期 5–6 月。

分布与生境 产于辽宁、河北、陕西、甘肃、山东、河南、江苏、浙江、江西、四川。生于海拔 300–600 m 的山坡阳处或沟边。常栽培。

药用部位 果核、叶、果实。

功效应用 果核：发表，透疹，解毒。用于麻疹不透。叶：温胃健脾，止血，解毒，平喘，杀虫。用于胃寒食积，腹泻，吐血，慢性咳嗽痰喘，阴道滴虫，疮毒，蛇虫咬伤。果实：益气，祛风湿，透疹。用于疹发不出，瘫痪，四肢不仁，风湿腰痛，腿疼，冻疮，烫火伤。

化学成分 叶含挥发油：芳樟醇(linalool)[1]；香豆素类[1]。

果实含黄酮类：槲皮素(quercetin)[2]。

药理作用 抗炎作用：樱桃的花青素苷类化合物 300 mg/kg 对佐剂性关节炎大鼠模型的 T 淋巴细胞亚群和免疫功能均有调节作用，并能降低炎症细胞因子 IL-6 和足爪 PGE_2 水平，从而减轻模型大鼠的关节炎损伤 [1]。

抗突变作用：在含有或不含有大鼠肝微粒体酶 (S9) 的致突变实验体系中，研究均未发现樱桃浆液具有致突变性，并且樱桃浆液对丝裂霉素 C 引起的致突变作用有拮抗效应 [2]。

注评 本种为中国药典（1963 年版）和部颁药品标准 · 中药材（1995 年版）、江苏（1989）、贵州（1988）、山西（1987）等中药材标准收载“樱桃核”的基源植物，药用其干燥果核。

化学成分参考文献

[1] Takahashi K, et al. *Biochem Syst Ecol*, 2006, 34: 127-135.

[2] 王万慧，等 . 光谱实验室，2010, 27(1): 112-115.

药理作用及毒性参考文献

[1] 何颖辉，等 . 中草药，2005, 36(6): 874-878.

[2] 赵泽贞，等 . 癌变 · 畸变 · 突变，2002, 14(2): 110-111.

7. 崖樱桃（秦岭植物志）

Cerasus scopulorum (Koehne) T. T. Yü et C. L. Li in Fl. Reipulb. Popularis Sin. 38: 61. 1986. ——*Prunus scopulorum* Koehne（英 **Cliff Cherry**）

乔木，高达 3–5 m；小枝被短柔毛或疏柔毛。托叶狭带形，比叶柄短，边缘有腺齿，早落；叶柄长 5–12 mm，无毛；叶片长椭圆形或卵状椭圆形，长 5–11 cm，宽 3–6 cm，下面沿脉被疏柔毛，以后脱落无毛，基部近圆形，边缘有不整齐单锯齿，稀重锯齿，齿端有小腺体，先端尾尖或骤尾尖。花序伞形，有花 3–7 朵，先叶开放；总苞片褐色，倒卵状长圆形，苞片小；花梗长 1–2 cm，疏被长柔毛；萼筒管形钟状，外面伏生疏柔毛；萼片边缘有缘毛，花后反折；花瓣白色，长椭圆形，先端 2 裂。核果红色，卵球形。花期 3 月，果期 5 月。

分布与生境 产于陕西、甘肃、湖北、四川、贵州。生于海拔 700–1200 m 的山谷林中。

药用部位 果实、种子。

功效应用 果实：清热，益肾。捣汁内服治咽喉肿痛，声哑。种子：透疹。用于麻疹初起，疹出不透。

崖樱桃 **Cerasus scopulorum** (Koehne) T. T. Yü et C. L. Li
引自《秦岭植物志》

8. 刺毛樱桃（秦岭植物志） 刺毛山樱桃（经济植物手册）

Cerasus setulosa (Batalin) T. T. Yü et C. L. Li in Fl. Reipulb. Popularis Sin. 38: 67, f. 11: 4. 1986.——*Prunus setulosa* Batalin（英 **Bristle Cherry**）

灌木或小乔木，高 1.5–5 m；小枝无毛。托叶卵状长圆形或倒卵状披针形，边缘有腺齿；叶柄长 4–8 mm，无毛；叶片卵形、倒卵形或卵状椭圆形，长 2–5 cm，宽 1–2.5 cm，上面伏生小糙毛，下面沿脉被疏柔毛，基部圆形，边缘有圆钝重锯齿，齿端有小腺体，先端尾状渐尖或骤尖。花序伞形，有花 2–3 朵，花叶同开；总苞片褐色，匙形；苞片 2–3，呈叶状，卵形，边缘有齿，齿端有腺体，两面疏被糙毛；花梗长 8–12 mm；花直径 6–8 mm；萼筒管状，外面疏被糙毛；萼片开展；花瓣粉红色；花柱中部以下被疏柔毛。核果红色，卵状椭圆体。花期 4–6 月，果期 6–8 月。

分布与生境 产于陕西、甘肃、四川、贵州。生于海拔 1300–2600 m 的山坡、山谷林中或灌木丛中。

药用部位 果实、种子。

功效应用 清热解毒，排脓生肌，益肾，透疹，除湿，杀虫。用于咽喉肿痛，声哑，湿热毒痢，赤白相兼，下痢不爽，肛门灼烧，麻疹初起，疹出不透，疮疖痈肿，无名肿毒。

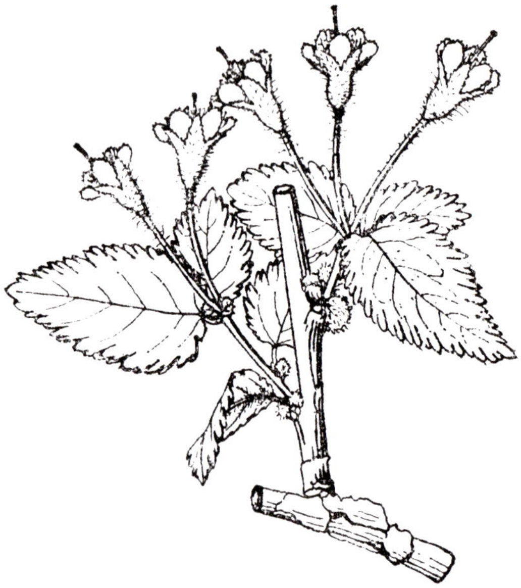

刺毛樱桃 **Cerasus setulosa** (Batalin) T. T. Yü et C. L. Li
刘春荣　绘

刺毛樱桃 **Cerasus setulosa** (Batalin) T. T. Yü et C. L. Li
摄影：朱仁斌

9. 东京樱桃（中国树木分类学） 日本樱桃（拉汉种子植物名称），樱花（经济植物手册）

Cerasus yedoensis (Matsum.) A. N. Vassiljeva in Trans. Sukhumi Bot. Gard. Fasc. 10: 124. 1957.——*Prunus yedoensis* Matsum.（英 **Tokyo Cherry, Yoshino Cherry**）

乔木，高 4–16 m；小枝淡紫褐色，无毛；嫩枝绿色，被疏柔毛。托叶披针形，有羽裂腺齿，被柔毛，早落；叶柄长 1.3–1.5 cm，密被柔毛，顶端有 1–2 个腺体或有时无腺体；叶片椭圆状卵形或倒卵形，长 5–12 cm，宽 2.5–7 cm，上面无毛，下面沿脉被稀疏柔毛，侧脉 7–10 对，基部圆形，稀楔形，边缘有尖锐重锯齿，齿端渐尖，有小腺体，先端渐尖或骤尾尖。花序伞形总状，花序梗极短，有花 3–4 朵，先叶开放；花直径 3–3.5 cm；总苞片褐色，椭圆卵形，长 6–7 mm，宽 4–5 mm，两面被疏柔毛；苞片褐色，匙状长圆形，长约 5 mm，宽 2–3 mm，有腺体；花梗长 2–2.5 mm，被短柔毛；萼筒管状，长 7–8 mm，疏被柔毛；萼片三角状长卵形，边有腺齿；花瓣白色或粉红色，先端下凹，全缘 2 裂；花柱基部有疏柔毛。核果近球形，直径 0.7–1 cm，黑色。花期 4 月，果期 5 月。

分布与生境 见于北京、西安、青岛、南京、南昌等城市庭园栽培。原产于日本，园艺品种很多，供观赏。

药用部位　树皮、花蕾。

功效应用　树皮：镇咳。花蕾：清热解毒，利胆，抗癌，解痉。

化学成分　茎皮含黄酮类：(-)-表儿茶素[(-)-epicatechin]，芫花素(genkwanin)，柚皮苷元(naringenin)[1-2]，樱桃苷(prunin)[2]，樱花苷(sakuranin)[1,3]。

叶含三萜类：(2α,20*S*)-2,20-二羟基达玛-24-烯-3-酮[(2α,20*S*)-2,20-dihydroxydammar-24-en-3-one]，龙脑香醇(dipterocarpol)[4]；糖脂类：2-乙酰基-1-{3-[3,4-二-*O*-乙酰基-β-D-吡喃葡萄糖基-(1→3)-2-*O*-乙酰基-α-L-吡喃鼠李糖氧基]十八酰基}-顺式-甘油{2-acetyl-1-{3-[3,4-di-*O*-acetyl-β-D-glucopyranosyl-(1→3)-2-*O*-acetyl-α-L-rhamnopyranosyloxy] octadecanoyl}-*sn*-glycerol}[4]；其他类：苯甲醇(benzyl alcohol)，香豆素(coumarin)[5]。

东京樱桃 **Cerasus yedoensis** (Matsum.) A. N. Vassiljeva
引自《中国高等植物图鉴》

花瓣含苯丙素类：咖啡酸乙酯(ethyl caffeate)，1-*O*-咖啡酰基-β-D-吡喃葡萄糖苷(1-*O*-caffeoyl-β-D-glucopyranoside)[6]；三萜类：熊果酸(ursolic acid)[6]；甾体类：β-谷甾醇[6]。

东京樱桃 **Cerasus yedoensis** (Matsum.) A. N. Vassiljeva
摄影：刘冰　张英涛

化学成分参考文献

[1] Mimaki Y, et al. *Nat Med*, 1994, 48(1): 86-91.

[2] Hasegawa M, et al. *J Amer Chem Soc*, 1952, 74: 6114-6115.

[3] Shimokoriyama M, et al. *Nippon Kagaku Kaishi* (1921-47), 1950, Pure Chem Sect, 71: 27-28.

[4] Asai T, et al. *Phytochem Lett*, 2011, 4(1): 38-42.

[5] Ito T, et al. *Biosci Biotechnol Biochem*, 1992, 56(10): 1655.

[6] Noshita T, et al. *J Nat Med*, 2006, 60(3): 266-267.

10. 山樱花　樱花（中国高等植物图鉴），山樱

Cerasus serrulata (Lindl.) Loudon, Hort. Brit. 480. 1930.——*Prunus serrulata* Lindl.（英 **Japanese Late Cherry**）

10a. 山樱花（模式变种）

Cerasus serrulata (Lindl.) Loudon var. **serrulata**

乔木，高 3–8 m；小枝无毛，灰白色或淡褐色。托叶线形，长 5–8 mm，边缘有腺齿，早落；叶柄长 1–1.5 cm，无毛，先端有 1–3 个圆形腺体；叶片卵状椭圆形或倒卵椭圆形，长 5–9 cm，宽 2.5–5 cm，两面无毛，侧脉 6–8 对，基部圆形，边缘有渐尖单锯齿及重锯齿，齿端有小腺体，先端渐尖。伞房总状或近伞形花序，有花 2–3 朵；总苞片褐红色，倒卵长圆形，长约 8 mm，外面无毛；花序轴长 5–10 mm，无毛；苞片褐色或淡绿褐色，长 5–8 mm，边缘有腺齿；花梗长 1.5–2.5 cm，无毛或被疏柔毛；萼筒管状，长 5–6 mm，宽 2–3 mm，先端扩大；萼片三角状卵形，长约 5 mm，先端渐尖或急尖，全缘；花瓣白色，稀粉红色，先端下凹；雄蕊约 38；花柱无毛。核果球形或卵球形，紫黑色，直径 8–10 mm。花期 4–5 月，果期 6–7 月。

山樱花 **Cerasus serrulata** (Lindl.) Loudon var. **serrulata**
引自《中国高等植物图鉴》

分布与生境　产于黑龙江、河北、山东、江苏、浙江、安徽、江西、湖南、贵州。生于海拔 500–1500 m 的山谷林中或栽培。也分布于日本和朝鲜。

药用部位　种子。

功效应用　解毒利尿，益气固精。用于泻痢，遗精，透发麻疹。

化学成分　茎皮含黄酮类：芫花素(genkwanin)[1]；三萜类：柠檬苦素(limonin)[1]。

花含酚、酚酸类：对香豆酸(*p*-coumaric acid)，咖啡酸(caffeic acid)，咖啡酸乙酯(caffeic acid ethyl

山樱花 **Cerasus serrulata** (Lindl.) Loudon var. **serrulata**
摄影：徐克学

ester)，咖啡酰基-*O*-β-D-吡喃葡萄糖苷(caffoyl-*O*-β-D-glucopyranoside)[2]，6-*O*-咖啡酰基-D-吡喃葡萄糖苷(6-*O*-caffeoyl-D-glucopyranoside)，1,6-二-*O*-咖啡酰基-β-D-吡喃葡萄糖苷(1,6-di-*O*-caffeoyl-β-D-glucopyranoside)[3]；黄酮类：紫云英苷(astragalin)，异槲皮苷(isoquercitrin)[2]；甾体类：β-谷甾醇[2]。

注评　本种藏族药用，用其果核治斑疹。

化学成分参考文献

[1] Ohta T, et al. *Yakugaku Zasshi*, 1947, 67: 40.

[2] Kurkin VA, et al. *Khim Prir Soedin*, 1989, (6): 851-852.

[3] Ali AA, et al. *Pharmazie*, 1989, 44(10): 734-735.

10b. 毛叶山樱花（变种）（中国植物志）　毛叶福岛樱（经济植物手册），毛叶樱花（拉汉种子植物名称）

Cerasus serrulata (Lindl.) Loudon var. **pubescens** (Makino) T. T. Yü et C. L. Li in Flora Reipubl. Popubl. Sin. 38: 75. 1986.——*Prunus serrulata* Lindl. var. *pubescens* (Makino) E. H. Wilson, *P. tenuiflora* Koehne, *P. veitchii* Koehne（英 **Hairyleaf Japanese Cherry**）

本变种与模式变种区别在于叶柄、叶片下面及花梗均被短柔毛。花期 4–5 月，果期 5–7 月。

分布与生境　产于黑龙江、辽宁、山西、陕西、河北、山东、浙江。生于海拔 400–800 m 的山坡林中或栽培。

药用部位　种子。

功效应用　解毒利尿，益气固精。用于泻痢，遗精，透发麻疹。

毛叶山樱花 **Cerasus serrulata** (Lindl.) Loudon var. **pubescens** (Makino) T. T. Yü et C. L. Li
摄影：童毅华

11. 华中樱桃（中国植物志）　康拉樱（经济植物手册），单齿樱花（湖北植物志）

Cerasus conradinae (Koehne) T. T. Yü et C. L. Li in Fl. Reipubl. Popularis Sin. 38: 76, f. 13: 1-2. 1986.——*Prunus conradinae* Koehne（英 **Conradia Cherry**）

乔木，高 3–10 m；小枝无毛。托叶线形，长约 6 mm，边缘有腺齿，花后脱落；叶柄长 6–8 mm，无毛，有 2 腺体；叶片倒卵形、长椭圆形或倒卵状长椭圆形，长 5–9 cm，宽 2.5–4 cm，两面无毛，侧脉 7–9 对，基部圆形，边缘有向前伸展锯齿，齿端有小腺体，先端骤渐尖。伞房花序，有花 3–5 朵，先叶开放；总苞片褐色，外面无毛；苞片褐色，宽扇形，有腺齿，果时脱落；花梗长 1–1.5 cm，无毛；萼筒管形钟状，长约 4 mm，无毛；花瓣白色或粉红色，卵形或倒卵形，先端 2 裂；花柱无毛。核果卵球形，红色，直径 5–9 mm。花期 3 月，果期 4–5 月。

分布与生境　产于陕西、河南、湖南、湖北、四川、贵州、云南、广西。生于海拔 500–2100 m 的沟边林中。

药用部位　叶、核仁。

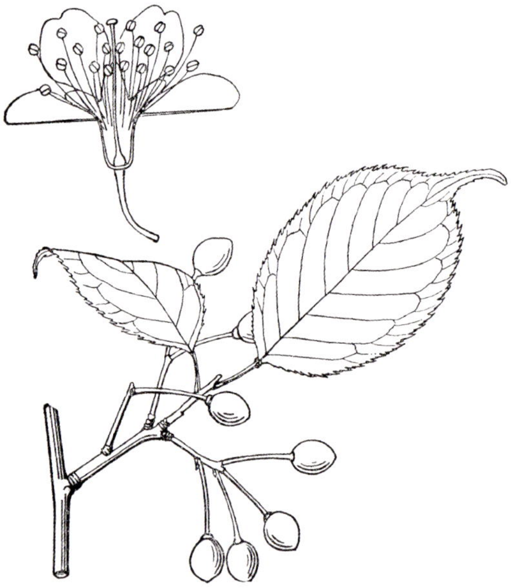

华中樱桃 **Cerasus conradinae** (Koehne) T. T. Yü et C. L. Li
刘春荣　绘

华中樱桃 **Cerasus conradinae** (Koehne) T. T. Yü et C. L. Li
摄影：徐克学

功效应用　叶：杀虫止痒。用于阴道滴虫，疥癣。核仁：透疹。

12. 高盆樱桃（中国植物志）　箐樱桃（云南），云南欧李（中国高等植物图鉴）

Cerasus cerasoides (Buch.-Ham. ex D. Don) S. Y. Sokolov, Trees et Shrubs URSS 3: 736. 1954.——*Prunus cerasoides* Buch.-Ham. ex D. Don（英 **Salver-shaped**）

乔木，高 3–10 m；小枝幼时绿色，被短柔毛，不久脱落；老枝灰褐色。托叶线形，基部羽裂并有腺齿；叶柄长 1.2–2 cm，顶端有 2–4 腺体；叶片卵状披针形或长圆状披针形，长 (4–) 8–12 cm，宽 (2.2–) 3.2–4.8 cm，两面无毛，侧脉 10–15 对，基部圆钝，边缘有细锐重锯齿或单锯齿，齿端有小头状腺体，先端长渐尖。花 1–3 朵，伞形排列，与叶同时开放；总苞片大形，先端深裂，长 1–1.2 cm，花后凋落；花梗长 1–1.5 cm，果期长达 3 cm，先端肥厚；苞片近圆形，革质，边缘有腺齿，花后宿存或脱落；萼筒钟状，常红色；萼片三角形，长 4–5 mm；全缘，先端急尖，常带红色；花瓣淡粉色至白色，卵圆形，先端圆钝或微凹；花柱无毛，柱头盘状。核果卵圆形，长 12–15 mm，直径 8–12 mm，熟时紫黑色；核圆卵形，顶端圆钝，边有深沟和孔穴。花期 10–12 月。

高盆樱桃 **Cerasus cerasoides**
(Buch.-Ham. ex D. Don) S. Y. Sokolov
引自《中国高等植物图鉴》

分布与生境　产于云南、西藏南部。生于海拔 1300–2200 m 的沟谷密林中。也分布于克什米尔地区、尼泊尔、印度（锡金）、不丹、缅甸北部。

药用部位　种仁。

功效应用　清热解毒，止血止痛，滑肠，下气利水。用于淤血肿痛，跌打损伤，风痹，经闭，麻疹，百日咳，胃寒痛，胃出血，便秘，疔疮。

化学成分　根皮含黄酮类：柚皮苷元(naringenin)，缅茄苷▲(afzelin)，山柰苷(kaempferitrin)[1]，樱黄

高盆樱桃 Cerasus cerasoides
(Buch.-Ham. ex D. Don) S. Y. Sokolov
摄影：朱仁斌

素苷(prunetinoside)，葡萄糖基芫花素(glucogenkwanin)，新樱花苷(neosakuranin)[2]；三萜类：熊果酸(ursolic acid)[1-2]；其他类：β-谷甾醇，胡萝卜苷[1]，豆甾醇，三十烷，二十五烷，正二十八醇，棕榈酸，油酸，硬脂酸[1]。

茎含黄酮类：柚皮苷元-5-*O*-α-L-吡喃鼠李糖苷(naringenin-5-*O*-α-L-rhamnopyranoside)，4'-*O*-甲基甘草苷元-7-*O*-α-L-吡喃鼠李糖苷(4'-*O*-methylliquiritigenin-7-*O*-α-L-rhamnopyranoside)[3]，樱黄素(prunetin)，染料木素(genistein)，高盆樱桃素▲A (puddumin A)[4]。

种子含黄酮类：柚皮苷元-4'-甲醚-7-木糖苷(naringenin-4'-methyl ether-7-xyloside)[5]。

注评　本种的种子云南个别地区作“郁李仁”代用品使用。白族、佤族和基诺族也药用，白族用种子治大便结块、腹水、小便不利；佤族用用树皮治于腹部热痛、小便黄少、口腔起泡；基诺族用树皮或果实治肠炎、痢疾、腹部热痛、小便黄少、口腔或牙龈起泡。

化学成分参考文献

[1] Bahuguna RP, et al. *Fitoterapia*, 1987, 58(2): 140.

[2] Thapliyal RP, et al. *Fitoterapia*, 1993, 64(5): 473.

[3] Shrivastava SP, et al. *Indian J Chem*, 1982, 21B(6): 604-605.

[4] Bahuguna RP, et al. *J Nat Prod*, 1987, 50(2): 232-234.

[5] Shrivastava SP. *Phytochemistry*, 1982, 21(6): 1464-1465.

13. 毛叶欧李（中国高等植物图鉴） 显脉欧李（华北经济植物志要），脉欧李（拉汉种子植物名称）

Cerasus dictyoneura (Diels) Holub in Folia Geobot. Phytotax. 11: 82. 1976.——*Prunus dictyoneura* Diels（英 **Hairyleaf Cherry**）

灌木，高 0.3–1 m，高大者可达 2 m；小枝灰褐色，幼时密被短柔毛；冬芽卵圆形，密被短茸毛。托叶线形，长 3–4 mm，边缘有腺齿；叶柄长 2–3 mm，密被短柔毛；叶片倒卵状椭圆形，长 2–4 cm，宽 1–2.5 cm，中部以上最宽，上面深绿色，无毛或被短柔毛，常有皱纹，下面密被褐色微硬毛，网脉明显突起，侧脉 5–8 对，基部楔形，边缘有单锯齿或重锯齿，先端圆钝或急尖。花单生或 2–3 朵簇生，先叶开放；花梗长 4–8 mm，密被短柔毛；萼筒钟状，长宽近相等，约 3 mm，外被短柔毛；萼片卵形，长约 3 mm，先端急尖；花瓣粉红色或白色，倒卵形；花柱与雄蕊近等长，无毛。核果球形，红色，直径 1–1.5 cm。花期 4–5 月，果期 7–9 月。

分布与生境　产于河北、山西、陕西、河南、甘肃、宁夏。生于海拔 400–1600 m 的山坡阳处灌丛中

毛叶欧李 **Cerasus dictyoneura** (Diels) Holub
引自《中国高等植物图鉴》

毛叶欧李 **Cerasus dictyoneura** (Diels) Holub
摄影：朱仁斌

或荒草地上，并常栽培。

药用部位 种子。

功效应用 润燥清肠通便，下气，利尿消肿。用于大便秘结，腹满喘促，水肿，脚气，尿少，小便不利。

14. 欧李（中国树木分类学） 乌拉奈（辽宁），酸丁（热河志）

Cerasus humilis (Bunge) Sokoloff, Trees Shrubs URSS 3: 751. 1954.——*Prunus humilis* Bunge（英 **Chinese Dwarf Cherry**）

灌木，高 0.4–1.5 m；小枝灰褐色或棕褐色，被短柔毛；冬芽卵形，疏被短柔毛或近无毛。托叶线形，长 5–6 mm，边缘有腺体；叶柄长 2–4 mm，无毛或被稀疏短柔毛；叶片倒卵状长椭圆形或倒卵状披针形，长 2.5–5 cm，宽 1–2 cm，中部以上最宽，上面深绿色，无毛，下面淡绿色，无毛或被稀疏短柔毛，侧脉 6–8 对，基部楔形，边缘有单锯齿或重锯齿，先端急尖或短渐尖。花单生或 2–3 朵簇生，花叶同开；花梗长 5–10 mm，被稀疏柔毛；萼筒长宽近相等，约 3 mm，外被稀疏柔毛；萼片三角状卵形，先端急尖或圆钝；花瓣白色或粉红色，长圆形或倒卵形；雄蕊 30–35；花柱无毛与雄蕊近等长。核果成熟后红色或紫红色，近球形，直径 1.5–1.8 cm。花期 4–5 月，果期 6–10 月。

分布与生境 产于黑龙江、吉林、辽宁、内蒙古、河北、山东、河南。生于海拔 100–1800 m 的阳坡砂地、山地灌丛中，或庭园栽培。

药用部位 种子。

功效应用 润肠通便，下气利水。用于津枯肠燥，食积气滞，腹胀便秘，下腹水肿，水肿，脚气，小便不利。

化学成分 果实含挥发油：主要成分为 2-己烯醇、2-己烯醛、苯甲醛、3-己烯醇、乙酸乙酯、己醛、

欧李 **Cerasus humilis** (Bunge) Sokoloff
刘春荣　绘

欧李 **Cerasus humilis** (Bunge) Sokoloff
摄影：刘冰

芳樟醇、已醇、已酸、乙酸丁酯等[1]。

药理作用　抗氧化作用：欧李多酚的脂质过氧化和蛋白质氧化抑制呈剂量和时间依赖性方式，总酚与抗氧化能力之间的相关性较好，能完全抑制由过氧自由基和铜离子诱导早期的共轭二烯 (CD) 的生成，延长脂质氧化诱导期，有效地抑制由过氧自由基诱导的牛血清白蛋白氧化。欧李多酚能通过淬灭自由基的方式抑制因自由基所致的生物膜、脂蛋白和血清白蛋白氧化损伤[1]。

注评　本种为历版中国药典和部颁药品标准·维吾尔药（1998 年版）收载“郁李仁”的基源植物之一，药用其干燥成熟种子；部颁药品标准·维吾尔药（1998 年版）收载的“欧李”为其干燥近成熟果实；商品药材习称“小李仁”。中国药典同时收载同科植物郁李 Cerasus japonica (Thunb.) Loisel. 和长梗扁桃 Amygdalus pedunculata Pall. 的种子同等药用，前者习称“大李仁”；后者称“小李仁”，传统认为“小李仁”的质量较优。此外，同科植物李 Prunus salicina Lindl.、杏李 Prunus simonii Carrière、欧洲李 Prunus domestica L. 和榆叶梅 Amygdalus triloba (Lindl.) Ricker、毛樱桃 Cerasus tomentosa (Thunb.) Wall. 等的种子，在不同产地均有作“郁李仁”的情况，商品药材属“大李仁”类；其中毛樱桃为中国药典（1985 年版）收载“郁李仁”和辽宁中药材标准（2009）收载的“大李仁”，李为四川（1984、1987）、宁夏（1993）中药材标准收载的“李仁”和甘肃中药材标准（1991）收载的“郁李仁”，杏李为四川中药材标准（1984、1987）收载的“李仁”；这些品种的功效应用的同质性值得进一步研究。蒙古族、朝鲜族也药用，蒙古族用种子治大便秘结、水肿、尿少；朝鲜族用种子治小便不利、四肢水肿。

化学成分参考文献

[1] 薛洁，等 . 中国食品学报，2008, 8(1): 125-129.

药理作用及毒性参考文献

[1] 程霜 . 食品科学，2007, 28(9): 57-61.

15. 麦李（中国树木分类学）

Cerasus glandulosa (Thunb.) Sokoloff, Tree Shrubs URSS 3: 751. 1954.——*Prunus glandulosa* Thunb.（英 **Almond Cherry**）

乔木，高 0.5–1.5 m，稀达 2 m；小枝无毛或幼时被短柔毛。托叶线形；叶柄长 6–8 mm，几无毛；叶片长圆状披针形或椭圆状披针形，长 2.5–6 cm，宽 1–2 cm，两面无毛或在中脉上有疏柔毛，侧脉 4–5 对，基部楔形，最宽处在中部，边缘有细钝重锯齿，先端渐尖。花单生或 2 朵簇生；花叶同开或近同开；花梗长 6–8 mm，几无梗；萼筒钟状，无毛；萼片三角状椭圆形，边缘有锯齿；花瓣白色或粉红色，倒卵形；花柱无毛或基部有疏柔毛。核果红色或紫红色，近球形，直径 1–1.3 cm。花期 3–5 月，果期 5–8 月。

分布与生境　产于陕西、河南、山东、江苏、安徽、浙江、福建、广东、广西、湖南、湖北、四川、贵州、云南。生于海拔 800–2300 m 的山坡沟边或灌丛中，也常庭园栽培。也分布于日本。

药用部位　种子。

功效应用　润燥滑肠，下气行水。用于慢性便秘，水肿，妇女水肿。

麦李 **Cerasus glandulosa** (Thunb.) Sokoloff
引自《中国高等植物图鉴》

麦李 **Cerasus glandulosa** (Thunb.) Sokoloff
摄影：杨雁

16. 郁李（植物名实图考）雀梅（群芳谱），寿李（花镜），秧李（河南）

Cerasus japonica (Thunb.) Loisel. in Duham., Traité Arbr. Arbust. 5: 33. 1812.——*Prumus japonica* Thunb.（英 **Dwarf Flowering Cherry**）

16a. 郁李（模式变种）

Cerasus japonica (Thunb.) Loisel. var. **japonica**

灌木，高 1–1.5m；小枝灰褐色，幼时绿色或绿褐色，无毛；冬芽卵圆形，无毛。托叶线形，长 4–6 mm，边缘有腺齿；叶柄长 2–3 mm，无毛或被稀疏柔毛；叶片卵形或卵状披针形，长 3–7 cm，宽

郁李 **Cerasus japonica** (Thunb.) Loisel. var. **japonica**
引自《中国果树分类学》

郁李 **Cerasus japonica** (Thunb.) Loisel. var. **japonica**
摄影：周繇 徐克学

1.5–2.5 cm，上面深绿色，无毛，下面淡绿色，无毛或脉上有稀疏柔毛，侧脉 5–8 对，基部圆形，边缘有缺刻状尖锐重锯齿，先端渐尖。花 1–3 朵，簇生，花叶同开或先于叶开放；花梗长 5–10 mm，无毛或被疏柔毛；萼筒陀螺状，长宽近相等，2.5–3 mm，无毛；萼片椭圆形，比萼筒略长，边缘有细齿，先端圆钝；花瓣白色或粉红色，倒卵状椭圆形；雄蕊约 32；花柱与雄蕊近等长，无毛。核果近球形，深红色，直径约 1 cm；核表面光滑。花期 5 月，果期 7–8 月。

分布与生境 产于黑龙江、吉林、辽宁、河北、山东、浙江。生于海拔 100–200 m 的山坡林下或灌丛中，常栽培。也分布于日本和朝鲜。

药用部位 种子。

功效应用 润燥滑肠，下气利水。用于津枯肠燥，食积气滞，腹胀便秘，下腹水肿，水肿，脚气，小便不利。

郁李仁 **Pruni Semen**
摄影：钟国跃

药理作用 兴奋肠平滑肌作用：郁李仁水煎液具有促进小鼠肠蠕动的作用，且作用效果好于脂肪油[1]。

注评 本种为历版中国药典、部颁药品标准 · 维吾尔药（1998 年版）收载“郁李仁”的基源植物，药用其干燥成熟种子。中国药典同时收载同科植物欧李 Cerasus humilis (Bunge) Sokolov 和长梗扁桃 Amygdalus pedunculata Pall. 的种子同等药用，前者习称“大李仁”；后者称“小李仁”，传统认为“小李仁”的质量较优。“郁李仁”商品药材情况参见欧李 Cerasus humilis (Bunge) Sokolov。

药理作用及毒性参考文献

[1] 余伯阳，等 . 中药材，1992, 15(4): 36-38.

16b. 长梗郁李（变种）（东北木本植物图志） 中井郁李（土名）

Cerasus japonica (Thunb.) Loisel. var. **nakaii** (H. Lév.) T. T. Yü et C. L. Li in Fl. Reipulb. Popularis Sin. 38: 36. 1986.——*Prunus nakaii* H. Lév.（英 **Longpedicel Chinese Bustcherry**）

本变种与模式变种不同为托叶线形，边缘不裂；叶柄长 3–5 mm；叶片卵形，边缘有深齿。花梗长 1–2 cm；核果暗红色。花期 5 月，果期 6–7 月。

分布与生境　产于黑龙江、吉林、辽宁。生于山地向阳山坡。也分布于朝鲜。

药用部位　种子。

功效应用　缓泻利尿，润燥滑肠。用于大便秘结，水肿，尿少。

注评　本种朝鲜族药用，用其种子治小便不利、四肢水肿。东北地区作郁李仁使用。

17. 毛樱桃（河北习见树木图说） 山樱桃（名医别录），梅桃（中国树木分类学），山豆子（河北），樱桃（东北）

Cerasus tomentosa (Thunb.) Wall., Numer. List. No. 715. 1829.——*Prunus tomentosa* Thunb.（英 **Nanking Cherry**）

灌木，高 0.3–1 m，稀呈小乔木状，高可达 2–3 m；小枝紫褐色或灰褐色，幼时密被绒毛至无毛；冬芽卵圆形，疏被短柔毛或无毛。托叶线形，长 3–6 mm，被长柔毛；叶柄长 2–8 mm，被绒毛或脱落疏被绒毛；叶片卵状椭圆形或倒卵状椭圆形，长 2–7 cm，宽 1–3.5 cm，上面暗绿色或深绿色，被疏柔毛，下面灰绿色，密被灰色绒毛或以后脱落疏被绒毛，侧脉 4–7 对，基部楔形，边缘有急尖或粗锐锯齿，先端急尖或渐尖。花单生或 2 朵簇生，花叶同开、近先叶开放或先叶开放；花梗长约 2.5 mm 或近无梗；萼筒管状或杯状，长 4–5 mm，外被短柔毛或无毛；萼片三角状卵形，长 2–3 mm，先端钝或急尖，外被短柔毛；花瓣白色或粉红色，倒卵形，先端钝；花柱伸出与雄蕊近等长或稍长；子房全部被毛或仅顶端或基部被毛。核果近球形，红色，直径 0.5–1.2 cm；核除两侧有纵沟外无棱纹。花期 4–5 月，果期 6–9 月。

毛樱桃 **Cerasus tomentosa** (Thunb.) Wall.
刘春荣　绘

毛樱桃 **Cerasus tomentosa** (Thunb.) Wall.
摄影：徐克学

分布与生境 产于黑龙江、吉林、辽宁、河北、山东、山西、陕西、甘肃、宁夏、青海、四川、云南。生于海拔 100–3200 m 的山坡林中、林缘、灌丛中或草地。

药用部位 种子、果实。

功效应用 种子：润燥滑肠，利水消肿，下气，解热，活血。用于津枯肠燥，食积气滞，腹胀便秘，水肿，脚气，小便淋痛不利。果实：益气固精。用于泻痢遗精，麻疹，水痘，冻疮。

化学成分 叶含黄酮类：槲皮苷(quercitrin)[1]；挥发油：3,7-二甲基-1,6-辛二烯-3-醇(3,7-dimethyl-1,6-octadien-3-ol)，亚麻酸乙酯(ethyl linolenate)，17-三十五烯(17-pentatriacontene)，9,12,15-十八碳三烯酸甲酯(9,12,15-methyl octadecatrienoate)，8,11-十八碳二烯酸甲酯(8,11-methyloctadecadienoate)[2]。

果实含黄酮类：槲皮苷[3]；其他类：抗坏血酸(ascorbic acid)，叶酸(folic acid)，肌肉肌醇(*myo*-inositol)，D-手性肌醇(D-*chiro*-inositol)，D-松醇(D-pinitol)，丙酮酸，D-葡萄糖，蔗糖，D果糖，L-天门冬酸，柠檬酸，草酸，苹果酸[4]。

种子含黄酮类：山柰酚(kaempferol)，缅茄苷▲(afzelin)，多花蔷薇苷(multiflorin) A、B，野蔷薇苷A (multinoside A)，槲皮苷(quercitrin)[5]；三萜类：角鲨烯(squalene)[6]；倍半萜类：黄兰醇(champacol)，α-古巴烯醇(α-copaene alcohol)[6]；甾体类：γ-谷甾醇(γ-sitosterol)[6]；氰苷：苦杏仁苷(amygdalin)[7]。

注评 本种为中国药典（1985 年版）收载"郁李仁"和辽宁中药材标准（2009）收载"大李仁"的基源植物，药用其干燥成熟种子。

化学成分参考文献

[1] Wada E. *Nippon Nogei Kagaku Kaishi*, 1952, 26: 108-109.

[2] 巩宏伟，等 . 分子科学学报 , 2008, 24(4): 294-296.

[3] Hwang HS, et al. *Han'guk Sikp'um Yongyang Kwahak Hoechi*, 2003, 32(6): 833-839.

[4] Kawecki Z, et al. *Journal of Fruit and Ornamental Plant Research*, 2002, 10: 105-110.

[5] Kim SK, et al. *Arch Pharm Res*, 2008, 31(4): 424-428.

[6] 程霜，等 . 食品科学，2006, 27(5): 83-87.

[7] 陈德昌，等 . 中草药，1980, 11(6): 247.

18. 天山樱桃（中国植物志）

Cerasus tianshanica Pojarkov in J. Bot. URSS 24(3): 242. 1939.（英 **Tianshan Mountin Cherry**）

灌木，高 1–1.5 m；小枝幼时被灰白色绒毛。托叶线形，长约 2 mm；叶柄长 1–2 mm，无毛；叶片簇生于短枝上，倒卵状披针形，长 8–16 mm，宽 3–7 mm，两面无毛，侧脉 4–5 对，基部楔形，边缘锯齿尖锐，先端急尖或圆钝。花单生，花叶同开；花梗长约 1.5 mm；萼筒管状，长 2–8 mm，无毛；萼片卵状三角形，先端急尖，外面无毛，内面有白色绒毛；花瓣淡红色，倒卵形；花柱基部有稀疏长柔毛。核果紫红色，近球形，直径 6–7 mm，顶端有稀疏长柔毛；核表面平滑。花期 4–5 月，果期 6–7 月。

分布与生境 产于新疆。生于海拔 700–1600 m 的山坡草地或林下。也分布于俄罗斯中亚。

药用部位 种子。

功效应用 润肠，解毒透疹。

化学成分 果实含黄酮[1]。

天山樱桃 **Cerasus tianshanica** Pojarkov
张荣生 绘

化学成分参考文献

[1] Chumbalov TK, et al. *Sb Rab Khim Kaz Univ*, 1973, (3): 35-38

47. 稠李属 Padus Mill.

落叶小乔木或灌木；分枝较多；冬芽卵圆形，具有数枚覆瓦状排列鳞片。叶片在芽中呈对折状；单叶互生；托叶早落；叶柄通常在顶端有 2 个腺体或在叶片基部边缘上具 2 个腺体；叶片具齿，稀全缘。花多数，组成总状花序，花序轴下部有叶或无叶，生于当年生小枝顶端；苞片早落；萼筒钟状，萼片 5，在果期宿存或脱落；花瓣 5，白色，先端通常啮蚀状；雄蕊 10 至多数；雌蕊 1，周位花；子房上位，心皮 1，具有 2 胚珠，柱头平。果实为核果，卵球形，外面无纵沟，中果皮骨质，成熟时具有 1 个种子，子叶肥厚。

本属有 20 余种，主要分布于北温带。我国有 14 种，全国各地均有，但以长江流域、陕西和甘肃南部较为集中，其中 2 种 2 变种可药用。

分种检索表

1. 花柱短，仅为雄蕊长度的 1/2；花梗长 1–1.5 (–2.4) cm；花梗和花序轴无毛或被毛 ············ 1. **稠李 P. avium**
1. 花柱与雄蕊近等长；花梗短，长 5–7 mm；花梗和花序轴均被短柔毛···················· 2. **短梗稠李 P. brachypoda**

1. 稠李（中国植物志） 臭耳子（甘肃），臭李子（东北）

Padus avium Mill., Gard. Dict. (ed. 8) no. l. 1778.——*Prunus racemosa* Lam., *Prunus padus* L.（英 **European Bird Cherry**）

1a. 稠李（模式变种）

Padus avium Mill. var. **avium**

落叶乔木，高可达 15 m；小枝幼时被短绒毛，以后脱落无毛；冬芽卵圆形，无毛或沿鳞片边缘有睫毛。托叶膜质，线形，边缘有带腺锯齿；叶柄长 1–1.5 cm，顶端两侧各具 1 腺体；叶片椭圆形、长圆形或长圆状倒卵形，长 4–10 cm，宽 2–4.5 cm，两面无毛，下面中脉和侧脉均突起，基部圆形或宽楔形，边缘有不规则锐锯齿，有时混有重锯齿，先端尾尖。总状花序具有多花，长 7–10 cm，基部通常有 2–3 叶，叶片与枝生叶同形，通常较小；花梗长 1–1.5 (2.4) cm；花梗和花序轴通常无毛；花直径 1–1.6 cm；萼筒钟状，比萼片稍长；萼片三角状卵形，边缘有带腺细锯齿，在果期脱落；花瓣白色，长圆形，基部楔形，有短爪，先端波状；雄蕊多数；雌蕊 1，心皮无毛，柱头盘状，花柱比雄蕊短近 1 倍。核果卵球

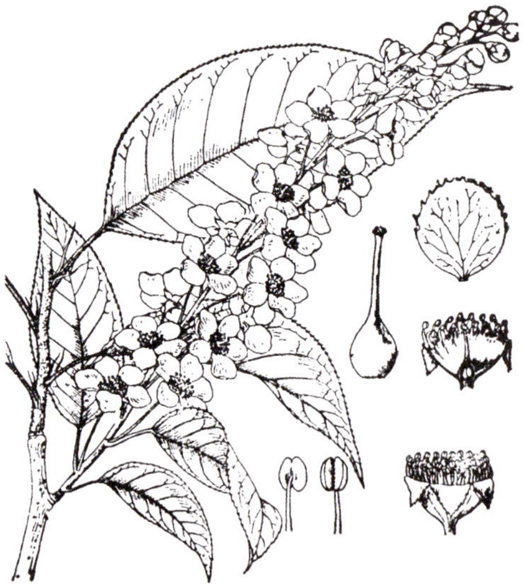

稠李 **Padus avium** Mill. var. **avium**
引自《中国高等植物图鉴》

稠李 **Padus avium** Mill. var. **avium**
摄影：于俊林

形，直径 8–10 mm，红褐色至黑色，顶端尖，光滑，萼片脱落；果梗无毛。花期 4–5 月，果期 5–10 月。

分布与生境 产于东北、华北及河南、山东等地。生于海拔 880–2500 m 的山坡、山谷或灌丛中。也分布于朝鲜、日本、俄罗斯。

药用部位 叶、果实。

功效应用 叶、果实：止泻痢。用于腹泻，脾虚，形体消瘦。叶：镇咳祛痰。

化学成分 叶含维生素C，蛋白质，叶绿素(chlorophyll) a、b[1]。

花含黄酮类：槲皮素-3-半乳糖苷(quercetin-3-galactoside)，金丝桃苷(hyperin; hyperoside)，槲皮素-3-半乳糖基木糖基葡萄糖苷(quercetin-3-galactoxylosidoglucoside)，紫云英苷(astragalin)[2]，槲皮素-3-半乳糖基葡萄糖苷(quercetin-3-galactoglucoside)[3]；挥发油：苯乙醛(phenylacetaldehyde)，苯乙腈(phenylacetonitrile)，芳樟醇(linalool)，烟醛(nicotinic aldehyde)，氨茴酸甲酯(methylanthranilate)，氨茴醛(anthranilic aldehyde)，2-氨基苯乙酮(2-aminoacetophenone)，*N*-甲酰亮氨酸甲酯(methyl *N*-formylleucine ester)，*N*-甲酰异亮氨酸甲酯(methyl *N*-formylisoleucine ester)，*N*-(2-乙酰苯基)甲酰胺[*N*-(2-acetylphenyl) formamide]，1,4-二氢-2-甲基-2*H*-3,1-苯并噁嗪(1,4-dihydro-2-methyl-2*H*-3,1-benzoxazine)[4]等。

化学成分参考文献

[1] Repyakh S. *Izvestiya Vysshikh Uchebnykh Zavedenii, Lesnoi Zhurnal*, 1997, (4): 46-48.

[2] Ostrowska B, et al. *Planta Med*, 1971, 20(3): 263-271.

[3] Ostrowska B, et al. *Herba Polonica*, 1970, 16(4): 372-378.

[4] Surburg H, et al. *J Essent Oil Res*, 1990, 2(6): 307-316.

1b. 毛叶稠李（变种）（中国树木分类学）

Padus avium Mill. var. **pubescens** (Regel et Tiling) T. C. Ku et B. M. Barthol. in Flora of China 9: 423. 2003.——*Prunus padus* L. var. *pubescens* Regel et Tiling（英 **Hairyleaf Bird Cherry**）

本变种以小枝、叶柄、叶片下面和花梗、花序轴均密被褐色长柔毛而不同。花期 4–6 月，果期 6–10 月。

分布与生境 产于河北、山西、内蒙古、河南。生于海拔 1280–1925 m 的山坡林中、灌丛中和山腰处以及沟边潮湿处。

药用部位 果实、核仁、根及树根皮。

功效应用 健脾止泻。用于脾虚泄泻。

毛叶稠李 **Padus avium** Mill. var. **pubescens** (Regel et Tiling) T. C. Ku et B. M. Barthol.
摄影：叶喜阳

1c. 北亚稠李（变种）（中国植物志）

Padus avium Mill. var. **asiatica** (Kom.) T. C. Ku et B. M. Barthol. in Flora of China 9: 423. 2003.——*P. asiatica* Kom.（英 **Asiatic Bird Cherry**）

北亚稠李 **Padus avium** Mill. var. **asiatica** (Kom.) T. C. Ku et B. M. Barthol.
摄影：刘翔

本变种以小枝、叶柄和叶片下面以及花梗和花序轴均被柔毛而不同。花期 4–6 月，果期 10 月。

分布与生境　产于东北、华北及山东、陕西、甘肃、新疆等省区。生于海拔 800–2700 m 的山坡、林缘、阔叶林、丘陵以及河岸等处。也分布于俄罗斯、蒙古。

药用部位　果实。

功效应用　补脾胃，止泻。用于泄泻，痢疾。

2. 短梗稠李（中国植物志）　短柄稠李（秦岭植物志）

Padus brachypoda (Batalin) C. K. Schneid. in Repert. Spec. Nov. Regni Veg. 1: 69. 1905.——*Prunus brachypoda* Batalin（英 **Shortstalk Bird Cherry**）

短梗稠李 **Padus brachypoda** (Batalin) C. K. Schneid.
摄影：高贤明

落叶乔木，高 8–10 m；小枝幼时被绒毛，以后脱落无毛；冬芽卵圆形，无毛。托叶膜质，线形，边缘有腺齿；叶柄长 1.5–2.3 cm，无毛，顶端两侧各有 1 腺体；叶片长圆形，稀椭圆形，长 6–16 cm，宽 3–7 cm，上面无毛，下面无毛或脉腋有髯毛，中脉和侧脉均突起，基部圆形或微心形，稀截形，边缘有贴生或开展锐锯齿，齿尖带短芒，先端急尖、渐尖或短尾尖。总状花序具有多花，长 16–30 cm，基部有 1–3 叶，叶片较小，披针形或长圆状披针形；花梗长 5–7 mm，和花序轴均被短柔毛；花直径 5–7 mm；萼筒钟状；萼片三角形或三角状卵形；花瓣白色，倒卵形；雄蕊 25–27；雌蕊 1；心皮无毛，柱头盘状；花柱比花丝长。核果球形，直径 5–7 mm，幼时紫红色，老时褐色，萼片脱落，萼筒基部宿存；核光滑；果梗被短柔毛。花期 4–5 月，果期 5–10 月。

分布与生境　产于河南、陕西、甘肃、湖北、四川、贵州和云南。生于海拔 1500–2500 m 的山坡灌丛中、山谷和山沟林中。

药用部位　根、叶、果实、树皮。

功效应用　根、叶及果实：用于筋骨扭伤。树皮：杀虫止痒。

48. 桂樱属 **Laurocerasus** Tourn. ex Duhamel

常绿乔木或灌木，极稀落叶。叶互生，全缘或具锯齿，下面近基部或在叶柄上常有 2 枚稀数枚腺体；托叶小，早落；花常两性，有时雌蕊退化而形成雄花，排成总状花序；总状花序无叶，常单生稀簇生，生于叶腋或去年生小枝叶痕的腋间；苞片小，早落，位于花序下部的苞片先端 3 裂或有 3 齿，苞腋内常无花；萼 5 裂，裂片内折；花瓣白色，通常比萼片长 2 倍以上；雄蕊 10–50，排成两轮，内轮稍短；心皮 1，花柱顶生，柱头盘状；胚珠 2，并生。果实为核果，干燥；核骨质，核壁较薄或稍厚而坚硬，外面平滑或具皱纹，常不开裂，内含 1 枚下垂种子。

此属全球约 80 种，主要产于热带，自非洲、南亚、东南亚、巴布亚新几内亚至中美、南美，少数种分布到亚热带和冷温带，自西南欧、东南欧至东亚。我国有 13 种，主要产于黄河流域以南，尤以华南和西南地区分布的种类较多，其中 2 种可药用。

分种检索表

1. 叶片下面布满黑色小腺点，近革质，先端长尾尖，全缘；果实近球形或横向椭圆形，直径 8–10 mm 或宽稍大于长 ······ 1. 腺叶桂樱 **L. phaeosticta**
1. 叶片下面无黑色腺点，草质至薄革质，先端渐尖至尾尖，边缘常波状，中部以上或近先端有少数针状锐锯齿；果实椭圆形，长 8–11 mm，宽 6–8 mm ······ 2. 刺叶桂樱 **L. spinulosa**

1. 腺叶桂樱（中国树木志） 腺叶野樱（广州植物志），腺叶稠李（拉汉种子植物名称）

Laurocerasus phaeosticta (Hance) C. K. Schneid., Ill. Handb. Laubholzk 1: 649, f. 355. 1906.——*Pygeum phaeostictum* Hance, *Prunus phaeosticta* (Hance) Maxim.（英 **Brownpunctate Cherry-laurel**）

常绿灌木或小乔木，高 4–12 m；小枝具稀疏皮孔，无毛。叶片革质，狭椭圆形、长圆形或长圆状披针形，稀倒卵状长圆形，长 6–12 cm，宽 2–4 cm，长尾尖，基部楔形，全缘，在幼苗或萌蘖枝上的叶具锐锯齿，两面无毛，下面散生黑色小腺点，基部近叶缘常有 2 枚较大扁平基腺；叶柄长 4–8 mm，无腺体，无毛；托叶小，无毛，早落。总状花序单生于叶腋，具花数朵至 10 余朵，长 4–6 cm，无毛，生于小枝下部叶腋的花序，其腋外叶早落，生于小枝上部的花序，其腋外叶宿存；花梗长 3–6 mm；苞片无毛，早落；花直径 4–6 mm；花萼外面无毛；萼片卵状三角形，先端钝，有缘毛或具小齿；花瓣近圆形，白色，无毛；雄蕊 20–35；子房无毛，花柱长约 5 mm。果实近球形或横向椭圆形，直径 8–10 mm，或横径稍大于纵径，紫黑色，无毛；核壁薄而平滑。花期 4–5 月，果期 7–10 月。

腺叶桂樱 **Laurocerasus phaeosticta** (Hance) C. K. Schneid.
引自《中国高等植物图鉴》

分布与生境 产于湖南、江西、浙江、福建、台湾、广东、广西、贵州、云南。生于海拔 300–2000 m 的疏密杂木林内或混交林中，也见于山谷、溪旁或路边。也分布于印度、缅甸北部、孟加拉、泰国北部和越南北部。

药用部位 全株、种子。

功效应用 活血祛瘀，镇咳利尿，润燥滑肠。用于闭经，疮疡肿毒，大便燥结。

腺叶桂樱 **Laurocerasus phaeosticta** (Hance) C. K. Schneid.
摄影：王祝年

2. 刺叶桂樱（中国树木志） 刺叶稠李（拉汉种子植物名称），橉木（通称），甜珠（浙江）

Laurocerasus spinulosa (Siebold et Zucc.) C. K. Schneid., Ill. Handb. Laubholzk 1: 649, f. 354 o-p. 1906.——*Prunus spinulosa* Siebold et Zucc.（英 **Spinyleaf Cherry**）

常绿乔木，高可达 20 m，稀为灌木；小枝具明显皮孔，无毛或幼嫩时微被柔毛，老时脱落。叶片草质至薄革质，长圆形或倒卵状长圆形，长 5–10 cm，宽 2–4.5 cm，渐尖至尾尖，基部宽楔形至近圆形，边缘不平而常呈波状，中部以上或近顶端常具少数针状锐锯齿，两面无毛，近基部沿叶缘或在叶边常具 1 或 2 对基腺；叶柄长 5–10 (15) mm，无毛；托叶早落。总状花序生于叶腋，单生，具花 10 朵以上至 20 余朵，长 5–10 cm，被细短柔毛；花梗长 1–4 mm；苞片长 2–3 mm，早落，花序下部的苞片常无花；花直径 3–5 mm；花萼外面无毛或微被细短柔毛；萼片卵状三角形，圆钝；花瓣圆形，白色，无毛；雄蕊 25–35；子房无毛，花柱稍短或几与雄蕊等长，有时雌蕊败育。果实椭圆形，长 8–11 mm，宽 6–8 mm，褐色至黑褐色，无毛；核壁较薄，表面光滑。花期 9–10 月，果期 11–3 月。

刺叶桂樱 **Laurocerasus spinulosa** (Siebold et Zucc.) C. K. Schneid.
吴彰桦 绘

分布与生境 产于江西、湖北、湖南、安徽、江苏、浙江、福建、广东、广西、四川、贵州。生于山坡阳处疏密杂木林中或山谷、沟边阴暗阔叶林下及林缘，海拔 400–1500 m。也分布于日本和菲律宾。

药用部位 果实、种子。

功效应用 祛风除湿，消肿止血。用于痢疾。

化学成分 茎皮含氰苷类：野樱苷(prunasin)[1]；黄酮类：(+)-儿茶素[(+)-catechin]，(-)-表儿茶素[(-)-epicatechin][1]；木脂素类：(-)-橄榄脂素[(-)-olivil][1]。

刺叶桂樱 **Laurocerasus spinulosa** (Siebold et Zucc.) C. K. Schneid.
摄影：林建勇

化学成分参考文献

[1] Mimaki Y, et al. *Nat Med*, 1994, 48(1): 86-91.

牛栓藤科 CONNARACEAE

灌木、小乔木或藤本。奇数羽状复叶，互生，有时仅具 1–3 小叶，小叶全缘，稀分裂，常绿或落叶，无托叶。花两性，稀单性，辐射对称；花序腋生、顶生或假顶生，为总状花序或圆锥花序；萼片 5，稀 4，离生或在基部合生，常宿存，包围在果实基部，芽时覆瓦状或镊合状稀拳卷状排列；花瓣 5，稀 4，离生稀在中部连合；雄蕊 10 或 5 稀 4+4，成 2 轮，内轮雄蕊常较短，或不发育，花丝离生或基部连合，花药 2 室，纵裂，内向，花盘小或缺；心皮 5 (–3) 或 1，离生，子房上位，1 室，花柱钻状或丝状，柱头近似头状；胚珠 2 枚直立或倒生，常并生，其中 1 枚较小或不发育。果为蓇荚果，有柄或无柄，沿腹缝线开裂，很少沿背缝线或基部周裂，稀不裂。种子大形，1 枚稀 2 枚，种皮厚，通常有肉质假种皮，胚乳有或无，胚直立，子叶肥厚。

24 属，约 390 种，主要分布在非洲及亚洲热带地区，少数在亚热带地区，极少数分布到拉丁美洲。我国有 6 属 9 种，分布在云南、广东、广西、福建以及台湾等地，药用 3 属 4 种。

化学成分类型多样，主要有黄酮、蒽醌、香豆素等类型化合物。

分属检索表

1. 羽状复叶，小叶 3 枚；心皮 5；雄蕊 10，稀为 5 或 15；花瓣长于萼片 ························ 3. **栗豆藤属 Agelaea**
1. 羽状复叶，小叶在 3 枚以上。
   2. 心皮 5；雄蕊 10；萼片在果期增大；花瓣长于萼片 ··· 1. **红叶藤属 Rourea**
   2. 心皮 1；雄蕊 10；萼片在果期不增大；花瓣稍长于萼片或近等长 ··························· 2. **牛栓藤属 Connarus**

1. 红叶藤属 Rourea Aubl.

攀援藤本、灌木或小乔木。奇数羽状复叶，经常具多对小叶，稀仅具 1 小叶。聚伞花序排成圆锥花序，腋生或假顶生，苞片卵状披针形，小苞片披针形；花两性，5 数；萼片覆瓦状排列，宿存，花后膨大并紧抱果基部；花瓣 5，为萼片长 2–3 倍，无毛；雄蕊 10，与萼片对生的 5 枚比与花瓣对生的 5 枚长，花丝基部合生，无毛；心皮 5，离生，仅 1 枚成熟，被毛或无毛，花柱细长，柱头头状，不明显 2 裂；胚珠 2，并生。蓇葖果单生，无柄，光滑或有微细的纵槽，无毛，沿腹缝线纵裂，稀在基部不规则撕裂。种子 1 枚，种皮光滑，全部或基部为肉质假种皮所包围，无胚乳。

本属有 90 余种，分布于非洲、美洲、大洋洲的热带地区以及亚洲东南部。我国华南和西南产 3 种，其中 2 种可药用。

分种检索表

1. 小叶 3–5 (7) 片，先端急尖至短渐尖，顶生小叶较大；果实长 1.5–2.5 cm，宽 0.6 cm······ 1. **红叶藤 R. minor**
1. 小叶较多，通常 7–17 片，先端渐尖；果实长 1 cm，宽 0.5 cm ························ 2. **小叶红叶藤 R. microphylla**

本属药用植物的化学研究较少，主要分得黄酮和蒽醌，以及少量木脂素、三萜和甾体等类型化学成分。从红叶藤 (R. minor) 中分得的木脂素苷类化合物红叶藤苷 (rourinoside，**1**) 以及 2 个长链脂肪酸甘油酯类化合物红叶藤素 (rouremin，**2**) 和 1-(26- 羟基二十六酰基)- 甘油 [1-(26-hydroxyhexacosanoyl)-glycerol，**3**] 具有弱的抗疟活性。

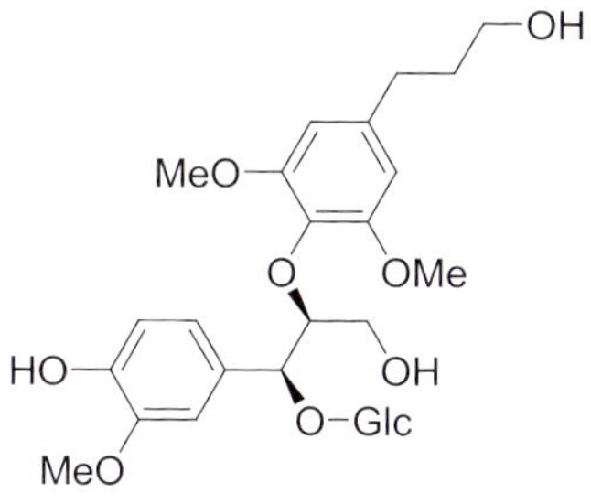

1

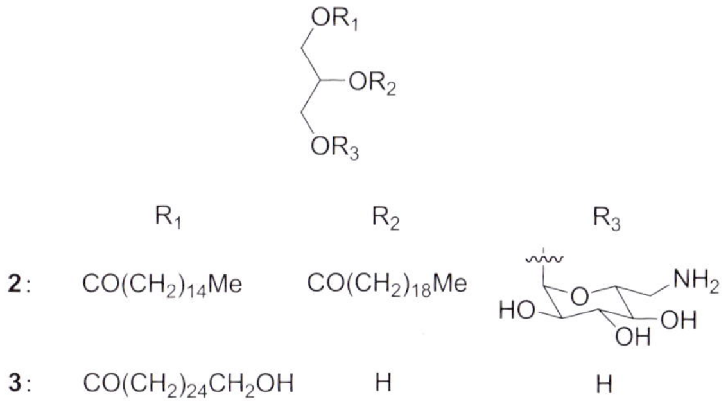

1. 红叶藤（海南植物志）

Rourea minor (Gaertn.) Alston in Fl. Ceylon 6: 2. 1931.——*Aegiceras minus* Gaertn.（英 **Littleleaf Rourea**）

藤本或攀援灌木，高达 25 m。枝圆柱形，深褐色，无毛或幼枝被疏短柔毛。奇数羽状复叶，连叶柄长 4–23 cm，叶柄长 1–7 cm，小叶 3–7 片，通常 3 片，纸质，近圆形、卵圆形或披针形，顶端小叶稍大，卵圆形或长椭圆形，长 3–12 cm，宽 2–5 cm，先端急尖至短渐尖，基部阔楔形至圆形，两侧对称稍偏斜，全缘，两面无毛，下面中脉突出，侧脉 5–10 对，网脉明显，未达边缘即网结。圆锥花序腋生，成簇，总梗 3–6，长 3–9 cm，无毛；花芳香，直径 1 cm；萼片卵形，长 2–3 mm，宽 1.2–2 mm，先端边缘常被缘毛；花瓣白色或黄色，长椭圆形，长 4–6 mm，宽 1–1.5 mm，有纵脉纹，无毛；雄蕊长 2–6 mm；心皮离生，长 4 mm，无毛。果实弯月形或椭圆形而稍弯曲，长 1.5–2.5 cm，宽 0.7–1.5 cm，顶端急尖，沿腹缝线开裂，深绿色，干时黑色，有纵条纹，具宿存萼。种子椭圆形，长 1.5 cm，宽 0.6 cm，红色，包以膜质假种皮。花期 4–10 月，果期 5 月至翌年 3 月。

分布与生境 产于台湾、广东、云南。生于丘陵、灌丛、竹林或密林中，海拔达 800 m。越南、老挝、柬埔寨、斯里兰卡、印度、澳大利亚也有分布。

药用部位 根、叶。

功效应用 根、叶：活血通经、止血止痛。用于闭经。叶：外用于跌打损伤、肿痛、外伤出血。

化学成分 根含黄酮类：白天竺葵苷元(leucopelargonidin)[1]；苯醌类：密花树醌(rapanone)[1]；其他类：*n*-三十一烷[1]，*β*-谷甾醇[1]。

枝含木脂素类：红叶藤苷▲(rourinoside)[2]；脂肪酸及其甘油酯类：红叶藤素▲(rouremin)，26-羟基二十六酸-1-甘油[1-(26-hydroxyhexacosanoyl)-glycerol]，9*S*,12*S*,13*S*-三羟基-10*E*-十八烯酸(9*S*,12*S*,13*S*-trihydroxy-10*E*-octadecenoic acid)[2]；酰胺类：1-*O*-*β*-D-吡喃葡萄糖基-(2*S*,3*R*,4*E*,8*Z*)-2-*N*-(2'-羟基棕榈酰基)-十八碳鞘氨-4,8-二烯醇[1-*O*-*β*-D-glucopyranosyl-(2*S*,3*R*,4*E*,8*Z*)-2-*N*-(2'-hydroxypalmitoyl)-octadecasphinga-4,8-dienine][1]；大柱香波龙烷类：二氢催吐萝芙木醇-9-*β*-D-吡喃葡萄糖苷(dihydrovomifoliol-9-*β*-D-glucopyranoside)[2]；甾体类：胡萝卜苷[2]。

药理作用 抗疟作用：从红叶藤茎中分离的化合物红叶藤苷▲、红叶藤素▲、26-羟基二十六酸-1-甘油酯在体外显示抗恶性疟原虫活性[1]。

注评 本种傣族药用，其根状茎用于生肌收口、消炎止血。

化学成分参考文献

[1] Ramiah N, et al. *Journal of Institute of Chemists*, 1976, 48(4): 196-197.

[2] He ZD, et al. *Phytochemistry*, 2006, 67(13): 1378-1384.

药理作用及毒性参考文献

[1] He ZD, et al. *Phytochemistry*, 2006, 67(13): 1378-1384.

2. 小叶红叶藤　红叶藤（广州植物志），荔枝藤、牛栓藤（广西）

Rourea microphylla (Hook. et Arn.) Planch. in Linnaea 23: 421. 1850.——*Connarus microphyllus* Hook. et Arn.（英 **Littleleaf Rourea**）

攀援灌木，多分枝，无毛或幼枝被疏短柔毛，高 1–4 m。奇数羽状复叶，小叶 7–17 (27) 片，叶轴长 5–12 cm，无毛，小叶片坚纸质至近革质，卵形、披针形或长圆状披针形，长 1.5–4 cm，宽 0.5–2 cm，渐尖而钝，基部楔形至圆形，全缘，两面均无毛，小叶柄极短，无毛。圆锥花序丛生于叶腋内，长 2.5–5 cm，苞片及小苞片不显著；花芳香，直径 4–5 mm；萼片卵圆形，长 2.5 mm，急尖，内外两面均无毛，边缘被短缘毛；花瓣白色、淡黄色或淡红色，椭圆形，急尖，无毛，有纵脉纹；雄蕊 10，花药纵裂，花丝长者 6 mm，短者 4 mm；雌蕊离生，长 3–5 mm，子房长圆形。蓇葖果椭圆形或斜卵形，长 1.2–1.5 cm，宽 0.5 cm，成熟时红色，弯曲或直，急尖，有纵条纹，沿腹缝线开裂，基部有宿存萼片。种子椭圆形，长约 1 cm，橙黄色，为膜质假种皮所包裹。花期 3–9 月，果期 5 月至翌年 3 月。

分布与生境　产于福建、广东、广西、云南等省区。生于海拔 100–600 m 的山坡或疏林中。也分布于越南、斯里兰卡、印度、印度尼西亚。

药用部位　根、茎叶。

功效应用　止血止痛，活血通经。用于经闭，跌打损伤，外伤出血，小儿热疮。

化学成分　茎叶含黄酮类：槲皮素(quercetin)，金丝桃苷(hyperin; hyperoside)，槲皮素-3-*O*-*α*-L-吡喃鼠李糖苷(quercetin-3-*O*-*α*-L-rhamnopyranoside)，落新妇苷(astilbin)[1]，芦丁(rutin)，山柰酚(kaempferol)[2]，柽柳素-3-*O*-*α*-L-鼠李糖苷(tamarixetin-3-*O*-*α*-L-rhamnoside)[3]；蒽醌类：大黄素甲醚(physcion)，红灰青霉素▲(erythroglaucin)[1]；香豆素类：瑞香素(daphnetin)[2]，瑞香素-8-*O*-*β*-D-吡喃葡萄糖苷(daphnetin-8-*O*-*β*-D-glucopyranoside)，东莨菪内酯(scopoletin)，伞形花内酯(umbelliferone)[3]；三萜类：23-羟基白桦脂酸(23-hydroxybetulinic acid)，熊果酸(ursolic acid)，常春藤皂苷元(hederagenin)[2]；酚酸类：1-*O*-[2'-甲氧基-4'-羟基苯基]-6-*O*-丁香基-*β*-D-吡喃葡萄糖苷{1-*O*-[2'-methoxy-4'-hydroxyphenyl]-6-*O*-syringyl-*β*-D-glucopyranoside}[3]，甾体类：*β*-谷甾醇，胡萝卜苷[1]；有机酸及其酯类：棕榈酸，硬脂酸[1]，正二十六

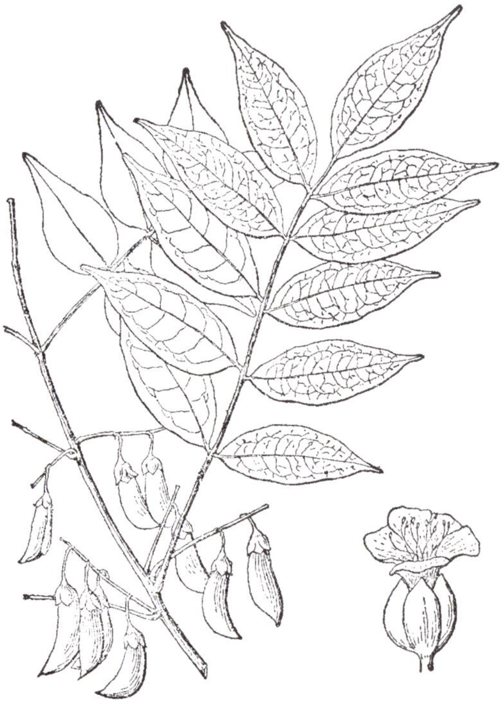

小叶红叶藤 **Rourea microphylla** (Hook. et Arn.) Planch.
引自《中国高等植物图鉴》

小叶红叶藤 **Rourea microphylla** (Hook. et Arn.) Planch.
摄影：徐克学

酸单甘油酯(hexacosanoic acid monoglyceridyl citrate)[2]；其他类：正二十九烷(*n*-nonacosane)[1]，(*E*)-阿魏酸二十九酯[(*E*)-ferulic acid nonacosyl ester]，正三十一醇(*n*-hentriacontanol)[2]。

化学成分参考文献

[1] 蒋建勤，等. 植物学报，1990, 32(5): 376-379.
[2] 张科明，等. 中国天然药物，2008, 6(5): 345-347.
[3] 孔磊，等. 药学与临床研究，2009, 17(1): 34-36.

2. 牛栓藤属 Connarus L.

藤本、灌木或小乔木。奇数羽状复叶或有 3 小叶，稀具 1 小叶，小叶对生或近互生，全缘，常具透明腺点。圆锥花序顶生，总状，聚伞状生于上部叶腋内，花芳香；苞片钻形或圆柱形；萼片、花瓣、雄蕊有腺体；萼片 5，稀 4，覆瓦状或近镊合状排列，基部稍连合，宿存，常较厚或肉质，花后不膨大；花瓣 5，比萼片稍长或近等长，花开前在中部多少合生；雄蕊 10，花丝基部合生，5 枚长的与萼片对生，5 枚短的与花瓣对生，常不发育；花药长圆形，内向纵裂，药隔先端有腺；心皮 1，子房球形，外面被绒毛，1 室，具 2 并列胚珠，花柱下部被疏柔毛，上部被腺毛，柱头肾状，偏斜。果为荚果状，沿腹缝线或背缝线开裂，圆钝而常有短喙，基部渐狭成柄状，有斑纹，花萼宿存，花后不膨大，果皮木质或革质。种子 1，稍肾形，黑紫色，基部被肉质的杯状或条裂状假种皮所包围，无胚乳。

本属约 120 余种，大部产于美洲热带、非洲热带以及亚洲东南部。我国有 2 种，分布于华南及西南，其中 1 种可药用。

1. 牛栓藤

Connarus paniculatus Roxb., Hort. Beng. 49. 1814.（英 **Paniculate Connarus**）

藤本或攀援灌木，幼枝被锈色绒毛，老枝无毛。奇数羽状复叶，小叶 3–7 片，稀具 1 小叶，叶轴长 4–20 cm；小叶革质，长圆形或长圆状椭圆形或披针形，长 6–20 cm，宽 3–7.5 cm，急尖，少有微缺，基部近楔形或略圆形，全缘，无毛；小叶柄粗壮，长达 4–7 mm。圆锥花序顶生或腋生，长 10–40 cm，被锈色短绒毛，苞片鳞片状；萼片 5，披针形至卵形，长约 3 mm，渐尖，外面被稀疏锈色短绒毛，内面近无毛；花瓣 5，乳黄色，长圆形，长 5–7 mm，圆钝，外面被短柔毛，内面被疏柔毛；雄蕊 10，全发育，长短不等；心皮 1，和雄蕊等长，密生短柔毛。果长椭圆形，稍胀大，长约 3.5 cm，宽约 2 cm，有短喙，基部渐狭成一短柄，果皮木质，外面无毛，有纵条纹，鲜红色，内面稍被柔毛。种子长圆形，黑紫色，基部为二浅裂假种皮所包裹。

分布与生境 产于广东、海南。生于山坡疏林或密林中。也分布于越南、柬埔寨、马来西亚、印度。

药用部位 茎叶。

功效应用 用于感冒。

化学成分 叶和果实含喹嗪烷类生物碱：黄花木碱(piptanthine)，18-表黄花木碱(18-epipiptanthine)，红豆萨宁(ormosanine)，高红豆萨宁(homoormosanine)，足瓣豆碱▲(podopetaline)，高足瓣豆碱▲(homopodopetaline)[1]。

化学成分参考文献

[1] Le PM, et al. M*agn Rreson Chem*, 2005, 43(4): 283-293.

牛栓藤 **Connarus paniculatus** Roxb.
引自《中国高等植物图鉴》

牛栓藤 **Connarus paniculatus** Roxb.
摄影：黄向旭

3. 栗豆藤属 **Agelaea** Soland. ex Planch.

藤本或攀援灌木。叶具 3 小叶。圆锥花序腋生或顶生，苞片及小苞片宿存；花两性，萼片 5，覆瓦状排列，外面被绒毛，内面被紧贴的短柔毛；花瓣 5，线形，比萼片长，无毛；雄蕊 10，稀为 5 或 15，与萼片对生的 5 枚较长，花丝基部稍合生；心皮 5，子房及花柱基部被短绒毛，柱头球形；胚珠 2，并列，直立。蓇葖果，通常有小瘤体，成熟时红色，纵裂，强烈弯曲，花萼宿存，多少密被绒毛，果皮较薄。种子 1，光亮，黑色，基部被假种皮所包围，无胚乳。

本属近 50 种，分布于非洲至亚洲东南部，生于低海拔的雨林中。我国有 1 种，产于海南，可药用。

1. 栗豆藤

Agelaea trinervis (Llanos) Merr., Sp. Blancoan. 164. 1918.——*Castanola trinervis* Llanos（英 **Trinerve Agelaea**）

藤本或攀援灌木，茎粗至 5 cm，无毛，嫩枝部分被草黄色短绒毛。叶具 3 小叶，革质，叶柄长 2.5–7 cm，无毛；顶生小叶较侧生小叶大，卵形或椭圆形，长 6–10 cm，宽 3–4.5 cm，渐尖，基部略圆；侧生叶卵形，长 5–7 cm，宽 2–4 cm，基部圆形，不对称，全缘，上面无毛，下面中脉及侧脉突出，幼时背面稍被绒毛，成长时无毛，基部三出脉，侧脉每边 4–6 条，小叶柄长 0.5–1 cm。圆锥花序，腋生成簇，长 2–6 cm，被淡灰色绒毛；花直径 4–6 mm，芳香；萼片卵状披针形，长 1.3–2 mm，外面被灰色柔毛；花瓣白色，长圆状倒披针形，长 5 mm，无毛；雄蕊 10，比花瓣短；心皮 4–5，子房具长硬毛，花柱无毛。果倒卵形，有喙，长 1–2.5 cm，宽 0.5–1.2 mm，圆钝，基部稍狭，果皮具皱纹或瘤状物，被密短绒毛。种子黑色长圆形，基部被黄色假种皮所包围。

分布与生境　产于广东、海南。生于疏林中。也分布于马来西亚、印度尼西亚、菲律宾、泰国、越南、

栗豆藤 Agelaea trinervis (Llanos) Merr.
引自《中国高等植物图鉴》

柬埔寨、老挝等地。

药用部位 根、根皮、茎皮。

功效应用 用于类风湿关节炎，胃痛。

药用植物中文名索引

（按汉语拼音字母顺序排列）

阿丁枫 335
阿尔泰黄罂粟 26
阿尔泰山楂 688, **697**
阿尔泰糖芥 270
阿芙蓉 33
阿根八 442
阿拉善南芥 216
阿穆尔小花溲疏 523
阿那斯 1016
阿拍儿麻鲁 17
阿仲茶保 471
阿仲嘎保 477
埃贝赛保 11, 14
埃牟茶蔗子 579
矮醋栗 574, **588**
矮地榆 1001, **1011**
矮红子 681
矮生二裂委陵菜 **891**
桉叶悬钩子 800, **815**, 869
暗绿紫堇 110, **111**
凹瓣梅花草 507, **510**
凹叶佛甲草 405, **417**
八宝 374, **376**
八宝属 361, **374**
八本条 657
八担杏 1021
八仙花 555
八仙马桑绣球 560
八仙绣球 555
巴巴叶 345
巴旦杏 1021
巴东蔷薇 979
巴尔巴大 64
叭吓呷 100
把岩香 402
白八宝 374, **379**
白背枫 983
白背绣球 550, **559**
白背悬钩子 827
白背子草 365
白背钻地风 546, **547**
白蔍 934
白菜 **227**
白草莓 933
白带草 248
白地榆 903, 1000
白断肠草 97
白萼委陵菜 883, **919**
白耳菜 507, **517**
白钩簕藤 807
白桂梨 761
白果臭山槐 728
白果佛甲草 405, **412**
白果花楸 728
白果景天 412
白花菜 204, **205**
白花菜属 183, **204**
白花草 205
白花丹 557
白花甘蓝 **222**
白花棍儿茶 887
白花合景天 **381**
白花假景天 381
白花结 531
白花绿绒蒿 5, **6**
白花石芥菜 245
白花溲疏 528
白花碎米荠 236, **245**
白花悬钩子 800, **807**
白芥 **316**
白芥属 211, **315**
白景天 379, 380
白鹃梅 **666**
白鹃梅属 622, **666**
白辣菜子 316
白梨 755, **761**
白马肉 906
白毛金露梅 **886**
白毛山梅花 534
白毛委陵菜 907
白毛小委陵菜 906
白毛银露梅 **887**
白茂树 530
白绵子树 737
白牛筋 667
白皮柯 201
白皮树 334
白清明花 354
白屈菜 **50**
白屈菜属 2, **50**
白绒复盆子 811
白蒿 803, **848**
白三七 393
白山罂粟 31
白升麻 632
白穗紫堇 **96**
白桃 1025
白为 49
白萎陵菜 919
白杏花 723
白须草 517
白叶莓 800, **824**
白叶委陵菜 919
白叶县钩子 824
白折耳根 516, 517
白枝泡 837
百华花楸 729
百叶蔷薇 942, **956**

败酱 325
拜参布柔 486
斑点虎耳草 456, **465**
斑果藤 **203**
斑果藤属 183, **203**
斑花黄堇 **91**
板蓝 279
半边菜 244
半边蝶 518
半边风 335
半边莲 407, 408
半枫荷 357, **358**
半枫荷属 333, **357**
半荷包紫堇 **137**
绊脚刺 807
包菜 223
包焯菜 311
苞序葶苈 256, **258**
苞叶景天 405, **411**
宝剑叶 437
宝仙 532
宝兴茶藨子 574, **579**
宝兴栒子 669, **674**
保亭槌果藤 202
抱茎独行菜 281, **282**
北京虎耳草 **468**
北京花楸 725, **728**
北京延胡索 166, **180**
北美独行菜 281, **286**
北平花楸树 728
北悬钩子 802, **839**
北亚稠李 **1074**
北越紫堇 155, **158**
北紫堇 127, **129**
被告惹 681
笔树 707
蔽果金腰 492, **496**
篦齿虎耳草 **484**
扁柄黄堇 133
扁刺峨眉蔷薇 **951**
扁刺蔷薇 943, **967**
扁担蒿 217
扁担胡子 1017
扁核木 194, 1015, **1016**, 1018
扁核木属 624, **1015**
扁桃 1020, **1021**
变根紫堇 **136**
变根紫堇组 76, **136**
变萝卜 224
滨莱菔 308
冰川茶藨 590
冰川茶藨子 575, **590**
柄扁桃 1023
柄果海桐 598, **608**
波氏石楠 712
菠萝筒 58
播娘蒿 **251**, 257
播娘蒿属 211, **250**
博落 489
博落回 57, **58**
博落回属 1, **57**
薄瓣悬钩子 802, **833**
薄萼海桐 598, **617**
薄果荠 **274**
薄果荠属 213, **274**
薄叶山梅花 531, **533**
薄叶委陵菜 **897**
擘蓝 **223**
补血草 48
不育红 414
布留克 230
布氏地丁 142
布衣勒斯 1023
才完 20
莱苔 228
莱子七 49, 245
参麻 438
苍耳七 516
苍山黄堇 102, **109**
苍山紫堇 106
藏南绿绒蒿 5, **24**
藏杏 1033, **1039**
藏中虎耳草 457, **482**
糙果紫堇 94, **95**
糙果紫堇组 76, **94**
糙红景天 382, **397**
草甸碎米荠 236, **241**
草桂花 293
草黄花紫堇 116
草黄堇 **116**
草莓 931, **934**
草莓属 624, **930**
草绣球 **544**
草绣球属 430, **544**
草杨梅子 821
叉叶蓝 **548**
叉叶蓝属 430, **548**
叉叶委陵菜 890
叉枝虎耳草 457, **477**
插田藨 810
插田泡 800, **810**
茶藨子 583
茶藨子属 431, **573**
茶海棠 773
察隅紫堇 95, **100**
柴布日 - 萨巴乐干纳 145
长白虎耳草 456, **469**
长白蔷薇 942, **945**
长白山罂粟 25, **31**
长鞭红景天 382, **387**
长柄扁桃 1023
长柄绣球 563
长刺茶藨子 573, **576**
长梗扁桃 1020, **1023**, 1067, 1069
长梗金腰 492, **498**
长梗郁李 **1070**
长果茶藨子 573, **578**
长果醋栗 578
长花延胡索 173
长尖叶蔷薇 943, **978**
长距元胡 166, **173**
长距紫堇 **86**
长鳞红景天 382, **384**
长毛山楂 705
长柔毛委陵菜 881, **894**
长蕊地榆 **1008**
长蕊绣线菊 625, **634**
长蕊绣线菊毛叶变种 634
长蕊绣线菊细叶变种 634

长腺灰白毛莓 **854**
长药八宝 374, **377**
长叶地榆 1005, **1007**
长叶二裂委陵菜 **891**
长叶绿绒蒿 5, **13**
长羽裂萝卜 **307**
长圆果菘蓝 275
长爪梅花草 507, **508**
常山 540, **541**
常山属 430, **540**
朝天委陵菜 881, **892**
朝鲜龙芽草 998
车轮梅 723
扯根菜 **432**
扯根菜属 429, **431**
称杆七 437
城口紫堇 80
匙苞黄堇 131, **132**
匙叶伽蓝菜 364, **365**
齿瓣虎耳草 456, **462**
齿瓣延胡索 166, **179**
齿叶扁核木 **1019**
齿叶费菜 423, **426**
齿叶花旗杆 254
赤壁木 **537**
赤壁木属 430, **537**
赤梨 765
翅瓣黄堇 87, **89**
虫莲 1011
稠李 **1072**
稠李属 625, **1072**
臭菜 261
臭草 158
臭虫草 324
臭椿皮 616
臭点菜 208
臭耳子 1072
臭芥 261
臭腊菜 205
臭李子 1072
臭皮 616
臭荠 **249**
臭荠属 212, **249**
臭矢菜 208
搋桃 1030
川北钩距黄堇 91, **93**
川滇蔷薇 943, **980**
川滇绣线菊 625, **634**
川东紫堇 **85**
川鄂黄堇 146, **148**
川花楸 735
川康栒子 669, **673**
川梨 755, **767**
川梨大花变种 768
川梨钝叶变种 768
川梨无毛变种 768
川莓 804, **858**
川木香 983
川黔悬钩子 814
川溲疏 530
川西茶藨子 592
川西绿绒蒿 5, **8**
穿山七 70
穿叶独行菜 282
串枝藤 70
垂果大蒜芥 **317**
垂果南芥 215, **217**
垂果蒜芥 317
垂花水杨梅 875
垂盆草 298, 405, **418**
垂丝海棠 769, **774**
槌果藤 187, 192
春花 723
春梅 1041
莼兰 563
莼兰绣球 550, **563**
刺瓣绿绒蒿 **22**
刺苞斑鸠菊 143
刺藨 808
刺柄蔷薇 958
刺参 20
刺茶藨子 576
刺醋李 577
刺萼悬钩子 801, **821**
刺尔思 9
刺梗蔷薇 942, **958**
刺果茶藨子 573, **577**, 591
刺葫芦 866
刺蝴蝶木 192
刺梨 577, 990
刺李 576, 577, 1046
刺毛蔷薇 958
刺毛山樱桃 1060
刺毛樱桃 1052, **1060**
刺玫果 961
刺玫蔷薇 961
刺莓 800, **809**, 866
刺泡 824
刺泡花 838
刺蔷薇 943, **962**
刺桑椹 810
刺山柑 187
刺石榴 950, 991
刺五泡藤 845
刺叶稠李 1076
刺叶桂樱 1075, **1076**
刺罂粟 2
丛菔 319, **320**
丛菔属 212, **318**
粗糙黄堇 95, **101**
粗梗黄堇 **119**
粗茎红景天 381, **392**
粗距紫堇 102, **107**
粗毛黄堇 101
粗叶悬钩子 804, **854**
粗枝绣球 550, **564**
粗壮绣球 564
醋栗 577
簇生委陵菜 881, **901**
簇叶委陵菜 901
翠蓝茶 635
翠蓝绣线菊 625, **635**
寸冬欧薷 91, 115
打不死 362, 379, 417, 426
打水水花 268
打油果 1016
大白菜 227
大白花地榆 1002, **1013**
大瓣绣球 550, **553**

大苞景天 411
大脖梗子 434
大刺茶藨 576
大打不死 376
大靛 275
大萼委陵菜 882, **907**
大萼羽叶花 876, **878**
大果花楸 725, **733**
大果蜡瓣花 338
大果马蹄荷 344, **346**
大果山楂 688
大号角公 868
大红黄袍 858
大红袍 49, 440
大红泡 801, **830**
大红蔷薇 943, **964**
大红子 690
大花川梨 **768**
大花荷包牡丹 66, **67**
大花红景天 382, **396**
大花龙芽草 992, **999**
大花枇杷 716, **721**
大花溲疏 521, **529**
大花香水月季 **972**
大金盘 46
大辣根 291
大理人参果 903
大理紫堇 82
大落新妇 441, **444**
大马菜 423
大马茄子 947
大麦泡 866
大麦荠菜 292
大蔓茶藨 595
大明常山 540, **543**
大牡丹 67
大皮子药 605
大青 279
大青叶 538
大人血七 46
大三七 423
大山枣 695
大山楂 703
大石枣 782
大蒜芥 217
大蒜芥属 211, **317**
大藤铃儿草 72
大藤紫金龙 72
大天王 605
大通虎耳草 480
大头菜 230
大头委陵菜 907
大宛桃 1029
大卫茶藨 587
大卫梅花草 507, **518**
大卫绣球 553
大乌泡 804, **858**
大绣线菊 631
大烟 33
大叶海桐 **618**
大叶寒莓 856
大叶火焰草 405, **409**
大叶浆木 343
大叶金腰 492, **500**
大叶老鼠刺 569
大叶老鼠七 48
大叶莓 862
大叶蔷薇 943, 962, **968**
大叶蛇簕 860
大叶鼠刺 566, **569**
大叶碎米荠 236, **243**
大叶子 **434**
大叶子属 429, **434**
大叶紫堇 79, **80**
大叶紫堇组 75, **79**
大枝挂苦树 564
大株粗茎红景天 **392**
大株红景天 392
大字虎耳草 456, **462**
丹顶草 449
单瓣白木香 **983**
单瓣黄刺玫 **949**
单瓣李叶绣线菊 **647**
单瓣缫丝花 578, **991**
单兵救主 195
单齿樱花 1063
单花扁核木 1018
单花金腰 492, **496**
单花荠 **300**
单花荠属 212, **300**
单叶绿绒蒿 5, **22**
弹裂碎米荠 236, **240**
淡花黄堇 **97**
倒毒散 833
倒钩簕 984
倒挂刺 978
倒卵绣球 550, **551**
倒卵叶紫阳花 551
倒莓子 823
倒生根 810, 858
倒水莲 853
倒扎龙 833
道孚虎耳草 456, **473**
灯架虎耳草 488
灯笼草 411
灯笼果 582
灯塔虎耳草 456, **469**
灯台草 407
地柏枝 **151**
地槟榔 904
地丁 85
地丁草 141, **142**
地丁草组 77, **141**
地蜂子 917
地锅耙 682
地黄连 151
地锦 940
地锦苗 79, **81**, 139
地莓 856
地莓子 812
地米菜 234
地蔷薇 **929**
地蔷薇属 624, **929**
地王泡藤 863
地蜈蚣 421
地榆 1001, **1003**, 1005, 1008, 1010, 1013
地榆属 624, **1001**
棣棠花 554, **789**
棣棠花属 623, **788**

棣棠升麻 655
滇藏海桐 599, **620**
滇藏无心菜 300
滇池海棠 769, **784**
滇大字草 462
滇黄堇 87, **89**
滇南山梅花 531, **536**
滇黔金腰 493, **505**
滇鼠刺 566, **567**
滇西绿绒蒿 5, **10**
滇西猫眼草 493
滇西山楂 687, **692**
滇绣球花 553
滇岩白菜 453
点头虎耳草 466
吊灯笼 604
吊吊草 370
迭裂黄堇 119, **120**
叠生延胡索组 77, **161**
碟花茶藨子 594
丁三七 67
钉柱委陵菜 883, **920**
东北扁核木 1015, **1017**
东北茶藨子 573, **582**
东北醋李 582
东北虎耳草 456, **465**
东北堇菜 143
东北蕤核 1017
东北溲疏 **523**
东北杏 1033, **1040**
东北延胡索 166
东北珍珠梅 657
东方草莓 931, **932**
东京樱桃 1053, **1060**
东南景天 405, **417**
东丝儿 132
东亚唐棣 786, **787**
东紫堇 161, **165**
冬菠 845
冬茶藨 587
冬牛 845
冬青叶鼠刺 566, **568**
冬丝儿 133
冬扎公 856
冬子菜 308
都拉色布 92
都辣 7
都力色布 92
斗蓬草 1014
豆瓣菜 **296**, 417
豆瓣菜属 211, **296**
豆瓣草 421
豆瓣还阳 376, 407
豆瓣绿 298
豆瓣七 408
豆格盘 735
豆梨 755, **765**
豆梨柳叶变种 767
豆叶七 46
独定子 72
独根草 **448**
独根草属 429, **448**
独行菜 257, 281, 286, **288**
独行菜属 212, 213, **281**
独行千里 186, **195**
杜梨 755, **763**, 764, 765
短柄稠李 1074
短萼海桐 599, **619**
短梗稠李 1072, **1074**
短序山梅花 531, **532**
短柱梅花草 507, **514**
断肠草 7, 50, 80, 81, 82, 83, 86, 89, 97, 128, 136, 139, 140, 152, 153
对叶景天 376
对叶元胡 181
盾叶莓 804, **864**
钝叶川梨 **768**
钝叶蔷薇 943, **966**
钝叶瓦松 367, **368**
多刺绿绒蒿 5, **9**
多花海桐 620
多花红升麻 447
多花灰栒子 671
多花落新妇 **447**
多花溲疏 524
多花栒子 671
多茎景天 405, **413**
多茎委陵菜 882, **908**
多勒什 101
多裂荷青花 **49**
多裂委陵菜 882, **906**
多裂叶芥 **233**
多腺悬钩子 801, **828**
多叶虎耳草 456, **470**
多叶碎米荠 **244**
多叶紫堇 **113**
多叶紫堇组 75, **113**
多枝梅花草 **519**
峨眉海桐 598, **605**
峨眉蜡瓣花 337, **338**
峨眉蔷薇 942, **950**
峨眉岩下雪 491
峨屏草 **491**
峨屏草属 430, **491**
鹅毛通 530
鹅绒委陵菜 899
额勒伯特 - 其其格 1022
鄂西蜡瓣花 **337**
遏蓝菜 324
耳环花 68
二刺茶藨 593
二花莓 819
二花悬钩子 819
二裂委陵菜 881, **890**
二球悬铃木 328
二叶梅花草 516
法国蔷薇 942, **955**
法国梧桐 328
翻白草 881, **892**, 911
翻白树 737
翻白蚊子草 792, **796**
翻白叶 894
繁缕虎耳草 457, **474**
反背红 464
芳香月季 971
防风七 489
房山紫堇 146, **150**
飞燕黄堇 88, **90**
肺心草 500, 515

费菜 391, **423**
费菜属 361, **422**
粉背溲疏 521, **525**
粉背叶 737
粉花地榆 **1007**
粉花香水月季 **973**
粉花绣线菊 629
粉花绣线菊光叶变种 631
粉花绣线菊渐尖叶变种 630
粉花绣线菊无毛变种 632
粉绿垂果南芥 **217**
粉绿钻地风 **547**
粉棠果 978
粉团花 551, 555, 557
粉团蔷薇 **975**
粉叶黄毛草莓 **934**
粉叶栒子 669, **670**
粉枝莓 801, **819**
风花菜 309, 313, **314**
枫树 349
枫香树 348, **349**
枫香树属 333, **348**
枫榆 734
葑 224
缝线海桐 598, **604**
凤凰草 383
凤梨草莓 934
凤尾草 383
凤尾米筛花 664
凤尾七 383
佛甲草 405, **421**
佛见笑 830
佛氏栒子 677
佛爷伞 434
弗氏绣线菊 633
伏毛金露梅 **886**
伏毛山莓草 927, **928**
伏毛银露梅 **888**
伏生紫堇 161
扶移 786
浮萍果 690
浮尸草 912
匐枝委陵菜 918
斧翅沙芥 302, **303**
负儿草 38
阜平黄堇 155, **158**
复盆子 801, **816**, 869
复序南梨 662
傅氏花楸 737
伽蓝菜 **364**
伽蓝菜属 361, **364**
干黄草 432
干枝梅 1041
甘草叶紫堇 95, **100**
甘蓝 **223**
甘青虎耳草 457, **479**
甘肃海棠 782
甘肃山楂 687, **696**
甘肃桃 1020, **1031**
肝炎草 418
刚毛紫地榆 1005
高茶藨 581
高茶藨子 574, **581**
高丛珍珠梅光叶变种 661
高丛珍珠梅 656, **660**
高二裂委陵菜 891
高焯菜 309, **312**
高河菜 **294**
高河菜属 212, **294**
高脚老虎扭 847
高茎绿绒蒿 5, **24**
高茎葶苈 300
高楷子 657
高丽悬钩子 810
高粱泡 803, **845**
高盆樱桃 1053, **1064**
高山醋栗 576
高山地榆 1002, **1011**
高山红景天 389
高山金腰子 497
高山无茎芥 300
高山绣线菊 626, **641**
高山羊不吃 86
高雅 - 乌混 - 少布特日 594
高油菜 232
高原山景天 404, **411**
高紫堇组 75, **85**
割田藨 808
革吉黄堇 119, **121**
革叶茶藨子 574, **587**
格扯 251
鬲合山 437
弓茎莓 836
弓茎悬钩子 802, **836**
公须花 199
公栀子 609
贡山金腰 492, **493**
贡山梅花草 508
沟子荠属 213, **323**
钩距黄堇 91, **92**
钩距黄堇组 75, **91**
钩撕刺 837
钩叶委陵菜 896
狗肝菜 414
狗骨常山 561
狗景天 425
狗葡萄 582
狗牙半枝莲 418
狗牙菜 421
古紫堇组 75, **85**
瓜香草 993
瓜子金 143
瓜子莲 418
寡鸡蛋树 608
挂苦绣球 550, **559**
拐枣七 48
观音草 414
观音茶 887
观音竹 527
冠盖藤 **538**
冠盖藤属 430, **538**
冠盖绣球 550, **565**
管仲 904
罐梨 761
光萼林檎 770, **785**
光萼溲疏 521, **522**
光果葶苈 256
光果野罂粟 **29**
光核桃 1020, **1032**

光滑高粱泡 **846**
光梨 768
光皮树 559
光头山碎米荠 236, **237**
光叶刺玫蔷薇 962
光叶高丛珍珠梅 **661**
光叶海桐 598, **605**
光叶黄枝挂苦子树 559
光叶蔷薇 943, **977**
光叶山刺玫 **962**
光叶山楂 687, **695**
光叶石楠 707, **709**
光叶溲疏 522
光叶蚊子草 **794**
光叶绣线菊 **631**
光凿树 709
广布黄堇 91
广西海桐 598, **618**
广栀仁 608
广州槌果藤 200
广州焯菜 308, **311**
广州山柑 186, **200**
归勒斯 1034, 1037
鬼灯檠 435, **436**
鬼灯檠属 429, **435**
鬼悬钩子 814
贵州海桐 598, **610**
桂樱属 625, **1075**
桂竹糖芥 268
桂竹香 264, **266**
棍儿茶 884
郭氏悬钩子 836
过江龙 810, 854
哈日 - 哈达 583
海红 780
海金子 597, 601, **610**
海棠 746, 779
海棠果 778
海棠花 769, **779**
海棠梨 763
海棠叶莓 848
海桐 597, **601**
海桐花属 **597**
海罂粟 40, **41**
海罂粟属 1, **40**
寒刺泡 856
寒莓 804, **856**
焯菜 308, **309**, 310
焯菜属 212, **308**
旱禾树 538
旱葡萄 583
蒿叶委陵菜 898
薅秧泡 837
号筒树 58
合瓣花 74
合格仁 - 归勒斯 1036
合景天属 361, **381**
合叶子 793
合掌木 345
和尚头 985
和圆子 753
河北黄堇 158
河北梨 755, **757**
荷包花 68
荷包牡丹 66, **68**
荷包牡丹属 2, **66**
荷包藤 **74**
荷包藤属 2, **73**
荷青花 **48**
荷青花属 2, **48**
贺兰山南芥 215, **216**
褐梨 755, **764**
黑茶藨子 573, **583**
黑刺李 1044, **1046**
黑顶黄堇 95, **98**
黑豆 583
黑钩榕 195
黑果茶藨 583
黑果灰栒子 679
黑果栒子 669, **679**
黑果栒子木 679
黑虎耳草 457, **471**
黑化虎耳草 471
黑环罂粟 26, **30**
黑加仑 583
黑皮蛇 195
黑蕊虎耳草 457, **472**
黑水罂粟 **30**
黑乌苞 853
黑心虎耳草 472
黑樱桃 1052, **1054**
亨利茶藨子 587
亨利莓 849
亨利绣线菊 635
恒山 541
红刺玫 975
红刺苔 832
红地棉 502
红根 961
红沟刺藤 802
红果 703
红果臭山槐 729
红果子 690
红虎耳草 458, **487**
红花荷 **356**
红花荷属 333, **356**
红花桃木 **355**
红花疆罂粟 43, **45**
红花绿绒蒿 5, **17**
红花紫堇 116, **118**
红姜 438
红荆藤 984
红景天 382, 389, **398**
红景天属 361, **381**
红勒米花 45
红李 1045
红骡子 437
红毛草 814
红毛大字草 460
红毛虎耳草 456, **460**
红毛花楸 725, **732**
红毛巾 814
红毛悬钩子 800, **814**
红毛洋参 20
红梅梢 821
红檬子 709
红绵藤 859
红牛毛刺 814
红泡刺藤 802, **837**

红杉树 616
红升麻 442, 444
红五泡 844
红腺悬钩子 802, **832**
红绣线菊 632
红栒子 786
红眼刺 947
红眼睛 667
红叶多种 743
红叶花楸 728
红叶藤 1078, **1079**, 1080
红叶藤属 **1078**
红子 684
红紫桂竹香 264
红紫糖芥 **264**
猴楂 690
猴楂子 695
厚叶石楠 706, **711**
厚叶鼠刺 566, **571**
厚叶栒子 669, **675**
厚叶岩白菜 451, **452**
厚圆果海桐 597, **601**
胡豆七 376, 393
胡黄堇 157
湖北海棠 769, **773**
湖北花楸 725, **727**
湖北蔷薇 981
湖北山楂 687, **695**
糊溲疏 557
虎耳草 456, **458**
虎耳草属 430, **455**
虎梅刺 833
虎皮草 500
虎婆刺 833
护生草 234
护心胆 81
花盖梨 756
花红 769, **777**
花红茶 773
花菱草 **36**
花菱草属 1, **36**
花旗杆 **254**
花旗杆属 212, **254**
花楸 734
花楸树 725, **729**
花楸属 623, **724**
花叶杜梨 783
花叶海棠 769, **783**
华北八宝 374, **378**
华北复盆子 **818**
华北景天 378
华北溲疏 529
华北绣线菊 625, **633**
华北珍珠梅 656, **659**
华盖木 737
华金腰子 504
华空木 **664**
华蜡瓣花 338
华蔓蔗 595
华蔓茶藨子 574, **595**
华毛叶石楠 714
华南梨 662
华南落新妇 444
华楸珍珠梅 657
华西茶藨子 574, **591**
华西小石积 **705**
华西栒子 676
华西银腊梅 887
华西银露梅 887
华秀线菊 640
华中茶藨子 574, **587**
华中虎耳草 462
华中山楂 687, **691**
华中碎米荠 236, **244**
华中悬钩子 802, **836**
华中樱桃 1053, **1063**
黄瓣梅花草 508
黄背勾儿茶 870
黄藨子 844
黄薄荷 58
黄常山 541
黄刺玫 942, **948**
黄刺莓 948
黄刺泡 814
黄地榆 1000
黄断肠草 88
黄芙蓉 11
黄瓜香 1003
黄果矮茶藨 588
黄果臭山槐 728
黄果悬钩子 800, **812**
黄花菜 208, 210
黄花草 145, 204, **208**
黄花地丁 125, 156
黄花地锦苗 97
黄花绿绒蒿 5, 7, **8**
黄花梅花草 507, **508**
黄花瓦松 367, **372**
黄花委陵菜 883, **925**
黄花岩松 412
黄花紫堇 133
黄芥 230
黄堇 97, **156**
黄堇组 77, **155**
黄连 120, 146, 158
黄龙脱壳 125
黄龙尾 **997**
黄龙须 814
黄脉花楸 738
黄脉莓 803, **852**
黄脉绣球 559
黄毛草莓 931, **933**
黄莓子 812
黄梅球 874
黄牡丹 11
黄木 600
黄木香花 **984**
黄泡 802, 826, **871**
黄泡子 844
黄皮梨 759
黄婆娘 61
黄蔷薇 942, **947**
黄三七 67
黄山花楸 725, **728**
黄山梅 **520**
黄山梅属 430, **520**
黄山溲疏 522, **526**
黄水草 55
黄水金钩如意 89

黄水泡 858
黄水枝 **489**
黄水枝属 430, **489**
黄酴醾 971
黄鸦片草 15
黄芽白 227
黄药 67
黄药子 437
黄枝挂苦子树 559
黄栀子 607
黄钟花 300
黄珠子 604
黄紫堇 124, **125**
黄总花草 1000
灰白毛莓 803, **853**
灰梨 763
灰绿黄堇 144, **145**
灰毛泡 804, **863**
灰毛糖芥 264, **271**
灰毛罂粟 25, **26**
灰莓 853
灰栒子 669, 671, **672**
灰岩紫地榆 1005
灰岩紫堇 94, **97**
灰叶蕨麻 **901**
灰叶延胡索 172
桧吉斗 480
活鸡丁 713
活血草 68
活血丹 379
活血三七 376
火把果 684
火棘 683, **684**
火棘属 622, **683**
火炼丹 362
火烧尖 629
火焰草 405, **409**
火焰山景天 409
鸡蛋果 1016
鸡蛋黄花 48, 789
鸡丁子 713
鸡儿头苗 923
鸡骨常山 541
鸡骨头 534, 536, 563, 609
鸡积菜 290
鸡脚参 20, 225
鸡脚三七 364
鸡跨裤 561
鸡麻 **791**
鸡麻属 623, **790**
鸡毛菜 892
鸡屎草 158
鸡腿根 892
鸡心梅花草 507, **509**
鸡眼草 516
鸡眼梅花草 507, **516**
鸡掌七 321
鸡爪参 892
鸡爪茶 803, **849**
鸡爪黄连 120
鸡爪三七 364
鸡肫梅花草 516
鸡足刺 806
鸡嘴果 571
吉林费菜 423, **425**
吉铃子 713
吉氏珍珠梅 659
戟叶悬钩子 804, **859**
蓟罂粟 **2**
蓟罂粟属 1, **2**
髻草 216
檵木 **354**
檵木属 333, **353**
家独行菜 281, **285**
家葶苈 285
嘉庆子 1050
嘉应子 1050
甲打白歪 106
甲打色尔娃 106, 108
甲多网巴 96
假飞燕草 90
假荔枝 335
假毛被黄堇 **118**
假升麻 **655**
假升麻属 622, **654**
假柿木姜子 763
假思桃 712
假笑靥花 **648**
假雪委陵散 919
假淫羊藿 446
尖瓣紫堇 85
尖距紫堇 81
尖突黄堇 131, **133**
尖突黄堇组 76, **131**
尖叶茶藨 592
尖叶槌果藤 195
茧子花 666
建德山梅花 536
渐尖茶藨子 575, **592**
渐尖绣线菊 **630**
江剪刀草 309
江南花楸 725, **738**
江西绣球 551
将军梨 707
疆罂粟属 1, **42**
胶皮枫香树 348, **352**
胶州延胡索 166, **171**
角瓣延胡索 **170**
角茴香 62, **63**, 64, 65
角茴香属 2, **62**
脚趾草 376
接骨草 362
节裂角茴香 64
结巴铜达 118
睫毛茶藨 587
介巴铜达 109
芥 230
芥菜 221, **230**
芥兰头 223
芥蓝 222
金棒锤 922
金不换 425
金耳吊环 515
金钩如意草 80, **82**, 83
金瓜果 666
金花草 148
金金棒 922
金蜡梅 884
金老梅 884

金露梅 881, **884**
金缕梅 **347**
金缕梅属 333, **347**
金毛狗 437, 442
金毛三七 442
金钱吊芙蓉 458
金球黄堇 131, **133**
金雀花黄堇 **102**
金手圈 55
金丝菜 233
金丝荷叶 458
金丝桃叶绣线菊 626, **650**
金腰属 430, **492**
金英花 36
金罂粟 **46**
金罂粟属 2, **46**
金樱子 944, **985**
堇花还阳 85
堇叶芥 **298**
堇叶芥属 212, **298**
堇叶山梅花 533
堇叶延胡索 **166**
锦线镖 902
劲直黄堇 144
京山梅花 531
荆桃 1058
景天 376
景天还阳 402
景天三七 423
景天属 361, **404**
九活头 666
九空子 349
九里香 834
九龙盘 452
九头饭消扭 834
九头狮子草 413, 414
九叶岩陀 440
九月寒 417
久治绿绒蒿 5, **7**
救兵粮 684
救军粮 684, 686
救命粮 684
桔红山楂 687, **693**
菊叶委陵菜 881, **898**
巨齿绣线菊 **628**
巨紫堇 **86**
具爪曲花紫堇 **104**
距果沙芥 303
聚花海桐 598, **614**
聚叶虎耳草 458, **487**
卷心菜 223
卷叶黄精 446
绢毛匍匐委陵菜 **922**
绢毛蔷薇 942, **952**
绢毛山梅花 531, **536**
绢毛委陵菜 882, **906**
绢毛细蔓萎陵菜 922
绢毛绣线菊 626, **643**
蕨麻 881, **899**
蕨麻委陵菜 899
凯旋花 736
堪察加景天 423, **425**
康定樱桃 1052, **1055**
康定紫堇 107, 136
康拉樱 1063
克什米尔紫堇 110, **113**
刻叶紫堇 **139**
刻叶紫堇组 77, **139**
空洞泡 814
空根紫堇组 76, **116**
空心副常山 527
空心柳 627
空心泡 801, **829**
苦菜 232
苦地丁 85, 142
苦丁 142
苦芥 **232**
苦梨树 334
苦葶苈 254, 268
苦心胆 81
苦悬钩子 865
苦远志 143
库页红景天 381, **389**
库页悬钩子 801, **827**
块茎山萮菜 **272**
宽翅沙芥 303
宽刺蔷薇 942, **946**
宽果丛菔 **319**
宽果紫金龙 69, **71**
宽花紫堇组 75, **114**
宽裂黄堇 146, **149**
宽蕊地榆 1002, **1010**
宽线叶蒙古糖芥 270
宽叶独行菜 282, **291**
宽叶葶苈 256, 291
昆氏花楸 731
阔瓣钻地风 546
阔叶景天 404, **410**
阔叶蜡莲绣球 **562**
拉萨黄堇 98
喇叭筒 58
腊八菜 449
蜡瓣花 337, **338**
蜡瓣花属 333, **337**
蜡莲绣球 550, **561**
辣菜 286
辣菜子 316
辣根 **220**
辣根属 213, **219**
莱菔 305
兰布政 873
蓝靛 275
蓝花菜 179
蓝花岩陀 453
蓝花子 **308**
蓝雀花 179
蓝树 279
滥肠草 67
狼牙 915
狼牙委陵菜 882, **915**
狼爪瓦松 367, **373**
朗县虎耳草 457, **482**
崂山溲疏 522
老地仙草 993
老虎耳 458
老虎扭 862
老虎须 200
老林茶 848, 849
老龙草 88

老鼠刺 571
老鼠花 85
老鼠矢 171
老熊泡 814
乐思绣球 564
勒巴 101
勒马回 38
雷公树 723
棱果海桐 598, **609**
冷草 80
梨丁子 765
梨形榅桲 **743**
梨叶悬钩子 803, **843**
梨属 623, **755**
离蕊芥 292
犁头菜 324
李 1044, **1050**, 1067
李仁 771
李叶笑靥花 646
李叶绣线菊 626, **646**
李叶绣线菊单瓣变种 647
李叶绣线菊多毛变种 648
李属 624, **1044**
李子树 1050
丽春花 32
丽江蓝钟花 300
丽江马尾黄连 97
丽江山荆子 769, **771**
丽江紫金龙 69, **72**
丽江紫堇 109
利筋藤 546
荔枝藤 1080
栗豆藤 **1082**
栗豆藤属 1078, **1082**
连合子 338, 346
连核梅 338
莲花白 223
莲花菜 899
凉山悬钩子 802, **841**
亮杆草 411
辽宁扁核木 1017
辽宁山楂 687, **694**
辽山荆子 772
辽瓦松 373
辽杏 1040
蓼蓝 279
裂苞粗距紫堇 **108**
裂冠黄堇 135
裂冠紫堇 **135**
裂冠紫堇组 76, **135**
裂叶蒿 7
裂叶水榆花楸 **734**
裂叶罂粟 45
林荆子 770
林檎 777
临桂绣球 550, **554**
鳞茎紫堇组 76, **110**
橉木 1076
铃钟三七 520
菱叶海桐 615
零余虎耳草 456, **466**
流苏瓣缘黄堇 131, **132**
流苏黄堇 132
柳叶豆梨 **767**
柳叶景天 414
柳叶绣球 550, **554**
柳叶绣线菊 625, **627**
柳叶栒子 669, **676**
六娥戏珠 559
六萼藤 203
六六通 349
六月还阳 426
六月泡 815
六月雪 417
龙船泡 810
龙鳞草 409
龙舌草 500
龙吐珠 937
龙香草 500
龙芽草 992, **993**
龙芽草属 624, **992**
隆恩 127
隆结路恩 127
陇东海棠 769, **782**
卢桔 717
庐山石楠 **714**
鹿耳菜 11
鹿耳草 81
鹿梨 765
路边黄 993
路边青 872, **873**
路边青属 624, **872**
绿瓣绣球 551
绿花苍耳大 511
绿花茶藨子 575, **590**
绿花梅花草 508, **511**
绿花石莲 **403**
绿花石莲花 403
绿花细枝茶藨 590
绿绒蒿 11
绿绒蒿属 1, **4**
卵果海桐 598, **613**
卵果蔷薇 943, **979**
卵心叶虎耳草 456, **463**
轮叶八宝 374, **375**
轮叶绿绒蒿 **12**
轮叶委陵菜 882, **912**
轮叶萎陵菜 912
轮叶绣球 557
罗蒙常山 540, **543**
罗志藤 203
萝卜 **305**
萝卜属 211, **304**
萝目草 246
椤木 710
椤木石楠 707, **710**
裸茎金腰 492, **494**
裸茎碎米荠 235, **236**
洛隆紫堇 95, **98**
洛阳花 103
落地角公 834
落地生根 **362**, **366**
落地生根属 **361**
落萼蔷薇 957
落花蔷薇 956
落水珠 161
落新妇 441, **442**
落新妇属 429, **441**
落叶梅 236

麻安梨 762
麻梨 755, **759**
麻梨子 759
麻雀舌 421
麻毯 636
麻叶绣球 636
麻叶绣球绣线菊 636
麻叶绣线菊 625, **636**
马槟榔 186, **197**, 202
马蛋果 763
马杜梨 783
马耳朵草 500
马加木 729
马康草 292
马莲花 464
马林果 867
马萝卜 220
马尿溲 627
马泡 832
马桑绣球 550, **560**
马屎花 415
马氏茶藨子 591
马蹄草 55
马蹄荷 344, **345**
马蹄荷属 333, **344**
马蹄黄 **1000**
马蹄黄属 624, **1000**
马蹄木 345
马蹄樟 345
马庭 298
马尾参 442
马尾黄连 109, 119
马牙半枝莲 417
马株子 520
蚂蝗梢 629
蚂蚱腿 639
麦黄草 140
麦李 1053, **1068**
麦里蒿 251
麦粒醋栗 580
麦强日（热）尔瓦 111
麦氏醋栗 580
麦氏海棠 785
脉欧李 1065
满山白 354
满山香 603, 610
满洲茶藨子 582
蔓青 224
蔓蛇蘼 595
蔓萎陵菜 923
芒药苍耳七 515
猫儿刺 568
猫胡子花 194
猫枚筋 806
猫舌草 379
猫眼草 506
猫爪子 908
毛瓣草 9
毛瓣绿绒蒿 4, **24**
毛被黄堇 116, **117**
毛萼莓 803, **851**
毛萼山梅花 536
毛萼葶苈 259
毛萼悬钩子 851
毛狗 409
毛果七 18
毛猴子 895
毛花山柑 200
毛黄堇 146, **149**
毛茎紫堇 **93**
毛茎紫堇组 75, **93**
毛脉鼠刺 **573**
毛青杠 438
毛蕊山柑 186, **200**
毛山荆子 769, **772**
毛山楂 692
毛舌辣草 409
毛鼠刺 567, **572**
毛桃 1025
毛葶苈 256, **258**
毛头寒药 444
毛杏 **1038**
毛序花楸 725, **736**
毛栒子 737
毛叶插田泡 **811**
毛叶长蕊绣线菊 **634**
毛叶稠李 **1073**
毛叶福岛樱 1063
毛叶高粱泡 **846**
毛叶木瓜 745, **752**
毛叶木通 535
毛叶欧李 1053, **1065**
毛叶蔷薇 942, **954**
毛叶山柑 200
毛叶山樱花 **1063**
毛叶山楂 687, **692**
毛叶石楠 707, **713**
毛叶兔耳风 18
毛叶委陵菜 906
毛叶杏 1039
毛叶绣线梅 661, **663**
毛叶樱花 1063
毛樱桃 1053, 1067, **1070**
毛枣子 690
毛枝绣线菊 626, **649**
毛柱莓 838
毛柱悬钩子 838
矛回日 - 斯琴 - 额布斯 368
茅莓 801, **821**
玫瑰 943, **958**
眉毛蒿 251
莓叶委陵菜 881, **895**
莓子 818
莓子刺 812
梅 1033, **1041**
梅花草 507, **518**
梅花草属 429, **507**
梅花狗牙瓣 402
梅树 1041
梅桃 1070
梅子树 710
美国梧桐 329
美国紫堇 138
美丽茶藨子 574, **594**
美丽绿绒蒿 5, **23**
美丽蔷薇 943
美丽悬钩子 831
美丽紫堇 110, **112**
美脉花楸 725, **735**

美蔷薇 943, **964**
美紫堇 112
闷头花 80, 140
檬子树青阳 665
蒙古扁桃 1020, **1024**
蒙古糖芥 264, **270**
蒙古绣线菊 626, **645**
蒙自虎耳草 456, **464**
蒙自栒子 669, **676**
孟根 - 地格达 518
米蒿 254
米壳花 33
米口袋 143
密刺蔷薇 942, **944**
密花独行菜 282, **289**
密花黄堇 91
密脉海桐 610
密穗黄堇 95, **99**
绵果悬钩子 799, **838**, 869
绵毛丛菔 **319**
绵毛金腰 493, **502**
面旦子 696
明镜草 505
榠楂 746
牡丹三七 544
木瓜 745, **746**, **751**, **753**
木瓜刺 686
木瓜海棠 752
木瓜楸 749
木瓜属 623, **745**
木姜叶柯 870
木辣椒 619
木辣蓼 618
木梨 739
木李 746
木里仙 346
木莓 803, **847**
木坪栒子 674
木桃 752
木香 982
木香花 944, **982**
木枝挂苦藤 565
木帚子 676
牧虎梨 690
慕荷 437
慕琼单圆 11
穆坪茶藨子 579
穆坪醋栗 579
奶浆子 590
柰 775
南川景天 405, **406**
南方山荷叶 435
南黄堇 87, **88**
南黄堇组 75, **87**
南黄紫堇 88
南疆蔷薇 946
南芥属 212, **215**
南蛇簕 807
囊距紫堇 137, **138**
尼泊尔黄堇 131, **134**
尼泊尔龙芽草 997
尼泊尔绿绒蒿 4, **14**
泥沼人参果 901
拟多刺绿绒蒿 5, **16**
拟复盆子 802, **835**
拟南芥 **213**
拟南芥菜 213
拟南芥属 212, **213**
拟千金子 7
拟秀丽绿绒蒿 5, **17**
拟锥花黄堇 119, **122**
念珠芥属 212, **299**
尿罐草 151, **152**
宁波溲疏 522, **527**
牛鼻栓 **346**
牛鼻栓属 333, **346**
牛叠肚 805, **867**
牛耳朵 226
牛耳枫叶海桐 598, **617**
牛黄树刺 979
牛角花 85
牛筋木 712, 715
牛筋条 **667**
牛筋条属 622, **667**
牛李子 715
牛萝卜 866
牛毛大王 814
牛母树 570
牛奶莓 832
牛奶母 868
牛栓藤 1080, **1081**
牛栓藤属 1078, **1081**
牛桃 1058
牛尾巴菜 568
牛眼睛 186, **192**, 193
扭果紫金龙 69, **72**
怒江枇杷 716, **720**
欧白芥 316
欧李 1024, 1051, 1053, **1066**, 1069
欧亚绣线菊 626, **643**
欧洲草莓 931
欧洲李 1044, **1047**, 1067
欧洲菘蓝 275
欧洲甜樱桃 1052, **1056**
欧洲樱桃 1056
爬地泡 856
爬山虎 448, 449
帕里紫堇 **136**
帕里紫堇组 76, **136**
帕夏嘎 153
排毛绣球 559
攀倒甑 325
盘龙七 451, 452
盘腺樱桃 1053
蟠桃 **1029**
泡儿刺 812
泡桐杆 61
泡叶栒子 669, **673**
喷雪花 648
彭氏紫堇 142
蓬蘽 800, **808**, 867
枇杷 716, **717**
枇杷属 623, **716**
瓢儿菜 226
苤蓝 223
贫齿绣线菊 **628**
平枝灰栒子 681
平枝栒子 668, **681**
苹果 769, **775**

苹果形榅桲 **742**
苹果属 623, **769**
泼盘 808
扑地虎 910
铺地委陵菜 892
铺地蜈蚣 682
匍匐桂竹香 265
匍匐南芥 215, **216**
匍匐糖芥 264, **265**
匍匐委陵菜 883, **921**
匍匐悬钩子 841
匍枝委陵菜 883, **923**
蒲氏花楸 731
朴扇木 338
普贤菜 243, 244
七里香 615, 982, 983
七叶鬼灯檠 435, **437**
七姊妹 **976**
桤叶蜡瓣花 337, **340**
槭叶草 **449**
槭叶草属 430, **449**
槭叶蚊子草 792, **795**
漆姑虎耳草 457, **480**
奇形绣球花 565
气草 125
荠 234
荠菜 **234**
荠属 212, 213, **234**
千层毛 522
千筋菜 233
千里香 983
千年红 707
千盘树 734
乾滴落 373
黔桂悬钩子 803, **852**
浅裂锈毛莓 **861**
枪刺果 1016
枪刀叶 362
蔷薇 974
蔷薇莓 829
蔷薇属 624, **941**
荞麦泡 810
鞘黄堇组 76, **124**
切头悬钩子 825
芹菜 81
秦岭岩白菜 **451**
琴叶葶苈 286
青菜 **225**
青藏虎耳草 457, **480**
青刺尖 1016
青荚叶 554
青梨 756
青猫儿眼睛草 506
青棉花 538
青皮刺 186, **199**
青皮树 334
箐樱桃 1064
秋根李 1045
秋子 773
秋子梨 755, **756**
楸子 769, **778**
球果蔊菜 314
球花花楸 730
球茎甘蓝 223
球茎虎耳草 456, **467**
球穗花楸 725, **730**
曲萼绣线菊 626, **644**
曲花紫堇 102, **103**
曲花紫堇组 76, **102**
曲枝槌果藤 199
曲枝委陵菜 883, **918**
屈头鸡 186, 198, **202**
祛汗树 330
全瓣红景天 392, 394
全冠黄堇 127, **129**
全毛悬钩子 842
全秃海桐 598, **613**
全叶延胡索 166, **169**
全缘菜 232
全缘火棘 683, **686**
全缘栒子 669, **679**
全缘栒子木 679
全缘叶绿绒蒿 5, **11**, 12
泉沟子荠 **323**
雀不站 814
雀儿菜 248
雀梅 1068
雀雀菜 151
雀子都 113
燃灯虎耳草 458, **488**
人参果 899
人心药 544
人血草 46
人血七 46
日本金腰 493, **501**
日本景天 405, **415**
日本木瓜 745, **753**
日本瓦松 367, **368**
日本绣线菊 629
日本樱桃 1060
日东色尔瓦 120
日棍 134
日紧巴都拉 113
绒毛石楠 707, **713**
绒毛树 729
绒毛悬钩子 816
柔毛路边青 872, **874**
柔毛绣球 550, **563**
柔毛绣线菊 639
肉吊钟 366
如意草 82, 83
茹菜 308
乳毛费菜 **424**
入骨风 543
软条七蔷薇 943, **981**
蕤核 1015, **1018**
蕤李子 1018
蕤仁 1018
锐齿亚洲海棠 785
锐裂荷青花 **49**
锐叶山柑 195
瑞金巴 113
撒秧泡 866
塞尔歪 120
塞仁交木 477
赛北紫堇 127, **128**
三花莓 865
三花悬钩子 805, **865**
三尖刀 149

三肋菘蓝 **275**
三裂绣线菊 625, **637**
三裂叶绣线菊 637
三裂紫堇 102, **104**
三脉梅花草 508, **510**
三钱三 58
三球悬铃木 327, 329, **330**
三升米 589, 590, 595
三台观音 393
三小叶碎米荠 236, **238**
三桠绣球 637
三叶藨 807
三叶翻白草 920
三叶海棠 769, **781**
三叶蛇扭 937
三叶委陵菜 882, **916**, 917
三叶悬钩子 799, **807**
三叶紫堇 137
三月泡 808, 866
三张叶 916
三爪冈 937
伞梗虎耳草 484
伞花紫堇组 77, **137**
伞形绣球 551
桑斗 479
缫丝花 578, 941, **990**
扫罗慕布 322
涩芥 **292**, 300
涩芥属 211, **292**
涩芥属 211
涩枣子 783
沙白菜 302
沙果 777
沙果梨 756
沙芥 **302**
沙芥菜 302
沙芥属 212, **302**
沙梨 755, **762**
沙梨木 763
沙萝卜 302
沙糖果 705, 733
沙枣 983
筛子花 **632**
晒不死 421
山霸王 614
山苞草 448
山茶果 781
山茶辣 615
山臭草 80
山刺梨 952
山刺玫 943, **961**
山大烟 27, 31
山地虎耳草 457, **477**
山定子 770
山豆子 1070
山柑 186, **187**
山柑属 183, **185**
山柑子 200
山高粱条子 657
山挂牌条 836
山官木 707, 709, 710
山桂花 619
山荷叶 434
山红枣 1003
山红子 715
山花木 723
山花七 442
山槐子 729
山黄果 735
山黄堇 156
山黄连 64
山芥菜 245
山芥碎米荠 236, **240**
山荆子 769, **770**
山葵 272
山葵萝卜 220
山辣椒 614
山辣蓼 618
山梨 577, 690, 756
山李子 1050
山里红 699, 702, **703**
山林果 688
山柳菊叶糖芥 264, **267**
山萝卜 302
山麻子 582
山马齿苋 417
山毛桃 1030
山莓 805, **866**, 869
山莓草 927
山莓草属 624, **927**
山梅花 531, **534**, 535
山梅花属 430, **530**
山米壳 27
山米麻 676
山木香 984
山藕 437
山枇杷 721
山飘风 405, **408**
山芹菜 81
山石榴 950
山水槟榔 201
山桃 1020, **1030**
山头姑娘 681
山莴笋 14
山溪金腰 493, **503**
山仙 117
山杏 1033, 1036, **1037**
山烟筒子 860
山延胡索 166, **168**
山羊参 475
山罂粟 27, 31
山樱 1062
山樱花 1053, **1062**
山樱桃 582, 1070
山萮菜 272
山萮菜属 212, **271**
山枣子 1003
山楂 687, 689, 691, 696, **699**, 704
山楂无毛变种 705
山楂属 622, **687**
山楂子 781
山枝茶 618
山枝仁 618
山枝条 600, 608
山枝子 615
山栀茶 610
山栀子 607
陕甘花楸 725, **731**
扇苞黄堇 102, **106**

扇骨木 707, 709
扇叶虎耳草 **461**
少花海桐 597, **603**
少花延胡索 **160**
少女花 520
绍菜 227
蛇包簕 860
蛇疙瘩 440
蛇果黄堇 151, **153**
蛇含 923
蛇含委陵菜 883, **923**
蛇莓 **937**
蛇莓委陵菜 882, **914**
蛇莓萎陵菜 914
蛇莓属 624, **937**
蛇泡 843
蛇泡草 937
蛇泡筋 799, **806**
蛇乌苞 853
蛇杨梅 937
深裂锈毛莓 **862**
深山黄堇 156
深山悬钩子 818
深山樱 1054
肾萼金腰 493, **506**
肾形草 515
肾叶金腰 492, **497**
生血丹 910
省格巴格 97
省格色巴 95, 98
圣地红景天 381, **394**
师子色巴 145
师宗紫堇 80, **83**
十出花 537
十姊妹 976
石斑木 709, 710, **723**
石斑木属 623, **723**
石板菜 417
石棒绣线菊 643
石棒子 636, 637, 643
石蒡子 639
石菜子 151
石蚕叶绣线菊 626, **645**
石丹药 458
石灯台 403
石豆瓣 409
石纲 707
石格菜 243
石根 413
石荷叶 458
石花 413
石黄连 150
石灰花楸 725, **737**
石灰树 737
石灰条子 737
石扣子 370
石莲 401, **402**
石莲属 361, **401**
石楠 **707**
石楠柴 707
石楠属 623, **706**
石荠菜 242
石山莲 402
石上瓜子菜 417
石上开花 412
石上老鼠耳 417
石生茶藨子 574, **594**
石生虎耳草 457, **480**
石生黄堇 **146**
石生黄堇组 77, **146**
石生悬钩子 802, **840**
石棠木 723
石头棵子 343
石眼树 707
石钻子 195
实心延胡索组 77, **165**
寿李 1068
瘦鱼蓼 609
疏花蔷薇 943, **963**
疏毛绣线菊 626, 634, **639**
疏叶总梗委陵菜 **904**
鼠刺 567, **571**
鼠刺属 431, **566**
鼠耳芥 213
鼠牙半枝莲 418, 421
蜀芥 316
蜀漆 541
薯根延胡索 **181**
薯根延胡索组 77, **181**
术活 442
树莓 828
树头菜 183, **184**
双刺茶藨子 574, **593**
双脊荠 323
双叶梅花草 507, **516**
双珠母 791
水滨升麻 446
水槟榔 197, 201
水菜花 240
水侧耳根 516
水萆菜 296
水红树花 710
水花菜 240
水黄草 50
水黄连 50, 55, 82, 83
水金钩如意草 83
水辣椒 417
水辣辣 309
水莲花 509
水漂沙 856
水前胡 489
水芹菜 49
水球花 874
水生菜 296
水生还阳草 411
水丝梨 **359**
水丝梨属 333, **359**
水田芥 296
水田荠 239
水田碎米荠 236, **239**
水五龙 437
水栒子 669, **671**
水亚木 557
水杨柳 432
水杨梅 873
水榆 734
水榆花楸 725, **734**
水榆花楸裂片变种 734
水泽兰 432

硕苞蔷薇 944, **988**
丝棉吊梅 458
斯琴 - 额布斯 370
斯氏悬钩子 847
四川苍耳七 513
四川蜡瓣花 337, **340**
四川蔓茶藨子 573, **586**
四川溲疏 521, **530**
四川栒子 673
四川樱 1053
四川樱桃 1052, **1053**
四块瓦 548
四裂红景天 382, **385**
四芒苞景天 405, **412**
四子海桐 598, **615**
松滴 483
松吉斗 480, 482, 484, 487
松木蒂 484
松潘黄堇 **124**
菘 227
菘蓝 **275**
菘蓝属 212, **274**
菘青 275
溲疏属 430, **521**
苏合香 348, **351**
苏利蔷薇 980
苏延胡 169
酸丁 1066
酸冷果 688
酸梨 756
酸溜溜 577
酸枣 695
碎花溲疏 **524**
碎米蕨叶黄堇 151
碎米荠 236, **248**
碎米荠属 211, 212, **235**
碎米桠 638
穗序鹅掌柴 554
梭罗加博 319
索骨丹 437
索鲁卡鲁 320
塌古菜 226
塌棵菜 **226**
塔花瓦松 367, **372**
塔形景天 372
踏地消 563
台琼海桐 599, **620**
台湾海棠 784
台湾海桐 620
台湾海桐花 620
台湾黄堇 158
台湾林檎 770, **784**
台湾枇杷 716, **722**
台湾溲疏 522, **525**
台湾悬钩子 804, **859**
台湾鱼木 185
太白花楸 725, **726**
太极子 197
太平花 **531**
太平莓 804, **862**
太平瑞圣花 531
太平悬钩子 843
太行花 **879**
太行花属 624, **878**
探花 536
唐棣 **786**
唐棣属 623, **786**
唐古红景天 382, **395**
唐古碎米荠 236, **242**
唐古特虎耳草 479
唐古特延胡索 160, **161**
唐芥 217
唐溲疏 523
唐樱簕 985
棠棣 703
棠杜梨 764
棠梨 763
棠梨刺 767
棠梨木 772
棠叶悬钩子 803, **848**
糖钵 988
糖茶藨子 574, **579**
糖罐头 985
糖芥 264, **267**
糖芥属 212, **263**
糖梨 765
糖泡刺 858
烫伤草 139
桃 1020, **1025**
桃叶槌果藤 200
桃叶石楠 706, **710**
桃桋 744
桃属 624, **1020**
陶古日 1025
藤荷包牡丹 74
藤铃儿草 70
藤绣球 565
天搭桥 810
天胡荽金腰 493, **501**
天簧七 426
天藕 892
天青地白 910
天山茶藨子 574, **580**
天山海罂粟 **40**
天山花楸 725, **726**
天山悬钩子 840
天山罂粟 26
天山樱桃 1053, **1071**
天石七 49
田三七 423
甜茶 552, **869**
甜叶紫堇 100
甜珠 1076
条参 20
条裂虎耳草 469
条裂黄堇 102, **108**
贴梗海棠 749, 753
贴梗木瓜 749
铁棒锤 108, 601
铁杆升麻 447
铁棍子 513
铁黑汉条 640
铁火钳 442
铁角莲 393
铁脚梨 749
葶苈 **256**, 288, 300
葶苈属 213, **256**
桐叶藤 546
铜棒锤 108

铜锤紫堇 108
头花独行菜 281, **283**
秃疮花 **38**
秃疮花属 1, **38**
秃蜡瓣花 337, **339**
秃子花 38
突隔梅花草 507, **515**
突尖紫堇组 75, **86**
突肋海桐 598, **612**
土常山 536, 541, 557, 561, 563
土黄连 50, 119, 148, 150
土黄莲 629
土黄芩 88, 149
土黄条 789
土兰条 678
土梨 763
土连翘 613
土木香 983
土墙花 354
土三七 364, 402, 418, 423
土延胡 169
土元胡 166, **173**
土庄花 639
土庄绣线菊 626, **639**
团叶绣球 637
托盘 867
托叶龙芽草 992, **998**
脱毛桉叶悬钩子 **816**
脱毛银叶委陵菜 **903**
脱皮龙 551
椭果绿绒蒿 4, **7**
椭圆悬钩子 801, **825**
哇日哇达 64
瓦花 370
瓦莲花 370
瓦松 367, **370**
瓦松属 361, **367**
弯刺蔷薇 942, **956**
弯果黄堇 153
弯果蒜芥 317
弯花紫堇 104
弯曲碎米荠 236, **246**
豌豆七 70, 393
万里香 619
微毛野樱桃 1056
微毛樱桃 1052, **1056**
微子焯菜 311
维屈蔷薇 977
尾叶槌果藤 196
尾叶山柑 196
委陵菜 882, **910**
委陵菜属 624, **880**
榅桲 **739**
榅桲属 623, **738**
文光果 990
文林郎果 777
蚊母树 **341**
蚊母树属 333, **341**
蚊子草 792, **793**
蚊子草属 623, **792**
汶川景天 405, **413**
倭海棠 753
乌巴拉色尔布 9
乌苞 853
乌藨子 850
乌混 - 少布特日 593
乌荆子 1046
乌拉奈 1066
乌兰 - 布衣勒斯 1024
乌龙摆尾 853
乌泡 850, 858
乌泡子 803, **850**
乌沙莓 810
乌苏里绣线菊 645
乌塌菜 226
无瓣焯菜 308, **310**
无柄山柑 186, **196**
无冠紫堇 110, **113**
无茎芥 300
无茎萎陵菜 913
无毛川梨 **768**
无毛蕨麻 **901**
无毛山楂 **705**
无毛溲疏 522
无毛绣线菊 **632**
无尾果 **879**
无尾果属 623, **879**
无腺白叶莓 **825**
无腺灰白毛莓 **854**
无心菜 296
吾白恩布 18
芜菁 221, **224**
芜菁甘蓝 **230**
芜青甘蓝 221
梧桐 329
五虎噙血 910
五裂茶藨 580
五脉绿绒蒿 5, **18**
五皮草 923
五皮风 923
五味草 82
五月上树风 610
五爪龙 922, 923
午时花 421
西北栒子 669, **678**
西伯利亚杏 1037
西伯日 1037
西伯日 - 萨巴乐干纳 129
西藏高山紫堇 119, **123**
西藏黄堇 121
西藏木瓜 745, 751, **754**
西藏桃 1032
西川红景天 382, **388**
西府海棠 769, **780**
西康花楸 725, **731**
西南草莓 931, **936**
西南挂苦绣球 559
西南鬼灯檠 435, **438**
西南虎耳草 460
西南山梅花 535
西南委陵菜 881, **904**
西南绣球 550, **553**
西南栒子 669, **677**
西南移柙 744
西南樱桃 1056
西洋白花菜 207
西洋菜 296
西洋梨 755, **760**
西洋李 1047

西洋苹果 775
西洋山嵛菜 220
西域旌节花 553
希日 - 萨巴乐干纳 125
希五拉普 259
菥蓂 **324**
菥蓂属 213, **324**
稀花黄堇 **114**
稀米菜 665
溪畔落新妇 441, **446**
喜马拉雅茶藨子 579
喜马拉雅虎耳草 457, **481**
喜马拉雅山荆子 771
喜山葶苈 256, **259**, 300
喜阴悬钩子 801, **818**
细柄半枫荷 357, **359**
细柄蕈树 334, **336**
细叉梅花草 507, **513**
细刺蔷薇 962
细梗蔷薇 942, **950**
细果角茴香 62, **64**
细毛扇骨木 713
细青皮 334, **336**
细弱海棠 783
细弱灰栒子 680
细弱栒子 669, **680**
细叶长蕊绣线菊 **634**
细叶地榆 1002, **1009**
细叶黄堇 114, **115**
细叶茴香 63
细叶景天 405, **407**
细叶空心柴 527
细叶石斑木 723, **724**
细叶委陵菜 906
细叶蚊子草 792, **796**
细叶绣线菊 634
细枝茶藨子 575, **589**
细枝绣线菊 626, **642**
细子焯菜 311
狭瓣虎耳草 478
狭瓣绣球 551
狭萼茶藨子 589
狭果茶藨 578
狭距紫堇 95, **97**
狭裂珠果黄堇 157
狭穗景天 374, **375**
狭叶地榆 1009
狭叶海桐 **607**
狭叶红景天 381, **385**
狭叶落新妇 **448**
狭叶香港远志 143
狭叶绣球 554
狭叶绣线菊 630
下江委陵菜 882, **912**
夏季石藤 530
夏天无 **161**
仙鹤草 993
纤细黄堇 127, **130**
鲜卑花 651, **652**
鲜卑花属 622, **651**
显脉欧李 1065
显脉委陵菜 883, **920**
藓状佛甲草 414
藓状景天 405, **414**
线果葶苈 258
线叶丛菔 319, **321**
腺齿蔷薇 942, **957**
腺地榆 **1006**
腺独行菜 288
腺萼落新妇 441, **445**
腺果蔷薇 942, **969**
腺花茅莓 **823**
腺花旗杆 254, **255**, 300
腺茎独行菜 288
腺粒委陵菜 882, **905**
腺毛高粱泡 **846**
腺毛虎耳草 465
腺毛莓 800, **814**
腺毛念珠芥 255
腺毛委陵菜 881, **898**
腺鼠刺 566, **570**
腺叶稠李 1075
腺叶峨眉蔷薇 **952**
腺叶桂樱 **1075**
腺叶绢毛蔷薇 **953**
腺叶蔷薇 942, **946**
腺叶野樱 1075
香景天 383
香李 671
香莓 **834**
香荠菜 309
香水梨 **757**
香水月季 943, **971**
香油罐 261
向天黄 208
象谷 33
小白菜 225
小白花地榆 **1009**
小白石枣 783
小苞瓦松 367, **373**
小苍耳七 510
小叉叶委陵菜 891
小齿钻地风 546
小刺山柑 186, **193**
小丛红景天 382, **383**
小倒钩刺 807
小鹅儿肠 407
小管仲 894
小果博落回 58, **61**
小果海棠 780
小果海桐 598, **610**
小果蔷薇 944, 975, **984**
小果菘蓝 275, **280**
小花红苞木 357
小花红花荷 356, **357**
小花虎耳草 470
小花黄堇 151, **154**
小花黄堇组 77, **151**
小花角茴香 62, **65**
小花龙芽草 992, **997**
小花莓 836
小花溲疏 521, **523**
小花糖芥 264, **268**
小花远志 143
小黄断肠草 130
小黄堇组 76, **126**
小黄泡刺 807
小黄紫堇 124, **125**
小鸡菜 142

小金樱 943, **977**
小距紫堇 102, **105**
小绿刺 186, **196**
小毛毛花 194
小米空木 664, **665**
小米空木属 622, **664**
小牛胃花 447
小前胡 153
小青菜 225
小伞虎耳草 458, **483**, 486
小山飘风 405, **407**
小扇木 337
小升麻 442
小石积属 623, **705**
小石枣 773
小水田荠 239
小藤铃儿草 71
小天青 894
小芽虎耳草 458, **486**
小岩花 448
小野珠兰 665
小叶八仙花 553
小叶茶藨 588, 594
小叶地豇豆 246
小叶红叶藤 1078, **1080**
小叶金露梅 881, **889**
小叶平枝栒子 **682**
小叶山楂 690
小叶石棒子 639
小叶石楠 707, **715**
小叶蚊母树 341, **343**
小叶栒子 668, **682**
小罂粟 27
小油菜 225
笑靥花 646
楔果荠属 213, **325**
楔桃 1058
楔叶茶藨 593
楔叶独行菜 281, **284**
蝎子花 140
心草 274
新店悬钩子 856
新高山景天 416
新疆海罂粟 40, **41**
新疆梨 755, **758**
新疆梅花草 507, **512**
新疆桃 1020, **1029**
新疆菥蓂 326
新疆元胡 166, **172**, 173
兴隆茶 534
星毛冠盖藤 538, **539**
星毛青棉花 539
星毛委陵菜 882, **913**
星毛珍珠梅 **658**
杏 1033, **1034**
杏花 1034
杏李 1044, **1045**, 1067
杏树 1034
杏属 624, **1033**
秀丽海桐 598, **616**
秀丽莓 801, **831**
秀丽鼠刺 566, **569**
秀蔷薇 981
绣球 549, **555**, 638
绣球绣线菊 625, **638**
绣球属 431, **549**
绣线菊 625, 627, **629**, 631
绣线菊巨齿变种 628
绣线菊贫齿变种 628
绣线菊属 622, **625**
绣线梅 661, **662**
绣线梅属 622, **661**
锈毛草莓 933
锈毛金腰 492, **499**
锈毛莓 804, **860**
须弥黄堇组 76, **119**
悬钩子属 623, **799**
悬铃木 327, **328**
悬铃木属 **327**
旋果蚊子草 792, **797**
穴乌萝卜 258
雪白委陵菜 883, **919**
雪参 20
雪里青 63
雪柳 648
雪松 397
雪压花 727
血盆草 226
血水草 **55**
血水草属 1, **54**
栒刺木 681
栒子木 671
栒子属 622, **668**
蕈树 334, **335**
蕈树属 333, **334**
鸦片 33
鸦片花 11
鸭脚板树 613
芽虎耳草 486
芽生虎耳草 458, **484**
崖花海桐 610
崖花子 598, 610, **615**
崖生虎耳草 480
崖松 407
崖樱桃 1052, **1059**
崖子花 610
雅辽类 614
亚高山茶藨子 576
亚吉 498
亚吉玛 494, 496
亚洲委陵菜 925
咽喉草 63
延胡索 166, 168, **174**
延寿草 899
岩白菜 451, **453**
岩白菜属 430, **450**
岩菖蒲 453
岩豆瓣菜 408
岩花 448
岩花树 600
岩黄连 146, 148, 149
岩景天 425
岩楞子 681
岩连 146
岩莲 72, 149
岩马桑 587
岩七 453
岩荠 221
岩如意 413

岩石榴 587
岩松 402
岩陀 438, 440
岩窝鸡 500
岩乌金菜 500
岩雪下 491
岩罂粟 27
岩子花 615
秧李 1068
羊不吃 139
羊脆木 599, **620**
羊耳朵树 620
羊角菜 205
羊角草 208
羊辣辣 291
羊尿泡 848
羊乌泡 848
阳樾 765
杨梅叶蚊母树 341, **342**
洋白菜 223
洋大头菜 230
洋吊钟 364, **366**
洋辣罐 324
洋梨 760
洋李 1047
洋蔷薇 956
药王茶 884
野白菜 217
野槟榔 186, **201**
野草莓 **931**
野刺玫 967
野大烟 27
野杜利 808
野甘蓝 221, **222**
野高粱 446
野牯牛刺 979
野桂花 616
野海棠 773
野狐杆 61
野花红 773
野黄姜 438
野黄子 781
野梨 756, 765
野梨子 763
野连翘 605
野落松 72
野毛金莲 18
野毛栗 988
野荠菜 246
野蔷薇 943, **974**
野山楂 687, **690**, 702
野生珍珠梅 660
野石榴 991
野桃 1030
野香橼花 186, **194**
野杏 **1036**
野罂粟 25, **27**, 40, 41
野油菜 310
野珠兰 664
叶生根 362
叶下白 892
腋花金腰子 498
一把伞 632
一白草 910
一串金丹 82
一朵云 411, 605
一口血 49
一球悬铃木 327, **329**
一枝花 49
一枝黄花 210
宜昌悬钩子 803, **844**
移𣑶 **743**
移𣑶属 623, **743**
异齿红景天 381, **391**
异果黄堇 155, **159**
异色溲疏 521, **528**
异叶海桐 598, **616**
异叶虎耳草 457, **475**
阴阳虎 442
银老梅 887
银露梅 881, **887**
银毛委陵菜 904
银梅草 548
银丝菜 233
银条菜 314
银叶委陵菜 882, **902**
银周色尔瓦 111
蚓果芥 **299**
隐瓣山金梅 927
隐瓣山莓草 **927**
隐匿景天 404, **411**
隐匿山景天 411, 413
印度蔊菜 309
英桃 1058
莺桃 1058
罂粟 26, **33**
罂粟属 1, **25**
樱花 1060, 1062
樱球 1058
樱桃 1052, **1058**, 1070
樱桃李 1044, **1049**
樱珠 1058
樱属 625, **1052**
优越虎耳草 457, **476**
油饼果子 985
油菜 228
油芥菜 **232**
油瓶子 964, 967
鱼木 183, **185**
鱼木属 **183**
榆梅 1022
榆叶梅 1020, **1022**, 1067
榆叶蚊子草 797
虞美人 26, **32**
虞美人花 32
羽萼悬钩子 804, **856**
羽叶鬼灯檠 435, **440**
羽叶花 **877**
羽叶花属 624, **876**
羽衣草 **1014**
羽衣草属 624, **1014**
玉皇李 1050
玉门透骨草 144
玉枇杷 711
玉山佛甲草 405, **416**
玉头 223
玉札 1003
郁李 1024, 1053, 1067, **1068**
御米 33

元胡 174
圆白菜 223
圆齿碎米荠 236, **247**
圆根 224
圆果焯菜 314
圆果花楸 725, **735**
圆头鸡 202
圆叶茶藨子 574, **588**
圆叶节节菜 298
圆叶景天 405, **422**
圆锥南芥 215, **218**
圆锥绣球 550, **557**
远志黄堇 102, **109**
月季 943, **969**
月月红 969
月月花 969
月月青 568
粤绣线菊 636
越南悬钩子 806
云木香 983
云南海棠 784
云南红景天 381, **393**
云南虎耳草 464
云南欧李 1064
云南山梅花 531, **535**
云南山楂 687, **688**
云南石莲 401, **402**
云南鼠刺 567
云南绣球 553
云南蕈树 **334**
云南移栎 743, **744**
云岩草 464
芸芥 261
芸苔 **228**
芸苔属 211, 212, **221**
杂多紫堇 **110**
杂交景天 423, **427**
杂氏灰栒子 678
杂种景天 427
栽秧苗 837
栽秧泡 **826**
凿角 707, 723
凿木 707
凿树 710
早生紫堇 145
札氏栒子 678
炸莲木 570
窄瓣虎耳草 457, **478**
窄叶聚花海桐 **614**
窄叶蚊母树 341, **343**
窄叶鲜卑花 651, **653**
粘萎陵菜 898
粘枣子 734
斩蛇剑 607
掌叶复盆子 805, 818, 839, 867, **868**
昭通山石榴 954
沼生焯菜 309, **313**
沼委陵菜 **926**
沼委陵菜属 624, **926**
罩壁木 537
哲日勒格 - 陶古日 1030
浙皖粗筒苣苔 226
针刺悬钩子 801, **833**
针色达奥 472
珍珠花 648
珍珠梅 627, 638, 656, **657**, 659
珍珠梅星毛变种 658
珍珠梅属 622, **656**
珍珠绣球 638
珍珠绣线菊 626, **648**
芝麻菜 **261**
芝麻菜属 212, **260**
直打洒曾 481
直打洒曾曼巴 482
直萼黄芩 143
直梗紫堇 102, **106**
直茎黄堇 **144**
直茎黄堇组 77, **143**
直立地蔷薇 929
直立角茴香 63
直立紫堇 144
直穗粉花地榆 1008
止痢草 291
指甲草 415
指裂延胡索组 77, **160**
至马尕共 133
痔疮草 890
雉子筵 895
中国旌节花 554
中国萝卜 307
中国拟铁 571
中国小米空木 664
中国绣球 550, **551**, 870
中华金腰 493, **504**
中华金腰子 504
中华三叶委陵菜 **917**
中华石楠 707, **712**
中华绣线菊 626, **640**
中华绣线梅 661, **662**
中井郁李 1070
中亚楔果荠 **326**
重瓣棣棠花 **790**
重瓣空心泡 **830**
周毛悬钩子 802, **842**
皱波黄堇 **127**
皱果蛇莓 937, **940**
皱皮木瓜 745, **749**
皱叶海桐 597, **600**, 611
皱叶海桐花 614
皱叶委陵菜 881, **896**
珠果黄堇 156, **157**
珠木 604
珠芽地锦苗 **82**
珠芽金腰子 501
珠芽景天 405, **415**
猪尿泡 854
猪屎七 437
蛛网萼 870
柱果绿绒蒿 4, **15**
柱毛独行菜 282, **290**
柱腺独行菜 290
柱序悬钩子 800, **812**
抓桑 100, 127
爪瓣虎耳草 458, **485**
爪虎耳草 485
追风蒿 929
追风七 874
锥花绿绒蒿 4, **15**
准噶尔红景天 381, **398**

准噶尔山楂 687, **698**
籽纹紫堇 79, **84**
子母海棠 780
紫八宝 374, **380**
紫背金钱 489
紫槟榔 197
紫地榆 1005
紫萼路边青 872, **875**
紫萼莓 851
紫萼悬钩子 851
紫花八宝 374, **379**
紫花地丁 142, 143
紫花疆罂粟 43, **45**
紫花碎米荠 242
紫金龙 69, **70**
紫金龙属 2, **69**
紫堇 **140**
紫堇属 2, **74**
紫堇组 77, **140**
紫勒米花 45
紫龙须 207
紫罗兰 **293**
紫罗兰属 212, **293**
紫绣球 555
紫阳花 544
紫月季花 **971**
总梗委陵菜 882, **903**
总花白鹃梅 666
总状丛蓙 319, **322**
总状绿绒蒿 5, **20**
钻地风 545, **546**, 837
钻地风属 430, **545**
钻石风 587
醉蝶花 204, **207**

药用植物拉丁名索引

（按字母顺序排列，正体字为正名，斜体字为异名）

Acomastylis Greene 624, **876**

elata (Wall. ex G. Don) F. Bolle **877**

macrosepala (Ludlow) T. T. Yü et C. L. Li 876, **878**

Adlumia Raf. ex DC. 2, **73**

asiatica Ohwi **74**

Aegiceras minus Gaertn. 1079

Agelaea Soland. ex Planch. 1078, **1082**

trinervis (Llanos) Merr. **1082**

Agrimonia L. 624, **992**

asiatica Juz. 999

coreana Nakai 992, **998**

eupatoria L. subsp. asiatica (Juz.) Skalický 992, **999**

eupatoria L. var. *japonica* (Miq.) Masam. 993

eupatoria L. var. *nepalensis* (D. Don) Kuntze 997

japonica (Miq.) Koidz. 993

nepalensis D. Don 997

nipponica Koidz. var. occidentalis Skalický ex J. E. Vidal 992, **997**

pilosa Ledeb. 992, **993**

f. *davurica* Nakai 993

var. *coreana* (Nakai) Liou et Cheng 998

var. *japonica* (Miq.) Nakai f. *subglabra* Nakai 993

var. nepalensis (D. Don) Nakai **997**

var. pilosa **993**

var. *viscidula* (Bunge) Kom. 993

velutina Juz. 998

viscidula Bunge 993

f. *borealis* Kitag. 993

Alchemilla L. 624, **1014**

japonica Nakai et H. Hara **1014**

Altingia Noronha 333, **334**

chinensis (Champ. ex Benth.) Oliv. ex Hance 334, **335**

chingii F. P. Metcalf 359

excelsa Noronha 334, **336**

gracilipes Hemsl. 334, **336**

yunnanensis Rehder et E. H. Wilson **334**

Amelanchier Medik. 623, **786**

asiatica (Siebold et Zucc.) Endl. ex Walp. 786, **787**

var. *sinica* C. K. Schneid. 786

canadensis (L.) Medik. var. *asiatica* (Siebold et Zucc.) Koidz. 787

japonica Hort. ex K. Koch 787

racemosa Lindl. 666

sinica (C. K. Schneid.) Chun **786**

Amygdalus L. 624, **1020**

communis L. 1020, **1021**

davidiana (Carrière) de Vos ex Henry 1020, **1030**

ferganensis (Kostina et Rjabov) T. T. Yü et L. T. Lu 1020, **1029**

kansuensis (Rehder) Skeels 1020, **1031**

mira (Koehne) Ricker 1020, **1032**

mongolica (Maxim.) Ricker 1020, **1024**

pedunculata Pall. 1020, **1023**, 1067, 1069

persica L. 1020, **1025**

var. compressa (Loudon) T. T. Yü et L. T. Lu **1029**

var. persica **1025**

triloba (Lindl.) Ricker 1020, **1022**, 1067

Andreoskia dentata Bunge 254

Arabidopsis (DC.) Heynh. 212, **213**

thaliana (L.) Heynh. **213**

Arabis L. 212, **215**

alaschanica Maxim. 215, **216**

alpina L. 218

alpina L. var. *parviflora* Franch. 218

var. *rubrocalyx* Franch. 218

chanetii H. Lév. 218

flagellosa Miq. 215, **216**

glandulosa Kar. et Kir. 255

holanschanica Y. C. Lan et T. Y. Cheo 216

paniculata Franch. 215, **218**

pendula L. 215, **217**

var. *hebecarpa* Y. Z. Lan et T. Y. Cheo 217

var. hypoglauca Franch. **217**
var. pendula **217**
thaliana L. 213
Arenaria napuligera Franch. 300
Argemone L. 1, **2**
mexicana L. **2**
Arivela viscosa (L.) Raf. 208
Armeniaca Mill. 624, **1033**
holosericea (Batalin) Kostina 1033, **1039**
mandshurica (Maxim.) Skvortsov 1033, **1040**
mume Siebold 1033, **1041**, 1049
sibirica (L.) Lam. 1033, **1037**
var. pubescens Kostina **1038**
var. sibirica **1037**
vulgaris Lam. 1033, **1034**
var. ansu (Maxim.) T. T. Yü et L. T. Lu. **1036**
var. vulgaris **1034**
Armoracia P. Gaertn., B. Mey. et Scherb. 213, **219**
rusticana G. Gaertn., B. Mey. et Scherb. **220**
sativa Bernh. 220
Aronia asiatica Siebold et Zucc. 787
Aruncus L. 622, **654**
sylvester Kostel. ex Maxim. **655**
Aspidistra lurida Ker Gawl. 452
Astilbe Buch.-Ham. ex D. Don 429, **441**
austrosinensis Hand.-Mazz. 444
chinensis (Maxim.) Franch. et Sav. 441, **442**
grandis Stapf ex E. H. Wilson 441, **444**
koreana (Kom.) Nakai 444
myriantha auct. non Diels: J. T. Pan 446
myriantha Diels 447
rivularis Buch.-Ham. ex D. Don 441, **446**
var. *angustata* C. Y. Wu ex J. T. Pan 448
var. angustifoliolata H. Hara **448**
var. myriantha (Diels) J. T. Pan **447**
var. rivularis **446**
rubra Hook. f. et Thomson 441, **445**
Astilboides (Hemsl.) Engl. 429, **434**
tabularis (Hemsl.) Engl. **434**
Barbarea elata Hook. f. et Thomson 312
Berchemia flavescens (Wall.) Brongn. 870
Bergenia Moench 430, **450**
crassifolia (L.) Fritsch 451, **452**
purpurascens (Hook. f. et Thomson) Engl. 451, **453**
var. *delavayi* (Franch.) Engl. et Irmsch. 453
scopulosa T. P. Wang **451**
Bocconia cordata Willd. 58
Bocconia microcarpa Maxim. 61
Brassica L. 211, 212, **221**
alba (L.) Rabenh. 316
alboglabra L. H. Bailey 222
campestris L. 228
var. *chinensis* (L.) T. Itô 225
var. *oleifera* DC. 228
var. *pekinensis* (Lour.) Viehoever 227
var. *rapa* (L.) Hartm. 224
capitata (L.) H. Lév. 223
caulorapa (DC.) Pasq. 223
cernua (Thunb.) F. B. Forbes et Hemsl. 230
chinensis L. 225
var. *rosularis* Tsen et S. H. Lee 226
eruca L. 261
integrifolia (H. West) O. E. Schulz 232
juncea (L.) Czern. 221, **230**
var. gracilis Tsen et S. H. Lee **232**
var. integrifolia (Stokes) Sinskaya **232**
var. juncea **230**
var. *longipes* Tsen et S. H. Lee 230
var. multisecta L. H. Bailey **233**
napobrassica (L.) Mill. 230
napus L. var. *chinensis* (L.) O. E. Schulz 225
napus L. var. napobrassica (L.) Rchb. **230**
narinosa L. H. Bailey 226
oleracea L. 221, **222**
var. albiflora Kuntze **222**
var. capitata L. **223**
var. *caulorapa* DC. 223
var. *chinensis* (L.) Prain 225
var. gongylodes L. **223**
var. *napobrassica* L. 230
pekinensis (Lour.) Rupr. 227
petsai (Lour.) L. H. Bailey 227
rapa L. 221, **224**
subsp. *narinosa* (L. H. Bailey) Hanelt 226
var. chinensis (L.) Kitam. **225**
var. glabra Regel **227**

var. narinosa (L. H. Bailey) Kitam. **226**
var. oleifera DC. **228**
var. rapa **224**
vesicaria L. 261
Briggsia chienii Chun 226
Bryophyllum Salisb. **361**
calycinum Salisb. 362
pinnatum (Lam.) Oken **362**
Bucklandia populnea R. Br. ex Griff. 345
Bucklandia tonkinensis Lecomte 346
Buddleja asiatica Lour. 983
Bunias cornuta L. 302
Capparis L. 183, **185**
acutifolia Sweet 186, **195**
bodinieri H. Lév. 186, **194**
cantoniensis Lour. 186, **200**
cerasifolia A. Gray 200
chingiana B. S. Sun 186, **201**
horrida L. f. 192
liangii Merr. et Chun 193
lutaoensis C. E. Chang 200
masaikai H. Lév. 186, **197**, 202
micracantha DC. 186, **193**
pubiflora DC. 186, **200**
sepiaria L. 186, **199**
spinosa L. 186, **187**
subsessilis B. S. Sun 186, **196**
urophylla F. Chun 186, **196**
versicolor Griff. 186, 198, **202**
zeylanica L. 186, **192**
Capsella Medic. 212, 213, **234**
bursa Raf. 234
bursa-pastoris (L.) Medik. **234**
Cardamine L. 211, 212, **235**
debilis D. Don 246
denudata O. E. Schulz 236
engleriana O. E. Schulz 236, **237**
flexuosa With. 236, **246**
var. *debilis* (O. E. Schulz) T. Y. Cheo et R. C. Fang 246
flexuosoides W. T. Wang 238
var. *glabricaulis* W. T. Wang, nom. illeg. 238
griffithii Hook. f. et Thomson 236, **240**
var. *grandifolia* T. Y. Cheo et R. C. Fang 237
var. *pentaloba* W. T. Wang 240
hirsuta L. 236, **248**
subsp. *flexuosa* (With.) F. B. Forbes et Hemsl. 246
var. *formosana* Hayata 248
impatiens L. 236, **240**
leucantha (Tausch) O. E. Schulz 236, **245**
var. *crenata* D. C. Zhang 245
lyrata Bunge 236, **239**
macrophylla Willd. 236, **243**
var. macrophylla **243**
var. polyphylla (D. Don) T. Y. Cheo et R. C. Fang **244**
polyphylla D. Don 244
pratensis L. 236, **241**
regeliana Miq. 247
scaposa Franch. 235, **236**
scutata Thunb. 236, **247**
sylvatica Link 246
tangutorum O. E. Schulz 236, **242**
trifoliolata Hook. f. et Thomson 236, **238**
urbaniana O. E. Schulz 236, **244**
Cardiandra Siebold et Zucc. 430, **544**
moellendorffii (Hance) Migo **544**
Castanola trinervis Llanos 1082
Cathcartia integrifolia Maxim. 11
Cathcartia lancifolia Franch. 13
Cerasus Mill. 625, **1052**
avium (L.) Moench 1052, **1056**
cerasoides (Buch.-Ham. ex D. Don) S. Y. Sokolov 1053, **1064**
clarofolia (C. K. Schneid.) T. T. Yü et C. L. Li 1052, **1056**
conradinae (Koehne) T. T. Yü et C. L. Li 1053, **1063**
dictyoneura (Diels) Holub 1053, **1065**
glandulosa (Thunb.) Sokoloff 1053, **1068**
humilis (Bunge) Sokoloff 1024, 1053, **1066**
japonica (Thunb.) Loisel. 1024, 1053, 1067, **1068**
var. japonica **1068**
var. nakaii (H. Lév.) T. T. Yü et C. L. Li **1070**
maximowiczii (Rupr.) Kom. 1052, **1054**
pseudocerasus (Lindl.) Loudon 1052, **1058**
scopulorum (Koehne) T. T. Yü et C. L. Li 1052, **1059**
serrulata (Lindl.) Loudon 1053, **1062**
var. pubescens (Makino) T. T. Yü et C. L. Li **1063**
var. serrulata **1062**

setulosa (Batalin) T. T. Yü et C. L. Li 1052, **1060**
szechuanica (Batalin) T. T. Yü et C. L. Li 1052, **1053**
tatsienensis (Batalin) T. T. Yü et C. L. Li 1052, **1055**
tianshanica Pojarkov 1053, **1071**
tomentosa (Thunb.) Wall. 1053, 1067, **1070**
yedoensis (Matsum.) A. N. Vassiljeva 1053, **1060**
Chaenomeles Lindl. 623, **745**
cathayensis (Hemsl.) C. K. Schneid. 745, **752**
japonica (Thunb.) Lindl. ex Spach 745, **753**
sinensis (Thouin) Koehne 745, **746**
speciosa (Sweet) Nakai 745, **749**
thibetica T. T. Yü 745, **754**
Chamaerhodiola dumulosa (Franch.) Nakai 383
Chamaerhodiola fastigiata (Hook. f. et Thomson) Nakai 387
Chamaerhodiola gelida (Schrenk ex Fisch. et C. A. Mey.) Nakai 384
Chamaerhodiola quadrifida (Pall.) Nakai 385
Chamaerhodos Bunge 624, **929**
erecta (L.) Bunge **929**
Cheiranthus cheiri L. 266
Cheiranthus forrestii (W. W. Sm.) Hand.-Mazz. 265
Cheiranthus incanus L. 293
Cheiranthus roseus Maxim. 264
Chelidonium L. 2, **50**
hybridum L. 45
japonicum Thunb. 48
lasiocarpum Oliv. 46
majus L. **50**
Chiazospermum erectum (L.) Bernh. 63
Chirita eburnea Hance 226
Chrysosplenium L. 430, **492**
absconditicapsulum J. T. Pan 492, **496**
alternifolium L. var. *japonicum* Maxim. 501
axillare Maxim. 492, **498**
cavaleriei H. Lév. et Vaniot 493, **505**
davidianum Decne. ex Maxim. 492, **499**
delavayi Franch. 493, **506**
forrestii Diels 492, **493**
griffithii Hook. f. et Thomson 492, **497**
henryi Franch. 502
hydrocotylifolium H. Lév. et Vaniot 493, **501**
japonicum (Maxim.) Makino 493, **501**
lanuginosum Hook. f. et Thomson 493, **502**
lushanense W. T. Wang 504
macrophyllum Oliv. 492, **500**
nepalense D. Don 493, **503**
var. *cavaleriei* (H. Lév. et Vaniot) H. Hara 505
nudicaule Bunge 492, **494**
sinicum Maxim. 493, **504**
trachyspermum Maxim. 504
uniflorum Maxim. 492, **496**
Cleome L. 183, **204**
gynandra L. 204, **205**
hassleriana Chodat 204, **207**
spinosa auct. non Jacq. 207
viscosa L. 204, **208**
Clerodendrum cyrtophyllum Turcz. 279
Cochlearia armoracia L. 220
Cochlearia officinalis L. 221
Cochlearia scapiflora Hook. f. et Thomson 300
Cochlearia wasabi Siebold 272
Coluria R. Br. 623, **879**
longifolia Maxim. **879**
Comarum L. 624, **926**
palustre L. **926**
Connarus L. 1078, **1081**
microphyllus Hook. et Arn. 1080
paniculatus Roxb. **1081**
Corchorus scandens Thunb. 791
Coronopus Zinn 212, **249**
didymus (L.) Sm. **249**
Corydalis DC. 2, **74**
acuminata Franch. **85**
adrienii Prain 110, **112**
adunca Maxim. 144, **145**
alpestris auct. non C. A. Mey.: Z. Y. Su et C. Y. Wu 161
ambigua Cham. et Schltdl. f. *dentata* Y. H. Chou 166
ambigua Cham. et Schltdl. f. *fumariifolia* (Maxim.) Kitag. 166
ambigua Cham. et Schltdl. f. *multifida* Y. H. Chou 166
ambigua Cham. et Schltdl. lusus *lineariloba* Maxim. 166
ambigua Cham. et Schltdl. lusus *rotundiloba* Maxim. 166
ambigua Cham. et Schltdl. var. *amurensis* Maxim. 166
appendiculata Hand.-Mazz. 102, **105**
balansae Prain 155, **158**
balfouriana Diels 102, **106**

benecincta W. W. Sm. 137, **138**
boweri Hemsl. 131, **133**
bulbosa DC. 168
bungeana Turcz. 141, **142**
buschii Nakai 161, **165**
calcicola W. W. Sm. 94, **97**
cashmeriana Royle 110, **113**
var. *ecristata* Prain 113
chanetii H. Lév. 155, **158**
cheilanthifolia Hemsl. **151**
conspersa Maxim. **91**
crispa Prain **127**
curviflora Maxim. 102, **103**
subsp. curviflora **103**
subsp. rosthornii (Fedde) C. Y. Wu **104**
var. *cytisiflora* Fedde 102
var. rosthornii Fedde 104
cytisiflora (Fedde) Lidén **102**
dasyptera Maxim. 119, **120**
davidii Franch. 87, **88**
decumbens (Thunb.) Pers. **161**
delavayi Franch. 102, **109**
delphinioides Fedde 88, **90**
densispica C. Y. Wu 95, **99**
dubia Prain **114**
duclouxii H. Lév. et Vaniot 80, **83**
ecristata (Prain) D. G. Long 110, **113**
edulis Maxim. **140**
esquirolii H. Lév. 79, **84**
eugeniae Fedde 102, **107**
subsp. eugeniae **107**
subsp. fissibracteata (Fedde) Lidén ex C. Y. Wu, H. Chuang et Z. Y. Su **108**
fangshanensis W. T. Wang ex S. Y. He 146, **150**
fimbripetala Ludlow et Stearn 131, **132**
flaccida Hook. f. et Thomson **135**
fumariifolia Maxim. **166**
gamosepala Maxim. 166, **180**
gigantea Trautv. et C. A. Mey. **86**
glaucescens Regel 166, **172**
glycyphyllos Fedde 95, **100**
gracilis Franch. 130
gracillima C. Y. Wu 127, **130**
hamata Franch. 91, **92**
hebephylla C. Y. Wu et Z. Y. Su 116, **117**
var. glabrescens C. Y. Wu et Z. Y. Su **118**
var. hebephylla **117**
hemidicentra Hand.-Mazz. **137**
hendersonii Hemsl. 131, **134**
heterocarpa Siebold et Zucc. 155, **159**
hookeri Prain 119, **122**
humosa Migo 166, **173**
impatiens (Pall.) Fisch. ex DC. 127, **128**
incisa (Thunb.) Pers. **139**
japonica Makino 153
kiautschouensis Poelln. 166, **171**
kingii Prain **136**
kokiana Hand.-Mazz. 94, **97**
latiloba (Franch.) Hand.-Mazz. 146, **149**
laucheana Fedde **124**
ledebouriana Kar. et Kir. **181**
leucostachya C. Y. Wu et H. Chuang 96
lhorongensis C. Y. Wu et H. Chuang 95, **98**
linarioides Maxim. 102, **108**
var. *fissibracteata* Fedde 108
lineariloba Siebold et Zucc. f. *pectinata* (Kom.) Kitag. 166
lineariloba Siebold et Zucc. var. *fumariifolia* (Maxim.) Kitag. 166
linstowiana Fedde **136**
livida Maxim. 116, **118**
longicalcarata H. Chuang et Z. Y. Su **86**
meifolia Wall. 114, **115**
melanochlora Maxim. 110, **111**
moorcroftiana Wall. ex Hook. f. et Thomson 119, **121**
moupinensis Franch. 151, **152**
mucronifera Maxim. 131, **133**
nigroapiculata C. Y. Wu 95, **98**
ochotensis Turcz. 124, **125**
var. *raddeana* (Regel) Nakai 125
ophiocarpa Hook. f. et Thomson 151, **153**
pachypoda (Franch.) Hand.-Mazz. **119**
pallida (Thunb.) Pers. **156**
var. *chanetii* (H. Lév.) Govaerts 158
var. *speciosa* (Maxim.) Kom. 157
pauciflora (Stephan ex Willd.) Pers. **160**
polygalina Hook. f. et Thomson 102, **109**

polyphylla Hand.-Mazz. **113**
pseudohamata Fedde 91, **93**
pterygopetala Hand.-Mazz. 87, **89**
pubicaulis C. Y. Wu et H. Chuang **93**
punicea C. Y. Wu ex Govaerts 118
racemosa (Thunb.) Pers. 151, **154**
raddeana Regel 124, **125**
remota Fisch. ex Maxim. 179
f. *non-apiculata* (Ohwi) C. Y. Wu et Z. Y. Su 179
f. *papillosa* (Kitag.) C. Y. Wu et Z. Y. Su 179
var. *fumariifolia* (Maxim.) Kom. 166
var. *pectinata* Kom. 166
repens Mandl et Muehld. 166, **169**
var. repens **169**
var. watanabei (Kitag.) Y. H. Zhou **170**
rheinbabeniana Fedde 102, **106**
saxicola Bunting **146**
scaberula Maxim. 95, **101**
schanginii (Pall.) B. Fedtsch. 166, **173**
sheareri S. Moore 79, **81**
f. bulbillifera Hand.-Mazz. **82**
f. sheareri **81**
sibirica (L. f.) Pers. 127, **129**
solida (L.) Clairv. 166, **168**
spathulata Prain ex Craib 131, **132**
speciosa Maxim. 156, **157**
straminea Maxim. ex Hemsl. **116**
stricta Stephan ex Fisch. **144**
suaveolens Hance 81
taliensis Franch. 80, **82**
tangutica Peshkova 160, **161**
temulifolia Franch. 79, **80**
thyrsiflora auct. non Prain 122
tibetica Hook. f. et Thomson 123
var. *pachypoda* Franch. 119
tibetoalpina C. Y. Wu et Z. Y. Su 119, **123**
tomentella Franch. 146, **149**
tongolensis Franch. 127, **129**
trachycarpa Maxim. 94, **95**
var. leucostachya (C. Y. Wu et H. Chuang) C. Y. Wu **96**
var. octocornuta (C. Y. Wu) C. Y. Wu **97**
var. trachycarpa **95**
trifoliata Franch. 102, **104**
tsayulensis C. Y. Wu et H. Chuang 95, **100**
turtschaninovii Besser 166, **179**
f. *fumariifolia* (Maxim.) Y. H. Chou 166
f. *haitaoensis* Y. H. Chou et C. Q. Xu 180
f. *pectinata* (Kom.) Y. H. Chou 179
variicolor C. Y. Wu 98
watanabei Kitag. 170
wilsonii N. E. Br. 146, **148**
yanhusuo W. T. Wang ex Z. Y. Su et C. Y. Wu 166, **174**
yunnanensis Franch. 87, **89**
zadoiensis L. H. Zhou **110**
Corylopsis Siebold et Zucc. 333, **337**
alnifolia (H. Lév.) C. K. Schneid. 337, **340**
henryi Hemsl. **337**
multiflora Hance 337, **338**
sinensis Hemsl. 337, **338**
var. calvescens Rehder et E. H. Wilson 337, **339**
var. *parvifolia* Hung T. Chang 338
var. sinensis **338**
spicata Hemsl. 338
willmottiae Rehder et E. H. Wilson 337, **340**
wilsonii Hemsl. 338
Cotoneaster Medik. 622, **668**
acutifolius Turcz. 669, **672**
ambiguus Rehder et E. H. Wilson 669, **673**
amoenus E. H. Wilson 677
bullatus Bois 669, **673**
coriaceus Franch. 669, **675**
franchetii Bois 669, **677**
glaucophyllus Franch. 669, **670**
gracilis Rehder et E. H. Wilson 669, **680**
harrovianus E. H. Wilson 669, **676**
horizontalis Decne. 668, **681**
var. horizontalis **681**
var. perpusillus C. K. Schneid. **682**
integerrimus Medik. 669, **679**
melanocarpus (Ledeb.) Lodd., G. Lodd. et W. Lodd. ex M. Roem. 669, **679**
microphyllus Wall. ex Lindl. 668, **682**
moupinensis Franch. 669, **674**
multiflorus Bunge 669, **671**
salicifolius Franch. 669, **676**
zabelii C. K. Schneid. 669, **678**

Cotyledon affinis (Schrenk ex Fisch. et C. A. Mey.) Maxim. 381
Cotyledon fimbriata Turcz. 370
var. *ramosissima* (Maxim.) Maxim. 370
Cotyledon laciniata L. 364
Cotyledon leucantha Ledeb. 373
Cotyledon malacophylla Pall. 368
Cotyledon spathulata (DC.) Poir. 365
Cotyledon spinosa L. 372
Cotyledon thyrsiflora (Fisch.) Maxim. 373
Crassula indica Decne. 402
Crassula pinnata L. f. 362
Crassula yunnanensis Franch. 402
Crataegus L. 622, **687**
alnifolia Siebold et Zucc. 734
altaica (Loudon) Lange 688, **697**
aurantia Pojark. 687, **693**
coreana H. Lév. 705
cuneata Siebold et Zucc. 687, **690**
dahurica Koehne ex C. K. Schneid. 687, **695**
glabra Thunb. 709
hupehensis Sarg. 687, **695**
indica L. 723
kansuensis E. H. Wilson 687, **696**
maximowiczii C. K. Schneid. 687, **692**
oresbia W. W. Sm. 687, **692**
pinnatifida Bunge 687, 689, 691, 696, **699**, 704
f. *psilosa* (C. K. Schneid.) Kitag. 705
var. major N. E. Br. **703**
var. pinnatifida **699**
var. psilosa C. K. Schneid. **705**
purpurea J. A. Bosc ex DC. var. *altaica* Loudon 697
sanguinea Pall. 687, **694**
var. *genuina* Maxim. 694
scabrifolia (Franch.) Rehder 687, **688**
serratifolia Desf. 707
songarica K. Koch 687, **698**
villosa Thunb. 713
wilsonii Sarg. 687, **691**
Crateva L. **183**
adansonii DC. subsp. *formosensis* Jacobs 185
formosensis (Jacobs) B. S. Sun 183, **185**
magna (Lour.) DC. 763
unilocularis Buch.-Ham. 183, **184**
Cyananthus flavus C. Marquand 300
Cyananthus lichiangensis W. W. Sm. 300
Cydonia Mill. 623, **738**
cathayensis Hemsl. 752
lagenaria Loisel. 749
oblonga Mill. **739**
var. maliformis C. K. Schneid. **742**
var. oblonga **739**
var. pyriformis Rehder **743**
sinensis Thouin 746
speciosa Sweet 749
vulgaris Pers. 739
Dactylicapnos Wall. 2, **69**
lichiangensis (Fedde) Hand.-Mazz. 69, **72**
roylei (Hook. f. et Thomson) Hutch. 69, **71**
scandens (D. Don) Hutch. 69, **70**
torulosa (Hook. f. et Thomson) Hutch. 69, **72**
Dasiphora fruticosa (L.) Rydb. 884
Decumaria L. 430, **537**
sinensis Oliv. **537**
Deinanthe Maxim. 430, **548**
caerulea Stapf **548**
Dentaria leucantha Tausch 245
Descurainia Webb et Berthel. 211, **250**
sophia (L.) Webb ex Prantl **251**, 257
Deutzia Thunb. 430, **521**
amurensis (Regel) Airy Shaw 523
discolor Hemsl. 521, **528**
glaberrima Koehne 522
glabrata Kom. 521, **522**
glauca W. C. Cheng 522, **526**
grandiflora Bunge 521, **529**
hypoglauca Rehder 521, **525**
micrantha Engl. 524
ningpoensis Rehder 522, **527**
f. *integrifolias* D. Y. Liu et J. Han 527
parviflora Bunge 521, **523**
var. amurensis Regel **523**
var. micrantha (Engl.) Rehder **524**
var. parviflora **523**
scabra auct. non Thunb. 525
setchuenensis Franch. 521, **530**

taiwanensis (Maxim.) C. K. Schneid. 522, **525**

Dicentra Bernh. 2, **66**

lichiangensis Fedde 72

macrantha Oliv. 66, **67**

roylei Hook. f. et Thomson 71

spectabilis (L.) Lem. 66, **68**

torulosa Hook. f. et Thomson 72

Dichotomanthes Kurz 622, **667**

tristaniicarpa Kurz **667**

Dichroa Lour. 430, **540**

daimingshanensis Y. C. Wu 540, **543**

febrifuga Lour. 540, **541**

yaoshanensis Y. C. Wu 540, **543**

Dicliptera chinensis (L.) Juss. 414

Diclytra scandens D. Don 70

Dicranostigma Hook. f. et Thomson 1, **38**

leptopodum (Maxim.) Fedde **38**

Dilophia fontana Maxim. 323

Dilophia macrosperma O. E. Schulz 323

Dimorphostemon glandulosus (Kar. et Kir.) Golubk. 255

Diphylleia sinensis H. L. Li 435

Distylium Siebold et Zucc. 333, **341**

buxifolium (Hance) Merr. 341, **343**

dunnianum H. Lév. 341, **343**

lanceolatum Chun ex W. C. Cheng 343

myricoides Hemsl. 341, **342**

var. *nitidum* Hung T. Chang 342

racemosum Siebold et Zucc. **341**

Docynia Decne. 623, **743**

delavayi (Franch.) C. K. Schneid. 743, **744**

indica (Wall.) Decne. **743**

Dolomiaea souliei (Franch.) C. Shih 983

Dontostemon Andrz. ex Ledeb. 212, **254**

dentatus (Bunge) Ledeb. **254**

var. *glandulosus* Maxim. ex Franch. et Sav. 254

glandulosus (Kar. et Kir.) O. E. Schulz 254, **255**, 300

Draba L. 213, **256**

elata Hook. f. et Thomson 300

eriopoda Turcz. 256, **258**

incana L. var. *microphylla* W. W. Sm. 258

ladyginii Pohle 256, **258**

lanceolata Royle var. *chingii* O. E. Schulz 258

nemorosa L. **256**, 300

var. *latifolia* M. Bieb. ex Kuntze 256

var. *leiocarpa* Lindblom 256

oreades Schrenk ex Fisch. et C. A. Mey. 256, **259**, 300

pingwuensis Z. M. Tan et S. C. Zhou 258

Duchesnea J. E. Sm. 624, **937**

chrysantha (Zoll. et Moritzi) Miq. 937, **940**

indica (Andrews) Teschem. **937**

Elaeagnus angustifolia L. 983

Eomecon Hance 1, **54**

chionantha Hance **55**

Eriobotrya Lindl. 623, **716**

cavaleriei (H. Lév.) Rehder 716, **721**

deflexa (Hemsl.) Nakai 716, **722**

japonica (Thunb.) Lindl. 716, **717**

salwinensis Hand.-Mazz. 716, **720**

Eruca Mill. 212, **260**

sativa Mill. 261

vesicaria (L.) Cav. **261**

subsp. *sativa* (Mill.) Thell. 261

Erysimum L. 212, **263**

× cheiri (L.) Crantz 264, **266**

altaicum C. A. Mey. var. *shinganicum* Y. L. Chang 270

amurense Kitag. 264, **267**

subsp. *bungei* Kitag. 267

aurantiacum (Bunge) Maxim. 267

bungei (Kitag.) Kitag. 267

canescens Roth 264, **271**

cheiranthoides L. 264, **268**

diffusum Ehrh. 271

flavum (Georgi) Bobrov 264, **270**

var. *shinganicum* (Y. L. Chang) K. C. Kuan 270

forrestii (W. W. Sm.) Polatschek 264, **265**

hieraciifolium L. 264, **267**

roseum (Maxim.) Polatschek **264**

Eschscholzia Cham. 1, **36**

californica Cham. **36**

Euonymus tobira Thunb. 601

Euphorbia lunulata Bge 506

Eutrema R. Br. 212, **271**

japonicum (Miq.) Koidz. 272

wasabi (Siebold) Maxim. **272**

Exbucklandia R. W. Br. 333, **344**

populnea (R. Br. ex Griff.) R. W. Br. 344, **345**

tonkinensis (Lecomte) Hung T. Chang 344, **346**
Exochorda Lindl. 622, **666**
racemosa (Lindl.) Rehder **666**
Ficus pyrifolia Burm. f. 762
Filipendula Mill. 623, **792**
angustiloba (Turcz.) Maxim. 792, **796**
intermedia (Glehn) Juz. 792, **796**
palmata (Pall.) Maxim. 792, **793**
var. glabra Ledeb. ex Kom. et Aliss. **794**
var. palmata **793**
purpurea Maxim. 792, **795**
ulmaria (L.) Maxim. 792, **797**
Firmiana simplex (L.) W. Wight 329
Fortunearia Rehder et E. H. Wilson 333, **346**
sinensis Rehder et E. H. Wilson **346**
Fragaria L. 624, **930**
× ananassa (Weston) Duchesne 931, **934**
chrysantha Zoll. et Moritzi 940
filipendula Hemsl. 922
grandiflora Ehrh. 934
indica Andrews 937
moupinensis (Franch.) Cardot 931, **936**
nilgerrensis Schltdl. ex J. Gay 931, **933**
var. mairei (H. Lév.) Hand.-Mazz. **934**
var. nilgerrensis **933**
orientalis Losinsk. 931, **932**
vesca L. **931**
Fumaria decumbens Thunb. 161
Fumaria impatiens Pall. 128
Fumaria incisa Thunb. 139
Fumaria pallida Thunb. 156
Fumaria pauciflora Stephan ex Willd. 160
Fumaria racemosa Thunb. 154
Fumaria schanginii Pall. 173
Fumaria sibirica L. f. 129
Fumaria spectabilis L. 68
Geranium franchetii R. Knuth 1005
Geranium hispidissimum (Franch.) R. Knuth 1005
Geranium strictipes R. Knuth 1005
Geum L. 624, **872**
aleppicum Jacq. 872, **873**
var. *bipinnatum* (Batalin) F. Bolle ex Hand.-Mazz. 873
elatum Wall. ex G. Don 877
japonicum Thunb. var. chinense F. Bolle 872, **874**
macrosepalum Ludlow 878
rivale L. 872, **875**
Glaucium Mill. 1, **40**
elegans Fisch. et C. A. Mey. **40**
fimbrilligerum Boiss. 40, **41**
leptopodum Maxim. 38
refractum Nábelek 45
squamigerum Kar. et Kir. 40, **41**
Grossularia burejensis (F. Schmidt) A. Berger 577
Grossularia nigra (L.) Rupr. 583
Grossularia stenocarpa (Maxim.) A. Berger 578
Gueldenstaedtia verna (Georgi) Boriss. subsp. multiflora (Bunge) H. B. Cui 143
Gynandropsis gynandra (L.) Briq. 205
Gynocardia odorata Roxb. 763
Hamamelis L. 333, **347**
chinensis R. Br. 354
mollis Oliv. **347**
var. *oblongifolia* M. B. Deng et K. Yao 347
Helwingia japonica (Thunb.) F. Dietr. 554
Hemerocallis citrina Baroni 210
Hemsleya panlongqi A. M. Lu et W. J. Chang 452
Hesperis africana L. 292
Hesperis flava Georgi 270
Hiptage cavaleriei H. Lév. 721
Hornungia Reich. 213, **274**
procumbens (L.) Hayek **274**
Hoteia chinensis Maxim. 442
Hydrangea L. 431, **549**
angustipetala Hayata 551
angustisepala auct. non Hayata 551
anomala D. Don 550, **565**
aspera D. Don 550, **560**
var. *macrophylla* Hemsl. 562
chinensis Maxim. 550, **551**, 870
davidii Franch. 550, **553**
formosana Koidz. 553
glabrifolia Hayata 553
hemsleyana Diels 563
hypoglauca Rehder 550, **559**
linkweiensis Chun 550, **554**
longipes Franch. 550, **563**

longipes Hemsl. 563
macrophylla (Thunb.) Ser. 549, **555**
f. *hortensia* (Regel) Rehder 555
f. *otaksa* (Siebold et Zucc.) E. H. Wilson 555
macrosepala Hayata 550, **553**
moellendorffii Hance 544
obovatifolia Hayata 550, **551**
paniculata Siebold 550, **557**
pubinervis Rehder 559
robusta Hook. f. et Thomson 550, **564**
rosthornii Diels 564
stenophylla Merr. et Chun 550, **554**
strigosa Rehder 550, **561**
var. *angustifolia* (Hemsl.) Rehder 561
var. macrophylla (Hemsl.) Rehder **562**
var. strigosa **561**
umbellata Rehder 551
villosa Rehder 550, **563**
xanthoneura Diels 550, **559**
yunnanensis Rehder 553
Hylomecon Maxim. 2, **48**
japonica (Thunb.) Prantl et Kündig **48**
var. dissecta (Franch. et Sav.) Fedde **49**
var. japonica **48**
var. subincisa Fedde **49**
vernalis Maxim. 48
Hylotelephium H. Ohba 361, **374**
angustum (Maxim.) H. Ohba 374, **375**
erythrostictum (Miq.) H. Ohba 374, **376**
eupatorioides (Kom.) H. Ohba 379
mingjinianum (S. H. Fu) H. Ohba 374, **379**
pallescens (Freyn) H. Ohba 374, **379**
purpureum (L.) S. H. Fu 374, **380**
spectabile (Boreau) H. Ohba 374, **377**
tatarinowii (Maxim.) H. Ohba 374, **378**
verticillatum (L.) H. Ohba 374, **375**
Hymenolobus procumbens (L.) Nutt. ex Torr. et A. Gray 274
Hypecoum L. 2, **62**
chinense Franch. 64
erectum L. 62, **63**
leptocarpum Hook. f. et Thomson 62, **64**
parviflorum Kar. et Kir. 62, **65**
pendulum L. 65
Inula helenium L. 983
Isatis L. 212, **274**
costata C. A. Mey. **275**
indigotica Fortune 275
minima Bunge 275, **280**
oblongata DC. var. *yezoensis* (Ohwi) Y. L. Chang 275
tinctoria L. **275**
var. *indigotica* (Fortune) T. Y. Cheo et K. C. Kuan 275
Itea L. 431, **566**
amoena Chun 566, **569**
chinensis Hook. et Arn. 567, **571**
var. *indochinensis* (Merr.) Lecompte 572
coriacea Y. C. Wu 566, **571**
forrestii Y. C. Wu 567
glutinosa Hand.-Mazz. 566, **570**
ilicifolia Oliv. 566, **568**
ilicifolia auct. non Oliv. 567
indochinensis Merr. 567, **572**
var. indochinensis **572**
var. pubinervia C. Y. Wu ex H. Chuang **573**
macrophylla Wall. 566, **569**
yunnanensis Franch. 566, **567**
Kalanchoe Adans. 361, **364**
laciniata (L.) DC. **364**
pinnata (Lam.) Pers. 362
spathulata DC. 364, **365**
verticillata Scott-Elliot 364, **366**
Kerria DC. 623, **788**
japonica (L.) DC. 554, **789**
f. japonica **789**
f. pleniflora (Witte) Rehder **790**
Kirengeshoma Yatabe 430, **520**
palmata Yatabe **520**
Laurocerasus Tourn. ex Duhamel 625, **1075**
phaeosticta (Hance) C. K. Schneid. **1075**
spinulosa (Siebold et Zucc.) C. K. Schneid. 1075, **1076**
Lepidium L. 212, 213, **281**
affine Ledeb. 291
apetalum Willd. 257, 281, **288**
capitatum Hook. f. et Thomson 281, **283**
cuneiforme C. Y. Wu 281, **284**
densiflorum Schrad. 282, **289**
didymum L. 249

latifolium L. 282, **291**

subsp. *affine* (Ledeb.) Kitag. 291

var. *affine* (Ledeb.) C. A. Mey. 291

perfoliatum L. 281, **282**

procumbens L. 274

ruderale L. 282, **290**

sativum L. 281, **285**

virginicum L. 281, **286**

Liquidambar L. 333, **348**

acerifolia Maxim. 349

chinensis Champ. ex Benth. 335

formosana Hance 348, **349**

orientalis Mill. 348, **351**

styraciflua L. 348, **352**

Lithocarpus dealbatus (Hook. f. et Thomson ex Miq.) Rehder 201

Lithocarpus litseifolius (Hance) Chun 870

Litsea monopetala (Roxb.) Pers. 763

Lobelia chinensis Lour. 407

Loropetalum R. Br. 333, **353**

chinense (R. Br.) Oliv. **354**

var. chinense **354**

var. rubrum Yieh **355**

Loxostemon smithii O. E. Schulz var. *wenchuanensis* Y. C. Lan et T. Y. Cheo 238

Macleaya R. Br. 1, **57**

cordata (Willd.) R. Br. 57, **58**

microcarpa (Maxim.) Fedde 58, **61**

Malcolmia R. Br. 211, **292**

africana (L.) W. T. Aiton **292**, 300

Malus Mill. 623, **769**

asiatica Nakai 769, **777**

baccata (L.) Borkh. 769, **770**

communis Poir. 775

dasyphylla Borkh. 775

domestica Borkh. 775

doumeri (Bois) A. Chev. 770, **784**

formosana (Kawak. et Koidz. ex Hayata) Kawak. et Koidz. 784

halliana Koehne 769, **774**

hupehensis (Pamp.) Rehder 769, **773**

kansuensis (Batalin) C. K. Schneid. 769, **782**

leiocalyca S. Z. Huang 770, **785**

mandshurica (Maxim.) Kom. ex Juz. 769, **772**

melliana (Hand.-Mazz.) Rehder 784

micromalus Makino 769, **780**

prunifolia (Willd.) Borkh. 769, **778**

pumila Mill. 769, **775**

rockii Rehder 769, **771**

sieboldii (Regel) Rehder 769, **781**

spectabilis (Aiton) Borkh. 769, **779**

transitoria (Batalin) C. K. Schneid. 769, **783**

yunnanensis (Franch.) C. K. Schneid. 769, **784**

Martinella violifolia H. Lév. 298

Matthiola R. Br. 212, **293**

incana (L.) W. T. Aiton **293**

Meconopsis Vig. 1, **4**

argemonantha Prain 5, **6**

barbiseta C. Y. Wu et H. Chuang ex L. H. Zhou 5, **7**

chelidoniifolia Bureau et Franch. 4, **7**

georgei G. Taylor 5, **8**

henrici Bureau et Franch. 5, **8**

horridula Hook. f. et Thomson 5, **9**

var. *racemosa* (Maxim.) Prain 20

var. *spinulifera* L. H. Zhou 22

impedita Prain 5, **10**

integrifolia (Maxim.) Franch. 5, **11**

var. integrifolia **11**

var. uniflora C. Y. Wu et H. Chuang **12**

lancifolia (Franch.) Franch. ex Prain 5, **13**

napaulensis DC. 4, **14**

nyingchiensis L. H. Zhou 22

oliveriana Franch. et Prain ex Prain 4, **15**

paniculata (D. Don) Prain 4, **15**

pseudohorridula C. Y. Wu et H. Chuang 5, **16**

pseudovenusta G. Taylor 5, **17**

punicea Maxim. 5, **17**

quintuplinervia Regel 5, **18**

racemosa Maxim. 5, **20**

var. racemosa **20**

var. spinulifera (L. H. Zhou) C. Y. Wu et H. Chuang **22**

simplicifolia (D. Don) Walp. 5, **22**

speciosa Prain 5, **23**

superba King ex Prain 5, **24**

torquata Prain 4, **24**

zangnanensis L. H. Zhou 5, **24**

Megacarpaea DC. 212, **294**
delavayi Franch. **294**
var. *pinnatifida* Danguy 294
Mespilus japonica Thunb. 717
Mespilus sanguinea Spach 694
Micromeles alnifolia (Siebold et Zucc.) Koehne 734
Micromeles caloneura Stapf 735
Micromeles folgneri C. K. Schneid. 737
Micromeles hemsleyi C. K. Schneid. 738
Micromeles keissleri C. K. Schneid. 736
Mukdenia Koidz. 430, **449**
rossii (Oliv.) Koidz. **449**
Murraya paniculata (L.) Jack 983
Myrica rapaneoidea H. Lév. 343
Myrica seguinii H. Lév. 343
Myrsine buxifolia Hance 343
Nasturtium R. Br. 211, **296**
globosum Turcz. ex Fisch. et C. A. Mey. 314
officinale R. Br. **296**
Neillia D. Don 622, **661**
ribesioides Rehder 661, **663**
sinensis Oliv. 661, **662**
thyrsiflora D. Don 661, **662**
Neomartinella Pilg. 212, **298**
violifolia (H. Lév.) Pilg. **298**
Neotorularia Hedge et J. Léonard 212, **299**
humilis (C. A. Mey.) Hedge et J. Léonard **299**
Noccaea Moench 213, **325**
ferganensis (N. Busch) Czerep. **326**
Oresitrophe Bunge 429, **448**
rupifraga Bunge **448**
var. *glabrescens* W. T. Wang 448
Orostachys Fisch. 361, **367**
cartilaginea V. N. Boriss. 367, **373**
chanetii (H. Lév.) A. Berger 367, **372**
erubescens (Maxim.) Ohwi 372, 373
fimbriata (Turcz.) A. Berger 367, **370**
var. *grandiflora* F. Z. Li et X. D. Chen 370
japonica (Maxim.) A. Berger 367, **368**
malacophylla (Pall.) Fisch. 367, **368**
spinosa (L.) Sweet 367, **372**
thyrsiflora Fisch. 367, **373**
Orthosiphon wulfenioides (Diels) Hand.-Mazz. 225
Osteomeles Lindl. 623, **705**
schwerinae C. K. Schneid. **705**
Padus Mill. 625, **1072**
asiatica Kom. 1074
avium Mill. **1072**
var. asiatica (Kom.) T. C. Ku et B. M. Barthol. **1074**
var. avium **1072**
var. pubescens (Regel et Tiling) T. C. Ku et B. M. Barthol. **1073**
brachypoda (Batalin) C. K. Schneid. 1072, **1074**
Papaver L. 1, **25**
alpinum L. var. *croceum* Regel 27
canescens Tolm. 25, **26**
nudicaule L. 25, **27**
subsp. *amurense* N. Busch 30
var. aquilegioides Fedde **29**
var. aquilegioides Fedde f. amurense (Busch) H. Chuang **30**
var. aquilegioides Fedde f. aquilegioides **29**
var. nudicaule **27**
paniculatum D. Don 15
pavoninum C. A. Mey. 26, **30**
pseudoradicatum Kitag. 31
radicatum Rottb. var. pseudoradicatum Kitag. 25, **31**
rhoeas L. 26, **32**
simplicifolium D. Don 22
somniferum L. 26, **33**
tenellum Tolm. 27
tianschanicum Popov 26
Parnassia L. 429, **507**
bifolia Nekr. 507, **516**
brevistyla (Brieger) Hand.-Mazz. 507, **514**
crassifolia Franch. 507, **509**
davidii Franch. 507, **518**
delavayi Franch. 507, **515**
var. *brevistyla* Brieger 514
farreri W. E. Evans 507, **508**
foliosa Hook. f. et Thomson 507, **517**
laxmannii Pall. ex Schult. 507, **512**
lutea Batalin 507, **508**
mysorensis F. Heyne ex Wight et Arn. 507, **510**
oreophila Hance 507, **513**
palustris L. 507, **518**

var. multiseta Ledeb. **519**
var. palustris **518**
trinervis Drude 508, **510**
var. *viridiflora* (Batalin) Hand.-Mazz. 511
viridiflora Batalin 508, **511**
wightiana Wall. ex Wight et Arn. 507, **516**
Parrya ciliaris Bureau et Franch. 320
Parrya eurycarpa Maxim. 319
Parrya forrestii W. W. Sm. 265
Parrya linearifolia W. W. Sm. 321
Parrya platycarpa Hook. f. et Thomson 322
Patrinia scabiosifolia Link 325
Patrinia villosa (Thunb.) Juss. 325
Pegaeophyton Hayek et Hand.-Mazz 212, **300**
scapiflorum (Hook. f. et Thomson) C. Marquand et Airy Shaw **300**
Penthorum L. 429, **431**
chinense Pursh **432**
Peperomia tetraphylla Hook. et Arn. 298
Peristrophe baphica (Spreng.) Bremek. 414
Peristrophe japonica (Thunb.) Bremek. 414
Persica vulgaris Mill. var. *compressa* Loudon 1029
Phedimus Raf. 361, **422**
aizoon (L.) 't Hart 391, **423**
var. aizoon **423**
var. scabrus (Maxim.) H. Ohba, K. T. Fu et B. M. Barthol. **424**
hybridus (L.) 't Hart 423, **427**
kamtschaticus (Fisch.) 't Hart 423, **425**
middendorffianus (Maxim.) 't Hart 423, **425**
odontophyllus (Fröd.) 't Hart 423, **426**
Philadelphus L. 430, **530**
brachybotrys (Koehne) Koehne 531, **532**
coronarius L. var. *tenuifolius* Maxim. 533
delavayi L. Henry 531, **535**
henryi Koehne 531, **535**
incanus Koehne 531, **534**
pekinensis Rupr. **531**
var. *brachybotrys* Koehne 532
sericanthus Koehne 531, **536**
tenuifolius Rupr. ex Maxim. 531, **533**
Photinia Lindl. 623, **706**
beauverdiana C. K. Schneid. 707, **712**
crassifolia H. Lév. 706, **711**
davidsoniae Rehder et E. H. Wilson 707, **710**
deflexa Hemsl. 722
fortuneana Maxim. 684
glabra (Thunb.) Franch. et Sav. 707, **709**
parvifolia (E. Pritz.) C. K. Schneid. 707, **715**
prunifolia (Hook. et Arn.) Lindl. 706, **710**
schneideriana Rehder et E. H. Wilson 707, **713**
serratifolia (Desf.) Kalkman **707**
serrulata Lindl. 707
var. *prunifolia* Hook. et Arn. 710
villosa (Thunb.) DC. 707, **713**
var. sinica Rehder et E. H. Wilson **714**
var. villosa **713**
Pileostegia Hook. f. et Thomson 430, **538**
tomentella Hand.-Mazz. 538, **539**
urceolata Hayata 538
viburnoides Hook. f. et Thomson **538**
Pittosporum Banks ex Gaertn. **597**
adaphniphylloides Hu et F. T. Wang 618
balansae Aug. DC. 598, **614**
var. angustifolium Gagnep. **614**
var. balansae **614**
brevicalyx (Oliv.) Gagnep. 599, **619**
crispulum Gagnep. 597, **600**, 611
daphniphylloides Hayata 598, **617**
var. adaphniphylloides (Hu et F. T. Wang) W. T. Wang **618**
var. daphniphylloides **617**
densinervatum H. T. Chang et S. Z. Yan 610
elevaticostatum Hung T. Chang et S. Z. Yan 598, **612**
floribundum Wight et Arn. ex Royle 620
formosanum Hayata 620
var. *hainanense* Gagnep. 620
glabratum Lindl. 598, **605**
var. glabratum **605**
var. neriifolium Rehder et E. H. Wilson **607**
heterophyllum Franch. 598, **616**
illicioides Makino 597, 601, **610**
var. *stenophyllum* P. L. Chiu 610
kerrii Craib 599, **620**
kobuskianum Gowda 610
kwangsiense Hung T. Chang et S. Z. Yan 598, **618**

kweichowense Gowda 598, **610**
lenticellatum Chun ex H. Peng et Y. F. Deng 598, **613**
leptosepalum Gowda 598, **617**
lignilobum Hu et F. T. Wang 600
napaulense (DC.) Rehder et E. H. Wilson 599, **620**
omeiense H. T. Chang et S. Z. Yan 598, **605**
ovoideum H. T. Chang et S. Z. Yan 613
parvicapsulare Hung T. Chang et S. Z. Yan 598, **610**
pauciflorum Hook. et Arn. 597, **603**
var. *brevicalyx* Oliv. 619
pentandrum (Blanco) Merr. var. formosanum (Hayata) Zhi Y. Zhang et Turland 599, **620**
pentandrum (Blanco) Merr. var. *hainanense* (Gagnep.) H. L. Li 620
pentandrum (Blanco) Merr. var. *pentandrum* 621
perglabratum Hung T. Chang et S. Z. Yan 598, **613**
perryanum Gowda 598, **604**
podocarpum Gagnep. 598, **608**
pulchrum Gagnep. 598, **616**
rehderianum Gowda 597, **601**
sahnianum Gowda 610
tobira (Thunb.) W. T. Aiton 597, **601**
tonkinense Gagnep. 598, **615**
trigonocarpum H. Lév. 598, **609**
truncatum E. Pritz. 598, **615**
Plagiospermum sinense Oliv. 1017
Platanus L. **327**
acerifolia (Aiton) Willd. 327, **328**
occidentalis L. 327, **329**
orientalis L. 327, 329, **330**
var. *acerifolia* Aiton 328
Platycrater arguta Siebold et Zucc. 870
Polygala arvensis Willd. 143
Polygala hongkongensis Hemsl. var. stenophylla Migo 143
Polygala japonica Houtt. 143
Polygala sibirica L. var. megalopha Franch. 143
Polygonatum cirrhifolium (Wall.) Royle 446
Polygonum tinctorium Aiton 279
Potentilla L. 624, **880**
acaulis L. 882, **913**
ancistrifolia Bunge 881, **896**
var. ancistrifolia **896**
var. dickinsii (Franch. et Sav.) Koidz. **897**
anserina L. 881, **899**
var. anserina **899**
var. nuda Gaudin **901**
var. sericea Hayne **901**
asiatica (Th. Wolf) Juz. ex Kom. 925
betonicifolia Poir. 883, **919**
bifurca L. 881, **890**
var. bifurca **890**
var. *glabrata* Lehm. 891
var. humilior Ost.-Sack. et Rupr. **891**
var. major Ledeb. **891**
centigrana Maxim. 882, **914**
chinensis Ser. 882, **910**
chrysantha Trevir. 883, **925**
conferta Bunge 882, **907**
cryptotaeniae Maxim. 882, **915**
discolor Bunge 881, **892**, 911
flagellaris Willd. ex D. F. K. Schltdl. 883, **923**
fragarioides L. 881, **895**
freyniana Bornm. 882, **916**
var. freyniana **916**
var. sinica Migo **917**
fruticosa L. 881, **884**
var. albicans Rehder et E. H. Wilson **886**
var. arbuscula (D. Don) Maxim. **886**
var. *dahurica* Ser. 887
var. fruticosa **884**
var. *mandshurica* Maxim. 887
fulgens Wall. ex Hook. 904
glabra Lodd. 881, **887**
var. glabra **887**
var. mandshurica (Maxim.) Hand.-Mazz. **887**
var. veitchii (E. H. Wilson) Hand.-Mazz. **888**
granulosa T. T. Yü et C. L. Li 882, **905**
griffithii Hook. f. var. velutina Cardot 881, **894**
indica (Andrews) Th. Wolf 937
kleiniana Wight et Arn. 883, **923**
leuconota D. Don 882, **902**
var. brachyphyllaria Cardot **903**
var. leuconota **902**
limprichtii J. Krause 882, **912**
lineata Trevir. 881, **904**
longifolia Willd. ex D. F. K. Schltdl. 881, **898**

moupinensis Franch. 936
multicaulis Bunge 882, **908**
multifida L. 882, **906**
nervosa Juz. 883, **920**
nivea L. 883, **919**
parvifolia Fisch. ex Lehm. 881, **889**
peduncularis D. Don 882, **903**
var. elongata T. T. Yü et C. L. Li **904**
var. peduncularis **903**
reptans L. 883, **921**
var. reptans **921**
var. sericophylla Franch. **922**
saundersiana Royle 883, **920**
sericea L. 882, **906**
siemersiana Lehm. 904
supina L. 881, **892**
tanacetifolia Willd. ex D. F. K. Schltdl. 881, **898**
turfosa Hand.-Mazz. 881, **901**
verticillaris Stephan ex Willd. 882, **912**
yokusaiana Makino 883, **918**
Poterium filiforme Hook. f. 1011
Pourthiaea parvifolia E. Pritz. 715
Prinsepia Royle 624, **1015**
sinensis (Oliv.) Oliv. ex Bean 1015, **1017**
uniflora Batalin 1015, **1018**
var. serrata Rehder **1019**
var. uniflora **1018**
utilis Royle 194, 1015, **1016**
Prunus L. 624, **1044**
amygdalus Batsch 1021
armeniaca L. 1034
var. *ansu* Maxim. 1036
var. *holosericea* Batalin 1039
var. *mandshurica* Maxim. 1040
avium (L.) L. 1056
brachypoda Batalin 1074
cerasifera Ehrh. 1044, **1049**
cerasoides Buch.-Ham. ex D. Don 1064
cerasus L. var. *avium* L. 1056
clarofolia C. K. Schneid. 1056
conradinae Koehne 1063
davidiana (Carrière) Franch. 1030
dictyoneura Diels 1065
domestica L. 1044, **1047**, 1067
glandulosa Thunb. 1068
humilis Bunge 1066
japonica Thunb. 1068
kansuensis Rehder 1031
maximowiczii Rupr. 1054
mira Koehne 1032
mongolica Maxim. 1024
mume (Siebold) Siebold et Zucc. 1041
nakaii H. Lév. 1070
padus L. 1072
var. *pubescens* Regel et Tiling 1073
pedunculata (Pall.) Maxim. 1023
persica (L.) Batsch 1025
persica (L.) Batsch subsp. *ferganensis* Kostina et Rjabov 1029
var. *compressa* (Loudon) Bean 1029
phaeosticta (Hance) Maxim. 1075
pseudocerasus Lindl. 1058
racemosa Lam. 1072
salicina Lindl. 1044, **1050**, 1067
scopulorum Koehne 1059
serrulata Lindl. 1062
var. *pubescens* (Makino) E. H. Wilson 1063
setulosa Batalin 1060
sibirica L. 1037
var. *pubescens* (Kost.) Nakai 1038
simonii Carrière 1044, **1045**, 1067
spinosa L. 1044, **1046**
spinulosa Siebold et Zucc. 1076
szechuanica Batalin 1053
tatsienensis Batalin 1055
tenuiflora Koehne 1063
tomentosa Thunb. 1070
triloba Lindl. 1022
veitchii Koehne 1063
yedoensis Matsum. 1060
Pseudosedum (Boiss.) A. Berger 361, **381**
affine (Schrenk ex Fisch. et C. A. Mey.) A. Berger **381**
Pugionium Gaertn. 212, **302**
calcaratum Kom. 303
cornutum (L.) Gaertn. **302**
dolabratum Maxim. 302, **303**

var. *platypterum* H. L. Yang 303

Pygeum phaeostictum Hance 1075

Pyracantha M. Roem. 622, **683**

atalantioides (Hance) Stapf 683, **686**

fortuneana (Maxim.) H. L. Li 683, **684**

Pyrus L. 623, **755**

baccata L. 770

var. *mandshurica* Maxim. 772

betulifolia Bunge 755, **763**

bretschneideri Rehder 755, **761**

calleryana Decne. 755, **765**

var. calleryana **765**

var. lanceata Rehder **767**

communis L. var. sativa (DC.) DC. 755, **760**

cydonia L. 739

delavayi Franch. 744

doumeri Bois 784

glomerulata (Koehne) Bean 730

hopeiensis T. T. Yü 755, **757**

hupehensis Pamp. 773

indica Wall. 743

japonica Thunb. 753

kansuensis Batalin 782

malus L. 775

pashia Buch.-Ham. ex D. Don 755, **767**

var. grandiflora Cardot **768**

var. kumaoni Stapf **768**

var. obtusata Cardot **768**

var. pashia **767**

phaeocarpa Rehder 755, **764**

pohuashanensis Hance 729

prunifolia Willd. 778

pyrifolia (Burm. f.) Nakai 755, **762**

sativa DC. 760

scabrifolia Franch. 688

serrulata Rehder 755, **759**

sieboldii Regel 781

sinkiangensis T. T. Yü 755, **758**

spectabilis Aiton 779

taquetii H. Lév. 787

tianschanica (Rupr.) Franch. 726

transitoria Batalin 783

ussuriensis Maxim. 755, **756**

var. ovoidea Rehder **757**

var. ussuriensis **756**

vaniotii H. Lév. 787

yunnanensis Franch. 784

Rabdosia yuennanensis (Hand.-Mazz.) H. Hara 414

Raphanus L. 211, **304**

sativus L. **305**

var. longipinnatus L. H. Bailey **307**

var. raphanistroides (Makino) Makino **308**

var. sativus **305**

Rhaphiolepis Lindl. 623, **723**

indica (L.) Lindl. ex Ker **723**

lanceolata Hu 723, **724**

Rhodiola L. 361, **381**

algida Fisch. et C. A. Mey. var. tangutica (Maxim.) S. H. Fu 382, **395**

alsia (Fröd.) S. H. Fu 382, **388**

crenulata (Hook. f. et Thomson) H. Ohba 382, **396**

dumulosa (Franch.) S. H. Fu 382, **383**

euryphylla (Fröd. ex Hand.-Mazz.) S. H. Fu 396

fastigiata (Hook. f. et Thomson) S. H. Fu 382, **387**

var. *gelida* (Fisch. et Meyen) H. Jacobsen 384

gelida Schrenk ex Fisch. et C. A. Mey. 382, **384**

henryi (Diels) S. H. Fu 393

heterodonta (Hook. f. et Thomson) Boriss. 381, **391**

junggarica Chang Y. Yang et N. R. Cui 381, **398**

kirilowii (Regel) Maxim. 381, **385**

var. *latifolia* S. H. Fu 385

quadrifida (Pall.) Schrenk 382, **385**

rosea L. 382, **398**

sachalinensis Boriss. 381, **389**

sacra (Prain ex Raym.-Hamet) S. H. Fu 381, **394**

scabrida (Franch.) S. H. Fu 382, **397**

wallichiana (Hook.) S. H. Fu 381, **392**

var. cholaensis (Praeger) S. H. Fu **392**

var. wallichiana **392**

yunnanensis (Franch.) S. H. Fu 381, **393**

Rhodoleia Champ. ex Hook 333, **356**

championii Hook. f. **356**

latiovatifolia G. A. Fu 356

parvipetala Tong 356, **357**

Rhodotypos Siebold et Zucc. 623, **790**

scandens (Thunb.) Makino **791**

Ribes L. 431, **573**
acuminatum Wall. ex G. Don 592
alpestre Wall. ex Decne. 573, **576**
altissimum Turcz. ex Pojark. 574, **581**
ambiguum Maxim. 573, **586**
burejense F. Schmidt 573, **577**
davidii Franch. 574, **587**
diacanthum Pall. 574, **593**
emodense Rehder 579
fasciculatum Siebold et Zucc. var. chinense Maxim. 574, **595**
glaciale Wall. 575, **590**
var. *glandulosum* Jancz. 590
henryi Franch. 574, **587**
heterotrichum C. A. Mey. 574, **588**
himalense Royle ex Decne. 574, **579**
humile Jancz. 574, **588**
jessoniae Stapf 591
mandshuricum (Maxim.) Kom. 573, **582**
maximowiczii Batalin 574, **591**
var. *floribundum* Jesson 591
meyeri Maxim. 574, **580**
meyeri Schneid. 579
moupinense Franch. 574, **579**
multiflorum Kit. ex Roem. et Schult. var. *mandshuricum* Maxim. 582
nigrum L. 573, **583**
orientale Desf. var. *heterotrichum* (C. A. Mey.) Jancz. 588
pauciflorum Turcz. ex Ledeb. 583
petraeum Wulf. var. *altissimum* (Turcz. ex Pojark.) Jancz. 581
pulchellum Turcz. 574, **594**
rubrum auct. non L. 579
saxatile Pall. 574, **594**
stenocarpum Maxim. 573, **578**
takare D. Don 575, **592**
tenue Jancz. 575, **589**
var. *viridiflorum* Cheng 590
triste Turcz. 581
viridiflorum (Cheng) L. T. Lu et G. Yao 575, **590**
Ricotia cantoniensis Lour. 311
Rodgersia A. Gray 429, **435**
aesculifolia Batalin 435, **437**
pinnata Franch. 435, **440**
podophylla A. Gray 435, **436**
sambucifolia Hemsl. 435, **438**
Roemeria Medik. 1, **42**
hybrida (L.) DC. 43, **45**
refracta DC. 43, **45**
Rorippa Scop. 212, **308**
cantoniensis (Lour.) Ohwi 308, **311**
dubia (Pers.) H. Hara 308, **310**
elata (Hook. f. et Thomson) Hand.-Mazz. 309, **312**
globosa (Turcz. ex Fisch. et C. A. Mey.) Hayek 309, **314**
indica (L.) Hiern 308, **309**
islandica (Oeder ex Murray) Borbás 313
montana (Wall. ex Hook. f. et Thomson) Small 310
palustris (L.) Besser 309, **313**
Rosa L. 624, **941**
acicularis Lindl. 943, **962**
albertii Regel 942, **957**
banksiae W. T. Aiton 944, **982**
f. lutea (Lindl.) Rehder **984**
var. banksiae **982**
var. *lutea* Lindl. 984
var. normalis Regel **983**
beggeriana Schrenk 942, **956**
bella Rehder et E. H. Wilson 943, **964**
bracteata J. C. Wendl. 944, **988**
centifolia L. 942, **956**
chinensis Jacq. 943, **969**
var. chinensis **969**
var. semperflorens (Curtis) Koehne **971**
cymosa Tratt. 944, 975, **984**
davurica Pall. 943, **961**
var. davurica **961**
var. glabra Liou **962**
fedtschenkoana Regel 942, **969**
gallica L. 942, **955**
gigantea Collett ex Crép. 972
f. *erubescens* Focke 973
graciliflora Rehder et E. H. Wilson 942, **950**
helenae Rehder et E. H. Wilson 943, **979**
henryi Boulenger 943, **981**
hugonis Hemsl. 942, **947**
indica L. var. *odorata* Andrews 971

kokanica (Regel) Regel ex Juz. 942, **946**
koreana Kom. 942, **945**
laevigata Michx. 944, **985**
laxa Retz. 943, **963**
longicuspis Bertol. 943, **978**
lucieae Franch. et Rochebr. ex Crép. 977
macrophylla Lindl. 943, **968**
mairei H. Lév. 942, **954**
microcarpa Lindl. 984
multiflora Thunb. 943, **974**
var. *brachyacantha* (Focke) Rehder et E. H. Wilson 975
var. carnea Thory **976**
var. cathayensis Rehder et E. H. Wilson **975**
var. multiflora **974**
odorata (Andrews) Sweet 943, **971**
var. erubescens (Focke) T. T. Yü et T. C. Ku **973**
var. gigantea (Collett ex Crép.) Rehder et E. H. Wilson **972**
var. odorata **971**
omeiensis Rolfe 942, **950**
f. glandulosa T. T. Yü et T. C. Ku **952**
f. omeiensis **950**
f. pteracantha Rehder et E. H. Wilson **951**
platyacantha Schrenk 942, **946**
roxburghii Tratt. 578, 941, **990**
f. normalis Rehder et E. H. Wilson 578, **991**
f. roxburghii **990**
rugosa Thunb. 943, **958**
saturata Baker 943, **964**
semperflorens Curtis 971
sericea Lindl. 942, **952**
f. glandulosa T. T. Yü et T. C. Ku **953**
f. sericea **952**
sertata Rolfe 943, **966**
setipoda Hemsl. et E. H. Wilson 942, **958**
soulieana Crép. 943, **980**
spinosissima L. 942, **944**
sweginzowii Koehne 943, **967**
taiwanensis Nakai 943, **977**
wichuraiana Crép. 943, **977**
xanthina Lindl. 942, **948**
f. normalis Rehder et E. H. Wilson **949**
f. xanthina **948**
Rotala rotundifolia (Buch.-Ham. ex Roxb.) Koehne 298
Rourea Aubl. **1078**
microphylla (Hook. et Arn.) Planch. 1078, **1080**
minor (Gaertn.) Alston 1078, **1079**
Roydsia suaveolens Roxb. 203
Rubus L. 623, **799**
adenophorus Rolfe 800, **814**
alceifolius Poir. 804, **854**
alexeterius Focke 801, **821**
amabilis Focke 801, **831**
amphidasys Focke 802, **842**
ampliflorus H. Lév. et Vaniot 854
arcticus L. 802, **839**
biflorus Buch.-Ham. ex Sm. 801, **819**
var. *quinqueflorus* Focke 819
buergeri Miq. 804, **856**
chingii Hu 805, 818, 839, 867, **868**
var. chingii **868**
var. suavissimus (S. Lee) L. T. Lu 552, **869**
chroosepalus Focke 803, **851**
cochinchinensis Tratt. 799, **806**
cockburnianus Hemsl. 802, **836**
corchorifolius L. f. 805, **866**
coreanus Miq. 800, **810**
var. coreanus **810**
var. *nakaianus* H. Lév. 810
var. tomentosus Cardot **811**
coronarius Sims 830
crataegifolius Bunge 805, **867**
delavayi Franch. 799, **807**
doyonensis Hand.-Mazz. 803, **848**
ellipticus Sm. 801, **825**
f. *obcordatus* Franch. 826
var. ellipticus **825**
var. obcordatus (Franch.) Focke **826**
esquirolii H. Lév. 860
eucalyptus Focke 800, **815**
var. etomentosus T. T. Yü et L. T. Lu **816**
var. eucalyptus **815**
eustephanos Focke 801, **830**
feddei H. Lév. et Vaniot 803, **852**
flosculosus Focke 802, **836**
fockeanus Kurz 802, **841**

formosensis Kuntze 804, **859**
hastifolius H. Lév. et Vaniot 804, **859**
henryi Hemsl. et Kuntze 803, **849**
hirsutus Thunb. 800, **808**
hui Diels ex Hu 861
ichangensis Hemsl. et Kuntze 803, **844**
idaeopsis Focke 802, **835**
idaeus L. 801, **816**, 869
var. borealisinensis T. T. Yü et L. T. Lu **818**
var. idaeus **816**
innominatus S. Moore 800, **824**
var. innominatus **824**
var. kuntzeanus (Hemsl.) L. H. Bailey **825**
irenaeus Focke 804, **863**
japonicus L. 789
kuntzeanus Hemsl. 825
lambertianus Ser. 803, **845**
var. glaber Hemsl. **846**
var. glandulosus Cardot **846**
var. lambertianus **845**
var. paykouangensis (H. Lév.) Hand.-Mazz. **846**
lasiostylus Focke 799, **838**, 869
leucanthus Hance 800, **807**
loropetalus Franch. 841
malifolius Focke 803, **848**
mallodes Focke 858
mesogaeus Focke 801, **818**
multibracteatus H. Lév. et Vaniot 858
nakaianus H. Lév. ex Nakai 810
nantoensis Hayata 859
niveus Thunb. 802, **837**
var. *micranthus* (D. Don) H. Hara 837
oldhamii Miq. 834
omeiensis Rolfe 858
pacificus Hance 804, **862**
parkeri Hance 803, **850**
parvifolius L. 801, **821**
var. adenochlamys (Focke) Migo **823**
var. parvifolius **821**
paykouangensis H. Lév. 846
pectinellus Maxim. 802, **871**
var. *trilobus* Koidz. 871
peltatus Maxim. 804, **864**
phoenicolasius Maxim. 801, **828**
pinfaensis H. Lév. et Vaniot 814
pinnatisepalus Hemsl. 804, **856**
piptopetalus Hayata ex Koidz. 802, **833**
pirifolius Sm. 803, **843**
playfairii Hemsl. 806
pluribracteatus L. T. Lu et Boufford 804, **858**
pungens Cambess. 801, **833**
var. oldhamii (Miq.) Maxim. **834**
var. pungens **833**
reflexus Ker Gawl. 804, **860**
var. hui (Diels ex Hu) F. P. Metcalf **861**
var. lanceolobus F. P. Metcalf **862**
var. reflexus **860**
rosifolius Sm. 801, **829**
var. coronarius (Sims) Focke **830**
var. rosifolius **829**
rubribracteatus F. P. Metcalf 859
rufolanatus H. T. Chang 859
sachalinensis H. Lév. 801, **827**
saxatilis L. 802, **840**
setchuenensis Bureau et Franch. 804, **858**
var. *omeiensis* (Rolfe) Hand.-Mazz. 858
subcoreanus T. T. Yü et L. T. Lu 800, **812**
sumatranus Miq. 802, **832**
swinhoei Hance 803, **847**
taiwanianus Matsum. 800, **809**
tephrodes Hance 803, **853**
var. ampliflorus (H. Lév. et Vaniot) Hand.-Mazz. **854**
var. setosissimus Hand.-Mazz. **854**
var. tephrodes **853**
tibetanus Focke 812
trianthus Focke 805, **865**
triphyllus Thunb. var. *adenochlamys* Focke 823
wallichianus Wight et Arn. 800, **814**
xanthocarpus Bureau et Franch. 800, **812**
var. *tibetanus* (Focke) Cardot 812
xanthoneurus Focke 803, **852**
Salvia cavaleriei H. Lév. var. simplicifolia E. Peter 226
Sanguisorba L. 624, **1001**
alpina Bunge 1002, **1011**
applanata T. T. Yü et C. L. Li 1002, **1010**
filiformis (Hook. f.) Hand.-Mazz. 1001, **1011**

officinalis L. 1001, **1003**, 1005, 1008, 1010, 1013
var. carnea (Fisch. ex Link) Regel ex Maxim. **1007**
var. glandulosa (Kom.) Vorosch. **1006**
var. longifila (Kitag.) T. T. Yü et C. L. Li **1008**
var. longifolia (Bertol.) T. T. Yü et C. L. Li **1007**
var. officinalis **1003**
rectispicata Kitag. 1007
sitchensis C. A. Mey. 1013
stipulata Raf. 1002, **1013**
tenuifolia Fisch. ex Link 1002, **1009**
var. alba Trautv. et C. A. Mey. **1009**
var. tenuifolia **1009**
Saussurea costus (Falc.) Lipsch. 983
Saxifraga L. 430, **455**
aculeata Balf. f. 456, **463**
atrata Engl. 457, **471**
brunneopunctata Harry Sm. 482
brunonis Wall. ex Ser. 457, **481**
candelabrum Franch. 456, **469**
cernua L. 456, **466**
confertifolia Engl. et Irmsch. 458, **487**
crassifolia L. 452
divaricata Engl. et Irmsch. 457, **477**
diversifolia Wall. ex Ser. 457, **475**
dumetorum Balf. f. 458
egregia Engl. 457, **476**
flabellifolia Franch. 461
flagrans Harry Sm. 479
fortunei Hook. f. 456, **462**
gemmipara Franch. 458, **484**
gemmuligera (Engl.) Engl. 458, **486**
imparilis Balf. f. 456, **462**
iochanensis H. Lév. 458
laciniata Nakai et Takeda 456, **469**
lumpuensis Engl. 456, **473**
lychnitis Hook. f. et Thomson 458, **488**
manshuriensis (Engl.) Kom. 456, **465**
melanocentra Franch. 457, **472**
mengtzeana Engl. et Irmsch. 456, **464**
micrantha Edgew. 470
montana Harry Sm. 457, **477**
nangxianensis J. T. Pan 457, **482**
ovatocordata Hand.-Mazz. 463
pallida Wall. ex Ser. 456, **470**
pasumensis C. Marquand et Airy Shaw 484
pekinensis Maxim. 468
przewalskii Engl. ex Maxim. 457, **480**
pseudohirculus Engl. 457, **478**
punctata L. 456, **465**
var. *manshuriensis* Engl. 465
purpurascens Hook. f. et Thomson 453
rufescens Balf. f. 456, **460**
var. flabellifolia C. Y. Wu et J. T. Pan **461**
var. rufescens **460**
rupicola Franch. 457, **480**
saginoides Hook. f. et Thomson 457, **480**
sanguinea Franch. 458, **487**
sarmentosa L. f. 458
sibirica L. 456, **467**
var. pekinensis (Maxim.) Engl. et Irmsch. **468**
var. sibirica **467**
signata Engl. et Irmsch. 460
signatella C. Marquand 457, **482**
stellariifolia Franch. 457, **474**
stolonifera Curtis 456, **458**
tabularis Hemsl. 434
takedana Nakai 469
tangutica Engl. 457, **479**
umbellulata Hook. f. et Thomson 458, **483**
f. *pectinata* C. Marquand et Airy Shaw 484
var. pectinata (C. Marquand et Airy Shaw) J. T. Pan **484**
var. umbellulata **483**
unguiculata Engl. 458, **485**
Schefflera delavayi (Franch.) Harms 554
Schizophragma Siebold et Zucc. 430, **545**
glaucescens auct. non. (Rehder) Chun 547
hydrangeoides Siebold et Zucc. var. *integrifolium* Franch. 546
hypoglaucum Rehder 546, **547**
integrifolium Oliv. 545, **546**
f. *denticulatum* (Rehder) Chun 546
var. glaucescens Rehder **547**
var. integrifolium **546**
viburnoides Stapf 538
Scutellaria orthocalyx Hand.-Mazz. 143
Sect. Asterostigmata Fedde ex C. Y. Wu et H. Chuang 75, 79

Sect. Archaeocapnos Popov ex Michajlova 75, 85
Sect. Elatae Fedde 75, 85
Sect. Mucronatae Fedde ex C. Y. Wu et Z. Y. Su 75, 86
Sect. Davidianae C. Y. Wu et H. Chuang 75, 87
Sect. Hamatae C. Y. Wu et Z. Y. Su 75, 91
Sect. Pubicaules C. Y. Wu et H. Chuang 75, 93
Sect. Fasciculatae Maxim. 76, 94
Sect. Rapiferae C. Y. Wu et H. Chuang 76, 102
Sect. Oreocapnos M. Popov ex C. Y. Wu et H. Chuang 76, 110
Sect. Polyphyllae Z. Y. Su 75, 113
Sect. Latiflorae C. Y. Wu et Z. Y. Su 75, 114
Sect. Capnogorium (Bernh.) Endl. 76, 116
Sect. Chrysocapnos Wendelbo 76, 119
Sect. Ramoso-sibiricae Fedde ex Wendelbo 76, 124
Sect. Fumarioides Lidén 76, 126
Sect. Mucroniferae Fedde ex Lidén 76, 131
Sect. Flaccidae C. Y. Wu 76, 135
Sect. Kingiae C. Y. Wu et Z. Y. Su 76, 136
Sect. Linstowianae C. Y. Wu et Z. Y. Su 76, 136
Sect. Benecinctae Fedde 77, 137
Sect. Incisae Fedde 77, 139
Sect. Aulacostigma Lidén 77, 140
Sect. Chinenses (Gorovoy et Basargin) C. Y. Wu et Z. Y. Su 77, 141
Sect. Strictae (Fedde) Wendelbo 77, 143
Sect. Thalictrifoliae Fedde ex Lidén 77, 146
Sect. Racemosae Fedde 77, 151
Sect. Sophorcapnos (Turcz.) M. Popov 77, 155
Sect. Dactylotuber (Rupr.) M. Popov 77, 160
Sect. Duplotuber Ryberg 77, 161
Sect. Pes-gallinaceus Irmisch 77, 165
Sect. Leonticoides DC. 77, 181
Sedum L. 361, **404**
affine (Schrenk ex Fisch. et C. A. Mey.) Raym.-Hamet 381
aizoon L. 423
var. *scabrum* Maxim. 424
albertii Regel 381
alboroseum Baker 376
alfredii Hance 405, **417**
var. *bulbiferum* (Makino) Fröd. 415
var. *makinoi* (Maxim.) Fröd. 422
alsium Fröd. 388
amplibracteatum K. T. Fu 411
angustum Maxim. 375
bodinieri H. Lév. et Vaniot 409
bracteatum Diels 411
bulbiferum Makino 405, **415**
celatum Fröd. 404, **411**
f. *calcaratum* K. T. Fu 411
chanetti H. Lév. 372
chrysastrum Hance 415
crassipes Wall. ex Hook. f. et Thomson var. *cholaense* Praeger 392
drymarioides Hance 405, **409**
var. *genuinum* Raym.-Hamet 409
var. *stellariifolium* Raym.-Hamet 409
dumulosum Franch. 383
elatinoides Franch. 405, **407**
emarginatum Migo 405, **417**
erubescens (Maxim.) Ohwi 372
erythrostictum Miq. 376
eupatorioides (Kom.) Kom. 379
fastigiatum Hook. f. et Thomson 387
filipes Hemsl. 405, **407**
var. *major* Hemsl. 408
fimbriatum (Turcz.) Franch. var. *chanetii* H. Lév. 372
heterodontum Hook. f. et Thomson 391
hybridum L. 427
indicum (Decne.) Raym.-Hamet var. *yunnanense* (Franch.) Raym.-Hamet 402
japonicum Siebold ex Miq. 405, **415**
f. *rugosum* Fröd. 413
kamtschaticum Fisch. 425
kirilowii Regel 385
leucocarpum Franch. 405, **412**
lineare Thunb. 405, **421**
majus (Hemsl.) Migo 405, **408**
makinoi Maxim. 405, **422**
malacophyllum (Pall.) Steud. 368
mekongense Praeger 413
middendorffianum Maxim. 425
var. *diffusum* Praeger 425
mingjinianum S. H. Fu 379
morrisonense Hayata 405, **416**
multicaule Wall. ex Lindl. 405, **413**

odontophyllum Fröd. 426
oligospermum Maire 405, **411**
pallescens Freyn 379
polytrichoides Hemsl. 405, **414**
przewalskii Maxim. 404, **411**
quadrifidum Pall. 385
var. *fastigiatum* (Hook. f. et Thomson) Fröd. 387
roborowskii Maxim. 404, **410**
roseum (L.) Scop. 398
rosthornianum Diels 405, **406**
sarmentosum Bunge 298, 405, **418**
scabridum Franch. 397
spectabile Boreau 377
spinosum (L.) Thunb. 372
var. *thyrsiflorum* (Fisch.) Fröd. 373
stellariifolium Franch. 405, **409**
tatarinowii Maxim. 378
telephium L. f. *verticillatum* (L.) Fröd. 375
telephium L. subsp. *alboroseum* (Baker) Fröd. 376
telephium L. subsp. *angustum* (Maxim.) Fröd. 375
telephium L. var. *albiflorum* Maxim. 379
tetractinum Fröd. 405, **412**
uniflorum Raf. subsp. *japonicum* (Siebold ex Miq.) H. Ohba 415
variicolor Praeger 412
verticillatum L. 375
wallichianum Hook. 392
wenchuanense S. H. Fu 405, **413**
yunnanense Franch. 393
Semiliquidambar Hung T. Chang 333, **357**
cathayensis Hung T. Chang 357, **358**
var. *fukienensis* Hung T. Chang 358
var. *parvifolia* (Chun) Hung T. Chang 358
chingii (F. P. Metcalf) Hung T. Chang 357, **359**
coriacea Hung T. Chang 358
Senacia napaulensis DC. 620
Senebiera didyma (L.) Pers. 249
Sibbaldia L. 624, **927**
adpressa Bunge 927, **928**
aphanopetala Hand.-Mazz. 927
erecta L. 929
procumbens L. var. aphanopetala (Hand.-Mazz.) T. T. Yü et C. L. Li **927**
Sibiraea Maxim. 622, **651**
angustata (Rehder) Hand.-Mazz. 651, **653**
laevigata (L.) Maxim. 651, **652**
var. *angustata* Rehder 653
Sieversia elata (Wall. ex G. Don) Royle 877
Sinapis L. 211, **315**
alba L. **316**
chinensis L. var. *integrifolia* Stokes 232
juncea L. 230
pekinensis Lour. 227
Sinocrassula A. Berger 361, **401**
indica (Decne.) A. Berger 401, **402**
var. indica **402**
var. viridiflora K. T. Fu **403**
yunnanensis (Franch.) A. Berger 401, **402**
Sisymbrium L. 211, **317**
amphibium L. var. *palustre* L. 313
dubium Pers. 310
heteromallum C. A. Mey. **317**
humile C. A. Mey. 299
indicum L. 309
palustre (L.) Leyss. 313
sophia L. 251
Solidago decurrens Lour. 210
Solms-laubachia Muschl. ex Diels 212, **318**
ciliaris (Bureau et Franch.) Botsch. 320
dolichocarpa Y. C. Lan et T. Y. Cheo 319
eurycarpa (Maxim.) Botsch. **319**
var. *brevistipes* Y. C. Lan et T. Y. Cheo 319
var. *lasiophylla* R. F. Huang 319
lanata Botsch. **319**
latifolia (O. E. Schulz) Y. C. Lan et T. Y. Cheo 319
linearifolia (W. W. Sm.) O. E. Schulz 319, **321**
minor Hand.-Mazz. 320
orbiculata Y. C. Lan et T. Y. Cheo 322
platycarpa (Hook. f. et Thomson) Botsch. 319, **322**
pulcherrima Muschl. ex Diels 319, **320**
Sorbaria (Ser.) A. Braun 622, **656**
arborea C. K. Schneid. 656, **660**
var. arborea **660**
var. glabrata Rehder **661**
kirilowii (Regel) Maxim. 656, **659**
sorbifolia (L.) A. Braun 656, **657**

var. sorbifolia **657**
var. stellipila Maxim. **658**
Sorbus L. 623, **724**
alnifolia (Siebold et Zucc.) C. Koch 725, **734**
var. alnifolia **734**
var. lobulata Rehder **734**
amabilis Cheng ex T. T. Yü et K. C. Kuan 725, **728**
caloneura (Stapf) Rehder 725, **735**
discolor (Maxim.) Maxim. 725, **728**
folgneri (C. K. Schneid.) Rehder 725, **737**
globosa T. T. Yü et H. T. Tsai 725, **735**
glomerulata Koehne 725, **730**
hemsleyi (C. K. Schneid.) Rehder 725, **738**
hupehensis C. K. Schneid. 725, **727**
keissleri (C. K. Schneid.) Rehder 725, **736**
koehneana C. K. Schneid. 725, **731**
megalocarpa Rehder 725, **733**
pohuashanensis (Hance) Hedl. 725, **729**
var. *manshuriensis* (Kitag.) Y. C. Zhu 729
prattii Koehne 725, **731**
rufopilosa C. K. Schneid. 725, **732**
taishanensis F. Z. Li et X. D. Chen 729
tapashana C. K. Schneid. 725, **726**
tianschanica Rupr. 725, **726**
unguiculata Koehne 731
xanthoneura Rehder 738
Spenceria Trimen 624, **1000**
ramalana Trimen **1000**
Spiraea L. 622, **625**
alpina Pall. 626, **641**
angustiloba Turcz. 796
blumei G. Don 625, **638**
var. *hirsuta* Hemsl. 639
bodinieri H. Lév. 630
var. *concolor* H. Lév. 630
callosa Thunb. 629
var. *glabra* Regel 632
cantoniensis Lour. 625, **636**
chamaedryfolia L. 626, **645**
chinensis Maxim. 626, **640**
crenata auct. non L. 648
digitata Willd. var. *intermedia* Glehn 796
esquirolii H. Lév. 630
flexuosa Fisch. ex Cambess. 626, **644**
fortunei Planch. 631
fritschiana C. K. Schneid. 625, **633**
fulvescens Rehder 649
gemmata Zabel 645
henryi Hemsl. 625, **635**
hirsuta (Hemsl.) C. K. Schneid. 626, **639**
hypericifolia L. 626, **650**
incisa Thunb. 665
japonica L. f. 625, **629**
var. acuminata Franch. **630**
var. fortunei (Planch.) Rehder **631**
var. glabra (Regel) Koidz. **632**
var. japonica **629**
var. stellaris Rehder **632**
laevigata L. 652
laucheana Koehne 639
martini H. Lév. 626, **649**
media Schmidt 626, **643**
microphylla H. Lév. 642
miyabei Koidz. 625, **634**
var. miyabei **634**
var. pilosula Rehder **634**
var. tenuifolia Rehder **634**
mongolica Maxim. 626, **645**
myrtilloides Rehder 626, **642**
ouensanensis H. Lév. 639
palmata Pall. 793
prunifolia Siebold et Zucc. 626, **646**
f. *simpliciflora* Nakai 647
var. *plena* C. K. Schneid. 646
var. prunifolia **646**
var. pseudoprunifolia (Hayata ex Nakai) H. L. Li **648**
var. simpliciflora (Nakai) Nakai **647**
pseudoprunifolia Hayata ex Nakai 648
pubescens Turcz. 626, **639**
reevesiana Lindl. 636
salicifolia L. 625, **627**
var. grosseserrata Liou **628**
var. oligodonta T. T. Yü **628**
var. salicifolia **627**
schneideriana Rehder 625, **634**
sericea Turcz. 626, **643**

silvestris Nakai 634
simpliciflora (Nakai) Nakai 647
sorbifolia L. 657
thunbergii Siebold ex Blume 626, **648**
trilobata L. 625, **637**
ulmaria L. 797
ussuriensis Pojark. 645
virgata Franch. 642
Sportella atalantioides Hance 686
Stachyurus chinensis Franch. 554
Stachyurus himalaicus Hook. f. et Thomson 553
Stephanandra Siebold et Zucc. 622, **664**
chinensis Hance **664**
incisa (Thunb.) Zabel 664, **665**
Stixis Lour. 183, **203**
suaveolens (Roxb.) Pierre **203**
Strobilanthes cusia (Nees) Kuntze 279
Stylophorum Nutt. 2, **46**
japonicum (Thunb.) Miq. var. *dissectum* Franch. et Sav. 49
lasiocarpum (Oliv.) Fedde **46**
Sycopsis Oliv. 333, **359**
formosana (Kaneh.) Kaneh. et Hatus. 359
sinensis Oliv. **359**
var. *integrifolia* Diels 359
Taihangia T. T. Yü et C. L. Li 624, **878**
rupestris T. T. Yü et C. L. Li **879**
Tanakaea Franch. et Sav. 430, **491**
omeiensis Nakai **491**
Taphrospermum C. A. Mey. 213, **323**
fontanum (Maxim.) Al-Shehbaz et G. Yang **323**
Tarenaya hassleriana (Chodat) Iltis 207
Thlaspi L. 213, **324**
arvense L. **324**
bursa-pastoris L. 234
ferganense N. Busch 326
Tiarella L. 430, **489**
polyphylla D. Don **489**
Torularia glandulosa (Kar. et Kir.) Vassilcz. 255
Torularia humilis (C. A. Mey.) O. E. Schulz 299
f. *grandiflora* O. E. Schulz 299
f. *hygrophila* (E. Fourn.) O. E. Schulz 299
Umbilicus affinis Schrenk ex Fisch. et C. A. Mey. 381
Umbilicus erubescens Maxim. 372
Vernonia squarrosa (D. Don) Less. 143
Viburnum macrophyllum Thunb. 555
Viola mandshurica W. Becker 143
Viola philippica Cav. 143
Wasabia japonica (Miq.) Matsum. 272
Wasabia wasabi (Siebold) Makino 272
Wrightia laevis Hook. f. 279

《中国药用植物志》科名分卷索引

（第 1 卷收载菌类、地衣、藻类、苔藓、蕨类、裸子植物；第 2~10 卷收载被子植物双子叶类群；
第 11~12 卷收载被子植物单子叶类群）

按科中文名汉语拼音字母顺序排列

科中文名	科拉丁名	卷号
安息香科	Styracaceae	8
八角枫科	Alangiaceae	7
八角科	Illiciaceae	2
芭蕉科	Musaceae	12
白齿藓科	Leucodontaceae	1
白发藓科	Leucobryaceae	1
白花菜科	Capparaceae	4
白花丹科	Plumbaginaceae	8
百部科	Stemonaceae	11
百合科	Liliaceae	11
柏桉藻科	Bonnemaisoniaceae	1
柏科	Cupressaceae	1
败酱科	Valerianaceae	10
坂氏齿菌科（烟白齿菌科）	Bankeraceae	1
蚌壳蕨科	Dicksoniaceae	1
报春花科	Primulaceae	7
闭鞘姜科	Costaceae	12
鞭枝藻科	Mastigocladaceae	1
伯乐树科	Bretschneideraceae	6
草海桐科	Goodeniaceae	10
侧耳科	Pleurotaceae	1
叉蕨科	Aspidiaceae	1
茶茱萸科	Icacinaceae	6
颤藻科	Oscillatoriaceae	1
车前蕨科	Antrophyaceae	1
车前科	Plantaginaceae	9
柽柳科	Tamaricaceae	6
翅藻科	Alariaceae	1
翅子藤科	Hippocrateaceae	6
虫草菌科	Cordycipitaceae	1
川续断科	Dipsacaceae	10
唇形科	Lamiaceae (Labiatae)	9
刺孢多孔菌科	Bondarzewiaceae	1
刺革菌科	Hymenochaetaceae	1
丛藓科	Pottiaceae	1
酢浆草科	Oxalidaceae	5
脆柄菇科	Psathyrellaceae	1
大风子科	Flacourtiaceae	6
大戟科	Euphorbiaceae	5
大血藤科	Sargentodoxaceae	3
灯心草科	Juncaceae	11
等片藻科	Diatomaceae	1
地卷衣科	Peltigeraceae	1
地钱科	Marchantiaceae	1
地星科	Geastraceae	1
钉菇科	Gomphaceae	1
冬青科	Aquifoliaceae	6
豆科	Fabaceae (Leguminosae)	5
毒鼠子科	Dichapetalaceae	6
杜鹃花科	Ericaceae	7
杜英科	Elaeocarpaceae	6
杜仲科	Eucommiaceae	2
椴树科	Tiliaceae	6
多孔菌科	Polyporaceae	1
多毛藻科	Polyblepharidaceae	1
鹅膏菌科	Amanitaceae	1
耳匙菌科	Auriscalpiaceae	1
耳叶苔科	Frullaniaceae	1
番荔枝科	Annonaceae	2
番木瓜科	Caricaceae	6
番杏科	Aizoaceae	2
防己科	Menispermaceae	3
肺衣科	Lobariaceae	1

粉褶菌科	Entolomataceae	1
风梨科	Bromeliaceae	11
风尾蕨科	Pteridaceae	1
风尾藓科	Fissidentaceae	1
风仙花科	Balsaminaceae	6
浮萍科	Lemnaceae	12
复囊菌科	Diplocystidiaceae	1
干腐菌科	Serpulaceae	1
橄榄科	Burseraceae	5
刚毛藻科	Cladophoraceae	1
革菌科	Thelephoraceae	1
珙桐科	Davidiaceae	7
沟繁缕科	Elatinaceae	6
古柯科	Erythroxylaceae	5
谷精草科	Eriocaulaceae	11
骨碎补科	Davalliaceae	1
挂钟菌科	Cyphellaceae	1
观音座莲科	Angiopteridaceae	1
光柄菇科	Pluteaceae	1
鬼笔科	Phallaceae	1
海带科	Laminariaceae	1
海金沙科	Lygodiaceae	1
海膜科	Halymeniaceae	1
海桑科	Sonneratiaceae	7
海桐花科	Pittosporaceae	4
海蕴科	Spermatochnaceae	1
旱金莲科	Tropaeolaceae	5
禾本科	Poaceae (Gramineae)	11
合囊蕨科	Marattiaceae	1
褐褶菌科	Gloeophyllaceae	1
黑粉菌科	Ustilaginaceae	1
黑三棱科	Sparganiaceae	12
红豆杉科	Taxaceae	1
红菇科	Russulaceae	1
红翎菜科	Solieriaceae	1
红毛菜科	Bangiaceae	1
红木科	Bixaceae	6
红盘衣科	Ophioparmaceae	1
红曲菌科	Monascaceae	1
红树科	Rhizophoraceae	7
红叶藻科	Delesseriaceae	1
紅球藻科	Haematococcaceae	1
猴头菌科	Hericiaceae	1
胡椒科	Piperaceae	3
胡麻科	Pedaliaceae	9
胡桃科	Juglandaceae	2
胡颓子科	Elaeagnaceae	6
壶藓科	Splachnaceae	1
葫芦科	Cucurbitaceae	6
葫芦藓科	Funariaceae	1
槲蕨科	Drynariaceae	1
虎耳草科	Saxifragaceae	4
虎皮楠科	Daphniphyllaceae	5
花耳科	Dacrymycetaceae	1
花蔺科	Butomaceae	11
花荵科	Polemoniaceae	8
花柱草科	Stylidiaceae	10
桦木科	Betulaceae	2
槐叶苹科	Salviniaceae	1
黄眼草科	Xyridaceae	11
黄杨科	Buxaceae	6
灰藓科	Hypnaceae	1
火筒树科	Leeaceae	6
鸡油菌科	Cantharellaceae	1
姬蕨科	Hypolepidaceae	1
蒺藜科	Zygophyllaceae	5
夹竹桃科	Apocynaceae	8
剑蕨科	Loxogrammaceae	1
江蓠科	Gracilariaceae	1
姜科	Zingiberaceae	12
胶须藻科	Rivulariaceae	1
礁膜科	Monostromataceae	1
酵母科	Saccharomycetaceae	1
金发藓科	Polytrichaceae	1
金虎尾科	Malpighiaceae	5
金莲木科	Ochnaceae	3
金缕梅科	Hamamelidaceae	4
金粟兰科	Chloranthaceae	3
金星蕨科	Thelypteridaceae	1
金鱼藻科	Ceratophyllaceae	3
堇菜科	Violaceae	6
锦葵科	Malvaceae	6
旌节花科	Stachyuraceae	6
景天科	Crassulaceae	4
桔梗科	Campanulaceae	10
菊科	Asteraceae (Compositae)	10

蒟蒻薯科	Taccaceae	11
巨藻科	Lessoniaceae	1
卷柏科	Selaginellaceae	1
绢藓科	Entodontaceae	1
蕨科	Pteridiaceae	1
蕨藻科	Caulerpaceae	1
爵床科	Acanthaceae	9
壳斗科	Fagaceae	2
口蘑科（白蘑科）	Tricholomataceae	1
苦槛蓝科	Myoporaceae	9
苦苣苔科	Gesneriaceae	9
苦木科	Simaroubaceae	5
块菌科	Tuberaceae	1
腊梅科	Calycanthaceae	2
蜡伞科	Hygrophoraceae	1
兰花蕉科	Lowiaceae	12
兰科	Orchidaceae	12
蓝果树科	Nyssaceae	7
狸藻科	Lentibulariaceae	9
离褶伞科	Lyophyllaceae	1
藜科	Chenopodiaceae	2
里白科	Gleicheniaceae	1
丽口包科	Calostomataceae	1
连香树科	Cercidiphyllaceae	3
莲叶桐科	Hernandiaceae	3
楝科	Meliaceae	5
蓼科	Polygonaceae	2
列当科	Orobanchaceae	9
裂褶菌科	Schizophyllaceae	1
鳞毛蕨科	Dryopteridaceae	1
鳞始蕨科	Lindsaeaceae	1
灵芝科	Ganodermataceae	1
菱科	Trapaceae	7
菱形藻科	Nitzschiaceae	1
领春木科	Eupteleaceae	3
瘤足蕨科	Plagiogyriaceae	1
柳叶菜科	Onagraceae	7
柳叶藓科	Amblystegiaceae	1
龙胆科	Gentianaceae	8
龙脑香科	Dipterocarpaceae	3
龙舌兰科	Agavaceae	11
露兜树科	Pandanaceae	12
卤蕨科	Acrostichaceae	1
鹿蹄草科	Pyrolaceae	7
轮藻科	Characeae	1
罗汉松科	Podocarpaceae	1
萝藦科	Asclepiadaceae	8
裸子蕨科	Hemionitidaceae	1
落葵科	Basellaceae	2
麻黄科	Ephedraceae	1
马鞭草科	Verbenaceae	8
马齿苋科	Portulacaceae	2
马兜铃科	Aristolochiaceae	3
马钱科	Loganiaceae	8
马桑科	Coriariaceae	5
马尾树科	Rhoipteleaceae	2
马尾藻科	Sargassaceae	1
买麻藤科	Gnetaceae	1
麦角菌科	Clavicipitaceae	1
满江红科	Azollaceae	1
蔓藓科	Meteoriaceae	1
牻牛儿苗科	Geraniaceae	5
毛茛科	Ranunculaceae	3
茅膏菜科	Droseraceae	3
铆钉菇科	Gomphidiaceae	1
梅衣科	Parmeliaceae	1
美人蕉科	Cannaceae	12
猕猴桃科	Actinidiaceae	3
膜蕨科	Hymenophyllaceae	1
蘑菇科（伞菌科）	Agaricaceae	1
墨角藻科	Fucaceae	1
木耳科	Auriculariaceae	1
木兰科	Magnoliaceae	2
木麻黄科	Casuarinaceae	2
木棉科	Bombacaceae	6
木通科	Lardizabalaceae	3
木犀科	Oleaceae	8
木贼科	Equisetaceae	1
内枝藻科	Endocladiaceae	1
泥炭藓科	Sphagnaceae	1
拟层孔菌科	Fomitopsidaceae	1
念珠藻科	Nostocaceae	1
牛肝菌科	Boletaceae	1
牛毛藓科	Ditrichaceae	1
牛舌菌科	Fistulinaceae	1
牛栓藤科	Connaraceae	4

泡头菌科（膨瑚菌科）	Physalacriaceae	1
皮叶苔科	Targioniaceae	1
苹科	Marsileaceae	1
瓶尔小草科	Ophioglossaceae	1
瓶口衣科	Verrucariaceae	1
葡萄科	Vitaceae	6
七叶树科	Hippocastanaceae	6
七指蕨科	Helminthostachyaceae	1
桤叶树科	Clethraceae	7
槭树科	Aceraceae	5
漆树科	Anacardiaceae	5
歧裂灰包科	Phelloriniaceae	1
千屈菜科	Lythraceae	7
荨麻科	Urticaceae	2
钱苔科	Ricciaceae	1
茜草科	Rubiaceae	8
蔷薇科	Rosaceae	4
茄科	Solanaceae	9
清风藤科	Sabiaceae	6
秋海棠科	Begoniaceae	6
球盖菇科	Strophariaceae	1
球盖蕨科	Peranemataceae	1
球腔菌科	Mycosphaerellaceae	1
球子蕨科	Onocleaceae	1
曲背藓科	Oncophoraceae	1
曲尾藓科	Dicranaceae	1
忍冬科	Caprifoliaceae	10
韧革菌科	Stereaceae	1
肉杯菌科	Sarcoscyphaceae	1
肉豆蔻科	Myristicaceae	2
肉座菌科	Hypocreaceae	1
乳牛杆菌科	Suillaceae	1
瑞香科	Thymelaeaceae	6
三白草科	Saururaceae	3
三尖杉科	Cephalotaxaceae	1
伞形科	Apiaceae (Umbelliferae)	7
桑寄生科	Loranthaceae	2
桑科	Moraceae	2
沙菜科	Hypneaceae	1
莎草蕨科	Schizaeaceae	1
莎草科	Cyperaceae	12
山茶科	Theaceae	3
山矾科	Symplocaceae	8
山榄科	Sapotaceae	8
山龙眼科	Proteaceae	2
山柚子科	Opiliaceae	2
山茱萸科	Cornaceae	7
杉科	Taxodiaceae	1
杉叶藻科	Hippuridaceae	7
杉藻科	Gigartinaceae	1
珊瑚菌科	Clavariaceae	1
珊瑚藻科	Corallinaceae	1
珊瑚枝科	Stereocaulaceae	1
商陆科	Phytolaccaceae	2
芍药科	Paeoniaceae	3
舌蕨科	Elaphoglossaceae	1
蛇菰科	Balanophoraceae	2
蛇苔科	Conocephalaceae	1
肾蕨科	Nephrolepidaceae	1
绳藻科	Chordaceae	1
省沽油科	Staphyleaceae	6
十字花科	Brassicaceae (Cruciferae)	4
石莼科	Ulvaceae	1
石耳科	Umbilicariaceae	1
石花菜科	Gelidiaceae	1
石榴科	Punicaceae	7
石蕊科	Cladoniaceae	1
石杉科	Huperziaceae	1
石松科	Lycopodiaceae	1
石蒜科	Amaryllidaceae	11
石竹科	Caryophyllaceae	2
实蕨科	Bolbitidaceae	1
使君子科	Combretaceae	7
柿科	Ebenaceae	8
书带蕨科	Vittariaceae	1
鼠李科	Rhamnaceae	6
薯蓣科	Dioscoreaceae	11
树花科	Ramalinaceae	1
双扇蕨科	Dipteridaceae	1
双星藻科	Zygnemataceae	1
霜降衣科	Icmadophilaceae	1
霜霉科	Peronosporaceae	1
水鳖科	Hydrocharitaceae	11
水蕨科	Parkeriaceae	1
水龙骨科	Polypodiaceae	1
水马齿科	Callitrichaceae	8

水麦冬科	Juncaginaceae	11
水玉簪科	Burmanniaceae	11
睡菜科	Menyanthaceae	8
睡莲科	Nymphaeaceae	3
丝膜菌科	Cortinariaceae	1
丝藻科	Ulotrichaceae	1
松节藻科	Rhodomelaceae	1
松科	Pinaceae	1
松叶蕨科	Psilotaceae	1
松藻科	Codiaceae	1
苏铁科	Cycadaceae	1
粟米草科	Molluginaceae	2
桫椤科	Cyatheaceae	1
锁阳科	Cynomoriaceae	7
塔藓科	Hylocomiaceae	1
檀香科	Santalaceae	2
炭角菌科	Xylariaceae	1
桃金娘科	Myrtaceae	7
藤黄科	Clusiaceae (Guttiferae)	3
提灯藓科	Mniaceae	1
蹄盖蕨科	Athyriaceae	1
天南星科	Araceae	12
田葱科	Philydraceae	11
铁钉菜科	Ishigeaceae	1
铁角蕨科	Aspleniaceae	1
铁青树科	Olacaceae	2
铁线蕨科	Adiantaceae	1
筒菌科	Tubiferaceae	1
透骨草科	Phrymaceae	9
碗蕨科	Dennstaedtiaceae	1
万年藓科	Climaciaceae	1
网地藻科	Dictyotaceae	1
网褶菌科	Paxillaceae	1
微球黑粉菌科	Microbotryaceae	1
卫矛科	Celastraceae	6
魏氏苔科	Wiesnerellaceae	1
乌毛蕨科	Blechnaceae	1
无患子科	Sapindaceae	6
梧桐科	Sterculiaceae	6
蜈蚣衣科	Physciaceae	1
五加科	Araliaceae	7
五味子科	Schisandraceae	2
五桠果科	Dilleniaceae	3
西番莲科	Passifloraceae	6
稀子蕨科	Monachosoraceae	1
膝沟藻科	Gonyaulaceae	1
仙菜科	Ceramiaceae	1
仙茅科	Hypoxidaceae	11
仙人掌科	Cactaceae	2
苋科	Amaranthaceae	2
线形虫草科	Ophiocordycipitaceae	1
香蒲科	Typhaceae	12
小檗科	Berberidaceae	3
小二仙草科	Haloragaceae	7
小菇科	Mycenaceae	1
小皮伞科	Marasmiaceae	1
小球藻科	Chlorellaceae	1
绣球菌科	Sparassidaceae	1
须腹菌科	Rhizopogonaceae	1
萱藻科	Scytosiphonaceae	1
玄参科	Scrophulariaceae	9
悬铃木科	Platanaceae	4
旋花科	Convolvulaceae	8
鸭跖草科	Commelinaceae	11
亚灰树花菌科	Meripilaceae	1
亚麻科	Linaceae	5
岩蕨科	Woodsiaceae	1
岩梅科	Diapensiaceae	7
眼子菜科	Potamogetonaceae	11
羊肚菌科	Morchellaceae	1
杨柳科	Salicaceae	2
杨梅科	Myricaceae	2
野牡丹科	Melastomataceae	7
衣藻科	Chlamydomonadaceae	1
阴地蕨科	Botrychiaceae	1
银耳科	Tremellaceae	1
银杏科	Ginkgoaceae	1
罂粟科	Papaveraceae	4
硬皮马勃科	Sclerodermataceae	1
疣冠苔科	Aytoniaceae	1
榆科	Ulmaceae	2
羽藓科	Thuidiaceae	1
雨久花科	Pontederiaceae	11
雨蕨科	Gymnogrammitidaceae	1
玉蕊科	Lecythidaceae	7
育叶藻科	Phyllophoraceae	1

鸢尾科	Iridaceae	11
远志科	Polygalaceae	5
芸香科	Rutaceae	5
泽泻科	Alismataceae	11
栅藻科	Scenedesmaceae	1
樟科	Lauraceae	2
真藓科	Bryaceae	1
中国蕨科	Sinopteridaceae	1
肿足蕨科	Hypodematiaceae	1
轴腹菌科	Hydnangiaceae	1
皱孔菌科	Meruliaceae	1
珠藓科	Bartramiaceae	1
猪笼草科	Nepenthaceae	3
竹芋科	Marantaceae	12
桩菇科	Tapinellaceae	1
紫草科	Boraginaceae	8
紫金牛科	Myrsinaceae	7
紫茉莉科	Nyctaginaceae	2
紫萁科	Osmundaceae	1
紫葳科	Bignoniaceae	9
棕榈科	Arecaceae (Palmae)	12
醉鱼草科	Buddlejaceae	9

按科拉丁名字母顺序排列

科拉丁名	科中文名	卷号
Acanthaceae	爵床科	9
Aceraceae	槭树科	5
Acrostichaceae	卤蕨科	1
Actinidiaceae	猕猴桃科	3
Adiantaceae	铁线蕨科	1
Agaricaceae	蘑菇科 (伞菌科)	1
Agavaceae	龙舌兰科	11
Aizoaceae	番杏科	2
Alangiaceae	八角枫科	7
Alariaceae	翅藻科	1
Alismataceae	泽泻科	11
Amanitaceae	鹅膏菌科	1
Amaranthaceae	苋科	2
Amaryllidaceae	石蒜科	11
Amblystegiaceae	柳叶藓科	1
Anacardiaceae	漆树科	5
Angiopteridaceae	观音座莲科	1
Annonaceae	番荔枝科	2
Antrophyaceae	车前蕨科	1
Apiaceae (Umbelliferae)	伞形科	7
Apocynaceae	夹竹桃科	8
Aquifoliaceae	冬青科	6
Araceae	天南星科	12
Araliaceae	五加科	7
Arecaceae (Palmae)	棕榈科	12
Aristolochiaceae	马兜铃科	3
Asclepiadaceae	萝藦科	8
Aspidiaceae	叉蕨科	1
Aspleniaceae	铁角蕨科	1
Asteraceae (Compositae)	菊科	10
Athyriaceae	蹄盖蕨科	1
Auriculariaceae	木耳科	1
Auriscalpiaceae	耳匙菌科	1
Aytoniaceae	疣冠苔科	1
Azollaceae	满江红科	1
Balanophoraceae	蛇菰科	2
Balsaminaceae	凤仙花科	6
Bangiaceae	红毛菜科	1
Bankeraceae	坂氏齿菌科 (烟白齿菌科)	1
Bartramiaceae	珠藓科	1
Basellaceae	落葵科	2
Begoniaceae	秋海棠科	6
Berberidaceae	小檗科	3
Betulaceae	桦木科	2
Bignoniaceae	紫葳科	9
Bixaceae	红木科	6
Blechnaceae	乌毛蕨科	1
Bolbitidaceae	实蕨科	1
Boletaceae	牛肝菌科	1
Bombacaceae	木棉科	6

Bondarzewiaceae	刺孢多孔菌科	1
Bonnemaisoniaceae	柏桉藻科	1
Boraginaceae	紫草科	8
Botrychiaceae	阴地蕨科	1
Brassicaceae (Cruciferae)	十字花科	4
Bretschneideraceae	伯乐树科	6
Bromeliaceae	凤梨科	11
Bryaceae	真藓科	1
Buddlejaceae	醉鱼草科	9
Burmanniaceae	水玉簪科	11
Burseraceae	橄榄科	5
Butomaceae	花蔺科	11
Buxaceae	黄杨科	6
Cactaceae	仙人掌科	2
Callitrichaceae	水马齿科	8
Calostomataceae	丽口包科	1
Calycanthaceae	腊梅科	2
Campanulaceae	桔梗科	10
Cannaceae	美人蕉科	12
Cantharellaceae	鸡油菌科	1
Capparaceae	白花菜科	4
Caprifoliaceae	忍冬科	10
Caricaceae	番木瓜科	6
Caryophyllaceae	石竹科	2
Casuarinaceae	木麻黄科	2
Caulerpaceae	蕨藻科	1
Celastraceae	卫矛科	6
Cephalotaxaceae	三尖杉科	1
Ceramiaceae	仙菜科	1
Ceratophyllaceae	金鱼藻科	3
Cercidiphyllaceae	连香树科	3
Characeae	轮藻科	1
Chenopodiaceae	藜科	2
Chlamydomonadaceae	衣藻科	1
Chloranthaceae	金粟兰科	3
Chlorellaceae	小球藻科	1
Chordaceae	绳藻科	1
Cladoniaceae	石蕊科	1
Cladophoraceae	刚毛藻科	1
Clavariaceae	珊瑚菌科	1
Clavicipitaceae	麦角菌科	1
Clethraceae	桤叶树科	7
Climaciaceae	万年藓科	1
Clusiaceae (Guttiferae)	藤黄科	3
Codiaceae	松藻科	1
Combretaceae	使君子科	7
Commelinaceae	鸭跖草科	11
Connaraceae	牛栓藤科	4
Conocephalaceae	蛇苔科	1
Convolvulaceae	旋花科	8
Corallinaceae	珊瑚藻科	1
Cordycipitaceae	虫草菌科	1
Coriariaceae	马桑科	5
Cornaceae	山茱萸科	7
Cortinariaceae	丝膜菌科	1
Costaceae	闭鞘姜科	12
Crassulaceae	景天科	4
Cucurbitaceae	葫芦科	6
Cupressaceae	柏科	1
Cyatheaceae	桫椤科	1
Cycadaceae	苏铁科	1
Cynomoriaceae	锁阳科	7
Cyperaceae	莎草科	12
Cyphellaceae	挂钟菌科	1
Dacrymycetaceae	花耳科	1
Daphniphyllaceae	虎皮楠科	5
Davalliaceae	骨碎补科	1
Davidiaceae	珙桐科	7
Delesseriaceae	红叶藻科	1
Dennstaedtiaceae	碗蕨科	1
Diapensiaceae	岩梅科	7
Diatomaceae	等片藻科	1
Dichapetalaceae	毒鼠子科	6
Dicksoniaceae	蚌壳蕨科	1
Dicranaceae	曲尾藓科	1
Dictyotaceae	网地藻科	1
Dilleniaceae	五桠果科	3
Dioscoreaceae	薯蓣科	11
Diplocystidiaceae	复囊菌科	1
Dipsacaceae	川续断科	10
Dipteridaceae	双扇蕨科	1
Dipterocarpaceae	龙脑香科	3
Ditrichaceae	牛毛藓科	1
Droseraceae	茅膏菜科	3
Drynariaceae	槲蕨科	1
Dryopteridaceae	鳞毛蕨科	1

Ebenaceae	柿科	8
Elaeagnaceae	胡颓子科	6
Elaeocarpaceae	杜英科	6
Elaphoglossaceae	舌蕨科	1
Elatinaceae	沟繁缕科	6
Endocladiaceae	内枝藻科	1
Entodontaceae	绢藓科	1
Entolomataceae	粉褶菌科	1
Ephedraceae	麻黄科	1
Equisetaceae	木贼科	1
Ericaceae	杜鹃花科	7
Eriocaulaceae	谷精草科	11
Erythroxylaceae	古柯科	5
Eucommiaceae	杜仲科	2
Euphorbiaceae	大戟科	5
Eupteleaceae	领春木科	3
Fabaceae (Leguminosae)	豆科	5
Fagaceae	壳斗科	2
Fissidentaceae	凤尾藓科	1
Fistulinaceae	牛舌菌科	1
Flacourtiaceae	大风子科	6
Fomitopsidaceae	拟层孔菌科	1
Frullaniaceae	耳叶苔科	1
Fucaceae	墨角藻科	1
Funariaceae	葫芦藓科	1
Ganodermataceae	灵芝科	1
Geastraceae	地星科	1
Gelidiaceae	石花菜科	1
Gentianaceae	龙胆科	8
Geraniaceae	牻牛儿苗科	5
Gesneriaceae	苦苣苔科	9
Gigartinaceae	杉藻科	1
Ginkgoaceae	银杏科	1
Gleicheniaceae	里白科	1
Gloeophyllaceae	褐褶菌科	1
Gnetaceae	买麻藤科	1
Gomphaceae	钉菇科	1
Gomphidiaceae	铆钉菇科	1
Gonyaulaceae	膝沟藻科	1
Goodeniaceae	草海桐科	10
Gracilariaceae	江蓠科	1
Gymnogrammitidaceae	雨蕨科	1
Haematococcaceae	紅球藻科	1
Haloragaceae	小二仙草科	7
Halymeniaceae	海膜科	1
Hamamelidaceae	金缕梅科	4
Helminthostachyaceae	七指蕨科	1
Hemionitidaceae	裸子蕨科	1
Hericiaceae	猴头菌科	1
Hernandiaceae	莲叶桐科	3
Hippocastanaceae	七叶树科	6
Hippocrateaceae	翅子藤科	6
Hippuridaceae	杉叶藻科	7
Huperziaceae	石杉科	1
Hydnangiaceae	轴腹菌科	1
Hydrocharitaceae	水鳖科	11
Hygrophoraceae	蜡伞科	1
Hylocomiaceae	塔藓科	1
Hymenochaetaceae	刺革菌科	1
Hymenophyllaceae	膜蕨科	1
Hypnaceae	灰藓科	1
Hypneaceae	沙菜科	1
Hypocreaceae	肉座菌科	1
Hypodematiaceae	肿足蕨科	1
Hypolepidaceae	姬蕨科	1
Hypoxidaceae	仙茅科	11
Icacinaceae	茶茱萸科	6
Icmadophilaceae	霜降衣科	1
Illiciaceae	八角科	2
Iridaceae	鸢尾科	11
Ishigeaceae	铁钉菜科	1
Juglandaceae	胡桃科	2
Juncaceae	灯心草科	11
Juncaginaceae	水麦冬科	11
Lamiaceae (Labiatae)	唇形科	9
Laminariaceae	海带科	1
Lardizabalaceae	木通科	3
Lauraceae	樟科	2
Lecythidaceae	玉蕊科	7
Leeaceae	火筒树科	6
Lemnaceae	浮萍科	12
Lentibulariaceae	狸藻科	9
Lessoniaceae	巨藻科	1
Leucobryaceae	白发藓科	1
Leucodontaceae	白齿藓科	1
Liliaceae	百合科	11

Linaceae	亚麻科	5
Lindsaeaceae	鳞始蕨科	1
Lobariaceae	肺衣科	1
Loganiaceae	马钱科	8
Loranthaceae	桑寄生科	2
Lowiaceae	兰花蕉科	12
Loxogrammaceae	剑蕨科	1
Lycopodiaceae	石松科	1
Lygodiaceae	海金沙科	1
Lyophyllaceae	离褶伞科	1
Lythraceae	千屈菜科	7
Magnoliaceae	木兰科	2
Malpighiaceae	金虎尾科	5
Malvaceae	锦葵科	6
Marantaceae	竹芋科	12
Marasmiaceae	小皮伞科	1
Marattiaceae	合囊蕨科	1
Marchantiaceae	地钱科	1
Marsileaceae	苹科	1
Mastigocladaceae	鞭枝藻科	1
Melastomataceae	野牡丹科	7
Meliaceae	楝科	5
Menispermaceae	防己科	3
Menyanthaceae	睡菜科	8
Meripilaceae	亚灰树花菌科	1
Meruliaceae	皱孔菌科	1
Meteoriaceae	蔓藓科	1
Microbotryaceae	微球黑粉菌科	1
Mniaceae	提灯藓科	1
Molluginaceae	粟米草科	2
Monachosoraceae	稀子蕨科	1
Monascaceae	红曲菌科	1
Monostromataceae	礁膜科	1
Moraceae	桑科	2
Morchellaceae	羊肚菌科	1
Musaceae	芭蕉科	12
Mycenaceae	小菇科	1
Mycosphaerellaceae	球腔菌科	1
Myoporaceae	苦槛蓝科	9
Myricaceae	杨梅科	2
Myristicaceae	肉豆蔻科	2
Myrsinaceae	紫金牛科	7
Myrtaceae	桃金娘科	7
Nepenthaceae	猪笼草科	3
Nephrolepidaceae	肾蕨科	1
Nitzschiaceae	菱形藻科	1
Nostocaceae	念珠藻科	1
Nyctaginaceae	紫茉莉科	2
Nymphaeaceae	睡莲科	3
Nyssaceae	蓝果树科	7
Ochnaceae	金莲木科	3
Olacaceae	铁青树科	2
Oleaceae	木犀科	8
Onagraceae	柳叶菜科	7
Oncophoraceae	曲背藓科	1
Onocleaceae	球子蕨科	1
Ophiocordycipitaceae	线形虫草科	1
Ophioglossaceae	瓶尔小草科	1
Ophioparmaceae	红盘衣科	1
Opiliaceae	山柚子科	2
Orchidaceae	兰科	12
Orobanchaceae	列当科	9
Oscillatoriaceae	颤藻科	1
Osmundaceae	紫萁科	1
Oxalidaceae	酢浆草科	5
Paeoniaceae	芍药科	3
Pandanaceae	露兜树科	12
Papaveraceae	罂粟科	4
Parkeriaceae	水蕨科	1
Parmeliaceae	梅衣科	1
Passifloraceae	西番莲科	6
Paxillaceae	网褶菌科	1
Pedaliaceae	胡麻科	9
Peltigeraceae	地卷衣科	1
Peranemataceae	球盖蕨科	1
Peronosporaceae	霜霉科	1
Phallaceae	鬼笔科	1
Phelloriniaceae	歧裂灰包科	1
Philydraceae	田葱科	11
Phrymaceae	透骨草科	9
Phyllophoraceae	育叶藻科	1
Physalacriaceae	泡头菌科（膨瑚菌科）	1
Physciaceae	蜈蚣衣科	1
Phytolaccaceae	商陆科	2
Pinaceae	松科	1
Piperaceae	胡椒科	3

Pittosporaceae	海桐花科	4
Plagiogyriaceae	瘤足蕨科	1
Plantaginaceae	车前科	9
Platanaceae	悬铃木科	4
Pleurotaceae	侧耳科	1
Plumbaginaceae	白花丹科	8
Pluteaceae	光柄菇科	1
Poaceae (Gramineae)	禾本科	11
Podocarpaceae	罗汉松科	1
Polemoniaceae	花荵科	8
Polyblepharidaceae	多毛藻科	1
Polygalaceae	远志科	5
Polygonaceae	蓼科	2
Polypodiaceae	水龙骨科	1
Polyporaceae	多孔菌科	1
Polytrichaceae	金发藓科	1
Pontederiaceae	雨久花科	11
Portulacaceae	马齿苋科	2
Potamogetonaceae	眼子菜科	11
Pottiaceae	丛藓科	1
Primulaceae	报春花科	7
Proteaceae	山龙眼科	2
Psathyrellaceae	脆柄菇科	1
Psilotaceae	松叶蕨科	1
Pteridaceae	凤尾蕨科	1
Pteridiaceae	蕨科	1
Punicaceae	石榴科	7
Pyrolaceae	鹿蹄草科	7
Ramalinaceae	树花科	1
Ranunculaceae	毛茛科	3
Rhamnaceae	鼠李科	6
Rhizophoraceae	红树科	7
Rhizopogonaceae	须腹菌科	1
Rhodomelaceae	松节藻科	1
Rhoipteleaceae	马尾树科	2
Ricciaceae	钱苔科	1
Rivulariaceae	胶须藻科	1
Rosaceae	蔷薇科	4
Rubiaceae	茜草科	8
Russulaceae	红菇科	1
Rutaceae	芸香科	5
Sabiaceae	清风藤科	6
Saccharomycetaceae	酵母科	1
Salicaceae	杨柳科	2
Salviniaceae	槐叶苹科	1
Santalaceae	檀香科	2
Sapindaceae	无患子科	6
Sapotaceae	山榄科	8
Sarcoscyphaceae	肉杯菌科	1
Sargassaceae	马尾藻科	1
Sargentodoxaceae	大血藤科	3
Saururaceae	三白草科	3
Saxifragaceae	虎耳草科	4
Scenedesmaceae	栅藻科	1
Schisandraceae	五味子科	2
Schizaeaceae	莎草蕨科	1
Schizophyllaceae	裂褶菌科	1
Sclerodermataceae	硬皮马勃科	1
Scrophulariaceae	玄参科	9
Scytosiphonaceae	萱藻科	1
Selaginellaceae	卷柏科	1
Serpulaceae	干腐菌科	1
Simaroubaceae	苦木科	5
Sinopteridaceae	中国蕨科	1
Solanaceae	茄科	9
Solieriaceae	红翎菜科	1
Sonneratiaceae	海桑科	7
Sparassidaceae	绣球菌科	1
Sparganiaceae	黑三棱科	12
Spermatochnaceae	海蕴科	1
Sphagnaceae	泥炭藓科	1
Splachnaceae	壶藓科	1
Stachyuraceae	旌节花科	6
Staphyleaceae	省沽油科	6
Stemonaceae	百部科	11
Sterculiaceae	梧桐科	6
Stereaceae	韧革菌科	1
Stereocaulaceae	珊瑚枝科	1
Strophariaceae	球盖菇科	1
Stylidiaceae	花柱草科	10
Styracaceae	安息香科	8
Suillaceae	乳牛杆菌科	1
Symplocaceae	山矾科	8
Taccaceae	蒟蒻薯科	11
Tamaricaceae	柽柳科	6
Tapinellaceae	桩菇科	1

Targioniaceae	皮叶苔科	1
Taxaceae	红豆杉科	1
Taxodiaceae	杉科	1
Theaceae	山茶科	3
Thelephoraceae	革菌科	1
Thelypteridaceae	金星蕨科	1
Thuidiaceae	羽藓科	1
Thymelaeaceae	瑞香科	6
Tiliaceae	椴树科	6
Trapaceae	菱科	7
Tremellaceae	银耳科	1
Tricholomataceae	口蘑科（白蘑科）	1
Tropaeolaceae	旱金莲科	5
Tuberaceae	块菌科	1
Tubiferaceae	筒菌科	1
Typhaceae	香蒲科	12
Ulmaceae	榆科	2
Ulotrichaceae	丝藻科	1
Ulvaceae	石莼科	1
Umbilicariaceae	石耳科	1
Urticaceae	荨麻科	2
Ustilaginaceae	黑粉菌科	1
Valerianaceae	败酱科	10
Verbenaceae	马鞭草科	8
Verrucariaceae	瓶口衣科	1
Violaceae	堇菜科	6
Vitaceae	葡萄科	6
Vittariaceae	书带蕨科	1
Wiesnerellaceae	魏氏苔科	1
Woodsiaceae	岩蕨科	1
Xylariaceae	炭角菌科	1
Xyridaceae	黄眼草科	11
Zingiberaceae	姜科	12
Zygnemataceae	双星藻科	1
Zygophyllaceae	蒺藜科	5